医用洁净装备工程实施指南

（第2版）

Implementation Guidelines for Medical Clean Air Equipment and Facility Engineering

(2nd Edition)

沈晋明　主编

中国建筑工业出版社

图书在版编目（CIP）数据

医用洁净装备工程实施指南 = Implementation
Guidelines for Medical Clean Air Equipment and
Facility Engineering(2nd Edition) / 沈晋明主编. —
2 版. —北京：中国建筑工业出版社，2023.11
ISBN 978-7-112-29163-2

Ⅰ.①医… Ⅱ.①沈… Ⅲ.①手术室—洁净室—工程
施工—指南 Ⅳ.① TU834.8-62

中国国家版本馆 CIP 数据核字（2023）第 180301 号

责任编辑：张文胜
责任校对：芦欣甜

医用洁净装备工程实施指南（第 2 版）

Implementation Guidelines for Medical Clean Air Equipment and Facility Engineering(2nd Edition)

沈晋明　主编

*

中国建筑工业出版社出版、发行（北京海淀三里河路 9 号）

各地新华书店、建筑书店经销

北京建筑工业印刷有限公司制版

北京中科印刷有限公司印刷

*

开本：787 毫米×1092 毫米　1/16　印张：45　字数：1122 千字

2024 年 1 月第二版　　2024 年 1 月第一次印刷

定价：**182.00** 元

ISBN 978-7-112-29163-2

（41779）

编写委员会

组织单位：中国建筑文化研究会医院建筑与文化分会

主　　编：沈晋明　同济大学

副 主 编：张建忠　中国医院协会医院建筑系统研究分会

　　　　　刘燕敏　同济大学

　　　　　严建敏　上海市卫生建筑设计研究院有限公司

　　　　　陈　尹　上海建筑设计研究院有限公司

　　　　　沈崇德　无锡市人民医院

　　　　　王铁林　海南省肿瘤医院

　　　　　潘国忠　上海市安装工程集团有限公司

　　　　　范业旭　武汉华康世纪医疗股份有限公司

　　　　　宋凤丹　北京宋诚科技有限公司

　　　　　常宗湧　天津昌特净化科技有限公司

　　　　　贺乐凯　上海尚远建设工程有限公司

　　　　　袁志强　株洲合力电磁工程有限公司

　　　　　王炳强　山东威高手术机器人有限公司

　　　　　贺　涛　西安四腾环境科技有限公司

　　　　　李　斌　重庆明环科技发展有限公司

　　　　　郁　亮　中电系统工程建设有限公司

　　　　　商丽萍　德州大商净化空调设备有限公司

执行副主编：张美荣　中国建筑文化研究会医院建筑与文化分会

　　　　　黄　海　维克（天津）有限公司

编　　者：（排名不分先后）

　　　　　艾正涛　鲍俊安　常宗湧　陈凤君　陈　尹　陈　阳　迟海鹏

　　　　　党　宇　杜　昕　杜智慧　樊和民　范业旭　傅江南　高玉华

本书主编简介

沈晋明

　　博士，同济大学教授、博士生导师，暖通空调本科、洁净技术硕士、建筑技术科学博士。现任中国建筑学会暖通空调分会名誉理事，中国建筑学会暖通空调分会净化专业委员会名誉主任，中国医学装备协会医用洁净装备与工程分会专家委员会主任委员，日本医疗福祉设备学会海外高级顾问；获国家、省部级科技奖7项，发明专利7项，参与多部国家标准和团体标准的编制；我国洁净技术行业开拓者，对洁净技术领域的发展作出了突出贡献。

第二版前言

医用洁净装备工程的主要目标是保障医疗需求，控制院内感染，提供健康、安全、舒适的医疗环境，这也是实施医用洁净装备工程的最大效益。

自《医用洁净装备工程实施指南》出版以来，受到了广大医院建设者以及医用洁净装备工程相关领域科研人员与工程技术人员的欢迎。近年来，医疗技术不断进步，诊疗装备持续更新，对医院建设与医疗环境控制提出了新的要求。新材料、新器械、新医药被大量采用，数字化、网络化、智能化不断赋能医用洁净装备技术，使医疗环境控制技术一次又一次革新。医院功能持续完善、医院建设标准不断提高、新的功能科室（区域）增多、医疗模式的转变与变革，对医疗环境控制产生了重大影响。

由于医疗工作的复杂性、服务对象的特殊性，以及药物学和人体生命科学的未知性，使得医疗风险除了具备风险的一般特征之外，还具有风险水平高、不确定、存在于医疗活动的各个环节、危害严重等特点，特别是经空气传播的感染的难以捉摸性、空气消毒效果的不确定性以及难以维持性，一直是医疗环境控制的难点，特别是手术室、干细胞移植病房、空气传染隔离病房等医疗科室。如何保障医疗、控制感染，使关键医疗科室始终处于受控状态，对医用洁净装备工程的医疗环境控制提出了新的要求。

我国医院建设与医疗环境控制技术有自己的特点，不能照搬国外标准。所幸的是我国医院建设实践，基于国情并充分借鉴国际先进理念与医疗环境控制措施，医用洁净装备工程获得了极大发展。近年来，不但积累了丰富的实践与技术经验，而且取得了创新技术与自主知识产权。

我国碳达峰、碳中和目标（简称"双碳"目标）倡导绿色、环保、低碳的生产与生活方式，给医用洁净装备工程提出了新的要求。我国医用洁净装备工程领域应提高能源效率与非能源效率，给医疗环境控制技术注入越来越多的新思维、新方式；加快降低碳排放步伐，引导绿色技术创新，提高产业和经济的全球竞争力；源头防治、产业调整、技术创新，培育绿色医疗与护理的路径，加快医疗绿色变革，为如期实现我国医疗行业"双碳"目标做出新的贡献。

《医用洁净装备工程实施指南》的改版工作是在许钟麟研究员主编的第一版的基础上，增加了近年来医用洁净装备工程领域的科研成果、技术创新以及最新的工程案例，汇集了众多长期参与医院建设的项目负责人、科研人员、设计人员、施工人员、检测与验收人员的经验教训和技术贡献，并对部分内容进行了更新与修订。

本书根据医用洁净装备工程的特性分为4篇，分别为医用洁净装备工程的实施管理、医用洁净装备工程总体规划设计、医用洁净装备专项工程与医用洁净装备工程案例。

我们相信《医用洁净装备工程实施指南（第2版）》将对我国医院建设具有指导意义与借鉴作用。

第一版前言

医院是救死扶伤、治疗与康复的场所，不断进步的医疗技术，不断更新的诊疗装备，大量采用新材料、新器械、新医药，使医院功能不断完善，医院建设标准大大提高，床均建筑面积扩大，新的功能科室（区域）增多，信息化与智能化，就医环境和工作环境人性化，舒适性改善，甚至促使医疗模式的转变。近年来，医院各类新型的功能科室已经向现代化、集结化、规模化、大型化转化，成为由主要科室和辅助用房组成的自成体系的功能区域。

医院是病原体与易感人群聚集的特殊场所，我国医院体量大，就诊人数、手术人数、看望陪同人员非常多；室内发菌量大，室外大气环境不理想。如何保障医疗、控制感染，为我国医院建设提出了新的课题。由于医疗工作的复杂性、服务对象的特殊性，以及药物学和人体生命科学的未知性，使得医疗风险除了具备风险的一般特征之外，还具有风险水平高、不确定性、存在于医疗活动的各个环节、危害严重等特点，在医疗过程的环境控制中必须有医疗风险意识。特别是先进医疗设备的应用，新诊疗手段的出现，各种介入性操作增多，以及放疗、化疗的普及，大量抗菌药物、激素、免疫抑制治疗的使用，使得医疗风险不断增加，对医疗环境控制提出新的要求，医用洁净装备工程应运而生。

医院用洁净装备工程是综合而又高度专业化的系统工程。我国不能照搬国外医院建设与医疗环境控制技术，所幸的是近30年来我国医院建设的数量之多、分布地域之广在世界上是首屈一指的。我国医用洁净装备工程在充分借鉴国际先进理念与医疗环境控制措施的基础上获得了极大的发展，不但积累了丰富的实践与技术经验，而且取得了创新技术与自主的知识产权。在此基础上编写的《医用洁净装备工程实施指南》汇集了许钟麟主编以及众多长期参与医院建设的项目负责人、科研人员、设计人员、施工人员、检测与验收人员的心血和成果，必将在我国医院建设的高潮中充分发挥其指导与借鉴作用。

本指南根据医用洁净装备工程的特性分为4篇，分别为医用洁净装备工程建设、医用洁净装备工程应用、医用洁净装备工程验收与医用洁净装备工程实例。参与编写的医用洁净装备工程相关领域著名专家共一百多人。本书第一次全面、科学、系统地介绍了医用洁净装备工程，不仅涉及医疗工艺、感染控制、建设管理、工程实施，还提供了成功的典型案例，反映了医院未来发展的趋势。本指南从理论到实践，深入浅出、图文并茂、内容翔实，体现了其指导性、专业性和权威性，具有参考意义，是从事医院建设的不同专业人士不可多得的实用手册。

目　　录

第1篇
医用洁净装备工程的实施管理

本篇主编简介

张建忠，中国医院协会医院建筑系统研究分会主任委员，正高级经济师、注册监理工程师，长期从事医院基本建设管理工作，先后主编《医院建设项目管理——政府公共工程管理改革与创新》《医院改扩建项目设计、施工和管理》《BIM 在医院建筑全生命周期中的应用》等几十部书籍，在国家级杂志发表 30 余篇论文。长期担任医院后勤管理人员培训班讲师。

第1章 医用洁净装备工程概述

沈晋明：博士，同济大学教授、博士生导师，暖通空调本科、洁净技术硕士、建筑技术科学博士。现任中国建筑学会暖通空调分会名誉理事，中国建筑学会暖通空调分会净化专业委员会名誉主任，中国医学装备协会医用洁净装备与工程分会专家委员会主任委员，日本医疗福祉设备学会海外高级顾问；获国家、省部级科技奖7项，发明专利7项，参与多部国家标准和团体标准的编制；我国洁净技术行业开拓者，对洁净技术领域的发展作出了突出贡献。

1.1 引 言

1.1.1 为医疗服务、能提供达标的洁净目的物或为洁净目的物服务，或自身需洁净而无污染的设备、物件皆属医用洁净装备。

【技术要点】

1. 洁净目的物如洁净空气、纯净气体、纯净水等。

2. 医用洁净装备包括服务于医疗空间洁净目的物的装备，如空气洁净装备、空气调节装备、冷热源装备、电气装备、医疗气体装备、控制装备、监测装备、卫生（清洁、消毒）装备、废弃物处理装备等。

3. 医用洁净装备还包括自身需洁净而无污染的装备，如系统部件、围护结构、使用器具、储存箱柜、交通器具等。

1.1.2 医用洁净装备工程是以医用洁净装备为主的集成或组合，由设施系统构成。

【技术要点】

1. 多个单体设备的集成、组合，由设施系统联合运行构成了系统工程。

2. 系统工程的构成、设计、施工、运转、维护、联动监测均应符合相关国家标准或行业标准要求，其中强制性要求绝不允许违反。

3. 洁净手术室既是集成装备，也是系统工程，是修复"人体机器"的"车间"。

4. 医用洁净装备＋数字化＋互联网＋智能化也是医用洁净装备工程。

1.2 医用洁净装备工程基本配置与目标

1.2.1 医用洁净装备是保障医疗需求、极大降低外源性感染风险的主要措施，是医疗环境控制的基本配置，也是现代化医院建设不可或缺的设施。

【技术要点】

1. 一切由人员自身携带的菌群引发的感染为内源性感染，由他人或环境等体外微生物引发的感染为外源性感染,外源性感染包括接触感染与空气感染。

2. 中华人民共和国成立以来,我国鼠疫、霍乱、天花、白喉、麻疹、结核病等危害大的传染病得以有效控制,淡化了人们对传染病控制的意识。医疗科室空气含菌程度不佳,未引起足够重视。

3. 自"非典"以后,经空气传播的传染性疾病引起了人们的重视。近年来,新型冠状病毒的暴发与蔓延给予人们深刻的教训。

表 1.2.1-1 和表 1.2.1-2 是某医院空气含菌情况,良好的空气质量是医疗科室的基本要求,空气污染严重则来自空气的感染也会随之增多。

某医院不同采样点的空气含菌情况　　　　　　　　　　　　　　　　表 1.2.1-1

采样点	含菌情况（CFU/m³）	采样点	含菌情况（CFU/m³）
挂号大厅	4053	妇科治疗室	1883
医务室走廊	3358	耳鼻喉科诊室	1870
外科预诊室	3266	九诊室一诊室	1870
内科预诊室	2785	儿科预诊室	1849
内科三诊室	2728	口外诊室	1786
医务室	2722	皮科治疗室	1758
住院处	2681	眼科诊室	1737
急诊预诊室	2402	九诊室预诊室	1653
儿科治疗室	2292	外科治疗室	1637
外科换药室	2248	皮科换药室	1621
口腔科消毒室	2100	综合治疗室	1603
口内诊室	2093	急诊抢救间	1399
妇科四诊室	2089	九诊室治疗室	1229
急诊清创室	2081	九诊室三诊室	1182
皮科预诊室	1968	外科手术室	972
		平均	2097

某医院不同病房的空气含菌情况　　　　　　　　　　　　　　　　表 1.2.1-2

病房	含菌情况（CFU/m³）
呼吸科	4053
小儿外科	3358
普通外科	3266
骨科	2785
消化科	2728

世界卫生组织（WHO）把可以接受的浮游菌菌落数定为小于 $500CFU/m^3$，把小于 $200CFU/m^3$ 作为低污染的浮游菌菌落数，但这些都是动态标准。

以上数据说明不少医疗场所的空气环境还不能达到基本的卫生要求。

1.2.2 洁净装备工程是洁净技术的综合工程措施，不能简单地看成是空气净化工程。

【技术要点】

1. 医院感染防控可分为一级防控与二级防控。对于生物安全或传染疾病防控则分为一级防护与二级防护，或一级隔离与二级隔离。

对于医院感染防控来说，一级防控为医疗实施过程中涉及人与物的无菌状态及无菌操作，如医护管理、医疗过程管理、物流管理与患者管理。一级防控以消毒与灭菌为主，是降低感染率最基本、最重要、最有效的方法！

二级防控体现在对医疗过程所在环境及其功能区域的控制，是基于一级防控，进一步降低感染的工程措施。

1867 年，英国外科医生约瑟夫·李斯特开创了医疗环境消毒的先河，在控制接触感染的基础上，进一步降低了感染率。百余年来空气消毒的负面效应日益引起人们的关注，迫使我们不得不转换思路：不管微生物的特性差异有多大，总可以将其视为一个粒子，用过滤有效除去空气中的粒子，控制医疗环境，产生了以空气净化为主的绿色防控技术，称之为二级防控。从医疗环境控制逐步发展到区域控制，如平面布局、依据医疗工艺流程有机组合医疗科室，合理组织人流与物流等，使医院感染防控逐步摆脱传统的"人控"，走向现代化质量管控体系。

2. 洁净装备工程的医疗环境控制思路并非直接杀灭感染菌，而是采取综合措施消除菌尘发生、繁殖与传播的条件，以保障医疗空间，从而达到感染控制的要求（表 1.2.2）。或者说，重在事先阻止病菌进入医疗空间，使易感人群少接触或不接触病菌，而非事后对进入的病菌进行杀灭，避免杀菌药物与措施对人与环境造成负面影响。

洁净装备工程的医疗环境控制思路 表 1.2.2

项目	现代控制思路	传统控制思路
控制理念	借鉴现代工艺环境控制理念，依据控制要求实施全过程、全方位控制，使医疗环境处于受控状态	医疗环境在消毒灭菌后达到控制要求，难以维持
关注重点	关注"过程控制"，强调控制措施性能恒定，而不仅仅是"患者不感染"的结果	关注"结果控制""患者不感染"的结果
控制要求	医疗环境受控，消除潜在风险，切断所有感染途径，定期清洗消毒，菌尘数量始终满足医疗环境要求	依靠频繁的清洗与消毒来控制菌尘数量
控制思路	基于风险控制的"预防"措施，综合技术措施维持环境的"干"与"净"，消除致病菌进入、滋生与传播条件	出现致病菌后，再采取消毒灭菌的"补救"措施
控制效果	由于处于受控状态，最大限度降低了感染风险，实现了医疗全过程与医疗环境全方位控制。允许配置不干扰主控制思路与措施，且对人与环境无负面效应的消毒装置或室内净化器，使医患受到的伤害最小化	致病菌进入医疗环境加大了风险，靠消毒实现不感染的结果，意味着医疗环境受控状态已经失效

3. 洁净装备工程是利用建筑设施、功能分区与物理隔离,减少生物负荷;合理进行平面布局与空间划分,使人群少接触或不接触致病菌;人流、物流的流程控制,消除交叉感染的可能性;合适的温湿度控制,降低人体的发菌量,抑制病菌繁殖;控制尘埃与水分(或高湿度),使致病菌失去定植、滋生的条件;采用新风稀释、过滤除菌、气流技术来降低致病菌数量;有序的梯度压差控制,消除病菌传播的风险;局部排风,将污染源在扩散之前直接排除;创建卫生、舒适、健康的环境(包括良好的空气品质)等,保障医疗过程实施、降低感染风险。

1.2.3 防止空调系统和设备的污染,应成为防止空气感染的重要一环。

【技术要点】

1. 如果舒适性空调系统没有良好的空气过滤装置,管道和设备内部严重积尘积菌,是造成二次空气污染从而产生空气感染的一个原因。表1.2.3是综合平均了七省份测定数据并换算单位后空调系统管道和设备内部测定的情况,可见已接近中等污染的标准的上限了。

空调系统管道和设备内部测定的情况 表1.2.3

积尘量总平均值	$17.17g/m^3$	中等污染的标准:$2 \sim 20g/m^3$
细菌总数	$2.7 \times 10^4 CFU/g$	中等污染的标准:$(1 \sim 3) \times 10^4 CFU/g$
真菌总数	$4.07 \times 10^4 CFU/g$	中等污染的标准:$(3 \sim 5) \times 10^4 CFU/g$

2. 空调设施已成为医院的基本配置,将空调和净化结合起来。从净化空调机组的部件用材、结构设计到机组内部件组合,动态维持机组内不积尘、不积水,使微生物失去生存条件,有效防止微生物的二次污染。既能解决空调设施的污染问题,也能满足医疗环境洁净的需求。

3. 医用空调系统是防控经空气途径感染的利器,但并非靠杀菌消毒,应是消除病菌生存的条件,阻止病菌在空调系统中定植、滋生与传播,不能用普通舒适性空调替代,也不能仅在空调机组中添加负面效应不明的消毒装置。

1.2.4 洁净装备工程控制污染的作用明显、突出,此处不再赘述。洁净装备工程已成为现代医疗环境控制不可或缺的部分。

【技术要点】

1. 在《综合医院建筑设计规范》GB 51039—2014中提出,一般医疗环境控制应采取三项措施:送风稀释、过滤除菌、气流技术,如有需求可以进行压力控制,就可满足一般医疗环境控制要求。关键医疗科室对上述三项措施提出了更高的要求。

2. 洁净装备工程对关键科室,如手术室、无菌病房、隔离病房等的医疗环境控制作用更为明显,其保障医疗安全与控制感染的作用得以公认,早期调研结果也充分证实了这点。至于手术环境控制,从WHO到各国医疗卫生标准都是基于1960年美国Blowers和Wallace等学者的一些调研结果(表1.2.4-1)。WHO要求手术环境浮游菌菌落数控制在$200CFU/m^3$以内,需要进行经空气过滤的$20h^{-1}$换气,成为手术室通风的最低要求。

最高的一级浮游菌落数($10CFU/m^3$)完全出于风险控制目的,而非循证,自然会存在许多争议。但直至今日,对于风险很大的深部手术环境,要将浮游菌菌落数控制在$10CFU/m^3$,仍然靠高效过滤器与层流通风技术的组合。

WHO 基于浮游菌菌落数与空气途径感染的关系　　表 1.2.4-1

环境浮游菌菌落数（CFU/m³）	空气途径对术后感染的影响	WHO 规定（CFU/m³）
707 ～ 1767	会明显引起术后感染，如引起败血症等	500
≤ 200	感染危险不大，能满足一般无菌手术室要求	200
≤ 40	尚无证明对降低术后感染率有明显作用	10

3. 2016 年 11 月 3 日，WHO 发布的《手术部位预防感染全球指南》从全球性视角，基于中低收入国家提出了降低手术部位感染（SSI）发生率的措施。依据循证医学，该指南建议层流通风系统不应该用于降低接受全关节置换术手术患者的 SSI 风险。该指南发布后，引起了全球学者的热烈讨论，笔者也及时发表了自己的观点。经过近几年的学术交流、理性分析，业内人士对这个问题已经达成共识。合规的层流通风的确能够有效降低手术区内浮游菌菌落数，但降低手术部位感染率的作用碍于医学伦理难以再次证实（也由于术前预防性抗生素很有效）。自 2016 年后，德国、美国、日本等新发布医院建设指南或标准重申空气过滤与气流技术仍是控制感染的有效措施。

4. 德国 DIN 1946-4 标准委员会与德国医疗卫生协会（DGKH）认为 WHO 发布的《手术部位预防感染全球指南》所依据的文献的最大缺陷是对所调研的手术室的送风装置性能以及维保状态没有经过工程界的认定，无法排除送风装置性能或维保不合格等诸多关键因素的干扰，影响了循证的公正性。德国成立了多学科医疗环境调研小组，对手术室送风装置的性能与维保状况认定后，才开始进行监测。经过长达 6 年的时间，监测了同一医院同一手术团队分别在湍流（俗称乱流）和置换流（医学界习惯称为层流）手术室的共 1286 台手术，结论认为置换流通风对降低室内浮游菌菌落数和手术部位感染率是有效的。

2018 年 6 月，德国发布了新版《通风和空调　第 4 部分：医疗建筑与用房通风》DIN 1946-4。该标准 2018 年版在"一般原则"中明确医疗环境控制的宗旨是："防止感染，保护医疗器械和满足相关职业健康与安全要求"。医疗用房分为Ⅰ级和Ⅱ级，均要求保持正压。Ⅰ级医疗用房的送风末端要求配置不低于 H13 的高效过滤器。其中Ⅰa 级手术室与器械准备室内的连续空间内要求配有低湍流度置换流（习惯称为层流）送风装置，在保护区内要求换气次数大于 $300h^{-1}$。Ⅰb 级手术室可配置稀释湍流送风装置，也可配有低湍流度置换流送风装置，要求换气次数大于或等于 $20h^{-1}$。与手术室直接连接的用房为Ⅰ级，与手术室不相连的用房为Ⅱ级。表 1.2.4-2 给出Ⅰ级和Ⅱ级医疗用房空气过滤器的配置与要求。

Ⅰ级和Ⅱ级医疗用房空气过滤器的配置与要求　　表 1.2.4-2

空气过滤器配置	Ⅰ级医疗用房	Ⅱ级医疗用房
第一级	ISO ePM1/ ≥ 50%	ISO ePM1/ ≥ 50%
第二级	ISO ePM1/ ≥ 80%	ISO ePM1/ ≥ 80%
第三级	至少 H13	—

5. 美国发布的 2018 年版《医院设计和建设指南》规定手术室经空气过滤的换气次数

最低为 20h^{-1}，新风换气次数最低为 4h^{-1}；将外科手术室最低控制要求定为：经空气过滤的换气次数为 15h^{-1}，新风换气次数为 3h^{-1}。

美国标准《医疗护理设施通风》ASHRAE 170 给出了不同医疗用房空气过滤器的效率要求，如表 1.2.4-3 所示。

《医疗护理设施通风》ASHRAE 170 对不同医疗用房空气过滤器的效率要求　表 1.2.4-3

级别	用房类别	空气过滤器的效率要求
I	• 主要排风的空间（如洗手间、看管室） • 有人使用的任何空间 • 住院或门诊患者停留时间小于 6h 的任何房间（包括候诊室） • 实验室 • 协助患者生活或临终关怀的居住房间 • 包装无菌材料、干净被褥或药品的储存间 • 治疗室、内窥镜检查室 • 去污室	MERV 8 （相当于 M5）
II	• 住院部各医疗空间 • 疑似空气感染病例专用检查室、急诊室检查室 • 专业护理区的病房 • 无菌材料打包工作间 • 电子计算机电子扫描（CT）或磁共振成像（MRI）室、介入放射学（包括活检）或支气管镜检查室 • 急诊室或外伤室	MERV 14 （相当于 F8）
III	• 手术室	MERV 16 （相当于 H12）
IV	• 专用骨科手术室、移植手术室、神经外科手术室或烧伤单元手术室 • 防护环境，包括烧伤单元	HEPA

6. 2022 年 5 月，日本发布的《医院设施设计指南（空调设备篇）》将空气洁净度划分为 5 个等级，医疗设施内的每个房间（区域）按空气洁净度可分为 I 级高洁净区、II 级洁净区、III 级准洁净区、IV 级一般洁净区、V 级污染控制区和防止污染扩散区（表 1.2.4-4）。I 级高洁净区需要采用先进空气洁净措施。该指南认为 WHO 发布的《手术部位预防感染全球指南》的调研排除了 1990 年之前的研究成果，而 1990 年之前的研究重点在于层流空调系统的有效性。目前没有来自随机试验的明确证据，尚未确定层流空调系统对降低 SSI 发生率的作用。依据评估，使用层流空调系统能减少因微生物沉降造成手术区域的污染，并能最大限度降低微生物向手术切口的迁移量，有助于降低 SSI 发生率。该指南重申 I 级高洁净区适用于超净手术室，这是防止悬浮微生物感染的必要条件；强调超净手术室的层流空调系统对减少微生物沉降有作用，但对降低 SSI 发生率的效果仍有争议。

日本医院不同科室空气洁净度等级和通风条件　　　　表 1.2.4-4

空气洁净度等级	名称	概要	适用科室	最小换气次数（h⁻¹）①		室压（P正压，N负压）	过滤效率	
				新风量②	总换气量③		新风	循环风
I	高洁净区	要求层流方式	超净手术室	5	层流系统	P	高效过滤器 ≥99.97%（0.3μm）	
II	洁净区	要求低于Ⅰ级高洁净区，不必一定要层流方式	一般手术室（包括剖官产的产房）；免疫受损患者病房	3	15	P	高性能过滤器 JIS ePM1≥70%	
							高效过滤器 ≥99.97%(0.3μm)	中性能过滤器 JIS ePM1≥50%
III	准洁净区	要求洁净度比Ⅱ级稍低，而比Ⅳ级高	血管造影室	3	15	P	中性能过滤器 JIS ePM1≥50% （原JIS比色法90%以上）	
			手术部大厅	2	6	P		
			重症监护室（ICU、NICU）	2	6	P		
			产房（包括LDR）	2	6	P		
			集中供应的装配、包装区	2	6	P		
IV	一般洁净区	原则上，在室内的患者没有创口状态的一般区域	一般病房	2	无要求	P	中性能过滤器 JIS ePM10≥55% （原JIS比色法60%以上）	无要求
			新生儿室	2				
			人工透析室	2				
			检查室	2				
			急诊门诊（治疗/检查）	2				
			候诊室	2				
			X射线室	2				
			内镜室（消化系统）	2				
			理疗室	2				
			一般检查设施	2				
			无菌室	2				
			配药间	2				
			药房	2				
V	污染控制区	在室内处理有害物质、产生传染性物质或为防止向室外渗漏，须维持负压	空气传染检查室	2	12	N	中性能过滤器 JIS ePM10≥55% （原JIS比色法60%以上）	高效过滤器 ≥99.97%(0.3μm)
			空气传染隔离病房	2	12	N		
			内窥镜室（支气管）	2	12	N		JIS ePM10≥55%
			细菌检验设施	2	6	N		
			分拣/清洗室	2	6	N		
			RI控制区房间	2	6全排	N		如果需要净化可增加过滤器
			病理检查设施	2	12全排	N		
			解剖室	2	12全排	N		

续表

空气洁净度等级	名称	概要	适用科室	最小换气次数（h⁻¹）①		室压（P正压，N负压）	过滤效率	
				新风量②	总换气量③		新风	循环风
V	防止污染扩散区	保持负压以防止污染扩散到房间外部的区域	患者用厕所	—	10	N	中性能过滤器 JIS ePM10 ≥ 55%	
			污染物料室	—	10	N		
			污物处理室	—	10	N		
			太平间		10	N		

① 如果考虑到通风效率，其他系统也能满足相同性能的话，则不适用。

② 比较换气次数和新风量［30m³/（人·h）］，取较大值。

③ 总换气量为新风量和循环风量之和。如果房间压力为负，则为排风量和循环风量之和。

1.3　洁净装备工程基本特性

1.3.1　医用洁净装备工程应具有以下基本特性：有效、安全、节能。

【技术要点】

1. 医用洁净装备工程必须满足医疗服务功能需要，同时要满足医疗工艺与感控要求。

2. 医用洁净装备工程，首先要安全、适用，其次才是经济、节能。

1.3.2　医用洁净装备必须是有效的，应有效地满足使用要求。

【技术要点】

1. 要能在一定时间内（全生命周期）完全满足标准规范的参数要求。要求在任何运行工况下的送风量与净化装置效率都不低于设计值，才能保证医疗环境始终不失控，而不能以符合一时的检测状态就认定合格。

2. 如果装备的标称值（额定值）允许有偏差范围，参数的原始测定值应在标称值的有利偏差一侧，多数参数应为正偏差，例如风量、压头。

1.3.3　医用洁净装备必须是安全的，除充分发挥其功能外，不应产生其他有负面效应的副作用、副产物。

【技术要点】

1. 安全性分直接安全与间接安全。

2. 直接安全：若缺少这种安全将立即造成人员、物件的伤害。例如触电、火灾、安装不牢砸伤人（物）、吸入有害微生物与气体等。

3. 间接安全：若缺少这种安全，将对人、物有潜在损害。例如某些消毒净化装置会产生有害气体和物质，产生电磁干扰，促使微生物变异；再如放射、有害气体泄漏、对人体有害参数长期超标等。

1.3.4　医用洁净装备的设计、生产、运行应在安全的前提下充分考虑节能原则，符合现行国家标准《绿色医院建筑评价标准》GB/T 51153关于节能的要求。

【技术要点】

1. 各类用能的医用洁净装备宜达到高的能效等级，相关标准有能效标识要求的应明示能效标识。

2. 除特殊情况外，用电装备不得以电热作为直接热源。

3. 空气动力装备的风机应有较低的单位风量耗功率。

4. 照明装备应有符合标准规定的照明功率密度值。

5. 节能需要制（控制）污，控制污染有利节能。例如表冷器的翅片上单位面积0.1mm厚的灰尘，将使阻力上升19%，传热效果也大受影响；当50%以上的尘粒进入系统后，系统必须进行清洗。如果使用合适的净化装置把住新风、回风入口的"关"，将阻留95%的尘粒在系统之外，系统寿命将延长10倍；又如空气过滤器按其额定风量的70%选择使用风量，其寿命将延长1倍，节能效果明显。

6. 医用洁净装备节能不能只局限于从能源系统、输送系统、空气处理系统、控制系统等方面去提高"能源效率"，节能效果受到许多因素制约。如果从"非能源效率"节能思路出发，去提高医疗效率、改进医疗方式、改变医疗模式、改革医院体系、降低非医疗的能耗等，节能途径更多，节能效果更好。只有从"能源效率"和"非能源效率"两方面综合考虑才能更有效地推动医院的节能降耗。

7. 医用洁净装备应做到工厂化、标准化、模块化、规模化，从而极大地提高装备质量，节约用材和工时，降低成本，有利于再利用。

1.4　医用洁净装备工程的建设

1.4.1　医疗设施的建设应包括医用洁净装备工程的建设。

【技术要点】

1. 医用洁净装备不能狭义地理解为医院内洁净用房的装备。一切要求控制污染、降低污染、环境洁净的医疗场所，都离不开医用洁净装备。

2. 对于非洁净用房的普通集中空调系统，《综合医院建筑设计规范》GB 51039—2014提出的要求是：

（1）新风经过粗效、中效两道或粗效、中效、高中效三道过滤；

（2）集中空调系统和风机盘管机组的回风口应设阻力小于50Pa、滤菌效率达90%、滤尘计重效率达95%的净化装置；

（3）无特殊要求时，不应在空调机组内安装臭氧等消毒装置，不得使用淋水式空气处理装置。

3. 医院洁净装备应为工厂化生产，有完整的检测数据，不应在现场制作、组装。

4. 医用洁净装备工程应优先使用低阻、节能、优质、自主创新的装备，不应一味追求"最低价"。对专利产品，确有正规检验数据的，不能单纯地要求"货比"三家。

1.4.2　医用洁净装备工程的建设宜留有发展余地，注重设计的灵活性与通用性，以适应将来改建或扩建的需要。

【技术要点】

1. 最初应用洁净技术的只有血液病房，后来发展到手术室、病房、医技用房、科研实验用房、辅助用房（如配药、供应等部门用房）等都对医用洁净装备特别是医用空气洁净装备提出需求。

2. 新技术的出现（如微创手术、复合手术室、机器人辅助手术室等）会对环境洁净提出新的要求，因此医用洁净装备工程的建设留有发展余地是必要的。

本章参考文献

［1］于玺华. 现代空气微生物学［M］. 北京：人民军医出版社，2002.

［2］陈风娜，赵彬，杨旭东. 公共场所空调通风系统微生物污染调查分析及综述［J］. 暖通空调，2009，39（2）：50-56.

［3］中华人民共和国卫生部. 公共场所集中空调通风系统卫生规范：WS 10013—2023. 北京：中国标准出版社，2023.

［4］许钟麟. 医院洁净手术部建筑技术规范实施指南技术基础［M］. 北京：中国建筑工业出版社，2014.

［5］于玺华. 空气净化是除去悬浮菌的主要手段［J］. 暖通空调，2011，41（2）：32-37.

［6］许钟麟. 空气洁净技术原理［M］. 4版. 北京：科学出版社，2013.

［7］刘燕敏，聂一新，张琳，等. 空调风系统的清洗对室内可吸入颗粒物和微生物的影响［J］. 暖通空调，2005，35（2）：133-137.

［8］沈晋明，俞卫刚.《医院洁净手术部建筑技术规范》误读与析疑［J］. 中国医院建筑与装备，2007，8（4）：20-25.

［9］沈晋明，杨嫒茹，俞卫刚. 再谈洁净手术部规范误读［J］. 中国医院建筑与装备，2011，12（3）：67-72.

［10］沈晋明，刘燕敏. 手术室手术环境控制不应照搬洁净室技术［J］. 暖通空调，2017，47（8）：31-35.

［11］Blowers R, Wallace KR. Ventilation of operating room–bacteriological investigations[J]. American Journal of Public Health, 1960, 50(4): 484-490.

［12］沈晋明. 联邦德国的医院标准和手术室设计［J］. 暖通空调，2000，30（2）：33-37.

［13］沈晋明，许钟麟. 德国标准 DIN 1946-4—2018 解读［J］. 暖通空调，2020，50（4）：40-46.

［14］刘燕敏，沈晋明. 美国医院设计和建设新指南及主要修订内容［J］. 中国医院建筑与装备，2019，20（6）：36-40.

［15］沈晋明，刘燕敏. 简介最新颁布的美国 ASHRAE 标准 170—2021《医疗护理设施通风》［EB/OL］.（2021-06-05）［2023-06-06］. http://www.chinaacac.cn/chinaacac2/news/?983.html.

［16］沈晋明，刘燕敏. 日本医院设施设计指南简介（一）［EB/OL］.（2020-09-08）［2023-06-06］. http://www.chinaacac.cn/chinaacac2/news/?1004.html.

［17］沈晋明，刘燕敏，严建敏. 正确认识医疗环境控制技术［J］. 暖通空调，2016，46（6）：73-78.

［18］沈晋明，刘燕敏. "平疫结合"负压隔离病房设计参数的探讨［EB/OL］.（2021-07-09）［2023-06-06］. http：//www.chinaacac.cn/chinaacac2/news/?984.html.

［19］刘燕敏，沈晋明. 从非能源效率浅谈手术部节能［J］. 暖通空调，2020，50（1）：64-68.

第2章 医用洁净装备设计管理与工程流程

孙红兵：中国医学科学院肿瘤医院基建处原处长，现任北京市朝阳区三环肿瘤医院副院长，具有四十多年的医院基本建设管理经验。

2.1 医用洁净装备工程实施工作流程

2.1.1 医用洁净装备工程实施工作流程指工程自策划、设计、施工、验收直至交付使用过程中各个阶段的工作任务及其先后次序。

【技术要点】

医用洁净装备工程实施工作流程是广大医院建设工作者经多年工作实践，在总结经验和教训的基础上做出符合医用洁净装备工程要求的、客观的、科学的管理办法。按照工作流程图分阶段、有步骤地实施洁净装备工程是确保项目安全、顺利进行的必要条件。

2.1.2 医用洁净装备工程实施分为三个阶段：策划与设计阶段、施工准备阶段、施工和竣工阶段。

【技术要点】

1. 策划与设计阶段：主要任务是依据医疗工作需要，论证并确定医用洁净装备工程的范围，如手术部（包括手术区和办公生活区）、重症监护单元（ICU）、血液病病房等。初步制定各个洁净区域内不同房间（空间）的空气净化标准和数量，编制设计任务书，为设计招标做好准备。

2. 施工准备阶段：新建、改扩建医院的医用洁净装备工程在建筑施工图上一般标示为"二次深化设计"范围。为完善设计，确保施工质量，建设单位会以公开（或邀请）招标方式选择优秀的洁净装备工程设计单位完成"二次深化设计"，以公开（或邀请）招标方式选择施工单位。

（1）设计招标。医用洁净装备工程设计可面向社会公开或邀请招标，公开的设计招标一般由招标代理公司组织，按照国家和当地建设主管部门的相关规定有序进行。编制招标文件时，建设单位应提供招标内容、范围、要求、设计任务书等标书所需的相关技术文件。设计招标工作完成后，建设单位与设计中标单位签订设计合同。

（2）施工招标。依据医用洁净装备工程施工图和招标控制价进行施工招标，公开的施工招标由招标代理公司组织，按照国家和当地建设主管部门的相关规定有序进行。建设单位应提供招标所需全部施工图、招标控制价及其他相应技术文件。施工招标工作完成后，建设单位／项目总承包单位与施工中标单位签订施工合同。

（3）施工招标投标的技术条件。完成全部施工图设计，完成工程量清单／招标控制价编制工作。满足上述技术条件的施工招标投标将为下一步的工程顺利实施、控制投资创造条件。

3. 施工和竣工阶段：主要任务是签订施工合同，进场施工，做好施工质量、工期、投资控制、安全生产、施工协调等各项工作。完成施工任务后依据现行国家标准《洁净室施工及验收规范》GB 50591 组织专项净化工程验收和工程整体验收，编制洁净工程设备使用、维护、维修保养说明书并进行实操培训，然后移交使用单位。

2.1.3 医用洁净装备工程实施流程如图 2.1.3 所示。

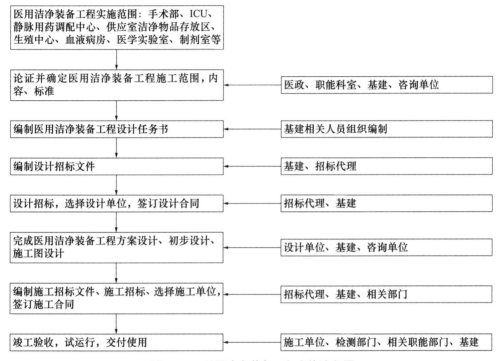

图 2.1.3　医用洁净装备工程实施流程图

2.2　设计任务书的编制

设计任务书是医院规划实施医用洁净装备工程的总体意见和要求，主要内容包括：项目概况，医疗工作对洁净装备的需求，医用洁净装备工程的设计范围、规模、标准、质量、投资控制要求以及各专业设计的标准等，是指导开展设计工作的纲领性文件，应给予高度重视，并认真组织编写。

【技术要点】

医用洁净装备工程设计任务书应包括（不限于）如下内容：

第一章　项目概况：医院简介、现状等背景情况；

第二章　医院对医用洁净装备工程的需求；

第三章　设计理念；

第四章　设计范围、规模、医用洁净装备等级要求：有洁净需求的业务科室（如手术部、ICU、数字减影血管造影（DSA）手术室、静脉药物配置中心、消毒供应中心的洁净物品存放室等）设计范围、平面的划分、所需洁净空间及洁化级别的确定，一般情况下应以科室为单位，例如手术部应含手术部全部用房（手术区用房、手术准备区用房、家属等候区用房等）以及手术部内部通道，连接手术部的人流、物流通道等。

第五章　各洁净区平面功能设计要求：平面功能布局合理，各区划分明确，空间设计如房间、通道等满足使用需求，人流、物流动线设置合理，洁污不交叉。

第六章　医用洁净装备工程各专业设计要求：包括建筑及装修专业、给水排水专业、暖通空调专业、电气专业、信息自动化控制专业、医用气体专业、消防工程专业等。

第七章　设计标准及限额：明确提出各洁净功能区设计标准，所选用的设备、材料的档次，各洁净功能区设计综合单价控制标准，全部医用洁净装备工程计划总投资控制限额。

第八章　设计周期：包括竞标方案设计周期、初步设计（含方案优化设计）周期、施工图设计周期。

第九章　提交的设计成果：方案设计，包括方案设计总说明、设计效果图、各专业设计说明，所提供设计成果均应符合方案设计深度要求；初步设计，包括初步设计总说明、各专业符合初步设计深度要求的图纸、初步设计概算书；施工图设计，包括施工图设计总说明、材料做法表、各专业设计说明和各专业符合施工图设计深度要求的全部图纸。

第十章　设计竞标：为鼓励设计投标单位努力做好投标方案设计，部分建设方会采用设计竞标方式，即经过评审选出较为优秀的设计作品并排出名次给予一定的奖励，这样做既有助于各竞标单位的设计积极性，也有利于建设方"博采众长"，集各家之优点于设计中标方案，从而进一步深化设计方案。

2.3　设 计 管 理

2.3.1　设计组织管理。医用洁净装备工程设计组织与管理工作由医院建设方负责。选择优秀的设计团队、确保设计质量是医用洁净装备工程顺利实施的重要前提条件。当前国内医疗建筑设计方式一般分为设计总承包和非设计总承包，医院建设方应根据项目选用的设计承包方式合理组织医用洁净装备工程的设计工作。

【技术要点】

设计总承包项目的设计组织管理：设计总承包单位负责设计，建设方参与并审查设计，包括方案设计及投资估算的质量审查、初步设计及投资概算质量审查、施工图设计质量及工程量清单/招标控制价编制深度的审查。

非设计总承包项目的设计管理：医院建设方负责组织设计招标及各阶段设计审查。医院建设方依据国家、地方关于设计招标投标的相关规定，经公开招标投标，选择优秀设计方案及设计团队，签订设计合同，完成项目方案设计及投资估算审查，完成项目初步设计及投资概算审查，完成施工图设计质量审查和工程量清单/招标控制价编制深度的审查。

2.3.2　设计质量管理。医用洁净装备工程设计工作一般分为三个阶段：方案设计阶段、初步设计阶段、施工图设计阶段，设计质量管理应按照不同的设计阶段依次进行。

【技术要点】

1. 方案设计

方案设计是医用洁净装备工程设计的重中之重，经公开招标投标选择的优秀设计团队将与建设方签订设计合同，完成后续的初步设计、施工图设计，为医用洁净装备工程施工招标投标提供可靠的施工技术图纸和投资控制依据。

（1）方案设计的总体评价：

1）科学性——选用先进的洁净装备技术；

2）实用性——项目建成后应能满足医院开展各项临床工作的需求；

3）可控性——在投资可控的前提下，方案设计所选用的设备、材料可体现最佳性价比；

4）前瞻性——为项目后续发展留有一定的调整空间。

（2）建筑及装修专业：明确医用洁净装备工程施工范围，各功能区布局合理，房间、走道等使用空间满足要求，洁污分区明确，动线设置合理，手术室等洁净房间及其他洁净房间内基本配置齐全，装修标准及选材投资可控，室内装修效果图表现真实，基本色调搭配符合设计任务书理念，主要部位（如手术室、麻醉准备/恢复室、护士工作站、洁净通道、污物通道、换床间、患者家属等候大厅、医护人员更衣、厕浴室等），效果图齐全。

（3）给水排水专业：给水排水系统设计合理。医护人员术前使用的洗（刷）手槽的位置、数量、材质应满足使用需求，设计应说明洗（刷）手的热水水源为集中供水还是独立热水器供水，热水供水温度不应低于60℃，普通办公生活用房内的洗手盆，更衣室和厕浴室内的洗手盆、大小便器、淋浴器，以及自来水、生活热水供水管道、管件、下水管道的材质等应质量可靠，经久耐用。

（4）电气专业：供电系统设置合理。供电能力满足需求，供电设备电气配件安全可靠，备用电源（如医用自备发电机、手术部 UPS）设计能力满足要求。

（5）信息自动化专业：各系统设计先进、安全、实用。

（6）净化空调专业：系统设计及不同洁净级别空间设计及风量、风压等重要参数选择合理，Ⅲ、Ⅳ级洁净辅助用房、通道等区域净化空调方式选用合理，冷热源系统设置符合建设项目实际需求，净化空调系统设计有节能措施等。

（7）供暖通风专业：供暖热源、手术部等非净化区域通风设计合理。

（8）医用气体专业：设计内容包括氧气、正负压气体及其他医用气体源、供应能力、供应安全、管道材质等。

（9）投资估算：方案设计完成后，应依据方案设计做出相应的投资估算，估算总价应控制在建设方控制总价范围内。

2. 初步设计

医用洁净装备工程初步设计是前期方案设计的深化，初步设计深度应满足规范及编制设计概算要求，设计成果应包括：初步设计总说明书，室内装修专业的平面图、立面图、剖面图及必要的节点大样图，其他专业的系统图、平面图，初步设计概算书等。

3. 施工图设计

施工图设计是医用洁净装备工程施工的技术依据，工程量清单/招标控制价是投资控制的依据，施工图设计深度应符合规范要求，满足施工需要，工程量清单/招标控制价应能满足施工招标及施工的资金控制需要。主要设计成果应包括：建筑装修做法，平面布置及墙体尺寸定位图、立面装修展开图、顶棚布置图、地面铺装图、卫生间等特殊房间大样图、剖面及节点大样图等。其他各专业图纸主要有：原理图、系统图、平面布置图、末端点位图（灯具、插座、开关面板）、各专业设备规格、型号、数量、主要管线的材质要求等。

第3章 医用洁净装备工程招标投标

樊和民：上海申康医疗卫生建设工程公共服务中心采购部主任。

3.1 发包与采购管理的概念

3.1.1 发包与采购的概念：

发包是指具有工程发包主体资格和支付工程价款能力的当事人或取得该当事人资格的合法继承人将建设工程勘察设计施工等项目一次性承包给一个总承包单位或者若干承包单位完成的行为。

采购（也称政府采购或公共采购）是指各级国家机关、事业单位和团体组织，使用财政性资金采购依法制定的集中采购目录以内的或者采购限额标准以内的货物、工程和服务的行为。

【技术要点】

1. 建设工程发包是指建设单位采用一定的方式，在政府管理部门的监督下，遵循公开、公正、公平的原则，择优选定设计、施工等单位的活动。建筑工程发包分为招标发包和直接发包两类。

2. 建设工程采购包括建筑物和构筑物的新建、改建、扩建、装修、拆除、修缮等工程性或服务性行为。

3.1.2 招标的概念：招标是应用技术经济的评价方法和市场经济竞争机制的作用，通过有组织地开展择优成交的一种相对成熟、高级和规范化的交易方式。

【技术要点】

招标人在依法进行某项适宜于竞争性活动过程中，应事先公布招标条件，邀请特定或非特定的投标人参加投标，并按照规定的程序从中择优选定中标人。所以，这是以实现投资综合效益最大化为目标的一种经济行为（交易行为）。

3.1.3 医用洁净装备是为医疗服务的、能提供洁净目的物（气、水、电、物件等）或自身需洁净而无污染的设备物件，多种医用洁净装备形成的系统即是医用洁净装备工程。

【技术要点】

1. 医用洁净装备和医用洁净装备工程的基本特性是：

（1）有效性：有效地达到预期要求；

（2）安全性：使用安全、环境受控；

（3）节能性：比常规的装备／工程更经济、节能。

2. 医用洁净装备包括但不限于空调和净化两方面，也不只是单一的设备。这些设备

17

需要联合使用，构成一个装备工程系统，应讲究有效联合、动作协调，不能发生抵消作用。医用洁净装备工程的典型就是洁净手术室，各种各样的洁净手术室会对洁净装备有个性的要求，即便是一般环境也对分散的洁净装备有需求。

3.2　招标（采购）中的合同策划

3.2.1　本阶段发包与招标（采购）管理工作包括净化项目实施的大部分发包与采购工作实施的管理工作，不包括勘察与设计招标实施的管理工作。

【技术要点】

本阶段发包与招标（采购）管理工作包括工程类、服务咨询类及材料与设备类招标活动。其中，工程类招标包括施工总承包、指定专业分包（如洁净手术室、ICU、静脉用药调配中心等）；服务类招标包括指定专业设计、施工监理、招标代理、造价咨询、工程审计，监测或检测及其他咨询服务类等；材料与设备采购包括甲供材料、甲供设备等。

3.2.2　本阶段应确定合同结构、发包界面及发包方式。

【技术要点】

1. 本阶段的合同结构、发包界面及发包方式是项目前期及策划阶段合同策划的重点。

2. 确定合同结构，并分清各发包界面，避免遗漏、重复，便于实施管理和工程的交接。

3. 根据国家及地方的相关规定，结合项目和合同结构特点，确定发包方式。

4. 制定和执行发包与招标（采购）工作计划和时间计划。

5. 发包与招标（采购）工作的时间计划总体要求是为该项目工作留有合理的准备时间，以配合总体建设计划要求，确保工程顺利开展。

（1）根据建设项目的总体建设计划，制定施工准备阶段的发包工作计划。

（2）根据发包方式及工作计划，制定具体的时间计划，包括发包与招标（采购）工作过程中各项活动的时间节点计划。

（3）检查发包与招标（采购）工作实施情况，并与所对应的进度计划进行比较，及时调整偏差，以确保整个项目的顺利开展。

3.2.3　对参加投标的单位应进行资格预审。

【技术要点】

1. 可以要求招标代理单位组织资格预审，并参加整个过程，建设单位对此进行监控：

（1）参加资格预审专家评审会；

（2）掌握汇总资格预审结果，确定入围名单。

2. 参加现场踏勘和答疑会。

（1）要求招标代理单位组织现场踏勘和召开答疑会，并参加整个过程，对此进行监控。

（2）按照招标（采购）文件约定的时间和地点，参加投标单位及相关单位的现场踏勘活动，并介绍现场情况。

（3）在约定时间内，参与回答投标单位在踏勘及编制投标文件中提出的书面问题。

（4）参加答疑会。

3.2.4　招标工作必须组织编制和审核招标（采购）文件。

【技术要点】

招标（采购）文件审核的主要内容包括：

（1）招标（发包）范围是否正确；

（2）分包（如需）范围是否正确；工程招标文件应该正确描述、界定工程数量与边界，工作内容与周围的分工、衔接、协调等边界条件；

（3）工程招标标段划分需要考虑的主要因素：法律法规，工程承包管理模式，工程管理力量，投标资格与竞争性，工程技术、计量和界面的关联性，工期与规模。

若划分标段将医用洁净装备工程作为分包工程，施工界面的划分尤为重要。施工界面的划分如表 3.2.4 所示。

（4）典型模式有："设计＋施工"（D＋B）、"设计采购建造"（EPC）及"工厂设备与设计＋施工"。

<table>
<tr><td colspan="3" style="text-align:center">施工界面的划分　　　　　　　　　　　　　　　　表 3.2.4</td></tr>
<tr><td>系统</td><td>净化工作范围</td><td>非净化工作范围</td></tr>
<tr>
<td>装饰</td>
<td>区域红线范围内的所有装修装饰，包括墙面、顶面、地面、嵌入式医疗装备、内门、内窗、铅防护全部内容，施工分界处的装饰界面收口工作；
配合消防系统完成终端设备定位、开孔、收口工作；
交界面上门（除楼梯间、管井、楼梯前室）；
湿区防水、找平</td>
<td>区域红线范围内办公家具、移动家具、手术医疗设备（灯、床、塔、实验台）等；
区域红线内所有消防系统，包括消防排烟、消防喷淋、烟感报警、消防联动信号；
区域交界面墙体砌筑粉刷，沉降区回填、建筑外墙的开洞与封堵，穿楼板开孔、加固及封堵、设备层空调机组基础，外墙百叶安装；
净化空调机房、汇流排机房的土建、装饰装修（含防水）、照明、排水的所有工作；
区域红线内土建墙砌筑及二次粉刷，地面找平</td>
</tr>
<tr>
<td>空调</td>
<td>区域红线范围内空调送风系统、回风系统、排风系统、新风系统、制冷系统等所有空调系统设备材料采购、施工、安装、调试等工作</td>
<td>甲方提供冷热源及配电；
预留四管制接驳点</td>
</tr>
<tr>
<td>强电</td>
<td>区域红线范围内的楼层总配电箱及（双切箱）下桩头以后的照明插座系统、空调配电系统的所有设备材料的采购、施工、安装、调试等工作，双切箱进线电缆由总包提供；
DSA 大型医疗设备的总配电箱及下桩头以后的配电；
提供净化区域 UPS 设备及进出线，将弱电桥架敷设至相关弱电井及其采购、安装、调试、验收；
走廊消防广播由大楼弱电单位施工，完成其施工的通风空调系统的自动控制，并负责相关设备、材料的采购、安装、调试和验收；
完成区域红线范围内的监控系统、综合布线系统、呼叫系统等，弱电线均预留至弱电井相关设备处</td>
<td>楼层总配电箱（双切箱）进线电缆；
大型医疗设备的总配电箱进线电缆；
弱电井内所有设备的采购、安装、校准、调试；
门禁系统由大楼弱电单位负责</td>
</tr>
</table>

系统	净化工作范围	非净化工作范围
气体	从预留阀门处（压缩空气二级减压箱后，负压吸引表阀箱后）开始至净化招标范围内的气体管道、终端、配件、二氧化碳汇流排系统的采购、安装及调试	将氧气、压缩空气、负压吸引主管道提供至净化施工接驳界面处，并预留阀门（含阀门）
给水排水	从预留阀门处开始至红线范围内的所有给水管道、洁具、相关配件的采购、安装、施工、调试；排水设施与排水立管接入点之间的管道连接	将给水管道提供至净化施工接驳界面处，并预留阀门（含阀门）；提供本层排水立管的接入点（含三通）
其他	各床位的吊塔锚栓、无影灯锚栓由净化单位无偿配合建设单位安装，吊塔、无影灯设备由甲方提供	—

3.2.5　应对投标单位的资格是否符合相关法规规定，以及是否符合项目本身的特点和需求进行审核。

3.2.6　应对技术与质量标准、技术要求、进度要求是否符合项目要求进行审核。

【技术要点】

必须全面、正确地分析医用洁净装备工程的功能、特点和条件，依据有关法规、标准规范、项目审批文件、设计文件以及实施计划等，科学合理地设定工程项目质量、造价、进度、安全、环境管理的目标。

3.2.7　投标活动的进度安排应符合项目的整体进度计划要求。

3.2.8　所附的合同（若有）条款应符合建设单位及项目目标要求。

3.2.9　评标办法应科学、公平、合理，适合本项目性质。

3.2.10　组织编制和审核工程量清单或招标控制价等文件。

3.2.11　审核图纸说明和各项选用规范是否符合技术要求。

【技术要点】

1. 审核清单中对主要设备的要求（型号、规格、品牌）是否符合项目要求。

2. 将控制价中各大项（土建工程、安装工程）与概算指标进行对比，若相差较大，则要求招标控制价编制单位给予澄清。

3. 审核工程量清单或招标控制价等文件，重点关注界面划分、是否漏项以及对造价有重大影响的子项目等。

3.2.12　开标、评标活动包括：开标、评标会议；根据评标报告确定中标人。

3.2.13　组织起草和审核工程发包合同。

【技术要点】

1. 建设单位（招标人）组织招标代理单位起草工程发包合同。

2. 审核工程发包合同，主要针对合同中涉及投资、进度、质量和安全的条款进行审核。

3.2.14　参与合同的谈判及签订工作。

【技术要点】

1. 应从公正的角度，协调解决合同双方的争议条款，有利于合同的顺利实施。

2. 合同谈判内容主要包括以下几个方面：

（1）合同范围，包括工作范围、工作内容、工程量、与其他参与方的界面划分等；

（2）合同双方的权力、责任和义务；

（3）合同价格、计价形式及调整方式；

（4）合同标的质量要求和验收方式和程序；

（5）合同标的进度要求及其他参与单位的配合工作；

（6）对工程变更和增减的规定；

（7）违约责任确立和解决争端的方式。

3. 应参与合同谈判，记录谈判内容。

4. 应参与合同签订工作，并注意合同签订手续的合法性。

3.2.15　办理合同备案。

1. 掌握当地政府部门对合同备案的规定；

2. 在当地政府部门规定的日期内提交相关资料进行备案。

3.3　招标（采购）流程

3.3.1　招标文件签发应符合图 3.3.1 所示的流程。

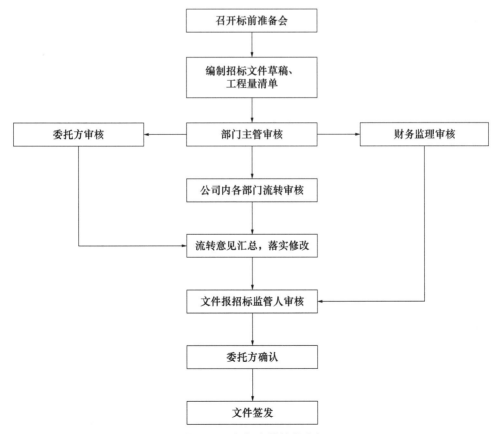

图 3.3.1　招标文件签发流程

3.3.2 招标过程应符合图 3.3.2 所示的流程。

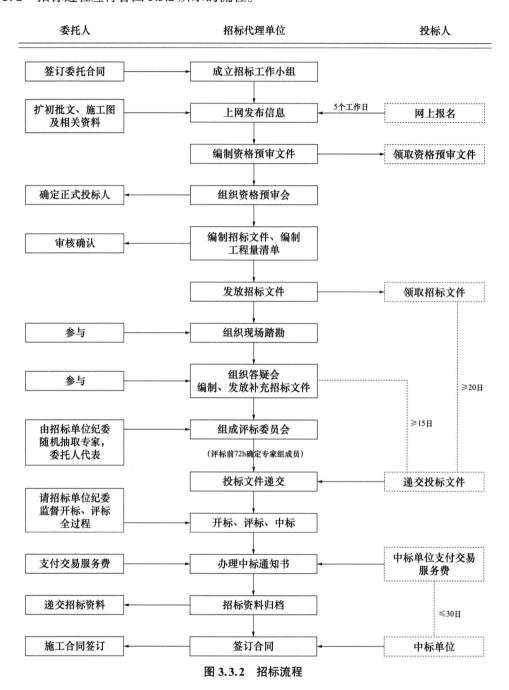

图 3.3.2 招标流程

3.4 招标（采购）评标方法

3.4.1 进场交易范围。

根据《×××市建设工程招标投标管理办法》第四条：政府投资的建设工程，以及国有企业事业单位使用自有资金且国有资产投资者实际拥有控制权的建设工程，达到法定招标规模标准的，应当在市或者区统一的建设工程招标投标交易场所进行全过程招标投标活动。

3.4.2　暂估价招标。

1. 工程建设项目招标人对项目实行总承包招标时，以暂估价的形式（包括在总承包范围内的货物）达到国家规定标准的，应当由总承包中标人和工程建设项目招标人共同依法组织招标。双方当事人的风险和责任由合同约定。

2. 进场交易的建设工程，其暂估价的工程招标投标活动应当在招标投标交易场所进行。

3.4.3　进场交易适用的评标办法。

1. 经评审的合理低价法

（1）初步评审：

1）技术标否决投标评审；

2）商务标否决投标评审；

3）信用评价评审。

根据×××市住房和城乡建设管理委员会发布的计算机信用评价体系计分，信用分值大于等于 60 分的为合格（联合体投标的，联合体各成员分值均应大于等于 60 分）。

4）报价初步甄别。

（2）详细评审：通过初步评审的投标文件进入详细评审，详细评审按以下顺序进行。

1）项目负责人答辩。

2）技术标详细评审：技术专家对通过项目负责人答辩和未抽取到项目负责人答辩的投标人的技术标进行详细评审。技术标评审采用合格制，合格制分为票决制和打分制两种。

票决制是指评标委员会中的技术专家按照招标文件的评审因素采用记名方式进行投票，以少数服从多数的原则确定技术标合格的投标人。

打分制是指评标委员会中的技术专家按照招标文件的评审因素进行打分，得分高于合格分值的投标人为合格。合格分值在招标文件中明确，合格分值上限设置不得高于 75 分，下限设置不得低于 60 分，技术标的各项因素评分区间下限设置不得低于该因素满分值的50%。

技术专家认定技术标不合格的，均应书面详述理由。

3）商务标详细评审：通过技术标详细评审的投标报价进入合理最低价计算，低于合理最低价的投标文件不再进行评审。

对中标候选人的投标报价进行分析，提出定标需澄清的问题。

（3）评标结果：在通过详细评审的投标人中，投标报价最低的投标人为第一中标候选人，次低的为第二中标候选人，依此类推。

2. 综合评估法（一）

该方法适用于建筑企业资质标准中一级及以上的资质可以承接的工程（以下简称一级工程）或施工技术复杂的工程项目。

（1）初步评审：步骤与方法同合理低价法。

联合体投标人信用分值等于各单位信用分的算术平均值。

信用评价得分＝信用分值 ×5%，满分为 5 分。

报价初步甄别。

（2）详细评审：通过初步评审的投标文件进入详细评审，详细评审按以下顺序进行。

1）项目负责人答辩。

2）技术标详细评审：技术专家对通过项目负责人答辩和未抽取到项目负责人答辩的投标人的技术标进行详细评审。

技术标评审分优、良、合格和不合格。优、良、合格分值，可由招标人根据不同项目情况在招标文件中设定，合格分值上限设置不得高于 75 分，下限设置不得低于 60 分。

当评审中启动投票表决机制时，同意不合格的票数超过半数的，则该投标文件被判为不合格；不足半数的则判定为合格，即将原评为不合格的得分，按照合格分纳入算术平均值计算。投票不设弃权票。

3）商务标详细评审：通过技术标详细评审的投标报价进入合理最低价计算，低于合理最低价的投标文件不再进行评审，高于合理最低价的报价进入得分计算。以高于合理最低价的最低报价为基准价，得满分；相比基准价，报价每上浮 1%，扣 1～2 分，得分按线性插入计算（保留 2 位小数），最低扣至常数分。常数分在招标文件中明确，常数分下限分值与满分之间的分差大于等于 10 分。

对中标候选人的投标报价进行分析，提出定标需澄清的问题。

（3）评标结果：总得分＝商务标得分（≥ 55%）＋技术标得分（≤ 40%）＋信用评价得分（＝ 5%），总得分最高的投标人为第一中标候选人，总得分第二的为第二中标候选人，依此类推。

3. 综合评估法（二）

该方法适用于一级工程且施工技术复杂的工程项目。

（1）技术标评审：投标人在投标截止时间前同时递交技术和商务投标文件；开启所有投标人的技术投标文件，并对商务投标文件进行封存。

1）初步评审：步骤与方法同合理低价法。

2）详细评审：步骤与方法同综合评估法（一）。

（2）商务标评审：开启所有投标人的商务投标文件，对技术标合格的投标文件进行商务标评审。

1）初步评审：商务标否决投标评审，报价初步甄别。

2）详细评审：对通过商务标初步评审的投标报价进行合理最低价计算，低于合理最低价的投标文件不再进行评审。取投标报价高于合理最低价且技术标得分由高至低不少于 5 家的投标人（技术标合格的投标人不足 5 家的则全部进入，多家技术标得分并列的同时进入，具体数量由招标人在招标文件中明确）进行商务标得分计算，以其中投标报价最低的为基准价，得满分；相比基准价，报价每上浮 1%，扣 1～2 分，得分按线性插入计算（保留 2 位小数），最低扣至常数分。常数分在招标文件中明确，常数分下限分值与满分之间的分差大于等于 10 分。

对中标候选人的投标报价进行分析，并提出定标需澄清的问题。

（3）评标结果：得分计算方法同综合评估法（一）。

4. 有担保的最低价中标法

（1）初步评审：步骤与方法同合理低价法。

（2）详细评审：

1）通过初步评审且投标报价最低的投标文件进入详细评审。详细评审包括技术标详细评审、商务标详细评审和项目负责人答辩（如采用），详细评审的具体要求在招标文件中明确。

通过详细评审的投标人，即为第一中标候选人；未通过详细评审的，则对次低报价的投标文件进行详细评审，依此类推，直至评选出符合招标文件要求的中标候选人。

2）技术专家对中标候选人的技术标提出优化意见，经济专家对中标候选人的商务标提出定标需澄清的内容。

（3）评标结果：根据招标文件规定的中标候选人数，通过详细评审投标报价最低的投标人即为第一中标候选人，次低的为第二中标候选人，依此类推。

3.4.4 资格预审。

1. 符合以下条件之一的，可采用资格预审：

（1）一级工程或施工技术复杂的工程项目；

（2）单位集体决策采用资格预审的非政府投资项目。

2. 当提交资格预审申请文件的申请人少于 7 家，则不再实施资格预审评审，招标人应确定其全部入围参加投标。

3. 通过资格预审的申请人中，同一公司（指同一集团公司）下属所有公司同时通过的申请人不得超过 2 家，由资格预审评审委员会根据评审结果确定，采用合格制的也可由招标人通过单位集体决策机制确定。具体由招标人在招标文件中明确。

4. 采用资格预审的项目不再使用综合评估法，其评标采用经评审的合理低价法或有担保的最低价中标法。一般采用经评审的合理低价法。

3.4.5 招标文件模板。

自 2020 年 4 月 1 日起，实行建设工程施工电子招标投标，目前各地招标文件均有自己的模板。

3.5 资 料 汇 总

3.5.1 招标资料应予以汇编，包括：建设工程项目建议书的批复；图纸审查情况说明；工程建设项目招标代理合同；招标启动会会议纪要、招标启动会签到表；招标策划计划表（如有）；招标策划报告及附件（如有）。

3.5.2 招标文件应予以汇编，包括：招标文件流转审批表；招标文件（含合同文件）、工程量清单、招标控制价；项目报建表、招标文件备案表。

3.5.3 招标公告、投标单位报名信息应予以汇编，包括：招标文件领取登记表；施工图纸领取签到表；工程量清单领取签到表；答疑纪要、招标答疑文件及其领取签到表。

3.5.4 开、评标文件应予以汇编，包括：招标人、监督人员签到表；递交投标文件登记（签到）表、投标文件密封情况检验一览表、递交样板登记表（如有）、开标会其他人员签到表；开标记录表、开标现场情况说明（如有）；评委抽选名单、评标委员会签到表、评标委员会主任推荐表；信用中国、中国文书裁判网的截屏或报告；评标报告及附件（响应性评审记录表、资格评审记录表、技术标评审意见、经济标评审意见、回标分析表、澄清文件、谈判记录及有必要作为评标报告支持文件的附件）；中标通知书、未中标通知书、中标通知书发放签收表、未中标通知书发放签收表；中标单位中标标书（另册）、非中标单位经济标标书（另册）、招标图纸。

3.5.5　招标完成之后，应完成合同签订及合同备案。

本章参考文献

［1］诸葛立荣. 医院后勤院长实用操作手册［M］. 上海：复旦大学出版社，2014.

［2］张建忠. 医院建设项目管理［M］. 上海：同济大学出版社，2015.

第4章 医用洁净装备工程建设标准与投资控制

陈凤君：上海申康卫生基建管理有限公司副总经理，高级工程师，注册造价工程师。熟悉医院建设造价指标和投资控制。

4.1 建 设 标 准

4.1.1 医用洁净装备工程的建设，必须遵守国家有关经济建设和卫生事业的法律法规，符合相关卫生学标准和洁净技术标准的规定。既要吸收国内外成熟的经验和成果，又要从国情出发，不能脱离实际，要着眼于洁净技术在手术部的推广普及，同时还要有一定的前瞻意识。

【技术要点】

1. 洁净手术室的标准规范与医院消毒卫生标准不冲突，前者是后者的重要补充和扩展。

2. 降低交叉感染风险必须采取综合措施，其宗旨是既能防止细菌、灰尘对手术用房的污染，又能防止对外部环境的污染。

3. 突破医疗洁净技术的思路和做法，突出对关键部位即手术区的保护。洁净手术部的建设应坚持其综合性能达到标准的原则，注重空气净化处理、加强手术区的保护，建设标准应以实用、经济为原则，避免过度装潢。

4.1.2 医疗洁净用房分类及适用范围见表 4.1.2。

医疗洁净用房分类及适用范围 表 4.1.2

医疗洁净手术部等级		沉降（浮游）细菌最大平均浓度	洁净级别	适用范围
I	洁净手术室	手术区 0.2 个/（30min·ϕ90 皿）（5 个 /m³），周边区 0.4 个/（30min·ϕ90 皿）（10 个 /m³）	手术区 100 级，周边区 1000 级	适用于关节置换手术、器官移植手术及脑外科、心脏外科、妇科等手术中的无菌手术
	洁净辅助用房	局部百级区 0.2 个/（30min·ϕ90 皿）（5 个 /m³），周边区 0.4 个/（30min·ϕ90 皿）（10 个 /m³）	1000 级（局部 100 级）	
II	洁净手术室	手术区 0.75 个/（30min·ϕ90 皿）（25 个 /m³），周边区 1.5 个/（30min·ϕ90 皿）（50 个 /m³）	手术区 1000 级，周边区 10000 级	适用于胸外科、整形外科、泌尿外科、肝胆胰外科、骨外科及取卵扶植手术和普通外科中的一类无菌手术
	洁净辅助用房	1.5 个/（30min·ϕ90 皿）（50 个 /m³）	10000 级	
III	洁净手术室	手术区 2 个/（30min·ϕ90 皿）（75 个 /m³），周边区 4 个/（30min·ϕ90 皿）（50 个 /m³）	手术区 10000 级，周边区 100000 级	适用于普通外科（除去一类手术）、妇产科等手术
	洁净辅助用房	4 个/（30min·ϕ90 皿）（50 个 /m³）	100000 级	

续表

医疗洁净手术部等级		沉降（浮游）细菌最大平均浓度	洁净级别	适用范围
Ⅳ	洁净手术室	6个/（30min·φ90皿）（50个/m³）	300000级	适用于肛肠外科及污染类等手术
	洁净辅助用房			
Ⅴ	其他洁净用房	6个/30min（50个/m³）	300000级	适用于DSA手术室、中心供应、配置中心、ICU等

【技术要点】

1. 医疗洁净手术部由洁净手术室和辅助用房组成。

2. 医疗洁净手术部可以建成以全部洁净手术室为中心并包括必需的辅助用房，自成体系的功能区域；也可以建成以部分洁净手术室为中心并包括必需的辅助用房，与一般手术室并存的独立功能区域。

4.1.3　医疗洁净手术部的规模分类详见表4.1.3。

洁净手术部的规模分类　　　　　　　　　　表4.1.3

规模类别	净化面积（m²）	辅助用房面积（m²）
特大型Ⅰ级	45～50	126～140
大型Ⅱ级	35～40	100～115
中型Ⅲ级	30～35	85～100
小型Ⅳ级	25～40	70～100

【技术要点】

1. 医疗洁净手术部的组成中不仅包括手术室，还包括辅助用房。辅助用房分为洁净辅助用房（可以设置在洁净区内）和非洁净辅助用房（应设置在非洁净区内）。

2. 医疗洁净手术部中各种规模洁净手术室的面积不宜超过表4.1.3中的规定值，必须超过时应有具体的技术说明，且超过的面积不宜大于表4.1.3中最大面积的25%。

4.1.4　医疗洁净手术部的配置应包括围护结构、装饰材料、净化空调系统、自控系统、给水排水系统、电气（强电及弱电）、医用气体（含汇流排）及手术室基本装备。

【技术要点】

1. 围护结构、装饰材料

洁净手术部围护结构包括地面、吊顶（顶棚）、墙面（隔断）及门窗，其用材常有多种选择。目前医用洁净装备工程中常用装饰做法见表4.1.4-1。

医用洁净装备工程中常用装饰做法　　　　　　　表4.1.4-1

序号	洁净用房名称	地面	墙面	吊顶
1	洁净手术室	抗菌、耐磨、耐擦洗、抗药水浸染的优质橡胶地板	手术室高承重钢结构框架＋12mm石膏板＋3mm玻纤树脂板（三聚氰胺表面）	做法同墙面

序号	洁净用房名称	地面	墙面	吊顶
1	洁净手术室	同质透芯PVC地板	手术室高承重钢结构框架＋1.2mm厚优质电解钢板墙面、表面喷涂	手术室高承重钢结构框架＋1.0mm厚优质电解钢板、表面喷涂
		PVC卷材	手术室高承重钢结构框架＋6mm无机预涂板	做法同墙面
2	洁净辅助用房	优质橡胶地板	轻钢龙骨＋6mm厚无机预涂板	做法同墙面
		同质透芯PVC地板	轻钢龙骨＋4.5mm厚医疗板	做法同墙面
		PVC卷材	轻钢龙骨＋石膏板＋防菌涂料	轻钢龙骨＋铝扣板
3	洁净屏蔽	防辐射水泥处理	手术室铅屏蔽防护（3mmPb）	手术室铅屏蔽防护（2mmPb）
4	日间手术室、其他特殊洁净用房	优质橡胶地板	轻钢龙骨＋1.2mm厚电解钢板	轻钢龙骨＋1.0mm厚电解钢板
		同质透芯PVC地板	轻钢龙骨＋6mm厚无机预涂板	做法同墙面
		PVC卷材	轻钢龙骨＋4.5mm厚医疗板	做法同墙面
5	中心供应室、静脉用药调配中心、ICU	优质橡胶地板	轻钢龙骨＋6mm厚无机预涂板	做法同墙面
		同质透芯PVC地板	轻钢龙骨＋4.5mm厚医疗板	做法同墙面
		PVC卷材	轻钢龙骨＋石膏板＋防菌涂料	轻钢龙骨＋铝扣板
6	装配式手术室	抗菌、耐磨、耐擦洗、抗药水浸染的优质橡胶地板	镀铝珐琅板模块组	抗病毒保温板顶＋石膏板顶棚
		同质透芯PVC地板	铬镍不锈钢板模块墙面（银离子涂层）	镀锌钢板模块化顶棚
		PVC卷材	专用龙骨＋中空珐琅辐射钢板（包含墙面悬吊系统）	顶棚抗病毒保温板
7	机器人微创手术室	抗菌、耐磨、耐擦洗、抗药水浸染的PVC同质透芯地板	手术室高承重钢结构框架＋1.2mm厚优质电解钢板墙面、表面喷涂	手术室高承重钢结构框架＋1.0mm厚优质电解钢板、表面喷涂

2. 净化空调系统

（1）洁净手术室应与辅助用房分开设净化空调系统；各洁净手术室宜采用独立设置的净化空调机组，Ⅲ、Ⅳ级洁净手术室允许2～3间合用一个系统，均应采用自循环式回风；新风可采用集中的送风系统；排风系统应独立设置。

（2）净化空调系统应至少设三级空气过滤，第一级宜设置在新风口，第二级应设置在系统的正压段，第三级应设置在送风末端或其附近。

（3）准洁净手术室可采用带亚高效过滤器或高效过滤器的净化风机盘管机组或室内立柜式净化空调机组，不得采用普通风机盘管机组或空调器。

（4）Ⅰ、Ⅱ、Ⅲ级洁净手术室和Ⅰ、Ⅱ级洁净辅助用房，不得在室内设置散热器，但可用辐射散热板作为值班供暖。Ⅳ级洁净手术室和Ⅳ级洁净辅助用房如需设散热器，应选用不易积尘又易清洁的类型，并设防护罩。散热器的热媒应为不高于95℃的热水。

（5）Ⅰ、Ⅱ、Ⅲ级洁净手术室应采用局部集中送风方式，集中布置的送风口面积即手术区的大小应和手术室等级相适应，Ⅰ级的不小于 $6.2m^2$（其中头部专用的不小于 $1.4m^2$），Ⅳ级的不小于 $4.6m^2$，Ⅲ级的不小于 $3.6m^2$。根据需要，洁净辅助用房内可设局部 100 级区域。

3. 自控系统、给水排水系统、电气、医用气体

（1）洁净手术部必须设氧气、压缩空气和负压吸引三种气体和装置。需要时还可设氧化亚氮（一氧化二氮）、氮气、氩气气体以及废气回收排放装置等。医用气体必须有不少于 3 日的备用量。洁净手术室医用气体终端必须有一套备用。

（2）洁净手术部内的给水系统宜有两路进口，并应同时设有冷水和热水系统；供给洁净手术部的水质必须符合饮用水标准；刷手用水宜进行除菌处理；热水贮存应有防止细菌滋生的措施。

（3）洁净手术部必须设置能自动切换的双路供电电源，从其所在建筑物配电中心专线供给。

（4）洁净手术室内医疗设备及装置的配电总负荷除应满足设计要求外，不宜小于 8kVA。

洁净手术室的基本装备是指手术室房间内部需进行建筑装配、安装的设施（不包括专用的移动医疗仪器设备）。医疗洁净用房常用安装工程配置详见表 4.1.4-2、洁净手术室常用装备详见表 4.1.4-3。

医疗洁净用房常用安装工程配置表　　　　　表 4.1.4-2

序号	专业工程	名称	手术室	ICU	中心供应室、配置中心
			规格／型号		
1	空调工程	空调系统	新风空调设备	新风空调设备	新风空调设备
			通风设备	通风设备	通风设备
			通风管道（风管、风口、风阀）	通风管道（风管、风口、风阀）	通风管道（风管、风口、风阀）
			空调水工程	空调水工程	空调水工程
			自控系统	自控系统	自控系统
		送风顶棚	Ⅰ、Ⅱ、Ⅲ级	—	—
2	给水排水工程	给水	铜管及阀门	铜管及阀门	铜管及阀门
			不锈钢管及阀门	不锈钢管及阀门	不锈钢管及阀门
		排水	HDPE 排水管	HDPE 排水管	HDPE 排水管
			PVC-U 排水管	PVC-U 排水管	PVC-U 排水管
		卫生器具	洗涤盆、大便器、小便器、拖布池、淋浴器等	洗涤盆、大便器、小便器、拖布池、淋浴器等	洗涤盆、大便器、小便器、拖布池、淋浴器等
		其他	不锈钢悬挂刷手池：三位，壁挂式，1.2mm 厚优质不锈钢磨砂，配红外感应恒温水龙头，设挡水板、自动给皂器、独立镜灯	应配备足够的非手触式洗手设施和速干手消毒剂，洗手设施与床位数比例应不低于1∶2，单间病房应每床1套	蒸汽发生器

序号	专业工程	名称	手术室	ICU	中心供应室、配置中心
			规格／型号		
3	强电工程	配电箱	自动切换的双路供电电源	自动切换的双路供电电源	配电箱
		照明开关插座	LED 气密灯及医用照明灯带	LED 灯及照明灯带	超薄气密性灯
		组合电源插座箱	3 组 4 个 220V、10A 插座，2 个接地端子，1 组另配 1 个 380V、20A 插座	5 组 4 个 220V、10A 插座，2 个接地端子，5 组另配 1 个 380V、20A 插座	2 组 4 个 220V、10A 插座，2 个接地端子，1 组另配 1 个 380V、20A 插座
		IT 隔离变压器／变频器	6.3kV	6.3kV	—
			8.0kV	8.0kV	—
			10.0kV	10.0kV	—
		UPS	工频在线式 UPS/（30min）	工频在线式 UPS/（30min）	—
		管线	管线	管线	管线
		接地	接地	接地	接地
4	弱电工程	综合布线	电话、网络插座及手术室内的综合布线线槽及网线	电话、网络插座及手术室内的综合布线线槽及网线	电话、网络插座及供应室内的综合布线线槽及网线
		门禁	门禁及相应管线	门禁及相应管线	门禁及相应管线
		监控	摄像头、录像机、硬盘、显示屏及相应管线	摄像头、录像机、硬盘、显示屏及相应管线	—
		背景音乐	扬声器、功放、话筒、主机、强切及相应管线	探视对讲主机、分机、显示屏及相应管线	—
		医用呼叫	呼叫主机、分机、走廊显示屏及相应管线	呼叫主机、分机、走廊显示屏及相应管线	—
5	医用气体工程	终端	嵌壁箱式	嵌壁箱式	—
			悬臂式	悬臂式	—
			嵌墙式	嵌墙式	—
		管道、阀门	铜管及阀门	铜管及阀门	—
			PVC-U 排气管	PVC-U 排气管	—
			镀锌钢管排气管	镀锌钢管排气管	—
		设备带	插座、床头灯、开关及配线等	插座、床头灯、开关及配线等	—
		报警装置	气体报警装置	气体报警装置	—
		汇流排	半自动	半自动	—
			自动	自动	—
			智能	智能	—

洁净手术室常用装备　　　　　　　　　　　　　　　表 4.1.4-3

装备名称	规格、型号	单位	最少配置数量
器械柜		个 / 间	1
药品柜	1180mm×2000mm×400mm，不锈钢喷塑，四门开启，上下两层	个 / 间	1
麻醉柜		个 / 间	1
消毒保温箱	—	个 / 间	1
低温柜	−20℃	个 / 间	1
观片灯	四向拉杆、可调整光照区域	个 / 间	2
中央控制面板	时钟；计时钟；空调启停，温湿度显示、控制，高效过滤阻塞报警，照明控制等；免提电话；医用气体监控、报警；电气绝缘监测	个 / 间	1
无影灯、吊塔锚栓	—	套 / 间	1
输液导轨及吊架	含吊钩4个	套 / 间	5
内嵌式书写板	700mm×400mm×300mm，不锈钢材质	个 / 间	1

4.2　医用洁净装备工程造价

4.2.1　医用洁净装备工程造价的编制原则。

【技术要点】

1. 医用洁净装备工程造价指标立足于工程建设标准，并按高档、中档、低档分别设立造价指标。

2. 本节造价指标数据主要来源于上海建筑市场价格体系，外省市工程项目可按当地建筑市场价格体系作相应调整。

4.2.2　医用洁净装备工程造价指标汇总见表 4.2.2。

医用洁净装备工程造价指标汇总表　　　　　　　　　表 4.2.2

序号	洁净手术室名称	项目特征	造价指标（万元 / 间）			备注
			低档	中档	高档	
1	Ⅰ级净化手术室	手术室面积 50m² ＋辅助用房面积 140m²	156	180	204	
2	Ⅱ级净化手术室	手术室面积 40m² ＋辅助用房面积 115m²	126	143	167	
3	Ⅲ级净化手术室	手术室面积 35m² ＋辅助用房面积 98m²	110	123	141	
4	装配式手术室	手术室面积 60m² ＋辅助用房面积 180m²（Ⅰ级净化级）	274	335	384	较Ⅰ级净化手术室增加 140 万～180 万元
5	DSA 手术室	手术室面积 65m² ＋辅助用房面积 168m²（Ⅰ级净化级＋屏蔽）	206	238	267	较Ⅰ级净化手术室增加 50 万～63 万元
6	负压手术室	手术室面积 35m² ＋辅助用房面积 95m²（Ⅲ级净化级）	115	129	154	较Ⅲ级净化手术室增加 5 万～15 万元
7	机器人微创手术室	手术室面积 60m² ＋辅助用房面积 180m²（Ⅱ级净化级）		224		

序号	洁净手术室名称	项目特征	造价指标（万元/间）			备注
			低档	中档	高档	
8	日间手术室	面积 140m² （Ⅳ级净化级）	8136	8798	10271	
9	中心供应室	面积 770m²	3961	4814	5275	
10	配置中心	面积 310m²	4193	5037	5471	
11	ICU	面积 600m² （20 床位）	7023	8131	8950	

4.2.3 医用洁净装备工程造价明细表见表 4.2.3-1～表 4.2.3-11。

Ⅰ级洁净手术部造价明细表

表 4.2.3-1

序号	名称	单位	数量	总投资（元）		
				低档	中档	高档
一	Ⅰ级手术室（50m²）＋辅助用房（140m²）	间	1	1564805	1795437	2042369
1	装饰工程	项	1	340661	447877	504866
1.1	手术室装饰工程	m²	1	1947	2122	2594
1.2	辅助用房装饰工程	m²	1	1109	1727	1930
1.3	门窗工程	m²	1	463	526	553
2	安装工程	项	1	1042149	1158565	1342507
2.1	空调工程	项	1	423893	492418	539954
2.2	医用气体	项	1	56019	61335	85013
2.3	给水排水系统	项	1	56430	61938	77669
2.4	强电系统	项	1	269603	297190	365273
2.5	弱电系统	项	1	236205	245685	274599
3	基本装备（每间手术室）	间	1	181995	188995	194995

Ⅱ级洁净手术部造价明细表

表 4.2.3-2

序号	名称	单位	数量	总投资（元）		
				低档	中档	高档
二	Ⅱ级手术室（40m²）＋辅助用房（115m²）	间	1	1255368	1427840	1658355
1	装饰工程	项	1	289348	374790	422678
1.1	手术室装饰工程	m²	1	1896	2067	2528
1.2	辅助用房装饰工程	m²	1	1117	1740	1944
1.3	门窗工程	m²	1	548	594	632
2	安装工程	项	1	798606	871636	1056261
2.1	空调工程	项	1	331973	359110	412976
2.2	医用气体	项	1	52108	57424	81101

续表

序号	名称	单位	数量	总投资（元）		
				低档	中档	高档
2.3	给水排水系统	项	1	53450	58848	74475
2.4	强电系统	项	1	212786	239602	304611
2.5	弱电系统	项	1	148290	156651	183098
3	基本装备（每间手术室）	间	1	167415	181415	187415

Ⅲ级洁净手术部造价明细表　　　　　　　　　表 4.2.3-3

序号	名称	单位	数量	总投资（元）		
				低档	中档	高档
三	Ⅲ级手术室（35m²）＋辅助用房（98m²）	间	1	1096114	1229046	1412879
1	装饰工程	项	1	257342	327019	373066
1.1	手术室装饰工程	m²	1	1896	2067	2528
1.2	辅助用房装饰工程	m²	1	1112	1731	1935
1.3	门窗工程	m²	1	617	639	714
2	安装工程	项	1	689600	749855	887641
2.1	空调工程	项	1	299971	315600	339368
2.2	医用气体	项	1	49303	54619	78295
2.3	给水排水系统	项	1	51197	56096	72063
2.4	强电系统	项	1	177367	203598	251689
2.5	弱电系统	项	1	111763	119941	146226
3	基本装备（每间手术室）	间	1	149172	152172	152172

DSA 洁净手术部造价明细表　　　　　　　　　表 4.2.3-4

序号	名称	单位	数量	总投资（元）		
				低档	中档	高档
四	DSA 洁净手术室（65m²）＋辅助用房（168m²）	间	1	2063396	2382297	2669454
1	装饰工程	项	1	709989	865148	932247
1.1	手术室装饰工程	m²	1	1896	2067	2528
1.2	手术室屏蔽装饰工程	m²	1	4915	4915	4915
1.3	辅助用房装饰工程	m²	1	1112	1731	1935
1.4	门窗工程	m²	1	461	636	649
2	安装工程	项	1	1193992	1335734	1549791
2.1	空调工程	项	1	463578	541322	587076
2.2	医用气体	项	1	109543	113410	134566

续表

序号	名称	单位	数量	总投资（元）		
				低档	中档	高档
2.3	给水排水系统	项	1	42785	47883	63512
2.4	强电系统	项	1	314569	357578	453581
2.5	弱电系统	项	1	263518	275541	311057
3	基本装备（每间手术室）	间	1	159415	181415	187415

中心供应室造价明细表 表 4.2.3-5

序号	名称	单位	数量	总投资（元）		
				低档	中档	高档
五	中心供应室（770m²）	m²	1	3961	4814	5275
1	装饰工程	m²	1	1711	2347	2621
2	安装工程	m²	1	2250	2467	2654
2.1	空调工程	m²	1	979	1089	1122
2.2	给水排水系统	m²	1	449	525	612
2.3	强电系统	m²	1	471	498	551
2.4	弱电系统	m²	1	350	355	369

配置中心造价明细表 表 4.2.3-6

序号	名称	单位	数量	总投资（元）		
				低档	中档	高档
六	配置中心（310m²）	m²	1	4193	5037	5471
1	装饰工程	m²	1	1428	2132	2364
2	安装工程	m²	1	2764	2905	3107
2.1	空调工程	m²	1	1909	2030	2165
2.2	给水排水系统	m²	1	56	56	59
2.3	强电系统	m²	1	500	515	571
2.4	弱电系统	m²	1	300	304	312

ICU造价明细表 表 4.2.3-7

序号	名称	单位	数量	总投资（元）		
				低档	中档	高档
七	ICU（20床位，600m²）	m²	1	7023	8131	8950
1	装饰工程	m²	1	1553	2229	2444
2	安装工程	m²	1	5470	5902	6506

序号	名称	单位	数量	总投资（元）		
				低档	中档	高档
2.1	空调工程	m²	1	2228	2358	2401
2.2	医用气体	m²	1	599	641	720
2.3	给水排水系统	m²	1	365	379	408
2.4	强电系统	m²	1	1193	1350	1745
2.5	弱电系统	m²	1	1085	1173	1233

装配式手术室造价明细表　　　　　　　表 4.2.3-8

序号	名称		规格	单位	数量	综合单价（元）	总投资（元）		
							低档	中档	高档
一	装配式手术室（60m²）＋辅助用房（180m²）			间	1		2742631	3349220	3843801
1	装饰工程			项	1		728150	1047607	1108959
1.1			手术室装饰工程	m²	1		4515	7977	8722
	装饰墙面		镀铝珐琅板模块组	m²	131	3208			419549
			铬镍不锈钢板模块墙面（银离子涂层）			2875		376050	
			专用龙骨＋中空珐琅辐射钢板（包含墙面悬吊系统）			1347	176170		
	装饰顶面		抗病毒保温板顶＋石膏板顶棚＋支撑件系统	m²	60	1380			82800
			镀锌钢板模块化顶棚			1360		81600	
			顶棚抗病毒保温板			1230	73800		
	装饰地面		抗菌、耐磨、耐擦洗、抗药水浸染的优质橡胶地板	m²	60	349	20954	20954	20954
			同质透芯 PVC 地板						
			PVC 卷材						
			辅助用房装饰工程	m²	1		1906	1906	1906
1.2	辅助用房墙面		轻钢龙骨＋6mm 厚无机预涂板	m²	414	472	195213	195213	195213
			轻钢龙骨＋4.5mm 厚医疗板						
			轻钢龙骨＋石膏板＋防菌涂料						
	辅助用房顶面		轻钢龙骨＋6mm 厚无机预涂板	m²	180	473	85064	85064	85064
			轻钢龙骨＋4.5mm 厚医疗板						
			轻钢龙骨＋铝扣板						
	辅助用房地面		优质橡胶地板	m²	180	349	62861	62861	62861
			同质透芯 PVC 地板						
			PVC 卷材						
1.3	门窗工程			m²	1		475	941	1010

续表

序号	名称	规格	单位	数量	综合单价（元）	低档	中档	高档
1.3	门窗	自动门、气密门、窗	套	1	242518			242518
					225865		225865	
					114089	114089		
2		安装工程	项	1		1785051	1978233	2289142
		空调工程	项	1		914481	1044185	1145092
2.1	空调系统	新风空调设备	项	1		502097	609298	697333
		通风设备	项	1		8281	9109	9523
		通风管道（风管、风口、风阀）	项	1		248931	248931	248931
		空调水工程	项	1		52275	52275	52275
		自控系统	项	1		73744	92179	101397
	送风顶棚	Ⅰ级	个	1		29153	32393	35632
2.2		医用气体	项	1		70187	72297	101895
	终端	嵌壁箱式（含负压、压缩空气、氧气、笑气、二氧化碳、麻醉废气排放终端）	项	1				21498
		悬臂式					9303	
		嵌墙式				7978		
	管道、阀门	铜管及阀门	项	1		41119	41119	41119
		PVC-U 排气管				1093	1093	0
		镀锌钢管排气管						1133
	设备带	插座、床头灯、开关及配线等	项	1		3096	3249	3402
	报警装置	气体报警装置	项	1		16901	17533	18417
	可移动医疗气体单元		个	1				16326
2.3		给水排水系统	项	1		51379	56422	80884
	给水	铜管及阀门	项	1				13328
		不锈钢管及阀门				9893	9893	
	排水	HDPE 排水管				5022	5173	
		铸铁管（高温排水）						11064
	卫生器具	洗涤盆、大便器、小便器、拖布池、淋浴器等	项	1		7646	8465	9448
	不锈钢悬挂刷手池	三位，壁挂式，1.2mm厚优质不锈钢磨砂，配红外感应恒温水龙头，设挡水板、自动给皂器、独立镜灯	套	1		28848	32891	47044

序号	名称	规格	单位	数量	综合单价（元）	总投资（元）		
						低档	中档	高档
		强电系统	项	1		445678	489726	609909
	配电箱	自动切换的双路供电电源	台	2		47992	52037	64575
	照明开关插座	LED 气密灯及医用照明灯带	项	1		36562	41587	58655
2.4	IT 隔离变压器/变频器	6.3kV	台					
		8.0kV	台	2		91342	109539	159477
		10.0kV	台					
	UPS	工频在线式（30min）	台	2		93047	109828	150162
	管线		项	1		173249	173249	173249
	接地		项	1		3486	3486	3790
		弱电系统	项	1		303326	315602	351362
	综合布线	电话、网络插座及手术室内的综合布线线槽及网线	系统	1		119240	119577	119975
2.5	门禁	门禁及相应管线	系统	1		13340	14502	16625
	监控	摄像头、录像机、硬盘、显示屏及相应管线	系统	1		70757	75498	88640
	背景音乐	扬声器、功放、话筒、主机、强切及相应管线	系统	1		81469	84269	88192
	医用呼叫	呼叫主机、分机、走廊显示屏及相应管线	系统	1		18520	21755	37930
3		基本装备（每间手术室）	间	1		229430	323381	445701
3.1	器械柜	模块化组装，全部内嵌，与墙面齐平无凸起；材质为不锈钢	个	2	26974		53948	
		可移动器械柜（1200mm×1800mm×400mm）（JP-K3）	个	1	24143	24143		
		可移动器材柜（玻璃门＋作业台）	个	4	28750			115000
3.2	麻醉柜	模块化组装，全部内嵌，与墙面齐平无凸起；材质为不锈钢	个	1	26974		26974	
		可移动麻醉柜（1200mm×1800mm×400mm）（JP-K1）	个	1	24143	24143		
		麻醉柜（1190mm×400mm×2250mm）（MZG）	个	1	28750			28750
3.3	药品柜	模块化组装，全部内嵌，与墙面齐平无凸起；材质为不锈钢	个	1	26974		26974	
		可移动药品柜（1200mm×1800mm×400mm）（JP-K2）	个	1	24143	24143		
		可移动药品柜（1200mm×1800mm×500mm）	个	1	28750			28750
3.4	气体面板	可移动气体面板单元	个	1	14796			14796

序号	名称	规格	单位	数量	综合单价（元）	总投资（元）		
						低档	中档	高档
3.4	气体面板	内嵌式气体面板单元（1200mm×550mm×150mm）（JP-GU2）	个	1	8138	8138		
		可移动气体面板单元（1200mm×550mm×400mm）（JP-GU1）	个	1	12000		12000	
3.5	插座箱	可移动插座箱（插座安装、配线由现场安排），端子台、接地端子、接地配线，210mm（W）×570mm（H）×200mm（D）	个	5	5435			27175
		可移动插座箱单元（含380V）（280mm×570mm×200mm）（JP-CU2）	个	5	3297		16485	
		可移动插座箱单元（含380V）（280mm×570mm×200mm）（JP-CU2）	个	5	2800	14000		
3.6	读片灯、观片灯	遮幅式LED读片灯（三联）（1200mm×600mm×120mm）（JP-SH）	个	2	5072			10144
		遮幅式LED读片灯SH，1200mm（W）×1260mm（H）×200mm（D）	个	2	3007	6014		
		观片灯，双联；6000cd/m²，19000.00lx	个	2	4000		8000	
3.7	保冷库、保温库	保冷库、保温库	个	1	16930	16930		
	保冷柜（BLG）	保冷柜（BLG）：控制温度范围4℃±2℃，符合医院医疗卫生消毒标准要求	个	1	21974		21974	
	可移动保冷库、保温库	可移动保冷库、保温库	个	1	41442			41442
3.8	信息面板	内嵌式信息面板（带书写台）（1200mm×1000mm×300mm）（DP）	个	1	4056	4056		
		多功能控制箱（下含书写台）（QBM-C）：700mm×400mm×300mm，不锈钢材质，1000mm（W）×1000mm（H）×300mm（D）	个	1	15505		15505	
		综合信息面板：1200mm（W）×1260mm（H）×200mm（D）	台	1	16500			16500
3.9	护士工作站（书写台）	模块化组装，全部内嵌，与墙面齐平无凸起。材质为不锈钢，1190mm×400mm×2250mm（SXT）	个	1	21377		21377	
3.10	可移动电脑台	1200mm×300mm×400mm（JP-PC）	个	1	9881	9881		
3.11	可移动PC桌		个	1	25000			25000

续表

序号	名称	规格	单位	数量	综合单价（元）	总投资（元）		
						低档	中档	高档
3.12	装配配套龙骨及支撑件		项	1	22838	22838		
	装配配套龙骨及支撑件			1	36000		36000	
	装配配套龙骨及支撑件			1	45000			45000
3.13	可移动支架模块	66mm×1800mm×400mm（JW）	根	6	12000	72000		
	可移动连接立柱	66mm（W）×1802mm（H）×400mm（D）	根	6	13500		81000	
	可移动连接立柱	66mm（W）×1802mm（H）×400mm（D）	根	6	15000			90000
3.14	无影灯、吊塔锚栓		套	1	1644	1644	1644	1644
3.15	输液导轨及吊架	含吊钩4个	套	2	1500	1500	1500	1500

日间手术室造价明细表　　　　　　　　　　　　表 4.2.3-9

序号	名称	单位	数量	总投资（元）		
				低档	中档	高档
一	日间手术室（140m²）	m²	1	8136	8798	10271
1	装饰工程	m²	1	2300	2490	2862
1.1	手术室装饰工程	m²	1	1693	1847	2205
1.2	门窗工程	m²	1	607	643	657
2	安装工程	m²	1	4995	5432	6496
2.1	空调工程	m²	1	1428	1501	1604
2.2	医用气体	m²	1	501	560	710
2.3	给水排水系统	m²	1	286	316	424
2.4	强电系统	m²	1	1568	1772	2262
2.5	弱电系统	m²	1	1212	1282	1495
3	基本装备（每间手术室）	间	1	117772	122772	127772

负压手术室造价明细表 　　　表 4.2.3-10

序号	名称	单位	数量	总投资（元）		
				低档	中档	高档
一	负压手术室（35m²）＋辅助用房（95m²）	间	1	1147308	1292809	1542640
1	装饰工程	项	1	267115	343153	399555
1.1	手术室装饰工程	m²	1	1998	2177	2659
1.2	辅助用房装饰工程	m²	1	1128	1758	1963
1.3	门窗工程	m²	1	692	769	923
2	安装工程	项	1	745778	810240	1000671
2.1	空调工程	项	1	365015	383951	445782
2.2	医用气体	项	1	52763	59436	86500
2.3	给水排水系统	项	1	36375	40592	55344
2.4	强电系统	项	1	180710	206986	267091
2.5	弱电系统	项	1	110915	119276	145955
3	基本装备（每间手术室）	间	1	134415	139415	142415

机器人微创手术室造价明细表 　　　表 4.2.3-11

序号	名称	规格	单位	数量	综合单价（元）	总投资（元）
一		机器人微创手术室（65m²）＋辅助用房（180m²）	间	1		2235587
1		装饰工程	项	1		600227
		手术室装饰工程	m²	1		2166
1.1	墙面	手术室高承重钢结构框架＋1.2mm厚优质电解钢板墙面、表面喷涂	m²	148	549	81362
	顶面	手术室高承重钢结构框架＋1.0mm厚优质电解钢板、表面喷涂	m²	65	565	36725
	地面	抗菌、耐磨、耐擦洗抗药水浸染的PVC同质透芯地板（2.0mm）	m²	65	349	22700
1.2		辅助用房装饰工程	m²	1		1897
	墙面	轻钢龙骨＋6mm厚无机预涂板	m²	410	472	193516
	顶面	轻钢龙骨＋6mm厚无机预涂板	m²	180	473	85064
	地面	优质橡胶地板	m²	180	349	62861
1.3		门窗工程	m²	1		492
	门窗	自动门、气密门、窗	套	1	118000	118000
2		安装工程	项	1		1306487

续表

序号	名称	规格	单位	数量	综合单价（元）	总投资（元）
2.1		空调工程	项	1		560814
	空调系统	新风空调设备	项	1		226953
		通风设备	项	1		5925
		通风管道（风管、风口、风阀）	项	1		181347
		空调水工程	项	1		11308
		自控系统	项	1		95682
	送风顶棚	Ⅰ级	个	1		39600
2.2		医用气体	项	1		86806
	终端	悬梁式	项	1		2258
	管道、阀门	铜管及阀门	套	1		39621
		PVC-U排气管				1385
	报警装置	气体报警装置	套	1		43542
2.3		给水排水系统	项	1		65840
	管道、阀门	不锈钢管及阀门	套	1		21131
		PVC-U排水管				772
	卫生器具	刷手池、洗涤盆、大便器、小便器、拖布池、淋浴器等	套	1		11045
	不锈钢悬挂刷手池	三位，壁挂式，1.2mm厚优质不锈钢磨砂，配红外感应恒温水龙头，设挡水板、自动给皂器、独立镜灯	套	1		32891
2.4		强电系统	项	1		343050
	配电箱	自动切换的双路供电电源	台	2		37878
	照明开关插座	LED气密灯及医用照明灯带	项	1		39246
	组合电源插座箱	3组4个220V、10A插座，2个接地端子，1组另配1个380V、20A插座	个	4		3353
	UPS	工频在线式（30min）	台	1		56374
	管线		项	1		143884
	接地		项	1		3123
2.5		弱电系统	项	1		249978
	布线	电话、网络插座及手术室内的布线线槽及网线	系统	1		82059
	门禁	门禁及相应管线	系统	1		11474

序号	名称	规格	单位	数量	综合单价（元）	总投资（元）
2.5	监控	摄像头、录像机、硬盘、显示屏及相应管线	系统	1		53707
	背景音乐	扬声器、功放、话筒、主机、强切及相应管线	系统	1		80984
	医用呼叫	呼叫主机、分机、走廊显示屏及相应管线	系统	1		21755
3		基本装备（每间手术室）	间	1		328872
3.1	器械柜		个	1	7480	7480
3.2	药品柜	1180mm×2000mm×400mm，不锈钢喷塑、四门开启、上下两层	个	1	7480	7480
3.3	麻醉柜		个	1	7480	7480
3.4	观片灯	四向拉杆、可调整光照区域	个	2	10450	20900
3.5	中央控制面板	时钟、计时钟、空调启停、温湿度显示、控制、高效阻塞报警，照明控制，免提电话，医用气体监控、报警，电气绝缘监测	个	1	13200	13200
3.6	无影灯、吊塔锚栓		套	1	957	957
3.7	输液导轨及吊架	含吊钩4个	套	5	2475	12375
3.8	内嵌式书写板	700mm×400mm×300mm，不锈钢材质	个	1	4500	4500
3.9	27寸液晶触摸多功能控制箱	900mm×550mm×300mm	台	1	26500	26500
3.10	医用保温柜	有效容积97L	台	1	38000	38000
3.11	机器人吊轨		套	1	190000	190000

4.3 投资控制概念

4.3.1 投资控制是项目管理工作的主线，应贯穿于项目整个建设周期和各个方面。

【技术要点】

1. 从组织构架、制度建设、经济技术、合同和信息管理等多个方面采取多种有效措施，将过去被动性、事后审核为主的投资控制方式转变为主动性、前瞻性的事前投资控制方式。

2. 梳理建设各阶段的投资控制风险点，设置对应的投资控制措施，确保工程投资不突破国家相关部门批准的总概算，提高资金的使用效率。

4.3.2 投资控制原则：根据医用洁净装备工程的特点和建设方需求，综合分析各类主客观因素，利用价值工程原理合理确定动态投资控制原则。

【技术要点】

1. 全面控制原则。

2. 责权利相结合原则。

3. 节约原则。

4.3.3 投资控制的目标：在工程实施的各阶段，把医用洁净装备工程投资控制在批准投资以内，随时纠正发生的偏差，以保证工程投资管理目标的实现，以求在工程实施过程中合理使用人力、物力、财力，取得较好的投资效益和社会效益。

【技术要点】

1. 医用洁净装备工程最高投资限额是对应的批准概算，不得随意突破，并作为项目建设过程中投资控制的总目标。

2. 为了确保医用洁净装备工程实际投资控制在批准概算范围内，需要将批准概算投资分配到工程的各个工作单元中，并根据医用洁净装备工程的特点和建设方需求，利用价值工程原理进行必要的调整。各个工作单元概算投资或调整投资即为工程投资控制分目标。

4.4　基于项目全寿命周期的投资控制措施

4.4.1 自项目立项阶段开始，到建设期，再到建成后运行期，整个过程都要进行投资控制。投资控制不仅要控制工程建设期费用，还需要控制建成后的运行和维修费用。通过对项目全寿命周期的经济分析，使医用洁净装备工程在整个寿命周期内的总费用最少。

【技术要点】

1. 前期策划阶段的投资控制措施：

（1）做好项目可行性研究；

（2）科学编制投资估算，投资估算要做到科学、合理、经济，不高估，不漏算；保证投资估算和设计方案的一致性和匹配性；推行上报投资估算审核制。

2. 设计阶段的投资控制措施：

（1）推行并落实限额设计；

（2）设计阶段的动态控制。

3. 施工准备阶段的投资控制措施：

（1）科学编制招标工程量清单：编制依据要明确；工程量计算力求准确；清单项目特征描述一定要准确和全面；对现场施工条件表述准确；

（2）落实限额招标；

（3）防止恶意低价中标：招标准备阶段应严格执行建设程序，重视投标报价基础资料编制质量，从源头杜绝恶意低价竞标；强化医用洁净装备工程标后监管措施，建立标后监督管理的长效机制。

4. 施工阶段投资控制：

（1）建立施工阶段的动态投资控制机制；

（2）建立制度，组织编制施工阶段建设单位年度、季度、月度资金使用计划，并根据需要动态调整；

（3）严格控制设计变更和现场签证管理；

（4）组织施工方案技术经济论证（如有必要）；

（5）建立制度，审核工程款支付申请；

（6）严格管理施工阶段费用索赔。

5. 竣工结算阶段投资控制：

（1）收集、掌握与工程结算有关的信息；

（2）审核施工单位提交的工程结算报告或审核相应专业顾问单位的审核意见；

（3）依据批准概算和合同签署相关意见。

6. 配合审计（如有必要）。

7. 运营阶段投资控制：

（1）运营系统建设、制度建设；

（2）设备运行管理；

（3）维护与保修；

（4）资产管理。

4.5　医用洁净装备工程投资控制现状问题及应对措施

4.5.1　医用洁净装备工程投资控制管理中常见问题：

1. 医用洁净装备工程建设标准不统一：

（1）部分综合医院净化手术室配置间数、重症监护病房床位设置等与核定床位数比例关系未完全按照现行医院建设标准执行，手术间洁净级别配置合理性有待考量，造成项目前期难以科学决策；

（2）部分综合医院洁净区域与辅助用房建筑面积比例关系超越常规幅度范围，常规医用洁净装备工程造价指标已不适用；

（3）同等洁净级别的区域，各综合医院对其建筑安装建设标准需求差异较大，尤其体现在装修标准和智能化系统标准等方面，导致同等类型的医用洁净装备工程的投资差异较大。

2. 医用洁净装备工程投资界面模糊。各综合医院对于医用洁净装备工程与非洁净的建筑安装工程、开办费投资界面不统一，导致同类型的医用洁净装备工程投资差异较大。

3. 医用洁净装备工程缺乏顶层设计，尤其是近年来发展迅速的新型手术室的建设。

4.5.2　医用洁净装备工程投资控制管理中常见问题的应对措施：

1. 补充和完善医用洁净装备工程建设标准，尤其是医用洁净装备工程整体规模控制、具体辅助用房配置、新型手术室建筑面积、设施配备等方面。

2. 运用表单管理模式明确医用洁净装备工程投资界面。

3. 按价值工程原理建立、完善医用洁净装备工程投资控制管理工作机制。

本章参考文献

［1］中华人民共和国住房和城乡建设部. 医院洁净手术部建筑技术规范：GB 50333—2013［S］. 北京：中国建筑工业出版社，2014.

［2］许钟麟. 我国医院洁净手术部建设的一个新高度——介绍《医院洁净手术部建设标准》和《医院洁净手术部建筑技术规范》［J］. 中国医院建筑与装备，2002，3（4）：9-12.

［3］张建忠. 医院建设项目管理［M］. 上海：同济大学出版社，2015.

第5章 医用洁净装备工程的施工管理

张建忠：中国医院协会医院建筑系统研究分会主任委员，正高级经济师、注册监理工程师，长期从事医院基本建设管理工作，先后主编《医院建设项目管理——政府公共工程管理改革与创新》《医院改扩建项目设计、施工和管理》《BIM在医院建筑全生命周期中的应用》等几十部书籍，在国家级杂志发表30余篇论文。长期担任医院后勤管理人员培训班讲师。

杜昕：上海市第一人民医院基建处中级工程师。

赵相儒：大吉建设工程有限公司董事长。

王保林：原邯郸市第四医院基建科科长，总工程师，邢台三院整体扩建总工程师，现任石家庄大吉建设工程有限公司医用事业部总工程师，长期从事医院基本建设技术和施工管理工作。

技术支持单位：

大吉建设工程有限公司：经河北省住房和城乡建设厅批准的集建筑装饰、建筑幕墙、展陈三大类工程设计、施工于一体的大型综合性企业，拥有建筑工程、室内外装修工程、医用气体工程、手术室及净化工程、展陈工程、电力工程、安全技术防范工程及新能源建设工程等方面的资质和施工技术。

山东中嘉英瑞医疗科技有限公司：一家具备医疗空间工程设计和施工能力，集研发和生产高端医疗影像设备、人工智能医学图像软件、元宇宙智慧医疗平台于一体的医工产业集团。

5.1 施 工 准 备

5.1.1 施工准备工作是为了给中标以后的施工管理创造良好条件，更好地保证工期和工程质量。

【技术要点】

　　1. 基本任务：建立必要的管理、技术和物质条件，在建设方的统一协调下统筹安排施工现场、施工管理组织机构和施工力量。

　　2. 主要内容：建立工程项目组织机构，建立健全各项管理制度和管理工作程序，技术准备，劳动组织准备，施工机具准备，工程材料（设备）准备，资金准备，施工现场准备。

5.1.2 工程项目是一次性任务，目标是形成一次性固定资产。其特点为：一次性、整体性、管理的复杂性，及具有明确的建设、质量、进度和费用目标。

【技术要点】

　　1. 特定性：根据工程项目的目标、环境、条件、组织和过程等方面，找准项目特点、重点、难点，并制定针对性措施。

2. 重难点：区别于一般工程，医用洁净装备工程对洁净室内密封控制、送回风管道质量控制、空调冷水管焊接控制、空调机组安装控制、施工洁净度及成品保护都有更高要求。

5.1.3　医用洁净装备工程作为医院整体工程的一部分，在施工前必须了解项目组织结构，熟悉各项管理制度，制定主要管理工作程序。

【技术要点】

1. 各施工企业依照《建筑工程施工管理手册》和管理体系程序文件的规定，建立各项管理制度。

2. 了解项目组织结构，包括项目建设管理模式、组织机构、组织机构职能，遵从项目的各项管理制度，严格按照工作流程执行，确保各项施工活动有序进行。

3. 制定项目主要管理工作程序，建立组织架构，明确责任部门、责任人，并建立反馈机制。

5.1.4　在施工前必须明确施工条件、施工内容、范围及交接作业面。

【技术要点】

1. 复杂性：施工管理过程中涉及建筑结构、装饰装修、通风空调、给水排水、强电、弱电、信息、自动控制、医用气体、消防、屏蔽等十多个专业工种，有别于一般的建筑施工，各工种之间必须紧密配合，协同工作。

2. 局部性：了解施工区域内原土建预留工况，确定医用洁净装备工程与主体结构其他部位的交接位置与形式，避免重复施工和界面不清导致的连接错位。

5.1.5　根据使用部门需求，对招标图纸进行深化，确认符合设计要求、流程规范及使用要求，且造价可控后有序进行施工。

【技术要点】

1. 应组织深化设计人员和施工管理人员深入现场，精心勘察，在充分掌握需求和工程技术要求的基础上，积极配合建设方做好相关方案的论证，再反复与建设方进行多方位沟通，满足建设需求，积极做好深化设计、完善施工图纸。

2. 图纸深化的同时，应尽快编制施工图预算和设计变更费用测算，待完成流转程序、明确施工图纸后进行施工。

5.1.6　应制定符合项目实际情况的施工方案，包括人、材、机、安全、新技术等。

【技术要点】

1. 制定组织机构方案，构成合理的职能机构，明确各自职能及相互关系。

2. 应根据具体项目情况制定科学、具体的施工程序，形成合理的施工计划，施工方进度计划的合理性直接影响施工效率、质量和成本。

3. 应组织相关人员对施工组织设计进行审核，并签字确认。

4. 对于新技术、新材料、新工艺的应用必须组织讨论会，确认这些应用满足使用和运行要求。

5. 对关键技术、关键工序、特殊难点、特殊工序应编制作业指导书。

6. 施工组织设计应包括施工节能内容、方案，并经项目流转程序审批。

7. 明确安全总体要求，对施工危险因素、安全措施、重大施工步骤安全预案进行论证。

8. 提前制定材料供应计划及流程，满足现场施工进度。

5.1.7　建设方、设计方、监理方、施工方应进行交底及深化设计探讨工作。

【技术要点】

1. 应进行施工安装方面的教育和技能培训，同时，建设方组织各方向施工安装人员讲明技术要求和注意事项，对施工安装人员提出的疑问做出明确解释。

2. 针对工程建设监理实施细则进行探讨，明确各专业监理工程师职责的同时，使建设方、施工方了解项目检查的关键环节及重点内容。

3. 对于需要进行深化设计的项目，处理好技术细节问题，并组织各专业、各工种在充分学习和会审图纸的基础上，制定施工程序。

4. 为保证医用洁净装备工程的正常使用和运行维护管理，在充分论证的前提下，可考虑增加在线检测运行维护系统。

5.1.8　对进场条件、进场时间、人员部署、材料及机械进场等进行确认。

【技术要点】

1. 确认进场条件，如地面平整度与建筑围护结构的密封性等基础条件能否达到进场要求。

2. 解决施工场地的布置，人员及机械进场，食宿安排以及供电、水源等问题。

3. 场地清理，场地测量，测定标高，施工放样，设置预埋件，进行器具的加工，施工基本材料进场。

5.2　质量管理与双优工作

5.2.1　在工程实施过程中，注意采取有效的措施和方法，在施工操作、人工素质控制上严格要求和管理，实现既定质量目标。

【技术要点】

1. 依据 ISO 9001 质量管理体系，形成有效的质量保证体系，涵盖质量控制、管理、监督等内容。

2. 强化过程质量控制，对材料进场条件、进场时间、收发记录进行严格控制，对涉及工程安全、功能的有关材料，应按各专业工程质量验收规范的规定进行复验，并经监理和建设单位检查认可。

3. 建立各级质量责任制，并落实到每个班组。加大检查力度，做好现场文明施工措施管理，杜绝事故发生。

5.2.2　坚持党建引领，将争创"工程优质、干部优秀"工作贯穿于项目施工全过程，安全、持续、有效地推进项目建设。

1. 追求"一个目标"：工程优质、干部优秀。

2. 做到"两个明确"：明确总体要求，明确责任主体。

3. 完善"三个机制"：教育机制，制度机制，监督机制。

5.3　施　工　管　理

5.3.1　关于工期进度管理：应制定合理的工期进度计划，保证工程在实施过程中有预见地、有条不紊地始终处于有效的受控状态。

【技术要点】

1. 根据工程结构形式和工程施工内容，进度计划编制主要突出三大方面，即楼层施工进度计划、净化各专业施工进度计划和竣工调试进度计划。

2. 针对施工过程进行动态管理，根据不同工序和环节合理调整劳动力和施工准备，高效、科学、优质地完成施工任务。

3. 尽可能采取先进的施工机具，并配备足够的常规小型施工机具，以提高劳动生产效率。应设专人负责施工机具、仪器仪表的保管、保养、维修，以保证施工机具的完好率和仪器仪表的准确度，避免因施工机具的原因影响工程进度。

4. 应采用先进的工期进度管理和控制方法。

5. 工程计划管理是工程顺利完成的前提条件。

6. 抓住影响工期进度的关键线路和关键节点。优先确保关键节点工期目标的实现，在计划关键路线上加大人力、物力的投入，限期完成，并不断依据现场条件和人力、物力的变化情况对计划加以调整和优化。

7. 及时调整进度计划，实行动态控制管理。以工程整体进度为基础，对实际施工中出现的计划偏差积极进行调整，保证施工计划在实际施工中的有效性。

5.3.2 关于质量管理：施工全过程应进行质量控制，强调依靠施工过程控制保证质量。

【技术要点】

1. 要有明确的质量承诺和质量目标。

2. 搭建管理架构，细化质量管理单元，明确管理责任人。

3. 优化沟通机制，确保线上线下、内部外部沟通渠道畅通。

4. 制定图纸管理制度，严格控制图纸变更程序，不得擅自修改、施工。

5. 工序质量是保障工程质量的基础，应认真确定、复核每一步工序。

6. 技术复核、隐蔽工程必须编制详细验收计划，明确复核验收的部位、内容及参与复核验收人员。

7. 质量管理负责人具有不受项目干扰、独立行使质量监督职权的权力。合理组织质量综合检查，按照质量管理体系，并对照评定标准和验收规范，对各分项工程的质量状况做出评价，并有详细的书面记录。

5.3.3 关于安全管理：安全管理是项目管理的重要组成部分，是确保安全生产而采取的各种对策、方针和行动，应贯穿于施工的全过程。

【技术要点】

1. 制定安全目标及安全管理和保证体系，健全制度，并加强安全教育培训。

2. 应做好安全技术工作的书面交底，并认真做好记录，加强防范意识。

3. 应在施工现场入口明示紧急疏散路线图。

4. 搬运大型设备的洞口，平时应采用不燃材料封闭。

5. 上下交叉作业有危险的出入口应有标志和隔离设施。

6. 在施工过程中和施工完成后，洁净区的所有安全门都不得上锁。

5.3.4 关于成本管理：根据投标文件、施工图纸及现场实际情况等，进行成本动态控制、调整，使项目成本控制在计划目标之内。

【技术要点】

1. 加强财务管理和积极推行责任成本管理，严格财经制度，明确财经纪律。

2. 以施工图预算和合同价格为控制基础，通过工程变更、签证等方法，实时调整动态预算。

3. 完善流转程序，确保过程资料符合要求，工程结算有据可依。

5.3.5 关于环境管理：现场文明施工、环境保护工作是各项工作的综合反映，代表了工程的整体形象和精神面貌，其目的是创造一个良好的工作和生活环境。

【技术要点】

1. 加强合同管理，增加有关环境保护方面的条款，提高环保意识。

2. 应有应对季节变化和突发事件、紧急情况的处理措施、预案以及抵抗风险的措施。

3. 实时更新用工信息档案，加强工地留守人员监督管理，如遇封闭式施工，应提前做好应急准备，严格落实"通风换气、全面消毒、生活垃圾收运管理"等卫生要求。

4. 特殊气象条件下，如环境温度在0℃以下时，不应进行水压试验。正常水压试验中，应做到随时试压，随时放空；沙尘暴期间应关闭、封闭施工区域通向外界的所有孔口，覆盖所有露天存放的设备与材料，停止系统的运行、调试。

5. 施工过程中应做到当天施工，当天清理现场，并有专人负责的制度。在完成高效过滤器安装、地面墙面的装饰工作之后，洁净室内不应再进行产尘、扬尘作业。不允许因废弃物而产生二次污染。

6. 应根据白天和夜间对环境噪声指标的要求，合理协调安排施工时间。

7. 采取节约用电、用水措施，施工用电、用水应安装计量装置。

8. 合理处理废水、废气、废物，不得对施工区域以外的环境造成污染。

5.3.6 关于人员管理：施工人员管理是保证施工及验收质量的关键之一，是施工现代化管理中的一个重要"软件"内容，必须强调施工人员应具备的条件。

【技术要点】

1. 各级施工人员应有必要的相关施工经历，具有明确的分工和职责。

2. 特殊工种作业人员应持证上岗。

3. 施工管理负责人（项目经理）和质量管理负责人不得互相兼任，必须配备质量检查人员。

4. 各级施工负责人和质量检验人员应定期进行医用洁净装备工程施工验收规范的专业技术培训。

5. 实行施工人员挂牌制度，严格自律。

6. 配备合理的项目管理班子，配备足够的施工人力资源，是保证工程进度计划实施的重要因素。由于医用洁净装备工程对工人的技术要求较高，应充分考虑投入合理的人力资源。对于一些特殊工种的人员培训，应提前做好计划，并将培训计划的实施贯穿于整个施工过程中。

7. 医用洁净装备工程项目的专业复杂，往往对安装调试阶段提出种种特殊的要求。此类任务的承担者需要具备处理各种非正常情况的能力，必须组成能胜任相应任务的工作班子，必要时可聘请有关方面的专家参与工作。总之，任务承担者的业务能力对工程的质量和进度都有重大影响，应特别重视。

8. 医用洁净装备工程应由具有丰富施工经验和组织指挥能力的人员任职，统一组织、管理、协调。下设各专业工种的技术、质检、安全、物资等部门，配备相关专业工程师层层把关，全方位控制工程的进度计划、技术质量、安检和日常管理工作。

9. 对于特殊制作工序，施工人员应熟练掌握特殊工序的规定，并按照作业指导书进行操作。

10. 对从事施工节能作业的专业人员应进行技术交底和必要的实操培训。

5.3.7　关于材料管理：应做好材料进场管理、成品管理以及材料进场计划。

【技术要点】

1. 对于一切进场的材料、设备应按照规定进行抽查、测试，确认合格后方可使用。

2. 设备材料的堆放场地应有防雨雪、防晒措施，并做到分类存放整齐，做好标识。

3. 对于空气过滤器等重要器材与设备，应设置专门区域保管。

4. 统一全场成品保护和警示标志。

5. 提前做好各项物资设备的采购计划，应充分考虑采购的合同周期，尽量使之提前。采购计划的时间安排应与施工计划紧密结合，优先解决影响工程进度计划实施的物资供应。此外，物资的采购应充分考虑供应的配套性，以保证施工得以顺利进行。

6. 施工材料在运输、储存和施工过程中，应采取包裹、覆盖、密封、围挡等措施，防止污染环境。

7. 对任何已施工完成或已完成一个工序施工的部位，都要根据现场的实际情况采取适当的防护措施。

5.3.8　关于机械管理：应做好机械选用、安装、保养、操作以及进场计划。

【技术要点】

1. 在对施工机械的选用和布置时，选用低噪声或备有消声器具的施工机械。

2. 充分利用机械化程度高的有利条件，配备适宜、先进、合理的施工机械，减轻劳动强度，提高工作效率。

3. 对大型机械设备的要害部位、工程的关键工序，应制定详细保护措施。

4. 注意电动机械设备的放置位置，避免放置在地势低、潮湿的地方。

5. 所有电动机械设备和手持电动机具的电源线路要绝缘良好，都要安装漏电保护器，漏电保护器的容量要与用电机械的容量相符，并要单机专用。

6. 提前做好机械设备进场计划，对于大型机械，应特别注意其类型、级别以及运输安全。

5.3.9　关于开办融合：开办是多部门协同工作，需相关部门提前谋划、紧密沟通、压实责任，确保如期交付投入使用。

【技术要点】

1. 在医院三级流程确认后，开办应开始介入，一方面确认开办采购内容布局是否合理，配置是否满足要求；另一方面查看开办内容是否有遗漏。

2. 开办与施工同时开展，有利于及时填补开办与实际使用的空白点，节约医院后续开办施工费用。

3. 对于大型医疗、医技设备采购，采购部门须提前和使用部门沟通，确定产品型号、重量、用水、用电等各类参数，施工前可进行结构荷载、线槽沟槽走向、配电、预埋件、通风、防护屏蔽等方面的考量。

4. 对于信息系统布置，需要与信息及使用部门提前讨论方案，合理安排布线布点、智能化系统对接与集成等，在施工时可同步进行，缩短施工周期。

5. 对于安防布置、洁污运输等后勤保障内容，须提前与后勤保障部门沟通，论证图纸布局、合理设置流线，减少返工。

6. 对于标识设置，需与宣传部门提前沟通好位置，提前布线。

7. 对于其他综合类材料、设备设施，需要与使用部门长期保持沟通，确保其准确性。

8. 杂交手术室、数字化手术室等综合性或专业性强的手术室，需另行制定专题方案进行技术开办对接，需要信息、采购、后勤、基建及使用部门等共同讨论。

9. 开办采购后，设备家具等进场的时间需与施工方沟通，特别应注意消防问题。

整体工程达到竣工条件后，要进行五方责任验收，建设方除去基建管理人员外，开办涉及部门共同验收。

5.3.10　合理安排施工工序，避免工序颠倒，凡下道工序对上道工序产生污染和损坏的，必须采取有效保护措施。同时，成立成品保护小组，保证用于施工的原材料、成品、半成品、已完成品得到有效保护，保证工程施工质量。

【技术要点】

1. 根据施工组织设计和工程进展的不同阶段编制成品保护方案。

2. 以合同、协议等形式明确成品的交接和保护责任。

3. 成品和半成品进入施工现场后，应及时分门别类记账，及时运到施工作业地点或存放仓库。

4. 风口成品采取防护措施，用海绵、泡沫塑料、硬纸卡等保护装饰面，使其不受损。

5. 空调机组在正式移交使用单位前，应有专人看管、保护空调机房。

6. 在工程收尾阶段，应分层、分区设置专职成品保护人员，严格按照制度控制进出作业人员。

5.4　调试与试运行

5.4.1　工程完工后，应成立工程竣工维护组，负责质保期内的整修、维护、保养工作。

【技术要点】

1. 维护组应在质保期内定期对所建工程进行巡检，遇特殊时期（如自然灾害等）须加大检查力度，提前进行预判干预。

2. 各种缺陷的发生、修复、维修方案须及时报送建设单位，包括缺陷数量、范围、责任及原因等。

3. 保修期内工程的维护，要在不影响正常使用的情况下进行，必要时采取可行的防护措施，且须建设单位同意。

4. 按照 ISO 9001 系列标准的要求，承诺实行竣工回访，工程交付后，每 3 个月至少回访一次，听取建设单位的使用情况及意见。当接到建设单位通知需要实施保修工作时，在 1 日内到场并按照设计单位的要求进行修复。

5.4.2　试运转调试包括设备单机试运转调试和系统试运转调试，包括净化空调系统调试、电气系统调试、控制系统调试、医用气体系统调试等。

【技术要点】

1. 试运转之前，应会同建设单位和监理单位进行全面检查，符合设计、施工验收规范和工程质量验收标准后，方能进行试运转和调试。

2. 编制调试方案，记录相互配合出现的问题，监督、检查调试进度。

3. 严格按照各种设备的操作说明书进行开机试运转工作。

4. 检查各种设备的电气控制柜，确认全部电器元器件均无损坏，内部与外部接线正确无误，无短路故障。

5. 按设计图纸要求，检查主机与网关设备、自控系统外部设备（包括电源 UPS、打印设备）、通信接口（包括与其他子系统）之间的连接、传输线型号规格是否正确，通信接口的通信协议、数据传输格式、速率等是否符合设计要求。

6. 联机调试中，设备通电后，启动程序检查主机与系统其他设备的通信是否正常，确认系统内设备无故障。

7. 按设计要求全部或分类对各监控点进行测试，并确认功能是否满足设计要求。

8. 特别要注意调试过程中手动制造故障，关注故障报警系统的灵敏性和准确性。

9. 反复实验设备与设备间的联动及切换，确认其稳定性与准确性。

10. 水系统调试前，将冷水系统和冷却水系统中的所有自控阀门都置于完全开启状态，在水泵开启状态下，对系统进行初步调节，最后各个冷水机组、空调机组联动正常工作，水系统流量、温度正常，房间湿度达到设计要求。

11. 根据需要做围护结构气密性测试、自动控制系统有效性测试、照明设备测试、弱电系统有效性测试、紧急预案有效性测试等。

5.4.3 医用洁净装备工程必须经过综合性能调试和测试，并经过综合性能检测后方可使用。良好的综合性能调试，一是为第三方检测作准备，可以快速、一次性通过检测；二是保证系统稳定安全运行，为后期维护保养打下良好的基础。

【技术要点】

1. 根据洁净室不同的级别、不同的设计参数，确定需要测试的项目。

2. 准备调试所用仪器仪表，调试仪器仪表应有出厂合格证书和鉴定文件。严格执行计量法，不准使用无鉴定合格证或超过鉴定周期以及经鉴定不合格的计量仪器仪表。

3. 系统调试所需的水、电、汽及压缩空气等应具备使用条件。现场清理干净，制定调试方案，准备好所需仪表、工具以及调试记录表格，熟悉设计图纸，领会设计意图，掌握系统工作原理，各种阀门、风口等均调到工作状态。设备单机试运转完成，且符合设计要求，方可进行系统调试。

4. 净化空调系统运行前，应在回风、新风的吸入口处和粗效、中效过滤器前设置临时用过滤器（如无纺布等），对系统进行保护。调试前对各空调净化系统房间应进行擦拭，工作人员要穿上不产生静电的棉质带帽工作服进行擦拭。通风系统和水系统已调试完毕，联机连续运行 12h 以上。

5. 调试过程中，封闭现场并做标识，人员、设备由指定入口进入，无关人员不得进出，调试人员严格按照标准的检测方法，正确使用测试仪器、仪表，轻拿轻放，以免损坏，非调试人员禁止启动设备。

6. 通风系统要逐步调节系统的排风量、新风量及各房间的送、回风量，最终使系统风量、各房间的送风量、房间压差达到设计要求。

7. 进入室内测试时，要穿戴干净、整洁、不产尘、不积尘的洁净服进入室内。测试时首先要保证对温度、湿度和洁净度要求高的房间，同时充分考虑使用中对环境条件要求的极限值，以免对设备和产品造成不必要的损害。

8. 调试结束后仍要重新进行一次全面测试，待所有参数都满足设计和使用要求后才能结束。

9. 系统调试的各种记录资料要完整、真实，空态调试完成后，根据建设单位要求参与系统静态和动态调试。

5.5 资料记录与文件管理

5.5.1 工程资料分为两部分：一是工程交工技术资料，主要包括能证明工程质量的可靠程度及工程使用、维护、改建、扩建有关的一切文件材料，随工程交工一并提交有关单位存档备用；二是施工单位积累的施工技术资料、经济资料和管理资料。

【技术要点】

工程交工技术资料应包括（但不限于）以下文件：

1. 设计变更、工程更改洽商单；

2. 施工组织设计、施工方案；

3. 施工技术交底记录；

4. 材料、设备出厂合格证及化验单；

5. 预检记录；

6. 隐蔽工程检验记录；

7. 试运转记录；

8. 施工试验记录；

9. 工程质量检验评定；

10. 竣工验收单；

11. 竣工图。

5.5.2 关于文件管理：要求一切要有文字（图纸）规定，一切要按规定操作，一切活动要记录在案，一切要用数据说话，一切要有负责人签字，做到"记我所做，做我所写"。

【技术要点】

1. 施工过程中，不得违反设计文件擅自改动系统、参数、设备选型、配套设施和主要使用功能。当修改设计时，应经原设计单位确认、签字，并得到建设单位的同意，在通知监理单位之后执行。

2. 施工安装的全过程、竣工设施的详细情况、所有操作和维护程序，都应采用文件形式确认，为施工安装的运作提供文字依据，为责任划分和奖惩提供明确依据，为质量改进提供原始依据。

3. 工程施工应有开工报告、分项验收单、竣工验收检测调整记录和竣工验收单、竣工报告。

4. 施工安装中应有设备开箱检查记录、土建隐蔽工程记录、管线隐蔽工程系统封闭记录、管道压力试验记录、管道系统清洗（脱脂）记录、风管清洗记录、风管漏风检查记录、系统联合试运转记录等。

5. 应提供关于工程详细情况的工程施工说明书，并包含以下内容：工程及其作用、性能，最后验收的竣工图，设备清单及库存备件。

6. 各类设施或系统应配存一套明确的使用说明书，包括：设施启动前应完成的检查和检验计划，设施在正常和故障方式下应启动和停运的程序，报警时应采用的程序。

7. 各类设施或系统应有维护说明书。

8. 应及时填写施工检查记录和施工验收记录以及其他应填报的记录，做到与工程同步。

5.5.3　关于工程记录表格：按照现行国家标准《洁净室施工及验收规范》GB 50591 的规定，对每项施工程序和工序均应进行检查记录和报验，对工程质量进行全过程控制，按要求应填写《施工检查记录表》和《施工验收记录表》，其主要内容见表 5.5.3。

《施工检查记录表》和《施工验收记录表》的主要内容　　　　　　表 5.5.3

序号	《施工检查记录表》	《施工验收记录表》
1	材料、构配件进场检验记录	分项验收记录
2	设备开箱检验记录	工程验收单
3	隐蔽工程检验记录	
4	风管强度、变形检验记录	
5	配管压力（强度严密性）试验记录	
6	配管系统吹（冲）洗（脱脂）记录	
7	风管系统空吹、清洗检查记录	
8	风管漏风检测记录	
9	设备单机试运转记录	
10	设备联合试运转记录	
11	竣工验收检测调整记录	

5.5.4　竣工档案编制是一个基础而又烦琐的过程，需严谨、全面。

【技术要点】

1. 施工单位应建立健全竣工资料管理制度，科学收集、定向移交、统一归口，便于存取和检索。

2. 应编制竣工图，记载各专业施工的真实情况。

3. 建设项目竣工档案管理应做到"三同时"，即项目开工时，施工单位要同时落实档案管理人员；平时检查工程质量时，各单位档案管理人员要同时参与查看档案资料编制情况；项目竣工验收时，各单位要同时对档案进行全面验收。

4. 建设工程档案根据报送对象的不同进行案卷整理、保存。

5. 归档的文件材料要字迹清楚，数据翔实准确，图面清晰整洁，签证手续完备，符合规范化要求。不可以用易褪色的书写材料书写、绘制。

本章参考文献

［1］中华人民共和国住房和城乡建设部. 洁净室施工及验收规范：GB 50591—2010［S］. 北京：中国建筑工业出版社，2010.

［2］中华人民共和国住房和城乡建设部. 建设工程项目管理规范：GB/T 50326—2017［S］. 北京：中国建筑工业出版社，2017.

［3］中华人民共和国住房和城乡建设部. 燃气热泵空调系统工程技术规程：CJJ/T 216—2014［S］. 北京：中国建筑工业出版社，2014.

［4］中华人民共和国住房和城乡建设部. 民用建筑供暖通风与空气调节设计规范：GB 50736—2012［S］. 北京：中国建筑工业出版社，2012.

［5］中华人民共和国住房和城乡建设部. 通风与空调工程施工规范：GB 50738—2011［S］. 北京：中国建筑工业出版社，2012.

［6］国家能源局. 电力建设工程监理规范：DL/T 5434—2021［S］. 北京：中国电力出版社，2021.

第6章 医用洁净装备工程 EPC

周珏：江苏省人民医院原基建办主任，高级工程师，长期从事医院基本建设管理工作。
范业旭：中级工程师，一级注册建造师，武汉华康世纪医疗股份有限公司技术研发部经理。
贺乐凯：工程师，上海尚远建设工程有限公司副总经理。
王长松：工程师，二级建造师，BIM 高级工程师，现任辉瑞（山东）环境科技有限公司总经理。

技术支持单位：

武汉华康世纪医疗股份有限公司：致力于为现代化医院提供洁净、安全、智能的医疗环境并解决医疗感染问题，服务内容覆盖医院净化系统项目建设全生命周期，包括前期平面规划布局设计、过程实施、运行维护管理等医疗净化项目全流程。

上海尚远建设工程有限公司：成立于 2005 年，是一家以医疗专业工程、医疗信息化软件开发与系统集成为主的医疗专业服务整体解决方案提供商，以及医疗工程咨询、设计、施工服务单位。

6.1 医用洁净装备工程 EPC 概念

6.1.1 EPC（Engineering Procurement Construction）是指公司受业主委托，按照合同约定对工程建设项目的设计、采购、施工、试运行等实行全过程或若干阶段的承包。

【技术要点】

通常公司在总价合同条件下，对其所承包工程的质量、安全、费用和进度负责。EPC 总承包模式理论上具有合同关系简单、组织协调工作量小、能够缩短建设周期、利于投资控制等的优点。

6.1.2 医用洁净装备工程 EPC 是指将与医疗业务相关的特殊科室的洁净装备工程（具体指平面工艺规划、设计验收指标、施工工艺等有特殊要求的医疗科室，如：洁净手术部、层流病房、血液病房、负压隔离病房、生殖中心、静配中心等，以及各类 ICU、消毒供应中心、检验病理等可不设洁净等级的洁净装备工程），加上医用气体工程、放射防护及电磁防护工程、医疗智能化工程、智能物流工程、中央纯水系统工程、医疗污水处理工程等，其中的一项或多项工程的设计、采购和施工通过公开招标的形式交由一家主体单位（唯一单位或联合体单位）负责的模式。

【技术要点】

以往，医用洁净装备工程经常采用传统单独招标的模式或被打包到土建总承包范围再进行分包的模式，给建设单位造成了不同程度的困扰：组织协调难度大、投资成本失控、工期失控等。另外，医用洁净装备工程被打包到土建总承包范围后，造价指标得不到保障，从而影响整个项目的施工质量。更有甚者，由于医用洁净装备工程招标工作的滞后，造成了医用洁净装备工程的施工进度远跟不上项目主体的施工进度，原土建施工单位预留的孔洞、基础、土建墙等很多时候不满足医用洁净装备工程的实际需求，从而导致了后期不必要的拆改，给建设单位的经济、管理及工期均造成了影响。近年来，医用洁净装备工程 EPC 作为一种新型的招标模式，已被广大建设单位认可并陆续应用到实际的招标投标工作中。

当下，我国装配项目增多，成品施工技术的使用越来越普遍。工厂预制模块化、现场装配标准化的装配式洁净工程，也迅速得到应用。既符合国家绿色医院建设要求（降低材料损耗、减少现场施工污染），又降低了施工企业人工成本、提高了工作效率、缩短了施工周期，同时也能为建设单位今后的升级改造留有充分操作的可能性。另外，医用洁净装备工程 EPC 中，运用 BIM 系统产出的精准模型，从设计方案比较、机电图纸深化、AI 虚拟体验等方面切入，进行医用洁净装备工程设计、施工、验收，为建设单位今后的运维管理提供了重要资源。医用洁净装备工程是民用建筑工程的重要组成部分，先进技术的应用（装配式建筑技术＋BIM 建模）将会为医疗建筑工程带来更加积极的技术因素。

控制投资成本、缩短工期、降低沟通协调成本、降低建设单位的管理成本，以及资源配置优化、综合效益集成等多方面的优势，都在医用洁净装备工程 EPC 的实施过程中得以体现，但同时也暴露出了一些新的问题，本章针对医用洁净装备工程 EPC 在全生命周期的推进工作中的实施流程、管控要点、常见问题及解决方案等进行系统性的梳理，为医院建设者和从事医用洁净装备工程相关管理工作的人员提供理论基础和实践指导。

6.2　医用洁净装备工程 EPC 的主要内容

6.2.1　特殊科室洁净工程主要内容：特殊科室洁净工程是指将一定范围内空气中的微粒子、有害空气、细菌等污染物排除，并将室内的温度、湿度、洁净度、室内静压差、气流组织、噪声、照度等指标控制在某一特定范围内的工程，具体包括特殊医疗科室区域内的装饰装修、暖通空调系统、电气系统（含强电、弱电）、医用气体系统、给水排水系统等。

【技术要点】

1. 装饰装修主要内容

（1）以特殊医疗科室的设计范围线为界，包含范围内的顶棚、地面、墙面及门窗在内的装饰装修；

（2）手术室基本装备：药品柜（嵌入式）、器械柜（嵌入式）、麻醉柜（嵌入式）、保温柜（嵌入式）、保冷柜（嵌入式）、气体面板、观片灯、中央控制面板等；

（3）固定式医疗设备：无影灯、吊塔、吊桥、实验室家具等；

（4）其他内容：窗帘盒、窗台板、卫浴隔断、传递窗、护士站等；

（5）BIM 建模，医用装配式手术室，预制结构配件及快装板材的组合拼装。

2. 暖通空调系统主要内容

（1）特殊医疗科室范围内的空调设备：空调机组、加湿设备、风管式电加热箱、分体式空调器、风机盘管、多联机、排风机及新风入口处的空气净化装置等；

（2）特殊医疗科室范围内的空调风系统：净化风管及附件、风管保温、风阀、软接、风口等；

（3）特殊医疗科室范围内的空调水系统：空调水管及保温、水阀及附件、软接等；

（4）特殊医疗科室范围内的空调制冷剂系统：空调铜管及保温、阀门及附件、软接等；

（5）过渡季节冷热源：风冷热泵机组、循环水泵、电子水处理仪、蓄能水箱、膨胀水箱及管道、阀门附件等。

3. 电气系统（含强电、弱电）主要内容

（1）特殊医疗科室范围内普通照明、插座、医疗设备配电及电缆敷设、等电位接地系统、空调配电系统等；

（2）特殊医疗科室范围内的UPS、IT等安全配电系统；

（3）特殊医疗科室范围内电话及计算机网络系统、有线电视系统、示教系统、门禁监控系统、呼叫对讲系统、背景音乐系统、探视系统、医用气体报警系统、空调自控系统等。

4. 医用气体系统主要内容

（1）特殊医疗科室范围内的医用气体区域阀门箱、二级稳压箱、医用气体管网及阀门附件、医用气体压力报警装置、氧气流量计、医用设备带及医气终端等；

（2）特殊气体汇流排：氮气汇流排、笑气汇流排、二氧化碳汇流排等。

5. 给水排水系统主要内容

（1）特殊医疗科室范围内的给水、排水管网系统及洁具安装；

（2）特殊医疗科室范围内的纯水系统、高温排水系统。

6.2.2　医用气体工程主要内容包括医用氧气供应系统、医用负压吸引供应系统、医用压缩气体供应系统、医用气体供应末端设施、医用气体系统监测报警系统、普通病房呼叫对讲系统等。

【技术要点】

1. 医用氧气供应系统包括氧气站房（液氧站/制氧站）设备、应急氧气汇流排、本系统所有的输送管网、氧气流量计、阀门附件、氧气稳压装置、氧气终端。

2. 医用负压吸引供应系统包括负压吸引站房设备、本系统所有的输送管网、阀门附件、负压吸引终端。

3. 医用压缩空气供应系统包括压缩空气站房设备、本系统所有的输送管网、阀门附件、压缩空气稳压装置、压缩空气终端。

4. 医用气体供应末端设施包括医用设备带、壁挂式气体终端箱等。

5. 医用气体系统监测报警系统包括气源报警系统、区域报警系统及中央监控报警系统等。

6. 普通病房呼叫对讲系统包括呼叫主机、信息交换管理主机、护士站信息显示屏、走廊信息显示屏、病房信息显示屏、病床分机、卫生间紧急呼叫分机、呼叫线缆及安装套管等。

6.2.3　放射防护及电磁防护工程主要内容包括防护科室、MRI科室墙、顶、地六面的结构性防护和电磁防护。

【技术要点】

1. 防护科室墙、顶、地六面的结构性防护（采用普通混凝土、重晶石混凝土等结构材料起到的射线防护作用），如核医学、放疗科，或装饰性防护（采用铅板、硫酸钡水泥或其他防护材料起到的射线防护作用）。

2. MRI 科室墙、顶、地六面的电磁防护（采用钢板、铜皮为主要材料进行电磁屏蔽）。

6.2.4 医疗智能化工程主要内容包括特殊医疗科室智能化系统和售后云服务系统。

【技术要点】

特殊医疗科室智能化系统包含数字化手术室、手术室智能管理工作站系统、手术室麻醉系统、手术室智能排班系统、手术室信息发布系统、手术室行为管理系统、手术部物品追溯系统、手术部毒麻药品管理系统等，以及智慧重症监护室临床信息系统。

6.2.5 智能物流工程主要内容包括气动物流传输系统、轨道小车输送系统、箱式中型物流系统、AGV 智能搬运系统、智能医用物流机器人系统、垃圾与被服回收系统、医用智能仓储系统等。

6.2.6 医用中央纯水系统主要内容包括反渗透主机、软化器、水箱、水泵、各类过滤器（砂过滤器、碳过滤器、内毒素过滤器等）、紫外线灭菌装置、臭氧发生器、纯水管网及阀门附件等。

【技术要点】

医用洁净装备工程 EPC 范围内的中央纯水系统，既可包含在本 EPC 内实施，亦可由"医用中央纯水系统工程"专业单位实施，医用洁净装备工程 EPC 与之配合。

6.2.7 医疗污水处理工程主要包括土建工程和工艺设备。

【技术要点】

1. 污水处理土建工程包括化粪池、格栅渠、调节池、消毒池、清水池、排水坑、污泥池等。

2. 污水处理工艺设备包括格栅、提升泵、反应器、排水泵、鼓风机、二氧化氯发生器、紫外线消毒设备、自控系统、管材附件等。

3. 医疗污水处理工程的土建部分一般由总承包单位具体实施，医用洁净装备工程 EPC 单位配合。

6.3 医用洁净装备工程 EPC 的实施流程

6.3.1 医用洁净装备工程 EPC 建设管控应符合图 6.3.1 所示的流程。

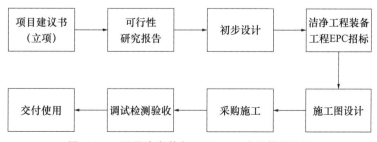

图 6.3.1 医用洁净装备工程 EPC 建设管控流程

6.3.2　医用洁净装备工程 EPC 投资管控应符合图 6.3.2 所示的流程。

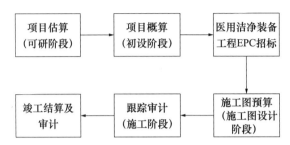

图 6.3.2　医用洁净装备工程 EPC 投资管控流程

6.3.3　医用洁净装备工程 EPC 施工阶段管控应符合图 6.3.3 所示的流程。

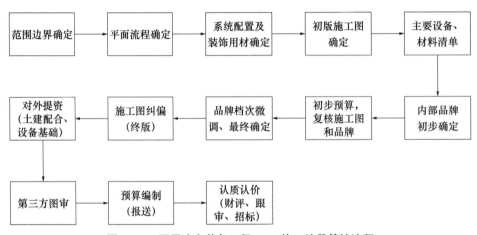

图 6.3.3　医用洁净装备工程 EPC 施工阶段管控流程

【技术要点】

医用洁净装备工程 EPC 在建设全过程须通过合理的立项、招标投标、采购、施工及调试验收，在投资估算阶段须做好前期概算、中期预算及跟踪审计以及后期结算，在施工环节须做好平面流程的规划、施工图的确认、品牌档次的确认等，只有每个环节严格把关，才能获得合格的工程。

6.4　医用洁净装备工程 EPC 实施方法

6.4.1　项目立项阶段论证项目建设的可行性。

【技术要点】

1. 编制"项目建议书"，论证医用洁净装备工程项目建设的必要性。

2. 编制"项目可行性研究报告"，明确医用洁净装备工程的主要定位及档次（单方造价指标），重点考虑因素如下：

（1）统筹规划：延续性、前瞻性、经济指标、考虑未来 5～10 年建设标准，避免反复拆改；

（2）设计方向：确定是否设计相应负压科室、系统或采用"平急结合"设计；

（3）系统功能：考虑医院的大体系统配置种类、功能要求等；

（4）重视专项特殊性：考虑医疗专项工程的特殊性。

3. 编制"建设项目总投资估算表"，将医用洁净装备工程相关建设费用单列（表6.4.1），避免投资估算偏低带来不利影响及专项资金后期被不合理挪用。

某项目可行性研究报告中关于医疗洁净投资的专项体现　　　表 6.4.1

序号	工程费用名称	估算价值（万元）				技术经济指标			说明
		建筑工程	安装工程	其他费用	合计	数量		单位价值	
一	建筑安装工程费	111371.80	47708.62		159080.42	220180.00		7225.02	（一）+ （二）+（三）
（一）	地上部分	65412.60	39061.36		104473.96	137620.00		7591.48	元/m²	（1+2+3）
1	建筑装饰工程	59604.00			59604.00	137620.00		4331.06	
1.1	地面建筑	59604.00			59604.00				
1.1.1	土建工程	27524.00			27524.00	137620.00	m²	2000.00	元/m²
1.1.2	装饰工程	32080.00			32080.00				
1.1.2.1	室内装饰	17006.60			17006.60	130820.00	m²	1300.00	元/m²
1.1.2.2	外立面装饰	9633.40			9633.40	137620.00	m²	700.00	元/m²
1.1.2.3	洁净区域及实验室室内装饰工程	5440.00			5440.00	6800.00	m²	8000.00	元/m²	洁净手术室、实验室

6.4.2　初步设计阶段确定项目建设初步设计方案及概算。

【技术要点】

1. 设计方案的比选、论证，确定医用洁净装备工程 EPC 实施范围。

2. 编制"建设项目概算清单"，将医用洁净装备工程相关建设费用单列，避免后期被挪用。

6.4.3　医用洁净装备工程 EPC 招标。

【技术要点】

1. 梳理医用洁净装备工程 EPC 招标范围，将特殊科室净化工程、医用气体工程、放射防护及电磁防护工程、医疗智能化工程、智能物流工程、中央纯水系统工程、医疗污水处理工程等有特殊要求的相关工程纳入 EPC 招标范围，避免漏项。

2. 将医用洁净装备工程 EPC 的概算费用作为招标控制价，一般采用下浮率的招标形式进行招标。

3. 招标文件应设置必要的资质条件（如设计资质、医疗器械注册证、压力管道施工资质、项目经理类似施工业绩等），确保中标单位有能力顺利交付。

6.4.4　医用洁净装备工程 EPC 施工图设计。

【技术要点】

1. 工艺流程规划要符合相关要求

（1）明确项目定位，避免整体设计与政府要求不符；

（2）明确医院重点学科及发展方向，保证科室规模的合理性；

（3）合理规划关联科室位置，保证使用上的便捷性、时效性；

（4）特殊科室布局合理规划，保证符合使用需求及相关规范要求。

2. 施工图设计要兼顾规范、功能及概算要求

（1）限额设计，施工图预算金额不能超过概算金额；

（2）与项目主体设计院、土建施工方紧密配合，提前做好预留预埋工作，避免后期不必要的拆改；

（3）功能需求要参考初步设计方案；

（4）设计过程中要分期分批与使用科室沟通、核对、确认点位。

3. 施工图预算要兼顾规范、功能及概算要求

（1）编制依据要明确，工程量计算力求准确，清单项目特征描述要准确和全面，对现场施工条件表述要准确；

（2）重视报价基础资料编制质量，提前做好材料设备的认质认价。

6.4.5 医用洁净装备工程 EPC 采购、施工及检测验收。

【技术要点】

1. 施工阶段要兼顾工期、质量及经济要求

（1）效果图先行：关键科室核心区域提供两种以上搭配效果图供使用科室选择，避免单品选样导致协调性降低；

（2）BIM 技术运用：管线复杂区域提前利用 BIM 进行施工模拟，优化设计图纸，避免后期拆改及返工；

（3）装配式技术应用：医用装配式手术室、医用模块化板材及结构预制件；

（4）看板施工：针对施工工艺有特殊要求或复杂的部位，事先制作看板，用以指导施工人员的操作；

（5）样板间先行：重点区域先行建设样板间，使用科室及建设方验收认可后，方可大面积施工，减少施工过程中的修改及整改。可采用 BIM 技术、AI 虚拟体验制作虚拟样板间，绿色环保、节约投资。

2. 质量监察要求

（1）现场施工员、监理定期核检，重要节点旁站监督，确保施工质量及施工安全；

（2）施工单位总部的飞行检查：对工程产品、材料、施工工艺进行突击飞行检查，实施严格的奖惩措施；

（3）重难点施工部位及环节，事先组织施工方案的专家论证。

3. 调试检测及售后质保要求

（1）在施工阶段末期，提前进场介入，事先熟悉各系统的组成及性能，提高后期系统调试效率；

（2）专业售后人员在调试检测阶段即进场，重心前移，提供贴心服务。

6.4.6 医用洁净装备工程 EPC 全过程造价控制。

【技术要点】

1. 初设分类控制预算：明确医疗专项金额及各分项（科室、专业、系统等）金额，作为预算控制价。

2. 投标下浮控预算：下浮率或下浮后总额中标，作为施工图限额价。

3. 限额设计控制预算：以投标下浮率或总价为最高限价，完善施工图。

4. 设计前置控制预算：避免拆改、加固、增容，减少二次变更，控制整体预算。

5. 施工统筹控预算：医疗专项承建方统筹各专业施工，避免专业冲突，控制预算。

6. 跟踪审计过程控预算：跟踪审计对施工图预算进行审核，同时过程中实时把控设计变更等偏差情况，控制预算。

7. 设计平衡控预算：施工过程中确实无法避免的变更，可通过设计的增减平衡来控制总体预算。

8. 工期质量控预算：医疗专项统筹施工，设计全过程参与，有效控制工期与质量，避免工期拖延及质量整改增加预算。

9. 结算审计控预算：跟踪审计控制过程变更，并实施纠偏投资预算后，结算审计便捷，预算总体可控。

6.5 医用洁净装备工程 EPC 实施过程中常见的问题及解决方案

6.5.1 医用洁净装备工程造价未与医院其他工程分开，导致专项资金后期被挪用。

【技术要点】

在项目立项阶段、初步设计阶段将估算清单、概算清单中的医用洁净装备工程内容单独列项，明确专项资金，并采取单独招标。

6.5.2 医用洁净装备工程单方造价指标过低，导致工程招标流标或恶意低价中标后工程质量降低。

【技术要点】

结合医用洁净装备工程的材料设备的特殊性、施工工艺的复杂性、调试验收的高标准等合理考虑造价，不能直接套用普通装修工程造价指标。

6.5.3 医用洁净装备工程范围划分不合理，部分有特殊要求的内容划分到土建范围或精装范围，导致医用洁净装备工程验收不达标。

【技术要点】

在项目立项阶段、初步设计阶段邀请有医用洁净装备工程实施经验的咨询单位，在方案、预算等方面将医用洁净装备工程与普通工程区分，在招标环节引导单独招标。

6.5.4 医用洁净装备工程专业设计单位介入较晚，土建单位按照原建筑图纸施工，导致后期拆改。

【技术要点】

在项目建设初期及设计阶段需单独招标，让专业的洁净工程单位参与咨询、设计，确保医用洁净装备工程的设计质量及配合质量。前期范围划分清晰，中间注意过程跟进，后期注意移交内容的验收，具体措施如下：

1. 土建结构施工阶段（楼板、梁、柱、剪力墙阶段）：

（1）孔洞预留交底及复核：各类穿剪力墙、楼板洞口预留、楼板下沉区的交底与复核；

（2）管道预埋同步施工：湿区、穿剪力墙、楼板等预埋套管（直线加速器内空调风、水套管）。

2. 二次结构及地面找平阶段（土建墙、找平、抹灰阶段）：

（1）配合事项施工前交底、过程复核：医疗专项提前交底、施工过程复核（门洞、窗洞、土建墙体、地面找平等），发现问题及时纠偏；

（2）预埋安装管道同步推进：各类强电、弱电、医用气体、给水排水等管道，在二次结构过程中提前预埋，避免后期开槽，破坏结构稳定性。

3. 机电安装阶段：

（1）系统接驳提前交底：各安装系统的接驳点及接线提前交底，避免重复或遗漏；

（2）先综合排布后施工：走道、机房等管道类安装集中的区域，施工前提前综合排布，特别复杂的区域采用 BIM 排布；

（3）各专业施工顺序统筹：医疗专项区域由医疗专项统筹进度安排，各专业流水线作业。

4. 总承包土建工程与医疗专项的移交：

（1）外墙／幕墙（含门窗）完成并拆架，外墙淋水试验合格；

（2）室内土建砌体墙的门窗洞口尺寸，按特殊科室专项工程的需求预留（特殊科室专项工程设计方提供配合图及配合说明）；

（3）土建砌体墙：按设计图示（特殊科室专项工程配合图）厚度，抹灰收光，接搓平顺、阴阳角垂直方正、立面垂直。其中，卫生间贴瓷砖土建墙（含 200mm 高的 C20 反坎）抹灰平整，糙面移交（注：收光或不收光以特殊科室专项工程的配合图图例为准）。

5. 土建找平标高移交标准：

（1）贴地胶、环氧树脂地面区域：建筑标高 1m 水平线以下，1005mm（若采用 3mm 地胶，则建筑标高移交标准为 1006mm）；

（2）贴地砖区域：做防水区域建筑标高 1m 水平线以下，1036.5mm；不做防水区域建筑标高 1m 水平线以下，1035mm。其中卫生间、机房等贴瓷砖湿区区域的防水工程完成，向地漏调坡，最高点处 1m 水平线以下，1036.5mm。

6. 设备基础、孔洞、槽沟等抹灰外貌边沿整齐、平顺，其中洞口均须留出建筑标高 150mm 的 C20 反坎（100mm×150mm，宽×高）；

7. 地面下沉区域移交要求：

（1）卫生间蹲便区降 350mm，检验科等有排水沟的区域降 300mm，有 DSA、CT、MRI 等设备的区域降 400mm（具体下沉区域详见特殊科室专项工程配合图）；

（2）根据医疗专项工程的需求预留取新风以及排风用外墙防雨百叶（防雨百叶的设置位置及尺寸详见特殊科室专项工程配合图）。

8. 总承包机电工程与医疗专项的移交要求：

（1）强、弱电：所有强、弱电线路在管井或楼层主箱处交接，绝缘电阻达标：

1）楼层总电源箱及其进线端电缆均由总包单位采买安装（包括接线及电缆头），出线端接线及其电缆由医疗专项单位采买安装，接地网每层／净化区域预留接地极不少于 4 处；

2）弱电井／楼层的综合布线汇集机柜（包括柜内各类配线架、交换机、理线器等）由总包单位采买安装，医疗专项单位负责末端点位布线接入机柜配线架，机柜内设备、跳线及进线光缆均由总包单位采买安装。

（2）给水排水：总包单位在水管井或区域分界墙处（分界线500mm范围内）预留给水/热水/热回水管道的三通接口、阀门、水表等，在下一层排水立管处预留排水斜三通。

（3）空调冷热源：总包单位在水暖井或区域分界墙处（分界线500mm范围内）预留三通接口、阀门、法兰、压力表、温度计、流量计等。

9. 穿越特殊科室或工艺区域的管线要求：雨水管、排水管、消防用水管、中央空调水管、纯水管，消防风管、中央空调风管，强电线路及桥架、弱电线路及桥架，医用气体管线、物流管线等，从特殊科室及医疗净化工艺区域"路过"，均须待医疗专项专业承包人进场后，进行综合管线排布，确定吊顶高度及综合管线支架以后方可施工，建筑机电总承包单位不可先行施工。

10. 特殊医疗设备的风险提示：放射科、消毒供应中心、复合手术室、检验科等特殊医疗科室，需待业主提供已中标的大型医疗设备[如CT、DSA、MRI、全自动清洗消毒机、低温（高温）灭菌器、实验室检验设备等]的技术参数及安装配合文件，由医疗专项专业承包人进场后进行深化设计，土建总承包单位不可先行施工。

本章参考文献

［1］何丽环. EPC模式下承包商工程风险评价研究［D］. 天津：天津大学，2008.

［2］李阳. 我国国际工程EPC总承包项目风险管理研究［D］. 长沙：长沙理工大学，2009.

［3］胡金洲. EPC工程总承包模式下的风险分析及防范［J］. 黑龙江科技信息，2011（6）：299.

［4］安立志. EPC总承包项目的风险管理研究［D］. 保定：华北电力大学，2007.

［5］阎瑞明. EPC工程总承包中的风险控制［J］. 建筑管理现代化，2009，23（4）：354-357.

［6］张昳玮. 洁净室施工安装中要注意的几个问题［J］. 洁净与空调技术，2007（2）：63-64，68.

［7］王洁凝，刘美霞，曾伟宁. 装配式建筑项目全过程管理流程的改进建议［J］. 建筑经济，2019，40（4）：38-44.

第7章 医用洁净装备工程验收与移交

梁雷：首都医科大学附属北京朝阳医院规划建设处副处长，高级工程师，一级建造师，财政部、北京市、军队及民航系统评标专家。

张彦国：中国建筑科学研究院有限公司建科环能科技有限公司净化空调技术中心主任、教授级高工、注册建筑师。长期从事洁净室、生物安全、实验室等领域室内环境控制的科研和应用工作，主持、参加多项国家重点专项课题，主编多部标准规范，多次获奖。

宁占国：曾任中国人民解放军第二五一医院副院长，陆军总医院原营建指挥部主任。

7.1 医用洁净装备工程验收的概念

7.1.1 医用洁净装备工程竣工验收是指医用洁净工程项目已按设计要求完成，能够满足使用要求，施工单位经过自检合格后，监理、施工、设计、建设、质检单位对工程合格与否进行确认。同时，通过专业的检测机构对医用洁净工程进行检测，并出具合格且同意使用的报告。

7.2 验收类型及作用

7.2.1 医用洁净装备工程专业验收应在第三方验收前由业主主持专业验收，即竣工验收，主要工作为：检查工程施工的各专业质量、施工的完工程度、施工区域设计功能的可用性、工程是否具备投入使用的各项条件；验收符合要求后方可进行第三方检测验收。

7.2.2 第三方机构检测验收指由业主请具备资质的第三方机构对该工程是否满足设计要求而进行的综合性能全面评定的数据监测，为医院提供是否可以使用的依据。主要工作为：检查净化区域是否达到了规范及设计要求。

7.2.3 医用洁净装备工程的整体验收由建设单位负责，医用洁净装备工程施工方配合。

【技术要点】

与其他土建安装工程不同，医用洁净装备工程分为专业验收、第三方机构检测验收（综合性能全面检验）、配合医用洁净装备工程以外的整体验收（工程验收）。

7.3 组 织 验 收

7.3.1 医用洁净工程竣工验收应包括工程资料验收和工程实体验收。

【技术要点】

1. 工程资料验收包括工程技术资料验收、工程综合资料验收和工程财务资料验收三个方面。

2. 工程实体验收包括土建工程验收和安装工程验收。

7.3.2　医用洁净装备工程竣工验收的条件：

1. 设计文件和双方（建设方与施工方）合同约定的各项施工内容已经完成，已达到相关专业技术标准，质量验收合格，具备交工条件，并通过专业检测机构对医用洁净工程进行的检测，且出具合格且同意使用的报告。

2. 有完整并经核定的工程竣工资料。

3. 有设计、施工、监理等单位分别签署确认的工程合格文件。

4. 有工程使用的主要材料、设备进场的证明和试验报告。

5. 有施工单位签署的工程资料保修书。

6. 有消防验收部门出具的认可文件或允许使用文件。

7. 建设行政主管部门或其委托的质量监督部门责令整改的问题整改完毕。

7.3.3　医用洁净工程竣工验收的依据，除了国家规定的竣工标准（或地方政府主管机关规定的具体标准）外，在进行竣工验收和办理工程移交手续时，还应以下列文件作为依据：

1. 上级主管部门批准的各种文件、施工图图纸及说明书。

2. 施工合同。

3. 设备技术说明书。

4. 设计变更通知书。

5. 国家发布的各种标准及规范。

6. 外资工程应依据我国有关规定提交验收文件。

7.3.4　医用洁净装备工程竣工验收标准一般有建筑工程、安装工程、医用气体工程等的验收标准。对于单位工程、分部工程、分项工程竣工验收标准有国家标准、国家有关部门标准或医疗行业标准。对于技术改造项目，可参照国家或部门有关标准，根据工程性质提出各自的竣工验收标准。

7.3.5　工程质量标准除应符合各类标准规范外，还应达到协议书或合同约定的质量标准，质量标准的评定以国家或行业的质量验收评定标准为依据。若因承包人原因工程质量达不到约定的质量标准，承包人承担违约责任。若双方对工程质量有争议，由双方同意的工程质量检测机构鉴定，所需费用及因此造成的损失，由责任方承担。双方均有责任的，由双方根据其责任分别承担。

【技术要点】

1. 单项工程应达到合格标准。

2. 单项工程应达到使用条件。

3. 建设项目应能满足建成投入使用的各项要求。

7.3.6　医用洁净装备工程竣工验收的方式可分为项目中间验收、单项工程验收和全部工程验收三大类，见表 7.3.6。对于规模较小、施工内容简单的工程项目，也可以一次进行全项目的竣工验收。

不同阶段的工程验收　　　　　　　　　　　　表7.3.6

验收方式	验收条件	验收组织
中间验收	按照施工承包合同的约定，施工完成到某一阶段后要进行中间验收；主要的施工部位已完成了隐蔽前的准备工作	由监理单位组织，业主和施工单位或承包商派人参加，该部位的验收资料将作为最终验收的依据
单项工程验收	建设项目中的某个合同工程已全部完成；合同约定有分部分项移交的工程已达到竣工标准，可移交给业主投入试运行	由建设单位或委托的工程发包单位组织，会同施工单位、监理单位、设计单位及使用单位等有关部门共同进行
全部工程竣工验收	建设项目按设计规定全部建成，达到竣工验收条件；初验结果全部合格；竣工验收所需资料已准备齐全	由建设单位或委托的工程发包单位组织，邀请设计单位、监理单位、消防验收部门、施工单位及使用单位等有关部门共同进行。医用洁净装备工程施工单位作为专业分包单位共同参与整体工程验收

7.3.7　医用洁净装备工程竣工验收程序：医用洁净装备工程全部建成；经过各单项工程的验收，符合设计要求，并具备竣工图表、竣工结算、竣工总结等必要文件资料；由建设项目主管部门或建设单位向负责验收的单位提出竣工验收申请报告。

【技术要点】

医用洁净装备工程按以下竣工程序进行验收：

1. 施工单位或项目承包单位申请交工验收，施工方已经通过自检、项目部自检、公司级预检三个层次进行竣工预验收，为正式验收作准备。施工单位或项目承包单位完成上述工作和准备好竣工资料后，即可向建设单位提出竣工验收申请。

2. 监理工程师现场初验：施工单位通过竣工预验收，对发现的问题进行处理后，决定正式提请验收，应向监理工程师提交验收申请报告，监理工程师审查验收申请报告，如认为可以验收，则由监理工程师组成验收小组，对竣工的工程项目进行初验，在验收中发现的质量问题，要及时书面通知施工单位，令其修改甚至返工。

3. 正式验收：正式验收由建设单位或监理单位组织，建设单位、监理单位、设计单位、施工单位、工程质量监督部门等参加。工作程序如下：

（1）参加工程项目竣工验收的各方对已竣工的工程进行目测检查，逐一核对工程资料所列内容是否齐备和完整；

（2）举行各方参加的现场验收会议，建设单位、施工单位、设计单位、监理单位等汇报合同履约情况和在建设中执行法律法规、强制性建设标准的情况。

（3）办理竣工验收签证书，各方签字盖章，验收合格后施工单位将工程移交给建设单位。竣工验收签证书的内容见表7.3.7。

竣工验收签证书的内容　　　　　　　　　　　　表7.3.7

工程名称		工程地点	
工程范围		建筑面积	
开工日期		竣工日期	
日历工作天		实际工作天数	
工程造价			
验收意见			
建设单位验收人			

4. 单项工程验收：又称交工验收，验收合格后建设单位或业主方可投入使用。由建设单位或委托的工程发包单位组织的交工验收，主要根据国家发布的有关技术规范和施工承包合同，对包括但不限于：建筑、空气调节与空气净化、医用气体、给水排水、供配电、消防、工程检验等进行专项验收，对以下几方面进行检查或检验：

（1）检查、核实竣工项目所有准备移交给业主的技术资料的完整性、准确性；

（2）按照设计文件和合同检查已完成工程是否有漏项；

（3）检查工程质量、隐蔽工程验收资料、关键部位的施工记录等，考察施工质量是否达到合同要求；

（4）检查空调系统、电气系统、给水排水系统、医用气体工程及用于医疗洁净工程的设备运行中发现的问题是否得到改正；

（5）在交工验收中发现需要返工、修补的工程，明确规定完成期限；

（6）其他有关问题。

经验收合格后，建设单位或业主和施工单位或承包商共同签署《交工验收证书》，然后由建设单位或业主将有关技术资料和试运行记录、试运行报告及交工验收报告一并上报主管部门，经批准后该部分工程即可投入使用。验收合格的单项工程，在全部工程验收时，原则上不再办理验收手续。

5. 全部工程的竣工验收：对于医用洁净装备工程的全部验收，应先进行单位工程或子单位工程验收，待工程全部施工完成后，再由建设单位或业主方组织全部工程的竣工验收。竣工验收分为验收准备、预验收和正式验收3个阶段。正式验收时在自验收的基础上，确认工程全部符合验收标准，具备了交付使用的条件后，即可开始正式竣工验收工作。

（1）发送《竣工验收通知书》。施工单位应于正式竣工验收之日的前10d，向建设单位或业主发送《竣工验收通知书》。

（2）组织验收工作。工程竣工验收工作由建设单位或业主邀请设计单位及有关方面参加，与施工单位一起进行检查验收。

（3）签发《竣工验收证明书》并办理移交。在建设单位或业主验收完毕并确认工程符合竣工标准和合同条款规定后，向施工单位签发《竣工验收证明书》。

（4）进行工程质量评定。建筑工程按设计要求和工程施工的验收规范及质量标准进行质量评定验收。验收委员会（或验收组）在确认工程符合竣工标准和合同条款规定后，签发竣工验收合格证书。

（5）整理各种技术文件资料，办理工程档案资料移交。工程项目竣工验收前，各有关单位应将所有技术文件资料进行系统整理，由建设单位分类立卷，医用洁净装备工程作为一个独立分卷，在竣工验收时，交予使用单位统一保管，同时将与所在地区有关的文件交当地档案管理部门，以适应生产维修的需要。

（6）办理固定资产移交手续。在对工程检查验收完毕后，施工单位要向建设单位逐项办理工程移交和其他固定资产移交手续，并应签认交接验收证书，办理工程结算手续。工程结算由施工单位提出，送建设单位审查无误后，双方共同办理结算签认手续。工程结算手续办理完毕，除施工单位承担保修工作以外，甲乙双方的经济关系和法律责任予以解除。

（7）办理工程决算。整个项目完工验收并且办理工程结算手续后，要由建设单位编制工程决算，上报有关部门。

（8）签署竣工验收鉴定书。竣工验收鉴定书是表示建设项目已经竣工，并交付使用的重要文件，是全部固定资产交付使用和建设项目正式启用的依据，也是施工单位或承包商对建设项目消除法律责任的证件。竣工验收鉴定书一般包括：工程名称、地点、验收委员会成员、工程总说明、工程的设计文件、竣工工程是否与设计相符合、全部工程质量鉴定、总预算造价和实际造价、验收组对工程的意见和要求等主要内容。至此，项目的建设过程全部结束。

整个建设项目进行竣工验收后，建设单位或业主应及时办理固定资产交付使用手续。在进行竣工验收时，已验收过的单项工程可以不再办理验收手续，但应将单项工程交工验收证书作为最终验收的附件并加以说明。

7.3.8　医用洁净工程工程验收后，应进行档案、技术资料与竣工图移交。

【技术要点】

1. 工程资料移交

工程资料是工程项目的永久性技术文件，是进行维修、改建、扩建的重要依据，也是必要时对工程进行复查的重要依据。在工程项目竣工以后，工程承包单位或施工方的项目经理（或由项目经理委托的主管人员）须按规定向建设单位正式移交这些工程档案、技术资料。因此，施工单位的技术管理部门，从工程一开始就应由专人负责收集、整理和管理这些档案、技术资料，不得丢失或损坏。

（1）移交工程档案、技术资料的内容

1）开工相关文件。

2）竣工工程一览表，包括各个单项工程的名称、面积、层数、结构以及主要工艺设备和装置的目录等。

3）工程竣工图、施工图会审记录、工程设计变更记录、施工变更洽商记录（如果项目为保密工程，工程竣工后需将全部图纸和资料交付建设单位，施工单位不得复制图纸）。

4）上级主管部门对该工程有关的技术规定文件。

5）各种重要材料、成品、半成品以及各种设备或者装置的检验记录或出厂证明文件。

6）新工艺、新材料、新技术、新设备的试验、验收和鉴定记录或证明文件。

7）一些特殊的工程项目的试验或检验记录文件。

8）各种管道工程、金属件等的埋设和打桩、吊装、试压等隐蔽工程的检查和验收记录。

9）电气工程线路系统的全负荷试验记录。

10）用于医用洁净装备工程的医疗、消毒、检验等设备的单体试车、无负荷联动试车、有负荷联动试车记录。

11）防水工程（主要包括地下室、厕所、浴室、厨房、外墙防水体系、阳台、雨罩、屋面等）的检查记录。

12）工程施工过程中发生的质量事故记录，包括发生事故的部位、程度、原因分析以及处理结果等有关文件。

13）工程质量评定记录。

14）设计单位（或会同施工单位）提出的对建筑物、生产工艺设备等使用中应注意事项的文件。

15）医用洁净装备工程专业检测记录。

16）工程竣工验收报告、工程竣工验收证明文件。

17）其他需要移交的文件和实物照片等。

除医用洁净装备工程外的验收执行建筑工程验收程序，这里不再赘述。

（2）工程档案的要求和移交办法

1）凡是移交的工程档案和技术资料，必须做到真实、完整、有代表性，能如实反映工程和施工中的情况。这些档案资料不得擅自修改，更不得伪造。同时，凡移交的档案资料，必须按照技术管理权限，经过技术负责人审查签认；对曾存在的问题，评语要确切，经过认真的复查，并作出处理结论。

2）工程档案和技术资料移交，一般在工程竣工验收前，建设单位（或工程设施管理单位）应督促和协同施工单位检查施工技术资料的质量，不符合要求的，应限期修改、补齐，甚至重做。各种技术资料和工程档案，应按照规定的组卷方法、立卷要求、案卷规格以及图纸折叠方式、装订要求等，整理资料。

3）全部技术资料和工程档案应在竣工验收后按协议规定的时间（最迟不得超过3个月）移交给建设单位，应符合城市档案的有关规定。在移交时，要办理《建筑安装工程施工技术资料移交书》，并由双方单位负责人签章，附《施工技术资料移交明细表》。至此，技术资料移交工作即告结束。

2. 竣工图移交

竣工图是真实记录建筑工程竣工后实际情况的重要技术资料，是工程项目进行交工验收、维护修理、改造扩建的主要依据，是工程使用单位长期保存的技术档案，也是国家重要的技术档案。竣工图应具有明显的"竣工图"字样标志，并包括名称、制图人、审核人和编制日期等基本内容。竣工图必须做到准确、完整、真实，必须符合长期保存的归档要求。对竣工图的要求如下：

（1）在施工过程中未发生设计变更，完全按图施工的建筑工程，可在原施工图纸（须是新图纸）上注明"竣工图"标志，即可作为竣工图使用。

（2）在施工过程中虽然有一般性的设计变更，但没有较大的结构性或重要管线等方面的设计变更，而且可以在原施工图纸上修改或补充，也可以不再绘制新图纸，可由施工单位在原施工图纸（须是新图纸）上，清楚地注明修改后的实际情况，并附以设计变更通知书、设计变更记录及施工说明，然后注明"竣工图"标志，亦可作为竣工图使用。

（3）建筑工程的结构形式、标高、施工工艺、平面布置等有重大变更，原施工图不再适于应用，应重新绘制新图纸，注明"竣工图"标志。新绘制的竣工图，必须真实地反映出变更后的工程情况。

（4）改建或扩建的工程，如果涉及原有建筑工程并使用原有工程的某些部分发生工程变更的，应将原工程有关的竣工图资料加以整理，并在原工程图档案的竣工图上增补变更情况和必要的说明。

（5）在一张图纸上改动部分超过40%，或者修改后图面混乱、分辨不清的图纸，不能作为竣工图，需重新绘制新竣工图。

除上述五种情况之外，对竣工图还有下列要求：

1）竣工图必须与竣工工程的实际情况完全符合。

2）竣工图必须保证绘制质量，做到规格统一，符合技术档案的各种要求。

3）竣工图必须经过施工单位主要技术负责人审核、签认。

4）编制竣工图，必须采用不褪色的绘图墨水，字迹清晰；各种文字材料不得使用复写纸，也不能使用一般圆珠笔和铅笔等。

7.3.9　关于施工单位的竣工验收报告：承包人确认工程竣工，具备竣工验收各项要求，并经监理单位认可签署意见后，应向发包人提交"工程竣工报验单"，发包人收到"工程竣工报验单"后，应在约定的时间和地点，组织有关单位进行竣工验收。

【技术要点】

1. 该工程已完成设计和施工合同约定的各项内容，工程质量符合有关法律、法规和工程建设强制性标准的规定。

2. 分包与总包项目经理部应在竣工验收准备阶段完成各项竣工条件的自检工作，报所在企业复检。

3. "工程竣工报验单"按要求填写，自检意见应明确，项目经理、企业技术负责人、企业法定代表人应签字，并加盖企业公章。

4. "工程竣工报验单"的附件应齐全，足以证明工程已按合同约定完成并符合竣工验收要求。

5. 总监理工程师组织专业监理工程师对承包人报送的竣工资料进行审查，并对工程质量进行验收。对存在的问题应要求承包人所在项目经理部及时进行整改。整改完毕，总监理工程师应签署"工程竣工报验单"，提出工程质量评估报告。"工程竣工报验单"未经总监理工程师签字，不得进行竣工验收。

6. 发包人根据工程监理机构签署认可的"工程竣工报验单"和质量评估结论，向承包人递交竣工验收通知，具体约定工程交付竣工验收的时间、会议地点和有关安排。

7.3.10　关于建设单位的竣工验收报告：工程竣工验收报告是建设单位在工程竣工验收后15日内向建设行政主管部门提交备案的主要材料之一，是建设行政主管部门对建设工程直接监督管理的重要手段，也是建设单位对工程竣工验收质量的认可和接受。

【技术要点】

1. 工程竣工验收报告的主要内容

（1）工程概况。包括工程名称、地址、建筑面积、结构层数、设备数量、竣工日期；建设单位、勘察设计单位、施工单位、监理单位、质量监督单位名称；完成设计文件和合同约定工程内容的情况，包括工程量、设备试运行等内容。

（2）工程竣工验收时间、程序、内容和竣工验收组织形式。

（3）质量验收情况。包括建筑工程质量、给水排水工程质量、建筑电气安装工程质量、通风与空调工程质量、建筑智能化工程质量、工程竣工资料审查结论及其他专业工程质量等。

（4）工程竣工验收意见等内容。

（5）签名盖章确认。

2. 工程竣工验收报告附件的内容

工程竣工验收报告的内容要全面，情况要准确，文字要简练，观点要鲜明，数据要正确。工程竣工验收报告还应附有下列内容：

（1）施工许可证；

（2）施工图设计文件审查意见；

（3）施工单位工程质量评估报告；

（4）监理单位工程质量评估报告；

（5）设计单位的设计变更通知书及有关质量检查单；

（6）验收组人员签署的工程竣工验收意见；

（7）施工单位签署的工程质量保修书；

（8）法规、规章规定的其他有关文件。

7.3.11　关于工程竣工验收备案制度：备案是向主管机关报告情况，挂号登记，存案备查。工程竣工验收备案是建设行政主管部门对建设工程实施监督的最后一项手续。在接收备案阶段，建设行政主管部门对工程的竣工验收还要进行最后核查。

【技术要点】

1. 备案机关收到建设单位报送的竣工验收备案文件、验证文件齐全后，应当在工程竣工验收备案表上签署文件收讫。

2. 备案机关发现建设单位在竣工验收过程中有违反有关建设工程质量管理规定行为的，应当在收讫竣工验收备案文件 15 日内，责令停止使用，重新组织竣工验收。

3. 建设单位在工程竣工验收合格之日起 15 日内未办理工程竣工验收备案的，备案机关责令限期改正，处 20 万元以上 30 万元以下罚款。

4. 备案机关决定重新组织竣工验收的工程，在重新组织竣工验收前，擅自使用的，备案机关责令停止使用，处工程合同价款 2%～4% 的罚款。

5. 建设单位采用虚假证明文件办理工程竣工验收备案的，竣工验收无效，备案机关责令停止施工，重新组织竣工验收，处 20 万元以上 50 万元以下罚款；构成犯罪的，追究刑事责任。

6. 备案机关决定重新组织竣工验收并责令停止使用的工程，建设单位在备案之前已投入使用或者建设单位擅自继续使用造成使用人损失的，由建设单位依法承担赔偿责任。

7. 若建设单位竣工验收备案文件齐全，备案机关不办理备案手续，由有关机关责令改正，对直接责任人员给予行政处分。

7.3.12　关于项目验收前试车：验收前试车（如消毒供应中心设备）主要检验设备安装施工是否达到合同要求，以及能否发挥预期的设计能力。分单机无负荷试车和联动无负荷试车两个阶段进行。

【技术要点】

1. 单机试车。设备安装工程具备单机无负荷试车条件时，由施工单位组织试车，并在试车前 48h 通知业主代表。施工单位准备试车记录，业主为试车提供必要条件。试车费用已包括在合同价款之内，由施工单位承担。试车通过后，双方在记录上签字。

2. 联动试车。设备安装工程具备联动无负荷试车条件，由业主组织试车，并在试车前 48h 通知对方。通知包括试车内容、时间、地点和对施工单位应做的准备工作的要求。施工单位按要求做好准备工作和试车记录。试车通过，双方在记录上签字后方可进行竣工验收。

3. 试车费用除已包括在合同价款之内或合同内另有约定外，均由业主承担。业主代表对试车中发现的问题未在合同规定内提出修改意见，或试车合格而不在试车记录上签字，试车结束后24h后该记录自行生效，施工单位可继续施工或办理交工移交手续。试车不合格的责任划分见表7.3.12。

试车不合格的责任划分　　　　　　　　　　　　　　　　　　　表7.3.12

事故原因	业主权利和义务	承包商权利和义务
设计原因	业主组织修改设计；承担修改设计及重新安装的费用；给承包商顺延合同工期	按修改后的设计重新安装
施工原因	试车后24h内提出修改意见	修改后重新试车；承担修改和重新试车的费用；合同工期不顺延
设备制造原因	业主采购的设备	负责重新购置或修理；承担拆除、重新购置、安装的费用；给承包商顺延合同工期；负责拆除和重新安装
承包商采购的设备	试车后24h内由承包商修理或重新购置设备	负责拆除、重新购置、安装，并承担相应费用；合同工期不顺延

本章参考文献

[1] 中华人民共和国住房和城乡建设部. 医院洁净手术部建筑技术规范：GB 50333—2013 [S]. 北京：中国建筑工业出版社，2014.

第2篇
医用洁净装备工程总体规划设计

本篇主编简介

刘燕敏，同济大学教授，中国建筑学会暖通空调分会理事、中国建筑学会暖通空调分会净化专业委员会主任委员，中国工程建设标准化协会洁净受控环境与实验室专业委员会副主任委员。主持完成国家重点研发专项等多项课题，参编多部国家及行业标准。

第8章 医用洁净装备工程策划和建筑设计要点

王铁林：1977 年毕业于哈尔滨医科大学，海南省肿瘤医院原院长。参与多部国家标准和团体标准的编制，长期从事医院建设管理工作。

吴雄志：海南省肿瘤医院院长助理。从事医院建设管理工作，专注于医院项目医疗工艺设计及建筑经济研究。

8.1 医用洁净装备工程策划

8.1.1 关于策划与设计：针对手术部、ICU 等医用洁净装备工程要求，在设计之前进行策划，提出具有客观性和实现目标的必要的技术要求，而设计又是实现目标的开始。策划内容主要是各项医用洁净装备工程的功能策划和空间策划。

【技术要点】

1. 功能策划

基于医院学科设置、诊疗科目、诊疗方式，对各项医用洁净装备工程进行功能策划，主要是对手术部、ICU、洁净室、病房、生殖中心、静配中心、医学实验室等进行功能定位、功能要求及其建设必要性的策划。

2. 空间策划

（1）基于统计和预测诊疗量对各项医用洁净装备工程进行空间量化测算，如根据医院床位数或年诊疗量测算手术室间数、ICU 床位数等。

（2）根据诊疗流程、诊疗方式（所采用的医疗设备），以功能单元为单位策划功能用房组成，测算各功能用房空间面积和功能单元汇总面积。

（3）方案比选：对明确功能的各项医用洁净装备工程拟定整体解决方案，经方案比选，确定建设内容、系统方式、技术条件和造价控制范围等。

3. 策划原则

（1）系统性原则：各项医用洁净装备工程策划成果都应与医院系统医疗功能相匹配。

（2）专用性原则：不同的医用洁净装备工程具有不同的使用功能，分别有不同的设计依据和验收标准，应针对不同使用目的和医疗功能进行医用洁净装备工程的选择、设计和建造。

（3）洁污分明原则：为满足卫生学和无菌技术要求，医用洁净装备工程应符合《医院消毒卫生标准》GB 15982—2012 的Ⅰ、Ⅱ类环境要求，具体设计还应遵照现行国家标准《综合医院建筑设计规范》GB 51039 和相关规范执行，功能平面需根据各自的医疗工艺流程进行合理的洁污分区，其医疗流程为：非洁净区→（人流、物流）/（卫生通过）→洁净区（表 8.1.1）。

单侧正压缓冲室医疗流程		表 8.1.1
污染区→	单侧正压缓冲→	洁净区
物流	脱包、换车	洁净功能用房
人流	更衣、换鞋	

4. 策划方法

（1）需求分析：全面分析、处理各项医用洁净装备工程特定的医疗功能需求。

（2）建设必要性、可行性分析：经需求分析、方案比选，对拟定的医用洁净装备工程建设方案进行必要性和可行性分析。

（3）设计与施工组织：包括编制、审定设计任务书、设计组织与管理、总体施工方案。

（4）组织策划：医用洁净装备工程作为特定项目，涵盖多专业协同工作，整体过程包含大量紧密联系的步骤，因此项目组织策划十分重要，包括项目决策组织，以及工艺咨询、建筑师、各专业工程师、专业承建、医疗工程等各个方面的分工与协作组织，对其职责、专业任务、工作流程等都应策划、制定明晰的工作要求。

（5）策划、计划：当策划并确定项目建设总目标后，应策划制定相应的实施计划，包括设计进度计划、施工总控和阶段工期进度计划、投资控制与使用管理计划，做到计划可控。

（6）运营计划：项目应将建设与投入使用全过程加以策划，包括建设、验收、投资、运营计划的整体解决方案。

8.1.2　关于专项策划：医用洁净装备工程建设中应以医疗功能需求为依据，包括规模、标准、医疗使用要求和医疗设备、医用信息系统等条件要求。依此对洁净手术部、ICU、洁净病房等进行分项策划。策划要点主要是各项医用洁净装备工程的功能定位、规模（建设体量）、标准、医疗流程、用房组成和空间面积，以及设备设施（医气、电气、给水排水、网络等）的技术条件。

【技术要点】

1. ICU 洁净工程：针对严重创伤、生命重要器官衰竭（心、脑、肾、呼吸衰竭）、三级以上手术术后监护等诊疗场所，一般分为综合 ICU、专科 ICU（脑科 ICU、新生儿 ICU 等）。

（1）ICU 规模：ICU 床位数一般按医院总床位数的 2%～8% 设置。医院 ICU 宜集中设置，脑科 ICU、新生儿 ICU（NICU）可分设。正负压病房可与 ICU 合并建设，其设置间数视医院实际需要而定。

（2）ICU 标准：根据《综合医院建筑设计规范》GB 51039—2014 第 7.5.3 条，采用普通空调系统时，温度控制在 24～27℃，相对湿度控制在 40%～65%，噪声小于 45dB，连续运行；采用洁净用房的宜采用Ⅳ级标准设计（表 8.1.2-1）。送风气流组织为上送下回定向气流。

（3）ICU 医疗流程：

1）人流：术后病人→（洁净通道）→ICU→病房；病房病人→（卫生通过）→ICU→病房；医护人员→（卫生通过）→ICU。

79

2）物流：无菌物品（中心供应室）→（卫生通过）→ICU→用后密闭消毒→中心供应室→（洁净通道）→ICU；废弃物→密封消毒→外运。

（4）ICU应依据《综合医院建筑设计规范》GB 51039、《重症医学科建设与管理指南（试行）》等建设。

（5）用房及基本医疗设备：

1）用房：ICU洁净区域用房由护士站、治疗室、处置室、无菌储存室、药品间、仪器间等组成，过渡区由更衣室、脱包间、污洗间、值班室、会诊室等组成。ICU可厅式布置或分间布置，厅式布置床单元面积为12m²，围合独立单间每床面积为15m²。正负压ICU和三度烧伤病房可并入ICU一体化设置。

2）医用气体：宜用双臂气源吊塔，每床设氧气、压缩空气、真空吸引终端各两套。

3）水电：床左右两端各设置单相220V电源插座2个，每床用电负荷为2kVA。每床宜设洗手盆一个。

4）医疗设备：ICU宜按每床设置吊塔，塔上配置电源、气体、信息接口等终端和承放监护仪、呼吸机等的台架，每床基本配置为：监护仪1台、呼吸机1台、输液泵2台，特别需要时可设置专床血透。

（6）信息系统：ICU的所有医疗信息应达到电子化、数字化水平，患者由手术室或病房转往ICU的过程其生命信息应无缝衔接。

2. 洁净病房：针对白血病、淋巴瘤和严重免疫缺陷病人的诊疗场所，有严格的卫生学要求和无菌要求。

（1）规模：医院根据需要建设洁净病房，其规模宜不少于4间。每床间综合建筑面积宜为150m²左右，单床各房间的净面积宜为8~10m²。

（2）标准：治疗期洁净病房应选用Ⅰ级洁净用房，恢复期洁净病房宜选用不低于Ⅱ级的洁净用房。应采用上送下回的气流组织形式。

（3）洁净病房建设应与医疗流程相匹配。

1）准备：患者进入洁净病房前需严格按照要求做好身体内、外环境的消毒灭菌工作，前三天开始口服肠道消毒药及消毒饮食；修剪指（趾）甲，剃头、备皮。

2）卫生通过：患者洗澡更换干净的病员服，经药浴、穿无菌衣、裤和拖鞋进入层流无菌病室内。药浴前还必须对口腔、鼻咽、外耳道、会阴、肛周进行消毒。工作人员入室前必须刷手、洗澡、换无菌衣服、戴无菌帽子、戴口罩、换拖鞋后进入一室，每进下一室须更换一次拖鞋。进二、三室分别用1:2000洗必泰溶液泡手两次，各5min。进三室穿无菌隔离衣、袜，进洁净病房再加穿一层无菌衣、袜并戴无菌帽子、口罩和手套。

3）物品传递到层流室前，必须经过灭菌处理。进入洁净病房的所有物品必须经消毒、灭菌处理，清洁物品、污染物品线路严格分开，用过的物品拿出病房时须经专用窗口传递。

4）患者进入洁净病房后的治疗、护理及生活等均在该病房内完成。

（4）用房及基本医疗设备：

1）用房及条件：洁净病房净化区域用房包括层流病房、治疗前室、洁净走廊、护士站、治疗室等；过渡区包括更衣室、药浴间、配餐间、医生办公室等；辅助工作区包括病房、治疗室、医生办公室、护士站等。

2）医用气体、水电：洁净区和非洁净区病房均应设置医用气体终端和电源、信息接口。

3）医疗设备：洁净病房应设中央监护系统和完善的消毒设施（紫外线消毒、垃圾处理、便器清洗消毒等）。

4）当不具备设置集中净化空调系统的条件，或不便设置集中送风静压箱，或对运行能耗与造价全面经济与技术比较认为合理时，可以在洁净病房内采用层流治疗舱。

（5）信息系统：洁净病房的所有医疗信息应达到电子化、数字化水平，并与医院网络、数字化医疗设备相匹配。

3. 生殖中心洁净工程：用于人类辅助生殖技术，包括人工授精和体外受精／胚胎移植及其衍生技术工作的场所，以胚胎实验室为核心区进行合理的洁污分区布置和环境控制。

（1）规模：凡以人类辅助生殖技术的场所要求总面积不小于100m²；而以体外受精／胚胎移植及其衍生技术的场所要求总面积不小于260m²；两项可分设或合并设置，均应达到医疗功能完善标准。有关妇科内分泌检测、遗传学检查、形态学检查等依靠所在医院相关专业提供。

（2）洁净级别选择：根据《综合医院建筑设计规范》GB 51039—2014，胚胎实验室可采用Ⅰ级洁净用房或用房空间Ⅲ级、实验操作局部百级；Ⅱ级洁净用房：精液处理室、取卵室、胚胎移植室；Ⅳ级洁净用房：洁净走廊、观察室、准备间、冷冻室。洁净用房的分级符合《综合医院建筑设计规范》GB 51039—2014的规定（表8.1.2-1）。

洁净用房的分级标准（空态或静态） 表8.1.2-1

用房等级	沉降法（浮游法）细菌最大平均浓度 [个/（30min·φ90皿）]/（个/m³）	换气次数（h⁻¹）	表面最大染菌浓度（个/cm²）	空气洁净度
Ⅰ	局部为0.2/（5）其他区域0.4/（10）	截面风速根据房间功能确定，在具体条文中给出	5	局部为5级，其他区域为6级
Ⅱ	1.5/（50）	17～20	5	7级，采用局部集中送风时，局部洁净级别高一级
Ⅲ	4/（150）	10～13	5	8级，采用局部集中送风时，局部洁净级别高一级
Ⅳ	6	8～10	5	8.5级

注：局部集中送风的标准：若全室为单向流时，局部标准应为全室标准。

（3）生殖中心洁净工程建设应与下述医疗流程相匹配：

接诊→男区→诊室→取精→（传递窗）→精液处理→液氮冷冻

　　　　　　　　　　　　　　　　　　　↓（传递窗）

接诊→女区→诊室→B超→取卵→（传递窗）→人工授精→胚胎移植

医务人员由污染区进入洁净区应经过换鞋、更衣，卫生通过，并严格执行无菌技术操作规程。

患者应在非洁净区换鞋、更衣后进入医疗区。

无菌物品应密封转运或经专用洁净通道进入洁净区，并应在洁净区无菌存放。

使用后的可复用器械、布料应密封送消毒供应中心集中处理。医疗废弃物应就地打包、密封转运处理。

（4）用房及基本医疗设备：

1）用房及条件：按照功能包括下列区域的用房：

① 门诊区：候诊区、检查室、B超室、化验室、门诊注射室、处置室、取精室等。

② 实验区：缓冲区（包括更衣室）、洁净走廊、观察室、洁净库房、准备间、采卵室、移植室、胚胎培养室、胚胎冷藏室、精液处理室、胚胎库房等辅助用房。

③ 医护卫生通过及办公区：更衣及办公辅助用房。

④ 男性门诊区与女性门诊区应分开设置。

2）功能房间面积要求：

① 超声室面积不小于15m²；

② 取精室使用面积不小于5m²，并有盥洗设备；

③ 精液处理室使用面积不小于10m²，应按Ⅱ类洁净用房设计；

④ 取卵室：供B超介导下经阴道取卵用，使用面积不小于25m²，应按Ⅱ类洁净用房设计；

⑤ 胚胎移植室：使用面积不小于15m²，应按Ⅱ类洁净用房设计；

⑥ 胚胎实验室：使用面积不小于30m²，并具备缓冲区，应按Ⅰ级洁净用房设计或用房空间Ⅲ级、实验操作局部百级。

3）洁净走廊、观察室、准备间、冷冻室等其他洁净辅助用房可按照Ⅳ级洁净用房设计。

4）取精室与精液处理室相邻，并通过传递柜连接，便于精液接收。

5）取卵室、胚胎移植室应与体外受精实验室相邻，便于标本拿取。

6）冷冻室应与体外受精实验室相邻，并就近设置液氮存放室。

7）设备条件：B超机2台（配置阴道探头和穿刺引导装置）、负压吸引器、妇科床、超净工作台3台、立体显微镜、生物显微镜、倒置显微镜（含恒温平台）、精液分析设备、二氧化碳培养箱（至少3台）、二氧化碳测定仪、恒温平台和恒温试管架、冰箱、离心机、实验室常规仪器（pH计、渗透压计、天平、电热干燥箱等）、配子和胚胎冷冻设备（冷冻仪、液氮储存罐和液氮运输罐等）、显微操作仪1台。

4. 静脉用药调配中心洁净工程：针对静脉用抗生素、细胞毒性药物和营养液在具备空气净化和专业药师无菌操作下配制的场所，依据《静脉用药调配中心建设与管理指南（试行）》建设。

（1）规模：静脉用药调配中心规划面积宜为总住院病床数的0.6~1倍。

（2）洁净等级：静脉用药调配中心洁净区的洁净标准：

1）一次更衣室（简称一更）、洗衣洁具间为十万级；

2）二次更衣室（简称二更）为万级；

3）加药混合调配操作间为万级；层流操作台局部为百级；

4）抗生素类、危害药物静脉用药调配的洁净区和二次更衣室之间应有不小于 5Pa 的负压差。

（3）静脉用药调配中心洁净工程建设应与下述医疗流程相匹配：

医嘱处方→审方→摆药→（传递窗）→配制→（传递窗）→核查→发放；

工作人员：污染区→一更→二更→配制间→二更→一更→污染区；

污物：配制间打包→（传递窗）→污染区。

（4）建设标准：《综合医院建筑设计规范》GB 51039、《静脉用药调配中心建设与管理指南（试行）》。

（5）用房及基本医疗设备：

1）用房及条件：分为洁净区（静脉药物配置间、一更、二更、洗衣间）、辅助工作区（排药准备、成品核对、药物发放）和生活区（医护更衣、办公、审方打印）。

2）医疗设备：静脉用药调配中心应当配置百级生物安全柜，供抗生素类和危害药品静脉用药调配使用；配置百级水平层流台，供肠外营养液和普通输液静脉用药调配使用。

5. 烧伤洁净病房：用于重度烧伤病人治疗，以控制感染为目的，建立适宜温度、湿度和空气洁净度的环境并满足各项医疗条件。

（1）规模：设置烧伤专科的医院，宜有不少于 1 间的 Ⅲ 级烧伤洁净病房，或按医院实际需要而定。

（2）通风与空调：

1）重度（含）以上烧伤患者的病房应在病床上方集中布置送风风口，送风面积应为病床周边外延 30cm 或以上，并应按 Ⅲ 级洁净用房换气次数计算，有特殊需要时可按 Ⅱ 级洁净用房换气次数计算。其辅助用房和重度以下烧伤患者的病房可分散设置送风口，宜按 Ⅳ 级洁净用房换气次数计算。

2）各病房净化空调系统应设置备用送风机，并应确保 24h 不间断运行。应能根据治疗过程要求调节温度、湿度。

3）对于多床 Ⅳ 级烧伤病房，每张病床均不应处于其他病床的下风侧。温度全年宜为 24～26℃，相对湿度冬季不宜低于 40%，夏季不宜高于 60%。室内温湿度可按治疗进程要求进行调节。

4）重度（含）以上烧伤患者的病房宜设独立空调系统，室内温湿度可按治疗进程要求进行调节。温度最高可达到 32℃，相对湿度最高可达到 90%。

5）与相邻并相通房间应保持 5Pa 的正压。

6）病区内的浴室、卫生间应设置排风装置，同时应设置与排风机连锁的密闭风阀。

（3）烧伤洁净工程建设应与医疗流程相匹配：

1）患者入室前：患者在烧伤清创室进行初步处理后经患者通道进入洁净烧伤病房，尽可能避免患者带入细菌；

2）患者出室后：室内不得存放物品和食物，患者实行全封闭管理，进行各项诊疗操作；

3）患者出室：患者病情平稳转入普通病房；

4）人流、物流组织参照洁净病房。

（4）用房及基本医疗设备：污染区（集中更衣、办公室）、半污染区（清创室、一更）、洁净区（净化病房间、药品室、无菌物品间）；所配置的医疗设备为呼吸机、监护仪各1台，烧伤病床1张，双臂气源吊塔1台等。

（5）信息系统：烧伤净化病房的所有医疗信息应达到电子化、数字化水平，并与医院网络、数字化医疗设备相匹配。

6. 医学实验室洁净装备工程：医学实验室洁净装备工程有多种，以下讨论基因扩增（PCR）实验室和细胞实验室等特殊实验室的策划。

（1）PCR实验室洁净工程：专用于微生物和遗传病、肿瘤等疾病诊断和细胞衍生技术产品的检测，在功能平面布置、空气洁净度、排风等方面应符合实验流程。

1）规模：按医院诊疗项目和专业需求设置PCR实验室，在试剂储存和准备区、标本制备区、扩增区、扩增产物分析区这4个区和需要增设的测速区和电泳区，每区净面积不低于10m²（包括各区前室），工作人员更衣室等辅助房间另计。

2）标准：PCR实验室必须在无菌、无尘环境下进行操作，但并没有严格的净化要求（PCR实验室的洁净级别通常为10000级）。为避免各个实验区域间交叉污染的可能性，宜采用全送全排的气流组织形式。同时，要严格控制送、排风的比例，以保证各实验区的压力要求。病原学与基因检测PCR实验室宜分设。

3）患者基本流程：试剂准备及标本制备→（杂交捕获）→扩增反应→产物分析→检测报告。PCR实验室的流程见图8.1.2。

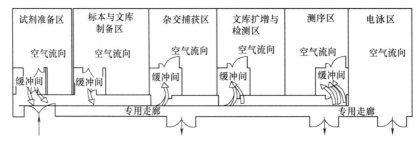

图8.1.2　PCR实验室流程图

4）PCR实验室的建设和验收依据：

①《医疗机构临床基因扩增检验实验室管理办法》。

②《医疗机构临床基因扩增检验实验室工作导则》。

③《医学实验室质量和能力认可准则》CNAS-CL02。

④《实验室　生物安全通用要求》GB 19489。

5）PCR实验室用房及基本医疗设备见表8.1.2-2。

PCR实验室用房及基本医疗设备　　　　　　　　表8.1.2-2

序号	分区	主要仪器设备	主要功能	面积（m²）	温湿度	压差（Pa）	吊顶紫外线灯	给水排水（L/d）
1	试剂准备区	冰箱、纯水仪、超净工作台等	试剂准备、储存、分装	19	18～27℃，30%～70%	+15	必需	10

序号	分区	主要仪器设备	主要功能	面积（m²）	温湿度	压差（Pa）	吊顶紫外线灯	给水排水（L/d）
2	标本与文库制备区	调温式热封仪、微量分光光度仪、恒温混匀仪、离心机、数显干式加热仪、生物安全柜等	核酸提取、文库构建	22	18～27℃，30%～70%	+5	必需	10
3	杂交捕获区	PCR仪、恒温混匀仪、真空离心溶度仪、数显干式加热仪	基因扩增、文库混合、杂交洗脱与纯化	22	18～27℃，30%～70%	-5	必需	10
4	文库扩增及检测区	PCR仪、荧光定量仪、QPCR仪等	文库扩增与文库检测	22	18～27℃，30%～70%	-10	必需	10
5	测序区	测序仪	测序检测	17	20～25℃，40%～60%	-15	必需	10
6	电泳区	电泳仪、电泳槽、成像仪、冰箱等	电泳分析	25	18～27℃，30%～70%	—	必需	10

（2）细胞实验室洁净装备工程：细胞实验室主要用于细胞免疫治疗、干细胞活性的培养和制备，主要开展细胞培养、收集和配制、细胞活性及免疫指标检测等操作，从而获得细胞数目、生物学活性、细胞表型、无其他修饰物、无内在毒素、无病原体的高质量免疫细胞。在细胞实验室里，通过实验室分离、诱导、增殖、激活获得细胞终制剂（生物免疫细胞）。生长活性、存活率、纯度和均一性或特征性表面标志、生物学活性、外源性因子的检测（细菌、真菌、支原体、病毒及内毒素）、稳定性、添加成分检测等指标均需达到标准。

1）规模：视医院特定需要确定细胞实验室规模。

2）细胞实验室用房和洁净等级见表8.1.2-3。

细胞实验室用房和洁净等级　　　　　　　　　　　　表8.1.2-3

序号	区域	等级	功能	面积（m²）	设备
C级细胞制备区					
1	脱衣换鞋洗手间	K级	脱衣、换鞋、洗手	5	衣柜、鞋柜、水池
2	二更手消毒间	C级	二更，手消毒	5	手消毒器
3	回更间	C级	回更	5	—
4	种子制备间	C级	CD19病毒保存细胞库、CD19病毒工作种子库	20	生物安全柜（1台）、CO₂培养箱（2台）、倒置显微镜（1台）
5	灭菌后间	C级	灭菌器具存放	10	货架
6	细胞培养间	C级	细胞培养	10	5L生物反应器（1台）、5L波浪生物反应器

续表

序号	区域	等级	功能	面积（m²）	设备
7	细胞操作间	C级	CD19-CAR-T制备	10	白细胞清洗仪（1台）、细胞分离系统（1台）、亚T细胞筛选仪（1台）
8	物料暂存间	C级	灌装物品暂存	10	货架
9	C级区洁具间	C级	清洁器具存放	5	水池
灌装区					
1	脱衣换鞋洗手间	K级	脱衣、换鞋、洗手	5	衣柜、鞋柜、水池
2	二更手消毒间	C级	二更，手消毒	5	手消毒器
3	回更间	C级	回更	5	—
4	灌装间	B＋A级	CD19病毒装袋、CD19-CAR-T装袋	10	灌装机
5	制剂缓冲间	C级	制剂传送	5	传递窗
6	制剂缓冲间	K级	制剂传送	5	传递窗
7	洁具间	C级	清洁器具存放	5	水池
辅助区					
1	脱衣换鞋洗手间	K级	脱衣、换鞋、洗手	5	衣柜、鞋柜、水池
2	二更手消毒间	C级	二更，手消毒	5	手消毒器
3	清洗间	C级	器具清洗	20	—
4	消毒间	C级	干热灭菌和湿热灭菌	20	干热灭菌柜、湿热灭菌柜
5	培养基配制间	C级	配制培养基	10	生物安全柜
6	试剂暂存间	C级	生物耗材暂存	5	货架
7	洁具间	C级	清洁器具存放	5	水池

3）细胞实验室洁净装备工程建设应与下述实验流程相匹配：

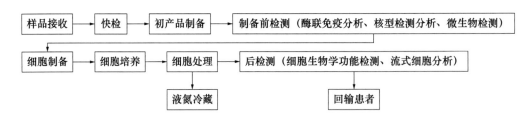

4）用房及基本医疗设备：具体功能间大小及划分如下：

①公用设施区域：为整个实验室提供公用工程系统设施，包括水（纯化水和注射用水）、电、气（二氧化碳、氧气、氮气等），以及暖通空调净化系统等，该区域总面积大约80m²。具体功能间及设备见表8.1.2-4。

公用设施区域功能间及设备 表 8.1.2-4

序号	区域	功能	面积（m²）	设备
1	机房	公用工程设备	20	制冷机组、空气压缩机
2	配电室	配电	15	配电箱
3	气瓶间	供应不同气体	10	二氧化碳瓶、氧气瓶、氮气瓶
4	净化空调室	净化空调系统	40	净化空调箱

② 实验室区域：为一般不需要严格洁净空气要求的实验实施地点，包括质量控制实验室部分，该区域总面积约 260m²。具体功能间及设备见表 8.1.2-5。

实验区域功能间及设备 表 8.1.2-5

序号	区域	功能	面积（m²）	设备
1	冷库（4℃）	试剂、中间产物低温保存	10	实验台、试剂架
2	灭菌间	器具、培养基灭菌	20	真空脉动灭菌柜（2台）
3	干热灭菌室	器具干烤灭菌	20	干热灭菌柜（1台）
4	离心机房	样品离心	10	超速离心机（1台）、普通离心机（2台）
5	器具清洗间	器具清洗、晾干	20	超声清洗机（1台）
6	器具存放间	洁净器具存放间	10	器具存放架
7	动物房一	小白鼠饲养	15	小鼠架
8	动物房二	白兔饲养	15	白兔架
9	动物操作间	动物实验	10	实验台
10	分子生物学实验室	构建 CD19 病毒载体	20	PCR仪、实验台
11	细胞培养间	细胞培养	15	生物安全柜（1台）、CO_2培养箱（2台）、倒置显微镜（1台）
12	理化实验室	理化实验	20	实验台、水浴锅
13	分析仪器室	仪器检测	20	流式细胞仪（1台）、生物分析仪（1台）、荧光显微镜（1台）
14	免疫检测室	免疫检测	20	酶标仪（1台）、洗板机6（1台）
15	细胞种子库	储存 CD19 病毒细胞保存库、CD19 病毒工作种子库	10	−80℃冰箱（3台）
16	库房	试剂仓库	10	货架
17	洗衣间	洗衣	10	洗衣机

③ 办公区域：包括办公室、会议室、档案室，该区域总面积约 150m²。

8.2 建筑设计要点

8.2.1 关于选址：医用洁净装备工程场地依据场地环境和医疗功能合理选择。

【技术要点】

1. 外环境应大气含尘较低，远离粉尘污染源和噪声源，并位于最大频率风向上风侧。

2. 对于兼有微振控制要求的净化工程，应实际测定周围现有振源的振动影响，并应与精密设备、精密仪器仪表允许环境振动值进行比较。

3. 建筑内的医用洁净装备工程应从医疗功能组合合理、联系便捷角度进行建筑布置。

（1）洁净手术部宜就近外科系统护理单元，并与血库、ICU、病理科毗邻；

（2）生殖中心宜就近门诊自成一区，并与影像检查等联系便捷；

（3）静脉用药调配中心自成一区，并与各护理单元、日间病房、住院药房联系便捷。

8.2.2 关于建筑平面：医用洁净装备工程建筑平面应与医疗工艺相匹配，并符合卫生学和无菌技术操作要求，达到流程合理、洁污分明的标准。

【技术要点】

1. 医用洁净装备工程建筑平面应布置合理、紧凑，洁净区内只布置必要的工艺设备以及有空气洁净度等级要求的工序和工作室。

2. 医用洁净装备工程建筑平面应合理布置工作点位，并按工作点位进行水、电、气点位定位和医疗设备布置。

3. 与医疗设备整体建设的医用洁净装备工程的空间尺寸、水、电、空调等技术要求应相匹配，并同步建设。

8.2.3 洁净手术部工程：不同类型的医院，功能性手术室的设置有所不同，为满足不同手术需要和无菌技术要求，洁净手术部建设应符合其医疗流程并满足相关技术标准、规范。

【技术要点】

1. 医疗功能：洁净手术室按Ⅰ、Ⅱ、Ⅲ、Ⅳ等级分四种类型，其分级标准见表8.2.3-1。

洁净手术室用房的分级标准　　　　　　　　表 8.2.3-1

等级与名称	沉降法（浮游法）细菌最大平均浓度		空气洁净度等级	
	手术区	周边区	手术区	周边区
Ⅰ级特别洁净手术室	0.2CFU/（30min·φ90皿）/5个/m³	0.4个/（30min·φ90皿）/10个/m³	5	6
Ⅱ级标准洁净手术室	0.75CFU/（30min·φ90皿）/25个/m³	1.5个/（30min·φ90皿）/10个/m³	6	7
Ⅲ级一般洁净手术室	2CFU/（30min·φ90皿）/75个/m³	4个/（30min·φ90皿）/10个/m³	7	8
Ⅳ级准洁净手术室	6CFU/（30min·φ90皿）		8.5	

其基本医疗流程要求如下：

（1）人流组织：

医护人员：换衣（非洁净区）→更衣→刷手（洁净区）→穿手术衣、手术（洁净区）→术毕原路返回；

患者：床车进入（非洁净区）→换车（洁净区）→手术、恢复（洁净区）→退出手术室→ICU或病房。

（2）物流组织：

无菌物品：消毒供应中心（密闭车）经公共通道→手术部缓冲间脱包→手术部无菌间（洁净区）→各手术室（洁净区）→密闭回收；

医疗废弃物：手术废弃物（手术室）→入密闭车→洁净走廊或清洁走廊→外运至医疗垃圾回收集中点。

2. 手术部规模：手术室间数按外科系统（手术科室）床位数确定时，按1：（20～25）的比例计算，即每20～25床设1间手术室。也可按下式计算：

$$A = B \times 365/(T \times W \times N)$$

式中　A——手术室数量；

　　　B——需要手术的患者的总床位数；

　　　T——平均住院天数；

　　　W——手术室全年工作日；

　　　N——平均每个手术室每日手术台数。

注：洁净手术部中洁净手术室的数量、大小及空气洁净度等级，宜依据医院的性质、规模、级别和财力来确定。

3. 洁净手术部洁净级别选择：《医院洁净手术部建筑技术规范》GB 50333—2013没有规定洁净手术部内洁净手术室间数与级别，规定Ⅱ级手术室为标准手术室，意在推广Ⅱ级手术室，并将多功能复合手术室列入洁净手术室。

4. 标准：洁净手术部应依据现行标准《综合医院建筑设计规范》GB 51039、《医院洁净手术部建筑技术规范》GB 50333、《医院消毒供应中心》WS 310和无菌技术要求进行建设。

5. 手术部医疗装备：手术室必备的基本装备见表8.2.3-2，其中医用吊塔必设麻醉主塔1套，另根据需要增设手术腔镜塔等，塔上应配置电源、数据接口、气体终端，其点数按需而定。气体终端制式通常采用美标气体终端、英标气体终端、德标气体终端、法标气体终端及日标气体终端。电源插座宜采用万能插座。

手术室必备的基本装备　　　　　　　　　　　　　　表 8.2.3-2

装备名称	每间最低配置数量
无影灯	1套
手术台	1台
计时器	1只
医用气源装置	2套
麻醉气体排放装置	1套
医用吊塔、吊架	根据需要配置
免提对讲电话	1部
观片灯（嵌入式）或终端显示屏	根据需要配置

续表

装备名称	每间最低配置数量
保暖柜	1个
药品柜（嵌入式）	1个
器械柜（嵌入式）	1个
麻醉柜（嵌入式）	1个
净化空调参数显示调控面板	1块
微压计（最小分辨率达到1Pa）	1台
记录板	1块

6. 信息系统：洁净手术部的所有医疗信息应达到电子化、数字化水平，即与医院HIS、PACS 数据互联互通，健全围手术期应用系统。其中，图像传输系统具备图像采集、通信、存储、检索调阅能力，但不要求图像后处理，一般图像采集和部分存储及后处理由专用医疗设备实现。

第9章 医用洁净装备工程的空气洁净装备与系统

周斌：南京工业大学教授、学院实验中心主任。

艾正涛：湖南大学教授、博士生导师、院长助理。国家高层次海外人才引进计划青年项目获得者。

潘国忠：高级工程师，注册建造师。上海市安装工程集团有限公司医疗事业部总工程师。

商丽萍：德州大商净化空调设备有限公司总工程师。

技术支持单位：

湖南大学土木工程学院：拥有国家级建筑安全与环境国际联合研究中心和建筑安全与节能教育部重点实验室等科研平台，围绕国家重大需求凝练关键科学与技术问题，积极开展国内外前沿领域的基础性、前瞻性以及多学科交叉的热点研究，近年来取得了丰硕的成果。

德州大商净化空调设备有限公司：成立于2010年，是一家专业从事中央空调（净化）设备生产和销售的高新技术企业。主要生产、销售直接蒸发式净化空调机组（直膨机）、恒温恒湿机组、冷凝热回收新风机、恒温泳池除湿机、冷冻除湿机、转轮除湿机组、中央空调光触媒（TiO_2）空气净化器、光氢离子净化器、电子空气净化器等设备。

9.1 洁净用房空气质量要求

9.1.1 洁净用房空气质量参数指标主要包括洁净度、热湿环境、室内空气中气态污染物质量浓度、室内空气中微生物质量浓度等。

【技术要点】

1. 洁净度。室内呼吸道疾病感染事件的发生有三个条件：微生物传染源、易感人群以及传播途径。全球有41种主要传染病，其中经空气途径传播的就达14种，在各种传播途径中居首位，而绝大多数的空气悬浮微生物都是以灰尘颗粒物作为载体。因为医院功能的特殊性，医院内传染的微生物源和易感人群相对密集，故控制医院不同功能用房的颗粒物尤为重要。

2. 热湿环境。房间内的热湿环境直接影响室内人员的工作效率、舒适性、健康。室内热湿环境对人体舒适性的影响因素包括温度、湿度、热辐射及房间内的气流速度。热辐射和气流速度间接影响人员的热感觉，热湿环境中的室内空气温度和湿度直接影响人员热感觉。

3. 室内空气中气态污染物质量浓度。室内空气品质的定义在过去的二十多年中经历了许多变化，但主要内容仍是房间内污染物质量浓度的高低及其对室内人员的影响。近年来，国内外对室内空气污染物对人体健康的影响进行了大量的研究，研究表明室内对身体健康有害的有毒有害物质竟然有上百种，常见的亦有十种以上。结合调研结果及医院建筑的特殊性，确定对医院空气品质产生关键影响的主要气态污染物为 CO_2、甲醛、苯及 TVOC。

4. 室内空气中微生物质量浓度。微生物是需要通过显微镜才能观察到的微小生物的统称。目前所知的微生物中大部分是有益的，但少数会引起生物污染，引发人类疾病，如病毒、细菌和真菌。因微生物引发的全球感染性疾病，使人类意识到了小到肉眼无法观察的微生物具有很大的破坏力，认识到了室内环境污染治理的重要性和复杂性。

9.1.2　不同功能用房对空气质量有不同的要求。

【技术要点】

1. 洁净度

（1）部分国外标准的洁净度要求

1）俄罗斯。俄罗斯标准《医院空气洁净度一般要求》等效地采用 ISO 14644 洁净室和相关受控环境的一系列标准，空气过滤器则等效采用《一般通风用空气过滤器》EN 779。俄罗斯标准将医疗用房分为 5 个级别，不同等级医疗用房的功能和空气洁净度等级见表 9.1.2-1。

俄罗斯标准中不同级别房间的功能和空气洁净度等级　　　　　表 9.1.2-1

医疗用房等级		功能	空气洁净度等级
1级	手术区域	无菌技术和单向流手术间	ISO 5 级
	手术台周围区域		ISO 6 级
2级	病床区域	采用单向流的重症监护室	ISO 5 级
	病床周围区域		ISO 6 级
3级		无单向流或送风面积小于Ⅰ级医疗用房所需尺寸的单向流手术间；洁净度要求更高的无单向流的房间，包括器官移植患者的病房、烧伤病房、手术间前室、处置室、产房、新生儿室、重症监护室等	ISO 8 级
4级		患者、人员等不需要特殊保护措施的房间	无规定
5级		传染病房	ISO 8 级

2）德国。德国标准强调医院卫生学的概念，即维持医院关键科室的卫生状态，其主要任务是防止感染及有害气体和化学物质的危害。《通风和空调　第 4 部分：医疗建筑与用房通风》DIN 1946-4 将医院环境控制分为Ⅰa、Ⅰb、Ⅱ三类，并提出通风要求，如表 9.1.2-2 所示。

《通风和空调　第 4 部分：医疗建筑与用房通风》DIN 1946-4 通风要求　　表 9.1.2-2

房间等级	要求	功能	空气过滤器要求
Ⅰa	特别高的无菌程度	大型异体植入手术、神经外科手术、心血管手术、器官移植手术、大面积创口的手术等	三级过滤：F5 ～ F7 ＋ F9 ＋ H13

房间等级	要求	功能	空气过滤器要求
Ⅰb	高无菌程度	小型的异体植入手术、微创手术、内窥镜手术等	三级过滤：F5～F7＋F9＋H13
Ⅱ	一般无菌程度	门诊室、放射治疗科、供应间、病理检验科、解剖室、术后苏醒室、介入治疗间、重症监护室、隔离病房等	二级过滤：F5～F7＋F9

3）美国。《医疗护理设施通风》ASHRAE 170是美国发布的第一个医疗标准，该标准虽未强调房间的空气洁净度等级，却规定了医院各科室通风系统空气过滤器要求，要求一级空气过滤器应置于加热和冷却设备上游，二级空气过滤器应置于所有湿冷盘管和送风机下游。该标准采用《一般通风空气净化设备尘埃粒径过滤效率的测试方法》ASHRAE 52.2的空气过滤器最低效率测试报告值。不同功能房间空气过滤器的效率要求见表9.1.2-3。

《医疗护理设施通风》ASHRAE 170对不同功能房间空气过滤器的效率要求　表 9.1.2-3

等级	房间类别	空气过滤器的效率
Ⅰ	主要排风房间（如，公共洗手间、存放间）； 任何有人使用的房间； 住院或门诊病人停留时间少于6h的任何房间，包括候诊室； 实验室； 受助患者的居室； 储存有包装的无菌材料、干净的被褥或药物； 治疗室、内窥镜检查室； 去污区	MERV 8
Ⅱ	专业护理和临终关怀居住医疗设施	MERV 13
Ⅲ	住院房间，包括内外科室、空气传染隔离病房； 疑似空气传染病患的专用检查室、急诊科检查室； 无菌材料包装工作间； CT或MRI设备操作、介入放射学（包括活组织检查）或支气管镜检查室； 急诊操作室或创伤室	MERV 14
Ⅳ	手术室	MERV 16
Ⅴ	专用于骨科、移植、神经外科或烧伤科操作的手术室； 防护环境病房，包括烧伤单元	HEPA

4）法国。法国著名的医院建设标准为《医疗护理设施、洁净室及相关受控环境悬浮污染物控制要求》NFS 90-351，也是世界上最早的医院建设标准之一。法国标准根据医院房间的风险等级规定不同的污染控制技术标准，如表9.1.2-4所示。

不同房间的医疗风险等级须经过医疗专家和感染控制专家对医疗过程和患者状态进行风险评估后才能确定。

法国标准中不同风险等级房间技术标准要求　　　　表 9.1.2-4

风险等级	空气洁净度等级	气流流形	房间换气次数（h^{-1}）
4 级	ISO 5 级	单向流	＞ 50
3 级	ISO 7 级	非单向流	25～30
2 级	ISO 8 级	非单向流	15～20
1 级	无要求		

（2）我国相关标准对医院不同功能房间洁净度的要求

1）洁净手术部：《医院洁净手术部建筑技术规范》GB 50333—2013 对洁净手术室用房和手术部洁净辅助用房分级的规定见表 9.1.2-5 和表 9.1.2-6。

洁净手术室用房的分级标准　　　　表 9.1.2-5

手术室等级	空气洁净度等级	
	手术区	周边区
Ⅰ	5 级	6 级
Ⅱ	6 级	7 级
Ⅲ	7 级	8 级
Ⅳ	8.5 级	

手术部洁净辅助用房的分级　　　　表 9.1.2-6

用房名称	洁净用房等级
需要无菌操作的特殊用房	Ⅰ～Ⅱ
体外循环室	Ⅱ～Ⅲ
手术室前室	Ⅲ～Ⅳ
刷手间	Ⅳ
术前准备室	
无菌物品存放室、预麻室	
精密仪器室	
护士站	
洁净区走廊或任何洁净通道	
恢复（麻醉苏醒）室	

表 9.1.2-5 中给出了不同等级洁净用房的空气洁净度等级。对于辅助用房，如表 9.1.2-7 所示。

不同等级辅助用房洁净度分级标准 表 9.1.2-7

辅助用房等级	空气洁净度等级
I	局部 5 级，其他区域 6 级
II	7 级
III	8 级
IV	8.5 级

2）洁净病房：《医院洁净手术部建筑技术规范》GB 50333—2013 对洁净病房各类功能用房评价标准见表 9.1.2-8。

洁净病房各类功能用房评价标准 表 9.1.2-8

级别	适用范围	空气洁净度等级
I	重症易感染病房	5 级
II	内走廊、护士站、病房、治疗室、处置室	7 级
III	体表处置室、更换洁净工作服室、敷料贮存室、药品贮存室	8 级

3）负压隔离病房：《传染病医院建筑施工及验收规范》GB 50686—2011 未提出负压隔离病房空气洁净度等级要求，仅要求送风末端使用低阻的高中效（含）以上级别的空气过滤器。《医院洁净手术部建筑技术规范》GB 50333—2013 对各级手术室和洁净用房送风末端过滤器的最低过滤效率要求见表 9.1.2-9。

各级手术室和洁净用房送风末端过滤器的效率 表 9.1.2-9

洁净手术室和洁净用房等级	对 ≥ 0.5μm 的微粒的最低过滤效率
I	99.99%
II	99%
III	95%
IV	70%

高中效过滤器对 ≥ 0.5μm 的微粒的过滤效率为 70%～95%，故建议负压隔离病房的洁净度等级应低于 IV 级，即 8.5 级。

4）静脉用药调配中心：静脉用药调配中心的洁净区应当含一次更衣室、二次更衣室及调配操作间。静脉用药调配中心空气洁净度等级要求见表 9.1.2-10。

静脉用药调配中心空气洁净度等级要求 表 9.1.2-10

用房名称	空气洁净度等级
层流操作	5 级
二更、加药混合调配操作间	7 级
一更、洗衣洁具间	8 级

5）消毒供应中心：《综合医院建筑设计规范》GB 51039—2014 规定消毒供应中心应严格按照污染区、清洁区、无菌区三区布置，其中无菌物品存放区空气洁净度等级不宜低于Ⅳ级，即 8.5 级。

6）生殖中心：胚胎培养室（体外受精实验室）应为Ⅰ级洁净用房，即局部区域 5 级，其他区域 6 级；取卵室、移植室应为Ⅱ级洁净用房，即 7 级；其他辅助用房（冷冻室、工作室、洁净走廊等）应为Ⅳ级洁净用房即 8.5 级，见表 9.1.2-11。

生殖中心空气洁净度等级要求 表 9.1.2-11

房间名称	空气洁净度等级
胚胎培养室（体外受精实验室）	局部 5 级，其他区域 6 级
取卵室、移植室	7 级
其他辅助用房	8.5 级

（3）结论

上文所列对医院洁净手术部洁净度的要求，虽然部分国家的标准未给出医院不同房间的空气洁净度等级要求，却规定了不同房间空调系统所需空气过滤器的级别以及房间的压差、送风量等标准，间接地提出了房间洁净度等级要求，可见控制房间内颗粒物质量浓度对医院感染控制非常重要。

2. 热湿环境

（1）部分国外标准对温湿度的要求

1）德国 2018 年修订的《通风和空调　第 4 部分：医疗建筑与用房通风》DIN 1946-4 对医院建筑室内温湿度的要求见表 9.1.2-12。

2）美国退伍军人事务部于 2005 年 8 月发布的《外科设施设计导则》将手术室分为两类，即常规手术室和特殊手术室，温度范围均为 17～27℃，相对湿度范围均为 45%～55%。

3）《医疗护理设施通风》ASHRAE 170 统一了美国不同的医疗环境控制理念与措施，其要求见表 9.1.2-13。

《通风和空调　第 4 部分：医疗建筑与用房通风》DIN 1946-4
对医院建筑室内温湿度的要求 表 9.1.2-12

房间名称	温度（℃）	相对湿度（%）
手术部：所有的手术室	送风温度为 19～26	—
复苏室，手术部内部或外部	22～26	—
次级介入手术室，治疗室（有创口）[例如内窥镜检查（胃炎镜检查，结肠镜检查，支气管镜检查，内窥镜逆行胰胆管造影）]，紧急治疗，较大伤口治疗和换药	22～26	—
病房（重症监护室）	22～26	30～60
隔离室，包括接待室（重症监护）	22～26	30～60
病房以及被褥处理，洗衣房	≤22	—

《医疗护理设施通风》ASHRAE 170 对医院建筑室内温湿度的要求　表 9.1.2-13

房间功能	设计温度（℃）	设计相对湿度（%）
手术区和危重病区		
手术室	20～24	20～60
外科操作／膀胱内窥镜检查室	20～24	20～60
分娩室（剖宫产）	20～24	20～60
恢复室	21～24	20～60
ICU	21～24	30～60
中间监护区	21～24	最大60
创伤重症监护室（烧伤单元）	21～24	40～60
NICU	22～26	30～60
治疗室	21～24	20～60
急诊候诊室	21～24	最大65
治疗类选室	21～24	最大60
外科操作间	21～24	20～60
急诊科检查、治疗室	21～24	最大60
住院患者护理区		
病房	21～24	最大60
新生儿护理室	22～26	30～60
候产、分娩、恢复	21～24	最大60
护理单元		
休息室	21～24	NR
放射区（v）		
X射线室（诊断、治疗）	22～26	最大60
X射线室（手术、特护和导管插入）	21～24	最大60
诊断治疗区		
支气管内窥镜检查室、集痰室、中央行政区	20～23	NR
普通实验室	21～24	NR
细菌实验室	21～24	NR
细胞实验室	21～24	NR
微生物实验室	21～24	NR
核药物实验室	21～24	NR
病理学实验室	21～24	NR
药物治疗室	21～24	最大60
治疗室	21～24	最大60
水疗室	22～27	NR
理疗室	22～27	最大65

续表

房间功能	设计温度（℃）	设计相对湿度（%）
消毒		
器械消毒室	NR	NR
药品和手术中心供应室		
污染间或已消毒间	22～26	NR
消毒储物间	22～26	最大 60

注：NR 表示不要求。

4）英国的《医疗卫生建筑通风》对医院建筑室内温湿度的要求见表 9.1.2-14。

英国《医疗卫生建筑通风》对医院建筑室内温湿度的要求　　表 9.1.2-14

季节	室内设计条件	
	干球温度（℃）	相对湿度（%）
冬季	22	40～45（通常为 40）
夏季	20	55～60（通常为 60）
可选范围	15～25（非极端条件下的最大范围）	50～55（使用易燃的麻醉气体时按 50 计算）

（2）我国标准的要求

1）《医院洁净手术部建筑技术规范》GB 50333—2013 对洁净手术部温湿度的要求见表 9.1.2-15。

《医院洁净手术部建筑技术规范》GB 50333—2013 对洁净手术部温湿度的要求　表 9.1.2-15

房间名称	温度（℃）	相对湿度（%）
Ⅰ～Ⅳ级手术室	21～25	30～60
体外循环	21～27	≤60
预麻醉室	23～26	30～60
手术室前室	21～27	≤60
无菌辅料、无菌器械、无菌药品、一次品库、精密仪器存放	≤27	≤60
护士站	21～27	≤60
洁净区走廊	21～27	≤60
刷手间	21～27	—
恢复室	22～26	25～60

2）《综合医院建筑设计规范》GB 51039—2014 对医院不同房间的温湿度提出了较为详细的要求，具体见表 9.1.2-16。

《综合医院建筑设计规范》GB 51039—2014 对医院不同房间温湿度的要求　表 9.1.2-16

房间名称	温度（℃）	相对湿度（%）
门诊部	20 ～ 26	—
急诊部	20 ～ 26	—
住院部	20 ～ 26	—
新生儿室	22 ～ 26	—
NICU	24 ～ 26	—
监护病房	24 ～ 27	40 ～ 65
血液病房	22 ～ 27	45 ～ 60
烧伤病房	30 ～ 32	40 ～ 60，重度烧伤病房最高可达 90
过敏性哮喘病房	25	50
非净化手术室	20 ～ 26	30 ～ 65
检验科、病理科	22 ～ 26	30 ～ 60
磁共振室	22±2	60±10
核医学科	22±2	60±10
消毒供应室（净化）	18 ～ 24	30 ～ 60
消毒供应室（非净化）	18 ～ 26	—

3）《静脉用药调配中心建设与管理指南（试行）》中规定静脉用药调配中心的温度应保持 18～26℃，相对湿度应保持在 35%～75%。

4）《民用建筑供暖通风与空气调节设计规范》GB 50736—2012 指出，冬季当人体衣着适宜、保暖量充分，且处于安静状态时，室内温度 20℃比较舒适；对于空调供冷工况，对应满足舒适性的温度范围是 22～28℃。

（3）小结

房间内的温度、湿度等热湿环境参数直接影响室内人员的工作效率、舒适度等。室内空气品质会影响人们的身体健康。

3. 室内气态污染物

（1）部分标准对气态污染物的限制

1）《民用建筑工程室内环境污染控制标准》GB 50325—2020 中给出了我国民用建筑室内气态污染物质量浓度的限值，见表 9.1.2-17。

《民用建筑工程室内环境污染控制标准》GB 50325—2020 中
室内气态污染物质量浓度限值　　　　　　　　表 9.1.2-17

污染物	Ⅰ类民用建筑工程	Ⅱ类民用建筑工程
甲醛（mg/m³）	≤ 0.07	≤ 0.08
苯（mg/m³）	≤ 0.06	≤ 0.09
TVOC（mg/m³）	≤ 0.45	≤ 0.50

2）我国香港 2003 年发布了《办公室及公共场所室内空气质量指引》，对室内空气污染物浓度提出了较为严格的限值，具体见表 9.1.2-18。

我国香港《办公室及公共场所室内空气质量指引》中室内空气污染物浓度限值　表 9.1.2-18

参数	单位	8h 平均值	
		卓越级	良好级
二氧化碳	ppm（v）	＜ 800	＜ 1000
甲醛	μg/m³	＜ 30	＜ 100
	ppb（v）	＜ 24	＜ 81
TVOC	μg/m³	＜ 200	＜ 600
	ppb（v）	＜ 87	＜ 261
空气中细菌	CFU/m³	＜ 500	＜ 1000

注：ppm、ppb 是浓度单位，分别表示百万分之一、十亿分之一。

3）《室内空气质量标准》GB/T 18883—2022 是我国使用较广的有关室内空气品质的标准，其中的室内空气标准有较高的参考价值，如表 9.1.2-19 所示。

《室内空气质量标准》GB/T 18883—2022 对室内空气品质的要求　表 9.1.2-19

序号	参数类别	参数	单位	标准值	备注
1	化学性	二氧化碳	%	0.10	1h 平均值
2		甲醛	mg/m³	0.08	1h 平均值
3		苯	mg/m³	0.03	1h 平均值
4		可吸入颗粒物	mg/m³	0.10	24h 平均值
5		细颗粒物	mg/m³	0.05	24h 平均值
6		TVOC	mg/m³	0.60	8h 平均值
7	生物性	菌落总数	CFU/m³	1500	依据仪器定

4）《居室空气中甲醛的卫生标准》GB/T 16127—1995 规定房间内甲醛的最高允许质量浓度为 0.08mg/m³；《室内空气中二氧化碳卫生标准》GB/T 17094—1997 规定房间内二氧化碳卫生标准值为小于等于 0.10%（2000mg/m³）。

（2）小结

《医院洁净手术部建筑技术规范》GB 50333—2013 将甲醛、苯、TVOC 列入洁净手术部工程验收的必测项目，可见气态污染物对患者、医务人员、患者家属的影响逐渐引起人们的注意。

4. 空气中的微生物

（1）国内外相关标准要求

1）1968 年，美国学者 Blower 和 Wallace 通过大量研究，得出了世界公认的空气中的浮游菌浓度与感染的关系，具体见表 9.1.2-20。

医院控制标准与浮游菌浓度　　　　　　　表 9.1.2-20

美国学者提出的浮游菌浓度（CFU/m³）	悬浮菌污染的危害	美国外科学会标准（CFU/m³）	世界卫生组织标准（CFU/m³）	我国《医院消毒卫生标准》GB 15982—2012（CFU/m³）
707 ~ 1767	明显会引起术后感染，如败血症等	≤ 700	200 ~ 500（小手术室）	≤ 500（各种病房等）
≤ 200	感染危害不大，满足一般无菌手术室的要求	≤ 175	< 200（无菌或其他手术室（Ⅰ类除外）、急诊手术室	≤ 200（普通手术室）
≤ 40	尚无证明对降低术后感染率有明显作用	≤ 35	< 10（器官移植、心血管和矫形外科手术室）	≤ 10（层流手术室）

2）世界卫生组织参考上述关系，提出了医院卫生用房卫生标准，见表 9.1.2-21。

WHO 的医院用房卫生标准　　　　　　　表 9.1.2-21

等级	要求级别	数值（CFU/m³）	房间类别
Ⅰ	最低菌落数	< 10	器官移植、心血管、矫形外科手术室、保护性隔离房间等、灌注式配置注射液实验室
Ⅱ	低细菌数	< 200	无菌或其他手术室（Ⅰ类除外）、急症手术室、供应室、婴儿室、手术室其他房间、中心灭菌单位、术后恢复室、早产儿室、产房、石膏室、重症监护病房
Ⅲ	一般细菌数	200 ~ 500	普通病房、洗室、治疗间、衣帽间、放射室、休息室、走廊、小手术室、浴室、按摩房、体疗室、住宿室、贮存室、解剖室、灭菌贮藏室、实验室、厨房、洗衣房和有关房间
Ⅳ	空气污染	—	传染病科、同位素室
Ⅴ	其他	—	卫生间、储藏间、太平间

3）《医院洁净手术部建筑技术规范》GB 50333—2013 对洁净手术室内的浮游菌浓度限值要求见表 9.1.2-22。

《医院洁净手术部建筑技术规范》GB 50333—2013
对洁净手术室内的浮游菌浓度限值　　　　　　　表 9.1.2-22

手术室等级	浮游法细菌最大平均浓度（CFU/m³）		空气洁净度等级	
	手术区	周边区	手术区	周边区
Ⅰ	5	10	5	6
Ⅱ	25	50	6	7
Ⅲ	75	150	7	8

4）《医院消毒卫生标准》GB 15982—2012 提出洁净场所浮游菌浓度限值为 150CFU/m³。

5）英国的《医疗卫生建筑通风》规定动态条件下，穿着普通棉手术衣时，创口附近浮游菌浓度不超过 10CFU/m³；穿着排气手术衣时，创口附近浮游菌浓度不超过 1CFU/m³。为确保上述浓度，空气中的浮游菌浓度不得超过 1CFU/m³，可近似地认为静态条件下手术室空气中浮游菌浓度不超过 1CFU/m³。

（2）小结

因医院的特殊性，医院内易感染人群和微生物发生源较为密集，所以控制医院空气中微生物比其他公共建筑更为重要。

9.2　空气过滤器

9.2.1　空气过滤器的滤尘机理：为了确保过滤效果，目前通风空调系统主要采用带有阻隔性能的过滤器来分离气流中的微粒（包括尘埃与微生物），根据其过滤机理分为表面过滤（如化学微孔滤膜过滤器）和深层过滤（如纤维过滤器）。纤维过滤器的过滤机理包括拦截、惯性、扩散、重力和静电效应等。

9.2.2　空气过滤器的主要性能指标包括过滤效率、穿透率、迎面风速、滤速、阻力、容尘量等。

【技术要点】

1. 过滤效率：过滤后的气溶胶浓度与过滤前的气溶胶浓度之比，分为计数浓度和计重浓度，以百分数表示。

2. 穿透率：额定风量下，过滤后的气溶胶浓度与过滤前的气溶胶浓度之比，以百分数表示。

3. 迎面风速：过滤器迎风面断面上所通过的气流速度。

4. 滤速：气流通过过滤器中滤料的速度。

5. 阻力：额定风量下，气流通过过滤器前后的静压差，分为滤料阻力和过滤器结构阻力两部分。随着积尘过程的进行，过滤器阻力会发生变化。由初阻力变为终阻力时，过滤器需要进行更换。

6. 容尘量：额定风量下，受试过滤器达到终阻力时所捕集的人工尘总质量，单位以 g 表示。

9.2.3　关于空气过滤器的分类和效率检测。

【技术要点】

1. 我国现行国家标准《空气过滤器》GB/T 14295 和《高效空气过滤器》GB/T 13554 将过滤器分为粗效过滤器（C1～C4）、中效过滤器（Z1～Z3）、高中效过滤器、亚高效过滤器、高效过滤器（A～C）和超高效过滤器（D～F）。

2. 一般通风用空气过滤器、高效过滤器和超高效过滤器的具体分类和检测方法分别如表 9.2.3-1～表 9.2.3-4 所示。

3. 国内外对空气过滤器的效率检测方法有以下几种：DOP 光度计（美国）、钠焰法（英国和中国）、油雾法（德国、俄罗斯、中国）、荧光素钠法（法国）、计数法、大气尘计数法等。

一般通风用空气过滤器的性能分类表　　　　　表 9.2.3-1

性能分类	代号	迎面风速（m/s）	效率 E（%）		初阻力（Pa）	终阻力（Pa）
粗效 1	C1	2.5	标准试验尘计重效率	$20 \leqslant E < 50$	$\leqslant 50$	200

续表

性能分类	代号	迎面风速 （m/s）	效率 E（%）		初阻力（Pa）	终阻力（Pa）
粗效 2	C2	2.5	标准试验尘计重效率	$50 \leqslant E$	$\leqslant 50$	200
粗效 3	C3		计数效率 （粒径 $\geqslant 2.0\mu m$）	$10 \leqslant E < 50$		
粗效 4	C4			$50 \leqslant E$		
中效 1	Z1	2.0	计数效率 （粒径 $\geqslant 0.5\mu m$）	$20 \leqslant E < 40$	$\leqslant 80$	300
中效 2	Z2			$40 \leqslant E < 60$		
中效 3	Z3			$60 \leqslant E < 70$		
高中效	GZ	1.5		$70 \leqslant E < 95$	$\leqslant 100$	
亚高效	YG	1.0		$95 \leqslant E < 99.9$	$\leqslant 120$	

高效过滤器的特性分类表 表 9.2.3-2

类别	额定风量下的钠焰法效率 E（%）	20% 额定风量下的钠焰法效率（%）	额定风量下的初阻力（Pa）
A	$99.9 \leqslant E < 99.99$	无要求	$\leqslant 190$
B	$99.99 \leqslant E < 99.999$	99.99	$\leqslant 220$
C	$E \geqslant 99.999$	99.999	$\leqslant 250$

额定风量下超高效过滤器的特性分类表 表 9.2.3-3

类别	计数法效率（%）	初阻力（Pa）	备注
D	99.999	$\leqslant 250$	扫描检漏
E	99.9999	$\leqslant 250$	扫描检漏
F	99.99999	$\leqslant 250$	扫描检漏

我国和欧盟的一般通风用空气过滤器效率检测方法对比表 表 9.2.3-4

项目	我国标准 GB/T 14295—2019	欧盟标准 EN 779：2012
负荷尘	ASHRAE 人工尘 （测量计重效率和容尘量用）	ASHRAE 人工尘 （测量计重效率和容尘量用）
测试气溶胶	多分散 KCI （测量计数效率用）	DEHS （测量计数效率用）
测试粒径范围	$\geqslant 0.5\mu m$（中效、高中效、亚高效）； $\geqslant 2.0\mu m$（粗效）	$0.4\mu m$
采样仪器	光学粒子计数器	光学粒子计数器
测试管道	直管道，进风口处设保护网和静压室，其中静压室入口设 2～3 级过滤，最后一级为高效过滤	直管道，进风口处必须安装高效过滤器
进风类型	—	室内空气或者室外空气

续表

项目	我国标准 GB/T 14295—2019	欧盟标准 EN 779：2012
排风方式	经处理后排向室外或者排至进风口以外的房间	排向室外、室内或者循环
进风温度	10 ～ 30℃	—
进风相对湿度	30% ～ 70%	＜ 75%
管道压力	正负压均可	正负压均可
风量测量装置	标准孔板送风或标准喷嘴	孔板流量计、喷嘴流量计、文丘里管等
风量范围	0.8 ～ 2.5m/s （指迎风面风速）	0.24 ～ 1.5m³/s （额定风量：3400m³/h）
质量要求	①风管断面上风速均匀；②风管断面上气溶胶分布均匀；③气溶胶静电中和；④粒子计数器过载测试；⑤微压计校准；⑥空气过滤器效率；⑦相关比率测试；⑧气溶胶发生器反应时间；⑨管道泄漏测试；⑩零计数率；⑪粒子计数测量精度；⑫微尘器流量；⑬粒子计数器的伪计数测试；⑭隔振要求	
	GB/T 14295—2019 对②、③、⑤、⑨和⑭有要求；EN 779：2012 对①～⑬有要求	
测试结果	初始阻力、初始和平均计重效率、容尘量	初始阻力、初始和平均效率、容尘量、静电消除前后的效率、试验期间的最低效率

9.2.4　空气过滤器的选择和应用。

【技术要点】

1. 医用洁净装备工程中通常设置粗效、中效和高效过滤器。

2. 医用洁净装备空调箱中空气过滤器的设置位置处，应确保相对湿度不宜过高；空气过滤器不应在产生化学污染物、高湿度的场所使用，需考虑避免空气过滤器表面微生物繁殖的措施。

3. 医用洁净装备工程的回风口处应安装中效及以上级别的回风过滤器，避免室内微生物通过风道向其他区域扩散。

9.3　有害气体净化

9.3.1　在医疗建筑中，常见的空气污染物有：放射性废气、有害气溶胶、无机及有机有害气体、细菌、病毒等。

【技术要点】

有害气体的成因、种类及部位如表 9.3.1 所示。

有害气体的成因、种类及部位　　　　　　　　　　　　　　表 9.3.1

产生部位		污染因子	有害气体种类
门诊病房	儿科隔离诊察室	水痘、风疹、手足口病、麻疹等病毒	微生物
	感染性疾病科中的呼吸道诊室、检查室、病房	有可能存在结核菌等其他通过空气传播的病毒	微生物
	皮肤科、耳鼻喉科	有可能存在结核菌等其他通过空气传播的病毒	微生物

续表

产生部位		污染因子	有害气体种类
门诊病房	皮肤科、耳鼻喉科的激光治疗室	臭气	臭气
	肿瘤内科病区的治疗室	悬浮的抗肿瘤药物	气溶胶
	内窥镜中心的清洗、消毒间	戊二醛	有害气体
	人工肾中的复用间	福尔马林、过氧乙酸	有害气体
影像科	PET/CT 中的回旋加速器间、放化室	排出的感生放射性来源于直线加速器治疗室内空气，受到高能粒子照射时产生的感生放射性核素，如 3H、7Be、11C、13N、15O、41Ar、O_3、NO_x 等	放射废气
	质控间（含合成柜）	与使用放射性核素有关	有害气体
	核医学科控制区内的制备、生产、分装室及监督区内的标记实验室（含通风橱）、核素贮存间、放射性废物贮存区	与使用放射性核素有关	放射废气
	直线加速室	O_3、NO_x	有害气体
	超导型 MR 室	液氦	有害气体
检验病理科	除办公、值班、资料、档案室外的各种样品接收室、检查室、标本整理、切片、制片室、解剖室、试剂室	送检样品本身的污染物质、气溶胶、福尔马林、二甲苯、石蜡、甲醇等有机溶剂	有害气体 臭气 气溶胶
静脉用药调配中心	抗生素类药物及高危药物调配区	悬浮的抗生素类药物及抗肿瘤药物、免疫抑制剂等	气溶胶
中心消毒供应部	清洗消毒器	高湿热气	湿、热气
	高压灭菌器	热气	
	干燥柜	热气	
后勤部	太平间	臭气	臭气
	洗衣部的洗涤、烘干区	洗涤剂、高湿高温热气	湿、热气

注：有些有害气体常常具有刺激性臭味，称之为恶臭气体。

9.3.2 有害气体的净化处理方法通常包括物理方法、化学方法和生物方法。

【技术要点】

1. 关于空气的灭菌是杀灭或者消除传播媒介上的一切微生物，包括致病微生物和非致病微生物，也包括细菌芽孢和真菌孢子。主要处理方法有化学方法和物理方法，其中常用的喷雾法、熏蒸法和臭氧法是化学方法，纳米光催化法、静电法和等离子法是物理方法。

2. 关于空气的除臭，针对无机和有机两大类，净化除臭的常用方法有：吸附法、冷凝法、电子束照射法、高能光电法。

3. 有害气体的净化处理方法汇总如图 9.3.2 所示。从环境保护及生态可持续发展的观点出发，高空稀释排放应尽可能少用。

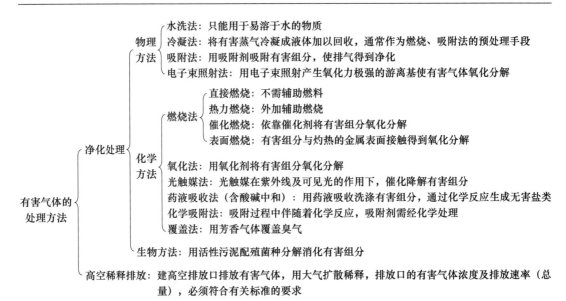

图 9.3.2 有害气体的处理方法汇总

9.3.3 吸附法的净化机理和适用性：各种有害气体的处理方法都有适用的条件限制，经常被应用于洁净室及室内环境空气污染物净化处理的是吸附技术。吸附是一种物质附着在另一种物质表面上的缓慢作用过程，发生在两个不同相界面，与表面张力、表面能的变化有关。

【技术要点】

物理吸附与化学吸附的比较如表 9.3.3-1 所示。

物理吸附与化学吸附的比较 表 9.3.3-1

比较项目	物理吸附	化学吸附
吸附热	小（21～63kJ/mol），相当于凝聚热的 1.5～3.0 倍	大（42～125kJ/mol），相当于化学反应热
吸附力	范德华力（分子间力），较小	未饱和化学键力，较大
可逆性	可逆、易脱附	不可逆、不能或不易脱附
吸附速度	快	慢（因需要活化能）
被吸附物质	非选择性	选择性
发生条件	如果物理条件合适，任何固体—流体之间都可发生	发生在有化学亲和力的固体与流体之间
作用范围	与表面覆盖程度无关，可多层吸附	随覆盖程度的增加而减弱，只能单层吸附
等温线特点	吸附量随平衡压力呈正比上升	关系较复杂
等压线特点	吸附量随温度升高而下降（低温吸附、高温脱附）	在一定温度下才能吸附（低温不吸附、高温下有一个吸附极大点）

在吸附过程中，固相是吸附剂，被吸附的有害气体称为吸附质。吸附法可以处理的有害气体如表 9.3.3-2 所示。

吸附法可以处理的有害气体物　　　　　　　　　　　　表 9.3.3-2

吸附剂	可处理的有害气体
活性炭	苯、甲苯、二甲苯、丙酮、乙醇、乙醚、甲醛、苯乙烯、氯乙烯、恶臭物质、硫化氢、氯气、硫氧化物、氮氧化物、氯仿、一氧化碳
浸渍活性炭	烯烃、胺、酸雾、碱雾、硫醇、二氧化硫、氟化氢、氯化氢、氨气、汞、甲醛
活性氧化铝	硫化氢、二氧化硫、氟化氢、烃类
浸渍活性氧化铝	甲醛、氯化氢、酸雾、汞
硅胶	氮氧化物、二氧化硫、乙炔
分子筛	氮氧化物、二氧化硫、硫化氢、氯仿、烃类
泥煤、褐煤、风化煤	恶臭物质、氨气、氮氧化物

物理吸附的处理能力与其比表面积有关，但有害气体的微粒容易造成吸附剂表面孔隙的堵塞，利用率不高。在此基础上把吸附剂经过浸渍生产出针对性强的化学吸附剂，能经过化学反应达到深层反应吸附，把物理吸附的危废二次污染消除，转化成盐类。还可以经过多种组合方式，譬如与静电复合让吸附剂带电荷的交流吸附（离子交流），与纳米钛结合的催化吸附等。但化学吸附属于不可逆化学反应，形成稳定的化合物，并可以深层吸附，提高吸附剂的利用率，有着优越的性能。物理吸附和化学吸附是低浓度气体污染物最为经济有效的去除方法，几乎可以去除所有的气体污染物，是一个安全、可靠、成熟的化学过滤解决方案。

活性炭有可燃性，使用温度不能高于200℃（有惰性气体保护时，可达400℃），同时，必须避免高湿和高含尘量。

9.3.4 吸收法的净化机理和适用性：在有害气体处理方法汇总中的水洗法及药液吸收法都可以归类到液体吸收法。其中水洗法是物理吸收，使有害成分溶解于吸收剂的一种吸收过程；药液吸收法是化学吸收，使有害成分与吸收剂之间发生化学反应生成新的物质。化学吸收的效率高于物理吸收，尤其是处理低浓度气体时，常用化学吸收法。

吸收装置选用原则：处理能力大、吸收效率高、阻力损失小、结构简单、操作弹性大等。此外，还要考虑吸收系统的特点，合理选用吸收剂。

【技术要点】

吸收法可以去除的有害气体如表 9.3.4 所示。

吸收法可以去除的有害气体　　　　　　　　　　　　表 9.3.4

吸收方法	吸收剂	吸收剂主要成分	可去除的有害气体
物理吸收法	水	水	氨、苯酚、氯化氢、二氧化硫等
	有机吸收剂	汽油、煤油、柴油、机油、邻苯二甲酸二丁酯等	苯、甲苯、二甲苯、二氧化碳、硫化氢等
	活性炭悬浊液	活性炭粉末	硫化氢、甲醇、二氧化硫、硫化甲基等
化学吸收法	碱性吸收剂	氢氧化钠、碳酸钙、消石灰、氨水等	硫化氢、氯化氢、氯气、二氧化硫、氮氧化物、有机酸、甲醇等

吸收方法	吸收剂	吸收剂主要成分	可去除的有害气体
化学吸收法	酸性吸收剂	盐酸、醋酸、硫酸、硝酸等	氨类、胺类、氮氧化物、铅烟等
	氧化剂吸收剂	次氯酸钠、臭氧、高锰酸钾、重铬酸钾、过氧化氢、次溴酸钠等	甲醛、乙醛、硫化氢、甲醇等

9.3.5 其他净化方法还有紫外线照射、光触媒、臭氧等。

【技术要点】

1. 紫外线照射

紫外线（UV）根据波长可分为近紫外线（UVA）、远紫外线（UVB）和超短紫外线（UVC）。其中超短紫外线（UVC）为杀菌紫外线，波长范围是 $200 \sim 280nm$，一般认为，杀菌作用最强的波段是 $254 \sim 264nm$。

细菌中的脱氧核糖核酸（DNA）、核糖核酸（RNA）和核蛋白的吸收紫外线的最强峰值为 $254 \sim 257nm$。另外，细菌吸收紫外线后，引起DNA链断裂，造成核酸和蛋白的交联破裂，杀灭核酸的生物活性，致细菌死亡。

2. 光触媒

光触媒是在光的照射下产生光催化反应，产出氧化能力极强的自由氢氧基和活性氧。具有很强的光氧化还原功能，可氧化分解各种有机化合物和部分无机物，能破坏细菌的细胞膜和固化病毒的蛋白质，可杀灭细菌，可把有机污染物分解成无污染的水和二氧化碳，因而具有极强的杀菌、除臭、防霉、防污、净化空气功能。同时，对空气中的甲醛、苯、苯系物、硫化物、氨化物有明显的分解作用。

光触媒主要有以下几个方面的功能：

（1）空气净化功能：对甲醛、苯、氨气、二氧化硫、一氧化碳、氮氧化物等影响人类身体健康的有害有机物起到净化作用。

（2）杀菌功能：对大肠杆菌、黄色葡萄球菌等具有杀菌功效。在杀菌的同时还能分解由细菌死体上释放出的有害复合物。

（3）除臭功能：对香烟臭、厕所臭、垃圾臭、动物臭等具有除臭功效。

3. 臭氧

臭氧是一种广谱、高效杀菌剂，比常规的消毒剂具有更强的氧化杀菌能力。臭氧在相对密闭的环境下，扩散均匀，通透性好，克服了紫外线杀菌存在的消毒死角的问题。臭氧既可以杀灭细菌繁殖体、芽孢、病毒、真菌和原虫孢体等多种微生物，还可以破坏肉毒杆菌和毒素及立克次氏体等，同时还具有很强的除霉、腥、臭等异味的功能。消毒后多余的氧原子在30min后结合成为分子氧，不存在任何残留物质。但是在室内有人员存在的情况下，需要注意臭氧可能引起的呼吸道疾病。

与氯气、二氧化氯等常用消毒剂相比，杀灭99.99%的大肠杆菌，臭氧的CT值仅为 $0.012 \sim 0.4$。

臭氧灭活大多数病菌、病毒的时间是：臭氧浓度 10×10^{-6}，灭活时间 $2 \sim 8min$；臭氧浓度 20×10^{-6}，灭活时间 $1 \sim 4min$；臭氧浓度 30×10^{-6}，灭活时间 $0.5 \sim 2min$。臭氧可有效灭活甲型流感病毒、脊髓灰质炎病毒和艾滋病毒。

9.4　洁净用房空气洁净系统

9.4.1　气流组织设计。气流组织设计的任务是合理地组织室内空气的流动，使室内工作区空气的温度、相对湿度、速度和洁净度能更好地满足工艺要求及舒适性要求。

空调房间的气流组织不仅直接影响房间的空调效果，也影响空调系统的能耗。气流组织应根据建筑物对空调房间内温湿度参数、允许风速、噪声标准、空气质量、室内温度梯度及空气分布特性指标（ADPI）的要求，并结合内部装修、工艺或家具布置等进行设计计算。

【技术要点】

1. Ⅰ～Ⅲ级手术区应处于洁净气流的主流区，宜采用非诱导型送风装置集中布置。送风面被分隔时，应使气流在人体头部以上搭接，盲区宽度不大于 0.25m。Ⅳ级手术室可分散布置送风口。

2. 气流组织应保持定向流：气流从洁净区→非洁净区→半污染区→污染区；尽量减少涡流。

9.4.2　气流组织形式的技术要求及适用范围。洁净空调的目的是使洁净房间的空气温度、湿度、气流速度、洁净度等参数处于规定范围内，同时还要形成均匀、稳定的温度场、湿度场、速度场和洁净场，控制噪声水平。气流组织的方式有很多种，在实际应用中，需要根据工程对象的需求和特点，合理选择。

【技术要点】

气流组织的影响因素：送风口和回风口的位置、形式、大小、数量；送入室内气流的温度和速度；房间的形式和大小；室内工艺设备的布置等。

气流组织形式应该根据空调要求，结合建筑结构特点及工艺设备布置等条件确定。气流组织的基本要求和基本形式见表 9.4.2-1 及表 9.4.2-2。

气流组织的基本要求

表 9.4.2-1

空调类型	室内温湿度参数	送风温差（℃）	换气次数（h⁻¹）	风速（m/s） 送风出口	工作区	可能采取的送风方式
舒适性空调	冬季：温度为 18～24℃，相对温度 $\varphi \geqslant$ 30%	送风高度不大于 5m，5～10	不宜小于 5，高大房间按冷负荷计算确定	与送风方式、送风口类型、安装高度、室内允许风速、噪声要求等因素有关。消声要求较高时，采用 2～5	冬季不应大于 0.2	侧面送风；散流器平送风；孔板下送风；条缝口下送风；喷口或旋流风口送风
	夏季：温度为 24～28℃，相对温度 $\varphi =$ 40%～70%	送风高度大于 5m，10～15			夏季不大于 0.3	
工艺性空调	温湿度根据工艺要求和卫生条件确定	室温波动超过 ±1℃时，≤15；室温波动不超过 ±1℃时，6～9	不小于 5，高大房间除外		0.2～0.5	侧送宜贴附；散流器平送风
	室温波动不超过 ±0.5℃	3～6	不小于 8			
	室温波动不超过 ±（0.1～0.2）℃	2～3	不小于 12			侧送宜贴附；孔板下送不稳定型

气流组织的基本形式 表9.4.2-2

送风方式	常见气流组织形式	建议出口风速（m/s）	工作区气流流型	技术要求及适用范围	备注
侧面送风	单侧上送下回或走廊回风；单侧上送上回；双侧上送下回	2～5（送风口位置高时取较大值）	回流	温度场、速度场均匀，混合层高度为0.3～0.5m；贴附侧送风口宜贴顶布置，宜采用可调双层百叶风口，回风口宜设在送风口同侧；室温允许波动范围为±1℃的舒适性空调，温度波动不超过±0.5℃的工艺性空调	可调双层百叶风口，配对开多叶调节阀
散流器送风	散流器平送，下部回风；散流器下送，下部回风；送吸式散流器，上送上回	2～5	回流直流	温度场、速度场均匀，混合层高度为0.5～1.0m；需设置吊顶或技术夹层，散流器平送时应对称布置，其轴线与侧墙距离不小于1m；室温允许波动范围为±1℃的舒适性空调，温度波动不超过±0.5℃的工艺性空调；散流器下送密集布置用于净化空调	
孔板送风	全面孔板下送，下部回风；局部孔板下送，下部回风	3～5	直流或不稳定流	温度场、速度场均匀，混合层高度为0.2～0.3m，需设置吊顶或技术夹层，静压箱高度不小于0.3m；层高较低或净空较小建筑室温允许波动范围为±1℃的舒适性空调，温度波动不超过±0.5℃的工艺性空调。当单位面积送风量较大，工作区要求风速较小，或区域温差要求严格时，采用孔板下送不稳定流形	孔板宜选用镀锌钢板、不锈钢板、铝板和硬质塑料板

洁净室的气流组织形式有如下4种：

1. 单向流（挤压、置换作用）：是最佳流形。气流以均匀的截面风速，沿着平行流线以单一方向在整个洁净室截面通过，靠送风气流"活塞"般的挤压作用，迅速把室内污染空气排出。单向流洁净室断面风速如表9.4.2-3所示。

单向流洁净室断面风速 表9.4.2-3

空气洁净等级	气流流形	平均断面风速（m/s）	换气次数（h⁻¹）
N1～N3	单向流	0.3～0.5	—
N4，N5	单向流	0.2～0.4	—
N6	非单向流	—	50～60
N7	非单向流	—	15～25
N8，N9	非单向流	—	10～15

N1～N5洁净等级洁净室的高效过滤器（HEPA）或超高效过滤器（UPLA）安装在顶棚上，回风采用架空地板下部回风，当洁净室宽度小于6m时，也可以采用顶送下侧回风。对于层高小于4.0m的洁净室，送风量可以参考表9.4.2-3中的换气次数。

2. 非单向流（稀释作用）：又称乱流，其特点是室内气流以不均匀的速度呈不平行流动，伴有回流或涡流。乱流洁净室靠送风气流不断稀释室内空气，再把室内污染空气逐渐排出。

3. 混合流：是垂直单向流和非单向流组合在一起构成的气流流形，其特点是将垂直单向流面积压缩到最小，用大面积非单向流代替大面积单向流，以节省初投资和运行费用。

4. 辐流（挤压作用）：流线不平行也不单向，流线不交叉，属于"斜推"，气流分布不如单向流均匀。扇形、半球形或半圆形高效过滤器形成扇形或半球、半圆柱形辐流风口，从上部侧面送风，对侧下回风。

9.4.3　室压控制。 维持洁净室的压差是为了防止周围比它级别低的洁净空间、非洁净空间或室外空气渗入和倒灌，影响洁净室洁净度的重要措施。为了防止外部污染物进入洁净室而使室内压力保持高于外部压力，该洁净室称为正压洁净室；为了防止洁净室内污染物外溢而使室内压力保持低于外部压力，该洁净室称为负压洁净室。这里说的正负压都是相对而言的。

【技术要点】

洁净室与周围的空间必须维持一定的压差，并应按生产工艺要求决定维持正压差还是负压差。不同等级的洁净室以及洁净区与非洁净区之间的压差应不小于5Pa（我国2010版GMP要求不小于10Pa），洁净区与室外的压差应不小于10Pa。

压差控制采用差值风量的原理：送风量＝回风量＋排风量±渗透风量＝回风量＋新风量。当送风量大于回风量、排风量之和时，洁净室为相对正压，反之则为相对负压。

9.4.4　净化空调常用的系统 包括一次回风、二次回风、直流式以及新风处理机（MAU）与循环净化空调（AHU）结合等形式。

【技术要点】

1. 一次回风净化空调系统：回风与新风混合后，经过滤和热湿处理后由风机送入洁净室。

优点：调节性能好，可实现对温湿度较严格的控制；送风温差较小，送风量大，房间温度的均匀性和稳定性较好；空气冷却处理所达到的机器露点较高，制冷系统性能系数较高。

缺点：冷、热量抵消，因此能耗较高；如果再热采用废热或回收热，则是一种较好的净化空调系统形式。

2. 二次回风净化空调系统：将回风分成两部分，第一部分称为一次回风，与新风直接混合后经表冷器进行冷、热处理；第二部分称为二次回风，与经过热、湿处理后的空气进行二次混合。采用二次回风来减少送风温差，达到节能的目的。通常，二次回风系统所需的机器露点比一次回风系统低。

优点：用二次回风混合代替了再热，节能效果明显。

缺点：处理流程复杂，靠二次回风阀调节难以精确控制室内温湿度，给运行控制带来不便。在室内热湿比小的场合，会使机器露点太低而无法达到，造成室内湿度失控，不宜采用。

二次回风系统只适合对室内温湿度要求不严格、送风温差较小、风量较大的净化空调工程。不能在室内热湿比小的场合中采用。

3. 直流式净化空调系统：由于某些工艺的特殊要求，回风无法利用，送风进入室内后被全部排走，称为直流式净化空调系统。直流式净化空调系统也称全新风净化系统，新风处理能耗很大，洁净度、温度、湿度处理精度控制困难。

　　直流式净化空调系统能耗较大，冬夏季工况各不相同，当工艺允许时应尽可能从室内排风中回收热量。新、排风热回收装置还应设有旁通措施，以适应不可进行热回收的过渡工况。

　　全/变新风运行工况：广泛应用于过渡季节和冬季的新风冷却节能中。在春秋季，当室外新风焓值小于回风焓值时，一次回风系统就从变新风工况转变为全新风工况。对于冬季需要供冷的系统，当室外新风温度低于送风温度时，从全新风工况转变为变新风工况。系统运行时必须充分考虑送、排风量平衡，维持有序梯度压差不变。如果手术过程负荷频繁大幅度变化，则不适用。

　　4. 新风处理机（MAU）与循环净化空调（AHU）结合：该系统由两部分组成，一是洁净室内的 AHU，其作用是承担洁净室内的冷、热负荷和洁净循环次数；二是 MAU，新风经过冷、热处理后送入 AHU。该系统的不同处理方式如表 9.4.4 所示。

MAU 与 AHU 结合系统的不同处理方式　　　　　　　　　　表 9.4.4

新风处理终态方案	处理设备	新风冷负荷	新风显热负荷	新风潜热负荷	室内冷负荷	室内显热负荷	室内潜热负荷
新风处理到 室内等温线	MAU	部分	全部	部分	0	0	0
	AHU	部分	0	部分	全部	全部	全部
新风处理到 室内等焓线	MAU	全部	全部	部分	0	部分	0
	AHU	0	0	部分	全部	部分	全部
新风处理到 室内等湿线	MAU	全部	全部	全部	部分	部分	0
	AHU	0	0	0	部分	部分	全部
新风处理到 小于室内等湿线	MAU	全部	全部	全部	部分	部分	全部
	AHU	0	0	0	部分	部分	0

　　注：新风处理到小于室内等湿线，就是常用的温湿度独立控制（干工况）。

　　5. 根据风机过滤单元（FFU）以及干式冷却盘管（DCC）的不同组合，还有其他的送风方式，例如 MAU ＋ FFU、MAU ＋ DCC ＋ FFU、MAU ＋ AHU ＋ FFU 等。

9.4.5　温湿度独立控制系统：温湿度独立控制系统的技术核心就是把对温度和湿度两个参数的控制，由常规空调系统的热湿耦合处理改为热湿分控，即用风系统进行调湿，用水系统进行温度调节。采用温度与湿度两套独立的空调控制系统，分开控制室内的温度和湿度。

【技术要点】

　　1. 温湿度独立控制系统的优点

　　（1）提高了冷水的温度（16～18℃），冷水温度要求低于室内空气的干球温度即可，为利用天然冷源（例如：深井水、土壤源、间接蒸发冷却制备冷水等）提供了条件。

　　（2）提高空调机组的 COP，一般达到 7～8。

　　（3）可以满足房间热湿比变化，同时满足温度和湿度要求。

　　（4）末端设备干工况运行，没有冷凝水，减少了细菌滋生，提高了空气品质。末端装置一般采用水作为冷媒，输送能耗低。

2. 适用场合

空调区散湿量较小［不超过30g/（m²·h）］且技术经济合理时，宜采用。对于余湿量特别大的房间，可以考虑设置室内空气循环的除湿机辅助除湿。

温湿度独立控制系统应用于医院洁净区域比常规洁净空调系统节能35%以上；应用于舒适性区域比常规空调系统节能25%以上。

9.5　洁净用房系统监控与运维

9.5.1　空调机组的监控功能主要包括开关机控制、通风切换控制、恒温恒湿控制，以及状态监测及故障报警、系统保护等。

【技术要点】

1. 机组开关机控制：通过就地触摸屏或远程信息面板控制机组启停。

2. 变频、工频、应急通风切换控制：正常情况下变频启动；变频器发生故障的情况下工频启动；当变频器及控制器发生故障时，应急启动送风机。

3. 恒温恒湿控制：

（1）温湿度控制：通过调节一级冷水阀、二级热水阀、加湿器的投入量，自动控制室内温湿度；

（2）正常工况下温湿度控制：自动控制室内温湿度（温度可以由房间设定，相对湿度由控制器设定，设定值为：夏季55%，冬季48%）；

（3）值班工况下温湿度控制：自动控制室内温湿度（温度可以由房间设定，相对湿度由控制器设定，设定值为：夏季58%，冬季42%）；

（4）加湿器控制：全年不限制。

4. 状态监测及故障报警、系统保护：送风机运行、故障状态监测，回风温湿度监测，机组缺风报警指示并关闭热湿设备，机组急停报警指示，停机延时保护，防火阀、消防报警信号报警指示并立即关闭系统。

5. 送风机组、排风机组内的各级过滤器应设压差检测、报警装置，监测过滤器是否阻塞：

（1）粗效过滤器进风口与出风口之间设有压差开关，量程50～500Pa，设定值为120Pa；

（2）中效袋式过滤器进风口与出风口之间设有压差开关，量程为50～500Pa，设定值为250Pa；

（3）亚高效过滤器进风口与出风口之间设有压差开关，量程为100～1000Pa，设定值为400Pa；

（4）高效过滤器进风口与出风口之间设有压差开关，量程为100～1000Pa，设定值为450Pa。

6. 连锁功能：新风双位定风量阀，正常运行时全开，值机运行时关小；防火阀、消防报警连锁停机；手术室排风机与送风机及手术室门连锁启停（预留无源干接点）。

7. 开机1min内、关机4min内屏蔽缺风报警。

8. 机组宜预留运行/故障/过滤器报警无源干接点，以便与BAS连接。

9.5.2　洁净区域监控要求：送风机、排风机的启停和故障状态；送风机、排风机的故障报警；送风系统、排风系统各级过滤器压差超限时的堵塞报警；各类用房室内安装过滤器的各类风口（如送风口、回风口等），每类最少各有1个风口安装压差开关，设定报警压差［报警压差=（2~3）×调整测试时运行初阻力］；应能实现风机启停的远程控制；应能实现风机按时间表自动启停；当采用电加热器时，应具有无风和超温报警及相应断电保护功能；应监视负压病房与缓冲间、缓冲间和医护走廊的压差；当采用电加热器时，应检测送风温度；

【技术要点】

负压病房控制要求：

1. 负压病房的送风系统、排风系统按清洁区、半污染区、污染区等分区独立设置；各区域的排风机与送风机应设计联动关系，清洁区应先启动送风机，再启动排风机；半污染区、污染区应先启动排风机，再启动送风机；各区域之间的启动顺序为污染区、半污染区、清洁区。

2. 负压病房与缓冲间、缓冲间与医护走廊宜保持不小于5Pa的负压差，当负压差低于2.5Pa时系统应报警，并启动病房门口的灯光报警器。

3. 负压隔离病房与缓冲间、缓冲间与医护走廊宜保持不小于5~15Pa的负压差，当负压差低于5Pa时系统应报警，并启动相应区域护士站的声光报警器以及病房门口的灯光报警器。

4. 负压隔离病房排风高效过滤器的安装应具备现场检漏的条件，否则应采用经预先检漏的专用排风高效过滤器；并且排风高效过滤器应就近安装在排风口处，应有安全的现场更换条件，宜有原位消毒的措施。

本章参考文献

［1］ASHRAE. Ventilation of Health Care Facilities: ASHRAE 170—2021[S]. Atlanta: ASHRAE, 2021.

［2］中华人民共和国住房和城乡建设部. 医院洁净手术部建筑技术规范：GB 50333—2013［S］. 北京：中国建筑工业出版社，2014.

［3］中华人民共和国住房和城乡建设部. 综合医院建筑设计规范：GB 51039—2014［S］. 北京：中国计划出版社，2015.

［4］中华人民共和国住房和城乡建设部. 民用建筑供暖通风与空气调节设计规范：GB 50736—2012［S］. 北京：中国建筑工业出版社，2012.

［5］中华人民共和国住房和城乡建设部. 民用建筑工程室内环境污染控制标准：GB 50325—2020［S］. 北京：中国计划出版社，2020.

［6］国家市场监督管理总局，国家标准化管理委员会. 室内空气质量标准：GB/T 18883—2022［S］. 北京：中国标准出版社，2022.

［7］国家技术监督局. 居室空气中甲醛的卫生标准：GB/T 16127—1995［S］. 北京：中国标准出版社，1996.

［8］国家技术监督局，中华人民共和国卫生部. 室内空气中二氧化碳卫生标准：GB/T 17094—1997［S］. 北京：中国标准出版社，1998.

［9］中华人民共和国国家质量监督检验检疫总局，中国国家标准化管理委员会. 医院消毒卫生标准：

GB 15982—2012［S］. 北京：中国标准出版社，2012.

［10］许钟麟. GB 50333—2013《医院洁净手术部建筑技术规范》的特点和新思维［J］. 暖通空调，2015, 45（4）：1-7.

［11］许钟麟. 洁净手术室国内外标准比较及对国标修订的思考［J］. 建筑科学，2010, 26（10）：64-75.

［12］国家市场监督管理总局，国家标准化管理委员会. 空气过滤器：GB/T 14295—2019［S］. 北京：中国标准出版社，2019.

［13］国家市场监督管理总局，国家标准化管理委员. 高效空气过滤器：GB/T 13554—2020［S］. 北京：中国标准出版社，2020.

［14］宫冰杰，车玲燕，李伟. 大型综合性医院通风空调系统分区及通用原则［J］. 中国医院建筑与装备，2008, 9（12）：36-41.

［15］全国勘察设计注册工程师公用设备专业管理委员会秘书处. 全国勘察设计注册公用设备工程师暖通空调专业复习教材（2022 年版）［M］. 北京：中国建筑工业出版社，2022.

［16］中华人民共和国住房和城乡建设部. 工业建筑供暖通风与空气调节设计规范：GB 50019—2015［S］. 北京：中国计划出版社，2015.

［17］裴晶晶，薛人玮，刘俊杰. 气态分子污染及控制技术［M］. 天津：天津大学出版社，2020.

［18］于玺华. 空气净化是除去悬浮菌的主要手段［J］. 暖通空调，2011, 41（2）：32-37.

［19］中华人民共和国住房和城乡建设部. 洁净厂房设计规范：GB 50073—2013［S］. 北京：中国计划出版社，2013.

［20］刘晓华，江亿，张涛. 温湿度独立控制空调系统［M］. 北京：中国建筑工业出版社，2013.

［21］刘拴强，刘晓华，江亿. 温湿度独立控制空调系统在医院建筑中的应用［J］. 暖通空调，2009, 39（4）：68-73.

［22］沈晋明，孙光前. 微电子洁净厂房暖通空调设计［M］//殷平. 现代空调 1. 北京：中国建筑工业出版社，1999.

［23］陆耀庆. 实用供热空调设计手册［M］. 2 版. 北京：中国建筑工业出版社，2008.

［24］黄锡璆，许钟麟. 应急医疗设施工程建设指南［M］. 北京：中国计划出版社，2021.

［25］中华人民共和国住房和城乡建设部. 传染病医院建筑施工及验收规范：GB 50686—2011［S］. 北京：中国计划出版社，2012.

第10章 医用洁净装备工程局部净化与生物安全设备

艾正涛：湖南大学教授、博士生导师、院长助理，国家高层次海外人才引进计划青年项目获得者。

金真：专业从事洁净技术研究30多年。参与多项国家标准和行业标准的编制，发表过多篇学术论文。

曹国庆：中国建筑科学研究院有限公司研究员，中国建筑学会暖通空调分会净化专业委员会副秘书长。

高正：全国洁净室及相关受控环境标准化技术委员会（SAC/TC319）委员，具有20多年洁净室及相关受控环境设备及检测仪器的生产与研发产品经验。

常宗湧：正高级工程师，天津昌特净化科技有限公司董事长。

技术支持单位：

湖南大学土木工程学院：拥有国家级建筑安全与环境国际联合研究中心和建筑安全与节能教育部重点实验室等科研平台，围绕国家重大需求凝练关键科学与技术问题，积极开展国内外前沿领域的基础性、前瞻性以及多学科交叉的热点研究，近年来取得了丰硕的成果。

天津昌特净化科技有限公司：一家从事生物防护、净化设备生产和工程施工的专业化公司，是军事医学科学院卫生装备研究所的生物防护新产品试制基地、天津大学环境科学与工程学院的研究生实习基地。

爱美克空气过滤器（苏州）有限公司：从事空气过滤器等电子专用设备和相关空气净化产品和系统的研发和生产，生产科研所需的空气过滤器滤料以及相关的原、辅料。

10.1 洁净工作台

10.1.1 洁净工作台概述。

1. 定义：洁净工作台又称超净工作台或超净台，是一种可提供无菌工作环境等级为100级（ISO 5级）的局部操作环境的箱式空气净化设备。

2. 应用：洁净工作台在医药卫生、生物制药、食品安全、生物学实验等领域广泛应用，其对于微生物学无菌操作技术，如接种、配液、分离培养等需要保护样品免受污染的微生物操作非常适用。此外，在需要无尘操作的光学、电子行业等也应用广泛。

3. 结构：洁净工作台由箱体、风机、预过滤装置、高效（超高效）过滤器、操作面板及电气控制系统等几大部件组成，如图 10.1.1-1 所示。

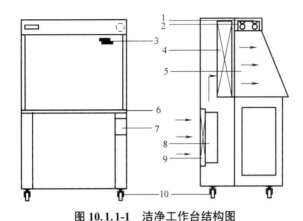

图 10.1.1-1　洁净工作台结构图

1—紫外线灯；2—荧光灯；3—均压板；4—高效过滤器；5—侧玻璃；
6—不锈钢台面；7—操作面板；8—可变风量风机组；9—预过滤装置；10—万向脚轮

4. 工作原理：洁净工作台通过风机将空气吸入，经由静压箱通过高效过滤器过滤，将过滤后的洁净空气以垂直或水平气流的状态送出，使操作区域在持续洁净空气的控制下达到 100 级洁净度，以形成无菌、高洁净的工作环境。

5. 主要设计参数：洁净工作台主要参数为气流流速、紫外线灯功率、荧光灯功率、过滤效率、噪声。

6. 分类及特点：洁净工作台种类很多，它们的基本工作原理大同小异，可以根据具体需要进行选择，根据分类方式不同，大致可以分为以下几种：

（1）根据气流方向分类：可分为垂直单向流洁净工作台和水平单向流洁净工作台（乱流洁净工作台目前很少使用），见图 10.1.1-2。

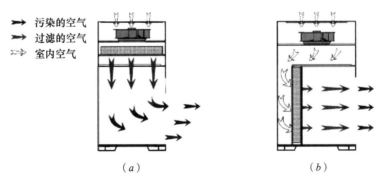

图 10.1.1-2　根据气流方向进行分类的洁净工作台
（*a*）垂直单向流洁净工作台；（*b*）水平单向流洁净工作台

（2）根据空气过滤器级别分类：按最后一级空气过滤器的级别可分为高效过滤器洁净工作台和超高效空气过滤器洁净工作台。

（3）根据操作方式分类：按操作人员操作方式分为单边操作型、双边操作型和多人操作型等，图 10.1.1-3 所示为单边操作型洁净工作台和双边操作型洁净工作台。

（4）根据洁净工作台柜体内压力分类：按洁净工作台操作区内与工作台所在环境之间的静压差分类，可分为正压洁净工作台和负压洁净工作台。

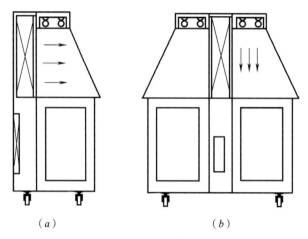

（a）　　　　　　　　　　　　　　　（b）

图 10.1.1-3　洁净工作台

（a）单边操作型；（b）双边操作型

（5）根据排风方式分类：可分为全循环式、直流式、操作台面前部排风式和操作台面全排风式。

（6）根据使用用途分类：可分为普通洁净工作台和生物（医药）洁净工作台。

【技术要点】

1. 结构与原理

（1）洁净工作台的箱体采用全钢板制作，外表面静电喷塑，有防生锈和防消毒腐蚀的能力。

（2）净化单元包括风机、空气过滤器及均流层等。

（3）风机是洁净工作台的核心部件，一般采用可调风量的风机系统，通过调节风机的运行工况，可使洁净工作区中的平均风速维持在规定范围内，以满足无菌操作的需求。

（4）预高效过滤器对保护末端高效过滤器或超高效过滤器具有重要作用。

（5）均流层是操作区内空气洁净度等级、风速大小及风速均匀度的重要保障，均流层主要有板、网或织物等形式。

（6）洁净工作台还可配备紫外线灯、除静电设备、不锈钢孔板台面、压力表、风速液晶显示面板等。

2. 水平单向流洁净工作台和垂直单向流洁净工作台

（1）水平单向流洁净工作台是指由方向单一、流线平行且速度均匀稳定的水平单向流流过有效空间的洁净工作台。水平单向流洁净工作台气流条件较好，是操作小型物件的理想装置，但不宜操作大型物件，因为在大型物件背面容易形成负压，把台面外的非净化空气吸引过来。

（2）垂直单向流洁净工作台是指由方向单一、流线平行且速度均匀稳定的垂直单向流流过有效空间的洁净工作台。垂直单向流洁净工作台适合操作大型物件，因为一方面不存在物体背面形成负压区的问题；另一方面，其采用操作窗，可以通过改变窗口高度减小气流出口，在操作台面上形成正压区，避免操作台面外非净化空气流入柜内。此外，垂直单向流洁净工作台还适合在台面上进行多种加工操作，可显著提高工作效率。

　　3. 根据排风方式分类的洁净工作台

　　（1）全循环式洁净工作台工作区内的空气全部在洁净工作台内部循环，不向外部排风。在操作时不产生或极少产生污染的情况下，宜采用全循环式，由于是重复过滤，所以操作区净化效果好于直流式，同时对工作台外环境影响较小。但是在内部情况基本相同的情况下，全循环式洁净工作台的结构阻力大于直流式，因而其风机功率相对更大，振动和噪声也可能相应增大。

　　（2）直流式洁净工作台是目前应用最普遍的洁净工作台，其采用全新风，流过工作台面的气流全部外排，其特点和全循环式刚好相反。此外，由于采用全新风，其高效过滤器的除尘量可能相对更大，更换频率可能更高。

　　（3）操作台面前部排风式和操作台面全排风式是利用操作台面进行部分循环的方式，其气流原理和生物安全柜类似。

10.1.2　洁净工作台的主要功能是提供无尘无菌的局部洁净环境，目标是进行产品保护，使其免受外部非净化气流的污染，其操作空间的气流流速大小、气流均匀度、气流流形等是其实现产品保护的重要保障。洁净工作台的性能指标主要包括高效过滤器检漏、引射作用、平均风速、进风风速、风量、空气洁净度、沉降菌浓度、噪声、照度、振动幅值、气流状态等，具体指标应符合现行行业标准《洁净工作台》JG/T 292 的相应要求。其中进风风速主要考虑进风口设置在洁净工作台操作人员腿部的情况，进风过大可能产生吹风感；沉降菌浓度测试是生物学测试方法，是指操作台面用平皿测试的菌落数，只对用于生物洁净用途的工作台有此要求；噪声、照度均为舒适性指标，但也可能对操作人员产生影响，进而影响实验操作本身。此外，洁净工作台产品测试还包括电气安全测试和环境适应性测试。

【技术要点】

　　1. 高效过滤器扫描检漏

　　（1）高效过滤器作为尘埃粒子进入洁净工作区的最后一道防线，其自身性能及安装质量的优劣直接关系到洁净工作台能否满足要求。高效过滤器检漏测试是保证洁净工作台性能的必要措施之一。

　　（2）高效过滤器扫描检漏测试方法在很多相关标准中都有专门规定，具体测试方法如下：测试过程可采用大气尘或人工多分散气溶胶作为过滤器上游尘源，当发生满足要求的上游尘源后，用激光粒子计数器或光度计在高效过滤器下游侧距过滤器表面 20～30mm 处，沿整个表面、边框及其框架接缝处扫描，扫描速率为 20～30mm/s，扫描行程略有重叠。针对扫描结果，光度计法要求扫描行程内穿透率不超过 0.01%，计数器法要求粒子数不超过 3 粒 /L。

　　2. 引射作用

　　（1）直流型洁净工作台在净化气流和外界空气的交界处可因气流的流动、混合产生局部的涡流，形成局部负压，将外部少量污染气流引射至操作区域，有可能发生污染。为了评估这种引射作用的影响，需对其影响进行验证。

　　（2）具体测试方法：在洁净工作台操作口边缘外侧所毗连的周围环境中，利用大气尘或多分散气溶胶作为污染源，用激光粒子计数器或光度计在操作口边缘内侧巡检扫描，扫描速度在 50mm/s 以下。针对扫描结果，光度计法要求穿透率不超过 0.01%，计数器法要求粒子数不超过 10 粒 /L（$\geqslant 0.5\mu m$）。

3. 风速和风速不均匀度

（1）洁净工作台截面平均风速（垂直气流平均风速、水平气流平均风速）大小及风速不均匀度对控制操作区洁净度、保护操作对象免受污染具有重要作用。合理的风速大小不仅可以保证操作区的洁净度，还可保证尽量短的自净时间以及操作区的抗污染的能力；不均匀的速度场会增加速度的横向脉动性，促进流线间的掺混或产生涡流，存在造成操作区样品交叉污染的风险。

（2）《洁净工作台》JG/T 292—2010 中要求截面风速范围为 0.2～0.5m/s。关于风速均匀性评价，不同标准中有不同的评价方法，如美国标准、日本标准中均规定每个测点应在平均风速的 ±20% 范围内。《洁净工作台》JG/T 292—2010 中采用风速不均匀度（风速的相对标准偏差）的评价方法，要求风速测点整体不均匀度不超过 20%。具体的风速及不均匀度测试方法可参照《洁净工作台》JG/T 292—2010。

（3）对于进风口设置在洁净工作台操作人员腿部的情况，为避免操作者腿部产生吹风感，要求进风风速不超过 1m/s。

4. 风量

对于非单向流洁净工作台而言，风量是其重要的性能指标，《洁净工作台》JG/T 292—2010 中给出了洁净工作台换气次数范围及额定风量允许波动范围：换气次数范围为 60～120h^{-1}，额定风量的波动范围为 ±20%。风量测试可以用送风面或回风面上测得的平均风速乘以面积得到。

5. 操作区空气洁净度

洁净度是洁净工作台的重要性能指标之一，《洁净工作台》JG/T 292—2010 中给出了洁净工作台操作区洁净度换算原则及方法，借鉴《洁净室施工及验收规范》GB 50591—2010 的成果，给出了洁净度测定条件、最小采样量原则及顺序采样法。

6. 沉降菌浓度

沉降菌浓度测试应在其他项目测试合格后进行，被测洁净工作台正常运行 10min，沉降菌浓度测量边界距离内表面或工作窗 100mm。将装有营养琼脂的 $\phi 90$ 培养皿置于工作台操作面上，根据要求布点，并暴露 0.5h 后，盖上皿盖，取出培养皿，在 30～35℃ 的环境中培养 48h。用肉眼计数培养皿中可见菌落数，计算平均值，要求不超过 0.5CFU/（皿·0.5h）。

7. 气流状态

采用可视烟雾发生器发生烟雾可以直观地观察洁净工作台工作区内单向气流流形。垂直单向流洁净工作台应在 3 个不同竖直截面上（平行于前部操作窗口所在平面）分别进行可视烟雾检测；对于水平单向流洁净工作台，只需在中心竖直截面上（平行于高效过滤器出风面）进行可视烟雾检测即可。要求各截面测试过程中均不出现向上气流，即无回流或涡旋。

8. 噪声、照度及振动幅值

（1）噪声测试时洁净工作台处于正常工作条件下，声级计置于 "A" 计权模式，在被测洁净工作台前壁面中心水平向外 300mm，高度距地面 1.1m（相当于操作人员在操作时耳部位置）处测量，然后关闭洁净工作台风机，在相同位置测量背景噪声，并根据测得的背景噪声对测试结果进行相应修正。

（2）照度用照度计进行测量，沿操作台面内壁面中心线每隔 300mm 设置一个测点，与内壁距离小于 150mm 时不再设置测点，被测洁净工作台照度为各测点照度的算术平均值。

（3）振动幅值测试主要考虑减小洁净工作台工作时产生的机械振动对实验操作精度的影响，测试时洁净工作台处于正常工作状态，将振动仪的振动传感器牢固地固定在工作台的中心，振动仪的频率从 10Hz 变化到 10kHz，测试台面的垂直总振幅，然后停机继续测试台面背景垂直振动幅值，用总振动幅值减去背景振动幅值即为工作台净振动幅值。

10.1.3　洁净工作台的使用、现场验证与维护。

1. 使用及注意事项。洁净工作台可保护操作实验样品免受外界污染气流污染，但是不能提供对实验操作人员的保护，因此洁净工作台不能操作有生物学危险的微生物实验。其提供样品保护主要是依靠单向洁净气流起到的气体隔离和净化作用，但是这种气流隔离作用并不是绝对的，很容易受到干扰，只有了解洁净工作台的原理，才能正确使用洁净工作台，所以在操作过程中需依照正确的操作程序，并熟悉洁净工作台的操作注意事项。

2. 现场验证与维护。洁净工作台在运输、安装、运行阶段都有可能出现问题，所以《洁净工作台》JG/T 292—2010 中建议当需要对刚安装的洁净工作台或使用中的洁净工作台进行性能验证时，应由取得国家实验室认可资质条件的第三方对洁净工作台进行现场检测。现场检测项目主要有外观、功能、安装位置、高效过滤器扫描检漏、截面风速及其不均匀度、风量（非单向流洁净工作台）、操作台面空气洁净度、操作空间气流状态、噪声、照度等。从实际的现场检测情况来看，各个参数都有不合格的情况出现。

【技术要点】

1. 使用及注意事项

（1）了解所使用设备的性能及安全等级。在进行实验操作前应对实验材料的性质有一个初步的认识，特定的病原须在洁净工作台中的操作，必须进行安全性评估，如果实验材料会对周围环境或人员造成污染，应避免在无法提供人员、环境保护的洁净工作台中进行操作，而改在生物安全柜中进行。

（2）可靠的设备是实验成功的前提，但是任何先进的设备都不能完全保证实验的成功，在使用洁净工作台时，需制定洁净工作台安全操作规程并严格执行。

（3）在使用洁净工作台前应检查操作区周围各种可开启的门是否处于工作位置，上下推拉前窗时应尽量缓慢，然后开机净化操作区的污染物，并开启紫外线灯对操作区进行至少 30min 的杀菌，开机后应检查洁净工作台正常运行指示灯，如出现故障或报警应立即停止后续工作并进行检查，在报警或故障解除前不应使用此洁净工作台。

（4）洁净工作台工作区内不应放置与本次实验操作无关的物品，也不应作为储存室；物品摆放时应避免交叉污染；操作时应尽量在操作区的中心位置进行，在设计上，这是一个较安全的区域；在操作区内手臂移动或进出时应尽量减小动作幅度，以避免干扰气流流形；在进行操作时应尽量减少人员在柜前走动，以防止可能对洁净工作台操作区内气流产生干扰。

（5）使用完毕后，要用 75% 的酒精将台面和台内四周擦拭干净，以保证洁净工作台壁面无菌，还要定期对洁净工作台进行消毒。

（6）如遇设备发生故障，应立即停止使用，并请专业人员检修合格后再继续使用。

2. 现场验证与维护

（1）操作空间洁净度不合格可导致洁净工作台的保护性能降低，洁净度不合格一般可能是由于高效过滤器本身在运输或安装过程中造成损坏、高效过滤器安装不严造成边框泄漏、高效过滤器未定期更换造成老化破损等导致。

（2）风速过高或过低：风速过高会有明显的吹风感，不仅造成操作者不适，还可能影响实验材料。而且风速过高风机噪声一般也会超标，风速过低则操作空间动态洁净度较差，去除污染的能力会明显减弱，不利于样品保护。

（3）风速不均匀度：洁净工作台风速均匀可保证良好的气流流形，避免出现气流回流从而导致样品间的交叉污染。

（4）噪声超标：噪声超标会引起操作者不适，引起听觉疲劳。

（5）照度不合格：照度过低同样会引起操作者不适，长期操作会引起眼疲劳，甚至影响实验操作的精度。

（6）洁净工作台应安装在远离尘源或振源的洁净房间或空调房间内，且在安装时应避开有气流扰动的位置。

（7）工作台是较精密的电气设备，首先要保持室内干燥和清洁，潮湿的空气既会使制造材料锈蚀，影响电气电路的正常工作，还会造成细菌、霉菌的生长。

（8）定期对设备的清洁是正常使用的重要环节，清洁应包括使用前后的例行清洁和定期的消毒处理。

（9）根据环境洁净程度，定期将预过滤装置中的滤料拆下清洗，风速不足时应考虑更换高效过滤器。

（10）紫外线灯等有一定的使用时数，应定期更换紫外线灯，防止其杀菌效果下降。

（11）洁净工作台长期不使用时应用防尘布或塑料布套好，避免灰尘积聚。

（12）洁净工作台出现电气故障时，请专业维修人员予以修理。

（13）定期对洁净工作台进行性能验证，可由具有国家实验室认可资质条件的第三方对洁净工作台进行现场检测。

10.2   洁净层流罩

10.2.1   洁净层流罩概述。

1. 定义：洁净层流罩是一种可提供局部高洁净环境的空气净化单元，它可灵活地安装在需要高洁净度的工艺点上方，可以单个使用，也可组合成带状洁净区域，还可以设计成移动式的层流车等。

2. 应用：洁净层流罩广泛应用于电子、生物、医药、食品、精密仪器等行业的无尘、无菌操作环境，满足局部的高洁净度工作环境要求。

3. 结构：洁净层流罩一般由箱体、风机、粗效过滤器、高效过滤器、阻尼层、灯具和静压箱等组成，外壳喷塑。为了保证单向流流形及局部的洁净度，洁净层流罩一般设计成带有气幕或气帘式的，或者在层流罩四周添加具有一定高度的塑料薄膜或有机玻璃围挡等（图 10.2.1-1）。

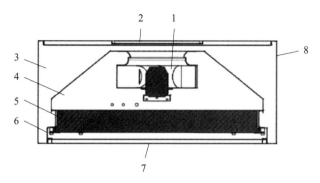

图 10.2.1-1　洁净层流罩结构图

1—风机；2—进风口；3—负压腔；4—风机箱；
5—过滤器；6—固定件；7—出风面；8—层流罩主体

4. 原理：空气以一定的风速通过高效过滤器后，形成均流层，使洁净空气呈垂直单向流动，从而保证工作区内达到工艺要求的洁净度（一般可达 100 级）。

5. 主要技术参数：箱体尺寸、材质、照度、风速、洁净度、噪声等。

（1）箱体尺寸：可根据实际需求定制。

（2）材质：一般为 304 不锈钢材质，可根据成本等需求定制，须满足易于清洁消毒的要求。

（3）风速：须满足洁净室及层流风速要求。

（4）洁净度：须满足洁净室的要求。

（5）噪声：须符合洁净室对噪声的要求，一般为 42～75dB（A）。

6. 分类及特点：洁净层流罩种类较多，其基本工作原理大致相同，可以根据具体需要进行选择，根据分类方式不同，大致可以分为以下几种：

（1）根据风机位置分为风机内置和风机外接两种，如图 10.2.1-2 和图 10.2.1-3 所示。

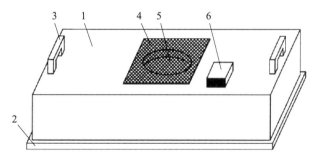

图 10.2.1-2　风机内置式洁净层流罩

1—层流罩；2—边缘；3—把手；4—网格；5—进风口；6—主风机

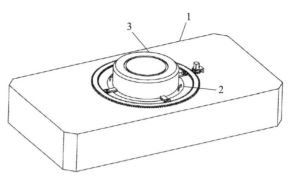

图 10.2.1-3　风机外接式洁净层流罩

1—层流罩主体；2—外接口；3—外接风机

（2）根据安装方式分为悬挂式、落地支架式两种。悬挂式洁净层流罩使用吊装的安装方式，可以灵活地吊装在需要高洁净度的工艺点上方，如图 10.2.1-4 所示。

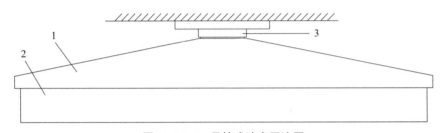

图 10.2.1-4　悬挂式洁净层流罩

1—层流罩壳体；2—层流罩端盖；3—连接构件

落地支架式洁净层流罩巧妙地把各种形式的支架与各类净化单元相结合，形成具有组合灵活、运行可靠、低耗节能等优点的净化设备，如图 10.2.1-5 所示。

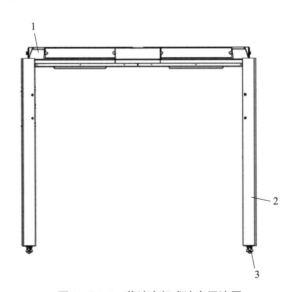

图 10.2.1-5　落地支架式洁净层流罩

1—洁净层流罩；2—支撑柱；3—支撑滚轮

【技术要点】

1. 风机内置式洁净层流罩：有顶面进风和侧面进风两种形式，前者适用于有吊顶夹层的洁净室，利用风管和夹层可使气流组织符合净化原理。采用回风夹层和风管组成的层流罩局部净化系统，可引入经热湿处理后的空气来调控局部温湿度，也易于引入新风。后者多用于改造工程，层流罩的送风口与回风口都在洁净室内，形成自循环回路，属于上送上回的气流组织形式；工作面局部加设垂帘，室内温度的调控及新风的引入受限制，这种层流罩适合于对噪声要求不高的洁净室。

2. 风机外接式洁净层流罩：噪声较低，但是由于需要外接风机，其所需的建筑层高较高，适于新建工程。风机外接式洁净层流罩从功能上讲就是一台大的高效过滤器送风口，与常规高效过滤器送风口不同之处在于其出风口处用阻尼孔板或格栅代替扩散孔板。常规高效过滤器送风口适用于非单向流洁净室，而风机外接式洁净层流罩是营造局部洁净环境的设备，送风气流应避免扩散。在条件允许时，采用无风机的层流罩更好一些，因为带风机的层流罩所产生的噪声很难处理。

10.2.2　洁净层流罩的安装、操作步骤及其使用注意事项。

【技术要点】

1. 洁净层流罩的安装

（1）先观察检查洁净层流罩有无损坏，将新的高效过滤器对着光亮处，观察高效过滤器是否因运输等原因而出现破损，如滤纸有无漏洞等。

（2）洁净层流罩的风机过滤部件应安装在新建的洁净室或者洁净厂房中。

（3）安装洁净层流罩时，要将高效过滤器的箱体抬起，然后将已失效的高效过滤器取出，换上新的高效过滤器，检查确保四处的边框密封后，将箱体盖回原位。

（4）安装洁净层流罩时要注意拆箱、搬运及安装取用时确保滤纸完整无损，禁止用手触及滤纸。

2. 洁净层流罩的操作步骤

（1）检查洁净层流罩是否脱落，有无明显损坏。

（2）检查进风过滤网是否清洁完好，有无漏风。

（3）检查箱体有无漏风。

（4）开启洁净层流罩风机后，风机运行应平稳，无异常声响。

3. 使用洁净层流罩的注意事项

（1）作为净化场所中的一种设备，在实际使用过程中需要做好相应的观察工作，及时了解洁净层流罩是否稳定运行，以保证其高效、平稳地工作。

（2）开启洁净层流罩时必须确保周围环境级别不小于十万级，以减轻层流罩负荷，延长其寿命。

（3）如发现洁净层流罩工作出现异常，马上切断电源，并且通知有关人员立即进行维修处理，以免无意中启动，造成人身伤害。

（4）生产车间使用温度不得超过 50℃，且室内严禁使用明火。

（5）需要定期检查洁净层流罩电气线路，如有故障可参照电气原理图进行维修或者联系厂家维修。

（6）每 3 个月应对洁净层流罩进风过滤网进行一次清洗或更换。

（7）应定期更换高效过滤器，避免滋生细菌。

10.3 风机过滤单元（FFU）

10.3.1 FFU概述

1. 定义：风机过滤单元（FFU），是一种具有过滤作用、自带动力装置的模块化末端空气净化处理设备。风机将待净化空气从其顶部吸入，经空气过滤器过滤后由出风口均匀送出，从而满足洁净室内空气品质的要求。

2. 应用：FFU广泛应用于洁净室、洁净工作台、洁净生产线、组装式洁净室等场所，还适用于半导体、电子、平板显示器的生产线等其他对空气中污染物有严格控制要求的地方。

3. 结构：FFU通常由离心式风机、过滤器（高效过滤器HEPA或超高效过滤器ULPA）、壳体、控制器等组成，其结构如图10.3.1-1所示。

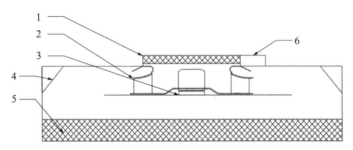

图10.3.1-1 风机过滤单元（FFU）结构图
1—粗效过滤器；2—风机叶轮；3—电机；4—挡板；5—高效过滤器；6—电子元件

（1）壳体：主要材质有冷板烤漆、不锈钢、覆铝锌板等，不同的使用环境有不同的选择。它的形状分两种，一种上部为坡形，坡形主要起到导流的作用，有利于进气气流的流动和均匀分布；另一种是长方体，美观且可以使进入壳体内空气以最大面积接触空气过滤器表面。

（2）粗效过滤器：主要是为了防止因施工、检修或其他情况产生的杂物对高效过滤器造成伤害，其材质一般是可清洗的聚氨酯纤维。

（3）风机叶轮：有前倾和后倾两种形式，前倾有利于增加气流组织的矢向流动，增强去除尘埃的能力；后倾有利于降低能耗，减小噪声。

（4）高效过滤器：主要用于捕集 $0.1 \sim 0.5 \mu m$ 的颗粒及各种悬浮物。

（5）电子元件：FFU的控制大致可分为多档控制、无级控制、连续调节、计算机控制等，同时实现单台控制、多台控制、分区控制、故障报警、历史记录等功能。

4. 工作原理：在工作时，风机从FFU顶部将空气吸入并经粗效过滤器、高效过滤器过滤，采用独特的风道，过滤后的洁净空气在整个出风面以 $0.45m/s \pm 20\%$ 的风速均匀送出。

5. 主要设计参数：面风速、功耗、风速均匀度、机外静压、总静压、噪声、振动速率等。

（1）面风速：一般介于 0～0.6m/s 之间，如是五档调速，则各档对应的风速大致是 0.3m/s、0.35m/s、0.4m/s、0.45m/s、0.5m/s，无级调速则大致是 0～0.6m/s。

（2）功耗：交流 FFU 的功耗一般为 100～300W，直流 FFU 的功耗为 50～220W。

（3）风速均匀度：指 FFU 面风速的均匀度，高级别的洁净室极易引起扰流，对风速均匀度的要求极为严格。优异的风机、空气过滤器及散流板设计、工艺水平决定该项参数的优劣，测试该项参数时，根据 FFU 出风面的大小，均匀选取 6～12 个点测试面风速，其最大、最小值相比平均值不得超过 ±20%。

（4）机外静压：也称余压，该参数关系 FFU 的使用寿命，其与风机密切相关，一般要求在面风速为 0.45m/s 时，机外静压不小于 90Pa。

（5）总静压：也称总压，即 FFU 在最大功率、风速为零时，能提供的静压值，一般交流 FFU 的总静压大约为 300Pa，直流 FFU 的总静压为 500～800Pa。在一定风速下，一般可以这样计算：总静压＝机外静压（FFU 提供的克服外界管道、回风道阻力的静压）＋过滤器压损（该风速下的空气过滤器阻力）。

（6）噪声：一般噪声介于 42～56dB（A）之间，使用时比较关注面风速为 0.45m/s、机外静压为 100Pa 时的噪声，同等规格的 FFU 噪声，直流 FFU 的噪声比交流 FFU 的要小 1～2dB（A）。

（7）振动速度：一般小于 1.0mm/s。

6. 分类及特点。

（1）FFU 分类

1）按机箱材质不同分类：分为标准型涂层钢板（包括镀锌、镀铝锌、喷塑等，代号为 G），不锈钢板（代号为 S），铝板（铝合金板，代号为 A），其他材质（代号为 O）。

2）按照电机方式分类：分为交流电机和无刷直流电机。交流单相电机代号为 A1，交流三相电机代号为 A3，直流无刷电机代号为 EC。

3）按照控制方式不同分类：分为单工况机组（代号为 S），多工况机组（代号为 M）。

4）按照机组静压不同分类：分为标准静压型（代号为 S），高静压型（代号为 H）。

5）按照空气过滤器效率不同分类：分为高效过滤器（代号为 H），超高效过滤器（代号为 U）；机组入口如带有粗效过滤器，代号为 P。

（2）FFU 的特点

1）灵活性。FFU 结构简单，具有很好的适应性，由于其特殊的节点构造方式，可根据工艺的需要进行组合和拼装，采用负压密封使其结构简单、可靠，可大大节省空调机房面积，尤其适用于层高低、机房面积不足的改扩建项目。而对工艺变更的适应性，FFU 的优势更加明显，当工艺发展需要提高洁净级别或改变洁净区域时，只需增加 FFU 的数量或改变安装位置就可达到保证洁净度或更改洁净区域的目的，不仅方便而且可以大大节省改造投资。

2）占用空间小。相比于集中式空调机组，FFU 不仅省去了机房，而且大大简化了风管、水管的设置，极大地节省了使用空间。

3）经济性好。从初投资和运行费用两方面来看，目前 FFU 产品种类齐全，制造技术较为成熟，产品价格低，在设计合理的情况下，其初投资往往低于集中式空调机组。在运行费用方面，近年来在提高风机和电机的效率方面取得了较大的进展，FFU 的能耗大大降低，进一步降低了运行费用。一般认为，采用 FFU 的洁净室运行费用是传统集中送风洁净室的 60%～80%。

4）出风均匀稳定。FFU 自带风机和过滤单元，通过计算机群控方式很容易达到出风均匀的目的，比集中式空调系统通过阀门控制的方式更加方便、快捷、有效。

5）负压密封。FFU 的静压箱为负压，风口的密封相对容易，而且即使出现泄漏，也是从洁净室向 FFU 静压箱泄漏，不会形成对洁净室的污染。

6）采用 FFU 送风系统需要大量 FFU 单元和架空地板，造价相对较高，而集中式送风方式不使用架空地板，甚至可采用上送上回方式，省去回风夹道，大大减少造价。

7）FFU 不适合对噪声有严格要求的场所，因为 FFU 一般数量较多，且风机处在洁净室或吊顶内，噪声一般很大。FFU 通常几十台甚至上百台组合使用，在噪声叠加后要保证洁净室总体噪声满足规范要求比较困难。目前采用 FFU 的大面积洁净室噪声超标现象比较普遍，有些甚至高达 70dB（A）。

10.3.2　FFU 的使用、现场检验与维护。

1. 使用环境

（1）风机过滤单元的安装应远离加热器、火炉或其他热源。

（2）设置风机过滤单元的场所不可放置易燃物，以免发生火灾。

（3）不要在机体附近使用具有爆炸性或挥发性的化学物品，如果机体吸入这些化学物品将有可能会导致火灾或爆炸等。

（4）不要在机体附近使用含硫酸、盐酸、漂白剂及其他具有腐蚀性的化学药品，其有可能会导致机体腐蚀及损坏。

2. 使用注意事项

（1）风机过滤单元安装于洁净室时，务必遵守下列要求：穿着防尘衣，以免携带灰尘进入室内；用酒精清理工具，以免携带灰尘进入室内；用酒精清理衣柜未保护处，以免携带灰尘进入室内；点检时使用防尘纸及圆珠笔作记录，以免产生灰尘。

（2）不要用沾湿的手操作机体，以免发生触电危险。

（3）不要遮蔽机体进风口及出风口，以免造成机体功能异常或电气部件损坏。

3. 运转前检查事项

（1）机体外部电源是否连接，电源供应是否妥当。

（2）机体上方空气进风口及下方滤网的保护膜是否已取下。

4. 运转时注意事项

（1）开始运转：当电源开启后，机体即开始运转。有下列情形发生，机体无法正常运转时，请向专业人员反映：机体内部有异物，离心风机无法正常旋转；机体内部电线脱落，接头松脱；机体内部电气部件（如电源插头、电动机等）损坏。

（2）停止运转：运转后如发现异常现象，立即切断电源，停止机体运转。

5. 现场检验

（1）净化空调设备与洁净室围护结构相连的接缝必须密封。

（2）风机过滤单元应在清洁的现场进行外观检查，目测不得有变形、锈蚀、漆膜脱落、拼接板破损等现象；在系统试运转时，必须在进风口处加装临时中效过滤器作为保护。

（3）高效过滤器应在洁净室及净化空调系统进行全面清扫和系统连续试运行 12h 以上后，在现场拆开包装并进行安装。

（4）安装前需进行外观检查和仪器检漏。目测不得有变形、脱落、断裂等现象；仪器抽检检漏应符合产品质量文件的规定。

（5）检验合格后立即安装，其方向必须正确，安装后的高效过滤器四周及接口应严密不漏；在调试前应进行扫描检漏。高效过滤器金属外壳接地必须良好。

（6）高效过滤器的检漏方法：高效过滤器泄漏测试基本上是把微粒释放在高效过滤器上游，然后在高效过滤器表面与边框用微粒探测仪器搜寻有无泄漏。气溶胶光度计是微粒计数器的一种，但是它在扫描空气样本的微粒之后，所给的是微粒的总体强度，不是微粒数目。DOP 是一种油性化学物质，加压或加热雾化之后，可以产生次微米等级的微粒，可用来仿真无尘室的微粒，因此被当作验证微粒。泄漏的定义是泄漏出上游微粒浓度的万分之一，由于气溶胶光度计可以直接显示上下游微粒浓度的比值，因此扫描高效过滤器非常方便。也正因其准确、可靠，美国规定，在食品加工场所与医疗制药场所，所有的高效过滤器泄漏测试必须使用 DOP 与气溶胶光度计。

6. 维护

（1）应进行定期检查，不要自行检查，以免造成触电或火灾等事故发生。

（2）除了维修人员外，不要自行拆解、修理或变更规格，以免造成触电或火灾的发生。

（3）当更换滤网等部件时，注意不要损坏滤纸。

（4）维修、点检时，务必先切断电源，机器停止运转后再实施，以免发生触电或伤害危险。

（5）当安装、维修、点检完成后，在启动前，确保机体基础稳固。

【技术要点】

1. 日常维护

每天工作开始之前按照表 10.3.2-1 进行点检，当发现有不正常的情形时，立即切断电源并采取改正措施。

点检部位及判断标准 表 10.3.2-1

序号	点检部位	判断标准
1	离心风机及电机	离心风机必须运转平顺，没有产生异常声音，若听到异常声音，请确认风机内有无异物以及电机轴承的声音是否正常，若电机有问题，请更换电机
2	空气过滤器	空气过滤器表面无损伤、污点等
3	机体外观	机体外观无损伤

2. 定期维护

（1）FFU 定期维护项目如表 10.3.2-2 所示，对风机过滤单元定期点检，当达到部件寿命时，立即进行部件更换（部件寿命指一般使用状况下的寿命，会因使用环境及使用状况而有所差异）。

（2）由于不可抗力（如地震、电击等）或化学药品的泄漏（腐蚀气体等）引发意外，停机再启动后，务必实施相同的检查。

（3）消耗性部件的更换时间可参考表 10.3.2-3。

FFU 定期维护项目　　　　　　　　　　　　　　　　　　　表 10.3.2-2

部件位置	征兆及可能原因	评价标准，确认点	检查频率	部件寿命
电机	轴承损坏而使电机运转不平顺或锁死	确认电机有无异声、振动及异味，确认轴承有无异常声音	一年一次	5 年以上
	绝缘不良造成过热、过载导致线圈烧损	绝缘阻抗须大于 5MΩ 以上		
	电源连接端绝缘不良而造成异常发热、接地错误、层间短路等	检查电缆线及端子有无破损或锈蚀，更换不良部件		
离心风机	因灰尘积聚使得运转不平衡	检查离心风机有无异常声音、振动及破损，更换不良部件	一年一次	5 年
其他部件及材料	绝缘不良，端子螺丝松脱而造成过热、短路或烧损	检查有无过热、锈蚀、暴露的导体，配线表皮有无破损等	一年一次	5 年

消耗性部件的更换时间　　　　　　　　　　　　　　　　　表 10.3.2-3

部品	更换时间
高效过滤器	1～2 年（室内洁净度 100000 级的场所）
粗效过滤器	每 3 个月（不同场所有所区别）
电机	5 年以上

10.4　生物安全柜

10.4.1　生物安全柜概述。

1. 定义：生物安全柜是一种负压过滤排风柜，可防止操作者和环境暴露于实验过程中产生的生物气溶胶污染。

2. 应用：生物安全柜广泛应用于生物实验室、生物制药、医疗卫生、食品卫生以及环境监测等领域，是一种安全的微生物实验和生产专用设备。

3. 结构：生物安全柜一般由箱体和支架两部分组成，箱体部分主要包括空气过滤体系、外排风箱体系、滑动前窗驱动体系、照明光源和紫外光源等。

4. 工作原理：将柜内空气向外抽吸，使柜内保持负压状态，通过垂直气流来保护工作人员；外界空气经高效过滤器过滤后进入安全柜内，以避免样品被污染；柜内的空气也需经过高效过滤器过滤后再排放到大气中，以保护环境。

5. 主要设计参数：洁净等级、过滤效率和吸入口风速等。

6. 分类及特点：生物安全柜分为 Ⅰ 级、Ⅱ 级和 Ⅲ 级，其中 Ⅱ 级生物安全柜在美国的标准中有两种不同的类型：根据排风的比例分别为 A 型和 B 型，A 型又根据有无排风管路分为 A1 型和 A2 型，B 型分为 B1 型和 B2 型；而在欧洲的标准中是不分型的。由于美国的生物安全柜进入我国较早，因而我国生产的 II 级生物安全柜均依据美国标准进行分类，如表 10.4.1 所示。

生物安全柜分类 表 10.4.1

级别	类型	排风	循环空气比例（%）	柜内气流	工作窗口进风平均风速（m/s）	保护对象
I 级	—	可向室内排风	0	乱流	≥0.40	使用者和环境
II 级	A1 型	可向室内排风	70	单向流	≥0.40	使用者、受试样本和环境
	A2 型	可向室内排风	70	单向流	≥0.50	
	B1 型	不可向室内排风	30	单向流	≥0.50	
	B2 型	不可向室内排风	0	单向流	≥0.50	
III 级	—	不可向室内排风	0	单向流或乱流	无工作窗进风口，当一只手套筒取下时，手套口风速≥0.70	主要是使用者和环境，有时兼顾受试样本

【技术要点】

1. 应用

为避免病原微生物气溶胶对操作人员和环境的传染，必须使用生物安全柜。

实验室中的多种微生物操作都可能产生气溶胶，如吸管操作、离心沉淀、用接种环蘸液体、开安瓿瓶、机械振动、菌种稀释或接种操作等，此外，一些实验操作过程中的意外事故，如液体倾洒或飞溅都会产生气溶胶。气溶胶大小为 1～5μm，肉眼无法观察到，因此实验室操作人员通常无法意识到操作过程中气溶胶生成并可能被吸入，或实验过程中在工作台面上造成与其他实验材料间的交叉污染。资料表明，对 276 种微生物操作进行测试，其中 239 种操作可以产生微生物气溶胶，占全部操作的 86.6%。根据研究，高浓度吹吸混匀以及注射攻毒过程会产生高浓度生物气溶胶。

正确使用生物安全柜可以有效减少由于暴露于气溶胶所造成的实验室获得性感染以及实验材料间的交叉污染。同时，生物安全柜也可起到保护环境的作用。因此，生物安全柜在微生物实验室中得到广泛应用。

2. I 级生物安全柜

（1）I 级生物安全柜的原理和实验室通风橱一样，其工作原理如图 10.4.1-1 所示。

（2）I 级生物安全柜有前窗操作口，操作者可通过前窗操作口在柜内进行操作。前窗操作口向内吸入的负压气流可以保护操作人员的安全，排出气流经高效过滤器过滤后排出。

（3）因未灭菌的房间空气通过生物安全柜正面的开口处直接吹到工作台面上，因此 I 级生物安全柜对操作对象不能提供切实可靠的保护，即不能进行需无菌洁净条件的操作。由于其不能保护柜内产品，目前已较少使用。

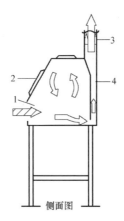

图 10.4.1-1　Ⅰ级生物安全柜工作原理示意图

1—前开口；2—可视窗；3—排风高效过滤器；4—压力排风系统

3. Ⅱ级生物安全柜

（1）Ⅱ级生物安全柜原理。Ⅱ级安全柜有前窗操作口，操作者可以通过前窗操作口在柜内进行操作。其送风经过送风高效过滤器过滤后，从顶部向下形成具有一定速度的垂直单向气流，以避免样品间的交叉污染。此外，此垂直单向气流在前窗操作口形成具有一定风速的垂直气流，也可以防止室内未经过滤的空气直接进入工作台面，从而保护样品。前窗操作口向内吸入的负压气流可以保护操作人员的安全，气流经排风高效过滤器过滤后排出安全柜，以保护外界环境。

Ⅱ级生物安全柜不仅能提供人员保护，而且能保护工作台面的物品以及环境不受污染，是目前应用最为广泛的柜型。

（2）Ⅱ级 A1 型生物安全柜：其工作原理如图 10.4.1-2 所示，工作窗口进风气流和工作区垂直气流混合后在内置风机的作用下经前后格栅进入回风道，进而到达送、排风高效过滤器之间。借助于这两个高效过滤器相对尺寸的变化，约 30% 的气流经排风高效过滤器过滤后排至实验室或通过排风管道排至室外；70% 的气流经送风高效过滤器过滤后重新循环进入工作区。

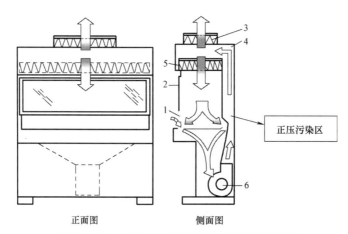

正面图　　　　　　侧面图

图 10.4.1-2　Ⅱ级 A1 型生物安全柜原理示意图

1—前开口；2—可视窗；3—排风高效过滤器；4—后面的压力排风系统；5—送风高效过滤器；6—风机

　　如图 10.4.1-2 所示，Ⅱ级 A1 型生物安全柜的污染部位有正压区域，即风机后侧回风道中的空气是被污染的，而且空气是正压，正压污染区内的污染物有外泄的可能。

　　（3）Ⅱ级 A2 型生物安全柜：其工作原理如图 10.4.1-3 所示。Ⅱ级 A2 型生物安全柜是由Ⅱ级 A1 型生物安全柜发展而来的，也是利用 70% 的循环空气，但 30% 的空气经排风高效过滤器过滤后排至外部环境。

　　与Ⅱ级 A1 型生物安全柜不同的是，Ⅱ级 A2 型生物安全柜内所有污染部位均为负压区域或者被负压区域包围，即Ⅱ级 A2 型生物安全柜的回风道始终处于负压状态，其安全性高于Ⅱ级 A1 型。

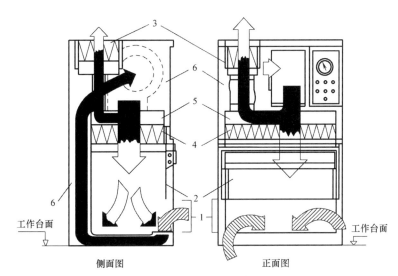

图 10.4.1-3　Ⅱ级 A2 型生物安全柜工作原理图

1—前开口；2—可视窗；3—排风高效过滤器；4—送风高效过滤器；5—正压风道；6—负压风道

　　（4）Ⅱ级 B 型生物安全柜：又分为 B1 型和 B2 型两种。其中Ⅱ级 B1 型生物安全柜也称为非全排型生物安全柜，但相比于Ⅱ级 A 型生物安全柜，其循环风比例减少到 30%，且柜内所有污染部位均为负压区域或者被负压区域包围，即没有正压污染区，其工作原理图如图 10.4.1-4 所示。

　　Ⅱ级 B2 型生物安全柜是一种全排式生物安全柜，其工作原理如图 10.4.1-5 所示，其没有气流在柜内循环。这种生物安全柜能提供基本的生物和化学防护，但有些化学物质在柜内操作时能损坏高效过滤器介质、框架、垫圈，从而导致泄漏，应加以注意。送风机装在生物安全柜的顶部一侧，从室内抽吸空气，通过送风高效过滤器下行到工作区，所有进入柜内的气体都经过格栅被排出。排风经过生物安全柜顶部另一侧设置的排风高效过滤器过滤后排放到室外或者排风总管内。

　　Ⅱ级 B2 型生物安全柜一般在排风管另一端单独设置排风机，以保证排风管道的负压。

　　Ⅱ级 B2 型生物安全柜一般无循环风，其排风量较大，因而在配有Ⅱ级 B2 型生物安全柜的实验室或房间需要考虑补风问题。

　　由于Ⅱ级 B2 型生物安全柜可以处理更危险的病原体和化学物质，所以其排风要求必须排至室外，排风管道采用密闭式连接，并且为负压管道。

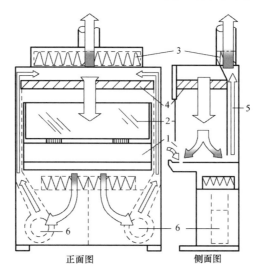

图 10.4.1-4　Ⅱ级 B1 型生物安全柜原理示意图

注：安全柜需要有与建筑物排风系统相连接的排风接口。

1—前开口；2—可视图；3—排风高效过滤器；4—送风高效过滤器；5—负压排风系统；6—风机

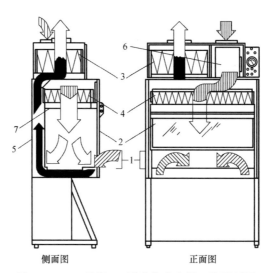

图 10.4.1-5　Ⅱ级 B2 型生物安全柜工作原理图

1—前开口；2—可视窗；3—排风高效过滤器；4—送风高效过滤器；5—负压排风管道；6—风机；7—过滤器网

4. Ⅲ级生物安全柜

（1）Ⅲ级生物安全柜是为 4 级生物安全设计的，是柜体全封闭、不泄漏的负压通风柜，工作人员通过连接在实验室柜体的手套进行操作，俗称手套箱，试验品通过双门的传递箱进出生物安全柜，以确保其不受污染，适用于高风险的生物试验。

（2）Ⅲ级生物安全柜工作原理如图 10.4.1-6 所示。人员通过与柜体密闭连接的手套在安全柜内实施操作。下降气流经送风高效过滤器过滤后进入安全柜内用以保护安全柜内实验物品，排出气流经两道排风高效过滤器过滤或通过一道高效过滤器过滤再经焚烧处理后外排。

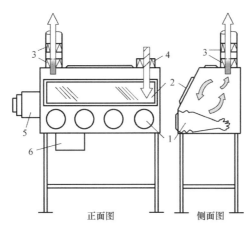

图 10.4.1-6　Ⅲ级生物安全柜（手套箱）工作原理图

1—用于连接手臂长度手套的舱孔；2—可视窗；3—排风二级高效过滤器；
4—送风高效过滤器；5—双开门高压灭菌传递箱；6—化学浸泡罐
注：安全柜需要有与独立的建筑物排风系统相连接的排风接口。

（3）Ⅲ级生物安全柜的箱体采用气密性设计，柜体外设置专门的排风系统以维持安全柜内不低于 120Pa 的负压状态（相对于实验室）。

（4）同时要保证单只手套意外脱落后手套口有不低于 0.7m/s 的吸入气流速度。

（5）Ⅲ级生物安全柜进出物品均需经过传递窗或者经特殊设计的自封闭型传递桶。

（6）Ⅲ级生物安全柜可以最大限度地保护操作人员和外部环境，同时兼顾保护柜内实验物品，适用于操作危险度为 4 级的病原微生物或感染动物。

10.4.2　生物安全柜的性能指标和测试方法。

1. 生物安全柜的性能指标。生物安全柜送、排风气流的平衡、操作台面上的气流分布和生物安全柜的完整性是生物安全柜性能有效性的重要保障。因此，其性能指标的规定及验证也主要围绕以上三个方面。这些指标及相应要求应符合现行国家标准《生物安全柜》GB 41918 和现行行业标准《Ⅱ级生物安全柜》YY 0569，包括生物安全柜的垂直下降气流平均风速、工作窗口气流平均风速、气流流向、操作面空气洁净度、人员安全性、受试样品安全性、交叉感染、箱体检漏、送风高效过滤器完整性、排风高效过滤器完整性等。对于Ⅲ级生物安全柜，其指标还包括安全柜箱体内外静压差、箱体严密性及安全柜手套口气流流向等。还有一些是考虑操作人员舒适性的指标，如运行噪声、操作台面照度等。

2. 主要性能指标的测试方法

（1）垂直气流平均风速：在距离内侧壁板及工作窗 100mm 围成的工作台面上方 300mm 处的平面区域内测量垂直气流的平均风速。测量点按行、列均为 150mm 的网格分布。若去除测量边界后净尺寸不等于 15 的整数倍，则允许修正测量点距离，但每列至少测量 3 点，每行至少测量 7 点。垂直气流平均风速为各测量点读数的算术平均值。具体的指标要求可参照现行国家标准《生物安全柜》GB 41918 和现行行业标准《Ⅱ级生物安全柜》YY 0569 的相关要求。

（2）工作窗口气流平均速度：常用的测试方法主要有两种，即风量罩检测法和风速仪检测法。

（3）Ⅲ级生物安全柜手套口处的风速：通过人为摘除Ⅲ级生物安全柜一只手套后，将风速仪探头放在手套口的中心处，并记录测量点的风速。测试之前，要保证生物安全柜已达到正常运行状态，且生物安全柜的严密性、静压差及送风量均应通过检测，并符合相关标准要求。

（4）气流流向：测试气流流向时，采用发烟管产生可视烟雾，通过观察烟雾流向来验证生物安全柜的气流流向。气流流向包括垂直气流流向、观察窗隔离效果气流流向、工作窗口边缘气流流向和工作窗开口气流流向。

（5）静压差：Ⅲ级生物安全柜与所在房间的相对压差可用微压差计直接测量。测试时，Ⅲ级生物安全柜应达到正常运行状态，用微压差计分别连接Ⅲ级生物安全柜内部及实验室环境便可直接测出Ⅲ级生物安全柜的静压差。Ⅲ级生物安全柜与所在房间之间的负压值应不低于 120Pa。

（6）洁净度：采用激光粒子计数器在生物安全柜操作面内按要求布置的测点上测量空气的含尘浓度。

（7）噪声：生物安全柜正常运行时，采用声级计在被测生物安全柜前壁面中心水平向外 300mm，高度距工作台面 380mm 处测量。

（8）照度：在操作面上，沿操作面内壁面水平中心线每隔 300mm 设置一个测量点，与内壁距离小于 150mm 时，不再设置。被测生物安全柜置于正常工作条件下，用照度计检测各测量点。被测生物安全柜照度为各测量点照度的算术平均值。

（9）高效过滤器完好性检测：排风高效过滤器作为生物安全柜最重要的防护屏障之一，是防止有害生物气溶胶排放至大气的最有效防护手段。因此，国家标准《生物安全实验室建筑技术规范》GB 50346—2011 要求必须对生物安全三级和四级实验室内使用的隔离设备的排风高效过滤器进行原位检漏；而送风高效过滤器是生物安全柜内部洁净度的重要保障。高效过滤器通常采用物理气溶胶进行完好性检测，其检漏方法根据检测方式不同主要分为扫描法检漏和全效率法检漏。

（10）Ⅲ级生物安全柜箱体严密性：国际标准《容器外壳　第 2 部分：根据密封性和相关检查方法进行分类》ISO 10648-2:1994 对硬质隔离器的严密性进行了等级划分，共划定了 4 个等级，1 级最高，4 级最低。目前Ⅲ级生物安全柜箱体严密性指标可采用《容器外壳　第 2 部分：根据密封性和相关检查方法进行分类》ISO 10648-2:1994 中的 2 级密封箱室（长期从事含有有害气体的防护箱室）的期间检验指标，即箱体内压力低于周边环境压力 250Pa 下的小时泄漏率不大于净容积的 0.25%。根据 2 级密封等级，按照《容器外壳　第 2 部分：根据密封性和相关检查方法进行分类》ISO 10648-2:1994 的要求，应采用压力衰减法进行测试。

（11）泄漏电流、接地电阻、耐电压、绝缘电阻：测试泄漏电流时，让生物安全柜连续运行 4h 后，施加电压（额定电压的 110%），用泄漏电流测量仪测量机组外露的金属部分与电源线之间的泄漏电流；测试接地电阻时，将被测生物安全柜所有的功能开关均置于"断"位，用接地电阻测试仪测量接地端与可触及的金属部件之间的电阻值；测试耐电压时，电气强度测试历时 1min，经受频率为 50Hz 的基本正弦波的交流电压，测试的部位为电源输入端与金属外壳之间。最初施加的电压不超过规定值的一半，然后迅速上升到规定值，测试期间不应发生击穿；测试绝缘电阻时，在施加 500V 直流电压 1min 后进行测量，带电部件与壳体之间的电阻值应不小于 2MΩ。

（12）振动幅值及工作台面抗变形：为判断使用者在操作生物安全柜时的振动结果，振动值应达到要求的机械性能，以减轻操作者的疲劳并预防振动导致精密组织培养试验品的破坏。被测生物安全柜置于正常工作条件，将振动仪的振动传感器牢固地固定在工作台面的中心，振动仪的频率从 10Hz 变化到 10kHz，测量生物安全柜工作时的总振幅。工作台面抗变形试验时，将面积为 250mm×250mm、重量为 23kg 的测试负载均匀地施加于被测生物安全柜台面中央，在载重条件下测量生物安全柜台面前部边缘中心至地面的距离。负载及空载条件下，生物安全柜台面前部边缘中心至地板的距离相等，可视为台面无永久性变形。

（13）紫外线灯测试：对于设置紫外线灯的生物安全柜，必须对紫外线灯进行定期检查，以保证其能有效地杀死微生物。在将灯关闭冷却后，要用 70% 的酒精擦拭灯表面。将其打开 5min 后，将紫外线感应器放置于工作表面中心，光强在 254nm 波长处不应小于 40MW/cm^2。

【技术要点】

1. 生物安全柜的性能指标

（1）生物安全柜的性能指标中，人员安全性、受试样品安全性和交叉污染需采用生物学方法验证，生物学检测验证的目的是保证生物安全柜在使用中的安全性，这种验证方法可以贴近真实的情景，直接验证生物安全柜的实际使用性能。其中对操作人员的保护验证，是为了防止操作过程中产生的感染性微生物气溶胶对操作人员的威胁；对受试样品的保护验证，是为了防止生物安全柜以外的污染物进入安全柜，对样品造成污染；交叉污染验证，是为了防止操作过程中产生的生物气溶胶造成受试样品之间的交叉污染。

（2）Ⅰ级生物安全柜不提供产品保护，工作面气流为乱流，只进行人员保护一项验证。

（3）Ⅱ级生物安全柜需进行人员、样品、交叉污染三项验证；Ⅲ级生物安全柜前部封闭，工作面气流为定向气流，有局部的乱流，不需要进行人员、样品保护和交叉污染验证。

此外，还有一些其他性能指标主要是为了检查生物安全柜的设计结构性能、电路和物理性能等，包括振动幅值、柜体抗变形、工作台面抗变形、柜体稳定性、温升、泄漏电流、接地电阻、耐电压、绝缘电阻、报警和连锁系统、紫外线灯性能等。

2. 工作窗口气流平均速度测量方法

（1）风量罩检测法是采用风量罩测出工作窗口风量，再通过风量除以工作窗口面积计算出气流平均风速。测量时，将风量罩密封在生物安全柜的前窗操作口中心，风量罩两侧开口区域要密封。

（2）风速仪检测法是采用风速仪直接测量工作窗口断面风速。测量时，将工作窗开口开到指定的操作高度，用风速仪在工作窗开口平面直接测量风速。测点的水平间隔为 100mm，垂直方向分别距工作窗上边缘 1/4 工作窗口高度处和 3/4 工作窗口高度处，测点的风速平均值即为工作窗口气流平均速度。

3. 气流流向验证

（1）垂直气流验证时，在Ⅱ级生物安全柜工作表面中线上方高于工作窗口上沿 100mm 处，从可移动垂直窗一端到另一端发烟，垂直气流方向烟雾应为垂直气流线，且无死角和回流。

（2）观察窗隔离效果气流验证时，在Ⅰ级、Ⅱ级生物安全柜观察窗内 25mm 处，在工作窗口上边缘 150mm 处，从生物柜的一端向另一端发烟，气流流向应为垂直气流线，不得有死角和回流。

（3）工作窗口边缘气流验证时，在Ⅰ级、Ⅱ级生物安全柜外 38mm 处，让烟雾沿着工作窗开口的整个边界扩散，烟雾应进入安全柜内部无外溢，且无穿越工作区气流。

（4）工作窗开口气流流向验证时，在Ⅰ级、Ⅱ级生物安全柜内部，工作面上方 300mm、距工作窗口内壁 50mm 到柜后侧内壁整个水平面上发烟，应无烟雾从窗口外溢。

4. 洁净度测量

（1）应根据生物安全柜操作面的面积确定采样点数量，并均匀布点。

（2）Ⅰ级、Ⅱ级生物安全柜内部洁净度要达到 5 级；Ⅲ级生物安全柜，当操作需要保护的受试样本时，洁净度也要求达到 5 级。

5. 高效过滤器完好性检测

（1）扫描检测法是通过采样探头在高效过滤器下游表面 2～3cm 位置处沿高效过滤器的所有表面及高效过滤器与装置的连接处（如边框等位置），以一定的速度移动测试局部区域的过滤效率，判断高效过滤器是否发生泄漏。根据检测仪器的测试原理不同，分为光度计扫描法和计数扫描法。

1）光度计扫描法：检测气溶胶常用"冷发生"方式，即将一定压力的压缩空气通入喷嘴产生多分散油性气溶胶，如聚 α 烯烃（PAO）、癸二酸二辛酯（DOS）、癸二酸二酯（DESH）、邻苯二甲酸二辛酯（DOP）、石蜡油等，然后通过扫描采样头在高效过滤器表面线性扫描并配合气溶胶光度计测试各扫描点局部透过率，根据局部透过率限值判断漏孔。

2）计数扫描法：可用气溶胶物质较广泛，除选用上述气溶胶外，还可以选择 PSL 小球或大气尘等非油性气溶胶。测试仪器是粒子计数器，通过测试上、下游粒子数，并根据相应透过率限值或下游粒子数限值来判定是否泄漏。

（2）对于无法采用扫描法检漏的高效过滤器，需采用全效率法检漏，即通过测试高效过滤器的整体效率来检漏。全效率法检漏时在高效过滤器上游注入气溶胶，在上游和下游分别进行采样，上、下游采样必须经过气溶胶均匀性验证，然后根据上、下游气溶胶浓度计算高效过滤器的整体透过率，并与规定的整体泄漏限值比较来判断是否泄漏。根据检测仪器的测试原理不同，分为光度计全效率法检漏和计数器全效率法检漏。

6. Ⅲ级生物安全柜箱体严密性检测

（1）压力衰减法的原理是在被测设备体积不变的情况下，利用被测设备内压力的衰减情况测试泄漏率。

（2）由于Ⅲ级生物安全柜普遍安装有供人员操作的橡胶手套（部分安装有半身式防护服），因为手套或半身式防护服柔软富有弹性，导致Ⅲ级生物安全柜在不同压力下，其净容积会产生变化。而采用压力衰减法的前提条件就是要保证被测设备内部容积保持不变，因此在使用压力衰减法测试时，应采取必要措施固定手套或半身式防护服，以防止其体积发生较大变化。同时，也应采取必要措施防止其因压力过大或作用时间过长造成应力损坏。

10.4.3　生物安全柜现场验证与风险评估。

国外学者 Pike 在 1976 年发表了对 3921 例实验室相关感染的统计分析结果，发现已知原因的实验室感染只占全部感染的 18%，不明原因的实验室感染占到了 82%。近年来的研究认为，其中 65% 的不明原因感染是因为病原微生物形成感染性气溶胶随空气扩散，实验室工作人员吸入了被污染的空气感染的。实验室中，许多操作都可以产生气溶胶，有人对 276 种操作进行了测试，其中 239 种操作可以产生气溶胶，约占 86.6%。在实验室中，搅拌、振荡、撞击、离心、超声波破碎、接种等都可产生气溶胶。生物安全柜是一种为操作原代培养物、菌毒株以及诊断性标本等具有感染性的实验材料时，用来保护操作者本人、实验材料、实验室环境及室外环境，使其避免暴露于上述实验操作过程中可能产生的感染性生物气溶胶和溅出物而设计的重要的一级屏障隔离设备。其主要是通过柜体和气流形成的物理隔离来保护操作者本人、实验材料、实验室环境及室外环境。

【技术要点】

1. 生物安全柜的选型及安装要求

（1）Ⅰ级生物安全柜适用于操作样品不需要进行特殊保护的微生物操作。

（2）Ⅱ级生物安全柜使用最为广泛，其可提供对操作者、实验样品和环境的综合性防护，主要用于临床、诊断、教学和对群体中出现的与人类严重疾病有关的广谱内源性中度风险生物因子进行操作的实验，如乙型肝炎病毒、人类的免疫缺陷病毒、沙门氏菌属等，其中Ⅱ级 B1 型生物安全柜可用于操作少量挥发性化学试剂和放射性核素，全排型的Ⅱ级 B2 型生物安全柜还可以用于以挥发性有毒化学品和放射性核素为辅助剂的微生物实验，但是需要注意，Ⅱ级 B2 型生物安全柜排风量较大，在选用时须保证实验室有足够的补偿送风，否则会导致实验室出现较大负压，并可能导致生物安全柜窗口吸入风速过低，引起报警并严重降低其生物安全性。此外，从节能角度来看，Ⅱ级 B2 型生物安全柜排风量较大，其能耗要高于Ⅱ级 A 型。

需要特别指出的是，Ⅰ级、Ⅱ级生物安全柜主要是靠操作窗口吸入的负压气流或垂直下降气流形成的气流屏障起到保护人员或操作样品的作用，但这种由气流作用形成的局部隔离环境并不是绝对安全的。主要体现在以下几个方面：

1）Ⅰ级、Ⅱ级生物安全柜均靠从操作窗口吸入气流形成负压气流屏障，一旦生物安全柜停止运行或发生故障，这种气流的隔离作用就不复存在，若处理危险度很高的病原体或化学物质，会存在外溢风险。

2）对于在Ⅰ级、Ⅱ级生物安全柜操作窗口进行操作的实验人员，应尽量减少手臂在安全柜内的大幅度动作或者频繁进出，这会扰动生物安全柜窗口吸入气流，削弱生物安全柜的气流屏障作用。

3）对于附着于手或者器具上的病原体，这种气流隔离作用也会失效。

4）空气中的气体成分可以穿透高效过滤器，所以非全排型的Ⅰ级、Ⅱ级生物安全柜由于有循环风的存在，并不适合进行高浓度的危险气体物质操作。

（3）Ⅲ级生物安全柜可以最大限度地保护操作人员和外部环境，同时兼顾保护安全柜内实验物品。Ⅲ级生物安全柜适用于操作危险度为4级的病原微生物或感染动物。

综上，在进行生物安全柜的选型时，必须综合考虑实验操作对象的性质、安全防护需求、实验室本身状况以及节能的需求，使其既能满足实际实验工作的需求，又能达到安全的目的。

生物安全柜是否正确地安装也同样影响其防护性能，理论上应按照实验室操作工艺流程来确定生物安全柜的安装位置。同时，一定要注意实验室内气流。

（1）生物安全柜一般设于实验室内排风口附近，使其周围的气流不致回流到室内洁净区域。

（2）为了不影响生物安全柜前窗操作口的流入气流，不要设置在室内气流扰动大或人员走动多的地方。在进行现场检测时，仍然发现个别生物安全柜由于实验室空间的限制安装在实验室送风口下面，送风气流影响生物安全柜前窗操作口的流入气流甚至破坏前窗操作口气流的屏障作用而导致操作台面洁净度不合格的情况发生。

（3）如果实验室有窗户，应始终处于密闭状态。

（4）考虑到生物安全柜的日常清洁、维修方便或进行电气安全测试，在空间允许的条件下，生物安全柜周围应至少预留300mm的距离。

Ⅰ级及Ⅱ级A型生物安全柜设计的外排气流通常返回实验室而不必向外部排风，室内循环的优点在于生物安全柜容易安置，减少空调系统负荷，生物安全柜的启停对实验室内气流的影响也较小，且不用接外排风管，便于室内设备的移动，但是在操作化学物质时应外接排风管道向室外排风。因此，生物安全柜的排风管道设置方式根据使用要求可分为密闭式和开放式两种。

（1）密闭式即用密闭管道连接的方式将安全柜的排风全部排入排风管道。

（2）开放式是排风管道和安全柜排风口之间采用非密闭连接形式，这种方式排风管道的排风量远大于生物安全柜的排风量，使生物安全柜和室内同时向外排风，并且由于采用非密闭式连接，生物安全柜的启停对排风管道内的总排风量影响不大，所以对室内气流状态影响也不大。

（3）Ⅱ级B型生物安全柜的排风须采用密闭式连接方式，不允许向实验室内排风。

（4）当实验室内生物安全柜采用密闭式连接方式向排风管道内排风时，通风空调系统和自控系统的设计应考虑生物安全柜排风引起的风量变化的影响。

2. 生物安全柜的现场性能验证

（1）生物安全柜在运输过程中可能引起易损部件损坏，如高效过滤器在运输、安装等过程中极易受到损坏。

（2）长期动力通风及频繁消毒也会导致高效过滤器发生泄漏，故需要对高效过滤器进行安装后的完整性测试，即安装后的现场原位检漏测试。

（3）对于全排型的Ⅲ级生物安全柜、Ⅱ级B2型生物安全柜，一般都需要和实验室空调系统相匹配，尤其是Ⅱ级B2型生物安全柜排风量很大，对实验室的风量平衡影响很大，这都需要和空调系统进行整体的现场调试才能满足生物安全柜的运行与室内压力控制要求。

（4）生物安全柜虽然在出厂前已进行出厂合格检验，但从实际现场检测情况来看，具体到每一台生物安全柜，其送/排风的平衡、垂直气流流速、窗口进风气流流速、手套口风速、气流流向等都需要在现场进行调试才能满足要求。

现场检测性能参数主要包括：垂直下降气流风速、窗口进风气流流速、洁净度、噪声、照度、送风高效过滤器检漏、排风高效过滤器检漏、安装距离、气流模式、Ⅲ级生物安全柜运行时与实验室间的负压、手套口风速、Ⅲ级生物安全柜箱体严密性测试等。根据美国的经验，没有进行以上现场检测项目的生物安全柜，常有60%会出现问题。从现场实测情况来看，以上现场检测项目均有不合格情况存在。

（1）噪声：生物安全柜噪声超标的情况比较普遍，国产或进口生物安全柜都普遍存在这一状况，其中一部分是由于风速过大导致；另一部分是由于风机本身噪声过大导致，且Ⅱ级B2型生物安全柜噪声超标情况要比Ⅱ级A2型严重，虽然噪声对生物安全没有直接影响，但对实验操作人员会有一定干扰，主要影响实验操作人员的舒适性。

（2）照度：生物安全柜照度不足的情况并不多，工作台面照度不足会影响操作人员的舒适性，同时也影响操作人员操作的准确性。

（3）洁净度：即生物安全柜操作面的含尘浓度，洁净度不合格会导致操作材料的污染，进而影响实验结果的准确性。往往是由以下几个方面导致：送风高效过滤器老化破损；高效过滤器运输或安装过程中损坏；高效过滤器边框安装不严存在泄漏；生物安全柜垂直气流流速过小不能充分净化工作区；生物安全柜窗口进风气流过大或实验室送风口设置在生物安全柜上方，导致实验室内未净化气流穿越生物安全柜工作区。

（4）送风高效过滤器原位检漏：送风高效过滤器是维持生物安全柜洁净度的关键部件，若送风高效过滤器出现损坏或安装不严均可能导致操作工作面洁净度不合格，进而导致操作材料被污染，影响实验结果的准确性，实际检测中送风高效过滤器均有损坏或边框安装不严的情况出现。

（5）垂直下降气流流速：实验样品的安全性主要通过垂直下降气流来保证，相关标准中要求流速为0.2～0.4m/s。如果流速过低则达不到带走操作过程中产生的生物气溶胶的目的，同时在进行实验操作时对污染的抗干扰性较差，甚至发生实验材料间的交叉污染；流速过大可能会引起安全柜内气流外溢。相关标准中在规定垂直下降气流风速的同时，也规定了垂直下降气流的不均匀度，要求各测点气流流速与平均风速的偏差不超过±20%或小于0.08m/s，气流的不均匀度过大会减弱生物安全柜防止实验样品间交叉污染的能力，此外气流不均匀度过大也可能导致生物安全柜内局部产生气流涡流。

（6）气流模式：通过发烟法可以直观地看到生物安全柜的气流流向，即使气流流速满足要求，仍可能出现由于结构设计不合理或流速不均衡导致气流模式不符合要求的情况出现，如操作窗口气流外溢或有气流穿越工作区等。

（7）窗口进风气流流速：生物安全柜对操作人员的保护主要是通过从前窗吸入气流形成负压防止安全柜内气流外溢来实现的，相关标准中要求窗口进风气流流速不低于0.4m/s或0.5m/s，如果过低可能导致操作时产生的危险气溶胶外溢，进而对操作人员和实验室环境产生危害；过高则会导致实验室内未净化气流穿越生物安全柜工作区，造成操作材料被污染。

（8）排风高效过滤器原位检漏：排风高效过滤器是生物安全的重要保障，也是生物安全柜形成一级隔离屏障的重要组成部分，在相关标准中都明确规定生物安全柜的排风必须经过排风高效过滤器过滤后才能排放到环境中。如果排风高效过滤器出现泄漏，可导致生物危险因子外溢到实验室或室外环境中，进而对操作人员和环境产生危害。与送风高效过滤器的情况相同，在实际检测过程中排风高效过滤器也有破损或边框安装不严的情况出现。

（9）Ⅲ级生物安全柜箱体严密性：柜体严密性是Ⅲ级生物安全柜物理隔离的重要组成部分，也是现场检测的重要指标。Ⅲ级生物安全柜在正常运行时处于负压状态，一般不会出现危险生物气溶胶的外溢，但是安全柜或排风系统如果突然发生故障导致停机，这种负压作用形成的屏障作用将会消失，而良好的柜体气密性可以保证突发状况下的物理隔离，最大限度地防止危险生物气溶胶外溢。目前，柜体气密性的现场检测方法通常采用压力衰减法。

（10）Ⅲ级生物安全柜运行时柜体内负压：由于Ⅲ级生物安全柜用于操作危险度为 4 级的微生物或实验动物，所以其安全防护的要求是最严格的，正常工作时内部负压值要求不低于 −120Pa，负压运行实质是对柜体形成的物理防护的双重保障，负压运行可进一步保证出现意外状况（如手套破损或柜体有微小泄漏）时，生物气溶胶不发生外溢。

（11）Ⅲ级生物安全柜手套口气流流速：由于Ⅲ级生物安全柜内主要进行致命生物因子的生物实验，所以生物安全是其考虑的关键问题。Ⅲ级生物安全柜是一个负压密闭箱体，主要通过前面的橡胶手套口进行操作，在操作过程中可能出现手套意外破损或手套脱落的突发状况，在发生意外状况时，操作口仍须保证一定的流入气流流速，这样可以防止危险生物气溶胶的外溢。

生物安全柜的现场检测属于静态性能验证，实际使用过程中还需要进行关键性能参数的连续监测，如高效过滤器阻力监测及报警、垂直下降气流和窗口进风气流流速监测及报警、前窗打开位置报警等。

3. 生物安全柜的使用及注意事项

（1）应做好生物安全柜启动前的准备工作。

1）实验操作者应提前佩戴好个人防护装备。

2）开启前用 75% 的酒精或其他消毒剂全面擦拭生物安全柜内的操作台面和其他平面。

3）打开前操作窗至规定高度后开启生物安全柜，开启后要运行一段时间，以保证气流稳定，并将工作区空气中的污染物完全清除。

4）实验开始前应将本次实验需要的所有物品擦拭干净后提前放入生物安全柜内，以避免在实验过程中频繁拿取物品造成气流波动。

5）生物安全柜内不放与本次实验无关的物品，柜内物品摆放应做到清洁区、半污染区与污染区（简称"三区"）基本分开，操作过程中物品取用方便，且"三区"之间无交叉，物品应尽量靠后放置，但不得挡住回风格栅。

（2）实验操作应规范。

1）正确运用微生物学实验技术。

2）操作期间如果需要取出或移入物品，应缓慢地移出或移入手臂，尽量减小对空气的搅动，从而避免因手臂的移动破坏生物安全柜气流而导致危险气溶胶的溢出。

3）在柜内移动物品时应尽量避免交叉污染，需按照低污染物品向高污染物品移动的原则，应避免高污染物品在移动过程中对柜内产生大面积的污染。

4）在实验操作时，不可打开玻璃视窗，应保证操作者脸部在工作窗口之上；在生物安全柜中应尽量避免使用产生振动的设备，如果使用此类设备，如离心机、搅拌器等，应将其放在生物安全柜的最里侧，并在运行时停止其他实验操作。

5）通常来说，在生物安全柜内不应使用点火装置，由于火焰产生的上升热气流会影响用以保护柜内物品的垂直下降气流，火焰还会产生气流扰动，进而增加交叉污染的风险。

6）任何洒溅在柜内的东西都应立即清除干净，并放在专用的垃圾袋中。

7）在生物安全柜工作时尽量减少背后人员走动以及快速开关实验室房门，以防止干扰柜内气流；如果在正常状态下，生物安全柜报警，则应立即停止柜内的一切工作，并进行检查，在查明原因并解决问题前不应再使用此生物安全柜。

（3）实验操作完成后应妥善关闭生物安全柜。

1）将所有物品取出，并用 75% 的酒精擦拭柜内各表面，关闭生物安全柜前再运行一段时间，以便将工作区操作过程中产生的微生物气溶胶排出，同时开启紫外线灯，照射半小时以上。

2）妥善处理所有实验过程中产生的废弃物，如有必要，将所有有害生物废料进行高压消毒。

实验操作人员应树立生物安全意识，养成良好操作习惯，杜绝违规操作，严格遵照微生物学标准操作规程和生物安全实验室操作规程进行实验操作。同时，生物安全柜的日常维护和监管工作应落实到位，建立科学的管理制度并严格执行，以确保实验室的生物安全。

10.5　传　递　窗

10.5.1　传递窗概述。

1. 定义：传递窗是安装在房间隔墙上，用于物料传递，并具有隔离隔墙两侧房间空气功能的一种箱式装置。

2. 应用：传递窗作为洁净室的一种辅助设备，主要用于洁净区与洁净区、非洁净区与洁净区之间小件物品的传递，以减少洁净室的开门次数，最大限度降低洁净区的污染。传递窗广泛应用于微细科技、生物实验室、制药厂、医院、食品加工业、电子厂等一切需要空气净化的场所。

3. 结构：传递窗主要由箱体、消毒孔道、高效过滤器、风机等组成。根据灭菌方式不同，可加装气体喷洒、熏蒸装置或紫外线照射装置。辅助装置有照明灯、指示灯、蜂鸣器、对讲机、机械式或电子式互锁装置等。基本型传递窗结构示意如图 10.5.1-1 所示，层流式传递窗结构示意如图 10.5.1-2 所示。

4. 工作原理：传递窗分为机械互锁装置和电子互锁装置两种类型，其工作原理分别如下：

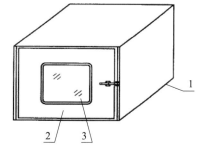

图 10.5.1-1　基本型传递窗结构示意图
1—箱体；2—门；3—观察窗

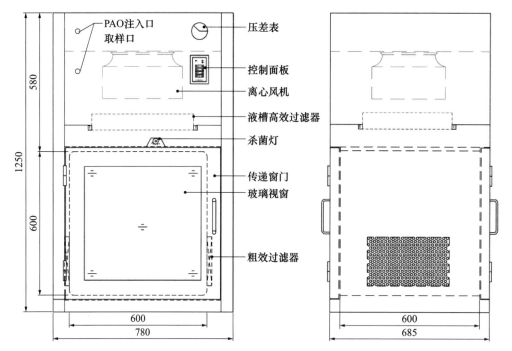

图 10.5.1-2　层流式传递窗结构示意图

（1）机械互锁装置：内部用机械的形式来实现连锁，当一扇门打开时，另一扇门就无法打开，必须把另一扇门关好后才可开另一扇门。

（2）电子互锁装置：内部采用集成电路、电磁锁、控制面板、指示灯等实现连锁，当其中一扇门打开时，另一扇的开门指示灯不亮，告知这扇门不能打开，同时电磁锁动作实现连锁。当该门关闭时，另一扇的电磁锁开始工作，同时指示灯会发亮，表示另一扇门可以打开。

5. 分类及特点：

（1）按照使用功能分类：分为基本型、净化型、消毒型、负压型和气密型，如表 10.5.1-1 所示。

传递窗分类　　　　　　　　　　　　　　　　　表 10.5.1-1

类型	代号	功能
基本型	A	具备基本功能
净化型	B1	具备基本功能，且具有由风机及高效过滤器组成的自循环净化系统，能对传递窗内部空气进行净化处理
	B2	具备基本功能，且具有含高效过滤器的送风系统和排风系统，能对传递窗内部空气和排出传递窗的空气进行净化处理
	B3	具备基本功能，且同时具有空气吹淋功能，能通过喷嘴喷出的高速洁净气流对放置于传递窗内的待传物品的表面进行净化处理
消毒型	C1	具备基本功能，且在箱体内装有紫外线灯，能对通道内空气、壁面或待传递物品表面进行消毒处理

类型	代号	功能
消毒型	C2	具备基本功能，且在箱体壁面上设置消毒气（汽）体进出口，能对传递窗内部空间进行消毒。消毒时，外接消毒装置可以通过消毒气（汽）体进出口向传递窗箱体内输送消毒气（汽）体
负压型	D	具备基本功能，且能在传递窗箱体内保持一定的负压
气密型	E1	具备基本功能，并应达到以下气密要求：采用箱体内部发烟法检测时，其缝隙处无气体泄漏
	E2	具有基本功能，并应达到以下气密要求：采用箱体内部压力衰减法检测时，当箱体内部压力达到 $-500Pa$ 后，$20min$ 内压力的自然衰减小于 $250Pa$

（2）按门互锁形式：分为电子连锁传递窗、机械连锁传递窗和自净式传递窗。

（3）按工作原理：分为风淋式传递窗、层流式传递窗和普通传递窗。

6. 主要设计参数：

（1）喷口中心风速：B3 型传递窗内的喷口送风速度不应低于 $20m/s$。

（2）换气次数：

1）B1、B2 型传递窗通道内换气次数应该高于 $50h^{-1}$；

2）B3 型传递窗换气次数应高于 $1000h^{-1}$。

（3）洁净度：净化型传递窗正常工作时，通道内的洁净度应该达到用户的要求。当用户无特殊要求时，通道内的洁净度不应低于《洁净厂房设计规范》GB 50073—2013 中 7 级的要求。

（4）气密性：

1）E1 型：当采用烟雾测试法检测时，传递窗所有缝隙应无可见泄漏。

2）E2 型：传递窗处于密闭状态且窗内温度相对稳定时，当通道内的压力达到 $-500Pa$ 后，$20min$ 内压力的自然衰减应该小于 $250Pa$。

（5）压差：D 型传递窗使用时，其内外压差应根据用户的要求确定，并通过检测确认正常运行条件下窗户内外用户所要求的压差。

（6）噪声：箱体内有风机的传递窗，在关门状态下风机开启时，门外侧中心水平向外 $1m$ 处测得的噪声值不应大于 $68dB$（A）。

（7）泄漏电流：可触及表面的泄漏电流不应大于 $10mA$。

（8）接地电阻：可触及金属表面与电源插头"地"插销间的电阻值不应大于 0.1Ω。

（9）电压：带电部件和金属外壳之间应能耐受 $1500V$ 的电压。

（10）绝缘电阻：电源输入端与机壳或外露的导电部分之间的绝缘电阻不应小于 $2.0M\Omega$。

（11）门互锁功能：

1）传递窗两端的门应有互锁功能。打开传递窗任意一端的门，则另一端的门不能打开。

2）当传递窗断电或门的自锁功能失效时，两端的门应能手动开启。

3）B3 型传递窗还应满足以下要求：当传递窗处于空气吹淋状态时，两端的门均应处于锁闭状态；当传递窗空气吹淋停止后，门应至少延迟 $5s$ 才能开启。

10.5.2　传递窗使用方法及注意事项。

1. 使用方法

（1）传递窗的两扇门处于关闭状态，有灭菌和净化系统的传递窗应先插上电源插头，接通 220V/50Hz 电源。

（2）从核心区通过传递窗向外传递物品前应将其彻底灭菌后才能传出，否则不能打开非污染侧的门。传递物品前，先打开紫外线灯和风机电源开关，再按规定操作程序进行窗体内灭菌和负压排空处理。

（3）打开一侧传递窗的门，则另一侧门必须自动锁紧。所以在传递物品时，首先打开污染侧的门，将需要传递的物品放入传递窗内后，随即将传递窗的门关好。此时，再打开风机开关，传递物品在传递窗内保持负压状态，并且保证紫外线灯达到有效杀菌强度。完成后，关闭风机开关，打开传递窗的另一侧门，实现物品的传递。

2. 使用注意事项

在使用传递窗前要了解其工作原理，才能正确地使用，因此在操作过程中需依照正确的操作程序，并熟悉传递窗的操作注意事项。

（1）传递窗控制系统（包括电源、控制面板、设置面板等）均应设置在清洁走廊一端，这样不仅便于突发情况的维修和检测，还能保证传递窗控制主板在密封不好的情况下，避免实验室在清洗过程中进水造成线路短路及在熏蒸消毒过程中控制系统内金属部件的腐蚀，影响传递窗的安全性及使用寿命。

（2）在使用过程中，须制定并严格执行传递窗安全操作规程。

（3）传递窗需要在每一次实验开始前检测紫外线灯的照射强度，保证其照度符合消毒技术规范的要求，不能认为紫外线灯亮着就能达到很好的消毒效果。做好传递窗内紫外线灯的清洁工作，每一次实验开始前做好紫外线灯等表面清洁工作，每次传递物品后涂抹酒精进行消毒。

（4）如遇设备发生故障，应立即停止使用，请专业人员检修合格后才能继续使用。

3. 现场验证及维护

传递窗在运输、储存、安装、运行一段时期后都有可能出现问题，《传递窗》JG/T 382—2012 中对其安装以及储存进行了要求，《实验室生物安全认可准则对关键防护设备评价的应用说明》CNAS-CL05-A002:2020 要求在以下场景开展检测：安装后，投入使用前；设备的主要部件（如压紧机构、紫外线灯、互锁装置、密封原件等）更换或维修后；实验室围护结构（含气密门等）不能满足气密性要求时；年度的维护检测。现场检测项目至少应包括外观及配置、门互锁功能、紫外辐射源辐射强度（适用于设置紫外线灯时）、气密性（当设置于有气密性要求的房间时）、消毒效果验证（当具备气体消毒功能时，仅在投入使用前或更换消毒剂类型及浓度时进行）。

（1）传递窗运输时，应防止雨雪的直接淋袭，防止太阳的暴晒，防止强烈的振动，不得翻滚、跌落。

（2）传递窗应储存在温度为 5～40℃，相对湿度为 30%～85%，通风性能良好，无酸碱等腐蚀性气体的仓库内。

（3）传递窗外观及配置检查应对照产品说明书，采用目测的方法，观察窗框、窗板等。对于采用机械压紧式气密门的传递窗，应检查密封胶条、门铰链、压紧机构、电磁锁、解锁开关（如配置）等结构和功能件是否齐全；对于采用充气式气密门的传递窗，应检查充气密封胶条、门控制系统等结构和功能件是否齐全。外观及配置检查应满足外观平整光洁、无明显锈蚀，主要部件及功能齐全的要求。

（4）门互锁功能检查应按照《传递窗》JG/T 382—2012 第 6.2.11 条执行。传递窗两端的门应有互锁功能。

（5）紫外辐射源辐射强度检测应符合现行行业标准《Ⅱ级生物安全柜》YY 0569 的相关规定。传递窗紫外线灯的辐射强度不低于 $70\mu W/cm^2$。

（6）气密性检测时，将生物安全风险较高一侧的门开启，和房间气密性一起测试，应按照《实验室设备生物安全性能评价技术规范》RB/T 199—2015 执行。检测结果应符合生物安全风险较高一侧房间气密性要求。

（7）具备气体消毒功能，三级和四级实验室防护区内传递窗的消毒效果验证参考相关消毒技术规范。生物指示剂或采样点应布置均匀，至少设置 4 个，同时需要覆盖气体喷口最远端。生物指示剂类型根据实验室所操作病原类型确定。

10.6　排风高效过滤装置

10.6.1　排风高效过滤装置概述。

1. 定义：排风高效过滤装置是一种用于特定生物风险环境，以去除排风中有害生物气溶胶为目的的过滤装置，是一个具备原位消毒及检漏功能的专用设备。

2. 应用：排风高效过滤装置是负压洁净室的排风装置，用于负压洁净室的回风过滤，隔离有毒有害、致癌、放射性和生物危险性粉尘及气体，防止室内有害物质排放到回风系统中。广泛应用于制药厂、食品厂、生物实验室、医院、洁净室、洁净动物房等。

3. 结构：排风高效过滤装置主要由箱体、高效过滤器、回／排风面板等组成，其中高效过滤器可以采用有隔板和无隔板两种方式，如图 10.6.1-1 所示。

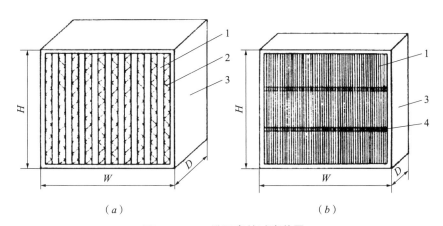

（a）　　　　　　　　　　　（b）

图 10.6.1-1　排风高效过滤装置
（a）有隔板高效过滤器；（b）无隔板高效过滤器
1—滤料；2—分隔板；3—框架；4—分隔物

4. 工作原理：当空气中的尘埃粒子流经高效过滤器的滤料时，或随气流作惯性运动，或作无规则扩散运动，或受某种场力的作用而移动。当运动中的粒子撞到纤维障碍物时，粒子与障碍物表面间的引力使它粘在障碍物上。可见，滤材既能有效地拦截尘埃粒子，又不会对气流形成过大的阻力；滤料中杂乱交织的纤维形成无数道对粒子的滤除屏障，纤维间宽阔的空间允许气流顺利通过，使过滤器达到高效、低阻的效果。不同于袋式除尘器滤料的表面过滤，高效过滤器的滤料是深层过滤。

5. 主要设计参数：

（1）过滤速度：气体通过滤料的平均速度。

（2）过滤效率：被捕捉的尘埃量与原空气含尘量的比值。

（3）过滤阻力：在一定试验风速或风量条件下，过滤元件前后的静压差。对高效过滤器而言，为额定风量下高效过滤器前后的静压差。

（4）容尘量：按《高效空气过滤器》GB/T 13554—2020 规定的方法进行生命周期综合能效测试时，受试过滤元件达到规定试验终阻力时的增重。

6. 分类及特点：

（1）按安装方式分类，分为风口型和管道型。

1）在排风末端（即洁净区排风口处）设置高效过滤器可以最大限度地减少通过管道系统泄漏而污染环境的风险，这也是在工程设计中推荐采用的排风高效过滤器的设置方式。对于排风口处设置的高效过滤器，由于其安装位置的固定性，在进行工艺平面布置时，需考虑其安装空间与技术夹墙的设置，通常技术夹墙不宜小于 0.8m 宽，大风量排风甚至会用到 1m 宽的技术夹墙，用于高效过滤器安装及检修，这就对空间提出了更高的要求。风口型排风高效过滤装置安装于室内排风口，如图 10.6.1-2（a）所示。

2）对于生物安全级别不是特别高的有毒区或空间布局受限的生产车间，可以设置管道型排风高效过滤器。管道型高效过滤器设置在排风管路上时，洁净室围护结构与送、排风高效过滤器等形成的密闭空间构成了生物安全防护区，与排风口末端设置高效过滤器的方案相比，防护空间有所增大，增大的区域为管道型高效过滤器至防护区排风口之间的管路，对此段管路应提高建设标准。管道型排风高效过滤器安装于排风管道上，如图 10.6.1-2（b）所示。

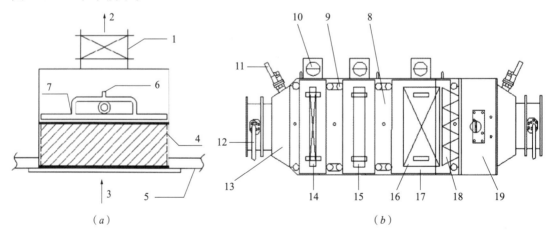

（a）　　　　　　　　　　　　　（b）

图 10.6.1-2　排风高效过滤器安装位置

（a）风口型；（b）管道型

1—密闭阀；2—出风口；3—进风口；4—空气过滤器；5—洁净室顶部；6—接采样管；
7—扫描探头；8—主机箱；9—手轮；10—压差表；11—熏蒸口；12—零泄漏阀；13—转接过滤段；
14—粗效过滤器；15—中效过滤器；16—高效过滤器；17—检修门；18—探头；19—扫描模块

（2）按高效过滤器检漏测试方法分类，可分为扫描法检漏型和效率法检漏型，如图10.6.1-3所示。

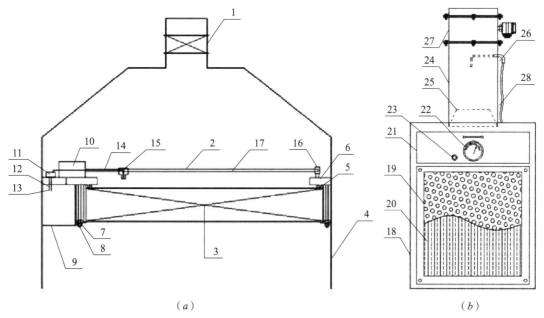

（*a*）　　　　　　　　　　　　　　　　（*b*）

图 10.6.1-3　按高效过滤器检漏测试方法分类的排风高效过滤装置

（*a*）扫描法检漏型；（*b*）效率法检漏型

1—生物密闭器；2—扫描螺杆；3，19—高效过滤器；4—箱体；5—液槽密封胶；6—密封框；
7—固定压板；8—固定螺丝；9—活动门；10—传动箱；11—集气箱；12—截止阀；13—采样口；
14—采样管；15—扫描头；16—支架；17—线形扫描装置；18—高效过滤器防护孔板；20—集中接口箱；
21—高效过滤器阻力检测表；22—高效过滤器阻力检测口室内端；23—下游气溶胶混匀及采样段；
24—下游气溶胶混匀装置；25—下游气溶胶采样管；26—密闭阀；27—采样管路；28—消毒接口

【技术要点】

1. 过滤效率

过滤效率检测应满足以下要求：

（1）试验气溶胶应与试验空气均匀混合。为了测定粒径效率，应分别对 0.1～0.2μm 及 0.2～0.3μm 两档粒径范围进行至少 3 次测试，分别计算平均值及置信度为 95% 的过滤效率下限，选择其较低值作为受试高效过滤器的计数法测试效率。

（2）进行效率测试时，可用 2 台光学粒子计数器（Optical Particle Counter，OPC）同时测量，也可用 1 台 OPC 先后在受试高效过滤器的上、下游分别测量。采用第二种测量方式时，应在每次下游气溶胶浓度检测前对 OPC 进行净吹，以便在开始测量下游浓度之前，OPC 的计数浓度已经下降到能可靠测定下游气溶胶浓度的水平。

（3）为保证检测结果具有良好的重复性及统计意义，每个效率测试周期内，检测到的下游粒子总数应不少于 100 粒。

2. 过滤装置阻力

（1）排风高效过滤装置应有压力测量装置，应能对安装后的高效过滤器阻力进行监控，且应有防止压力测量装置采样管被污染的措施（如在压力测量装置测压管上装设与高效过滤器过滤效率相当的过滤装置等）。

（2）排风高效过滤装置的阻力应在负压工况下进行测试，测试工况应至少包括装置额定风量的50%、70%和100%。测试装置及测试方法按现行国家标准《高效空气过滤器性能试验方法　效率和阻力》GB/T 6165的规定进行。

（3）空气过滤器的阻力可分为初阻力和终阻力。初阻力即为新过滤器的阻力，终阻力则对应空气过滤器需要更换时的阻力。高效过滤器通常依据其终阻力来决定是否需要更换。

（4）阻力标件的标定周期为每三个月。

10.6.2　注意事项与现场验证检验。

1. 注意事项

（1）在排风口上装有高效过滤器的洁净室及生物安全柜等装备，在安装前应用现场检漏装置对高效过滤器扫描检漏，并确认无漏后再安装。排风口安装后，对非零泄漏边框密封结构，应再对其边框扫描检漏，并应确认无漏；当无法对边框扫描检漏时，必须进行生物学等专门评价。

（2）当在排风口上安装动态气流密封排风装置时，应将正压接管与接嘴牢靠连接，压差表应安装于排风装置目测高度处。排风装置中的高效过滤器应在装置外进行扫描检漏，并应确认无漏后再安装。

（3）当排风口的空气含有高危险性生物气溶胶时，在改建洁净室拆装其回、排风过滤器前必须对风口进行消毒，对工作人员应有防护措施。

（4）当排风过滤器安装在夹墙内并装有扫描检漏装置时，夹墙内净宽不应小于0.6m。

（5）高效和亚高效过滤器安装过程中，室内不得进行带尘、产尘作业，安装完成后应用塑料薄膜将出风面封住，暂时不上扩散板等装饰件。

2. 现场验证检验

排风高效过滤装置在工程现场安装就位前应进行密封性及扫描检漏范围的检验；在工程现场安装就位后进行安装后高效过滤器检漏。

（1）密封性现场检验

1）管道型排风高效过滤器在1000Pa压力下的分钟漏泄率不应大于其净容积的0.1%。

2）风口型排风高效过滤器安装环境具有密封性要求时，可按《排风高效过滤装置》JG/T 497—2016第7.4条的规定或用户与供应商约定的其他方法进行密封性测试。

（2）扫描检漏范围

扫描法检漏型排风高效过滤装置，在其扫描过程中，应能检测被测高效过滤器出风面及其与安装框架连接处的泄漏。

（3）安装后高效过滤器检漏

采用扫描法测试时，被测高效过滤装置任一点局部效率应不低于99.99%；采用效率法测试时，被测高效过滤装置对0.3～0.5μm的粒子实际过滤效率及置信度为95%的过滤效率下限均应不低于99.99%。

由许钟麟研究员发明的"动态气流密封负压高效排风装置"，根据气流从高压端流向低压端的原理，将排风装置设计成带正压空腔，就近引用顶棚上送风道中经过粗效、中效过滤的无害的正压风进入正压腔，即使在有缝隙的情况下也不会有气流从室内进入系统，而只能从正压腔压向室内，从结构上保证了动态气流密封负压高效排风装置的绝对安全性。该装置获得了独立自主知识产权，并处于国际领先水平，已大量用于医学与生物安全领域。

本章参考文献

［1］丛玉隆，黄柏兴，霍子凌．临床检验装备大全　第 2 卷：仪器与设备［M］．北京：科学出版社，2015.

［2］鲍艳霞．药厂空气洁净技术［M］．北京：中国医药科技出版社，2008.

［3］中华人民共和国住房和城乡建设部．洁净工作台：JG/T 292—2010［S］．北京：中国标准出版社，2011.

［4］许钟麟，沈晋明．空气洁净技术应用［M］．北京：中国建筑工业出版社，1989.

［5］曹国庆，许钟麟，张益昭．行业标准《洁净工作台》要点解读［J］．暖通空调，2012，42（2）：9-12，35.

［6］中华人民共和国住房和城乡建设部．洁净室施工及验收规范：GB 50591—2010［S］．北京：中国建筑工业出版社，2010.

［7］苏州凯尔森气滤系统有限公司．一种负压结构层流罩：201822155190.0［P］．2019-11-12.

［8］天津净明科技有限公司．一种空气净化用洁净层流罩：202022986814.0［P］．2021-09-10.

［9］四川华派净化工程有限公司．一种空气净化用洁净层流罩：202121700332.2［P］．2021-12-24.

［10］江苏怡科生物医疗科技有限公司．一种吊顶式层流罩：201721588338.9［P］．2018-06-05.

［11］思科思奈（苏州）环境科技有限公司．一种移动式层流洁净罩：201921734348.8［P］．2020-05-12.

［12］徐佳佳，贾洪伟，钟珂，等．风机过滤单元箱体结构与面出风均匀性测点分布的优化［J］．东华大学学报（自然科学版），2021，47（2）：84-89.

［13］朱秋烨．风机过滤单元的性能试验与模拟优化［D］．镇江：江苏大学，2016.

［14］浙江布鲁斯环境科技有限公司．FFU 综合应用手册［EB/OL］．（2022-11-04）［2023-06-20］．http://www.zjbulusi.com/index.php/content/1007.

［15］中华人民共和国住房和城乡建设部．洁净厂房设计规范：GB 50073—2013［S］．北京：中国计划出版社，2013.

［16］国家市场监督管理总局．Ⅱ级生物安全柜校准规范：JJF 1815—2020［S］．北京：中国标准出版社，2020.

［17］李劲松．生物安全柜应用指南［M］．北京：化学工业出版社，2004.

［18］国家市场监督管理总局，国家标准化管理委员会．生物安全柜：GB 41918—2022［S］．北京：中国标准出版社，2022.

［19］国家食品药品监督管理局．Ⅱ级生物安全柜：YY 0569—2011［S］．北京：中国标准出版社，2011.

［20］许钟麟，王清勤．生物安全实验室与生物安全柜［M］．北京：中国建筑工业出版社，2004.

［21］中华人民共和国住房和城乡建设部．生物安全实验室建筑技术规范：GB 50346—2011［S］．北京：中国建筑工业出版社，2012.

［22］曹冠朋．生物安全实验室隔离装备排风高效现场检漏方法研究［D］．北京：中国建筑科学研究院，2015.

［23］中华人民共和国住房和城乡建设部. 传递窗：JG/T 382—2012［S］. 北京：中国标准出版社，2012.

［24］赵建文，曹伟平，银欢，等. 传递窗和渡槽的技术指标研究［J］. 实验动物科学与管理，2005（3）：60-62.

［25］马英，傅江南，王贵杰，等. 关于生物安全实验室强制配套安全装备的探讨［J］. 医疗卫生装备，2009，30（5）：40-43.

［26］卜云婷，邢国华，宋淑萍，等. 高级别生物安全实验室传递窗的基本要求及性能分析［J］. 洁净与空调技术，2019（3）：86-90.

［27］中华人民共和国住房和城乡建设部. 排风高效过滤装置：JG/T 497—2016［S］. 北京：中国标准出版社，2016.

［28］张宗兴. 生物安全实验室排风高效过滤器原位检漏关键技术研究［D］. 北京：中国人民解放军军事医学科学院，2010.

［29］新乡市北方滤器有限公司. 高效过滤器的工作原理及清洁维护［EB/OL］.（2021-05-19）［2023-06-20］. http://www.xxbflq.com/news/4_2483.

［30］国家市场监督管理总局，国家标准化管理委员会. 高效空气过滤器：GB/T 13554—2020［S］. 北京：中国标准出版社，2020.

［31］王宪龙. 生物制品有毒区排风系统的高效过滤器设置方案［J］. 机电信息，2017（20）：51-53.

［32］美埃（中国）环境净化有限公司. 一种手动扫描袋进袋出过滤装置：201621371475.2［P］. 2017-10-13.

［33］苏州市金燕净化设备工程有限公司. 扫描检漏高效负压排风罩：201410185103.X［P］. 2014-08-06.

［34］中国人民解放军军事医学科学院卫生装备研究所，天津市昌特净化工程有限公司. 风口式效率检漏型排风高效空气过滤装置：201520163017.9［P］. 2015-07-29.

［35］国家市场监督管理总局，国家标准化管理委员会. 高效空气过滤器性能试验方法　效率和阻力：GB/T 6165—2021［S］. 北京：中国标准出版社，2021.

第11章　医用洁净装备工程的空调冷热源及水系统

何亚男: 中国建筑西北设计研究院有限公司执行总工程师。

张世涛: 中国建筑西北设计研究院有限公司暖通工程师。

周斌: 南京工业大学教授、学院实验中心主任。

李斌: 二级建造师,重庆明环科技发展有限公司项目经理。长期致力于基于PLC和变频器的中央空调节能改造研究和洁净空调系统应用及相关技术研究。

商丽萍: 德州大商净化空调设备有限公司总工程师。

黄海: 高级工程师、一级建造师,维克(天津)有限公司副总经理、销售总经理。

周一如: 江苏永信医疗科技有限公司董事长兼总经理。

朱雄文: 江苏永信医疗科技有限公司副总经理。

苏黎明: 北京五合国际工程设计顾问有限公司总建筑师。

孙苗: 正高级工程师,中国中元国际工程有限公司医疗建筑设计二院科技质量中心主任、机电设计所副所长。

刘鑫: 高级工程师,中国中元国际工程有限公司医疗建筑设计二院暖通技术总监。

技术支持单位:

重庆明环科技发展有限公司: 一家专业从事洁净室规划设计、开发、生产、销售、安装、服务于一体的系统方案服务商。

江苏永信医疗科技有限公司: 一家以大数据、人工智能为核心,专注于医疗领域,为医院提供多种解决方案的国家高新技术企业。业务覆盖洁净数字化手术部、重症监护病房、中心供应室和净化病房等医疗专项系统配套设备等多个领域。

北京五合国际工程设计顾问有限公司: 严谨、创新、专业的设计机构,在业内率先提出"5+1"服务模式,聚焦城市规划、建筑设计、景观设计、室内设计、平面设计五大专业。

11.1　医用洁净装备工程相关参数

11.1.1　医用洁净装备工程室内温湿度参数的选取。

【技术要点】

　　1. 设计医用洁净装备工程的空调系统时,应该按照房间的使用功能,合理选取室内温湿度参数。

2. 医用洁净装备工程的室内温湿度参数的选取影响到冷水机组、空调处理机组的选型，也将作为医用洁净装备工程验收的重要依据。

3. 对于医用洁净装备工程的普通办公配套区域，考虑到人体热舒适的原因，应该按照冬季和夏季分别设计室内温湿度参数。

4. 对于医用洁净装备工程的洁净手术部等关键区域，室内温湿度参数要求较为严格，应按照不断发展的医疗工艺要求合理确定具体参数。

11.1.2 医用洁净装备工程室外计算参数的选取。

【技术要点】

为了确定冷热源的制冷量、新风机组的容量，需要合理选取室外计算参数。设计时可参照现行国家标准《民用建筑供暖通风与空气调节设计规范》GB 50736选取室外计算参数，并应保证每年手术室室内温湿度不达标的时间不超过5d，连续2d不达标的情况在每年不应超过2次。

11.1.3 气候变化引起极端天气下的室内环境保障。

【技术要点】

设计医用洁净装备工程时，需要酌情考虑气候变化引起的极端天气，以满足医用洁净装备工程的实际使用需求。

11.1.4 医用洁净装备工程空调负荷的确定。

【技术要点】

1. 冷热负荷：医用洁净装备工程的冷热负荷主要包括四个部分：围护结构、人员、设备和照明、新风。

（1）医用洁净装备工程中的人员、设备、照明会散热，从而引起冷负荷。需要考虑医用洁净装备工程中人员密度、设备和照明使用情况。照明冷负荷按照照度对应的功率密度计算。设备冷负荷按照手术医疗器械用电设备的功率计算。由于医疗技术与医疗装备发展迅速，所以在计算设备散热引起的冷负荷时应当留有余量。

（2）医用洁净装备工程中的新风负荷与新风量、新风处理终状态点及空气处理方案有关。在考虑冷热源容量时，应考虑新风处理所需要的冷热量。

（3）医用洁净装备工程的围护结构引起的传热需要区别对待。当净化工程属于内区，且围护结构两侧的温差不大于3℃时，可以忽略围护结构传热引起的负荷。但是当医用洁净装备工程的走道有外围护结构时，存在窗户传热或辐射得热现象，必须考虑围护结构传热引起的负荷。夏季和冬季工况应分别予以考虑。

2. 室内湿负荷：主要来自于人员，对于室内湿操作（如湿式消毒）带来的湿负荷，也要予以考虑。

11.2　医用洁净装备工程空调冷热源

11.2.1 医用洁净装备工程空调冷热源的设置原则包括就近性原则、适用性原则、安全性原则、匹配性原则和经济性原则。

【技术要点】

1. 就近性原则：冷热源站房应靠近负荷中心设置，可降低输送能耗，保证供水温度，也利于水力平衡。

2. 适用性原则：冷热源设备的装机容量要满足末端空气处理设备的冷热量需求。为了提高洁净空调在极端天气的保障率，并考虑换热器内部堵塞、水系统冷量和热量损失、风系统气密性和能量损失、末端空气处理装置因积尘引起的效率下降及设备性能随使用年限衰减等因素，洁净空调冷热源设备的装机容量宜在设计负荷的基础上考虑不超过 10% 的富余量。

3. 安全性原则：

（1）医用洁净装备工程设置冷热源时，设备一般不少于 2 台。冷热源设备在 1 台出现故障的情况下，剩余冷热源设备应保障基本供冷（热）量的要求，一般认为不低于设计冷（热）量的 75% 相对比较安全。

（2）医用洁净装备工程的供冷时间一般比医院其他区域长，冷源应能满足延长和提前供冷的需求。过渡季医用洁净装备工程可以和其他区域共用冷源，但要满足洁净空调使用的实际需求。冬季需要供冷时，制冷机组应满足冬季低温天气开机的要求。

4. 匹配性原则：冷热源设备的工作时间要和末端设备的运行时间、运行周期匹配。设置冷热源时，应满足白天高峰时刻和夜间低谷时刻的使用要求。当不同时间段、不同区域负荷要求相差较大时，应合理选择冷热源结合的形式，以满足医用洁净装备工程不同时刻的使用需求。

5. 经济性原则：冷热源设备的选择应综合考虑初投资的成本、投入使用后的运行成本和维护成本。

（1）要比较冷热源设备本身的初投资成本。

（2）要考虑冷热源设备配套设施的初投资成本，这些配套设施包括：建筑的投资（机房占用面积成本）、配电线缆和配电设备的成本、配套管道的成本、配套冷却塔设备的成本等。

（3）要综合计算冷热源设备投入使用后的运行成本和维护成本。其中运行成本主要包括冷水机组、风冷热泵、水泵、冷却塔等设备的耗电量，燃油、燃气等其他能源可按能源品位折算成等效耗电量。通过计算净化区域单位面积空调能耗指标，可对医用洁净装备工程冷热源的节能性进行评价。

11.2.2 医用洁净装备工程对冷热源的使用时间和提供的冷媒温度有较高的要求。

【技术要点】

1. 净化区域通常位于建筑内区，相对普通环境是一个密闭的空间，空间内的设备散热量大，且热量流失少。因此，在全年运行条件下，夏季制冷工况运行的时间比冬季制热工况长。与舒适性空调相比，洁净空调在过渡季乃至冬季仍然可能存在供冷需求，因此在设计医用洁净装备工程的冷热源时，应结合当地气候特征和房间负荷特点，满足空调末端全年对冷热量的需求。

2. 净化区域有严格的湿度控制要求，相对湿度一般为 40%～60%；特别是夏天，需要进行降温除湿处理，目前最常用的处理方式是表冷器冷却除湿。

一般情况下，如采用水表冷器对空气进行降温除湿处理，则水表冷器供水温度和处理后空气温度的最小温差为 5℃ 左右，即普通的 7℃ 进水、12℃ 回水的空调冷水在理想状态下仅能将空气温度处理到 12℃；而室内空气状态点在 23℃、50% 时的露点温度在 12.3℃

左右，因此冷水的供水温度就必须保持在7℃左右，否则医疗净化区域内的湿度指标很有可能超标。

11.2.3　医用洁净装备工程应根据自身要求和建设条件设置集中式或者分散式冷热源。

【技术要点】

1. 集中式冷热源：是指整个建筑集中设置冷热源，医用洁净装备工程的冷热源是整个建筑的一部分，按照洁净区的负荷要求提供空调用冷水或空调热水至洁净空调机房附近，空调水管设置切断阀作为分界。

2. 分散式冷热源：是指为医用洁净装备工程单独设置冷热源，一般设置在主要的净化机房附近。一年中需要集中供冷、供暖时间较短的建筑，其医用洁净装备工程宜采用分散式冷热源。

11.2.4　冷热源绿色低碳技术及可再生能源的利用。

【技术要点】

1. 冷凝热回收技术：该技术非常适合有同时制冷、制热需求的医用洁净装备工程。当机组处于同时制冷制热运行工况时，一份制冷运行所消耗的能量可以同时获得一份冷水和一份热水。常规净化空调系统中多采用的冷却除湿＋电加热形式系统，冷热抵消现象严重。而冷凝热回收技术将冷凝废热回收后作为再热热源，解决了冷热抵消的问题。例如四管制风冷热泵机组能够同时提供冷水和热水，如果冷凝废热被充分利用，则其综合能效比可以达到7.5以上，节能效果显著。

2. 自然冷却技术（又称免费制冷）：对于全年需要供冷的建筑，一年四季需要机械制冷，而自然冷却机组充分利用室外空气，从低温空气中得到免费的冷量，这是一种可靠、高效、节能、绿色的供冷方式。

风冷冷水机组附加了特殊设计的空气－冷水换热盘管，当室外环境温度较低时，充分利用室外低温空气对冷水进行冷却。根据环境温度的变化，自然冷却型风冷冷水机组有三种运行模式，即采用电制冷（机械制冷）模式、部分自然冷却模式（机械制冷和自然冷却共同运行）、完全自然冷却模式（可实现100%自然冷却）。风冷冷水机组全年运行时，应具备智能切换功能，以满足以上三种运行模式的要求。对于条件适宜的地区，采用自然冷却机组一年可以节省高达60%的运行费用。

3. 深度除湿技术：该技术是对新风进行深度除湿处理，由新风承担自身及室内全部湿负荷。此时净化系统回风可只作降温处理，不需要进行除湿，同时减小再热量，达到降低能耗的目的。

该技术目前在工程实践中应用比较广泛，特别在我国的华东、华南等高温、高湿地区，节能效果明显。在夏季工况下，可比传统的降温除湿＋再热的处理方式节能25%左右。

4. 可再生能源的利用：可再生能源对环境无害或危害极小，例如地源热泵系统就是利用预埋在地下的管道和土壤进行热交换，夏天提取土壤内的冷量用于制冷，冬天利用土壤内的热量进行制热。土壤的温度全年较恒定，不受天气状况等因素的影响。可再生能源的利用在"双碳"目标下有着至关重要的作用，未来的发展潜力也相当大。

11.2.5　冷热源机组的形式。

【技术要点】

1. 水冷冷水机组

采用水冷却方式的冷水机组，冷凝侧一般为冷却塔，或岩土体、地下水、地表水。根据压缩机类型又分为螺杆式冷水机组、涡旋式冷水机组、离心式冷水机组，水冷冷水机组一般用于建筑的集中冷源。

2. 风冷冷水机组

冷凝侧采用空气冷却方式的冷水机组，直接利用机组自身的冷凝器把热量排到空气中。

3. 四管制多功能风冷热泵机组

四管制多功能风冷热泵机组集冷热源于一体，由压缩机、冷凝器、蒸发器、可变功能换热器等组成，采用了两个独立回路的四管制水系统（图 11.2.5-1）。

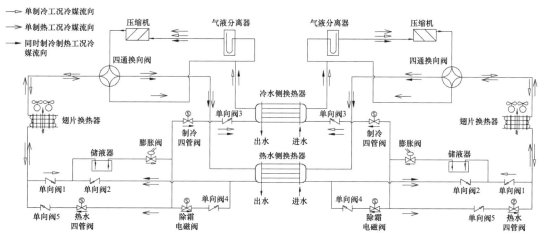

图 11.2.5-1　四管制多功能风冷热泵机组示意图

四管制多功能风冷热泵机组通常采用双回路设计，系统运行可靠性高，除了具有单独制冷、单独制热的功能外，还具有同时制冷和制热功能（图 11.2.5-2～图 11.2.5-4）。冷、热负荷均可独立调节，且可在 12.5%～100% 范围内实现无级调节，随时满足用户侧的冷热需求。

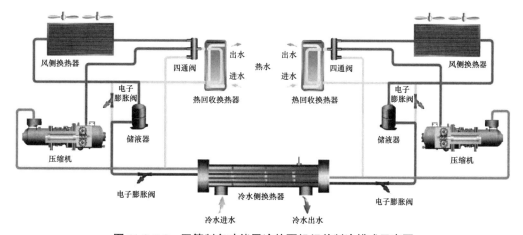

图 11.2.5-2　四管制多功能风冷热泵机组单制冷模式示意图

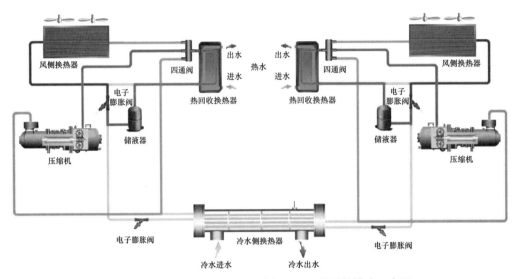

图 11.2.5-3　四管制多功能风冷热泵机组单制热模式示意图

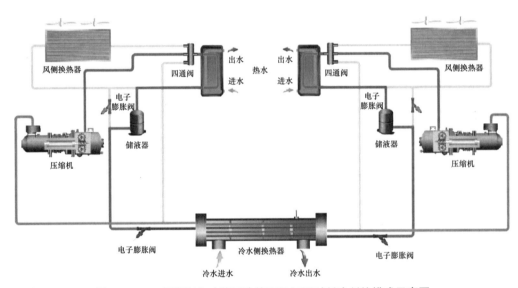

图 11.2.5-4　四管制多功能风冷热泵机组同时制冷制热模式示意图

4. 带热回收的冷水机组

带热回收的冷水机组目前根据回收冷凝热的占比分为部分热回收和全热回收两种。部分热回收是在冷水机组压缩机排气出口后增加热回收换热器，对冷凝热量进行高品位的回收，回收冷水机组排放的部分热量，一般为显热回收，制取的热水温度较高，热回收效率较低，节能性较差。全热回收是在冷水机组的冷凝器中增加热回收管束，基本回收了系统排气中的全部冷凝热量，制取的热水温度较低，热回收效率较高，节能性较好。热回收形式应根据实际使用需求，结合热回收效率、水温和制冷量之间的相互影响确定。图 11.2.5-5 是水冷螺杆部分热回收冷水机组示意图，图 11.2.5-6 是水冷螺杆全热回收冷水机组示意图。

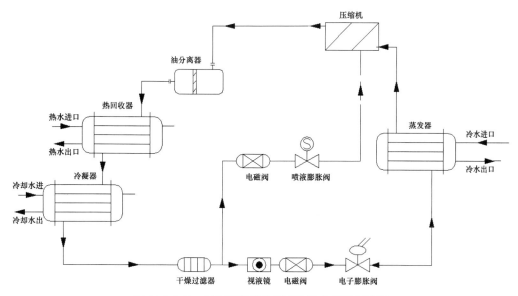

图 11.2.5-5　水冷螺杆部分热回收冷水机组示意图

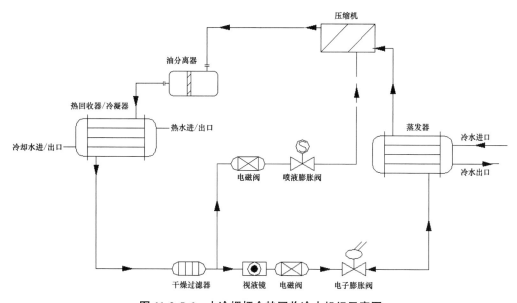

图 11.2.5-6　水冷螺杆全热回收冷水机组示意图

5. 自然冷却冷水机组

风冷自然冷却机组由压缩机、蒸发器、风冷冷凝器、膨胀阀、内置板式换热器、乙二醇泵、控制器等相关部件组成。夏季时，和常规空调一样，压缩机制冷（图 11.2.5-7）；当室外温度低于回水温度 2℃时，冷却盘管自动打开，利用室外冷风冷却回水，部分自然冷却（图 11.2.5-8）；一般情况下，如果室外温度低于回水温度 5～8℃以上，则压缩机完全停止工作，实现完全自然冷却（图 11.2.5-9）。

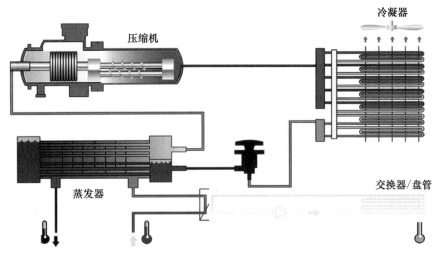

图 11.2.5-7　自然冷却冷水机组压缩机制冷模式示意图

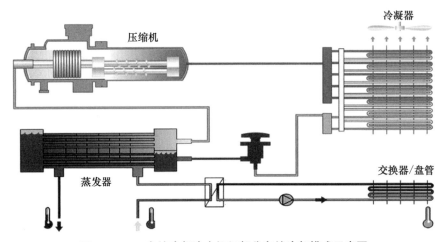

图 11.2.5-8　自然冷却冷水机组部分自然冷却模式示意图

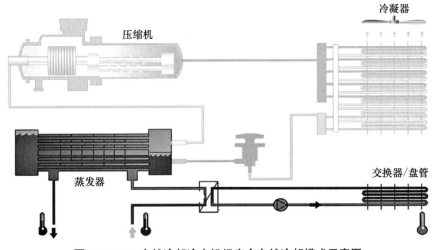

图 11.2.5-9　自然冷却冷水机组完全自然冷却模式示意图

6. 单元式风冷空调机组

单元式风冷空调机组是一种自带制冷系统以及空气循环和净化装置的空调机组，根据功能段位的不同又包括：直接蒸发式、直接蒸发与冷水组合的双冷源式、冷凝热回收式。

（1）直接蒸发式是指自带直接蒸发盘管和压缩机的空调机组，常用在需要进行深度除湿的新风机组上。

（2）直接蒸发与冷水组合的双冷源式，由两级表冷器组成，分别是水表冷器和直接蒸发式表冷器。由于直接蒸发式表冷器价格较高，因此通常采用水表冷器对空气进行预处理，以降低直接蒸发式表冷器的处理量，进而降低设备投资。该机组第一级为水表冷器，对空气进行预处理；然后在其后配置第二级直接蒸发式表冷器，由于直接蒸发式表冷器可以将空气处理至很低的温度，一般可将新风的含湿量处理到 7g/kg 左右，因此其除湿效果非常明显，新风可负担室内全部湿负荷。

（3）采用直接蒸发式机组时，宜选用带有冷凝热回收功能的机组。冷凝热回收式是指制冷系统设置两套冷凝器，其中一套放置在机组内，通过回收冷凝热来加热除湿后的空气，减少机组再热所需的能量。为了有效控制冷凝热的回收量，另一套冷凝器放置在室外，将未被利用的冷凝热排放掉，达到精确控制再热空气温度的目的，如图 11.2.5-10 所示。

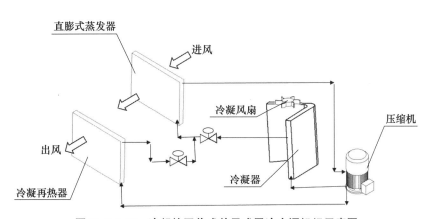

图 11.2.5-10　冷凝热回收式单元式风冷空调机组示意图

冷凝热回收式单元式风冷空调机组可采用变频技术，设备根据实际负荷的变化情况自动加减载压缩机，在充分回收冷凝热的同时，整个系统运行更加高效节能。这种机组对冷水温度的要求大大降低，特别适用于中小型洁净工程及既有工程改造项目。

7. 地源热泵

地源热泵由压缩机、冷凝器、蒸发器、膨胀阀、控制器等相关部件组成。

地源热泵是一种利用地能为主要能源，辅以电能的系统。通过机组的作用，将地下的低品位能量转化为可利用的高品位能量。地源热泵不仅能满足冬季供暖、夏季供冷的需求，还可以同时解决生活热水的供应问题，充分显示了"一机三用"的功能特性。需要注意的是，地源热泵对土壤和地下水资源有一定的影响，需根据工程所在地的政策确定是否采用。

8. 热源

医用洁净装备工程常见的热源形式有：燃气（油）锅炉、市政供热、电锅炉或电加热、水（地）源热泵、空气源热泵、溴化锂吸收式热泵、热回收再热利用等。

医院建筑能源需求较大，热源宜优先选用高度集中的城市或区域供热，能效高，易于管理。

11.3　医用洁净装备工程冷热源系统的低碳高效运行策略

11.3.1　医用洁净装备工程应根据项目所在地气候特征、负荷特点、能源结构、政策及环保规定等因素确定冷源和热源形式。

【技术要点】

应根据项目所在地气候特征、负荷特点选用不同形式的冷热源设备，有条件时，应尽量考虑选用热回收形式的冷热源设备。此外，影响冷热源方案的因素还有建筑形式、初投资、运行费用、冷热负荷、不同形式冷热源设备能效值、环境影响、运行可靠性及安全性、机房面积、城市能源政策导向、后期维护管理等。

11.3.2　医用洁净装备工程可选用集中冷热源、独立冷热源或供冷（热）季采用集中冷热源＋过渡季独立冷热源等形式。

【技术要点】

1. 全年采用集中冷热源的配置方案通常有：风（水）冷冷水机组＋锅炉／市政热力＋再热热源、地源热泵机组＋再热热源、风（水）冷冷热水机组（热回收型）＋锅炉／市政热力三种形式。

（1）风（水）冷冷水机组＋锅炉／市政热力＋再热热源：冷源采用风（水）冷冷水机组，冬季热源采用锅炉或市政热力。当夏季工况锅炉或市政热力无法提供热水时，应设置再热热源，该配置是目前大型医疗建筑最为常见的方案之一。该方案冷热源集中设置，通过管路将所需的冷热水供到所需要的区域，不同区域通过调节阀控制。需要注意的是，该方案在夏季工况下冷热抵消严重，尤其是采用电加热作为再热热源时，能耗非常高，在规模较大的医用洁净装备工程中应谨慎使用。

（2）地源热泵机组＋再热热源：冷热源均由地源热泵机组供给，夏季供冷、冬季供热。该方案由于夏季工况时无法提供热水，因此需设置再热热源。此外，由于地源热泵机组要求计算周期内总释热量与总吸热量相平衡，而我国大多数地区的医用洁净装备工程全年累计冷负荷大于热负荷，因此很少单独使用地源热泵系统，一般与集中冷热源共用。

（3）风（水）冷冷热水机组（热回收型）＋锅炉／市政热力：冷源采用热回收型风（水）冷热泵机组，在制冷的同时回收冷凝热，作为夏季工况的再热热源，冬季采用锅炉／市政热力作为热源。该方案的再热热源为回收的冷凝废热，不用额外消耗电能，因此能够避免冷热抵消现象，节能效果显著。

2. 全年采用独立冷热源的配置方案通常有：风冷热泵机组（热回收型）、四管制多功能风冷热泵机组、单元式风冷空调机组。

（1）风冷热泵机组（热回收型）：冷热源均采用热回收型风冷热泵机组。该设备在制冷的同时回收冷凝热，作为夏季工况的再热热源。冬季工况风冷热泵机组按制热模式运行。

（2）四管制多功能风冷热泵机组：冷热源均采用四管制多功能风冷热泵机组。该方案具有两个独立回路的四管制水系统，一年四季均能同时提供冷水和热水，并根据冷热需求自动匹配，以满足洁净区域净化空调的使用条件。由于可以同时制冷和制热运行，其适用的外部环境也很广，一般在室外最低气温高于 $-10℃$ 的环境下，可以正常运行。因此近几年在国内医用洁净装备工程中应用很广，特别是我国的华东和华南地区。

（3）单元式风冷空调机组：一种自带制冷系统以及空气循环和净化装置的空调机组，能够对空气进行制冷、加热、加湿、净化等。单元式风冷空调机组特别适用于中小型医用洁净装备工程及既有工程改造项目，另外在一些有快速升、降温要求的手术室等场所中也被广泛应用。

11.3.3　医用洁净装备工程冷热源系统的运行策略：应提高建筑设备及系统的能源利用效率，降低运行能耗。

【技术要点】

1. 全年采用集中冷热源的运行策略是指医用洁净装备工程的冷热源全年均采用集中冷热源，净化区未设置独立冷热源。此时集中冷热源应综合考虑净化区与非净化区的负荷需求差异，在过渡季节，因为集中冷热源系统要停运、检修，因此必须配置净化专用机组，来解决这个时期的医用洁净装备工程的冷热源问题。

在工程实践中发现这种方案存在如下问题，需要引起重视：

（1）中央空调系统的冷水水温对建筑的运营成本影响很大，冷水温度越高，冷水机组的运行能耗越低。但是医用洁净装备工程需要低温冷水实现除湿，当两者共用集中冷源时，为保证医用洁净装备工程的功能要求，不得不把整个空调系统的冷水温度降低，这样大大增加了整个医院的运行成本。否则，医用洁净装备工程的湿度指标很有可能超标。

（2）由于医用洁净装备工程是密闭环境，制冷运行的时间远大于制热，和中央空调系统的运行时间不匹配。如初春、初冬季节，医用洁净装备工程需要制冷时，中央空调却需要制热运行，为了解决这个矛盾，集中冷热源中应合理选择"大机组＋小机组"的组合形式，满足低负荷率下制冷的要求。

2. 全年采用独立冷热源指医用洁净装备工程设置独立冷热源，与集中冷热源相互独立，如采用热回收型风冷热泵机组、四管制多功能风冷热泵机组或直接蒸发式机组等。

3. 供冷（热）季采用集中冷热源＋过渡季采用独立冷热源是目前较为常见的一种运行策略。该方案中医用洁净装备工程设置了净化专用冷热源，如采用普通型风冷热泵、热回收型风冷热泵机组、四管制多功能风冷热泵机组或单元式风冷空调机组等。此外，集中冷热源在分集水器处设置医用洁净装备工程专用冷水支管和热水支管，分别与医用洁净装备工程专用冷热源的冷水干管和热水干管连接，并设置季节切换阀门。在供冷（热）季，医用洁净装备工程的冷热源由集中冷热源负担，由于集中冷源一般采用螺杆式或离心式冷水机组，综合制冷性能系数高，可节约运行能耗；在过渡季，当中央空调系统停止运行时，可切换为医用洁净装备工程专用冷热源。

11.4　医用洁净装备工程冷热水系统工艺设计

11.4.1　空调水系统应根据情况选择采用同程式或异程式、两管制系统或四管制系统、定流量系统或变流量系统、单级泵系统或双级泵系统。除采用直接蒸发冷却系统外，空调水系统应采用闭式机械循环。

【技术要点】

1. 一般情况下可采用异程式水系统；当各并联末端环路的设计水流阻力较为接近且末端设计水阻力占并联环路设计水阻力的比例不超过 50% 时，该并联环路宜采用同程式系统；整个空调水系统可以同时包含同程式环路和异程式环路；共用立管环路，宜采用同程式环路。

2. 医用洁净装备工程对全年空调冷热供应的要求较高、空调区供冷和供热工况需要频繁转换或需同时使用，宜采用冷热盘管分别与冷热水系统独立连接的四管制系统。

3. 压差旁通管的设置：一级泵变频变流量冷水系统需要设压差旁通装置。传感器以及旁通电动阀的接口，宜设置于总供回水管之间。旁通调节阀的设计流量宜取单台最大冷源设备的流量。

11.4.2　空调冷热水泵的设置应根据机组的台数、系统的负荷等确定，除空调热水和空调冷水的流量和管网阻力相吻合的情况外，两管制空调水系统应分别设置冷水和热水循环泵。

【技术要点】

1. 除采用模块式等小型机组和采用一级泵（变频）变流量系统的情况外，一级泵系统循环水泵及二级泵系统中的一级冷水泵，应与冷水机组的台数和流量相对应。

2. 二级泵系统中的二级冷水泵，应按系统的区分和每个分区的流量及运行调节方式确定，每个分区不宜少于 2 台，且应采用变频调速泵。

3. 热水循环泵的台数应根据空调热水系统的规模和运行调节方式确定，不应少于 2 台，寒冷和严寒地区，当台数少于 3 台时宜设置备用泵。当负荷侧为变流量运行时，应采用变频调速泵。

4. 空调水系统宜选用低比转数、性能曲线较陡的单级离心泵。

11.4.3　空调冷却水泵的设置应根据冷水机组的台数、冷却水量等确定。

【技术要点】

1. 冷却水泵与冷水机组的连接方式、选型及其流量和扬程附加安全系数的确定，与冷水泵相同。

2. 设计采用多台冷却水泵时，如果冷却塔与冷却水泵位置相距较远，宜采用母管与冷却塔连接；冷却水泵的配电容量应按照单台运行时的最大流量要求来配置。

11.4.4　水系统的定压及补水应根据情况选择具体的方式，并应满足相应的水质要求。

【技术要点】

1. 补水水质应符合现行国家标准《采暖空调系统水质》GB/T 29044 的相关规定。根据当地自来水水质，必要时对补水进行软化处理；当水系统对含氧量要求较高时，可采用气压罐定压补水方式，或者采取相应的除氧措施。

2. 当需要对补水进行软化处理时，宜设置软化水箱。

3. 采用高位膨胀水箱对系统直接补水时，膨胀管可兼作系统的补水管。采用补水泵时，补水点宜设在循环水泵的吸入管段；膨胀水箱优先采用浮球阀补水。

4. 无法采用高位膨胀水箱时，宜采用气压罐＋水泵的定压补水装置。

11.4.5 水系统在设计时应采用节能措施，使系统处于高效运行状态。

【技术要点】

1. 采用节能高效的冷热源设备。

2. 宜采用高效的变频调速泵。

3. 水管管径按管内流速确定，一般应保证不大于 1.5m/s。

4. 避免重复设置水过滤器和阀门。

5. 经技术经济分析合理时，可适当加大冷水干管的管径。

11.5 医用洁净装备工程热力系统

11.5.1 当有蒸汽系统可以利用时，洁净区域应优先采用；当没有蒸汽系统可以利用时，可采用蒸汽发生器。

【技术要点】

1. 洁净区域蒸汽主要用于中心供应室的清洗消毒以及灭菌器和洁净空调的冬季加湿。中心供应室常用设备蒸汽参数见表 11.5.1。

中心供应室常用设备蒸汽参数表 表 11.5.1

设备名称	蒸汽耗量（kg/h）	工作压力（MPa）
灭菌器	26～150	0.3
清洗消毒器	20～50	0.5
自动冲洗机	90	0.30～0.50
清洗器	50	0.30～0.50

2. 洁净空调用蒸汽加湿时，应采用干蒸汽加湿器。蒸汽加湿分为直接蒸汽加湿和间接蒸汽加湿，在条件允许时，优先采用间接蒸汽加湿。

11.5.2 洁净空调应设置加湿器加湿，当有蒸汽源时，优先采用蒸汽加湿，否则可采用电加湿方式。

【技术要点】

1. 间接式蒸汽加湿器：采用一次蒸汽系统作为热源，将去离子水加热产生加湿用蒸汽，加湿器采用不锈钢等材质，保证了进入空调机组内蒸汽的洁净度。

2. 直接式蒸汽加湿器：采用一次蒸汽直接接入净化空调机组。采用一次蒸汽时应采取可靠措施，保证蒸汽的洁净度。

3. 电热型蒸汽加湿器：采用电作为一次热源，对水质要求较高。应根据当地水质情况确定加湿用水，在水的硬度比较大的地区宜采用去离子水。加湿器采用不锈钢等材质，以保证进入空调机组内蒸汽的洁净度。

165

4. 电极式加湿器：用水作为导电体发热产生蒸汽，加湿用水不能使用纯净水或蒸馏水。加湿器采用不锈钢等材质，以保证进入空调机组内蒸汽的洁净度。

11.5.3　蒸汽系统应采用减压、疏水和计量设备，以满足消毒设备的要求。

【技术要点】

1. 蒸汽压力要求：

（1）高压灭菌器的用汽压力一般为 0.4MPa，加湿蒸汽用汽压力一般为 0.2MPa，当蒸汽源供给的压力超过要求时，应分别设置减压装置。

（2）减压阀的选择及设置。减压阀组的位置在接入设备之前，如果设备的用汽压力相同，可以统一减压。减压阀组包括过滤器、减压阀、旁通阀、安全阀等。

2. 疏水阀的设置：

（1）启动疏水：当蒸汽不回收冷凝水时，在立管最低处、水平管道最低处、管道改变标高的最低处以及接入设备之前，均应设置启动疏水阀组。

（2）设备疏水：当采用蒸汽作为热源时，在管道上疏水要求与启动疏水相同，在加热设备出口、接入凝结水管之前应设置疏水阀组，设备出口应设疏水阀组。

（3）疏水阀的选择：一般采用机械型的倒吊桶式疏水器，建议疏水器内置过滤器。

3. 计量要求：应按照不同使用功能分别设置蒸汽计量装置，计量表应带远传和记忆功能，蒸汽流量计一般选择涡街流量计。

本章参考文献

［1］中华人民共和国住房和城乡建设部. 民用建筑供暖通风与空气调节设计规范：GB 50736—2012［S］. 北京：中国建筑工业出版社，2012.

［2］中华人民共和国住房和城乡建设部. 医院洁净手术部建筑技术规范：GB 50333—2013［S］. 北京：中国建筑工业出版社，2014.

［3］中华人民共和国国家质量监督检验检疫总局，中国国家标准化管理委员会. 洁净手术室用空气调节机组：GB/T 19569—2004［S］. 北京：中国标准出版社，2004.

［4］许钟麟，沈晋明. 医院洁净手术部建筑技术规范实施指南技术基础［M］. 北京：中国建筑工业出版社，2014.

［5］中国建筑设计研究院有限公司. 民用建筑暖通空调设计统一技术措施 2022［M］. 北京：中国建筑工业出版社，2022.

第12章 医用洁净装备工程的医用净化空调机组

刘燕敏：同济大学教授，中国建筑学会暖通空调分会理事、中国建筑学会暖通空调分会净化专业委员会主任委员，中国工程建设标准化协会洁净受控环境与实验室专业委员会副主任委员。主持完成国家重点研发专项等多项课题，参编多部国家及行业标准。
李勇：中级工程师，重庆明环科技发展有限公司法人。长期致力于洁净空调系统质量控制与节能策略和中央空调系统智能化控制技术的研究。
商丽萍：德州大商净化空调设备有限公司总工程师。
黄海：高级工程师、一级建造师，维克（天津）有限公司副总经理、销售总经理。
曾海贤：南通华信中央空调有限公司董事长、总经理。

技术支持单位：
维克（天津）有限公司：专注于中央空调研发、产品制造、销售服务的国家高新技术企业。产品应用在大型市政公共建筑、商业建筑、医疗卫生建筑、大型数据中心等众多领域，为客户提供系统解决方案，是一家国内知名的节能环保型净化中央空调专业制造商。
南通华信中央空调有限公司：集研发、设计、制造为一体的科技服务型企业，一直致力于提供医疗、实验室、生物化学、航天航空、电力、军工及民用领域的全新风热回收空气系统的整体解决方案，对产品进行全生命周期运行监测和服务。

12.1 医用洁净用房的空调机组

12.1.1 医用洁净用房空调机组的特点：

1. 处理风量大

医用洁净用房的空调机组主要是通过空气的循环来过滤空气中的尘埃、微生物等，实现对空气中非生物粒子和生物粒子的控制，达到洁净的标准。因此，需要有足够的风量来保证室内的洁净度。风量一般按照室内换气次数来计算，洁净度要求越高，换气次数越大。

2. 风机压头高

空调机组一般采用粗、中、高三级过滤，而这三级空气过滤器的阻力加起来就有700～800Pa，一般均采用集中送、回风的方式，以保证维持室内正负压调节的要求，所以通风管道的阻力比普通空调要大很多。克服这些阻力，就要求空气处理机组的送风机有足够的压头，所以一般采用后倾型风机。

3. 温湿度控制精度高

医用洁净用房的空调机组除了满足温度和洁净度要求外，对湿度控制也有一定要求。为了实现恒温恒湿，要求空气处理机组中至少要具备制冷、制热、加湿、除湿等功能段。

4. 正负压控制严格

医院是自身免疫力弱、同时又是病原菌发生源的病患者聚集之处，防止院内交叉感染必然是医院空调的重要职责。净化室内空气以及维持各个不同房间的合理压差，以控制空气的流向，是降低院内交叉感染的重要手段。

此外，医院因 X 射线诊断、放射治疗、核医学检查、生化检验、传染病治疗等部门产生多种放射性尘埃、有害气体、臭气及细菌，防止其向外扩散也是医院空调的重要职责。

5. 拥有良好的空气过滤系统

医用洁净用房的空调机组要满足室内无尘、无菌的要求，必须依靠良好的空气过滤系统来完成。送入室内的空气一般要经过三级过滤，空气处理机组配备粗、中效过滤器，送风末端配高效过滤器。还可设置紫外线、等离子空气净化器或高压静电除尘杀菌过滤装置对空气进行杀菌处理。

6. 宜采用变频技术

医院空调是能耗大户，其一次能耗量一般是办公建筑的 1.6～2.0 倍。因此，科学的设计与运行管理，对确保空调系统的节能是至关重要的。

洁净空调系统大风量的特点带来了高能耗，各种节能技术在洁净空调系统中得到广泛的应用，其中变频技术在洁净空调系统中被广泛选用。由于洁净空调系统一般要设置粗效过滤器、中效过滤器（亚高效过滤器）、高效过滤器，而空气过滤器都是随着使用时间的增加阻力越来越大，和普通空气处理机组的送风机是按空气过滤器的计算阻力来选型不同，在洁净室中选用空气处理机组的送风机是按空气过滤器的终阻力来选型的。在空调系统运行初期，风机的压力是绝对足够克服系统的阻力来满足使用要求的，这时采用变频器，可以将风机的转速降低，减少功耗，达到节能目的；随着系统的运行，空气过滤器不断积尘，阻力越来越大，空调系统的风量将会减少，通过风管风量或者是静压变化提供数据给变频器，由变频器将风机的转速变大，就可以满足系统风量的要求，同时也可以通过对风机转速进行调节，对房间的正负压进行良好的调节。另外，选用变频风机，也可以在洁净室不使用时将机组的转速变低，减少送风机的风量，以适应值班状态。

7. 稳定性和可靠性要求高

医院的一些重要部门，如手术室、血液病房、分娩室、ICU、早产婴儿室等，如果其空调系统突然发生故障，后果严重甚至会危及患者生命安全。对于地震灾害多发地区，医院的设备还要考虑具有耐震、防灾的性能。能源应考虑多元化，双电源、备用能源是必须的。空调机组要有保障安全的备用机制。如前所述的重要场所，空调机组宜有独立运行的可能性，在特殊情况下仍能保证这些部位正常运行。

8. 系统设计合理性

由于医院各部门的使用时间，所要求的温湿度、洁净度以及负荷条件各不相同，因此空调系统分区必然要细化，而且空调方式也要求多样，以适应不同区域的要求，需要格外重视各个房间独立控制与调节的可能性。

9. 设计的先进性、灵活性

随着医疗技术不断更新、医疗服务范围扩大以及人们对健康的日益关注，医院建筑各室的用途不断变更，医疗设备需要增设或更新。如果设计时未充分考虑此因素，空调系统没有相应变更的余地和灵活性，则将面临被动的局面。因此，宜适当考虑预留设备位置及其进出通道、管井内增设管路的空间等，以降低设备、系统更新时所需的时间与费用。

10. 噪声低、振动小

医院内除了健康的医护人员、陪伴人员外，各种疾病的患者在不同程度上是精神、心理和生理方面的弱势群体，他们的承受力、适应力差，较差的环境条件对他们的健康影响更明显。需要格外注意防止空调系统的噪声、设备的振动，以及较大的风速等对患者的影响。

12.1.2　医用洁净用房的空调机组与普通舒适性空调机组不同，其功能段的排序为粗效过滤器、风机段、中效过滤器、空气热湿处理段和亚高效过滤器。医用洁净用房空调机组应能有效避免机组内积尘积水，维持"干"与"净"的完好状态，能阻止病菌定植、滋生与传播，避免二次污染，为医疗环境控制与医患安全提供了有效保障。

【技术要点】

1. 医用洁净用房的空调机组以消除微生物污染为目的，要求其热湿处理设备能避免积尘、存水，采用难定植、滋菌的基材，只允许采用表面式热交换器。

2. 热交换盘管为平翅片，其表面光洁平滑不积尘，涂亲水膜。

3. 降低机组断面风速、扩大换热面积。

4. 盘管前要求设置空气过滤器。

5. 不宜采用挡水板，避免积尘滋菌。

6. 要求盘管处于正压段。

7. 要求风机大风量、高压头，出风设均流装置。

8. 采用大坡度的不锈钢凝水盘，取消水封，改为气封。

9. 加热管表面光洁平滑，不易积尘。

10. 采用干蒸汽加湿，无水滴、无凝水，水质要求达到饮用水标准。

11. 避免粗效、中效过滤器受潮滋菌，高效过滤器前送风湿度不大于 75% 或采用不滋菌高效过滤器。

12. 用于空气洁净度等级不低于 Ⅱ 级的科室的空调系统，箱体的漏风率不应大于 1%，洁净度低于 Ⅱ 级科室的空调系统，箱体的漏风率不应大于 2%。

12.2　医用净化空调机组

12.2.1　医用净化空调机组的特点：以水为冷热源的医用净化空调机组，是由进风段（混风段）、粗效过滤段、中效过滤段、风机段、亚高效过滤段、冷热处理段、加湿段、出风段等多个功能段组成的封闭的空气处理设备，即通常所说的净化空调机组，如图 12.2.1 所示。设备依赖于集中供应的冷热水，对气密性要求较高，通常采用自动控制系统辅助运行。

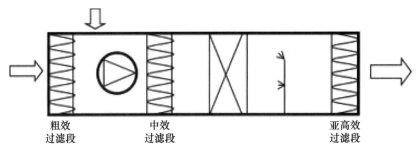

粗效过滤段　　　中效过滤段　　　亚高效过滤段

图 12.2.1　医用净化空调机组

医用洁净装备工程通常采用新风集中处理与各室分散处理的半集中式空调净化系统，其中处理新风采用集中新风空调机组，希望新风能承担室内湿负荷，而各室分散处理机组处理的空气调节室内温度，实现温度和湿度的独立控制。

12.2.2 医用净化空调机组要求：

1. 净化新风机组宜优先选择能保证采集清洁新风的空气过滤措施，以保护设备内部各级空气过滤器及换热设备。宜根据当地环境空气状况采用一道、两道或三道空气过滤器串联组合形式。当室外可 PM_{10} 的年均值未超过 $0.10mg/m^3$ 时，新风采集口应至少设置粗效和中效两级过滤；当室外 PM_{10} 的年均值超过 $0.10mg/m^3$ 时，应再增加一道高中效过滤器。

2. 净化新风机组及循环机组的供冷供热能力、送风量及风机全压或机组的机外余压，应根据所在地的气候特征及洁净室的洁净度和相对于邻室的压差留有足够的余量。

3. 净化新风机组及循环机组的控制程序及传感器、执行器等应满足温、湿度控制要求的精度，机组的风量和冷热量应能连续可调。

4. 净化新风机组及循环机组出厂前应经过热工性能及严密性检测并出具合格证书，机组的漏风率在保持 500Pa 静压下，用于 Ⅰ 级、Ⅱ 级洁净场所时不应大于 1%，抽检率为 100%；用于其他洁净场所时不大于 2%，抽检率不小于 30% 且最少为 1 台。当机组因场地条件所限必须拆解运输时，应在安装现场进行组装并重新密封，做漏风率检测，控制指标及抽检率与出厂时要求相同。

5. 净化新风机组及循环机组安装时应考虑隔振，机组应保证水平，并采取有效的防水平位移措施，机组与外部电气管道、水管、风管的连接均须采用柔性连接，电气管道必须保证密闭。

6. 净化新风机组及循环机组安装时，不同段位的冷凝水、蒸汽凝结水的排放均应采用各自独立的带水封的管道，并应能保证机组在夏季工况下投运 5min 内顺利排水。

7. 当采用集中预处理的新风调湿方式供应多台循环机组时，为保证湿度指标，机组的表冷器和加湿器应考虑足够的湿度调节能力。

8. 为确保满足室内湿度控制要求，在新风净化空调机组内加装直膨式制冷机组，或采用低温冷水机组。

9. 采用新风承担值班送风的全空气系统，应采取控制新风送风湿度的措施。

12.3　组合式净化空调机组

12.3.1　组合式净化空调机组的类型：

1. 以水为冷（热）媒介质的净化空调机组

组合式净化空调机组是空气处理的最主要设备之一，其自身不带冷热源，是以冷、热水或蒸汽为媒介，用以完成对空气的过滤、净化、加热、冷却、加湿、除湿、消声、新风处理等功能的箱体组合式机组。新风进入空调机组，与室内回风在混合段中混合。混合空气经过粗效过滤段，滤去尘埃和杂物，再经过中效过滤段进行二次过滤，滤去更小的尘埃和杂物。然后，通过表冷段或加热段进行降温或加热后使空气达到所需的温度，再通过加湿段加湿到系统所需要的湿度即达到指定的送风状态点，最后通过风机段把处理好的空气送入室内。

2. 自带直接膨胀冷（热）媒的净化空调机组

自带直接膨胀冷（热）媒的净化空调机组本身具有制冷、制热的功能，大多为风冷型，可实现制冷、制热、加湿、除湿、净化等多种功能。

【技术要点】

根据环境要求和室内使用要求，组合式净化空调机组还可分为：

1. 热泵型净化恒温恒湿净化空调机组：夏季采用电再热，一般用于温湿度精度要求不高、除湿负荷小、冬季加热负荷大的场合。

2. 单冷电加热型恒温恒湿净化空调机组：夏季采用冷凝废热再热，一般用于温湿度精度要求高、夏季除湿负荷大、冬季加热负荷小的场合。

3. 全新风机型可采用热泵热回收新风机机组，用室内的回（排）风向室外侧散热，通过冷媒进行热回收，效率不衰减，空气不接触，不存在二次污染的问题，节能效果明显。

4. 过渡季节可采用自然冷源对空气进行处理。

12.3.2　组合式净化空调机组的特点：

自带直接膨胀冷（热）媒的净化空调机组，是由进风段（混风段）、粗中效过滤段、风机段、亚高效过滤段、直接蒸发式冷热处理段、加湿段、出风段等多个功能段组成的封闭的空气处理设备，即通常所说的直膨式净化空调机组。设备不需要提供冷热水，独立性较高，对气密性要求较高，通常采用自动控制系统辅助运行。由净化新风机组和净化循环机组等组成，可用于任意净化级别的空气净化系统。

立式组合式净化空调机组，将净化空调机组各功能段组合在立柜式机组中，在保证净化功能的前提下，可以节约设备占据空间，简化管道系统，适用于场地狭小的场合。

【技术要点】

1. 立式组合式净化空调机组的回风口不应设置在宽度超过 3.5m 的洁净用房的一侧，且送回风及气流组织不应违反相关规范的规定。

2. 立式组合式净化空调机组的安装位置应考虑在检修时不允许产生二次污染。

3. 有严格噪声控制指标的洁净室，不应将立式组合式净化空调机组直接安装在洁净室的室内。

4. 直接安装于洁净室内的立式组合式净化空调机组应设置冷媒排泄管道并采取紧急泄压措施，防止洁净室内部漫水。

12.3.3　热回收净化空调机组主要由压缩机、蒸发器、排风冷凝器、再热冷凝器、加湿器、送风机、排风机、新风及回风过滤器等组成，如图 12.3.3 所示。

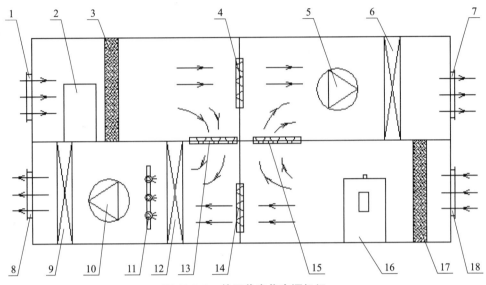

图 12.3.3　热回收净化空调机组

1—回风口；2—控制器；3—回风过滤器；4—排风阀；5—排风机；6—排风冷凝器；
7—排风口；8—送风口；9—再热冷凝器；10—送风机；11—加湿器；12—蒸发器；
13—回风阀；14—新风阀；15—旁通阀；16—压缩机；17—新风过滤器；18—新风口

【技术要点】

1. 在夏季工况时，吸入新风，一部分新风用来冷却压缩机后被排风排出；另外一部分新风与一次回风混合，经蒸发器冷却，由再热冷凝器加热到送风状态点后送入室内。室内一部分回风与新风混合，另外一部分回风冷却排风冷凝器，充分利用排风冷量。当然也可以根据要求将冷凝热全部由排风冷凝器排出，再热冷凝器不起作用，机器露点送风。

2. 在冬季工况时，吸入新风，一部分新风吸收压缩机热量后温度升高，排出到排风冷凝器（此时转化成蒸发器吸热），吸收排风中压缩机的热量；另外一部分新风与一次回风混合，此时蒸发器转化成冷凝器，加热送风至送风状态点，送入室内。再热冷凝器转化成蒸发器，可以不起作用，全部由排风段蒸发器吸收热量。也可以起部分作用，调节送风状态点。室内一部分回风与新风混合，另外一部分回风作排风，加热排风段蒸发器，充分利用排风热量。

3. 在过渡季节，靠阀门调节新风比，调节两个冷凝器的排热比，以实现最佳运行工况。

12.3.4　可变新风净化空调机组的空气处理过程采用了简单有效的一次回风冷却除湿后再加热，其中再加热量是多功能四管制热泵在制冷过程中产生的热量，节能减排。

可变新风量净化空调机组由送风机组、回风机组、加热盘管、空气过滤器等组成，如图 12.3.4-1 所示。送风机组的送风机配置了变频器与静压传感器，在送风机的进风侧设置压力无关型新风风量调节阀、粗效过滤器；在其送风侧依次设置均流装置、中效过滤器、制冷盘管、加热盘管、加湿器等。回风机组的回风风机配置变频器与静压传感器，在其进风侧设置回风阀，出风侧设置压力无关型排风风量调节阀以及压力无关型循环风风量调节阀，循环风风量调节阀与送风机组相通。为避免空调机组带水或积水，将热湿处理部件设置在正压段，断面风速不大于2m/s。

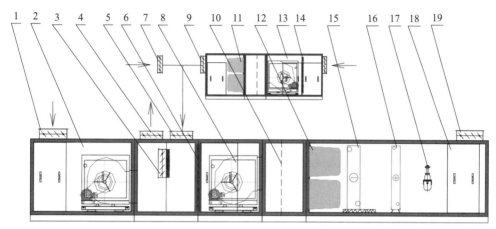

图 12.3.4-1　可变新风量净化空调机组

1—回风阀；2—回风机组；3—循环风阀；4—排风阀；5—新风调节阀；6—粗效过滤器；7—新风电动阀；
8—送风机组；9—新风电动阀；10—均流装置；11—高中效过滤器；12—中效过滤器；13—新风过滤机组；
14—新风粗效过滤器；15—制冷盘管；16—加热盘管；17—加湿器；18—智能PLC控制器；19—送风阀

新风过滤机组为选配部件，只有当地有可能出现大气污染（如$PM_{2.5}$超标）时才选用。新风过滤机组的进风侧设置粗效过滤器，出风侧设置高中效过滤器。通常，新风管上的电动风阀常开，新风电动阀常闭。只有在大气污染时，才开启新风过滤机组，打开新风电动阀，关闭新风管上的电动风阀进行工况切换。随着我国大气质量的改善，绝大多数地区不需要另设置新风过滤机组。

可变新风量净化空调机组自带的网关融合PLC控制器，可实时控制送风机组、回风机组以及选配的新风过滤机组在最佳工况下运行。无论运行工况如何变化，可始终保持新风与排风风量的差值恒定。在变新风量节能运行期间，维持手术室总送风量与正压不变。即使通过变频减少送风量来改变手术区空气洁净度等级，仍可维持正压不变。其与《医院洁净手术部建筑技术规范》GB 50333—2013推荐的净化空调系统的比较如表12.3.4所示。

可变新风量净化空调机组与《医院洁净手术部建筑技术规范》推荐的净化空调系统的比较　　　　　　　　　　表 12.3.4

项目	《医院洁净手术部建筑技术规范》推荐的净化空调系统	可变新风量净化空调机组
系统形式	半集中式空调系统	集中式全空气空调机组
系统涉及的机组与管线	新风机组、循环机组，相应的风、水、电管线复杂	仅1台空调机组，只需连接送风管和回风管
工程质量	取决于工程施工与监理	可由生产厂全过程控制

续表

项目	《医院洁净手术部建筑技术规范》推荐的净化空调系统	可变新风量净化空调机组
新风量供给	全年固定新风量	根据气候状态变新风量
空调热湿处理	空气处理方式复杂，新风处理的机器露点低，再加热很小	空气处理方式简单，处理的机器露点高，再加热很大
排风	独立排风	系统排风
关键控制点	新风机组的机器露点控制	空调机组的机器露点控制
系统控制	安装后再进行系统调试	机组自带 PLC 控制器，不用调试
施工安装	系统复杂、管线多、需技术夹层、安装施工费工、费时	在现场接上相应管线即可运行，无需技术夹层
运维	单纯自控+巡查	无线智能管控平台

可变新风量净化空调机组运维方便，可实现以"平时"为主，适用"急时"，只要按控制键就可转换。

节能模式：根据室内外实时状况进行变新风量的日常运行，实现最佳节能与最优室内空气质量，维持受控空间压差不变。只有合适的气候才有可能实现全新风运行。

应急模式：根据病毒特性与防控要求，按确定的新风比运行，可以进行全新风直流运行，根据防控要求转换成不同的负压值，稳定运行。

由于全新风、全排风就是其平时运行的一种状态，压差设定又是这一机组的独特优势。由"平时"转换成"急时"，机组与风管的设置与尺寸均无需改变（图 12.3.4-2），仅将平时的回风中效过滤器调整为排风高效过滤器，同时调整排风机风量高档运行即可。

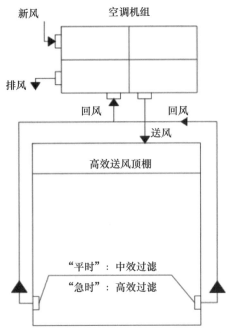

图 12.3.4-2　可变新风量净化空调机组的"平""急"转换

【技术要点】

1. 可变新风量净化空调机组的功能段排序符合国家标准要求，有效避免机组内积尘积水，保持"干"与"净"的状态，以阻止病菌定植、滋生与传播。

2. 由于一次回风冷却除湿后再加热处理系统大大提高了机器露点，无需在机组内加装直膨式制冷机组，或低温冷水的特殊冷水机组，降低了整个系统的运行能耗，而且使室内状态控制简便、有效、稳定。

3. 采用双风机，合适不同气候条件下可变新风量，节能且改善室内空气质量。

4. 任何运行工况下恒定被调空间压差，维持整个区域有序梯度压差不变。

5. 在应急模式下可以方便地转换为全新风全排风及负压控制。

6. 采用的水盘管快速响应水阀执行器与智能 PLC 控制实现了实时准确控制机器露点，及快速补偿再加热量，以维持室内恒温恒湿，避免了现有手术室常出现的湿度超标的现象。

可变新风量净化空调机组实现了空调系统产品化、工程质量工厂化、施工安装最简化、运维管控一体化。由于该机组独特的结构、配置自主编程的变新风量 PLC 以及文丘里控制阀，不仅满足医用空调机组要求，而且可以自行设定正负压，在变新风量运行状态下维持恒压差，特别适用于有压差控制的医疗区域的"平""急"结合，真正实现以"平时"为主，适用"急时"。

可变新风量净化空调机组也适用于人员较为密集的医疗科室，如医院的洁净手术室、重症监护病房、门急诊大厅、输液大厅等，以及其他行业洁净室。

12.4　末端净化空调机组

12.4.1　高静压净化风机盘管：高静压净化风机盘管的风机出口静压高于用于普通舒适性空调风机盘管机组，由于在回风口及送风口设置相应等级的空气过滤器对空气进行净化处理，一般要求余压在 150~200Pa。不允许回风口直接敞开于装饰吊顶内，而是采用下进风或后侧进风静压箱，出风管的气密性要求较高，冷凝水接水盘的水封密闭高度较高，常用于洁净度要求较低的净化场所。

【技术要点】

1. 高静压净化风机盘管适用于空气洁净度等级较低的场合，可用于 Ⅳ 级洁净用房。风机盘管送回风两侧均必须采用风管密闭连接。

2. 净化风机盘管服务区域的新风必须单独预处理且由新风承担大部分湿负荷和部分室内冷热负荷。

3. 净化风机盘管必须选择低阻或超低阻空气过滤器，且应选择更换时对洁净室影响最小的安装方式。

4. 净化风机盘管的出风口应选择能保证将空气送达工作区域的形式。

12.4.2　单元式的立式空调净化机组：由风机、热交换盘管、送风箱、送风管、空气过滤器等组成。机组设置在医疗空间内，连接上送风管及上送风口，即可实现医疗空间室内上送下回的气流分布（图 12.4.2）。

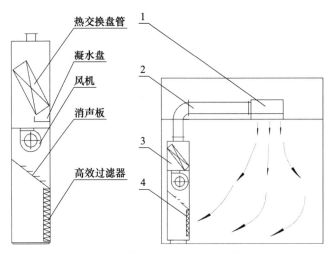

图 12.4.2　单元式的立式空调净化机组
1—送风箱；2—送风管；3—空调机组；4—空气过滤器

在保证必要的新风量前提下，"新风＋循环风系统"与"全新风直流系统"对降低室内病菌量的效果相当，但前者更经济节能，因此，可采用带高效过滤器的自循环净化装置，替代全新风直流系统。

【技术要点】

1. 单元式的立式空调净化机组利用上送下回的气流分布，加快室内人员产生的病菌沉降，避免横向强气流，缩短病菌飘移距离与时间，提高排污效率，降低感染风险。

2. 机组回风口配置中效及以上级别的空气过滤器，过滤除菌，降低病菌浓度，减少感染风险。

本章参考文献

［1］中华人民共和国住房和城乡建设部. 医院洁净手术部建筑技术规范：GB 50333—2013［S］. 北京：中国建筑工业出版社，2014.

［2］许钟麟，沈晋明. 医院洁净手术部建筑技术规范实施指南技术基础［M］. 北京：中国建筑工业出版社，2014.

［3］沈晋明，刘燕敏. 21 世纪手术环境控制技术的进展与创新［M］. 上海：同济大学出版社，2021.

［4］中华人民共和国国家质量监督检验检疫总局，中国国家标准化管理委员会. 洁净手术室用空气调节机组：GB/T 19569—2004［S］. 北京：中国标准出版社，2004.

［5］中华人民共和国国家质量监督检验检疫总局，中国国家标准化管理委员会. 组合式空调机组：GB/T 14294—2008［S］. 北京：中国标准出版社，2009.

第13章 装配式洁净工程

沈崇德： 医学博士，硕士生导师，南京医科大学附属无锡市人民医院副院长。

朱文华： 铭铉集团董事长，"铭铉"品牌及企业创始人。

技术支持单位：

铭铉集团： 创立于2005年，致力于医院建设领域的规划咨询以及净化区域相关产品的研发、制造、安装及维保，形成了以广州铭铉为管理及运营中心、以江西生产基地及广东佛山乐从大湾区生产基地为依托的新发展格局。

13.1 概　　念

装配式洁净工程是将工程所需构件按照洁净要求进行标准化、模块化、工业化生产，到现场进行装配、连接的洁净室。

装配式洁净工程将工程转化为了产品，具备"工业定制生产、现场快速拼装、空间功能可变、绿色环保节能、成本投入节约"五大特点。

【技术要点】

1. 工程建造转化为以集成体的形式组装完成，采用模数化、模块化、标准化设计，确保洁净空间的建造和使用质量得到安全保证。

2. 相对于传统洁净工程现场安装的模式，装配式洁净工程具有质量稳定且可控、品质普遍较高、施工周期短、施工交叉少、施工成本低、施工环境优、升级换代易、智能化程度较高的优点。洁净室升级简单便捷，升级期间一般不影响周边单元的使用。

3. 每一个功能单元均可使空气中尘埃粒子、细菌、风压、风速、温度、湿度、噪声等涉及卫生学、空气净化技术等一系列微观参数，都能充分满足现代洁净空间的需要。

13.2 装配式洁净工程构成与装配要点

13.2.1 装配式洁净工程主要由围护结构、净化系统、配套设施三部分构成。

【技术要点】

1. 围护结构通常是由气密封顶墙面（以装配式铝合金型材为框架，结合复合面板组成）和导电地板胶组成。

2. 净化系统即空气净化处理系统，由净化送风装置、净化空调处理机组及送回风管路、空气调节系统等组成。

3. 配套设施根据不同的洁净用房有不同的内容，主要包括电动感应气密门、内嵌式不锈钢器械柜、内嵌式观片灯、内嵌式保温及保冷柜、内嵌式控制面板、医用气体输出口、内嵌式电源组模块、相关控制系统和配套软件等。其中洁净手术室基本配套设施包括吊塔、无影灯、手术床、麻醉气体排放装置、保温柜、保冷柜、漏电检测保护装置和呼叫对讲、背景音乐等弱电系统、多媒体系统等。

4. 不同装饰面层材料主要性能存在较大差异，如表 13.2.1 所示。

装配式洁净工程不同装饰面层材料比较　　　　　　　　　　　表 13.2.1

序号	用材名称	本体防锈性	表面抗划性	表面抗撞性	板材边的防撞性	防火性能	整体总量
1	不锈钢面整装模块板	好	一般	好	好	好	较重
2	电解钢板整装模块板	较好	一般	好	好	好	较重
3	PET 整装模块板	好	较好	好	好	好	较重
4	无机预涂整装模块板	好	一般	一般	差	好	重
5	医用洁净树脂板整装模块板	好	好	好	好	较好	轻
6	玻璃整装模块板	好	好	较好	好	好	重

13.2.2 装配式洁净工程的构件和设施应满足相关洁净空间的技术要求。

【技术要点】

1. 基本要求：应满足功能区域的医疗工艺要求，实现应有的功能；应满足洁净工程相关的技术标准和验收标准；可根据用户要求灵活调整相关配套装置位置，例如风口位置、气体面板、电路接口及柜体等；围护结构和配套设施应实现标准化、模块化、一体化、集成化，构件应具有多元化的规格，具有一定灵活性；工厂化生产，现场模块组装，以定制的框架为支撑，将复合板和相关装置装配构成吊顶、墙体、地板等，形成自成一体、可拆装调整的围护结构。

2. 围护结构框架要求：框架应预制并力争产品化，并可灵活装配；框架变形量要符合国家标准；保证足够的强度和刚性，表面处理应满足相关要求。

3. 围护复合面板要求：复合板的表面应符合现行国家标准《洁净室及相关受控环境　围护结构夹芯板应用技术指南》GB/T 29468 的要求；基板宜为金属或树脂板材，基材应选用不燃性能为 A 级的不燃材料；用作外墙和吊顶时，在使用过程中表面不应产生冷桥和结露现象；应适应放射防护、电磁屏蔽等特殊要求，围护模块应一体化预制。

4. 连接与转接件要求：围护结构用的转接件与连接件应有足够的可靠性与承载力；墙与顶、墙与墙、顶与顶之间的交接处应有合理的结构，保证密封，防止开裂；易于拆卸和恢复，以便进行清洁、检查和试验，所有可拆卸的连接件在拆卸后应易于手工连接和紧固。

5. 密封件的要求：拼缝一般采用嵌入式材料密封，密封材料烟气毒性的安全级别不低于《材料产烟毒性危险分级》GB/T 20285—2006 规定的 ZA2 级；具有离火自熄性，自熄时间不大于 5s；围护结构间的缝隙和在围护结构上固定、穿越形成的缝隙，各种管路、线路与围护结构的接口应密封；门与门框、柜体、控制复合板等之间的密封应符合现行国家标准《洁净室施工及验收规范》GB 50591 的相关要求；密封胶条公差为 ±0.3mm，收缩率小于等于 0.5%。具备弹性恢复能力。

13.2.3 围护结构材质在防火、耐腐蚀等方面的性能应满足相关规范要求。

【技术要点】

1. 抗弯承载力：隔墙用复合板材挠度一般应达到 $L_0/250$（L_0 为支座间的间距），复合板材的抗弯承载力一般应不小于 $0.5kN/m^2$；吊顶用复合板材挠度一般应达到 $L_0/250$（L_0 为支座间的间距），复合板材的抗弯承载力应不小于 $1.2kN/m^2$；作承重构件用的快速集成拼装式框架抗弯承载力应符合有关结构设计规范的规定。

2. 耐火极限：用于洁净室及相关受控环境围护结构的外墙、疏散走廊以及洁净与非洁净区的墙板以及洁净室的吊顶板，其耐火极限应符合《洁净厂房设计规范》GB 50073—2013 的规定，时间应不小于 60min；用于洁净室及相关受控环境围护结构的内墙板，其耐火极限应不小于 24min。

3. 不燃性能：复合板、框架应为不燃材料（包括芯材），其燃烧性能应符合现行国家标准《建筑材料不燃性试验方法》GB/T 5464 中对不燃材料的试验要求。同时，还应符合《建筑材料及制品燃烧性能分级》GB 8624—2012 中规定的 B1 级的要求。

4. 安全性能（产烟毒性）：复合板材、框架应符合《材料产烟毒性危险分级》GB/T 20285—2006 中规定的安全 AQ1 级（安全一级）的要求；在减少非热损毁方面，还应符合《洁净室材料可燃性测试方案》ANSI/FMRC FM 4910:2009 中规定的烟尘损害指数 $SDI \leqslant 0.4$ 的要求。

5. 抗腐蚀性能要求：围护结构所用材料应有足够的抗腐蚀性。

6. 抗紫外线辐射性能：围护结构所用材料应有足够的抗紫外线辐射性能。所有材料应能承受规定条件的紫外线辐射照射，经试验处理后，复合板应良好，不变色。

7. 耐渗透性：围护结构所用材料应能耐受制造商推荐的清洗剂和消毒剂，在清洗和消毒后，复合板表面应良好，不变色，无明显损伤。

13.3 装配式洁净工程的实施

13.3.1 装配式洁净工程的实施一般包括项目前期阶段、实施阶段和运维阶段。前期阶段重点是医疗策划、设计任务书编制、设计推进、招标投标相关工作。

【技术要点】

1. 医疗策划主要是医院方进行战略规划、学科规划、功能定位的过程，确定洁净工程的建设目标、功能、类型、规模、业务流程等。

2. 设计任务书编制的主要内容是设计需求调研、确定设计原则以及不同类型洁净工程的功能、规模、用房数量、流程、医疗工艺条件、设计成果的要求等。

3. 设计推进包括概念设计、初步设计和施工图设计。设计深度应满足相关设计规范要求，设计标准应满足不同洁净空间的医疗工艺要求和专项规范要求，设计内容应适应装配式洁净工程的特点和安装要求。

4. 招标投标相关工作包括工程量清单编制、技术规格要求编制、造价控制和标书编制和招标投标组织工作。

13.3.2 项目实施阶段的重点是施工工艺控制和施工的组织管理和项目验收。

【技术要点】

1. 施工组织：（1）设计工程师应按每种材料的规格进行排版设计，有了初稿排版图后，工程师应到现场指导施工人员放线，并进行尺寸校核，重新生成排版图，此图是生产下单的依据。（2）由设计工程师或材料预算员根据排版图进行材料预算下单，装配式整装模块化生产厂家根据此单进行模块化结构的生产。（3）合格产品经包装运输到现场，现场施工员根据排版图进行顺序组装。组装时应详细了解产品特性并阅读组装工艺说明书。（4）安装完成的结构表面应注意成品保护，表面的保护膜应在各专业工作均已完成后去除，但应注意保护膜的有效期，以免长期暴露无法顺利去除。

2. 施工工艺控制涉及生产与现场安装两个环节。施工企业应有相应的生产标准、质量控制标准和实施规范。

3. 围护结构的安装：安装中尺寸的允许偏差应符合相关国家标准的规定；围护结构中，复合板和框架须可靠连接；框架应符合有关结构的施工验收规范；墙板和吊顶板在安装之前应对板材的材料、品种、规格尺寸、性能进行检查，核实是否能满足设计要求；必要时对抽样进行性能测试（耐火性、安全无毒性、抗弯强度、变形量等性能）；墙板安装应垂直，吊顶板安装应水平，板面平整，位置正确；吊顶板和墙板的板缝应均匀一致，板缝的间隙误差不应大于 0.5mm，板缝应用密封胶条均匀密封，密封处应平整、光滑、略高于板面；与门窗、柜体、各种接口及其相关装置的衔接处要平整（高差 ±1mm）、不产尘且密封。

4. 项目验收重在项目的过程检查验收，其中装饰结构板安装验收应符合表 13.3.2 的规定。

装配式洁净工程装饰结构板安装验收要求　　　　　表 13.3.2

检查项目	允许偏差
竖缝及墙面垂直度	1.5mm
立墙面垂直度	1.5mm
接缝直线度	1.0mm
两相邻板之间高低差	0.5mm

5. 竣工验收重在功能性验收、综合性能验收和整体环保验收。功能性验收主要检查各设施设备是否满足使用功能要求，是否达到医疗需求；综合性能验收主要检查净化指标是否满足标准规范要求；整体环保验收主要检查建成后的洁净房间内的甲醛、苯等有机挥发物是否满足要求。

13.3.3　装配式洁净工程的运维与传统洁净工程项目基本相同，主要为净化空调部分、电气部分、医用气体部分、给水排水部分、装饰部分等的运行维护，应符合相关规范要求。

第14章　医用洁净装备工程环境卫生安全

武迎宏：北京市医院感染管理质量控制和改进中心主任。
钟林涛：中日友好医院院感办主任。
李颜：主管护师，北京中日友好医院中心供应室副护士长。
朱文华：铭铉集团董事长，"铭铉"品牌及企业创始人。

14.1　概　　述

　　环境卫生是研究自然环境和生活环境与人群健康关系的科学。自然环境包括三大要素：空气、水和土壤，生活环境包括为生活活动而建立的居住环境、公共场所等。环境卫生在研究环境与健康的关系中，揭示环境因素对人群健康影响的发生、发展规律；为充分利用有利因素、消除和改善不利因素提出卫生要求和预防对策；研究环境卫生基准并制定环境卫生标准，为环境立法、卫生管理和监督提供科学依据。

【技术要点】

　　1. 洁净手术室不是"保险箱"，不是做了洁净手术室就可以高枕无忧了，还需要更加严格的运行管理，针对洁净手术室环境卫生等相关受控环境采取有效措施，更好地落实世界卫生组织的"清洁卫生更安全"这一基础而重要的内容，保证洁净手术室的净化，实现手术安全。

　　2. 盲目追求高洁净级别或不按照标准施工，错误的理解或导向，专门为污物建通道，使洁净手术室外走廊成了污染物品的暂存、清点场所，导致不能及时清除污染源，形成真正的污染源，使得高付出的净化手术室再次污染。

　　3.《医院洁净手术部建筑技术规范》GB 50333—2013 明确了洁净手术室的布局流程及"洁污分明"的原则，根据条件，进行单通道、双通道、多通道、洁净中心岛或带前室等设计，保证无菌物品不污染。明确了污物就地打包转运等规定，确保手术环境安全。

　　4. 洁净手术部房间静态空气细菌浓度及用具表面清洁消毒状况是卫生学的基本要求，应符合现行国家标准《医院消毒卫生标准》GB 15982 的规定。

　　5. 流程上要做到洁污分明。洁污分明是指一切路线、操作都是明确的、可行的，符合无菌操作流程，但不等同于截然分开的"分流"（有隔离要求的除外）。操作上要符合无菌技术操作要求。

14.2　洁净室环境卫生安全装备与技术

14.2.1　空气净化装置。

1. 层流净化设备。层流净化空气消毒器的循环风量和洁净风量都可达到各种规范要求，是一种高效的空气净化消毒灭菌设备，可以接近 100% 杀灭空气中的病原菌，对小至 0.3μm 的气溶胶也近 100% 捕获，出风口空气质量达到国际 1 级标准，在一定条件下可以做到室内整体千级洁净度，局部百级洁净度。层流净化消毒灭菌器采用内置紫外线或等离子体等消毒方式，个别产品内置过氧化氢喷雾灭菌系统，可以实现双消毒模式，该类产品多数可外接新风对室内空气进行换气处理。层流净化设备如图 14.2.1 所示。

图 14.2.1　层流净化设备

2. 空气净化器。空气净化器又称"空气清洁器"、空气清新机、净化器，是指能够吸附、分解或转化各种空气污染物（一般包括 PM$_{2.5}$、粉尘、花粉、异味、甲醛之类的装修污染、细菌、过敏原等），有效提高空气清洁度的家电产品。

14.2.2　空气消毒装置。

1. 化学消毒装置。化学消毒装置又可分为酸性氧化电位水生成器、臭氧消毒器、环氧乙烷灭菌器等。酸性氧化电位水生成器通常由水路系统、电解槽、控制装置等组成，其工作原理是利用电解法产生酸性氧化电位水，用于对可耐受酸性氧化电位水的医疗器械进行消毒。臭氧消毒器通常由臭氧发生装置、电气控制系统、管路系统等组成，其工作原理是通过生成臭氧气体或臭氧水对医疗器械进行消毒。

2. 过氧化氢消毒器。纯过氧化氢是淡蓝色的黏稠液体，可任意比例与水混溶，是一种强氧化剂，水溶液俗称双氧水，为无色透明液体，其水溶液适用于医用伤口消毒及环境消毒和食品消毒。过氧化氢基本属性见图 14.2.2-1。

过氧化氢消毒器（图 14.2.2-2）是将液态过氧化氢消毒液利用高温蒸汽、压力喷射、超声波振荡、风机扩散等手段汽化后，使过氧化氢以汽态形式扩散。

汽化过氧化氢（VHP），又称过氧化氢蒸汽（HPV），是一种先进的高水平消毒剂。

中文名	过氧化氢	闪　点	无意义
英文名	hydrogen peroxide	应　用	物体表面消毒、化工生产、除去异味
别　称	双氧水，乙氧烷	安全性描述	S26，S39，S45，S36/37/39
化学式	H_2O_2	危险性符号	X（有害），C（腐蚀性），O（氧化）
分子量	34.01	危险性描述	R22，R41
CAS登录号	7722-84-1	危险品运输编…	UN 2014 5.1/PG 2
EINECS登录号	231-765-0	折射率	1.3350
熔　点	-0.43℃	储　存	用瓶口有微孔的塑料瓶装阴凉保存
沸　点	158℃	化学品类别	无机物--过氧化物
水溶性	互溶	蒸汽压	1.48mmHg（25℃，35%水溶液）
密　度	1.13g/mL（20℃)	毒　性	低
外　观	蓝色黏稠状液体（水溶液通常为无色透明液体）	酸碱性	弱酸性

图 14.2.2-1　过氧化氢基本属性

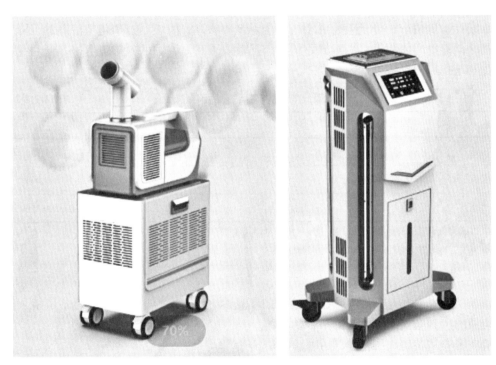

图 14.2.2-2　过氧化氢消毒器

过氧化氢蒸汽消毒器利用闪蒸技术，将 30%～35% 的过氧化氢溶液经过一个高精度计量泵滴加至高温的金属板，使其瞬间汽化为 2～6μm 的微粒，再将这种汽化过氧化氢喷射到环境空间中进行布朗运动，颗粒在空间和物体表面凝结，通过释放的强氧化自由基快速、有效杀灭病原微生物。该技术能使空间中过氧化氢保持较高的质量浓度，不易沉降，具有良好的穿透性，消毒灭菌时不留死角，同时兼顾空气和物体表面，实现了空间立体消毒模式。国内报道的 VHP 装置消毒评价结果见表 14.2.2-1。

通常情况下，闪蒸技术在快速升温，急速蒸发过氧化氢的同时，也会加快过氧化氢的分解，故闪蒸的消毒液用量一般会加大。

国内报道的 VHP 装置消毒评价结果 表 14.2.2-1

实验序号	使用参数	杀菌对数值
1	176mg/m³ 作用 60min	5～6log
2	188mg/m³ 作用 60min	5～6log
3	183mg/m³ 作用 60min	5～6log

注：表中的数据分别在现场和模拟现场条件下进行试验；所用过氧化氢溶液质量分数为 35%，杀灭对象均为枯草杆菌黑色变种芽孢；采样对象包括空气和物体表面。

为弥补高温闪蒸这一不足，陆续出现了很多更先进的雾化工艺：汽化过氧化氢，粒径 1～3μm；过氧化氢干雾，粒径小于等于 1μm；有个别厂家升级优化了汽化过氧化氢技术，采用恒压热气流蒸发技术与文丘里原理的喷射技术，也被称为"过氧化氢纳米雾"（Hydrogen Peroxide Nm Fume，HPNF）技术，微粒粒径小于 1μm，达到纳米级。该项技术消毒液计量更精准，分子直径更小，完全是气体状态，防止了过氧化氢液滴的沉降和聚集，同等消毒空间体积下，消毒液用量少，扩散效果和防腐蚀的效果也更好。低质量分数过氧化氢汽化后消毒效果见表 14.2.2-2。

低质量分数过氧化氢汽化后消毒效果 表 14.2.2-2

场所	作用对象	用量（mL/m³）	时间（min）	杀灭率范围（%）
实验舱	白色葡萄球菌	0.5	30	99.970～99.990
办公室	枯草杆菌芽孢	8.0	60	16.180～99.999
居住室	自然菌	1.0	60	96.960～99.220

注：过氧化氢消毒液质量分数为 8%，上述场所分别为实验室、模拟现场和现场消毒试验；各场所空气中折合过氧化氢质量浓度依次为 40mg/m³、64mg/m³ 和 80mg/m³。

14.2.3 物理消毒装置

人机共存紫外线空气消毒机（图 14.2.3-1）：由内置紫外线灯、过滤网、风机、镇流器组合成的达到空气消毒目的的一种消毒器。

等离子空气消毒机（图 14.2.3-2）：等离子体是由克鲁克斯在 1879 年发现的，1928 年美国科学家欧文·朗缪尔和汤克斯（Tonks）首次将"等离子体"（Plasma）一词引入物理学。等离子体是一种以自由电子和带电离子为主要成分的物质形态，广泛存在于宇宙中，常被视为物质的第四态，被称为等离子态，或者"超气态"，也称"电浆体"。等离子体具有攻击细胞蛋白质的 DNA 的能力，导致渗透压，从而迅速使病原体细胞破裂、死亡或者无法产生抗药性，达到消毒杀菌的效果。

光触媒空气消毒机（图 14.2.3-3）：常用的空气

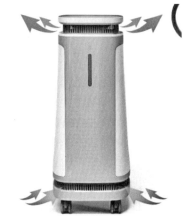

图 14.2.3-1 人机共存紫外线空气消毒机

净化技术有吸附技术、负（正）离子技术、催化技术、光触媒技术、超结构光矿化技术、高效过滤技术、静电集尘技术等；材料主要有：光触媒、活性炭、极炭滤芯、合成纤维、高效材料、负离子发生器等。现有的空气净化器多为复合型，即同时采用了多种净化技术和材料。

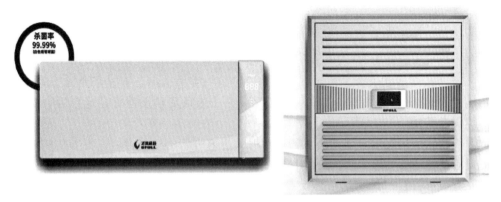

图 14.2.3-2　等离子空气消毒机　　　图 14.2.3-3　光触媒空气消毒机

紫外线灯（图 14.2.3-4）：直接利用紫外线达到消毒目的的特种电光源。

各种消毒因子的空气消毒机，按照安装方式不同，分为壁挂式、移动式、吸顶式、柜式、风机盘管式等。

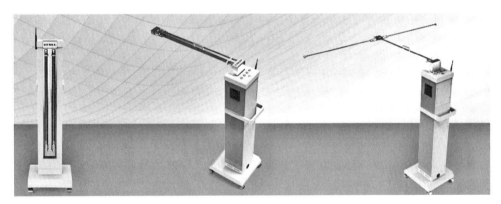

图 14.2.3-4　紫外线灯

14.2.4　环境、物体表面清洁消毒装备与技术。

【技术要点】

依据《医疗机构环境表面清洁与消毒管理规范》WS/T 512—2016 对高风险手术环境和物体表面清洁擦拭规定的标准操作流程（SOP）进行有效清洁，适度消毒。

（1）应根据环境污染危险度类别和卫生等级管理要求选择清洁卫生的方法、强度、频率，以及相应的清洁用具和制剂。

（2）推荐的清洁用具颜色：红色——卫生盥洗室，黄色——手术间（患者单元），蓝色——公共区域。

（3）应遵循先清洁再消毒的原则，采取湿式卫生清洁的方式。

（4）清洁手术区域时，应按由上而下、由洁到污的顺序进行。

（5）清洁剂的使用应遵守产品使用说明书的要求，应根据应用对象和污染物特点选择不同类型的清洁剂，推荐卫生盥洗间采用酸性清洁剂，手术区设备和家具表面采用中性清洁剂，有严重污染的表面采用碱性清洁剂。应用中应关注清洁剂与清洁对象的兼容性。

（6）环境和物体表面应规范、有效清洁，杜绝清洁盲区（点）；严禁将使用（污染）后的抹布、地巾（拖把）"二次浸泡"至清洁／消毒溶液中。

（7）一旦发生患者血液、体液、排泄物、分泌物等污染时，应采取清洁／消毒措施；被大量（≥10mL）患者血液、体液等污染时，应先采用可吸湿性材料清除污染物，再实施清洁和消毒措施。

（8）不推荐采用高水平消毒剂对环境和物体表面进行常规消毒；不推荐常规采用的化学消毒剂对环境进行喷洒消毒。

（9）对频繁接触、易污染的表面可采用清洁—消毒一步法；对于难清洁或不宜频繁擦拭的表面，采取屏障保护措施，推荐采用铝箔、塑料薄膜等覆盖物，"一用一换"或"一用一清洁／消毒"，使用后的废弃屏障物按医疗废物处置。

（10）实施日常清洁与消毒的人员应按要求、按标准预防的原则做好个人防护。

（11）应定期、不定期对日常清洁与消毒工作开展质量考评，方法及标准参见《医疗机构环境表面清洁与消毒管理规范》WS/T 512—2016。

（12）每间手术室在手术前、手术后进行清洁，有污染时应在清洁的基础上进行消毒；连续做10台手术后应严格实施终末清洁（彻底的全面清洁）与消毒。

（13）应规定清洁与消毒的标准化操作流程，清洁／消毒时间和频次，使用的清洁剂／消毒剂名称、配制浓度、作用时间，以及清洁剂／消毒剂应用液更换的空间和时间等。

14.2.5　环境表面常用消毒剂的选择。

【技术要点】

1. 消毒剂选择原则：杀菌谱广和杀菌速度快（3min以下），有机物的存在不影响杀菌效果、材料器械兼容性好、稳定性好、耐用性高、易于使用、无毒性、手套兼容性好，即安全、有效、环境友好的原则。

2. 环境清洁／消毒剂分类：

（1）季铵盐类：有清洁效果、无强烈气味、对人体毒害小；其缺点是消毒时间长（10min），对细菌孢子无效，对无包膜病毒（如诺沃克病毒）无效。多用于地板的清洁／消毒。

（2）含氯制剂：杀菌效果好，价格低；其缺点是稀释后不稳定，清洁效果差，遇有机物失活，易损坏清洁物体表面，腐蚀金属制品，与其他化学试剂反应而产生有害气体，具有较强的异味。少用于日常清洁消毒，多用于控制疫情暴发。

（3）酒精类消毒剂：可杀细菌，高质量分数（80%）酒精类消毒剂可杀包膜病毒（HIV/HBV），价格便宜；其缺点是对真菌无效，易燃，易损坏清洁物体表面，清洁效果差，蛋白、血液变性难以清洁。季铵盐类加低质量分数酒精类消毒剂，是在美国使用最多的表面消毒剂，杀菌速度快（2～3min），清洁效果好，不含致癌物，物体表面兼容性好，无异味；其缺点是对细菌孢子无效。

（4）过氧化氢类消毒剂：杀菌效果好，对人体毒性小；其缺点是价格高，清洁效果差，易损坏清洁物体表面。

（5）酚类消毒剂：稳定性好；其缺点是有残留物，致癌，刺激皮肤，有异味。多用于地板清洁消毒。

3.《医疗机构消毒技术规范》WS/T 367—2012 将常用的消毒剂分为 3 个水平：

（1）高水平消毒剂：包括含氯消毒剂、二氧化氯、过氧乙酸、过氧化氢等，可以杀灭细菌繁殖体、结核杆菌、芽孢、真菌、亲脂类病毒（有包膜）、亲水类病毒（无包膜）。

1）含氯消毒剂：质量浓度（有效成分）为 400～700mg/L 时，使用方法为擦拭、拖地，适用范围为细菌繁殖体、结核杆菌、真菌、亲脂类病毒；质量浓度（有效成分）为 2000～5000mg/L 时，使用方法为擦拭、拖地，适用范围为所有细菌（含芽孢）、真菌、病毒。使用时要注意含氯消毒剂对人体有刺激作用，对金属有腐蚀作用，对织物、皮草等有漂白作用，有机物污染对其杀菌效果影响很大。

2）二氧化氯：质量浓度（有效成分）为 100～250mg/L 时，使用方法为擦拭、拖地，适用范围为细菌繁殖体、结核杆菌、真菌、亲脂类病毒；质量浓度（有效成分）为 500～1000mg/L 时，使用方法为擦拭、拖地，适用范围为所有细菌（含芽孢）、真菌、病毒。使用时须注意对金属有腐蚀作用，有机物污染对其杀菌效果影响很大。

3）过氧乙酸：质量浓度（有效成分）为 1000～2000mg/L，使用方法为擦拭，适用范围为所有细菌（含芽孢）、真菌、病毒。对人体有刺激作用，使用时须注意对金属有腐蚀作用，对织物、皮草等有漂白作用。

4）过氧化氢：质量分数（有效成分）为 3% 时，使用方法为擦拭，适用范围为所有细菌（含芽孢）、真菌、病毒。使用时须注意对人体有刺激作用，对金属有腐蚀作用，对织物、皮草等有漂白作用。

自动化过氧化氢喷雾消毒器用于环境表面耐药菌等病原微生物的污染，注意有人情况下不得使用。

（2）中水平消毒剂：包括碘类、醇类、部分双长链季铵盐类等。

1）碘类：质量分数（有效成分）为 0.2%～0.5%，使用方法为擦拭，适用范围为除芽孢外的细菌、真菌、病毒。主要用于采样瓶和部分医疗器械表面消毒；对二价金属制品有腐蚀性；不能用于硅胶导尿管消毒。

2）醇类：质量分数（有效成分）为 70%～80%，使用方法为擦拭，适用范围为细菌繁殖体、结核杆菌、真菌、亲脂类病毒。

（3）低水平消毒剂：季铵盐类（部分双长链季铵盐类为中水平消毒剂），质量浓度（有效成分）为 1000～2000mg/L，使用方法为擦拭、拖地，适用范围为细菌繁殖体、真菌、亲脂类病毒。注意不宜与阴离子表面活性剂（如肥皂、洗衣粉等）合用。

4. 其他：

（1）紫外线：消毒方法为照射，按产品说明使用，用于环境表面耐药菌等病原微生物的污染。有人情况下不得使用。

（2）消毒湿巾：依据病原微生物的特点选择消毒剂，按产品说明使用，一般用于日常消毒。若湿巾被污染或擦拭时无水迹应丢弃。

（3）酸性氧化电位水：一种新型的绿色环保消毒剂。将经过纯化处理的自来水中加入微量的氯化钠（质量分数小于 0.1%），在有离子隔膜的两室型电解槽中电解后，从阳极一侧得到的以次氯酸为主要有效成分的酸性水溶液称为酸性氧化电位水，在阴极一侧得到的碱性水溶液称为碱性还原电位水，如图 14.2.5 所示。

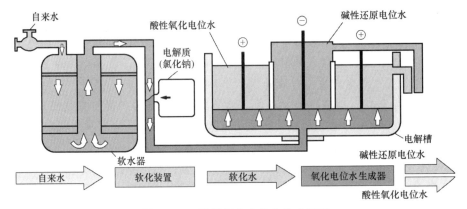

图 14.2.5　酸性氧化电位水生成原理

14.2.6　设备清洁、消毒装备与技术。
【技术要点】

1. 清洁工具的选择

（1）推荐采用微细纤维材料的抹布和地巾（图 14.2.6-1），不宜使用传统固定式拖把。

图 14.2.6-1　微细纤维材料的抹布和地巾

（2）对大面积地面进行清洁卫生推荐采用洗地吸干机（图 14.2.6-2），其配备两个水箱，用清洁的水箱水洗地面，随后用刮板将水刮起同时吸入另一水箱，工作结束将污水排出，实现快速清洗，若需去污或消毒，可在水箱内加入适当的去污剂或消毒剂。

图 14.2.6-2　洗地吸干机

2. 清洁工具的清洁与消毒

（1）推荐对复用的洁具［如抹布、地巾（拖把头）等］机械清洗、热力消毒、机械干燥。清洗机应具有热力消毒功能（90℃，3～5min；或 93℃，1～3min），拖布清洗消毒机和干燥设备见图 14.2.6-3。清洗、消毒、干燥一体机（图 14.2.6-4）可实现高水平消毒自动完成，并可进行过程监控，打印监控结果。

图 14.2.6-3　自动清洗消毒机和配套的干燥箱　　图 14.2.6-4　清洗、消毒、干燥一体机

（2）对塑料类洁具（如水桶、拖把柄等）可采用二氧化氯消毒剂或其他适宜消毒剂进行擦拭或浸泡消毒。

（3）对尚不具备机械清洗、消毒、干燥的单位，要求对抹布、地巾（拖把）分池用流动水清洗，清洗用水池做到"一洗一消毒"（推荐采用二氧化氯消毒剂或其他适宜消毒剂擦拭或喷雾消毒）。抹布、地巾（拖把头）应充分干燥。

（4）清洁用具的复用人员在复用处置中应按照标准预防的方法做好个人防护。

（5）对清洁用具的复用质量可参考《医院消毒卫生标准》GB 15982—2012 进行抽检。

（6）应及时开展对清洁与消毒工作质量的评估，尤其应关注易引发医院感染暴发的致病菌、耐药菌在环境和物体表面的污染程度与检出率。

14.2.7　防护装备与技术。

【技术要点】

1. 手术衣、刷手衣、白大褂和护士制服皆属于防护服类型。

（1）防护服主要分为可重复使用或一次性使用。刷手衣、白大褂和护士制服往往是可重复使用的织物；而手术衣既包括可重复使用织物，又包括一次性使用织物。

（2）可重复使用和一次性使用防护服的特点取决于纤维类型、织物组织结构和后整理过程，以此确保织物达到最佳的防护作用。

（3）可重复使用防护服：通常由纯棉、涤纶（聚酯）或棉和涤纶混纺，织造成平纹织物。平纹组织结构可使织物更加坚牢、舒适。

1）棉织物防护服：舒适、便于护理，缺点是防护性能较差。

2）涤纶（聚酯）织物防护服：耐用，但舒适性较差。

3）涤棉混纺织物防护服：舒适、耐用。

（4）一次性使用防护服：

1）一次性使用防护服主要应用于外科手术。

2）一次性防护服两种最常用纤维类型是木浆／聚酯纤维或烯烃纤维，通过改变纤维成分和黏接方法形成不同类型的无纺布。

3）非织造布（无纺布）是最常用的一次性使用纺织品，通常是将纺织短纤维或长丝进行定向或随机成列，通过挤压形成纤网结构，然后采用机械、热粘或化学等方法加固而成。主要有以下几种类型：水刺无纺布、热黏合无纺布、浆粕气流成网无纺布、湿法无纺布、纺粘无纺布、熔喷无纺布、针刺无纺布、缝编无纺布。

2. 对不同材质的防护服应进行比较，首选不易产生微尘并具有阻隔效果、疏水且透气的材质。

（1）棉纤维织物：棉质手术衣具有透气性佳、手感好、价格低等优点，但棉织物没有阻隔防护，若遇大型手术、大出血或需使用大量冲刷液时，当手术衣被流出的液体浸湿后渗入内层刷手衣，使医护人员和病人面临更大的感染风险。

（2）聚酯纤维的超细纤维织物：100% 长纤聚酯纤维，经密 150～170 根／股，纬密100～120 根／股，嵌入 0.3～0.8cm 导电纤维或碳纤维高密度纺织，使织物具有抗静电效果（类似无尘服织物）。这种材料应用于手术衣会因化学纤维本身的疏水性、不易产生微尘，加上纤维高密度，使织物具有很好的阻隔效果，加上抗静电使手术衣的防护性明显提升。但其穿着的舒适性较差。一件聚酯类手术衣的售价为 600～800 元，但其重复使用的耐水洗次数较棉质手术衣平均增加 30～50 次，且质轻、不吸水的特性降低了水洗成本，这也是目前化纤类（聚酯）手术衣使用量渐渐提升的重要因素。

（3）三层贴合织物：三层贴合织物内、外层为长纤聚酯纤维，中间层以聚氨酯、聚四氟乙烯（PTFE）膜贴合，可有效阻隔血液、微生物的穿透，并使皮肤产生的热量或水蒸气从内排出，维持生理舒适性。但其材料制造成本过高，且经过高温洗涤、消毒与灭菌处理后，易使贴合膜剥离脱落，所以未来应先降低材料生产成本并研究如何设定适当的水洗灭菌程序，使这种先进的材料快速应用到医疗领域。

3. 洁净手术环境的安全装备与无菌屏障的建立：

（1）手术过程中患者的血液可能会溅到医护人员的衣服和皮肤上，血液中的微生物可能会导致医护人员感染。此外，被污染的衣服中的细菌传播也会导致医生和患者感染，所以建立一个环境无菌屏障，防止手术中的感染非常有必要。

（2）无菌屏障被定义为在手术切口与细菌可能来源之间进行阻隔的任何类型的材料。

（3）屏障的作用是阻止微生物传播到外科无菌区。防护服（包括无菌手术衣和帽子等）被普遍使用，用于阻隔细菌。

（4）传统可重复使用的手术衣大多数由纯棉纱织造，由于其不能很好地阻隔细菌，正逐渐被非织造布制成的一次性手术衣取代。

14.2.8 人员清洁装备与技术。

【技术要点】

1. 人员净化、物料净化用室和设施

（1）洁净室内应设置人员净化、物料净化用室和设施，并应根据需要设置生活用室和其他用室。

（2）人员净化用室和生活用室的设置应符合下列规定：

1）应设置存放雨具、换鞋、外衣以及更换洁净工作服等人员净化用室，它是人员净化用室的基本组成部分，也是人员净化用室的必要部分。净鞋的目的在于保护人员净化用室入口处不致受到严重污染。国内多数洁净厂房人员入口处设有擦鞋、水洗净鞋、粘鞋垫、换鞋、套鞋等净鞋措施。为了保护人员净化用室的清洁，最彻底的办法是在更衣前将外出鞋脱去，换上清洁鞋或鞋套。现有洁净室工作人员都执行更衣前换鞋的制度，其中不少洁净厂房对换鞋方式进行了周密考虑，换鞋设施的布置考虑了外出鞋与清洁鞋接触的地面要有明确的区分，避免了清洁鞋被外出鞋污染，如跨越鞋柜式换鞋、清洁平台上换鞋等都有很好的效果。

2）厕所、盥洗室、淋浴室、休息室等生活用室以及空气吹淋室、气闸室、工作服洗涤间和干燥间等可根据需要设置。外出服在家庭生活及户外活动中积有大量微尘和不洁物，服装本身也会散发纤维屑，在更衣室中将外出服及随身携带的其他物品存放于专用的存外衣柜内。

3）外衣存衣柜应按设计人数每人设一柜，洁净工作服宜集中挂入带有空气吹淋的洁净柜内。

4）盥洗室应设洗手和烘干设施。手是交叉污染的媒介，人员在接触工作服之前洗手十分必要。操作中直接用手接触洁净材料的人员可以戴洁净手套或在洁净室内洗手。洗净的手不可用普通毛巾擦抹，因为普通毛巾易产生纤维尘，最好的办法是热风吹干，电热自动烘手器就是一种较好的选择。

5）空气吹淋室具有气闸的作用，能防止外部空气进入洁净室，并使洁净室维持正压状态。吹淋室除了有一定净化效果外，它作为人员进入洁净区的一个分界，还具有警示性的心理作用，有利于规范洁净室人员在洁净室内的活动。需要注意的是，医院洁净手术部人流通道上不应设空气吹淋室。

6）严于 5 级的垂直单向流洁净室宜设气闸室。垂直单向流洁净室由于自净能力强，无紊流影响，人员产尘能迅速被回风带走而不致污染产品，鉴于这种有利条件，也可不设吹淋室而改设气闸室。

7）洁净区内不得设厕所。人员净化用室内的厕所应设前室。

（3）缓冲室是位于洁净空间入口处的小室，在同时间内只能打开一个门，目的是防止人、物出入时外部污染空气流入洁净间，可起到"气闸作用"，还具有补偿压差作用，所以在人、物出入处及不同洁净级别之间应设缓冲室。作为缓冲室必须符合能起到缓冲作用的条件。缓冲室可兼作术前准备、存放洁车之用。

（4）刷手间宜分散布置，最多一间刷手间带 4 间手术室，以便清洁手后能从最短距离进入手术室，防止远距离行走二次污染手的外表。所以一般宜在两个手术室之间设刷手间，内有刷手池；为避免刷手后开门污染，刷手间不应设门。多年实践证明，刷手池放在走廊上易溅湿地面，影响交通，应加以考虑，并采取相应措施。

2. 手卫生设施

根据《医务人员手卫生规范》WS/T 313—2019，手卫生是指医务人员在从事职业活动过程中的洗手、卫生手消毒和外科手消毒的总称。手卫生设施是指用于洗手与手消毒的设施设备，包括洗手池、水龙头、流动水、洗手液（肥皂）、干手用品、手消毒剂等。

（1）洗手与卫生手消毒设施

1）医疗机构应设置与诊疗工作相匹配的流动水洗手和卫生手消毒设施，并方便医务人员使用。

2）重症监护病房在新建、改建时的手卫生设施应符合现行行业标准《重症监护病房医院感染预防与控制规范》WS/T 509 的要求。

3）手术部（室）、产房、导管室、洁净层流病区、骨髓移植病区、器官移植病区、新生儿室、母婴室、血液透析中心（室）、烧伤病区、感染性疾病科、口腔科、消毒供应中心、检验科、内镜中心（室）等感染高风险部门和治疗室、换药室、注射室应配备非手触式水龙头。

4）有条件的医疗机构在诊疗区域均宜配备非手触式水龙头。

5）应配备洗手液（肥皂），并符合以下要求：

① 盛放洗手液的容器宜为一次性使用；

② 重复使用的洗手液容器应定期清洁与消毒；

③ 洗手液发生浑浊或变色等变质情况时及时更换，并清洁、消毒容器；

④ 使用的肥皂应保持清洁与干燥。

6）应配备干手用品或设施。

7）医务人员对选用的手消毒剂有良好的接受性。

8）手消毒剂宜使用一次性包装。

（2）外科手消毒设施

1）应配置专用洗手池。洗手池设置在手术间附近，水池大小、高度适宜，能防止冲洗水溅出，池面光滑无死角，易于清洁。洗手池应每日清洁与消毒。

2）洗手池及水龙头数量应根据手术间的数量合理设置，每 2~4 间手术间宜独立设置 1 个洗手池，水龙头的数量不少于手术间的数量，水龙头开关应为非手触式。

3）应配备符合要求的洗手液。

4）应配备清洁指甲的用品。

5）可配备手卫生的揉搓用品。如配备手刷，手刷的刷毛柔软。

6）手消毒剂的出液器应采用非接触式。

7）手消毒剂宜采用一次性包装。

8）重复使用的消毒剂容器应至少每周清洁与消毒。

9）冲洗手消毒法应配备干手用品，并符合以下要求：

①手消毒后应使用经灭菌的布巾干手，布巾应一人一用。

②重复使用的布巾，用后应清洗、灭菌并按照相应要求储存。

③盛装布巾的包装物可为一次性使用，如使用可复用容器，每次用后应清洗、灭菌，包装开启后超过24h不得使用。

10）应配备计时装置、外科手卫生流程图。

14.2.9　医用敷料分类及技术要点。

【技术要点】

1. 灭菌包装无纺布的特性与测试

（1）灭菌包装无纺布是在挤出聚合物，拉伸形成连续长丝后铺设成网，再经过自身黏合、热黏合、化学黏合或机械加固方法使纤网变成无纺布，经过压合工艺分为5层，为SMMMS结构（S层为抗撕裂防黏层，M层为微生物屏障层），主要用于手术器械、敷料的包装。可根据所包器械种类分为不同规格，灭菌包装无纺布作为一次性使用包装材料具有干净、方便、节省使用成本，同时还可以避免交叉感染风险，无菌保存期长（180d）；根据不同使用科室进行颜色使用管理（图14.2.9-1）。

图14.2.9-1　多色无纺布

（2）适用于过氧化氢低温等离子灭菌、环氧乙烷灭菌、压力蒸汽灭菌、甲醛灭菌四种灭菌方式。

（3）多色无纺布的技术要求见表14.2.9-1。

（4）压力蒸汽穿透性能测定结果见表14.2.9-2。

多色无纺布的技术要求　　　　　表 14.2.9-1

序号	检测项目	标准要求
1	外观	表面应均匀、平整，无明显折痕、无破边破洞，无油污异味，局部厚度无变化，边缘无粘连
2	单位面积质量	单位面积质量应符合技术要求，单位面积质量偏差率为 ±5%
3	宽幅	符合技术要求，偏差为 ±2%
4	性能测试	干态抗张强度沿机器方向应不小于 1.00kN/m，横向应不小于 0.65kN/m
		湿态抗张强度沿机器方向应不小于 0.75kN/m，横向应不小于 0.50kN/m
		经向和纬向断裂力应不小于 300N
		断裂伸长率沿机器方向应不小于 5%，横向应不小于 7%
		内在撕裂度沿机器方向应不小于 750mN，横向应不小于 1000mN
5	透气性	在定压为 10（20mmH$_2$O）的条件下，无纺布的透气性应在 1.5～3.5L/（m^2·s）范围内
6	灭菌因子穿透性能鉴定及灭菌对包装标识的影响	取 10 个无纺布，各填充 1 个化学指示物和 1 个生物指示物，封口后均匀布点于灭菌设备内，134℃下灭菌 6min，包内化学指示物应完全变色，生物指示物应无菌生长，指示包装袋上的标签变色应合格，包装及其标识应无明显变化

灭菌因子（压力蒸汽）穿透性能测定结果　　　　表 14.2.9-2

灭菌温度（℃）	灭菌时间（min）	留点温度计平均温度（℃）	生物指示剂	化学测试卡	变色程度
121	20	121.2	3	1	黑色
121	20	121.1	3	1	黑色
134	6	134.2	3	1	黑色
134	6	134.3	3	1	黑色

注：检测依据：灭菌包装无纺布；压力蒸汽灭菌抗力检测器；隔水式恒温培养箱；压力蒸汽灭菌自含式生物指示剂；压力蒸汽 121℃灭菌化学指示卡；压力蒸汽 134℃灭菌化学指示卡；留点温度计（0～200℃）。

（5）过氧化氢穿透性能测定结果见表 14.2.9-3。

过氧化氢穿透性能测定结果　　　　表 14.2.9-3

留点温度计平均温度（℃）	灭菌时间（min）	过氧化氢质量浓度（mg/L）	生物指示剂	化学测试卡	变色程度
50.2	6	2.30	3	1	黄色
50.2	6	2.30	3	1	黄色
50.3	6	2.30	3	1	黄色
50.1	6	2.30	3	1	黄色

注：检测依据：灭菌包装无纺布；过氧化氢灭菌抗力检测器；隔水式恒温培养箱；压力蒸汽灭菌自含式生物指示剂；压力蒸汽 121℃灭菌化学指示卡；压力蒸汽 134℃灭菌化学指示卡；留点温度计（0～200℃）。

灭菌包装无纺布经过过氧化氢抗力检测器在设定温度为 50℃、作用时间为 6min、过氧化氢质量浓度为 2.30mg/L 的条件下进行灭菌，无纺布包裹的化学指示卡指示色块由红色变为黄色，生物指示剂经培养后为阴性无菌生长，符合现行行业标准《医疗机构消毒技术规范》WS/T 367 的要求。

（6）环氧乙烷穿透性能测定结果见表 14.2.9-4。

环氧乙烷穿透性能测定结果　　　　　　　　　　　　　　表 14.2.9-4

留点温度计平均温度（℃）	灭菌时间（min）	环氧乙烷质量浓度（mg/L）	生物指示剂	化学测试卡	变色程度
54.1	20	600	3	1	绿色
54.2	20	600	3	1	绿色
54.3	20	600	3	1	绿色
54.2	20	600	3	1	绿色

注：检测依据：灭菌包装无纺布；环氧乙烷灭菌器；隔水式恒温培养箱；环氧乙烷灭菌生物指示剂；环氧乙烷灭菌化学指示卡；留点温度计（0～200℃）。

灭菌包装无纺布经过环氧乙烷灭菌器在设定温度为 54℃、作用时间为 20min、相对湿度为 60%、环氧乙烷质量浓度为 600mg/L 的条件下进行灭菌，无纺布包裹的化学指示卡指示色块由红色变为绿色，生物指示剂经培养后为阴性无菌生长，符合现行行业标准《医疗机构消毒技术规范》WS/T 367 的要求。

（7）甲醛穿透性能测定结果见表 14.2.9-5。

甲醛穿透性能测定结果　　　　　　　　　　　　　　表 14.2.9-5

留点温度计平均温度（℃）	灭菌时间（min）	甲醛质量分数（%）	生物指示剂	化学测试卡	变色程度
78.2	15	2	3	1	黄色
78.1	15	2	3	1	黄色
78.1	15	2	3	1	黄色
78.2	15	2	3	1	黄色
78.0	15	2	3	1	黄色

注：检测依据：灭菌包装无纺布；甲醛灭菌抗力仪；隔水式恒温培养箱；低温蒸汽甲醛灭菌生物指示剂；低温蒸汽甲醛灭菌化学指示卡；甲醛质量分数：2%；留点温度计（0～200℃）。

灭菌包装无纺布经过甲醛灭菌抗力仪在设定温度为 78℃、作用时间为 15min、甲醛质量分数为 2% 的条件下进行灭菌，无纺布包裹的化学指示卡指示色块由红色变为黄色，生物指示剂经培养后为阴性无菌生长，符合现行行业标准《医疗机构消毒技术规范》WS/T 367 的要求。

（8）包装：

1）在采用无纺布包装时应符合现行国家标准《最终灭菌医疗器械包装》GB/T 19633 的

要求。

2）包装包括装配、包装、封包、注明标识等，器械与敷料应分室包装。

3）手术器械应摆放在篮筐或有孔托盘中进行包装。

4）手术所用盘、盆、碗等器皿应与手术器械分开包装。

5）压力蒸汽灭菌包裹重量要求：器械包不应超过 7kg，敷料包裹不应超过 5kg。

6）手术器械采用闭合式包装应有 2 层包装材料分两次包装。

2. 医用棉布包布的使用及测试

（1）医用棉布包布应为非漂白织物，四边不应有缝线，不应缝补；初次使用应高温洗涤，脱脂去浆去色，适用于压力蒸汽灭菌、过氧化氢灭菌、环氧乙烷灭菌、甲醛灭菌四种灭菌方式，普通棉布包装材料应一用一清洗，无污渍，灯光检查无破损。棉布作为包装材料在使用过程中会产生棉絮，易导致交叉感染；灭菌过程中疏水性差，易湿包；多次清洗后会导致其纤维断裂，降低使用次数，造成材料成本增加；无菌保存期短（14d）。

（2）医用棉布包布的使用及测试应满足现行行业标准《最终灭菌医疗器械包装材料　第 2 部分：灭菌包裹材料　要求和试验方法》YY/T 0698.2 的要求。

（3）医用棉布包布的技术要求见表 14.2.9-6。

医用棉布包布的技术要求　　　　　　　　　表 14.2.9-6

序号	检测项目	标准要求
1	外观	不脱色，非漂白织物包布，不应有缝线、缝补、破洞、撕裂
2	单位面积质量	1m² 的平均质量应控制在制造商标称值的 ±5% 范围内
3	性能测试	抽提液的 pH 应不小于 5 且不大于 8
		氯化物质量分数（以氯化钠计）应不超过 0.05%，硫酸盐质量分数（以硫酸钠计）应不超过 0.25%
		荧光亮度（白度，F）应不大于 1%，UV 照射源在距离 25cm 处照射，每 0.01m² 上轴长大于 1mm 的荧光斑点数量应不超过 5 处
		经向和纬向断裂强力应不低于 300N，经向和纬向的干态和湿态撕破强力应不低于 6N，干态和湿态胀破强力应不低于 100kPa，透水性应不大于 20mm/s
		疏水性应为 5 级，抗渗水性应不小于 30cm

3. 医用皱纹纸的特性及技术要求

（1）医用皱纹纸由纯木浆构成特殊的多孔排列，无异味，不掉纤维（图 14.2.9-2）。灭菌后无菌保存期 180d。

（2）适用于压力蒸汽灭菌、环氧乙烷灭菌、甲醛灭菌。

（3）医用皱纹纸由于特殊的多孔排列而形成独特的屏障，蒸汽等介质可以弯曲地渗透到包内，将细菌等微生物有效隔开，从而达到较好的微生物屏障性能和细菌过滤效率，具有良好的透气性；其缺点是在临床工作中容易受潮、被刺破且撕抗力差，不适合较重及有尖锐器械类的包装，同时因其具有吸附性，所以也不适合过氧化氢灭菌。

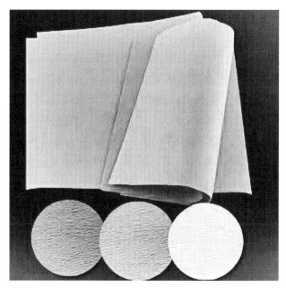

图 14.2.9-2　医用皱纹纸

（4）医用皱纹纸的技术要求见表 14.2.9-7。

医用皱纹纸的技术要求

表 14.2.9-7

外观	表面均匀、平整、无粘连、无污渍、无破边破洞
规格	规格尺寸、单位面积质量不应超过生产厂家标注值的 ±5%
pH	皱纹纸样品的水提取物的 pH 应在 5～8 范围内
氯化物质量浓度	皱纹纸样品的提取液中的氯化物质量浓度（以氯化钠计）应不大于 500mg/kg
硫酸盐质量浓度	皱纹纸样品的提取液中硫酸盐（以硫酸钠计）质量浓度应不大于 2500mg/kg
荧光测定	皱纹纸样品的荧光亮度（白度，F）应不大于 1%；UV 照射源在距离 25cm 处照射，每 $0.01m^2$ 内轴长大于 1mm 的荧光点不超过 5 处
抗张强度与伸长率	皱纹纸的抗张强度沿机器方向应不小于 1.33kN/m，横向应不小于 0.67kN/m；湿态抗张强度沿机器方向应不小于 0.33kN/m，横向应不小于 0.27kN/m；伸长率沿机器方向不小于 5%，横向应不小于 7%

注：1. 质量、pH 测定按照有关消毒技术规范的要求进行；

　　2. 氯化物质量浓度按照现行国家标准《纸、纸板和纸浆　水溶性氯化物的测定》GB/T 2678.2 的要求。

　　3. 硫酸盐质量浓度按照现行国家标准《纸、纸板和纸浆　水溶性硫酸盐的测定》GB/T 2678.6 的要求。

　　4. 荧光测定按照现行行业标准《最终灭菌医疗器械包装材料　第 2 部分：灭菌包裹材料　要求和试验方法》YY/T 0698.2 的要求。

1）阻微生物穿透：材料阻止微生物从一面向另一面穿过的能力。

2）洁净度（微生物）：产品或包装上存活微生物的总数，在实际应用中微生物洁净度常称为"生物负载"。

3）洁净度（微粒物质）：在不受机械冲击下所能释放的污染材料的粒子。

4）落絮：织物在使用中因受力脱落微粒或纤维段，这些微粒都来自织物本身。

5）阻液体穿透：材料阻止液体从一面穿过另一面的能力。

6）透气性：空气透过织物的能力。

7）断裂强力：在规定条件下沿试样长度方向拉伸至断裂时的最大力。

8）胀破强度：把试样夹固定在可变形的薄膜上，通过液压挤压薄膜直至织物被胀破，胀破样品所需的总压力和挤压薄膜所需压力的差就是织物胀破强度。

欧洲有关医用防护材料（手术衣、手术单）性能评价要求如表 14.2.9-8 和表 14.2.9-9 所示。手术衣、手术单性能测试部位如图 14.2.9-3、图 14.2.9-4 所示。

手术衣测试要求　　　　　　　　　　　　　　　　　表 14.2.9-8

特性	单位	标准性能		高性能	
		关键部位	非关键部位	关键部位	非关键部位
阻微生物穿透——干态	CFU	N/A	≤ 200	N/A	≤ 200
阻微生物穿透——湿态	IB	≥ 2.8	N/A	≥ 6.0	N/A
洁净度——微生物	CFU/dm²	≤ 200	≤ 200	≤ 200	≤ 200
洁净度——微粒物质	IPM	≤ 3.5	≤ 3.5	≤ 3.5	≤ 3.5
落絮	落絮计数	≤ 4.0	≤ 4.0	≤ 4.0	≤ 4.0
阻液体穿透	cmH₂O	≥ 20	≥ 10	≥ 100	≥ 10
胀破强度——干态	kPa	≥ 40	≥ 40	≥ 40	≥ 40
胀破强度——湿态	kPa	≥ 40	N/A	≥ 40	N/A
拉伸强度——干态	N	≥ 20	≥ 20	≥ 20	≥ 20
拉伸强度——湿态	N	≥ 20	N/A	≥ 20	N/A

注：N/A 表示不适用。

手术单测试要求　　　　　　　　　　　　　　　　　表 14.2.9-9

特性	单位	标准性能		高性能	
		关键部位	非关键部位	关键部位	非关键部位
阻微生物穿透——干态	CFU	N/A	≤ 200	N/A	≤ 200
阻微生物穿透——湿态	IB	≥ 2.8	N/A	≥ 6.0	N/A
洁净度——微生物	CFU/dm²	≤ 200	≤ 200	≤ 200	≤ 200
洁净度——微粒物质	IPM	≤ 3.5	≤ 3.5	≤ 3.5	≤ 3.5
落絮	落絮计数	≤ 4.0	≤ 4.0	≤ 4.0	≤ 4.0
阻液体穿透	cmH₂O	≥ 30	≥ 10	≥ 100	≥ 10
胀破强度——干态	kPa	≥ 40	≥ 40	≥ 40	≥ 40
胀破强度——湿态	kPa	≥ 40	N/A	≥ 40	N/A

续表

特性	单位	标准性能		高性能	
		关键部位	非关键部位	关键部位	非关键部位
拉伸强度——干态	N	≥15	≥15	≥20	≥20
拉伸强度——湿态	N	≥15	N/A	≥20	N/A

注：N/A表示不适用。

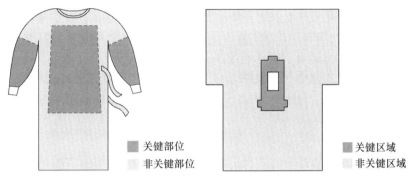

图14.2.9-3　手术衣性能测试部位　　图14.2.9-4　手术单性能测试部位

14.2.10　洗消设备

【技术要点】

1. 清洗机

消毒供应中心主要清洗设备为全自动热力清洗消毒机（图14.2.10），它通过自动控制清洗腔内水的流量、压力、温度以及清洗剂剂量等重要参数，使器械在要求的温度下维持一定时间，实现对物品清洗、消毒。物品在该设备中可以自动完成从清洗、消毒到干燥的全过程。全自动热力清洗消毒机的工作介质为水，通过热力方式实现消毒。

图14.2.10　全自动热力清洗消毒机

（1）国际标准化组织发布了针对机械热力清洗消毒器的标准，规定了不同器械湿热消毒必须达到的 AO 值（AO 值为温度和时间的积分值，起始计算温度为 65℃）：

1）AO 值为 60，主要处理那些与完整皮肤接触，不带大量有可引起严重疾病的耐热致病菌的器械；

2）AO 值为 600，对应 80℃、10min 或 90℃、1min，可以杀灭所有细菌繁殖体、真菌孢子和一些不耐热的病毒；

3）AO 值为 3000，对应 80℃、50min 或 90℃、5min，可以灭活 HepatitisB 病毒。

（2）我国行业标准《医院消毒供应中心　第2部分：清洗消毒及灭菌技术操作规范》WS 310.2—2016 规定，消毒后直接使用的诊疗器械、器具和物品，湿热消毒温度应大于等于 90℃，时间大于等于 5min，或 AO 值大于等于 3000；消毒后继续灭菌处理的，其湿热消毒温度应大于等于 90℃，时间大于等于 1min，或 AO 值大于等于 600。

（3）全自动热力清洗消毒机可根据器械的种类和污染程度设置不同的清洗消毒程序，一个完整的程序包括预洗、主洗、消毒、漂洗、冲洗和干燥等过程，还可选择设置上油程序。

2. 灭菌设备

消毒供应中心处理的物品经过清洗、消毒、检查包装后，需要灭菌的物品根据物品所能耐受的温度及其他特性，选择不同的灭菌方式。灭菌的主要设备为压力灭菌器、干热灭菌器、低温灭菌器等。

（1）根据加热介质不同，可以分为干热灭菌和湿热灭菌。干热灭菌即直接对物品加热，实现灭菌；湿热灭菌即用水或水蒸气加热物品，实现灭菌。微生物对干热灭菌的耐受力比对湿热灭菌强，因此，与干热灭菌相比，湿热灭菌所需要的温度较低，对物品的穿透速度快，灭菌时间短，是目前公认的可靠、廉价、环保的消毒灭菌方法。

1）干热灭菌器

干热灭菌是利用热空气或直接加热的方式作用于对象，常见的干热灭菌方法有烘烤、红外线照射、焚烧和烧灼等。干热灭菌使微生物的蛋白质发生氧化、变性、炭化，或使其电解质脱水浓缩，引起细胞中毒，以及破坏其核酸，最终导致微生物的死亡。

干热灭菌所需温度高，时间长。灭菌参数为：150℃、150min，160℃、120min，170℃、60min，180℃、30min。

2）湿热灭菌器

湿热对物品的热穿透力强，蒸汽中的潜热可以迅速提高被灭菌物品的温度。常见的湿热灭菌器有煮沸灭菌器、流通蒸汽灭菌器、巴氏灭菌器、压力蒸汽灭菌器、间歇灭菌器等。湿热灭菌使微生物的蛋白发生变性和凝固，核酸发生降解，细胞壁和细胞膜发生损伤，最终导致微生物死亡。

湿热蒸汽存在潜热，能迅速提高被灭菌物品的温度；湿热灭菌效果好，121℃下仅需15min。

（2）压力蒸汽灭菌的方式：

1）下排式压力蒸汽灭菌器：该类灭菌器利用重力作用使热蒸汽在灭菌器中从上而下将冷空气挤出灭菌器腔体，排出的冷空气由饱和蒸汽取代，利用蒸汽释放的潜热使物品升温到灭菌温度。此类灭菌器设计简单，但空气排出不彻底，温度不宜超过126℃，所需灭菌时间比较长。

2）预真空压力蒸汽灭菌器：20世纪60年代，英国首先研制出预真空压力蒸汽灭菌器，大大改变了灭菌器的灭菌质量和效率。这种灭菌器主要的改进在于将排出冷空气的方式由被动变为主动，即将冷空气由真空泵抽出，冷空气被排出得较彻底（＞98%），从而使温度升高，整个灭菌周期明显缩短。

（3）低温灭菌器：

1）环氧乙烷灭菌器：环氧乙烷又名环氧乙烯（EO），在低温下无色透明，属于高效消毒剂，可杀灭细菌繁殖体与芽孢、真菌和病毒等；具有芳香醚味；穿透力强，对大多数物品无损坏，消毒灭菌后可快速挥发。环氧乙烷灭菌器的灭菌程序主要包括预热、预湿、抽真空、通入汽化的环氧乙烷、维持灭菌时间、消除灭菌柜内环氧乙烷气体、解析以除去灭菌物品内环氧乙烷的残留。

2）过氧化氢等离子体灭菌器：过氧化氢等离子体灭菌是低温灭菌技术中的新成员，等离子体是某些气体或气体状态在强电磁场的作用下，形成气体晕放电及电离而产生的。低温过氧化氢等离子体装置，首先通过过氧化氢液体经过弥散变成气体状态后对物品进行灭菌，再通过产生的等离子体进行第二阶段灭菌。等离子体的另一个作用是加快和充分分解过氧化氢气体在物品和包装材料上的残留。目前常用的过氧化氢等离子体灭菌器工作温度为55℃，灭菌周期为28～75min，排放产物为水和氧气。灭菌后物品可以直接使用。

3）低温蒸汽甲醛灭菌器：甲醛为饱和脂肪醛类中最简单的化合物，可由天然气氧化获得，为合成树脂、醇、酸等多种化学物的中间体，多用于橡胶、塑料、皮革、造纸、药品等生产，亦常用于灭菌、消毒和防腐。温度对甲醛气体的灭菌作用有明显的影响，随着温度的升高，灭菌的作用也加强。理想的灭菌温度为50～80℃。同时，相对湿度越大，甲醛的质量分数越高，灭菌效果越有效。甲醛气体穿透力较差，即使有很薄的一层有机物的保护亦会大大影响灭菌速度。所以对灭菌物品一定要有效清洗，去除可能存在的有机物后再放入低温蒸汽甲醛灭菌器内灭菌。

3. 辅助设备

（1）物品接收、分类设施主要包括：污物回收车或回收箱、污物接收台、分类台等。

（2）清洗工具及设备主要包括：高压水枪、气枪，超声波清洗机，干燥柜等。

（3）自动监控：包括洁净室空气洁净度、温度和湿度的监控，洁净室的压差监控，高纯气体、纯水的监控。气体纯度、纯水水质的监测等的要求是不同的，并且各行各业的洁净室（区）的规模、面积也是不同的，所以自动监控装置的功能应视工程情况确定。

14.3　洁净室环境卫生安全装备运行与管理要点

医用洁净室日常维护管理包括按规范要求的时间定期对各类空气过滤器耗材进行清洗与更换；对各类设备与系统进行保养、维护、维修及检测、调校。

空调系统的日常维护管理见表 14.3。

空调系统的日常维护管理

表 14.3

使用部位		日常维护
空气过滤器耗材	粗效过滤器	集中新风机组、自取新风机组每周清洗 1 次，每月视情况更换； 循环机组每 2 周视情况清洗，3 个月更换 1 次； 净化区域内回风网每 2 周清洗 1 次，每 3 个月更换 1 次
	中效过滤器	新风机组、自取新风机组每 2 周清洗 1 次，每 3 个月视情况更换； 循环机组每月视情况清洗，半年更换 1 次
	亚高效过滤器	新风机组每半年更换 1 次
净化空调及其控制系统	信息面板	多功能中央控制系统、照明系统、空调控制系统、麻醉废气控制、手术灯、时钟、计时钟、温湿度显示器等工作正常
		系统运行性能指标检查：检查监控器显示值与设定值的符合性，包括各区的正压值、梯度监控记录
		控制开关灵活，接触器无打火现象，接线端子牢固，电路板无尘； 观片箱、书写台照明亮度正常，镇流器无损坏，活动部件完好无损
		系统运行实时监控数据：手术区内换气次数、静压差、压力梯度、温度、湿度、噪声等有控制要求的参数，以及影响压力的局部排风设备、排风机、送风机等关键设施设备的运行、电力供应等的当前状态，能监控、记录和存储故障的现象、发生时间和持续时间；应可以随时查看历史记录
	净化空调机组	检查风机电流及绝缘值与变频器性能；根据风机叶轮沾污粉尘情况，不定期清洗；风机、电机轴承每 2 个月检查注油 1 次；传动皮带每月检查 1 次是否有破裂现象
		负压段积水检查，对接水盘及冷凝水路清洁。及时维修更换老化或受损配件，防止净化空调机组内积水或渗漏
		机组内外、防虫网保持清洁，防虫安全网有松动或生锈现象要及时维修
		设备层室内无积水，机座钢结构无锈，整体环境清洁； 新风口保持清洁、牢固，做到机房内干燥、通风、清洁、无灰尘、无异物
	空气过滤器	定期清洗粗效、中效过滤器及回风口、排风口，并进行记录； 粗效、中效过滤器视情况更换； 亚高效过滤器每年更换 1 次； 高效过滤器每 2 年更换 1 次并进行记录，更换完毕后需对洁净室参数做一次全面的检测
	阀门	风柜与风管间的软接头检查、防虫网清洁；检查维修手动阀门的联动性，更换老化封条或软接头，保养自动、手动或联动阀门
	热交换器的翅片清洁	清洁热交换器的翅片，肋片有压倒的要用翅梳梳好； 风柜定期检查、保养； 对风柜内外进行清洁并拧紧所有紧固件，更换或维修受损配件；检查风机舱门、风柜门的密闭性，更换老化的密封条和配件
	电热管	检测电加热器阻值，更换老化的电热管； 根据检测数据进行保养维修或更换
	加湿器	定期检查电磁阀，对其进行通电试验，保证干蒸汽管道上各功能阀门工作正常，发现损坏立即更换

使用部位		日常维护
净化空调及其控制系统	风机盘管机组	定期检查温控开关的动作情况，控制失灵的要及时修复或更换； 检查防振装置的弹性，松动的需要紧固，如有老化现象必须更换； 水管绝热层如有超温、老化、破损须及时修补或更换； 吹吸或水洗盘管肋片，肋片有压倒的要用翅梳梳好； 根据风机叶轮沾污粉尘情况，不定期清洗，检查叶轮的焊接部位及轴承是否符合要求，并进行维修保养，消除安全隐患； 每年必须采用机械方法清洗一次冷凝器中的水管，清洗或更换管道过滤器； 清洗新风机组粗效过滤器，及时更换风阻超过要求的空气过滤器
	送、回风系统	防火阀、电动密闭阀、风量阀、定风量阀及手动阀的检查、维护，检查各种风阀的密封性、灵活性、稳固性和开启的准确性，及时进行润滑和堵漏保养； 静压箱密封，管道保温良好，风量配比合理； 支吊构件必须牢固，及时修复和紧固，锈蚀的要除锈刷漆处理； 保持排风口过滤网无破损、无灰尘； 检查风管绝热层或保护层，脱落或破损的及时修复； 检查风管系统的支吊构件，做好修复、紧固和除锈工作
	排风系统	排风风机转速和变频器数据必须一致、风量流动对室内梯度压差保持一致，整机无异响及振动； 风机电流监测，皮带检查，添加润滑油； 对风机轴承补充润滑油，检查、调节皮带
	空调水系统	水过滤器定期拆开清洁，管道过滤器定时清洗、排除污垢、除锈，更换损坏的过滤装置； 水管绝热层如有超温、老化、破损须及时修补或更换； 检查阀体、手动浮球阀、自动排气阀，通断电检查电磁阀和电动压差调节阀，对动作不灵的要修理或更换； 室内外阀门加注润滑油，露天阀门定期更换润滑油、密封垫及除锈； 电磁阀和电动压差调节阀通断电检查，检查联动功能在各种状态下是否正常； 水管系统的支吊构件：支吊构件必须牢固，及时修复和紧固，锈蚀的要除锈刷漆处理； 箱体及钢结构基座除锈刷漆，各部位箱体及钢结构基座需要防腐除锈刷漆工作

14.4　洁净用房及相关受控环境生物污染控制

14.4.1　生物污染控制正规体系。洁净用房及相关受控环境中应制定并实施生物污染控制的正规体系，该正规体系用以评估并控制微生物对工艺和产品的影响。

【技术要点】

所选定的微生物危害评价与控制体系应包含下述要素：

（1）明确对工艺或产品的潜在危害；评价这些危害发生的可能性，明确防范和控制危害的措施；

（2）确定风险区，确定每个区内为消除或降低危害发生的可能性而可以控制的点位、规程、运行步骤以及环境条件；

（3）设定确保有效的控制限值；

（4）制定监测与观测计划；

（5）制定纠正行动方案，即，当监测结果表明某个特定点、规程、运行步骤、环境条件未受控时需采取的纠正措施；

（6）制定用以验证所选正规体系行之有效的规程，其中可包括补充检测和规程；

（7）制定培训规程；

（8）建立并保留相关文档。

14.4.2　制定正规体系。

【技术要点】

1. 一般要求

用户负责制定、启动、实施可及时发现不利情况的生物污染控制正规体系。该正规体系应适合于现场应用、特定设施、特定条件，并成为质量管理体系的必要组成部分。质量管理体系中应包含针对性的培训方案。

此外，应仔细设计并实施监测计划，注意将采样活动本身污染产品和风险区的可能性降至最低。

应根据相关指南、法规（若有）及所选正规体系对风险区进行分级。也可以根据空气和表面生物污染的程度来分级，分为低危、中危、高危、特危四个级别。

注：本部分并未详细讨论第14.4.1条技术要点中所列的正规体系的前两部分。如何识别、评价和控制危害的相关内容可在其他资料中查询。

2. 预警值、干预值、目标值

洁净室及相关受控环境的用户应设定微生物预警值和干预值。这些设定值应适合于高级别洁净环境控制现场，适用于高风险区等级，且使用现有技术可以实现。某些特定应用领域可能只设微生物目标值，不设预警值和干预值。

在初始启动期间和按正规体系确定的间隔期内，应对生物污染数据进行审核，以便建立或确认用于规定预警值和干预值的基准数据。在设定预警值、干预值、目标值的实际应用场合，预警值和干预值可与目标值相关联。应审核预警值和干预值，并根据情况进行适当调整。

3. 生物污染监测

应按采样计划，使用恰当的采样方法和计数方法，监测风险区的生物污染。构成危害的生物污染源包括：空气、表面、纺织品、液体等。在建造与调试新设施时，以及在相应的空态条件下进行微生物采样时，可给出基准数据。风险区的监测可在空态和静态下进行，例行监测也应按所选正规体系的规定在动态条件下进行。

根据实际情况的复杂性和多样性选择恰当的采样方法和采样规程。根据相关规程和仪器制造商的说明，选择相应的采样器和操作方法实施采样。根据监测区域的情况选择采样器，选择采样器时应考虑下述因素：

（1）被采活粒子的类型；

（2）该活粒子对采样方法的敏感性；

（3）活粒子的预期质量浓度；

（4）固有微生物菌群；

（5）风险区的可达性；

（6）检测低质量浓度生物污染的能力；

（7）进行采样的风险区的环境条件；

（8）采样时间和持续时间；

（9）采样方法、采样介质的材料和特性；

（10）采样器对所监测工艺或环境的影响；

（11）采样准确度和采样效率；

（12）培养方法，活粒子检验和评估方法；

（13）所需信息的类型（定性信息还是定量信息）；

（14）适用时，萃取液或洗脱液的效率。

应按照所选正规体系的规定，制定采样计划并形成文件。要对生物污染数据进行准确评价与分析，必须制定采样计划。采样应在动态条件下、当被测系统微生物质量浓度最大时进行，例如换班之前或活动量最大时。在静态条件下的采样也可以给出有关设施的设计和性能方面的有用信息。采样计划应由以下部分组成：

（1）为提供基准点或基准数据按所选正规体系构架进行的初始采样；

（2）按所选正规体系进行的例行采样。

为保护人员、环境、工艺、产品，采样计划应考虑风险区所需的洁净程度以及相关活动所需的生物污染控制水平，在采样计划中需考虑的事项如下：

（1）选择采样点位置，考虑到风险区的位置和功能；

（2）样本数量（有限容量或小容量的样本可能无法提供有代表性的结果，而某些场合，大量样本可弥补小容量样本的不足）；

（3）采样频繁度；

（4）采样方法（定性采样还是定量采样）；

（5）一个样本的量，或一个样本应覆盖的面积；

（6）稀释剂、洗脱液、中和剂等；

（7）特定条件下可能影响培养结果的因素；

（8）风险区内产生生物污染的作业、人员、设备的影响，例如：压缩气体、室内空气、生产设备、监测和测量仪器、存储容器、区内人员数量、人员未加防护的表面、个人服饰、防护服、墙和顶棚、地面、门、工作台、椅子、其他来源的空气等。

采样频度应根据所选正规体系设定。必要时，在下列情况下予以确认或修改：

（1）连续超过预警值或干预值时；

（2）长时间不工作之后；

（3）风险区检测到传染性病原体时；

（4）通风系统重大维护之后；

（5）影响洁净室环境的工艺变动之后；

（6）记录到异常结果之后；

（7）清洁或消毒方法变更之后；

（8）可能造成生物污染的意外事故之后。

采样点按照所选正规体系来确定，并将其纳入采样计划。同一个采样点可多次采样。各采样点的采样次数可以不同。采样应在文件规定的微生物控制点进行。

每个样本的标识应包含下述信息或提供追溯下述信息的代码：采集点、采集日期和时间、采样者、采样时进行的工作、培养基类型、偏离采样计划之处。

4. 样本处理

样本的采集、运输、处理应不影响所采有机体的存活力及数量。需要考虑的因素有：运输与储存的条件和时间、中和剂的使用、渗透调节剂的使用。样本的采集方式及样本处在容器中时，应既不增加也不抑制生物污染物。

5. 样本培养

根据预期的微生物种类、采样环境、采样方法以及使用的设备，选择培养基和培养条件（例如：温度、培养时间、氧分压、相对湿度）。

除非另有规定，应选用无选择性的培养基。为消除或减少采样点可能残留抗菌性，可在培养基中加入适当的添加剂。对于在洁净室及相关受控环境内使用的培养基，其容器的外表面要保持相应的洁净程度。

应尽量根据预期进入洁净环境的微生物种类有利的生长条件，选择合适的培养基培养温度和培养时间。

细菌的整个培养期为 2～5d，真菌为 5～7d。厌氧菌、耐热菌、微需氧菌、营养缺陷菌或营养苛求菌、真菌，可能需要特定的环境条件及培养期。培养期间应以适当的时间间隔定期观察器皿。

6. 采样数据的评估

对生物污染数据进行评估，是为有效的纠正行动提供足够的信息。

注：可测量示踪剂间接监测微生物的污染，如测量三磷酸腺苷（ATP）。但应指出，检出的示踪剂与生物污染之间可能并不直接相关，而验证正规体系或确认监测系统时需要直接估算生物污染物。

一般认为，如同其他的微生物计数一样，生物污染的估计也能受计数所用仪器和方法的影响。因此，对样本活粒子的计数只能使用经过确认的适用方法。

微生物监测无法对受控环境中发现的所有微生物种类进行鉴别并定量。因此，在结果的评估中应注明所选的鉴别等级。

注：所涉及区域的关键程度以及所做的探查能否确保进一步的鉴别，决定鉴别等级。一般以细胞形态学、染色特性及其他特征进行粗略分级已足够。必要时，现有的实验室方法至少可鉴别到属这一级。通过鉴别所获取的信息，有助于评估清洁与消毒方法、确定污染源、选择适当的纠正行动。对关键区域菌株的鉴别通常先于非关键区域。

7. 结果的表述、分析、报告

根据所用的方法，使用 SI 单位制，用活单元（VU）或菌落（CFU）的数量表述结果。

为判定趋势，应延长对结果的观察时间，以有助于分析。依据对调查结果和检测结果的审核情况，确定异常结果的显著性，确定该条件下运行或加工产品的合格性。

检测报告应包括或提及下述内容：样本类型；所用方法、所用标准的编号及标题；所使用的采样器；采样位置；采样时正在进行的活动类型、占用状态；采样区人员数量；采样日期和时间；采样持续时间；样本检验时间；培养条件和培养时间；与规定检测方法的偏离之处及可能影响结果的因素；有了初始和最后读数后，对收集的样本进行检验所获得的检测结果；进行定量检测时，以 SI 单位制表示结果；若进行鉴别，对分离株进行说明；撰写检测报告机构的名称；检测完成日期；检测者的姓名和签字。

8. 正规体系的验证

应定期检验生物污染的监测结果，以确认正规体系的执行符合规定的规程，并已达到规定的要求。

注：此项考核可能要用到监测和审计方法，用到检测和规程，包括随机采样和统计学分析。为了确保正规体系功能正常，可能还要对所有工作步骤和设备进行系统性的验证。

若验证表明受控环境偏离规定限值，或受控环境的微生物状况发生变化，应采取纠正措施，必要时应修改正规体系。

14.4.3　医院消毒卫生要求。

【技术要点】

1. 各类环境空气、物体表面

各类环境空气、物体表面菌落应符合表 14.4.3 的要求。表中 I 类环境为采用空气洁净技术的诊疗场所，分为洁净手术部和其他洁净场所；II 类环境为非洁净手术部（室）、产房、导管室、血液病病区、烧伤病区等保护性隔离病区，以及重症监护病区、新生儿室等；III 类环境为母婴室、消毒供应中心的检查包装灭菌区和无菌物品存放区、血液透析中心（室）、其他普通住院病区等。IV 类环境为普通门（急）诊及其检查、治疗室，感染性疾病科门诊和病区。

各类环境空气、物体表面菌落数卫生标准　　　　表 14.4.3

环境类别		空气平均菌落数		物体表面平均菌落数（CFU/cm²）
		（CFU/皿）	（CFU/m³）	
I 类环境	洁净手术部	符合现行国家标准《医院洁净手术部建筑技术规范》GB 50333 的要求	≤ 150	≤ 5.0
	其他洁净场所	≤ 4.0（30min）		
II 类环境		≤ 4.0（15min）	—	≤ 5.0
III 类环境		≤ 4.0（5min）	—	≤ 10.0
IV 类环境		≤ 4.0（5min）	—	≤ 10.0

注：1. CFU/皿为采用平板暴露法的单位，CFU/m³ 为采用空气采样器法的单位。

2. 括号中数据为采用平板暴露法检测时的平板暴露时间。

3. 怀疑医院感染暴发或疑似暴发与医院环境有关时，应进行目标微生物检测。

2. 医务人员手表面

卫生手消毒后，医务人员手表面的菌落总数应小于等于 10CFU/cm²；外科手消毒后，医务人员手表面的菌落总数应小于等于 5CFU/cm²。

3. 医疗器材

高度危险性医疗器材应无菌；中度危险性医疗器材的菌落总数应小于等于 20CFU/件（CFU/g 或 CFU/100cm²），不得检出致病性微生物；低度危险性医疗器材的菌落总数应小于等于 200CFU/件（CFU/g 或 CFU/100cm²），不得检出致病性微生物。

4. 治疗用水

血液透析相关治疗用水应符合现行行业标准《血液透析及相关治疗用水》YY 0572 的

要求；其他治疗用水应符合相应卫生标准。

5. 防护用品

医用防护口罩、外科口罩和一次性防护服等防护用品应符合现行国家标准《医用防护口罩技术要求》GB 19083、《医用一次性防护服技术要求》GB 19082 和现行行业标准《医用外科口罩》YY 0469 的要求。

6. 消毒剂

灭菌剂、皮肤黏膜消毒剂应符合《中华人民共和国药典（2020 年版）》中纯化水或无菌水的配制要求，其他消毒剂的配制用水应符合现行国家标准《生活饮用水卫生标准》GB 5749 的要求。

使用中的消毒液的有效质量分数应符合使用要求；连续使用的消毒液，每天使用前应进行有效质量分数的检测。

灭菌用消毒液的菌落总数应为 0；皮肤黏膜消毒液的菌落总数应符合相应标准的要求；其他使用中的消毒液的菌落总数应小于等于 100CFU/mL，不得检出致病性微生物。

7. 消毒器械

使用中的消毒器械的杀菌因子强度应符合使用要求；紫外线灯应符合现行国家标准《杀菌用紫外辐射源　第 1 部分：低气压汞蒸气放电灯》GB/T 19258.1 的要求，使用中的紫外线灯（30W）的辐射照度值应大于等于 $70\mu W/cm^2$。

工作环境中消毒器械产生的有害物质量浓度（强度）应符合相关规定；产生臭氧的消毒器械的工作环境的臭氧质量浓度应小于 $0.16mg/m^3$；环氧乙烷灭菌器工作环境的环氧乙烷质量浓度应小于 $2mg/m^3$。

8. 污水处理

污水排放应符合现行国家标准《医疗机构水污染物排放标准》GB 18466 的要求。

9. 疫点（区）消毒

消毒效果应符合现行国家标准《疫源地消毒总则》GB 19193 的要求。

14.4.4　医院消毒管理要求。

【技术要点】

1. 建筑布局和消毒隔离设施

建筑设计和工作流程应符合传染病防控和医院感染控制的需要，消毒隔离设施配置应符合现行行业标准《医院隔离技术标准》WS/T 311 和《医疗机构消毒技术规范》WS/T 367 的有关规定。

感染性疾病科、消毒供应中心（室）、手术部（室）、重症监护病区、血液透析中心（室）、新生儿室、内镜中心（室）和口腔科等重点部门的建筑布局和消毒隔离应符合相关规定。

洁净场所的设计、验收符合现行国家标准《医院洁净手术部建筑技术规范》GB 50333 的要求，竣工全性能监测应由有资质的第三方完成。

Ⅱ类环境和门（急）诊、病区等诊疗场所应按现行行业标准《医务人员手卫生规范》WS/T 313 的要求配置合适的手卫生设施，提供满足需要的洗手清洁剂、手消毒剂以及干手设施等。

2. 消毒产品使用管理

使用的消毒产品应符合国家有关法规、标准规范等，并按照批准或规定的范围和方法使用。

含氯消毒液、过氧化氢消毒液等易挥发的消毒剂应现配现用；过氧乙酸、二氧化氯等二元、多元包装的消毒液活化后应立即使用。采用化学消毒、灭菌的医疗器材，使用前应用无菌水（高水平消毒的内镜可使用经过滤的生活饮用水）充分冲洗，以去除残留。不应使用过期、失效的消毒剂。不应采用甲醛自然熏蒸方法对医疗器材进行消毒。不应采用戊二醛熏蒸方法对带管腔的医疗器材进行消毒。

灭菌器如需进行灭菌效果验证，应由省级以上卫生行政部门认定的消毒鉴定实验室进行检测。灭菌物品的无菌检查应按《中华人民共和国药典（2020年版）》中"无菌检查法"的要求进行。使用消毒器械灭菌的消毒员应经培训合格后方可上岗。

3. 重复使用医疗器材的清洗

清洗程序应按现行行业标准《医院消毒供应中心 第2部分：清洗消毒及灭菌技术操作规范》WS 310.2执行。有特殊要求的传染病病原体污染的医疗器材应先消毒再清洗。

4. 消毒灭菌方法选择原则

高度危险性医疗器材使用前应灭菌；中度危险性医疗器材使用前应选择高水平消毒或中水平消毒；低度危险性器材使用前可选择中、低水平消毒或保持清洁。

耐湿、耐热的医疗器材应首选压力蒸汽灭菌；带管腔或带阀门的器材应采用经灭菌过程验证装置（PCD）确认的灭菌程序或外来器械供应商提供的灭菌方法。

玻璃器材、油剂和干粉类物品等应首选干热灭菌；其他方法应符合现行行业标准《医疗机构消毒技术规范》WS/T 367的规定。

不耐热、不耐湿的医疗器材应选择经国家卫生行政部门批准的低温灭菌方法。

重复使用的氧气湿化瓶、吸引瓶、婴儿暖箱水瓶以及加温加湿罐等宜采用高水平消毒。

5. 环境、物体表面消毒

环境、物体表面应保持清洁；当受到肉眼可见污染时应及时清洁、消毒。

对治疗车、床栏、床头柜、门把手、灯开关、水龙头等频繁接触的物体表面应每天清洁、消毒。

被病人血液、呕吐物、排泄物或病原微生物污染时，应根据具体情况，选择中水平以上消毒方法。对于少量（≤10mL）的溅污，可先清洁再消毒；对于大量（>10mL）血液或体液的溅污，应先用吸湿材料去除可见的污染，然后再清洁和消毒。

人员流动频繁、拥挤的诊疗场所应每天在工作结束后进行清洁、消毒。感染性疾病科、重症监护病区、保护性隔离病区（如血液病病区、烧伤病区）、耐药菌及多重耐药菌污染的诊疗场所应做好随时消毒和终末消毒。

拖布（头）和抹布宜清洗、消毒，干燥后备用。推荐使用脱卸式拖头。

6. 通风换气和空气消毒

应采用自然通风和/或机械通风保证诊疗场所的空气流通和换气次数；采用机械通风时，重症监护病房等重点部门宜采用"顶送风、下侧回风"的通风方式，建立合理的气流组织。

呼吸道发热门诊及其隔离留观病室（区）、呼吸道传染病收治病区如果采用集中空调通风系统，应在通风系统中安装空气消毒装置；未采用空气洁净技术的手术室、重症监护病区、保护性隔离病区（如血液病病区、烧伤病区）等场所，宜在通风系统中安装空气消毒装置。

空气消毒方法应遵循现行行业标准《医疗机构消毒技术规范》WS/T 367 的规定。不宜采用化学喷雾的方法进行空气消毒。

7. 消毒供应中心（室）的管理

消毒供应中心（室）的建筑布局以及清洗、消毒灭菌和效果监测应符合现行行业标准《医院消毒供应中心》WS 310 的要求。

8. 污水、污物处理

医院污水处理设施的设计、建设和管理应符合现行国家标准《医疗机构水污染物排放标准》GB 18466 的要求。

医疗废物的管理应符合《医疗废物管理条例》《医疗卫生机构医疗废物管理办法》的要求。

14.4.5　采样和检查方法。

【技术要点】

1. 采样和检查原则

采样后应尽快对样品进行相应指标的检测，送检时间不得超过 4h；若样品保存于 0～4℃时，送检时间不得超过 24h。

不推荐医院常规开展灭菌物品的无菌检查，当流行病学调查怀疑医院感染事件与灭菌物品有关时，应进行相应物品的无菌检查。常规监督检查也可不进行致病性微生物检测，涉及疑似医院感染暴发、医院感染暴发调查或工作中怀疑微生物污染时，应进行目标微生物的检测。

可使用经验证的现场快速检测仪器进行环境、物体表面等微生物污染情况和医疗器材清洁度的监督筛查；也可用医院清洗效果检查和清洗程序的评价来验证。

2. 空气微生物污染检查方法

（1）采样时间

Ⅰ类环境在洁净系统自净后、从事医疗活动前采样；Ⅱ、Ⅲ、Ⅳ类环境在消毒或规定的通风换气后、从事医疗活动前采样。

（2）检测方法

Ⅰ类环境可选择平板暴露法和空气采样器法，参照现行国家标准《医院洁净手术部建筑技术规范》GB 50333 的要求进行检测。空气采样器法可选择六级撞击式空气采样器或其他经验证的空气采样器。检测时将采样器置于室内中央 0.8～1.5m 的高度，按采样器使用说明书操作，每次采样时间不应超过 30min。房间面积大于 10m^2 者，每增加 10m^2 增设一个采样点。

Ⅱ、Ⅲ、Ⅳ类环境采用平板暴露法：室内面积小于等于 30m^2，设内、中、外对角线 3 点，内、外点应距墙壁 1m 处；室内面积大于 30m^2，设 4 角及中央 5 点，4 角的布点部位应距墙壁 1m 处。将普通营养琼脂平皿（ϕ90mm）放置于各采样点，采样高度为距地面 0.8～1.5m；采样时将平皿盖打开，扣放于平皿旁，暴露规定时间（Ⅱ类环境暴露 15min，Ⅲ、Ⅳ类环境暴露 5min）后盖上平皿盖及时送检。

将送检平皿置 36℃±1℃恒温箱培养 48h，计数菌落数，必要时分离致病性微生物。

（3）结果计算

平板暴露法按平均每皿的菌落数计算，单位为 CFU/（皿・暴露时间）。

空气采样器法计算公式：

$$空气中菌落总数（CFU/m^3）=\frac{采样器各平皿菌落数之和（CFU）}{采样速率（L/min）\times 采样时间（min）}\times 1000$$

3. 物体表面微生物污染检查方法

（1）采样时间

潜在污染区、污染区消毒后采样；清洁区根据现场情况确定。

（2）采样面积

被采表面面积小于 100cm²，取全部表面；被采表面面积大于等于 100cm²，取 100cm²。

（3）采样方法

将 5cm×5cm 灭菌规格板放在被检物体表面，用浸有无菌 0.03mol/L 的磷酸盐缓冲液或生理盐水采样液的棉拭子 1 支，在规格板内横竖往返各涂抹 5 次，并随之转动棉拭子，连续采样 1～4 个规格板面积，剪去手接触部分，将棉拭子放入装有 10mL 采样液的试管中送检。门把手等小型物体则采用棉拭子直接涂抹物体采样。若采样物体表面有消毒剂残留时，采样液应含相应中和剂。

（4）检测方法

把采样管充分振荡后，取不同稀释倍数的洗脱液 1.0mL 接种平皿，冷却至 40～45℃的熔化营养琼脂培养基每皿倾注 15～20mL，36℃±1℃恒温箱培养 48h，计数菌落数，必要时分离致病性微生物。

（5）结果计算

$$物体表面菌落总数（CFU/cm^2）=\frac{平均每皿菌落数（CFU）\times 采样液稀释倍数}{采样面积（cm^2）}$$

4. 医务人员手卫生检查方法

（1）采样时间

采取手卫生后，在接触病人或从事医疗活动前采样。

（2）采样方法

将浸有无菌 0.03mol/L 的磷酸盐缓冲液或生理盐水采样液的棉拭子一支在双手指曲面从指根到指端来回涂擦各两次（一只手涂擦面积约 30cm²），并随之转动采样棉拭子，剪去手接触部位，将棉拭子放入装有 10mL 采样液的试管内送检。采样面积按平方厘米计算。若采样时手上有消毒剂残留，采样液应含相应中和剂。

（3）检测方法

与物体表面微生物污染检测方法相同。

（4）结果计算

$$医务人员手菌落总数（CFU/cm^2）=\frac{平均每皿菌落数（CFU）\times 采样液稀释倍数}{30\times 2（cm^2）}$$

5. 医疗器材检查方法

（1）采样时间

在消毒或灭菌处理后，在存放有效期内采样。

（2）灭菌医疗器材的检查方法

可用破坏性方法取样的（如一次性输液（血）器、注射器和注射针等），按照《中华人民共和国药典（2020年版）》中的"无菌检查法"进行检查。对不能用破坏性方法取样的医疗器材，应在环境洁净度为10000级下的局部洁净度100级的单向流空气区域内或隔离系统中，用浸有无菌生理盐水采样液的棉拭子在被检物体表面涂抹，采样取全部表面或不少于100cm²，然后将除去手接触部分的棉拭子进行无菌检查。

牙科手机：应在环境洁净为10000级下的局部洁净度100级的单向流空气区域内或隔离系统中，将每支手机分别置于含20～25mL采样液的无菌大试管（内径25mm）中，液面高度应大于4.0cm，于旋涡混合器上洗涤振荡30s以上，取洗脱液进行无菌检查。

（3）消毒医疗器材的检查方法

可整件医疗器材放入无菌试管的，用洗脱液浸没后振荡30s以上，取洗脱液1.0mL接种平皿，将冷却至40～45℃的熔化营养琼脂培养基每皿倾注15～20mL，36℃±1℃恒温箱培养48h，计数菌落数（CFU/件），必要时分离致病性微生物。

可用破坏性方法取样的医疗器材，在100级超净工作台称取1～10g样品，放入装有10mL采样液的试管内进行洗脱，取洗脱液1.0mL接种平皿，计数菌落数（CFU/g），必要时分离致病性微生物。对不能用破坏性方法取样的医疗器材，在100级超净工作台用浸有无菌生理盐水采样液的棉拭子在被检物体表面涂抹采样，被采表面面积小于100cm²，取全部表面，被采表面面积大于等于100cm²，取100cm²，然后将除去手接触部分的棉拭子进行洗脱，取洗脱液1.0mL接种平皿，将冷却至40～45℃的熔化营养琼脂培养基每皿倾注15～20mL，36℃±1℃恒温箱培养48h，计数菌落数（CFU/cm²），必要时分离致病性微生物。

消毒后内镜：取清洗消毒后的内镜，采用无菌注射器抽取50mL含相应中和剂的洗脱液，从活检口注入冲洗内镜管路，并全量收集（可使用蠕动泵）送检。将洗脱液充分混匀，取洗脱液1.0mL接种平皿，将冷却至40～45℃的熔化营养琼脂培养基每皿倾注15～20mL，36℃±1℃恒温箱培养48h，计数菌落数（CFU/件）。将剩余洗脱液在无菌条件下采用滤膜（0.45μm）过滤浓缩，将滤膜接种于凝固的营养琼脂平板上（注意不要产生气泡），置36℃±1℃恒温箱培养48h，计数菌落数。

当滤膜法不可计数时：菌落总数（CFU/件）$= m$（CFU/平板）$\times 50$

式中　m——两平行平板的平均菌落数。

当滤膜法可计数时：菌落总数（CFU/件）$= m$（CFU/平板）$+ m_f$（CFU/滤膜）

式中　m——两平行平板的平均菌落数；

　　　m_f——滤膜上的菌落数。

6. 消毒剂检查方法

（1）消毒剂采样

采样分库存消毒剂和使用中的消毒液。

（2）消毒剂有效成分质量分数的检查方法

库存消毒剂的有效成分质量分数的应依照现行行业标准《医疗机构消毒技术规范》WS/T 367或产品企业标准进行检测；使用中的消毒液的有效成分质量分数的测定可用前

述方法，也可使用经国家卫生行政部门批准的消毒剂质量分数试纸（卡）进行监测。

（3）使用中的消毒液染菌量检查方法

用无菌吸管按无菌操作方法吸取 1.0mL 被检消毒液，加入 9mL 中和剂中混匀。醇类与酚类消毒剂用普通营养肉汤中和；含氯消毒剂、含碘消毒剂和过氧化物消毒剂用含 0.1% 硫代硫酸钠中和剂；氯己定、季铵盐类消毒剂用含 0.3% 吐温 80 和 0.3% 卵磷脂中和剂；醛类消毒剂用含 0.3% 甘氨酸中和剂；含有表面活性剂的各种复方消毒剂可在中和剂中加入吐温 80 至 3%，也可使用该消毒剂消毒效果检测的中和剂鉴定试验确定的中和剂。

用无菌吸管吸取一定稀释比例的中和后混合液 1.0mL 接种平皿，将冷却至 40~45℃ 的熔化营养琼脂培养基每皿倾注 15~20mL，36℃±1℃ 恒温箱培养 72h，计数菌落数；必要时分离致病性微生物。

消毒液染菌量＝平均每皿菌落数 ×10× 稀释倍数

7. 治疗用水检查方法

血液透析相关治疗用水按现行行业标准《血液透析及相关治疗用水》YY 0572 的规定进行检测；其他治疗用水按照相关标准执行。

8. 紫外线灯检查方法

（1）紫外线灯采样

采样分库存紫外线灯和使用中的紫外线灯。

（2）库存（新启用）紫外线灯辐射照度值检查方法

库存（新启用）紫外线灯辐射照度值按照现行国家标准《杀菌用紫外辐射源　第 1 部分：低气压汞蒸气放电灯》GB/T 19258.1 的规定进行检测。

（3）使用中的紫外线灯辐射照度值检查方法

仪器法：开启紫外线灯 5min 后，将测定波长为 253.7nm 的紫外线辐照计探头置于被检紫外线灯下垂直距离 1m 的中央处，待仪表稳定后，所示数据即为该紫外线灯的辐射照度值。

指示卡法：开启紫外线灯 5min 后，将指示卡置于紫外线灯下垂直距离 1m 处，有图案一面朝上，照射 1min，观察指示卡色块的颜色，将其与标准色块比较。

（4）注意事项

紫外线辐照计应在计量部门检定的有效期内使用；紫外线监测指示卡应取得国家卫生行政部门的许可批件，并在产品有效期内使用。

9. 消毒器械检查方法

杀菌因子强度测定：按现行行业标准《医疗机构消毒技术规范》WS/T 367 或企业标准规定的方法进行检测。

工作环境有害物质量浓度（强度）测定：按现行行业标准《医疗机构消毒技术规范》WS/T 367 或相关标准规定的方法进行检测。

10. 医院污水检查方法

医院污水按现行国家标准《医疗机构水污染物排放标准》GB 18466 的规定进行检测。

11. 疫点（区）消毒效果检查方法

疫点（区）消毒效果按现行国家标准《疫源地消毒总则》GB 19193 的规定进行检测。

12. 大肠菌群检查方法

大肠菌群按照现行国家标准《食品安全国家标准　食品微生物学检验　大肠菌群计数》GB 4789.3 的规定进行检测。

13. 沙门氏菌检查方法

沙门氏菌按照现行国家标准《食品安全国家标准　食品微生物学检验　沙门氏菌检验》GB 4789.4 的规定进行检测。

14. 乙型溶血性链球菌检查方法

乙型溶血性链球菌按照现行国家标准《食品安全国家标准　食品微生物学检验　β 型溶血性链球菌检验》GB/T 4789.11 的规定进行检测。

15. 铜绿假单胞菌检查方法

铜绿假单胞菌按照现行国家标准《化妆品微生物标准检验方法　绿脓杆菌》GB 7918.4 的规定进行检测。

16. 金黄色葡萄球菌检查方法

金黄色葡萄球菌按照现行国家标准《化妆品微生物标准检验方法　金黄色葡萄球菌》GB 7918.5 的规定进行检测。

14.4.6　试剂和培养基制作方法。

【技术要点】

1. 0.03mol/L 磷酸盐缓冲液（0.03mol/L PBS）

称取磷酸氢二钠 2.84g，磷酸二氢钾 1.36g，加入到 1000mL 蒸馏水中，待完全溶解后，调 pH 至 7.2～7.4，于 121℃下压力蒸汽灭菌 20min。

2. 洗脱液

称取蛋白胨 10.00g，氯化钠 8.50g，吐温 80 1.0mL，加入到 1000mL 0.03mol/L 磷酸盐缓冲液中，加热溶解后调 pH 至 7.2～7.4，于 121℃下压力蒸汽灭菌 20min。

3. 生理盐水

称取氯化钠 8.50g，溶解于 1000mL 蒸馏水中，于 121℃下压力蒸汽灭菌 20min。

4. 革兰染色液及染色方法

结晶紫染色液：称取结晶紫 1.00g，溶解于 20mL 95% 酒精中，然后与 80mL 1% 草酸铵水溶液混合。

革兰碘液：称取碘 1.00g，碘化钾 2.00g，混合后加入蒸馏水少许，充分振摇，待完全溶解后，再加蒸馏水至 300mL，混匀。

沙黄复染液：称取沙黄 0.25g，溶解于 10mL 95% 酒精溶液中，然后加入 90mL 蒸馏水，混匀。

染色方法：

（1）将涂片在火焰上固定；

（2）滴加结晶紫染色液，作用 1min，水洗；

（3）滴加革兰碘液，作用 1min，水洗；

（4）酒精脱色 30s，或将酒精滴满整个涂片，立即倾去，再用酒精滴满整个涂片，脱色 10s；

（5）水洗，滴沙黄复染液，作用 1min，水洗；

（6）待干镜检。

5. 人（兔）血浆

取灭菌 3.8% 柠檬酸钠 1 份，加入（兔）全血 4 份，混匀静置，3000r/min 离心 5min，取上清，弃血球。

6. 普通营养琼脂培养基

成分：蛋白胨 10g、牛肉膏 5g、氯化钠 5g、琼脂 15g、蒸馏水 1000mL。

制作方法：除琼脂外，其他成分溶解于蒸馏水中，调 pH 至 7.2～7.4，加入琼脂，加热溶解，分装，于 121℃下压力蒸汽灭菌 20min。

7. 血琼脂培养基

成分：营养琼脂 100mL、脱纤维羊血（或兔血）10mL。

制作方法：将营养琼脂加热熔化，待冷却至 50℃ 左右，以无菌操作将 10mL 脱纤维血加入后摇匀，倾注平皿，置冰箱备用。

8. 需－厌氧菌培养基

成分：酪胨（胰酶水解）15g、牛肉膏 3g、葡萄糖 5g、氯化钠 2.5g、L－胱氨酸 0.5g、硫乙醇酸钠 0.5g、酵母浸出粉 5g、新鲜配制的 0.1% 刃天青溶液 1.0mL 或新配制的 0.2% 亚甲蓝溶液 0.5mL、琼脂 0.5～0.7g、蒸馏水 1000mL。

制作方法：除葡萄糖和刃天青溶液外，取上述成分加入蒸馏水中，微温溶解后，调 pH 至弱碱性，煮沸、滤清，加入葡萄糖和刃天青溶液，摇匀，调 pH 至 6.9～7.3，分装后 115℃下压力蒸汽灭菌 30min。

9. SCDLP 液体培养基

成分：酪蛋白胨 17g、大豆蛋白胨 3g、葡萄糖 2.5g、氯化钠 5g、磷酸氢二钾 2.5g、卵磷脂 1g、吐温 80 7g、蒸馏水 1000mL。

制作方法：将各种成分混合（如无酪蛋白胨和大豆蛋白胨，可用日本多胨代替），加热溶解后，调 pH 至 7.2～7.3，分装，于 121℃下压力蒸汽灭菌 20min，摇匀，冷却至 25℃ 待用。

10. 伊红美蓝培养基

成分：蛋白胨 10g、乳糖 10g、磷酸二氢钾 2g、2% 伊红溶液 2mL、0.65% 美蓝溶液 1mL、琼脂 17g、蒸馏水 1000mL。

制作方法：将蛋白胨、磷酸盐和琼脂溶解于蒸馏水中，调 pH 至 7.1，分装后 121℃下压力蒸汽灭菌 20min。临用时，以无菌操作加入乳糖并加热融化琼脂，冷却至 50℃ 时，加入伊红和美蓝溶液摇匀，倾注平皿，置于 4℃ 的冰箱备用。

11. 0.5% 葡萄糖肉汤培养基

成分：胨 10g、氯化钠 5g、葡萄糖 5g、肉浸液 1000mL。

制作方法：取胨与氯化钠加入肉浸液内，微温溶解后，调 pH 至弱碱性，煮沸，加入葡萄糖溶解后，摇匀，滤清，调 pH 至 7.0～7.4，分装，于 115℃下压力蒸汽灭菌 30min。

12. 甘露醇培养基

成分：蛋白胨 10g、牛肉膏 5g、氯化钠 5g、甘露醇 10g、0.2% 溴麝香草酚蓝溶液 12mL、蒸馏水 1000mL。

将蛋白胨、氯化钠、牛肉膏加入蒸馏水中，加热溶解，调 pH 至 7.4，加入甘露醇和溴麝香草酚蓝混匀后，分装，于115℃下压力蒸汽灭菌20min。

13. 乳糖胆盐发酵管

成分：蛋白胨20g、猪胆盐（或牛，羊胆盐）5g、乳糖10g、0.04%溴甲酚紫水溶液25mL、蒸馏水1000mL。

制作方法：将蛋白胨、胆盐及乳糖溶解于蒸馏水中，调pH至7.4，加入0.04%溴甲酚紫水溶液，分装（每管10mL），并放入一个发酵管，于115℃下压力蒸汽灭菌15min。

14. 乳糖发酵管

成分：蛋白胨20g、乳糖10g、0.04%溴甲酚紫水溶液25mL、蒸馏水1000mL。

制作方法：将蛋白胨及乳糖溶解于蒸馏水中，调pH至7.4，加入0.04%溴甲酚紫水溶液，分装（每管10mL），并放入一个发酵管，于115℃下压力蒸汽灭菌15min。

15. 溴甲酚紫葡萄糖蛋白胨水培养基

成分：蛋白胨10g、葡萄糖5g、2%溴甲酚紫酒精溶液0.6mL、蒸馏水1000mL。

制作方法：将蛋白胨、葡萄糖溶解于蒸馏水中，调pH至7.0～7.2，加入2%溴甲酚紫酒精溶液，摇匀后分装（每管5mL），并放入一个发酵管，于115℃下压力蒸汽灭菌30min，置于4℃的冰箱备用。

16. 绿脓菌素测定用培养基

成分：胨20g、氯化镁（无水）1.4g、硫酸钾10g、甘油10mL、琼脂18～20g、蒸馏水1000mL。

制作方法：取胨、氯化镁、硫酸钾加入水中，微温使溶解，调节pH使灭菌后为7.2～7.4，分装于小试管，灭菌。

17. 明胶培养基

成分：胨5g、明胶120g、牛肉浸出粉3g、蒸馏水1000mL。

制作方法：取上述各成分加入水中，浸泡约20min，随时搅拌，加热使其溶解，调节pH为7.2～7.4（灭菌后），分装于小试管，灭菌。

18. 注意事项

双料乳糖胆盐发酵管除蒸馏水外，其他成分为乳糖胆盐发酵管的2倍；3倍浓缩乳糖胆盐发酵管除蒸馏水外，其他成分为乳糖胆盐发酵管的3倍。

培养基用的试管口和三角烧瓶口应用棉塞或硅胶制成的塞子，再用牛皮纸包好。

试剂与培养基配制好后应置于清洁处保存，常温下不超过1个月。培养基推荐4℃冷藏保存。

本章参考文献

［1］中华人民共和国卫生部. 医院空气净化管理规范：WS/T 368—2012［S］. 北京：中国标准出版社，2012.

［2］中华人民共和国住房和城乡建设部. 洁净厂房设计规范：GB 50073—2013［S］. 北京：中国计划出版社，2013.

［3］国家市场监督管理总局，国家标准化管理委员会. 医用电气设备　第1部分：基本安全和基本性能的通用要求：GB 9706.1—2020［S］. 北京：中国标准出版社，2020.

［4］国家市场监督管理总局，国家标准化管理委员会. 医用电气设备 第 2-4 部分：心脏除颤器的基本安全和基本性能专用要求：GB 9706.204—2022［S］. 北京：中国标准出版社，2022.

［5］中华人民共和国国家质量监督检验检疫总局，中国国家标准化管理委员会. 医院消毒卫生标准：GB 15982—2012［S］. 北京：中国标准出版社，2012.

［6］中华人民共和国住房和城乡建设部. 医院洁净手术部建筑技术规范：GB 50333—2013［S］. 北京：中国建筑工业出版社，2014.

［7］中华人民共和国国家质量监督检验检疫总局，中国国家标准化管理委员会. 洁净室及相关受控环境 生物污染控制 第 1 部分：一般原理和方法：GB/T 25916.1—2010［S］. 北京：中国标准出版社，2011.

［8］刘燕敏，聂一新，张琳，等. 空调风系统的清洗对室内可吸入颗粒物和微生物的影响［J］. 暖通空调，2005，35（2）：5.

［9］许钟麟. 空气洁净技术原理［M］. 4 版. 北京：科学出版社，2013.

第15章 医用洁净装备配套工程保障

张昱东：中国建筑科学研究院有限公司环能科技有限公司净化空调中心电气主管设计师、电气主管工程师。长期从事净化洁净环境工程设计。

朱永松：上海市第十人民医院副院长。

郅 蕊：上海市第十人民医院基本建设处。

刘 强：中国中元国际工程有限公司设计管理部部长。

王靖然：韩国西江大学硕士，山东蓝天新材料科技有限公司总经理助理。

技术支持单位：

山东蓝天新材料科技有限公司：高端功能性彩涂板产品研发、制造、销售，其中氟碳、抗菌、抗静电、铝镁锰等系列产品广泛应用于比亚迪、亿纬锂能等国内外知名企业的工程项目，具有丰富的产品应用和项目运作经验。

15.1 医用洁净装备工程的围护结构与室内装修

15.1.1 概述。

1. 医用洁净装备工程的围护结构是指医用洁净空间内房间各面都能够有效抵御不利环境影响并满足洁净空间的特殊使用需求的围护物，包含墙面、顶面、地面、门窗、屏蔽防护和特殊构件，不包含外墙。

2. 医用洁净装备工程的室内装修是指根据医用洁净空间特殊的使用需求并结合一定的设计原则、标准规范和美学原理，选用适合的物质材料和工艺，创造出符合要求的医疗环境的过程，主要包括围护结构工程，嵌入式柜体或器具的安装工程，照明及智能化安装工程，电路、气路、水路的施工工程等。

【技术要点】

1. 围护结构

（1）围护结构通常根据是否接触室外空间分为外围护结构与内围护结构，医用洁净装备工程的围护结构属于内围护结构，包含隐蔽工程与表观工程两部分：隐蔽工程包括地面基层、护墙基层、门窗套基层、吊顶基层等；表观工程包括地面、墙面、门窗、吊顶等的表面装饰。隐蔽工程结构应满足耐火极限的要求，表观工程材料应满足燃烧性能等级的要求。

（2）医用洁净装备工程围护结构中的功能性围护包括放射防护结构和电磁屏蔽结构，是在原有内围护结构的基础上增加的满足特殊防护需求的独立结构层。

（3）医用洁净装备工程围护结构的特殊构件有伸缩缝盖板、物流门等。

2. 室内装修

（1）医用洁净装备工程室内装修的设计原则主要包括功能性原则、安全性原则、舒适性原则以及环保性原则。功能性原则要求医用洁净装备工程的室内装修满足医疗功能要求；安全性原则主要指所选装饰界面材料的物理性能安全以及围护结构构造做法的安全；舒适性原则要求医疗环境应满足患者和医护人员诊疗、工作的使用需求，从人文角度关注使用群体的空间体验；环保性原则要求医用洁净装备工程的室内装修应选择有助于降低医院建筑全生命周期碳排放的环保材料。

（2）医用洁净装备工程选用的物质材料应满足耐腐蚀、耐冲击、保温、隔热、隔声、防振、防水、防虫、防潮、防腐、防静电的要求，还应遵循不易积尘、不易开裂、无毒、无放射性、容易清洁、环保节能和保持气密性的总原则。

（3）嵌入式柜体或器具是指医用洁净装备工程内嵌入到围护结构部分的用具，如手术室内的麻醉柜、器械柜、药品柜、医用气体面盘、组合式插座箱、多功能控制柜、回风口等，其表面应与墙面齐平并采用防撞、耐腐、便于清洗消毒的材质。

15.1.2　围护结构材料与工艺。

1. 医用洁净装备工程的围护结构根据采用预制化生产的程度可以分为预制结构和非预制结构两类；根据部位不同可以分为墙体围护结构、吊顶围护结构以及地面围护结构。

2. 医用洁净装备工程的围护结构的材料、工艺选择应遵循不产尘、不易积尘、耐腐蚀、耐碰撞、不开裂、防潮防霉、易清洁、环保节能和符合防火要求的总则。

3. 医用洁净装备工程的墙体围护结构主要有以下几种类型：（1）预制轻质墙体，包括装配式墙体系统、洁净板速装墙体系统等；（2）非预制轻质墙体，采用龙骨—基层板—饰面材料的多层式结构，按龙骨材质可分为轻钢龙骨结构、钢龙骨结构及铝龙骨结构；基层板宜选择硅酸钙板、纸面石膏板等；工程装饰面材种类较多，包括涂料、金属壁板、非金属壁板等；（3）传统砌筑墙体，采用砖、砌块作为基层墙体材料，表面覆盖适用于洁净空间的装饰面层材质。

4. 医用洁净装备工程的顶面围护结构主要分为以下类型：（1）预制轻质吊顶，包括装配式吊顶系统、洁净板速装吊顶系统；（2）非预制轻质龙骨吊顶系统，结构同非预制轻质墙体，其表观工程装饰面材质选择遵循相同空间墙体一致的原则。

5. 医用洁净装备工程的地面分为硬质地面、弹性地面。硬质地面主要有釉面砖、石英石、水磨石、环氧树脂自流地坪；弹性地面包括 PVC 地胶、橡胶卷材、亚麻地板。地面装饰材料应采用耐磨、防滑、耐腐蚀、易清洗、不易起尘与不开裂的材料，地面常用材料以浅色为宜，洁净用房内地面应平整；有特殊要求的，可采用特殊性能的涂料地面。

6. 医用洁净区的防护工程按照防护对象分为电离辐射防护和电磁屏蔽，是在原有围护结构的基础上增加的满足特殊防护需求的独立围护结构，其应用范围为医用洁净区内需要使用放射性同位素、射线、电磁波装置进行医学诊断、治疗的区域。

7. 医用门、窗作为医用空间重要的组成元素，是医院尤其是医用洁净区域建设的重要组成部分。医用门起到了隔离空间、分隔物流、人流、气流的作用。医用洁净空间用门主要有平开门、平移门、无障碍门和防火门。

8. 医用洁净装备工程中手术部、病理科、药房等各类型房间错综复杂、各类用电设备繁多，电气线路多而杂，起火因素多，火势蔓延快，疏散和扑救难度高。在设计时，应严格遵守建筑设计相关防火规范、标准及技术规程。围护结构基层要满足耐火极限的要求，面层要满足燃烧性能等级的要求。

9. 墙面、顶面、地面装修材料应采用不燃性材料和难燃性材料（表 15.1.2-1），避免采用燃烧时产生大量浓烟或有毒气体的材料，做到安全适用、技术先进、经济合理。

围护结构及装修材料燃烧性能等级　　　　　　　　　表 15.1.2-1

建筑类型	装饰材料燃烧性能等级		
	顶棚	墙面	地面
单层、多层民用建筑	A	A	B1
高层民用建筑	A	A	B1

【技术要点】

1. 围护结构分类

（1）预制结构是在工厂预先制造构件并在现场进行搭建组装成型的结构，也称为装配式结构、快装结构、速装结构等。主要包括装配式隔墙系统、集成吊顶系统、集成卫生间系统、架空楼地面模块系统等。预制结构是一种隐蔽工程与表观工程两部分一体加工成型的结构，医用洁净空间应注意强化预制结构的气密性。

（2）非预制结构是指在项目现场以砌筑、焊接、粘贴、螺丝紧固等形式进行施工安装的结构，往往按照先隐蔽工程、后表观工程的顺序，采用龙骨—基层板—饰面材料的多层式结构。非预制结构具有密闭性好、使用时限长、结构与饰面选择灵活多样的特点。医用洁净空间应注意基层板与基层板之间、基层板与饰面板之间的错缝密闭以及墙面、地面、顶面的施工顺序与表观工程的成品保护。

2. 围护结构的材料、工艺选择

（1）医用洁净装备工程的围护结构应保证表观工程的光洁性，其构造和施工缝隙应采用可靠的密闭措施，墙面与地面相交位置应做半径不小于 30mm 的圆弧处理。地面材料应防滑、耐磨、无渗漏，踢脚不应突出墙面。

（2）屏障环境设施的医用洁净空间内的地面基层宜配筋，潮湿地区、经常用水冲洗的地面应进行防水处理。

（3）医用洁净装备工程的围护结构应便于清扫或冲洗，房间内部阴、阳角宜做成圆角。踢脚板应与墙面齐平。宜采用模块化、装配式等灵活的安装方式。应优先使用安全适用、节能、可重复利用的产品。

（4）围护结构材料的选择应从多角度考虑。从保障医院后期运营环境安全的角度，应该选择抗菌性能、环保性能、绝缘性能和防火性能较好的产品；从医患身心健康角度，应选用特殊环境定制特殊颜色，充分利用颜色变化，在符合规范要求的前提下选用观赏性和舒适性强的产品；从性价比的角度，应选用节能、耐候性强、运营成本低、使用寿命长的产品。

3. 墙体围护结构

（1）预制轻质墙体

1）装配式墙体系统：常采用预制钢结构龙骨＋内部填充材料＋预制复合饰面板（不燃免漆饰面板、复合金属板）干挂的形式，适用于医用洁净空间的功能用房、走廊区域。其优势是结构稳固，抗震性能好，施工便捷快速，施工现场无废弃物、污染物产生，后期维护性能好。

2）洁净板速装墙体系统：墙体由模块化墙体板块与定位天地槽组成。模块化墙体板块由四边预埋弓字形镀锌钢龙骨或铝龙骨组成框架结构，增加板材强度和密封性，内填充不燃芯材与玻镁板支撑骨架，表面可采用无机不燃抗菌装饰面板、彩钢板等材料，适用于医用洁净装备工程大空间用房的内部分隔、手术室、实验室等对室内环境要求苛刻的洁净工程领域。其优势是结构稳固，施工便捷快速，施工现场无废弃物、污染物产生，气密性良好，表面致密无孔不起尘、不粘尘，保证室内空气清新。洁净板表面涂层选配高科技纳米抗菌材料：在涂层表面添加特种进口洁净抗菌添加剂，洁净抗菌率可达 98% 以上。

（2）非预制轻质墙体的龙骨材质

1）轻钢龙骨：轻钢龙骨是以镀锌钢或薄钢板由特制轧机经多道工艺轧制而成，墙体龙骨规格分为 Q50、Q75、Q100、Q150 及以上；墙体竖龙骨断面形状为 C 形，墙体横龙骨断面形状为 U 形，墙体贯通龙骨断面形状为 U 形。龙骨间距按设计要求布置。

2）钢龙骨：俗称方通或方管，规格通常从 13mm×13mm 到 500mm×500mm，薄壁小规格通常是 Q195～Q215 之间的混材，厚壁是 Q235 普通碳素结构钢材质。龙骨的分割应按照设计施工图确定。

3）铝龙骨：又称为铝合金龙骨，分为 3 个部分：主龙骨、副龙骨和修边角龙骨。主龙骨常规长度是 3m，副龙骨常规长度是 610mm。根据使用板材的厚度、规格等的不同，龙骨主要分类型号有 18 号、20 号、22 号、24 号、26 号、28 号、30 号、32 号、38 号等；从表面来区别，有平面和凹槽两种；从颜色来区别，有白线、黑线及其他颜色；从搭配的板来区别，有 610 和 600。

（3）非预制轻质墙体的基层板材质

1）硅酸钙板：硅酸钙板是以无机矿物纤维或纤维素纤维等松散短纤维为增强材料，以硅质－钙质材料为主体胶结材料，经制浆、成型，在高温高压饱和蒸汽中加速固化反应，形成硅酸钙胶凝体而制成的板材。硅酸钙板是一种具有优良性能的新型建筑和工业用板材，其防火、防潮、隔声、防虫蛀、耐久性较好。

2）石膏板：① 纸面石膏板，是以石膏料浆为夹芯，两面用纸作护面而成的一种轻质板材。纸面石膏板质地轻、强度高、防火、防蛀、易于加工。普通纸面石膏板用于内墙、隔墙和吊顶。经过防火处理的耐水纸面石膏板可用于湿度较大的房间墙面，如卫生间、厨房、浴室等贴瓷砖、金属板、塑料面砖墙的衬板。② 无纸面石膏板，是一种性能优越的代木板材，以建筑石膏粉为主要原料，以各种纤维为增强材料。无纸面石膏板是继纸面石膏板取得广泛应用后，又一次开发成功的新产品。由于外表省去了护面纸板，其应用范围除了覆盖纸面石膏板的全部应用范围外，还有所扩大，其综合性能优于纸面石膏板。③ 纤维石膏板，以建筑石膏为主要原料，并掺加适量纤维增强材料制成。这种板材的抗弯强度高于纸面石膏板，可用于内墙和隔墙基层。

（4）砌筑墙体的基层材质

砌筑墙体俗称土建墙，主要由块材和砂浆组成，砂浆作为胶结材料将块材结合成整体，以满足围护结构的使用要求。洁净空间内块材主要选择砖、砌块。砌筑用砖分为实心砖和空心砖，砌块分为普通混凝土砌块、粉煤灰砌块、煤矸石粉煤灰砌块、加气混凝土砌块、陶粒混凝土空心砌块、炉渣混凝土空心砌块、火山灰混凝土砌块等。砌筑墙体适用于对防水、隔声有较高要求的洁净空间。其优势是防火性能好、抗撞击、耐久性好。

（5）墙体围护结构表观工程装饰面材

1）瓷板：包括传统陶瓷釉面砖和陶瓷薄板。陶瓷薄板是一种新型环保装饰材料，属于无机非金属材料。陶瓷薄板具有轻薄、板块大、防火等级高、吸水率低、不易变形、色泽丰富、不褪色、强度高、抗污抗菌等特点，适用于对防水、耐撞击有较高要求的环境。

2）涂料：是一种成熟的室内装饰材料，其最大的缺点是耐久性较差，表面容易受到冲击破坏、容易受到污染，后期维护打理比较麻烦。医用洁净空间的涂料一般有两种：普通合成树脂乳液涂料以及功能性涂料。普通合成树脂乳液涂料的品种多，可选余地大，施工方便，市场占有率高，但燃烧性能等级只能达到 B1 级，应注意控制用量及基层处理。功能性涂料主要以抗菌、抗病毒、消臭、净醛、自洁等功能为特点，主要有抗菌釉面漆、水性抗菌韧釉漆等。医用洁净空间使用涂料的主要原因是其经济成本较低，同时抗菌、自洁性能比较突出，但涂料的施工工艺比较繁琐，需要进行墙面的水泥砂浆找平、石膏找平打磨、石膏二次找平打磨、底漆涂刷、面漆一次涂刷、二次涂刷等复杂工艺才能完成装修，施工过程还要预留涂料风干时间，工期较长。

3）金属壁板：由石膏板、纤维水泥板、金属瓦楞板等作为基材，表面结合金属饰面板，并采用特制金属龙骨安装系统的一种墙面工艺装饰板。金属壁板广泛应用于医院装修，其设计性好、安全系数高、装饰性强。主要包括电解钢板、不锈钢板、铝板等。一般采用静电粉末喷涂、氟碳喷涂、覆膜等工艺使金属板表面具有装饰性，近年来金属板表面可以采用 UV 打印的方式使得材质具有更多的艺术性。医用洁净空间使用金属壁板时，应注意选择表面经过抗菌、耐腐蚀工艺处理的产品。

4）非金属壁板：非金属壁板的种类众多，主要有玻纤不燃装饰板、硅纤不燃装饰板、无机预涂板等材料。产品规格一般为 1220mm×2440mm，厚度为 3～5mm，燃烧性能等级为 A 级，表面一般具有抗菌、耐冲击、耐污染、耐腐蚀、易清洁等特点，个别产品还具有抗病毒、消臭等功能。

5）粘贴卷材：卷材墙面通常采用地面相同材质上卷至墙面，施工高度普遍为 1200mm，少部分采用墙面满铺。卷材上墙对墙体基层平整度、基层硬度有较高要求，基层需经过界面剂处理。

6）玻璃：玻璃作为墙面饰面材，一般用于局部墙面，起到装饰点缀作用，在手术室中也用于整面墙体装饰面层材料。使用高强度钢化玻璃，应用于整面墙体时玻璃厚度不小于 10mm。玻璃的燃烧性能等级为 B 级，当用于墙面装饰面层时需要背衬 A 级材料。玻璃背面可以采用 UV 打印、丝网印刷等方式绘制图案，并且受玻璃保护。为保证图案色彩，宜采用超白玻璃。玻璃需要定制加工，对现场放线要求较高。玻璃本身具有表面易清洁、不变形、耐污染、耐腐蚀、硬度高的特点。玻璃的透光特性也可以和光源形成整体，使光源成为墙体的一部分。玻璃本身自重较大，一般不用于吊顶装饰面层。

（6）墙体围护结构工艺要求

1）金属夹芯板墙面的内部填充材料应使用难燃或不燃材料，不得使用有机材料。金属面和骨架之间应有导静电措施。

2）整体金属壁板墙的支撑和加强龙骨应连接牢固，骨架及各金属件均应作防腐、防锈处理。金属面板与骨架的连接应留够板间热胀冷缩的量，金属面板背面应贴隔热层，与骨架之间应有导静电措施。现场喷涂金属板墙，每层喷涂应一次完成。

3）非金属壁板墙面板施工需要预留伸缩缝。不宜直接粘贴在土建墙上，当需要直接粘贴时，土建墙应有找平措施。

4）医用洁净空间涂料应具有耐水、耐磨和耐酸碱特性，当有防霉要求时，应在涂料中添加抑菌剂并进行人工施菌培养。

医用洁净空间常用墙体工艺如表 15.1.2-2 所示。

医用洁净空间常用墙体工艺　　　　　　　　　　　表 15.1.2-2

	隐蔽层	表观层	适用场景
	龙骨	基层板	装饰面	
预制轻质墙体	预制钢龙骨	预制复合饰面板		手术室
	洁净板速装系统			洁净空间全区域
非预制轻质墙体	钢龙骨/铝龙骨	石膏板/硅酸钙板	金属壁板	手术室、洁净区走道、无菌病房
			非金属壁板	手术室、无菌病房
	轻钢龙骨	石膏板/硅酸钙板	非金属壁板	洁净功能辅助用房、洁净区走道
			涂料	办公辅助区、非洁净区
砌筑墙体	土建墙	瓷板		湿区、涉水空间
		非金属壁板		隔声要求较高区域
		涂料		办公辅助区、非洁净区
		粘贴卷材		洁净区走道

4. 顶面围护结构

（1）预制整体吊顶板

1）装配式吊顶系统：同装配式墙体系统。

2）洁净板速装吊顶系统：吊顶由模块化吊顶板块与吊挂丝杠、型材组成，吊顶板块与墙体板材一致，一般与速装墙体系统配套使用。

（2）非预制吊顶的龙骨材质

1）轻钢龙骨：以镀锌钢或薄钢板由特制轧机经多道工艺轧制而成，吊顶龙骨按照截面形式分为 U 形、C 形、T 形、H 形、V 形、L 形、CH 形，尺寸规格分为 D60、D50、D38、D25 系列，不同的吊顶类型采用不同的龙骨组合方式。

2）钢龙骨：吊顶系统用钢龙骨通常采用规格不大于 50mm×50mm，否则自身重量过重。龙骨的分割应按照设计施工图确定。

3）铝龙骨：又称为铝合金龙骨，它的优势是造型多变、性能稳定、质地轻盈而坚固，比轻钢龙骨更加结实，但铝合金龙骨成本较高。

4）材料要求：与墙体龙骨一致。

（3）非预制吊顶的基层板材质

1）硅酸钙板：由于硅酸钙板自重较大，在吊顶中较少使用。

2）石膏板：纸面石膏板、无纸面石膏板、纤维石膏板。

（4）吊顶围护结构表观工程装饰面材

1）涂料：材料性质及工艺同墙面。

2）金属吊顶板：材料性质及工艺同墙面。

3）非金属吊顶板：材料性质及工艺同墙面。

4）铝扣板：金属吊顶板中的特殊类型为铝扣板，不同于前述的以基材表面覆金属饰面的吊顶板，铝扣板不需要基层板，配合专用三角龙骨自成体系。当铝扣板配合中性硅胶填缝时，可以应用于有压差要求的医用洁净空间，除此之外主要应用于涉水空间。它具有自重轻、防火、防水、耐擦洗、易清洁、易加工的特点。

（5）吊顶围护结构工艺要求

1）医用洁净空间的吊顶内管线复杂，在选择吊顶材质及施工工艺上需要考虑围护结构气密性，以及安全作业、快捷作业、后期检修便捷等要求。

2）医用洁净空间所在建筑物均为重要建筑，需要具备较高的抗震性能。根据规范要求，吊顶内机电管线需要设置抗震支架。

医用洁净空间常用顶面工艺如表15.1.2-3所示。

医用洁净空间常用顶面工艺　　　　　　　　　　　表15.1.2-3

	隐蔽层		表观层	适用场景
	龙骨	基层板	装饰面	
预制吊顶	预制钢龙骨	预制复合饰面板		手术室
	洁净板速装系统			洁净空间全区域
非预制吊顶	钢龙骨	石膏板	金属壁板	手术室、洁净区走道、无菌病房
			非金属壁板	手术室、无菌病房
	轻钢龙骨	石膏板	非金属壁板	洁净功能辅助用房、洁净区走道
			涂料	办公辅助区、非洁净区
	轻钢龙骨	—	铝扣板	湿区、涉水空间

5. 地面材料

（1）硬质地面

1）地砖类：包含釉面砖、玻化砖、抛光砖等，是非常成熟的装饰材料，适用范围广，几乎所有场景都可以使用。地砖具有强度高、抗污染、易清洁、耐磨损、抗酸碱性佳、平整度高、色泽均匀、花色品种多等优点，仿石纹产品表面纹理可媲美天然石材，燃烧性能达到A级。

2）石英石：由石英石晶体和树脂、添加剂复合而成，通常应用于医疗重点空间，医用洁净空间较少使用。具有硬度高、耐磨性强、表现致密、不吸水、易清洁等特性，其本身不含重金属杂质，且生产过程中不经过化学处理，无辐射、环保、无害。

3）水磨石：分为有机磨石和无机磨石，是将碎石、玻璃、石英石等各种颜色的骨料拌入水泥粘结料或者高级树脂制成的混凝土制品，再经过表面研磨、抛光。应用于对地面有无缝要求的区域，可以大面积无缝铺装。医用洁净空间主要采用有机磨石，抗渗、抗污、抗腐蚀能力强，后期维护可以根据需要进行多次抛光打磨。

4）环氧树脂自流地坪：又称环氧地面，是以环氧树脂为主材，以固化剂、稀释剂、溶剂、分散剂、消泡剂及某些填料等为辅材混合加工而成的地坪漆。整体无缝，可以用于实验室、无菌库房的场景。环氧树脂自流地坪防腐蚀性能好、耐高热、耐压、耐磨、抗冲击、防尘防菌、防火等级达到 A 级、施工工艺简单、造价低。

（2）弹性地面

1）PVC 地胶：有同质透芯类、复合类、石英类三大品种，均以 PVC 为主要原材料。按照铺贴形式分为卷材和片材，卷材宽度一般为 1.5m、2m 等，每卷长 15～20m，厚 1.6～3.2mm。片材分为条形材和方形材，一般规格较多，厚度为 1.2～3.0mm。同质透芯类 PVC 地胶耐磨、耐久性比较好，维护需要打蜡。复合类 PVC 地胶以玻璃纤维稳固层、弹性发泡层及 PU 聚氨酯耐磨层复合组成。耐磨、质地柔软、易弯曲、变形小、吸声性能高（仅次于地毯）、抗菌防霉、防滑、阻燃、免打蜡。石英类 PVC 地胶介于以上两种地胶之间，在原料中掺入石英，质地硬、更耐磨，对中度酸碱溶液和清洁剂等化学物质有良好的抗化学性，防静电性能更好。PVC 地胶耐火等级为 B1 级，无法在防火等级要求高的空间使用。

2）橡胶地板：由天然橡胶、合成橡胶和其他成分的高分子材料制成，按照铺贴形式分为卷材和片材，卷材宽度为 1.5～5m。它具备更好的抗静电性能，推荐在涉及患者用电安全的 I 类区域使用。无需打蜡的地板在需要抗静电的区域，如手术室、ICU、精密仪器机房等更是首选，其传导静电的性能不会因蜡膜保护层的阻隔而受损。具有高耐磨、高弹性、脚感舒适、防滑、抗冲击、防潮、高度绝缘、抗静电、耐高温、耐酸碱、无毒环保、使用寿命长等特点。

3）亚麻地板：由可再生的纯天然原材料制成，主要成分为亚麻籽油、松香、木粉、黄麻及环保颜料，适用于办公区等后勤区域。它具有环保、不含甲醛、易降解、抗压、抗静电、抑菌等特点，但是其防水防潮性能一般，材料硬脆，保养维护相比 PVC 地胶复杂。

（3）地面围护结构工艺要求

1）弹性地面材料是医用洁净空间中应用最广泛的材料，具有无缝拼接的优点，能够有效避免细菌的滋生，进一步保障了医用洁净空间的清洁。弹性材料质地柔软、耐磨，有利于缓解患者脚跟部疲劳，对于使用者的舒适性具有明显的提升。弹性材料颜色类型多、加工灵活，具备更多的装饰性，对医患心理方面的治疗也有一定的积极作用。

2）地面设置防潮层，会明显改善弹性材料的使用年限。

3）医用洁净空间地面不能有卫生死角，阴角宜设置半径不小于 30mm 的圆弧过渡。

4）水泥类地面基底表面应平整、坚硬、干燥、密实，不得有起砂、起皱、麻面、裂缝等缺陷。

5）环氧树脂自流地坪水泥砂浆基底的水泥强度等级不得低于42.5级，水磨石地面的水泥强度等级不低于42.5级。

6. 放射防护屏蔽

（1）医用洁净装备工程中所涉及的医用射线装置包括Ⅱ类（术中放射治疗装置、血管造影用X射线装置）、Ⅲ类（医用CT装置、移动X射线装置）。

（2）医用洁净装备工程中电磁屏蔽主要在术中使用MRI设备时发挥作用，作为手术室的辅助用房，洁净度达到Ⅲ级以上，和手术室之间由双扇滑动屏蔽门隔断，门扇净空面积较大，在打开时需要考虑不影响手术室层流。

（3）医用洁净装备工程放射防护屏蔽常用材料如表15.1.2-4所示。

医用洁净装备工程放射防护屏蔽常用材料　　　　　　　表15.1.2-4

辐射类型	常用防护材料	适用区域	围护结构	
电离辐射防护	混凝土、实心砖、铅板、重晶石（含硫酸钡）、防护涂料、铅、铅玻璃	DSA介入治疗室；复合手术室（术中DSA/术中CT/术中放疗）；骨科手术室（移动X射线装置）；ICU\NICU区域辅助功能检查室（X射线影像诊断、牙科影像诊断）	射线防护门；防护观察窗	墙体：方管龙骨＋铅板；实心混凝土砖＋硫酸钡水泥
				地面：混凝土楼板＋硫酸钡水泥；混凝土楼板＋铅板
				顶面：混凝土楼板＋铅板；混凝土楼板＋硫酸钡水泥
电磁屏蔽	铜板、铜箔、钢板、铜网	复合MRI手术室；核磁共振检查室	屏蔽门；屏蔽窗	铜板焊接；铜箔拼装；钢板拼装；铜网屏蔽

（4）医院建筑的防护工程中，电离辐射防护考虑防护厚度和材料两个方面，为了便于比较不同材料的防护性能，常用铅来作为比较的标准。把达到与一定厚度的某屏蔽材料相同的屏蔽效果的铅层厚度称为该屏蔽材料的铅当量，单位以mmPb表示。

（5）手术室辐射防护的防护要求，需要根据环评、卫评的要求，做相应当量的辐射防护。一般骨科手术室的防护当量为2～3mmPb，进行六面防护，复合DSA手术室、术中CT手术室防护当量为3～4mmPb，进行六面防护。

7. 医用门、窗

（1）平开门：按材质可分为钢制平开门、木制平开门、有框玻璃平开门等；从使用上又分为手动、半自动、全自动类型。

根据应用场景和设计需要，门体表面可采用木纹效果及单色喷涂等工艺处理。门扇及门框表面在采用静电粉末喷涂工艺或聚酯烤漆工艺时，要求具有耐磨性、耐腐蚀性，漆膜易清洁，喷塑要求表面平整、光滑、无堆漆、麻点、气泡、漏涂、划痕和脱落等现象，适合医用洁净空间使用。

框体五金（锁具、铰链）与框体为镶嵌式安装，要求与门表面平整、不留积尘、便于清理死角。

（2）平移门：占用空间小、静音、顺滑、净通过率高，特别是采用电动技术、配合无接触开关等，更加方便智能，在院感控制等方面具有很强的性能优势。按功能可分为气密平移门、可90°开启平移门、防辐射平移门、病房平移式门、卫生间平移门、诊断室平移门、非净化区各通道口平移门等。

（3）防火门：按形式可分为常闭防火门、常开防火门、折叠常开防火门，目前国内大多数医院都采用传统的常闭防火门设计。

防火门在医院的分类主要有两种：一是封闭疏散楼梯，通向走道，称为常闭防火门，也是目前国内最常用的一种设计；二是死角电梯厅出入口，划分防火分区等防火门，称为常开防火门。

甲级防火门通常设置于防火分区隔墙上，当设置在洁净区域尤其是洁净手术室走道上时，常闭甲级防火门影响通道推床以及其他医疗活动，因此需要设置常开甲级防火门。现有常开甲级防火门常开时门扇以及消防联动磁力锁暴露于洁净空间，门扇上面以及消防联动磁力锁容易积累灰尘和细菌，对于洁净空气环境有所影响，因此需要可以隐藏门扇及消防联动磁力锁的装饰件并同常开防火门门框有机结合，解决积尘问题。

（4）洁净区域门窗工艺要求：

1）当平开门在洁净区和非洁净之间时，应向非洁净区域开启；当用在污染区和清洁区时，应向污染区开启；在静压高和静压低的区域，应向静压高的区域开启。

2）在消防及疏散走道上的平开门，应向疏散方向开启。人数不超过60人且每樘门的平均疏散人数不超过30人的房间，其疏散门的开启方向不限。

3）防火门应符合现行国家标准《防火门》GB 12955的要求。2015年9月1日，对防火窗、防火门、防火锁、防火闭门器、防火玻璃（隔热型防火玻璃）、防火卷帘等建筑耐火构件产品做出强制性产品认证要求。

8. 耐火极限

（1）墙面耐火极限要求如表15.1.2-5所示。

墙面耐火极限要求　　　　　　　　　　　　　表15.1.2-5

装饰部位	适用区域	耐火极限	做法	墙体对应门窗防火等级
墙面	防火隔墙	3.00h	土建墙（普通黏土砖墙、轻质混凝土砌块墙）	甲级防火门
	手术室或手术部、产房、重症监护室、贵重精密医疗装备用房、储藏间、库房、实验室、胶片室等	2.00h	钢龙骨＋双面双层12mm石膏板（填充密度为100kg/m³的岩棉）至板底	乙级防火门、乙级防火窗
			土建墙（普通黏土砖墙、轻质混凝土砌块墙）	
	强弱电间、设备间、UPS间、避难间等	2.00h	土建墙（普通黏土砖墙、轻质混凝土砌块墙）	甲级防火门、乙级防火窗

装饰部位	适用区域	耐火极限	做法	墙体对应门窗防火等级
墙面	疏散通道两侧墙面	1.00h	75系列轻钢龙骨＋双面12mm防火石膏板（填充密度为60kg/m³的岩棉）至板底	乙级防火门、乙级防火窗
			75系列轻钢龙骨＋双面8mm硅酸钙板（填充密度为100kg/m³的岩棉）至板底	乙级防火门、乙级防火窗
	洁净辅助用房、非洁净辅助用房	0.75h	75系列轻钢龙骨＋双面12mm石膏板（其中5.0%厚岩棉）至板底	区域内门窗无防火等级要求

（2）医用洁净装备工程顶面基层为楼板层，顶面装饰面层材料燃烧性能不应低于A级。

（3）医用洁净装备工程地面装饰面层材料的燃烧性能不应低于B1级。

（4）无窗房间内部装饰材料的燃烧性能等级，除A级外，应在现有等级的基础上提高一级。

（5）电缆井、管道井、排烟道、垃圾道等竖向井道，应分别独立设置。井壁耐火极限不应低于1.00h，井壁上的检查门应采用丙级防火门。

9. 燃烧性能等级

（1）房间内如果安装了能够被击破的窗户，外部人员可通过该窗户观察到房间内部情况，则该房间可不被认定为无窗房间。

（2）当设有自动灭火系统，并采用耐火极限不低于2.00h的防火隔墙和甲级防火门、窗与其他部位分隔时，地面和顶面的装饰面层材料的燃烧性能等级可再降低一级。

15.1.3 室内装修与环境。

1. 医用洁净装备工程的室内环境色彩宜以明亮、耐污渍、减少色彩对人眼的压迫感为优先，同时兼顾室内装饰设计风格，可局部采用特定色彩点缀空间环境。

2. 医用洁净装备工程照明系统作为装饰的重要组成部分，应兼顾洁净区照度、空间装饰要求。所选灯具应具备良好的气密性、抗眩光性。安装方式宜吸顶安装，不突出墙面。灯具色温满足空间功能性要求。

3. 医用标识导向系统是根据使用者的行动路线所设置的，让特定环境成为一个由声音、色彩、光照、气味等所组成的特定的标识信息，用来加深在使用者大脑中的印记。标识导向系统宜兼顾功能性、装饰性。

【技术要点】

1. 室内环境色彩

（1）洁净空间围护结构通常选择浅色作为室内主色调，形成室内光线的反射，增加房间室内整体亮度，适当减少灯具的使用数量。在具有良好自然采光的区域，可以适当选用深色，以调节环境。

（2）由于以手术室为代表的医用空间内每日使用消毒药水（碘酊、碘伏），围护结构材质选择应具备抗药性、抗色变。地面局部宜采用深色材质，掩盖药水污染、侵蚀的情况。

（3）医用洁净空间的使用主体大部分为患者及医务人员，因此在选择上应考虑人的视觉习惯。蓝、绿色可以适当调节手术室内主刀医生长时间注视红色的视觉压力。

（4）为缓解医用洁净空间内的"冰冷感"，可适当采用木纹色来改善室内环境，可采用覆膜、转印、多层压制等新材料工艺实现，不能直接使用木制品。

（5）室内色彩可与医用标识导向系统相结合，局部采用特定色彩作为标识导向系统的一部分，以色彩区分空间。

2. 照明系统

（1）现阶段普遍采用 LED 照明灯具，具备亮度稳定、运行寿命长、色温准确、显色指数高的优点。大部分不需要开孔安装，保证围护结构的气密性。灯具均带有亚克力白色灯片或本身为导光板形式，不用直视 LED 光源，减少眩光刺激。

（2）有推床经过的通道灯具宜采用两侧布置的方式，形成墙面反射，减少灯光直射患者眼睛的情况发生。

（3）当医用洁净空间采用灯膜、亚克力灯带形式的灯具时，底盒应具备良好的气密封性，避免房间正压差变化导致灯具面板材质的起伏、被气流顶开的情况。洁净区域不应采用墙面突出灯具、暗藏灯带，避免产生积尘及卫生死角。

（4）医用洁净空间应根据使用特性选择合适的色温或采用变色温照明系统。内窥镜手术室进行外科手术时采用 6000K 色温，进行内窥镜手术时可采用 10000K 色温，同时可增加其他色温选项用于特定场景。DSA 介入手术室宜采用可调节亮度的灯具。

3. 标识导向系统

（1）医用洁净空间多为限制区，标识主要使用者均为医务人员，鲜有患者自由行动的场景。宜采用简洁明了的形式，标识材质选择遵循不产尘、不吸尘、不积尘、易于清洁、防火、耐腐蚀的原则。

（2）现代标识系统已不是箭头文字等单纯路径信息，特定的色彩是标识的一部分，也是洁净空间装饰的组成部分。不同楼层的手术室采用不同的色彩，便于使用者形成习惯性场景记忆。

（3）用图形标识代替文字标识，用鼓励感谢式语言代替警告式语言。

（4）标识具备可变更性，改善医院空间功能时，可调整标识导向系统。

15.1.4　发展应用。

1. 具备多重功能的辐射墙板，整个墙面为散热器，通过墙板辐射层中的热媒和冷媒，均匀加热或冷却整个墙面，来达到供热及供冷的目的。

2. 气膜结构属于快速成型的围护结构，用膜材料做成封闭空间，利用适当的大气压差成为能抵御风、雨、雪的封闭式气膜建筑。因其可采用热合技术对膜材进行封闭，因此可保证室内空间的密闭性，有利于实现负压环境。2020 年以来气膜实验室成为应用在医用洁净装备工程领域的新产品。

3. 当前材料、人工费用不断增长，对材料的可复用性以及拆装的便捷性的要求越来越高，模块化墙面系统和可拆式玻璃隔断等可重复使用的围护结构应运而生。

【技术要点】

1. 辐射墙板

（1）辐射墙板可以改变围护结构表面温度，减小室内温度差异，提高舒适性，有效降低空调低温送风和温度不均匀对医务人员舒适度的影响。手术室温度环境的改善，对于手术室精密仪器也具有较好的保护作用。

（2）辐射墙板的材质建议采用使用寿命长、易清洁、易安装、耐高温的安全环保材料——中空辐射珐琅钢板。

（3）与传统装饰板相比，辐射墙板更能兼顾医用洁净区域内人员对温湿度的需求，辐射墙板的使用改善了医用洁净空间中风速分布不均、温度梯度过大、能耗过高的问题，为建设满足"三低"要求的医疗空间提供了一种可行的途径，为改善医疗环境以及节能提供了参考。

（4）辐射墙板有吊顶辐射板和壁挂辐射板两种形式。

（5）辐射墙板有铝合金、陶瓷、钢制、高分子非金属等材质。中空辐射珐琅钢板是医院常用的辐射墙板材料。

（6）辐射墙板具有节约能源的优点。热辐射墙板以发出红外线的方式向空间放热，供暖温度即使低于常规对流供暖方式 $2 \sim 3 ℃$，人仍然感觉到很舒适。而且墙壁和地板被加热后，可向室内进行二次散热。冷辐射墙板以吸收红外线的方式制冷，一般安装于空间上方，除了吸收空间中的红外线达到制冷效果外，冷空气从上部向下流动，也通过对流的方式将房间冷却。

（7）不同于传统以水为传递热量媒介（或载体）的辐射空调，以空气媒介的辐射空调是近年来发展的新型辐射型空调末端。空气在房间上部的缓冲蓄能区内循环，对流传热给微孔辐射孔板，使辐射孔板获得相对均匀的温度分布并对室内进行辐射传热，以达到供冷或供热的目的。

2. 充气膜结构

（1）充气膜结构按照形态可分为单层充气膜结构、双层充气膜结构和管式充气膜结构；按传力途径和膜内气压不同，分为气承式和气囊式。医用洁净装备工程常用的气膜建筑采用双层充气膜结构，属于气囊式充气膜结构，通过在膜面形成的密闭空间中充气使膜面张紧以获得抵抗外部荷载所需的张力。

（2）气囊式充气膜结构采用热合技术对膜材进行封闭，保证室内空间的密闭性，有利于实现正负压环境，具有易成型、防风雨、防潮湿、抗紫外线、阻燃的特点，使用环境也可满足不同地区的环境条件，既可放在室内，也可放在室外。

（3）充气膜结构建筑体系作为近年在医疗行业发展起来的创新技术，其建造速度快，性价比高，便于日常储存，而且体积压缩比大，运输快捷，具有极高的灵活性和安全性，可快速安装就位。安装和拆卸都比较方便，水电接入后简单调试即可投入使用，便于在各个城市间调配资源，也便于利用现有的生产系统及时大规模生产和建造。

（4）充气膜结构运行维护较为简单，采用工厂模块化一体成型配套系统、可视化智能控制系统，可以对房间温湿度、压差梯度、照明灯、紫外线灯等进行集中控制。

（5）目前应用在医用洁净装备工程中的充气膜结构可用于负压隔离房、病毒检测、肝病等感染性疾病的一体化实验室。

（6）充气膜本身就是一个正压环境，自带新风系统，在不断进行的送风、回风的循环过程中，通过在管道内加装粗效、中效和高效过滤器，过滤掉灰尘粒子以及细菌、毒菌、有害物质等，最终实现无尘，并且通过风的不断循环，随时将进入实验室的人、设备带入的尘埃过滤掉，保证无尘环境中的洁净度。

（7）充气膜所使用的膜材是一种特殊的高分子、B1 级阻燃材料，具有防火、阻燃、抗紫外线、抗菌、防霉、防油、抗污、耐酸碱等性能；同样，基础锚固系统也具有极好的防水和气密性能，充气膜实验室的门为互锁式旋转门，这样人员能方便进出而不破坏气密环境。

3. 模块化墙面系统和可拆式玻璃隔断

（1）可重复使用的围护结构的材料应具备空间性、安全性、实用性、节能环保的特点。

（2）模组可移动手术室采用模块化墙面系统，房间可以根据医疗需求，通过模块化设施进行快速变化，以适应不同的医疗需求、人性化需求以及医疗技术的飞速发展。

（3）医院内部各个科室，根据业务量的大小、发展前景等需要不断进行内部布局调整，以适应医疗形势的需要，模块化隔断可拆除后重复利用，基本不产生建筑垃圾，符合绿色环保与可持续发展的理念。

（4）对于不同的应用场所，可采用不同的材质来制作模块板，例如，手术室、无菌病房等对洁净要求较高的区域，采用电解钢板、不锈钢板、非金属板材、抗病毒美拉板和中空辐射珐琅钢板；走廊与辅助用房等对洁净度要求一般的区域，可以采用无机板或抗倍特板。

（5）模块化可以解决现有医用洁净装备工程结构固定、气密性差的问题；采用模块化设计，安装运输方便，多个模块任意组合，满足区域的需要；现场一体拼装，安装快速。与传统的安装方式相比，可以有效提高工作效率。这种新型模块化结构所需的材料完全在工厂制作，在现场仅需拼装固定，几乎不产生现场污染和建筑垃圾。

（6）可拆式玻璃隔断在结构拆装形式、防火性能、耐腐蚀性、易清洁性、防霉防菌等方面均符合标准。玻璃隔断系统安装工艺流程：定位放线、固定配套天地龙骨、固定竖龙骨、固定横撑龙骨、成品玻璃挂板及圆弧补角安装、缝隙饰条安装。

15.1.5　故障排除与日常维护。

1. 医用洁净区的墙面、顶面一般在相同区域采用同种或者同类型材质，因此在养护方式上也趋于一致，选择模块化、装配式、可拆卸、可重复利用的材质更有利于售后维护。

2. 医用洁净区地面现阶段普遍采用 PVC 卷材、橡胶卷材，其燃烧性能等级均为 B1级，但容易受到清洗消毒剂的腐蚀。

3. 医用洁净区围护结构中的维护主要包括门、窗、伸缩缝盖板的维护。

【技术要点】

1. 墙面、顶面

（1）墙面、顶面均采用可拆卸材质，可以减少维护过程中对原围护结构不必要的破坏，减少维护周期。

（2）采用模块化、装配式围护结构，可以最大限度降低维护过程对洁净空间的影响。

（3）在特殊洁净区域（例如手术室）采用灵活模组型手术室，可以对房间内布局进行快速调整，完全不影响手术室正常使用。减少前期设计、施工阶段的工作量。

（4）墙面、顶面清洗消毒方式：次氯酸水喷雾消毒；1000mg/L 含氯消毒剂或含过氧化氢的消毒纸巾擦拭消毒；层流自净开启不少于 30min。

2. 地面

（1）PVC 地板宜选择有抗药水侵蚀涂层的材料。

（2）橡胶卷材敷设抗静电铜片时，需要对导电性进行检测。

（3）特殊区域应采用抗腐蚀的地面材质，例如不锈钢板、花纹钢板等。

（4）在医用洁净生活区应注意烟头等高温可燃物对于 PVC 地板造成不可修复的损害，地面宜采用燃烧性能为 A 级的材料。

3. 门、窗、伸缩缝盖板

（1）医用洁净自动门属于频繁使用的活动组件，宜要求自动门开闭装置具备 200 万次正式使用检验报告，应加强门机组件对日常保养。

（2）伸缩缝盖板的气密性检查作为日常维护的必要事项。

（3）电磁屏蔽门应保证绝缘性能、屏蔽性能稳定，保证及时必要的门体标准维护流程。

15.2　电　气　系　统

15.2.1　电源供给及电能质量。

医疗建筑的供配电系统应根据医疗场所的特点、对供电连续性和安全性的要求以及用电容量、当地的供电条件和发展规划等进行设计，并应安全可靠。

医疗场所供配电系统应具有对特别重要负荷从正常工作主电源自动转换到应急电源的功能。

随着我国绿色能源的发展，风电、光电、分布式电源、电动汽车、节能照明等新型发 / 用电设备快速增长，再加上柔性交 / 直流输配电技术的推广应用、电力系统智能化程度不断提高，以及源、网、荷的发展带来电力系统电能质量问题的新变化。医院数字化、高精检测设备、精密仪器用电设备对电能质量的要求越来越高。

与此同时，非线性负荷和冲击负荷的大量接入，使得电力能源受到的污染日益严重。电能质量的好坏直接关乎医院内病患的生活与安全，严重时会影响检测仪器和数字化智能设备的运行和检验结果。

1. 负荷分级。应根据医疗建筑供电可靠性要求及中断供电对生命安全、人身安全、经济损失等所造成的影响程度进行负荷分级，并应符合《医疗建筑电气设计规范》JGJ 312—2013 的规定。医疗建筑用电负荷分级应符合表 15.2.1-1 的要求。

2. 供电系统应根据医用电气设备工作场所的分类进行设计。

3. 洁净区域应采用独立双路电源供电。

4. 有生命支持电气设备的洁净手术室必须设置应急电源。自动恢复供电时间应符合下列要求：

（1）生命支持电气设备应能实现在线切换。

（2）非治疗场所和设备恢复供电时间应不大于15s。

（3）应急电源工作时间不应小于30min。

5. 洁净区域内用于维持生命和其他位于患者区域内的医疗电气设备和系统的供电回路应使用医疗IT系统。

6. 洁净室内非生命支持系统的供电回路可采用TN-S系统，并宜设置剩余电流不超过30mA，Type A或Type B的VD型剩余电流动作保护器（RCD）作为自动切断电源的措施。

7. 洁净手术室的配电总负荷应按手术功能要求计算。一间手术室非治疗用电总负荷不应小于3kVA，治疗用电总负荷不应小于6kVA。

8. 洁净手术部进线电源的电压总谐波畸变率不应大于2.6%，电流总谐波畸变率不应大于15%。

<table>
<tr><td colspan="2">医疗建筑用电负荷分级</td><td>表 15.2.1-1</td></tr>
<tr><td>医疗建筑名称</td><td>用电负荷名称</td><td>负荷等级</td></tr>
<tr><td rowspan="3">三级、二级医院</td><td>急诊抢救室、血液病房的净化室、产房、烧伤病房、重症监护室、早产儿室、血液透析室、手术室、术前准备室、术后复苏室、麻醉室、心血管造影检查室等场所中涉及患者生命安全的设备及其照明用电；
大型生化仪器、重症呼吸道感染区的通风系统</td><td>一级负荷中特别重要负荷</td></tr>
<tr><td>急诊抢救室、血液病房的净化室、产房、烧伤病房、重症监护室、早产儿室、血液透析室、手术室、术前准备室、术后复苏室、麻醉室、心血管造影检查室等场所中的除一级负荷中特别重要负荷的其他用电设备；
下列场所的诊疗设备及照明用电：急诊诊室、急诊观察室及处置室、婴儿室、内镜检查室、影像科、放射治疗室、核医学室等；
高压氧舱、血库、培养箱、恒温箱；
病理科的取材室、制片室、镜检室的用电设备；
计算机网络系统用电；
门诊部、医技部及住院部30%的走道照明；
配电室照明用电</td><td>一级</td></tr>
<tr><td>电子显微镜、影像科诊断用电设备；
肢体伤残康复病房照明用电；
中心（消毒）供应室、空气净化机组；
贵重药品冷库、太平柜；
客梯、生活水泵、供暖锅炉及换热站等用电负荷</td><td>二级</td></tr>
<tr><td>一级医院</td><td>急诊室</td><td></td></tr>
<tr><td>三级、二级、一级医院</td><td>一、二级负荷以外的其他负荷</td><td>三级</td></tr>
</table>

【技术要点】

1. 电源供给

（1）负荷分级

根据《医疗建筑电气设计规范》JGJ 312—2013，洁净区域用电负荷属于一级负荷中特别重要负荷，如手术室、ICU、层流病房、生殖中心培养室、产房及婴儿病房等涉及患者生命安全的设备及照明用电、重症呼吸道感染区的通风系统用电等，应采用双路市电（一般采用 10kV 电源）及应急柴油发电机组，当市电停电或故障时，应急电源的供电容量应满足一级负荷中特别重要负荷。要求中断供电时间不大于 0.5s 的一级负荷中特别重要负荷，应设置在线式不间断电源装置（UPS）。医院洁净区域供电方案见图 15.2.1-1。

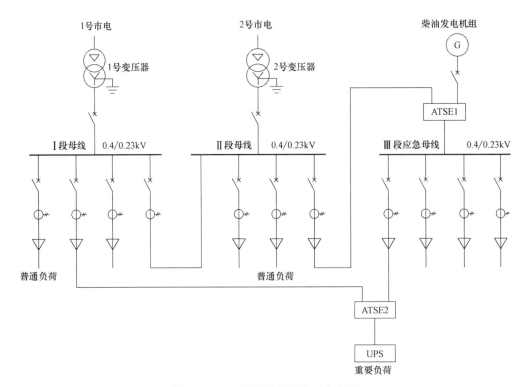

图 15.2.1-1　医院洁净区域供电方案

（2）医疗场所的分类

《建筑物电气装置　第7-710部分：特殊装置或场所的要求　医疗场所》GB/T 16895.24—2005 对医疗场所的分类为：0 类、1 类、2 类；《医疗建筑电气设计规范》JGJ 312—2013以及《综合医院建筑设计规范》GB 51039—2014 对医疗场所分类亦有详细描述。分类方法仅供参考，重点关注应急电源的切换时间和供电周期。

1）医疗场所按电气安全防护要求分为三类：

0 类场所：不使用医疗电气设备接触部件的医疗场所。

1 类场所：医疗电气设备接触部件需要与患者体表、体内（除 2 类医疗场所所述部位以外）接触的医疗场所。

2 类场所：医疗电气设备接触部件需要与患者体内（指心脏或接近心脏部位）接触以及电源中断危及患者生命的医疗场所。其中洁净区域的手术室、术前准备室、术后苏醒室、麻醉室、重症监护室、早产婴儿室、心血管造影室等属于 2 类医疗场所。

2）2 类医疗场所患者区域内带接触部件的医疗电气设备应采用医疗 IT 系统供电。

3）2 类医疗场所大型设备可采用 TN-S 系统或 TT 系统放射式独立供电，且应设置剩余电流不超过 30mA，Type A 或 Type B 的 VD 型剩余电流动作保护器，例如手术台、移动式 X 射线机、额定功率大于 5kVA 的大型设备。

（3）独立双路电源供电

1）洁净手术部属于一级用电负荷，应由两路独立电源供电（双重电源），洁净区域总配电柜的供电电源应直接由低压配电室的两个专用回路提供。

2）洁净区域总配电柜应设在非洁净区域。

3）每个手术室、层流病房、洁净实验室、生殖细胞培养室等洁净间应设独立的配电箱置于清洁走廊，不得设在洁净区域内或手术室内。

（4）生命支持电气设备

1）洁净手术室及监护病房内生命支持电气设备的负荷为特别重要负荷，除了有两路市电接入外，还应自备应急电源，并能实现零秒切换。

2）根据国家标准，2 类医疗场所故障情况下断电自动恢复的时间应不大于 0.5s，即停电时间 $t \leqslant 0.5s$，实际工程中一般采用在线式 UPS 设备来满足此要求，双电源切换时间和电源稳定时间应小于 15s。

3）UPS 输入功率因数应不小于 0.8，输入电流畸变率 $THDI < 5\%$

4）每间有生命支持电气设备的洁净手术室配置的 UPS 宜采用冗余模块化 UPS，主机及电池组装方式灵活，便于检修维护，并随每间手术室独立的配电箱安装。

（5）医疗 IT 系统

1）患者区域的范围参见《建筑物电气装置　第 7-710 部分：特殊装置或场所的要求　医疗场所》GB/T 16895.24—2005。

2）应明确医疗 IT 系统所包含的内容，如等电位接地、医用隔离变压器、绝缘监视系统等。

医疗 IT 系统的电源端不接地或经高阻抗接地，其电气装置的外露导电部分，被单独或集中地通过保护线（PE）接至接地极，图 15.2.1-2 为医疗 IT 系统示意图。

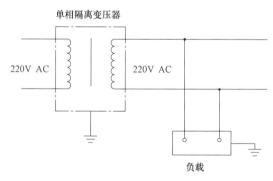

图 15.2.1-2　医疗 IT 系统示意图

3）医疗 IT 系统隔离变压器一次侧与二次侧应设置短路保护，不应设置用于切断电源的过负荷保护，应采用单磁式断路器保护。应设置过负荷及超温监测装置，可显示实时工作电流及医用隔离变压器的温度值。

4）医用隔离变压器应满足现行国家标准《变压器、电抗器、电源装置及其组合的安全　第 16 部分：医疗场所供电用隔离变压器的特殊要求和试验》GB/T 19212.16 中有关医疗系统隔离变压器各项技术参数的规定，不能用普通工业用隔离变压器替代。验收时，应出具国家认证部门的专业检测报告。

5）为了及时发现医疗 IT 系统的绝缘状态和定位供电系统漏电部位，确保医疗 IT 系统稳定安全运行，医疗 IT 系统应设绝缘监测报警装置。

6）医疗 IT 系统应安装在每个手术室的独立的配电箱内，可与非患者区域的 TN-S 系统安装在同一柜内，并应设置区分明显标志（图 15.2.1-3）。

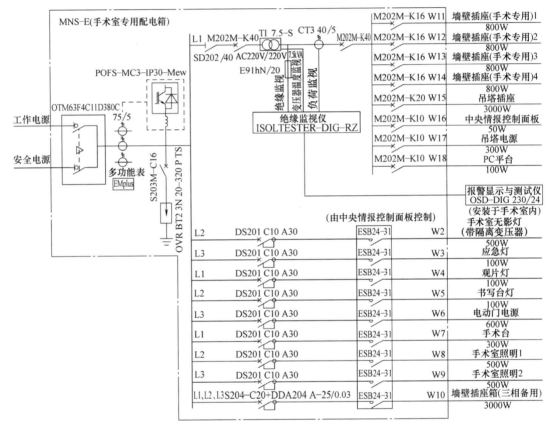

图 15.2.1-3　手术室医疗 IT 系统及 TN-S 系统图

（6）非生命支持系统

1）在 0 类和 1 类医疗场所允许采用额定剩余动作电流不大于 30mA 的剩余电流保护器作为自动切断电源的措施。应根据可能产生的故障电流特性选择 A 型或 B 型剩余电流保护器。

2）在 2 类医疗场所中，只用于下列负荷：手术台驱动机构、移动式临时 X 射线机、额定功率大于 5kVA 的大型设备、非用于维持生命的电气设备。

TN-S 系统示意如图 15.2.1-4 所示。

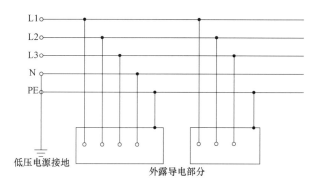

图 15.2.1-4　TN-S 系统示意图

（7）配电总负荷

1）非治疗用电负荷包括手术室灯带、观片灯、手写台、控制面板等负荷。

2）治疗用电负荷包括插座箱、吊塔、无影灯等负荷。

3）洁净室用电负荷应当充分预留，包括空调系统用电、洁净室内用电、非洁净区用电及专用医疗设备用电等，建议在医疗大楼设计过程中，同时进行洁净区域的设计，充分考虑洁净区域的用电负荷需求。

4）洁净手术室用电负荷可参考表 15.2.1-2。

洁净手术室用电负荷　　　　　　　　　　　　　　　　　　表 15.2.1-2

等级	治疗用电（kW）	非治疗用电（kW）	空调负荷（kW）	面积（m²）
Ⅰ级	7	3	50	45
Ⅱ级	6	3	22	35
Ⅲ级	6	3	17	35
Ⅳ级	6	3	12	30
辅助用房	5			

洁净室的建设形式一般有：新建建筑的构成部分；旧建筑物中普通区域经改变用途变更为洁净室；原洁净室重新改造。不管何种方式，都应当充分考虑洁净室的负荷情况。

2. 电能质量

在电能质量中，主要考虑以下几个方面的问题：电压质量，包括电压偏差、电压闪变与波动、电压暂降与中断、频率偏差；电流质量，包括谐波与间谐波、三相不平衡、功率因数低。

（1）什么是电能质量

电能质量是指电力系统中电能的质量。理想的电能应该是完美对称的正弦波。一些因素会使波形偏离对称正弦，由此便产生了电能质量问题。在设计建设过程中要实时监测电能质量，同时要采取措施消除干扰因素，从而最大限度使电能接近 50Hz 正弦波。

（2）电能质量具体指标

1）电网频率：我国电力系统的标称频率为 50Hz，《电能质量　电力系统频率偏差》GB/T 15945—2008 中规定，电力系统正常运行条件下频率偏差限值为 ±0.2Hz，当系统容量较小时，偏差限值可放宽到 ±0.5Hz，该标准中没有说明系统容量大小的界限。在电力系统正常状况下，供电频率的允许偏差：电网装机容量在 300 万 kW 及以上者，为 ±0.2Hz；电网装机容量在 300 万 kW 以下者，为 ±0.5Hz。在电力系统非正常状况下，供电频率允许偏差不应超过 ±0.1Hz。

2）电压偏差：《电能质量　供电电压偏差》GB/T 12325—2008 中规定，35kV 及以上供电电压正、负偏差的绝对值之和不超过标称电压的 10%；20kV 及以下三相供电电压偏差为标称电压的 ±7%；220V 单相供电电压偏差为标称电压的 +7%、-10%。

3）三相电压不平衡：《电能质量　三相电压不平衡》GB/T 15543—2008 中规定，电力系统公共连接点电压不平衡度限值为：电网正常运行时，负序电压不平衡度不超过 2%，短时不得超过 4%；低压系统零序电压限值暂不作规定，但各相电压必须满足现行国家标准《电能质量　供电电压偏差》GB/T 12325 的要求。接于公共连接点的每个用户引起该点负序电压不平衡度允许值一般为 1.3%，短时不超过 2.6%。

4）公用电网谐波：《电能质量　公用电网谐波》GB/T 14549—93 中规定，6～220kV 各级公用电网电压（相电压）总谐波畸变率为 5.0%，6～10kV 为 4.0%，35～66kV 为 3.0%，110kV 为 2.0%；用户注入电网的谐波电流允许值应保证各级电网谐波电压在限值范围内，所以规定各级电网谐波源产生的电压总谐波畸变率是：0.38kV 为 2.6%，6～10kV 为 2.2%，35～66kV 为 1.9%，110kV 为 1.5%。对 220kV 电网及其供电的电力用户参照该标准 110kV 执行。

5）公用电网间谐波：《电能质量　公用电网间谐波》GB/T 24337—2009 中规定，间谐波电压含有率是：1000V 及以下，小于 100Hz 为 0.2%，100～800Hz 为 0.5%；1000V 以上，小于 100Hz 为 0.16%，100～800Hz 为 0.4%；800Hz 以上处于研究中。单一用户间谐波含有率是：1000V 及以下，小于 100Hz 为 0.16%，100～800Hz 为 0.4%；1000V 以上，小于 100Hz 为 0.13%，100～800Hz 为 0.32%。

6）电压波动和闪变：《电能质量　电压波动和闪变》GB/T 12326—2008 中规定，电力系统公共连接点，在系统运行的较小方式下，以一周（168h）为测量周期，所有长时间闪变值 P_{lt} 满足：≤110kV，$P_{lt}=1$；>110kV，$P_{lt}=0.8$。

7）电压暂降与短时中断：《电能质量　电压暂降与短时中断》GB/T 30137—2013 中规定，电压暂降是指电力系统中某点工频电压方均根值突然降低至 0.1～0.9p.u.，并在短暂持续 10ms～1min 后恢复正常的现象；短时中断是指电力系统中某点工频电压方均根值突然降低至 0.1p.u. 以下，并在短暂持续 10ms～1min 后恢复正常的现象。

供电系统中，电压暂降、中断以及电力谐波已成为医院电力供给中最重要的电能质量问题。

8）电压暂降和短时中断对洁净手术部有严重影响的设备如图 15.2.1-5 所示。

暂态电压扰动对医疗设备的影响包括：① 引起仪器烧保险，甚至毁损仪器；② 使计算机数据丢失，甚至硬盘划伤；③ 仪器设备非正常关机，有些设备关机时要延时、复位、备份本次工作流程，突然停机造成以上步骤不能完成，再次开机时极易造成程序出错、局部卡死、状态失控，使医疗设备的安全运行指数显著降低，医疗设备的故障率增加，严重影响患者的临床医疗与医生的诊断。

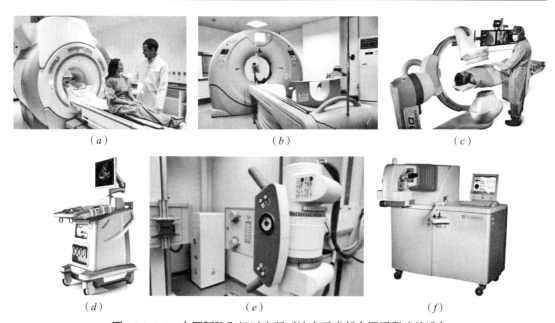

图 15.2.1-5　电压暂降和短时中断对洁净手术部有严重影响的设备
（*a*）核磁共振系统；（*b*）CT 扫描仪；（*c*）血管造影系统；（*d*）彩色超声系统；
（*e*）X 射线机；（*f*）眼科手术用准分子仪

3. 电能质量综合治理

（1）电能质量的检测仪要求

传统的电能质量检测仪器一般局限于持续性和稳定性指标的检测，而且仅测有效值已不能精确描述实际的电能质量问题，因此需要更新的检测仪表，具体要求包括：

1）能捕捉快速（ms 级甚至 ns 级）瞬时干扰的波形；

2）需要测量各次谐波以及间谐波的幅值、相位；

3）需要有足够高的采样速率，以便能获得相当高次谐波的信息；

4）建立有效的分析和自动辨识系统，反映各种电能质量指标的特征及其随时间的变化规律。

（2）治理电力谐波

1）主动治理：从谐波源本身出发，通过改进用电设备，使其不产生或少产生谐波；

2）受端治理：从受到谐波影响的设备或系统出发，提高它们抗谐波干扰能力；

3）被动治理：安装电力滤波器，阻止谐波源产生的谐波注入电网，或者阻止电力系统的谐波流入负载端。

（3）改善电能质量的措施

1）调整负荷：降低负荷的敏感程度，电力公司和电力用户共同采取必要措施，使负荷降低敏感程度及电能质量不良程度。

2）改进电网：安装抑制或消除电力扰动的必要设备。

经常见到的电能质量调节装置功能相对单一，例如，有源滤波器 APF、动态电压恢复器 DVR 等。电能质量调节器（UPQC）由一个电容把一个并联逆变器和串联逆变器耦合在一起。串联变流器类似于 DVR 和串联 APF 控制，用于改善电压质量（谐波、幅度和瞬态等）和隔离负载有害电流的互相传递；并联变流器和并联 APF 类似控制其输出电流来补偿负载电流质量（谐波，无功，不平衡等）。同时，UPQC 的并联有源部件一般还需要控制直流电压的稳定和平衡串联单元的有功交换。电能质量调节器（UPQC）控制原理如图 15.2.1-6 所示。

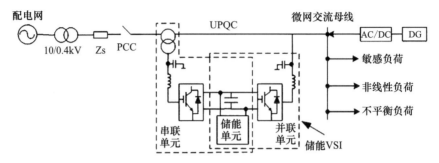

图 15.2.1-6 电能质量调节器（UPQC）控制原理图

并联逆变器进行非线性负载谐波电流及无功补偿使用的是 PWM 电流控制技术，起到调节电容直流电压的作用。而串联逆变器使用的是 PWM 电压控制技术，其主要是对输出的电压进行控制，以抑制谐波、降低负荷的敏感程度。电能质量调节器对电网中电流和电压的波形可同时调节，极大地解决了电网中电能质量问题的出现。

（4）总谐波畸变率的治理

1）谐波的产生

医院手术室的整个运行系统中，电力电子装置被广泛使用。比如：空调系统使用的变频器，手术室内使用的节能灯、电子镇流器、二极管无影灯，直流侧采用电容滤波的二极管整流电路等都是严重的谐波污染源，给电网和手术室设备运行造成严重电磁污染。

谐波的危害：谐波会严重干扰手术室内医疗器械的正常安全使用，严重影响手术室内医疗检测装置的工作精度和可靠性。谐波注入电网后会加大无功功率、降低功率因数，甚至有可能引发并联或串联谐振，损坏电气设备以及干扰通信线路的正常工作，使测量和计量仪器的指示和计量不准确。

2）谐波的治理

首先，应在设计阶段优先考虑洁净手术部内每一项用电负荷正常工作时所产生的谐波电流含量达到国家标准规范要求的指标，从源头治理。比如，将荧光灯的电子镇流器、变频器等的谐波污染降到最低。

其次，对手术部进线处配电接点进行电能分项计量的同时对进线电源的谐波电压和谐波电流含量进行监测。如果谐波含量长时间超标，则应采取有效的消除谐波电流的措施。

消除谐波电流的措施分为无源滤波装置和有源滤波装置。有条件时应尽可能在谐波源处补偿。

注意：安装谐波滤波装置只能清除安装接点对电网的谐波干扰，不能消减谐波电流对安装接点和负载之间的干扰。另外，要注意安装的谐波滤波装置滤去的谐波频率范围是否包含 3 次、5 次、7 次、11 次等低次谐波含量。

有源滤波器（APF）是一种用于动态抑制谐波、补偿无功的新型电力电子装置，它能够对大小和频率都变化的谐波以及变化的无功进行补偿。通过使用有源滤波器可以提高配电系统的稳定性。采用闭环控制的有源滤波器可实时监视线电流，并将测量的谐波转换为数字信号，经过控制器处理后生成 PWM（脉宽调制控制信号），这些信号驱动 IGBT 电源模块通过 DC 电容器在电网中注入与谐波电流频率相同、相位相反的滤波电流，有效滤除谐波。有源滤波器在滤除谐波的同时，还能有效平衡线电流，从而达到降低中性电流的效果。有源滤波器原理示意图如图 15.2.1-7 所示。

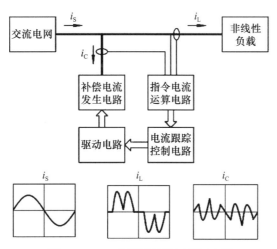

图 15.2.1-7　有源滤波器原理示意图

有源滤波器的设计选型需基于各负荷的谐波电流，如果新建医院不能提供相关参数，宜按照整个系统的非线性负载电流有效值的 30% 初步估算滤波器电流。

有源滤波器应安装在手术部总配电柜旁，并留有从柜备用位置，当电流电压畸变率不符合要求时，便于增加从柜，以减小谐波电流对电网的污染。

15. 2. 2　配电。

1. 合理布局综合管线。

2. 洁净区用电应与非洁净区域辅助用房用电分开。

3. 当非治疗用电设置独立配电箱时，可采用一个分支回路供电。每个分支回路所供配电箱不宜超过 3 个。

4. 合理安排手术室内插座箱数量和安装位置。

5. 合理选择配电导线。

6. 合理选择电器。

【技术要点】

1. 综合布线

（1）洁净室内管线不应采用环形布置。如果室内管线采用环形布置，当空间有一定强度的变化电磁场时会产生电磁扰流，对与之连接的设备产生电磁干扰。

（2）大型洁净手术部内配电应按功能分区控制。配电箱到供电末端采用放射式供电，其特点是当引出线故障时，不影响其余出线，供配电可靠性高，但用线较多，成本较高。

（3）洁净室内的电气线路应只能专用于本手术室内的电气设备，无关的电气线路不应进入或通过本手术室。尽可能缩短 IT 变压器到医疗电器设备的接线距离，医疗 IT 系统的配电线缆建议采用非金属管线敷设，以减少医疗 IT 系统的容性漏电流。非金属管线应注意保护管老化和抗压强度的问题。

（4）洁净室的总配电柜应设于非洁净区内。每个手术室应设置独立的专用配电箱，为了减少维修时工作人员带来的外来尘、菌，箱门不应开向洁净室内。

（5）洁净手术室内、洁净辅助用房和无菌室不应布有明敷管线，穿越洁净手术室隔墙的管线需加以封堵。

2. 洁净区与非洁净区辅助用房用电

（1）洁净区与非洁净区辅助用房负荷供电等级不一样，使用时间也不同，分开设置是为了节能和降低运行费用。

（2）每间手术室独立设配电盘是为了用电安全，消除相互干扰。

3. 治疗和非治疗用电

（1）把治疗和非治疗用电分开，是降低投资、降低三相不平衡因素的有效措施，可进一步增强安全系数。

（2）控制和减少每一个回路的故障辐射区域。

4. 洁净手术室内插座箱

（1）每间洁净手术室内应设置不少于 3 个治疗设备用电插座箱，并宜安装在侧墙上。每箱不宜少于 3 个插座，且应设接地端子。

（2）每间洁净手术室内应设置不少于 1 个非治疗设备用电插座箱，并宜安装在侧墙上。每箱不宜少于 3 个插座，其中应至少有 1 个三相插座，并应在面板上有明显的"非治疗用电"标志。

（3）洁净手术室内仪器用电插座一般设于平行于手术台的两侧墙上和头部一侧墙上。插座箱必须嵌入式安装，不允许凸出墙面，允许凹 3～5mm，插座箱及其四周必须进行密封处理；插座箱必须用金属壳体，其壳体必须作接地处理。

（4）插座箱内应设置 1～2 个等电位接地端子，供新接设备接地保护使用。

5. 导线的选择

（1）医疗 IT 系统内配电导线的额定电压不应采用 300V / 500V 而应采用 450V / 750V。

（2）根据医院特殊环境和防火要求，所有导线应采用阻燃型，配电箱进线导体截面不小于 $6mm^2$。

（3）配电箱的进线电缆建议采用 4＋1 型低烟无卤型阻燃电缆，有条件的也可以使用矿物绝缘电缆；空调机组的进出线电缆建议采用普通阻燃型电缆；考虑变频器谐波电流对中性线的影响，中性线电流应计算校核，电缆建议优先使用低烟无卤型阻燃电缆。

6. 电器的选择

（1）电源转换开关应采用 PC 级，且其额定电流应大于计算电流的 1.25 倍。

（2）转换开关前应加带隔离功能的 3 级断路器，用来切断短路电流，保护线路和转换开关；当电压偏差超过系统正常电压的 10% 时，转换开关应可靠地动作。

（3）手术室专用电箱的进线断路器宜采用带有隔离功能的断路器，保证用电的安全和在排除故障后能尽快供电。

（4）照明回路的保护断路器建议采用 1P 断路器，插座回路建议采用 2P 剩余电流断路器，剩余电流值应为 30mA。应优先使用电磁式剩余电流断路器，确保线路故障时末端剩余电流断路器能准确动作。

15.2.3　电气安全防护。

1. 当采用医疗 IT 系统时，应保证其使用安全。

2. 1 类和 2 类医疗场所应设防止间接触电的断电保护。

3. 洁净室配电管线应采用金属管敷设。穿过墙和楼板的电线管应加套管，并应用不燃材料密封。进入洁净室内的电线管管口不得有毛刺，电线管在穿线后应采用无腐蚀和不燃材料密封。

4. 电源线缆应采用阻燃产品，有条件的宜采用相应的低烟无卤型或矿物绝缘型。

5. 地面插座应选用防水型，辅助用房的插座应根据功能及使用者的要求布置。

6. 医疗场所严禁采用 TN-C 接地系统，由局部医疗 IT 系统和 TN-S 系统共用接地装置，洁净手术室应设置可靠的辅助等电位接地系统，装修钢结构体及进入手术室内的金属管等应有良好的等电位接地。

7. 洁净区电源应加装电涌保护器。

【技术要点】

1. 医疗 IT 系统安全要求

（1）多个功能相同的毗邻房间或床位，应至少安装 1 个独立的医疗 IT 系统。

（2）医疗 IT 系统应配置绝缘监视器，并应符合下列要求：

1）交流内阻应大于或等于 100kΩ。

2）测试电压不应大于直流 25V。

3）在任何故障条件下，测试电流峰值都不应大于 1mA。

4）当电阻减少到 50kΩ 时应报警显示，并配置试验设施。

5）宜具备 RS 485 接口及通用多种通信协议可选。

（3）每个医疗 IT 系统都应设置显示工作状态的信号灯和声光报警装置。声光报警装置应安装在有专职人员值班的场所。

（4）医用隔离变压器应设置过负荷和高温监控。

2. 1 类和 2 类医疗场所断电保护要求

（1）医疗 IT 系统、TN 系统，预期接触电压不应超过 25V。

（2）TN 系统最大分断时间：230V 应为 0.2s，400V 应为 0.05s。

（3）医疗 IT 系统中性点不配出，最大分断时间：230V 应为 0.2s。

3. 配电管线

（1）必须保证不能断电的特殊用电部位，在火灾发生时也不会因烧坏电线而短路。

（2）为防止管线内外气流交换，配电管线应密封处理。

4. 电源线缆的选择

（1）阻燃电缆应符合现行国家标准《电缆和光缆在火焰条件下的燃烧试验》GB/T 18380 的要求。

（2）低烟无卤型或矿物绝缘型电缆在火焰中应具有无烟、无毒和不燃的性能。

5. 插座的选择

（1）为了避免电线短路等问题，应选用防水型插座。

（2）辅助用房内配置插座应根据本室内功能状态不同和使用位置来确定安装数量及安装位置。

（3）每一个断路器出线回路所带的插座数量应满足现行国家标准《民用建筑电气设计标准》GB 51348 的要求。

6. 接地系统

（1）2 类医疗场所已设置等电位联结母排，其必须易于检查，可以安装于嵌墙等电位接地箱内。连接在套管中的各导线应可以分别断开，且可以清晰地区别其功能和来源（因此建议在两端设置标志），以便于测试。需连接等电位联结母排的常用设备如图 15.2.3 所示。

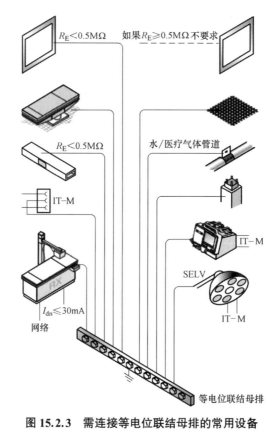

图 15.2.3　需连接等电位联结母排的常用设备

（2）需连接到等电位联结母排的元件：可能引起电势差的元件，必须连接到等电位联结母排上，且每个元件都有其独立的导体连接位于患者区域中或在使用过程中可能会进入患者区域的导电部分和外露导电部件，包括那些安装在 2.5m 以上高度的设备，例如无影灯设备的导电部分。具体包括：

1）设备保护导线（包括 SELV 和 PELV 设备）；

2）场所内所有插座的接地端子（它们可以通过供电线路连接至患者区域的移动设备外壳）；

　　3）冷热水管道、排水管道、医用气体管道、空调、石膏板支撑结构、分场所的钢筋混凝土铁构件；

　　4）医用隔离变压器绕组之间放置的任何金属屏蔽网；

　　5）任何金属屏幕，以减少电磁场干扰；

　　6）位于地板下的任何导体网络；

　　7）非电动和固定式手术台，对地绝缘手术台除外。

　　（3）在2类医疗场所内，电源插座的保护导体端子、固定设备的保护导体端子或任何外界可导电部分与等电位联结母排之间的电阻不得超过0.2Ω。

　　7. 电涌保护器

　　（1）电涌保护器可以防止雷击时或其他大型用电设备启停时产生的浪涌电流。

　　（2）电涌保护器的连接导线应短直，其长度不宜大于0.5m，当电涌保护器具有能量自动配合功能时，其直接的线路长度不受限制，电涌保护器应有过电流保护装置和劣化显示功能。

　　（3）电涌保护器宜带有信号输出装置。

　　（4）为了防止无线电通信设备对医疗电器设备产生干扰，洁净手术室内禁止设置无线通信设备。同时，为防雷击电磁脉冲，保护医疗电子设备，以免造成人身安全威胁。

　　（5）建筑物电子信息系统雷电防护等级参见《建筑物电子信息系统防雷技术规范》GB 50343—2012相关内容。

15.2.4　照明及其他。

　　1. X射线诊断室、加速器治疗室、核医学扫描室、γ射线照相机室和手术室等用房，应设防止误入的红色信号灯，红色信号灯电源应与机组连通，并实现电气连锁。

　　2. 所有洁净区域的照度均匀度不应低于0.7。

　　3. 手术台两头至少各有3支照明灯具，灯具应有应急照明电源。

　　4. 手术室、抢救室安全照明照度应为正常照明照度值，其他2类医疗场所备用照明照度值不应低于一般照明照度值的50%。有治疗功能的房间至少有1个灯具应由应急电源供电。

　　5. 照明设计应符合现行国家标准《建筑照明设计标准》GB 50034的有关规定，且应满足绿色照明要求。整体电气方案应体现绿色节能理念，控制系统应能够根据各区域的不同工况实现分区控制，节约能耗。应按照《绿色医院建筑评价标准》GB/T 51153—2015的控制项、评分项设计实施。

【技术要点】

　　1. 防止误入的红色信号灯

　　（1）防止室外人员误入，影响医疗工作。

　　（2）避免人员误入后遭受医用射线的辐射。

　　2. 照度均匀度

　　（1）不能有过暗的区域。有时设计的平均照度达标，但均匀度会不达标。手术室内照度应满足《医院洁净手术部建筑技术规范》GB 50333—2013中最低照度要求。

　　（2）平均照度要求：办公室为300lx，护士站为300lx，手术间为750lx，走廊为50lx，走廊的火灾应急照明灯不少于0.5lx。

（3）手术部光源显色指数 $Ra \geqslant 90$，色温为 2500～5000K。

3. 照明灯具

（1）应急照明灯具要自备电池。

（2）由于手术台的头部有时候可能会转换，所以手术台两头的照明灯都要有应急电源。

4. 照明照度

（1）维护基本照度，以满足医生和患者的安全需要。

（2）应急时间不少于 30min。

5. 绿色照明

（1）依据《综合医院建筑设计规范》GB 51039—2014，医疗用房应采用高显色照明光源，显色指数应大于或等于 80，手术室光源显色指数应大于或等于 90，宜采用带电子镇流器的三基色荧光灯。

（2）手术部等洁净区域如果采用新型 LED 光源，光源应满足现行国家标准《建筑照明设计标准》GB 50034 的要求。对长时间工作或停留的场所，选用 LED 光源应符合下列技术条件要求：

1）显色指数 Ra 不应低于 80，手术室显色指数不应低于 90。

2）同类光源的色容差不应超过 5 SDCM。不仅仅是 LED 光源，其他光源也应满足该要求。

3）特殊显色指数大于 0（饱和红色）。

4）色温不宜高于 4000K。

5）寿命期内的色偏差不应超过 0.007（也称为"色维持"）。

6）不同方向的色偏差不应超过 0.004。

7）严禁在照明区域产生眩光和反射眩光。由于 LED 光源表面亮度高，限制眩光更显重要，为此，LED 光源宜有漫射罩；否则，应有不小于 30° 的遮光角。

8）灯的谐波应符合现行国家标准《电磁兼容　限值　第 1 部分：谐波电流发射限值（设备每相输入电流 ≤ 16A）》GB 17625.1 的规定。气体放电灯和 LED 灯的谐波往往是 3 次谐波最大，其危害也最甚。该标准规定：灯功率大于 25W 者，3 次谐波不得超过 $30\%\lambda$（λ 为功率因数）；小于等于 25W 者，3 次谐波不得大于 86%，或不大于 3.4mA/W。室内用 LED 灯的功率多数小于等于 25W，必须采取措施和对策，降低 3 次谐波，减小其危害。

9）灯具的功率因数 λ 不宜小于 0.9。对于功率小于等于 25W 的灯而言，由于其谐波电流大而导致 λ 降低，所以其电子整流器应采取有效措施进行处理。

功率因数 $\lambda = \cos\Phi / (1 + THDI^2)^{1/2}$

假设负载功率因数为 0.96，若谐波电流总畸变率为 $THDI = 50\%$，则 $\lambda = 0.96/(1 + 0.5^2)^{1/2} = 0.86$

10）LED 灯在发光时不应有频闪现象。

6. 其他

（1）严禁使用 0 类灯具。

（2）人员长时间驻留活动场所的人工光环境应满足光的生物安全性的视觉要求，达到 RG0（无危险类等级）检测标准。

（3）照明应优先选用节能洁净灯具，应为嵌入式密封灯带，灯具应有防眩光灯罩。

（4）照明、插座应分别由不同的支路供电，照明回路应为单相三线制，所有插座回路均应设置剩余电流断路器保护。

（5）出口指示灯、疏散指示灯、走道指示灯均采用双电源末端互投供电。

（6）各区域的电力供应应能够实现独立控制，独立切断。

（7）净化空调机组的运行应根据实际需求进行调节，避免能量浪费。净化空调机组的调速变频器应设置防谐波污染的专用变频器滤波器，并经过整体谐波电流总含量测试。

15.2.5 电气节能。

【技术要点】

1. 医院洁净区用能特点

（1）能耗种类多且用量大

医院洁净区一般有冷、热、电、水、蒸汽及各类医用气体，其中，空调能耗（供暖、通风、空气调节）和供热能耗（热水、蒸汽）占有很大份额。

用能时间长、用量大，绝大部分空间均是全天 24h、每周 7d 处于使用的状态。除此之外，在过渡季节并未达到开始供暖所要求的室外平均温度时，手术部出于对特定环境的工艺需要，不得不提前供暖、延期供暖和设置辅助热源，以满足使用手术部及 ICU 的要求。

（2）安全性和可靠性要求高

手术部、ICU 具有人员密度大、用能系统复杂、医疗电气设备多、基础设备运行时间长、环境要求特殊等特点，对能源安全和空气品质要求比其他医疗建筑高。另外，高品质的室内环境对于患者康复是非常有益的，不能以降低室内舒适性来达到节能目的。

2. 医院节能改造环节分析

（1）冷、热源系统

1）冷水机组、锅炉选型功率过高，配置的设备台数不合理，不利于负荷调节，既增加了初始投资，又提高了日常运行成本。

2）存在较多溴化锂冷水机组、活塞式冷水机组等，机组能效较低。

3）锅炉无烟气余热回收和冷凝水回收系统。

4）冷水机组的冷水进出口温差小，很多项目实际仅为 2～3K，增加了水泵能耗。

5）冷水机组运行策略不合理，包括："大马拉小车"的运行方式降低了冷水机组能效；冷水机组出口温度设定不合理，常年设置额定出水温度等。

6）污垢热阻导致冷水机组蒸发器和冷凝器传热系数下降，机组性能系数降低。

（2）输配系统

1）冷水泵、冷却水泵、供暖水泵选型偏大，水泵处于大流量、小温差工作状态。

2）供暖空调水系统水力不平衡。

3）供暖空调水泵定流量运行，水泵无变频措施或变频失效，水泵输送系数（单位水流量的水泵能耗）高于标准规定，变频器未配置专用滤波器。

4）大泵与小泵并联运行，扬程不匹配导致小泵无法出力。

（3）电气照明

1）手术部过度照明，照度值远远超过国家标准相关规定，产生眩光和反射眩光。

2）变压器负荷率偏低。

3）空调控制系统不完善，或控制系统失控。

4）光源和灯具的选择不合理，未使用高效节能灯具，采用大量高色温（＞5300K）灯具。

5）智能化水平较低，大部分只局限于安防、门禁系统，而对于其他机电设备（空调、照明、给水排水、动力等）基本没有实现高效智能控制系统或控制系统处于瘫痪状态。

（4）末端系统

1）存在盲目提高室内温度要求的现象。

2）新风系统基本不可调，无热回收装置；部分新风系统存在新风口堵塞现象，不能满足新风要求。

3）风机盘管水系统未设置电动两通阀和温控装置或控制阀门失效。

4）风机功耗过大，无变频调节措施。

5）末端风口布置不合理，室内冷热不均。

（5）围护结构

1）围护结构保温隔热性能差，大部分建筑采用普通单层玻璃，双层玻璃和镀膜玻璃只占较少一部分。

2）新建医院建筑为追求外立面效果，采用大比例的透明玻璃幕墙。

3）外窗外遮阳技术应用少。

4）既有医院建筑的窗框多为普通铝合金窗框，未采取断热措施。

3. 医院能耗监测和数据管理优化

（1）建立、完善能源监测系统平台，包括：

1）对建设较早的医院采取分科室或楼层能耗分项计量。

2）增加能源计量器具投入，特别是增配二、三级监测仪表。

3）对已安装楼层电表和水表的医院，配备抄录人员和系统监控。

4）逐步提高监测信息自动化采集水平，加强数据自动收集和统计分析功能。

5）定期对全院管网和管路进行热成像检测，及时发现能源消耗点并采取措施。

6）加强能耗监测平台大数据处理能力，挖掘节能改造潜力。

（2）加强管理提升行为节能潜力

1）根据不同功能房间使用时间，对空调系统进行分区、分时管理。

2）适时开启冷水机组旁通系统。

3）准确设置辅助房间（库房、大空间等）的温度标准，避免能源浪费。

4）系统性提高医务人员的行为节能意识和能力。

5）定时公示各洁净功能区域的能耗总量及占比，完善能耗制度管理。

6）对使用年限较长的锅炉和冷水机组进行合理更换，使用高效率的锅炉和冷水机组。

15.2.6　电气施工与检验。

常规电气施工安装应根据现行国家标准《建筑电气工程施工质量验收规范》GB 50303等相关标准规范，严格把控施工质量。包括：电线管及桥架敷设安装、导线及电缆敷设安装、开关及插座安装、弱电安装等常规电气设备安装。材料设备应当严格按照业主方的要求进行严格筛选，施工过程应避免材料浪费。

【技术要点】

1. 开关、插座和电动门安装

（1）开关、插座安装

1）安装在同一建筑物的开关宜采用同一系列的产品。开关的通断位置应一致。

2）开关边缘距门框的距离宜为 0.15～0.25m，开关底边距地面的高度宜为 1.4m。

3）并列安装的相同型号开关距地面高度应一致，高低差不应大于 1mm，同一室内安装的开关高度差不应大于 5mm。

4）插座底边距地 300mm。

5）在洗消、消毒、备餐等潮湿环境，采用防水防尘插座，底边距地 1.1m 安装。在有淋浴、浴缸的卫生间内，开关、插座和其他电器应设在卫生间以外。

（2）电动门安装

1）光敏管导线应穿于钢管内。

2）各控制盒、电动机固定应牢固（不得用铝铆钉固定）。

3）光敏管安装应紧贴板面。

4）接地可靠。

5）电动门应由就近配电箱引单独回路供电。

2. 等电位安装

（1）对手术室、抢救室、ICU、导管造影室、肠胃镜室、内窥镜室、治疗室、功能检测室、有浴室的卫生间等应采用局部等电位联结。

（2）为了进一步减少 1 类和 2 类场所内的电位差，应在该类场所内实施局部等电位联结，将该类场所内高度在 2.5m 以下的部分都纳入局部等电位联结范围：PE 线，装置外导电部分，防电场干扰的屏蔽层，隔离变压器一、二次绕组间的金属屏蔽层，地板下可能有的金属网格。

（3）具体做法：

1）在 1 类和 2 类场所内分配电箱近旁，靠近柱旁距地 0.5m 处设置一局部等电位联结端子板，并与柱内至少 2 根主筋可靠连接。

2）如果该类场所建在二层以上，则局部等电位端子板应用 16mm² 的铜芯线穿非金属管或利用 40×4 热镀锌扁钢引至建筑物的总接地体（并应与隔离变压器前的 TN-S 系统的 PE 线连接），将上述各部分用不小于 6mm² 的铜芯线以放射式联结于局部等电位端子板。

3）在 2 类场所的等电位联结系统中，局部等电位联结端子板与插座 PE 线端子、固定式设备 PE 线端子、装置外可导电部分等之间的连接线和连接点的电阻总和不应大于 0.2Ω，任何两个可导电体间的电位差在 10mV 以下。

4）2 类场所内医疗 IT 系统 PE 线是医院内 TN-S 系统 PE 线的延伸，医疗 IT 系统和 TN-S 系统共用同一个保护接地的接地装置，切勿为该类场所另设单独的接地极和 PE 线，因为这种设计极易在该场所内形成大于 50mV 的电位差，增大电击危险。

3. 自动控制系统安装

（1）自动控制系统配电柜在设备层或机房最接近机组处放置，并便于维修调试人员检修和观察，留有合适的检修通道，前面应留有 0.8m 以上的维修间距，并保证其他电气元件安装接线方便。

（2）配电柜用型钢焊接做支架，表面应进行防锈处理，外部四周应以镀锌板密封。

（3）所有进入电控柜的导线，应从电柜下部型钢基础处进入电控柜，禁止从电控柜顶部、侧部开孔进入电控柜。为便于变频柜散热，柜体散热孔不要被任何物体遮挡。

（4）每路导线敷设至用电设备前应通过接线盒和包塑金属软管作转接，软管长度不宜大于 300mm，所有进机组的包塑金属软管进行防水下垂弯处理，以防止冷凝水顺导线线管下流到相关电气设备，发生短路事故。

（5）自控柜进出线要用扎带等整理好，分清回路，各导线回路应编号，方向应一致，标志应清晰。

（6）单股导线可直接和接线端子连接，多股导线应做好末端处理，选择合适的导线连接头。多芯电缆应做好护套末端处理，用热缩管或绝缘包布处理，露出部分长度应一致，屏蔽电缆的屏蔽层应做好单点接地。

（7）远程控制线应避免从送风管洞处进入手术层，宜单独设置进出管线的穿墙套管，并做好防护和封堵。

4. 配电柜和配电箱安装

（1）柜本体外观检查应无损伤及变形，油漆完整无损。柜内部电气装置及元件、绝缘瓷件齐全，无损伤、裂纹等缺陷。

（2）安装前应核对配电箱编号是否与安装位置相符，按设计图纸检查其箱号、箱内回路编号。箱门接地应采用软铜编织线和专用接线端子。箱内接线应整齐，满足设计要求及验收规范的规定。

（3）作业条件：配电箱安装场所土建应具备室内粉刷完成、门窗已装好的基本条件。预埋桥架及预埋件均应清理好；场地具备运输条件，保持道路平整畅通。

（4）配电箱定位：根据设计要求现场确定配电箱位置，按照箱的外形尺寸进行弹线定位。

（5）每扇柜门应分别用铜编织线与 PE 排可靠连接。

（6）控制回路检查：应检查线路是否因运输等因素而松脱，并逐一进行紧固，检查电器元件是否损坏。

（7）原则上控制线路在出厂时就进行了校验，不应对柜内线路私自调整，发现问题应及时与供应商联系。

（8）控制线校验后，端子板每侧一般一个端子压接一根导线，最多不能超过两根，导线的连接头达到国家标准规定的技术要求。

5. 初检与周期性检查

（1）初检

对于 0 类场所的电气系统（普通电源系统）需依据现行国家标准《低压电气装置　第 6 部分：检验》GB/T 16895.23 的要求进行检查。

对于 1 类和 2 类场所的电源系统，除了符合普通系统的检查要求外，还必须按表15.2.6-1的要求进行检查。

1）检查所需设计文件：每个医疗场所建筑平面图，等电位联结点和相关连接点位置的建筑平面图，电气设计接线图。

1 类和 2 类场所电源系统检查　　　　　　　　　　　　　　　　　　表 15.2.6-1

实施的测验和检查	1 类场所	2 类场所
医疗 IT 系统绝缘监视仪和外接监视仪信号装置的功能测试	—	■
医用隔离变压器二次绕组空载泄漏电流和外壳泄漏电流测量（如果变压器制造商已经测量过，可不进行测量）	—	■
辅助等电位节点间的电阻测量	—	■
等电位导体和保护接地导体的连续性检查	■	—
目视检查，以确保符合现行国家标准《建筑物电气装置　第 7-710 部分：特殊装置或场所的要求　医疗场所》GB/T 16895.24 的规定	■	■

2）检查所需测量仪器：电压计、伏安表、欧姆表、断路器测试装置、谐波检测装置。

3）医疗 IT 系统的功能测试：

① 报警电路中电流的测量：

测试目的：必须保证即使出现故障，电路中电流值也不能超过 1mA DC。

仪器：毫安表。

② 动作试验：

测试目的：检查绝缘监视仪功能是否正常，即当绝缘电阻值低于 50kΩ 时，报警响起。

仪器：变阻器。

③ 医用隔离变压器的漏电电流测量：

测试目的：检查次级绕组和医用隔离变压器外壳对地漏电电流不高于 0.5mA。

仪器：毫安计。

④ 信号指示系统的功能测试：

测试目的：检查声光报警系统的功能，无需仪器。

在测试中，信号指示灯绿灯亮，表示运行正常；信号指示灯黄灯亮，表示报警设备受干扰（绝缘电阻小于 50kΩ）。黄灯不能关闭，除非故障已排除；当报警装置动作时（绝缘电阻小于 50kΩ），声报警信号响起，应确保各部门所有人员都能听见。

⑤ 辅助等电位联结点的测试（2 类医疗场所）：

测试目的：检查每个等电位联结点和插座接地脚的连接，固定装置及任何外露导电部件的接地端子阻值不得高于 0.2Ω。

仪器：伏安表，空载电压为 4～24V AC/DC，能提供至少 10A 的电流。

⑥ 辅助等电位联结点的测试（1 类医疗场所）：

测试确认保护接地和等电位导体及等电位联结母排是否连接正确以及是否完好。

测试目的：检查导体的电气连续性。

仪表：欧姆表，空载电压为 4～24V AC/DC，能提供至少 0.2A 的电流。

⑦ 用于识别外露导电部件的测量：

测试目的：通过测量对地电阻来确认金属部分是否为外露导电部件。通常认为 2 类医疗场所的外露导电部件电阻值低于 0.5MΩ，而 1 类医疗场所则低于 200Ω。

仪表：欧姆表或其他类似带插头的工具。

4）目视检查：

目视检查要特别注意如下情况：

① TN 系统和医疗 IT 系统中保护电器的配合；

② 保护电器的整定；

③ SELV 系统和 PELV 系统；

④ 消防安全设备；

⑤ 2 类医疗场所插座供电回路的配置；

⑥ 等电位箱内标识；

⑦ 由安全电源供电的插座标志；

⑧ 安全电源及照明设备的性能。

（2）周期性检查

除了仔细准确的预防维护外，医疗场所也要按一定时间间隔进行定期检查。定期检查的目的是确保医疗条件与初期检查时一样，以确保安全设备及系统的正常运行。

表 15.2.6-2 归纳了医疗场所电气系统检测周期，特别注意这些是 IEC 60364-7-710 对普通电气系统的检查要求之外的部分。

初始和定期测试的数据结果必须书面或电子存档并长期保留。

医疗场所电气系统检测周期表　　　　　　　　　　　表 15.2.6-2

定期检测内容		定期检测周期
绝缘监视仪的功能测试（医疗 IT 系统）		每 6 个月
目视检查保护电器的整定		每年
辅助等电位节点的电阻测量		每 3 年
检测 RCD 动作值 $I\triangle n$		每年
供电系统安全功能测试	• 空载测试	每月
	• 带载测试（持续至少 30min）	每 4 个月
根据供货商说明书要求，电池供电的安全设施电源的功能测试		每 6 个月

15.3　水　系　统

15.3.1　医院洁净装备工程给水、热水系统设计要求。

医用洁净装备工程的供水系统除空调水系统外，还包括：生活给水系统、生活热水系统、净化水（包含软水、纯水、去离子水、无菌水、酸碱水等）系统。

【技术要点】

1. 给水系统的选择及一般规定

（1）生活给水系统

1）医用洁净装备工程生活用水的水质均应符合现行国家标准《生活饮用水卫生标准》GB 5749 和《二次供水设施卫生规范》GB 17051 等的要求。

2）医用洁净装备工程给水系统除涉及传染病的洁净工程外，应尽量沿用主体建筑整体供水路由，由建筑物供水系统统一供给。洁净工程应单独设置计量设施。

3）洁净手术部给水系统应设置两路水源供给。

4）医用洁净装备工程给水系统，除对水压有特殊要求的供水点外，给水系统用水压力不宜大于 0.20MPa，并应满足卫生器具的工作压力要求。当供水系统压力超压时，可采用减压阀、局部节流装置、减压孔板等调整用水点供水压力。

5）涉及传染病的洁净空间、传染病负压病房，污染区生活给水系统应独立设置，宜采用断流水箱供水方式供水，且供水系统宜采用断流水箱加水泵的给水系统。当供水区域小、用水点少或采用断流水箱确有困难时，供水系统可采用设置减压型倒流防止器，防止污染回流。

6）下列场所用水点应采用非手动开关，并采取防止污水外溅的措施：

① 公共卫生间的洗手盆、小便斗、大便器；护士站、治疗室、中心（消毒）供应室、监护病房等房间的手盆。

② 产房、手术室刷手池，无菌室、血液病房、传染病房和烧伤病房等房间的洗手盆。

③ 诊室、检验科等房间的洗手盆，有无菌要求或者防止感染场所的卫生器具。

7）采用非手动开关的用水点应符合下列要求：

① 公共卫生间的洗手盆宜采用感应自动水龙头，小便斗宜采用自动冲洗阀，蹲式大便器宜采用脚踏式自闭冲洗阀或感应冲洗阀。

② 护士站、治疗室、洁净室、消毒供应中心、监护病房和烧伤病房等房间的洗手盆，应采用感应自动、膝动或肘动开关水龙头。

③ 产房、手术室刷手池，洁净无菌室、血液病房、传染病房和烧伤病房等房间的洗手盆，应采用感应自动水龙头。

④ 有无菌要求或防止院内感染场所的卫生器具，应按照上述①～③的要求选择水龙头或冲洗阀。

（2）生活热水系统

1）医用洁净装备工程生活热水系统的热源，宜优先采用废热、太阳能、地源热泵、空气源热泵等可再生能源。当采用太阳能或热泵系统供热时，需结合当地气候条件，适当选择可自动控制的其他热源作为辅助能源。

2）医用洁净装备工程的盥洗设备均应同时设置冷热水系统，除涉及传染病的洁净工程外，当主体建筑设置循环热水供水系统时，应沿用主体建筑生活热水供水系统供应生活热水。当主体建筑未设置集中生活热水系统时，可采用储热设备，供应生活热水。

3）当系统不设灭菌消毒设施时，污染区生活热水加热设备出水温度应为 60～65℃；当系统设置灭菌消毒设施时，水加热设备的出水温度宜相应降低5℃。配水点水温不应低于 45℃。

4）涉及传染病的洁净空间、传染病负压病房，生活热水系统宜采用集中供应系统，并独立设置。当与非传染病区合用换热系统时，应设置独立的循环系统，并在回水系统上设置消毒灭菌设施。当采用单元式电热水器时，有效容积设计应合理，使用水温需稳定且便于调节。

5）医用洁净装备工程的热水系统应采用机械循环同程式供水系统，保证用水温度。

6）洁净手术部刷手池应同时设置冷、热水供水，并设置洗手、消毒、干洗设备。手术室刷手池应设置有可调节水温的非手动开关龙头，可采用设置恒温混水器调节水温，末端供水温度宜为30～35℃。手术室刷手龙头按每间手术室不宜多于两个配置。

2. 净化水系统设计要求

（1）医用洁净装备工程除常规生活给水、热水需求外，很多科室也需要供应不同水质的净化水，如表15.3.1-1所示。

医用洁净装备工程供水需求　　　　　　　　　　表15.3.1-1

净化工程名称	冷水	热水	纯水	软水	酸化水	无菌水
洁净手术部	√	√	—	△	—	△
静脉调配中心	√	√	√	—	—	√
检验科、病理科	√	√	√	△	—	—
医用动物实验室	√	√	√	√	—	√
中心供应（消毒）室	√	√	√	√	△	—

注："√"代表需要设置，"△"代表可能设置。

（2）医用洁净装备工程净化水系统水质要求：

1）洁净手术部

洁净手术部主要医疗用水包括外科手术刷手用水及手术冲洗用水，还包括重症监护病房氧气湿化瓶、雾化器及呼吸机用水。

洁净根据《医院洁净手术部建筑技术规范》GB 50333—2013的要求，手术刷手用水的水质必须符合现行国家标准《生活饮用水卫生标准》GB 5749，且宜进行无菌处理，水中细菌菌落总数不大于100CFU/mL，不得检出铜绿假单胞菌、沙门氏菌和大肠菌群。

手术冲洗用水主要为瓶装无菌生理盐水及无菌蒸馏水，婴儿暖箱用水要求为瓶装无菌蒸馏水。

湿化水应为无菌水或凉开水；在使用期间细菌菌落总数应小于等于100CFU/mL；不得检出铜绿假单胞菌、沙门氏菌和大肠杆菌；使用中的湿化水及湿化瓶（储水罐）应每日更换，湿化水应无味、无色、无浑浊。储水罐（槽）使用后应浸泡消毒，冲洗干燥后封闭保存。

2）静脉用药调配中心

静脉用药调配中心实验、调配用水应达到制药用水级别，包括纯化水、注射用水和灭菌注射用水。纯化水细菌浓度不大于100CFU/mL，电导率不大于5.1μS/cm（25℃）；注射用水细菌浓度不大于10CFU/100mL，内毒素浓度不大于0.25EU/mL，电导率不大于1.3μS/cm（25℃）。

静脉用药调配中心用水要求：消毒剂调配用水应符合《医院消毒卫生标准》GB 15982—2012中的要求，不得检出铜绿假单胞菌、沙门氏菌和大肠杆菌。调配灭菌剂时应使用无菌水，盛装容器应灭菌后使用；需达到高水平消毒或灭菌的医疗器械，消毒灭菌后应使用无菌水冲洗，去除残留消毒剂。

3）检验科及病理科实验用水

检验科及病理科的医疗用水主要为实验用水。《分析实验室用水规格和试验方法》GB/T 6682—2008 规定，实验室用水的原水应为饮用水或适当纯度的水。实验室用水共分为三个级别：一级、二级、三级，相应的水质标准见表15.3.1-2。

① 一级水：用于有严格要求的分析试验，包括对颗粒有要求的试验，如高效液相色谱分析用水。一级水可用二级水经过石英设备蒸馏或交换混床处理后，再经 $0.2\mu m$ 滤膜过滤来制取。

② 二级水：用于无机衡量分析等试验，如原子吸收光谱分析用水。二级水可用多次蒸馏或离子交换等方法制取。

③ 三级水：用于一般化学分析试验。三级水可用蒸馏或离子交换等方法制取。

实验用水水质标准

表15.3.1-2

特性指标	一级	二级	三级
pH（25℃）	—	—	5.0～7.5
电导率（25℃）（μS/cm）	≤0.01	≤0.10	≤0.50
可氧化物质质量浓度（以O计）（mg/L）	—	≤0.08	≤0.40
吸光度（254nm，1cm光程）	≤0.001	≤0.10	—
蒸发残渣（105℃±2℃）（mg/L）	—	≤1.0	≤2.0
可溶性硅（以 SiO_2 计）（mg/L）	≤0.01	≤0.02	—

4）医用动物实验室

医用动物实验室配套饲养动物的区域，需设置动物设施洗消设备，其中多功能清洗机、高压灭菌器等需提供软化水。

实验室实验用纯水须执行《分析实验室用水规格和试验方法》GB/T 6682—2008。实验室用纯水一般采用集中供水系统，经纯水处理设备处理，电阻率达到 $0.2M\Omega \cdot cm$ 后供至各实验室，并设置相应接口，供实验室台式高纯水处理机取水。

医用动物实验室屏障环境设施内动物饮水及动物粪便冲洗用水均采用无菌水，无菌水由成套无菌水处理设备供给，采用循环供水方式。

5）中心供应（消毒）室

中心供应（消毒）室的医疗用水主要用于医疗器械、器具及物品的清洗及灭菌。

清洗用水分冲洗、洗涤、漂洗和终末漂洗四步。根据《医院消毒供应中心 第2部分：清洗消毒及灭菌技术操作规范》WS 310.2—2016 的相关要求，冲洗、洗涤和漂洗用水应采用软化水，终末漂洗及湿热消毒用水应采用纯化水。纯化水电导率小于等于 $15\mu S/cm$（25℃），但对纯化水和软化水微生物指标未作要求。压力蒸汽灭菌器蒸汽用水应选用软化水、纯化水或蒸馏水。手工清洗后不锈钢和其他非金属材质器械、器具和物品灭菌前的消毒可使用酸性氧化电位水。

3. 给水管道布置、敷设及关键工序、关键点的质量控制

（1）给水排水管道不应从洁净区架空通过，管道敷设方式可影响洁净区的洁净度，因

此，管道均应暗装。横管宜在设备层、技术夹层内敷设；立管应在墙板、管槽或技术夹层内敷设。当必须穿越时，管道应采取防漏措施。

（2）给水管道穿越洁净用房的墙壁、楼板时应加设套管，做好管道与套管间的密封措施。防止室外未净化的空气进入室内，保证室内空气洁净度。

（3）若洁净用房内管道因内外表面温差结露，将直接影响室内温湿度与洁净度，因此管道应采取防结露措施。

（4）给水管道不能直接连接到任何可能引起污染的洁具及设备上，应在这种系统中设有空气隔断装置或预防回流的装置，如止回阀等。否则受到污染的水由于负压、倒流或超压控流等原因，由洁具或设备倒流至整个给水系统，造成严重后果。

（5）管道经过建筑物结构伸缩缝、沉降缝或抗震缝时应设置补偿装置，避免因结构伸缩、沉降影响管道的整体密封性，从而影响水质。

（6）热水管与冷水管间距不得小于 0.15m，上、下平行安装时热水管应在冷水管上方，垂直平行安装时热水管宜在冷水管左侧。室内给水与排水管道平行敷设时，两管间的最小水平净距不得小于 0.5m；交叉敷设时，垂直净距不得小于 0.15m。给水管应在排水管上方，若给水管必须在排水管的下方时，给水管应加套管，其长度不得小于排水管管径的 3 倍。

（7）给水管道必须进行水压试验及冲洗。给水管道安装完成后，应首先在各出水口安装水阀或堵头，并打开进户总水阀，将管道注满水，然后检查各连接处，没有渗漏才能进行水压试验，水压试验的要求如下：

1）《建筑给水排水及采暖工程施工质量验收规范》GB 50242—2002 规定，室内给水管道的水压试验必须符合设计要求。当设计没有注明时，各种材质的给水管道系统试验压力均为工作压力的 1.5 倍，但不得小于 0.6MPa。

2）检验方法：金属与非金属复合管给水管道系统在试验压力下观测 10min，压力降不应大于 0.02MPa，然后降到工作压力进行检查，应不渗不漏；塑料管给水管道系统应在试验压力下稳压 1h，压力降不得超过 0.05MPa，然后在工作压力的 1.15 倍的状态下稳压 2h，压力降不得超过 0.05MPa，同时检查各连接处不得渗漏。

3）水压试验操作程序如表 15.3.1-3 所示。

（8）管道排空是为了保证室内给水系统压力试验的准确性，一定要认真做好。

（9）给水管材、附件均应有出厂合格证明及检验报告，严格控制管材、附件质量，杜绝不合格产品用于工程。

水压试验操作程序　　　　　　　　　　　　　　　表 15.3.1-3

操作程序	内容
连接试压泵	试压泵通过连接软管从室内给水管道较低的管道出水口接入室内给水管道系统
向管道注水	打开进户中水阀向室内给水管系统注水，同时打开试压泵泄压开关。待管道内注满水且试压泵水箱也注满水后，立刻关闭进户总水阀和试压泵泄压开关
向管道加压	按动试压泵手柄向室内给水管道系统加压，试压泵压力表指示压力达到试验压力时停止加压

续表

操作程序	内容
排出管道空气	缓慢拧松各出水口堵头，待听到空气排出或有水喷出时立即拧紧堵头
继续向管道加压	再次按动试压泵手柄向室内给水管系统加压，试压泵压力表指示压力达到试验压力时停止加压，然后按照《建筑给水排水及采暖工程施工质量验收规范》GB 50242—2002规定的检验方法完成室内给水管道系统压力试验。试验完成后，打开试压泵卸压开关，卸去管道压力

注：1. 可以按上述方法分别对室内冷水系统和热水系统进行压力试验；也可以用连接软管将冷、热水出口联通，一次完成冷水系统和热水系统的压力实验。

　　2. 进户总水阀关闭严密与否是准确完成压力试验的关键，若总水阀不能关闭严密，则应该将室内给水管道与室外给水管网分离，然后进行室内给水管系统压力试验。

（10）给水管材、附件应在专用的场所堆放，禁止随意堆放，避免管材及附件出现损坏、影响工程质量。

（11）施工前应与土建总包单位和其他分包单位进行技术交底，完成施工界面协调，确定各专业管道走向和标高。施工中应严格根据设计图纸要求敷设给水管道，非现场条件限制，不得随意更改。

（12）冬期施工期间，当在0℃以下进行水压试验时，由于试验过程中管内结冰，致使管道冻坏，因此尽量避免在冬季进行试验。必须在冬季进行试验时，要保证室内温度在0℃以上，试验完毕后立即将水吹净。若实在不能进行水压试验，可用压缩空气进行试压。

（13）管道的防腐与保温应在压力试验合格并通过隐蔽验收后进行。

（14）给水系统除根据外观检查、水压试验、通水试验和灌水试验的结果进行验收外，还须对工程质量进行检查，主要内容包括：管道的平面位置、标高、坡向、管径、管材是否符合设计要求；管道支架、卫生器具位置是否正确，安装是否牢固；阀件、水表、水泵等安装有无漏水现象且有较好的可视性和可操作性；卫生器排水是否通畅以及管道油漆和保温是否符合设计要求。给水排水工程应按检验批、分项、分部或单位工程验收。

4. 管材选用

给水系统的管材应综合考虑工程情况以及医院投资情况确定，依次为铜管、薄壁不锈钢管、金属与非金属复合管以及塑料管，禁止使用镀锌钢管。

（1）铜管：是最佳供水管道。铜管质地坚硬，不易腐蚀，且耐高温、耐高压，可在多种环境中使用。另外，铜管还具有抗微生物的特性，可以抑制细菌的滋生，尤其对大肠杆菌有抑制作用，水中99%以上的细菌在进入铜管5h后会自行消失。因此，铜管为首选管材，但是铜管的缺点是价格高，施工现场材料保护工作量大。在资金充足的情况下，推荐使用铜管。

（2）薄壁不锈钢管：宜采用卡压、环压等活性连接方式，具有迅速装配、方便日后的改动或维护、对施工人员技术要求不高、连接稳定、不受安装环境影响、提高施工工作效率、降低安装成本等技术优势。不锈钢管具有强度高、抗腐蚀性能强、韧性好、抗震性能优、低温不变脆、输水过程中可确保输水水质纯净、耐用且无二次污染等特点。目前薄壁不锈钢管材为医疗建筑常用给水管材,在资金不紧张的工程中,优先采用薄壁不锈钢管材。

(3)金属与非金属复合管:兼有金属管道的强度大、刚度好和非金属管材耐腐蚀、内壁光滑、不结垢等优点。复合管的缺点是两种材料的热膨胀系数相差较大,容易脱开,生活热水系统中,不推荐使用金属与非金属复合管。

(4)塑料管:塑料管具有良好的化学稳定性、卫生条件好、热传导好、阻力小、安装便捷、成本低、无毒、无二次污染等优点;其缺点是抗击性能及耐热性能差、热膨胀系数大。

15.3.2　医院洁净工程排水系统设计要求。

【技术要点】

1. 排水系统选择及一般规定

(1)医院医疗区污废水排放宜采用污、废分流的排水系统。

(2)排水系统的管材应综合考虑工程情况以及医院投资情况,优先选择顺序依次为耐高温不锈钢排水管、柔性铸铁排水管、塑料排水管。

(3)洁净手术室卫生器具和装置的污水透气系统应独立设置。洁净手术室排水横管直径应比设计值大一级。

(4)中心(消毒)供应室排水管道的管径,应大于计算管径1~2级,且不得小于100mm,支管管径不得小于75mm。

(5)卫生器具及地漏应单独设置存水弯,存水弯的水封高度不得小于50mm,但不得大于100mm。地漏应采用带过滤网的无水封直通型地漏加存水弯,地漏的通水能力应满足地面排水的要求。

(6)不同房间内的卫生器具不可共用存水弯,否则,不同房间之间的受污染空气就可能通过联通排水管道造成交叉污染。

(7)医用洁净区内不应设置地漏。医用洁净工程辅助区域设置地漏时,应采用可开启式密封地漏,以保证洁净空间空气洁净度。对于空调机房等季节性地面排水、医技需要排放冲洗地面、冲洗废水的医疗用房等,应采用可开启式密封地漏。

2. 排水管道布置、敷设及关键工序、关键点的质量控制

(1)医用洁净工程洁净区内不应穿越排水横管,立管应在墙体、管槽或技术夹层内敷设。当必须穿越时,管道应采取防漏措施。

(2)排水管道穿越洁净用房墙壁、楼板时应加设套管,做好管道与套管间的密封措施,防止室外空气进入室内,保证室内洁净度。

(3)污废水横管的清扫口不宜设在洁净区内,立管清扫口宜避开洁净区所在楼层或单独设置在封闭管井中。无法避免时,应采用铜质或不锈钢盖密封。

(4)排水管材、附件采购至项目入场前均应有出厂合格证明及检验报告,严格控制管材附件质量,杜绝不合格产品用于工程施工。

(5)排水管材、附件采购至项目后应设有专用的场所堆放,禁止随意堆放,以避免管材及附件出现损坏。

(6)施工中应严格根据设计图纸要求敷设排水管道,非现场条件限制,不得随意更改。

(7)排水管道不得穿越伸缩缝、沉降缝或抗震缝。

（8）排水管道楼板留孔在管道安装后一定要根据规范要求进行封堵。

（9）排水管道安装完成后，必须进行灌水试验。根据不同的管径对管道两端进行封堵处理后，灌入水，浸泡 72h 后进行试验灌水。检验方法：隐蔽或埋地的排水管在隐蔽前必须做灌水试验，其灌水高度应不低于最底层卫生器具的上边缘或底层地面高度。灌水过程满水 15min，水面下降后再灌满，观察 5min，液面不下降，检查管道及接口无渗漏为合格。

（10）冬期施工期间，当在 0℃以下进行灌水试验时，由于试验过程中管内容易结冰，致使管道冻坏，因此应尽量避免在冬季进行试验，必须在冬季进行时，试验时要保证室内温度在 0℃以上，试验完毕后立即将水排净。

3. 特殊洁净区域排水设置

（1）中心（消毒）供应室中高温灭菌器、高压清洗机均会产生 80～100℃的高温排水，这部分高温排水应单独设置排水立管排放，并需要经过降温池降温至 40℃以下后方可排入院区排水管道。严禁中途合并至其他排水管，避免出现高温蒸汽倒灌至病区排水管造成排水不畅、地漏冒蒸汽等问题。并且应单独设置通气系统，排放高温蒸汽。中心（消毒）供应室高温排水管道应采用耐高温管材，如耐高温不锈钢管等。

（2）检验科、病理科等处分析化验采用的含有微量酸、碱的实验室废水，经各实验室稀释，pH 达到 6～8 后，直接排入实验废水管道；含有浓酸、浓碱、有机废液的实验室废水倒入专用废液容器中，由具有相关资质的外协单位回收处理。检验科、病理科等实验用水器具排水宜单独设置排水系统，不宜与楼内排水系统共用，防止实验排水臭气影响普通房间。实验类排水管道管材推荐采用塑料管。

（3）综合医院的传染病门急诊和病房的污水应单独收集，并应做消毒处理。

（4）涉及传染病源的区域，排水系统应采用防止水封被破坏的措施，并应符合下列规定：

1）排水立管的最大设计排水能力不应大于现行国家标准《建筑给水排水设计标准》GB 50015 规定值的 0.7 倍。

2）地漏应采用水封补水措施，并宜采用洗手盆排水给地漏水封补水的措施。

3）隔离区排水系统通气管出口应设置高效过滤器或消毒处理装置。

15.4　医用气体系统

15.4.1　医用气体供气源主要包括液氧、氧气汇流排、医用分子筛制氧站、医用空气源、真空汇、医用气瓶等。

【技术要点】

1. 液氧

（1）医院液氧储罐设置、防火间距按现行国家标准《综合医院建筑设计规范》GB 51039 的规定执行。

（2）液氧储罐周围的要求按现行国家标准《建筑设计防火规范》GB 50016 的规定执行。

（3）医用液氧储罐与医疗卫生机构外部建筑的防火间距按现行国家标准《建筑设计防

火规范》GB 50016 的规定执行[①]。根据建筑防火要求，单罐容积不应大于 5m³，总容积不宜大于 20m³，超过的需要另外重新设计新站，再进行规划。医用液氧储罐与医疗卫生机构内部建筑防火间距按现行国家标准《医用气体工程技术规范》GB 50751 的规定执行。

2. 氧气汇流排

（1）氧气汇流排与机器间的隔墙耐火极限不应低于 1.5h，与机器间之间的联络门应采用甲级防火门。

（2）医用气体汇流排不应与医用压缩空气机、真空汇或医用分子筛制氧机设置在同一房间内。输送的氧气质量分数超过 23.5% 的医用气体汇流排，当供气量不超过 60m³/h 时，可设置在耐火等级不低于三级的建筑内，应靠外墙布置，并应采用耐火极限不低于 2.0h 的墙和甲级防火门与建筑物的其他部分隔开。

（3）输氧量超过 60m³/h 的氧气汇流排间、氧气压力调节阀组的阀门室宜布置成独立建筑物，当与用户厂房毗邻时，其毗邻厂房的耐火极限等级不应低于二级，并应采用耐火极限不低于 2.0h 且无门、窗、洞的隔墙与该厂房隔开。

（4）汇流排钢瓶应考虑搬运的方便性。

3. 医用分子筛制氧站

（1）氧气站的布置，应按现行国家标准《氧气站设计规范》GB 50030 要求的经技术经济综合比较后择优确定。

（2）制氧站选址应按现行国家标准《综合医院建筑设计规范》GB 51039 的规定执行。

（3）氧气站的乙类生产场所不得设置在地下空间或不通风的半地下空间。

（4）建筑物呈阶梯式的结构，有较好通风条件的半地下空间可考虑设置制氧站。制氧站内应设置相应的报警装置，且与换气系统联动。房间换气次数不应少于 8h⁻¹，或平时换气次数不应少于 3h⁻¹，事故状况时不应少于 12h⁻¹。

（5）制氧站宜布置为独立单层建筑物，其耐火等级不应低于二级，建筑围护结构上的门窗应向外开启，并不得采用木质、塑钢等可燃材料制作。与其他建筑毗邻时，其毗邻的墙应为耐火极限不低于 3.0h 且无门、窗、洞的防火墙，站房应至少设置一个直通室外的门。

（6）《建筑灭火器配置设计规范》GB 50140—2005 将氧气站划分为工业建筑严重危险级。设置在 B、C 类火灾场所的灭火器，其最大保护距离应符合表 15.4.1-1 的规定。

B、C 类火灾场所的灭火器最大保护距离（m） 表 15.4.1-1

危险等级灭火形式	手提式灭火器	推车式灭火器
严重危险级	9	18
中危险级	12	24
轻危险级	15	30

（7）灭火器的配置按现行国家标准《建筑灭火器配置设计规范》GB 50140 的规定执行。

（8）灭火器类型的选择：

[①] 医用氧气源均不应设置在地下空间或半地下室（半地下室视实际情况定义）。

1）A 类火灾场所应选择水型灭火器、磷酸铵盐干粉灭火器、泡沫灭火器或卤代烷灭火器。

2）B 类火灾场所应选择泡沫灭火器、碳酸氢钠干粉灭火器、磷酸铵盐干粉灭火器、二氧化碳灭火器、灭 B 类火灾的水型灭火器或卤代烷灭火器。极性溶剂的 B 类火灾场所应选择灭 B 类火灾的抗溶性灭火器。

3）C 类火灾场所应选择磷酸铵盐干粉灭火器、碳酸氢钠干粉灭火器、二氧化碳灭火器或卤代烷灭火器。

4）D 类火灾场所应选择扑灭金属火灾的专用灭火器。

5）E 类火灾场所应选择磷酸铵盐干粉灭火器、碳酸氢钠干粉灭火器、卤代烷灭火器或二氧化碳灭火器，但不得选用装有金属喇叭喷筒的二氧化碳灭火器。

6）非必要场所不应配置卤代烷灭火器。

（9）应急备用气源的医用氧气不得由分子筛制氧系统或医用液氧系统供应，只能由汇流排提供。

（10）医用分子筛制氧机组供应源应设置应急备用电源。

（11）医用分子筛制氧机供应源应设置氧、水分、一氧化碳的质量浓度实时在线检测设施，检测分析仪的最大测量误差为 ±0.1%。

（12）医用分子筛制氧机机组应设置设备运行监控和氧、水分、一氧化碳的质量浓度监控和报警系统。

（13）医疗卫生机构不应将分子筛制氧机产出气体充入高压气瓶系统。

（14）医用分子筛制氧源应设置独立的专用配电柜，并配置一用一备配电柜。

（15）氧气汇流排作为备用氧时压力应设置为 0.40MPa 以上。充分考虑手术间、ICU 数量，保证冗余量。

（16）医用分子筛制氧机供应源应由医用分子筛制氧机机组、过滤器和调压器等组成，必要时应包括增压机组。医用分子筛制氧机组宜由空气压缩机、空气储罐、干燥设备、分子筛吸附器、缓冲罐等组成，增压机组应由氧气压缩机、氧气储罐组成。

（17）医用分子筛制氧系统宜设置露点保证装置、压缩空气水分检测装置、氧气在线检测装置以及远程监控系统。

（18）空气压缩机选型应注意所在地海拔高度，海拔较高的地区建议参照表 15.4.1-2 进行适当调整。

需气量修正系数表　　　　　　　　　　　　　　表 15.4.1-2

海拔高度（m）	0	305	610	914	1219	1524	1829	2134	2438	2743	3048	3653	4572
需气量修正系数	1	1.03	1.07	1.1	1.14	1.17	1.2	1.23	1.26	1.29	1.32	1.37	1.43

（19）手术室、ICU 等生命支持区域的医用气体管道宜从医用气源处单独接出。

（20）医用氧气的排气放散管均应接至室外安全处，并防雨、防鼠，放散管口距地面不得低于 4.5m，远离火源。

（21）氧气站的氧气放散管应引至室外安全处，放散管口距地面不得低于 4.5m。

4. 医用空气源

（1）压缩空气站的位置参考分子筛制氧站，也可布置于地下室。

（2）在保证分子筛制氧机进气量的前提下，压缩空气站可与分子筛制氧共用系统。

（3）器械空气同时用于牙科时，不得与医疗空气共用空气压缩机组。

（4）牙科空气供应源宜设置为独立的系统，且不得与医疗空气供应源共用空气压缩机。

5. 真空汇

（1）独立传染病科医疗建筑物的医用真空系统宜独立设置。

（2）牙科专用真空汇应独立设置，可布置于地下室、地面、楼顶等处。

（3）负压吸引机房应单独设置，其排放气体应经过处理后排入大气。

（4）医疗污水排放按现行国家标准《综合医院建筑设计规范》GB 51039 的规定执行。

（5）真空罐宜配套紫外线消菌杀毒装置。

6. 医用气瓶

（1）医用气瓶包括：氧气、空气、氮气、二氧化碳、氧化亚氮、医用混合气瓶。

（2）所有气瓶必须检验合格，减压器需要计量检验合格，方可使用。

（3）所有气瓶不得使用至压力为 0，至少保证留有 0.5MPa。

（4）备用气源应设置或储备 24h 以上用量；应急备用气源应保证生命支持区域 4h 以上的用气量。

（5）气瓶存放仓库要分类、分区存放，做好防火、防盗、防泄漏措施。

（6）操作气瓶人员应持有压力容器上岗证。

7. "平急结合"的综合医院供"平急结合"区使用的医用氧气、压缩空气可与医院其他区域合用气体站房或单独设置站房，医用氧气、压缩空气气源站房应设在非污染区域；负压吸引机房应单独设置站房并不得与医院其他负压吸引机房合用。

8. "平急结合"的综合医院医用气体站房应能满足应急期间医用气体最大供应量，根据"平""急"供应量差别，考虑平时的用量以及应急状态时用气量，预留应急时的扩建余地。

15.4.2 医用气体工程施工主要包括管道安装、压力试验及泄漏性试验以及管道吹扫。

【技术要点】

1. 一般规定

（1）医用气体安装工程开工前应具备下列条件：

1）施工企业、施工人员应具备相关资质证明与执业证书；

2）已批准的施工图设计文件；

3）压力管道与设备已按有关要求报建；

4）施工现场管道安装位置的风管、水管道、电缆桥架、消防管道等施工面完成；

5）现场达到"三通一平"的施工条件。

（2）医用气体器材设备安装前按现行国家标准《医用气体工程技术规范》GB 50751 的规定进行检查。

（3）医用气体管材及附件在使用前应按产品标准进行外观检查，并应符合下列规定：

1）所有管材端口密封包装应完好，阀门、附件包装应无破损；

2）管材应无外观制造缺陷，应保持圆滑、平直，不得有局部凹陷、碰伤、压扁等缺陷；高压气体、低温液体管材不应有划伤压痕；

3）阀门密封面应完整，无伤痕、毛刺等缺陷；法兰密封面应平整光洁，不得有毛刺及径向沟槽；

4）非金属垫片应保持质地柔韧，应无老化及分层现象，表面应无折损；

5）管材及附件应无锈蚀现象。

（4）焊接医用气体铜管及不锈钢管材时，均应在管材内部使用惰性气体保护，并应符合下列规定：

1）焊接保护气体可使用氮气或氩气，不应使用二氧化碳气体；

2）应在未焊接的管道端口内部供应惰性气体，未焊接的邻近管道不应因被加热而氧化；

3）焊接施工现场应保持空气流通或单独供应呼吸气体；

4）现场应记录气瓶数量，并应采取防止与医用气体气瓶混淆的措施。

2. 医用气体管道安装

（1）所有医用气体管材、组成件安装前均应脱脂，不锈钢管材、组成件应经酸洗钝化、清洗干净并封装完毕，并应达到现行国家标准《医用气体工程技术规范》GB 50751的规定。未脱脂的管材、附件及组成件应作明确的区分标记，并应采取防止与已脱脂管材混淆的措施。

（2）医用气体管材切割加工应符合下列规定：

1）管材应使用机械方法或等离子切割下料，不应使用冲模扩孔，也不应使用高温火焰切割或打孔；

2）管材的切口应与管轴线垂直，端面倾斜偏差不得大于管道外径的1%，且不应超过1mm；切口表面应处理平整，并应无裂纹、毛刺、凸凹、缩口等缺陷；

3）管材的坡口加工宜采用机械方法，坡口及其内外表面应进行清理；

4）管材下料时严禁使用油脂或润滑剂。

（3）医用气体管材现场弯曲加工应符合下列规定：

1）应在冷状态下采用机械方法加工，不应采用加热方式制作；

2）弯管不得有裂纹、折皱、分层等缺陷；弯管任一截面上的最大外径与最小外径差与管材名义外径相比较时，用于高压管道的弯管不应超过5%，用于中低压管道的弯管不应超过8%；

3）高压管材弯曲半径不应小于管外径的5倍，其余管材弯曲半径不应小于管外径的3倍。

（4）管道组成件的预制应符合现行国家标准《工业金属管道工程施工规范》GB 50235的有关规定。

（5）医用气体铜管道之间、管道与附件之间的焊接连接均应为硬钎焊，并应符合下列规定：

1）钎焊施工前应经过焊接质量工艺评定及人员培训；

2）直管段、分支管道焊接均应使用管件承插焊接；承插深度与间隙应符合现行国家标准《铜管接头 第1部分：钎焊式管件》GB/T 11618.1的有关规定；

3）铜管焊接使用的钎料应符合现行国家标准《铜基钎料》GB/T 6418和《银钎料》

GB/T 10046 的有关规定，并宜使用含银钎料；

4）现场焊接的铜阀门，其两端应已包含预制连接短管；

5）安装铜波纹膨胀节时，其直管长度不得小于100mm，允许偏差为 ±10mm。

（6）不锈钢管道及附件的现场焊接应采用氩弧焊或等离子焊，并应符合下列规定：

1）管道对接焊口的组对内壁应齐平，错边量不得超过壁厚的 20%；除设计要求的管道预拉伸或压缩焊口外，不得强行组对；

2）焊接后的不锈钢管焊缝外表面应进行酸洗钝化。

（7）不锈钢管道焊缝质量应符合下列规定：

1）不锈钢管焊缝不应有气孔、杂质、夹渣、缩孔、咬边；凹陷不应超过 0.2mm，凸出不应超过 1mm；焊缝反面应允许有少量焊漏，但应保证管道流通面积；

2）不锈钢管对接焊缝加强高度不应小于 0.1mm，角焊焊缝的焊角尺寸应为 3～6mm；

3）直径大于 20mm 的管道对接焊缝应焊透，直径不超过 20mm 的管道对接焊缝和角焊焊缝未焊透深度不得大于材料厚度的 40%。

（8）医用气体管道焊缝位置应符合下列规定：

1）直管段上两条焊缝的中心距离不应小于管材外径的 1.5 倍；

2）焊缝与弯管起点的距离不得小于管材外径，且不宜小于 100mm；

3）环焊缝距支、吊架净距不应小于 50mm；

4）不应在管道焊缝及其边缘上开孔。

（9）医用气体管道与经过防火或缓燃处理的木材接触时，应防止管道腐蚀；当采用非金属材料隔离时，应防止隔离物收缩时脱落。

（10）医用气体管道支吊架的材料应有足够的强度与刚度，现场制作的支架应除锈并涂两道以上防锈漆。医用气体管道与支架间应有绝缘隔离措施。

（11）医用气体阀门安装时应核对型号及介质流向标记。公称直径大于 80mm 的医用气体管道阀门宜设置专用支架。

（12）医用气体管道的接地或跨接导线应由与管道相同材料的金属板与管道进行连接过渡。

（13）医用气体管道焊接完成后应采取保护措施，防止脏物污染，并应保持到全系统调试完成。

（14）医用气体管道现场焊接的洁净度检查应符合下列规定：

1）现场焊缝接头抽检率应为 0.5%，各系统焊缝抽检数量不应少于 10 条；

2）抽样焊缝应沿纵向切开检查，管道及焊缝内部应清洁，无氧化物、特殊化合物和其他杂质残留。

（15）医用气体管道焊缝的无损检测应符合下列规定：

1）熔化焊焊缝射线照相的质量评定标准，应符合现行国家标准《焊缝无损检测　射线检测》GB/T 3323 的有关规定；

2）高压医用气体管道、中压不锈钢材质氧气、氧化亚氮气体管道和 −29℃ 以下低温管道的焊缝，应进行 100% 的射线照相检测，其质量不得低于 Ⅱ 级，角焊焊缝应为 Ⅲ 级；

3）中压医用气体管道和低压不锈钢材质医用氧气、医用氧化亚氮、医用二氧化碳、医用氮气管道，以及壁厚不超过 2.0mm 的不锈钢材质低压医用气体管道，应进行 10% 的射线照相检测，其质量不得低于Ⅲ级；

4）焊缝射线照相合格率应为 100%，每条焊缝补焊不应超过 2 次。当射线照相合格率低于 80% 时，除返修不合格焊缝外，还应按原射线照相比例增加检测。

（16）医用气体减压装置应进行减压性能检查，应将减压装置出口压力设定为额定压力，在终端使用流量为零的状态下，应分别检查减压装置每一减压支路的静压特性 24h，其出口压力均不得超出设定压力 15%，且不得高于额定压力上限。

（17）敷设医用气体管道的场所，其环境温度应始终高于管道内气体的露点温度 5℃ 以上，因寒冷天气可能使医用气体析出凝结水的管道部分应采取保温措施。医用真空管道的坡度不得小于 0.002。

（18）医用氧气、氮气、二氧化碳、氧化亚氮及其混合气体管道的敷设处应通风良好，且管道不宜穿过医务人员的生活、办公区，必须穿越的部位，管道上不应设置法兰或阀门。

（19）生命支持区域的医用气体管道宜从医用气源处单独接出。

（20）建筑物内的医用气体管道宜敷设在专用管井内，且不应与可燃、腐蚀性的气体或液体、蒸汽、电气、空调风管等共用管井。

（21）室内医用气体管道宜明敷，表面应有保护措施。局部需要暗敷时应设置在专用槽板或沟槽内，沟槽的底部应与医用供应装置或大气相通。

（22）医用气体管道穿墙、楼板以及建筑物基础时，应设套管，穿楼板的套管应高出地板面至少 50mm。且套管内医用气体管道不得有焊缝，套管与医用气体管道之间应采用不燃材料填实。

（23）医疗房间内的医用气体管道应作等电位接地；医用气体的汇流排、切换装置、各减压出口、安全放散口和输送管道，均应作防静电接地；医用气体管道接地间距不应超过 80m，且不应少于一处，室外埋地医用气体管道两端应有接地点；除采用等电位接地外，宜为独立接地，其接地电阻不应大于 10Ω。

（24）医用气体输送管道的安装支架应采用不燃烧材料制作并经防腐处理，管道与支吊架的接触处应作绝缘处理。

（25）供氧管道不应与电缆、腐蚀性气体和可燃气体管道敷设在同一管道井或地沟内。敷设有供氧管道的管道井，宜有良好的通风。

（26）氧气管道架空时，可与各种气体、液体（包括燃气、燃油）管道共架敷设。共架时，氧气管道宜敷设到其他管道的外侧，并宜敷设到燃油管道上面，供应洁净手术部的医用气体管道应单独设吊架。

（27）除氧气管道专用导线外，其他导线不应与氧气管道敷设在同一支架上。

（28）架空敷设的医用气体管道，水平直管道支吊架的最大间距应符合表 15.4.2-1 的规定；垂直管道限位移支架的间距应为表 15.4.2-1 中数据的 1.2～1.5 倍，每层楼板处应设置一处。

（29）架空敷设的医用气体管道之间的距离应符合下列规定：

1）医用气体管道之间、管道与附件外缘之间的距离，不应小于 25mm，且应满足维护要求。

2）医用气体管道与其他管道之间的最小间距应符合表 15.4.2-2 的规定，无法满足时应采取适当的隔离措施。

医用气体水平直管道支吊架最大间距　　　　表 15.4.2-1

公称直径 DN（mm）	10	15	20	25	32	40	50	65	80	100	125	≥150
钢管最大间距（m）	1.5	1.5	2.0	2.0	2.5	2.5	2.5	3.0	3.0	3.0	3.0	3.0
不锈钢管最大间距（m）	1.7	2.2	2.8	3.3	3.7	4.2	5.0	6.0	6.7	7.7	8.9	10.0

架空医用气体管道与其他管道之间的最小间距　　　　表 15.4.2-2

名称	与氧气管道净距（m）		与其他医用气体管道净距（m）	
	并行	交叉	并行	交叉
给水排水管，不燃气体管	0.15	0.10	0.15	0.10
保温热力管	0.25	0.10	0.15	0.10
燃气管，燃油管	0.50	0.25	0.15	0.10
裸导管	1.50	1.00	1.50	1.00
绝缘导线或电缆	0.50	0.30	0.50	0.30
穿有导线的电缆管	0.50	0.10	0.50	0.10

（30）埋地敷设的医用气体管道与建筑物、构筑物等及其地下管线之间的最小间距，均应符合现行国家标准《氧气站设计规范》GB 50030 有关地下敷设氧气管道的间距规定。

（31）埋地或地沟内的医用气体管道不得采用法兰或螺纹连接，并应作加强绝缘防腐处理。

（32）埋地敷设的医用气体管道深度不应小于当地冻土层厚度，且管顶距地面不宜小于 0.7m。当埋地管道穿越道路或其他情况时，应加设防护套管。

（33）医用气体阀门的设置应符合下列规定：

1）生命支持区域的每间手术室、麻醉诱导和复苏室，以及每个重症监护区域外的医用气体管道上，应设置区域阀门；

2）医用气体主干管道上不得采用电动或气动阀门，大于 DN25 的医用氧气管道不得采用快开阀门；除区域阀门外的所有阀门，应设置在专门管理区域或采用带锁柄的阀门；

3）医用气体管道系统预留端应设置阀门并封堵管道末端。

（34）医用气体区域阀门的设置应符合下列规定：

1）区域阀门与其控制的医用气体末端设施应在同一楼层，并应有防火墙或防火隔断隔离；

2）区域阀门使用侧宜设置压力表且安装在带保护的阀门箱内，并应能满足紧急情况下操作阀门的需要；

3）医用气体管道井内阀门的安装高度应为 1.2～1.5m，以便应急时可以直接操作阀门。

（35）医用气体管道的设计使用年限不应小于 30 年。

3. 医用气体管道应分段、分区以及全系统做压力试验及泄漏性试验

（1）医用气体管道压力试验应符合下列规定：

1）低压医用气体管道、医用真空管道应做气压试验，试验介质应采用洁净的空气或干燥、无油的氮气；

2）低压医用气体管道试验压力应为管道设计压力的 1.15 倍，医用真空管道试验压力应为 0.2MPa；

3）医用气体管道压力试验应维持试验压力至少 10min，管道无泄漏、外观无变形为合格。

（2）医用气体管道应进行 24h 泄漏性试验，并应符合下列规定：

① 压缩医用气体管道试验压力应为管道的设计压力，真空管道试验压力应为真空压力；

② 小时泄漏率应按下式计算：

$$A = \left[1 - \frac{(273 + t_1) P_2}{(273 + t_2) P_1} \right] \times \frac{100}{24} \times 100\%$$

式中　A——小时泄漏率（真空为增压率），%；

　　　P_1——试验开始时的绝对压力，MPa；

　　　P_2——试验终了时的绝对压力，MPa；

　　　t_1——试验开始时的温度，℃；

　　　t_2——试验终了时的温度，℃。

（3）医用气体管道在未接入终端组件时的泄漏性试验，小时泄漏率不应超过 0.05%。

（4）压缩医用气体管道接入供应末端设施后的泄漏性试验，小时泄漏率应符合下列规定：

1）不超过 200 床位的系统应小于 0.5%；

2）800 床位以上的系统应小于 0.2%；

3）200～800 床位的系统不应超过按内插法计算得出的数值。

（5）医用真空管道接入供应末端设施后的泄漏性试验，小时泄漏率应符合下列规定：

1）不超过 200 床位的系统应小于 1.8%；

2）800 床位以上的系统应小于 0.5%；

3）200～800 床位的系统不应超过按内插法计算得出的数值。

4. 医用气体管道吹扫

医用气体管道在安装终端组件之前应使用干燥、无油的空气或氮气吹扫，在安装终端组件之后除真空管道外应进行颗粒物检测，并应符合下列规定：

（1）吹扫或检测的压力不得超过设备和管道的设计压力，应从距离区域阀最近的终端插座开始，直至该区域内最远的终端。

（2）吹扫效果验证或颗粒物检测时，应在 150L/min 流量下至少进行 15s，并应使用含 50μm 滤布、直径 50mm 的开口容器进行检测，不应有残余物。

（3）管道吹扫合格后应由施工单位会同监理、建设单位共同检查，并应进行"管道系统吹扫记录"和"隐蔽工程（封闭）记录"。

5. "平急结合"区医用气体管道支、干管管径均应能满足应急时峰值流量供应需求。

6. "平急结合"区医用氧气、压缩空气与医院共用气源，管道应设置止回装置。

7. "平急结合"区医用气体管道均应做压力试验和泄漏性试验。医用氧气、医疗压缩空气管道均应进行 10% 的射线照相检测，其质量不低于Ⅲ级。

15.4.3 医用气体终端。

【技术要点】

1. 医用气体终端压力

（1）医用气体终端处的参数按现行国家标准《医用气体工程技术规范》GB 50751 以及医院治疗需求执行。

注：350kPa 气体压力允许最大偏差为 $350kPa^{+50}_{-40}kPa$，400kPa 气体的压力允许最大偏差为 $400kPa^{+100}_{-80}kPa$，800kPa 气体的压力允许最大偏差为 $800kPa^{+200}_{-160}kPa$。

在医用气体使用处与医用氧气混合形成医用混合气体时，配比的医用气体压力应低于该处医用氧气压力 50～80kPa，相应的额定压力也应减小为 350kPa。

（2）主要医用气体接头终端配置应符合表 15.4.3-1 的规定。

主要医用气体接头终端最少配置（个/床） 表 15.4.3-1

用房名称	氧气	压缩空气	负压（真空）吸引
手术室	2	2	2
重症监护	2	2	2
恢复室	1	1	2
预麻醉	1	1	1
普通病房	1	可选	可选

（3）主要医用气体终端组件的压力、流量应符合表 15.4.3-2 的规定。

主要医用气体终端组件的压力、流量表 表 15.4.3-2

医用气体种类	使用场所	额定压力（kPa）	典型使用流量（L/min）	设计流量（L/min）
医疗空气	手术室	400	20	40
	重症病房	400	60	80
	病房用点	400	10	20
器械空气、医用氮气	手术室	800	350	350
医用真空	手术室	40（真空压力）	15～80	80
	病房	40（真空压力）	15～40	40
医用氧气	手术室	400	6～10	100
	病房	400	6	10
医用氧化亚氮	手术室、产科、所有病房	400	6～10	15

医用气体种类	使用场所	额定压力（kPa）	典型使用流量（L/min）	设计流量（L/min）
医用氧化亚氮／氧气混合气	待产、分娩、恢复、产后	400（350）	10～20	275
	病房用	400（350）	6～15	20
医用二氧化碳	手术室、造影室、腹腔检查	400	6	20
麻醉或呼吸废气排放	手术室、麻醉室、ICU	15（真空压力）	50～80	50～80

注：1. 其他医用气体的用量应根据医院需求以及特殊设备的要求设置。

2."平急结合"医院终端供气能力应满足应急期间医疗救治需求。

2. 设备带安装要求

（1）医用治疗设备带的安装应符合下列规定：

1）医疗建筑内宜采用同一制式规格的医用气体终端组件；

2）医用治疗设备带内不可活动的气体供应部件与医用气体管道的连接宜采用无缝铜管，且不得使用软管及低压管组件；

3）医用治疗设备带的外部电气部件不应采用带开关的电源插座，也不应安装能触及的主控开关或熔断器；

4）医用治疗设备带的等电位接地端子应通过导线单独连接到病房的辅助等电位接地端子上；

5）医用治疗设备带安装后不得存在可能造成人员伤害或设备损伤的粗糙表面、尖角或锐边；

6）医用治疗设备带中心线安装高度距地面宜为1350～1450mm，悬梁形式的医用治疗设备带底面安装高度距底面宜为1600～2000mm；

7）医用治疗设备带可能安装的照明灯或阅读灯、呼叫对讲机的布置不应妨碍医用气体装置或器材的使用；

8）出于以人为本的考虑，有时把气体终端组件安装在带有壁画的墙内，此时最边上的气体终端组件至少应该离两边墙体100mm，离顶部200mm，离墙体底部300mm，墙体内深度不宜小于150mm；墙面上有标明内有医用气体装置的明显标识；

9）为了使用方便，一些医疗卫生机构可能在医用气体供应装置或病床两侧同时布置气体终端组件；相同气体终端组件应对称；

10）医用设备治疗带安装时，气体接入口应与电源接入口分开接入；

11）医用治疗设备带安装后，应能在环境温度为10～40℃、相对湿度为30%～75%、大气压力为70～106kPa、额定电压为220V±22V的条件下正常运行。

（2）医用吊塔、ICU吊桥、ICU功能柱的安装：医用吊塔、ICU吊桥、ICU功能柱主要应用于医院手术部、ICU等，属于悬梁形式的用气供应装置。根据设计要求，可安装供氧终端、吸引终端、压缩空气终端、二氧化碳终端等医用终端、电源插座、网络插口、传呼分机等功能设备，设置监护仪、输液泵等设备专用安装位置及空间。

1）管路应按医用气体工程管道安装要求进行连接，设备内医用气体管路与医用气体系统之间应单独设置维修阀门，当设备气体系统出现故障时可快速关闭该气源进行检修。维修阀门应设置在易操作的位置，如检修孔或产品顶部装饰罩旁。在连接管道前，应确认医用气体系统已吹扫干净。终端与气体管道连接时，要确保气体种类匹配，严禁接错。

2）吊塔设备的安装高度应符合设计要求，一般应为900～1200mm。

3）设备配置的气体终端组件的安装高度距地面一般应为900～1600mm，具体高度应符合设计要求；横排布置的终端组件宜按相邻的中心距为80～150mm等间距布置，竖排布置的终端组件宜按相邻的中心距为120～200mm等间距布置。

4）电源插座组件的安装高度距地面应900～1600mm，横排布置的电源插座组件宜按相邻的中心距为60～120mm等距布置，竖排布置的电源插座组件宜按相邻的中心距为80～150mm等距布置。

5）医用吊塔、ICU吊桥、ICU功能柱安装时必须保证设备内立柱的垂直度以及各种横臂、安装平台的水平度，满足设计要求。对旋转类的设备，其运动部件安装必须确保其运动灵活，静止状态不会自行漂移。

（3）壁画式终端箱及手术室嵌入式终端盒的安装：

1）实心砖墙或彩钢板采用侧面打孔上膨胀螺丝的方法固定终端箱，固定后需调整终端箱或终端盒，确保其横平竖直，并易于维修拆卸。

2）将医用气体管道连接到终端箱内的终端接口上，通常采用软管快速接头连接。医用气体管道与终端箱之间应设置维修阀门，便于终端箱终端出现故障时可快速关闭气源进行检修，终端与气体管道连接时，要确保气体类型的匹配，严禁接错。

3）将预留的电源线、弱电线、传呼线与终端箱内已连接好的插座、弱电接口、传呼分机按规范进行安装连接。

4）将画框固定在箱体上，并进行调整，确保横平竖直，滑动灵活。

3. 管道材质：

（1）按现行国家标准《医用气体工程技术规范》GB 50751的要求执行。

（2）铜作为医用气体管材，是国际公认的安全优质材料，具有施工容易焊接、质量易于保证、焊接检验工作量小、材料抗腐蚀能力强，特别是具有较好的抗菌能力的优点。因此，目前国际上通用的医用气体标准中，包括医用真空在内的医用气体管道均采用铜管。在我国，业内也有多年使用不锈钢管的经验。不锈钢管与铜管相比，强度、刚度性能更好，材料的抗腐蚀能力也较好。但是在使用中有害残留不易清除，尤其医用气体管道通常口径小壁厚薄，焊接难度大，总体质量不易保证，焊接检验工作量也较大。现行行业标准《医用气体和真空用无缝铜管》YS/T 650规定了针对医用气体的专用铜管材要求，而国内没有针对医用气体使用的不锈钢管材专用标准。鉴于国内医用气体工程的现状，将铜与不锈钢均作为医用气体允许使用的管道材料，但建议医院使用医用气体专用的成品无缝铜管。镀锌钢管在国内医院的真空系统中曾大量使用，并经长期运行证明了其易泄漏、寿命短、影响真空度等不可靠性，依据国际通用规范的要求不再建议使用。国内的医院大多为综合医院，非金属管材在材料、质量、防火等方面的实际工程实施中可控制性差，国际通用标准未将非金属管材列为医用真空管路的允许材料，但允许麻醉废气、牙科真空等设计真空压力低于27kPa的真空管路使用。

4. 医用氮气、医用二氧化碳、医用氧化亚氮、医用混合气体供应源按现行国家标准

《医用气体工程技术规范》GB 50751 的要求执行。

5. 麻醉或呼吸废气排放系统按现行国家标准《医用气体工程技术规范》GB 50751 的要求执行。

6. 医用气体管道安装应符合现行行业标准《医用中心供氧系统通用技术条件》YY/T 0187。

（1）空气系统压力值为 0～0.8MPa（可调）；

（2）压力值为 0.5MPa 时，平均小时漏率小于 1%；

（3）吸引系统负压值为 −0.07～−0.02MPa（可调）；

（4）负压值在 −0.07MPa 时，平均小时泄漏率小于 1.8%；

（5）各病区、各手术室装有精度不低于 1.5 级的真空表；

（6）负压吸引系统的压力在任何环境下都不能高于环境压力；

（7）负压吸引系统压力高于 −0.019MPa，低于 −0.073MPa 时报警；

（8）分管道、终端压力为 0.3～0.4MPa；

（9）每个终端氧气流量不小于 10L/min；

（10）氧气管道气体流速不大于 10m/s；

（11）系统泄漏率应小于 0.2%/h；

（12）手术室的使用率为 75%、ICU 的使用率为 100%、抢救室的使用率为 15%、普通病房的使用率为 15%；

（13）氧气管道可靠接地，接地电阻小于 10Ω；

（14）最大和最小使用流量工况下供氧管道最大压力损失不超过 10%。

15.4.4　医用气体在线监测管理系统。

【技术要点】

1. 医用气体系统报警。

（1）医用气体系统宜设置集中监测与报警系统。

（2）医用气体系统集中监测与报警的内容应包括：

1）声响报警无条件启动，1m 处的声压级不应低于 55dB（A），并应有暂停、静音功能；

2）视觉报警应能在距离 4m，视觉小于 30° 和 100lx 的照度下清楚辨别；

3）报警器应具有报警指示灯故障测试功能及断电恢复自启动功能，报警传感器回路短路时应能报警。

（3）监测系统的电路和接口设计应具有高可靠性、通用性、兼容性及可扩展性，关键部件或设备应有冗余。

（4）监测系统软件应设置系统自身诊断及数据冗余功能。

（5）中央监测管理系统应能与现场测量仪表以相同的精度同步记录各子系统连接运行的参数、设备状态等。

（6）监测系统的应用软件宜配备实时瞬态模拟软件，可进行存量分析和用气量预测等。

（7）集中监测管理系统应有参数超限报警、事故报警及报警记录功能，宜有系统或设备故障诊断功能。

（8）集中监测管理系统应能以不同方式显示各子系统运行参数和设备状态的当前值与历史值，并应能连续记录不少于一年的运行参数，中央监测管理系统宜兼有信息管理（MIS）功能。

（9）监测及数据采集系统的主机应设置不间断电源。

（10）"平急结合"区医用气体宜设置独立监测报警系统，宜有远程监测报警功能。

2. 医用气体传感器。

（1）医用气体传感器的测量范围和精度应与二次仪表匹配，并应高于工艺要求的控制和测量精度。

（2）医用气体露点传感器精度漂移应小于 $1℃/a$。一氧化碳传感器在浓度为 $10×10^{-6}$ 时，误差不应超过 $2×10^{-6}$。

（3）压力或压差传感器的工作范围应大于监测采样点可能出现的最大压力或压差的 1.5 倍，量程宜为该点正常值变化范围的 1.2～1.3 倍。流量传感器的工作范围宜为系统最大工作流量的 1.2～1.3 倍。

（4）气源报警压力传感器应安装在管路总阀门的使用侧。

（5）区域报警传感器应设置维修阀门，区域报警传感器不宜使用电接点压力表。除手术室、麻醉室外，区域报警传感器应设置在区域阀门使用侧的管道上。

（6）独立供电的传感器应设置备用电源。

3. 医用气体流量计。

（1）流量计不应安装在有振动、潮湿、易受机械损伤、有强电磁场干扰、高温、温度变化剧烈和有腐蚀性气体的位置。

（2）流量计宜安装在室内，如需安装在室外，应采取防晒、防雨、防雷措施。

（3）流量计应安装在能真实反映气体流量的位置。

（4）流量计的前后管道上应安装切断阀门（截止阀），同时应设置旁通管道。

（5）流量控制阀应安装在流量计的下游，流量计使用时上游所装的截止阀应全开，避免上游部分的流体产生乱流现象。

（6）应在流量计的直管段前安装过滤器。

（7）流量计应水平安装在管道上，安装时流量计轴线应与管道轴线同心，流向要一致。

（8）流量计安装点上下游配管的内径与流量计内径相同。

（9）流量计上游管道长度应有不小于 $2D$ 的等径直管段，如果安装场所允许的条件下，上游直管段宜为 $20D$、下游为 $5D$。

（10）流量计外壳、被测流体和管道连接法兰三者之间应做等电位联结，并应接地。

（11）流量计应可靠接地，不能与强电系统地线共用。

4. 医用气体在线监测管理系统配电电缆途径选择、敷设环境敷设按现行国家标准《电力工程电缆设计标准》GB 50217 的规定执行。

（1）明敷的电缆不宜平行敷设在热力管道的上部。电缆与管道之间无隔板防护时的允许距离，除应符合现行国家标准《城市工程管线综合规划规范》GB 50289 的规定外，尚应符合表 15.4.4 的规定。

电缆与管道之间无隔板防护时的允许距离（mm）　　　　　　　　表 15.4.4

电缆与管道之间走向		电力电缆	控制和信号电缆
热力管道	平行	1000	500
	交叉	500	250
其他管道	平行	150	100

（2）抑制电气干扰强度的弱电回路控制和信号电缆，除应符合现行国家标准《电力工程电缆设计标准》GB 50217 的规定外，当需要时可采取下列措施：

1）与电力电缆并行敷设时，相互间距在可能范围内宜远离；对电压高、电流大的电力电缆间距宜更远；

2）敷设于配电装置内的控制和信号电缆，与耦合电容器或电容式电压互感、避雷器或避雷针接地处的距离，宜在可能范围内远离。

（3）电缆敷设的防火封堵，应符合下列规定：

1）布线系统通过地板、墙壁、屋顶、顶棚、隔墙等建筑构件时，其孔隙应按等同建筑构件耐火等级的规定封堵。

2）电缆敷设采用的导管和槽盒材料，应符合现行国家标准《电气安装用电缆槽管系统　第 1 部分：通用要求》GB/T 19215.1、《电气安装用电缆槽管系统　第 2 部分：特殊要求　第 1 节：用于安装在墙上或天花板上的电缆槽管系统》GB/T 19215.2 和《电缆管理用导管系统　第 1 部分：通用要求》GB/T 20041.1 规定的耐燃试验要求，当导管和槽盒内部截面积大于或等于 $710mm^2$ 时，应从内部封堵。

3）电缆防火封堵的材料，应按耐火等级要求，采用防火胶泥、耐火隔板、填料阻火包或防火帽。

4）电缆防火封堵的结构，应满足按等效工程条件下标准试验的耐火极限。

5. 控制电缆及其金属屏蔽按现行国家标准《电力工程电缆设计标准》GB 50217 的规定执行。

15.4.5 医用气体工程的检验与应急。

【技术要点】

1. 检验规定

（1）医用气体工程中存在的压力容器按《压力容器安全技术监察规程》的规定进行分类。

（2）压力容器的使用单位，在压力容器投入使用前，应按《压力容器使用登记管理规则》的要求，到安全监察机构或授权的部门逐台使用登记。

（3）在用压力容器，应符合《在用压力容器检验规程》《压力容器使用登记管理规则》的规定。

（4）压力容器应进行定期检验，检验周期按《压力容器安全技术监察规程》的规定进行。

（5）安全附件应实行定期检验制度。安全附件的定期检验按照《在用压力容器检验规程》的规定进行。

（6）压力表和测量仪表应按质量监督检验检疫部门规定的期限进行校验。

2. 监督管理规定

医用分子筛中心制氧系统接受国家药品监督管理局的管理。

3. 操作规程

（1）建立设备档案，详细记录设备的运行情况、维护保养计划、实施维保情况；

（2）建立设备操作规范流程；

（3）建立设备的规章制度；

（4）编制培训计划，定期进行专业培训与安全教育，持证上岗。

4. 设备计量与检测

（1）根据国家计量规定，压力表、安全阀等均属于强制检测设施。实际工作中，对于已经安装的压力表等，可采取更换高精度压力表、加强重点部位的检测等措施，保证使用安全和设备运行。新设备安装设计时，应充分考虑压力表的检测计量，保证检测不影响设备运转。

（2）液氧罐设计一用一备，安全阀仍宜备一套，以备检测使用。平衡阀、液位表等宜备用一套，以保证设备正常运行。

（3）设备电源一用一备，以保证设备正常运行。

5. 医用气体紧急预演及预案

（1）医用气体氧气源故障时，通知相关部门，做好应急方案。手术室及ICU开启氧气汇流排，即使是自动转换的，也应派人进行检查。对于病房的危重患者，先用氧气袋进行供应，以保证氧气瓶送到现场前投入使用。氧气瓶压力低于0.5MPa时应更换。

（2）医用真空系统故障：设备主电源故障时，迅速转换备用电源箱；设备故障时，启动电动吸引器；为了应对医院电源故障，甚至生命支持单元电源故障，需备用一定数量的手动吸引器。

（3）医用分子筛制氧系统故障时，使用医用氧气瓶减压后供呼吸机使用，并检测压力，低于0.5MPa时，应更换气瓶。

（4）按照危急重症患者数量，宜配置相应的医用氧气瓶、电动吸引器和手动吸引器，并做好应急预案和演练，每年最少一次。

6. 医用气体设备的报废

出现以下情况者，根据不同价值，由相关部门审核批准后，方可报废：

（1）严重损坏无法修复的设备；

（2）超过使用年限、存在严重隐患或性能低劣的设备；

（3）维修费用超过设备价值50%的设备；

（4）技术落后、机型被淘汰、无法提供配件的设备；

（5）违反国家规定，严重污染环境，水耗、电耗高的设备；

（6）计量检测不合格和有严重隐患的设备。

报废设备未经审批，任何人不得拆卸任何部件。特种设备报废后，需要到相关质检部门销案，并由其监管，拆分销毁设备，不得他用。

本章参考文献

［1］中华人民共和国住房和城乡建设部. 医院洁净手术部建筑技术规范：GB 50333—2013［S］. 北京：中国建筑工业出版社，2014.

［2］中华人民共和国住房和城乡建设部. 医疗建筑电气设计规范：JGJ 312—2013［S］. 北京：中国建筑工业出版社，2014.

［3］中华人民共和国国家质量监督检验检疫总局，中国国家标准化管理委员会. 建筑物电气装置　第7-710 部分：特殊装置或场所的要求　医疗场所：GB/T 16895.24—2005［S］. 北京：中国标准出版社，2006.

［4］中华人民共和国住房和城乡建设部. 绿色医院建筑评价标准：GB/T 51153—2015［S］. 北京：中国计划出版社，2016.

［5］中华人民共和国住房和城乡建设部. 民用建筑电气设计标准：GB 51348—2019［S］. 北京：中国建筑工业出版社，2020.

［6］国家市场监督管理总局，国家标准化管理委员会. 医用电气设备　第 1 部分：基本安全和基本性能的通用要求：GB 9706.1—2020［S］. 北京：中国标准出版社，2020.

［7］国家市场监督管理总局，国家标准化管理委员会. 电磁兼容　限值　第 1 部分：谐波电流发射限值（设备每相输入电流≤16A）：GB 17625.1—2022［S］. 北京：中国标准出版社，2022.

［8］中华人民共和国住房和城乡建设部. 建筑照明设计标准：GB 50034—2013［S］. 北京：中国建筑工业出版社，2014.

［9］中华人民共和国住房和城乡建设部. 建筑电气工程施工质量验收规范：GB 50303—2015［S］. 北京：中国计划出版社，2016.

［10］许钟麟，沈晋明. 医院洁净手术部建筑技术规范实施指南［M］. 北京：中国建筑工业出版社，2014.

［11］中华人民共和国住房和城乡建设部. 建筑给水排水设计标准：GB 50015—2019［S］. 北京：中国计划出版社，2019.

［12］中华人民共和国住房和城乡建设部. 建筑设计防火规范（2018 年版）：GB 50016—2014［S］. 北京：中国计划出版社，2018.

［13］中华人民共和国住房和城乡建设部. 医用气体工程技术规范：GB 50751—2012［S］. 北京：中国计划出版社，2012.

［14］中华人民共和国住房和城乡建设部. 综合医院建筑设计规范：GB 51039—2014［S］. 北京：中国计划出版社，2015.

［15］中华人民共和国住房和城乡建设部. 氧气站设计规范：GB 50030—2013［S］. 北京：中国计划出版社，2014.

［16］中华人民共和国住房和城乡建设部. 压缩空气站设计规范：GB 50029—2014［S］. 北京：中国计划出版社，2014.

［17］中华人民共和国住房和城乡建设部. 现场设备、工业管道焊接工程施工规范：GB 50236—2011［S］. 北京：中国计划出版社，2011.

［18］中华人民共和国住房和城乡建设部. 工业金属管道工程施工质量验收规范：GB 50184—2011［S］. 北京：中国计划出版社，2011.

［19］中华人民共和国国家质量监督检验检疫总局，中国国家标准化管理委员会. 流体输送用不锈钢无缝钢管：GB/T 14976—2012［S］. 北京：中国标准出版社，2013.

［20］中华人民共和国工业和信息化部. 医用气体和真空用无缝铜管：YS/T 650—2020［S］. 北京：冶金工业出版社，2021.

第 16 章 洁净装备工程检测

张彦国：中国建筑科学研究院有限公司建科环能科技有限公司净化空调技术中心主任、教授级高工、注册建筑师。长期从事洁净室、生物安全、实验室等领域室内环境控制的科研和应用工作，主持、参加多项国家重点专项课题，主编多部标准规范，多次获奖。
党宇：中国建筑科学研究院有限公司建科环能科技有限公司净化空调技术中心工程师。
李毅：中国建筑科学研究院有限公司建科环能科技有限公司净化空调技术中心工程师。
赵伟：正高级工程师，注册公用设备工程师，中国电子系统工程第四建设有限公司生命科学技术研究中心副总经理。
刘国毅：内蒙古普迪检测技术服务有限公司总经理，中级工程师。

技术支持单位：
中国电子系统工程第四建设有限公司： 长期致力于医用洁净项目产品研发、设施施工。公司全资子公司协多利是一家研发生产抗 VHP 腐蚀彩钢板、VHP 传递窗等洁净装备的设备供应商，目前产品已出口海外。
内蒙古普迪检测技术服务有限公司： 主要从事洁净与生物安全环境检验检测服务，业务涵盖医疗洁净环境检测、制药洁净环境检测、生物安全环境检测、食品加工车间检测、电子洁净车间检测、GMP/GSP 温湿度验证等领域。

16.1 综合性能评定通用要求

16.1.1 综合性能评定是医用洁净装备工程验收不可或缺的项目。
【技术要点】

1. 医用洁净装备工程验收应按分项验收、竣工验收和综合性能评定三个阶段进行。工程质量的保证除了最后的严格检验，还需要施工过程中的严格控制来保证。

（1）分项验收指按照不同工程项目进行验收，是一种通过自行质量检查评定的过程控制，具有阶段性验收的性质。

（2）竣工验收阶段应包括设计符合性确认、安装确认和运行确认。

（3）综合性能评定是通过对医用洁净装备工程综合性能全面评定进行性能检验和性能确认，并在性能确认合格后实现性能验收。

2. 综合性能评定的基本检验方法应按现行国家标准《洁净室施工及验收规范》GB 50591、《医院洁净手术部建筑技术规范》GB 50333 等的有关规定执行，由具有工程质检资质的第三方承担，一般由建设方委托。不得以工程的调整测试结果或单项指标测试结果代替综合性能全面评定的检验结果。

（1）综合性能评定应以空态或静态为准，任何检验结果都必须注明状态。

（2）综合性能评定之前，应对被测环境和风系统再次全面彻底清洁，且系统应已连续运行 12h 以上。

（3）综合性能评定应审核综合性能检验单位的资质、检验报告和检验结论。

（4）综合性能评定所使用的检验仪表必须经过计量校准或检定，并在有效期内，按相关现行标准进行检验，最后提交的检验报告应符合相关标准的规定。建设方、设计方、施工方均应在场配合、协调。

（5）综合性能评定中对于相关标准要求的必测项目中有 1 项不符合要求，或标准无要求时不符合设计要求，或不符合工艺特殊要求，都应经过建设方和检验方协商同意并记入检验文件，经过调整后重测符合要求时，应判为性能评定通过；重测仍不符合要求时，则该项性能评定应判为不通过。

（6）选测项目不符合要求，而必测项目符合要求时，应不影响判断性能评定通过，但必须在性能评定文件中对不符合要求的选测项目予以说明。

16.1.2 综合性能评定单位必须具有法定的第三方检验资质。

【技术要点】

1. 非专业机构的检测报告不具有科学性和专业性，不具备相应资质的报告不具有任何科学或法律上的效力，资质不全面的单位出具的检测报告的科学性、权威性、认可程度也差很多。

2. 项目竣工后综合性能评定工作，须确保通过经由国家卫生健康委员会授权的专业工程质量检验机构或取得国家实验室认可资质条件的国家级第三方检测机构的检验，符合条件的第三方检测机构出具的报告在封面上方应具有图 16.1.2 所示的标志、标识。

中国计量认证标志　　　　国家实验室认证标识　　　　国际互认联合标识

图 16.1.2　第三方检测机构标志、标识

图 16.1.2 中的标志、标识含义介绍如下：

（1）中国计量认证标志（CMA）：由"CMA"三个英文字母组成的图形和该中心计量认证证书编号两部分组成。计量认证是我国通过计量立法，对为社会出具公证数据的检验机构进行强制考核的一种手段，计量认证是检验机构最基本的、必须有的认证。

（2）国家实验室认证标识（CNAS）：表明检测机构的检测能力和设备能力通过中国合格评定国家认可委员会认可。中国合格评定国家认可制度在国际认可活动中有着重要地位，其认可活动已经融入国际认可互认体系，并发挥着重要的作用。中国合格评定国家认可委员会是国际认可论坛（IAF）、国际实验室认可合作组织（ILAC）、亚太实验室认可合作组织（APLAC）和太平洋认可合作组织（PAC）的正式成员。

（3）国际互认联合标识（ilac-MRA）：指国际实验室认可合作组织多边承认协议，拥有此标志的检验结果可以在世界上50余个经济体的实验室认可机构得到互认。

3. 在考察检测机构资质的同时，要明确该检测机构资质能力附表内容是否涵盖需要检测区域相关参数及其申请方法的适用性。

4. 承担医用洁净装备工程检测的机构应具备完整的质量管理体系和管理文件。质量管理手册是管理体系运行的纲领性文件，其规定了质量方针和质量目标，系统地描述了资质认定评审准则、实验室和检测机构能力认可准则要求的各个要素的落实情况，明确了各部门及各岗位人员的职责和相互关系。因此，为保证各项工作的质量，承担综合性能评定的机构应建立与其活动范围相适应的、完整的质量管理体系，制定质量管理体系文件，并保证该体系得以实施、维持和持续改进。

16.1.3 从事综合性能评定的检测人员和检测设备必须具备相应的管理要求。

【技术要点】

1. 从事综合性能评定工作的专业技术人员均应具有工程建设领域相关专业技术经历，并经过上岗培训、考核和授权。现场检测人员应持证上岗并在授权范围内从事相应的工作。确保所有操作专门设备、从事检测/检查/校准以及评价结果和签署报告人员的能力。对从事特定工作的人员，按要求进行资格确认。

2. 承担综合性能评定的检验机构使用的设备应有唯一性标识。新购置的设备应及时建立设备档案，并交质量部管理部归档。

（1）对检测结果的准确度和有效性有影响的所有设备应有表明其状态的明显标签，以绿、黄、红三色标签为例，标签的使用应符合下列规定：

1）绿色标签——合格证，表明经检定、校准（包括内部校准）达到设备的设计要求；

2）黄色标签——准用证，表明设备部分量程的准确度不合格或部分功能丧失，但可满足工作所需量程的准确度和功能要求；

3）红色标签——停用证，表明设备已损坏、检定/校准不符合要求或超过检定/校准周期。

（2）承担综合性能评定的检验机构应根据设备的性能和使用情况确定设备是否需要进行期间核查，并负责制定核查规程，按"文件控制程序"进行审批和发放。可行时，一次性检定及检定/校准周期在一年以上的设备应进行期间核查。

（3）用于检测/检查/校准和抽样的设备及其软件应达到要求的准确度，并符合相应标准规范的要求。对结果有重要影响的仪器的关键量或值，应制定校准计划。

（4）当检测、校准用仪器设备发生故障或出现可疑数据时，应立即停止使用，加贴停用标识，并尽量予以隔离，防止误用，同时应对故障可能造成的结果进行核查。仪器设备修复后应通过校准或核查，证明其能够正常工作后再使用。

16.1.4 检测设备必须符合一定的技术条件。

【技术要点】

1. 风量罩

（1）原理：风量罩主要由风量罩体、基座、显示屏构成（图16.1.4-1）。风量罩体主要用于采集风量，将空气汇集至基座上的风速均匀段上。在风速均匀段上装有根据毕托管原理制作的风压传感器，传感器将风速的变化反映出来，再根据基底的尺寸将风量计算出来。由于集中空调系统中风口处的气流比较复杂，测量工作难度较大。使用风量罩能迅速、准确地测量风口平均通风量，是测量风口通风量的主要设备。

（2）设备性能建议：风量范围为 42～4250m³/h；精度读数为 ±3% 或 ±12m³/h（风量＞85m³/h）；分辨率为 1m³/h。

2. 热球式风速仪

（1）原理：热球式风速仪由热球式测杆探头和测量仪表两部分组成（图16.1.4-2）。探头有一个直径为 0.6mm 的玻璃球，球内绕有加热玻璃球用的镍铬丝圈和两个串联的热电偶。热电偶的冷端连接在磷铜质的支柱上，直接暴露在气流中。当一定大小的电流通过加热圈后玻璃球的温度升高。温度升高的程度和风速有关，风速小时温度升高的程度大，反之温度升高的程度小。温度升高程度的大小通过热电偶在电表上指示出来。根据电表的读数，查校正曲线即可查出所对应的风速（m/s）。热球式风速仪在供暖、通风、空气调节、环境保护、节能监测、气象、农业、冷藏、干燥、劳动卫生调查、洁净车间、化纤纺织、各种风速实验室等领域有广泛的应用。

（2）设备性能建议：风速范围为 0～30m/s；精度读数为 ±3% 或 ±0.015m/s；分辨率为 0.01m/s。

3. 尘埃粒子计数器

（1）原理：尘埃粒子计数器主要由光源、两组透镜、测量腔、光检测器和放大电路五大部分构成（图16.1.4-3）。其中，光源极大地影响着计数器的性能，是其关键部件之一，需满足寿命长、稳定性高、不易受外界干扰等要求；两组透镜用于完成聚焦的功能，一组用于聚焦光源发出的光，另一组用于聚焦散射现象产生的散射光；测量腔用于使空气中的微粒在光照下发生散射；光检测器用于将光脉冲信号转换为电脉冲信号；放大电路用于将微弱的电信号放大并挑选出满足要求的脉冲信号，对其进行计数并显示出来。尘埃粒子计数器是用于测量洁净环境中单位体积内尘埃粒子数和粒径分布的仪器。它广泛应用于药检所、血液中心、防疫站、疾控中心、质量监督所等权威机构，以及电子行业、制药车间、半导体、光学或精密机械加工、塑胶、喷漆、医院、环保、检验所等生产企业和科研部门。

图16.1.4-1　风量罩　　图16.1.4-2　热球式风速仪　　图16.1.4-3　尘埃粒子计数器

（2）设备性能建议：粒径范围为 0.3～25μm；最多可测量 6 个通道数据；流量为 0.1～

1.0CFM（2.83～28.3L/min）。

4. 压差计

（1）原理：压差计多用于测量两个不同点处压力之差的测压仪表（图 16.1.4-4）。目前常用的有双波纹管压差计、膜片式压差计以及单元组合仪表的压差变送器等。当气体流经压差计管道内的节流件时，流速将在节流件处形成局部收缩，因而流速增加，静压力降低，于是在节流件前后便产生了压差。流体流量越大，产生的压差越大，这样可依据压差来衡量流量的大小。该测量方法以流动连续性方程（质量守恒定律）和伯努利方程（能量守恒定律）为基础。用来检测洁净室的压差计，首先要求量程要小，因为需要检测的压力差在几帕到几十帕之间；其次要求精度要高，能够准确测量几帕的压力差；再就是要求仪器零点稳定，漂移小，须带零点校准。

（2）设备性能建议：测量范围为 ±250Pa；精度：满量程的 ±0.5%。

5. 温湿度计

（1）原理：温湿度传感器探头分别安装铂电阻传感器和高分子薄膜型湿敏电容（图 16.1.4-5）。测量温度时，由于铂电阻具有阻值随温度改变的特性，仪器可通过电阻值的变化转化为电压值，传输给测量电路进而测量出环境温度；测量湿度时，湿敏电容能从周围气体中吸水而引起电容和电阻值的变化，其变化的幅度即表示周围气体的相对湿度。根据温湿度的波动范围，应选择足够精度的测试仪表。

图 16.1.4-4　压差计

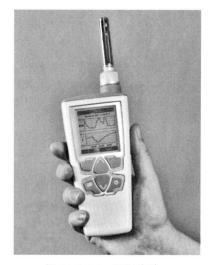

图 16.1.4-5　温湿度计

（2）温湿度计性能见表 16.1.4。

温湿度计性能表

表 16.1.4

	传感器类型	热敏电阻
温度	范围	0 ～ 60℃
	精度	1℃ ±0.6℃
	分辨率	0.1℃

续表

相对湿度	传感器类型	薄膜电容
	范围	5% ～ 95%
	精度	2%±3%
	分辨率	0.1%

6. 声级计

（1）原理：声级计的技术原理是由传声器将声音转换成电信号，再由前置放大器变换成阻抗，使传声器与衰减器匹配。放大器将输出信号加到计权网络，对信号进行频率计权（或外接滤波器），然后再经衰减器及放大器将信号放大到一定的幅值，送到有效值检波器，在指示表头上给出噪声声级的数值（图 16.1.4-6）。

（2）设备性能建议：宜使用带倍频程分析仪的声级计，如果选用无倍频程分析仪，频率测量范围应为 31.5～8000Hz；声级计的最小刻度不宜低于 0.1dB（A）。量程：A 声级 LO（Low）加权：35～100dB，HI（High）加权：65～130dB；C 声级 LO（Low）加权：35～100dB，HI（High）加权：65～130dB。

7. 照度计

（1）原理：照度是物体被照明的程度，即物体表面所得到的光通量与被照面积之比。照度计是一种专门测量光度、亮度的仪器（图 16.1.4-7）。通常由硒光电池或硅光电池和微安表组成光电池，是把光能直接转换成电能的光电元件。当光线照射到硒光电池表面时，入射光透过金属薄膜到达半导体硒层和金属薄膜的分界面上，在分界面上产生光电效应。产生的光生电流的大小与光电池受光表面上的照度有一定的比例关系。

（2）设备性能建议：测量范围：20lx/200lx/2000lx/20000lx；分辨率：0.01lx；准确度：±3% rdg ± 0.5% f.s.（＜ 10000lx）。

图 16.1.4-6　声级计

图 16.1.4-7　照度计

8. 谐波测试仪

谐波测试仪指用于检测谐波的仪器，也叫谐波检测仪，又称谐波分析仪（图 16.1.4-8）。绝大部分谐波测量仪器都使用傅里叶变换的方法来进行谐波测量。在电力系统中谐波产生是由于非线性负载所致。当电流流经负载时，与所加的电压不呈线性关系，就形成非正弦电流，即电路中有谐波产生。谐波频率是基波频率的整倍数，法国数学家傅里叶分析原理证明，任何重复的波形都可以分解为含有基波频率和一系列为基波倍数的谐波的正弦波分量。因此，将测量得到的电流、电压等模拟信号转换为数字信号，再进行傅里叶分解，即可得到各阶次谐波大小、畸变率、相位等数据。

9. 紫外分光光度计

（1）原理：

1）分光光度计原理：分光光度计又称光谱仪，是将成分复杂的光分解为光谱线的科学仪器（图 16.1.4-9）。测量范围一般包括波长范围为 380～780nm 的可见光区和波长范围为 200～380nm 的紫外光区。不同的光源都有其特有的发射光谱，因此可采用不同的发光体作为仪器的光源。钨灯光源所发出的 380～780nm 波长的光谱光通过三棱镜折射后，可得到由红、橙、黄、绿、蓝、靛、紫组成的连续色谱，该色谱可作为可见光分光光度计的光源。分光光度计采用一个可以产生多个波长的光源，通过系列分光装置，从而产生特定波长的光源，光线透过被测试的样品后，部分光线被吸收，计算样品的吸光值，从而转化成样品的浓度（样品的吸光值与样品的浓度成正比）。

2）气相色谱仪（图 16.1.4-10）原理：一定量（已知量）的气体或液体分析物被注入色谱柱一端的进样口或气源切换装置，当分析物在载气带动下通过色谱柱时，分析物的分子会受到色谱柱壁或柱中填料的吸附，使通过柱的速度降低。分子通过色谱柱的速率取决于吸附的强度，它由被分析物分子的种类与固定相的类型决定。由于每一种类型的分子都有自己的通过速率，分析物中的不同组分就会在不同的时间（保留时间）到达色谱柱的末端，从而得到分离。检测仪用于检测色谱柱的流出流，从而确定每一个组分到达色谱柱末端的时间以及每一个组分的质量分数。通常来说，人们通过物质流出色谱柱（被洗脱）的顺序和它们在色谱柱中的保留时间来表征不同的物质。同时，气相色谱仪除可进行甲醛的测定外，还可进行苯及总易挥发物的检测。

图 16.1.4-8　谐波分析仪　　图 16.1.4-9　分光光度计　　图 16.1.4-10　气相色谱仪

（2）设备性能建议：

1）分光光度计：波长范围：190～1100 nm；光度准确度：±0.01A；波长准确度：±1.0nm；分辨率：＞1.5；杂散光：＞2。

2）气相色谱仪：采样灵敏度：0.1μV/s；量程：-1～1V；测量精度：±0.2%；重复性：（峰面积）±0.1%，（峰高）±0.2%。

16.2　医用洁净功能用房检测通用要求

16.2.1　综合性能评定必须遵循有关规范给定的条件。

【技术要点】

1. 进行综合性能评定时洁净室的占用状态区分如下：工程调整测试应为空态，工程验收的检验和日常例行检验应为空态或静态，使用验收的检验和监测应为动态。当有需要时也可经建设方（用户）和检验方协商确定检验状态。

2. 进行综合性能评定时，受检区域内工程应完全竣工，正常运行，并提前运行12h以上；检验之前，应对所测环境进行彻底清洁，但不得使用一般吸尘器吸尘。擦拭人员应穿洁净工作服，清洗剂可根据场合选用纯化水、有机溶剂、中性洗涤剂或自来水。

3. 进行综合性能评定时，检验人员应保持最低数量，必须穿洁净工作服，测微生物时必须穿无菌服、戴口罩。检验人员应位于下风向，尽量少走动。

16.2.2　现场检测顺序应遵循规范要求，依次进行。

【技术要点】

1. 检验项目顺序首先宜测风速、风量、静压差，然后检漏，最后测洁净度。在其他物理性指标测试完毕并对房间完成表面消毒后，再进行细菌浓度的测定，测定细菌浓度前不得进行空气消毒。

2. 表16.2.2中的检验项目应按《洁净室施工及验收规范》GB 50591—2010的方法进行检验。当有明显理由不便执行该规范的检验方法时，可经委托方（用户）和检验方双方协商用其他方法，并载入协议。

医用洁净功能用房常规检验项目　　　　　　　　表16.2.2

序号	项目
1	风速和风量测试（换气次数）
2	静压差
3	空气洁净度等级
4	温度、相对湿度
5	悬浮微生物浓度（沉降菌或浮游菌）
6	噪声
7	照度
8	系统新风量

16.2.3　常规项目的检验应按照现行国家标准《洁净室施工及验收规范》GB 50591中规定的方法进行。

【技术要点】

1. 风量和风速的检测

（1）风量、风速检测必须首先进行，净化空调各项效果必须是在设计的风量、风速条件下获得。

（2）风量检测前必须检查风机运行是否正常，系统中各部件安装是否正确，有无障碍（如空气过滤器是否被堵、挡），所有阀门应固定在一定的开启位置上，并且必须实际测量被测风口、风管尺寸。

（3）测定室内微风速仪器的最小刻度或读数应不大于0.02m/s，一般可用热球风速仪，需要测出分速度时，应采用超声波三维风速计。

（4）对于单向流洁净室，采用室截面平均风速和截面积乘积的方法确定送风量，其中垂直单向流洁净室的测定截面取距地面0.8m的无阻隔面（孔板、格栅除外）的水平截面，如有阻隔面，该测定截面应抬高至阻隔面之上0.25m；水平单向流洁净室取距送风面0.5m的垂直于地面的截面，截面上测点间距不应大于1m，一般取0.3m。测点数应不少于20个，均匀布置。

（5）对于风口风量的检测，安装空气过滤器的风口可采用套管法、风量罩法或风管法（直接在风管上打洞，在管内测定）测定风量，为测定回风口或新风口风量，也可用风口法（直接在紧邻风口的截面上多点测定）。

（6）用任何方法测定任何风口风量（风速）时，风口上的任何配件、饰物均一律保持原样。

（7）选用套管法时，用轻质板材或膜材做成与风口内截面相同或相近、长度大于2倍风口边长的直管段作为辅助风管，连接于空气过滤器风口外部，在套管出口平面上，均匀划分小方格，方格边长不大于200mm，在方格中心设测点。对于小风口，最少测点数不少于6点。也可采用锥形套管，上口与风口内截面相同或相近，下口面积不小于上口面积的一半，长度宜大于1.5倍风口边长，侧壁与垂直面的倾斜角不宜大于7.5°（图16.2.3-1），以测定截面平均风速，乘以测定截面净面积算出风量。

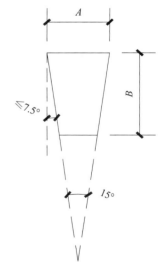

图16.2.3-1 锥形套风管

A—套管口边长之一；*B*—套管口长度

（8）选用带流量计的风量罩法时，可直接测出风量。风量罩面积应接近风口面积。测定时应将风量罩口完全罩住空气过滤器或出风口，风量罩应与风口对中。风量罩边与接触面应严密无泄漏。

（9）当风口上风侧有较长的支管段且已经或可以打孔时，可以用风管法通过毕托管测出动压，换算成风量。测定断面距局部阻力部件距离，在局部阻力部件后者，不小于5倍管径或5倍大边长度；在局部阻力部件前者，不小于3倍管径或3倍大边长度。

（10）对于矩形风管，测定截面应按奇数分成纵、横列，再在每一列上分成若干个相等的小截面，每个小截面尽可能接近正方形，边长最好不大于200mm，测点设于小截面中心。小管道截面上的测点数不宜少于6个。对于圆形风管，应按等面积圆环法划分测定截面和确定测点数。

在风管外壁针对划分的每行方格中心上开孔，以便插入热球风速仪测杆或毕托管。用毕托管时先测定动压，然后由下式确定风量：

$$Q = 1.29F\sqrt{\overline{P}_a}$$

$$\overline{P}_a = \left(\frac{\sqrt{p_{i1}} + \sqrt{p_{i2}} + \cdots \sqrt{p_{in}}}{n} \right)^2$$

式中　Q——风量，$\mathrm{m^3/s}$；

F——管道截面积，$\mathrm{m^2}$；

$\overline{P}_a$——平均动压，Pa；

$P_{i1}\cdots P_{in}$——各点动压，Pa。

2. 静压差的检测

（1）静压差的检测应在所有房间的门关闭时进行，有排风时，应在最大排风量条件下进行，并宜从平面上最里面的房间依次向外测定相邻相通房间的压差，直至测出洁净区与非洁净区、室外环境（或向室外开口的房间）之间的压差。

（2）有不可关闭的开口与邻室相通的洁净室，还应测定开口处的流速和流向。

3. 空气洁净度等级的检测

（1）室内检测人员应控制在最低数量，一般宜不超过2人，室内面积超过$100\mathrm{m^2}$又需快速完成测定任务时，可酌情增加人数。人员必须穿洁净服，应位于测点下风侧并远离测点，动作要轻，尽可能保持静止。

（2）$0.1\sim5\mu\mathrm{m}$微粒的检测应符合以下要求：

1）采用光学粒子计数器（OPC）测定$0.1\sim5\mu\mathrm{m}$微粒的计数浓度，然后计算空气洁净度等级。粒子计数器粒径分辨率小于等于10%，粒径设定值的浓度允许误差为±20%，并应按所测粒径进行标定，符合现行国家标准《尘埃粒子计数器性能试验方法》GB/T 6167的规定。

2）测点数可按下式求出：

$$n_{\min} = \sqrt{A}$$

式中　$n_{\min}$——最少测点数（小数一律进位为整数）；

A——被测对象的面积，$\mathrm{m^2}$；对于非单向流洁净室，指房间面积；对于单向流洁净室，指垂直于气流的房间截面积；对于局部单向流洁净区，指送风面积。

测点数也可按表16.2.3-1选用。

测点数选用表　　　　　　　　　　　　　　　　　　　表16.2.3-1

面积（$\mathrm{m^2}$）	洁净度			
	5级及高于5级	6级	7级	8～9级
＜10	2～3	2	2	2
10	4	3	2	2
20	8	6	2	2
40	16	13	4	2
100	40	32	10	3
200	80	63	20	6

续表

面积（m²）	洁净度			
	5 级及高于 5 级	6 级	7 级	8～9 级
400	160	126	40	13
1000	400	316	100	32
2000	800	623	200	63

3）每一受控环境的采样点宜不少于 3 点。对于洁净度为 5 级及以上的洁净室，应适当增加采样点，并得到用户（建设方）同意并记录在案。

4）采样点应均匀分布于洁净室或洁净区的整个面积内，并位于工作区高度（取距地 0.8m，或根据工艺确定），当工作区分布于不同高度时，可以有 1 个以上测定面。乱流洁净室（区）内采样点不得布置在送风口正下方。

5）如建设方要求增加采样点，应对其数量和位置协商确定。

6）每一测点上每次的采样量必须满足最小采样量。最小采样量根据"非零检测原则"由下式求出：

$$最小采样量 = \frac{3}{相应级别浓度下限}$$

式中，浓度下限的单位为：粒/L。

每次采样的最小采样量按表 16.2.3-2 选用。

常规检测项目最小采样量   表 16.2.3-2

洁净度等级	不同等级下，大于等于所采粒径的最小采样量					
	0.1μm	0.2μm	0.3μm	0.5μm	1μm	5μm
1 级浓度下限（粒/m³）	1	0.24	—	—	—	—
采样量（L）	3000	12500	—	—	—	—
2 级浓度下限（粒/m³）	10	2.4	1	0.4	—	—
采样量（L）	300	1250	3000	7500	—	—
3 级浓度下限（粒/m³）	100	24	10	4	—	—
采样量（L）	30	125	294	750	—	—
4 级浓度下限（粒/m³）	1000	237	102	35	8	—
采样量（L）	3	12.7	29.4	86	375	—
5 级浓度下限（粒/m³）	10000	2370	1020	352	83	—
采样量（L）	2	2	3	8.6	36	—
6 级浓度下限（粒/m³）	100000	23700	10200	3520	832	29
采样量（L）	2	2	2	2	3.6	102
7 级浓度下限（粒/m³）	—	—	—	35200	8320	293
采样量（L）	—	—	2	2	10.2	

续表

洁净度等级	不同等级下，大于等于所采粒径的最小采样量					
	0.1μm	0.2μm	0.3μm	0.5μm	1μm	5μm
8 级浓度下限（粒 /m³）	—	—	—	352000	83200	2930
采样量（L）	—	—	—	2	2	2
9 级浓度下限（粒 /m³）	—	—	—	3520000	832000	29300
采样量（L）	—	—	—	2	2	2

注：表中最小采样量取到 2L，用 2.83L/min 计数器时，则实际最小采样量大于 2L。表中最小采样量大于 2.83L 的，可用 2.83L/min 计数器采样多于 1min，或用 28.3L/min 计数器采样 1min，其余类推。

7）每点采样次数应满足可连续记录下 3 次稳定的相近数值，3 次平均值代表该点数值。

8）当怀疑现场计算出的检测结果可能超标时，可增加测点数。

9）测单向流时，采样头应对准气流；测非单向流时，采样头一律向上。

10）当要求 0.1～5μm 微粒在采样管中的扩散沉积损失和沉降、碰撞沉积损失小于采样浓度的 5% 时，水平采样管长度应符合 28.3L/min 的粒子计数器水平采样管的长度不应超过 3m、2.83L/min 的粒子计数器水平采样管的长度不应超过 0.5m 的要求。

11）采样口流速与室内气流速度若不相等，其比例应在 0.3：1～7：1 之间。

12）当因测定差错或微粒浓度异常低下（空气极为洁净）造成单个非随机的异常值，并影响计算结果时，允许将该异常值删除，但在原始记录中应记明。

每一测定空间只许删除一次测定值，并且保留的测定值不少于 3 个。

13）对于需要很大采样量、耗时很大的某粒径微粒的检测，可采用顺序采样法，即将每次测定结果标注于图 16.2.3-2 上，当标注点落入不符合要求区时，即停止检测，结果为不达标；当标注点落入符合要求区时，停止检测，结果为达标；当标注点一直在继续计数区中延伸，而总采样量已达到表 16.2.3-2 的最小采样量，累计微粒数仍小于 20 时，即停止检测，结果为达标；当标注点一直在继续计数区中延伸，而总采样量未达到最小采样量，但累计微粒数已超过 20 时，即停止检测，结果为不达标。

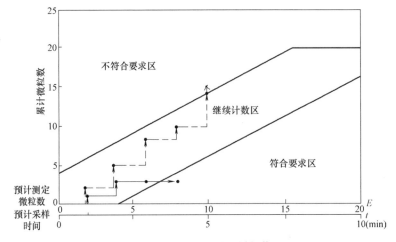

图 16.2.3-2　顺序采样法判断范围

4. 温度、相对湿度的检测

（1）室内空气温度和相对湿度测定之前，空调净化系统应已连续运行至少 8h。

（2）温度的检测可采用玻璃温度计、数字式温湿度计；湿度的检测可采用通风式干湿球温度计、数字式温湿度计、电容式湿度检测仪或露点传感器等。根据温湿度的波动范围，应选择足够精度的测试仪表。温度检测仪表的最小刻度宜不高于 0.4℃，湿度检测仪表的最小刻度宜不高于 2%。

（3）测点为房间中间一点，应在温湿度读数稳定后记录。测完室内温湿度后，还应同时测出室外温湿度。

5. 悬浮微生物浓度（沉降菌或浮游菌）的检测

（1）悬浮微生物的采样装置有以下两类：

1）采用无源采样装置，如培养皿；

2）采用有源采样装置，如撞击采样器、离心采样器、过滤采样器。

（2）洁净环境中悬浮微生物的静态或空态检测前，应对各类表面进行擦拭消毒，但不得对室内空气进行熏蒸、喷洒之类的消毒。动态检测均不得对表面和空气进行消毒。

（3）沉降菌检测应符合下列要求：

1）使用直径 90mm（ϕ90）的培养皿采样。当采用其他直径培养皿时，应使其总面积和 ϕ90 培养皿的总面积相当。

2）培养皿中灌注胰蛋白酶大豆琼脂培养基，必须留样作阴性对照。

3）培养皿表面应经适当消毒清洁处理后，布置在有代表性的地点和气流扰动极小的地点。在乱流洁净室内，培养皿不应布置在送风口正下方。

4）当用户没有特定要求时，培养皿应布置在地面及其以上 0.8m 之内的任意高度。

5）每一间洁净室或每一个控制区应设 1 个阴性对照皿。

6）动态监测时也可协商布点位置和高度。

7）培养皿数应不少于微粒计数浓度的测点数，若工艺无特殊要求应大于等于表 16.2.3-3 中的最少培养皿数，另外各加 1 个对照皿。

常规检测项目沉降菌最少培养皿数

表 16.2.3-3

空气洁净度等级	所需 ϕ90 培养皿数（以沉降 0.5h 计）
高于 5 级	44
5 级	13
6 级	4
7 级	3
8 级	2
9 级	2

8）当延长沉降时间时，可按比例减少最少培养皿数，为防止脱水，最长沉降时间不宜超过 1h，否则可重叠多皿连续采样（除非经过验证，证明更长的沉降时间可以基本按比例增加菌落数）。

9）培养皿应从内向外布置，从外向内收皿。

10）每布置完1个皿，皿盖只允许斜放在皿边上，对照皿盖挪开即盖上。

11）布皿前和收皿后，均应用双层包装保护培养皿，以防污染。

12）收皿后，皿应倒置摆放，并应及时放入培养箱培养，在培养箱外时间不宜超过2h。如无专业标准规定，当检测细菌总数时，培养温度采用35～37℃，培养时间为24～48h；当检测真菌时，培养温度为27～29℃，培养时间为3d。

13）布皿和收皿的检测人员必须穿无菌服，但不得穿大褂。头、手均不得裸露，裤管应塞在袜套内，并不得穿拖鞋。

14）对培养后的皿上菌落计数时，应采用5～10倍放大镜查看，若有2个或更多的菌落重叠，可分辨时则以2个或多个菌落计数。

15）当单皿菌落数太大而受到质疑时，可按以下原则之一进行处理：

① 作为坏点剔除；

② 重测，如结果仍大，以两次平均值为准；如结果很小，可再重测；

③ 重测该处微粒浓度，参考此结果作出判断。

所有上述处理方法均应记录在案。

16）每皿平均菌落数取到小数点后1位。

17）动态监测时，每点叠放多个平皿或采用可自动切换的仪器，每点应采满4h以上，每皿可采30min。当只放1个皿时，可低于4h，但不可少于1h。

（4）浮游菌采样应符合下列要求：

1）使用单级或多级撞击式采样器、离心采样器或过滤采样器，采样必须按所用仪器说明书的步骤进行，特别要注意检测之前对仪器消毒灭菌，并对培养皿或培养基条作阴性对照。

2）采样点数应不少于微粒计数浓度测点数。

3）采样点应在离地0.8m高的平面上均匀布置，或经委托方（用户）与检测方协商确定。乱流洁净室内不得在送风口正下方布点。静态或空态检测前对室内各种表面应进行擦拭消毒。

4）每点采样1次，如工艺无特殊要求，每次采样量应大于等于表16.2.3-4推荐的浮游菌最小采样量。

每次采样时间不宜超过15min，不应超过30min。

当洁净度很高，或预期含菌浓度可能很低时，采样量应大于最小采样量很多，以满足减少计数误差的要求。

浮游菌最小采样量　　　　　　　　　　　　　表16.2.3-4

空气洁净度等级	最小采样量（L）
5级和高于5级	1000
6级	300
7级	200
8级	100
9级	100

5）采样器应用支架固定，采样时检测人员应退出（手持离心式采样器除外）。检测人员的穿戴规定见本节第（3）条第13）款。必须手持采样器时，应将手臂伸直，站于下风向。

6）采样后宜在2h之内将采样器中的培养皿或培养基条送入培养箱中培养。

7）每点平均值取到小数点后1位。

8）动态监测的测点位置、数量和高度根据工艺要求确定。每间洁净室或每一个独立受控环境中各点总采样量，不分级别，均应大于$1m^3$。每点可用多台采样器。

9）单点菌落数太大时，按本节第（3）条第15）款的原则处理。

6. 噪声的检测

（1）一般情况下只检测A声级的噪声，必要时采用带倍频程分析仪的声级仪，按中心频率63Hz、125Hz、250Hz、500Hz、1000Hz、2000Hz、4000Hz、8000Hz的倍频程检测，测点附近1m内不应有反射物。声级计的最小刻度宜不低于0.2dB（A）。

（2）测点距地面高1.1m。面积在$15m^2$以下的洁净室，只测室中心1点；$15m^2$以上的洁净室除中心1点外，应再测对角4点，距侧墙各1m，测点朝向各角。

（3）当为混合流洁净室时，应分别测定单向流区域、非单向流区域的噪声。

（4）有条件时，宜测定净化空调系统停止运行后的本底噪声，室内噪声与本底噪声相差小于10dB（A）时，应对测定值进行如下修正：相差6~9dB（A）时，减1dB（A）；相差4~5dB（A）时，减2dB（A）；相差小于3dB（A）时，测定值无效。

7. 照度的检测

（1）室内照度的检测为测定除局部照明之外的一般照明的照度。

（2）室内照度的检测采用便携式照度计，照度计的最小刻度应不大于2lx。

（3）室内照度必须在室温趋于稳定之后进行，并且荧光灯已有100h以上的使用期，检测前已点燃15min以上；白炽灯已有10h以上的使用期，检测前已点燃5min以上。

（4）测点距地面高0.8m，按1~2m的间距布点，$30m^2$以内的房间测点距墙面0.5m；超过$30m^2$的房间，测点离墙1m。

8. 系统新风量的检测

检测新风量等负压风量时，如果受环境条件限制，无法采用套管或风量罩，也不能在风管上检测，则可用风口法。风口上有网、孔板、百叶等配件时，测定面应距其约50mm，测定面积按风口面积计算，测点数同本节第1小节第（7）条的规定。对于百叶风口，也可在每两条百叶中间选不少于3点，并使测点正对叶片间的斜向气流。测定面积按百叶风口通过气流的净面积计算。

16.3　各类医用洁净功能用房检测项目

16.3.1　洁净手术部。

【技术要点】

1. 检测依据：《医院洁净手术部建筑技术规范》GB 50333。

2. 推荐检测项目：截面风速、风速不均匀度、换气次数、静压差、洁净度、温度、相对湿度、噪声、照度、细菌浓度、新风量、排风量、谐波畸变率，以及甲醛、苯和总挥发性有机化合物（TVOC）浓度。手术室实景见图 16.3.1-1。

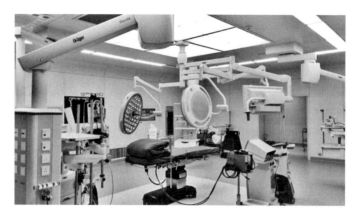

图 16.3.1-1 手术室实景

3. 洁净手术部主要用房评价标准见表 16.3.1-1。

洁净手术部主要用房评价标准 表 16.3.1-1

名称	室内压力	最小换气次数（h^{-1}）	工作区平均风速（m/s）	温度（℃）	相对湿度（%）	最小新风量［m^3/（h·m^2）］或（h^{-1}，仅指本列括号中的数据）	噪声［dB（A）］	最低照度（lx）	最少术间自净时间（min）
Ⅰ级洁净手术室和需要无菌操作的特殊用房	正	—	0.20～0.25	21～25	30～60	15～20	≤51	≥350	10
Ⅱ级洁净手术室	正	24	—	21～25	30～60	15～20	≤49	≥350	20
Ⅲ级洁净手术室	正	18	—	21～25	30～60	15～20	≤49	≥350	20
Ⅳ级洁净手术室	正	12	—	21～25	30～60	15～20	≤49	≥350	30
体外循环室	正	12	—	21～27	≤60	（2）	≤60	≥150	—
无菌敷料室	正	12	—	≤27	≤60	（2）	≤60	≥150	—
未拆封器械、无菌药品、一次性物品和精密仪器存放室	正	10	—	≤27	≤60	（2）	≤60	≥150	—
护士站	正	10	—	21～27	≤60	（2）	≤55	≥150	—
预麻醉室	负	10	—	23～26	30～60	（2）	≤55	≥150	—
手术室前室	正	8	—	21～27	≤60	（2）	≤60	≥200	—
刷手间	负	8	—	21～27	—	（2）	≤55	≥150	—
洁净区走廊	正	8	—	21～27	≤60	（2）	≤52	≥150	—
恢复室	正	8	—	22～26	25～60	（2）	≤48	≥200	—

续表

名称		室内压力	最小换气次数（h⁻¹）	工作区平均风速（m/s）	温度（℃）	相对湿度（%）	最小新风量［m³/（h·m²）］或（h⁻¹，仅指本列括号中的数据）	噪声［dB（A）］	最低照度（lx）	最少术间自净时间（min）
脱包间	外间脱包	负	—	—	—	—	—	—	—	—
	内间暂存	正	8	—	—	—	—	—	—	—

注：1. 负压手术室室内压力一栏应为"负"。

　　2. 平均风速指集中送风区地面以上 1.2m 截面的平均风速。

　　3. 眼科手术室截面平均风速应控制在 0.15～0.2m/s。

　　4. 温湿度范围下限为冬季的最低值，上限为夏季的最高值。

　　5. 手术室新风量的取值，应根据有无麻醉或电刀等在手术过程中散发有害气体而增减。

　　6. 最小新风量一栏括号中数据为换气次数（h⁻¹）。

4. 特殊要求：

（1）Ⅰ级洁净手术室截面风速不均匀度：

1）为了更好地控制Ⅰ级洁净手术室手术区的术中感染风险，在测试手术区截面风速的同时，还要根据各点实测风速计算出Ⅰ级洁净手术室手术区送风的不均匀度。满足要求的风速不均匀度，可以有效避免送风盲区，从而达到更好的送风效果。国家规范要求Ⅰ级洁净手术室手术区地面以上 1.2m 截面按规范要求布置测点时，风速不均匀度 $\beta \leqslant 0.24$，计算公式如下：

$$\beta = \frac{\sqrt{\dfrac{\sum (v_i - \overline{v})^2}{k}}}{\overline{v}}$$

式中　v_i——每个测点的速度，m/s；

　　　$\overline{v}$——各测点平均速度，m/s；

　　　k——测点数。

2）测点范围为集中送风面正投影区边界 0.12m 内的面积，均匀布点，测点平面布置见图 16.3.1-2。测点高度距地 1.2m，无手术台或工作面阻隔，测点间距不应大于 0.3m。当有不能移动的阻隔时，应记录在案。截面风速测试实例见图 16.3.1-3。

3）检测仪器最小分辨率应能达到 0.01m/s，仪器测杆应固定位置，不能手持。每点检测时间不少于 5s，每秒记录 1 次，取平均值。

（2）细菌浓度的检测：

1）当采用浮游法测定浮游菌浓度时，细菌浓度测点数应和被测区域的含尘浓度测点数相同，且宜在同一位置上。每次采样应满足表 16.3.1-2 规定的最小采样量的要求，每次采样时间不应超过 30min。采样器如图 16.3.1-4 和图 16.3.1-5 所示。

2）当用沉降法测定沉降菌浓度时，细菌浓度测点数要和被测区域含尘浓度测点数相同，同时应满足表 16.3.1-3 规定的最少培养皿数的要求。

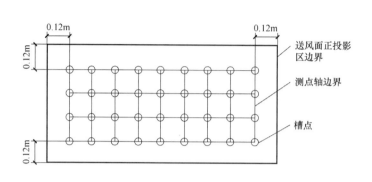

图 16.3.1-2　地面以上 1.2m 截面风速测点平面布置　　　图 16.3.1-3　截面风速测试实例

洁净手术部浮游菌最小采样量　　　　　　　　　　表 16.3.1-2

被测区域空气洁净度等级	每点最小采样量［m³（L）］
5 级	1（1000）
6 级	0.3（300）
7 级	0.2（200）
8 级	0.1（100）
8.5 级	0.1（100）

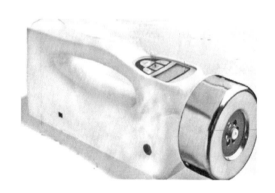

图 16.3.1-4　安德森采样器　　　　　　　　　图 16.3.1-5　离心式采样器

洁净手术部沉降菌最少培养皿数　　　　　　　　表 16.3.1-3

被测区域空气洁净度等级	每区最少培养皿数（φ90，以沉降 30min 计）
5 级	13
6 级	4
7 级	3

被测区域空气洁净度等级	每区最少培养皿数（$\phi90$，以沉降 30min 计）
8 级	2
8.5 级	2

注：如沉降时间适当延长，则最少培养皿数可以按比例减少，但不得少于含尘浓度的最少测点数。采样时间略低于或高于 30min 时，允许换算。采样点可布置在地面上或不高于地面 0.8m 的任意高度上。

3）无论用何种方法检测细菌浓度，都应有 2 次空白对照。第 1 次应对用于检测的培养皿或培养基条做对比试验，每批一个对照皿。第 2 次是在检测时，应每室或每区 1 个对照皿，对操作过程做对照试验（图 16.3.1-6 和图 16.3.1-7），模拟操作过程，但培养皿或培养基条打开后应立即封盖。两次对照结果都应为阴性。整个操作应符合无菌操作的要求。采样后的培养基条或培养皿，应置于 37℃ 的条件下培养 24h，然后计数生长的菌落数。菌落数的平均值均应四舍五入进位到小数点后 1 位。

图 16.3.1-6　布皿准备阶段

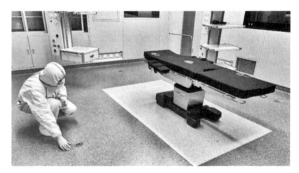

图 16.3.1-7　布皿位置

4）当某个皿菌落数太大而受到质疑时，应重测，当结果仍很大时，应以两次均值为准；当结果很小时，可再重测或分析判定。

5）布皿和收皿的检测人员应遵守无菌操作的要求。

（3）谐波畸变率的检测：

1）谐波畸变率的检测是《医院洁净手术部建筑技术规范》GB 50333—2013 新增的内容，因为目前洁净手术室净化空调系统的风机普遍采用变频控制，变频器会干扰电源，电源受到"污染"会对手术室内的关键仪器设备（如心脏起搏器等）产生影响，可能会造成医疗问题。

2）检测仪器及检测方法按现行国家标准《电能质量监测设备通用要求》GB/T 19862、《电能质量　公用电网谐波》GB/T 14549 和现行行业标准《电能质量测试分析仪检定规程》DL/T 1028 的要求执行（图 16.3.1-8）。

（4）甲醛、苯和总挥发性有机化合物（TVOC）浓度的检测：

1）甲醛、苯和总挥发性有机化合物（TVOC）浓度的检测是《医院洁净手术部建筑技术规范》GB 50333—2013 新增的内容，洁净手术部装修中使用了大量的装修材料和胶粘剂，污染风险高，再加上洁净手术部封闭，新风量有限，对污染物的稀释能力有限，因此为了保护医护人员和患者的身体健康，应对新建手术室的污染情况进行基本参数检测。

图 16.3.1-8 谐波畸变率测试实景

2）甲醛、苯和总挥发性有机化合物（TVOC）浓度检测的其余要求和验收标准，应符合现行国家标准《民用建筑工程室内环境污染控制标准》GB 50325 中的规定。

16.3.2 层流病房。

【技术要点】

1. 检测依据：《综合医院建筑设计规范》GB 51039、《医院洁净手术部建筑技术规范》GB 50333。

2. 推荐检测项目：截面风速、换气次数、静压差、洁净度、温度、相对湿度、噪声、照度、细菌浓度等。

3. 层流病房各类功能用房评价标准见表 16.3.2。

4. 特殊要求：

（1）截面风速：

1）对于垂直单向流病房，要求测点应距离地面 800mm 截面上均匀布置；对于水平单向流病房，要求测点在距离送风面 500mm 截面上均匀布置；测试截面布点数均不应少于 10 点，平均风速值应符合表 16.3.2 中对应的要求。

2）表 16.3.2 中规定的风速值不是设计初始值，而是病房在进行综合性能检测时现场必须保证的最小值，截面风速的取值是运行中必须保持的风速。为避免在患者休息时有吹风感，宜取最小下限值；当患者活动、治疗、抢救时，宜取最大风速。

层流病房各类功能用房评价标准   表 16.3.2

级别	功能用房	空气洁净度等级	细菌浓度	
			浮游菌 （个 /m³）	沉降菌 [个 /（30min·φ90 皿）]
Ⅰ	重症易感染病房	100（5 级）	＜ 5	＜ 1
Ⅱ	内走廊、护士站、病房、治疗室、 手术处置	10000（7 级）	＜ 150	＜ 5
Ⅲ	体表处置室、更换洁净工作服室、 敷料储存室、药品储存室	100000（8 级）	＜ 400	＜ 10
Ⅳ	一次换鞋室、一次更衣室、医生办 公室、示教室、实验室、培育室	无级别	—	—

续表

级别	功能用房	静压			换气次数（h⁻¹）	单向流截面风速（m/s）	
		程度	相邻低级别最小压差（Pa）	对室外最小正压值（Pa）		垂直	水平
Ⅰ	100级病房	++	8	15	—	0.18～0.25	0.23～0.3
Ⅱ	10000级用房	+	5	15	＞25	—	—
Ⅲ	100000级用房	+	5	15	＞15	—	—
	体表处置室	—	−5	10	25	—	—
	厕所	—	−10	—	＞15	—	—
	污物间	—	−10	—	—	—	—

级别	温度		相对湿度（%）	最小新风量（h⁻¹）	噪声［dB（A）］
	冬季（℃）	夏季（℃）			
Ⅰ	22～24	24～26	45～60	≥10	45～50
	30～32*	32～34*	35～45*	全新风	
Ⅱ	22～24	25～27	45～60	＞5	≤50
	20～22	26～28	＜65	＞3	≤50
Ⅲ	24～26	27～29	＜75	＞6	≤60
	22～24	27～29			≤60

*适用于烧伤病房。

（2）温度：

进行温度测试时，应首先判断病房类型，即属于血液病房（骨髓移植病房）还是烧伤病房后，评价标准应符合表16.3.2中对应的要求。

（3）噪声：

1）当病人活动时，噪声应小于50dB（A），但该数值对于患者休息时显得偏高，为兼顾患者休息时对于低噪声的要求，故表16.3.2中对于噪声标准的要求为45～50dB（A）。

2）采用分散式空调系统时，噪声指标可取上限值，采用集中式空调系统时可取下限值。

16.3.3　负压隔离病房。

【技术要点】

1．检测依据：《传染病医院建筑施工及验收规范》GB 50686、《医院洁净手术部建筑技术规范》GB 50333。

2．推荐检测项目：换气次数、静压差、洁净度、温度、相对湿度、噪声、照度、细菌浓度、新风量。

3．负压隔离病房主要评价标准见表16.3.3。

4．特殊要求：

（1）换气次数：负压隔离病房的原理是通过用洁净空气不断稀释污染空气，达到动态降低污染物散发浓度的目的。理论计算及实验数据证明，隔离病房内换气次数取8～12h⁻¹

负压隔离病房主要评价标准　　　　表 16.3.3

房间名称	室内压力	与相邻房间最小压差（Pa）	最小换气次数（h⁻¹）	温度（℃）	相对湿度（%）	噪声[dB（A）]
负压隔离病房	负	5	10	22～26	25～60	≤48
卫生间	负	5	—	21～27	—	≤60
缓冲间	正	5	10	21～27	—	≤60
走廊	正	5	8	21～27	≤60	≤52

（2）静压差：

1）最小压差要求参见表 16.3.3，负压隔离病房对缓冲间、缓冲间对内走廊的相对压差应不小于 5Pa，负压程度由高到低依次为：卫生间、负压隔离病房、缓冲间、内走廊。

2）设于潜在污染区内的（前）走廊与清洁区之间的缓冲间应对该走廊与室外均保持正压，对和室外相通的区域的相对正压差应不小于 5Pa。

3）因负压隔离病房及其卫生间都是污染区，而卫生间都设有排风，气流必是由负压隔离病房流向卫生间。从动态气流隔离的原理出发，只要求从负压隔离病房向卫生间的定向气流，即卫生间可通过调整排风，使其负压程度稍高于病房即可。

（3）排风高效过滤器检漏：

1）负压隔离病房及其卫生间排风宜采用可进行原位检漏和消毒的排风装置。

2）排风装置内高效过滤器应经过现场扫描检漏，确认无漏后方可使用。

16.3.4　静脉用药调配中心。

【技术要点】

1. 检测依据：《医药工业洁净厂房设计标准》GB 50457、《医院洁净手术部建筑技术规范》GB 50333、《静脉用药调配中心建设与管理指南（试行）》。

2. 推荐检测项目：换气次数、静压差、洁净度、温度、相对湿度、噪声、照度、细菌浓度、洁净工作台及生物安全柜综合性能测试。静脉用药配置中心实景见图 16.3.4。

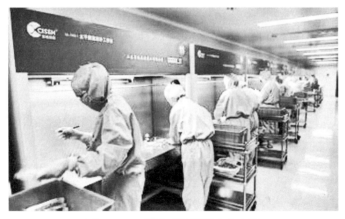

图 16.3.4　静脉用药调配中心实景

3. 静脉用药调配中心评价标准见表 16.3.4。

静脉用药调配中心主要评价标准　　　　表16.3.4

功能区域	室内压力	与相邻房间最小压差（Pa）	最小换气次数（h⁻¹）	温度（℃）	相对湿度（%）	噪声［dB（A）］	沉降菌浓度［CFU/（Ⅲ·0.5h）］
一次更衣室	正	—	15	18～26	35～75	≤60	≤10
洗衣洁具间	正	—	15	18～26	35～75	≤60	≤10
二次更衣室	正	5	25	18～26	35～75	≤60	≤3
普通药配置	正	5	25	18～26	35～75	≤60	≤3
化疗药配置	负	5	25	18～26	35～75	≤60	≤3
肿瘤药配置	负	5	25	18～26	35～75	≤60	≤3

注：噪声是在房间设备（安全柜等）不开启时的要求。

4. 特殊要求：

（1）静压差：

1）全胃肠外营养（TPN）配制间应当持续送入新风，与二次更衣室之间维持5～10Pa的正压。

2）抗生素用药、化疗用药及其他危害药品调配间与二次更衣室之间应当呈5～10Pa的负压。

3）二次更衣室与一次更衣室之间应保证5～10Pa的正压。

4）一次更衣室与非洁净区之间应保证不小于10Pa的正压。

（2）洁净级别：

1）一次更衣室、洗衣洁具间应为Ⅲ级洁净用房，相当于《医药工业洁净厂房设计标准》GB 50457—2019中D级的要求。

2）二次更衣室以及全胃肠外营养（TPN）、抗生素用药、化疗用药及其他危害药品调配间应为Ⅱ级洁净用房，相当于《医药工业洁净厂房设计标准》GB 50457—2019中C级的要求。

3）全胃肠外营养（TPN）内的洁净工作台以及抗生素用药、化疗用药及其他危害药品调配间内的生物安全柜，其操作区域洁净度均应达到Ⅰ类洁净用房局部区域5级的要求，相当于《医药工业洁净厂房设计标准》GB 50457—2019中A级的要求。

（3）设备工作时压力梯度的保证：对于抗生素用药、化疗用药及其他危害药品的调配，均应在生物安全柜内进行，生物安全柜主要采用Ⅱ级A2型及Ⅱ级B2型两种。Ⅱ级A2型生物安全柜采用70%的循环风，30%外排（一般为排向房间内）；Ⅱ级B2型生物安全柜采用100%外排（一般通过管道排向室外）。因此，Ⅱ级B2型生物安全柜运行时会对房间的压力梯度产生较大影响。所以对于安装有Ⅱ级B2型生物安全柜的房间，应在生物安全柜的开启、关闭两种状态下分别对房间的压力梯度进行测试，且两种状态下房间之间的压力梯度变化不宜过大。

16.3.5　消毒供应中心。

【技术要点】

1. 检测依据：《综合医院建筑设计规范》GB 51039、《医院洁净手术部建筑技术规范》GB 50333、《医院消毒供应中心　第1部分：管理规范》WS 310.1。

2. 推荐检测项目：换气次数、静压差、洁净度、温度、相对湿度、噪声、照度、细菌浓度、新风量、蒸汽压力灭菌器灭菌效果验证。消毒供应中心实景见图 16.3.5。

图 16.3.5　消毒供应中心实景

3. 消毒供应中心主要评价标准见表 16.3.5-1。

消毒供应中心主要评价标准　表 16.3.5-1

功能区域	温度（℃）	相对湿度（%）	最小换气次数（h^{-1}）	噪声［dB（A）］
去污区	16～21	30～60	10	≤60
检查、包装及灭菌区	20～23	30～60	10	≤60
无菌物品存放区	≤24	≤70	4～10	≤60

4. 特殊要求：

（1）洁净级别：消毒供应中心划分为三区，即去污区，检查、包装及灭菌区以及无菌物品存放区。其中无菌物品存放区是指已经灭菌合格的物品储存和配送的区域，该区域洁净度级别不宜低于Ⅳ级。

（2）静压差要求：

1）无菌物品存放区对相邻并相通房间不应低于 5Pa 的正压。

2）去污区对相邻并相通房间和室外均应维持不低于 5Pa 的负压。

3）空气流向由洁到污；去污区保持相对负压，检查、包装及灭菌区保持相对正压。

（3）照明要求：对不同功能区域的照明要求见表 16.3.5-2。限制最低照度是为了能够保障正常的工作进行；限制最高照度是为了减少或消除各区域内工作人员的疲劳感，降低或杜绝人为错误。

消毒供应中心不同功能区域的照明要求　表 16.3.5-2

功能区域	最低照度（lx）	平均照度（lx）	最高照度（lx）
普通检查	500	750	1000
精细检查	1000	1500	2000
清洗池	500	750	1000

续表

功能区域	最低照度（lx）	平均照度（lx）	最高照度（lx）
普通工作区域	200	300	500
无菌物品存放区域	200	300	500

（4）蒸汽压力灭菌器灭菌效果：

1）化学监测法：化学指示胶带可作为物品是否经过灭菌处理的标志。在待灭菌物品包内中心部位放置化学指示剂，指示物品是否达到灭菌效果。化学指示剂的指示色块达到标准颜色的为灭菌合格，未达到标准颜色的为灭菌不合格。

2）生物监测法：灭菌时，将生物指示物放在标准包中，再将标准包放置在灭菌器最难灭菌的部位（排气口上方）；或将生物指示物放入待灭菌物品中间，经一个灭菌周期后，取出标准试验包或待灭菌物品中的生物指示物，56℃下培养48h（自含式生物指示物应遵循产品说明书），观察培养基颜色变化情况以判断灭菌效果。通常情况下，生物指示物培养基颜色仍为紫色，灭菌合格；如果生物指示物的培养基颜色变为黄色，灭菌不合格。

3）B-D检测：空载时，B-D测试包水平放于灭菌器内底层，靠近柜门与排气口底部的前方，134℃下作用3.5~4min，或126℃下作用12min。B-D包测试图由黄色变为均匀的黑色，为合格；如测试图中间位置没有完全变为黑色，为不合格。

16.3.6　生殖中心。

【技术要点】

1. 检测依据：《医院消毒卫生标准》GB 15982、《综合医院建筑设计规范》GB 51039、《医院洁净手术部建筑技术规范》GB 50333、《室内空气质量标准》GB/T 18883、《人类辅助生殖技术规范》。

2. 推荐检测项目：截面风速、换气次数、静压差、洁净度、温度、相对湿度、噪声、照度、细菌浓度、新风量、排风量、洁净工作台综合性能测试。生殖中心实景见图16.3.6。

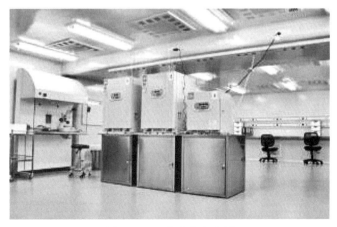

图16.3.6　生殖中心实景

3. 生殖中心主要评价标准见表16.3.6-1。

生殖中心主要评价标准　　　　　　　　　　　　　　表 16.3.6-1

功能房间	室内压力	与相邻低级别房间 最小压差（Pa）	最小换气次数 （h⁻¹）	温度 （℃）	相对湿度 （%）	噪声 ［dB（A）］
移植室	正	5	18	21～25	30～60	≤49
取卵室	正	5	18	21～25	30～60	≤49
胚胎培养室	正	5	50	21～27	30～60	≤60
冷冻室	正	5	15	21～27	30～60	≤60
精液处理室	正	5	15	21～27	30～60	≤60
走廊	正	5	10	21～27	≤60	≤52

4. 特殊要求：

（1）换气次数：胚胎培养室（体外受精实验室）换气次数宜大于等于 50h⁻¹。

（2）洁净度：

1）胚胎培养室（体外受精实验室）应为 I 级洁净用房，即局部区域 5 级、其他区域 6 级。

2）取卵室、移植室应为 II 级洁净用房。

3）其他辅助用房应为 IV 级洁净用房。

（3）静压差：

1）胚胎培养室（体外受精实验室）与移植室、取卵室及低级别洁净用房之间应维持不小于 5Pa 的正压。

2）移植室、取卵室与相邻低级别洁净用房之间应维持不小于 5Pa 的正压。

（4）噪声要求：I 、II 级洁净用房噪声不应大于 45dB（A），其余洁净用房噪声不应大于 60dB（A）。

（5）甲醛、苯有机物：目前大量国内学术研究均表明，甲醛、苯、TVOC 等有机物对胚胎有影响，由于目前对上述项目未有明确的评价标准及相关检测依据，故建议暂时按照现行国家标准《室内空气质量标准》GB/T 18883 进行评价，评价指标见表 16.3.6-2。

生殖中心室内空气质量标准　　　　　　　　　　　　表 16.3.6-2

序号	参数类别	参数	单位	标准值	备注
1	物理性	温度	℃	22～28	夏季
				16～24	冬季
2		相对湿度	%	40～80	夏季
				30～60	冬季
3		风速	m/s	≤0.3	夏季
				≤0.2	冬季
4		新风量	m³/（h·人）	≥30	—
5	化学性	臭氧 O₃	mg/m³	≤0.16	1h 平均
6		二氧化氮 NO₂	mg/m³	≤0.20	1h 平均

序号	参数类别	参数	单位	标准值	备注
7		二氧化硫 SO_2	mg/m^3	≤ 0.50	1h 平均
8		二氧化碳 CO_2	%[①]	≤ 0.10	1h 平均
9		一氧化碳 CO	mg/m^3	≤ 10	1h 平均
10		氨 NH_3	mg/m^3	≤ 0.20	1h 平均
11		甲醛 HCHO	mg/m^3	≤ 0.08	1h 平均
12		苯 C_6H_6	mg/m^3	≤ 0.03	1h 平均
13	化学性	甲苯 C_7H_8	mg/m^3	≤ 0.20	1h 平均
14		二甲苯 C_8H_{10}	mg/m^3	≤ 0.20	1h 平均
15		总挥发性有机物 TVOC	mg/m^3	≤ 0.60	8h 平均
16		三氯乙烯 C_2HCl_3	mg/m^3	≤ 0.006	8h 平均
17		四氯乙烯 C_2Cl_4	mg/m^3	≤ 0.12	8h 平均
18		苯并［a］芘 BaP[②]	ng/m^3	≤ 1.0	24h 平均
19		可吸入颗粒物 PM_{10}	mg/m^3	≤ 0.10	24h 平均
20		细颗粒物 $PM_{2.5}$	mg/m^3	≤ 0.05	24h 平均
21	生物性	菌落总数	CFU/m^3	≤ 1500	—
22	放射性	氡 ^{222}Rn	Bq/m^3	≤ 300	年平均[③]（参考水平[④]）

① 体积分数。

② 指可吸入颗粒物中的苯并［a］芘。

③ 至少采样 3 个月（包括冬季）。

④ 表示室内可接受的最大年平均氡浓度，并非安全与危险的严格界限。当室内氡浓度超过该参考水平时，宜采取行动降低室内氡浓度。当室内氡浓度低于该参考水平时，也可以采取防护措施降低室内氡浓度，体现辐射防护最优化原则。

16.3.7 核酸扩增（PCR）实验室。

【技术要点】

1. 检测依据：《综合医院建筑设计规范》GB 51039、《疾病预防控制中心建筑技术规范》GB 50881、《医学生物安全二级实验室建筑技术标准》T/CECS 662。

2. 推荐检测项目：静压差、温度、相对湿度、噪声、照度、新风量、生物安全柜综合性能测试。核酸扩增（PCR）实验室实景见图 16.3.7。

3. 核酸扩增（PCR）实验室主要评价标准见表 16.3.7。

4. 特殊要求：

（1）静压差：

1）设计为负压的工作区，气压应由走廊向缓冲间、核心工作间方向递减，形成定向气流趋势。

2）设有压差的房间，其气压与相邻房间的压差不应小于 10Pa（负压）。

图 16.3.7 核酸扩增（PCR）实验室实景

核酸扩增（PCR）实验室主要评价标准 表 16.3.7

功能区域	室内气压	温度（℃）	相对湿度（%）	噪声［dB（A）］	照度（lx）
试剂准备区	微正压	18～26	30～70	≤60	≥300
样本制备区	—	18～26	30～70	≤60	≥300
核酸扩增区	不宜小于−10Pa	18～26	30～70	≤60	≥300
产物分析区	不宜小于−10Pa	18～26	30～70	≤60	≥300

（2）各功能区域压力梯度的保证：

1）普通核酸扩增实验室的平面布局按试剂准备区、样本制备区、核酸扩增区、产物分析区依次排列；实时荧光核酸扩增实验室的平面布局按试剂准备区、样本制备区、扩增分析区依次排列；一体自动化分析核酸扩增实验室的平面布局按试剂准备区、自动检测区依次排列。

2）样本制备区的压力应不高于相邻工作区；核酸扩增区与样本制备区相邻时，其压力设置应与样本制备区持平；产物分析区与其他工作区相邻时，其压力应低于相邻工作区。

第3篇
医用洁净装备专项工程

本篇主编简介

陈尹，上海建筑设计研究院有限公司医疗院副总工程师（正高级工程师），长期从事医院暖通空调系统设计，具有扎实的理论基础和丰富的实践经验。近期设计的工程有上海复旦大学附属华山医院门急诊楼、上海复旦大学附属华山医院病房综合楼、上海市第六人民医院骨科诊疗中心、海南省中医院新园区（含省职业病医院）、上海市疾病预防控制中心等。

第 17 章 洁净手术部及创新

沈晋明：博士，同济大学教授、博士生导师，暖通空调本科、洁净技术硕士、建筑技术科学博士。现任中国建筑学会暖通空调分会名誉理事、中国建筑学会暖通空调分会净化专业委员会名誉主任，中国医学装备协会医用洁净装备与工程分会专家委员会主任委员，日本医疗福祉设备学会海外高级顾问；获国家、省部级科技奖 7 项，发明专利 7 项，参与多部国家标准和团体标准的编制。我国洁净技术行业开拓者，对洁净技术领域的发展作出了突出贡献。

王铁林：1977 年毕业于哈尔滨医科大学，海南省肿瘤医院原院长。参与多部国家标准和团体标准的编制，长期从事医院建设管理工作。

刘文胜：工程师，注册公用设备工程师，一级建造师，上海市安装工程集团有限公司医疗事业部设计管理部经理。

王长松：工程师，二级建造师，BIM 高级工程师，现任辉瑞（山东）环境科技有限公司总经理。

周子文：深圳市美兆环境股份有限公司董事长、首席创新官。

技术支持单位：

上海市安装工程集团有限公司：上海建工集团的全资子公司，公司医疗事业部经营内容包括医疗净化工程、数字医疗、实验室工程、智慧手术运营平台、净化工程配套产品、医用家具和智慧病房等。

辉瑞（山东）环境科技有限公司：集策划咨询、工程设计、施工、设备配套、售后维保为一体的综合性医疗净化公司。拥有齐全的资质，荣获高新技术企业、"专精特新"小巨人企业、省市级"瞪羚企业"、知识产权重点企业等称号；取得发明和实用新型专利 140 余项。

深圳市美兆环境股份有限公司：创立于 2002 年，是国内空气环境安全与能耗管理领域的领军企业，致力于为全球公共空间建立远程监控、远程运维的数字化空气管理卫生防控服务体系。

17.1 基 本 要 求

17.1.1 洁净手术部应对洁净手术室及相关受控环境实行全面控制。

【技术要点】

1. 全面控制、过程控制、关键点控制是现代质量控制理念的三要素。

2. 应使整个洁净手术部处于受控状态，保证医疗安全、加强感染控制、保护医务人员身心健康。

17.1.2　洁净手术部规划主要包括功能规划和空间规划。

【技术要点】

1. 功能规划：洁净手术部是医院的核心功能单元，应根据医院类型、规模、标准及学科业务进行系统性功能规划。

（1）基于医院科学设置、诊疗科目和统计预测年手术量，科学合理地策划、规划手术室建设间数和手术室使用类型（专科手术室或综合手术室）。

（2）基于围手术期医疗流程，以及感染控制和无菌技术要求，合理规划人流、物流。

（3）基于数字化手术部要求，对手术部网络和信息应用系统进行专项规划，包括手术部与医院信息网络互联互通，实现数字化采集、通信、存储、调阅等功能。

（4）注重规划洁净手术部与 ICU、血库、病理科、消毒供应中心等协同作业关系。

2. 空间规划：洁净手术部特定的功能应呈现在平面和各功能空间。

（1）分区合理、洁污分明：应符合医疗流程、感染控制和无菌技术要求。

（2）形式服从功能：以洁污分明为原则，按医疗工艺流程合理规划动线和有序布置各功能用房。

（3）建筑与功能相匹配：功能应契合建筑体形、体量及柱网条件，提高建筑面积利用率，力求高实用性和经济性。

17.1.3　洁净手术部手术室间数的确定及用房分级。

【技术要点】

1. 洁净手术部手术室间数按外科系统床位数确定时，按 1:（20～25）的比例计算，即每 20～25 床设 1 间手术室。

2. 手术室的级别可根据医院科室开展的手术类型确定，以 Ⅱ 级洁净手术室为主。综合医院 Ⅰ 级洁净手术室数量不宜超过手术室总量的 15%。

3. 洁净手术部洁净用房应按空态或静态条件下细菌浓度分级，空气洁净度等级（或相应尘埃浓度）主要用于施工验收与末端空气过滤器检修、更换后的验收。

4. 洁净手术室的用房与洁净辅助用房分级标准应符合现行国家标准《医院洁净手术部建筑技术规范》GB 50333 的规定，以 Ⅱ 级洁净手术室为标准洁净手术室。

17.2　洁净手术部分区布局及流程

17.2.1　洁净手术部分区布局原则。

【技术要点】

1. 洁净手术部分区布局根据医疗工艺流程与感染控制要求，用实体将空间划分成不同医疗功能单元，并将各医疗功能单元有机地组合在一起。

2. 布局是形式，保证医疗与感染防控是核心，洁污分明是原则。在不同的时间段、不同的空间中设置，尽量避免洁净与污染的人与物间的接触。布局可以变化、可以有不同形式，但不能偏离上述原则。

3. 洁净手术部的分区与布局受到以下因素制约，统筹考虑这些因素以寻求最佳分区与布局，做出合理的流程：

（1）洁净手术室间数、大小及其级别，配套用房要求等，并考虑与手术部有密切关系的外科重症护理单元、放射科、病理科、消毒供应中心、输血科等。

（2）洁净手术部在医院内的位置，所在平面现状、建筑柱网、层高、出入口、楼梯电梯位置，以及水、气、电、信息等管道井位置。

（3）医务人员的人数及流动量。

4. 依据各医疗功能单元间相互关联和感染控制要求，合理安排人流、物流的流线。使得洁污、医患、人车等流线组织清晰，避免因流线交叉引起院内感染。做到平面布局紧凑、交通便利、路径短捷、管理方便，从而降低能耗。

17.2.2　洁净手术部应按功能划分洁净区与非洁净区。

【技术要点】

1. 洁净区

（1）手术区：主要是指各级手术间的区域，包括负压手术室和特殊手术室。

（2）洁净用房：主要指需要无菌操作的特殊用房、体外循环室、手术室前室、刷手间、术前准备室、无菌物品存放室、一次性物品室（已脱外包）、高值耗材室、预麻室、精密仪器室、护士站、洁净区走廊或洁净通道、恢复（麻醉苏醒）室、手术室的邻室（如铅防护手术室旁的防护间）等。

（3）清洁区：主要指污染走廊、污洗间、隔离污洗间、污物暂存处、打包间、石膏间、病理室等。

2. 非洁净区

非洁净区主要包括用餐室、卫生间、淋浴间、换鞋处、更衣室、医护休息室、值班室、示教室、储物间等。

洁净手术部洁净区与非洁净区之间的联络必须设缓冲室或传递窗，既保证了各区气流组织和洁净级别相对独立，又相互连通便于医疗业务开展。

17.2.3　洁净手术部通道形式应根据医院的需求和可行性确定。

【技术要点】

1. 洁净手术部的内部平面和洁净区走廊有单通道、双通道、多通道、集中供应无菌物品的中心无菌走廊（即中心岛）和手术室带前室等形式。应根据规范要求，本着节约面积、便于疏散、功能流程短捷和洁污分明的原则，按实际需要选用。

2. 各通道形式的特点：

（1）单通道形式：整个手术部仅设置单一通道，即手术室进患者手术车的门前设通道。将手术后的污废物经就地打包密封处理后，可进入此通道。这种形式布局简洁方便。

（2）双通道形式：手术室前后均设通道。将医务人员、术前患者、洁净物品供应的洁净路线与术后患者、器械、敷料、污物等污染路线分开，有利于洁物管控。

（3）多通道形式：手术部内有纵横多条通道，设置原则与双通道形式相同。适用于较大面积的大型洁净手术部，使同一楼层内可容纳多排手术室，并设有清晰标识。

（4）集中供应无菌物品的中心无菌走廊（即中心岛）：手术室围绕着无菌走廊布置，无菌物品优先，供应路径最短。

（5）手术室带前室：带前室的手术室可视为独立控制单元，运行灵活，使用方便，减少了交叉感染，但需要增加面积。

（6）日本近年进行了以提高医疗效率、降低医疗成本为中心的医疗改革，扩大洁净手术部有效面积、提高手术周转效率成为平面布局的新主题。布置快速通道，通过洁物与污物密闭输送，简化感染控制，不强调洁污分流，整个平面布局简单清晰，提高洁净手术部建筑面积利用率，成为平面布局的一种新思路。图 17.2.3-1 所示洁净手术部器材厅布局就是体现了这一思路，中间设置器材厅，集中供给无菌器械与材料，取消污物回收廊，扩大医疗有效利用面积，提高手术周转效率。这种思路认为手术室应是控制重点，手术环境的控制，特别是手术部位无菌无尘，应强调的是空气洁净度，地面尘埃气浮影响高度不超过0.3m。不用强调地面洁净度，只更衣不用换鞋（所谓的"一足制"），并作为感染控制的标准措施。

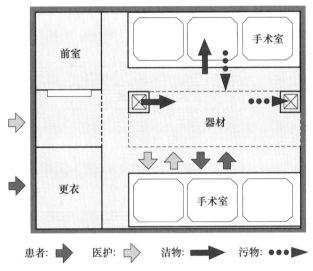

图 17.2.3-1　洁净手术部器材厅布局

（7）美国提出了新的布局思路，将两间手术室与无菌处理间形成一个基本模块（图 17.2.3-2）。无菌处理间前部为开无菌包、更无菌衣等，后部为物品清洗消毒。以此模块为基本单元，经组合可以灵活构成各种手术部布局形式（图 17.2.3-3）。其特点为手术部布局扩大非洁净区域，只有直接参与手术的人员可进入刷手区才与患者流线分离，进入无菌区，将原先洁净通道控制区域缩小到无菌处理区。在手术部内布置快速通道，医、患、物走一个通道，不设污物通道，整个手术部布局简洁明了。这种思路强调医疗流程短捷，建立无菌物品核心区，缩短无菌供给路线。污物采用箱式密闭车，消除污物流线，不需设置污物通道，将手术部平面布局重点从"感染控制"转移到"提高效率"，成为平面布局的一个新思路。

图 17.2.3-2　基本模块

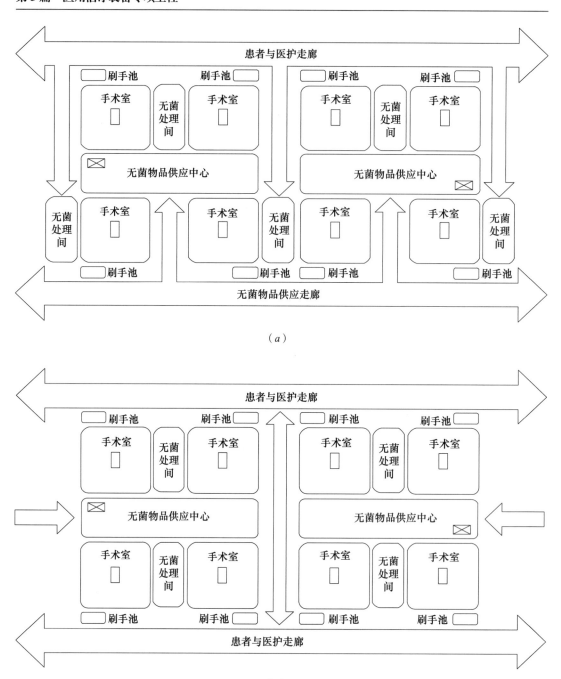

（a）

（b）

图 17.2.3-3　由基本模块构成不同的平面布局（一）

（a）环廊与无菌物品供应布局；（b）前后平行廊布局

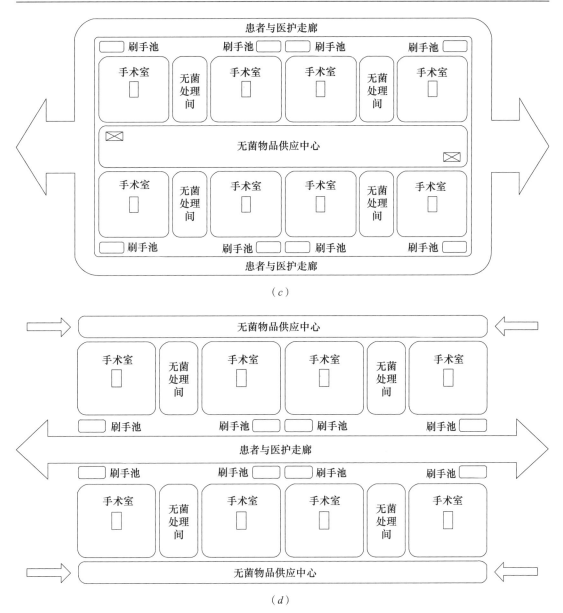

图 17.2.3-3 由基本模块构成不同的平面布局（二）
（c）筐式廊与无菌物品供应布局；（d）平行廊与无菌物品供应布局

17.2.4 洁净手术部的流程应遵循洁污分明的原则。

【技术要点】

1. 洁净手术部进行流程设计的目的是保障医疗、解决交叉感染。

基本原则是：人、物流程清晰，洁污分明，符合无菌要求，缩短和减少操作路线，提高医疗效率（图 17.2.4-1）。

2. 安排洁净手术部流程时要关注以下三条流线：

（1）与手术切口直接接触的无菌物品是最洁净的优先考虑，其他人流与物流都不得干扰无菌物品流线。

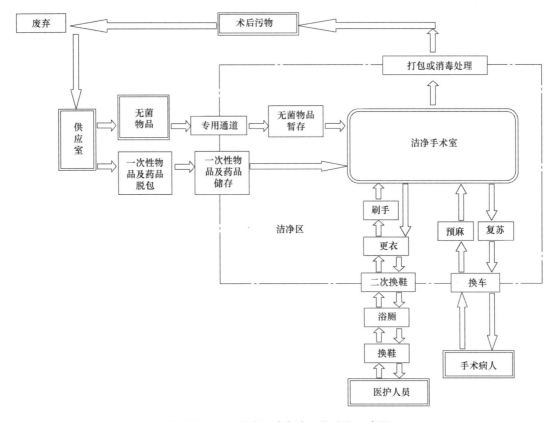

图 17.2.4-1　洁净手术部人、物流程示意图

（2）医护人员刷手消毒后直接进入手术室，其他流线不得干扰。

（3）污物最容易引起感染，术后污物就地处理（污染不扩散），以最短的路线运出（尽可能缩小污染范围），不得干扰其他流线。

3. 洁净手术部流程见图 17.2.4-2～图 17.2.4-5。

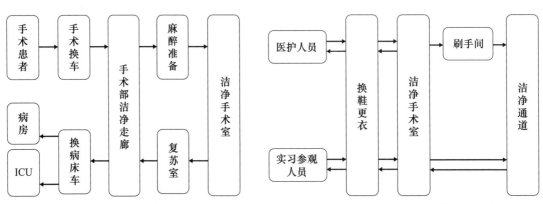

图 17.2.4-2　洁净手术部患者流程　　　　**图 17.2.4-3　洁净手术部医护人员流程**

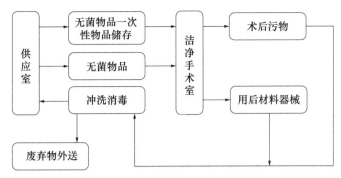

图 17.2.4-4　洁净手术部洁污流程

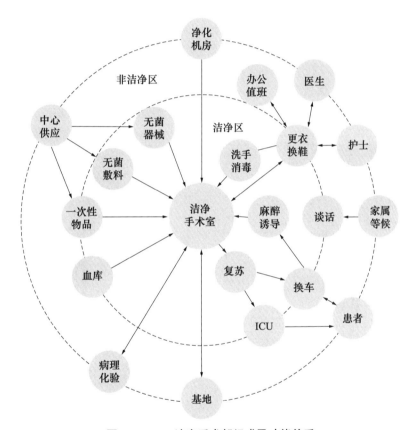

图 17.2.4-5　洁净手术部组成及功能关系

注：图 17.2.4-2～图 17.2.4-5 引自许钟麟主编《洁净手术部建设实施指南》。

17.2.5　洁净手术部各区平面布局应满足适用、经济的原则。

【技术要点】

1. 手术区平面布局

近年来手术技术进步与装备革新很快，特别是使用便携式影像设备，或大型影像设备进行图像诊断引导手术，要求手术室的面积与配置的适应性与灵活性更强，规定不同级别手术室的面积也许不太合适。美国发布的 2018 年版《医院设计和建设指南》规定了手术室内无菌区、麻醉区、循环通道、设备移动通道等各种功能区（图 17.2.5-1、图 17.2.5-2）。

该功能区的定义、设置及其净空与间距的要求如下：

（1）无菌区是手术室内围绕患者的切口周围的手术区域。"无菌"是指不存在有害的微生物。除了要求医护人员在刷手后穿戴整套无菌服进入无菌区以外，所有进入无菌区域的物品都要求无菌。在无菌区里的手术台、手术器械桌以及使用的特殊装置，在每一次使用前必须洁净、无菌。X射线仪、外科显微镜和其他难以清洗的装备都必须包裹无菌布来维持其无菌。如一间面积为400ft^2（37.2m^2）的住院手术室，要求手术台两侧与脚部各延伸3ft（915mm），形成无菌区域。

（2）循环通道是无菌区两侧各延伸3ft（915mm）及脚部延伸2ft（610mm）形成的空间。

（3）设备移动通道是循环通道两侧各延伸2ft 6 in（762mm）及脚部延伸2ft（610mm）形成空间，这可以根据移动设备的要求而变更。

（4）麻醉工作区是在手术台头部需要设置8ft×6ft（2440mm×1830mm）的区域，麻醉工作区后部（马赛克区域）是麻醉师与助手走动区域。麻醉师或助理麻醉师应逗留在无菌区外，用隔层把他们与无菌区隔开。

至于门诊手术室，只是没有设备移动通道，其他都是相同的（图17.2.5-2）。

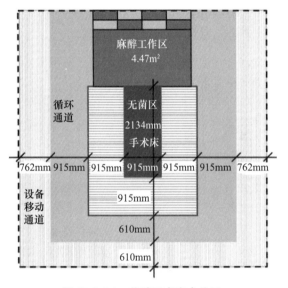

图17.2.5-1　住院手术室内分区

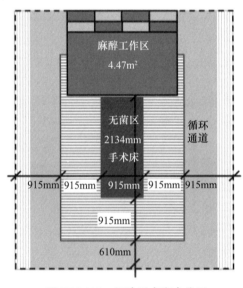

图17.2.5-2　门诊手术室内分区

2. 洁净区辅助用房布置要点

（1）洁净区走廊在设计时通常考虑以下要点：

1）洁净区走廊要足够宽，尽量少弯或无弯，保证流程顺畅。

2）洁净区走廊上的分区隔断门宜采用电动推拉门。

（2）体外循环间：体外循环是用一种特殊装置暂时代替人的心脏和肺脏工作，进行血液循环及气体交换的技术。体外循环间应紧邻手术间，当体内、体外共同进行手术时，设备进出方便，面积则不宜小于15m^2，用于体外循环机、膜肺、变温水箱等设备的存放。

（3）刷手间：专供手术者洗手用，宜采用分散布置的方式，通常设在两个手术间之间，一间刷手间可负担不超过2~4间手术室。刷手龙头按每间手术室设1.5~2个设置，并应采用非手动开关；如刷手池设在走廊上，应凹进去一些，其结构应能防止水外溅到地面。刷手间应安装自动出水洗手槽（感应式或膝碰式）、自动出刷架及无菌洗手刷、洗手液、擦手液（手臂消毒液）、无菌毛巾或纸巾等固定放置架，并应设有热风吹干机。

（4）换车间：患者进入手术部的入口，换车间要足够大，便于存放污车和洁车。

（5）应急消毒间：每5~6间手术间应设置一间应急消毒间，用于连台手术中一些贵重的数量较少的手术器械（如腔镜），或不慎掉地的器械的临时灭菌消毒用，因考虑设在洁净区域，故不能设清洗池，可考虑设置快速压力蒸汽灭菌器或等离子灭菌器。整个手术间的器械清洗均设置在非洁净区，集中打包后送入中心供应室集中处理。

（6）麻醉准备间：应邻近预麻室，此间为预麻间的医护人员对病人进行麻醉前对一些麻醉药物、敷料物品进行整理并准备的房间，此间需采用净化系统。

（7）缓冲室：洁净区与非洁净区之间必须设缓冲室，对物流应设传递窗。洁净区内在不同空气洁净级别区域之间宜设置隔断门。缓冲室要与进入的区域同级，不小于3m²，空气洁净度最高为6级。缓冲室可作他用，如更衣室的换衣间。

（8）洁净辅助用房主要是指在洁净区内的洁净辅助用房，其平面布局的要点为：

1）当布局形式为两侧均有手术室时，走廊宽度不小于1.5m；当布局形式为单侧手术室时，走廊宽度不小于1.2m。

2）在适当位置设计保洁室（靠近上下水）。

3）在靠近骨科手术室的地方设石膏间。

4）在走廊的适当位置设计标本室，用于病理标本的暂存。若病理科距手术部较远，可在手术部洁净区内设置术中病理室，并设配套的设备，由病理科派专业技术人员操作。

3. 办公区辅助用房的布置要点

（1）办公区为非洁净区，包括：主任办、医生办、护士长办、护士办、麻醉办、护士交接班室、资料室、男女值班室、换鞋区、男女更衣室、男女卫生间等，可选择设置医生休息室、餐厅、示教室、库房、卫生间等。

（2）主任办、护士长办、医生办、麻醉办、示教室，尽量布置在采光较好、出入方便的位置。若手术部较大，可分区域设置，房间面积根据手术部具体规模确定，主任办、医生办、护士长办的面积宜为15m²。

（3）医生或专家休息室：尽量靠近手术区，降低来回距离，方便实用。

（4）男女值班室：设置于办公区内受干扰最小处，如有条件应附设卫生间。

（5）餐厅：餐厅的设计规模应根据手术部的实际情况来确定，应设有配餐室（配餐室的门开向自然区）。

（6）换鞋区、男女更衣室、男女卫生间：

1）换鞋区要布置足量的鞋柜，要配有空间上的物理分隔；

2）男女更衣室入口在换鞋区，出口在办公区或洁净区（此时更衣间应按缓冲室设计），应有明显的标识；

3）手术部男女更衣室的面积不宜小于1m²/人，单室最小面积不小于6m²；

4）男女更衣室附属卫生间要尽可能布置在有上下水管道的位置，并应处于更衣室的前端。

（7）中心控制室：可设置在办公区，也可设在护士站；面积在 $20m^2$ 左右。

（8）家属谈话室：设置于洁净区与非洁净区之间，医生从洁净区进入，家属从非洁净区进入。

（9）办公区辅助用房主要是指在非洁净区内的非洁净辅助用房。

（10）其他用房：洁净手术部平面设计同时要考虑空调机房，排风机房，新风机房，笑气、氮气、二氧化碳气等医用气体汇流排间的位置、面积等，可与洁净手术部同层设置，或设置于设备层，但一定要有电梯，便于钢瓶的垂直运输。

4. 特殊手术室平面布局

随着手术室的发展，出现了较多专业手术间，以满足不同治疗需求和不同医疗设备要求。

（1）特殊手术室：包括复合 DSA 手术室、复合 CT 手术室、复合 MRI 手术室、机器人手术室、达芬奇机械臂手术室。此类手术室的建筑环境要求和级别各不相同，需要在建筑装饰、暖通空调、电气、医用气体和给水排水等相关专业进行区别对待。

（2）特殊手术室平面布局的注意事项：

1）复合 DSA 手术室：复合 DSA 手术室不仅有外科手术设备，还有介入手术设备，手术室要安装吊塔、无影灯、存储视频会议及示教系统的设备，还要考虑血管造影机的运动范围。为保障手术顺利进行，建议手术空间最好有保证不同设备厂家的要求的长、宽以便达到实际的使用要求，手术间净面积应不小于 $50m^2$。操作间：血管机的各种工作站需要配置操作间，操作间净面积应为 $20\sim25m^2$；设备间：附属设备间净面积为 $15\sim20m^2$。层高宜大于 4.5m。

复合 DSA 手术室若采用悬吊设备，应顺着手术室长轴方向布置，并且悬吊设备的显示装置要正对着操作间的观察窗，手术室入口的门应在手术室的短轴上，并且要开在远离悬吊设备侧。这样布置不仅可以方便操作，还可以方便患者进出手术间。

2）复合 CT 手术室：各项要求基本与复合 DSA 手术室类似，特殊之处是要单独考虑 CT 设备冷却的问题。

3）复合 MRI 手术室：在建设时要考虑附近电梯、建筑设备的影响，宜与设备机房、移动设备等保持 10m 以上距离。复合 MRI 手术室的面积应大于普通 MRI 设备机房，一般要求在 $60m^2$ 以上，跨距宜在 8500mm 以上。综合考虑 MRI 设备和洁净手术室要求，层高宜大于 4.5m。

4）机器人手术室：因机器人设备占用空间较大，机器人臂伸缩需要足够的空间，因此手术间净宽应不小于 7m，净长不小于 9m，净面积不小于 $65m^2$。操作间净面积应为 $20\sim25m^2$；附属设备间净面应为 $15\sim20m^2$。

5）达芬奇机械臂手术室：根据各类外科手术的特点，位于无菌区内的床旁机械臂系统需要灵活改变停放位置，要求手术室须拥有足够的活动空间，而无菌区外的医生控制系统通常宜固定于手术室内靠墙处，使主刀医生能够同时直接看到患者和助手，便于交流。达芬奇手术机器人系统自身体积比较庞大，因此对手术室的空间尺寸也有一定要求，所占面积最好在 $50m^2$ 以上，长宽最佳比例为 1:1，有条件时应配备设备存放间。

5. 手术室及手术环境控制的进展与创新

（1）手术环境控制的宗旨已从保障医疗与控制感染，转向更加关注手术环境的有效控制，同时保护医患、降低造价与运行能耗。

（2）基于洁净手术室在我国20多年的实践，我国手术室建设涌现出不少新事物、新模式，如通仓手术改变了传统的手术实施方式；多联手术室使得大开间手术室适合更多的病种与医院；日间手术改变了手术原有的医疗模式，缩小了住院洁净手术部规模，提高了手术量、降低了手术成本；无级别受控环境改变了控制思路；宽口低速空气幕手术室不仅增强了送风装置的抗干扰能力，而且能同时满足手术医护、麻醉师与患者的温湿度需求；手术环境变风量、变级别改变了手术室的传统运行方式。控温辐射手术室将送风从调控室内温湿度变为实现最佳无菌区域手段，恒压差变新风量不仅仅提高了节能效应，而且增强了手术室的抗疫能力；柜式组合手术室同时实现板壁与装备模块化的结构，实现了板壁与装备按需组合。在鼓励创立5G在医疗健康领域应用场景之际，发展了基于5G的无线数字化手术室，继而开发了以人工智能为核心技术的手术室监控与记录装置，可以全方位、全过程对所有数据进行记录、存储、可追溯与分析，这对优化手术室人员行为、规范手术操作、降低手术部位感染具有革命性的意义。

（3）近年来我国在医疗环境控制领域推出越来越多的新思维、新概念、新方式、新模式、新措施、新装备，形成我国独特的、具有自主知识产权的科技成果。以下列举三项在我国很有发展前途的具有自主知识产权的创新手术室。

1）可变风量、变级别运行的洁净手术室。在我国，大多洁净手术部配置Ⅰ级洁净手术室与Ⅲ级洁净手术室。Ⅰ级洁净手术室的面积大、设施好，但造价高、运行费用大，仅用于大型植入物置换、器官移植等高风险手术，使用率不高。而Ⅲ级洁净手术室常常手术量爆满，手术室不够使用。

《医院洁净手术部建筑技术规范》GB 50333—2013要求：Ⅰ～Ⅲ级洁净手术室内集中布置于手术台上方的非诱导型送风装置，应使手术台的一定区域即手术区处于洁净气流形成的主流区内。手术室的级别主要由手术室的送风量与集中送风装置的面积决定，在满足要求的送风量之外，还需要维持最小截面风速（一般不能低于0.15m/s），才能达到手术环境控制要求。要变化送风量又要维持最小截面风速，唯一的方法就是改变送风面积。

由于Ⅰ～Ⅲ级洁净手术室的集中送风装置送风面的长度是一样的，不同的只是宽度。将Ⅰ级洁净手术室的送风装置（2400mm×2600mm）分为三个箱体（图17.2.5-3），中心箱体符合Ⅲ级手术室送风装置（1400mm×2600mm）的要求，在宽边两侧各增加一个箱体（500mm×2600mm）。

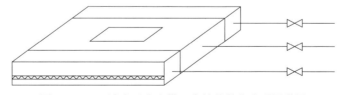

图17.2.5-3 洁净手术室带三个箱体的集中送风装置

该手术室的空气处理机组将送风总管分成三路送风管道，分别送入送风装置的三个箱体。每路送风管上均设置压力无关型定风量装置，以保证整个送风装置的截面风速均匀一致。每个定风量装置设置开与闭的双位控制。

当该手术室实施大型、深部手术时，三个箱体定风量阀同时开启，可实现Ⅰ级洁净手术环境。关闭左、右侧两个送风箱体管路上的定风量阀，同时控制变频装置调低空气处理机组风机的送风量，可实现Ⅲ级手术环境。中心箱体定风量阀关闭，只有左、右侧两个箱体送风，实现Ⅳ级手术环境（表17.2.5-1）。扩大了Ⅰ级洁净手术室使用范围。

Ⅰ级手术室变级别运行　　　　　　　　　　　　表17.2.5-1

转换工况	级别与送风量	定风量阀的运行操作
转换为高级别洁净手术室	Ⅰ级，大风量	同时开启三个送风箱定风量阀
转换为中级别洁净手术室	Ⅲ级，中风量	单独开启中间送风箱定风量阀
转换为低级别洁净手术室	Ⅳ级，小风量	单独开启两侧小送风箱定风量阀

该送风装置也可依据手术过程的需求实现变风量运行。即使实施大型、深部手术，也不需要在手术实施的全过程中始终维持高度洁净、无菌的环境，或者说只有在切口打开、真正进行手术时才需要高度洁净、无菌的环境。在手术前准备期间、切口缝合后准备结束手术期间以及手术结束后换台清洁期间，维持一般无菌条件即可（表17.2.5-2）。由于在非手术期间大大减少了送风量，可以降低运行费用与能耗。

Ⅰ级手术室变风量运行　　　　　　　　　　　　表17.2.5-2

工况	级别与送风量	定风量阀运行操作
高级别洁净手术室手术期间	Ⅰ级，大风量	同时开启三个送风箱定风量阀
手术前准备期间	Ⅳ级，小风量	仅开启两侧小送风箱定风量阀
切口缝合后准备结束手术期间	Ⅳ级，小风量	仅开启两侧小送风箱定风量阀
手术结束后换台清洁期间	Ⅳ级，小风量	仅开启两侧小送风箱定风量阀

可变风量、变级别运行的手术室不仅可以根据不同类型手术的要求改变手术室级别，扩大手术设施使用范围，而且可以依据手术全过程的不同环境控制要求实现变风量运行，随时保障与实施的手术部位相适宜的无菌状态。

2）带宽口气幕异温异速送风装置手术室

我国洁净手术室集中送风装置已被普遍采用，但是在实际使用中暴露出两大不足：局部低速的送风气流抗干扰性差；同温同速送风气流无法同时满足医患需求。由于手术室送风只是满足手术小组人员的要求，手术环境温度控制一般在22~24℃，体弱与年迈的手术患者在手术过程中更易发生低体温，即使是中青年患者全麻手术超过3h或一般手术超过2h，也会出现术中低体温，对手术患者危害十分严重。另外，在手术过程中要对围手术期患者的体温进行管理。大多数心脏外科手术需要在术中为患者建立体外循环，施行心脏手术时，对患者施行低温麻醉，要求手术室快速降温，在几分钟内将患者周围气温降到17℃或更低，尽可能降低患者基础代谢和对组织的损伤；在撤除患者体外循环后，又要求手术室能够快速升温，在几分钟内将患者周围气温升到25℃以上。过去最常用的措施是急剧改变送风温度，不仅耗能，而且使手术室内所有的人员都承受过冷（或过热）的温度。

用空气幕提高送风气流的抗干扰能力是常用的措施，依据我国空气幕洁净棚的科研成果，在送风装置配置宽口低速空气幕的隔离效果要比国外设置窄口高速空气幕好得多。在主送风装置两侧设置宽口低速空气幕送风箱，送风气流笼罩手术台两侧的手术医生，可以送入低温高速的气流。中间宽度为0.8m的主层流送风装置笼罩手术区，保护手术切口，长度与两侧空气幕送风装置一样应为2.6m，送入高温低速气流，维持患者体温。

以Ⅱ级标准洁净手术室为例，配置带宽口低速空气幕的异温异速送风装置，送风面积为1.8m×2.6m。经过CFD模拟与实体样板房检测，得出最佳配置为中间主层流送风装置尺寸为0.8m×2.6m，面风速为0.22m/s；两侧的空气幕送风装置的尺寸各为0.5m×2.6m，面风速为0.47m/s。宽口低速空气幕送风装置及其净化空调系统如图17.2.5-4所示。

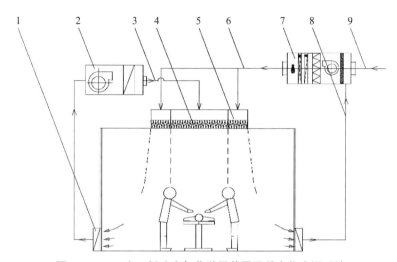

图17.2.5-4　宽口低速空气幕送风装置及其净化空调系统
1—回风口；2—循环机组；3—循环风；4—主层流送风装置；5—空气幕送风装置；6—送风；
7—空调机组；8—回风；9—新风

在洁净手术室的手术台正上方设置主层流送风装置、两侧配置宽口低速空气幕送风装置，由室内温湿度传感器控制空气幕的送风状态，消除手术室动态负荷。手术台的长边两侧设置若干回风口。三个独立的送风装置与末端设置高效过滤器，回风口处设置中效过滤器。

连接手术室的主层流送风装置是循环风空调机组，将室内空气经回风口中效过滤器的循环风送入主层流送风装置，使无菌无尘的送风气流笼罩手术台区域，如此不断循环。根据手术室内实施的手术要求，循环风空调机组一般情况下只需配置加热器；对于需要急速降温或升温的心外、脑外等手术，循环风空调机组就需要配置直膨式盘管及相关系统。

经过对配置空气幕异温异速送风装置的Ⅱ级实体洁净手术室在不同工况下的实测，完全验证了最佳配置的模拟数据，并证实了该Ⅱ级手术室的性能可以达到Ⅰ级洁净手术室的手术区范围内洁净度与无菌度要求，这也符合《医院洁净手术部建筑技术规范》GB 50333—2013的编制本意：大力推广Ⅱ级标准洁净手术室，并在绝大多数场合能替代Ⅰ级洁净手术室。

3）多联手术室

国外通仓手术室为一大空间内设置4台手术提供了一个综合性的平台（图17.2.5-5），常用于髋关节与膝关节置换手术。由于通仓手术室是靠上回风的气流形成屏障进行每两个手术区域之间的隔离来控制手术过程交叉感染的问题，不符合《医院洁净手术部建筑技术规范》GB 50333—2013的相关规定，给通仓手术室的设计、审图、施工、验收、手术管理与感染控制等提出挑战。由于没有可以依据的标准或规范，净化空调系统复杂，室内风口多，要实现气流隔离，整个气流分布的调试工作量大，在我国具体实施过程中，特别对绝大多数工程公司有一定的难度，目前难以在我国应用推广，成为通仓手术室在我国发展的瓶颈。

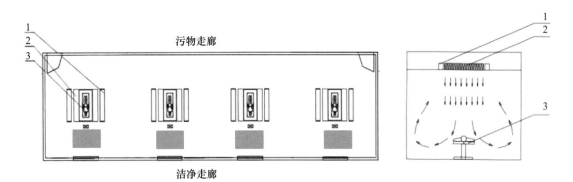

图 17.2.5-5 通仓手术室平面布局

1—上回风口；2—送风装置；3—手术床（灰色区域为麻醉区域）

但是通仓手术室十分有利于提高手术量、发挥资深手术医生与麻醉师的作用以及培养年轻的外科医生和麻醉医师。我国研发的多联手术室是国外通仓手术室国情化的创新，使之符合《医院洁净手术部建筑技术规范》GB 50333—2013的规定。

多联手术室除保留通仓手术室的优点外，还在两个手术区之间安装移动隔门，将每个手术区内手术床作90°旋转，即使手术床的设置与洁净走廊的走向平行（对比图17.2.5-5与图17.2.5-6）。麻醉区位于手术室中间（图17.2.5-6中灰色方块是麻醉区）。只有这样才能在技术上实现突破。通仓手术室不再通仓，成为可分可隔的大开间手术室。

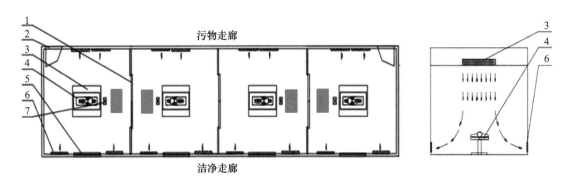

图 17.2.5-6 多联手术室

1—移动隔门；2—污物门；3—送风装置；4—手术床；5—手术门；6—回风口；7—排风口

因为通仓手术室布局中麻醉区域靠近手术门（图 17.2.5-5），为防止人员进出而干扰麻醉区，移动隔门只能设置在隔墙的中间，侧面必定是固定墙，而手术床足部处为污物通道。CFD 仿真与对加隔门的实体多联手术室实测，结果均表明中间设置移动隔门，在手术期间开门对相邻的手术区干扰很大。而多联手术室内的每个手术床与洁净走廊平行设置，麻醉区处在手术室中间位置，每两台手术床之间靠墙两侧设置移动隔门（图 17.2.5-6）。手术期间两侧门可以按需开关，资深外科医生或麻醉师通过外侧门进行指导，内侧门走医疗污物。只要中间门保持关闭，对相邻两台手术室气流几乎没有影响。必要时可以利用内侧通道而省去污物走廊，扩大了手术室使用面积。关闭移动隔门可隔绝手术人员与机器噪声对其他手术过程的干扰与影响。

另外，能够在沿手术床长边所对两侧墙下方设置多个回风口，在手术床正上方设置送风装置及排风口（图 17.2.5-6），有利于手术区菌尘沉降排除，也便于排除电外科产生的手术烟雾，彻底改变了国外通仓手术室上送上回的气流模式的思维定式，形成了完全符合《医院洁净手术部建筑技术规范》GB 50333—2013 要求的气流模式。

多联手术室突破了通仓手术室的发展瓶颈，适应了现代手术室的发展，设计与工程公司完全可以按常规洁净手术室去设计、施工与验收，可十分方便、有效地将通仓手术室形式推广到我国各地各类医院，使有限的医疗资源服务于更多的患者，提高手术量、降低手术成本，是一种自主创新且很有发展前途的新型手术室。

17.3 洁净手术部建筑装饰设计

17.3.1 洁净手术部的建筑装饰应遵循不产尘、不积尘、耐腐蚀、不开裂、防潮防霉、容易清洁、环保节能和符合防火要求的总原则。

【技术要点】

1. 洁净手术部内使用的装饰材料应无毒无味，并应符合现行国家标准《民用建筑工程室内环境污染控制标准》GB 50325 的规定。

2. 洁净手术部内与空气直接接触的外露材料不得使用木材和石膏。

3. 洁净手术部建筑层高宜不低于 4.5m，梁底高宜不低于 3.6m；设备层梁底高宜不低于 2.2m。手术室装修净高度不得低于 2.7m。

17.3.2 洁净手术室装饰装修材料及设备设施的选择原则。

【技术要点】

1. 地面：在洁净手术室装饰中用到地面材料的有：釉面瓷砖、水磨石、环氧树脂、PVC 卷材、橡胶卷材等。从满足规范要求来讲，水磨石、环氧树脂、PVC 卷材、橡胶卷材都符合规范要求；从适用性、装饰效果和维护性上比较，PVC 卷材和橡胶卷材比较适合，所以成为目前的主流装饰材料，在各大医院有着较好使用效果。

2. 墙面：在洁净手术室装饰中用到的墙面材料有：电解钢板、不锈钢板、防锈铝板、彩钢板、铝塑板、树脂板、卡索板、玻璃板、瓷砖及涂料等。以上材料只要满足规范对墙板结构密封要求均可使用。目前医院使用的电解钢板、不锈钢板、防锈铝板较多；考虑洁净手术室人性化的要求，目前树脂板和玻璃板的使用也不少。

3. 顶棚：手术室顶棚一般与墙面为同一材料。在手术室顶棚上避免预留上人维修口，避免因技术夹层中由于漏风常形成正压,从而造成从孔缝隙向手术室渗漏。

4. 门:洁净手术室进出手术车的门,净宽不宜小于1.4m,手术室根据需要设置门的类型,一般常用的有:电动悬挂门、手动推拉门。如果手术室需要防辐射或屏蔽,则根据需要选择适合的防辐射门和屏蔽门,并在选择此类型自动门时避免选用带地面凹槽的类型,主要是为了避免地面出现凹槽积污。自动门应设置自动延时关闭装置,并保证其密封效果。

5. 窗:手术室一般不应直接设外窗,应采用人工照明,主要是为避免室外光线对手术的影响及室外环境对手术室的污染。如有需要,可在非洁净走廊侧设内置百叶的外窗。

防辐射及屏蔽手术间的特殊观察窗需按照相关规范要求,做好窗框与墙壁的连接,避免射线泄漏和屏蔽失效。

17.3.3 洁净手术部辅助用房装饰装修材料及设备设施的选择。

【技术要点】

1. 地面:洁净手术部辅助用房地面装饰用材基本和手术室类似,PVC卷材和橡胶卷材成为目前的主流装饰材料。

2. 墙面:洁净手术部辅助用房选用的墙面材料一般为:彩钢板、铝塑板、树脂板、卡索板、瓷砖及涂料等。不同材料各有利弊,可根据具体房间需求和医院预算选择适合的材料。

3. 顶棚:目前洁净手术部顶棚材料一般为:铝扣板、彩钢板、防锈铝板等,上述材料均符合规范要求,根据院方需求和造价等指标进行选择即可。在施工时应注意顶板的平整度和密封性。

4. 门:洁净区的自动门和手动门均应为气密门,避免压力泄漏。除洁净区通向非洁净区的平开门和安全门为向外开之外,其他洁净区内的门均向静压高的方向开。在走廊及手术部入口处,应将门设为自动门,并具有自动延时关闭和防撞击功能,且应有手动功能。

5. 窗:Ⅲ、Ⅳ级洁净手术部辅助用房可设外窗,但应是不能开启的双层玻璃密闭窗或两道窗。

6. 设备设施:洁净手术部辅助用房及走廊可根据布局情况设置刷手池、物品存储柜等。

17.3.4 特殊手术室对装饰的要求。

【技术要点】

1. 复合DSA手术室:复合DSA手术室应采用六面防护,防护材料有铅板、复合铅板、硫酸钡等。复合DSA手术室的防护级别应根据血管造影设备的放射量来确定,四周采用相应防护级别的铅板或复合铅板防护到顶板,顶板与地面宜采用与墙面相同防护级别的硫酸钡水泥,并做保护层。

复合DSA手术室的门采用相应防护级别的电动推拉门,门与地面之间的缝隙要进行防护处理。操作间与手术室之间的观察窗也应采用相应防护级别的铅玻璃窗。操作间内应有存放铅衣的区域。

应在复合DSA手术室内合适的位置预留检修口或检修门,以方便后期的维护工作。

2. 复合MRI手术室:复合MRI手术室的电磁屏蔽采用铜板做六面立体围护,铜板厚度根据核磁技术要求。复合 MRI 手术室的隔墙及顶棚所用的龙骨、饰面材料均应采用免磁的非金属材料，尽量避免金属建筑材料运用在手术室内。建议采用木龙骨（需要进行防火防腐处理），饰面材料可采用树脂类或无机类的装饰板材。

复合 MRI 手术室的地面需要按照磁场的强度用不同的颜色区分 50 高斯线和 5 高斯线，这样有助于医护人员在磁体扫描时将非磁兼容的医疗设备移出 50 高斯线。

17.4 洁净手术部净化空调系统

17.4.1 洁净手术部净化空调系统应使洁净手术部处于受控状态。

【技术要点】

1. 洁净手术部净化空调系统应既能保证洁净手术部整体控制，又能使各洁净手术室灵活使用。

2. 不能因某洁净手术室停开而影响整个洁净手术部的压力梯度分布，破坏各室之间正压气流的定向流动，引起交叉污染。

净化空调系统应在以下位置设置过滤装置：

（1）在新风口或紧靠新风口处设置新风过滤装置，并应符合现行国家标准《医院洁净手术部建筑技术规范》GB 50333 的规定。

（2）在空调机组送风正压段出口设置预过滤装置。

（3）在系统末端或靠近末端静压箱附近设置末级过滤装置，并应符合现行国家标准《医院洁净手术部建筑技术规范》GB 50333 的规定。

（4）在洁净用房回风口设置回风过滤装置。

（5）在洁净用房排风入口或出口设置排风过滤装置。

3. 洁净手术室应做排风系统，并且应与辅助用房排风系统分开设置，排风系统应与新风系统连锁。净化空调系统应有便于控制风量并能保持稳定的措施。

4. 手术室空调管路应采用气流性能良好、涡流区小的管件和静压箱。

17.4.2 洁净手术部各类用房的技术指标应满足表 16.3.1-1 的规定。

17.4.3 洁净手术部净化空调系统应按用途、级别、大小分开设置。

【技术要点】

1. 洁净手术室及与其配套的相邻辅助用房应与其他洁净辅助用房分开设置净化空调系统。

2. Ⅰ、Ⅱ级洁净手术室与负压手术室（含其前后缓冲室）应每间采用独立的净化空调系统。根据医院具体情况来确定Ⅲ、Ⅳ级洁净手术室的机组合用系统。

3. 在设置Ⅲ、Ⅳ级洁净手术室空调系统时，应根据院方手术类型、手术室利用率和造价来综合考虑，一拖一、一拖二和一拖三系统的运行费用不同，前期成本投入不同。如果手术室利用率较高，可考虑一拖二和一拖三系统，但尽量避免不同类型手术室相互共用导致的诸多问题。如果手术室使用率较低，而且不同类型手术室较为分散，就可以尽量考虑一拖一和一拖二系统。

4. 洁净区空调系统和非洁净区空调系统应分开设置。

5. Ⅰ～Ⅲ级洁净手术室采用集中式净化空调系统；Ⅳ级洁净手术室和Ⅲ、Ⅳ级洁净辅助用房，可采用集中式净化空调系统或者带高中效（含）以上级别的空气过滤器的净化风机盘管加独立新风的净化空调系统或者净化型立柜式空调器。

6. 对于非洁净区域（如办公区），可根据现行国家标准《民用建筑供暖通风与空气调节设计规范》GB 50736 按照舒适性空调进行设计。

7. 不得在Ⅰ、Ⅱ、Ⅲ级洁净手术室和Ⅰ、Ⅱ级洁净辅助用房内设置供暖散热器和地板供暖系统，但可用墙壁辐射散热板供暖，辐射板表面应平整、光滑、无任何装饰，可清洗。当Ⅳ级洁净辅助用房需设置供暖散热器时，应选用表面光洁的辐射板散热器。散热器热媒温度应符合现行国家标准《民用建筑供暖通风与空气调节设计规范》GB 50736 的有关规定。

8. 空气处理及空调设备选型：

（1）空气处理过程：

1）净化空调空气处理过程大致有以下几种：

① 一次回风再加热系统。室外新风与室内回风混合后处理至露点温度，进行降温除湿，然后通过再热升温至送风状态点送入室内。该系统形式的主要缺点是能耗大，由于需要对降温降湿后的空气进行再加热，使得能量冷热相抵，造成能量浪费。但在净化空调系统中，一次回风系统更容易调控房间的温湿度，如再热采用热回收或废热，这是一种好的系统形式。

② 二次回风系统。回风在热湿处理设备前后各混合一次，第二次回风量并不负担室内负荷，仅提高送风温度和增加室内空气循环量，相对于一次回风系统，可以节省再热热量。此外，由于目前大型洁净手术部往往有外围清洁走廊，手术室建筑负荷很小，有的甚至是建筑内区，相对来说室内散湿量较大，手术室热湿比较小，特别是在手术过程中。要求冷水进水温度不高于7℃，有的甚至为5℃，这对大多数医院来说难以做到，常常会造成湿度失控。另外，如果采用二次回风替代一次回风，靠变动风阀来调节二次回风比以适应负荷变化，温湿度控制要求较严的手术室难以使用。

③ 独立新风＋净化风机盘管机组。经过过滤、热湿处理后的新风应直接送入洁净室，不应与净化风机盘管的进风口相连或送到风机盘管机组的回风吊顶处。采用独立新风系统可以避免当风机盘管机组的风机停止运行时，新风可能从带有空气过滤器的回风口反吹出，不利于空气质量的保证。另外，新风和风机盘管的送风混合后在送入室内时，会造成送风和新风的压力难以平衡，有可能影响新风的送入。

2）新风处理过程：

① 分散处理方式：每个净化空调系统的新风单独从室外引入（主要为非手术室系统），新风的热湿负荷由循环机组承担，该系统形式主要用于无设备层、空调机房面积狭小或者新风湿负荷较小的区域。

② 集中处理方式：净化空调系统的新风系统分为机组集中由室外引入和按照分组设置净化新风机组。引入的新风，经过新风机组过滤处理、冷却降温除湿或加热后直接送到净化空调机组吸入端。该系统形式主要用于洁净手术部、层流病房等空调循环机组较多、空调机房空间充足及新风湿负荷较大的区域。

③ 新风预热：当室外温度低于5℃时，应对新风进行预热。可以在新风机组入口增加一套预热盘管或者设置电加热装置，在新风温度低于5℃时将其预热至5℃。根据

《绿色医院建筑评价标准》GB/T 51153—2015，建议采用热水或者蒸汽对新风进行预热处理。

（2）空气处理设备选型：

1）净化空调机组选型。净化空调机组指用于对微生物有控制要求的空间的空气处理机组，是净化空调系统中最常用的重要部件，医用净化空调机组应能避免产生微生物的二次污染、抑制机组附着微生物定植或滋生，且能满足温度、相对湿度、洁净度、室内压力等医疗特定要求，而非消毒机组。

① 两管制净化空调机组如图 17.4.3-1 所示。该类型空调机组设一组盘管，夏季是冷却盘管，冬季是供热盘管，只能单制冷或单供热，空调水系统为两管制系统。空气的再热过程通过设置于表冷段后的电加热装置实现。

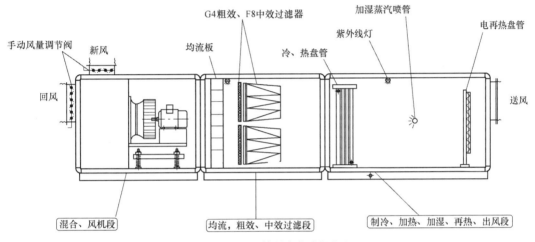

图 17.4.3-1 两管制净化空调机组

② 四管制净化空调机组如图 17.4.3-2 所示。该类型空调机组各设一组冷、热处理盘管，并分别采用一组供回水管与冷源、热源连接。空调水系统为四管制系统，该系统可以实现单制冷或单供热及同时制冷和供热。由于四管制系统冷、热水管道是分开的，夏季时可以由表冷段冷却空气后直接经过加热段对空气进行再热处理，无需配置电加热装置，并且采用热水再热对室内负荷变化的适应性强，调节灵活，可满足不同的温湿度要求，可以对不同冷热负荷的空调系统进行精确控制。

③ 心脏外科手术室净化空调机组。大多数心脏外科手术需要在术中为患者建立体外循环，以便施行心脏手术时利用体外循环泵临时替代心脏功能。心血管搭桥手术需要经历5 个阶段，在开胸并建立体外循环阶段，需要降低手术室室内温度，降低患者基础代谢，以保护心、脑等重要器官；当进行心脏搭桥手术时，要将室内温度迅速恢复到正常温度，即 22～26℃，以便医生可以在适宜的温度下正常做手术；当搭桥手术过程结束后恢复人体血液循环时，需要急速升高室内温度；在进行关胸手术时，要将温度恢复到室内正常温度。根据手术特点，该类型手术室用空调机组一般配置使温度速升速降的直接膨胀盘管。在手术过程中，手术医生可以根据需求调节温度，当需求温度小于 21℃时，自控系统会开启直膨机，在短时间内将温度降低到 16℃；同样，当进入到胸口缝合阶段，手术医生

调节温度之后，自控系统开启加热装置（电再热或者热水再热），在短时间内将温度升至24℃。心脏外科手术室净化空调机组如图17.4.3-3所示。

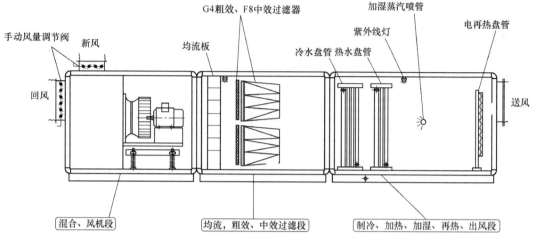

图17.4.3-2　四管制净化空调机组

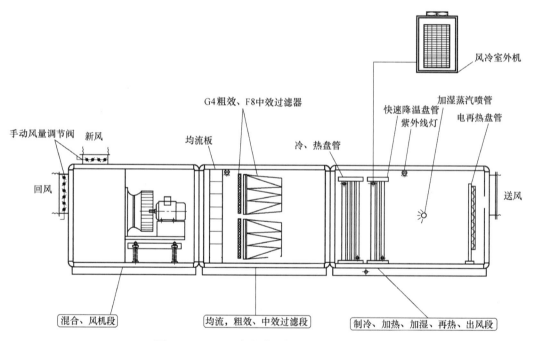

图17.4.3-3　心脏外科手术室净化空调机组

2）新风预处理机组。新风机组空气过滤器应优先选用低阻力的。当手术部设置新风预处理机组时，机组应在供冷季节将新风处理到不大于要求的室内状态点的焓值。当有条件时，宜采用新风湿度优先控制模式。

由于新风中无致病菌，因此整个系统的除湿任务由集中新风承担，手术室室内状态可以由新风集中处理消除余湿量与循环风空调调节室内温度两个系统来实现。这样的新风处理不再是将新风处理到不会干扰室内的状态，即室内焓值点，而要求新风处理到更低的焓值，不仅要先消除新风自身的高湿量，还要消除室内余湿量，这就是湿度优先控制模式。

当系统设置独立的新风处理机组时，强调其处理终状态点，目的在于尽可能降低高温高湿的新风对系统控制的影响，尤其是洁净手术室的空调机组更应如此。

依据温湿度独立控制空调系统原理，由新风系统承担全部手术室夏季湿负荷，负责室内湿度调节与控制，循环处理系统只承担室内显热负荷，负责室内温度调节与控制，通过深度除湿实现节能的目的。双冷源深度除湿产品由压缩机、蒸发器、冷凝器、制冷回路组成，与冷水盘管两级接力。

基于双冷源深度除湿技术的新风预处理方案采用深度除湿技术，利用压缩机、冷凝器、毛细管、蒸发器组成制冷回路，可有效实现最低8℃的低露点温度控制。冷凝器置于蒸发器后，将送风温度升至20℃，防止送风口凝露。新风预处理机组如图17.4.3-4所示。

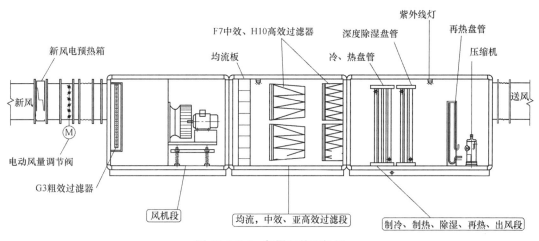

图 17.4.3-4　新风预处理机组

新风先经过粗效、中效过滤器过滤，然后经冷水盘管冷却除湿，再经过抽湿再热机的蒸发器进行深度除湿，可达到最低8℃的露点温度，最后经过抽湿再热机的冷凝器进行等湿再热，一般会有7℃的温升，送入循环机组与回风混合后一同进入循环机组的冷水盘管进行近似于干工况下的等湿冷却，处理到送风温度后送入室内。

3）净化风机盘管机组（图17.4.3-5）。对于Ⅳ级洁净手术室和Ⅲ、Ⅳ级洁净辅助用房，当采用半集中式空调系统时，应采用能带高中效（含）以上级别的空气过滤器的高静压净化风机盘管，机外余压不宜低于150Pa。应采用上送下回气流组织，只有室内无人或很少有人的洁净辅助用房才允许采用上送上回的气流组织。

4）恒压差变新风量空调机组（图17.4.3-6）。在合适的气象条件下加大手术室的新风量不仅可有效降低院内感染，也可大大提高医患的舒适感。但长期以来受到手术室压力控制以及运行操作的制约难以发展。恒压差变新风量机组由于配置了双风机、高精度压差控制器以及全年最佳运行的PLC，在合适气象条件下变新风量运行，同时维持手术室对外压差恒定。不需要采用新风集中处理系统，却能有效控制手术室温湿度，安装与运行十分方便。

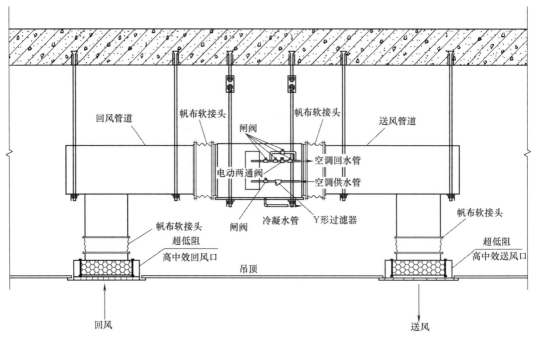

图 17.4.3-5　净化风机盘管机组

恒压差变新风量空调机组降低了运行能耗、提高了室内空气质量且始终维持受控环境的压差不变。设置了可一键转换的平时节能模式与应急负压模式，在应急时一键转换，自行设定负压值，恒压差运行，简便又可靠，增强了手术室的应急能力。

（3）洁净空调机房：

洁净手术部应设有设备层，空调机组安装在设备层内。空调机房地面、墙面应平整耐磨，地面应做防水和排水处理；穿过楼板的预留洞口四周应有挡水防水措施。顶、墙应进行涂刷处理。

设备层除了要有足够的空间安装各种大型设备外，还需要预留一定的位置和通道供维护管理人员对净化空调系统进行维护和维修工作，如更换空气过滤器、检查风机、电机、加湿器、自控系统和各种阀门等。

在建筑设计阶段需要重视设备层的空间要求，建议设备层层高大于 3.0m，梁底净高不低于 2.2m。另外，如果设备层还有管道转换层的作用，层高还需要适当加大。

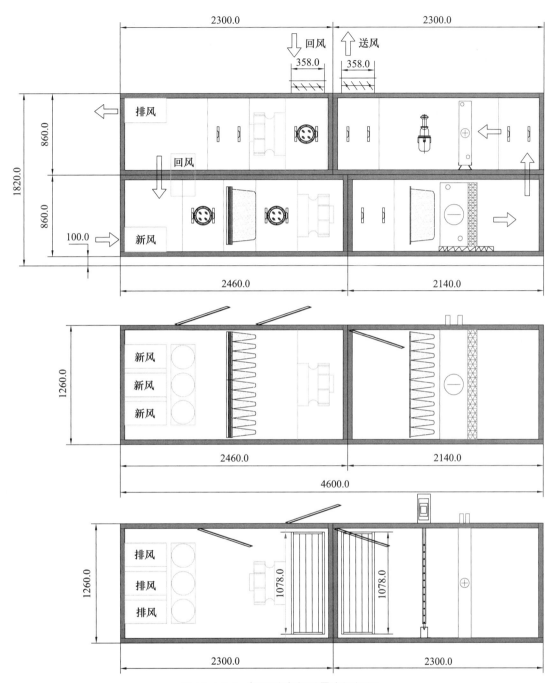

图 17.4.3-6　恒压差变新风量空调机组

9. 洁净空调风系统：

（1）气流组织：

1）洁净手术室的主要功能是有效控制室内尘埃粒子，特别是手术区的细菌浓度。因此要阻止室外灰尘、细菌进入手术室，并把室内产生的尘埃粒子、细菌有效地排出去。洁净手术室的气流组织就担负着上述功能，所以说，气流组织是洁净手术室维持良好净化效果的重要手段。

2）洁净手术室气流组织从保护手术切口关键部位出发，采用集中顶部送风（Ⅰ级手术室送风顶棚2.6m×2.4m，Ⅱ级手术室送风顶棚2.6m×1.8m，Ⅲ级手术室送风顶棚2.6m×1.4m）两侧下回风，以实现净化的目的。在送风装置下形成洁净度最高的主流区，周围则属于涡流区，只有在回风口附近才存在回流区。主流区内洁净度最高。

3）洁净手术室应采用平行于手术台长边的双侧墙的下部回风，不宜采用四角或者四侧回风。不允许上回风。采用双侧下回风是为了尽可能保证送风气流的二维运动，以减少中心区域的湍流，同时主要发尘的医护人员是集中站在手术台两侧面的，即站在平行于房间长边的手术台两侧，设在长边下的回风口应能够尽快排除散发的微粒，减少微粒在全室的弥散。

4）洁净辅助用房应在房间顶部设置送风装置，经常有人活动又需要送洁净风的房间，应采用下侧回风，当侧墙之间距离大于或等于3m时，可采用双侧下部回风，不宜采用四侧或四角回风。经常无人且需送洁净风的房间以及洁净区走廊或其他洁净通道可以采用上回风。

（2）风口选型：

1）送风口。Ⅰ～Ⅲ级洁净手术室不宜在送风静压箱中侧布置高效过滤装置，宜采用满布高效过滤装置，或采用阻漏式送风顶棚。

①无影灯立柱和底罩占有送风面的送风盲区不宜大于0.25m×0.25m。

②送风装置应方便更换或能在手术室外更换其中的末级空气过滤器。

③Ⅳ级手术室可在顶棚上分散布置送风口。

④洁净辅助用房送风口选型：Ⅰ级洁净辅助用房应在顶部设置集中送风装置，面积根据医疗要求确定。Ⅱ～Ⅳ级洁净辅助用房在顶棚分散布置送风口，风口规格及数量根据所负责区域的送风量确定。如果送风口的送风速度要求降到0.13～0.5m/s，可增加送风口数量。

⑤非阻隔式空气净化装置不得作为末级净化设施，末级净化设施不得产生有害气体和物质，不得产生电磁干扰，不得有促使微生物变异的作用。

⑥在满足过滤效率的前提下，洁净空调系统应优先选用低阻力的空气过滤器或过滤装置。

⑦各级洁净手术室和洁净用房送风末级空气过滤器或装置的最低过滤效率应符合表17.4.3-1的规定。

末级空气过滤器或装置的最低过滤效率　　　　　　　　　　表17.4.3-1

洁净手术室和洁净用房等级	末级空气过滤器或装置的最低过滤效率
Ⅰ	99.99%（≥0.5μm）
Ⅱ	99%（≥0.5μm）
Ⅲ	95%（≥0.5μm）
Ⅳ	70%（≥0.5μm）

⑧在新风口或紧靠新风口处设置新风过滤器或装置，并应符合相关规范的规定。

⑨在空调机组送风正压段出口设置预过滤装置。

⑩ 在系统末端或靠近末端静压箱附近设置末级空气过滤器或装置，并应符合相关规范的规定。

⑪ 在洁净用房回风口设置回风过滤器。

⑫ 在洁净用房排风入口或出口设置排风过滤器。

2）回风口：

① 手术室下部回风口洞口上边高度不宜超过地面之上 0.5m，洞口下边离地面不宜小于 0.1m。Ⅰ级洁净手术室的两侧回风口宜连续布置，其他级别洁净手术室的长边两侧设回风口，每侧不应少于 2 个，宜均匀布置。

对于采用上送下侧回的气流组织形式，回风口高度必须使弯曲的气流在工作面（0.7～0.8m）以下，同时单向流洁净室回风口要连续布置，才能减少紊流区；为不影响卫生，并考虑回风口法兰边宽，所以回风口洞口下边不应太低，至少离地 0.1m。回风口的吸风速度宜按表 17.4.3-2 选用。

回风口吸风速度   表 17.4.3-2

回风口位置		吸风速度（m/s）
下部	经常无人房间和走廊	≤ 1.5
	经常有人房间	≤ 1
上部	走廊	≤ 2

控制下回风口吸风速度主要在于控制噪声。根据噪声控制要求，由洁净用房与走廊、有人与无人等不同状况定出不同的吸风速度。

② 洁净手术室内的回风口应设对大于等于 0.5μm 的微粒的计数效率不低于 60% 的中效过滤器，回风口百叶片宜选用竖向可调叶片。

③ 当负压手术室采用循环风时，应在顶棚排风口入口处以及室内回风口入口处设高效过滤器，并应在排风出口处设止回阀。当负压手术室设计为正负压转换手术室时，应在部分回风口上设置高效过滤器，另一部分未安装高效过滤器的回风口供正压时使用，均由密闭阀切换控制。回、排风口高效过滤器的安装必须符合现行国家标准《洁净室施工及验收规范》GB 50591 的要求。

当在回风口上安装无泄漏回风口装置（内装有 B 类及以上高效过滤器）时，负压洁净室可以采用循环风。

一般传染病患者用的负压手术室可采用循环风，但应在其顶棚排风口处及室内回风口入口处设置高效过滤器。负压手术室在对烈性传染病患者进行手术时应转换为全新风直流工况运行。

由于正负压转换手术室是正压手术室与负压手术室的集成，所以在设计其净化空调系统时，应综合考虑正压、负压两种工况。负压状态下，为保护室外周围环境，避免污染物外泄引起院内外感染，应在室内排风入口处设置高效过滤器。另外，为保护手术室内医护工作者，避免因室内空气循环引起污染物浓度升高，应在室内回风入口处设置高效过滤器。

正负压转换手术室仅在传染病患者进行手术时才需负压运行，更多时间是处于正压运行状态。正压状态下，室内并无传染性病原微生物，不需在室内排风、回风入口处设置高效过滤器。由于正负压手术室设置一套净化空调系统，共用一套排风口、回风口，在正负压状态切换时不可能人为去拆除、安装回风或排风入口处高效过滤器，故可将回风口分为两部分：一部分不装高效过滤器，在正压状态下使用，此时室内下侧高效回风口关闭；另一部分回风口可加装高效过滤器，在负压状态下使用，如图 17.4.3-7 所示。

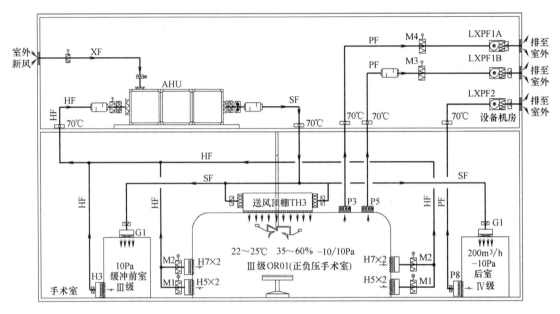

图 17.4.3-7 正负压手术室空调原理图

注：图中 H7、P5 为带 B 类高效过滤器的回、排风口，H5 为带中效过滤器的回风口，

P3 为带高中效过滤器的排风口。

阀门、风机切换说明						
手术室使用状态	阀门M1	阀门M2	阀门M3	阀门M4	风机LXPF1A	风机LXPF1B
正压	开	关	关	开	开	关
负压	关	开	开	关	关	开

3）排风口：

① 洁净手术室应设置上部排风口，其位置宜在病人头侧的顶部。为了排除一部分麻醉气体和室内污油空气，排风口应设在上部并靠近麻醉气体发生源的位置，即手术台上人头部的上方。排风口吸入速度不应大于 2m/s。

② 正压手术室排风管上的高中效过滤器宜设在出口处，当设在室内入口处时，应在出口处设止回阀。除防止倒灌外，还要防止有害气溶胶排出。

③ 设置排风系统的洁净辅助用房的排风系统的入口或者出口应设置中效过滤器。

④ 负压手术室排风口参照上一节的要求进行选型。也可以直接采用上述变新风量恒压差空调机组，一键就可实现手术室正负压转换，不需要额外的系统转换，避免在系统转换时出错。

4）新风口：

① 在新风口或紧靠新风口处应设置新风过滤器或装置。

② 应采用防雨性能良好的新风口，新风口所在位置也应采取有效的防雨措施，其后应设孔径不大于8mm、便于清扫的网格。

③ 新风口进风净截面的速度不应大于3m/s。当新风口净截面风速较大时，不仅会吸入一些较大颗粒（包括雨点），还增加了噪声和阻力。

④ 新风口距地面或屋面应不小于2.5m，水平方向距排气口不小于8m，并在排气口上风侧无污染源干扰的清净区域。

⑤ 新风口不应设在机房内，也不应设在排气口上方及两墙夹角处。

⑥ 新、排风口的相对位置，应遵循避免短路的原则。新风口应在排风口下方，这是新风防污染的重要原则，特别是当排风中可能有特殊污染成分（如有害微生物）时。

5）Ⅰ～Ⅲ级洁净手术室和负压手术室内除集中净化空调方式外，不应另外加设空气净化器。其他洁净用房可另外加设带高中效（含）以上级别的空气过滤器的空气净化器，要注意空气净化器的送风气流不能干扰室内主气流。

Ⅰ～Ⅲ级洁净手术室采用局部集中送风且其面积较大，气流组织质量良好，如果在手术室顶部再设局部净化设备，容易干扰局部集中垂直下送气流区的气流，所以不应直接在这些洁净手术室内设置其他净化设备。只有其他乱流洁净用房才允许设置这种局部净化设备，但也要注意局部净化设备与净化空调系统的送风气流协调，不得干扰。

（3）风管及阀门、附件：

1）风管：

① 空调风管应选用无油镀锌板，如果在室内使用，上下锌层一般不低于120g/m²；如果在室外使用，上下锌层一般不低于240g/m²。吊架、加固框、连接螺栓、风管法兰、铆钉均应采用镀锌件，法兰垫料应采用有弹性、不产尘、弹性好、不易老化的软橡胶或者闭孔海绵橡胶等。风管的外保温宜选用防护级别达到B1级的橡塑保温棉，不得使用玻璃棉等纤维制品。净化空调系统的密封工作要做好，包括风管与法兰连接，设备、部件与风管的连接，各接缝必须严密，减少漏风。不锈钢材料在存放时一定要防止与其他碳钢材料接触，避免不锈钢材料锈蚀。加工制作洁净系统的风管应在相对密封的室内进行。制作所用材料应经过两到三次酒精或无腐蚀清洁剂擦洗后，才能进入制作场所使用。

② 手术室空调管路应短、直、顺，尽量减少管件，应采用气流性能良好、涡流区小的管件和静压箱。风管、管件、配件的制作与安装应符合现行国家标准《洁净室施工及验收规范》GB 50591的要求。风系统的末级空气过滤器（高效过滤器）之前的风管材料应选用不锈钢钢板或无油镀锌钢板。有防腐要求的排风管道应采用不产尘、不低于B1级的非金属板材制作；若有面层，面层应为不燃材料。

③ 净化空调系统风管漏风率（不含机组），应符合现行国家标准《洁净室施工及验收规范》GB 50591的规定，Ⅰ级洁净用房系统不大于1%，其他级别的不大于2%。设计风量应考虑系统漏风率和机组漏风率，后者也在1%～2%之间，由厂家提供。风管加工和安装严密性的试验压力，总管可采用1500Pa，干管（含支干管）可采用1000Pa，支管可采用700Pa，也可采用工作压力作为试验压力。

④ 应在新风、送风的总管和支管上的适当位置，按现行国家标准《洁净室施工及验收规范》GB 50591的要求开风量检测孔。

⑤ 净化空调系统对消声有较高的要求，风管内的空气流速宜按表17.4.3-3选用。

风管内的空气流速		表 17.4.3-3
室内允许噪声级［dB（A）］	主管风速（m/s）	支管风速（m/s）
25～35	3～5	≤2
35～50	4～7	2～3

2）风阀：

① 风阀材质。制作风阀的轴和零件表面应进行防腐蚀处理，轴端伸出阀体处应密封处理，叶片应平整光滑，叶片开启角度应有标志，调节手柄的固定应可靠。净化空调系统和洁净室内与循环空气接触的金属件（如阀门等）必须防锈、耐腐，对已做过表面处理的金属件因加工而暴露的部分必须再做表面保护处理。

② 风阀选型。净化空调新风管总管段应设置电动密闭阀、调节阀，接循环机组的支管设置定风量阀，送、回风管总干管、各路支管的分支点处、风管末端均应设置调节阀，洁净室内的排风系统应设置调节阀、止回阀或电动密闭阀。负压手术室或正负压切换手术室高效回（排）风口处设置密闭阀，根据控制需求选择手动或者电动。新风管上的调节阀用于调节新风比；电动密闭阀用于空调机组停止运行时关闭新风。回风总管上的调节阀用于调节回风比。送风支管及送风末端上的调节阀用于调节洁净室的送风量。回风支管及回风末端上的调节阀用于调节洁净室内的正压值。空调机出风口处的密闭调节阀用于并联空调机组停运时的关闭切断，也可用于单台空调机的总送风量调节。排风系统排风管上的调节阀用于调节局部排风量，排风管段上的止回阀或电动密闭阀等用于防止室外空气倒灌。

（4）附件：净化空调系统的送、回风总管及排风系统的吸风总管上宜采取消声措施，以满足室内噪声要求。

10. 通风系统：

（1）手术室排风系统。手术室排风系统和辅助用房排风系统应分开设置。各手术室的排风管可单独设置，也可并联设置，并应和新风系统连锁。

排风管出口不得设在楼板上的设备层内，应直接通向室外。

每间正压手术室的排风量不宜低于 250m³/h，需要排除气味的手术室（如剖宫产手术室）排风量不应低于送风量的 50%。其他负压房间排风量由设计确定。

手术室内污染源有麻醉余气、聚集在术者周围的医护人员的人的气味，术者开刀时腔体内发出臭气，加上接管手术刀产生的有毒气溶胶等，手术室内应采用局部排风，而不采用普通空调系统在回风管路上设排风的方式。

当手术部设置设备层时，排风机宜设置于设备层内，以便于安装维护。

（2）辅助用房排风系统。刷手间、预麻室、麻醉准备间、苏醒室、清洗打包、消毒间、灭菌间等污染较严重及产生大量水汽的房间，应设置机械排风系统。办公区卫生间、浴室等排风系统参照现行国家标准《民用建筑供暖通风与空气调节设计规范》GB 50736 进行设计。

洁净室的排风量应根据房间的新风量和保证房间压差所需的压差风量确定。

（3）配电间、UPS间、复合手术室设备间等发热量较大的房间宜设置独立的通风系统，排风温度不宜高于 40℃。当通风无法保证室内设备工作要求时，宜设置空调降温系统。

（4）气瓶间应设置事故通风系统，事故通风机应采用防爆型。对可能突然散放有害气体或有爆炸危险气体的场所，应设置事故排风系统。关于事故通风的通风量，要保证事故发生时，控制不同种类的放散物浓度低于相关安全及卫生标准所规定的最高允许浓度，且换气次数不低于 $12h^{-1}$。

事故通风系统应根据气瓶间可能释放的放散物设置相应的检测报警及控制系统，以便及时发现事故。事故通风系统的手动控制装置应装在室内外便于操作的地点，以便一旦发生紧急事故，使其立即投入运行。

（5）排风系统连锁设计。送风、回风和排风系统的启闭宜连锁。正压洁净室应先启动送风机，再启动回风机和排风机；关闭时连锁程序应相反。

负压洁净室连锁程序应与上述正压洁净室相反。

11. 空调水系统：

（1）空调冷热水及冷凝水系统：

1）净化空调冷热水及冷凝水系统参照现行国家标准《民用建筑供暖通风与空气调节设计规范》GB 50736 进行设计。

2）当空调水系统负责区域较大或者可以设计成环形水路时，宜采用同程式系统，即至空调末端设备的各并联环路近似相等，阻力大致相同，流量分配较均衡，有利于水力平衡，可以减少系统的初调试工作。当异程式系统并联环路的水力不平衡率大于15%时，应设置必要的流量调节或水力平衡装置。需要用阀门调节进行平衡的空调水系统，应在每个并联支路设置可测量数据的流量调节或水力平衡装置。

3）当采用热水对新风进行预热时，对于严寒地区的预热盘管，为了防止盘管冻结，要求供水温度相应提高，不宜低于70℃。

（2）空调加湿系统：

1）加湿器。净化空调系统应满足洁净室全年相对湿度的需求，应在净化空调机组中设置加湿装置。考虑到有水直接介入的加湿器容易滋生细菌，因此对于净化空调系统，不应采用有水直接介入的形式。加湿器材料应抗腐蚀，便于清洁和检查。净化空调系统常用的加湿装置主要有干蒸汽加湿器、二次干蒸汽加湿器（蒸汽转蒸汽）、电极式蒸汽加湿器、电热式蒸汽加湿器等。净化空调系统常用加湿器对比见表17.4.3-4。

由于电极式、电热式蒸汽加湿器能耗较高，基于节能考虑，宜选用干蒸汽加湿器或者二次干蒸汽加湿器，因此，建议医院设置集中洁净蒸汽供应系统，不应直接采用锅炉蒸汽。

净化空调系统常用加湿器对比 表 17.4.3-4

加湿技术	电极、电热式蒸汽加湿	干蒸汽加湿	二次干蒸汽加湿
加湿原理	利用电能加热水，水被加热而产生蒸汽	对饱和蒸汽进行干燥处理，干燥的蒸汽经调节阀进入喷管喷出	利用一次蒸汽将软水或者饮用水加热产生洁净的二次蒸汽，经喷雾器喷出
空气处理过程	等温加湿 空气与水仅发生湿交换	等温加湿 空气与蒸汽仅发生湿交换	等温加湿 空气与蒸汽发生热湿交换
加湿能力	3～120kg/h	范围极广	范围极广

续表

加湿技术	电极、电热式蒸汽加湿	干蒸汽加湿	二次干蒸汽加湿
加湿效率	75%～90%	约95%	约99%
加湿效果	加湿迅速、均匀、稳定，可以满足室内相对湿度波动范围不超过±3%的要求	相对湿度精确控制[±(3%～5%)]，蒸汽分布均匀，能迅速在空气中被完全吸收	相对湿度精确控制[±(3%～5%)]，蒸汽分布均匀，能迅速在空气中被完全吸收，加湿效果非常好
病菌滋生问题	高温杀菌，无病菌滋生问题	接自锅炉房或市政蒸汽，洁净度不易保证	使用洁净二次蒸汽，无病菌滋生问题
结垢及维护问题	结垢在加湿桶内，需定期清洗或更换加湿桶	整套蒸汽供应系统的维护较易处理，无喷水现象和噪声问题	整套蒸汽供应系统的维护较易处理，无喷水现象和噪声问题
单位耗能量	最高	低（采用废热回收生产蒸汽）	低（采用废热回收生产蒸汽）

2）加湿系统：

① 冬季净化空调加湿量可按室内外空气的含湿量差和新风量进行计算；加湿给水量（或蒸汽量）可按产品提供的加湿效率进行计算。

② 当采用电极式或者电热式蒸汽加湿器或者二次干蒸汽加湿器时，加湿水水质应达到生活饮用水标准。电极式蒸汽加湿器不应采用纯水，电热式蒸汽加湿器可采用纯水。当采用纯水时，加湿水管宜选用不锈钢管。

当给水硬度较高时，加湿用水应进行水质软化处理。因为水的硬度过高，加湿过程中产生水垢，会造成加湿器的喷嘴堵塞而影响加湿效率，同时也会使电热棒或电极棒表面结垢，降低传热效率。

③ 当采用蒸汽加湿器时，为避免蒸汽中含有锅炉水处理剂，宜采用蒸汽—蒸汽热交换器，以保证蒸汽品质。进入加湿器入口的饱和蒸汽压力应小于等于0.4MPa。

④ 加湿用水或蒸汽的供应不应间断，以保证洁净室内相对湿度的稳定。

⑤ 蒸汽加湿器的凝结水宜回收利用。可以回到锅炉房的凝结水箱或者作为某些系统（生活热水系统）的预热在换热机房就地换热后再回到锅炉房。凝结水系统应采取阻汽排水措施。

12. 净化空调绝热和防腐：净化空调风系统及水系统的绝热与防腐设计应符合现行国家标准《民用建筑供暖通风与空气调节设计规范》GB 50736的相关规定。对于室外管道，应在保温层外表面设保护层，保护层可选用金属、玻璃钢或者铝箔等材质。

17.4.4 洁净手术部净化空调系统可采用独立冷热源或从医院集中冷热源供给站接入，除应满足夏、冬设计工况冷热负荷使用要求外，还应满足部分负荷使用要求。

【技术要点】

1. 冷热源的配置方式

冷热源系统是洁净手术部空调系统运行的基础，需要在设计初期进行规划和设计。洁净手术部冷热源常用的组成方式如下：

（1）建筑大楼共用冷热源系统；

（2）冬季和夏季采用共用冷热源系统，过渡季节采用独立冷热源系统；

（3）洁净手术部独立设置冷热源系统。

以上几种方式各有利弊，需要综合考虑，选择适合医院需求的方式。

2. 冷热源系统需要注意的问题

（1）共用冷热源系统需要注意的问题：洁净手术部净化空调系统所需要的冷热源全年全部由大系统供应，大系统冷热源系统正常夏季制冷、冬季制热，春秋过渡季节停用，但洁净手术室常建在手术部的内区，过渡季节也需要制冷，若此时仍开启大系统，就会出现大马拉小车、管道管线过长、能源损耗大、经济性差等现象。另外，大系统冷源的水温达不到手术室净化空调系统夏季除湿的水温要求（供水为7℃，出水为12℃），就会出现手术室内湿度过高，可能会出现感染。

（2）过渡季节采用独立冷热源系统需要注意的问题：若洁净手术部净化空调冷热源系统在冬、夏由大系统供应，过渡季节由独立的冷源供应，虽然可以解决能源浪费、经济性差等问题，但是由于存在两套管路，就会出现自动切换时间选择、管道回流、压力平衡等问题。因夏季仍采用大系统，所以以手术室夏季除湿还是存在问题的。

（3）独立冷热源系统需要注意的问题：独立冷热源系统不仅能解决夏季除湿问题，还能在过渡季节开启部分制冷系统为洁净手术室净化空调系统服务，但由于还是存在两套管路（热源仍采用大系统），仍然会出现压力平衡、管道回流等问题，最主要的是增加了初投资。

建议有条件的医院将净化区域的冷热源独立出来，主体可以采用四管制多功能热泵，根据所在地气象条件与洁净手术部负荷特性，配置合适的单冷冷水机组或热泵热水机，这样便于后期的运行管理，降低运行成本。

17.4.5 洁净空调自动化控制应遵循合适、有效、快速、简约的原则。

【技术要点】

1. 新风预热系统的控制。新风预热系统在冬季寒冷地区用来加热新风，防止新风与一次回风混合后达到饱和，产生水雾或结冰。新风预热系统的预热方式有电预热、蒸汽预热、热水预热三种方式。当采用蒸汽或热水进行预热时，一般采用控制蒸汽或热水的调节阀开度，实现温度控制；当采用电加热时，通过晶闸管电力控制器，控制其加热电功率，实现温度控制。

2. 电再热的控制。电再热通常设在表冷器或二次回风混合段之后，目的是在有相对湿度要求的情况下，保证送风温度或空调室内的温度。其控制方式与一次加热的情况基本相同。

3. 冬季加湿系统的控制。净化空调系统中加湿的方法比较多，通常采用蒸汽加湿器（一次蒸汽或二次蒸汽）和电加湿器的开关控制或功率调节。蒸汽加湿时，根据湿度控制要求，可通过对电磁阀进行位式控制或采用两通调节阀的连续调节来实现。

4. 夏季除湿系统的控制。空气冷却除湿处理常用表冷器来完成，采用表冷器进行湿度控制时，通过调节表冷器的冷媒（如冷水）流量来实现。当湿度高于要求的值时，可通过加大冷水阀的开度来加大其流量，实现除湿（即干燥）处理；反之减少流量，实现加湿处理。应该说明的是，由于空气的物理性质，其湿度的控制相对比较复杂，方法也较多。另外，在南方地区净化空调除湿系统常增设深度除湿系统（气候原因），深度除湿是通过冷媒进一步将温度降低进而达到除湿的目的。

5. 正压控制。有压差就会有流动，当室内正压（即室内压力高于室外）时，气流从室内流向室外。对于手术部来说，各个功能空间之间处于一种有序的梯度压差控制，不受某个洁净手术室停、开而影响，始终维持一股从较高无菌度空间流向较低无菌度空间，最后流向无控制要求空间的定向气流，有效保证各空间要求的无菌度不受外界干扰，极大降低交叉感染风险，使整个洁净手术部处于受控状态。

洁净手术部正压控制通过控制室内送风量或回风量风阀来实现，其实质是利用新风量与排风量之间的差值风量来控制，正压就是差值风量渗透围护缝隙的阻力。为避免复杂的自控系统，《医院洁净手术部建筑技术规范》GB 50333—2013 推荐采用独立新风处理系统和手术室各自循环空气处理系统（图 17.4.5）。各空气处理机组负担各空间的温度、湿度和洁净度，各个手术室独立排风。新风系统的每个分支管设置了双位控制的定风量装置，在手术期间采用高档（1 档）大风量，送入所需要的新风；非手术期间采用低档（2 档）小风量，仅对室内输入正压风量，用来维持整个洁净手术部内的正压分布，这套系统需要始终运行着。这种系统的概念体现了它既可使每间洁净手术室的空调和正压两大系统分离，又能将整个洁净手术部联系在一起，并始终使洁净手术部处于受控状态，在洁净手术部非使用期间可以转换为值班系统。这套系统从原理上就保证了整个洁净手术部管理更为灵活、方便、有效，十多年的实践证明了其有效性。当然也不排斥其他有效的控制系统，如洁净手术室独立设置变新风量恒压差的净化空调机组。

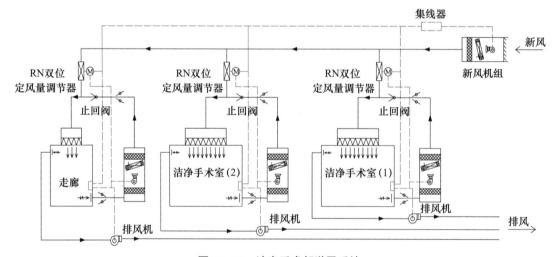

图 17.4.5　洁净手术部送风系统

6. 其他控制与空调节能：

（1）风机故障报警。

（2）风机变频控制。

净化空调系统自动控制系统的设备有控制器、传感器及执行器等。

17.5　洁净手术部强弱电设计

17.5.1　洁净手术部应根据其用电负荷的分级和医用电气设备工作场所的分类进行供配电系统设计。

【技术要点】

洁净手术部强电设计：

（1）双路电源供应。洁净手术部供电系统为一级负荷，应采用双路电源供电。根据《建筑物电气装置　第7-710部分：特殊装置或场所的要求　医疗场所》GB/T 16895.24—2005的规定，手术室电源级别小于等于0.5s级，包括0s级、0.15s级、0.5s级。0.15s级、0.5s级使用切换时间小于相应级别的自动转换开关切换两路市电。

目前洁净手术部普遍采用的是双路电源＋应急电源供电方式。

（2）不间断电源供应。相关规范要求，有生命支持电气设备的洁净手术室必须设置应急电源。自动恢复供电时间应符合下列要求：生命支持电气设备应能实现在线切换；非治疗场所和设备应小于等于15s；应急电源工作时间不宜小于30min。所以洁净手术室必须依照规定设置不间断应急电源。

1）为保证患者的生命安全，县（区）级及以上医院的手术部照明和电力应按一级负荷的要求供电。两路电源可在洁净手术部所在楼层的总配电箱处自动切换。对于二级以上的医院洁净手术部应按一级负荷中特别重要负荷的要求供电，还必须增设应急电源。应急电源一般采用柴油发电机组＋UPS组合，且UPS应为在线式。当UPS容量较大时，宜在电源侧采取高次谐波的治理措施。在TN-S供电系统中，UPS的交流输入端宜设置隔离变压器或专用变压器；当UPS输出端的隔离变压器为TN-S、TT接地形式时，中性点应接地。

2）相对来说，大型UPS相比小型UPS具有较高的抗干扰性。由于手术区内小型医疗设备众多，因此干扰众多，如隔离变压器的励磁冲击电流、设备短路故障电流、电机启动电流等。由于大型UPS的耐受冲击电流比小型UPS大得多，因此影响相对较小，也决定了大型UPS比小型UPS更稳定。

3）普通UPS的切换时间较长，不能保证电子设备不间断工作，不能应用于手术区供电。

4）应将UPS作为手术室配套电源的首要选择，且在条件满足的情况下尽量选择大型UPS集中供电方式。设计应急电源的容量不宜过大，一般供电时间大于等于30min即可。

（3）隔离电源设置。相关规范要求，在洁净手术室内，用于维持生命和其他位于患者区域内的医疗电气设备和系统的供电回路应使用医疗IT系统，并符合国家现行有关标准的要求。

洁净手术室的治疗用电应设置医疗IT系统，并紧靠使用场所加单相隔离变压器，心脏外科手术室用电系统必须设置隔离变压器。医疗IT系统的配电箱应直接从洁净手术部总配电柜专线供电。

洁净手术室内的电源回路应设绝缘检测报警装置。

（4）防静电措施。洁净手术室应采取防静电措施。洁净手术室内所有饰面材料的表面电阻值应在$10^6 \sim 10^{10}\Omega$之间。在施工过程中要做局部等电位联结，以确保医用设备的等电位接地、电力系统保护接地、防雷接地的电位相同，避免发生事故。

（5）配电及照明要求：

1）配电要求：

① 每间洁净手术室内应设置不少于3个治疗设备用电插座箱，安装在侧墙上。每箱不少于3个插座，且应设接地端子。

②　每间洁净手术室内应设置不少于 1 个非治疗设备用电插座箱，安装在侧墙上。每箱不少于 3 个插座，其中至少有 1 个三相插座，并应在面板上有明显的"非治疗用电"标识。

③　对于病房及通往手术室的走道，其照明灯具不宜居中布置，灯具造型及安装位置宜避免卧床患者视野内产生直射眩光。

2）照明要求：手术室灯具应选用不易积尘、易于擦拭的密闭洁净灯具，且照明灯具宜吸顶安装，其水平照度不宜低于 750lx，垂直照度不宜低于水平照度的 1/2。手术室内应无强烈反光，大型及以上手术室的照度均匀度（最低照度值／平均照度值）不宜低于 0.7。手术室的灯具开关应为分别控制或对角控制，以适应手术室的特殊需要。手术室的一般照明宜采用调光式，但应避免对精密电子仪器产生干扰。对于有可能施行神经外科手术的手术室，宜装设热过滤装置，以减少光谱区在 800～1000nm 的辐射能照射在病人身上，防止手术面组织的过速干燥。手术室专用无影灯设置高度宜为 3.0～3.2m，其照度应为（20～100）×10³lx［胸外科为（60～100）×10³lx］，有影像要求的手术室应采用内置摄像机的无影灯。口腔科无影灯的照度不应小于 10×10³lx。

手术室一般照明灯具的布置应与顶棚上的设备相协调，如固定或轨道安装的 X 射线机、手术灯、空调格栅、医用悬吊送气装置、手术显微镜、闭路电视装置、观察窗等。灯带必须布置在送风口之外。只有全室单向流的手术室允许在空气过滤器边框下设单管灯带，灯具必须有流线型灯罩。当装设吸顶式灯具及一般壁灯时，灯具的水平光强应降到最低限度，以减少医护人员的视觉疲劳。手术室顶棚高度应能为装设特殊灯具（包括手术台及与手术有关的辅助灯）提供有效的净空。灯头应至少能抬高到净高 2.0m 的高度。

手术室、部分科室、医生办公室需设置观片灯，观片灯可以嵌墙安装，也可明装，建议其供电回路设置剩余电流动作保护。如医院影像已采用数字信号，可减少观片灯的设置数量。

因手术部均为内部照明，所以在照明中能源损耗较大，建议使用 LED 光源的照明设备。不仅能有效节能，而且 LED 光源采用低压直流供电，在使用中只要散热系统配置合理，其光衰发生得很缓慢，可以极大地减少净化灯具的更换频率，有效避免了每年进行维修更换的繁琐工序。

LED 照明一般采用低压直流电作为工作电源，基于这个特点，LED 可以直接配备应急电源，充电之后可以在无市电供应的情况下紧急供电，维持照明。

荧光灯灯管应尽量选用色温为 4000～5000K 并且与无影灯光源色温相适应的洁净荧光灯。

洁净手术室的配电总负荷应按手术功能要求计算。一间洁净手术室非治疗用电总负荷不应小于 3kVA；治疗用电总负荷不应小于 6kVA。规范要求的是下限值，随着大型设备的进入，洁净手术室的配电总负荷应根据不同类型区别对待。

17.5.2　电气设计应充分考虑到人身安全和用电安全。

【技术要点】

1. 在洁净手术部内非生命支持系统可采用 TN-S 系统回路，并采用最大剩余动作电流不超过 30mA 的剩余电流动作保护器（RCD）作为自动切断电源的措施。

为了避免谐波注入电网后会使无功功率加大，功率因数降低，甚至有可能引发并联或串联谐振，损坏电气设备以及干扰通信线路的正常工作，使测量和计量仪器的指示和计量不准确，洁净手术部电源总进线的谐波电流允许值应符合现行国家标准，进线电源的电压总谐波畸变率不应大于 2.6%，电流总谐波畸变率不应大于 15%。

2. 在消防联动控制设计中，不应切除手术部的电源，因为此部分供电方式多为从变配电室至末端的放射式供电，对其他区域影响不大。

3. 洁净手术室用电应与辅助用房用电分开，每个洁净手术室的干线必须单独敷设。洁净手术部用电应从配电中心专线供给。各分支回路除具有短路、过流、过电压保护外，还应有剩余电流保护。根据使用场所的要求，主要选用 TN-S 系统和医疗 IT 系统两种形式。心脏外科手术室的配电箱必须加隔离变压器（图 17.5.2）。手术室内常规照明灯、手术床和三相插座不必通过隔离变压器。洁净手术部配电管线应采用金属管敷设，穿过墙和楼板的电线管应加套管，套管内用不燃材料密封。进入手术室的电线管穿线后，管口应采用无腐蚀和不燃材料封闭。特殊部位的配电管线宜采用矿物绝缘电缆。设有射线屏蔽的房间，应采用在地面设置非直通电缆沟槽布线方式。

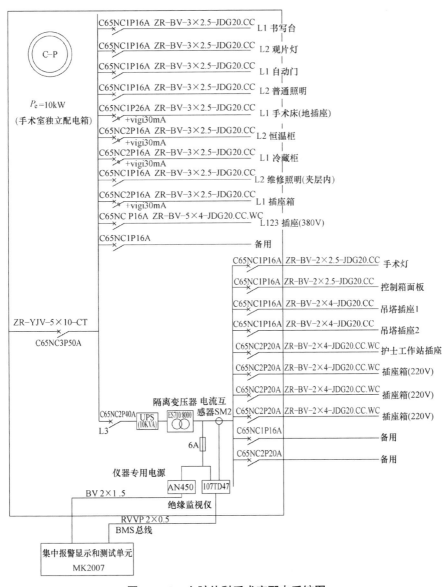

图 17.5.2　心脏外科手术室配电系统图

4. 洁净手术部的总配电箱应设于非洁净区内。供洁净手术室用电的专用配电箱不得设在手术室内。配电箱和电器检修口设于手术室外，目的是检修时工作人员不进手术室，以减少外来尘、菌的侵入而带来的交叉感染因素。每个洁净手术室应设有一个独立的专用配电箱，配电箱应设在该手术室的外廊侧墙内。由于洁净手术室配电的重要性，其室内的电源宜设置漏电检测报警装置。

5. 医院的大型医疗设备包括核磁共振机（MRI）、血管造影机（DSA）、肠胃镜、计算机断层扫描机（CT）、X 射线机、同位素断层扫描机（ECT）、直线加速器、后装治疗机、钴 60 治疗机、模拟定位机等。由于大型医疗设备对电压要求高，对其他负荷影响大，在大型医疗设备较多的医院，宜采用专用变压器供电，并放射式供电。

6. 电线电缆选择要求：医疗建筑二级及以上负荷的供电回路，控制、监测、信号回路，医疗建筑内腐蚀、易燃、易爆场所的设备供电回路，应采用铜芯线缆。二级及以上医院应采用低烟、低毒阻燃类线缆；二级以下医院宜采用低烟、低毒阻燃类线缆。

17.5.3　关于洁净手术部弱电设计。

【技术要点】

1. 洁净手术室视音频示教系统

对于洁净手术室而言，由于受室内面积限制和手术规程要求，不可能容纳很多人员，通过在手术室安装的摄像及录音系统，再通过手术室吊顶上安装的全景摄像机，可将手术过程的细节一览无余。该系统可在会议室、示教室、诊室等实现远程医疗会诊、实时观摩学习，以及整个手术过程的全程摄录，便于日后回放、调看数据等。

洁净手术室的无影灯（或吊塔）上设置一台高精度带滤光功能的专业彩色摄像机和拾音器，视频、音频、控制等信号线缆汇集到控制室的监控主机，然后通过网络或光缆接入示教中心。

（1）手术室设计：手术室设置全景摄像机、术野摄像机、医疗仪器影像音频采集和音频输出点（无线耳麦）。

（2）示教室设计：示教室设置高清示教终端及显示设备、音箱、麦克风等，高清示教终端通过网络连接至环网交换机，主要作用是：手术示教、实时及非实时的手术浏览；可通过高清示教终端与手术室进行双向音视频互动，观摩、指导手术过程，可与办公室、手术室进行双向音视频互动，开展远程医疗教学、远程医疗会诊、远程手术视频会议等。

（3）高清手术示教系统应用：高清手术示教系统可实现远程手术示教、远程手术指导、远程手术转播、远程专家会诊、远程医疗教学、远程医疗会议，还可以与医院监控系统集成，建立医院视频应用综合化管理平台。

2. 网络电话系统

采用网线和电话线，对洁净手术部各房间进行布点，并根据需要设置内网和外网连接（表 17.5.3）。为了便于数字化信息的流转，目前网络布线一般采用六类网线。因洁净手术部内医疗设备和医疗信息联网的要求较多，故应根据需要和以后的发展预留。

医疗建筑综合布线系统信息点的标准配置和增强配置　　　　表 17.5.3

医疗场所	标准配置	增强配置	备注
手术室	5 个内网数据	10 个内网数据	

医疗场所	标准配置	增强配置	备注
预麻苏醒室床位	2个内网数据	4个内网数据	
护士站	2个语音 8个内网数据	2个语音 10个内网数据	
主任办公室	1个语音 1个内网数据 1个外网数据	1个语音 2个内网数据 1个外网数据	军队医院应考虑其特殊要求，增设1个校园网，1个军训网
护士长办公室	1个语音 1个内网数据 1个外网数据	1个语音 2个内网数据 1个外网数据	军队医院应考虑其特殊要求，增设1个校园网，1个军训网
医生办公室	每名医生配置 1个语音 1个内网数据 1个外网数据	每名医生配置 1个语音 2个内网数据 1个外网数据	
处置治疗值班室	1个语音	1个语音 1个内网数据	
示教室	1个语音 1个内网数据 2个外网数据	1个语音 4个内网数据 2个外网数据	可根据使用功能及面积配置1个光纤点
洁净用房	1个语音	1个语音 1个内网数据	根据使用面积及功能确定

3. 背景音乐系统

手术室、洁净走廊、清洁走廊、大厅等设置背景音乐顶棚喇叭，同时在手术室内、护士站、办公室等房间设置背景音乐系统音量控制器。手术室内音量控制器一般集成于信息面板内。背景音乐系统采用有线定压传送方式，分区控制，音质清晰、灵敏度高、频响范围广、失真度小。系统主机宜设置于手术部护士站或中控室，通过DVD机可连续播放各种格式的音乐文件，通过话筒可实现分区寻呼、广播找人、信息发布等。该系统应包含顶棚喇叭、音控器、带前置广播功放、DVD机、分区矩阵、分区寻呼器、话筒、消防强切装置等。

背景音乐系统宜按医院功能分区及防火分区设置广播输出回路数，并应满足相关规范要求。

广播音响系统基本可分为四个部分：节目设备、信号的放大和处理设备、传输线路和扬声器系统。

4. 一体化监控管理系统

采用高清网络摄像机和硬盘录像机，不仅可在值班室的监控显示屏上随时调看监控画面，而且可以通过手机APP随时查看。监控数据可以长时间保存。

在每间手术室、预麻苏醒室、重要库房、走廊、出入口设置半球彩色摄像机，在护士站和谈话间设置视频半球彩色摄像机和拾音器，控制等信号线缆汇集到手术部的监控主机上，用于监视和录制手术室的全景及手术部主要公共区域。

在护士站可以观看到手术室内的手术实施情况，使用数字硬盘录像机进行图像的保存和记录，并可以通过主机回放。

视频安防监控系统一般由前端、传输、控制及显示记录四个主要部分组成。前端设备包括一台或多台摄像机以及与之配套的镜头、云台、防护罩、解码驱动器等；传输设备包括电缆和/或光缆，以及可能的有线/无线信号调制解调设备等；控制部分主要包括视频切换器、云台镜头控制器、操作键盘、各类控制通信接口、电源和与之配套的控制台、监视器等；显示记录设备主要包括监视器、录像机、多画面分割器等。

5. 门禁系统

（1）门禁系统应用

1）在手术室各个净化区域出入口及医护区、通往楼顶的楼梯口等出入口设置门禁系统，在主要出入口可设置可视门禁系统。

2）系统采用集中管理、分散控制的联网结构，通过手术部内部的 TCP/IP 网络，将管理区域的门禁点连接至中央管理平台。并可根据房间不同，设置权限，防止意外和恶意入侵。

3）根据安全需求的不同，采用刷卡、刷卡或密码、指纹、刷卡＋密码、刷卡＋指纹、刷卡＋密码＋指纹、密码＋指纹等开门方式。

4）门禁系统管理主机宜设在安防中心，后台数据库中心设于医院电子信息系统主机房内。应具有如下功能：记录、修改、查询所有持卡人的资料，监视记录所有出入情况及出入时间，对非法侵入或破坏进行报警并记录；当火灾报警信号发出后，自动打开火灾层及相邻层的电子门锁，方便人员疏散。

5）除重要房间外，其余主要通道出入口的出入口控制系统（门禁）实现与火灾报警系统及其他紧急疏散系统联动，当发生火灾或需紧急疏散时，通过消防信号及分励脱扣器自动切断火灾层及相邻层门禁控制器电源，使门处于常开状态。

6）门禁系统宜与电子巡查系统、入侵报警系统、视频安防监控系统等联动。

7）设有门禁系统的疏散门，在紧急逃生时，应不需要钥匙或其他工具，便可轻易地从建筑物内开启。应急疏散门，可采用内推门加声光报警模式。

8）感应式 IC 卡出入管理控制系统（简称门禁系统），具有对门户出入控制、实时监控、保安防盗报警等多种功能，它主要方便内部员工出入，杜绝外来人员随意进出，既方便了内部管理，又增强了内部的安保，从而为用户提供一个高效的工作环境。它在功能上实现了通信自动化（CA）、办公自动化（OA）和管理自动化（BA），以综合布线系统为基础，以计算机网络为桥梁，全面实现对通信系统、办公自动化系统的综合管理。

（2）门禁系统结构和配置

1）功能管理结构模式

① 模式一：单向感应式（读卡器＋控制器＋出门按钮＋电锁）。使用者在门外出示经过授权的感应卡，经读卡器识别确认身份后，控制器驱动打开电锁放行，并记录进门时间。按开门按钮，打开电锁，直接外出。该模式适用于安全级别一般的环境，可以有效防止外来人员的非法进入，是最常用的管理模式。

② 模式二：双向感应式（读卡器＋控制器＋读卡器＋电锁）。使用者在门外出示经过授权的感应卡，经读卡器识别确认身份后，控制器驱动打开电锁放行，并记录进门时间。

使用者离开所控房间时，在门内同样要出示经过授权的感应卡，经读卡器识别确认身份后，控制器驱动打开电锁放行，并记录出门时间。该模式适用于安全级别较高的环境，不但可以有效防止外来人员的非法进入，而且可以查询最后一个离开的人和时间，便于为特定时期（例如失窃时）落实责任提供证据。

单卡识别：开门方式是只感应有效卡即可开启电锁。

密码：开门方式是只键入有效密码开启电锁（这个功能需要带键盘的读卡器）。

卡加密码：开门方式是感应有效卡之后还须输入有效密码才能开启电锁（这个功能需要带键盘的读卡器）。

双卡：开门方式是必须要连续有两张有效卡感应后才能开启电锁。

自由通行：开门方式是在读卡器上任意感应一张有效卡就能开启电锁，且锁将一直开启，直到该时间段结束自动关闭。

开门是用门禁软件直接开启当前门的电锁，在设定的开门时间内电锁会重新关闭。

关门是当使用过下面的门长开命令后，把电锁关闭，恢复正常门禁状态。

门长开是用门禁软件直接开启当前门的电锁，电锁开启一直保持开锁状态，不再锁门，直到使用了关门命令。

2）基本组成部分

读卡器：通过射频感应原理，识别感应卡内置加密卡号。

感应卡：存储用户的不可复制和解密的 ID 号。

门禁控制器：存储感应卡权限和刷卡记录，并处理所有读卡器上传信号，负责和计算机通信，并与其他数据存储器进行协调。

电锁：电动执行机构。

485/232 信号转换器：对所有数据存储器进行联网和远距离通信。

管理软件：通过计算机对所有单元进行中央管理和监控，进行相应的授权、统计管理工作。

开门按钮：出门可以设置为按按钮出门。

电源：提供系统运作电源和电锁的执行结构的电源供应。

6. 手术室群呼系统

（1）二级及以上医院以及类似等级医疗建筑的手术室，应设置医护对讲系统。医护对讲系统是实现护士站工作人员与手术室医生之间沟通的工具，通常具有双向传呼、双向对讲、紧急呼叫优先等功能。

（2）医护对讲系统分为网络式和总线式，主要由主机、对讲分机、卫生间紧急呼叫按钮（拉线报警器）、病房门灯和走廊显示屏等设备组成。

（3）医护对讲系统主机设在护士站，各手术室内和预麻苏醒室病床的设备带（桥塔）设置免提式的对讲分机，实现医护人员之间的双向呼叫对讲，可以实现如下功能：

1）护士站的主机接通电源后，分机只要有按动呼叫器的按钮，呼叫分机、主机提示灯点亮，同时在主机上声光报警，通知值班人员某处在呼叫。无呼叫时，主机及各分机处于受话状态。

2）值班人员拿起主机上的话筒，立即切断报警，按下通话按钮，即可与呼叫人通话。

3）当值班人员要与某一处通话时，只要拿起话筒，同时按下主机对应分机的按键，此时双方指示灯亮起。

4）主机、分机上均有复位按钮，可同时清除所有呼叫。

5）主机上可以调整呼叫信号和对讲音量。

6）主机上具有三级护理设定的功能，并用不同颜色的指示灯显示和不同声音提示。

7. 中央空调远程控制系统

由计算机和净化空调控制器组成，可远程控制机组并显示和记录机组运行状态，达到集中控制的目的，便于手术部的整体控制。

8. 信息发布系统

信息发布系统由计算机和大屏显示系统组成，主要发布信息为：术中情况、麻醉及手术知识、术后的健康管理。主要作用是：缓解家属紧张情绪，指导家属学习术后恢复知识，改善医院管理。

9. 医护排班系统

医护排班系统是医护管理系统的重要组成部分，包括以下功能：患者信息统计、医护工作班表排定、发布医护人员排班表、医护信息统计、工作报表管理等。医护排班系统不仅可以全自动产生医护人员排班表，而且在护理人力资源配置方面也有重要的意义，在各科室护士人数相对固定的前提下，以需求为导向，优化人力资源配置，不仅节约人力资源，还避免了个别科室人力资源的浪费。

10. 医学影像信息系统（PACS系统）

PACS系统就是影像归档和通信系统。它是应用在医院影像科室的系统，主要任务是把日常产生的各种医学影像（包括核磁、CT、超声、X射线机、红外仪、显微仪等设备产生的图像）通过各种接口（模拟、DICOM、网络）以数字化的方式保存起来，当需要时在一定的授权下能够很快地调回使用，内容显示在手术室内PACS系统屏幕上。同时增加一些辅助诊断管理功能。

11. 设备及人员定位系统

设备及人员定位系统是由蓝牙网管嗅探器组成的星形网络，交换机需要连接到上级的网络，并且上级网络应具备DHCP能力，系统连接到到公网上，就可实现用设备管理云平台管理设备。该系统可实现医护人员定位、医疗物品定位等功能。

12. 清洁人员呼叫及定位系统

清洁人员呼叫及定位系统的主要作用是：手术室内手术完毕以后及时呼叫清洁人员。手术完成以后，医护人员可以在智能平面触摸式控制箱上按键，手术完成的信息通关网络反映到定位服务器和信息化终端上，定位服务器和信息化终端安装在护工休息室，护工休息室的值班人员从信息化终端上也可看到带有无线手腕终端的清洁人员所在的位置，即可指令离做完手术的手术室最近的清洁人员到手术室内清洁卫生。系统有记忆存储功能，能查询清洁人员的工作记录。此系统适合手术量较多的医院，可以有效管理手术结转，提高手术室使用效率。

13. 设备清洗呼叫系统

设备清洗呼叫系统是实现手术室和器械清洗室之间即时通信的一套系统。手术完成以后，医护人员可以在智能平面触摸式控制箱上按键，手术完成的信息通过网络反映到服务器和信息化终端上，服务器和信息化终端安装在器械清洗室，工作人员从信息化终端上可看到手术完成的信息，即可指令清洗人员到对应的手术室内把要清洗的器械取回器械清洗室。

17.5.4 特殊手术室对电气设备的要求。

【技术要点】

1. 复合 DSA 手术室

复合 DSA 手术室配电系统除按正常手术室预留用电负荷外，还应为复合 DSA 手术室血管造影设备预留足够的用电负荷，一般为 140kW/ 间。

2. 复合 MRI 手术室

针对不同的操作，复合 MRI 手术室内有不同的照明要求，因此在照明设计时需要综合考虑一般手术、内窥镜手术、磁体扫描时对房间照明的不同要求。

复合 MRI 手术室内照明应均设置为直流灯。如复合 MRI 手术室和核磁检查属于共用状态，手术室可切换为普通手术室使用，可在手术间内分别设置交流灯和直流灯。磁体移动至手术间时，对交流灯及直流灯进行切换，当磁体移动到手术室内时，所有交流灯关闭，所有的直流灯打开。同理，磁体移出手术室时，所有直流灯关闭，同时打开交流灯。这样就可以满足手术间正常照明和磁体扫描工作时照明的需求。

所有进入复合 MRI 手术室的电气管线都必须采取相应的处理。电线电缆都需要经过电源滤波器方可进入手术室。设计时需要对所有的电气管线进行准确计算，保证波导和滤波器的数量、位置及规格尺寸都能与实际的管道相匹配，从而满足屏蔽的要求。

3. 机器人手术室

机器人手术室配电系统除按正常手术室预留用电负荷外，还应为机器人设备预留足够的用电负荷，一般为 160kW/ 间。

17.6 洁净手术部医用气体

17.6.1 洁净手术部医用气体气源特性及应用。

【技术要点】

洁净手术部的气源主要是氧气、压缩空气、负压吸引、氮气、氧化亚氮（笑气）、氩气、二氧化碳等。

（1）氧气：氧气的分子式为 O_2。它是一种强烈的氧化剂和助燃剂，高质量浓度的氧气遇到油脂会发生强烈的氧化反应，产生高温，甚至发生燃烧、爆炸，所以在《建筑设计防火规范（2018 年版）》GB 50016—2014 中被列为乙类火灾危险物质。氧气也是维持生命的最基本物质，医疗上用来给缺氧患者补充氧气。直接吸入高纯氧对人体有害，长期使用的氧气的质量分数一般不超过 30%～40%。普通患者通过湿化瓶吸氧；危重患者通过呼吸机吸氧。氧气还用于高压舱治疗潜水病、煤气中毒以及用于药物雾化等。

（2）氧化亚氮：氧化亚氮的分子式为 N_2O。它是一种无色、好闻、有甜味的气体，人少量吸入后，面部肌肉会发生痉挛，出现笑的表情，故俗称笑气。人少量吸入笑气后，有麻醉止痛作用，但大量吸入会使人窒息，医疗上用笑气和氧气的混合气（混合比为：65% N_2O ＋ 35% O_2）作麻醉剂，通过封闭方式或呼吸机给患者吸入，麻醉时要用准确的氧气、笑气流量计来监控两者的混合比，防止患者窒息。停吸时，必须给患者吸氧十多分钟，以防缺氧。

（3）二氧化碳：二氧化碳的分子式为 CO_2，俗称碳酸气。它是一种无色、有酸味、毒性小的气体。医疗上二氧化碳用于腹腔和结肠充气，以便进行腹腔镜检查和纤维结肠镜检查。此外，它还用于实验室培养细菌（厌氧菌）。高压二氧化碳还可用于冷冻疗法，用来治疗白内障、血管病等。

（4）氩气：氩气的分子式为 Ar。它是一种无色、无味、无毒的惰性气体。氩气在高频高压作用下，被电离成氩气离子，这种氩气离子具有极好的导电性，可连续传递电流。而氩气本身在手术中可降低创面温度，减少损伤组织的氧化、炭化（冒烟、焦痂）。因此医疗上常用于高频氩气刀等手术器械。

（5）氮气：氮气的分子式为 N_2。它是一种无色、无味、无毒、不燃烧的气体，医疗上用来驱动医疗设备和工具，氮气常用于外科、口腔科、妇科、眼科的冷冻疗法，治疗血管瘤、皮肤癌、痤疮、痔疮、直肠癌、各种息肉、白内障、青光眼等。

（6）压缩空气：压缩空气用于为口腔手术器械、骨科器械、呼吸机等传递动力。

（7）负压吸引：治疗中产生的液体废物有痰、脓血、腹水、清洗污水等，可由负压吸引系统收集、处理。

（8）麻醉废气：一般是指病人在麻醉过程中呼出的混合废气，其主要成分为氧化二氮、二氧化碳、空气、安氟醚、七氟醚、异氟醚等气体。麻醉废气对医护人员有危害，同时废气中的低酸成分对设备有腐蚀作用，所以患者呼出的麻醉废气应当由麻醉废气排放系统收集处理或稀释后排出。目前常用的处理方法是用活性炭吸收麻醉废气，然后将其烧掉。

17.6.2　洁净手术部医用气体系统的组成。

【技术要点】

1. 医用气体系统是指向患者和医疗设备提供医用气体或抽排废气、废液的一整套装置。

2. 常用的供气系统有氧气系统、笑气系统、二氧化碳系统、氩气系统、氮气系统、压缩空气系统等。常用的抽排系统有负压吸引系统、麻醉废气排放系统等。系统配置根据医院的需要确定，但氧气系统、压缩空气系统和负压吸引系统是必备的。

3. 医用气体系统以医用氧气、医用真空、医疗空气三种医用气体系统为主，用于所有医疗单元；其他医用气体系统，如氧化亚氮系统、氮气系统/器械空气系统、二氧化碳系统等，仅在手术室、介入治疗室、大型实验室等科室使用，设备相对集中，医用气体用量相对较少，通常采用钢瓶汇流排的方式就近供应。

4. 每个供气系统一般由气站、输气管路、监控报警装置和用气设备四部分组成。

5. 氧气系统气站可由制氧机、氧气储罐、一级减压器等组成；输气管路由输气干线、二级稳压箱、表阀箱、楼层总管、支管、检修阀、分支管、流量调节阀、氧气终端等组成；监控报警装置由压力表、报警装置、信息面板等组成；用气设备为湿化瓶或呼吸机等。

6. 压缩空气系统气站可由空气压缩机、冷干机、多级过滤系统、一级减压器等组成；输气管路组成同氧气系统气站；监控报警装置由压力表、信息装置、信息面板等组成。

7. 负压吸引系统由吸引站、输气管路、监控报警装置和吸引设备四部分组成。吸引站由真空泵、真空罐、细菌过滤器、污物接收器、控制柜等组成；输气管路由吸引干线、表阀箱、楼层总管、支管、检修阀、分支管、流量调节阀、吸引终端等组成；吸引设备为负压吸引瓶；监控报警装置由真空表、报警装置、信息面板等组成。

8. 麻醉废气排放有两种方式：真空泵抽气和引射抽气。引射抽气系统由废气排放终端、废气排放分支管、支管、废气排放总管等组成。目前，常用射流式废气排放系统。

17.6.3　医用气体系统的管道设置及材料选择。

【技术要点】

1. 洁净手术部的负压（真空）吸引和废气排放输送导管可采用镀锌钢管或 PVC 管，其他气体可选用脱氧铜管或不锈钢管。

2. 医用气体导管、阀门和仪表安装前应清洗内部并进行脱脂处理，用无油压缩空气或氮气吹除干净，封堵两端备用，禁止存放在油污场所。

3. 凡进入洁净手术部的各种医用气体管道必须做静电接地，接地电阻不应大于 10Ω，中心供给站的高压汇流管、切换装置、减压出口、低压输送管路和二次再减压出口处都应做静电接地，接地电阻不应大于 10Ω。

17.6.4　医用气体系统的气体终端设置及选择。

【技术要点】

1. 气体终端应符合相关标准规范的要求，应采用国际单位制（法定单位制）标准，接口制式应统一，麻醉废气排放终端宜采用射流式。

2. 气体终端制式的选择应综合吊塔和设备带整体考虑，避免出现接口制式不一致的情况，导致无法替换插接。

3. 负压吸引应设置防倒吸装置，防止在手术中将污物吸入负压终端及管道而导致堵塞。

4. 气体终端配置要求见表 17.6.4-1 和表 17.6.4-2。

气体终端最少配置数量（套／床）　　　　　　　　　表 17.6.4-1

用房名称	氧气终端	压缩空气终端	负压（真空）吸引终端
手术室	2	2	2
恢复室	1	1	2
预麻室	1	1	1

注：1. 预麻室如需要可增设氧化亚氮终端。

2. 腹腔手术室和心外科手术室除配置上表所列气体终端外，还应配置二氧化碳气体终端。

3. 神经外科、骨科和耳鼻喉科还应配置氮气终端。

气体终端压力、流量、日用时间　　　　　　　　　表 17.6.4-2

气体种类	单嘴压力（MPa）	单嘴流量（L/min）	平均日用时间（min）	同时使用率（%）
氧气	0.40 ~ 0.45	10 ~ 80 （快速置换麻醉气体用）	120（恢复室 1440）	50 ~ 100
负压（真空）吸引[①]	−0.03 ~ −0.07	15 ~ 80	120（恢复室 1440）	100

续表

气体种类	单嘴压力（MPa）	单嘴流量（L/min）	平均日用时间（min）	同时使用率（%）
压缩空气	0.40～0.45	20～60	60	80
压缩空气②	0.90～0.95	230～350	30	10～60
氮气	0.90～0.95	230～350	30	10～60
氧化亚氮	0.40～0.45	4～10	120	50～100
氩气	0.35～0.40	0.5～15	120	80
二氧化碳	0.35～0.40	6～10	60	30

① 负压手术室负压（真空）吸引装置的排气应经过高效过滤器后排出。

② 此项用于动力设备，如设计氮气系统，该项也可以不设。

17.6.5　医用汇流排气源配置原则与选址要求。

【技术要点】

1. 医用氧气钢瓶汇流排供应源作为主气源时，医用氧气钢瓶宜设置数量相同的两组，并应能自动切换使用。医用氧气钢瓶汇流排气源的汇流排容量，应根据医疗卫生机构最大需氧量及操作人员班次确定；医用气体汇流排应采用工厂制成品；储存氧气钢瓶汇流排的房间内宜设置报警装置。

2. 医用二氧化碳、医用氧化亚氮（笑气）气体供应源汇流排，不得出现气体供应结冰的情况，汇流排间选址与主要布置原则：

（1）汇流排间不应设置在地下空间或半地下空间，且应防止阳光直射。

（2）汇流排间、空瓶间、实瓶间的地坪应平整、耐磨和防滑。

（3）输气量超过 60m³/h 的氧气汇流排间宜布置成独立建筑物，当与其他建筑物毗邻时，其毗邻建筑物的耐火等级不低于二级，并应采用耐火极限不低于 2.0h 的无门、窗、洞的隔墙与该毗邻建筑物隔开，且应符合《特种设备安全监察条例》和现行国家标准《压力容器》GB/T 150 的有关规定。

（4）各种医用气体汇流排在电力中断或控制电路故障时，应能持续供气。

17.6.6　洁净手术部医用气体管路设计。

【技术要点】

1. 管路布置

（1）洁净手术部用的医用气体应通过专用管路从气站单独引入。从气站来的输气管路进入大楼后，与布置在气体管井中的供气干管相连接。供气干管在各用气楼层都设有气体出口，出口处装有楼层气体总阀。楼层医用气体管道一般分为总管、支管和分支管。

（2）楼层气体总管在管井处与供气干管的楼层气体总阀相连接。气体总管上装有二级稳压箱和气体报警装置的表阀箱。表阀箱内装有气体总管的切断阀。

（3）支管是总管与分支管之间的连接管道。当用气单元较多且不分布在同一条走廊的两侧时，总管以后的管路就要分为两条支路或多条支路，通过支管将气体分配给该支路的各分支管。如用气单元很少，且在同一条走廊的两侧，就不一定需要支管，而由总管直接将气体分配给各分支管。各支管上装有该支路的检修阀。

（4）分支管是直接进入手术室和其他用气单元的管道。它的一端连接吊塔、嵌壁终端箱或设备带上的气体终端，另一端连接气体支管或气体总管。分支管上装有各手术室的检修阀和气体调节阀。

（5）一般气体总管和支管都敷设在走廊的吊顶上。这样便于安装和维修，且维修时不会影响到手术室。

2. 医用气体管路布置注意事项

（1）气体应尽可能通过最短的路径到达气体终端，以减少压力损失。

（2）应使总管到达最远一个气体终端的管路总长最短，以降低管路系统的总阻力损失。

（3）管道应尽量走直线，少拐弯，且不应挡门、窗。

（4）管道应便于装拆、检漏和维修。

（5）医用气体管道与燃气管道、燃油管道、发热管道、腐蚀性气体管道的距离应大于1.5m，且要采取隔离措施。

（6）医用气体管道与电线管道的平行距离应大于0.5m，交错距离应大于0.3 m。如无法保证，应考虑采取绝缘防护措施。

（7）管道排列应整齐、美观。

3. 管路计算

医用气体管道的管径应根据医用气体的流量、性质、流速及管道允许的压力损失等因素确定。设定平均流速并按下列公式初算管径，再根据管道实际调整为实际管径，并最后复核实际平均流速。

$$D_i = 0.0188 \left[W_o / (v \cdot \rho) \right]^{0.5}$$

式中　D_i——管道内径，m；

　　　W_o——质量流量，kg/h；

　　　v——平均流速，m/s；

　　　ρ——流体密度，kg/m³。

以实际的管道内径 D_i 与平均流速 v 核算管道压力损失，如果压力损失不满足要求应重新计算。

17.7　洁净手术部给水排水系统

17.7.1　洁净手术部给水排水系统设计。

【技术要点】

1. 给水排水系统基本要求

（1）洁净手术部内的给水排水管道均应暗装，应敷设在设备层或技术夹道内，不得穿越洁净手术室。

（2）给水排水管道穿过洁净用房的墙壁、楼板时应加设套管，管道和套管之间应采取密封措施。

（3）管道外表面存在结露风险时，应采取防护措施，并不得对洁净手术室造成污染，可采用聚乙烯泡沫管壳外包薄钢板或薄铝板等方式。

2. 给水系统

（1）洁净手术部用水的水质必须符合生活饮用水卫生标准，应有两路进口，由处于连续正压状态下的管道系统供给。

（2）洁净手术部刷手间的刷手池应同时供应冷、热水，应设置有可调节冷热水温的非手动开关的龙头，按每间手术室设置1.5～2个龙头配备，宜设置消毒、干洗等设备。

（3）给水管与卫生器具及设备的连接应有空气隔断或倒流防止器，不应直接连接。

（4）洁净区域给水管道接大楼给水系统主干管或楼层阀门井设计预留口，用水量和管径等水力计算参数执行现行国家标准《建筑给水排水设计标准》GB 50015和《综合医院建筑设计规范》GB 51039；同时，建议在设计前后均与大楼给水系统设计进行对接，以保证给水系统整体运行的可靠稳定。

（5）洁净手术部内的盥洗设备应同时设置冷、热水系统，当采用存储设备供热水时，水温不应低于60℃；当设置循环系统时，循环水温应大于或等于50℃；热水系统任何用水点在打开用水开关后宜在5～10s内出热水。

（6）手术部刷手池用水，考虑到对洁净度的影响，应采用恒温阀＋紫外线消毒模式，冷、热水共同汇流至恒温阀内，恒温阀控制供水温度宜为30～35℃，混合温水再经过管式紫外线灭菌器后供给龙头（参考《医疗卫生设备安装》09S303）。

3. 排水系统

（1）排水系统应严格按照现行国家标准《建筑给水排水设计标准》GB 50015和《综合医院建筑设计规范》GB 51039的规定进行设计，排水管道要有足够大的排水能力，按照管道充满度0.5和重力流设计。

（2）洁净区域排水管道应就近排至大楼排水系统主干管或排水立管设计预留口，排水横管直径应比设计值大一级，保证整体排水的通畅；同时，建议大楼排水系统在洁净区域楼层立管处均预留三通口，结合净化区域给水排水深化设计，适当增加楼层排水立管的布置，保证整体排水系统的通畅。

（3）洁净手术部内的排水设备，必须在排水口的下部设置高度大于50mm的水封装置。

（4）洁净手术部洁净区内不应设置地漏。洁净手术部内其他地方的地漏，应采用设有防污染措施的专用密封地漏，且不得采用钟罩式地漏。

（5）洁净手术部应采用不易积存污物且易于清扫的卫生器具、管材、管架及附件。

（6）洁净手术部的卫生器具和装置的污水透气系统应独立设置。

4. 直饮水系统

（1）洁净区域直饮水系统的供应方式应同大楼饮水供应系统一致，当采用医院集中供应系统时，用水量和管径等水力计算参数执行现行国家标准《建筑给水排水设计标准》GB 50015和《综合医院建筑设计规范》GB 51039。

（2）直饮水用水点位配置应根据医院洁净区域功能间饮水需求预留。

17.7.2 洁净手术部水管道应使用不锈钢管、钢管或塑料管。

【技术要点】

1. 塑料管：具有化学稳定性好、卫生条件好、热传导小、管内阻力小、安装方便、价格低廉、材料基本无二次污染等优点；其缺点是抗冲击力差、耐热性差、热膨胀系数大。

2. 铜管与不锈钢管：铜管的机械性能好、耐压强度高、化学性能稳定、耐腐蚀，使用寿命为镀锌管的 3~4 倍，且具有抗微生物的特性，可以抑制细菌的滋生，尤其对大肠杆菌有抑制作用。所以铜管为首选管材。不锈钢管的强度高、刚度好、内壁光滑、无二次污染。

3. 排水管道可采用镀锌钢管、无缝钢管或 PVC-U 管。

4. 地漏应选用不锈钢洁净型地漏。

17.7.3　洁净手术部供水水质分为清洁用水和生活用水。

【技术要点】

1. 清洁用水一般可采用陶瓷过滤器、紫外线消毒器等进行消毒灭菌、过滤水中杂质。

2. 为了防止水中生成肺炎双球菌，洁净手术部内的所有洗漱区域应同时设置冷、热水系统；蓄热水箱、容积式热交换器、存水槽等设施内的热水在需要循环的场所，其水温不应低于 60℃。

17.7.4　洁净手术部卫生器具的要求和选择。

【技术要点】

1. 卫生器具和配件应符合现行行业标准《节水型生活用水器具》CJ/T 164 的有关规定。卫生器具的选择应执行现行国家标准《综合医院建筑设计规范》GB 51039，洁净区域用水点应采用非手动开关，并采取防止污水外溅的措施，以满足洁净度的要求。

2. 洁净手术部卫生器具应不易于积存污物且易于清扫，自带存水弯，水封高度不小于 50mm；卫生器具污水透气系统应独立设置，保证排水的通畅。

3. 医院蹲便器建议采用后排式，选择感应式或脚踏式自闭冲洗阀。

4. 医护人员卫生洁具的配置数量见表 17.7.4。

医护人员卫生洁具的配置数量　　　　　　　　　　　表 17.7.4

人数（人）	大便器数量	洗手盆数量
1~5	1	1
6~25	2	2
26~50	3	3
51~75	4	4
76~100	5	5
>100	增建卫生间的数量或按照每 25 人的比例增加设施	

17.8　洁净手术部消防设计

17.8.1　洁净手术部围护结构防火设计。

【技术要点】

1. 洁净手术部所在建筑物耐火等级不应低于二级。

2. 洁净手术部宜划分为单独的防火分区。当与其他部门处于同一防火分区时，应采取有效的防火防烟措施，并应采用耐火极限不低于 2.0h 的防火隔墙与其他部位隔开。

3. 除直接通向敞开式外走廊或直接对外的门外，与非净区域相连通的门应采用耐火极限不低于乙级的防火门，或在相通的开口部位采取其他防止火灾蔓延的措施。

4. 当洁净手术部内每层或一个防火分区的建筑面积大于2000m² 时，宜采用耐火极限不低于2.0h 的防火隔墙分隔成不同的单元，相邻单元连通处应采用常开甲级防火门，不得采用卷帘。

5. 当洁净手术部所在楼层高度大于24m 时，每个防火分区内应设置一间避难间。

6. 与手术室、辅助用房等相连通的吊顶技术夹层部位应采取防火防烟措施，分隔体的耐火极限不应低于1.0h。

7. 当洁净手术室设置的自动感应门停电后能手动开启时，可作为疏散门。

17.8.2 洁净手术部灭火及防烟排烟系统设计。

【技术要点】

1. 洁净手术部应设置自动灭火消防设施，洁净手术室内不宜布置洒水喷头。

2. 洁净手术室内可不设置室内消火栓，但设置在手术室外的室内消火栓应能保证2支水枪的充实水柱同时到达手术室内的任何部位。当洁净手术部不需设置室内消火栓时，应设置消防软管卷盘等灭火设施。

3. 洁净手术部应按现行国家标准《建筑灭火器配置设计规范》GB 50140 的规定配置气体灭火器。

4. 洁净手术部的技术夹层应设置火灾自动报警系统。

5. 洁净手术部应按有关建筑防火规范对无窗建筑或建筑物内无窗房间的要求设置防烟排烟系统。

17.8.3 洁净手术部消防系统材料的选择。

【技术要点】

1. 洁净手术室内的装修材料应采用不燃材料，洁净手术部其他部位的内部装修材料应采用不燃或难燃材料。

2. 洁净区内的排烟口应采取防倒灌措施，排烟口应采用板式排烟口。

3. 防火阀的设置和构造应符合下列规定：

（1）通风管道穿越不燃性楼板处应设置防火阀；通风管道穿越防火墙处应设置防烟防火阀，或者在防火墙两侧设防火阀。

（2）送、回、排风总管穿越通风、空调机房的隔墙和楼板处应设置防火阀，防止机房的火灾通过风管蔓延到建筑内的其他房间内。

（3）送、回、排风管穿过休息室、多功能厅、会议室、易燃物质实验室、储存量较大的可燃物品库房及贵重物品间等性质重要或火灾危险性大的房间的隔墙和楼板处，应设置防火阀。

（4）多层和高层建筑中的每层水平送、回风管道与垂直风管交接处的水平管段上，应设置防火阀。

（5）风管穿过建筑变形缝处的两侧，均应设置防火阀。

（6）防火阀的关闭方向应与通风管内的气流方向一致，且应使设置防火阀的通风管道具有一定的强度，在设置防火阀的管段处应设单独的支吊架，以防止风管变形。

4. 净化空调系统风管、附件及辅助材料的耐火性能应符合下列规定：

（1）净化空调系统、排风系统的风管应采用不燃材料。

（2）排除有腐蚀性气体的风管应采用耐腐蚀的难燃材料。

（3）排烟系统的风管应采用不燃材料，其耐火极限应大于 0.5h。

（4）附件、保温材料、消声材料和胶粘剂等均采用不燃材料或难燃材料。

17.9　洁净手术室施工质量控制与管理

17.9.1　洁净手术部的建造是集工艺、土建、净化空调、给水排水、自动控制、配电、医用气体等专业为一体的综合项目。

【技术要点】

1. 洁净手术部的施工应以净化空调工程为核心。

2. 洁净手术部的施工与验收除了执行建筑和安装工程施工与验收规范外，还应执行现行国家标准《医院洁净手术部建筑技术规范》GB 50333、《医用气体工程技术规范》GB 50751，并且重点注意对以下内容的检查与监督：

（1）洁净手术部施工应在土建工程完成、围护结构外门窗安装完毕后，与室内装饰同时开始。

（2）严格执行图纸会审制度和开工前的技术交底。

（3）施工单位应重视施工组织设计文件及专项工程施工方案的编制，编制一套完整、切实可行的施工组织设计文件及专项工程施工方案，能有效指导工程与管理。

（4）建设单位及监理单位重点审核施工单位编制的施工组织设计文件及专项工程施工方案，方案一经通过必须认真执行。

17.9.2　洁净手术部建筑装饰工程施工质量的控制。

【技术要点】

1. 洁净手术室主体结构施工程序如图 17.9.2 所示。

2. 洁净手术室施工应按照一定程序进行，应避免系统安装时的带尘作业，尤其是高效过滤器的安装。

3. 重点检查质量保证措施，严格进行隐蔽工程的检查验收。

4. 装饰工程检查重点：

（1）进场材料是否符合设计及规范要求；

（2）隐蔽工程施工是否符合设计和规范要求；

（3）门窗安装固定、开启方向是否符合设计要求；

（4）装饰墙面排版与分割是否符合美观大方的原则；

（5）顶面、墙面平整度是否符合检验标准；

（6）墙面、地面、门窗的颜色是否协调美观；

（7）墙面、吊顶、支撑结构安全可靠，尤其是吊顶，除了考虑吊顶本身的重量及气压对其产生的压力外，还要注意上人孔的设置位置，手术室内不得设上人孔或检修孔；

（8）在所有施工工序完成后，应采用中性密封胶对地面、外窗、墙面、吊顶等缝隙进行全面封闭，对吊顶、墙面的所有检修孔、检修门等也均须进行密封处理，以保证压力的形成。

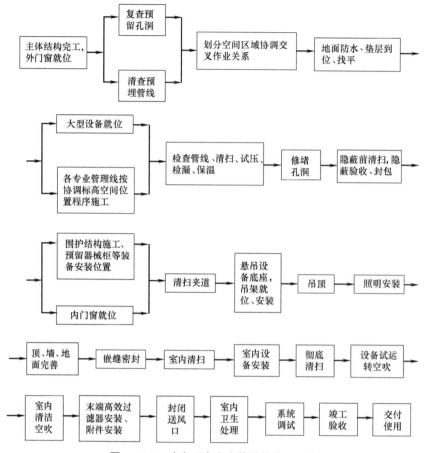

图 17.9.2　洁净手术室主体结构施工程序

17.9.3　洁净手术部净化空调系统施工质量的控制。

【技术要点】

1. 基本程序

净化空调系统施工管理的基本程序和舒适性空调系统是一致的，不同点在于净化空调系统对各工序的技术措施及管理制度的要求更加严格。

净化空调系统施工由以下主要工序构成：施工准备、风管与部件制作、风管与部件安装、通风空调设备安装、空调水系统安装、防腐保温、单机试运转、系统联合试运转、系统试验与调整、竣工验收。

2. 施工检查要点

（1）严格检查进场通风工程的材料及部件是否符合设计及投标文件所要求的质量标准。

（2）风管必须采用脱脂镀锌钢板，必须在干净的室内环境中进行加工，完成一段立即清洁内壁，风管与角钢法兰连接时采用无菌胶将风管四个角进行密封，并用薄膜封闭两端。在风管安装时，风管之间连接处要采用防火、密封性良好的闭孔胶条封闭。

（3）风管与墙面的间隙按照防火要求用耐火材料进行封堵，封闭密实，再用密封胶封闭。所有的洞口与管道之间的接口都必须进行密封处理。

（4）系统风管的严密性检验符合漏光法检测和漏风量测试的规定。

（5）低压系统的严密性检验宜采用抽检法，抽检率为5%，且抽检不得少于一个系统。

（6）中压系统的严密性检验，严格的漏光检测合格条件下，对系统风管漏风量测试抽检，抽检率为20%，且抽检不得少于一个系统。

（7）空调机组安装注意检查机组的减振施工是否符合设计要求。

（8）检查排风机减振器安装是否符合设计要求。

（9）负压手术室的气流组织有别于其他手术室，空气由洁净走廊向负压手术室内，产生较大的压力，缓冲间与负压手术室之间也存在一定的压力差，必须在调试时认真检查。

（10）认真检查通风空调系统的启停逻辑顺序。

（11）检查每个洁净分区有压差梯度要求的房间压差表安装是否合理，压差值是否符合设计或规范要求。

3. 通风空调设备安装检查要点

（1）高效过滤器的安装

1）高效过滤器安装前的准备工作

① 高效过滤器的安装必须在洁净室内的装修、设备安装、空调系统安装完成，电源接通后才能进行。

② 高效过滤器安装前必须对洁净室进行全面彻底的清扫、擦拭合格后，洁净空调系统连续运转12h以上，再次进行清扫，擦拭干净。

2）高效过滤器安装前的检查

① 高效过滤器的搬运与存放应按生产厂商的要求进行，搬运过程中应轻拿轻放，防止激烈振动和碰撞，搬入洁净室前对包装进行全面清扫，避免尘土带入洁净室内。

② 高效过滤器的拆箱应平直向下缓慢取出放置于平整的台面上，防止损坏滤纸和边框。

③ 高效过滤器取出后应对其滤纸、密封胶、边框等外观进行检查，核查边长、对角线、厚度是否符合要求，产品合格证书是否齐全，技术性能是否符合设计要求。

④ 外观检查完毕后应对高效过滤器逐个进行检漏，检漏方法分为检漏仪法（光度计法）和粒子计数器法。

3）高效过滤器的安装与缝隙密封

① 高效过滤器的框架应平整。每个高效过滤器的安装框架平整度允许偏差不大于1mm，而且要保持高效过滤器的外框上箭头和气流方向一致。当其垂直安装时，滤纸折痕应垂直于地面。

② 高效过滤器和框架之间的密封采用密封垫、不干胶、负压密封、液槽密封和双环密封等方法时，必须把填料表面、高效过滤器边框表面和框架表面及液槽擦拭干净。

③ 采用密封垫时，厚度不宜超过8mm，压缩率为25%～30%。采用液槽密封时，液槽内的液面高度要符合设计要求，框架各接缝处不得有渗漏现象。采用双环密封条时，粘贴密封时不要把环腔上的孔眼堵住；双环密封和负压密封都必须保持负压管道畅通。

4）消声器的安装

① 净化空调系统的消声器采用微穿孔型，消声器的型号、尺寸须符合设计要求，并标明气流方向。消声器的穿孔板应平整，孔眼排列均匀，穿孔率应符合设计要求。框架牢固，共振腔隔板尺寸应正确，外壳严密不渗漏。

② 消声器在运输和安装过程中不得损坏，安装方向正确，应设单独的支架，不得由风管来承担其重量，安装前后应严格擦拭干净。

5）通风机的安装

通风机的型号及规格应符合设计要求，其出口方向应正确。叶轮旋转平稳，停转后不应每次都停留在同一位置上。固定通风机的螺栓应拧紧，并有防松动装置。

（2）净化空调机组的安装

1）安装前的准备工作

① 认真核对厂家发货清单或明细表，分系统、分机房将设备运送至指定位置。

② 检查各功能段是否齐全、管道接口方向是否正确，制冷或加热段的换热器排数等是否与设备资料相符。

③ 核查风机段的风机与电动机的技术参数，并检查风机的形式与系统气流方向是否相符。

④ 检查箱体表面是否受损，门、门框是否平整，密封条是否符合规定，拼接缝是否严密，内部配件有无损坏，损坏的应修复或更换。

⑤ 对机组的基础进行检查。净化空调机组的基础可采用混凝土基础或钢平台，基础的长度及宽度应按照机组的外形尺寸向外各加100mm，基础的高度应考虑到凝结水排水管的水封与排水的坡度，基础平面须水平，对角线水平误差应不大于5mm。

⑥ 检查机组各零部件的完好性，对有损伤的部件应修复，对破损严重的要予以更换。

2）净化空调机组的安装

① 净化空调机组各功能段的组装应符合设计规定的顺序和要求。对各功能段组装找平找正，连接处要严密、牢固可靠。

② 现场组装的净化空调机组，应对其漏风量进行检测。

③ 净化空调机组（循环机组及新风机组）安装大样图见图17.9.3-1和图17.9.3-2。

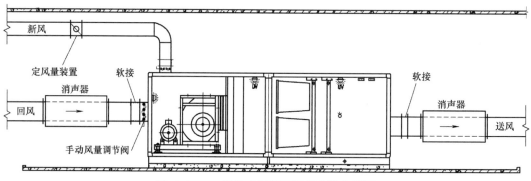

图17.9.3-1　净化空调循环机组安装大样图

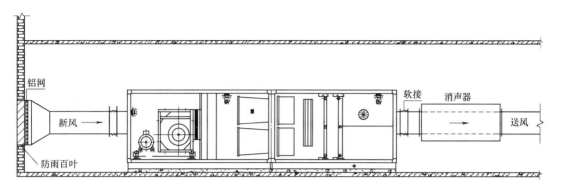

图 17.9.3-2 净化空调新风机组安装大样图

（3）净化风机盘管的安装

1）风机盘管就位前，应按照设计要求的形式、型号及接管方向（左、右式）进行复核，确认无误后再进行安装。

2）卧式风机盘管的吊杆必须牢固可靠，标高应根据冷热供、回水管及冷凝水管的标高确定，特别是冷凝水管的标高必须低于风机盘管滴水盘的标高，以便冷凝水的排出。

3）风机盘管在安装过程中应与室内装饰工作密切配合，送、回风口预留的位置和尺寸应考虑维修和阀门开关的方便。

4）与风机盘管连接的冷热供、回水管必须采用柔性连接，接管应平直，严禁渗漏。

5）风机盘管室温调节器安装位置必须正确，避免直接安装在面向送风气流或阳光直射的墙壁上。

（4）风冷式空调机组的安装

1）风冷式空调机组的组成：室内机组、室外机组、连接管（包括制冷剂液管和吸气管）。

2）风冷式空调机组的安装要点：

① 室外机组根据设计要求固定牢固，一般常安装在房顶、地面或墙上。安装在房顶或地面上的基础应高出地坪不少于 100mm，防止雨水灌入。

② 室内机组根据设计位置固定在基础上，除安装平直外，还应保证机组方向正确。

③ 室内、外机组就位后进行气、液管的连接，气、液管采用紫铜管，连接管采用喇叭口接头形式。中间接头采用氧—乙炔铜焊或银焊。

④ 室内、外机组连接后应排除管道内的空气，排除空气时可利用室内机组或室外机组截止阀上的辅助阀进行排气。

⑤ 连接管内的空气排出后，打开截止阀进行检漏，确认制冷剂无泄漏，再用制冷剂气体检漏仪进行检漏。

4. 空调水系统安装检查要点

（1）空调水系统的类型

1）闭式系统：空调冷（热）水在蒸发器（或换热设备）与空调末端装置之间密闭循环，其系统的最高点设膨胀水箱，冷（热）水不与大气相接触。闭式系统的优点为减少管道和设备的腐蚀，并减少水泵克服静水压力而降低功耗。

2）开式系统：空调冷（热）水在冷（热）水箱或水池与空调末端设备之间循环。其缺点是系统管路与设备易腐蚀，需要克服静水压，增加水泵的能耗。

3）同程式系统：空调供、回水干管的水流方向相同，每一环路的管路长度相等。其优点是水量调节简便，便于系统水力平衡。

4）异程式系统：空调供、回水干管的水流方向相反，每一环路的管路长度不等。其缺点是水量调节困难，系统水力平衡较为麻烦。

5）两管制系统：空调供冷、供热管道合用同一管路系统。其特点是管路系统简单，对于同时有供冷、供热要求的空调系统不能采用。

6）四管制系统：分别设置供冷、供热及回水管道，以满足同时制冷、制热要求。这种系统工程投资较高，管路系统复杂，占用建筑空间较大。

7）单式泵系统：空调冷、热源侧与负荷侧用一组循环水泵。单式泵系统简单，但不能调节水泵流量和节省输送能耗，且不能适应供水分区压降较为悬殊的系统。

8）复式泵系统：空调冷、热源侧与负荷侧分别设置循环水泵，可实现水泵的变流量，适应供水分区不同的压降，节省输送能耗，但系统较为复杂，投资费用高。

（2）水系统常用附件

1）膨胀水箱：其作用是收容和补偿空调系统中水的胀缩量。膨胀水箱有膨胀管、循环管、信号管、溢水管及排水管，在系统中的连接部位如下：

①膨胀管：空调水系统为机械循环系统，应接至水泵入口前的位置，作为系统的定压点。

②循环管：接至系统定压点前的水平回水干管上，使热水有一部分缓慢地通过膨胀管而循环，防止水箱里的水结冰。

③信号管：一般接至机房内的水池或排水沟，以便检查膨胀水箱内是否断水。

④溢水管：系统内的水受热膨胀而容积增加超出水箱的容积，通过溢水管排至附近的下水管道或屋面上。

⑤排水管：用于清洗水箱及排空，与溢水管连接在一起排至附近的下水管道或屋面上。

2）分水器、集水器：水系统中用于连接通向各个环路的多根并联管道的装置，属于二级压力容器，应由具备二级压力容器资质的单位制作。

①分水器、集水器的直径应按并联各支管的总流量通过其断面的流速 $v = 1.0 \sim 1.5$m/s 来确定，对于流量较大的系统，可允许增大流速，一般最大不应超过 4m/s。

②分水器、集水器各支管的配管间距应考虑阀门之间的手轮操作方便，并保持阀门安装在同一水平位置，预留一支支管备用，并留有压力表、温度计和泄水管。

③分水器、集水器根据机房实际情况可采用墙上安装和落地安装，支架按相关标准图制作和安装。

3）管道补偿器：又称为伸缩器或伸缩节，为使空调水系统管道在热状态下的稳定和安全，减少管道在热胀冷缩时产生的应力，在安装管道时应考虑受热伸长量的补偿。工程中常采用金属波纹补偿器，安装时设置固定支架，并应在补偿器的预拉伸前固定。

4）平衡阀：在空调水系统中，平衡阀的主要作用是使各分支管路的流量达到平衡状态，防止出现水力失调现象。平衡阀的选用及安装要求如下：

①　设有平衡阀的管路系统，应进行水力平衡计算，平衡阀可定量消除剩余压头及检测流量，在施工图或设计说明书上应注明流经平衡阀的设计流量，便于管路系统的平衡测试。

②　为使流经平衡阀的水温接近环境温度，使末端装置静压相对一致，平衡阀应安装在回水管路中。对于总管上的平衡阀，应安装在水泵吸入端的回水管路中。

③　为保证水量测量的准确性，平衡阀应安装在水流稳定的直管段处。

④　平衡阀的阀径与管径相同，使之达到截止阀的功能。

⑤　管路系统安装结束后，应进行系统的平衡测试，并将调整后的各阀锁定。

⑥　管路系统进行平衡调试后，不能变动平衡阀的开度和定位锁紧装置。

5）空调水系统管道安装

空调水系统管道的安装工艺与供暖管道安装基本相同，应遵守现行国家标准《通风与空调工程施工质量验收规范》GB 50243。

①　一般要求

（a）采用的钢管及附件应符合设计要求的型号规格。

（b）管道和管件安装前应将其内、外壁的污物和锈蚀清除干净，在安装中断或结束后应及时封闭敞口的管口。

（c）管道从梁底或其他管道的局部部位绕过，如高于或低于管道的水平走向，其最高点应安装排气阀门，最低点应安装泄水阀门。

（d）管道穿越墙体或楼板处应设钢制套管，管道接口不得置于套管内，钢制套管应与墙体饰面或楼板底部平齐，上部应高出楼层地面20～50mm，并不得将套管作为管道支撑。

（e）管道成排明装时，其直管段应相互平行，弯曲部分的曲率半径应相等。

②　支架安装

（a）应根据具体情况采用不同类型的支架，对于冷水管道须采用木垫式支架，以防止"冷桥"现象。

（b）根据施工图要求确定管路走向、标高、坡度，确定支架的具体位置及与建筑构件连接的方法，砖墙部位以预埋铁方式固定，梁、柱、楼板部位采用膨胀螺栓法固定。

（c）在管路中设有补偿器，其固定支架、活动支架和导向支架的安装位置须符合设计要求。

（d）支架安装尽可能避开管道焊口，管架离焊口距离大于50mm。

③　管道安装

（a）根据施工图经实测确定各段管线的下料管径和长度并进行编号。

（b）将预制的管段按编号要求吊到支架上，管道在支架上应采取临时固定措施。

（c）在配管过程中，干管或支干管的弯管和焊口部位不应与支管连接，如需连接则必须距离焊口一个管径的距离，但不小于100mm。

（d）管道安装的基本原则：先大管，后小管；先主管，后支管。

（e）立管安装时管道的外壁应距抹灰墙面30～50mm以上，如需保温则增加保温层的厚度。

（f）立管安装应保持垂直，其垂直度每米允许偏差为2mm，立管长度大于5m，其允许偏差小于8mm。

（g）冷凝水排水坡度应符合设计规定，当设计无规定时其坡度宜大于或等于8‰，软管连接的长度不宜大于150mm。

④ 管道部件的安装

（a）阀门安装的位置、进出口方向应正确，便于操作，连接应牢固紧密，启闭灵活；成排阀门的排列应整齐美观，在同一水平面上允许的偏差为3mm。安装时阀门应处于关闭状态。

（b）电动、气动等自控阀门在安装前应进行单体调试，包括开启、关闭等动作试验。

（c）冷、热水的除污器（水过滤器）应安装在进机组前的管道上，方向正确且便于清污，与管道连接牢固严密，其安装位置应便于滤网的拆装和清洗。

（d）闭式系统的管路应在系统最高处及所有可能聚集空气的高点设置排气阀，在管路最低点应设置排水管及排水阀。

6）管道与设备的连接

① 管道与设备的连接应在设备安装完毕后进行，冷、热水及冷却水系统应在系统冲洗、排污合格且循环2h后才能与空调设备连通。

② 为减少设备振动对管道系统的影响，与水泵、空调机组等设备的连接必须为柔性接口，一般采用橡胶软接头或金属软管，连接方式为法兰或丝口连接。柔性短管不得强行对口连接，与其连接的管道应设置独立支架。

③ 与空调设备连接时，应对设备采取可靠的保护措施，在设备与管道连接前，应对连接法兰间进行封堵，防止在施工中焊渣等异物进入设备，造成隐患，损坏设备。

5. 防腐保温

（1）防腐工程

1）防腐前的表面处理：为了使油漆能起到防腐蚀的作用，除了选用的油漆本身耐腐蚀外，还要求油漆和管道表面有良好的结合，因此在未涂刷油漆前，应清除管道表面的灰尘、污垢与锈斑，并保持干燥。

2）管道及设备的刷油：工程常用的油漆涂刷方法有手工涂刷和空气喷漆两种。

① 通风空调管道及设备的油漆种类应按不同用途及不同的材质来选择，有严格防腐蚀要求的，应特别注意材料的选择。

② 不应在低温或潮湿环境下喷漆，一般要求环境温度不能低于5℃，相对湿度不大于85%。

③ 喷、涂油漆应使漆膜均匀，不得有堆积、漏涂、露底、起泡、掺杂及混色等缺陷，支、吊、托架的防腐处理应与管道相一致。

④ 风管法兰或加固角钢制作后，必须在和风管组装前涂刷防锈底漆，管道的支、吊、托架的防腐工作，必须在下料预制后进行。

（2）保温工程

1）风管保温

① 风管的保温应根据设计选用的保温材料和结构形式进行施工，保温结构应结实，外表平整，无张裂和松弛现象。

② 隔热层应平整密实，不能有裂缝、空隙等缺陷，隔热层采用粘结工艺时，粘结材料应均匀地涂刷在风管或空调设备外表面上，紧密贴合。在粘结隔热材料时，其纵、横向

接缝应错开，并进行包扎或捆扎，包扎的搭接处应均匀贴紧，捆扎时不得破坏隔热层。为了美观规整，矩形风道应加金属护角。

③ 室外风管采用薄钢板或镀锌钢板作为保护时，为避免连接的缝隙有渗漏，其接缝应顺水流方向，并将接缝设置在风管的底部。

④ 风管内设置电加热器的部位，电加热器前后 800mm 范围内的风道隔热层均应采用不燃材料，一般采用石棉板进行保温。

⑤ 保温工程应在风管、部件、设备质量检查合格后进行。

⑥ 保温后的风阀应操作方便，风阀的启闭必须标记明确、清晰。

⑦ 风机盘管及空调机组与风管接头处以及易产生凝结水的部位，其保温不能漏包。

2）水管保温

空调水系统管道的保温应在管道压力试验合格或制冷系统压力、真空试验、检漏合格及防腐处理后进行。水系统管道保温按其功能可分为隔热层、防潮层及保护层。

① 隔热层施工

（a）隔热层选用的产品的材质和规格应符合设计要求，管壳的粘贴应牢固，铺设应平整；扎绑应紧密，无滑动、松弛与断裂现象。

（b）硬质或半硬质绝热管壳的拼接缝隙，保温时不应大于 5mm，保冷时不应大于 2mm，并用粘结材料勾缝填满；纵缝应错开，外层的水平接缝应设在侧下方。

（c）硬质或半硬质绝热管壳应用金属丝或难腐的织带捆扎，其间距为 300~350mm，且每节至少捆扎 2 道。

（d）松散或软质的绝热材料应按规定的密度压缩其体积，疏密应均匀。

② 防潮层施工

（a）防潮层应紧密地粘贴在绝热层上，封闭良好，不得有虚粘、气泡、褶皱、裂缝等缺陷。

（b）立管的防潮层应由管道的低端向高端敷设，横向搭接的缝口应朝向低端，纵向的搭接缝应位于管道的侧面，并顺水流方向。

③ 金属保护壳的施工

（a）金属保护壳应紧贴绝热层，不得有脱壳、褶皱、强行接口等现象，接口的搭接应顺水流方向，搭接的尺寸为 20~25mm。采用自攻螺钉固定时，螺钉间距应匀称，并不得刺破防潮层。

（b）户外金属保护壳的纵、横向接缝，应顺水流方向，其纵向接缝应位于管道的侧面。金属保护壳与外墙面或屋顶的交接处应加设泛水。

6. 单机试运转

（1）单机试运转的程序

1）首先检查通风空调设备及附属设备的电气主回路及控制回路的性能，达到供电可靠、控制灵敏的要求，为设备试运转创造条件。

2）按设备技术文件或施工及验收规范要求，分别对各种设备进行检查、清洗、调整，并连续进行一定时间的运转，直至各项技术指标达到要求。

3）通风空调设备及其附属设备单机试运转合格后，方可组织人力进行系统联动试运转。

（2）风机试运转

1）风系统的风量调节阀、防火阀等应全开，并检查各项安全措施。

2）盘动叶轮应无卡阻和摩擦现象，叶轮旋转方向与机壳上箭头所示方向一致。

（3）水泵的试运转

1）水泵试运转前，应做下列检查：

① 原动机的转向应符合水泵的转向；

② 各紧固件连接部位不应松动；

③ 润滑油脂的规格、数量、质量应符合水泵技术文件的规定；有预润滑要求的部位应按水泵技术文件的规定进行预润滑；

④ 润滑、水封、轴封、密封冲洗、冷却、加热、液压、气动等附属系统的管路应冲洗干净，保持畅通；

⑤ 安全、保护装置应灵敏、可靠；

⑥ 泵和吸入管路必须充满输送液体，排尽空气，不得在无液体的情况下启动；自吸泵的吸入管路不需充满液体；

⑦ 在启动前，水泵的出入口阀门应处于下列开启位置：入口阀门全开；出口阀门，离心泵全闭，其他泵全开；离心泵不应在出口阀门全闭的情况下长时间运转，也不应在性能曲线的驼峰处运转。

2）水泵的启动和停止应按设备技术文件的规定进行。

3）水泵在设计负荷下连续运转不应小于2h，且应符合下列要求：

① 附属系统运转正常，压力、流量、温度等符合设备技术文件的规定；

② 运转中不应有不正常的声音；

③ 各密封部位不应渗漏；

④ 各紧固件不应松动；

⑤ 电动机的电流不应超过额定值；

⑥ 滚动轴承的温度不应高于75℃，滑动轴承的温度不应高于70℃；

⑦ 安全、保护装置应灵敏、可靠。

4）试运转结束后，应做好下列工作：

① 关闭水泵的出入口阀门和附属系统阀门；

② 放尽水泵内积存的液体，防止锈蚀和冻裂；

③ 如长时间停泵，应采取必要措施，防止设备沾污、锈蚀和损坏。

（4）空调机组的试运转

1）空调机组风量的测定：用校正过的叶轮、转杯或热电风速计，在空调室各构件间的中间室内测定风速。由于整个断面的风速是不相等的，最少测5点，求得截面平均风速，再计算出风量。测得的风量与用测压管和微压计测得的风量相差不应超过±10%，否则需检查原因。

2）空调机组阻力的测定：当构件前后风量相等、风速较小、气流较均匀时，可直接测量构件前后的静压差，从而得到构件的阻力。

3）温度的测定：温度可根据需要用不同分度的水银温度计测定，也可用热电偶温度计测定。测温时须多点测定，取其平均值。在测定加热器前后的温度时，为防止辐射热影响读数，应在温度计的感温部分套上表面光亮的锡纸或铝箔等。

4）风机盘管的试运转：按设备技术文件的规定进行。

5）制冷机组的试运转按设备技术文件的规定进行，而整个制冷系统的测试、试运转与整个空调系统的调试同时进行。

7. 联合试运转

（1）概述

空调与洁净系统经过风管及部件的制作及系统设备、附属设备及管路等的安装，构成了一个完整的系统，其最终目的在于使空调与洁净房间的温度、湿度、气流速度及洁净度等能够达到设计给定的参数和生产工艺的要求。根据施工程序和施工质量验收规范的要求，施工单位对所安装的空调与洁净系统，必须进行单体设备试运转、系统联合试运转，并按施工质量验收规范规定的调试项目进行系统的检验调整，使单体设备能达到出厂的性能，使系统能够协调动作，使系统各设计参数达到预计的要求。

在新建的工程安装结束后，由施工、设计和建设单位组成调试班子，对系统进行检验调整，这是检验设计、施工的质量和设备的性能能否满足生产工艺要求是必不可少的环节，是施工单位交工验收的重要工序。系统的检验调整是以设计参数为依据来判断系统是否达到预期的目的，并可以发现设计、施工及设备上存在的问题，从而提出补救措施，并从中吸取经验教训。

空调与洁净系统特别是要求较高的恒温恒湿系统和洁净系统的检验调整，是一项综合性较强的技术工作，它牵涉的范围较广，除空调系统外，还涉及制冷系统、供热系统及自动调节系统等各个方面。在调试过程中，空调调试人员不仅要与建设单位的动力部门、生产工艺部门加强联系密切配合，还要与电气调试人员、安装钳工、通风工、管工等有关工种协同工作，方能较顺利地完成系统检验调整工作。

（2）程序

1）系统联合运转：各单体空调机组、洁净设备及附属设备运转合格后，即可进行系统联合运转。对于空调与洁净系统可按以下程序进行：

① 空调系统风管上的风量调节阀全部开启，启动风机，使总送风阀的开度保持在风机电动机允许的范围内。

② 运转冷水系统和冷却水系统，待正常后，冷水机组投入运转。

③ 空调系统的送风系统、回风系统、新风系统、排风系统、冷水系统、冷却水系统及冷水机组等运转正常后，可将冷水控制系统和空调控制系统投入运行，以确定各类调节阀启闭方向的正确性，为系统的调试工作创造条件。

2）无生产负荷的系统调试（对于洁净系统来讲，也可称为"空态"或"静态"）：对系统的各个环节进行调试，并经过调整后使各工况参数达到设计要求。

3）综合效能调试（对于洁净系统来讲也可称为综合性能全面评价）：带生产负荷的综合效能调试是在设计要求条件下所进行测定和调整，对工程进行综合性能全面评定。

8. 系统试验与调整

（1）施工单位的调试范围

空调、洁净系统的调试范围，按现行国家标准《通风与空调工程施工质量验收规范》GB 50243 和《洁净室施工及验收规范》GB 50591 的规定执行。

设计要求条件下的综合效能试验调整，应由建设单位负责，设计、施工及监理单位配合。

（2）系统调试应具备的条件

系统调试前除准备经计量检定合格的仪器仪表、必要的工具及电源、冷热源外，其工程的收尾工作已结束，工程的质量必须经验收达到施工质量验收规范的要求。为了保证调试工作的顺利进行，必须在调试前对各部位进行外观检查和验收。

1）空调工程的外观检查

① 风管表面平整、无破损，风管连接处以及风管与空调器、风量调节阀、消声器等部件的连接无明显缺陷。

② 各类调节阀的制作和安装应正确牢固、调节灵活、操作方便，防火阀、排烟阀等防火装置应关闭严密，动作可靠。

③ 风口表面应平整，颜色一致，安装位置正确，风口的可调节部件应能正常动作。

④ 管道、阀门及仪表的安装位置应正确，无水、气渗漏。

⑤ 风机、冷水机组、水泵及冷却塔等设备安装的精度应符合现行国家标准《通风与空调工程施工质量验收规范》GB 50243 的有关规定。

⑥ 风管、部件及管道的支吊架形式、位置及间距应符合现行国家标准《通风与空调工程施工质量验收规范》GB 50243 的规定。

⑦ 组合式空调机组外表面平整，接缝严密，各功能段组装顺序正确，喷水室无渗漏。

⑧ 风管、部件、管道及支架的油漆应附着牢固，漆膜厚度均匀，油漆颜色与标识符合设计和有关标准的要求。

⑨ 绝热层的材质、厚度应符合设计要求。表面平整、无断裂和松弛现象。室外防潮层和保护壳应顺水搭接，无渗漏。

⑩ 消声器安装方向正确，外表面应平整无破损。

⑪ 风管、管道的柔性接管的位置应符合设计要求，接管不得强扭。

2）洁净工程的外观检查

洁净工程的外观检查，除包括空调工程的检查内容外，根据洁净工程的特点，还应进行下列检查：

① 各种管道、自动灭火装置及净化空调设备（空调器、风机、净化空调机组、高效过滤器等）的安装应正确、牢固、严密，其偏差值应符合现行国家标准《通风与空调工程施工质量验收规范》GB 50243 的要求。

② 净化空调器、静压箱、风管系统及送、回风口无灰尘。

③ 洁净室的内墙面、吊顶表面和地面应光滑平整，色泽均匀，不起灰尘；地板无静电现象。

（3）净化空调系统的测定与调试

1）测定与调试前的准备工作：测定与调试工作应在土建工程验收、通风空调工程竣工后，各系统的单机试运行、测试系统联合运转、外观检查、清洁工作合格的条件下进行。

① 熟悉通风系统的设计图纸、资料及工艺要求，以及各项设计的技术指标。

② 做好调试和运转的实施方案和组织工作，并获得设计、建设、使用方同意。

③ 检查整个通风系统的构件、部件、设备的安装是否符合使用和设计要求，不符合之处，应记录备案，进行修理。检查阀门安装是否正确、开关是否灵活、通风机转向是否正确、电源绝缘性能是否良好、自控设备运转是否符合设计要求等。

④ 清扫通风防护设备各房间、空调机房、风道、水泵、水管、水池和水箱等，将一切杂物、灰尘、油污等冲刷清洗干净。净化空调尚应按照规范要求进行密封和清洁工作。

⑤ 测量仪表应校对就绪，检查各单机试运转是否正常，是否符合设计和出厂技术要求。

2）空调系统测试仪表：温度仪表、湿度仪表、压力仪表、风速测试仪表、声级测试仪表、转速测试仪表、尘埃粒子计数器［附有微生物采样器（细菌采样器）］、万用表、钳流表等。

3）室内空气参数的测定与调试：

① 通风空调工程应在接近设计条件的情况下作综合性能的测定与调试（表17.9.3-1）；测定范围、深度应根据设计要求的洁净度等级确定。

综合性能全面评定检测项目和顺序　　　　　　　　　　表17.9.3-1

序号	项目	单向流（层流）		乱流洁净室
		洁净度高于100级	100级	洁净度1000级及低于1000级
1	室内送风量，系统总新风量（必要时系统总送风量），排风时的室内排风量	检测		
2	静压差	检测		
3	截面平均风速	检测		不测
4	截面风速不均匀度	检测	必要时测	不测
5	洁净级别	检测		
6	浮游菌和沉降菌	检测		
7	室内温度和相对湿度	检测		
8	室温（或相对湿度）波动范围和区域温差	必要时测		
9	室内噪声级	检测		
10	室内倍频程声压级	必要时测		
11	室内照度和照度均匀度	检测		
12	室内微震	必要时测		
13	表面导静电性能	必要时测		
14	室内气流流形	不测		必要时测
15	流线平行性	检测	必要时测	不测
16	自净时间	不测	必要时测	必要时测

注：1～3项必须按表中顺序，其他各项顺序可以稍作变动，14～16项宜放在最后。

② 室内温度、相对湿度及洁净度的测定，应根据设计要求的洁净等级确定工作区，并在工作区内布置测点：一般空调房间应选择在人经常活动的范围或工作面为工作区；恒温恒湿房间离围护结构 0.5m、离地高度 0.5～1.5m 处为工作区；不同级别及流形洁净室的测定工作区详见各有关检测项目的具体规定。

③ 空调控制精度等级高于 ±0.5℃的房间、对气流速度有要求的空调区域、洁净室应进行气流组织的测定。相同条件下可以选择具有代表性的房间进行气流组织测定。房间内气流流形及速度场应符合设计和规范要求。

④ 噪声的测定一般以房间中心离地 1.1～1.2m 处为测点，较大面积的民用空调的测定应按设计要求进行。噪声测定可以用声级计，并以声压级 A 档为准。当环境噪声比所测噪声低 10dB 以下时，可不做修整。

高效过滤器检漏、风量、风速、室内截面平均风速、速度不均匀率、静压差、洁净度、浮游菌、沉降菌、温度、湿度、噪声、照度、微振、表面导静电性能、气流流形、流线平行性、自净时间的检测详见下文。这里应指出的是测点数及测点布置以及记录、计算应严格按规范规定进行。有的参数测点少比测点多不利，如洁净度，它是由两个控制值来控制的，除了每个采样点必须采读 3 次，且 3 次的平均浓度小于或等于级别上限外，室内平均含尘浓度与置信度和各测点平均含尘浓度的标准误差之和亦应小于或等于级别上限。

⑤ 静压差的检测：静压差的检测应在所有的门关闭时进行，并应从平面上最里面的房间依次向外测定。对于洁净度高于 100 级的单向流（层流）洁净室，还应测定在门开启状态下，离门口 0.6m 处的室内侧工作高度的粒子数。静压差检测结果应符合下列规定：

（a）相邻不同级别洁净室之间和洁净室与非洁净室之间的静压差应大于 5Pa；

（b）洁净室与室外静压差应大于 10Pa；

（c）洁净度高于 100 级的单向流（层流）洁净室在开门状态下，在出入口的室内侧 0.6m 处不应测出超过室内级别上限的浓度。

⑥ 单向流（层流）洁净室截面平均风速、速度不均匀度的检测：测定风速宜用测定架固定风速仪，以避免人体干扰，不得不手持风速仪测定时，手臂应伸直至最长位置，使人体远离测头。

⑦ 测定洁净度的最低限度采样点数按表 17.9.3-2 的规定确定。每点采样次数不少于 3 次，各点采样次数可以不同。洁净室的最小采样量按表 17.9.3-3 的规定确定。

测定洁净度的最低限度采样点数 表 17.9.3-2

面积（m²）	洁净度			
	100 级及以上	1000 级	10000 级	100000 级
＜ 10	2～3	2	2	2
10	4	3	2	2
20	8	6	2	2
40	16	13	4	2
100	40	32	10	3

续表

面积（m²）	洁净度			
	100 级及以上	1000 级	10000 级	100000 级
200	80	63	20	6
400	160	126	40	13
1000	400	346	100	32
2000	800	633	200	63

注：表中的面积，对于单向流（层流）洁净室，是指送风面面积；对于乱流洁净室，是指房间面积。

洁净室的最小采样量（m³）　　　　　　　　表 17.9.3-3

级别	粒径（μm）				
	0.1	0.2	0.3	0.6	5
1	17	85	198	566	—
10	2.83	8.5	19.8	56.6	85
100	—	2.83	2.83	5.66	8.5
1000	—	—	—	2.83	8.5
10000	—	—	—	2.83	—
10000	—	—	—	2.83	—

对于单向流（层流）洁净室，采样口应对着气流方向；对于乱流洁净室，采样口宜向上。采样速度均应尽可能接近室内气流速度。

洁净度测点布置原则（图 17.9.3-3）：多于 5 点时可分层布置，但每层不少于 5 点；5 点或 5 点以下时可布置在离地 0.8m 高的平面的对角线上，或该平面上的两个空气过滤器之间，也可以在认为需要布点的其他地方。

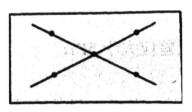

图 17.9.3-3　洁净度测点布置

⑧ 室内浮游菌和沉降菌的检测：

（a）浮游菌的检测：应按测定空气洁净度的布点规定布置测点；测定人员不得多于 2 人，且必须穿无菌工作服；测定前对仪器必须进行充分灭菌，净化空调系统至少运行 24h；用于测定的培养基必须进行空白对照培养实验；测定、培养全过程必须符合无菌操作的要求；浮游菌浓度测定必须在照明灯全开启情况下进行；测菌的最小采样量应符合表 16.3.1-2 的规定；对细菌应在 37℃条件下培养 24h，对真菌应在 22℃条件下培养 48h；检测结果应符合设计要求。

（b）沉降菌的检测：用于测定的培养皿必须进行空白对照试验，测定中还应布置空白对照平皿。沉降菌测定时，培养皿应布置在有代表性的地点和气流扰动极小的地点。培养皿数可与按表 16.3.1-2 确定的采样点数相同，但培养皿最少量应满足表 16.3.1-3 的规定。测试结果应符合设计规定。

⑨ 室内空气温度和相对湿度的检测：室内空气温度和相对湿度测定之前，净化空调系统应已连续运行至少 24h。对有恒温要求的场所，根据对温度和相对湿度波动范围的要求，测定宜连续进行 8~48h，每次测定间隔不大于 30min。根据温度和相对湿度波动范围，应选择具有足够精度的仪表进行测定。一般精度的空调系统，温度可用 0.1℃分度的水银温度计测定；高精度的空调系统可用 0.01℃分度的水银温度计或小量程温度自动记录仪测定。相对湿度可用带小风扇的干湿球温度计或电湿度计测定。室内测点一般布置在以下各处：送、回风口处；恒温工作区内具有代表性的地点（如沿着工作周围布置或等距离布置）；室中心（没有恒温要求的系统，温、湿度只测此一点）；敏感元件处。所有测点宜在同一高度（离地面 0.8m）；也可以根据恒温区的大小，分别布置在离地面不同高度的几个平面上。测点距外墙表面应大于 0.5m。室内温度和相对湿度的结果偏离要求时，其可能的原因和调整方法见表 17.9.3-4。

室内温度和相对湿度的结果偏离要求时的原因和调整方法　　　　表 17.9.3-4

序号	室内温度和相对湿度	原因	调整方法
1	个别房间的温度，相对湿度偏高，或偏低	房间的送风量过大或过小	减小或增大送风量
2	个别房间的温度，有时偏高，有时偏低	有局部发热设备等	根据具体情况解决（对发热设备隔热等）
3	所有房间的温度均偏高或偏低	送风温度偏高或偏低	调节二、三次加热器的散热或调节二次循环风量
4	个别房间的相对湿度偏高，而温度正常	房间散湿量大	减少湿源或增加送风量
5	大多数房间的相对湿度均偏高	露点湿度偏高或偏低	调节喷水温度等降低或提高露点温度
6	大多数房间的相对湿度均偏高	挡水板过水量过大	减少挡水板过水量
7	房间温度低，相对湿度偏高	送风湿度过低	增加二、三次加热器散热量或增加二次循环风量

⑩ 室内噪声的检测：测噪声仪器为带倍频程分析仪的声级计。一般只测 A 声级，必要时测倍频程声压级。测点位置：面积在 15m² 以下者，可用室中心 1 点，测点高度距地面 1.1m。室内噪声的检测结果应符合设计的规定。

⑪ 室内气流流形和室内气流组织的检测：

（a）目的：了解不同送风量和不同送风速度对气流流形和室内空气参数（主要是温度和速度）的影响；有净化或超净要求的房间，了解室内气流流形对室内净化效果的影响；

系统调试后室内空气温度、相对湿度或气流速度不能满足使用要求时，需测定气流组织，以便找出原因，分析改进。

（b）测点的布置：测点间隔一般为 0.5m，但靠近顶棚、墙面和射流轴线处可为 0.25m，以增加测点。

平面测点：在空调区域平面上（一般离地 2m），测回流始端（离墙 0.5～1m）、回流中间和回流终端（离墙 0.5～1m）以及送风管道平行的三条线，线上各测点的数量为送风口数量的两倍。

垂直单向流（层流）洁净室选择纵、横剖面各一个，以及距地面高度 0.8m、1.5m 的水平面各一个；水平单向流（层流）洁净室选择纵剖面和工作区高度水平面各一个，以及距送、回风墙面 0.5m 和房间中心处 3 个横剖面，所有面上的测点间距均为 0.2～1m。

乱流洁净室选择通过代表性送风口中心的纵、横剖面和工作区高度的水平面各一个，剖面上测点间距为 0.2～0.5m，水平面上测点间距为 0.5～1m。两个风口之间的中心线上应有测点。

温度、气流速度的测定：温度一般可用水银温度计测定；但若测点较多，也可用热电偶温度计测定。气流速度用热电偶风速计测定。如有需要，还可以用电视度计测定相对湿度。

（c）用发烟器或悬挂单丝线（直径 10μm 左右）的方法逐点观察和记录气流流向、流形，在有测点布置的剖面图上标出流向，并绘出气流流形图。

（d）根据测出的各点温度、气流速度，画出各断面的温度场、气流速度场。

（e）根据测定结果，进行分析研究，对室内气流组织作出评价。

（f）室内气流流形检测应绘出流形图和给出分析意见。

⑫ 自净时间的检测：自净时间的检测必须在洁净室停止运行相当时间，室内含尘浓度已接近大气尘浓度时进行。如果要求很快测定，则可当时发烟。

如果以大气尘浓度为基准，则先测出洁净室内的含尘浓度，立即开机运行，定时读数，直到含尘浓度到达最低限度，这一段时间即为自净时间。如果以人工尘（如发巴兰香烟）为基准，则将发烟器放在离地面 1.8m 以上的室中心点发烟 1～2min 即停止，待 1min 后，在工作区平面的中心点测含尘浓度，然后开机，方法同上。

由测得的开机前原始含尘浓度或发烟停止后 1min 的含尘浓度、室内到达稳定时的含尘浓度，以及实际换气次数，计算自净时间，与实测自净时间进行对比。

17.9.4 洁净手术部电气（强弱电）质量的控制。

【技术要点】

1. 强电部分

（1）洁净手术部配电箱施工前必须做好施工技术交底，尤其是配电箱的安装高度、安装位置、安装方式、位号、型号等。

（2）配电箱应安装在安全、干燥、易操作的清洁区及以外场所，如设计无特殊要求，配电箱底边距地高度为 1.5m，照明配电箱底边距地高度不小于 1.8m，双电源切换总配电柜落地安装。

（3）每个手术室应设置独立的专用配电箱（柜），箱门不应开向手术室内。空调机组及冷热源总配电箱应深入负荷中心设置间。

（4）特别重要负荷设置的在线应急电源UPS，应根据需求功能确定容量大小，根据配电范围确定安装位置。生命支持系统的电气设备应能实现在线切换，特别是心脏外科手术室在手术过程中要使用体外循环机，绝对不允许断电，所以必须采用在线式UPS作为应急电源，而不能使用EPS作为应急电源（因EPS有不同的切换时间，会导致正在工作的抢救电气复位）。设置的UPS应满足切换时间和电源后备时间的相关要求。

（5）医疗IT系统应安装在专用的配电箱（柜）内，不应裸露在技术夹层或夹道。隔离变压器应满足《变压器、电抗器、电源装置及其组合的安全　第16部分：医疗场所供电用隔离变压器的特殊要求和试验》GB/T 19212.16—2017中对医疗系统各项电气技术参数的要求。设置医疗IT系统主要是防止设备漏电，造成触电危险。

（6）洁净区应考虑谐波的影响，因为电力系统的谐波会严重干扰手术室内医疗器械的安全使用，严重影响医疗检测装置的工作精度和可靠性。通常在末端总配电箱/柜设置抑制谐波装置。

（7）实施和检查：主要检查设计和施工说明，检查设备名录，以国家、行业及地方标准、设计说明和设备名录、现场检查为依据。

2. 弱电部分

（1）当背景音乐系统和消防广播兼用时，应设置消防强切装置及电源监控装置，验收调试时配合大楼系统整体调试验收。

（2）自控系统施工说明：

1）主要施工措施和施工关键点：

① 自控箱的安装：将DDC底座先安装在DDC控制箱内，并按其输入输出点需要，配够外部接线端子，接好引线，按施工图将端子编号，待调试前将DDC装于底座上，以免过早安装后现场丢失或损坏。

② 检测元件的安装：将温、湿度传感器按图纸要求安装在风管或水管上。压差开关的正负导管使用8mm塑料导管引至取样点。流量开关及流量变送器安装在水平直管段上，避免水流不稳、冲击、涡流的影响。

③ 调节阀及执行机构的安装：根据图纸要求，将调节阀安装于管道上，按照执行机构组装要求将调节阀执行机构与阀门连接，将阀门阀杆与执行机构锁紧。将风阀执行器与风门连接，调整好开度，使开度与执行器刻度相对，锁紧阀杆及机构。

④ 线管安装和导线敷设：按设计图纸及规范要求进行，金属管路较多或有弯时，宜适当加装接线盒。

2）自动控制系统调试：自动控制系统在未正式投入联动之前，应进行模拟试验，以校验系统的运作是否正确，是否符合设计要求，无误时，可投入自动调节运行。将已编制好的软件录入DDC，检查DDC外部接线是否正确，绝缘是否良好。接通DDC电源，在控制现场模拟各外部设备动作，在手提终端上检查各数字输入点及模拟输入点状态及参数是否准确。用手提终端操作阀门及控制回路的接触器，检查阀门开度是否与输出信号相对，检查配电箱柜内受控接触器是否与操作相符。经上述检查无问题后，开通各系统，在控制室主机上检查各状态参数是否和现场一致，将现场配电箱（柜）转换开关转至自动位置，将系统投入运行。自动控制系统投入运行后，查明影响系统调节品质的因素，进行系统正常运行效果的分析，并判断能否达到预期的效果。

17.9.5　洁净手术部医用气体工程质量的控制。

【技术要点】

1. 医用气体管道系统材料检验及现场管理

（1）管道材料应符合设计要求。医用气体管道应选用紫铜管或不锈钢管，手术室废气排放输送管可采用镀锌钢管。

（2）管道材料施工前应按下列程序进行检验：检查材料质量证明资料、合格证，检查材料包装及外观，检验材料规格是否符合设计要求，并做好检验记录。

（3）管道材料、管件及管道支撑件等应由具有材料知识、识别能力、实践经验及熟悉规章制度的专职保管员管理。

（4）管道材料、管件及管道支撑件等材料入库时，应在保管员确认检验合格后方可入库。

（5）所有材料进场后，应按照项目监理的管理要求进行报验，报验合格后方可安装施工。

2. 医用气体管道施工安装

（1）管道安装要便于操作、维修。

（2）管道安装位置应符合环境和安全保护的要求。所有医用气体管道与支架之间必须进行绝缘处理。

（3）管道穿过楼板或墙壁时，必须加套管，楼板套管的长度应高出地面 50mm 以上，套管内的管段不应有焊缝和接头，管道与套管的间隙应用不燃烧的软质材料填满。

（4）压缩医用气体管道贴近热管道（温度超过 40℃）时，应采取隔热措施；管道上方有电线、电缆时，管道应包裹绝缘材料或外套 PVC 管或绝缘胶管。

（5）除氧气管道专用的导电线外，其他导线不应与氧气管道敷设在同一支架上。

（6）医用真空管道应坡向缓冲罐，坡度不应小于 2‰。

（7）医用气体管终端应安全可靠，终端内部应清洁且密封良好。

3. 医用气体管道系统的吹扫

（1）管道、附件表面擦洗干净，各类配套设备的箱体内部也要清理干净。

（2）吹扫用的气体为洁净的无油压缩空气或干燥无油的氮气。

4. 管路系统的耐压试验和泄漏性试验

医用气体管道系统安装施工后应分段、分区以及全系统分别进行耐压试验及泄漏试验。试验合格后按照现行国家标准《医用气体工程技术规范》GB 50751 的要求做好试验记录，并按监理单位要求做好隐蔽工程验收记录。

5. 管道的标识与防腐

（1）铜管、不锈钢管表面均有保护层，不宜涂漆。

（2）医用气体管道焊缝在压力试验合格后应进行酸洗钝化等防腐处理。

（3）医用气体管道标识应包含以下内容：气体的中英文名称或代号、气体的颜色标记、标有气体流动方向的箭头。

17.10　洁净手术部工程验收

17.10.1　洁净手术部的竣工验收。

【技术要点】

1.　工程竣工验收的条件

（1）按照设计文件和双方合同约定完成各项施工内容。

（2）有完整并经核定的工程竣工资料。

（3）有设计、施工、监理等单位分别签署确认的工程合格文件。

（4）有施工单位签署的工程资料保修书。

（5）有消防部门出具的认可文件或允许使用文件。

（6）对有铅防护要求的洁净手术部应有卫生检疫部门出具的铅防护等级认可文件或允许使用文件。

（7）建设行政主管部门或其委托的质量监督部门责令整改的问题整改完毕。

2.　工程竣工验收人员组成

洁净手术部的工程验收应由建设单位组织，设计单位、监理单位、质量监督部门、施工单位、消防部门共同参加。

3.　工程竣工验收内容

（1）工程资料验收。

（2）工程实体验收。

4.　验收程序

（1）参加项目竣工验收的各方已对竣工的工程目测检查，逐一核对工程资料所列内容。

（2）举行各方参加的现场验收会议。

（3）办理竣工验收签证书，各方签字盖章。验收合格后，施工单位将工程移交给建设单位。

（4）如果洁净手术部为单项工程，经验收合格后直接交予建设方，并由建设方上报主管部门，经批准后方可投入使用。

（5）如果洁净手术部为单位工程中的一个单项工程，必须先进行单项验收，单项验收合格后，并不能作为最终验收，必须随该单位工程一起进行整体工程验收，单位工程验收合格并签署竣工验收鉴定书后，方能投入使用。

17.10.2　医用洁净手术部装饰工程的竣工验收。

【技术要点】

1.　密闭性检查。

2.　检查材料是否符合现行国家标准《医院洁净手术部建筑技术规范》GB 50333 的要求。

3.　刷手池配备是否与手术室数量相适应。

4.　手术室内配置及其设置位置是否符合设计要求。

5.　自动门感应系统、开启、延时、防撞是否可靠平稳。

6.　洁污流向是否合理、便捷。

7. 洁净区与非洁净区之间是否设置了缓冲间。

8. 是否设有安全报警系统及灭火装置，是否有明显的紧急通道标识。

17.10.3　净化空调系统工程的竣工验收。

【技术要点】

1. 净化空调系统工程的验收分段

（1）净化空调系统工程的竣工验收与一般空调工程不同，由竣工验收和综合性能全面评定两个阶段组成。

1）竣工验收主要检验施工质量，出现的质量责任在施工单位。综合性能全面评定主要检验设计性能的好坏，若性能达不到要求，可能由于施工质量和工艺本身流程等引起，但更多地体现在设计方面引起的质量问题。

2）综合性能全面评定在竣工验收之后进行，竣工验收不能代替综合性能全面评定。

3）综合性能全面评定应由具有检验经验和资格，且与施工、设计、建设三方均无关的第四方进行评定。

（2）竣工验收和综合性能全面评定的检测和调整在空态或静态下进行。若设计是静态而检测要求在动态下进行，或设计要求动态而检测要求在静态下进行，应由建设、设计、施工三方协商检测状态及动静比。一般动静比不应超过 5 倍，洁净级别越高，动静比越小。

任何一种检测得出的洁净级别必须注明检测状态，在空态或静态下检测时，由于人是发尘体，因此进入室内的检测人员应不多于两人，且应穿洁净工作服，并尽量少走动。

2. 竣工验收

（1）竣工验收前，施工单位必须组织力量对各项分部工程进行外观检查，单机试运转及测试调整、系统联合试运转测试调整初验合格；同时，设计变更、施工检查记录、分项分段验收记录、材料配件设备性能检测报告、说明书、合格证等文字资料齐全，验收条件具备后，再提请建设单位组织验收。

（2）分部工程外观检查的验收：

1）各种管道、自动灭火装置及净化空调设备（空调器、风机、净化空调机组、高效过滤器和空气吹淋室等）安装应正确、牢固、严密，其偏差应符合有关规定，规格型号应符合设计要求。

2）高中效过滤器与风道连接及风道设备的连接，应有可靠的密封。

3）各类调节装置应严密、调节灵活、操作方便。

4）净化空调器、静压箱、风道系统及送回风口无灰尘。

5）洁净室的侧墙面及顶棚表面、地面应光滑平整、色泽均匀、不起灰尘；地板无静电现象。

6）送、回风口及各类末端装置、各类管道、照明及动力配线的配管以及工艺设备等穿越洁净室时，穿越处的密封处理应可靠、严密。

7）洁净室内各类配电盘、柜和进入洁净室的电器管线管口应有可靠的密封。

8）各种刷涂保温工程应符合规定。

（3）单机试运转及系统试运转的验收：

1）有试运转要求的设备，如净化空调器、空调器、排风系统、局部净化设备（洁净工作台、静电自净器、洁净干燥箱）、空气吹淋室、余压阀、真空吸尘器清扫设备、烟感温感火灾报警装置、自动灭火装置、洁净空调自动调节控制装置、仪表等的单机试运转应符合设备技术文件有关规定和单机试运转与测试的有关要求。

2）单机试运转合格后，必须使带冷（热）源的系统正常联合试运转不少于8h。试运转中系统各设备部件联动必须协调，动作正确，无异常现象。

（4）施工文件验收：

1）竣工验收时施工单位应提供下列文件：

① 设计文件或设计变更的证明文件，有关协议书，竣工图；

② 主要材料、设备、调节仪表、配件的出厂合格证书、使用说明书等；

③ 单位工程、部分分项工程质量检验评定表；

④ 开工、竣工报告，土建隐蔽工程系统、管线隐蔽工程系统的封闭记录，设备开箱检查记录，管道压力测试记录，管道系统吹洗（脱脂）记录，风道漏风检查记录，中间验收单和竣工验收单；

⑤ 通风机的风量及转速检测记录；

⑥ 系统风量的测定和平衡记录；

⑦ 室内静压的检测、调整记录；

⑧ 制冷设备及系统的测试调整记录；

⑨ 水泵、冷却塔等单机运转和测试调整记录；

⑩ 自动控制系统联动运行报告；

⑪ 高效过滤器的检漏报告；

⑫ 室内空气洁净度等级检测报告；

⑬ 室内温湿度、风速、流线等参数的检测、调节记录（包括原始记录）；

⑭ 竣工验收结论及评定质量等级报告。

3. 综合性能全面评定

综合性能全面评定由建设单位组织，由有检测经验和资格的第四方承担，施工、设计单位配合，检测时建设、设计、施工单位人员必须在场。

17.10.4　洁净手术部电气工程的竣工验收。

【技术要点】

1. 重点检查自动控制系统运行的可靠性。

2. 检查对讲呼叫系统能否正常工作。

3. 若认为短路，则检查控制开关工作状况。

4. 检查上位机与每间手术室中央控制面板信号连接和控制是否正确。

5. 检查IT电源工作状况。

6. 强制切换主供电回路，检查双电源切换柜工作是否正常。

7. 检查网络系统、电话系统是否畅通。

8. 检查电缆压线鼻子连接是否可靠。

9. 检查配电盘内接线是否符合要求。

17.10.5 洁净手术部医用气体工程的竣工验收。

【技术要点】

1. 医用气体工程验收应进行测试性试验、防止管道交叉错接的检验及标识检查、所有设备及管道和附件标识的正确性检查、所有阀门标识与控制区域标识的正确性检查、减压装置静态特性检查、气体专用性检查。

2. 医用气体工程验收应进行检测与报警系统检验，并应符合下列规定。

（1）应按现行国家标准《医用气体工程技术规范》GB 50751 的规定对所有报警功能逐一进行检验。

（2）应确认不同医用气体的报警装置之间不存在交叉或错接。报警装置的标识应与检验气体、检验区域一致。

（3）医用气体系统已设置集中监测与报警装置时，应确认其功能完好，报警标识应与检验气体、检验区域一致。

17.10.6 洁净手术部给水排水工程的竣工验收。

【技术要点】

1. 竣工验收标准

洁净手术部工程施工完成后，除按照医疗工艺要求自查外，还应由建设方按照现行国家标准《医院洁净手术部建筑技术规范》GB 50333 进行验收，并应按照现行国家标准《洁净室施工及验收规范》GB 50591 组织综合性能全面评定。

同时，室内给水排水安装工程质量必须符合现行国家标准《建筑给水排水及采暖工程施工质量验收规范》GB 50242 及《给水排水管道工程施工及验收规范》GB 50268 的要求。

2. 竣工验收注意事项

（1）施工完成后，应对照设计院和净化区域深化设计图纸管道预留口位置，逐一检查，确认所有未使用预留管口封堵完成。

（2）检查所有地漏、清扫口设置位置是否合理。

（3）逐一检查卫生器具自带存水弯与管道连接口，防止浊气污染室内空气。

（4）在系统试压、防腐验收完成后，应参考《管道和设备保温、防结露及电伴热》16S401 进行管道保温和防结露处理，保温材料建议与医院给水排水系统统一。

17.11 洁净手术部工程移交与售后服务、日常管理

17.11.1 洁净手术部工程的移交。

【技术要点】

1. 洁净手术部工程的移交参见本书第 7 章相关内容。

2. 除了工程移交外，施工单位还要针对洁净手术部工程整理、编制出一套易损备件表（表 17.11.1）及使用与维护手册，交予建设单位或维护部门，以便指导后期维护。

易损备件表　　　　　　　　　　　　　　表 17.11.1

项目名称：

序号	易损备件名称	规格、型号、技术参数	单位	数量	使用部位	生产厂家	备注

3. 使用与维护手册的内容：

（1）建筑装饰维护方法及注意事项；

（2）通风空调系统维护方法及注意事项，常见故障判断与排除方法；

（3）电气系统维护方法及注意事项，常见故障判断与排除方法；

（4）医用气体系统维护方法及注意事项，常见故障判断与排除方法；

（5）给水排水系统维护方法及注意事项，常见故障判断与排除方法。

17.11.2　洁净手术部售后服务分为施工单位承担的服务和建设单位或使用单位的自行维护。

17.11.3　洁净手术部的日常管理。

【技术要点】

1. 日常维护

（1）检验时机及部位

1）每日通过净化自控系统进行机组监控并记录，发现问题及时解决；每月对非洁净区域局部净化送、回风口进行清洁状况的检查，发现问题及时解决。

2）对各级别洁净手术部，每月至少对1间洁净手术室进行静态空气净化效果的监测并记录。

3）每半年对洁净手术部进行一次尘埃粒子的监测，监控高效过滤器的使用状况并记录。

4）每半年对洁净手术部的正负压力进行监测并记录。

5）每年进行一次洁净手术部综合性能指标测定（包括静压差、截面风速、换气次数、自净时间、温湿度、新风量、空气洁净度等级和细菌浓度等），结果应符合相关规定要求，有记录。

6）新风入口过滤网1周左右清扫1次，多风沙地区周期缩短。

7）空气过滤器更换周期：粗效过滤器，1～2个月；中效过滤器，2～4个月；亚高效过滤器，1年以上；高效过滤器，3年以上。

8）对洁净区域内的非阻漏式孔板、格栅、丝网等送风口，应当定期进行清洁。

9）对洁净区域内回风口格栅应当使用竖向栅条，每天擦拭清洁1次，对滤料层应按照上述规定更换。

10）负压手术室每次手术结束后应当进行负压持续运转15min后再进行清洁擦拭，达到自净要求方可进行下一次手术。过滤致病气溶胶的排风过滤器应当每半年更换一次。

11）热交换器应当定期进行高压水冲洗，并使用含消毒剂的水进行喷射消毒。

12）对空调器内部加湿器和表冷器下的水盘和水塔，应当定期清除污垢，并进行清洗、消毒。

13）应定期清洗挡水板，对凝结水的排水点应定期检查，并进行清洁、消毒。

（2）检验项目

1）外观检查；

2）单机试运转试验；

3）联机试运转试验；

4）换气次数测定；

5）静压差测定；

6）高效过滤器阻力监测及检漏。

2. 日常管理

（1）保洁人员分工明确，不同区域的清洁工具不能混用，须有明显标志。

（2）洁净手术部的净化空调系统应当在手术前 30min 开启，手术部清洁工作应在每天手术结束后净化空调系统运行时进行，达到自净时间后关机。

（3）手术部用品必须保持整齐、清洁，物面无尘，地面无碎屑、无污迹，并定期清洗与保养。

（4）每日保洁：当天手术结束后进行彻底清洁消毒，包括壁柜、无影灯、仪器、器械车、手术床、操作台面、地面。在无明显污染的情况下，物体表面用清水擦拭，内外走廊、辅助间地面每天湿式拖抹 2 次（上午第一场手术开始后和当天手术结束后各一次）。

（5）每周保洁：室内外环境卫生彻底清洁，顶棚、窗户、墙壁、空调机滤网等，每周清洁擦拭一次。

（6）手术结束后迅速清理手术床及用物，并进行空气消毒（＞30min）。未经清洁、消毒的手术间不得连续使用；按不同级别关闭手术间，达到自净时间后方可进行下一台手术。

（7）术中被患者血液或体液污染的物面和地面，应及时用醇类或含氯消毒液擦拭，消毒液的质量分数根据感染类型选择。清洁的顺序应遵循从相对清洁到污染的原则，避免污染扩散。

本章参考文献

［1］许钟麟，沈晋明，梅自力，等. 主流区理论——我国医院洁净手术部要求集中布置送风口的理论基础［J］. 暖通空调，2001，31（5）：2-6.

［2］沈晋明，医院洁净手术部的净化空调系统设计理念与方法［J］. 暖通空调，2001，31（5）：7-12.

［3］许钟麟，沈晋明. 医院洁净手术部建筑技术规范实施指南技术基础［M］. 北京：中国建筑工业出版社，2014.

［4］许钟麟，沈晋明. 医院洁净手术部建筑技术规范实施指南［M］. 北京：中国建筑工业出版社，2014.

［5］许钟麟，潘红红，曹国庆，等．从现代产品质量控制角度看洁净手术部规范的修订［J］．暖通空调，2013，43（3）：1-6.

［6］沈晋明，刘燕敏．《医院洁净手术部建筑技术规范》GB 50333—2013 编制思路［J］．暖通空调，2014，44（4）：41-47.

［7］沈晋明，刘燕敏．21 世纪手术环境控制发展与创新［M］．上海：同济大学出版社，2021.

［8］许钟麟．《洁净室施工及验收规范》的编写及主要内容［J］．暖通空调，2010，40（11）：35-37.

第 18 章　重症监护单元（ICU）

严建敏：上海市卫生建筑设计研究院有限公司顾问副总工程师、咨询室主任，教授级高工，《医院洁净手术部建筑技术规范》主要编委、《疾病预防控制中心建筑技术规范》主审。长期从事医疗领域暖通设计工作，对医院通风、空调、洁净空调颇有研究，特别是在洁净手术室空调净化设计方面有独特的见解，在生物安全实验室、疾控中心、洁净室、动物房等领域也有许多成果。

李婕：上海市同济医院基建处高级工程师，注册公用设备工程师，国家咨询（投资）注册工程师。

郑伟：首都医科大学附属北京友谊医院基建处处长。

唐荔：四川大学华西医院麻醉手术中心护士长。

马普松：北京宋诚科技有限公司技术部总监。

18.1　概　　述

18.1.1　重症监护单元（ICU）概述。

【技术要点】

重症监护单元（ICU），又称加强监护病房，是对内科、外科等科室患有呼吸、循环、代谢及其他全身功能衰竭的患者，或是随时可能发生急性功能不全或有生命危险的患者，进行集中护理、监测、综合治疗和治疗管理的医疗场所。

重症监护单元（ICU）应用先进的诊断、监护和治疗设备与技术，对重症病情进行连续、动态的定性和定量观察，并通过有效的干预措施，为重症患者提供规范、高质量的生命支持，提高治愈率，降低死亡率。重症患者的生命支持技术水平，直接反映医院的综合救治能力，体现医院的整体医疗实力，是现代化医院的重要标志之一。ICU是随着医疗、护理、康复等专业的发展、新型医疗设备的诞生和医院管理体制的改进而出现的一种集现代化医疗、护理、康复技术为一体的组织管理形式。

18.1.2　重症监护单元（ICU）收治范围。

【技术要点】

1. 严重创伤、大手术后及必须对生命指标进行连续严密监测和支持的患者；需要心肺复苏的患者。

2. 脏器（包括心、脑、肺、肝、肾）功能衰竭或多脏器衰竭的患者

3. 重症休克、败血症及中毒，物理、化学因素导致危急重症患者。

4. 严重的多发伤、复合伤患者。

5. 有严重并发症的心肌梗死、严重的心律失常、急性心力衰竭、不稳定性心绞痛患者。

6. 各种术后重症患者或者年龄较大，术后有可能发生意外的危重症患者。

7. 严重水、电解质、渗透压、酸碱失衡患者。

8. 严重的代谢障碍患者，如甲状腺、肾上腺、垂体等内分泌危象患者。

9. 脏器移植前后需监护和加强治疗的患者。

18.2　基本要求和分类

18.2.1　重症监护单元（ICU）不同用房的基本要求如表18.2.1所示。

ICU 不同用房的基本要求 表 18.2.1

分区	房间名称	功能	装备及家具	备注
医疗区（清洁区）	换鞋室、更衣室	淋浴	设置男、女更衣柜	
	医生办公室、护士办公室	办公场所	书桌、椅子	
	会议室	诊断、示教	会议桌、视频会议	
	家属接待室	谈话间		
	储存室	存储辅料器材、被服被单、床具杂物及其他备用床具		一般随床位数量确定
	高营养配制室	患者营养液配置		
	配餐	医护人员就餐	餐桌、椅子	
医疗辅助区（半污染区）	治疗准备室	宜设置在护士站附近，便于医护人员操作	操作台、物品柜、治疗车、抢救车、锐器盒、医疗和非医疗分色废物桶、冰箱	
	设备、器械室	开放监护室治疗区域的适当位置		
	一次性物品库		货架、工作台	
污物处理区（污染区）	单人间监护室	接收特危或传染性疾病的重症患者		正、负压设置
	单元式监护室	接收中等危病患者		正、负压设置
	开放式监护室	接收一般性重症患者		正压设置
	护士站	直接观察所有监护的病床。应在视线畅通，便于观察监护病人处，而且护士站与监护室处于同一空间	设有报警监护仪，用计算机进行数据记录、分析、存储。设院内网、互联网、电话、中央监控、对讲、背景音乐控制接口、多设电源插座（一般都在12个以上）等。同时，护士站要有一定的储藏空间，便于各类表格的存放，要注意其高度的设置，便于护理人员工作与观察，做到简洁大方	
	处置室	宜与治疗室或治疗准备室相邻	处置室要设置处置台、水池、医疗和非医疗分色废物桶、储物柜。处置室与治疗室或治疗准备室的空间最好用玻璃隔断分隔，便于护理人员观察	

续表

分区	房间名称	功能	装备及家具	备注
污物处理区（污染区）	治疗室	宜设置在护士站、处置室附近	室内宜有物品柜、换药床、治疗车操作台、洗手池、医疗和非医疗分色废物桶	
	便盆处理间	用来倾倒患者的大小便或呕吐物，并对便盆进行清洗	设有大小便倾倒池，清洗池。同时对便盆进行浸泡、消毒、烘干、存储	
	污物间	分类收集、中转存放各类污物、清洗、存放保洁用品	内放污衣车（袋）、保洁车及保洁物品，设水池	

18.2.2　重症监护单元（ICU）分类。

【技术要点】

1. 重症监护单元（ICU）分为综合性 ICU 和专科性 ICU。综合性 ICU 主要包括外科重症监护单元（SICU）、内科重症监护单元（MICU）、急诊重症监护单元（EICU）等。专科性 ICU 主要包括烧伤重症监护单元（BICU）、呼吸重症监护单元（RICU）、肾病重症监护单元（UICU）、新生儿重症监护单元（NICU）、产科重症监护单元（OICU）、儿科重症监护单元（PICU）、麻醉重症监护单元（AICU）、移植重症监护单元（TICU）等。部分高等级医院还会对综合性 ICU，甚至专科性 ICU 继续细分，如心血管重症监护还会分为冠心病重症监护单元（CCU）、心肺重症监护单元（CPICU）、心脏外科重症监护单元（CSICU）、神经外科重症监护单元（NSICU）等。

2. ICU 布置主要有三种形式：单人型、单元型和开放型。由于 ICU 收治各种危重症患者，不同的患者往往需要不同的监护治疗，因而不可能制订一个适合每个患者的、统一的 ICU。

18.3　建设规模和面积

18.3.1　重症监护单元（ICU）一般由监护病房和辅助用房组成，而且有洁净 ICU 和非洁净 ICU 之分。按净化功能分区可划分为清洁区、缓冲区、洁净区。按医疗流程可划分为清洁区、半污染区、污染区。按洁污分开可划分为分医疗区、医疗辅助区、污物区。各区宜相对独立，减少彼此间的互相干扰，并且以医疗区（监护区）为核心，将医护人员、患者、家属探视流线和各功能区组成一个完整有机的重症监护系统。

18.3.2　重症监护单元（ICU）规模和面积：

1. ICU 的床位使用率波动很大，可根据医院具体情况设置。ICU 床位数一般为医院总床位数的 2%～8%。床位的计算方法：ICU 床位 = 预期 ICU 年收治病人 × 平均住 ICU 天数 /（365× 预期 ICU 床位使用率）。重症监护单元设置的位置多与手术室的复苏室关联，医院总床位数不超过 200 床的可以设置在一起，床位数在 200～500 床的设置在复苏室旁边，500 床以上的外科重症监护单元（SICU）应靠近手术部或与手术部有水平或垂直的交通联系的位置处。

2.《中国重症加强治疗病房（ICU）建设与管理指南（2006）》规定，ICU 开放式病房每床的占地面积为 15～18m²，每张床的距离要在 1.2m 以上，单间 ICU 病房面积为

$18\sim25m^2$，鼓励在人力资源充足的条件下，多设置单人间或单元式监护病房，接收特重感染、传染病患者。

3. 重症监护单元（ICU）中负压隔离病房的设立，应根据患者来源和卫生健康行政主管部门的要求配置，最少要配备 $1\sim2$ 间负压隔离病房，而且需要设置前室，建筑面积不小于 $25m^2$。从医疗运作角度考虑，每个 ICU 以 $8\sim12$ 床为宜，床位使用率以 $65\%\sim75\%$ 为宜，使用率超过 80% 则表明 ICU 的床位数不能满足医院的临床需要，应该扩大规模。

18.4　人员配备比例

18.4.1　重症医学科的医护人员应当经过重症医学的专业培训，掌握重症医学的基本理念、基础知识和基本操作技术，具备独立工作的能力。重症医学科医师人数与床位数之比不低于 $0.8:1$，护士人数与床位数之比不低于 $3:1$。非重症医学专业的医师转岗到重症医学科工作，经科室培训合格后，即可按照《医师执业注册管理办法》办理变更执业范围。重症医学科可以根据临床需要，配备适当数量的医疗辅助人员。配备医师人数与床位数之比不低于 $0.5:1$，护士人数与床位数之比不低于 $2:1$。

18.4.2　重症医学科应至少配备一名本专业具有副高级以上（含副高级）专业技术职务任职资格的重症医学专职医师担任行政主任，全面负责科室学科建设和行政管理工作。非重症医学专业医师担任重症医学科行政主任或副主任者，除执业范围应变更为重症医学外，还需有在三级医院重症医学科连续工作或进修一年的经历。重症医学科护士长应当具有中级以上专业技术职务任职资格，具备较强的行政管理能力，且具有在重症医学科连续工作三年以上或三级医院重症医学科进修一年的经历。

18.4.3　重症医学科医师必须具备重症医学相关理论知识，经过严格的专业理论和技术培训，掌握重症医学相关的生理学及病理生理学知识、临床药理学知识和医学伦理学概念，胜任对重症患者进行各项监测、治疗与管理的要求。

18.5　建　设　标　准

18.5.1　重症监护单元（ICU）选址。

【技术要点】

1. 重症监护单元（ICU）不应邻近人员密集区域和污染源，周围应有安静舒适的环境。应尽可能邻近手术室、病房、医学影像科、检验科、输血科等。各科室通过水平或垂直方向连接 ICU，为 ICU 提供快速方便的服务与支持，方便对患者进行相关检查、治疗、转运等医疗活动。

2. 重症监护单元（ICU）与各科室关系如图 18.5.1 所示。

18.5.2　功能分区及流线。

【技术要点】

1. 重症监护单元（ICU）功能分区需考虑三区划分（医疗区、医疗辅助区及污染区），便于气流组织及压力梯度的形成。在平面布局上应充分考虑工作人员流线、患者流线和物品流线以及通风空调系统、电气系统、给水排水系统等方面的特殊性，合理划分功能分区。

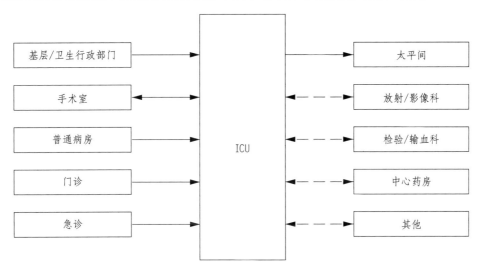

图 18.5.1　重症监护单元（ICU）与各科室关系图

2. 重症监护单元（ICU）流线如图 18.5.2 所示。

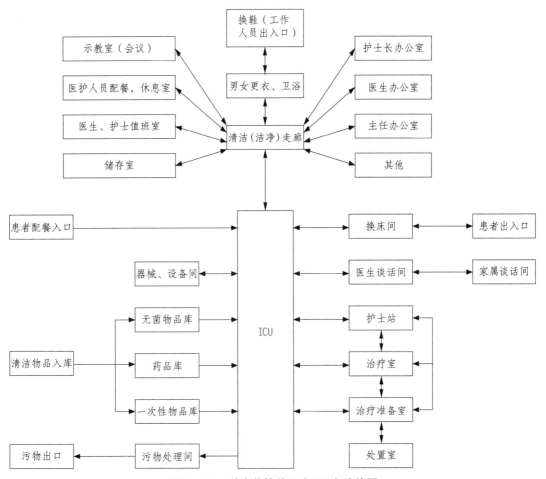

图 18.5.2　重症监护单元（ICU）流线图

（1）人员流线：医护人员流线：医护专用入口→换鞋→更衣→清洁（洁净）走廊→各自工作区；患者流线：患者入口→换床→清洁（洁净）走廊→监护病房。

（2）物品流线：清洁物品入口（或气动物流）→外脱→无菌物品室→各病床；污物流线：病房（或处置室）→污物间清洗（或污物暂存）→专用污梯（或楼梯）。

18.5.3　床面积及数量要求：ICU内单间病房的使用面积不小于18m²，多人间病房应保证床间距在1.2m以上。一般综合性ICU，床位数在18~24张之间较为适宜。专科性ICU，根据医院需求设置，但一个护理单元不宜低于12~18床。

18.5.4　辅助用房配置占比：ICU的基本辅助用房包括医师办公室、主任办公室、工作人员休息室、中央工作站、治疗室、配药室、仪器室、更衣室、清洁室、污废物处理室、值班室、盥洗室等。有条件的ICU可配置其他辅助用房，包括示教室、家属接待室、实验室、营养准备室等。辅助用房面积与病房面积之比应达到1.5∶1以上。

18.5.5　重症监护单元（ICU）平面布局。

【技术要点】

1. 重症监护单元（ICU）收治危重病人居多，发生交叉感染的机会也相应增加。严重感染、传染、服用免疫抑制剂及需要多种仪器监测治疗的患者，应与其他危重患者相对隔离，即ICU应设置独立隔离单间。

2. 开放式监护室大空间中设置单人间的，两者之间应设吊帘或雾化玻璃隔断，以便在做治疗时尊重患者的隐私。既满足了洁净要求，又可以使患者免受干扰，还方便了护士观察病情。

3. 对于呼吸道感染病人，需Ⅲ级（十万级）空气洁净度；严重免疫缺陷的病人需要Ⅰ级（百级）空气洁净度的病房。

4. 在开放式ICU大空间中最少配备一个单间病房。为便于医护人员能直接观察到患者，面向护士中心监测站的墙壁最好选用玻璃隔断分隔，或应用闭路电视监护。

5. 单人间监护室（图18.5.5-1、图18.5.5-2）：按照医疗隔离、消毒要求，防止交叉感染，ICU单间布置。病床可以沿重症监护单元的多个方向布置。中间设护士站及主要治疗用房，多名护士面向病床的多个方向，这样做的优点是护理距离较短，护理人员集中，便于监护管理，而且各单间通风空调系统独立，但其人员成本及造价均比较高。

6. 单元式监护室（多人间）：按患者病种类别设置，兼顾医疗治疗和人员配置的需要，既可以防止交叉感染，又可以降低人员成本，是比较合理的布置模式，但护理距离较长，弥补的方法是在病房的两端分设两个护理小组，治疗室设在近护士站的位置，可减少护理距离过长的弊病（图18.5.5-3）。通风空调可以分区设置，也可以按病种系统划分，医疗上合理，经济上可行。

7. 开放式监护室（大空间）：采用组合式大空间模式布置，是目前国内医院采用最多的模式，护士站通常在中间，视野开阔，方便医生、护士工作，提高使用效率。为兼顾各类患者需要，在监护病房内设置1~2间单人监护病房。核心部位设置护士站，病床绕护士站布置。医护人员可以边工作边观察，护理距离短，有利于提高工作效率（图18.5.5-4）。缺点是周围都是患者，护士还不是集中在一个方向，难以专注，大空间中单间患者不能兼顾，特别是危重患者需配置专人一对一监护。

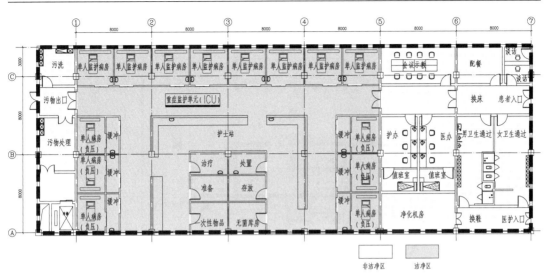

图 18.5.5-1　单人间监护室平面图

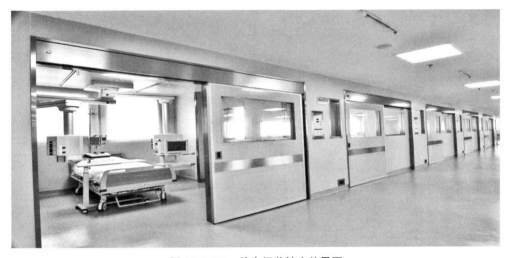

图 18.5.5-2　单人间监护室外景图

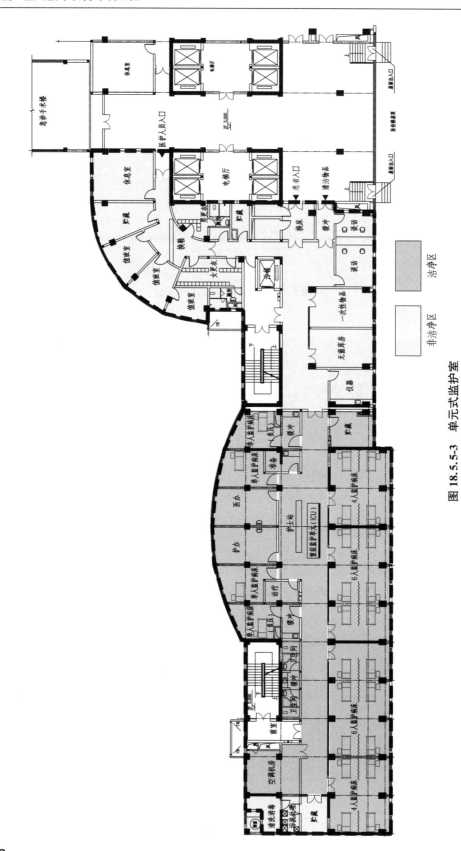

图 18.5.5-3　单元式监护室

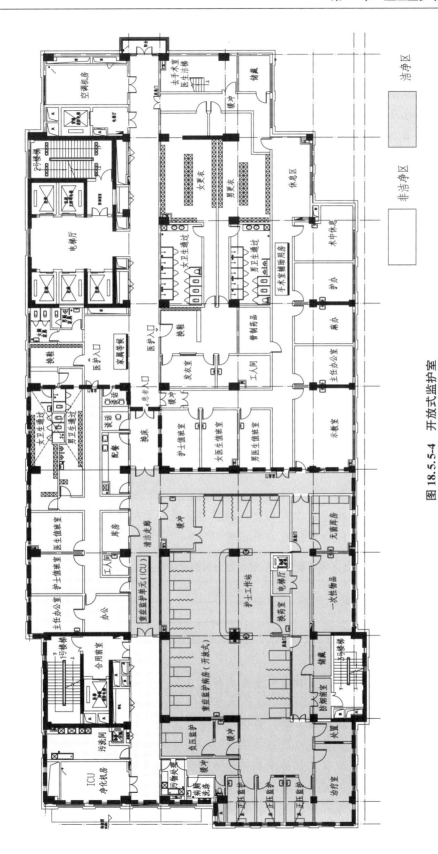

图 18.5.5-4 开放式监护室

18.5.6　通风空调系统要求。

【技术要点】

1. ICU 应具有良好的通风、采光条件或独立的空气调节系统。有条件者设置空气净化系统，洁净度按需选为Ⅲ级或Ⅳ级，温度为 22～24℃，相对湿度为 50%～65%。每个独立监护室空气调节系统应独立控制。

2. ICU 应具备提前、延迟供热条件；通风空调系统或净化空调系统不应与相邻楼层房间共用。

3. ICU 室内呼吸机排出口宜接入独立排风系统。

4. ICU 对噪声有较高的要求。噪声如果过高，不仅会刺激人体的交感神经，使心率加快、血压升高，还会让疼痛患者的痛感加剧，严重影响睡眠，也会严重影响患者的康复以及医护人员对患者的护理和治疗。

18.5.7　给水排水系统要求。

【技术要点】

1. ICU 的给水、排水系统宜独立设置，以满足独立运行的要求；当独立设置不能满足经济合理性要求时，应采取技术措施，并应确保系统安全、可靠地运行。

2. 护士站、治疗室和监护病房的洗手盆应采用非手触式水龙头，并应采取防止污水外溅的措施，宜设置挂墙式洗手盆。

3. 监护病床必须配置足够的非接触式洗手设施和手部消毒装置，单间病房每床 1 套，开放式病房至少每 2 床 1 套，其他功能区域根据需要配置。

ICU 医疗用热水温度宜按 60℃设计，热水系统任何用水点在打开用水开关后宜在 10s 内出热水。

18.5.8　强电系统要求。

【技术要点】

1. 基本要求：ICU 属于 2 类医疗场所，其供电负荷分为特级负荷和一级负荷。医疗场所及设施的类别划分与自动恢复供电时间见表 18.5.8。

<table>
<tr><td colspan="6" align="center">**医疗场所及设施的类别划分与自动恢复供电时间**</td><td align="right">表 18.5.8</td></tr>
<tr><td rowspan="2">名称</td><td rowspan="2">医疗场所及设施</td><td colspan="3">场所类别</td><td colspan="3">要求自动恢复供电时间 t（s）</td></tr>
<tr><td>0</td><td>1</td><td>2</td><td>$t \leqslant 0.5s$</td><td>$0.5s < t \leqslant 15s$</td><td>$t > 15s$</td></tr>
<tr><td>住院部</td><td>重症监护、早产儿室</td><td>—</td><td>—</td><td>√</td><td>√[①]</td><td>√</td><td>—</td></tr>
</table>

① 指的是涉及生命安全的电气设备及照明。

ICU 床位用电属于一级负荷中特别重要负荷，应配置柴油发电机电源和在线式应急电源 UPS 作为备用电源，医疗 IT 系统专用配电箱电源取自双电源切换总配电箱。UPS 配电间位置设置应考虑后期维护检修方便，设置在非洁净区域，配电深入负荷中心。

2. 设计要求：ICU 的病房及空调设备用电应分别单独设置双电源切换总配电箱，末端互投，电源独立取自低压配电室，配电箱到供电末端采用放射式供电。UPS 配电间面积根据床位数及负荷容量确定，ICU 每床位单独供电并与辅助用房用电分开，保证每床用电安全可靠，消除相互干扰，每床设计用电负荷按照不小于 2kVA 考虑。

ICU 一般每 4 床设置一套 8kVA 的医疗 IT 系统，主要由隔离变压器、绝缘监视仪、外接报警显示等设备组成，实时监测设备、电网的绝缘、负荷、温度等信息，在出现异常时立即动作并报警，以便医护人员及时掌握电源状态。

报警装置装在便于永久性监视场所，一般均装在护士站可视位置墙面，并能实现过负荷和高温的监控。ICU 应建立完善的通信系统、广播系统、网络系统与临床信息管理系统。

ICU 内使用的电气、电子设备较集中，在设计中，每张监护病床装配电源插座应在 12 个以上，医疗用电和生活照明用电线路分开。每个 ICU 床位的电源应该是独立的反馈电路供应。ICU 宜有备用的不间断电力系统和漏电保护装置。

3. 导线选择：根据《医疗建筑电气设计规范》JGJ 312—2013 的要求，二级及以上医院应采用低烟、低毒阻燃类线缆，二级以下医院宜采用低烟、低毒阻燃类线缆。

4. 照明：灯具优先选用节能灯具，灯具的造型及安装宜避免卧床患者视野内产生直射眩光。选用不易积尘、易于擦拭的密闭洁净灯具，尽量吸顶安装，照度标准值以 300lx 为准。灯具的控制根据房间功能的不同尽可能一灯一控，大厅根据需要采用集中控制。

ICU 根据需要设置夜间照明灯具，每床吊顶照明灯具满足抢救时相关照明要求，灯具采用单独控制，床头部位照度按照不大于 0.1lx，儿科病房按照不大于 1lx 设置。根据 ICU 大厅及公共走廊面积，适当选择智能照明，采用集中控制方式实现节能的目的。

18.5.9　弱电系统要求。

【技术要点】

1. 综合布线系统

ICU 综合布线系统主要由工作区子系统、水平布线系统组成；楼层配线间子系统一般由大楼智能化公司统一负责，便于系统集成统一。

工作区子系统中，医生办公室、主任办公室、护士长办公室及功能用房等点位的布置应根据房间面积及工位等综合考虑；一般可按标准配置，当项目信息化要求较高时，根据甲方要求设置。工作范围划分上，洁净范围内所有点位设置及配线一般由专业洁净单位负责施工，所有布线均需接入到本防火分区内就近弱电间／井内的综合布线机柜，弱电间／井内的设备配置应由智能化公司统一设置，洁净施工方配合调试。

2. 闭路电视监控系统

ICU 闭路电视监控系统一般应满足在主要出入口及贵重药品库房、患者床位等能实现全方位、全天候，集防盗、防范、监控监视于一体的功能要求。系统由摄像部分、传输部分、存储系统及显示管理系统组成，具有存储、处理、还原等功能，监视装置一般设置在护士站。洁净区域摄像机分辨率建议不小于 720P，主要出入口及大厅摄像机分辨率建议不小于 1080P，均采用彩色半球摄像机。电源采用集中方式供给，可从就近 UPS 电源回路配电箱中取电或者集中从每层安防电源箱取电。

3. 门禁系统

门禁系统可采用磁卡、指纹、面部识别、感应卡等作为授权识别的工具，通过控制主机编程，记录进出人员身份、时间等数据。

在 ICU 医护人员及患者出入、污物出入等重要出入口处设置门禁控制装置，洁净区域的门禁装置在发生火灾报警时，应能通过消防联动控制该区域的出入口处开启状态；设置在洁净区的自动感应门能在停电后手动开启，并兼顾疏散功能。

4. 背景音乐系统

背景音乐系统主要是满足呼叫找人、播放一些轻音乐使患者放松，营造舒适轻松的治疗环境。背景音乐系统应分区设置，在单人监护室、办公室等设置音量控制器，根据需求调节音量大小。

5. 探视及呼叫系统

ICU 根据医院需求及后期发展需要，一般设置探视及呼叫系统。ICU 常用探视系统主要有移动探视车方式、可视电话方式及借助互联网探视方式等，各种探视方式均有优缺点，在选用时应考虑实际需要设置。

当每床采用可视电话或者互联网探视方式时，一般和常用呼叫系统功能合一；当采用移动探视车方式时，还需要在每床设置呼叫系统。

呼叫系统主要是基于局域网（可跨网段跨路由）和总线结合的传输方式，专门用于护士与患者之间的呼叫、对讲、广播等；可适用于 PICU、ICU、BICU 等涉及需要护理对讲的场所。系统由护士站主机、医生值班室主机、病床分机、卫生间呼叫按钮、走廊液晶屏、病房门口三色灯等组成。可实现患者在病房或卫生间有任何情况时一键呼叫，同时具有护士站主机相互托管、呼叫转接、护理增援、输液报警、移动式无线对讲、广播等功能。

18.5.10　医用气体系统要求。

【技术要点】

1. ICU 作为医院生命线工程，氧气系统应从医院站房经过二级减压，以安全的低压气体输送到病房，由区域报警阀门箱统一管理，并可随时监控该区域的气体压力和故障报警。负压吸引和压缩空气采用医院主机房单独管路接入。

2. 从安全性、重要性考虑，ICU 的氧气必须两路管接入，一路接入吊塔（或横梁），另一路接入壁式氧气输出口。

3. 氧气接口 3 个以上，负压吸引接口 2 个以上，压缩空气接口 2 个。

4. 氧气、负压吸引、压缩空气管道应符合现行国家标准《医用气体工程技术规范》GB 50751 的规定，有条件时全部采用无缝铜管。无缝铜管的化学性能稳定，集金属管材与非金属管材的优点于一身，可在不同的环境中长期使用，虽然其价格高，但它安全可靠，使用寿命可以与建筑物寿命一样长，是医用气体管材的首选。无缝铜管材料与规格应符合现行行业标准《医用气体和真空用无缝铜管》YS/T 650 的有关规定。

5. ICU 应设置区域监测报警系统，宜接入医院的医用气体集中监测报警系统中，用于监测医用气体系统的压力状况。区域报警装置宜设置在护士站或其他 24h 可监控的位置。

6. 区域监测报警系统宜由医用气体系统就地监测报警装置、数据采集装置、网络布线系统、医用气体系统管理软件、监控计算机等组成。医用气体计量仪表可根据需要设置。

18.5.11　空气消毒方法。

【技术要点】

1. 重症监护单元（ICU）的空气消毒，可采用以下方法之一，并符合相应的技术要求：

（1）医疗区域定时开窗通风。

（2）安装具备空气净化消毒装置的集中空调通风系统。

（3）采用空气洁净技术，应做好空气洁净设备的维护与监测，保持洁净设备的有效性。

（4）空气消毒器应符合现行团体标准《医用空气消毒净化机》T/CPAM 001 的要求。使用者应按照产品说明书正确使用并定期维护，保证空气消毒器的消毒效果。

（5）紫外线杀菌灯照射消毒应遵循现行行业标准《医疗机构消毒技术规范》WS/T 367 的规定。

（6）能够使空气达到卫生标准值要求的、合法有效的其他空气消毒产品。

2. 采用的空气净化消毒装置不得产生有害气体，不得产生电磁干扰，不得有促使微生物变异的作用。

18.6　重症监护单元（ICU）设计要点

18.6.1　建筑平面设计。

【技术要点】

综合性 ICU 内医护人员工作量大、活动频繁，不同的人流、物流影响着 ICU 内空气质量，设计洁净重症监护单元，可以降低污染率，提高室内空气质量，可以防止直接影响到患者的生命安全。

建筑平面布局应人流与物流分流、清洁与污染分隔，医疗流线设计简洁，单线运行互不交叉。人流与物流应遵循严格的卫生通过，并应严格执行无菌技术操作规程。非清洁区与清洁区之间设置缓冲间（图 18.6.1）。工作人员通过换鞋、更衣后，进入洁净区（无菌区），工作完毕后按原路退出。

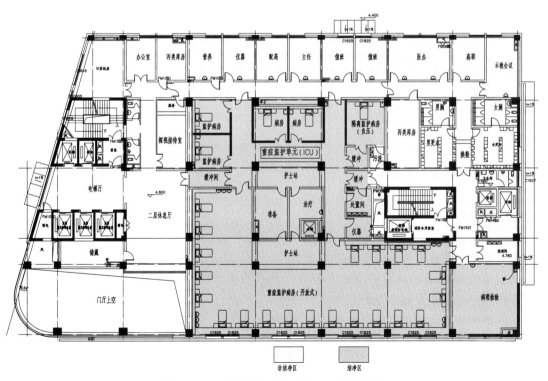

图 18.6.1　某重症监护单元（ICU）平面图

18.6.2　通风空调系统设计。

【技术要点】

1. 室外计算参数

按现行国家标准《民用建筑供暖通风与空气调节设计规范》GB 50736 的规定，采用该城市的室外空气计算参数。

2. 室内设计参数（表 18.6.2）

ICU 室内设计参数　　　　　　　　　表 18.6.2

名称	洁净度（级）	室内压力（Pa）	换气次数（h⁻¹）	温度（℃）	相对湿度（%）	最小新风换气次数（h⁻¹）	噪声[dB（A）]	备注
开放式 ICU	Ⅲ	5	10～12	22～25	40～60	2	≤50	大空间
单元式 ICU	Ⅲ	-10	10～15	22～25	40～60	2～4	≤45	
单人间 ICU	Ⅲ	-10	12～15	22～25	40～60	2	≤45	感染隔离病房
单人间 ICU	Ⅲ	10	12～15	22～25	40～60	2	≤45	移植术后苏醒
处置室、治疗室	Ⅳ	-5	8～10	22～24	40～60	排风6	≤45	
护士站	Ⅲ	5	10～12	22～24	40～60	2	≤45	
医生办公室、护士办公室	Ⅳ	5	8～10	24～26	40～60	2	≤45	
缓冲间	—	5	8～10	24～26	40～65	—	≤50	
换鞋室、更衣室	—			24～26		—	≤50	

注：1. "—" 表示无明确规定，视需要与设备状况确定。

2. 多人间 ICU（正压）最小新风换气次数为 4h⁻¹，排风换气次数为 2h⁻¹；ICU（负压）最小新风换气次数为 2h⁻¹，排风换气次数为 4h⁻¹。

3. 温湿度范围下限为冬季最低值，上限为夏季最高值。

4. 照明有关参数见第 18.5.8 条。

5. 实际温度与标准值相比上下浮动不大于 2℃，并应可调。实际相对湿度与标准值相比上下浮动不大于 10%。

6. 病房和医护人员休息室夜间噪声宜比白天降低不小于 3dB（A）。

18.6.3　空调冷热源设计。

【技术要点】

1. 以采用四管制多功能热泵机组为主。受各种条件限制，可就近接入重症监护单元（ICU）所在大楼的中央空调系统。

2. 四管制多功能热泵机组能全年同时提供冷热水，冷水供／回水温度为 7℃/12℃，热水供／回水温度为 45℃/40℃。

3. 严寒和寒冷地区可采用热水锅炉提供热水。

18.6.4　空调水系统设计。

【技术要点】

1. 空调水系统冷、热分开，采用闭式一次泵水系统。

2. 与洁净手术室、静脉用药调配中心等科室合用的热泵机组，重症监护单元（ICU）

的水系统应独立设置。

3. 水系统设置平衡阀，加设必要的静、动态平衡阀，确保实现水力平衡。

18.6.5　净化空调系统设计。

【技术要点】

1. ICU 宜按照Ⅲ级、Ⅳ级洁净用房进行设计。

2. 采用净化空调系统的 ICU，宜采用一套新风净化空调系统和各区独立多套净化空调系统。

3. 清洁区采用独立的净化空调系统，半污染区、污染区可合用一套净化空调系统。

4. 对于新建工程的 ICU，宜采用集中式净化空调系统；对于改建工程的 ICU，可采用高余压净化风机盘管 ［带高中效（含）以上级别的空气过滤器］＋独立新风的净化空调系统或者立柜式净化单元机组。

5. 采用净化风机盘管的 ICU，其回风口应设置中效（F7）过滤器，初阻力宜小于 20Pa；全空气系统集中回风口应设置初阻力小于 50Pa 的中效（Z3）过滤器。空气过滤器的微生物一次通过率不大于 10%。

6. 移植重症监护单元（TICU）应采用独立式净化空调系统。

7. 对于非洁净区域（如办公区），可根据现行国家标准《民用建筑供暖通风与空气调节设计规范》GB 50736，按照舒适性空调进行设计。

8. 不得在 ICU 的洁净用房内设置供暖散热器和地板供暖系统，但可用墙壁辐射散热板供暖，辐射板表面应平整、光滑，无任何装饰，可清洗。

9. ICU 洁净区净化空调系统和非洁净区净化空调系统应分开设置，净化空调系统宜 24h 连续运行。

10. 为防止污染物扩散传播，隔离病房宜设置一套独立的净化空调系统，并且保持负压状态，避免与其他区域共用空调系统而引起交叉污染。

11. 隔离单间监护病房应采用一套独立的净化空调系统，并应采用全新风的直流式净化空调系统。净化空调系统应有便于调节风量并能保持稳定的措施。

12. 配电间、UPS 间等发热量较大的房间宜设置独立的通风系统，排风温度不宜高于 40℃。当通风无法保证室内设备工作要求时，宜设置空调降温系统。

18.6.6　气流组织设计。

【技术要点】

1. ICU 的气流组织（图 18.6.6）

ICU 宜采用上送下回的气流组织形式，送风气流不应直接送入病床面，可设置于病床床尾上方。每张病床均不应处于其他病床的下风侧。排风（或回风）口应设在病床床头的附近。由于 ICU 中的患者体弱，又长期在室内，对室内气流很敏感（特别是晚上）。布置送风口时要避免吹风感，且避免气流直接吹经患者的头部。因此，ICU 的送风口应设置在病床床尾上方的顶棚面上。

ICU 中的尘埃粒子、细菌主要产生于病床床头，因此在病床床头附近设置回风口或者排风口可以使较少的微粒在病房内弥散，能够使散发的微粒尽快得到排除。

2. 洁净辅助用房气流组织

对于辅助用房、洁净走廊等的气流组织设计：常无人且需送洁净风的房间以及洁净区走廊或其他洁净通道可采用上回风。

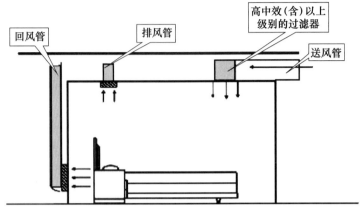

图 18.6.6　ICU 的气流组织

18.6.7　空调机组及风口设计。

【技术要点】

1. 空气处理过程

由于 ICU 相对于手术室洁净级别较低，并且空调机组数量较少，一般应采用集中式全空气空调系统。ICU 净化空调系统对新风的处理可以采用分散式处理方式，即每个净化空调系统的新风单独从室外引入，新风的热湿负荷由循环机组承担。当室外温度低于 5℃ 时应对新风进行预热。可以在新风机组入口增加一套预热盘管或者设置电加热装置，《绿色医院建筑评价标准》GB/T 51153—2015，建议采用热水或者蒸汽对新风进行预热处理。

2. 空气处理设备选型

集中式全空气空调系统推荐采用恒压差变新风量空调机组，该机组可以根据室外状态同时变化新风量与排风量，直至室外气候合适时全新风运行，而始终保持压差不变。不仅能利用室外新风的自然能量，而且能提高室内空气品质、降低感染与交叉感染风险。为了排除 ICU 室内的气味与菌尘，该机组可以全年设定每天清晨温度最低时（如凌晨 4：00～5：00）自动转换为全新风全排风，运行 0.5～1h。对室内进行一次彻底换气，排除污染空气，降低交叉感染风险。

当隔离病房设置独立的空调系统时，应选用全新风式净化空调机组。对于改造项目的 ICU，当原有系统为风机盘管加新风的系统形式时，要关注室内风机盘管机组的二次污染问题。在校验风机盘管机组的余压后，可以采用低阻高中效风口替换原有风口，不需要对原有空调系统进行大的改造，从而可以大幅度降低工程造价。

3. 净化空调机房

ICU 净化空调机组应安装在空调机房内，同时应邻近所服务的区域。空调机房应设置于有外墙的区域或者在机房内设置进风井，同时空调机房应就近空调水管道井设置。ICU 净化空调机组包括风机、过滤、表冷、加热、加湿等功能段。与舒适性空调机组相比，ICU 净化空调机组具有风量大、功能段多、尺寸大、重量大等特点，因此安装于空调机房内有利于日常维修和噪声控制。对于移植重症监护病房，空调机房面积不宜小于净化区域面积的 6%，其他类型 ICU 的净化空调机房面积不宜小于净化区域面积的 4%，空调机房

楼板荷载不小于 $3kW/m^2$。

净化空调机组安装在邻近所服务的空调区的机房内，可减少空气输送能耗和风机全压、有效降低机组噪声等。空调机房设置外墙或者进风井，可便于就近采集新风，同时空调机房距离管道井较近可降低空调水系统的能耗及造价。

4. 防水处理

空调机房内应考虑接入加湿用水或者蒸汽加湿管道，同时应进行排水和地面防水设计。有设备层的机房应在防水百叶处设置排水沟。

5. 风口选型

（1）高效送风口：ICU 在顶棚分散布置送风口，风口规格及数量根据所负责区域的送风量确定。洁净用房送风末级空气过滤器的最低过滤效率应符合表 18.6.7 的规定。对于采用高静压净化风机盘管加独立新风的系统形式，新风系统的末端送风空气过滤器亦应符合表 18.6.7 的规定。

洁净用房送风末级空气过滤器的最低过滤效率 表 18.6.7

洁净用房等级	送风末级空气过滤器	效率
Ⅲ	亚高效	≥95%（≥0.5μm）
Ⅳ	高中效	≥85%（≥0.5μm）

（2）回风口：《综合医院建筑设计规范》GB 51039—2014 规定，集中空调系统和风机盘管机组的回风口必须设初阻力小于 50Pa、微生物一次通过率不大于 10% 和颗粒物一次计重通过率不大于 5% 的过滤设备。为保护室外周围环境，隔离病房应保持负压状态，并应在室内排风入风口处设高效过滤器，避免污染物外泄引起院内外感染。

（3）排风口：ICU 应设置上部排风口，其位置宜在病人头侧的顶部。为了排除室内污浊空气，排风口应设在上部并靠近病床床头的位置。排风口排风速度不应大于 2m/s。设置排风系统的 ICU，排风系统的入口或者出口应设置中效过滤器。对于隔离病房，应采用全新风全排系统，并在病床床头附近设置下部排风口，排风口处设高效过滤器。

（4）新风口：ICU 新风口选型参照洁净手术部相关章节。

18.6.8 风管及阀门、附件设计。

【技术要点】

ICU 的风管及阀门、附件设计除应符合现行国家标准《医院洁净手术部建筑技术规范》GB 50333 相应的技术要求外，还应满足以下要求：

1. 空调机组不宜露天设置，机组周边至少有 0.6～0.8m 的检修距离。

2. 风管阀门零件表面应进行防腐处理，轴端出阀体处应密封处理，叶片应平整光滑。

3. 新风、送风的总管和支管上应开设风量检测孔。

4. 同一洁净系统内的末级空气过滤器，额定风量与使用风量之比应基本一致，使用风量不宜大于额定风量的 70%。

18.6.9 压差控制。

【技术要点】

1. ICU 不同洁净区域压力梯度的设置应符合定向气流的原则，保证清洁区向污染区的定向气流。清洁区、半污染区和污染区之间宜保持不小于 5Pa 的负压差。有压力梯度要求的区域，应确保通风系统在各级空气过滤器达到终阻力时的送、排风量仍能保证各区压差要求。

2. 采用净化的 ICU、负压单元应在医护走廊门口视线高度设置可视化压差显示装置。各区的压差风量，宜采用缝隙法计算，也可采用房间换气次数法。

3. 排风机与送风机应连锁设计：保持正压的病区先启动送风机，再启动排风机；保持负压的病区应先启动排风机，再启动送风机。

18.7　专科性 ICU 基本设计原则

18.7.1　新生儿重症监护单元（NICU）。
【技术要点】

NICU 属于专科性 ICU，同时又隶属于新生儿科，和产科关系很密切。NICU 的人流、物流的流线较为复杂，其强度和频度也较高。环境要求无噪声干扰、无污染，且便于消毒，一般在医院建筑中独成一区，设在病房楼尽端，有独立出入门户和可控制环境。

NICU 室内温度全年宜保持 24~26℃，噪声不宜大于 45dB（A）；免疫缺陷新生儿室宜为Ⅲ级洁净用房。图 18.7.1 可作为 NICU 设计参考。

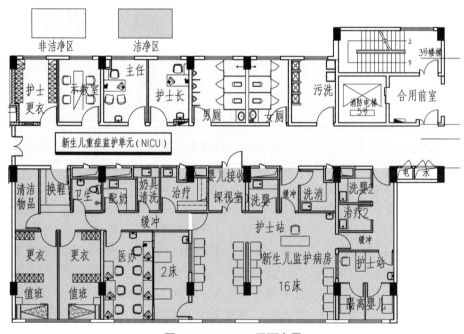

图 18.7.1　NICU 平面布置

18.7.2　呼吸重症监护单元（RICU）。
【技术要点】

RICU 是医院集中收治呼吸与感染性疾病重症患者的监护病区，参考重症医学科硬件配置，融合感染性疾病科的分区管理，需严格设置清洁区、潜在污染区（半污染区）及污染区。RICU 一般设置于院区单独的感染楼内，与相应配套的感染科门诊、感染科手术部、隔离留观病区、负压隔离病房共同建立一套控制传染性疾病传播的医疗体系与设施。

通风空调设置全新风、全排风系统；医生走廊、患者走廊、缓冲间、隔离病房之间产生稳定的压力梯度；病房的前后形成动态空气隔离，减少传染源流动带来的风险。对收治感染患者的隔离单间单独设置排风，并保证对外部空间不小于 5Pa 的负压差。当收治经空气传播的疾病患者时，应当按照负压病房或负压隔离病房进行建设。图 18.7.2 可作为 RICU 设计参考。

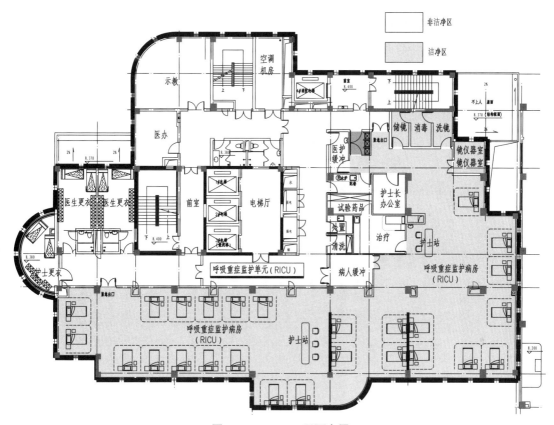

图 18.7.2　RICU 平面布置

本章参考文献

[1] 许钟麟，沈晋明. 医院洁净手术部建筑技术规范实施指南 [M]. 北京：中国建筑工业出版社，2014.

[2] 中华人民共和国住房和城乡建设部. 医院洁净手术部建筑技术规范：GB 50333—2013 [S]. 北京：中国建筑工业出版社，2014.

[3] 中华人民共和国住房和城乡建设部. 综合医院建筑设计规范：GB 51039—2014 [S]. 北京：中国计划出版社，2015.

[4] 章开文，胡亮，朱加丰. 新建综合医院设计的重点与难点 [M]. 北京：中国质检出版社，2022.

［5］黄锡璆. 中国医院建设指南［M］. 3版. 北京：中国质检出版社，中国标准出版社，2015.

［6］罗运湖. 现代医院建筑设计［M］. 2版. 北京：中国建筑工业出版社，2010.

［7］格伦，杨天奇. 谈医院病房设计［J］. 中国医院建筑与装备，2012（9）：82-85.

［8］许钟麟，孙鲁春，蔡斌，等. 创新技术在既有重症监护病房净化空调系统改造中的应用［J］. 工程质量，2011，29（5）：33-36.

［9］龚伟，孙鲁春. 新型重症监护病房净化空调系统的应用［J］. 暖通空调，2009，39（12）：107-108.

［10］沈晋明. 重症监护病房环境控制依据与实施［J］. 洁净与空调技术，2006（2）：48-51.

［11］沈晋明，刘燕敏. 重症监护单元环境控制痛点与对策［EB/OL］.（2023-02-21）［2023-05-06］，http://www.chinaacac.cn/chinaacac2/news/?1014.html.

第 19 章 数字化手术室

郭传骥：中国医科大学附属盛京医院副院长。

陈阳：中国医科大学附属盛京医院原后勤总支书记、副主任。

王良志：中国医科大学附属盛京医院后勤副主任。

潘国忠：建筑设计高级工程师，上海市安装工程集团有限公司医疗事业部总工程师。

张小云：高级工程师，注册公用设备工程师，北京宋诚科技有限公司技术部副总经理。

马普松：北京宋诚科技有限公司技术部总监。

王长松：工程师，二级建造师，BIM 高级工程师，辉瑞（山东）环境科技有限公司总经理。

技术支持单位：

北京宋诚科技有限公司： 一家专业从事医疗净化工程及实验室整体装备设计与施工、工程售后与专业运维、医院物流传输系统工程、智能化系统工程的综合性高新技术企业。

江苏卫护医疗科技有限公司： 集科研、设计、生产、销售为一体，业务包括医用防护功能、手术切口保护、医用工服、永久贴合质量追溯系统、健康五个系列功能模块的产品。

19.1 数字化手术室概述

19.1.1 数字化手术室的基本概念。

【技术要点】

1. 数字化手术室的定义

（1）自动化、数字化、信息化、智能化的关系

"自动化"是指机器设备、系统在没有人的直接参与下，按照人的要求，进行自动检测、判断、处理，实现预期目标的过程。自动化技术广泛用于工业、农业、军事、交通、科研、商业、医疗等领域，把人从繁重的体力劳动和恶劣、危险的工作环境中解放出来。随着计算机的出现，以及电子和信息技术的发展，自动化的概念由机械操作代替人力扩展为用机器（包括计算机）代替人的体力劳动或辅助脑力劳动，以自动地完成特定的作业。

"数字化"一般是指利用计算机信息处理技术把声、光、电等信号转换成数字信号，把语音、文字和图像等信息转变为数字编码，用于传输与处理的过程。与非数字信号相比，数字信号具有传输速度快、容量大、放大时不失真、抗干扰能力强、保密性好、便于计算机操作和处理等优点。可以说，从计算机诞生之日起，人类就已经开始数字化时代了。

关于"信息化"，中共中央办公厅、国务院办公厅印发的《2006—2020 年国家信息化发展战略》中对其定义是：信息化是充分利用信息技术，开发利用信息资源，促进信息交

流和知识共享，提高经济增长质量，推动经济社会发展转型的历史进程。信息资源是信息化的基础，开发利用信息资源是信息化的核心。信息时代使信息成为人类活动的基本资源，信息技术广泛应用于农业、工业、科学技术、国防军事及社会的各个领域，信息业已经成为整个社会经济结构的基础产业。

"智能化"是自动化技术当前和今后的发展动向之一，它已经成为工业控制和自动化领域的各种新技术、新方法及新产品的发展趋势和显著标志。"智能化"的含义是采用"人工智能"的理论、方法和技术处理信息与问题，具有"拟人智能"的特性或功能，例如自适应、自学习、自校正、自协调、自组织、自诊断及自修复等。

数字化使得自动化从连续型的"模拟化"进入到离散型的"数字化"。数字化将各种信息转化为计算机可以处理的数据，信息化是在数据的基础上进行更进一步的提炼，抽取有价值的东西后才成为信息。数字化，目前更多地指将把纸面的东西电子化，而信息化则是在于数据的提炼、加工，发现问题和规律，进行流程重塑和效率提升。智能化则是在数字化、信息化基础上的自动化的终极发展结果。自动化、智能化和数字化、信息化应是相互融合的互动关系。

（2）数字化手术室的内涵

数字化手术室可以理解为以数字化技术为基础，将手术全过程的临床信息、医院的管理信息等进行数字化转变和融合，利用计算机技术，帮助医院提高手术室管理及手术治疗安全和效率、降低手术风险，还可实现手术全过程的实时转播、即时交互、信息存储、行为追溯等传统手术室难以实现的功能。通过技术的不断升级、硬件的逐渐统一标准，数字化手术室还可以和医学装备、环境设备融合，形成数字一体化手术室；可以和 MRI、CT、DSA 等大型检查设备控制系统融合，形成数字化复合手术室；和手术机器人等设备集成，形成数字化机器人辅助手术室等，进一步提高手术室的安全和效率。在手术室内，多角度、全方位地展示医疗、设备信号，可以为医护人员提供实时的医疗信息作为手术的参考，也可以方便地将医疗信号进行存档、备份，为教学、会诊提供数据支持。

数字化手术室是手术室建设领域继洁净手术室之后的第二个里程碑，它的出现解决了因手术室设备越来越多导致的信息分散、空间狭小、手术室运作效率低下等一系列技术与科室管理难题。

2. 建设数字化手术室的必要性

信息化的快速发展，使围手术期的信息量剧增，单靠人力调取、筛选、判断，大大增加了人力负担，还带来工作效率的下降，难以实现信息化的初始目的，因此必然要引入计算机辅助处理和提供决策建议，直至发展到智能化处理围手术期信息。建设数字化手术室，增加信息处理集成度、自动化程度成为医院的必然选择。

手术室作为医院的核心医疗场所。数字化手术室建设是医院管理提升和信息化提升的重要着力点，能够优化手术室工作流程，提高医护人员工作效率和准确性，提高手术服务质量和安全性，提高设备利用率及降低手术室运营成本，增进医院学术交流与合作，有效避免手术室感染事件发生，有效降低医疗事故发生率，并使手术人员有良好的工作体验，也能通过手术示教、学习交流和远程手术指导在人才培养上达到很好的效果。

建设以数字化为基础的手术室信息化管理平台，集成围手术期所有的业务系统，实现信息互联、互通、互动，围手术期数据全程追溯，手术过程可视化，为手术室管理提供实时动态的过程控制，这是手术室未来建设的方向，也是数字化手术室建设的根本目的。这就要求在手术室规划建设之初，就需要进行多方面考虑，通过科学论证、多方沟通，避免在实施过程中因技术更新或功能需求增加而不断产生大量变动，同时也要保证项目规划设计富有前瞻性，留有可持续发展空间，为医院的长远发展打好基础。

3. 数字化手术室建设路径

数字化手术室建设路径可以参照以下要点：

（1）向厂家及同行学习，了解数字化手术室的建设基础、构成、功能定位、设备选型、各系统一体化融合难点、建设成本、建设周期等要素。

（2）面向临床一线及相关工程、设备、信息等职能科室开展调研和充分讨论，了解需求，制定发展规划，确定手术室功能建设方案。建设方案既要符合医院发展现实，又要有适当的前瞻性规划。

（3）考察基建条件和配套设施情况，了解相关政策要求，论证建设的必要性和可行性，确定立项，合理选址。

（4）选择合适的专业设计单位进行深化设计。

（5）采购设备、材料，进场安装。院方应成立多部门参与的联合监控小组，及时掌握设备、物资和基建工程进度，及时协调资源及解决相关问题，确保顺利施工。

（6）交付使用之前的联合调试、验收和系统培训。

（7）试运行，磨合人、设备、物资调配运行，满足全部功能需求后正式使用。

19.1.2 数字化手术室的功能定位：随着近年医院信息化建设的大规模推广，一般医院的临床信息化已初见成效，如门诊病历、住院病历电子化，影像、检验、病理、药物供应等都在逐步普及信息化。存在的主要问题是缺少信息的集成处理，需提高信息互联互通水平。相较临床信息化的发展，医院管理信息化还有很大发展空间，后勤支撑信息化更是刚刚起步。就手术室而言，医疗信息、管理信息、后勤支撑信息以数字化为基础，强化信息集成，集中处理、集中显示、远程管理和互动，最终实现围手术期的智能辅助，减少人力成本和提高决策效率，提升医疗安全是数字化手术室建设的基本功能定位。

【技术要点】

1. 信息集成和远程医学

（1）病人诊疗信息集成。将医院的病历信息系统、影像检查系统、检验系统、病理检查系统、手术麻醉、手术室生命支持及监护系统等以数字化为基础进行集成，整合病人基本信息、影像检查资料、检验报告以及手术过程中的麻醉监测参数等所有与患者相关的信息，提供给手术医生、麻醉医生和手术室护士实时查阅，并建立预警及应急处置程序。

（2）医患沟通系统集成。术前或术中医生需要和患者家属进行谈话，以明确术前的手术方案以及术中方案可能根据实际情况而调整等情况。将手术室情况与医患沟通系统集成，医生可以结合手术图像及手术信息的直播信号或者利用虚拟现实影像等形式向患者家属通俗、直观地解释手术方案，患者家属也能直观地了解手术现状，可以直接、有效地缓解医患矛盾，减少医疗纠纷。

（3）实时的远程医学交流、会诊及示教集成。数字化手术室可以同步以数字信息记录多个视频、音频流和数字信息流，完整地记录整个手术过程，实现全程的手术数字化记录，可以进行编辑和远程播放，可以完整回溯、再现手术过程，进行术后分析、教学和存档。

通过实时的视频、音频交互，手术过程中远程人员可以与手术室的医护人员实时交流。外围专家通过网络与手术室内的系统远程连接，可在手术室以外的任何有会诊工作站的地方，通过数字化平台获取手术室内的高清手术影像，获取患者的基本信息，包括患者病史、患者检验报告、影像检查等信息，以及患者的实时生命体征，与手术室里的医生一起讨论，指导手术或对手术过程中出现的复杂情况进行会诊。

还可通过实时转播，实现远程手术观摩与示教。由于手术室空间环境的限制，不能容纳很多人员，且受视觉角度的限制，学生通常无法看清整台手术的操作细节，在手术现场也不可能与带教老师进行充分的沟通和交流。数字化手术室可以多角度、全方位直播和回放手术过程，包括手术情况、患者生命体征变化情况、检验检查变化情况等手术相关的全部信息，突破了手术教学时间、空间的限制。

2. 手术室环境设备的集中监控和手术室管理

集成手术室环境监控设备包括电源、网络、照明、净化空调、对讲、医用气体等。根据不同手术需求，可定制工作场景，实现一键设定。设置预警机制，及时发现环境设备参数变化，及时调整，防止出现事故。护士工作站可以进行手术室的综合管理，包括：手术安排、人员排班、器材消毒、药品和耗材调配等。

3. 医学装备集成

根据诊疗需要，集成整合手术室里的各种医学装备，包括手术床、无影灯、电刀、内窥镜设备、手术导航设备、心脏外科设备、神经外科设备等，通过控制中心进行集中控制和实时监控、预警，使手术医生的操作更加便捷、高效和安全。

医学装备还可与术中CT、MRI、DSA等大型检查设备集成，进行术中实时的影像学检查，为手术医生提供实时的影像检查资料；与具有导航功能的手术系统连接，实现术中三维影像，可进行手术导航，实现影像导航下的外科手术；与手术机器人集成，用手术机器人代替医生的部分手工操作，拓展医生的操作功能，提高操作的准确性和灵活性。

4. 建设数字化手术档案

术前对患者检查、检验等产生的数据称为术前数据；术中各医学装备产生的手术音视频数据、生命体征数据、麻醉数据称为术中数据。合理整合"术前数据"和"术中数据"即形成了术后数据，也可称为数字化手术档案。通过建立数字化手术档案，可以积累手术数据，为医院改进医疗质控、促进科研和教学提供大数据基础，也是未来发展人工智能手术的技术积累。

19.1.3 数字化手术室与其他手术室的关系。

【技术要点】

1. 数字化手术室与传统手术室的差异

传统手术室仅具有手术功能，对患者的术前信息调取，需要在手术间或邻近区域设置专门的计算机；术后信息保存，更多依靠人力整理，效率很低，完整性、准确性都无法保证；无法实现手术观摩及教学、学术交流，会议及远程医疗等。

数字化手术室将手术室系统和临床信息系统、医学装备信息系统、手术环境系统进行对接，实现手术室信息系统数字化集成，通过计算机处理，集中显示、集中控制，方便手术医生及时、准确地获取诊疗信息，减少手术时间延误。通过信息化手段可以实现医生行为控制，控制手术室感染，并可将手术过程直播到教室，供手术示教、学习交流和远程手术指导。

数字化手术室利用综合布线将计算机和网络、电话、生命支持及监控系统、医学装备控制系统、环境设备设施控制系统、手术物资管理系统、转播示教系统等融为一体，建立完整的手术室集成平台，为整个手术提供更加安全、高效、便利的环境。能让医护人员实时获取患者的术前检查相关信息，即时记录术中治疗信息，也能实现术中医疗远程实时示教、会诊，同时还通过与医院信息系统相集成，实现手术科室事务全面数字化管理。与传统的手术室相比，优化了手术的工作流程，提高了医护人员的工作效率，手术室内洁净度得到了有效控制，既能满足临床教学的需要，也能通过自动保存术中信息满足科研和医疗举证需求。

在数字化手术室设计建设过程中，需要融合手术室管理、临床医学、机电设备安装、设备远程控制、网络传输、HIS 信息共享、视音频处理与交互、监控安防等多学科的专业知识，需要涉及多个专业部门，专业知识和施工计划庞杂，需要提前做好各专业项目负责人沟通方案，以便于提前协调解决问题，避免返工、浪费和延误工期。

2. 数字化手术室与其他现代化手术室的关系

现代化手术室是高科技手术室，目前没有统一的国家标准或通用定义，根据数字化和信息化发展阶段和应用范围，大致可以分为以下几类：

第一类，数字化手术室。利用互联网技术和多媒体技术，实现手术信息和临床信息的集成，具备手术室转播和示教功能。这种类型的手术室实际是基础的或者标准的数字化手术室，近几年已经成为新建手术室的标配。受造价和设备发展的限制，有些建设较早的手术室转播示教系统采用的还是模拟信号，随着设备的升级换代，逐渐以数字化设备替代原有的模拟信号设备，实现真正的数字化。

第二类，数字一体化手术室。在数字化手术室的基础上加入了手术室医学装备整合，实现对医学装备的集中控制，目前基本实现了通过触摸屏对手术室内的设备进行场景化定制，提高了信息处理效率。随着经济的发展以及后勤支撑系统信息化的建设和完善，手术室环境设备也将逐渐进入整合之列，成为集医疗信息、环境信息、设备信息为一体的完整的数字化手术室。

第三类，数字化复合手术室。数字化复合手术室主要是指在空间布局上将手术室与大型影像诊断设备间整合为一体，如 DSA、MRI、CT 等设备，可以使介入、骨科、腔镜等手术操作与放射检查同步进行，减少患者移动，及时得到影像检查的结果。这类手术室以数字化、信息化为基础，融影像检查和手术治疗为一体，可以大大缩短手术周期，提高手术效率和安全性。

第四类，其他手术室。近年新的手术机器人设备、手术导航设备等手术辅助设施开始进入手术室，形成数字化机器人复合手术室、数字化术中导航复合手术室、数字化术中放疗复合手术室等。还有将多间手术室之间的隔墙打通，在每两个手术区之间设置移动隔断门而形成多联手术室或者通仓交融手术室，方便进行大型器官移植等复杂手术。随着信息技术、新型医学装备的发展和广泛应用，相信未来还会有更多手术辅助设备、设施出现在手术室中，形成新的手术室形态。

以上手术室分类只是以不同角度、不同功能定位、不同空间布局来区分手术室。不论怎样分类，数字化、信息化已成为现代手术室建设的基础。根据医疗发展需求，组合不同的空间和设备需求，形成不同的手术室形态，其根本目的都是不断提高手术治疗的安全性和高效性，提高手术成功率，减少患者的手术风险。

19.2　数字化手术室系统建设

19.2.1　数字化手术室规划及建设基础条件。

【技术要点】

1. 数字化手术室的前期规划

（1）组建项目团队

数字化手术室建设和使用不仅仅是手术室内的设备配置与升级，同时也是多学科、多部门的系统整合，需要不同部门、科室、设计单位、设备厂家相互配合。使用者与设计师需要有效沟通合作。医护人员特别是手术室管理者，应该了解数字化手术室相关内容，及时提出符合医院及手术室工作的任务需求，以便于完善手术室数字化建设。

在规划建设初期，医院应成立专门的项目管理协调团队，整体负责项目的规划与建设。当确定建设数字化手术室时，在医院项目管理团队的基础上，还需要专门成立数字化手术室建设管理小组，以确保信息能够准确、有效地传递到位。管理小组包括医院内部和外部两方面。医院内部以主管领导为核心，基建、后勤、信息中心等科室联动，科室主任和使用人员为沟通桥梁，建立内部团队小组。医院主管领导负责项目的整体把控、项目推进、外部对接、内部协调等；基建后勤、信息中心等科室提供建设的基础条件，对软硬件设施进行配合联动，保障基础设施建设完善；科室主任和使用人员负责需求建议的提出，进行需求收集、详细方案沟通等。外部团队主要是负责规划设计的单位，负责项目实施的承包单位，以及提供各种不同产品、设施的设备厂家。

（2）调研确定项目需求

数字化手术室的建设规划需要结合洁净手术部不同手术类别、不同手术数量进行评估论证。承担教学、科研任务的医院还应充分考虑自身职责，在满足教学、科研任务的基础上提高医疗手术、麻醉工作效率和管理水平。

数字化手术室的建设规划要根据医院自身医疗、教学、科研需求，结合数字化本身实现的功能，通过多轮评估、调研、论证，明确投资承受力，由医院确定配置最适合自身功能的数字化手术室建设方案。

（3）数字化手术室的选址

数字化手术室建设位置是首要考虑因素。数字化手术室的建设是依托于手术室建设而进行的扩展建设。医院手术室的建设一般配置门急诊手术室、日间手术室、介入复合手术室、洁净手术室等。按照手术室的环境要求和使用科室，可以分为一般手术室和洁净手术室。洁净手术室内所开展的手术类别相比一般手术室更多，数字化手术室建设在洁净手术室内更经济划算，设施设备利用率也高，能够充分发挥作用，所以数字化手术室首要选择设置在洁净手术部内，但数字化手术室的建设位置并不局限于洁净手术室内部。

一些小型的专科医院或者一、二级妇幼保健院等，因受到资金和手术开展类别的限制，一般不配备洁净手术室，但自身又有科研、教学需求，此时可根据自身情况选择在手术部无菌手术室内设置数字化手术室。

一些大型的三甲医院除了在洁净手术部内需要配置数字化手术室外，也会设置专科类手术部，此类手术部设置数字化手术室也是必不可少的，所以数字化手术室应根据经济效益和使用需求进行合理选址。

（4）明确数字化手术室建设数量、体量、类型和功能

数字化手术室建设需要依托于医院洁净手术室，洁净手术室建设应依据现行国家标准《医院洁净手术部建筑技术规范》GB 50333。医院需要根据能够开展的手术类别、手术数量和洁净级别，合理配置若干间不同等级的洁净手术室。在明确好洁净手术室数量、洁净级别后，进行数字化手术室间数的确认，并选择配置相应的功能。建设数字化手术室，需要先行了解其建设内容，并基于投资规模界定建设的边界，如应用哪些系统、实现哪些功能，应当是首先要考虑的问题。数字化手术室具体功能见表 19.2.1-1。

数字化手术室具体功能　　　　　　　　表 19.2.1-1

分类	具体功能
基础业务功能	患者信息管理、术中影像调度、手术示教、手术导航、语音控制、远程手术协同（远程手术会诊与远程手术操作）
临床业务功能	手术排班管理、三方核查管理、麻醉信息管理、手术护理管理、药品管理、输血管理、耗材管理、病理标本管理、器械追溯管理、灭菌物品管理
科室管理功能	手术集中监控管理、不良事件上报管理、数据统计分析、科室绩效管理
辅助管理功能	门禁管理、监控管理、手术进程管理、呼叫对讲管理、医护患沟通管理、信息发布、环境监控、行为管理、人员管理

2. 数字化手术室建设基础条件

（1）数字化手术室空间设计应根据需要选用，具体尺寸宜不小于表 19.2.1-2 的建议尺寸，具体可根据场地情况、设备配置、功能需求配置。

数字化手术室尺寸　　　　　　　　表 19.2.1-2

手术室名称	手术室尺寸（m）
小型数字化手术室	5.70×5.40
中型数字化手术室	6.00×5.50
大型数字化手术室	7.50×5.70
特大型数字化手术室	8.00×6.00
数字化复合 MRI 手术室	8.00×7.00
数字化复合 CT 手术室	8.00×7.00
数字化复合 DSA 手术室	9.00×7.00

（2）数字化手术室空间设计布局中，可在手术部办公生活区配置示教室，示教室面积应满足科室人员的集中学习所需，最低不宜少于 30m²。

（3）当手术室间数大于 10 间或数字化手术室配置大于 3 间时，建议设置专门的中控室，便于集中管理和维护。

（4）当需要设置数字化复合手术室时，空间设计布局需要根据医学装备情况配置控制室和设备机房。

（5）数字化手术室房间环境应满足现行国家标准《医院消毒卫生标准》GB 15982、《医院洁净手术部建筑技术规范》GB 50333 的要求。

（6）数字化手术室房间内应预留好摄像设备的安装位置、信号线、电源及操作空间，包括术野摄像机和全景摄像机；明确好数字化显示屏的安装位置，安装在墙上的显示屏宜在墙板开孔，嵌入安装，手术床周边显示屏安装部位应满足显示屏的荷载要求，预留显示屏电源插座、信号线及操作空间；室内的显示单元、数字化控制台的安装位置、显示屏幕中心高度应符合人体工程学，宜在墙板开孔，嵌入安装。

（7）数字化复合手术室还应满足以下要求：控制室应方便进出手术室，方便观察手术过程；设备间应方便设备安装、拆除及检修；设备间应设置常年制冷；设备间空间条件应满足所选设备供应商的要求。

（8）数字化复合手术室应根据设备重量及术中设备活动范围设计相应的结构荷载；应根据设备安装路径设计通道结构荷载。

（9）数字化复合手术室应根据设备需要提前做好放射防护预评及环评、磁屏蔽周围场地环境评估，配套设计应考虑六面体放射防护和磁屏蔽，结构预留降板空间。

（10）数字化手术室网络布线应符合现行国家标准《综合布线系统工程设计规范》GB 50311。信息点位数根据预期功能需求配置，并预留部分备用点位。

（11）充分考虑复合手术室设备（如 CT、DSA、MR、手术机器人等）的特殊要求，配置设备专用的信息点。基础建设时手术部建议设置无线局域网，可同步规划、建设 5G 网络。

（12）手术室区域基础线路敷设时应根据线路路径的电磁环境特点、线路性质和重要程度，分别采取有效的防护、屏蔽措施。对需要进行射线防护的房间，其通信的管线严禁造成射线泄漏。手术室无线信号发射装置应采用全密闭外壳。

（13）手术部区域建议根据功能设置定位网络，可采用 RFID、蓝牙、红外、超声等定位辅助手段。选择适用于患者、医护人员、护工、资产的定位标签，形态可为腕表式、胸牌式、拉环式、附着式等，标签应可擦拭消毒。

（14）对关键信号（如腔镜信号、DSA 信号等），应采用医用显示器进行显示。信号采集设备（包括但不限于编码器）和信号输出设备（包括但不限于解码器）应包含光纤接口，支持数据无损传输，且应支持外部控制。

随着时代发展，更多的新技术会应用在手术室中，建设的基础条件也应随之变化。比如建设基于 5G 的数字化手术室，引入数字化集成平台对手术过程数据与麻醉系统等各种系统进行整合并统筹管理，实现手术全过程的数字化管理。而数字化手术室最重要的使用场景是远程教学和手术直播。利用 5G 的高速率、低延时以及大连接性能保障高清图像远程传输，结合增强现实／虚拟现实（AR/VR）、云计算等新技术、新手段实现 5G ＋ AR/VR 手术教学、转播，为目标医生提供教学、培训等。对进修医生、医联体内的医生开设手术教育直播课堂，使其不进手术室也能有学习手术的机会。信息基础的条件变化会越来越趋向于化繁为简。

3. 数字化医学装备条件

（1）医学装备也称医疗器械、医疗设备、医疗仪器或医疗卫生装备，指的是医院中用于医疗、科研、教学、预防和保健等工作，具有卫生专业技术特征的仪器设备、器械耗材和医学信息系统的统称。医学装备是医学科学技术发展的重要支撑，也是开展医学工作的重要基础。数字化手术室内配置相关的医学装备是手术能否快速、有效完成的重要支撑。

（2）手术室的医学装备包括：CT、DSA、MR、达芬奇手术机器人、无影灯、吊塔、手术床、胸腔镜、腹腔镜、显微镜、监护仪、麻醉机、血气分析仪、电刀等。各类设备需要实现数据共享，允许集中控制，且可将输出信息显示在指定的显示器上，会出现不同设备厂商信号输出种类、接口协议、分辨率、刷新率等一系列兼容性的问题。因此，数字化手术室建设中应充分调研设备型号，选择高标准化、集成化、统一化的数据协议和信号端口是建设成功的必要条件。

（3）目前市场上手术室设备的现状是类型多样、接口各异，而且不同的设备厂家采用各自的通信协议进行数据输出，甚至某些同一品牌不同型号的设备在接口通信协议上也存在差异。设计和实现各种诊断、监护、治疗设备的互联以及相关信息的集成共享，是数字化手术室建设中的重点和难点。在不断的发展和逐步规范中，设备接口和通信协议的统一成为一种发展趋势。在时代发展的过程中，数字化、信息化的集成度会越来越高，医护工作者的工作效率和便捷性也会越来越高。

4. 图纸设计流程

数字化手术室建设设计一般分为规划方案设计、初步设计、施工图设计几个阶段。

规划方案设计应明确手术室选址，根据医院功能需求确定初步的平面布局图，也就是医院与建筑设计单位进行初期规划沟通时所确定的方案布局。

初步设计是在方案图纸的基础上，与建筑设计单位各专业反复沟通，满足各专业设计要求。根据各专业需要的结构墙体、风井、水井、管井、强弱电井、设备管井、预留洞、给水排水立管等需求，结合规范规定和审批要求，形成可行的、确定的正式建筑平面布局图。此时的平面布局与规划方案的平面布局相比会出现很多变化，例如可能原设想的数字化手术室为 $45m^2$，房间净面积只有 $35m^2$，无法满足功能需要。此时如果建筑设计单位没有与医院方沟通而直接进行下一步工作，会在后期施工过程中造成大量的重复工作，会造成现场拆改、加固和重新设计工作，既浪费金钱，又耽误工期。因此，建筑设计单位应与使用方沟通确认后再重新调整平面图，在满足各专业提资需求的同时，满足使用者的需求，这样才能保证后期顺利实施。

初步设计包含结构、建筑、暖通、电气、弱电智能化（含数字化手术室）、给水排水、医用气体、消防等各专业的初步专业设计套图，用于建筑设计单位内部审查，同时也是和医院沟通确认各专业具体配置设计方案、投入造价的依据。此时，弱电智能化专业会对数字化手术室做出基础预留工作和明确具体功能需求。初步设计应该是基本确定的图纸，不应再进行颠覆性的修改。

施工图设计是在初步设计图纸的基础上补全了结构、建筑、暖通、电气、弱电智能化（含数字化手术室）、给水排水、医用气体、消防等各专业的最终设计详图，相关的设计内容均应在本设计阶段内完成。在进行施工图设计前，建筑设计单位一定要向使用方就平面布局和功能需求进行一个完整性的方案汇报，汇报过程中把核心关注点再次明确，进行查漏补缺。

需要特别注意的是，以往的工程实践中，因为种种因素的影响，医院委托的建筑设计单位在图纸成果交付时，往往只给定了手术室设计的规划方案，对于专项设计内容在图纸上常常标注为"需要专业公司进行二次深化设计"，这往往是造成手术室建设过程中修改和预算反复变动的主要原因。

造成二次深化设计的原因主要有以下几个方面：一是医院在设计任务书中没有明确专业设计范围和内容，导致一些特殊科室设计不包含在建筑设计的任务内，需要医院另行委托专业设计单位在建筑设计单位预留的基础上进行二次深化设计，例如特殊科室净化设计、精装修设计、玻璃幕墙设计等。二是在前期建筑设计过程中某些事项尚不能确定和明确，但因为施工图审批和施工工期限制，需要及时报批图纸，为了不影响整体工作，会对特殊专业进行提前预留空间设施，后期明确设计需求后再进行二次深化。不管哪种原因，应该明确的是，手术室的专业深化设计应该和建筑总体设计同步进行，以保持协调。或者委托建筑设计单位进行全专业设计，或者委托专业公司及时配合建筑设计单位进行同步设计，这是有效控制现场拆改、保证专业配合到位和有效控制投资预算的关键点。在进行深化设计前，医院还应提前确定重要的大型医学装备选型，以便于设计人员确定相关需求。

19.2.2　数字化手术室系统主要由音视频信号采集系统、视频影像调度系统、数字阅片系统、影像记录系统、手术示教系统、远程家属谈话系统、示教室系统、信息发布系统、手术室行为管理系统、远程会诊系统、设备定位及工友管理系统、资源管理平台等不同功能系统组成。

【技术要点】

1. 各系统功能简述

（1）音视频信号采集系统：采集4K腔镜、显微镜、4K术野摄像机、头戴摄像机、4K全景摄像机、达芬奇机器人等设备的信号，同步进行数字化集成和显示。支持4K信号存储，兼容SDI、HDMI、DVI、BNC等各种视频接口高清信号，支持宽频高保真音质。

（2）视频影像调度系统：手术室内的各种医疗影像设备连接到智能控制系统，对其进行画面切换、多画面控制等处理后传输到手术间各个医用显示器等设备上，能够满足手术室内人员的视野需求，通过触摸屏（医用键盘鼠标）简单操作将各类视频或数据分别显示在手术间内的适当位置的多个显示屏上，实现任一视频信号和病人医疗数据的任意切换，即点即看，支持高清、4K信号多分屏查看。

（3）数字阅片系统：通过配备专业的医用显示终端，满足数字化阅片的要求。手术室配置医用吊臂显示器或者墙面医用大屏，通过数字阅片方式直接调阅PACS影像，触摸控制操作，简单易懂、节约传统胶片和提高工作效率。同时应保留传统阅片方式，手术室内医用显示器需要具备观片灯功能，可实现一键进入观片灯模式进行传统胶片阅片，以保障意外情形下手动阅片，保证手术安全。

（4）手术示教系统：将手术室内手术过程影像通过IP网络传输方式实时传送到手术室外的报告厅、会议室、示教室等地点，实现视频、音频的交互教学功能，进行实况转播，用于手术观摩、教学、手术指导。同时，对手术过程的影像、声音、照片进行记录存储，供线上学习。手术过程中手术室可终止与观摩端的交互，并可控制视频录制、暂停、停止手术直播；可同时录制多路以上画面在同一文件，便于多视频同轨查看，也可单独录制；可对多间手术室视频进行整体录制；图像声音能够同步记录，清晰无杂音、无回声。

（5）远程家属谈话系统：医护人员在手术室内可以远程与患者家属实时进行音视频沟通交流；可调阅患者 HIS、LIS、PACS、EMR 和手术录像等系统数据，实时传输到家属谈话间；医护人员可通过此功能实现风险告知或其他通知，并可对沟通过程进行全程录像，家属可通过电子签名系统进行电子签名。谈话主机可实现用户登录授权、家属呼叫、视频通话、谈话录像、家属签字确认等功能；家属观看屏自动显示谈话间全景摄像机视频；本地谈话时呼叫成功启动录音和全景摄像机录像；远程谈话时切换显示手术间摄像头视频；标本展示时画中画显示手术间标本（大画面）和医生（小画面）；面对面交谈，录音录像。

（6）示教室系统：能收看任意数字化手术室内多路音视频信号，支持多屏显示多路信号或大屏分屏显示；能同时收看多间手术室的直播信号；能与手术室之间进行音频互动或音视频互动；能对手术画面进行冻结标注，标注的画面能回传到手术室。

（7）信息发布系统：针对不同角色发布相应信息，具备用户身份认证和访问权限控制安全机制；具备隐私保护功能；采用多种途径提供信息查询和发布服务，信息来源保持一致；公告内容包括患者信息、手术排班信息、手术进程信息和家属谈话通知以及手术室其他重要信息等。

（8）远程会诊系统：会诊功能内嵌于数字化系统平台，无需独立配置系统；在医院网络可达的地方即可实现高清视频在线交互；支持用户角色权限设置；支持全景、术野、内窥镜、监护仪等患者数据影像和医疗记录实时传输查看，为会诊专家提供连续动态的诊断依据；支持多方智能混音，方便手术视频会议与手术会诊中的多方讨论。

能进行互联网远程手术指导，具有远程链接的能力，在异地对手术医生进行远程协助时，提供实时手术过程信息、病人生命体征变化信息和电子病历信息，便于进行实时远程会诊；同时，可通过互联网与世界各地的医学专家建立通信联系，满足会诊、交流的需要。

（9）设备定位及工友管理系统：采用物联网技术，在手术部部署定位系统设备。通过定位系统能够对移动器械设备进行定位感知，便于查找，提升设备利用率，检测医疗器械设备能耗，进行精准效益分析；可对工友进行查找，及时派单、抢单，降低管理成本，提高管理水平；对设备使用率、闲置率、故障率等数据进行统计和分析，为维修保养提供决策依据，为采购提供数据支撑，实现采购科学化、智慧化。

（10）手术室行为管理系统：采用物联网技术，对进入手术室的人员进行身份识别、手术衣鞋管理与医护人员的更衣鞋柜管理，实现医护人员手术安全准入管理，手术衣及手术鞋智能发放、回收及追溯，结合手术室手术排班系统、门禁系统，将整个手术室工作流程自动化、智能化。通过各个工作节点的控制和管理，使得工作流程更智能化，避免出现无权限的人员进入手术室，避免出手术室时不归还手术衣以及不穿手术衣进入手术室等现象的发生。建立手术资源和人员行为的智能化管理体系，最大限度确保手术室安全及高效运营。

（11）资源管理平台：为所有数字化手术室和基础信息化手术室配置资源管理平台，

在数字化手术室术中录制的音视频资源统一存储在服务器上，保证数据安全。支持不同示教客户端的连接，领导、主任或医生在办公室根据角色权限术中可实时指导手术，术后可浏览点播视频资源。

2. 数字化手术室主要设备配置

数字化手术室主要设备配置见表 19.2.2-1。

数字化手术室主要设备配置　　　　　　　　　　　　　　表 19.2.2-1

序号	系统名称	需求等级	基本配置要求
1	数字化手术室系统	必配	视频有 2K 和 4K 之分，建议支持 4K 设备，具有音视频采集、视频路由、视频存储、设备控制功能；支持现有常规的视频格式，具有电源管理功能，支持一键开关机，系统运行流畅
2	手术室示教系统	建议配置	低延时，可按高低、主次两种码流进行示教直播，示教室内可对视频源进行自由切换，系统运行流畅
3	管理平台	建议配置	对多间手术室系统进行管理，用户及权限设定，资源数据记录存储管理，流媒体转发，设备管理，信息系统对接，提高管理效率
4	家属谈话系统	建议配置	可进行家属呼叫、双向视频对讲、谈话计时、计时控制、谈话过程记录、数字签名等
5	家属等待系统	根据需要配置	显示手术排序、手术类别、手术开始时间、主刀医生等信息，可根据患者需要进行必要隐私设置；可接收信息通知
6	远程会诊系统	根据需要配置	通过 5G、4G 等互联网手段，可结合第三方视频会议系统实现远程会诊，支持移动端（手机或 PAD）接入
7	设备定位及工友管理系统	根据需要配置	通过物联网技术对手术室内的移动设备进行管理定位，对工友进行派工、绩效统计等
8	行为管理系统	根据需要配置	准入系统、发鞋发衣柜、更衣鞋柜、回收柜、发布系统等设备

下文主要为国内主流数字化手术室设备厂商的主要设备选型推荐，具体见表 19.2.2-2。

（1）数字化手术室系统主要设备。根据数字化手术室特点，在手术室墙体安装嵌入式数字化手术室信息控制柜，符合净化要求，内置主要设备。需配备 1 台不小于 24 英寸的数字化控制屏和 55 英寸的 4K 医用显示器，数字化控制屏主要控制手术室内所有信号的调度切换、录制、直播、会诊等功能操作；55 英寸 4K 医用显示器是多功能显示屏，可显示电子病历、远端场景和医疗器械信号。在手术间安装一台 55 英寸辅助医用显示器，用来显示 PACS 影像、远端场景、监护仪和医疗器械各种信息。独立吊臂上安装 1 台术野摄像机，用来拍摄病人手术部位视频，清晰拍摄医生手法。吊臂上安装 1～2 台不小于 27 英寸的 4K 医用吊臂屏用来显示术野视频。手术室顶部角落吊装 1 台全景摄像机，观察手术室内医护人员的手术活动。音箱采用吸顶的安装方式，美观大方，功放集成于信息控制柜内，医生佩戴无线麦克实现语音交互。

（2）平台管理系统设备（机房）见表 19.2.2-3。中心机房作为数字化手术室的中心节点，负责接收多间手术室的数字化音视频码流，将其按需转发给示教用户或存储在指定的设备中，为医院未来扩展到大规模示教或数字化手术室提供基础服务。同时，作为数字化手术室存储文件大数据中心，通过数据挖掘分析技术，统计各种数据报表，为医院领导层提供决策服务。

数字化手术室主要设备选型推荐

表 19.2.2-2

序号	名称	数量	基本配置要求
1	数字化手术室信息控制柜	1 套	嵌入墙体安装，嵌入深度小于等于180mm，不占空间，符合净化要求，内置触摸显示屏、矩阵编码设备、工作站、音频处理设备、医用键盘鼠标等主要设备
2	术野摄像机	1 台	1080P 或者 4K 分辨率，具有手动、自动聚焦，手动自动亮度调节，变焦调节功能，视频接口建议为 SDI/HDMI/DVI
3	全景摄像机	1 台	1080P 或者 4K 分辨率，视频接口建议为 SDI/HDMI/DVI/网络 RJ45
4	数字化影像控制终端	1 台	针对手术室医疗设备多样性特点优化采集、拼接、转换、矩阵和编码功能；具有视频矩阵路由功能、音视频编码功能、控制功能、多画面拼接功能、接口转换或全接口支持，支持 8 路 1080P 或 4K 分辨率
5	数字化工作站	1 台	可视化软件操作控制，具有视频路由、录播控制、录像记录、示教、背景音乐、远程会诊、家属谈话、手术进程管理、信息系统（HIS、PACS、EMR 等）调取等功能模块
6	24 英寸数字化控制屏	1 台	触摸显示屏，操控显示数字化工作站内容
7	大屏显示器	1 台	建议 55 英寸，建议支持 4K 视频信号传输，建议嵌墙安装，要求箱体与墙面无缝隙
8	吊臂屏	1～2 台	选用医用级屏幕，亮度大于等于500cd/m²；根据需求选用支持1080P或4K分辨率
9	电源管理设备	1 套	支持一键开关机，控制保护所有数字化系统设备
10	音频系统	1 套	含无线麦克、功放、吸顶音箱、调节灵活，音质纯正，无回音
11	显示屏吊臂	1～2 套	移动轻便，线路不裸露
12	布线	1 宗	手术室内布线建议采用六类抗干扰网线或光纤，线缆无外漏，须做好屏蔽辐射干扰安全防护
13	门口信息发布屏	1 套	21 英寸以上，显示手术信息
14	PAD	1 台	用于器械清点、手术核查；具有扫描腕带功能

除基本录播模块外，系统根据医院示教手术室的实际需求还应提供用户角色权限认证、手术资源管理、状态监控、节点参数配置、录像编辑等扩展功能。

平台管理系统设备（机房）

表 19.2.2-3

序号	设备名称	数量	基本配置要求
1	管理服务器	1 套	处理器不小于 1 颗，XEON E5-2603 v3； 内存不小于 8G，DDR4； 硬盘不小于 1 块，1T 企业级； 阵列：支持 RAID 0、1、10，可选独立阵列卡； 正版操作系统

续表

序号	设备名称	数量	基本配置要求
2	视频资源应用平台软件	1套	实现音视频传输、数据融合和交互、设备及人员管理、服务器级联和CDN等系统功能，并为后期扩容提供接口。 手术过程相关信息全记录； 手术信息检索查询； 手术工作统计报表； 支持4K视频信号传输； HIS/PACS/LIS/EMR数据信息融合，会诊端与接诊端同步交互
3	扩展存储服务器	1台	根据需要配置存储磁盘，建议配置20TB以上存储空间；支持RAID 0、1、5、6、10（0＋1）、30、50、60；支持1TB/2TB、7200r/min近线SAS硬盘，支持1TB/2TB、7200r/min SATA磁盘；2组双冗余450W可热插拔电源；全中文管理软件
4	安装辅材	1宗	各种线材，工具

服务器还应提供预留接口，为已有或未来建设的其他信息系统的结合提供支持。支持标准的HL7协议对接，如需与第三方信息系统PACS、HIS等对接，需免费提供对接接口数据信息。

（3）手术示教系统是指在示教室（会议室）收看手术室内的各路影像，实时教学观摩，可与手术室进行互动交流学习，主要设备由示教工作站主机和系统、音像显示设备等组成，具体见表19.2.2-4。

手术示教系统主要设备　　　　　　　　　　表19.2.2-4

序号	设备名称	数量	配置要求
1	示教工作站（或者示教盒或者示教软件等）	1套	CPU：四核处理器i7； 内存容量不小于4GB，DDR1600； 硬盘容量不小于1TB； 视频输出接口：VGA/DVI/HDMI； 示教软件系统：支持示教多画面直播、录制、交互、控制功能
2	全景摄像机	1台	1080P或者4K分辨率，视频接口建议为SDI/HDMI/DVI/网络RJ45
3	液晶电视机＋投影机＋幕布	1套	采用高清或4K投影机，不小于100英寸的幕布，2台不小于55英寸的液晶电视
4	无线麦克	1套	频率响应：80Hz～15kHz； 频道数：四通道； 灵敏度：±80dB； 使用距离：有效距离50m
5	功放	1台	动态功率：125W/150W/165W/180W； 频率响应：0±0.5dB/0±3.0dB； 输入灵敏度/阻抗、CD等：500mV/47kΩ； 信噪比：100dB（500mV. 输入Shorted）；75dB（10mV. 输入Shorted）
6	音响	1对	频率响应：100Hz～20kHz； 阻抗：8Ω； 额定输入功率：30W

序号	设备名称	数量	配置要求
7	设备机柜	1 套	24U 落地式机柜
8	安装辅材	1 宗	各种线材工具

（4）家属谈话间设备见表 19.2.2-5。

家属谈话间设备　　　　　　　　　　　　　　　　　　　　　表 19.2.2-5

序号	设备名称	数量	配置要求
1	谈话主机	1 套	CPU：不低于 i7 6700； 内存不小于 8G，DDR4； 256GB 固态硬盘； 不少于 1TB 机械硬盘； 可指定输出音频，输入接口：HDMI\SDI
2	显示器	2 台	屏幕尺寸：不小于 21.5英寸； 分辨率：1920×1080
3	全景摄像机	1 台	1080P 或者 4K 分辨率，视频接口建议为 SDI/HDMI/DVI/ 网络 RJ45
4	音频系统	1 套	音响＋ MIC：连接谈话主机，调节灵活，音质纯正，无回音
5	家属谈话系统软件	1 套	满足医护人员在手术室内可以远程与谈话间患者家属实施沟通音视频交流；可调阅患者 HIS、LIS、PACS、EMR 和手术录像等系统数据，实时传输到家属谈话间；医护人员可通过此功能实现风险告知或其他通知，并可对沟通过程进行全程录像
6	家属签字板	1 套	在手术前或者手术过程中，需要进行术式变更的情况下，可通过家属谈话软件显示术式变更知情书并让家属签字确认
7	安装辅材	1 宗	相关线材工具

（5）家属等待系统设备见表 19.2.2-6。

家属等待系统设备　　　　　　　　　　　　　　　　　　　　表 19.2.2-6

序号	设备名称	数量	配置要求
1	手术进程发布系统	1 套	实时显示当天手术信息；实时更新手术进程状态信息；支持语音播报，自动播放叫号信息；支持播报语音字幕提示；支持显示界面及内容定制化设计
2	4K 显示器	1 台	建议尺寸：65 英寸； 屏幕比例：16：9； 背光源：LED； 分辨率：3840×2160； 刷新率：60Hz

序号	设备名称	数量	配置要求
3	音频系统 （音响＋功放）	1套	功放： 音响输出连接口； 高功率变压器； 平衡式 XLR 输入／并联输出； 变速散热风扇。 音箱： 额定功率：140W； 灵敏度：90dB
4	安装辅材	1宗	相关线材工具

（6）远程会诊系统设备见表19.2.2-7。

远程会诊系统设备　　　　　　　　　　　　　　　表 19.2.2-7

序号	设备名称	数量	配置要求
1	高清远程视频终端	1套	高清视频通信终端，支持 H323 协议，双向 1080P 传输； 含终端主机、高清摄像机、全向数字麦克风、遥控器等
2	辅助显示	1台	建议不小于 55 英寸的液晶电视
3	安装辅材	1宗	相关线材工具

（7）设备人员定位系统见表19.2.2-8。

设备人员定位系统　　　　　　　　　　　　　　　表 19.2.2-8

序号	产品项目		数量	单位
网络覆盖				
1	定位信号覆盖	定位通信终端	若干	个
2	物联网基站信号覆盖	通信基站	若干	台
硬件终端				
3	人员管理手环		若干	个
4	设备管理标签		若干	个
软件系统（本地部署）				
5	管理系统	定位引擎	1	套
		地图引擎	1	套
		工友绩效管理系统	1	套
		手术室设备综合管理系统	1	套
		数据接口中间件	1	套

（8）手术室行为管理系统配置要求见表19.2.2-9。

手术室行为管理系统配置要求 表 19.2.2-9

序号	名称	数量	配置要求
1	准入系统	1套	手术区域门禁控制主机系统,可根据医院需求定制门禁控制规则; 与手术排班系统关联,通过身份识别方式决定是否有进入手术室的权限,支持人脸识别、指纹和刷卡(可选)
2	控制工作站	1台	CPU:四核处理器 i7; 内存容量:不小于 4GB,DDR1600; 硬盘容量:不小于 1TB,最大 4TB
3	工作站显示器	1台	分辨率:1920×1080; 屏幕比例:16:9; 对比度:1000:1
4	桌面式读写器	1套	充分支持符合 ISO/IEC 15693、ISO14443A/B 协议的各主流电子标签
5	手持批量扫描仪	1台	衣物标签批量注册以及与洗衣房做衣物交接数量核对使用,可直接将扫描数据回传至系统
6	智能发鞋柜	2台	感应授权过的IC卡,通过接口无缝对接HIS系统或麻醉信息系统中的手术排班信息,根据当天手术排班的情况自动审核医护人员的手术鞋发放; 支持自动选择大、中、小号手术鞋类型,在自助发鞋机上刷IC卡领取对应持卡人尺码的手术鞋,并自动绑定IC卡进行信息关联登记; 有良好的人机操作界面,可对于手术鞋按大、中、小号类别进行综合管理; 库存提醒功能:当各尺码鞋存量低于设定值时,在管理系统中提醒工作人员及时添加
7	智能收鞋柜	1台	功能要求:自动回收使用过的手术鞋,产品采用工业级设计,能够适应低温、恶劣的工作环境; 医护人员术后将手术鞋投入回收机时,回收机自动记录归还信息,并将信息回传至管理系统; 自动回收超量提醒功能:当回收机的污鞋数量超过设定值时,在管理系统中弹出提醒信息框,提醒工作人员及时清理对应的回收机内的污鞋
8	智能鞋柜控制主柜	根据需求	通过管理系统,感应授权过的 IC 卡; 发卡时,将工作人员与柜子的箱号形成绑定关系,同时上传至服务器; 管理员使用电子密钥(管理IC卡+密码)进入管理界面,可实现应急开箱、锁箱、清箱等功能; 可通过网络远程管理,实现查询、远程开箱,数据统计等功能; 为保证安全性,系统具有完备的日志记录,所有使用者信息、存取操作、时间信息、使用卡号信息后台均有记录
9	智能更鞋柜	根据需求	具有较高的容积率,在保证强度的情况下尽可能增加容积; 外观、颜色可定制,便于清洁,不易油污、磨损; 可根据医院要求增加单箱隔断,变成双层单箱
10	智能发衣柜	根据需求	感应授权过的IC卡,通过接口无缝对接HIS系统或麻醉信息系统中的手术排班信息,根据当天手术排班的情况自动审核医护人员的手术衣发放; 支持自动选择大、中、小号自动发放手术衣,在自助发衣机上刷IC卡领取对应持卡人尺码的手术衣,并自动绑定IC卡进行信息关联登记; 有良好的人机操作界面,可对手术衣按大、中、小号类别进行综合管理; 库存提醒功能:当各尺码手术衣存量低于设定值时,在管理系统中提醒工作人员及时添加

续表

序号	名称	数量	配置要求
11	智能收衣柜	根据需求	自动回收使用过的手术衣，产品采用工业级设计，能够适应低温、恶劣的工作环境； 医护人员术后更衣将手术衣投入手术衣回收机时，回收机自动记录衣物的归还信息，并将信息回传至管理系统； 手术衣自动回收机超量提醒功能：当回收机内的污衣数量超过设定值时，在管理系统中要弹出提醒信息框，提醒工作人员及时清理对应的回收机内的污衣
12	智能衣柜控制主柜	根据需求	通过管理系统，感应授权过的 IC 卡； 发卡时，将工作人员与柜子的箱号形成绑定关系，同时上传至服务器； 管理员使用电子密钥（管理 IC 卡＋密码）进入管理界面，可实现应急开箱、锁箱、清箱等功能； 可通过网络远程管理，实现查询、远程开箱、数据统计等功能； 为保证安全性，系统具有完备的日志记录，所有使用者信息、存取操作、时间信息、使用卡号信息后台均有记录
13	智能更衣柜	根据需求	尺寸根据现场实际情况定制
14	门禁系统	根据需求	门禁控制主机系统，联动感应通道，定制门禁控制规则
15	RFID 感应通道	根据需求	超高频手术衣、鞋的 RFID 芯片感应，自动识别记录医护人员违规行为； 联动限制区门禁，可选支持识别手术衣、鞋后自动开启门禁功能
16	行为管理平台服务器	1 台	服务器参数： 1U 单路机架式服务器； 单颗 E3-1276v3 ＋单电源 180W 8GB 内存＋4TB 硬盘
17	行为管理平台软件	1	标签管理； 医护人员信息管理； 统计查询； 报表生成； 异常信息提示； 设备远程检测； 设备远程管控
18	RFID 标签	根据需求	符合 ISO 15693 协议的洗衣标签产品，由采购人将 RFID 芯片封装缝合到手术衣和鞋内
19	48 口交换机	1 台	48-10/100/1000MBps 电口，4－千兆光口
20	发布一体机	根据需求	屏幕尺寸：48～50 英寸； 分辨率：3840×2160； 功能：支持远程截图、定时开关机、实时远程开机、远程调节亮度、屏幕自动旋转、远程调节背光、远程调节音量、预装 APK 支持应用守护功能、可在后台系统上传或下载文件

19.2.3　数字化手术室建设按照"项目设计阶段—项目准备阶段—项目发运阶段—项目施工阶段（包括综合布线阶段、设备安装调试阶段、软件安装调试阶段、软件试运行阶段）—项目验收阶段"五个不同阶段，进行项目总体流程。

【技术要点】

1. 设备及系统选型原则

鉴于数字一体化手术室的发展趋势，对系统的选型应遵循以下原则：易用性、稳定性、先进性、开放性、扩展性和安全可靠性。

（1）易用性：所有设备统一电源管理，一键开关机。软件功能操作界面一目了然，使用人员能够轻松找到所需功能。系统可自动升级，灵活扩展，新设备接入灵活；手术图像可通过移动硬盘、U 盘或光盘导出或导入；通过网络远程访问和直播。

（2）稳定性：系统核心硬件采用嵌入式设备，稳定性高、抗病毒攻击能力强；设备的电源统一管理，保证设备稳定运行。

（3）先进性：系统设计达到国际一流水平，满足国际标准和我国有关规范的要求；软件系统支持 HL7、DICOM 3.0 标准医疗信息系统接口协议，可与 HIS、PACS、LIS、EMRS、手术排班、电子病历等医疗信息系统交互对接，提供标准开放数据接口。

（4）开放性：系统可接入各种标准视频接口的影像设备；支持 SDI、DVI、VGA、S-Video、复合视频和高清分量接口；与现有的手术室设备和会议室系统无缝连接；高清图像通过 IP 网络全数字化传输。

（5）扩展性：系统采用模块设计，硬件和软件均实现模块化，有新功能需求时，无需再开墙破洞，直接在原来设备的基础上新增硬件和软件，对系统进行升级，以便适应新时代医院手术部应用。

（6）安全可靠性：设备能 7×24h 稳定工作；同时支持本地录制和服务器录制存储调取数据，保证手术录制不中断，确保数据安全；系统启动快，系统掉电后再来电或网络传输中断后再恢复正常，系统恢复工作迅速；故障率低，维护维修方便。

2. 数字化手术室建设流程

（1）项目设计阶段。根据医院要求及现场实际情况制定相应的项目计划，并出具工程相关设计方案和设计图纸。具体工作安排见表 19.2.3。

项目设计阶段工作安排　　　　　　　　　　　　　表 19.2.3

环节	工作内容	技术要求及相关文件	输出
现场勘查	到医院进行实地勘查，对接现场情况	合同及附件，国家标准、行业标准及公司质量标准	工程设计图
设计	施工设计的全套图纸和设备物料清单	合同及附件，国家标准、行业标准及公司质量标准，联络会纪要	工程设计图
技术文件	编制验收大纲、安装手册、操作（使用）和维护手册、培训计划、现场安装调试计划、运输及装箱计划	合同及附件，国家标准、行业标准及公司质量标准，联络会纪要，产品说明书	有关设计方案等技术文件

（2）项目准备阶段。设计图纸经审核后，交相关部门；根据项目情况进行人员安排；设备采购、施工材料备料；场地基础条件准备等。

（3）项目发运阶段。主要分以下几个部分：

1）设备及主要零部件，工厂自检合格，并经驻厂代表检验和签发准发证后，才能装箱发运。由实施方送到指定的地点。

2）实施方在设备发运时，需仔细核对发运的货名、装箱件数、重量、发运时间、车号及一切提货手续单据。每件包装箱外面必须用防水密封包装并将该箱号的详细中文装箱单及开箱单一式两份装入其中。

（4）综合布线阶段。为保持项目实施的一致性，施工方在准备弱电施工时，与数字化手术室系统实施方密切联系，项目实施工程师带领弱电布线工人根据实施方案及 CAD 套图进行组网、布线端接工作。布线完成后，实施工程师检查布线位置及布线质量，填写《布线质量验收单》，项目经理进行审核。

（5）设备安装调试阶段。货物运抵现场后，派遣安装人员进入工地，进行设备的安装。与电气设备安装有关的标准规范包括《建筑电气工程施工质量验收规范》GB 50303、《电气装置安装工程 盘、柜及二次回路接线施工及验收规范》GB 50171、《电气装置安装工程 接地装置施工及验收规范》GB 50169 等。

（6）软件安装调试阶段。对已安装的系统硬件及显示设备进行检查验收，调试好整个软件功能及配置，使系统能够稳定运行。

（7）软件试运行阶段。通过既定时间段的试运行，全面考察项目建设成果，并通过试运行发现项目存在的问题，从而进一步完善项目建设内容，确保项目顺利通过竣工验收并平稳地移交给医院手术科室。通过实际运行中系统功能与性能的全面考核，检验系统在长期运行中的整体稳定性和可靠性。试运行期间不定期进行特别操作或特殊环境测试记录；每周生成一份日常问题记录；每半月生成一份半月问题汇总（含问题处理记录）；出现重大问题（系统崩溃等），生成重大问题记录（含处理记录）；实施方负责对问题处理情况作汇总分析；试运行结束后，实施方出具试运行总结报告。

（8）项目验收阶段。保证所有系统均符合设计及招标文件技术要求。遵循设计参数要求及标书中各条款和工作项目的质量保证体系，保证正常运转。业主（包括工程设计单位）有权参加设备的测试。工程设计单位认定产品不满足设计要求或有缺陷时，有权要求实施方进行改造。经改造后的设备需重新进行测试。实施方与业主在检查和试验过程中应密切合作。所有测试、检验的结果或结论，都详细记录并由实施方有关当事人正式签字，试验和检查报告、记录和文件一式三份，其中两份交发包单位，另一份交工程设计单位。

19.2.4 数字化手术室融合医用洁净装备工程与数字信息化工程，系统建设对技术把控、安装人员素质、设计安装质量等要求较高。

【技术要点】

1. 数字化手术室建设基本原则

（1）稳定性原则。操作平台尽量避免死机及病毒感染。在硬件方面选用成熟可靠、性能稳定的设备和配件，系统关键部分采取冗余设计，具备一定的容错及抗干扰能力。

（2）可扩展性原则。为系统预留升级空间，注意主要设备的可扩展性，为后期扩建做好准备，比如在共享一套主机的基础上无需添购主机而拥有第二间数字化手术室。

（3）统一数字化标准原则。PACS 图像的储存、调阅与远程传送须使用统一的数字化标准格式。对于手术室设备的控制与管理符合数字化统一标准格式的要求。其他信息系统也存在这一问题，数字信息的标准化是重要的基本原则。

（4）实用性原则。以满足医院临床医疗和院务管理实际需求作为第一要务进行设计建设。采用集中管控模式，在满足功能要求和技术指标要求的基础上坚持实用化，避免投资过度。

（5）后期易维护性原则。后期维护是系统稳定运行的重要保障，方便、快捷的后期维护是系统建设的重要因素。在前期设计和实施过程中都要考虑到后期维护、维修的便利性和经济性。

（6）易操作、易管理原则。具备良好的操作界面和自动化管理能力，方便医护人员操作和降低医护人员的劳动强度。

2. 数字化手术室的设计要点

（1）信息集成。包括患者临床信息、术中生命系统支持及监护信息、手术室医疗及环境设备信息、手术物资信息、医护人员信息、现场转播及示教信息等。各个信息系统的数字化标准不同，通信协议不同，开放程度不同，需要统一协调，规范标准和合理转化。

（2）流程重塑。以数字化为基础、信息化为手段、智能化为目标，重塑和优化手术排班、医护患协同、家属交代、麻醉、手术、物流、人员行为管理等业务标准流程，提高自动化程度，解放人力，提高手术室使用效率，保障手术安全。

（3）设备集成。通过计算机网络，运用信息化技术整合手术室中各种设备，包括手术室辅助设备、生命支持设备、监护设备、麻醉设备、环境设备、转播示教设备等，打造一体化平台，优化显示和监控界面，提高自动监控程度，建立预警机制，为手术的医疗行为管理提供有力保障，满足手术医生、麻醉医生、护士、进修学生和患者家属等不同人群的需求。

（4）合理布局，预留发展空间。手术部在建设规划时一定要充分考虑辅助用房数量、规模和位置。在设计时应充分预留辅助用房，考虑手术耗材以及辅助设备存放等。在洁净手术部规划之初就需要充分考虑留足预留空间和设施，有条件的情况下按照配置大型医疗设备的方案进行设计。施工时设备部分进行安装预留，按照标准洁净手术室进行使用，在后期大型设备购置或者需要增设数字化复合手术室时进行小面积的拆改即可，减少大面积的拆改，节省投入，缩短改造工期，避免影响手术部的正常使用。

目前很多医院手术需求的增长速度已经远远超过已建手术室的承受能力。在建设之初，需要对手术室的规模进行科学测算，在手术室设计时应预留相应空间，考虑手术室建设的可持续发展需求。

3. 数字化手术室建设的关键技术

（1）数字化设备的控制。将手术室全景摄像机信号、高清术野摄像机信号、专用医学成像设备（DSA、X 射线机、腔镜、显微镜、监护仪等）信号、床边监护设备（监护仪、麻醉机、血气分析仪）信号、术中术者语音信号等同步进行数字化集成和显示，通过控制中心进行集中操作和观察，实现对手术室设备的集中控制，使医生的操作更加高效和安全。

（2）数字化信息的融合。系统能与医院 HIS、LIS、PACS、EMR 等信息系统无缝集成，手术过程中医生可通过系统随时查看患者的基本信息、检查报告、检验结果和医嘱、医疗文书等。支持国际或国内标准接口获取 HIS 内的病人信息，支持 DICOM 接口协议获取 PACS 服务器图片。

（3）数字化信号的传输。信号传输通道应符合快速和便捷的要求，优先采用标准网络传输。即手术室到手术室外部（如示教室）的视频通信不需要点对点敷设视音频线缆或光纤，而是通过医院现有的标准局域网（LAN）传输数字化高清视频信号。采集手术过程中的各种影像信号采用编码后通过 TCP/IP 协议的标准网络进行通信和数据传输。

（4）数字化信息的记录。建立基于网络的数据实时监控系统，实现数据在线实时处理，提供工作人员移动数据处理解决方案，提高工作质量与效率，实现手术室无纸化操作。系统记录手术全过程、手术室全景图像，直接采集监护仪、麻醉机等其他手术室设备的数据，自动生成报告，与医院 PACS 及 HIS 系统无缝兼容，通过内部网存储于医院内部的数据库及服务器。

（5）数字化工学的效果。采用可以变换位置的机械悬吊系统，悬吊相关的内窥镜、医用气体、电源等设备，实现地面净空，使手术室更加安全、整洁。

（6）数字化直播的要求。支持 3D 手术在线直播技术，可立体再现 3D 腔镜、达芬奇机器人等高端医疗设备的影像；支持基于同一时间轴的多画面同时录制，完整记录手术过程全部资料，包括电子病历、高清术野视频、腔镜视频、手术室全景视频、监护仪等检查设备信息；同时，记录患者手术过程中生命体征及麻醉事件等信息。日后可以以某一时间轴同时播放多画面的视频，最大限度地还原当时手术的场景。可以随时查看手术室本手术的观摩情况；实时控制观摩端对本手术的权限，如允许/禁止观摩、允许/禁止查看病历，并且可以随时禁止某个观摩者。手术室可以主动召集、邀请观摩端进行双向音视频交互，在获得权限允许后，可调阅其他手术室的相关信息。

（7）数字化视野的需求。手术室内人员通过触摸屏点击或拖拽等简单操作，将各类视频或数据分别显示在手术间内适当位置的多个显示屏上，实现音视频信号和患者医疗数据的切换，即点即看。控制屏可任意指定其中一路视频信号为主要显示画面，与其他路视频同时展示，可采用拖拽的方式切换视频显示窗口；兼容 VGA、DVI、HDMI、HD-SDI 等多种信号，支持宽频高保真音质。

（8）手术室的综合管理。集中进行手术室的环境设备监控，包括电源、医用气体、空调、灯光、净化、广播等；可进行手术情况的集中监视和手术综合信息的及时传递，如手术进场、现场人员、手术预告和通知等。

19.3　数字化手术室管理要求

数字化手术室除了前文提到的主要整合病人临床信息、手术室设备信息外，在手术室日常管理中也正在发挥巨大的作用。手术室人员行为管理、手术耗材等物资管理是传统手术室管理中最为耗费精力，也是最容易出现问题的管理难点、痛点。利用数字化手段，强化手术室的管理信息化、智能化发展也是现代化手术室发展的巨大潜力空间。另外，近年来虽然医疗信息化迅速普及，但医院以后勤保障为代表的非医疗服务系统信息化的发展才刚刚起步，而后勤保障提供的设备运维、手术室环境保障又是手术安全不可或缺的重要基础条件之一，它和手术室建设、运行密切相关，不可分割，需要在手术室规划、设计及建设期间统筹考虑、统一规划、适当预留，以利于后期功能的拓展和完善，避免后期大拆大改，重复建设。因此在本章特意加设了本小节，阐述手术室人员管理、物资管理、设备尤其是环境设备管理与数字化手术室建设的关系，希望能引起医院建设者和管理者的注意。

19.3.1　人员管理。利用物联网技术实现手术室人员以及物资的管理和追溯，针对手术室进出流程进行重塑设计，以无菌洁净手术室为建设目标，通过身份自动识别，对手术室人员的进出进行权限管理；基于射频识别等定位技术，对人员物资进行全程跟踪；与医院一卡通、手术排班等系统集成，实现手术间分配等；配备自动发衣、发鞋柜，人员刷卡系统随机分配就近的最合适的衣柜、鞋柜等；人员进出手术室，领用衣服、鞋，手术衣、鞋归还等行为都会被自动记录，便于人员行为追溯，这些都属于手术室数字化人员行为管理的内容。如果医院计划和数字化手术室建设一并实现，就需要统一考虑，将行为管理系统和其他系统一起设计、建造。如果暂时没有条件建设，也应该在规划之初一并筹划，做好空间和硬件设施的预留，在配套设施（如水、电、网络等系统）中适当留有预留容量和接口，避免后期需要增加时还需要再进行大规模的改造。

【技术要点】

1. 手术室人员管理主要问题

手术部进出人员类别多、科室多、数量多。难以对各类人员进行标准统一，又有不同侧重的培训。违反手术间管理规范、着装规范等现象普遍存在，传统的管理模式存在很多问题。如洁净服人工发放，管理混乱，领用不做记录，存在衣鞋丢失现象；更衣柜不易管理，无法及时了解剩余柜数量，个别人员长期占用更衣柜；更衣环境差，脏衣服存在乱丢现象，整体环境有待提高；访客、参观、临时学习管理困难等。人不是机器，对人的行为管理要进行培训、指挥、协调、监督，这要耗费大量精力和时间。数字化手术室通过行为管理系统建设，可以实现自动乃至智能管理效果，提质增效。

2. 数字化手术室人员管理系统建设的关键技术

更衣区智能管理系统与数字化手术排班系统挂钩，结合人脸识别等身份验证技术，控制人员进入手术室，并智能发放回收手术衣裤和手术鞋，整个过程能够全程监控与管理。人员管理系统有效控制了人员的流动，优化了人员进出手术室流程，提升医院数字化手术室管理水平和服务水平。

（1）人脸识别和手术排班的集成

使用人脸识别装置和手术排班信息集成来控制手术室医护入口自动门的开关，达到智能化的手术室准入控制管理。必须通过人脸识别装置进行身份鉴别并且通过手术排班信息系统的授权认证才能进入手术室，如果当天某人有手术安排，门口屏幕上会显示具体的手术信息，如当前人员、当前人员头像、手术名称、手术室号、是否允许进入等。系统自动验证人员的身份权限，验证当天是否参与手术，如果判断合法，自动开门。对门进行设置及状态监控，提供门报警功能，对于非法打开的门或者不符合验证条件的进出发出报警信息并结合其他提示系统给出语音提示。在护士站安装出门按钮，以便某些紧急、特殊情况下开门。

（2）资源的智能分配

1）智能分配鞋柜（领取内进鞋）：鞋柜每个箱门可采用双层设计，上层放置内进鞋（一次鞋）、下层放置外来鞋（医护人员鞋）；刷 IC 卡自动获取存放内进鞋的鞋柜，整个流程和手术排班挂钩。

2）手术衣智能发放：手术智能发衣机可根据医院实际需求定制研发，手术衣在发放时安全顺畅，添加手术衣方式简便；发衣机与医院信息系统（HIS）或手术排班系统中的手术排班记录自动关联，实现手术衣按尺码自动发放，不在当天排班记录的一律无法取得手术衣，避免大、中、小号手术衣的错发、误发以及散乱无序的状况发生；可对手术衣智能化统计，有效统计手术室人员流动的状态，帮助护士长实时、准确地获取手术衣相关信息，提高整个手术室前端的运作效率。

3）智能分配更衣柜：更衣柜可设置固定和临时两种使用模式，持固定模式的IC卡在电子柜控制面板上刷卡自动打开对应的箱门，持临时模式的IC卡则随机弹开该组电子柜的箱门；通过信息大屏可迅速查找到空闲的箱门，箱门在归还了手术衣裤后才能解绑，中途可随时打开。

4）手术衣智能回收／内进鞋智能回收：手术衣智能回收机和手术鞋智能回收机采用衣鞋感应系统，可自动感应到手术衣和手术鞋，因而可解决只刷卡不还衣、鞋的现象。

（3）射频识别（RFID）技术

RFID技术可广泛应用于病人识别、贵重仪器管理等方面。将RFID技术与手术室智能人员管理系统融合，能够准确监管手术衣、鞋的发放和回收。通过内建RFID支持，手术智能发衣机读取手术衣、鞋RFID标签信息并与领用人员信息绑定，之后可使用RFID标签作为手术室人员的唯一标识，可通过感知RFID标签打开手术室内的门禁（非手术室医护入口门禁）和手术更衣柜、鞋柜。手术衣智能回收机和手术鞋智能回收机可感知手术衣、鞋标签信息，内建的读写器接收并解码标签信息，将采集到的数据传入智能处理系统并通过网络传输给服务器，完成手术衣、鞋的回收过程。

（4）警示控制

在医护入口如没有权限进入手术室，门口显示屏会给出提示信息，告知原因。衣、鞋柜具有异常箱门自动报警功能，支持声光报警，支持持续时间设置。智能发衣机具有衣物缺少提醒、故障诊断功能，系统检测到发衣机中某码的衣服库存数量低于设定值时，在管理系统中弹出提醒信息框，提醒工作人员及时添加衣物的类别及数量。手术衣智能回收机具有超量提醒功能，当系统检测到回收机内污衣的数量超过设定值时，管理系统弹出污衣桶满的提醒信息框，提醒工作人员及时清理回收。如果没有及时归还手术衣，系统在通知大屏上会给出警示提醒。

（5）应急预案

手术室运行中难免出现如网络故障、停电等状况。一旦出现意外或紧急情况需进入应急程序，启动应急方案，最差情况下启用人工管理干预。自动移门可通过护士站开门按钮开门和人工开门。特殊情况下需要开衣、鞋柜门，在核实身份的前提下，可通过管理员权限进行开箱作业，保存记录；具备应急钥匙开箱功能，当衣、鞋柜硬件电路有故障时，管理员可用应急钥匙打开箱门；管理员可对有问题或使用异常的柜门进行锁定，待问题解决后再解锁。建议配备的备用电源能够在停电的情况下维持系统电力1h以上。

数字化手术室更衣区智能管理系统可实现手术衣、鞋的智能发放和回收以及衣、鞋柜的自动分配，不仅可以优化更衣区管理流程，有效控制人员流动，而且通过信息化的管理手段，可以降低工作量和人力成本，提高效率、服务和管理水平。

19.3.2　物资耗材管理。手术室耗材的规范化管理是手术室管理的重要组成部分，也是现代医院医疗质量管理体系中的重要环节。医用耗材种类繁多，管理复杂，容错率低，仓储、物流、配发、回收、校核等各环节同样要耗费管理人员大量精力。耗材的成本管理也是手术成本管理的重要内容。利用数字化、信息化技术，实现物资管理的自动化、标准化、智能化，提高医护工作效率，精细控制成本，也是数字化手术室未来发展的一项重要内容。

【技术要点】

1. 医用耗材分类

（1）低值一次性医用耗材：

1）注射穿刺类，如注射器、注射针、输液针、留置针、穿刺针、输液器、输血器、血袋、采血针等。

2）医用卫生材料及敷料类，如医用胶布、绷带、纱布、帽子、口罩、棉签、敷贴、海绵、夹板，以及一次性压舌板、牵引带等。

3）医用高分子材料类，如血液成分分离器材、连接管路、血液滤网、引流管、导尿管、肠道插管、集尿袋、引流袋等。

4）医技耗材类，如 B 超打印纸、耦合剂、导电膏、心电电极、脑电图纸、心电图纸、监护仪纸、尿液分析仪打印纸、医用 X 射线胶片、医用 CT（MR）胶片、激光胶片等。

5）医用消毒类，如医用酒精、医用消毒液、消毒剂、消毒包装袋、指示卡、指示胶带等。

6）麻醉耗材类，如一次性麻醉包、持续给药输液泵、喉罩、麻醉面罩、通气管、动脉插管、静脉插管、气管插管、气管导管、硬膜外麻醉导管、中心静脉导管、牙垫、麻醉穿刺针、穿刺包、术后催醒器、麻醉气体过滤器、麻醉气体净化器、传感器、检测电极片等。

7）手术室耗材类，如一次性手术包、灌注器、医用缝合针、缝合线、可吸收缝合线、灭菌线束、灭菌线团、医用备皮刀、医用胶、电极、穿刺器、吸引头等。

（2）高值一次性医用耗材，如可吸收线、一次性止痛泵、克氏针、人工关节、髌骨爪、钢钉、钛钉、人工骨等。

（3）其他耗材，如布类敷料、手术器械等。

2. 数字化手术室耗材管理

（1）数字化手术室中的物流管理系统与医院管理信息系统、医院综合运营管理信息系统相结合，对手术耗材采取定数管理，实现库存和使用情况的可视化，及时、准确地反映手术耗材使用情况。

（2）以物流信息技术为支撑，以闭环式管理为手段，完成耗材的证照管理、采购入库、出库、病人计费、库存管理、核算等信息化管理服务，使耗材在供应商、医院、科室、患者之间实现一体化管理，达到全流程质量监管、高效运营管理的院内供应链营运模式，实现耗材的全生命周期追溯管理。

（3）根据各类耗材的使用需求，结合医院运营的实际情况，针对性地制定管理流程，配合数字化手术室信息系统进行完善。

3. 物资管理数字化、信息化技术应用

随着现代化信息技术的发展，各类智能物流车、物流机器人应用日渐增多，在手术室内部进行耗材的配送。通过物流机器人完成高值耗材的配送，极大地减少了护理人员的工作量，减少了人员进出手术室的次数，从而降低交叉感染风险和减轻对手术的影响。随着物流机器人及整个配送系统的不断完善，物流机器人的工作效率也在不断提升，在配送中发挥更高的价值。物流机器人在配送高值耗材时还可自动化地完成验货、结算、核销等信息跟踪。随着机器人技术的不断发展，未来可能会应用在更多场景，如物资、药品的全院区配送等。

目前已有公司在研发智能仓储物流传输系统，将高架仓库、电梯系统、智能控制系统、物流系统等融合，形成具备洁净存储、即时取用、即时结算、随时盘点的高效物资管理系统。智能仓储物流传输系统的使用，可以有效解决对手术室二级库房中的各类材料进行精细化储存和管理的难点。如果应用到数字化手术室建设中，应该在手术室设计时考虑好预留空间、运输通道和相关配套设施。

运用 RFID 技术将医院高值耗材进行一物一码的自动标识和识别，通过 RFID 智能终端（智能耗材柜＋智能手持终端）的软件系统与医院手术室原有 HIS 管理系统实现信息对接，构建医院医疗物联网系统，从而实现手术室高值耗材全流程闭环管理。

随着"互联网＋"概念的不断延伸以及计算机技术、物联网技术的快速发展，医院的物资管理即将迎来一个飞跃式发展，数字化、信息化设备和技术管理平台将替代现有的人工管理模式。手术室建设应该考虑到这一发展趋势，在前期技术准备、规划设计、空间预留及配套设施的设计上做好准备，减少后期改造的大成本投入。

4. 医疗废弃物管理

手术室感染管理中有一项重要工作就是医疗废弃物的管理。医疗废弃物（简称医废）是指医疗卫生机构在医疗、预防、保健以及其他相关活动中产生的具有直接或者间接感染性、毒性以及其他危害性的废物，具有空间污染、急性传染、交叉感染和潜伏性传染等特征。

传统模式的医废管理，大部分医院采用手工记录医废交接的过程信息，占用了大量的人力、物力和时间，且容易出现差错，无法精确追溯。相关法规要求护士和转运人员面对面交接，在当前繁重的护理任务情况下，无疑占用了护士为患者服务的时间。因缺乏各环节的有效监管手段，医院的后勤、院感等科室负责人难以实时监督院内医废收集、转运、交接的状态，一旦出现问题，难以追溯各环节信息，缺乏对医废的溯源管理。

医废管理的数字化，针对科室交接、院内转运、暂存点入出库、院外转运、集中处置等环节实现数字化记录，从而实现数据的统计、分析等。在一些发达地区，已开始探索基于物联网的智能化医废管理平台，将互联网、移动终端、物联网、5G 等技术与医废管理充分融合，引入电子围栏、电子标签、室内定位、智能分类垃圾桶、智能暂存箱、智能收集车、智能复核秤、智能转运车等，以及移动便携式终端等物联网设备，为新形势下智能化医废管理提供技术支撑。

院内医废管理总体来说主要包括提高合规性管理、提升工作效率与质量、进行实时监管、发生问题后的可追溯等几个关键需求。当前采用物联网技术，在科室、污物间、转运过程、暂存处等关键环节投放智能化物联网设备，结合移动应用、5G 等技术建立智能医废物联平台，已经成为院内医废信息化管理的主要趋势。

通过智能医废物联平台建设，让交接过程、转运过程、入出库过程更加合规、可控；

将人工称量转变为自动称量来提升工作效率、质量，降低误差；将"人—人"交接转变为"人—设备—人"交接，降低人力成本；采用5G信号实时传输医废生成、污物暂存、交接、入出库信息，实现实时监管；利用大数据技术实现医废丢失的监测预警、信息追溯等。

针对数字化手术室建设而言，提前建立好医废管理的数字化环境及基础条件是十分必要的。

19.3.3 数字化手术室设备设施管理主要包括后勤环境及支撑系统设备管理和医疗设备管理。

【技术要点】

1. 后勤环境及支撑系统设备管理

（1）环境设备系统

手术室的环境信息包括温度、湿度、换气次数、照度、噪声、压力等，支撑设备信息包括电源、照明、网络、电话、医用气体、消防、安防等，当然给医护人员提供必要的餐饮、休息也可以理解为"医护支撑系统"。这些系统在建设过程中随整个建筑统一建设，后期运行一般由后勤部门统一维护。随着医院后勤信息化的普及，手术室环境建设和管理也在向着数字化迈进，也必然要求融入手术室的数字化环境中，完整的数字化手术室也应该包括手术环境及支撑系统等的数字化。在规划建设中应该统一规划、统一做好空间和信息化设备容量及接口预留，并注意各系统的集成兼容性问题。

（2）物联网技术应用

物联网是通过各种信息传感设备，实时采集任何需要监控、连接、互动的物体或过程等各种需要的信息，与互联网结合形成的一个巨大网络。其目的是实现物与物、物与人、所有的物品与网络的连接，方便识别、管理和控制。在医院后勤管理方面，采用物联网技术可以实现环境参数监测、设备监测和报警、能耗数据采集、医院室内定位、护工呼叫、被服管理、医废监管、物品运送、智能导医、病房智能控制等功能。

基于物联网技术可以根据医院的实际需求连接各种传感器、监控系统，实现实时、多点、多区域的温度、湿度、压差、CO_2质量浓度、门窗开关状态等物理参数的无线监控、记录保存、发送以及多元化的预警、报警。后台监控中心可以实时获取各种实际参数，根据手术需求定制不同的应用场景，及时处理异常，减少人员的管理失误，提高工作效率，为手术室提供稳定、安全的环境。

通过使用基于物联网技术的能耗计量模块，可以实现对水、电、气的使用情况进行监控和统计，并能在后台系统形成报表，进行能耗分析，给出专家建议，帮助医院制定相应的节能策略，降低运营成本。

通过使用无线低温监控模块，可以监控药品保存箱、低温冰箱、培养箱、液氮罐等设备的温度是否存在异常，一旦温度超过安全阈值，可以采取多种形式的告警和通知方式，确保需要低温存储的药品、实验物品的存储安全，也可减少设备维护检修人员进入手术部区域的次数，减少对手术的干扰。

（3）设备设施日常运维要求

1）配备运维人员：在建设期就应该确认设备运维人员配备情况，使其可以尽早熟悉数字化手术室的整体结构。运维人员从设备的安装到调试、试运行全程参与，可以对数字化设备的原理和布线、与医学装备的连接、设备的组成、净化空调系统的结构等有更深层次的了解，为日后保证数字化洁净手术室设备的正常运行打好基础。

2）数字化手术室的使用培训：要保证数字化手术室安全、高效地运行，就需要使用者熟练地操作数字化设备，其中关键是数字化设备的使用以及与常规已有设备的连接。在数字化手术室投入使用前，请产品技术支持人员对使用者进行设备的使用培训，其中包括数字化设备的基本构成、操作以及与其他设备的连接；净化空调系统数字化控制面板的操作；手术间电控门、电动吊塔的使用操作等。

3）建立设备档案：在工程档案的基础上建立各系统所有设备的档案，为设备管理和维护提供依据。比如完备的网络资料能协助维护技术人员迅速查找到问题所在，有效地进行修复，保持网络正常运转。需要建立档案的网络资料包括：网络结构图、配线图、线缆种类及长度、设备位置图以及设备设定资料及应用平台的种类、名称、用途、版本号、开发商、参数设置等。这些资料在维护工作中将起到重要的作用。

4）系统恢复：确保系统崩溃后能尽快恢复。应建立全面的备份计划及恢复计划，做到有备无患。在遇到各类严重故障导致系统崩溃后，确保在最短时间内系统能够恢复。在文件资料和数据被误操作删除或遭受病毒感染、黑客破坏后，通过技术手段尽力抢救，使用备份恢复。

2. 医疗设备管理

（1）大型设备：如 DSA、MRI、CT 等设备，还有手术机器人等，这些大型设备通常由专业厂家维护、维修，在设备信息方面也处于保密状态。如果要将这些设备的监控集成到一体化平台上，目前还存在信息共享、设备兼容等问题。

（2）一般医疗设备：包括无影灯、麻醉吊塔、外科吊塔或腔镜吊塔、吊臂、吊臂屏、手术床、麻醉机、呼吸机、监护仪、注射泵、液晶显示器、术野摄像机、全景摄像机、设备集中控制触摸屏、工作站等。上述设备通常也是由厂家来维护，也存在系统开放性和兼容性问题。

（3）手术室设备的质量控制：数字化手术室建设及后期运行中，需要注意手术室设备的质量控制。

1）麻醉机质量控制：麻醉机的校准和维护是手术室医学装备质量控制的最重要对象之一。麻醉机的主要功能是为手术患者提供定量的麻醉混合气体，使患者在麻醉状态下接受手术，维持供氧和呼吸；监护术中患者的生命体征，为手术提供安全可靠的保障。麻醉机最常见故障有气量不准确、流量传感器故障、漏气等气路部分故障，电源电路部分的故障率明显较低。根据常见故障采取相应的质量控制措施，定期对重要零部件进行检修和校准，如果发现误差较大，应立即更换磨损或者损坏的零部件，如垫圈、隔膜、盘片。定期对麻醉机系统软件进行维护和升级。

2）监护仪质量控制：监护仪全程监护手术患者的心电图、血压、血氧饱和度和二氧化碳等参数，是医生判断患者生理状况的数据来源之一，是实施质量控制的特别重要设备。手术室监护仪的工作环境决定了其参数设置、维修维护的特殊性。监护仪常见的故障包括附件故障和设备主机故障。监护仪主机硬件方面的故障不多，常见的有各种参数模块的故障、主板故障、电源板故障、显示板故障、背光管故障、充气泵故障、旋转按钮故障等，有时更换部分元器件就能修复，有时就需要更换整块线路板。每年对监护仪进行一次参数的计量校准，也是质量控制的措施之一。

3）高频电刀质量控制：高频电刀是利用高频电流对人体组织进行切割、止血或烧灼的一种高频大功率外科手术仪器设备。医护人员正确操作使用和工程师及时维护是非常必要的质控措施。电刀的安全使用，包括术前常规检查（刀头有无氧化，电刀手柄和手柄线是否有裂开或者老化现象），电极板的正确放置（清洁干燥、血液充足）；术后进行检修（主机有无报警、烧焦、断电、接地和电极有无漏电、断裂、氧化等现象）。

4）医用输液设备质量控制：手术室内使用大量的麻醉泵、输液泵和注射泵，为手术患者提供必要的药物和液体支持，以维持患者的生理体征和手术需要。如果输液设备存在质量问题会影响麻醉师和手术医生对所输液体的药效和病人手术状态的判断。经过较长时间的观察、检测、统计和分析，得出的结论是输液设备可能存在流速的偏差，尤其是使用年限比较长的设备。产生偏差的原因和一次性输液耗材有很大关系；设备自身故障引起输液差错的概率较小。

5）内窥镜和显微镜类设备的质量控制：内窥镜和显微镜类设备是手术室中微创外科手术必须使用的设备，腹腔镜、胸腔镜、脑室镜、宫腔镜、关节镜等手术切口较小，对患者造成的创伤极其微小，腔镜手术在临床上得到了推广和应用。腔镜设备质量控制措施主要有检查腔镜所需的气源，冷光源（专用灯泡的寿命一般 500h，发现变暗或者效果不好时立即更换以提高观察效果），显示器（吊塔上加装显示器更加人性化，方便多个医生的多个角度观察）。手术辅助和检查设备如显微镜、纤维支气管镜、喉镜等，应定期更换专用灯泡和专用电池，确保良好的检查效果。

6）手术吊塔的质量控制：手术吊塔的质量控制对象有氧气、负压吸引、压缩空气、二氧化碳、麻醉废气和电源。负压吸引手术中的血液、水、痰液等；压缩空气为体外循环机提供循环动力，并且和氧气的压差维持在 0.1MPa 范围内；二氧化碳是腔镜手术中气腹机必须使用的气体，压力不稳定会导致气腹机循环启动；麻醉废气净化是手术室环境健康安全的保障，利用净化系统对废气进行清除以保护医护人员的健康；电源和地线的正确连接及使用是确保医学装备安全的重要环节，手术室采用专用隔离变压器为手术各类设备提供电源并且进行等电位联结，坚决杜绝漏电、电击事故的发生，切实保障医护人员和病人的安全。

7）手术床的质量控制：手术床是为手术患者提供恰当的手术体位、调整手术高度的设施。常见故障有电池报警（交流断电，电池供电不足），无法升降（脚刹车未踩到底或者手术床未锁住，尤其注意带有平移功能的手术床，有时平移过度容易导致升降失灵），升降缓慢（液压油少或者调整旋钮角度不当），床体整体晃动（固定螺丝松动或者滑丝）等。

8）无影灯的质量控制：无影灯的亮度调节有利于手术的顺利进行，对手术视野的影响较大。随着设备使用时间的延长，设备自身元器件老化，以及无影灯灯泡寿命限制，因此应做好配件的准备工作，以备应急维修。质量控制措施有：发现无影灯亮度不足或者不亮时，更换灯泡、变压器、继电器、线路板等；发现灯头或者灯臂有漂移现象时，紧固或更换漂移阻尼等。

9）手术室供应室的质量控制：手术室供应室一体化运行模式在提高手术质量和控制感染方面具有良好效果。供应室消毒和灭菌设备配置脉动空压力蒸汽灭菌器、低温等离子灭菌器、超声波器械清洗机、全自动喷淋式器械清洗机、硬式内镜清洗设备等，该系列设备的质量控制是确保手术顺利进行的供应保障。质量控制措施包括：提供压力合适的水、电、气是设备运转的必要条件；上述设备自身元器件（密封圈、过滤器）的定期更换和维护保养（润滑、除尘、紧固）以及压力容器（安全阀、压力表）的计量检测也十分重要。

10）计算机信息系统的质量控制：计算机是现代化手术室用到的重要工具之一。手术麻醉信息系统（麻醉信息系统服务器和麻醉工作站）、各种腔镜工作站、医嘱系统、手术直播系统、排班系统（LED医生排班电子屏、LED家属公告电子屏、手术间信息屏）、收费系统、监控系统（手术间监控、层流空调监控）等良好运转必须依靠计算机的正常运行来保障。

手术室附属设施的质量控制还包括层流净化空调，其良好运转是手术室控制感染的前提条件。手术直播系统的安装为手术示教、远程医疗提供了技术支持，可以实时地将手术图像、手术外围图像和腔镜图像等一并视频传输，要全力确保硬件设施的正常运转。

实施医学装备的质量控制是提高现代化、数字化手术室医学装备应用安全的重要环节，是手术室专职医学工程师进行医学工程技术保障的职责，要将质量控制程序化、制度化和常规化，扎实开展手术室医学装备的质量控制，为提高手术室医疗质量和保证手术室设备的安全顺利运转提供强有力的技术支持和质量保证。

数字化手术室的前期建设和后期运维管理互相影响，前期的功能规划、空间布置、设备选型、线路走向、节点设置等直接决定着后期使用的便利性、故障率、顺畅度、维护的难易程度、零配件更换的便易性等。后期运维采用何种方式，是自维、他维还是厂家维护，除了受医院后勤管理模式影响外，也受前期建设内容尤其是数字化硬件设备的影响。后期运维水平也直接关系着手术室的使用寿命。因此，不能机械地把前后两个阶段割裂开来，在手术室建设中应该将其全生命周期作为一个整体来统一考虑，既要保证投资有效、建设质量高、功能适用，也要考虑运行管理高效、维护方便、节能减排。

本章参考文献

[1] 林军. "数字化"、"自动化"、"信息化"与"智能化"的异同及联系 [J]. 电气时代, 2008（1）: A2-A7.

[2] 汤琦. 数字化、信息化手术室建设实践——设计与管理经验之谈 [J]. 中国医院建筑与装备, 2018, 19（7）: 69-71.

[3] 叶栋, 莫明兴, 刘合超, 等. 新建医院数字化手术室的规划与思考 [J]. 医疗装备, 2020, 33（9）: 40-41.

[4] 笪泓, 张晓祥, 汪火明, 等. 数字化手术室系统规划与实施 [J]. 中国数字医学, 2015, 10（12）: 30-32.

[5] 连扬鹏. 浅谈数字化手术室建设的关键技术 [J]. 福建电脑, 2013, 29（8）: 79-81, 124.

[6] 冯靖祎, 陈华, 刘济全. 设备互联和信息集成技术在数字化手术室建设中的设计和实现 [J]. 生物医学工程学杂志, 2011, 28（5）: 876-880.

[7] 中华人民共和国住房和城乡建设部. 医院洁净手术部建筑技术规范: GB 50333—2013 [S]. 北京: 中国建筑工业出版社, 2014.

[8] 中国医学装备协会. 数字化手术室建设标准: T/CAME 24—2020 [S]. 北京: 中国医学装备协会,

2020.

[9] 皇甫立夏，马瑞敏，施琦，等．基于 5G 的数字化手术室设计与实践［J］．信息与电脑，2022，34（2）：99-101．

[10] 张豪．医学装备新模式下数字化手术室的构建与应用研究［J］．石河子科技，2021（2）：62-63．

[11] 何德庆．数字化手术室的建设与探讨［J］．设备管理与编修，2017，6（下）：92-93．

[12] 梁爽．物流机器人在手术室高值耗材配送管理中的应用及效果评价［J］．中阿科技论坛（中英文），2022（4）：142-145．

[13] 裴宇权，刘莉，句建梅，等．手术室高值耗材智能全流程闭环管理系统的构建及效果分析［J］．中国医疗管理科学，2022，12（2）：35-40．

[14] 李学省，王耀岐，支洪敏，等．数字化手术室设备的质量控制［J］．中国医疗设备，2012，27（2）：105-107．

第 20 章　复合手术室洁净工程

吕晋栋：教授级高工，山西省人民医院原物资管理处处长。长期从事医院数字一体化复合手术室技术、医学工程信息领域协同发展、创新高质量医学装备及医用耗材全生命周期管理等领域的研究。
彭盼：山西省人民医院工程师。
袁志强：株洲合力电磁工程有限公司常务副总经理兼总工程师。
杜智慧：高级工程师，中建八局第二建设有限公司装饰公司党总支书记、总经理。
王文一：北京文康世纪科技发展有限公司总经理。
刘增健：上海锜楠实业有限公司董事长。

技术支持单位：

株洲合力电磁工程有限公司：一家集科研、设计、制造、安装施工、测试、咨询服务于一体的高新技术企业，主要为医院新建、改扩建特装建设提供整体解决方案。

中建八局第二建设有限公司：中国建筑股份有限公司的三级子公司，是中国建筑第八工程局有限公司法人独资的国有大型骨干施工企业。

北京文康世纪科技发展有限公司：成立于 2004 年，专注于医疗行业专项领域发展的策划、设计、施工与运维。

上海锜楠实业有限公司：成立于 2014 年，专注于 5G 通信、人工智能、物联网的发展与相互融合，集成国家级高新技术研发成果，打造全景智慧医疗环境。

20.1　概　　述

20.1.1　复合手术室的由来及发展趋势。

【技术要点】

　　复合手术室是指把原本需要分别在不同手术室、分期才能完成的重大手术，合并在一个手术室里一次完成。不等同于把两个手术室的仪器设备、人员等放到一个手术室里的简单合并，而是打破学科壁垒，借助全新的复合式手术设施，以患者为中心，多学科联合，将内外科治疗的优点有机结合起来，给患者一个全新的治疗体验。

　　世界上第一间复合手术室诞生于 1990 年的摩纳哥心胸中心，创造性地把 DSA 设备装配在手术室中，开启了复合手术室的雏形。复合手术室的概念是 1996 年由英国学者 Angelini 提出的，融合冠脉介入与搭桥手术，主要用于治疗冠心病。

　　2007 年，中国医学科学院阜外医院建成我国第一间复合手术室。随后，北京、上海、武汉等地的一些大型三甲医院先后进行了复合手术室建设，并取得了良好的效果，市场需求不断扩大。近年来，除了几个国际知名内窥镜厂商在各大医院建设复合手术室外，麻醉软件厂商等医疗器械企业纷纷投入到数字化复合手术室的建设中，知名大型影像设备（CT、MRI、DSA）制造商也加强了复合手术室的研发。

多学科复合一体化手术室可用于不同学科，如心脏学科、血管外科、神经外科、骨科等，这主要归功于日新月异的医疗新工艺。洁净手术室和 MRI、DSA、CT 等大型医疗设备整合在一起，开创了医疗工艺的新天地。

20.1.2　复合手术室主要应用范围（包括但不限于下列科室及疾病类型）：

1. 心脏外科，主要用于先心病、冠脉搭桥、瓣膜置换等复杂疾病。

2. 血管外科，主要用于胸腹主动脉瘤、下肢动静脉疾病、股动静脉瘤及动脉夹层等疾病。

3. 神经外科，主要用于颅内动脉瘤、颈动脉瘤、颅内出血、脊髓动脉瘤等复杂疾病。

4. 泌尿外科，主要用于复杂肾脏肿瘤、前列腺肿瘤等疾病的治疗。

5. 骨科，应用于脊椎血管动静脉畸形、骨肿瘤等疾病。

6. 普外科，主要用于胰腺肿瘤、肝肿瘤等疾病。

20.1.3　复合手术室的组成：现代多功能复合手术室主要由净化手术室、数字化系统、手术床、吊塔、无影灯、核心医疗设备（DSA、CT、MRI 等）、辅助医疗设备（麻醉机、呼吸机、体外循环机等）组合而成。

20.1.4　复合手术室的特点：

1. 针对复杂的血管疾病患者不再需要学科间多次转移，避免了患者多次麻醉和转运可能带来的缺氧、感染及生命体征不稳定等的风险。

2. 腔内和外科手术可同期完成，能够显著减少创伤和出血，缩短体外循环时间甚至避免体外循环。

3. 能为不耐受传统开放手术的高危病重患者提供新的治疗方案，提高整体疗效，也减少了手术费用。

4. 影像复查可以即时对手术的疗效进行评价，从而指导手术实施，一些创新的手术设计可以通过复合手术室来完成。

5. 拓宽了治疗指征，解决了过去单纯介入手术或手术不能解决的问题。

6. 在腔内技术操作出现并发症时，可迅速通过外科手术的手段解决。

7. 减少了患者的治疗时间，可以由原来的两台手术变为一台联合手术。

20.1.5　复合手术室的建筑基本要求。

【技术要点】

1. 复合手术室需要安装一些负载较大的医疗设备，如 DSA、CT、MRI、吊塔等设备，在实施方案确定前需要对建筑楼板、顶板的强度进行复核，确保结构安全。特别要注意一些重型设备安装钢梁或吊架的重量。

2. 重大设备在安装时还需要考虑设备搬运路径，确保搬运路径可以满足设备搬运空间要求，同时路径上的楼面也要满足设备的载荷要求。部分设备不能分拆时，需要考虑货运电梯、通道宽度、门体尺寸等各种情况。其中 MRI 设备基本都需要开墙破洞搬入，因此吊装口和运输路径上的墙洞预留应提前考虑；CT 设备可能需要开墙破洞，也可能经由电梯运输；DSA 设备可能经由医用电梯运输，也可能需要开墙破洞。设计阶段均应重视以上问题。

3. 由于复合手术室很多设备会产生一定的电离辐射，需要根据设备工作的具体参数来确定射线防护当量，也可以参考设备厂家场地指导作业书。地面防护材料可以用硫酸钡水泥来处理，顶面和墙面可以使用硫酸钡水泥进行射线防护，也可以使用铅板或其他满足射线防护要求的新型防护材料来处理。顶面使用硫酸钡水泥时可以在上一层楼面上进行，既可以防止防护涂料掉落，还可以避免在楼板打孔锚固设备时强度不够的问题。

4. MRI 设备相关的复合手术室需要安装在电磁屏蔽机房内，需要根据设备和屏蔽机房的要求提前对楼板次梁进行降梁板设计和找平。

5. 复合手术室中的大型影像设备（如 DSA、CT、MRI）的用电负荷较大，其供电应直接来自总配电柜，应避免中间二级用电分配或制作电缆中间接头。为保证图像质量和医疗质量，应按照大型影像设备对于供电质量的需求配置，确保电压压降在设备要求范围内，应设计为 TN-S 接地系统。

6. 复合手术室多用于微创手术、内窥镜手术，手术过程中防止微电击十分重要，医疗设备都应采用隔离供电，手术室、设备间都应等电位接地。手术室内直接接触病人的设备及吊塔、墙壁暗装电源均须接入医疗 IT 系统。

7. 对于高精密设备，在配电系统内应设计失压保护装置。

20.2　复合 DSA 手术室

20.2.1　复合 DSA 手术室结构与防护设计。
【技术要点】

1. 复合 DSA 手术室均布荷载一般要求不小于 $7.5kN/m^2$，要求手术室楼板结构坚固、能够有效承受负载，避免设备基座下沉。根据设备安装要求，一般应考虑降板降梁处理，同时提前设计好电缆沟及沟盖板，以利于设备安装和保养。如果手术室是在中间层，可采用穿楼板布线的方式处理，地面要求平坦、光洁、无尘，对于平整度，各厂家分别有不同的要求，要特别注意。现在市场上有 3 款 DSA 设备比较适合在复合手术室中使用：落地移动式设计的 GE 的 Discovery、落地固定式的 Siemens 的 Pheno、悬吊设计的 Philips 的 FlexMove/FlexArm。这三种机型对楼板承重和地面水平度的要求差异较大，应根据厂家要求分别处理。

2. 复合 DSA 手术室按所采用设备的辐射剂量来确定防护级别，必须符合现行国家标准《医用 X 射线诊断受检者放射卫生防护标准》GB 16348 等，根据 DSA 设备的最大射线剂量，一般设计防护为 3～5 个铅当量，具体防护等级应该根据实际的房间布局和设备的要求计算，在手术间的 4 个墙面和房顶、地面（底层的地面除外）需要用铅板、硫酸钡板、钡砂水泥等进行防护，确保没有射线泄漏。

3. 操作间和手术间之间的观察窗铅玻璃的宽度不宜小于 2m，最小宽度不小于 1.5m，且应便于观察。屏蔽门也应达到相应的铅当量，同时应配置无门槛结构，采用电机控制，内、外均可开启，并设立门机连锁装置和安装警示灯，在断电情况下屏蔽门能打开，在竣工后需专业机构进行射线防护的检测。

20.2.2　复合 DSA 手术室设备安装的形式。

【技术要点】

1. 悬吊式系统要求在建筑结构梁和顶板上多点承重，当不确定具体重量时可按2t估算。按轨道间距分为窄轨距和宽轨距，区别在于净化送风顶棚的结构略有不同。悬吊式系统的C臂行程很大，对准患者进行术中检查较容易。要注意其他悬吊设施的避让问题，吊塔和手术灯的常规安装位置可能需要调整。悬吊式系统对于手术室面积要求相对小（图20.2.2）。

2. 落地式系统需要在楼板上承重，当不确定具体重量时可按2t估算。应注意顶上是否有辅助悬吊设施，如术中实时造影图像显示器等。落地式系统的C臂臂展很长，悬吊设施比如吊塔手术灯等安装位置要注意避让。落地式系统占地面积较大，且安装后不能变更安装位置，因此更加需要提前设计好临床应用布局。落地式系统对于手术室面积要求相对大。

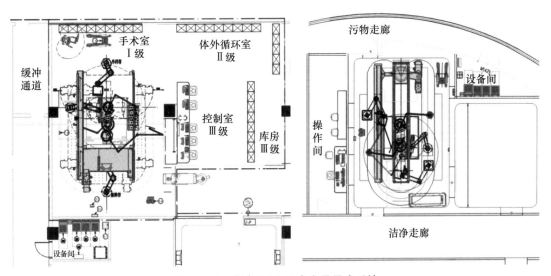

图 20.2.2　复合 DSA 手术室悬吊式系统

20.2.3　复合 DSA 手术室建筑布局的设计如图 20.2.3-1 所示。

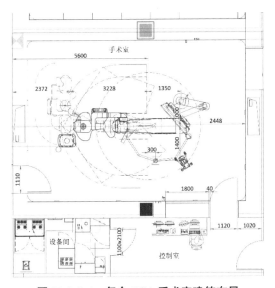

图 20.2.3-1　复合 DSA 手术室建筑布局

【技术要点】

1. 选址考虑：复合手术室可以自成一区，一般考虑放置在洁净手术部，也可单独布置。按照医院手术类型考虑如何选择放置地址。特别应注意设备的安装运输，如设备运输通道的高度、宽度及承重、辅助间空调机组的位置。

2. 复合手术室通常包括手术间、操作间、设备间，单独设置时还要考虑有登记室、阅片室、医生办公室、病人准备室、更衣间、卫生间等。

3. 房间面积：

（1）手术间：复合手术中，不仅有外科手术设备，还有介入手术设备，手术室要安装吊塔、无影灯、存储视频会议及示教系统设备，还要考虑 DSA 的运动范围，为保障手术顺利进行，建议手术空间最好有保证不同设备厂家要求的长、宽，以便达到实际的使用要求，手术间净面积应大于或等于 $50m^2$。若同时开展神经外科或大血管外科手术，应达到 I 级层流标准。

（2）操作间／控制室：用于 DSA 设备的控制台和各种工作站需要配置操作间，且应设置铅玻璃窗观察手术间内情况。操作间净面积应根据房间结构合理设计，参考面积为 $20\sim25m^2$。

（3）设备间：设备间用于放置 DSA 设备的控制机柜、电气机柜、数字化系统机柜等，具体面积根据机柜数量合理设计，参考净面积为 $10\sim20m^2$，且应紧邻手术间，不可跨越走廊或其他房间。

复合 DSA 手术室各空间尺寸可参考表 20.2.3，长、宽不得同时选择最小尺寸（详细要求参见《数字一体化复合手术室技术标准》T/CECA 20023—2022）。

复合 DSA 手术室净空间设计要求　　表 20.2.3

房间	长度（mm）		宽度（mm）		结构高度（mm）		装修后净高（mm）	
	推荐	最小	推荐	最小	推荐	最小	推荐	最小
手术间	≥9000	7600	≥8000	6000	≥4500	3600	3000	2700
设备间	≥6500	5000	≥3000	2600	≥4000	3600	3000	2700
操作间／控制室	≥6500	4000	≥3000	2600	≥4000	3600	3000	2700

4. 手术间高度：若根据 I 级层流风道的尺寸和布局，建筑层高宜在 4.5m 以上，净化装饰顶棚高度主要应考虑 DSA 的运动高度，一般为 2.9～3.1m。悬吊式系统的手术室的净高度和 DSA 的要求有关，不同的 DSA 对导轨和地面的高度差要求不一样，故设备型号要提前确定，以便手术室施工图纸的确定；其他形式的高度不小于 3m。

5. 手术间设备布置：复合 DSA 手术室悬吊设备应顺着手术室长轴方向布置，手术室入口的门应在洁净走廊距离悬吊设备较远的一侧。这样布置不仅可以方便操作，还可以方便患者进出手术间（图 20.2.3-2）。

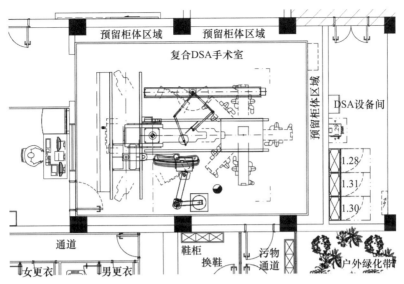

图 20.2.3-2 复合 DSA 手术室悬吊设备布置

20. 2. 4 复合 DSA 手术室洁净空调系统。

【技术要点】

1. 复合 DSA 手术室按《医院洁净手术部建筑技术规范》GB 50333—2013 中Ⅰ～Ⅲ级手术室标准执行,具体级别根据所开展手术的需求确定。由于复合 DSA 手术室面积较大,在设计非诱导送风装置覆盖面积时,要充分考虑复合手术区域需要的面积,特别是覆盖手术床的运动范围要实现 5 级空气洁净度等级的环境,周边区域实现 6 级空气洁净度等级。复合 DSA 手术室的Ⅰ级层流罩的尺寸可比一般的Ⅰ级层流手术室的面积大,可以从标准尺寸到 3.1m×2.6m,长度顺导轨长方向布置。另外,为保证周边区的空气洁净度等级及减少涡流区,可在非诱导送风装置外增设配有同级别过滤性能的高效送风口。Ⅰ级层流手术室的风机、风道、风量、单位体积内尘埃细菌的菌落总数按照国家标准执行。由于手术室面积一般较大,增大送风顶棚面积时应相应增加送风量。如果根据手术需要按Ⅲ级手术室设置,房间面积与Ⅰ级手术室相同。

2. 操作间/控制室洁净级别按《医院洁净手术部建筑技术规范》GB 50333—2013 中Ⅲ级洁净辅助用房的要求确定。

3. 设备间的设计:设备间主要放置 DSA 设备机柜、信息整合系统机柜、手术床控制机柜。机器散热量较大,设备的运行环境是 18～22℃,保证设备间各种高压部件和控制部件以及核心计算机的正常运转,需要配独立的空调系统。某些地区的设备间可能是全年制冷,由于 DSA 设备在工作时存在瞬时大功率用电的要求,在配电房到设备用电处的距离和电缆规格(包括线径等)应符合厂家的技术要求,确保供电质量,避免产生的压降影响设备性能。

20. 2. 5 复合 DSA 手术室的设备配置。

【技术要点】

1. DSA 设备的选择。目前各大知名品牌的生产商针对不同临床需求推出了各种方案,包括移动 C 臂方案、悬挂 C 臂方案、落地 C 臂方案等。选择 DSA 设备的原则:在复合手术室内 C 臂打角度要灵活、停止位多样，提供大范围的投照视野，以满足复杂的投照要求；同时应可以大范围移位，在需要造影透视时 C 臂应能够方便地进入工作位，在不需要进行透视造影时，应能完全移出手术床范围，方便手术的顺利进行，整个过程应安全、简洁。用户界面要简单易用，能满足各种造影的需要，图像质量清晰，能够精确显示微小的病灶，提供足够大的成像视野。还可以结合临床需求考虑设计双 C 臂机型的复合手术室，给手术提供更大程度的便利。双 C 臂机型有悬吊和落地两个 C 臂，设计难度更大，要结合临床使用科室做深化设计。

2. DSA 设备应提供类 CT 功能，便于能够进行一般 CT 成像，以便给复合手术更大助力。除此之外还有更进一步的专科化、流程化要求。

3. 建议在达到诊断要求的前提下，X 射线辐射剂量尽量少，以减少对手术室医护人员和患者的放射辐射损伤。

4. 吊塔、吊臂和手术灯的选择：

（1）吊塔的选择分两部分，正常的麻醉塔和外科塔。根据手术类型，麻醉塔宜放置在病人头部左侧、右侧或体侧，应能够与 C 臂的工作路径相互避让，且方便麻醉师工作；外科塔可放置在病人脚部，应采用双臂结构。

（2）多联显示臂、手术灯、铅屏蔽吊臂的放置位置应和 DSA 供应商沟通，考虑层流顶棚的尺寸较大，所以需要这些吊臂是双节臂塔，并且应综合其他设备来确定吊塔臂的长度，确保手术时吊塔能到达所需要到达的位置。

（3）悬吊式系统 DSA 的灯、塔、臂等设备应避开 DSA 移动区域安装，具体位置应综合设计，切忌单独设计和施工。

5. 手术床的选择：

（1）不同于常规手术床，复合 DSA 手术室的手术床与 DSA 设备由电气控制连接，应根据 DSA 设备具体型号选择相兼容的手术床种类，这需要 DSA 设备厂家和手术床厂家的确认。

（2）根据拟开展的手术类型，宜选用一体式碳纤床面板和折叠床面板两种，以便调节手术体位。

（3）应考虑手术床控制线的穿线问题和楼板承重问题。

20.2.6　复合 DSA 手术室信息整合系统。

【技术要点】

复合 DSA 手术室可实现各种患者信息的存储、传输、调阅以及整合。它的主要作用为图像采集、传输、显示；数据库系统与 PACS、HIS、LIS，通过国际通用的传输协议进行患者信息的交换、调阅与存储、整合；手术过程的存储和导出，实现学术会议音视频的双向实时交流和远程会议。这些成为常规配置，信息整合系统也是复合 DSA 手术室实现数字化、图像实时传递、外围设备的一体化控制等功能最重要的组成部分。

20.2.7　复合 DSA 手术室工程实施。

【技术要点】

1. 复合 DSA 手术室工程建设，既有常规的手术室净化系统，也有放射防护屏蔽系统，还有 DSA 设备需要集成安装在送风层流区及手术床周围的有限空间内，以及多套辅助治疗与监护设备，这会增加工程设计的复杂度和施工的难度。设备安装所需的结构件、结构降板，以及专用控制线缆管沟桥架等，都与常规手术室设计和施工显著不同。这就要求医学工程专家、临床医学专家、设备供应商、手术室设计方和安装施工方，把设计方案做成书面的文件，召集相关各方详细讲述设计思路和具体细节，结合各种设备的实际参数和性能确定设备的最终配置；根据厂家提供的各种设备的实际参数以及手术室的空间，确定手术室内布局及安装图纸；根据图纸和手术间的现场实际环境，召集各供应商到现场确定安装位置及具体细节，在现场放样确认各机器设备安装的精确位置。

2. 复合 DSA 手术室从工程施工角度与常规手术室有很大不同，由于大型影像设备成像精度非常高，对于设备基础的变形度和水平度都显著高于常规施工的工艺标准。对于悬吊设备钢结构的稳定度和精度要求，显著高于常规钢结构的一般工艺标准，建议做到动态负载下变形挠度小于 0.5mm。设备运行区域内地面的整体水平度，也显著高于常规土建装修施工的工艺标准，对于落地移动式 DSA 设备，整体水平度建议做到不大于 2mm。

3. 复合 DSA 手术室工程建设除了将各方需求整理清楚外，更重要的是如何将一个复杂的工程从设计到落地执行。设计方面除了传统的设计工具外，也可以采用 BIM 技术将各专业整合，可以将工程设计、建造、管理数据化，为设计团队以及包括建筑、运营单位在内的各方建设主体提供协同工作的基础，在提高生产效率、节约成本和缩短工期方面发挥重要作用。同样，在建设过程中由于多专业交叉，非常容易造成返工或者成品受损等问题。建设过程可以由专业全面的单位进行施工和协调，避免多单位协调和理解出错导致返工。

20.3　复合 CT 手术室

20.3.1　复合 CT 手术室一般采用配备 CT 设备机房和不配备 CT 设备机房两种布局。
【技术要点】

1. 除需要一般手术室布置平面及配备辅助设施外，还应配备 CT 设备机房、设备间、操作间等。建议手术室尺寸为 8.5m×6m，操作间尺寸为 5.5m×3m，设备间尺寸为 2.5m×2.5m。

2. CT 设备放在手术室中，不需要 CT 设备机房，但是手术室尺寸更大，一般在 11m×6m 左右。根据设备的要求，手术室顶棚高度应保持在 2.7～3.5m。

20.3.2　复合 CT 手术室净空间设计可参考表 20.3.2，长、宽不得同时选择最小尺寸（详细要求参见《数字一体化复合手术室技术标准》T/CECA 20023—2022）。

复合 CT 手术室净空间设计要求　　　　　　　　　　　　　　表 20.3.2

房间	长度（mm）		宽度（mm）		结构高度（mm）		装修后净高（mm）	
	推荐	最小	推荐	最小	推荐	最小	推荐	最小
手术间	≥9000	7000	≥8000	6000	4500	3600	3000	2700
CT 设备机房	≥7500	6000	≥6000	5500	4500	3600	3000	2700
设备间	≥6000	4000	≥3000	2600	4000	3000	3000	2800
控制室	≥6000	4000	≥3000	2600	4000	3000	3000	2800

20.3.3　复合CT手术室的建设要求。

【技术要点】

1. 承重要求：CT设备重量为2.9t左右，要求楼板必须有相应的承重能力，可以承载设备的负荷。同时要考虑CT设备运行轨道的预埋，运行区域水平度的要求较高。这就要求在建设手术室前考虑地面的做法、降板、找平等措施。水平度分为复合CT手术室整体区域、设备运行区域及轨道安装区域。

2. 顶棚以上的钢梁结构、风管及静压箱必须同步协调相应的空间。

3. 设备防护要求：复合CT手术室墙面、地面、顶层必须采用良好的防辐射措施，CT设备防护等级一般为3~4个铅当量，具体防护等级应根据手术室面积、楼板厚度以及设备的具体参数而定。手术间的墙面一般采用铅皮、硫酸钡板进行防护，地面、顶层一般采用硫酸钡水泥进行防护。墙面防护时应注意对固定防护材料的节点必须采取相应措施，避免射线泄漏。

4. 电动门防护要求：复合CT手术室采用气密封铅防护感应推拉门。门体防护当量必须与手术室的六面防护等级一致，并且具有气密封功能，保证手术室的压力梯度。CT设备和手术室之间应采用相应的三叠一体化推拉门进行隔断。当两个手术室配置1台CT设备时，CT设备存放在两个手术室之间，存放区域通过两个三叠一体化推拉门进行隔断封闭。防护门底部配置升降功能，确保门底缝隙被隔断，阻碍射线泄漏；同时还应具备密封、无门槛、洁净等功能。

5. 配电要求：CT设备要求专线供电，电源供电制式为TN-S，电压380V/400V，最大偏差不得超过±10%；频率50Hz，最大偏差不得超过±5Hz。相间电压间的最大偏差不得超过最小相电压的2%。推荐使用专用独立电源变压器。电源变压器至CT设备之间最好敷设专用独立电力电缆。

6. 空调要求：

（1）一般CT手术室是不需要净化空调的，但是复合CT手术室是与手术联系在一起的，因此复合CT手术室需要洁净空调（表20.3.3）。由于复合CT手术室主要担负神经外科手术，根据规范要求，手术室洁净级别为Ⅰ级，其余洁净辅助用房则均按照现行国家标准《医院洁净手术部建筑技术规范》GB 50333的要求进行设计。

复合CT手术室空调要求　　　　　　　　　　表20.3.3

名称	洁净级别	温度（℃）	温度变化率（℃/h）	湿度（%）	湿度变化率（%/h）	最少术间自净时间（min）
手术间	Ⅰ级	21~25	≤2	30~60	≤6	10
设备间	Ⅱ级	21~25	≤2	30~60	≤6	—
操作间	Ⅱ级	21~25	≤2	30~60	≤6	—

（2）送回风口及气流组织：根据《医院洁净手术部建筑技术规范》GB 50333—2013，Ⅰ级洁净手术室的送风顶棚面积不小于2.4m×2.6m的区域。同时，由于复合CT手术室面积较大，需要在送风顶棚外再增加送风口，在手术室长边侧设有下回风口，保证气流组织均匀分布，以保证室内洁净度符合设计标准。将排风口设置在移动屏蔽门侧，将紊流控制在排风口范围内。

7. 冷却系统要求：冷却水管通过 CT 设备底部沿设备支架敷设，接至手术室外，整个系统由户内单元、分流加热器、户外单元组成。

8. 复合 CT 手术室信息化建设：数字化手术室根据医院现实及未来的需要整合了处理所有复杂外科手术所需的诊断设备和监护设备以及手术设备和工具，在治疗的同时可以通过影像导航和跟踪及时诊断。

20.4　复合 MRI 手术室

20.4.1　复合 MRI 手术室的选址需要考虑建筑物周围环境对 MRT 设备的影响。

【技术要点】

1. 评估附近电梯、建筑设备的影响，宜距离 MRI 设备 10m 以外。

2. 评估周围道路车辆对于 MRI 设备的影响。

3. 评估周边地铁、轻轨等大型交通工具对 MRI 设备安装场地环境的影响，包括电磁场干扰和振动干扰。

4. 评估周边是否有发动机、泵等振动源，其振动是否对 MRI 设备有干扰。

5. 复合 MRI 手术室的面积应大于普通 MRI 设备机房，一般要求在 60m² 以上，跨距宜在 8500mm 以上。

6. 综合考虑 MRI 设备和洁净手术室要求，梁底高度宜大于 4.2m。

20.4.2　复合 MRI 手术室主要为两室布局：磁共振手术室—诊断室（附设设备间）。还有一种三室布局：磁共振手术室—诊断室（附设设备间）—磁共振手术室。手术室宜在手术中心的周边位置或者靠近建筑边缘的位置，便于设备运输吊装。

有些 MRI 设备可以实现前端进床和后端进床，这样就可以设计为前后各连接一个手术间，扫描室两侧开门设计，通过转运车系统进行患者转运，同时为两台手术服务，使术中 MRI 设备的使用效率倍增，可称之为"一拖二"。另外，还可以设计开通对外的通道，经过合理的运维管理，实现在非术中扫描时段兼顾常规扫描，可以提高机器的利用率，减轻医院的诊疗压力，兼顾先进性和投资回报率。

【技术要点】

医院的平面布局宜根据手术的具体需要、未来的发展空间、建筑物的整体布局及投资费用等方面综合考虑，选择适合医院本身的平面布局。

20.4.3　复合 MRI 手术室净空间设计要求可参考表 20.4.3，长、宽不得同时选择最小尺寸（详细要求参见《数字一体化复合手术室技术标准》T/CECA 20023—2022）。

【技术要点】

1. 手术室及检查室的面积及长、宽尺寸须满足设备安装及使用要求。

2. 复合 MRI 手术室的面积应大于普通 MRI 设备机房的面积，具体参照表 20.4.3。

复合 MRI 手术室净空间设计要求　　　　　　　　表 20.4.3

房间	长度（mm）		宽度（mm）		结构高度（mm）		装修后净高（mm）
	推荐	最小	推荐	最小	推荐	最小	推荐
手术间	≥9000	—	≥8000	—	4500	3600	≥2800

续表

房间	长度（mm）		宽度（mm）		结构高度（mm）		装修后净高（mm）
	推荐	最小	推荐	最小	推荐	最小	推荐
MRI 间（单向进床）	≥ 8000	7500	≥ 6000	5500	4500	3600	≥ 2800
MRI 间（双向进床）	≥ 10000	8500	≥ 6000	5500	4500	3600	≥ 2800
MRI 设备室	≥ 6000	5000	≥ 3500	3000	4000	3000	≥ 2800
MRI 控制室	≥ 6000	4000	≥ 3000	2600	4000	3000	≥ 2800

20.4.4　复合 MRI 手术室布局要点。

【技术要点】

1. 复合 MRI 手术室一般是两室的布局，一间是磁体存放的诊断室（MRI 室），一间是手术室（OR 室），另外配置一间控制室和一间设备室。如果条件允许，可以在诊断室另外一端增加一个手术室（OR），形成三室的布局。

2. OR 室与 MRI 室之间通过一体化移动屏蔽门相隔。屏蔽门具备电磁屏蔽、隔声、密封等功能，同时运行过程中不应产生电磁干扰。鉴于核磁设备的特殊性，屏蔽门的隔声性能不应低于 40dB，以有效保护手术室的噪声环境。日常工作中屏蔽门处于关闭状态，手术过程中需要用到术中核磁扫描检查时可开启。

3. 对于移动式复合 MRI 手术室，房间吊顶有轨道相通，磁体设备吊装在轨道上，可以来回滑动，患者不动，实现术中扫描（图 20.4.4-1、图 20.4.4-2）。

4. 对于固定式复合 MRI 手术室，可以通过专用转运车系统进行患者的快速转运，实现术中扫描（图 20.4.4-3）。

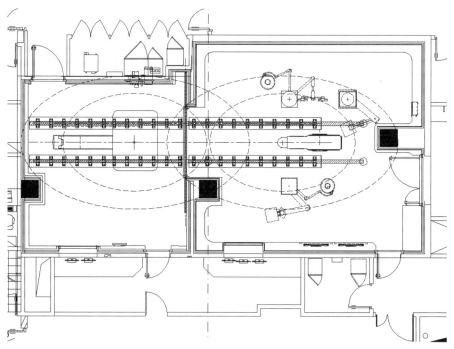

图 20.4.4-1　移动式复合 MRI 手术室平面示意

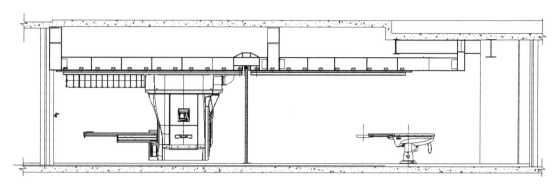

图 20.4.4-2 移动式复合 MRI 手术室剖面示意

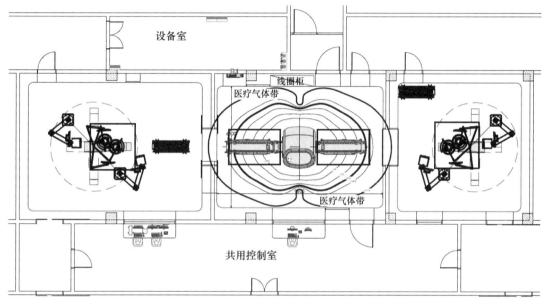

图 20.4.4-3 固定式复合 MRI 手术室平面示意

5. 复合 MRI 手术室工作过程：

（1）患者先在 MRI 室进行磁共振检测，确认病灶的部位。

（2）将患者推入 OR 室准备手术，此时移动屏蔽门是先开后关状态。

（3）患者在 OR 室进行手术，此时移动屏蔽门是关闭状态，OR 室与 MRI 室为独立的两间洁净室。

（4）术后移动屏蔽门打开，对于移动式复合 MRI 手术室，由 MRI 室的磁体设备移动至 OR 室进行磁共振扫描；对于固定式复合 MRI 手术室，患者经转运系统转运至 MRI 室中进行磁共振扫描，以便观察手术是否彻底成功。此时 OR 室与 MRI 室联通，成为一个整体洁净室。

（5）手术结束前，对于移动式复合 MRI 手术室，磁体退回 MRI 室；对于固定式复合 MRI 手术室，患者退回 OR 室。

（6）手术结束，患者离开手术室。

6. 复合 MRI 手术室对房间的温度、湿度和洁净度有严格的要求（表 20.4.4、表 16.3.1-1），达不到要求将对手术有直接影响。

区域	夏季		冬季		允许噪声 [dB（A）]
	室内温度（℃）	相对湿度（%）	室内温度（℃）	相对湿度（%）	
OR 室	22	55	22	40	≤ 50
MRI 室	22	55	22	40	≤ 52
洁净辅助用房	24	50	22	40	≤ 55

20.4.5　复合 MRI 手术室的屏蔽要求：六面屏蔽壳体所采用的屏蔽板（包括壁板、顶板、底板）必须由具有良好导电、导磁性能的金属网或金属复合材料构成，包括复合 MRI 手术室的自动移动门和诊断室窗户，同样需按 MRI 设备的特殊要求进行电磁屏蔽处理。

【技术要点】

1. 复合 MRI 手术室采用带有隔声功能的射频屏蔽门及屏蔽窗。

2. 所有进入复合 MRI 手术室的净化管道、电气管线、控制线、信号线、各种医疗气体管道都必须采用非铁磁性材料处理，且所有的管线需要经过滤波处理后方能接入手术室区域。

3. 空调送风、回风、排风管道进入屏蔽机房时需使用净化通风波导。

4. 屏蔽壳体应采用单点接地，其接地电阻不大于 2Ω，须小于避雷接地的接地电阻。

5. 屏蔽壳体未与地连接时，其与地线间的绝缘电阻应不小于 10kΩ。

20.4.6　复合 MRI 手术室的结构要求：应区分 MRI 设备是固定式还是移动式、悬挂式还是落地式。按照不同的设备形式考虑楼板、梁对荷载的要求。设备搬入时要考虑走廊承重及屏蔽墙面预留设备入口的宽度。

【技术要点】

1. 当选择悬挂磁体时，需由专业机构或单位对滑动轨道固定钢梁进行设计，钢梁同时需满足强度、挠度及磁体设备的功能要求。

2. 采用固定磁体时，应进行降板降梁设计，便于屏蔽工艺和无障碍施工的要求。

3. 磁体下地面钢筋等铁磁性物质的数量不超过设备厂家规定的要求。

20.4.7　复合 MRI 手术室的装修。

【技术要点】

1. 装修材料中的龙骨、装饰面板均应采用非铁磁性材料。

2. 室内照明灯具需综合考虑一般手术、内窥镜手术及磁体扫描对室内照明的不同需求，可分别设置可调光交流白炽灯、直流灯、手术灯等多种照明形式来满足不同使用情况的要求。

3. 对于移动磁体式复合 MRI 手术室，应对磁体移动和使用、交流灯与直流灯三者进行联动设计或者采用 LED 灯具，当磁体移动到手术室内时，交流灯具全部关闭，所有直流灯具同步打开，以满足手术室内照明和磁体扫描的环境要求。因此，宜合理考虑电源柜设备间的位置。

4. 照明、插座及所有磁屏蔽壳体内用电都必须经由壳体与外界交界处设置的电源滤波器过渡，避免内部电源对外界环境的影响，及外界电源对壳体内电磁场的干扰。

5. 监控及网络布线尽量使用光纤传播，避免电磁干扰，光纤穿越屏蔽壳体时需设置波导管。

6. 按照 MRI 设备的要求，宜从配电室直接敷设电缆，保证独立供电，且应选择优质的多股铜芯电缆。

7. 其他设备（包括空调机组、照明等）可由大楼配电箱供电，MRI 设备主机应单独供电，冷水冷机组及部分辅助设备采用另外一路进行供电。

8. MRI 设备的失超问题是安全问题，应在设计阶段给予足够重视，与整体工程同步设计、同步施工。一般 MRI 设备都有失超管，应考虑磁体失超管的路径，尽量减少转弯和总长度，失超管出口应根据周边情况设计安全的排放方式，一般应设置安全禁区或安全围挡等措施，具体方案应与厂家协商。有些 MRI 设备没有失超管，这就不需要解决失超管这个非常麻烦的安全问题。

20.4.8　复合 MRI 手术室的净化设计。

【技术要点】

1. 洁净级别及系统

（1）就一般 MRI 室而言，是不需要净化空调的，但是术中核磁将检查与手术联系到一起，需要"互动"。因此，MRI 室也需要做净化。

（2）手术室（OR 室）以脑外科手术为主，手术室洁净级别定为 I 级，而 MRI 室与 OR 室之间在手术过程中移动屏蔽门将打开，彼此连成一体，为了保证 OR 室内的洁净度及气流组织的稳定，将 MRI 室定为 II 级手术室来设计净化系统，否则会造成 OR 室与 MRI 室之间压差及洁净度相差过大，开门时造成两室气流的不稳定，对 I 级层流的扰动太大，从而影响手术的效果。

（3）对于一个磁体检查室来说，II 级手术室的标准又太高，同时也不利于节能。因此，根据 OR 室与 MRI 室的工作特性，采取了一个折中的办法：在 OR 室与 MRI 室之间的屏蔽门处于关闭状态时，其实两室是各自独立的，只有在门打开时才相互连通。因此，可考虑为 MRI 室设计一个变风量系统，在屏蔽门关闭时，设计为一般 III 级洁净室，保证房间的洁净度及相对于邻室辅助用房的压差。在屏蔽将要打开之前，再将 MRI 室的洁净级别提高至 II 级手术室标准。这样在屏蔽门打开之后，OR 室内的洁净环境不会受到太大的影响，保证手术的正常进行。

（4）其余洁净辅助用房均按照现行国家标准《医院洁净手术部建筑技术规范》GB 50333 的要求进行设计。

2. 送、回风口及气流组织

（1）按照《医院洁净手术部建筑技术规范》GB 50333—2013 的要求，I 级洁净手术室的送风面积不小于 2.4m×2.6m 的区域。但是 OR 室吊顶装了两根轨道供磁体移动，因此只能将 2.4m×2.6m 的送风区域分成三块，每块大小为 0.8m×2.6m，同时由于 OR 室面积较大，并且是不规则形状，因此在手术室四周都设有下回风口，保证气流组织能分布均匀，以保证室内洁净度符合设计标准。

（2）为了尽可能减小开门后 MRI 室对 OR 室的影响，当门打开时希望能够将气流紊流状态控制在一定范围内，保证手术台区域的平行流，因此将两个房间的排风口设置在移动屏蔽门侧，将紊流控制在排风口范围内，《洁净室施工及验收规范》GB 50591—2010 中要求洁净室开门时，距门 0.6m 处洁净度不降低。因此，两侧排风口设置在距门 0.65～0.8m 处，而手术台距门约 2.5m，气流紊流区域影响不到手术台工作区域（图 20.4.8-1～图 20.4.8-3）。

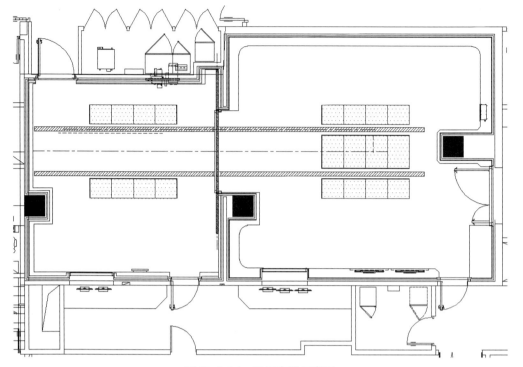

图 20.4.8-1　风口布置示意图

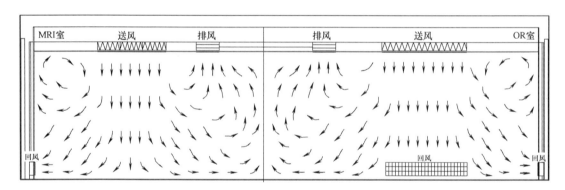

图 20.4.8-2　气流组织示意图（门闭时）

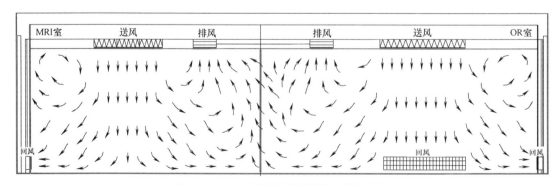

图 20.4.8-3　气流组织示意图（门开时）

（3）当门打开时，OR 室对 MRI 室保持正压，气流方向从屏蔽门处流向 MRI 室，流经 MRI 室排风区域随着 MRI 室的排风气流被抽走。

本章参考文献

［1］中国勘察设计协会. 数字一体化复合手术室技术标准：T/CECA 20023—2022［S］. 北京：中国建材工业出版社，2022.

［2］中国医学装备协会. 数字化手术室建设标准：T/CAME 24—2020［S］. 北京：中国医学装备协会，2020.

［3］彭盼，杨晓文，吕晋栋. 基于多信息融合技术的数字一体化复合手术室的设计与应用［J］. 中国数字医学，2020，10（10）：17-20.

［4］吕晋栋，彭盼. MRI 导航手术室的建设［J］. 中国医院建筑与装备，2016（7）：44-45.

［5］李瑞玲. 飞利浦结构性心脏病复合手术室解决方案及应用案例［J］. 中国医学装备，2021，18（8）：230-231.

［6］辛在海，薛立洋，范医鲁. 全数字一体化复合手术室的规划设计与建设［J］. 中国医疗设备，2021，36（3）：155-158.

［7］王欣. 探秘 GE 一体化复合手术室［J］. 中国医院院长，2014（17）：80-81.

［8］马艳，陈沅，王翔宇，等. 数字减影血管造影复合手术室管理专家共识［J］. 中国医学装备，2023，20（1）：141-145.

第21章 机器人辅助手术室

鲍俊安：中国人民解放军总医院信息科工程师。
王炳强：正高级工程师，山东威高手术机器人有限公司总经理。
刘敏超：中国人民解放军总医院信息科主任。

技术支持单位：

山东威高手术机器人有限公司：致力于医用微创手术机器人系统的技术研发及产业化研究，研发的腹腔内窥镜手术设备达到国际先进、国内领先水平，取得了国内首张三类医疗器械注册证书。

21.1 概　　述

　　机器人辅助手术室是在数字化复合手术室的基础上，融合了手术机器人、三维内窥镜摄像系统、净化工程与数字信息化，将所有关于患者的信息以最佳方式进行系统集成，使手术医生在机器人的辅助下，通过直觉开展精准微创手术。手术医生、麻醉医生、手术护士可获得全面的患者信息、更多的影像支持、精确的手术导航、通畅的外界信息交流，为整个手术提供更加准确、安全、高效的工作环境，也为手术观摩、手术示教、远程教学及远程会诊、远程手术提供可靠的通道，从而创造手术的高成功率、高效率、高安全性，以及提升手术室的对外交流能力。

　　手术机器人系统是集多学科高科技手段于一体的综合体，其具有本地手术功能和远程手术功能两种操控模式。主刀医生借助机器人系统的辅助对患者进行微创手术。手术过程中，外科医生坐在医生操作台前，通过观看 3D 影像显示器，双手握住手柄操作医生机械臂同步控制患者机械臂上的器械执行各种手术动作。这种完全不同于传统的手术概念，在微创外科领域是当之无愧的革命性外科手术工具。

　　手术机器人系统由三部分组成：医生操作台、患者操作台以及三维内窥镜摄像系统。医生操作台是手术机器人系统的控制中心，是该系统在医生端的交互平台，位于消毒区域外。主刀医生坐在医生操作台前，用双手操作两个医生机械臂来控制手术器械和一个三维腹腔镜，手术器械末端与外科医生的双手同步运动。手术机器人系统解决了传统微创手术中眼—手运动不协调的固有缺陷，最大限度地还原了开放式手术中医生的眼睛—手术器械—手部运动同步运动的情形，实现微创手术下眼—手协调的直觉运动映射。

21.2　工　程　实　施

机器人辅助手术室工程实施相关技术要求参见第 20.2.7 条。

21.3　基　本　要　求

21.3.1　建筑基本要求：可单独设置机器人辅助手术室，也可将机器人辅助手术室设在洁净手术部内。机器人辅助手术室选址时应考虑与周边环境的互相影响。

【技术要点】

1. 机器人辅助手术室选址时应保证不受 MRI 等设备磁场的干扰，避免影响系统的正常运行，同时也要保证人员的安全和其他敏感设备的功能不受磁场的影响，在设计阶段应进行风险评估。

2. 机器人辅助手术室和大型设备安装运输路径应根据大型设备的重量进行结构设计和复核。在实施方案确定前需要对建筑楼板、顶板的强度进行复核，确保结构安全。特别要注意一些重型设备安装钢梁或吊架的质量，机器人设备质量应考虑在 1t 以上。

3. 机器人设备运输通道宽度不宜小于 1.2m、高度不宜小于 2.2m。

其他要求参考第 20.1.5 条。

21.3.2　洁净级别：机器人辅助手术室应根据开展手术的类型确定手术室及配套辅助用房的洁净级别，应参照现行国家标准《医院洁净手术部建筑技术规范》GB 50333 设置各功能用房的洁净级别。

21.4　规模和管理要求

21.4.1　机器人辅助手术室建设规模。

【技术要点】

1. 手术室内净尺寸，推荐 6m×8m ＝ 48m² 及以上，最小净尺寸 6m×7m ＝ 42m²（不推荐），极小尺寸 6m×5.7m ＝ 34.2m²（基本不能使用）。

2. 手术室门及货梯门净尺寸（宽×高）1.2m×2m，门口台阶高度小于 1cm，门口地面缝隙宽度小于 3cm。

3. 手术室内净高大于 2.5m。

4. 电梯地面尺寸（宽×深）不小于 1.2m×2m。

5. 地板承重不小于 900kg/m²。

21.4.2　机器人辅助手术室流程管理要求：应参照现行国家标准《医院洁净手术部建筑技术规范》GB 50333，保证医患分流、洁污分流。

【技术要点】

1. 医护人员流线：医护人员应严格执行卫生通过流程，并应严格执行无菌技术操作规程。医护人员应在非洁净区换鞋、更衣后，进入洁净区，应在手卫生后进入手术室，术前穿手术衣和戴手套，术毕应原路退出手术室。

2. 患者流线：术中患者从非洁净区进入后，应在洁净区换洁车或清洁车辆，并应在洁净区进行麻醉、手术和恢复，术后退出手术部至病房或ICU。

3. 洁物流线：无菌物品应在供应中心消毒后，通过密闭转运或专用洁净通道进入洁净区，并应在洁净区无菌储存，按需送入手术室。外来清洁物品通过拆包间拆除外包装后送入洁净区暂存。

4. 污物流线：可复用物品应在消毒供应中心灭菌送回手术部。不可复用物品应经预处理、密封打包后通过污梯送出科室。

5. 家属流线：家属在等候区等候，接到医生通知后在家属谈话间完成谈话、签字。

6. 餐物流线：宜设置独立对外的餐物接收窗口，避免送餐人员与医护人员流线交叉。

21.5 人员配备比例

机器人辅助手术室人员配比应符合国家对于各级医院的评审标准及《医院手术部（室）管理规范（试行）》中对手术室的要求，可根据医院实际情况做到人员梯次结构合理。

21.6 机器人辅助手术室建设要求

21.6.1 机器人辅助手术室应包括卫生通过用房、手术用房、手术辅助用房、消毒供应用房等，宜配置药品间和设备间。

21.6.2 术前准备室应包括术前谈话区和更衣区，应配置办公桌椅，宜配置录音录像设备、患者更衣区隔断或遮挡帘，应符合现行国家标准《医院洁净手术部建筑技术规范》GB 50333 的相关要求。

21.6.3 手术室建设要求。

【技术要点】

1. 机器人辅助手术室结构设计要求：手术室均布荷载一般要求不小于 $9kN/m^2$，要求手术室楼板结构坚固、能够有效承受荷载，避免设备基座下沉，根据设备安装要求一般应考虑降板降梁处理，地面要求平坦、光洁、无尘。关于平整度，各厂家有不同的要求。

2. 设备安装要求：机器人设备需要在楼板上承重，当不确定具体重量时可按 1t 估算。应注意是否有辅助悬吊设施，如术中内窥镜显示器等。机器人设备臂展很长，悬吊设施（比如吊塔手术灯等）安装位置要注意避让，需要提前设计好临床应用布局。

3. 机器人辅助手术室布局见图 21.6.3。机器人辅助手术室要安装吊塔、无影灯、存储视频会议及示教系统设备，还要考虑机器人设备机械臂的运动范围，为保障手术顺利进行，建议手术空间最好保证不同设备厂家要求的长、宽，以便达到实际的使用要求（表 21.6.3），手术室净面积应大于或等于 $50m^2$。

4. 机器人辅助手术室配置要求

机器人辅助手术室应配置紫外线杀菌灯、X 射线观片灯、氧气管道和负压吸引装置、供氧设备、手术床、无菌手术操作台、机器人设备操作区、药品器械柜、器械清洗池、洗手池、利器盒、医疗及生活垃圾桶、电脑、强弱电、电话、局域网络设施等，宜配置层流和图像存储和传输系统、医院信息系统和相关工作软件。

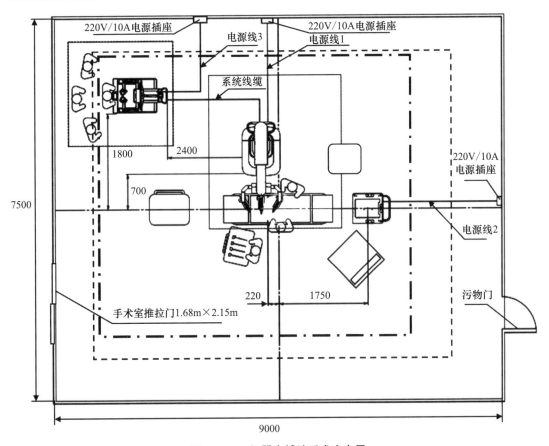

图 21.6.3 机器人辅助手术室布局

注：1. 图中所示是以 7.5m×9m 的手术室为例进行介绍。

2. 虚线框为 6m×7m（较小）的手术室，基本不推荐。

3. 点划线框为 6m×5.7m（极小）的手术室，基本不能使用。

机器人辅助手术室空间尺寸 表 21.6.3

长度（mm）		宽度（mm）		结构高度（mm）		装修后净高（mm）	
推荐	最小	推荐	最小	推荐	最小	推荐	最小
≥9000	7000	≥7500	6000	≥4500	3600	3000	2700

5. 机器人辅助手术室洁净空调系统要求

机器人辅助手术室环境及配置的设施设备应满足现行国家标准《医院洁净手术部建筑技术规范》GB 50333 的相关要求，具体级别根据所开展手术的需求确定。

21.6.4 术后观察室建设要求：术后观察室的规模应与机器人辅助手术室的规模相适应，应配置观察床、供氧设备（设备带或氧气瓶）、监护设备（数量与观察床相符）、输液架、吸引系统、急救呼叫系统、急救设备及相应的医护人员，宜配置便携式超声仪（参照现行国家标准《医院洁净手术部建筑技术规范》GB 50333 的相关要求）。

21.6.5 制度要求及质量控制。建设制度包括但不限于手术室工作制度、手术室感染控制及消毒隔离制度、手术安全检查及交接制度、手术分级管理制度、治疗管理制度、标本管理制度等。质量控制指标包括但不限于手术风险类指标、活检诊断类指标、感染控制类指标、安全核查类指标、急救抢救类指标、医疗文书类指标等。

21.7　机器人辅助手术室设备配置

21.7.1　机器人辅助手术室常规设备众多，其主要设备配置见表 21.7.1。

机器人辅助手术室主要设备配置表　　　　　　　　表 21.7.1

设备名称	数量
手术台	1 台
手术无影灯	1 套
双臂电动麻醉塔	1 套
数字化转播及控制系统	1 套
患者操作台	1 台
医生操作台	1 台
双臂电动外科塔	1 套
器械台	1 台
呼吸机、监护仪	1 套
三维内窥镜摄像系统	1 套
麻醉机	1 台
中央控制面板	1 个
医用气源装置	1 套
免提对讲电话	1 台

【技术要点】

1. 手术无影灯

手术无影灯应根据手术要求和手术室布局进行配置，通常配置双头灯，如子母灯或双母灯，特殊情况下也可以配置三头灯，如子母灯（或双母灯）加单灯头。外罩应为流线型，将对洁净气流的影响降到最小。手术无影灯在安装时需穿过送风静压箱，因此应对穿过处的转接架周围做密封处理。手术无影灯底座承重荷载和用电功率应按厂家要求进行设计、施工，并确认结构牢固，必要时对底座进行加固处理。手术无影灯的光线强度、光斑直径、色温均应满足手术要求。

手术无影灯应具备高度的灵活性和高能效，还应充分考虑临床使用的方便性和舒适性，以适应不同手术对术野照明的要求。建议使用全 LED（发光二极管）灯珠的手术无影灯，其优点在于：出色的冷光效果，医生头部和伤口区域几乎无温升；光源应采用纯色光的 LED，可以增加血液与人体其他组织、脏器的色差，使得手术中医生的术野更加清晰。为使手术无影灯能移动到合适的位置，提供充足的照明，还需要选择足够长度的手术无影灯旋转吊臂。

2. 手术台

手术台应满足不同影像环境下各种复杂手术的需求，具体应满足以下要求：

（1）较高的 X 射线透光度，以满足介入手术的要求，通常为可透射线材质。

（2）机械动作：床体升降、各向运动、倾斜需满足全外科要求；根据特定外科术式要求，床面可模块化组合和分节运动。

（3）根据具体要求选择手术台其他附件，如无线遥控器、有线遥控器、高低位手板、麻醉架、截石位腿架、可透射线头架、牵引架、肩托、腰托等。

（4）手术台应具备双向体位模式（具备头脚换位功能）。

3. 吊塔（悬吊系统）

医用吊塔是医院现代化手术室必不可少的供气、供电和手术室空间管理的医疗设备，可实现氧气、负压吸引、压缩空气、氮气、二氧化碳、废气排放等医用气体的终端转接，以及提供强、弱电等接口，有效提高空间利用率，保持设备的整洁有序、降低感染风险。

手术室使用的悬臂式吊塔按照使用功能一般可分为麻醉塔、外科塔、腔镜塔、显示器塔、体外循环塔等，可根据手术室大小、实际功能需求选用最合适的配置。麻醉医师一般在患者的头部位置实施麻醉，因此麻醉塔需要安装在患者头部左侧或右侧位置。考虑到患者有时会采用反向体位，也可以在其他合适的位置增加一台麻醉塔或在其他吊塔上增加麻醉用的气电端口。考虑到手术室整体布局和其他吊顶设备的定位，外科塔一般安装在手术台的腿部位置。

在机器人辅助手术室建设过程中，建议根据不同房间面积大小及影像设备选型情况确定适宜的麻醉塔和外科腔镜塔的组合系统，以提高手术室的整洁度及空间利用率。吊塔安装位置应邻近手术台，不要安装在手术室的门口影响通行。

悬吊设备应分布在手术区域四周，最大限度提升层流净化效果。各类塔上的气体终端、插座、网络模块、等电位接线端子应满足各手术的最大需求，根据支架位置及承重情况确定合适的臂长，避免悬吊系统支臂移动时互相干扰。

4. 数字化转播及控制系统

数字化转播通过三维内窥镜摄像系统、术野摄像机、全景摄像机、影像设备、采集仪器图像等方式实现对数字化转播所需图像、画面及音频进行采集、处理、显示、切换与转播。不同影像信号的显示形式取决于医疗方面的具体要求，其中涉及以下信号：实时影像、参考影像、血流动力学、超声影像、IVUS（血管内超声）、生命体征监护参数、电生理（部分情况可能需要多个信号）、内镜影像、3D 工作站、高清摄像机等。

数字化转播系统应能集成显示并能根据需求任意切换上述信号。

21.7.2 机器人设备是一个精密的机电一体化平台，用来以微创方法进行复杂精细的手术。通常来说，机器人手术系统主要由医生操作台、患者操作台和影像台车三部分组成。

【技术要点】

1. 医生操作台是机器人手术系统的控制中心（图 21.7.2-1）。放置在无菌区外，手术时，医生可坐在医生操作台前，用眼、手和脚通过两个手柄及器械脚踏控制内窥镜和手术器械执行手术动作。

2. 患者操作台是机器人手术系统的手术组件，其主要功能是支撑器械臂和图像臂（图21.7.2-2）。患者操作台操作人员在无菌区工作，可通过安装器械和内窥镜，为医生操作台医生提供支持。患者操作台操作人员的动作应优先于医生操作台医生的动作。

3. 影像台车应包括台车主体、显示器、摄像头等，可承载各类辅助手术设备（图21.7.2-3）。影像台车在手术过程中位于无菌区域外，可由巡回护士操作。

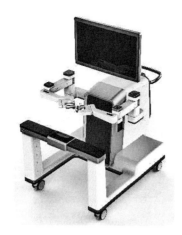

图21.7.2-1　医生操作台

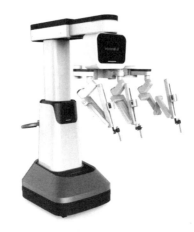

图21.7.2-2　患者操作台

图21.7.2-3　影像台车

21.7.3　监护仪应具备心电、血氧、血压、呼吸、脉搏、体温等基本监测功能。

【技术要点】

监护仪应符合现行行业标准《医用电气设备　医用脉搏血氧仪设备基本安全和主要性能专用要求》YY 0784、《多参数监护仪安全管理》WS/T 659、《医用电气设备　呼吸气体监护仪的基本安全和主要性能专用要求》YY 0601等的要求。

21.7.4　急救设备应包括除颤仪、吸引器、抢救车，宜配置气管插管器械和呼吸机。

【技术要点】

急救设备应符合以下要求：

1. 除颤仪应满足现行国家标准《医用电气设备　第2-4部分：心脏除颤器安全专用要求》GB 9706.8的要求。

2. 吸引器应符合现行行业标准《医用吸引设备　第1部分：电动吸引设备》YY/T 0636.1的要求。

3. 呼吸机应符合现行国家标准《医用电气设备　第2-83部分：家用光治疗设备的基本安全和基本性能专用要求》GB 9706.283和现行行业标准《医用呼吸机　基本安全和主要性能专用要求　第3部分：急救和转运用呼吸机》YY 0600.3的要求。

抢救车中应备有升压药、降压药、中枢神经系统兴奋剂、强心药、利尿剂脱水药、抗心律失常药、抗过敏药、血管扩张药、镇痛药、平喘和解痉药等。

21.7.5　微创诊疗设备及器械应配置活检枪、活检针、穿刺针、引流管、无菌探头套和穿刺支架等诊疗器械，宜配置消融设备。

【技术要点】

消融设备应满足以下相关要求：

1. 微波治疗设备应满足现行国家标准《医用电气设备　第 2-6 部分：微波治疗设备的基本安全和基本性能专用要求》GB 9706.206 和现行行业标准《微波热凝设备》YY 0838 的要求。

2. 射频消融设备一般应满足现行国家标准《医用电气设备　第 2-2 部分：高频手术设备及高频附件的基本安全和基本性能专用要求》GB 9706.202 的要求，其中妇科射频消融设备应满足现行行业标准《妇科射频治疗仪》YY 0650①的要求，肝脏射频消融设备应满足现行行业标准《肝脏射频消融治疗设备》YY/T 0776 的要求。

3. 激光消融设备应满足现行国家标准《医用电气设备　第 2 部分：诊断和治疗激光设备安全专用要求》GB 9706.20 的要求。

4. 冷冻消融设备应满足现行行业标准《医用冷冻外科治疗设备性能和安全》YY/T 0678 的要求。

21.7.6　麻醉设备应符合《医用电气设备　第 2-90 部分：高流量呼吸治疗设备的基本安全和基本性能专用要求》GB 9706.290—2022 和《医用电气设备　第 2-13 部分：麻醉工作站的基本安全和基本性能专用要求》GB 9706.213—2021 的要求。

---

① 新标准《射频消融治疗设备通用技术要求》YY 0650—2022 将于 2025 年 11 月 1 日起实施。

第 22 章　日间手术部（室）

李正涛：一级注册建筑师，同济大学建筑设计研究院（集团）有限公司建筑设计总监。
谭永琼：四川大学华西天府医院手术室护士长，从事手术室护理 41 年，参加课题 6 项，参与著书 7 部，申请专利 5 项，发表论文 20 多篇，获科研奖励 2 项。
朱道珺：四川大学华西医院主管护师，手术室护士长。

22.1　概　　述

22.1.1　日间手术部（室）的定义与管理模式：

1. 日间手术是指手术患者在入院前做完术前检查、麻醉评估，然后预约手术时间，当日住院、当日手术，24h 内出院的一种手术模式。日间手术部（室）是主要用于完成日间手术的手术部（室）。

2. 日间手术的管理模式主要有两种：集中收治集中管理模式和集中管理分散收治模式。

22.1.2　日间手术部（室）的流程特点：

1. 日间手术具有高效率的特点，日间手术重点在于提高效益、降低成本，而非追求实施复杂、高难度的前沿手术。以微创与介入技术为主，伤害小、风险低、康复快、技术成熟、并发症发生率低。

2. 日间手术对流程的要求非常精细，包括术前宣教、检查、筛选、评估，术中麻醉技术的运用和手术人员的配合，以及术后安全性的确保等。为了保障日间手术部（室）良好运转，麻醉诱导、术后复苏室与手术室配比要高于目前的住院手术部。

3. 日间手术是一种高效率、低成本的手术模式，可提高医疗覆盖面，使更多患者减少等待时间获得治疗。近年来日间手术部（室）建设增多，成为未来发展的手术模式之一。发达国家的日间手术占择期手术比例已经达到 60% 以上，英国和美国更是高达 80%。日间手术部（室）从几间手术室也发展到拥有十多间手术室的日间手术中心。

日间手术流程示意如图 22.1.2 所示。

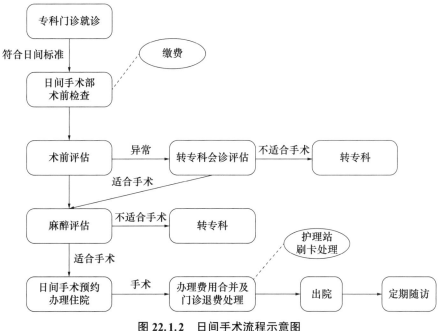

图 22.1.2　日间手术流程示意图

22.2　医疗工艺要求

22.2.1　一般要求：

1. 日间手术部（室）由洁净手术室和辅助用房组成，可以建成以全部洁净手术室为中心并包括必需的辅助用房，自成体系的功能区域；也可以建成以部分洁净手术室为中心并包括必需的辅助用房，与普通手术部（室）并存的独立功能区域。

2. 日间手术部（室）的各类洁净用房等级划分、不同等级的洁净手术室适用的手术范围、各类洁净用房主要技术指标，均应符合现行国家标准《医院洁净手术部建筑技术规范》GB 50333 规定，且不低于住院手术部的技术指标。

22.2.2　功能分区：

1. 日间手术部（室）应按用房功能划分洁净区与非洁净区。

2. 日间手术部（室）内部平面布置和通道形式应符合功能流程短捷和洁污分明的原则，一般可选用尽端布置、中心布置、侧向布置或环状布置。当具备分流条件时，可采用多通道；当有外走廊时，外走廊宜设计为清洁走廊。

3. Ⅲ级洁净辅助用房：包括刷手间，手术准备间，无菌敷料与器械、一次性物品和精密仪器的存放间、护士站以及洁净走廊。

4. Ⅳ级洁净辅助用房：包括恢复室、清洁走廊等准洁净场所。

5. 非洁净辅助用房：包括医生和护士休息室、值班室、麻醉办公室、家属等候处、换鞋间、更外衣间、浴厕和净化空调设备用房。

22.2.3　流线组织：

1. 日间手术部（室）应设独立的患者出入口。

2. 工作人员和物品宜另设专用出入口。无菌物品应通过专用洁净通道或密闭转运进入手术区。

3. 污物处理应符合现行国家标准《医院洁净手术部建筑技术规范》GB 50333 的规定。污物具有就地消毒和包装措施的可采用单通道，否则可采用洁污分开的双通道。

4. 洁净区与非洁净区之间应设面积不小于 $3m^2$ 的缓冲室，其洁净级别应与洁净度高的一侧同级，并不应高于 6 级。物流应设传递窗。洁净区内在不同空气洁净级别区域之间宜设置隔断门。

5. 人、物用电梯不应设在洁净区。受条件限制必须设在洁净区时，必须在出口设缓冲室。

22.2.4　规模要求：

1. 日间手术部（室）的规模以手术室的数量为基本模数，配套用房以此为基础测算。一些流量比较大的省级中心医院或者专科医院，比如肿瘤医院，对手术室的数量会有更多的需求，无法简单地套用公式计算，设计师应与医院方共同收集手术部门的运营资料，探讨并制定切合医院发展实际的空间方案。需要收集的数据包括：每年的手术量、高峰期手术量、手术时长与手术室的清理轮转时间、手术室利用率、现有手术间数量等。

2. 手术室数量＝年手术台数／（日支持手术台数 × 每周工作日数 × 每年工作周数）；建议取值：日支持手术台数＝ 4～8 台（结合医院实际情况确定），每周工作天数＝ 5～6 天；每年工作周数＝ 52 周（结合医院实际情况确定）。

3. 手术区域由术前等候区、麻醉准备区、刷手区、无菌物品存放间、手术室、复苏间（一期复苏）、影像设备隔间、器械预处理室、污洗间（洁具间）、污物存放间、存储区、实验室、血库、药品间等相关用房组成。

4. 配套用房测算：麻醉准备区与手术间的比例宜为 1∶1，复苏间（一期复苏）与手术间的比例宜为 2∶1，可设有机动位作为重症监护床位，病房（二期复苏）床位与手术室的比例宜为（4～8）∶1。

22.2.5　洁净用房分级：日间手术部（室）的各类洁净房应按空态或静态下的细菌浓度进行分级，分级标准应符合现行国家标准《医院洁净手术部建筑技术规范》GB 50333 的相应等级要求。

22.2.6　非洁净用房分级：日间手术部（室）的各类非洁净用房应符合现行国家标准《综合医院建筑设计规范》GB 51039 的相关规定。

22.3　建　筑　要　求

22.3.1　选址要求：

1. 日间手术部（室）应设在医院主交通干线，与住院手术部和监护病房邻近。应理顺日间手术部（室）内各功能区的相互关系，流线合理（图22.3.1），洁污分明，标识清晰，远离污染源。

2. 日间手术部（室）不宜设在建筑物首层和顶层，当设于设备（可不含大型制冷机组）层的下一层时，必须采取有效措施进行防水、防振和隔声处理。

3. 日间手术部（室）应设有独立的患者主入口，可从综合医院的内部主通道进入，也可从室外直接进入。从室外直接进入的主入口应设有雨棚及专用的上、落客区域，并应设有无障碍设施，就近设置停车区域。

4. 日间手术部（室）宜与日间手术病房相邻。

5. 日间手术部（室）的设计应注意留有发展余地，以适应将来改建或扩建需要。

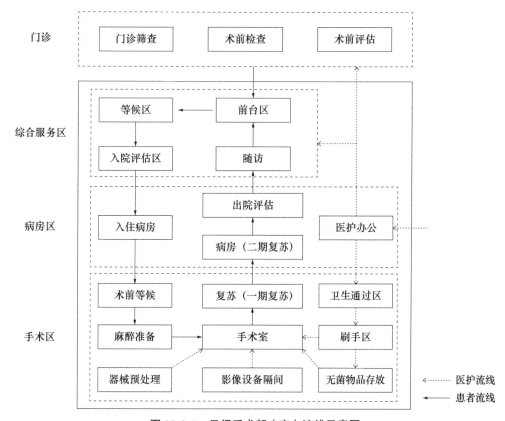

图 22.3.1　日间手术部（室）流线示意图

22.3.2　手术间要求：

1. 日间手术部（室）的净高宜为 2.8～3m，不低于住院手术部标准。

2. 日间手术部（室）的地面应采用耐磨、耐腐蚀、不起尘、易清洗和防止产生静电的材料。一般情况下可采用现浇铜条水磨石地面以及涂料、卷材地面。

3. 日间手术部（室）的墙面应采用不起尘、平整易清洁的材料。一般情况下可采用整体或装配式壁板，Ⅱ级（不含）以下清洁用房可采用大块瓷砖或涂料。

4. 日间手术部（室）门净宽不宜小于 1.4m，宜采用设有自动延时关闭装置的电动悬挂式自动拉门。

5. 洁净手术室及Ⅰ、Ⅱ级洁净辅助用房不应设外窗，Ⅲ、Ⅳ级洁净辅助用房可设双层密闭外窗。

22.3.3　辅助用房配置要求：

1. 日间手术部（室）宜设置术前准备间，术前准备间应有紧急麻醉设备及医用气体装置。术前准备间应安装可调检查灯。

2. 日间手术部（室）应设置麻醉后恢复室，麻醉后恢复室宜位于日间手术部出口处，宜与手术室位于同一平面。

3. 日间手术部（室）内手术间及其配套的相邻辅助用房应和其他区域相应的净化空调系统分开。洁净区和非洁净区相应的空调系统宜分开。

4. 刷手间宜分散设置，每2～4间手术间应单独设立一间刷手间。当条件具备时，也可将刷手池设在洁净走廊内，符合现行国家标准《医院洁净手术部建筑技术规范》GB 50333规定。刷手池水龙头数量宜按照每间手术室2个配置。

5. 日间手术部（室）宜配置背景音乐系统。

22.3.4 其他要求：手术区域内用于运送患者的走廊净宽不宜小于2.4m，非手术区的走廊净宽不宜小于1.8m。

22.4 基 本 装 备

日间手术部（室）与建筑安装有关的基本装备（不包括专用的移动的医疗仪器设备）如表22.4所示。在此基础上，可根据医疗要求需要，有选择地适当调整，但不属于基本装备之列。日间手术部（室）装备示意见图22.4。

日间手术部（室）与建筑安装有关的基本装备配置表　　　　表22.4

装备名称	最少配置数量
手术无影灯	1套/间
电动手术台	1台/间
医用吊塔、吊架	根据需要配置
计时器	1只/间
医用气源装置	3～4套/间
强弱电源装置	6～8套/间
麻醉气体排放装置	1套/间
可视对讲系统	1套/间
智能药品柜	1个/间
耗材柜（嵌入式）	1个/间
液体柜（嵌入式）	1个/间
麻醉柜（嵌入式）	1个/间
护士工作站	1个/间
观片设备（嵌入式）	1套/间
记录板	1块/间
手术室控制参数显示调控面板	1套/间
输液轨道（满足手术需求）	2套/间

注：1. 因微创手术技术的发展，日间手术部（室）手术间宜配备腔镜系统，建议配置相应的显示系统。

2. 日间手术部（室）应设有相应的信息接口等。

3. 日间手术部（室）宜设置背景音乐系统。

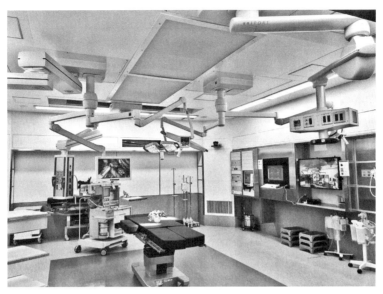

图 22.4　日间手术部（室）装备示意图

22.5　空气调节与空气净化设计

22.5.1　日间手术部（室）洁净用房主要技术指标如表 22.5.1 所示。

日间手术部（室）洁净用房主要技术指标表　　　　　　　　　　表 22.5.1

名称	室内压力	最小换气次数（h⁻¹）	工作区平均风速（m/s）	温度（℃）	相对湿度（%）	最小新风量[m³/（h·m²）]或（h⁻¹）	噪声[dB（A）]	最低照度（lx）	最少术间自净时间（min）
Ⅰ级洁净手术室	正	—	0.20～0.25	21～25	30～60	15～20	≤51	≥350	10
Ⅱ级洁净手术室	正	20	—	21～25	30～60		≤49	≥350	20
Ⅲ级洁净手术室	正	15	—	21～25	30～60		≤49	≥350	20
Ⅳ级洁净手术室	正	10	—	21～25	30～60		≤49	≥350	30
无菌物品间	正	10	—	≤27	≤60	（2）	≤60	≥150	—
未拆封器械、无菌药品、一次性物品和精密仪器存放室	正	10	—	≤27	≤60	（2）	≤60	≥150	—
护士站	正	8	—	21～27	≤60	（2）	≤55	≥150	—
手术室前室	正	8	—	21～27	≤60	（2）	≤60	≥200	—
刷手间	负	8	—	21～27	—	（2）	≤55	≥150	—
洁净区走廊	正	8	—	21～27	≤60	（2）	≤52	≥150	—
麻醉恢复室	正	6	—	22～26	25～60	（2）	≤48	≥200	—

名称		室内压力	最小换气次数（h⁻¹）	工作区平均风速（m/s）	温度（℃）	相对湿度（%）	最小新风量 [m³/（h·m²）] 或（h⁻¹）	噪声 [dB（A）]	最低照度（lx）	最少术间自净时间（min）
脱包间	外间脱包	负	—	—	—	—	—	—	—	—
	内间暂存	正	8	—	—	—	—	—	—	—

注：1. 表中手术室最小换气次数或最小新风量在实际设计或使用时应增加 10% 的冗余度。

2. 温湿度范围下限为冬季的最低值，上限为夏季的最高值。

3. 手术室新风量的取值，应根据有无气体麻醉或电外科等在手术过程中散发有害气体进行调整。

4. 洁净用房应采用上送下回的气流分布形式。

5. 最小新风量括号内的数据为换气次数。

6. 数据来源于《医院洁净手术部建筑技术规范》GB 50333—2013。

22.5.2　日间手术部（室）洁净用房技术参数选用原则：

1. 相互连通的不同洁净级别的洁净用房之间，洁净级别高的用房应对洁净级别低的用房保持相对正压。最小静压差应大于或等于 5Pa，最大静压差应小于 20Pa，不应因压差而产生哨声或影响开门。

2. 相互连通的相同洁净级别的洁净用房之间，宜有适当压差，保持要求的气流方向。

3. 严重污染的房间对相通的相邻房间应保持负压，最小静压差应大于等于 5Pa。

4. 洁净区对与其相通的非洁净区应保持正压，最小静压差应大于等于 5Pa。

5. 换气次数和新风量除应符合表 22.5.1 的要求外，还应满足压差、补偿排风、空调负荷及特殊使用条件等要求。

6. 表 22.5.1 中未列出的洁净用房可参照表中用途相近的房间确定其指标数值。

22.6　医用气体设计

22.6.1　气源要求：

1. 日间手术部（室）医用氧气、医用真空、医用空气宜从医用气源处单独接入；日间手术部（室）的专供医用气体汇流排，应设于邻近洁净手术部的非洁净区域。

2. 各种医用气体汇流排在电力中断或控制电路故障时，应能持续供气，且应能自动切换使用。

22.6.2　管材要求：

1. 除麻醉废气排放管道可采用镀锌钢管、不锈钢焊接钢管或 PVC 管外，其余医用气体管道管材均应采用无缝铜管或无缝不锈钢管。医用气体管道的设计使用年限不应小于 30 年。

2. 医用气体铜管道之间、管道与附件之间的焊接连接均应为硬钎焊，不锈钢管道及附件的现场焊接应采用氩弧焊或等离子焊，焊接时，均应在管材内部使用惰性气体保护。

3. 日间手术部（室）的医用气体管道应作等电位接地；接除采用等电位接地外，宜为独立接地，其接地电阻不应大于 10Ω。

22.7　给水排水设计

22.7.1　一般规定：

1. 洁净手术区与洁净辅助区内的给水排水管道均应暗装，应敷设在设备层或技术夹层内，并有防水措施，无关的管道不应穿过洁净区域。

2. 给水排水管道穿过洁净手术区与洁净辅助区内的墙壁、楼板时应加设套管，管道和套管之间应采取密封措施。

3. 管道外表面存在结露风险时，应采取防护措施。防结露外表面应光滑且易于清洗，并不得对洁净区造成污染。

22.7.2　给水设计：

1. 供给日间手术部（室）的给水水质应符合现行国家标准《生活饮用水卫生标准》GB 5749 的要求；热水水质应符合现行行业标准《生活热水水质标准》CJ/T 521 的要求；供给洁净手术区与洁净辅助区内的给水应有两路进口，由处于连续正压状态下的给水管道系统供给。

2. 洁净手术区与洁净辅助区内的洗手池、刷手池应能同时供应冷水、热水，设置洗手、消毒、干洗设备；并应设有可调节冷、热水温的自动感应水龙头，末端出水温度宜为 30～35℃。

3. 冷、热水供水压力应平衡，当不平衡时宜设置水力平衡阀；热水系统任何用水点在打开用水开关后，宜在 5～10s 内出热水。

22.7.3　排水设计：

1. 洁净手术区与洁净辅助区内不应设置地漏；非洁净辅助区内如设置地漏，应采用设有防污染措施的专用密封地漏，且不得采用钟罩式地漏。

2. 洁净手术区与洁净辅助区内卫生器具和装置的污水透气系统应独立设置，排水横管直径应比设计值大一级。

22.8　电 气 设 计

22.8.1　供配电系统：

1. 日间手术部（室）内用电设备，均为一级负荷中的特别重要负荷。

2. 日间手术部（室）应采用双重电源供电；应急电源应采用应急柴油发电机组。

3. 手术室备用电源的供电维持时间不应小于 3h，其他场所备用电源的供电维持时间不宜小于 24h。

4. 手术室应设置不间断电源装置（UPS），且宜为在线式；应急电源为柴油发电机时，应急供电时间不应小于 15min。

5. 日间手术部（室）进线电源的电压总谐波畸变率不应大于 2.6%，电流总谐波畸变率不应大于 15%；照明电压允许偏差值为 −2.5%～＋5%。

22.8.2　低压配电：

1. 日间手术部（室）的供电电源应由变配电所专用回路提供。

2. 总配电柜应设在综合服务区；每个手术室应设有一个独立的专用配电箱，且配电箱应设在该手术室的清洁走道，不得设在手术室内。

3. 每间日间手术部（室）内应设置不少于 3 个治疗设备的用电插座箱，并宜安装在侧墙；每箱不宜少于 3 个插座，且应设置接地端子。

4. 每间日间手术部（室）内应设置不少于 1 个非治疗设备的用电插座箱，并宜安装在侧墙上；每箱不宜少于 3 个插座，其中至少应有 1 个三相插座，并在面板上应有明显的"非治疗用电"标识。

5. 日间手术部（室）内除手术台驱动机构、X 射线设备、额定容量超过 5kVA 的设备、非生命支持系统的电器设备外，用于维持生命、手术和其他位于患者区域的医疗电气设备及系统的回路，均应采用医疗 IT 系统供电。

6. 医疗 IT 系统隔离变压器的一次侧与二次侧，应设置短路保护，并设置过负荷保护和防高温的监控；其二次侧应设置双极开关保护电器。

7. 医疗 IT 系统，应设置显示工作状态的信号灯和声光报警装置；声光报警装置应安装在便于永久性监视的场所。

8. 日间手术部（室）的电源线缆应采用阻燃产品和相应的低烟无卤型或矿物绝缘型。

22.8.3　线路敷设：

1. 日间手术部（室）内的电气线路，只能专用于本手术部（室）内的电气设备，无关的电气线路不应进入或通过本手术部（室）。

2. 日间手术部（室）配电管线应采用金属管敷设；穿过墙和楼板的电线管应加套管，并应采用不燃材料密封；进入手术室内的电线管管口不得有毛刺，电线管在穿线后应采用无腐蚀和不燃材料密封。

22.8.4　电气照明：

1. 日间手术部（室）的照度均匀度不应低于 0.7。

2. 在 0.75m 的水平面上，平均照度值不低于 750lx，统一眩光值不大于 19，照度均匀度不低于 0.7，显色指数不低于 90。

3. 日间手术部（室）应设置手术专用无影灯，且无影灯设置高度宜为 3.0～3.2m；无影灯的照度应为 20000～100000lx；有影像要求的手术室应采用内置摄像机的无影灯。

4. 日间手术部（室）应设置安全照明，其照度应为正常照度的照明值；消防用应急照明应符合国家现行相关标准的规定。

5. 日间手术部（室）内的无影灯和一般照明，应分别设置照明开关。

6. 日间手术部（室）的外门上方应设置手术工作指示灯。

7. 日间手术部（室）内的照明应优先选用节能灯具，应为嵌入式密封灯带，灯具应有防眩光灯罩；灯带应布置在送风口的外围。

8. 日间手术部（室）内可根据需要安装固定式或移动式摄像设备，全景摄像机旁应设置电源插座以便备用。

22.8.5　防雷、接地及安全防护：

1. 日间手术部（室）防雷设计应符合现行国家标准《建筑物防雷设计规范》GB 50057 和《建筑物电子信息系统防雷技术规范》GB 50343 等的规定。

2. 日间手术部（室）内由医疗 IT 系统供电的设备金属外壳接地，应与 TN-S 系统共用接地装置。

3. 日间手术部（室）应设置可靠的辅助等电位接地系统，装修钢结构体及进入手术室内的金属管线等均应有良好的接地。

4. 日间手术部（室）的电源应加装电涌保护器。

22.9 信息化系统设计

日间手术部（室）信息系统包括：患者术前评估、手术预约排程、麻醉信息、手术护理记录、手术患者三方核查、手术器械追溯系统、手术患者计价、手术患者交接、术后随访等。手术室接诊前台与待诊室、恢复室应设置对讲系统。在有需要的房间可设置门禁和紧急呼叫系统。

本章参考文献

［1］马洪升，李大江. 日间手术管理规范［M］. 成都：四川科学技术出版社，2021.

［2］中国医学装备协会. 日间手术中心设施建设标准：T/CAME 21—2020［S］. 北京：中国医学装备协会，2020.

［3］刘燕敏，沈晋明. 医疗环境控制思路与措施——《日间手术中心设施建设标准》内容解读［J］. 中国医院建筑与装备，2021，22（4）：26-30.

第 23 章　造血干细胞移植病房

王文正：中国中元国际工程有限公司高级工程师，医疗建筑一院一所所长。
郭涛：中国中元国际工程有限公司工程总承包中心工程设计所所长。
何圆圆：十堰市太和医院血液科护士长，擅长造血干细胞移植患者的护理，曾发表论文 10 余篇（其中 SCI 1 篇），主编专著 1 部，副主编专著 1 部，获专利 1 项。

23.1　概　　述

23.1.1　造血干细胞移植按照干细胞的来源部位可分为骨髓移植、外周血干细胞移植和脐血干细胞移植，是对患者进行超大剂量放疗或化疗与处理后，在患者体内通过静脉输注移植入正常的造血干细胞，用来代替原有的病理性造血干细胞，重建患者正常的造血以及免疫功能的治疗方法。

23.1.2　干细胞移植病房有洁净等级要求，医护人员和患者的进出都必须经过卫生通过流程，分为洁净区与非洁净区。洁净区包括层流病房（四区）；治疗观察前室、病人卫生间（三区）；缓冲间、护士站、治疗室、处置室、无菌存放（储藏室）、一次品库房、被服间、患者配餐间、医生谈话间、洁净内走廊、办公室等（二区）。非洁净区包括药浴间、换鞋间、更衣淋浴、医护办公、值班室、清洁物品拆包间、送餐间、家属谈话间、探视走廊（清洁走廊）、洁具间、洗消间、污物暂存间、净化机房、UPS 间等（一区）。

23.2　基本要求和工作流程

23.2.1　基本要求：

1. 造血干细胞移植病房的房间静态空气细菌浓度及用具表面清洁消毒状况是卫生学的基本要求，应符合现行国家标准《医院消毒卫生标准》GB 15982 的规定。

2. 造血干细胞移植病房人员由非洁净区进入洁净区应经过卫生处置，人员应换鞋、更衣。医务人员、患者及家属进出口宜分设。

3. 造血干细胞移植病房物品流线应合理规划，清洁物品、患者餐物及污物进出口宜分设。

4. 造血干细胞移植病房使用后的可复用器械应密封后送消毒供应中心集中处理。医疗废弃物应就地打包后转运处理。

23.2.2　工作流程：

1. 医护流线：医护人员应严格执行卫生通过及无菌技术操作规程。医护人员应在非洁净区换鞋、更衣、穿戴帽子后，进入医护办公区。经缓冲间进入洁净治疗区，在治疗观察前室换鞋、更衣后进入洁净病房，工作结束后原路退出。

2. 患者流线：患者换鞋后进入药浴间进行体表卫生处置，更衣后经缓冲间进入洁净走道，再通过治疗观察前室进入病房。

3. 家属流线：患者家属在家属谈话间完成谈话、签字。家属可通过探视走廊完成探视，未设置探视走廊的利用视频探视。设置有家属陪护间的造血干细胞移植病房，家属应与医护人员同路径进入。

4. 清洁物品流线：清洁物品在脱包间后经传递窗送入洁净区，存放至相应库房。

5. 患者餐物流程：患者餐物在送餐间经传递窗送入配餐间，经消毒后再通过治疗前室送入病房。

6. 污物流线：

（1）病房内的污物通过传递窗送至清洁走廊，在洗消间经预处理打包后运出。未设置专用清洁走廊时，须就地预处理后打包转运。

（2）治疗区产生的医疗废弃物经传递窗送出，在污物处置间经预处理并打包后运出。

23.3 规模定位与人员配置

23.3.1 规模定位：

1. 造血干细胞移植病区应配置4张床位以上的百级层流病房。

2. 床均面积90~130m²，可根据需求调整。

3. 一个造血干细胞移植病区建议为10~20床，不宜超过20床。

23.3.2 人员配置：小于10张百级层流病房床位的科室，应当配备3名以上经过造血干细胞移植技术培训合格的执业医师，并按照护士与床位比2:1配备护士；大于或等于10张百级层流病房床位的科室，应配备5名以上经过造血干细胞移植技术培训合格的执业医师，并按照护士与床位比1.7:1配备护士。

23.4 专业设计要点

23.4.1 布局类型：

1. 单通道模式：医护人员与患者分别经过卫生通过进入洁净区，不设置外探视走廊，需设置探视间。

2. 双通道模式：双通道模式是较常用的布局形式，内走廊为医护人员、患者和物品通道，外走廊为探视走道（清洁走廊）。

23.4.2 建筑设计：

1. 病房应远离化学源、放射源、振动和噪声等对医疗行为产生不良影响的区域；洁净区上方应避免淋浴卫生间等有水房间；如不能避免，需采取相应技术处理和保护措施。

2. 洁净病房应单独成区，单独一层或尽端布置。用于骨髓移植的洁净病房独立成区设置时，洁净病房不宜小于4间。

3. 洁净病房分区设置，洁污不得交叉。净化区与非净化区应设缓冲间或互锁传递窗。

4. 洁净病房包括医护更衣室、医护卫生间、医护淋浴间、医护办公室、医护值班室、家属探视廊、病人更衣（一更和二更）室、药浴室、治疗室，洁净库房、患者备餐间、层流病房、医护工作站、污物暂存间、污洗间、洁具间等，宜设示教室、配药室等。

5. 层流病房应靠外窗布置，可间接采光。

6. 层流病房长边不宜小于 3m，净面积为 8～10m²。病房内宜设置卫生间。

7. 层流病房宜设置单独的治疗前室，前室尺寸应满足推床的要求，前室与病房之间应设置可观察的治疗窗，窗口应有可以阻挡空气流通的措施。

8. 病房门净宽不应小于 1.1m。净化区的门除消防相关的门以外，均应开向静压大的一侧。

9. 层流病房门可采用自动门，但应有断电后自动开启的功能。

10. 患者走廊净宽不应小于 2.4m。探视走廊与病房之间应设置双层隔声密闭观察窗，内宜设置百叶。探视走廊与病房之间应设置通话系统。

11. 层流病房室内净高宜为 2.4m。

12. 宜设置视频探视间。

13. 患者备餐间窗口应为 1 套／床。

14. 设置物流系统时，物流站点宜设置于清洁物品拆包间。清洁物品进入洁净区之前需要拆包处理。

15. 洁净区内围护结构的缝隙和贯穿处接缝都应可靠密封。层流病房不应跨越变形缝。

16. 层流病房内应设烟感，不宜设喷淋。

17. 应采用防眩光的灯具。

18. 洁净病房内不应设置检修口。

23.4.3 空气调节与净化工程。

【技术要点】

1. 造血干细胞移植病房分级

为控制不同功能用房的室内空气环境卫生质量，降低外源性感染风险。各级用房在空态或静态条件下，细菌浓度（沉降法细菌浓度或浮游法细菌浓度）和空气洁净度等级都必须符合等级标准。洁净用房等级和指标宜符合表 23.4.3-1 的要求。

造血干细胞移植病房的洁净用房等级和指标　　　　表 23.4.3-1

洁净用房名称	沉降法（浮游法）细菌最大平均浓度	洁净用房等级	表面最大染菌密度（个/cm²）	空气洁净度等级
移植病房	局部 0.2CFU/（30min·φ90 皿）（5CFU/m³），其他区域 0.4CFU/（30min·φ90 皿）（10CFU/m³）	I	5	局部为 5 级，其他区域 6 级
病房内卫生间、无菌操作室	0.4CFU/（30min·φ90 皿）（10CFU/m³）	I	5	6 级，采用局部集中送风时，局部洁净度等级高一级
治疗准备前室	1.5CFU/（30min·φ90 皿）（50CFU/m³）	II	5	7 级，采用局部集中送风时，局部洁净度等级高一级
洁净区走廊、护士站	4CFU/（30min·φ90 皿）（150CFU/m³）	III	5	8 级，采用局部集中送风时，局部洁净度等级高一级
无菌物品存放、精密仪器室	6CFU/（30min·φ90 皿）	IV	5	8.5 级

2. 主要技术指标

造血干细胞移植病房的各类洁净用房除静态细菌浓度和空气洁净度等级应符合相应的要求外，各类洁净用房的其他主要技术指标可按表23.4.3-2设计。

造血干细胞移植病房的洁净用房其他技术指标　　　　　　　　　表 23.4.3-2

洁净用房名称	室内压力	换气次数（h^{-1}）	工作区平均风速（m/s）	温度（℃）	相对湿度（%）	最小新风量（h^{-1}）	噪声[dB（A）]	最低照度（lx）
移植病房	正	—	0.12～0.20	22～27	45～60	≥10	≤45	≥250
病房内卫生间、无菌操作室	正	17～20	—	22～27	45～60	3	≤52	≥200
治疗准备前室	正	17～20	—	22～27	45～60	3	≤52	≥200
洁净区走廊、护士站	正	10～13	—	21～27	30～60	3	≤52	≥200
无菌物品存放、精密仪器室	正	8～10	—	21～27	30～60	3	≤52	≥200

（1）温度、湿度：应满足患者居住期间的需求。冬季，病房温度为22～25℃，相对湿度为45%～50%；夏季，病房温度为24～27℃，相对湿度为50%～60%；病房温度、湿度波动应控制在±2%或±5%的范围内。

（2）洁净度：造血干细胞移植病房的洁净度指标参考国内外的标准，其中：日本相关标准要求洁净度为Ⅰ级（百级）；美国相关标准要求气体直接由最洁净的患者护理区域流向较不洁净区域，送风末端设置对0.3μm微粒的效率为99.97%的高效过滤器；俄罗斯相关标准要求造血干细胞移植病房病床区域为百级，病房周围区域为千级。结合我国有关规范要求，设定造血干细胞移植病房内局部洁净度为ISO 5级（百级）标准，卫生间为ISO 6级（千级）或ISO 7级（万级）标准。

（3）压力梯度：造血干细胞移植病房对洁净走廊、卫生间等不同区域有一个合理、有序的压力梯度是十分关键的。为了维持造血干细胞移植病房的洁净度免受邻室的干扰，要求在造血干细胞移植病房内维持高于邻室的空气压力，且在门开启时保证有足够的气流向外流动。尽量减少由开门动作和人的进出的瞬间带来的气流量，并在门开启状态下，保证气流方向是向外的，把污染程度降到最低。通过对不同送风量所建立的不同压差和开门状态流线的计算模拟可知，当病房和卫生间的压差为5～8Pa，且使卫生间内的压力保持稳定的情况下，开门时病房内大部分地方的气流流线没有发生变化，基本保持垂直，只有在靠近门附近的小部分空间内气流流线发生向卫生间的弯曲，且气流方向是朝向卫生间的，说明卫生间内的污染只是在门附近很小的区域，不会进入移植病房，不会影响病房的洁净度。

（4）空气相对流速：病房送风速度白天为0.25～0.15m/s、晚上为0.15～0.10m/s时，能够满足治疗和休养需求，同时可以改善夜间休养环境。白天大风量运行和晚上小风量运行状况下，对病床上患者的发尘影响半径进行模拟和对病房的自净时间进行计算，发现在大、小风量下人的发尘半径都可以控制在 50cm 以内。大风量运行时约 40s 可全部排出室内的污染物，小风量运行时约 60s 可全部排出室内污染物。

（5）室内允许噪声：造血干细胞移植病房空间一般较小，而且患者治疗期一般为 30d，需要 24h 在病房内连续治疗和休养，净化空调设备需常年 24h 运行，噪声对患者的治疗和休养有一定的影响。因此，应尽可能减少设备运行噪声对患者的干扰。

（6）日照与照明：造血干细胞移植病房的探视窗应朝向东或南，应保证有足够的日照时间；探视窗采用双层密闭玻璃内设电动无线遥控百叶，患者可在病床上通过窗户和对讲机与家属交流，还可以观看到户外的风景。

（7）室内空气质量：造血干细胞移植病房竣工使用前应对室内空气质量进行全面检测，检测结果应符合国家标准。

3. 室内净高要求

1）造血干细胞移植病房应根据项目工艺设置及各专业管道布置情况综合考虑所在区域建筑梁下净高度及房间吊顶下净高度，梁下净高度不宜小于 3.4m，吊顶下净高度不宜小于 2.5m。

2）净化空调机房应设置在造血干细胞移植病房附近，便于管道布置，机房梁下净高度不宜低于 2.5m，并应考虑设备检修空间及设备振动和噪声对病房的影响。

4. 净化空调系统

（1）净化空调系统形式

1）造血干细胞移植病房洁净区应设置全空气净化空调系统。

2）造血干细胞移植病房送风应采用调速装置，应至少设两档风速。患者活动或进行治疗时，工作区截面风速不应低于 0.20m/s，患者休息时不应低于 0.12m/s。

3）造血干细胞移植病房净化空调系统应采用独立的双风机并联，互为备用，24h 运行。

4）非洁净区可采用综合医院非洁净用房的通风和空调方式。

（2）净化空调系统划分

1）每间造血干细胞移植病房应设置独立净化空调系统，病房前室宜与病房合用系统。

2）洁净区走廊及其他辅助用房可合用一套净化空调系统。

（3）净化新风处理方式

1）净化新风分散处理方式：

① 每台净化空调机组的新风系统单独设置净化新风机组。

② 引入的新风经过净化新风机组内的空气过滤器过滤处理后直接送到净化空调机组的吸入端。

③ 净化空调机组承担包括新风负荷在内的所有负荷。

④ 系统特点及适用范围：系统灵活简单，方便操作，适用于新风湿负荷小、冬季寒冷的地区，可以充分利用室外冬季空气作为冷源；新风机组数量多，初投资相对较高，适用于使用率低的造血干细胞移植病房。

2）净化新风集中处理方式：

① 净化空调机组的新风系统集中设置，一台净化新风机组对应多台净化空调机组。

② 引入的新风经过净化新风机组内的空气过滤器过滤、冷却降温或加热后送到净化空调机组混合段。

③ 新风处理机组应在供冷季节将新风处理到不大于要求的室内空气状态点的焓值。当有条件时，宜采用新风湿度优先控制模式。

④ 宜采用新风深度除湿、温湿度独立控制系统，新风机组承担新风及造血干细胞移植病房内湿负荷，净化空调机组承担造血干细胞移植病房内显热负荷、再热负荷、风机温升负荷和冬季病房加湿负荷。

⑤ 新风处理机组应在供热季节考虑水盘管的防冻措施。

⑥ 造血干细胞移植病房与洁净辅助用房宜分开设置集中新风机组。

⑦ 系统特点及适用范围：系统灵活性较差，室内温湿度相对稳定，适用于新风湿负荷大的地区和使用率高的造血干细胞移植病房。

（4）排风系统的设置

1）造血干细胞移植病房卫生间应设置排风，排风管可单独设置，也可并联设置。

2）治疗室、换药间、药浴间应设置排风系统，排风口的布置不应使局部空气滞留。

（5）造血干细胞移植病房门外在目测高度处宜安装压差计，宜采用数显微压差计，最小分辨率为 1Pa。

5. 气流组织

（1）造血干细胞移植病房应采用上送下回的气流组织方式。Ⅰ级洁净病房应在包括病床在内的患者活动区域上方设置垂直单向流，其送风口面积不应小于 $6m^2$，并应采用两侧下回风的气流组织。如采用水平单向流，患者活动区应布置在气流上游，床头应在送风侧。

（2）病房卫生间应采用上送风，排风宜将风口设置于坐便器后墙中部。

（3）多人病房可共用净化空调系统，病房应分散布置送风口，应采用上送下回的气流组织形式，送风气流不宜直接吹向头部，回（排）风口应设在床头附近，每张病床均不应处于其他病房的下风侧。

（4）下部回风（或排风）口上边高度不宜超过地面 0.5m，下边离地面不宜小于 0.1m。

（5）经常有人房间的回风（或排风）口气流速度不宜大于 1.0m/s，经常无人房间和走廊的回风（或排风）口气流速度不宜大于 1.5m/s。

6. 空气过滤器设置

（1）空气过滤器的性能应符合现行国家标准《空气过滤器》GB/T 14295、《高效空气过滤器》GB/T 13554 的要求。

（2）在紧靠新风口处应设置新风过滤器，新风宜经粗效（C2级）、中效（Z3级）、亚高效（YG级）三级过滤。

（3）在循环机组送风正压段出口处应设置中效（Z2级）过滤器。

（4）在Ⅰ级洁净用房系统末端送风口处应设置高效（40级）过滤器。在Ⅱ、Ⅲ级洁净用房系统末端送风口处宜设置亚高效（YG级）或高效（40级）过滤器。

（5）在洁净用房回风（或排风）口处应设置回风中效（Z3级）过滤器。

（6）净化空调系统末级空气过滤器的使用风量不宜大于其额定风量的 70%。

（7）空气处理机组各级空气过滤器应设置压差计或者压差开关；洁净用房室内送风末端空气过滤器应设置压差计或者压差开关。当空气过滤器阻力达到运行初阻力的 2 倍时，宜进行更换。

7. 加湿系统

加湿系统应优先选用采用一次蒸汽为热源的蒸汽转蒸汽加湿器。如无蒸汽源，宜采用电热式或电极式干蒸汽加湿器。加湿水质应达到生活饮用水卫生标准，宜进行软化处理。加湿器材料应抗腐蚀，便于清洁和检查。

8. 冷热源系统

（1）造血干细胞移植病房净化空调系统可采用独立冷热源或从医院集中冷热源供给站接入。除应满足夏、冬季设计工况冷热负荷使用要求外，还应满足部分负荷使用要求。冷热源设备不宜少于2台。

（2）一年中需要供冷、供暖运行时间较少的区域宜采用分散式冷热源。

（3）当空气处理过程需要再热时，不宜全部采用电加热装置，可利用余热、废热作为送风再热源。采用电加热方式时，若加热量较大，应分段设置。

9. 设计实例

该工程为华北地区某医院工程实例。造血干细胞移植病房在十层，层高为4.2m；空调机房设置在造血干细胞移植病房上方，梁下净高为2.8m。区域设有移植病房、前室、洁净走廊、药浴、治疗室、无菌品库等房间。造血干细胞移植病房按Ⅰ级洁净用房设计，前室按Ⅱ级洁净用房设计，洁净走廊及其他洁净辅助用房按Ⅲ级洁净用房设计。净化空调采用新风集中处理系统，共采用净化新风机组1台、净化空调机组8台。采用新风深度除湿、温湿度独立控制系统，夏季净化新风机组经过深度除湿后承担室内的湿负荷，净化空调机组只承担显热负荷，避免传统露点送风再热系统引起的冷热抵消。冷热源采用四管制风冷热泵，制冷的同时利用冷凝器产生的废热制取热水作为热源，降低能耗。

该造血干细胞移植病房洁净等级分区及房间静压图见图23.4.3-1，净化空调系统示意见图23.4.3-2，辅助用房净化空调系统示意见图23.4.3-3，风管平面图见图23.4.3-4。

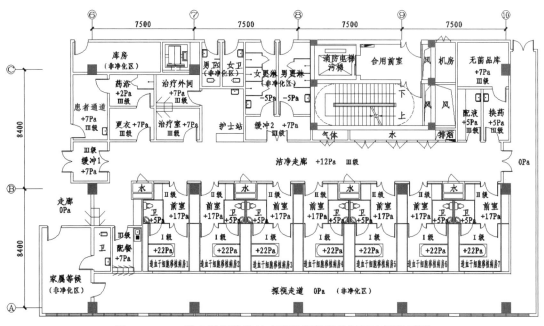

图 23.4.3-1 造血干细胞移植病房洁净等级分区及房间静压图

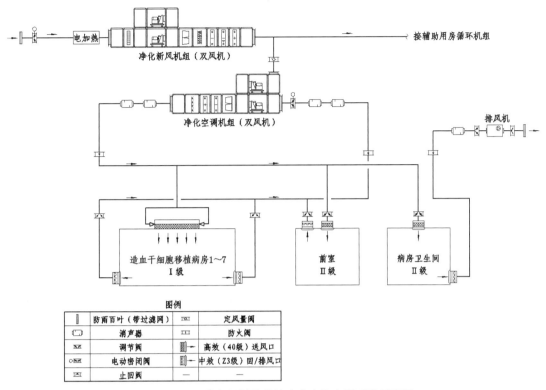

图 23.4.3-2　造血干细胞移植病房净化空调系统示意图

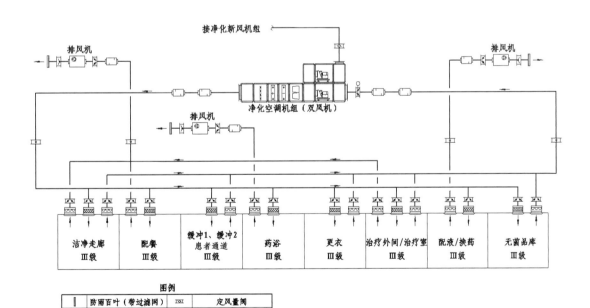

图 23.4.3-3　造血干细胞移植病房辅助用房净化空调系统示意图

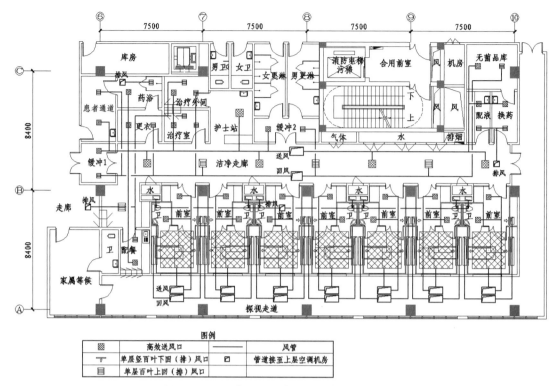

图 23.4.3-4　造血干细胞移植病房风管平面图

23.5　设　计　难　点

23.5.1　卫生间配备：通过调研发现，传统卫生间容易出现水喷溅现象，很多医院不让患者使用传统卫生间，而是用成品坐便器替代，用后再及时清理。导致虽然设置了卫生间但闲置不用的浪费情况。卫生间采用密闭真空排水系统，可避免透气管这一关键污染源。

23.5.2　层流病房采光：因设置层流原因，层流病房面积比较小。设置探视走廊的层流病房房间，就容易出现封闭狭小空间，患者又要长期待在里面，所以要增加强化病房的采光效果，并做好探视走廊的人性化设计。

23.5.3　一体化设计：在设计时要综合考虑布局，避免设计与施工、设备安装脱节，避免造成返工浪费。

23.5.4　净化空调系统设置：由于造血干细胞移植病房送风量大，送风速度与噪声要求高。空气处理机组断面大，还需要布置大量低速大风管，占用很多建筑空间；大多将新风集中处理，还要设置新风管道，常无人且需送洁净风的房间以及洁净区走廊或其他洁净通道可采用上回风。建筑条件往往难以满足净化空调系统对空间的要求，有的不得不将病房楼一层作为机房，浪费了许多有用空间（图 23.5.4-1），成为造血干细胞移植病房设计的一个难点与痛点。

【技术要点】

　　考虑到造血干细胞移植病房处于空调内区，建筑负荷不大，室内只有一位患者，处于静躺、静坐与慢走状态，活动量不大。尽管每间病房住的患者不同，但空调负荷差不多。室内温度为 22～26℃，相对湿度为 45%～55%，相对来说温湿度控制范围较宽。或者说，室内的热湿负荷不大，相对稳定。新风换气次数不小于 $3h^{-1}$，就有可能让集中热湿处理的新风承担室内全部热湿负荷。新风量需要根据具体工程进行设计计算，特别要考虑自循环风机的发热量及排风换气。根据工程公司在具体病房实际运行实践，认为新风量一般可以降到 $650m^3/h$ 就能营造较为合适的热环境。

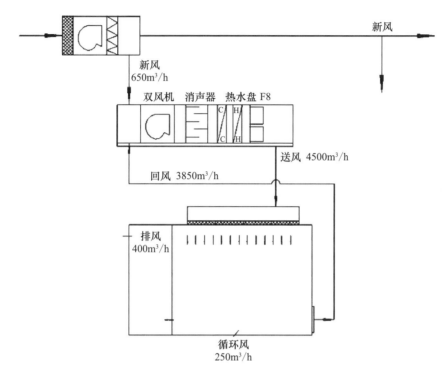

新风
$650m^3/h$

新风

双风机 消声器 热水盘 F8

送风 $4500m^3/h$

回风 $3850m^3/h$

排风
$400m^3/h$

循环风
$250m^3/h$

图 23.5.4-1　传统的造血干细胞移植病房净化空调系统

因此，当专设造血干细胞移植病房时，通过对运行能耗与造价全面经济与技术比较认为合理时或不具备设置集中净化空调系统的条件或不便设置集中送风静压箱时，造血干细胞移植病房宜采用层流治疗舱（不含冷热盘管），舱内应达到要求的温湿度。或者说室内层流治疗舱的自循环仅实现净化，全部空调负荷由独立新风处理系统承担。

由于新风集中处理全部热湿负荷，室内自循环机组送风只需完成室内换气量、实现局部层流净化、控制送风速度，这样系统将空调功能与净化功能解耦了，运行调节也十分简便。考虑到新风处理到机器露点，温度较低，推荐独立新风送入室内自循环机组回风处，与回风充分混合，使送风气流温度均匀一些。

层流治疗舱可以是水平层流，也可以是垂直层流。由于在垂直层流治疗舱的高洁净度区域大，对患者来说，垂直送风的气流流速、温湿度等比水平送风更好，而且噪声更好控制。我国推荐垂直层流治疗舱。

这样，在整个病房区域只需集中设置一套专用新风处理机组，承担全部热湿负荷，并维持整个病区内的正压分布。每间病房内设置一套层流舱自循环装置，可以内置加热盘管或电加热器，承担室内温度调节功能（图23.5.4-2）。新风系统可沿走廊设置，分别进入各病房的层流治疗舱自循环装置，室内设有独立的排风（如厕所排风），靠维持新、排风量间的差值稳定室内外的压差。层流治疗舱循环装置送风流经患者，保持舱内无菌无尘的受控环境。新风与自循环两套系统的组合既可使每间病房的空调、净化与正压功能分离，又能将整个病区联系在一起，并始终使整个病区处于受控状态。使得病区的管理更为灵活、方便、有效。但室内的噪声白天要低于45dB（A），晚上要低于42dB（A），始终是个难点。

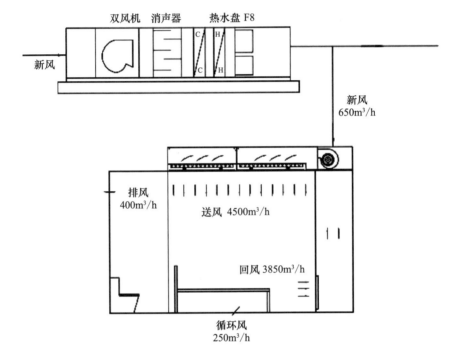

图23.5.4-2 采用层流舱的净化空调系统

由于病房内卫生间要求维持Ⅱ级洁净状态，必须对卫生间进行送风，要求换气次数为$18h^{-1}$，为维持对病房的相对负压，必须加大卫生间的排风量，一送一排十分耗能。为此，有的医院将卫生间直接设置在病房内也是一种对策，但有些医院较难接受这种方案。

现在层流治疗舱已有成熟的产品，从简易的带塑料围帘的无菌层流床到组合式的层流治疗舱等，目前看来层流治疗舱与病房融为一体，患者会感觉更好。

垂直层流治疗舱自循环装置分为送风箱与回风箱两个箱体，可就地组合。采用独立的双风机并联，可以单独开启，互相切换，互为备用，24h运行。送风箱体的送风口面积$6m^2$，3m（长）×2m（宽）。箱体离地净高2.5m。采用上送风下侧回风的气流组织。由于层流舱内净长度不大于3m，可以单侧回风。患者活动或进行治疗时，工作区截面风速不低于0.20m/s，噪声不大于45dB（A）；患者休息时风速不低于0.12m/s，噪声不大于42dB（A）（表23.5.4），达到现行国家标准《综合医院建筑设计规范》GB 51039的相关要求。这种产品可工厂化成批生产，质量可控，现场组合，即插即用，符合"空调系统产品化、工程质量工厂化、施工安装最简化、运维管控一体化"的现代化工程理念（图23.5.4-3）。

垂直层流治疗舱性能参数　　　　　　　　　　　　　　*表 23.5.4*

气流形式	垂直层流
风量（m³/h）	3240 ～ 6480
噪声［dB（A）］	42（夜）/45（昼）
风速（m/s）	0.12 ～ 0.15（夜）/0.25 ～ 0.30（昼）
风速均匀性	＜ 24%
送风单元（m）	2×3×0.5
洁净等级	ISO 5

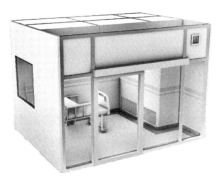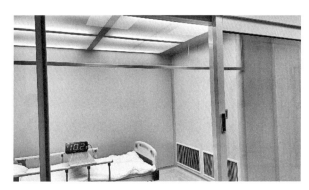

图 23.5.4-3　垂直层流治疗舱在室内设置方式

本章参考文献

［1］许钟麟. 洁净室及其受控环境设计［M］. 北京：化学工业出版社，2008.

［2］中华人民共和国住房和城乡建设部. 医院洁净手术部建筑技术规范：GB 50333—2013［S］. 北京：中国建筑工业出版社，2014.

［3］钱薇. 现代医院造血干细胞移植病房空间设计研究［D］. 西安：西安建筑科技大学，2013.

［4］刘燕敏，沈晋明. 血液病房环境控制要求与技术措施［EB/OL］.（2023-03-31）［2023-05-08］. http://www.chinaacac.cn/chinaacac2/news/?1016.html.

第 24 章 生 殖 中 心

黄国宁：重庆市妇幼保健院生殖医学中心负责人，我国辅助生殖实验室技术质量控制的创始人之一，也是我国人类辅助生殖领域的著名专家。

周建青：苏州理想建设工程有限公司总经理。

技术支持单位：

苏州理想建设工程有限公司：创建于 1998 年，是国内较早开始专业参与设计／施工辅助生殖专用实验室的医疗净化装饰集团化企业，在国内人类生殖中心洁净装饰行业处于领跑地位，并在全国设有十多个分支机构。

江苏精实新环境工程有限公司：主要涉及医院、医药、精密电子、仪器仪表、食品、生物细胞实验室、生物安全实验室等多种行业与专业，尤其擅长生殖中心实验室、洁净手术室及生物安全实验室的设计与施工。

24.1 概　　述

24.1.1　生殖中心是开展人类辅助生殖技术（ART）包括人工授精（IUI）和体外受精－胚胎移植（IVF-ET）及其衍生技术的场所，主要包括临床和实验室两大部分，其中临床部分建设要求相对简单，较为复杂的是用于配子／胚胎体外操作和培养的场所，即 IVF 实验室。IVF 实验室是生殖中心极为重要的部分。配子受精和早期胚胎发育受诸多因素影响，也是早期发育的关键事件。在体内，配子或胚胎在无光、恒温、恒湿、低氧且受到母体自身保护的环境下生长发育，但在体外，配子或胚胎自身不具备任何屏障和保护功能，可能暴露于含有有害气体的空气中，面临温度、渗透压、pH 等变化的应激，这可能削弱胚胎的发育潜能。IVF 实验室建设主要考虑尽可能为配子和胚胎的生长发育提供相对稳定的场所，建立稳定、安全、可靠的 IVF 实验室对于生殖中心的运行以及临床治疗结果的稳定非常重要。

【技术要点】

1. 生殖中心的设立，最重要的一个环节是生殖中心洁净实验区域的设计。洁净实验区域要达到体外受精－胚胎移植技术实施过程中的相关要求，既要为取卵、胚胎移植等微型手术提供安全保障，也要保证配子、胚胎体外操作及培养环境的相对安全。

2. 生殖中心主要由临床、实验室两大部分组成，建议独立于院内其他科室。

3. 配子／胚胎的体外操作及培养对环境要求较高，需要重点合理的医疗工作流程和就医流程（控制院内感染）、装修材料的安全、设施设备的可靠等。

4. 为了达到生殖中心洁净区域的空气质量要求，排除其他部门对其干扰，生殖中心洁净室区域宜为完整的封闭构成系统。

24.1.2　生殖中心洁净区域技术指标。

【技术要点】

1. 洁净度：根据生殖中心功能用房洁净度的现有要求，胚胎培养室符合医疗场所Ⅰ类标准，而配子/胚胎操作区域需达到百级洁净度，手术室符合医疗场所Ⅱ类标准。

2. 温度：室温的波动会影响恒温热板、热台以及培养箱内的温度，实验室要恒温，同时考虑仪器设备的精确运行和技术人员的舒适度，室温控制在24℃±2℃。

3. 相对湿度：相对湿度过高，设备易锈蚀、易滋生微生物，不利于实验室环境的控制。相对湿度过低的环境下，容易产生静电，同时制备培养基过程中渗透压易受到影响。

4. 静压差：生殖中心以培养室为核心，与相邻实验室保持正压，不同级别之间实验室、洁净区对非洁净区都要保证其必要的正压值。

5. 换气次数：实验室内为达到一定的洁净级别及无菌化程度，必须有一定的送风量，并满足一定的换气次数及自净时间。

6. 新风量：生殖中心的每个空调系统都需要合理补充新鲜空气，保证人员有一个舒适的环境。

7. 噪声：噪声与胚胎体外发育的相关性，尚无报道。生殖中心对噪声的控制主要考虑人员的舒适度，噪声过大，将导致工作人员工作效率低下，影响配子/胚胎体外操作。

8. 照度：胚胎培养室照度宜是0~450lx，使用可调光源；其他功能用房的照度可以参照《医院洁净手术部建筑技术规范》GB 50333—2013的要求。

9. 振动：生殖中心核心区域（培养室、显微操作室、精液处理室）工作台面的设计应充分考虑仪器设备造成的振动影响。

10. VOCs：生殖中心实验室，尤其是胚胎培养室，不仅洁净度要达到相关要求，同时需要考虑将挥发性有机化合物（VOCs）、微生物、有毒挥发物等可能影响受精和胚胎发育的物质控制到最低。

24.2　生殖中心洁净区选址及布局

24.2.1　生殖中心洁净区主要分体外受精（IVF）区、人工授精（IUI）区两部分。IVF区由胚胎培养室和取卵、移植、男科手术取精的手术室，以及辅助用房区组成，辅助用房主要为医护或者患者服务用房。直接为体外受精-胚胎培养服务的功能用房包括取卵室、移植室、显微操作间、精液处理室、胚胎冷冻室、准备间、风淋室及培养缓冲间等。间接为体外受精-胚胎培养服务的功能用房包括取精室、男女医护人员及患者更衣室、患者休息室、手术通道、耗材间、资料室、气瓶间、洗涤间等。

【技术要点】

1. 面积要求

（1）目前，IVF实验室设计参考《人类辅助生殖技术规范》的规定，即胚胎培养室面积不小于30m²，取卵室面积不小于25m²，胚胎移植室面积不小于15m²，精液处理室面积

不小于 $10m^2$，总的 IVF 实验室专用面积不得小于 $260m^2$。

（2）IVF 的周期数是决定 IVF 实验室面积的一个重要因素。周期数直接与仪器（如超净工作站、显微镜、显微操作仪）及技术人员的配置密切相关。IVF 实验室面积要充分考虑未来几年的发展，以便周期数增加时有足够的手术和实验操作空间。

2. 各功能室需求

（1）IVF 实验室中，胚胎培养室为千级洁净度，其中操作胚胎区局部百级洁净度，临床手术区域和其他实验区域为万级洁净度，非操作区域如储备间等为十万级洁净度。根据不同区域洁净度的要求，建立合理的送风、回风、新风、排风系统。

（2）取卵室 / 胚胎移植室：取卵和胚胎移植手术需摆放用于存放急救设备的储物柜。室内所使用的储物柜、工作台等应采用医疗或实验专用产品。

（3）胚胎培养室：胚胎体外操作和培养的设计和装饰要求都有别于其他功能用房。培养箱、超净工作台等摆放，要方便使用，并保证行走距离最短，便于技术人员操作。显微操作区地面、墙面采取减振措施，工作台面增加防振装置。

（4）精液处理室：墙面、地面、工作台面材料同上，工作台面的设计应充分考虑离心机造成的振动影响。

（5）胚胎冷冻及胚胎储存室：地面应采用防冻材料，以避免被溅落的液氮损坏。冻胚储存室的面积宜大，应有良好的通风应急装置。

（6）气瓶间：专门用于存放实验室专用气体的钢瓶，气体经密闭的管路引入实验室内，需要设置气瓶间安全报警及气源超、欠压报警系统。

（7）耗材间 / 无菌间：专门储存新的耗材，包括消毒材料的空间。

24.2.2　生殖中心洁净区的建筑环境及选址，主要是考虑环境的空气质量对 IVF 实验室的影响，各功能布局合理规划都是为了保证配子 / 胚胎的体外操作及培养处于一个相对安全的环境。

【技术要点】

1. 外部环境：环境宜安静，人员、车辆来往较少。应远离潜在污染区，如餐厅、化工厂、加油站、繁忙交通枢纽地带、城市规划中的大型工程等。

2. 院内环境：

（1）生殖中心洁净区不应增加治疗中患者紧张、焦虑的情绪，选址应考虑设置在相对独立、较高的楼层，保证私密性。

（2）避开对医疗行为产生不良影响的化学源、放射源、振动和噪声等，尽量避免靠近院内有可能带来污染的科室，洁净区上方应避免设置厕所、淋浴等有水房间，如不能避免，需采取相应处理和防护措施。

（3）生殖中心宜相对独立，并宜考虑自然采光；需注重保护患者隐私，避免人流与其他科室交叉、互相穿越。

（4）当设置于综合医院时，需统筹生殖中心与妇产科、产前诊断的业务关系，宜将三者临近设置。

（5）IUI 区、IVF 区应选择有电梯，方便医护人员及患者上下和运输医疗气体、洁净物品耗材及污物的位置及楼层。

（6）IUI 区、IVF 区应选择规整、举架较高的场地，便于医疗工艺整体规划及有足够的空间设置净化空调系统和设备的技术夹层。

（7）IUI区、IVF区应选择在方便合理布置净化空调机房的位置。

24.2.3 建筑功能分区及流线：需合理组织功能分区和人员流线，男女患者流线分开，并做到互不干扰，有效保护患者隐私，降低患者的焦虑情绪；物品洁污分区需明确、流线独立。

【技术要点】

1. 功能分区

（1）生殖中心洁净区一般包括：IUI区、IVF区及其他配套辅助用房等区域。

（2）生殖中心洁净区功能用房设置宜符合表24.2.3的规定。

生殖中心洁净区主要功能用房设置表　　　　　表 24.2.3

序号	功能区	用房名称	用房等级
1	IUI区	应设置：人工授精实验室、人工授精室	宜设置空气层流净化（空气洁净等级宜为万级）
		宜设置：档案室、办公区、术后观察室、清洁走道、辅助用房等	—
2	IVF区	应设置：胚胎培养室（可含冷冻区）	应设置空气层流净化，应符合医疗场所Ⅰ类标准（空气洁净等级宜为千级）
		应设置：精液处理室、缓冲区、取卵室、胚胎移植室	应设置空气层流净化，应符合医疗场所Ⅱ类标准（空气洁净等级宜为万级）
		应设置：取精室	宜设置空气层流净化（空气洁净等级宜为十万级）
		宜设置：男科手术室、冷冻室	宜设置空气层流净化（空气洁净等级宜为万级）
		应设置：冷冻储存室	—
		应设置：医护人员通道、更衣室、患者通道、更衣室、术后观察室、清洗间、污物暂存间、污物通道等	—
		宜设置：胚胎实验室进出风淋间、洁净辅助用房、准备间、实验室耗材及手术洁净物品间等	宜设置空气层流净化（空气洁净等级宜为十万级）
3	辅助配套用房	应设置：空调机房、医用气体间、污物处置间等	—
		宜设置：UPS机房，纯水机房，医生区等	

2. 医疗流程

（1）总体要求

1）应合理规划医护人员、患者（男、女）、清洁物品、污染物品、液氮等进出通道；

2）医务（包括医护技、卫生、管理等）人员与患者进出口宜分设，洁物入口、污物出口应分流；

3）医患流程应简洁高效，IVF 区、IUI 区应充分考虑药品流程的连贯性；

4）功能布局应合理，符合无菌技术的要求，做到洁污分明；

5）人流、物流由非洁净区进入洁净区应经专用的卫生通过间，卫生通道内具有单向空气流（自洁净区流向非洁净区）；

6）使用后的可复用器械应密封后送消毒供应中心集中处理；

7）医疗废弃物应就地打包，密封转运处理；

8）房间静态空气细菌浓度及用具表面清洁消毒状况应符合有关现行国家标准的规定；

9）人员及物品流动应遵循便捷路径最短、符合卫生安全的原则。

（2）人员流程要求

1）应严格执行卫生通过要求，并应严格执行无菌技术操作规程，医护人员由非洁净区进入洁净区应换鞋、更衣；

2）IUI 区、IVF 区女性患者分别经换鞋、更衣后，进入洁净区；

3）男性患者宜经更衣室更衣后进入取精室；

4）IVF 区医护人员宜经风淋室缓冲进入到实验室区域；

5）IUI 区、IVF 区男性患者流线：患者从公共等候区走廊，经护士台，身份确认后，到达更衣室更衣或者更换鞋套后进入取精室取精；或经由更衣室，换鞋更衣后进入穿刺取精手术室，接受穿刺取精手术；

6）IUI 区、IVF 区女性患者流线：患者经更衣室，换鞋更衣后进入洁净走廊，进入术前准备，之后进入取卵室或移植室；

7）IUI 区、IVF 区医护人员流线：医护人员换鞋更衣后，进入手清洁准备室，经洁净走廊，再进入取卵室、移植室或人工授精室；

8）实验工作人员流线：实验工作人员换鞋更衣后，进入手清洁准备室，经风淋/缓冲后，再进入精液处理室、胚胎培养室等实验区。

（3）物品流程要求

1）IUI 区、IVF 区清洁物品应在拆包间拆除外包装后经传递通道送入洁净区；

2）取精室与精液处理室或人工授精实验室应经传递窗实现样本传送；

3）精液处理室与胚胎培养室、人工授精实验室与人工授精室宜有样品/人员便捷连通方式；

4）取卵室、胚胎移植室应经传递窗与胚胎培养室进行样本传送；

5）胚胎移植室与胚胎培养室宜有样品/人员应急便捷连通方式；

6）捡卵用超净工作台或类似功能设备应根据实验室布局设置在传递窗附近；

7）液氮运输宜设单独入口，须经缓冲室送至冷冻储存室；气瓶间的设置应便于气瓶的更换，尽量与患者流程不交叉；

8）IUI 区、IVF 区可不设专用污物走道，但污物应具备就近集中预处理、密封打包运输的条件；

9）洁净物品流线：洁净物品由物品电梯及物流系统运输，经专用入口进入后暂存于相应洁净物品库房；

10）污物流线：污物经打包后送入污物暂存间或污物通道，后经专用污梯运出。

3. 功能布局要求

（1）平面布局应有利于提高医疗效率并兼顾患者的隐私需求，应按用房功能划分洁净区与非洁净区。

（2）生殖中心设置的 IUI 区、IVF 区、办公区应临近设置。

（3）IVF 实验室的布局、设备摆放应尽量减少工作人员行走距离。

（4）取精室应紧邻精液处理室，要求隔声、保护患者隐私，并应设置紧急呼叫系统。

（5）IUI 区和 IVF 区分别设取精室及精液处理室，IVF 区可设置外科取精手术室。

（6）精液处理室与胚胎培养室紧邻设置；人工授精精液处理室与人工授精室应紧邻设置。

（7）IVF 区应以胚胎培养室为中心，其他配套功能用房毗邻分布。

（8）若设置冷冻室，应邻近胚胎培养室。

（9）术后观察室宜邻近患者出入口，宜设置呼叫系统，附近宜设置卫生间。

（10）IVF 区理想的流线可参考图 24.2.3-1。

参考工程生殖中心设计方案见图 24.2.3-2 和图 24.2.3-3。

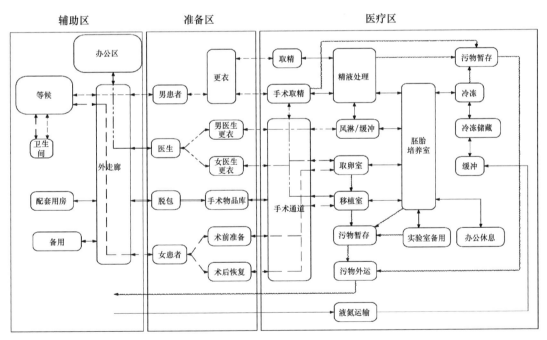

图 24.2.3-1　IVF 区理想的流线

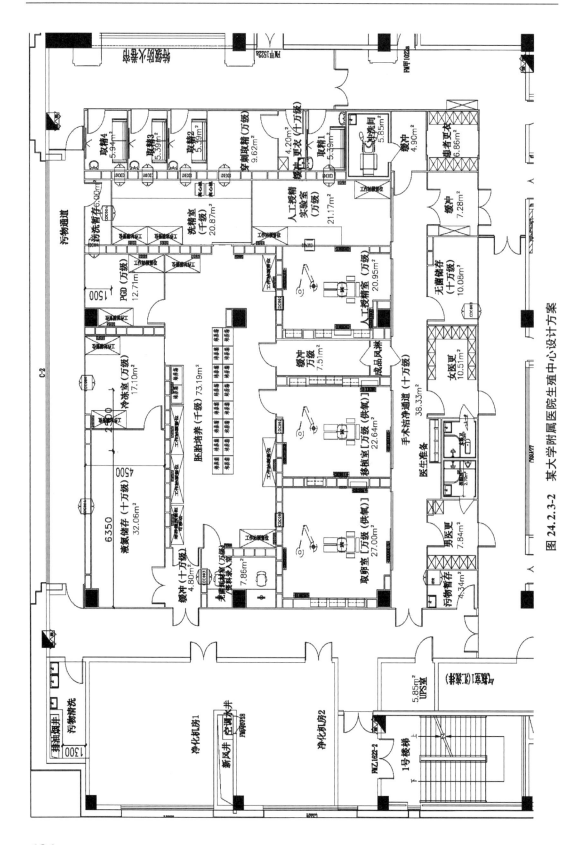

图 24.2.3-2　某大学附属医院生殖中心设计方案

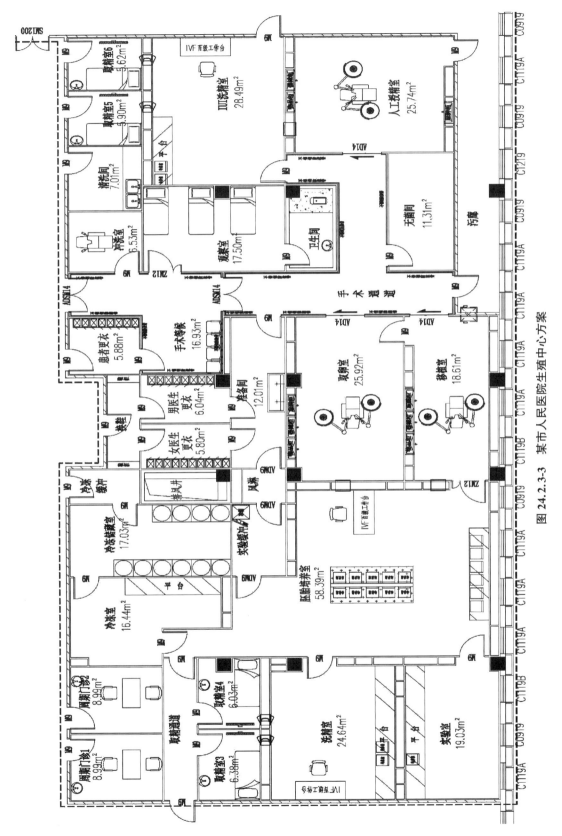

图 24.2.3-3 某市人民医院生殖中心方案

4. 可靠性与安全要求

（1）环境安全性要求

1）IUI 区、IVF 区的温度、湿度、洁净度、气流组织等必须严格按照相关要求达到受控状态。

2）洁净区建筑装修材料以及胶粘剂要求采用无毒、无有害气体释放、无挥发性有机化合物释放的环保材料。

3）胚胎培养、精液处理、冷冻等实验室区域，以及取卵、移植等区域上方不宜有给水排水管道穿过。

4）胚胎培养、精液处理、冷冻等实验室区域，以及取卵、移植等手术区不宜设置自动喷淋系统。

5）胚胎培养室宜设置应急消防排烟通风管道及自动消防报警系统，冷冻储存室宜设置应急排风装备。

6）胚胎培养室、取卵室、移植室，冷冻室的照明宜采用暖色光源，或主光源结合暖色光的照明，宜可调光。

7）培养箱和工作站不宜放置在送风口的正下方，或避免使用送风直吹培养箱及工作站的装置。

（2）设备运行安全性要求

1）生殖中心应采用独立双路电源供电。

2）胚胎培养室、精液处理室、冷冻室、胚胎移植室、取卵室、人工授精室等功能区应根据需要合理配置不间断电源（UPS），同时做好标识。

3）胚胎培养室内培养箱用电须设置独立线路。

4）胚胎培养室空调系统宜有不间断运行的保障措施。

（3）医用气体安全性要求

1）培养用气体管道宜独立于临床医疗用气体管道；至少设置相互独立的 3 条不同气体管路进入实验室。

2）培养用气体管道宜采用不锈钢材质（BA 级 316L），应无缝焊接并测漏。

3）培养用气体终端宜采用可调压式，根据培养箱的要求设置二级减压装置，气体汇流排宜采用自动切换式。

4）气体汇流排均应设置监测与报警系统，监测系统与气体汇流排事故排风机连锁；气体汇流排在电力中断或控制电路出现故障时，应能持续供气。

5）二氧化碳汇流排不得出现结冰情况。

6）胚胎培养用气体汇流排均应设置排气放散管，且应引至室外安全处。

7）气体终端要合理选择不易脱落、不易漏气的固定式连接方式。

8）冷冻储存间宜设置氧气质量浓度检测及报警装置，宜与该房间排风系统联控。

24.3　生殖中心洁净区建筑装饰

24.3.1　人类配子／胚胎对体外发育环境敏感，不利的环境因素会影响胚胎的发育，如挥发性有机化合物过高，会造成胚胎发育滞后或形态学异常，降低种植率。操作配子／胚胎的洁净区域需将挥发性有机物降到最低，以减少其对胚胎的危害，最大限度维持配子／胚胎自身固有的发育潜能。

【技术要点】

1. 对于有净化空调系统的洁净室／区，85%～90% 的尘、菌来源于室外空气，因此空气的处理非常关键。

2. 生殖中心项目完成后可采取适当措施促进残留在装修材料中的有害物质释放。

24.3.2 生殖中心洁净区建筑装饰选材应遵循不产生有毒气体及挥发性有机物、不产尘、不易积尘、耐腐蚀、防潮防霉、易清洁及环保节能总的原则。

【技术要点】

1. 室内装修材料燃烧性能等级及要求应满足现行国家标准《建筑内部装修设计防火规范》GB 50222 和《民用建筑工程室内环境污染控制标准》GB 50325 的有关规定。

2. 室内外应配置完善、清晰、醒目的标识系统。

3. 洁具、洗涤池应采用耐腐蚀、难污损、易清洁的建筑配件，洗手池和便器宜采用感应开关，宜设置医务人员专用卫生间。

4. 地面应平整、不易开裂、耐磨、耐冲击和防潮，易于除尘、清洗；宜用免维护地面材料。

5. 患者走廊吊顶净高不宜低于 2.4m，移植室、取卵室吊顶净高不宜低于 2.7m。

6. 辅助生殖净化区（室）设有外窗时，应采用气密性好的中空玻璃固定窗，且不宜设置窗台。

7. 洁净用房内不应有明露的管线。

8. 胚胎培养室、移植室、取卵室等有精密仪器的房间应采取防静电措施。

9. 洁净区的门窗应采用性能良好的气密门窗。当胚胎培养室、移植室、取卵室、术后观察室采用自动门时，应具有自动延时关闭和手动功能，并应具有火灾时可自动打开的功能。

10. 洁净区门的开启方向除应满足消防疏散要求外，均应开向静压高的方向；有推床（车）需求的房间的门不应设置门槛。

11. 冷冻室和冷冻储存室地面应采用防冻、防滑材料或有防冻措施。

24.4 生殖中心洁净区净化空调技术与分区

24.4.1 净化空调系统是维持整个生殖中心空气质量的重要系统，系统需对不同洁净等级的房间进行有效控制，并且依靠智能自动控制系统将温湿度控制在理想状态。

【技术要点】

1. 净化空调系统宜具有以下特点：

（1）系统清洁、干燥、易清洗，确保送风空气的洁净和无菌。

（2）系统前端配置灭菌系统，以有效阻隔细菌。

（3）空调箱内易产生细菌部位配置杀菌装置，防止细菌滋生。

（4）保证不同区域之间合理的气流流向和压力分布。

（5）排出废气和有害气体，并安装防倒灌装置，防止外部环境污染室内空气。

（6）多级空气过滤，以去除送风空气中的微生物粒子。

（7）生殖中心的净化空调系统风量要求比较大，应对其配置设备层或独立的机房间，以有效控制噪声和振动。

（8）净化空调系统使生殖中心处于受控状态，要求净化空调系统既能保证生殖中心整体控制，又能使各分区灵活使用。不管采用何种净化空调系统，处于何种运行状态，也无论哪个分区停开，均不能影响整个生殖中心有序的梯度压力分布，应使整个生殖中心始终处于受控状态，否则会破坏各房之间的正压气流的定向流动，引起交叉感染或污染室内环境。

（9）净化空调系统的新风采集口设置应合理，新风口应做防雨措施，应对朝向进行规划。新风口进风速度应控制在合理范围内，防止雨水被吸入新风管内，同时对噪声进行有效的控制；系统的新风口不应设在排气口上方，与排风的垂直、水平距离也应达到相关规范的要求。

（10）净化系统的排风：

1）生殖中心部分房间易产生异味，影响室内空气质量，对这些房间的空气应排出室外，对于异味比较严重的房间应进行全排处理。

2）排风机启、停应与空调系统联动控制，防止整个系统启、停时室内压力混乱。

3）排风口附近管道上应设置防倒灌装置。

（11）生殖中心洁净区使用的冷热源应考虑整个生殖中心净化空调系统全年无休，并且 24h 均能正常使用。

2. 净化空调系统

（1）生殖中心净化空调系统空气过滤的设置应符合下列要求：

1）至少设置三级空气过滤装置；

2）第一级应设置在新风口处或紧靠新风口处，应采用对不小于 5μm 的大气尘埃粒子计数效率不低于 50% 的空气过滤器，可加设处理有毒有害气体的装置；

3）在空调机组送风正压段的出口应设置预过滤装置；

4）第三级过滤装置应设置在系统的末端或紧靠末端的静压箱附近，不得设在空调箱内；

5）在洁净用房回风口处应设置回风过滤器，胚胎培养室回风系统上可加设处理有毒、有害、有异味气体的装置；

6）所有滤膜材料本身不得散发挥发性有机物。

（2）洁净用房内严禁采用普通风机盘管机组或单元式空调器。

（3）生殖中心洁净区各房间的新风量应按补偿室内的排风，并能保持室内正压值的新风量设定。

（4）不得在洁净区房间内设置散热器和地板供暖系统。

（5）冷热源应能保证满足整个生殖中心全年各房间温湿度的要求。

（6）净化空调系统风管漏风率应符合现行国家标准《洁净室施工及验收规范》GB 50591 的有关规定，单向流洁净用房系统不应大于 1%，非单向流洁净用房系统不应大于 2%。风管接口连接用材、风管内外表面涂层及风管保温包材等都不得散发挥发性有机物。

3. 净化空调机组及管材要求

（1）净化空调机组的选用除应满足防止微生物二次污染的要求外，还应满足下列要求：

1）净化空调机组内表面及内置零部件应选用耐消毒药品腐蚀的材料或面层，材质表面应光洁；

2）内部结构及配置的零部件应便于消毒、清洗，并能顺利排除清洗废水，不易积尘、积水和滋生细菌；

3）机组表冷器的冷凝水排出口宜在正压段，否则应设置能防止倒吸并在负压时能顺利排出冷凝水的装置，冷凝水管不应直接与下水道相接；

4）净化空调机组的风机应配置风量调节装置，新风机组和循环空调机组内各级空气过滤器前后应设置压差计或压差开关；室内安装空气过滤器的各类风口，宜各有一个风口设测压孔，平时应密封；

5）当空气处理过程需要再热时，可利用余热、废热作为再热源，应优先选用热盘管进行再热处理，条件允许时，优先采用四管制多功能热泵的冷凝废热，不宜全部采用电加热装置；

6）不应采用淋水式空气处理器，当采用表冷器时，对于无新风集中除湿的空调机组，通过其盘管所在截面的气流速度不应大于 2m/s；

7）净化空调机组中的加湿器不应采用有水直接介入的形式，宜采用等温加湿方式，如干蒸汽加湿器、电极式加湿器、电热式加湿器；加湿水质应达到生活饮用水卫生标准；加湿器材料应抗腐蚀，且便于清洁和检查；

8）加湿设备与其后的功能段之间应留有距离；百级至万级洁净用房净化空调系统末级空气过滤器之前 1～2m 处应有湿度传感器，系统内的空气相对湿度不宜大于 75%；

9）净化空调机组箱体的密封应可靠，当机组内试验压力保持 1500Pa 的静压值时，百级洁净用房的系统，箱体的漏风率不应大于 1%，其他洁净用房的系统，箱体的漏风率不应大于 2%；

10）可在空调系统或箱内设置专用过滤装置，用于处理环境中的化学污染物。

（2）风管材料和制作应符合现行国家标准《洁净室施工及验收规范》GB 50591 的有关规定。

（3）应在新风、送风、回风的总管和支管上方便操作的位置，按现行国家标准《洁净室施工及验收规范》GB 50591 的要求开风量检测孔。

（4）净化空调系统中使用的末级空气过滤器应符合下列要求：

1）不用木框制品；

2）成品不应有刺激性气味，不应掉尘；

3）使用风量不宜大于其额定风量的 70%；

4）当阻力达到运行初阻力的 2 倍时，宜进行更换。

（5）非阻隔式空气净化装置不得作为末级净化设施，末级净化设施不得产生有害气体和物质，不得产生电磁干扰，不得有促进微生物变异的作用。

（6）各级洁净用房送风末级空气过滤器或装置的最低过滤效率应符合表 24.4.1-1 的规定。

生殖中心洁净用房末级空气过滤器或装置的最低效率　　　　表24.4.1-1

洁净用房的等级	对大于或等于0.5μm的微粒，末级空气过滤器或装置的最低效率
5级（百级）	99.99%
6级（千级）	99%
7级（万级）	95%
8级（十万级）	70%

（7）胚胎培养室、精液处理室、取卵室、胚胎移植室等洁净用房的室内回风口应设置对大于或等于0.5μm的微粒的计数效率不低于60%的中效过滤器，回风口百叶叶片宜选用竖向可调叶片。

（8）送风系统正压段预过滤装置应选用对大于或等于0.5μm的微粒的计数效率不低于40%的中效过滤器。

（9）在满足过滤效率的前提下，应优先选用低阻力的空气过滤器或过滤装置。

（10）制作风阀的轴和零件表面应进行防腐处理，轴端伸出阀体处应密封处理，叶片应平整光滑，叶片开启角度应有标志，调节手柄的固定应可靠。

（11）净化空调系统和洁净室内与循环空气接触的金属件应防锈、耐腐，对已进行过表面处理的金属件因加工而暴露的部分应再进行表面保护处理。

（12）净化空调设备宜有较宽敞的安装场所，便于今后的维护和保养，不应露天设置。

（13）净化空调机房内一定要设有排水设施，机组冷凝水排放管和加湿器冷凝水排放管应分开敷设。

（14）当净化空调系统采用干蒸汽加湿器时，其蒸汽冷凝水的温度很高（达到100℃），因此冷凝水管应采用无缝不锈钢管或普通无缝钢管敷设，并应降温排放。

4. 空气调节与净化的基本要求

（1）生殖中心洁净区各功能用房细菌浓度指标要求参见表24.4.1-2。

生殖中心洁净区各功能用房细菌浓度指标要求（空态或静态）　　　　表24.4.1-2

功能用房	空气洁净度	沉降法（浮游法）细菌最大平浓度		物体表面最大染菌密度（个/cm²）
		手术区	周边区	
超净工作台（医用）	5级（百级）	0.2个/（30min·φ90皿）（5个/m³）		5
胚胎培养室	整体6级（千级）	0.75个/（30min·φ90皿）（25个/m³）		5
精液处理室	整体7级（万级）	1.5个/（30min·φ90皿）（50个/m³）		5
冷冻室	整体7级（万级）	1.5个/（30min·φ90皿）（50个/m³）		5
胚胎移植室	手术区7级（万级），周边区8级（十万级）	1.5个/（30min·φ90皿）（50个/m³）	4个/（30min·φ90皿）（150个/m³）	5
取卵室	手术区7级（万级），周边区8级（十万级）	1.5个/（30min·φ90皿）（50个/m³）	4个/（30min·φ90皿）（150个/m³）	5
人工授精室	手术区7级（万级），周边区8级（十万级）	1.5个/（30min·φ90皿）（50个/m³）	4个/（30min·φ90皿）（150个/m³）	5
人工授精实验室	整体7级（万级）	1.5个/（30min·φ90皿）（50个/m³）		5

功能用房	空气洁净度	沉降法（浮游法）细菌最大平浓度		物体表面最大染菌密度（个/cm²）
		手术区	周边区	
胚胎培养室缓冲区	整体7级（万级）	1.5个/（30min·φ90皿）（50个/m³）		5
冷冻储存室	8级（十万级）	4个/（30min·φ90皿）（150个/m³）		5
洁净走道	8级（十万级）	4个/（30min·φ90皿）（150个/m³）		5
洁净辅助用房	8级（十万级）	4个/（30min·φ90皿）（150个/m³）		5
缓冲间	8级（十万级）	4个/（30min·φ90皿）（150个/m³）		5
清洗室、打包间、取精室、术后观察室、污物通道				

注：清洗室、打包间、取精室、术后观察室、污物通道可参考《医院消毒卫生标准》GB 15982—2012 Ⅲ类环境指标［4CFU/皿（5min）］。

（2）生殖中心洁净区各功能用房空调技术指标参见表24.4.1-3。

生殖中心洁净区各功能用房空调技术指标　　　　　　　　表24.4.1-3

功能用房	空气洁净度	最小静压差（Pa）		最小换气次数（h⁻¹）	温度（℃）	相对湿度（%）	最小新风量		噪声［dB（A）］	最低照度（lx）
		程度	对相邻低级别洁净室				m³/（h·m²·人）	h⁻¹		
胚胎培养室	整体6级（千级）	++	+5	24	22～25	40～60	15～20	—	≤51	≥350
精液处理室	整体7级（万级）	+	+5	18	22～25	40～60	15～20	—	≤49	≥350
冷冻室	整体7级（万级）	+	+5	18	22～25	40～60	15～20	—	≤49	≥350
胚胎移植室	手术区7级（万级），周边区8级（十万级）	+	+5	18	22～25	40～60	15～20	—	≤49	≥350
取卵室	手术区7级（万级），周边区8级（十万级）	+	+5	18	22～25	40～60	15～20	—	≤49	≥350
人工授精室	手术区7级（万级），周边区8级（十万级）	+	+5	18	22～25	40～60	15～20	—	≤49	≥350
人工授精实验室	整体7级（万级）	+	+5	18	22～25	40～60	15～20	—	≤49	≥350
胚胎培养室缓冲区	整体7级（万级）	+	+5	18	21～25	30～60	15～20	—	≤49	≥350

续表

| 功能用房 | 空气洁净度 | 最小静压差（Pa） | | 最小换气次数（h⁻¹） | 温度（℃） | 相对湿度（%） | 最小新风量 | | 噪声[dB（A）] | 最低照度（lx） |
		程度	对相邻低级别洁净室				m³/（h·m²·人）	h⁻¹		
冷冻储存室	8级（十万级）	+	+5	8	21～27	≤60	—	2	≤60	≥150
洁净走道	8级（十万级）	+	+5	8	21～27	≤60	—	2	≤60	≥150
洁净辅助用房	8级（十万级）	+	+5	12	21～27	≤60	—	2	≤60	≥150
缓冲间	8级（十万级）	+	+5	12	21～27	≤60	—	2	≤60	≥150
清洗室、打包间、取精室、术后观察室、污物通道	—	—	—	—	21～27	—	—	2	≤60	≥150

（3）胚胎培养室的化学指标要求参见表24.4.1-4。

胚胎培养室的化学指标　　　　　　　　　表24.4.1-4

名称	TVOC	醛类	苯乙烯	二氧化氮	二氧化硫	臭氧	洁净度等级
胚胎培养室	$0.2×10^{-6}mg/m^3$	$5μg/m^3$	$0.4μg/m^3$	$0.01×10^{-6}mg/m^3$	$0.06×10^{-6}mg/m^3$	$0.012×10^{-6}mg/m^3$	整体6级（千级）

其他功能房间的化学指标应不低于现行国家标准《民用建筑工程室内环境污染控制标准》GB 50325的有关规定。

（4）生殖中心洁净区各类洁净用房技术指标应符合下列规定：

1）相互连通的不同洁净级别的洁净室之间，洁净级别高的用房应对洁净级别低的用房保持相对正压，最小静压差大于或等于5Pa，最大静压差不应大于20Pa，不应因压差而产生哨声或影响开门；

2）相互连通的相同洁净级别的洁净室之间，宜有适当压差，以保持要求的气流方向；

3）洁净区对与其相通的非洁净区应保持正压，最小静压差应大于等于5Pa；

4）换气次数和新风量除应符合表24.4.1-3的规定外，还应满足压差、补偿排风、空调负荷及特殊使用条件等的要求；

5）温度、湿度不达标的时长不应超过5d/a，连续2d不达标的次数不应超过2次/a。

24.4.2 生殖中心各区域的功能有所不同，可划分几个区域来控制，利用智能自动控制系统将几个区域有效结合起来。特殊区域系统应全年不间断运行，其他相互配合的功能区域配以变频控制，达到节能效果。

【技术要点】

1. 洁净区各功能用房分区

（1）根据工作需要分为IUI区和IVF区。

（2）IVF区根据工作需要分为手术区域和实验室操作区域。

（3）IVF区手术区域分为男科手术区域及妇科（取卵和移植）手术区域。

（4）IVF区实验室操作区域分为精液处理、捡卵、胚胎培养、胚胎冷冻等区域。

（5）其他为上述区域配套的辅助用房。

2. 气流组织

（1）取卵室、胚胎移植室、人工授精室的功能类似于手术室，宜参照《医院洁净手术部建筑技术规范》GB 50333—2013 的要求，采用顶棚送风，送风口面积宜为 2.6m×1.4m。

（2）取卵室、胚胎移植室、人工授精室如选用集中送风、顶棚送风，则送风顶棚应符合下列要求：

1）应优先选用工厂化、装配化、安装简便的成品，避免现场加工；

2）无影灯立柱和底罩占有送风面的送风盲区不宜大于 0.25m×0.25m；

3）送风装置应方便更换其中的末级空气过滤器。

（3）生殖中心其他洁净室可采用顶棚上分散布置高效送风口的送风方式。

（4）生殖中心洁净室内均宜采用室内下回风，当侧墙之间的距离大于或等于 3m 时，可采用双侧下部回风，洁净走廊或其他洁净通道可采用上回风。

（5）取卵室、胚胎移植室、人工授精室应采用平行于手术台长边的双侧墙的下部回风。

（6）侧下部回风口上边高度不宜超过地面 0.5m，下边离地面不宜小于 0.1m。

（7）回风口的吸风速度宜按表 24.4.2 选用。

回风口的吸风速度　　　　　　　　　　　　　　　　表 24.4.2

回风口位置		吸风风速（m/s）
下部	经常无人房间和走廊	≤ 1.5
	经常有人房间	≤ 1
上部	走廊	≤ 2

（8）取卵室、胚胎移植室、人工授精室应设上部排风口，其位置宜在患者头部的顶部，排风口吸风速度不应大于 2m/s。

（9）生殖中心其他洁净房间根据需要设上部排风口，排风口吸风速度不应大于 2m/s。

3. 洁净区各功能用房净化空调系统分区

（1）根据工作需要，IUI 区和 IVF 区应各自独立设置净化空调系统。

（2）辅助用房区域与手术室区域和实验室区域各自独立设置净化空调系统。

（3）手术室区域根据手术需要各手术室尽量独立设置净化空调系统。

（4）实验室区域根据各实验室操作的需要可独立设置净化空调系统。

（5）为保证胚胎培养室全年 24h 不停安全运转，其净化空调系统应考虑设置双系统。

24.5　生殖中心洁净区强电、弱电配置

24.5.1　生殖中心的电气设计应结合所在建筑物的条件，应符合现行国家标准《民用建筑电气设计标准》GB 51348 和现行行业标准《医疗建筑电气设计规范》JGJ 312 的要求。

【技术要点】

1. 供配电系统

（1）生殖中心有净化要求用房的用电设备，应为一级负荷；其中胚胎培养室、精液处理室、胚胎移植室、取卵室、人工授精室等和胚胎培养室相关的区域均为一级负荷中特别重要负荷；其余无净化要求用房的用电设备，应为二级负荷。

（2）生殖中心应采用双重电源供电；应急电源应采用应急柴油发电机组或 UPS。

（3）胚胎培养室的应急不间断电源（UPS）为唯一应急电源时，UPS 应急供电时间不应小于 3h。

（4）生殖中心进线电源的电压总谐波畸变率不应大于 2.6%，电流总谐波畸变率不应大于 15%；照明电压允许偏差值为 −2.5%～＋5%。

（5）生殖中心的供电电源应由变配电所专用回路提供。建议设置独立配电间，从配电间向不同功能区域配电。

2. 线路敷设

（1）生殖中心内的电气线路只能专用于本中心内的电气设备，无关的电气线路不应进入或通过生殖中心。

（2）生殖中心配电管线宜采用金属管敷设；穿过墙和楼板的电线管应加套管，并应采用不燃材料密封。

（3）洁净区有净化要求的用房内不应有明敷管线。

（4）所有电源线缆应采用阻燃、低烟无卤型产品。

3. 电气照明

（1）生殖中心各类实验用房在 0.75m 水平面上，照度标准值不小于 200lx，统一眩光值不大于 19，照度均匀度不低于 0.7，显色指数不低于 80。

（2）消防用应急照明应符合国家现行相关标准的规定，应设置备用照明。

（3）胚胎培养室内辅助照明的灯具宜设置可调光装置。

（4）照明光源应为密封洁净室灯具。

4. 防雷、接地及安全防护

（1）防雷设计应符合现行国家标准《建筑物防雷设计规范》GB 50057 和《建筑物电子信息系统防雷技术规范》GB 50343 等的规定。

（2）应设置可靠的等电位接地系统措施。

（3）电源应加装电涌保护器。

（4）洁净室宜有防静电装置或措施。

24.5.2　弱电系统。

【技术要点】

1. 通信系统

（1）内部电话系统及其设备：生殖中心实验室内的电话只能供生殖中心实验室之间、实验室对护士站之间使用，实验室不对外（医院内部）联系，只通过门卫值班室或护士站统一对外联络。

（2）呼叫、对讲系统及其设备：生殖中心呼叫对讲系统只能供生殖中心病休室与护士站、医生办公室之间使用。

（3）背景音乐系统与广播合用，既可播放各种音乐，也可广播通知和找人，并能实现消防强制切换。

（4）生殖中心必须设置信息网络系统，胚胎培养室、取卵室、移植室和辅助用房等安装网络系统终端，六类数据线传输，并通过交换机形成局域网系统。

2. 摄像监视、教学系统

（1）教学观摩通过摄像系统将手术过程各种状态记录下来并传到观摩室（示教室、会议室），供专家研究或学生学习、研究、交流；控制非直接进行手术人员进入手术室，以减少交叉感染因素。

（2）随着信息化、数字化技术的发展，通过互联网系统将信号传输到院外进行远程会诊。

（3）必要时记录手术过程，作为研究资料和评判医疗纠纷的依据，向患者家属播放手术过程情况。

（4）生殖中心的保安摄像系统与大楼保安系统联网。

各种电源线及网络线宜穿入管道中统一布线，弱电机柜宜统一放置在有通风设备的管井中。

3. 自动控制、自动调节装置

（1）实施对净化空调系统智能化跟踪调节，主要有温度、湿度、风量及空气过滤器堵塞程度和实验室内各洁净区静压差的显示。

（2）在生殖中心，自动控制的设备必须可靠、稳定、寿命长，尤其是被动元件必须灵敏、准确、反应快；使用稳定性好、抗干扰能力强的数字电路。

（3）消防报警系统应与大楼消防中心联通。当大楼其他部位发生火灾时，生殖中心尽可能不因此断电。

24.6　生殖中心洁净区信息化、智能化

24.6.1　信息管理系统。

【技术要点】

1. 应符合电子病历应用管理规范和电子病历系统功能规范，具有患者病历管理功能，能查询、新建、修改、删除、打印患者病历。

2. 应具有符合辅助生殖业务流程的临床、实验室、护理各岗位的工作场景功能模块，各模块应通过患者信息进行关联，做到临床、实验室、护理基于患者信息的闭环管理。

3. 应具有试剂耗材管理、配子与胚胎库存管理及冷冻续费管理功能。

4. 应具有符合各级部门要求的统计报表编辑功能。

5. 应具有数据开放机制，能接入医院信息管理系统（HIS、LIS、PACS）查询医嘱、患者检查等信息的功能。

6. 应具有可追溯机制，具有系统日志、数据修改留痕功能。

7. 应具有数据安全机制，能定期自动备份。

8. 应具有网络安全机制，能保证数据不泄漏。

24.6.2　实验室监控与安全系统。

【技术要点】

1. 各监控节点宜尽量使用无线的方式进行通信，避免在实验室过多布线，建议进行有线预埋。

2. 应具有培养箱监控数据，宜配备培养箱监控系统，监控数据应包括箱体内部温度、湿度、CO_2 质量浓度，三气培养箱还应监控氧气质量浓度。

3. 应具有实验室环境和空气质量的监控数据，宜配备实验室环境与空气质量监控系统。

4. 应具有冰箱和低温冰箱监控数据，宜配备温度监控设备，待机时长不少于12个月。

5. 应监控液氮罐温度或液氮液面高度或者重量，宜配备液氮罐监控设备，数据应实时上传到终端，并宜使用电池工作，且待机时长不少于12个月。

6. 应对液氮罐设置上锁装置，待机时长不少于12个月，开锁方式宜使用生物信息验证，如指纹或人脸，支持应急状态下机械开锁，且保留操作记录，所有操作可溯源。

7. 应配备市电监控。

8. 应配备气源监测，气体供应不能满足培养要求后报警。

9. 宜设置实验室运行监控中心，配置大屏幕显示设备状态。

10. 宜配置手机端，能在手机上查看到各设备运行情况。

11. 应在有异常情况发生时进行声光报警并及时通知相关人员进行处理，通知方式包括并不限于短信、电话等方式，应能通知到多个人员。

12. 实验室运行和监控记录应完整，并具备数据分析和挖掘的能力，包括设备运行状态信息记录，正常、故障、报警信息记录和分析。

13. 宜配备门禁系统，设置权限，避免无关人员进入实验室。

14. 门禁系统应配备管理软件，门禁操作和出入记录应完整、可追溯。

15. 门禁系统在断电时应能手动打开，应符合消防要求。

24.6.3　患者身份识别系统。

【技术要点】

1. 应配备患者身份识别系统，宜配备人证合一验证设备。

2. 应配备生物特征采集设备核对患者身份，宜采用人脸和指纹等生物特征识别方式加身份证等证件三合一机器，智能化验证患者身份。

3. 身份核验不一致时应有语音播报或系统内信息，提醒相关工作人员进行人为干预。

4. 宜配备患者信息实时显示功能，同时在实验室和手术室同步实时显示患者信息。

24.6.4　样本核对系统。

【技术要点】

1. 取精、授精、捡卵、移植、胚胎冷冻和胚胎复苏等关键环节应对样品和所用器皿的一致性进行核验，宜配备 RFID 标签或以二维码为主的物联网技术核对系统。

2. 样本核对系统软件应具备自动获取患者列表、标签打印、样本核对、实时语音播报提醒功能。

3. RFID 标签或者二维码生成设计应符合唯一性原则。

4. 应具备保存核验记录的功能，核验情况应可追溯。

5. 样本核对使用的标签宜有安全性检测报告。

6. 如使用 RFID 物联网技术，所使用的设备宜有相应的电磁辐射（EMC）和安全规范认证报告。

24.7 生殖中心洁净区医用气体

24.7.1 医用气体基本要求：生殖中心对气源的要求有别于其他洁净手术部，它主要是以维持胚胎体外发育适宜微环境为目标。供气方式需充分满足核心区域培养箱的需求和辅助治疗的需求。

【技术要点】

1. 生殖中心医用气体分为两类：一类是为取卵室、移植室、病床提供的医疗用气体；另一类是为生殖实验室培养箱等设备提供的培养用气体。

2. 医疗用气体系统应设置氧气系统、负压吸引系统，根据用气需求宜设置压缩空气系统、麻醉或呼吸废气排放系统；培养用气体系统应设置二氧化碳、氮气、混合气体。培养用气体管道系统宜独立于医疗用气体管道系统。

3. 医疗用气源站房的设计可根据医院总体规划进行考虑，培养用气体应根据气体特殊要求独立设置气源站房。

4. 医用氧气的品质应符合《中华人民共和国药典（2020 年版）》规定的质量指标，其他医疗用气体的品质应符合现行国家标准《医用气体工程技术规范》GB 50751 的规定；培养用气体的氮气、二氧化碳、混合气体的纯度不应低于 99.995%。

5. 医疗用气体管道、培养用气体管道的设计压力应符合现行国家标准《压力管道规范 工业管道 第 3 部分：设计和计算》GB/T 20801.3 的有关规定。

6. 医疗用气体管道的压力分级应符合现行国家标准《医用气体工程技术规范》GB 50751 的规定。培养用气体管道压力分级应符合表 24.7.1-1 的规定。

培养用气体管道的压力分级 表 24.7.1-1

管道形式	压力 P（MPa）	适用管道
低压管道	$0 \leqslant P \leqslant 1.6$	二氧化碳管道、氮气管道、混合气体管道等
高压管道	$P \geqslant 15$	汇流排管道

7. 医用气体终端组件处的参数应符合表 24.7.1-2 的规定。

医用气体终端组件处的参数 表 24.7.1-2

医用气体种类	使用场合	额定压力（kPa）	典型使用流（L/min）	设计流量（L/min）
二氧化碳（高纯度）	生殖实验室区	150	10～25	30
氮气（高纯度）	生殖实验室区	150	10～25	30
混合气体（高纯度）	生殖实验室区	150	10～25	30
氧气	取卵室、移植室	400	6～10	100
	病床	400	6	10

续表

医用气体种类	使用场合	额定压力（kPa）	典型使用流（L/min）	设计流量（L/min）
压缩空气	取卵室、移植室	400	20	40
	病床	400	10	20
负压吸引	取卵室、移植室	40（真空压力）	20	80
	病床	40（真空压力）	10	40

24.7.2　气源种类。

1. 培养箱供气：生殖中心结合自身培养箱情况配置二氧化碳、氮气、混合气体；气源备用量不少于7d的使用量。

2. 医疗供气：结合医院大楼供气系统配置氧气、负压吸引、压缩空气等；生殖中心内取卵室、移植室、病人休息室等房间气源根据医院大楼供气系统配置氧气、负压吸引、压缩空气，以供必要时辅助治疗使用。若生殖中心相对独立，没有条件集中供气，宜配置移动式小型供气设备。

24.7.3　气源配置方式。

1. 生殖中心必须设置独立气瓶间，二氧化碳、氮气、混合气体汇流排放置在气瓶间内，配置带自动报警装置的自动切换汇流排，当超、欠压或者切换供气时自动报警。汇流排气源输出需要具备二级稳压，以保障培养箱的用气安全。结合国内使用经验，供气管道宜采用不锈钢管道。管道的布置要求便于检修，接口设置方便使用，供气出口端配置微调压计、压力表进行三级稳压和显示，做到实时监控，随时根据需求调整参数。

2. 氧气、负压吸引、压缩空气气源配置方式可参考现行国家标准《医院洁净手术部建筑技术规范》GB 50333。

24.7.4　培养箱安全供气监控方式：培养箱作为胚胎体外生长发育的主要场所，其稳定性直接影响着胚胎的发育潜能，所以培养箱的供气是至关重要的。每个生殖中心必须保障采购的二氧化碳、氮气、混合气的气源纯度；部分生殖中心可配置培养箱监控系统，对培养箱内的温湿度及气体质量浓度实时监控，当气体质量浓度以及温度超出报警限值且在设定的时间内不能自动恢复时，报警系统就会自动发出报警提示；有部分培养箱设有远程报警接口，可接入远程报警输出设备，如电话或短信报警，可以让实验室技术人员不在工作时间范围内也能够了解培养箱的运行情况。

24.7.5　气源设备。

1. 气源质量、流量、压力等技术参数应满足医用设备对于终端处气体参数的技术要求。

2. 医用气体气源宜采用集中供气系统，集中供气系统的气源应符合现行国家标准《医用气体工程技术规范》GB 50751的相关要求。

3. 培养用气体气源宜采用汇流排方式，汇流排设置于辅助工作区，应便于转运及更换气瓶，并满足相关的防火防爆要求；汇流排宜采用不低于卫生级（BA级316L）材质的各类阀体、管件及配件等。

4. 培养用气体气源宜设置为数量相同的两组，并应能自动切换使用；每组气瓶均应满足最大用气流量。

5. 由集中气源接入生殖中心的各类气体应设置超压排放安全阀、流量计、压力显示装置、区域报警箱。超压排放安全阀的开启压力应高于最高工作压力 0.02MPa，关闭压力应低于最高工作压力 0.05MPa；安全阀的排放口应接至室外安全地点；超压、欠压报警装置具有声响报警和视觉报警的功能。

24.7.6 气体配管。

1. 医疗用气体的管材及配件可采用无缝紫铜管或无缝不锈钢管；培养用气体的管材及配件宜采用内外抛光不低于卫生级（BA 级 316L）的不锈钢管，粗糙度小于 1.0μm，内壁宜经过酸洗、钝化处理，避免在空气中氧化变黑。

2. 医疗用气体管道、阀门、仪表安装前应清洗内部并进行脱脂处理，用无油压缩空气或氮气吹净。

3. 医疗用气体管道的设计流速不应大于 10m/s。

4. 所有医用气体管道在穿越墙、楼板时应敷设套管，套管内不得有焊缝，套管与气体管道之间应采用不燃密封材料封堵。

5. 医疗用氧气、氮气、二氧化碳等管道的敷设应通风良好，不宜穿越医护人员的办公区、生活区。

6. 培养用高纯气体管道应采用专用的全自动轨道焊机无缝焊接，保证在焊接过程中管道内外做到纯度为 99.999% 的氩气保护；焊口应不易氧化，内外成型，严禁出现内外焊接渗漏；所有管道应在较洁净的空间施工安装，不允许杂质、灰尘等进入管内。

7. 气体管道在穿越楼层时宜敷设在专用的气体管道井内，不得与可燃、腐蚀性气体或液态、蒸汽、电气、空调风管等共用管井；气体管道井设检修门。

8. 各类气体宜采用独立的支吊架，管道与支吊架接触处应作绝缘处理，以防止静电与腐蚀。

9. 各类气体的汇流排、切换装置、减压出口、安全放散口和输送管、气体管道均应做导静电接地装置，接地电阻不应大于 10Ω。

10. 为便于检查气体管道的种类，在各配管的主要地方应做好色环标志，且在管道分支等处用异色箭头表示气体的流动方向。

24.7.7 医用气体终端。

1. 各类医用气体终端应使用方便，安全可靠，不同性质的管道应有效分隔；同一建筑内同一种医用气体的终端接口制式应统一，严禁与其他医用气体终端互换。

2. 医疗用气体终端应选用插拔式自封快速接头，终端表面颜色应符合国际通用标准；接头应耐腐蚀、无毒、不燃、安全可靠、可实现单手操作，插拔次数应不少于 20000 次，输出口能带气维修。

3. 培养用气体终端材质要求为不低于不锈钢卫生级（BA 级 316L）材质标准，各终端面板装置应设调压装置，面板设不锈钢特气压力表，嵌顶或嵌壁安装。调压装置宜独立设置。

4. 培养用气体终端减压阀，输出压力稳定，材质不低于不锈钢卫生级（BA 级 316L）材质标准，宜采用单级式减压器，内部结构易吹扫，内设双层过滤网。连接方式为快装连接。

24.7.8　供气可靠性和安全要求。

【技术要点】

可参照本章第 24.2.3 条技术要点"4.可靠性与安全要求"。

24.8　生殖中心洁净区施工与维护

24.8.1　生殖中心洁净区施工。

【技术要点】

1. 生殖中心的施工，应以净化空调工程为核心。

2. 符合现行国家标准《洁净室施工及验收规范》GB 50591 的相关规定。

3. 施工程序均应进行记录，施工过程中应对每道工序进行具体的施工组织设计。

4. 所有设备、材料等应使用环保材料，宜尽量使用经过各生殖中心长期使用并认为安全可靠、成熟的产品和工艺。

24.8.2　生殖中心洁净区工程验收。

【技术要点】

1. 生殖中心洁净区参照现行国家标准《洁净室施工及验收规范》GB 50591、《医院洁净手术部建筑技术规范》GB 50333 单独验收，应在验收合格后启用。

2. 工程验收应包括工程项目检查，可在设计、运行、安装各阶段之后或综合性能评定之前进行；工程验收应出具工程验收报告。

3. 工程验收应符合现行国家标准《洁净室施工及验收规范》GB 50591 的相关规定。

4. 工程检验的必测项目应符合表 24.8.2 的规定，风速、风量和静压差应先测，细菌浓度应最后检测，应检测常见化学污染物浓度。

生殖中心洁净区工程检验的必测项目　　　　　　　　表 24.8.2

序号	项目
1	超净工作台工作面的截面风速
2	洁净房间的换气次数
3	新风量
4	末级空气过滤器的检漏
5	静压差
6	空气洁净度
7	温湿度
8	噪声
9	照度
10	细菌浓度
11	甲醛、苯、氨气、硫化氢、乙酸、臭氧和总挥发性有机化合物（TVOC）浓度

5. 不得以空气洁净度等级或细菌浓度的单项指标代替综合性能评定；不得以工程的调整测试结果代替综合性能评定的检验结果。

6. 工程检验和定期检测应以空态和静态为准，任何检验结果都应注明状态。

7. 综合性能评定的检测，应按现行国家标准《洁净室施工及验收规范》GB 50591 的有关规定执行。

8. 洁净工作台百级工作区域截面风速的检测应符合下列要求：洁净工作台应在送风温度稳定后测其工作台面上的截面风速，检测风速应在 0.3～0.6m/s 之间，并不应超过上限。截面风速应按下式计算：$v=$ 各测点速度总和／测点数。

9. 末级空气过滤器检漏应符合下列要求：

（1）每个高效送风口的空气过滤器安装边框和滤芯以及送风面内所有缝隙都应检漏，每次更换空气过滤器后都应重新检漏；

（2）非高效送风口的空气过滤器是否检漏以及检漏标准可商定；

（3）检测方法应按现行国家标准《洁净室施工及验收规范》GB 50591 的有关规定执行。

24.8.3　生殖中心洁净区是利用空气洁净技术（过滤），使洁净区内空气中的微粒子（0.5μm 粒径的微尘）及有害物质通过隔离的方法排除，同时通过吸附或分解等方法处理空气中的可挥发性有机物，并将室内的温度、湿度、压力、气流组织、噪声等控制在某一范围内，不论外界条件如何变化，其室内均能维持设定条件不变。根据生殖中心洁净区的特点，需要制定一套严格的管理程序来保证洁净区达到预期目的。

【技术要点】

1. 应制定相应的管理制度，以保证洁净区的正常运行。

2. 正确使用洁净区。

3. 日常维护保养。

4. 定期维护保养。

本章参考文献

［1］中华人民共和国住房和城乡建设部. 建筑装饰装修工程质量验收标准：GB 50210—2018［S］. 北京：中国建筑工业出版社，2018.

［2］Morbeck D E .Air quality in the assisted reproduction laboratory: a mini-review[J]. J Assist Reprod Genet, 2015, 32(7): 1019-1024.

［3］Agarwal N, Chattopadhyay R, Ghosh S, et al. Volatile organic compounds and good laboratory practices in the in vitro fertilization laboratory: the important parameters for successful outcome in extended culture[J]. J Assist Reprod Genet, 2017, 34(8): 999-1006.

［4］Wang X, Cai J, Liu J, et al. Association between outdoor air pollution during in vitro culture and the outcomes of frozen-thawed embryo transfer[J]. Hum Reprod, 2019, 34(3): 441-451.

［5］D Mortimer, J Cohen, ST Mortimer, et al. Cairo consensus on the IVF laboratory environment and air quality: report of an expert meeting[J]. Reprod Biomed Online, 2018, 36(6): 658-674.

［6］Pool T B, Fauser B. Defining the appropriate laboratory environment for fostering healthy embryogenesis in humans: a place for consensus[J]. Reprod Biomed Online, 2018, 36(6): 605-606.

［7］中华人民共和国住房和城乡建设部. 民用建筑电气设计标准：GB 51348—2019［S］. 北京：中国建

筑工业出版社，2020.

［8］中华人民共和国住房和城乡建设部. 医疗建筑电气设计规范：JGJ 312—2013［S］. 北京：中国建筑工业出版社，2014.

［9］中国建筑文化研究会. 辅助生殖医学中心建设标准：T/ACSC 01—2022［S］. 北京：中国标准出版社，2022.

［10］中华人民共和国住房和城乡建设部. 医用气体工程技术规范：GB 50751—2012［S］. 北京：中国计划出版社，2012.

［11］中华人民共和国住房和城乡建设部. 医院洁净手术部建筑技术规范：GB 50333—2013［S］. 北京：中国建筑工业出版社，2014.

［12］中华人民共和国住房和城乡建设部. 洁净室施工及验收规范：GB 50591—2010［S］. 北京：中国建筑工业出版社，2010.

第 25 章　静脉用药调配中心

弓儒芳：中国人民解放军总医院静脉用药调配中心护士长。

王德旺：江苏省人民医院主任药师，2002 起从事静脉用药调配工作，曾负责综合楼静脉用药调配中心的筹建工作，参与江苏省人民医院多家分院静脉用药调配中心的设计，多次参加静脉用药调配中心验收预审和现场评审工作。

李郁鸿：教授级高工，郑州大学第一附属医院信息处处长，中国医学装备协会医用洁净装备与工程分会副秘书长，国家卫生健康委员会工程管理咨询专家。

25.1　概　述

25.1.1　静脉用药调配中心的建设应符合《药品生产质量管理规范（2010 年修订）》和《静脉用药调配中心建设与管理指南（试行）》的规定，在加强静脉用药调配中心的建设、装修管理、监测、验收的全过程中以质量为核心，实行全过程的动态管理控制。

【技术要点】

《静脉用药调配中心建设与管理指南（试行）》对我国医疗机构静脉药物配置中心的规范化建设、管理、运行，保障院内静脉用药安全将起到积极的推动作用。

25.1.2　静脉用药调配中心（PIVAS）是医疗机构为患者提供静脉用药集中调配专业技术服务的部门。静脉用药调配中心通过静脉用药处方医嘱审核干预、加药混合调配、参与静脉输液使用评估等药学服务，为临床提供优质可直接静脉输注的成品输液。

【技术要点】

对于"普通药品及肠外营养液"，在 C 级（万级）的调配操作间背景下局部 A 级（百级）的水平层流洁净工作台进行配置。对于"抗生素及危害药品"，在 C 级（万级）背景下局部 A 级（百级）的生物安全柜里进行配置。

25.2　规　划　设　置

25.2.1　静脉用药调配中心应符合建设流程的基本要求。

【技术要点】

1. 选址要求

（1）静脉用药调配中心应当设于人员流动少、靠近住院部药房、位置相对独立的安静区域，目的是方便输液成品的运输与发放，加强与医护人员交流沟通，保证输液成品运送的时效性，最大限度降低静脉用药调配中心遭受污染的风险。

（2）静脉用药调配中心的设置地点应远离污水处理站、化粪池、废物处理中转站、噪

503

声干扰严重、易产生花粉的植被、粉尘或者其他可能会对静脉用药调配中心污染的地点，远离码头、机场、铁路等交通要道，从根源上避免对静脉用药调配中心的污染。

（3）洁净区新风口位置应尽量避免选择易污染的区域。新风质量会直接影响净化设备使用及维护状况，故应保证新风口周围30m内环境清洁，无污染设施，新风口不能直接面对病房和密集的建筑设施。同时，新风口设置距离地面高度不能低于3m，避免静脉用药调配中心空气质量受地面含尘浓度的影响。

（4）静脉用药调配中心整体地面不得低于室外露天地坪面，不宜设置在地下室和半地下室等密闭或者半密闭场所。其建设应符合静脉用药调配中心空气洁净度标准，保证有效通风，对温度、湿度、照度等严格控制，维护工作人员的身心健康，以免影响输液成品质量，保障临床科室用药安全。

（5）静脉用药调配中心应位于最大频率风向上风侧，或全年最小频率风向的下风侧。排风口与采风口设置于建筑物侧面，或将排风口置于采风口下方，其距离不小于3m。

（6）静脉用药调配中心选址应选择人员流动少且工作方便的地点。人流、物流通道应设置合理。此外，需考虑电梯承载力及运输过程中的污染风险，避免污染和交叉污染。

2. 面积要求

静脉用药调配中心的面积应考虑各医院承担床位数、运营管理及功能定位。需与日工作量、病区数量、调配药品类别、配备工勤和专业技术人员数量、配备自动化设备数量（水平层流洁净工作台、生物安全柜）以及医院经济建设规模相适宜。

静脉用药调配中心使用面积与日调配工作量关系如下：

（1）日调配量1000袋以下：不少于300m^2；

（2）日调配量1001～2000袋：300～500m^2；

（3）日调配量2001～3000袋：500～650m^2；

（4）若日调配量3001袋及以上，每增加500袋递增50m^2。

具体项目可根据医院的情况进行计算规划，并适当预留一些发展空间。一般需考虑10年以上的使用寿命，并把可预见的业务发展量纳入规范的范围内，以便应对医院业务量的增长。

25.2.2 静脉用药调配中心分区应布局合理，防止交叉污染。

【技术要点】

1. 静脉用药调配中心应设有洁净区、非洁净控制区、辅助工作区三个功能区。

（1）洁净区设一次更衣室、二次更衣室、调配操作间及洗衣洁具间；在洁净室内不设置水池和地漏。

（2）非洁净控制区包括用药医嘱审核、审方打印、摆药准备、成品复核、包装发放及工作台、药架推车、成品复核筐等区域。

（3）辅助工作区应有与之相适应的二级药库、药品与物料储存库，高警示药品有显著标志并单独区域存放，面积充足时可设置办公室、值班室、耗材库、资料室、冷藏库、医护人员休息就餐室、会议室以及空调机房、淋浴室和卫生间。淋浴室及卫生间应设置于静脉用药调配中心外附近区域。

2. 静脉用药调配中心应设置为一个相对独立的区域，以便管理，并与医院住院部药房及药品库邻近，以方便药品的运输及发放。

（1）合理布局应符合药品调配要求，按照空气洁净度等级进行划分，确保静脉用药在调配过程中不被微生物和不溶性微粒污染，不发生交叉污染，是减少医院感染发生的关键因素。

（2）非洁净控制区是确保洁净区洁净度的有效屏障，要单独设立打印间、严格控制人员流动，按标准进行更衣和洗手，减小将污染物带入洁净区的概率。在洁净区与非洁净控制区设除尘垫，摆药区与出入口严格分开，确保静脉用药调配中心洁净度符合要求。辅助工作区的二级库应按照药品的性质进行分类储存，库房温湿度合理，门与通道的宽度应便于搬运。静脉用药调配中心功能区（室）平面布局示例见图 25.2.2-1。

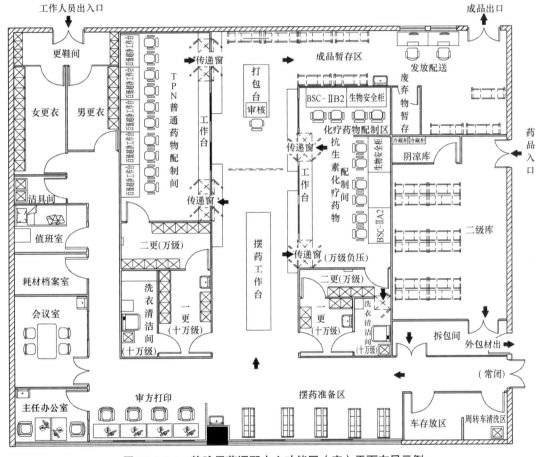

图 25.2.2-1　静脉用药调配中心功能区（室）平面布局示例

（3）不同等级洁净区之间的缓冲衔接与人流通道及物流通道走向合理，必须设置缓冲室及相应设施，如物理隔断、行为规范、警示标识等，保证不同洁净级别的区域相对独立。进出洁净区物流通道不得交叉。进出洁净区的人员应动作轻，减少不必要的行动。不同洁净级别的区域间有防止交叉污染的设施，如换鞋柜、更衣柜、洗手消毒设施等。严格避免静脉用药调配中心流程布局不合理而造成交叉污染。人流与物流进出流程具体如下：

进入洁净区：一次更衣室更换洁净区专用拖鞋、脱工作服、按七步洗手法洗手→二次更衣室穿洁净隔离服、戴帽子、口罩、无粉灭菌乳胶手套→按七步洗手法洗手后，用手肘部推门进入配制区；

离开洁净区：调配操作间→二次更衣室（脱手套、帽子、口罩、洁净服），按七步洗手法洗手→一次更衣室（更换工作服、工作鞋）；

药品物流进入调配操作间：药品物流→二级库→拆包装→排药区→经传递窗进入调配操作间；

成品输液出调配操作间：调配成品输液→经传递窗传出→成品复核区域→成品包装→分病区置于专用转运箱→由专人送至各病区护士站→与病房护士清点数目进行交接、双方签名并记录。

3. 净化系统设计要求

（1）各功能区洁净级别应符合国家标准：

1）一次更衣室、洁净洗衣洁具间为 D 级（十万级）；

2）二次更衣室、调配操作间为 C 级（万级）。

（2）洁净区环境监测项目以及参数标准：

1）空气是影响洁净环境的主要因素。洁净区洁净级别应符合国家相关规定，经检测合格后方可投入使用。通过对洁净区不同洁净级别区域空气进行取样，对单位体积空气中沉降菌、悬浮粒子数量进行监测，以评估该区域的环境质量状况，详见表 25.2.2-1、表 25.2.2-2。

洁净区沉降菌菌落数（静态）　　　　表 25.2.2-1

洁净度级别	沉降菌菌落数（CFU/ 皿）（放置 0.5h）
A（100）级	≤ 1
C（10000）级	≤ 3
D（100000）级	≤ 10

资料来源：《静脉用药调配中心建设与管理指南（试行）》。

洁净区悬浮粒子数　　　　表 25.2.2-2

洁净度级别	悬浮粒子最大允许数（个 /m³）	
	≥ 0.5μm	≥ 5μm
A（100）级	3500	0
C（10000）级	350000	2000
D（100000）级	3500000	20000

资料来源：《静脉用药调配中心建设与管理指南（试行）》。

2）表面微生物检测用于评估洁净区物品洁净状况，应每月对水平层流洁净台、生物安全柜、地面、手套、洁净服等物体表面进行一次微生物检测，菌落数指标详见表 25.2.2-3。

菌落数限定值（静态）　　　　　　　　　　　　　　　　表 25.2.2-3

洁净度级别	设施表面（CFU/碟）	地面（CFU/碟）	手套表面（CFU/碟）	洁净服表面（CFU/碟）
A（100）级	≤ 3	≤ 3	≤ 3	≤ 5
C（10000）级	≤ 5	≤ 10	≤ 10	≤ 20

资料来源：《静脉用药调配中心建设与管理指南（试行）》。

（3）换气次数要求。一次更衣室、洗衣洁具间换气次数不小于 15h^{-1}，二次更衣室、调配操作间换气次数不小于 25h^{-1}。

（4）洁净区内各功能区域的压差控制是保证洁净室洁净度的重要环节。应安装压差计及压差异常报警装置，以保证各区域内静压差符合相关规范要求。

1）抗生素及危害药品洁净区各房间压差梯度：非洁净控制区＜一次更衣室＜二次更衣室＞抗生素及危害药品调配操作间。

2）电解质类等普通输液与肠外营养液洁净区各房间压差梯度：非洁净控制区＜一次更衣室＜二次更衣室＜调配操作间。

3）相邻洁净区域压差为 5～10Pa；一次更衣室、调配操作间与非洁净控制区之间压差均不小于 10Pa。洁净区域气流流向及压差梯度示例见图 25.2.2-2。

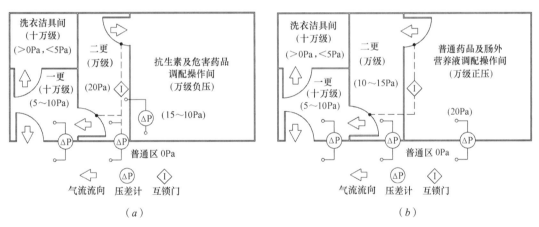

图 25.2.2-2　洁净区域气流流向及压差梯度示例
（a）抗生素及危害药品洁净区；（b）普通及肠外营养液洁净区

（5）静脉用药调配中心洁净区除安装通风换气设施外，还应在适宜位置安装控制面板，显示温度、相对湿度、环境噪声等运行参数（表 25.2.2-4）。

静脉用药调配中心洁净环境检测参数要求　　　　　　　　表 25.2.2-4

洁净级别	一次更衣室	洗衣洁具间	二次更衣室	调配操作间
	D（100000）级		C（10000）级	
尘埃粒子	≥ 0.5μm/m³	≥ 5μm/m³	≥ 0.5μm/m³	≥ 5μm/m³
	≤ 3500000	≤ 20000	≤ 350000	≤ 2000

续表

细菌测试	沉降菌	沉降菌
	≤ 10CFU/（Ⅲ·0.5h）	≤ 3CFU/（Ⅲ·0.5h）
换气次数	≥ 15h⁻¹	≥ 25h⁻¹

静压差	非洁净控制区＜一次更衣室＜二次更衣室＜电解质类等普通输液和肠外营养液调配操作间； 非洁净控制区＜一次更衣室＜二次更衣室＞抗生素和危害药品调配操作间； 洁净区相邻区域压差为 5～10Pa，一次更衣室与非洁净控制区之间压差不小于 10Pa	
温度	18～26℃	
相对湿度	35%～75%	
环境噪声	≤ 60dB	
设备噪声	生物安全柜不大于67dB，水平层流洁净台不大于65dB	
工作区域亮度	≥ 300lx	
抗生素调配间排风量	根据抗生素间的设计规模确定	

资料来源：《静脉用药调配中心建设与管理指南（试行）》。

1）洁净区温度为 18～26℃，相对湿度为 35%～75%；

2）洁净区应有足够的照明度，照明度应大于 300lx；

3）控制周围环境噪声应小于等于 60dB。

25.3　基本装备设置

25.3.1 静脉用药调配中心应当有相应的仪器和设备，保证静脉用药调配操作、成品质量和供应服务管理。仪器和设备须经国家法定部门认证合格。

【技术要点】

1. 一次更衣室应配备更衣柜、洗手池、手消液及擦手纸；二次更衣室应配备更衣柜、手消毒液、一次性使用无菌物品；洗衣洁具间应配备清洁消毒物品。

2. 普通药品及肠外营养液调配操作间应配备百级水平层流洁净台；抗生素及危害药品操作间应配备Ⅱ级 A2 型百级生物安全柜，其材质不得与药物发生反应，应选择不脱落纤维、不含石棉，具有释放或吸附作用的过滤器。

3. 洁净区域内除安装紫外线灯进行空气杀菌消毒外，还应设置紫外线不锈钢互锁传递窗，用于需配制药品的传入及配制成品的传出。

4. 在一次更衣室与二更衣室之间应放置压力差显示表；调配操作间宜配置净化系统集中控制屏及温度、湿度、压力集中显示屏，以便工作人员了解调配操作间的运行情况。

5. 药架、药车、工作台应选用光洁平整、不落屑、不产尘、易清洁与消毒、不易腐蚀的材质。

6. 二级库房要设置药品货架，按其性质与储存条件分类定位存放，不得直接落地放置或直接放在洁净区内；核对区应配备成品输液核对检查设备与包装工作台；发放区应配备成品暂存货架及收发药品专用车。

25.3.2 静脉用药调配中心仪器和设备，应易于清洁和消毒，便于操作、维修和保养。操作人员应遵守管理制度与标准操作规程，严格执行清洁、消毒操作规程。

【技术要点】

静脉用药调配中心相关仪器设备应当符合相关行业标准和规范要求，定期检查过滤器的过滤效率，并进行清洁、消毒、更换。为避免影响成品输液质量，需要对设备维护保养情况进行监督和检查。

（1）水平层流洁净台和生物安全柜采用无纺布或不脱落纤维物质的清洁用品，使用75%的乙醇进行擦拭消毒。清洁消毒过程中，不得将消毒剂喷洒到高效过滤网上。危害药品外溢时，应优先进行应急处置，再进行常规擦拭清洁消毒。

（2）应进行紫外线灯消毒日常监测，包括灯管的使用时间、照射累计时间和使用者签名。每周使用酒精布擦拭一次，定期进行紫外线辐射强度和生物监测，灯管照射强度不低于 $70\mu W/cm^2$，更换新灯管时应注明"更换"，从"1"开始记录累计照射时间。

（3）洁净区地面、摆药筐、不锈钢设备及传递窗每日进行擦拭消毒。

本章参考文献

［1］北京市市场监督管理局. 静脉用药集中调配规范：DB11/T 1701—2019［S］. 北京：北京市市场监督管理局，2019.

［2］中国医药教育协会高警示药品管理专业委员会，中国药学会医院药学专业委员会，中国药理学会药源性疾病学专业委员会. 中国高警示药品临床使用与管理专家共识：2017［J］. 药物不良反应杂志，2017，19（6）：409-413.

［3］中华人民共和国住房和城乡建设部. 建筑设计防火规范（2018年版）：GB 50016—2014［S］. 北京：中国计划出版社，2018.

［4］中华人民共和国住房和城乡建设部. 医药工业洁净厂房设计标准：GB 50457—2019［S］. 北京：中国计划出版社，2019.

［5］张峻，吴迪，吴永佩. 加强监督与技术指导，促进 PIVAS 规范化建设——《静脉用药调配中心建设与管理指南》系列解读（一）［J］. 中国医院药学杂志，2022，42（19）：1969-1973.

第 26 章 烧伤重症监护病房

谢江宏：解放军空军军医大学唐都医院总工。
贺涛：高级工程师，西安四腾环境科技有限公司总经理。

技术支持单位：
西安四腾环境科技有限公司：主要服务医院洁净手术部、ICU、CCU、血液病房、隔离病房、中心供应、配药中心及医药、电子实验室等各类洁净工程，是集安全、节能、高效、数字化信息采集于一体的医院整体建设及净化方案解决商。

26.1 概 述

26.1.1 烧伤重症监护病房（BICU）是指采用洁净技术建设的用于治疗重度烧伤病人的重症监护病房（或叫加强护理病房），烧伤重症监护病房属于专科性 ICU。

26.1.2 烧伤的分级：

1. 烧伤是由于热、电、放射线、酸、碱、刺激性腐蚀性物质及其他各种理化因素（暴力除外）作用于人体，造成体表及其下面组织的损害、坏死，并可引起全身一系列病理改变的损伤。严重者也可伤及皮下或黏膜下组织，如肌肉、骨、关节甚至内脏。

2. 按烧伤深度分为：Ⅰ度烧伤、浅Ⅱ度烧伤、深Ⅱ度烧伤、Ⅲ度烧伤；按烧伤面积分为：轻度烧伤、中度烧伤、重度烧伤、特重度烧伤。对易发生严重感染的重度和特重度烧伤患者应收治于烧伤重症监护病房。

26.1.3 重度烧伤患者的特点及治疗难点：

1. 烧伤患者由于皮肤损伤导致体表天然屏障被破坏，机体的屏障功能丧失，因此极易引发烧伤创面感染，感染和休克是烧伤患者死亡的主要原因之一。

2. 因皮肤损毁导致皮肤体温调节功能的丧失，身体表面热量大量散发，体温受环境温度的影响较明显，患者多怕冷。

3. 中度以上吸入性损伤患者，常需做气管切开术，气道开放后易造成肺部感染，故对环境无菌要求较高。

4. 患者抵抗力低，烧伤恢复期长，死亡率高。

5. 手术及麻醉次数多，时间长。多次麻醉须考虑患者的耐受性、耐药性、变态反应性和依从性。

6. 由于皮肤烧伤，浅静脉多已栓塞，静脉通道建立困难。同时，由于皮肤烧伤，增加了液路固定的困难，容易脱落。大面积烧伤，体液渗出多，有时需加压输液才能及时得到补充。

7. 监测困难。烧伤面积越大,烧伤程度越深,病情越严重。麻醉中应该有很多监测指标,但对于大面积烧伤患者,标准化的麻醉监测可能出现困难。

26.1.4 烧伤重症监护病房采用洁净技术建设是非常必要的。

【技术要点】

1. 皮肤是人体的第一道防线,大面积烧伤致使皮肤受损,使人体的非特异性免疫能力减弱,没有了皮肤就很容易沾染细菌,烧伤后的患者烧伤患处会有较多渗出的液体,这些液体和血浆成分相似,是细菌非常好的培养基;烧伤创面坏死组织的存在,也成为病原菌生长繁殖的良好培养基,空气中的细菌易导致创面感染,烧伤创面成为病原菌侵入机体的主要途径。细菌性感染是大面积烧伤患者死亡的主要原因,据有关资料统计,严重烧伤患者中死于感染者高达75%。防治感染仍是降低死亡率的关键。

2. 烧伤重症监护病房是对重度和特重度烧伤患者进行抢救与治疗的区域,因此成为医院感染最为易发的病区,也是医院感染管理重点监控的科室。有关专业人士对烧伤科病房环境细菌与烧伤患者创面细菌的同源性进行分析,发现细菌间同源性很高,这提示交叉感染是烧伤患者发生感染的一种重要途径。Carlos 等人在探讨桑坦德大学医院的 402 例烧伤患者感染特点的调查中发现,27.8% 的烧伤患者有一种或多种感染,其中细菌感染占88.5%,真菌感染占 11.5%。对 18910 例患者进行调查发现,其中有 6.7% 的伤口感染是来源于空气中存在的细菌或环境表面的细菌。因此,保证烧伤科病房室内洁净度、提供良好的空气品质、控制交叉感染是提高烧伤患者治愈率的重要途径。

3. 采用洁净技术建设的烧伤重症监护病房,可以通过有效控制病房空气中的尘埃粒子及其附着的细菌数量,从而降低病房内空气中的细菌浓度,达到降低和控制重度烧伤患者细菌性感染率的目的,为临床救治重度烧伤患者提供良好的环境条件,尤其对提高重度及特重度烧伤患者的早期救治成功率具有十分重要的意义。

4. 空气洁净技术是烧伤重症监护病房防止外源性感染的主要措施,控制污染作用显著,已成为现代医院降低感染率、提高医疗质量的重要技术手段。

26.2 规划布局与设计

26.2.1 烧伤重症监护病房(BICU)设置要求。

【技术要点】

1. BICU 的病床数量根据医院等级和实际收治烧伤患者的需要,一般以所在烧伤科病床总数的 6%～10% 为宜,可根据实际需要适当增加。从医疗运营角度考虑,每个 BICU管理单元以 6～12 张床位为宜;床位使用率以 65%～75% 为宜,床位使用率超过 80% 则表明 BICU 的床位数不能满足医院的临床需要,应该扩大规模。也可根据烧伤重症抢救的特点设置一定的床位为"次危重病房",其设备和人员配置可适当低于标准 BICU。

2. BICU 宜单独或相对独立设置,尽量毗邻普通烧伤病房单独布置,或在普通烧伤病区尽端划出部分区域设置相对独立的 BICU;床位多时可设立 BICU 病区护理单元。

3. BICU 与相关科室的关系见图 26.2.1。

图 26.2.1　BICU 与相关科室的关系图

26.2.2 BICU 的功能房间组成：监护病房区域和辅助用房区域使用面积比为 1：（1～1.5），监护病房区域主要包括大开间多床位监护病房、单人间或双人间监护病房、负压隔离监护病房；辅助用房区域主要包括男女更衣室、淋浴间、值班室、工作人员卫生间、主任办公室、医生办公室、护士长办公室、护士办公室、示教室、缓冲室、走廊、换床间、平车室、护士站、治疗准备室、处置室、抢救室、药浴室（又叫浸浴室）、治疗室（换药室）、器械室、无菌物品库、患者配餐／开水间、患者卫生间、便盆处置间、污物暂存间、污物清洗及处理间、净化空调机房、UPS 间等；其中重要功能房间为：监护病房、护士站、治疗准备室、药浴间、便盆处置间。BICU 至少设置一间负压隔离烧伤重症监护病房（简称负压隔离病房），宜设于距患者通道入口最近的区域并设缓冲间；有条件时宜设置单独出入口，其建设应按照负压隔离病房的要求进行。婴幼儿烧伤重症监护病房可以单独设置，以方便家属陪伴，有条件时可设置单间病房。

【技术要点】

BICU 各功能用房之间的关系见图 26.2.2。

26.2.3 BICU 功能房间的布局和流程。

【技术要点】

1. BICU 的布局可采用单走廊式、双走廊式、环形走廊式。

2. BICU 监护大厅中，按照护士站与监护病房之间的相对布局，可分为单面式、双面式、U 形三面式、环绕式。BICU 护士站设置的位置，应保证护士可以直视到每一张病床。

3. 工作人员流线、患者流线、清洁物品流线及污物外运流线应符合"流程便捷、洁污分明"的卫生学要求。

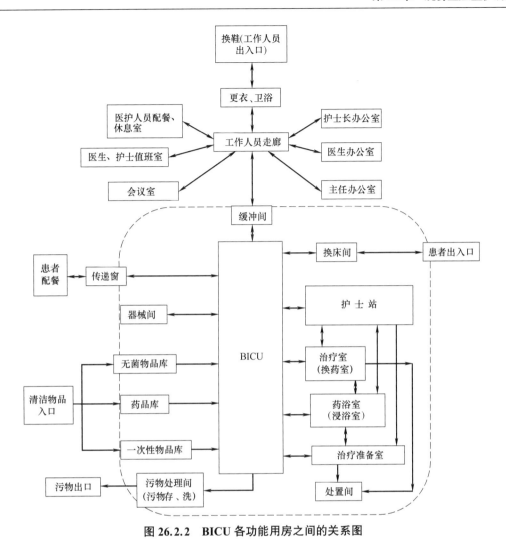

图 26.2.2　BICU 各功能用房之间的关系图

26.2.4　BICU 的洁净等级应为Ⅲ级，有特殊要求时可为Ⅱ级，辅助用房中的洁净房间应为Ⅳ级洁净用房。

26.2.5　BICU 中特殊用房的建筑设计。

【技术要点】

1. 总体要求

宜采用空气净化技术建设洁净病区，病区内宜为单间隔离病室。工作人员进入病区须更衣、换鞋。BICU 除了配置综合性 ICU 必需的设备外，还要配备必需的专科治疗设备，如烧伤治疗悬浮床、自动翻身床、烧伤治疗机及烧伤浸浴设备等，设计时应考虑上述专科治疗设备的安装空间。单间病房要求面积应大于 15.0m²，房间开间尺寸不应小于 3.3m，患者入口门洞通过尺寸不应小于 1.2m，房间净高度不宜低于 2.5m。为便于患者周身换药，多床位监护病房的床间净距应不小于 1.2m。病房隔墙宜采用半玻墙，便于医护人员观察和处理。当一室多床时，不能使一个患者的病床处于另一个患者的下风侧。

2. 药浴室要求

BICU必须设置药浴室（又叫浸浴室），药浴室宜毗邻换药室附近，并靠近污物通道处。药浴室面积不应小于25.0m²，房间宽度不应小于4.0m。房间内设置大型药浴池，药浴池具有电动起吊患者的装置，药浴池应布置在房间中心部位，四周留有足够的护理人员操作空间。药浴池体形大、质量重、废水排放多，要考虑楼面承重及排水，地面要做好防水及找坡；药浴室地面应比相邻房间低5～10cm。药浴池用水宜采用纯水，如无集中供应热水，房间还应设置电加热热水器（容量150L以上，具有防漏电措施）；室内配备氧气、负压吸引及压缩空气等急救设备，房间设机械排风系统、紫外线杀菌灯或空气消毒机。

3. 器械室要求

由于BICU所用医疗器械较多，器械室要求面积应在15.0m²以上，房间宽度不应小于3.0m，房间需要放置各种仪器设备；可设置不小于两组仪器设备层架，每组仪器架3～4层，长度1.5～2.5m。

4. 便盆处置间

烧伤重症患者大多长期不能下床，便盆用量大，应设置便盆处置间。便盆处置间的处理流程应为：倒便→冲洗→浸泡→消毒→烘干→存放。便盆处置间内有倒便器、便盆冲洗槽、浸泡消毒池、烘干机、便盆存放层架；排水管径不小于100mm，地面要做好防水及找坡，应设地漏；房间设置排风系统、紫外线杀菌灯或空气消毒机；预留烘干机电源，功率大于5kW。便盆处置间应位于污染区内，到监护病房的路线短捷，房间面积应不小于10.0m²，房间宽度不应小于2.4m。

5. 卫生间设置要求

烧伤重症患者使用的卫生间要比普通病房卫生间大，要能满足护理人员推着轮椅进入使用的空间。应安装坐式马桶，两边加装扶手。同样，卫生间所有设施和墙体、地面应可以进行消毒处理，以预防感染。

6. 其他要求

（1）患者通道与医护人员通道尽可能分开设置，有条件的可以设置探视走廊（可兼作污物走廊）。

（2）建议每6个床位设置一个盥洗间；医生办公室宜毗邻护士站，方便医生与护士及患者沟通。

（3）建议有条件的医院在建设BICU时按照洁净病房建设，这样可以对病房空气中的尘埃粒子及室内温湿度进行较好的控制，对预防和控制创面感染及呼吸道感染，降低败血症及交叉感染的发生率，加快患者康复，都将起到重要的作用。主要通道必须与消防通道相通，防火分区需要设防火门处，应安装常闭防火门，与消防监控系统相连。

（4）由于少儿或婴幼儿烧伤患者容易哭闹，建议其病房与成年人烧伤病房分开设置，以减少对其他患者的干扰，同时也方便哺乳期婴幼儿的哺乳。

（5）非净化区的房间应安置纱门、纱窗，防蚊、防蝇。

（6）污物应由专门容器收集，最好有独立污物出口。

（7）如果有悬浮床设置要求的病床，其楼板要考虑承重问题。

（8）BICU装饰用材料要求同ICU。

26.2.6　烧伤重症监护病房（BICU）机电专业特殊要求。

【技术要点】

1. 暖通空调系统特殊要求：

（1）室内温度：冬季 30~32℃，夏季 28~30℃；室内相对湿度：冬季不宜低于 40%，夏季不宜高于 90%。室内温湿度可按治疗进程进行调节。

（2）宜采用新风湿度优先控制模式，室内放置温湿度计，以便随时观察温湿度的变化。

（3）负压隔离病房有独立的全空气系统；负压隔离病房换气次数为 $12h^{-1}$，缓冲室换气次数为 $60h^{-1}$；噪声不应大于 45dB，病房和医护人员休息室夜间噪声宜至少比白天降低 3dB。

（4）空气流通性较好，房间无异味。

（5）没有条件对 BICU 进行整体净化工程建设的医院，应至少安装空气消毒机和空气自净器，将空气内的沉降法（浮游法）细菌浓度控制在 6CFU/（30min·ϕ90 皿）以下（达到Ⅳ级），并且设置排风系统，排风换气次数最少为 $3h^{-1}$。

（6）由于 BICU 多采用吊架式烧伤治疗机作为主要治疗设备，故要注意处理好吊顶上的高效送风口、排风口、灯具、输液轨道和隔帘轨道与吊架式烧伤治疗机之间的位置关系，以防位置冲突。

（7）药浴室相对湿度较大，且有药物散发的特殊气味，须加大排风量。

（8）回风口宜设于患者头部床侧下方。

（9）病房净化空调系统应设置备用送风机，并应确保 24h 不间断运行。应能根据治疗进程调节温湿度。

（10）应在病床上方集中布置送风风口；送风面为：病床四条边各外延 30cm 及以上。

2. 电气系统特殊要求：

（1）护士站应设中央监护站，通过生命监护设备监护患者的病情变化。

（2）房间照明应采用多路控制开关（至少一组采用双控，保证房间的患者与室外的医护人员都能开关）；平均照度宜为 300lx。

（3）每个床位设置一组摄像头（最好是具有集中控制及远程可视对讲功能的智能监控系统）、一组呼叫按钮（具备医患对讲功能）、一组语音电话；患者床头设备带安装高度距地 1.3~1.5m，不少于 8 个五孔组合插座（设置吊塔的在吊塔上设置一个五孔组合插座）。

（4）建议配备家属探视系统，家属通过该系统进行探视对讲。由于烧伤重症患者在监护病房的住院周期多在一个月以上，为防止交叉感染，一般医院都不允许家属床边探视，有些医院会设计一个探视走廊，但对离探视走廊较远的患者，家属根本看不见，探视效果很不好。建议配备"移动探视车"，车上装有安装于可弯曲软管上的平板电脑，利用无线网络进行音视频连线，实现人文关怀，有的医院已采用，效果较好。

（5）药浴室需考虑电热水器及药浴池再热用电负荷，功率均大于 3kW，且充分考虑等电位接地的安全、可靠性，必须设漏电保护开关。

3. 医用气体系统特殊要求：有条件的病房最好设置吊塔（干湿分离），承载能力不小于 120kg；确保各类仪器能放置；当采用医疗设备带时，在床头墙上安装高度为距地 1.3~1.5m，气体为三气（氧气、负压吸引、压缩空气），一用一备。

4. 给水排水系统特殊要求：

（1）单间病房每间设置一个洗手盆，监护大厅每2床设置一个洗手盆。隔离病房应设置独立卫生间兼污物洗消间。所有洗手盆均应采用感应水龙头。

（2）药浴室需设洁净型排水地漏。需考虑热水供应系统，建议药浴用水采用消毒后的冷热纯水。

5. BICU机电专业其他要求同ICU。

26.3　特殊设备

烧伤重症监护病房（BICU）洁净装备工程主要特种设备有：烧伤治疗机、药浴池、层流洁净床隔离单元、悬浮床、多功能翻身床等。

【技术要点】

1. 烧伤治疗机

烧伤治疗机是烧伤患者的专用治疗设备，一般分为以下几种：

（1）吊架式烧伤治疗机（图26.3-1）：安装于病床的正上方，尺寸约为1.9m（长）×0.75m（宽）×0.15m（厚）。它利用红外线辐射原理对烧伤皮肤进行高效辐射，以加快皮肤表面干燥，便于皮肤的恢复再生；功率不大于1.8kW，辐射功率和部位可调，带照明；可进行高度调节；其顶部应注意避开风口和灯具。吊架式烧伤治疗机技术参数见表26.3-1。

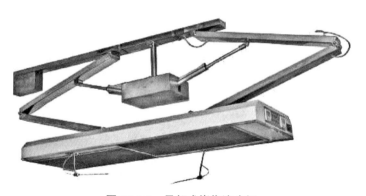

图 26.3-1　吊架式烧伤治疗机

吊架式烧伤治疗机技术参数　　　　　　　　　　　　　　　表 26.3-1

高度调节范围	≥300mm
输入功率	1.8kW，三档功率可调
电源电压	AC 220V，50Hz（±10%）
工作环境温度	5～40℃
工作环境湿度	≤90%

（2）地面支架移动式烧伤治疗机（图26.3-2）：其功能与吊架式相同。

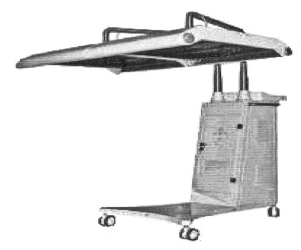

图 26.3-2　地面支架移动式烧伤治疗机

（3）高效辐射洁净烧伤治疗机（图 26.3-3、图 26.3-4）：将辐射烧伤治疗机和层流洁净床隔离单元结合起来，在顶部辐射架体内装有高效红外线辐射装置，同时还装有层流循环风机；在烧伤治疗机周围，用布帘将病人围护起来，以起到保温和保护隐私的作用，布帘为窗帘式，不用时可收起，也可采用塑料围帘，围帘为一次性物品。该设备具有以下特点：

1）采用宽频电磁波谱辐射增效技术，光子能量转化充沛，渗透力强，促进血液循环，可以减少病人体表渗出液，加速溃疡和创面的干燥愈合，促进皮肤再生；

2）对患者身体周边环境形成"小气候"，类似一个更高洁净级别的"围帘式洁净棚"，床上区域空气洁净级别可以达到百级，预防感染；

3）采用人工智能模式控制，"傻瓜式"轻触按键操作，方便快捷，减轻医护人员劳动强度；

4）针对人体创面部位可分前、中，后三区分别控制；

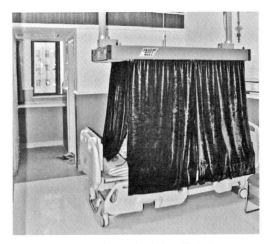

图 26.3-3　高效辐射洁净烧伤治疗机
（悬吊式）

图 26.3-4　高效辐射洁净烧伤治疗机
（移动支架式）

5）可与普通病床及多功能翻身床配合，用于全身性大面积烧烫伤患者的辐射治疗。高效辐射洁净烧伤治疗机技术参数见表 26.3-2。

高效辐射洁净烧伤治疗机技术参数　　表 26.3-2

高度调节范围	≥ 350mm
输入功率	2200W（红外线辐射装置 2000W，三档功率可调，循环风机功率 200W）
电源电压	AC 220V，50Hz
工作环境温度	5 ~ 40℃
工作环境湿度	≤ 90%

2. 层流洁净床隔离单元

当 BICU 洁净装备工程病区未采用洁净工程时，可选用层流洁净床隔离单元，它将单个病床设置于一个封闭的层流罩内，层流罩带有一个层流净化循环系统，可以达到百级净化程度（图 26.3-5）。层流洁净床隔离单元技术参数见表 26.3-3。

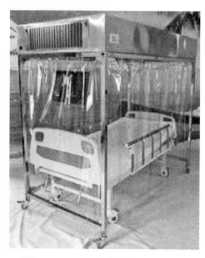

图 26.3-5　层流洁净床隔离单元

层流洁净床隔离单元技术参数　　表 26.3-3

空气洁净等级	ISO 5（100 级）
输入功率	200W
菌落数	≤ 1CFU/（φ90mm・0.5h）
电源电压	AC 220V，50Hz
噪声	≤ 50dB（A）

3. 多功能翻身床（烧伤治疗床）

多功能翻身床具有坐、卧、躺等多种体位自动调节定位功能，也具有自动翻身功能，见图 26.3-6、图 26.3-7。

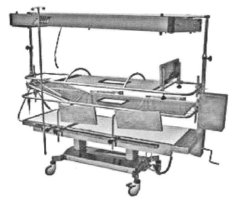

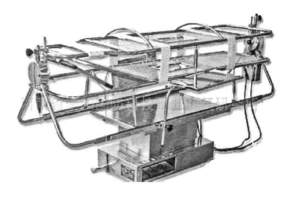

图 26.3-6　手动多功能翻身床　　　　图 26.3-7　电动多功能翻身床

多功能翻身床技术参数见表 26.3-4。

多功能翻身床技术参数　　　　　　　　　表 26.3-4

升降范围	前后各 150mm
总输入功率	420W
电源电压	AC 220V，50Hz
翻转功率	≤110W×2
升降功率	≤200W
床面承重	≤180kg

4. 药浴池

药浴池是烧伤患者重要的治疗设备（图 26.3-8），药浴池自带的提升装置可以将患者从平车上吊起并移动送至药浴池内，药浴池的尺寸约为 1.0m（宽）×2.2m（长）×0.7m（高），该设备除具有冷热水龙头和排水管道外，还具有自动加热功能，水温可调节，自动加热电源功率约 2kW。药浴池上方应设置局部排风装置，排风量的设计应满足药浴室的压差要求（不小于 −5Pa）。

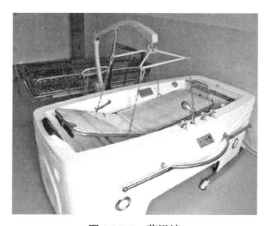

图 26.3-8　药浴池

药浴池技术参数见表 26.3-5。

药浴池技术参数	表 26.3-5
药浴水再热功率	2kW
患者提升装置功率	1kW
臭氧装置功率	1kW
电源电压	AC 220V，50Hz
噪声	≤65dB（A）
水温控制范围	28～45℃

5. 悬浮床

由硅瓷粉组成的微颗粒在悬浮床流动舱内，通过过滤并加热的空气驱动微颗粒产生管状的由下而上的单一方向气泡，从而使人体达到悬浮的目的，同时对身体背侧有按摩的作用（图 26.3-9）。人体与床接触的部位受力均衡，使长期卧床患者无需翻身即能避免压疮的发生，床体温度可调控。

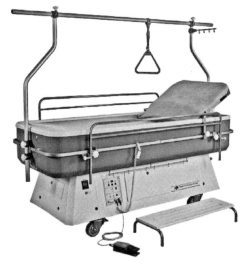

图 26.3-9　悬浮床

悬浮床技术参数见表 26.3-6。

悬浮床技术参数	表 26.3-6
输入功率	500W
电源电压	AC 220V，50Hz
工作环境温度	5～40℃
床面承重	≤180kg

26.4 示范案例

某三级甲等综合医院新建病房楼五层烧伤重症监护病房（BICU），共设置病床 10 床，其中含单人间 3 间，2 人间 1 间，3 人间 1 间，负压隔离单间 2 间，另有相关的卫生通过区、办公区、洁净走廊、污物处理区等辅助用房。

BICU 的平面布局类型属于单面式。病床沿病房一侧一字形排开，辅助用房布置在另一侧。护士站面向病床方向，观察区相对集中。

洁净物品通过洁净专用电梯送至病区，污染物品集中收集后通过专用污梯运出，从而达到洁污分明的目的。

医护人员通过专用的换鞋、更衣处进入到办公区域。可通过缓冲通道进入重症监护洁净病区。将办公区与病房区进行了合理的区分。

普通患者通过换床间（缓冲）进出。隔离患者另设独立出入口。

装饰装修方面，墙面与墙面、墙面与顶面转角处采用圆弧形型材过渡处理。墙面、顶面材料采用抗菌性能好的树脂板，地面采用 PVC 塑胶地板。洁净区域的装饰材料选材遵循结构合理、安全可靠、结实耐用、整体封闭、不产尘、不积尘、耐腐蚀、防潮、防霉、易清洁、符合防火要求的基本原则。

该 BICU 工艺流程平面图见图 26.4。

本章参考文献

［1］陈辉，范珊红. 中国烧伤重症监护病房医院感染管理工作的概念与工作开展的背景意义［M］// 李六亿，吴安华，付强，等. 传承·创新·展望 中国医院感染管理卅年. 北京：北京大学医学出版社，2016.

［2］Escaón-VargasK, TanguaAR, R, Medina, et al. Health care associated infections in burn patients: Timeline and risk factors[J]. Burns, 2020, 46(8): 1775-1786.

［3］Guo HL, Zhao GJ, Ling XW, et al. Using competing risk and multistate model to estimate the impact of nosocomial infection on length of stay and mortality in burn patients in Southeast China[J]. BMJ Open, 2019, 8(11): e020527.

［4］战凌. 空气隔离对烧伤重症患者多重耐药情况研究［J］. 中国实用护理杂志，2018，34（34）：2683-2686.

［5］张寅，周景祺，骆智臻，等. 影响烧伤监护室菌落数变化的相关因素及对策［J］. 解放军护理杂志，2017，34（14）：55-58.

［6］Sharma S, Datta P, Gupta V, et al. Characterization of bacteriological isolates from patients and environments samples of burn ward: a study from a tertiary care hospital of india[J]. Infect Disord-Drug Targets, 2021, 21(2): 238-242.

［7］Bache SE, Maclean M, Gettinby G, et al. Airborne bacterial dis-persal during and after dressing and bed changes on burns patients[J]. Burns, 2015, 41(1): 39-48.

［8］朱婕，黄璇，程华莉，等. 无锡市第三人民医院烧伤科病房环境细菌与烧伤病员创面细菌的同源性

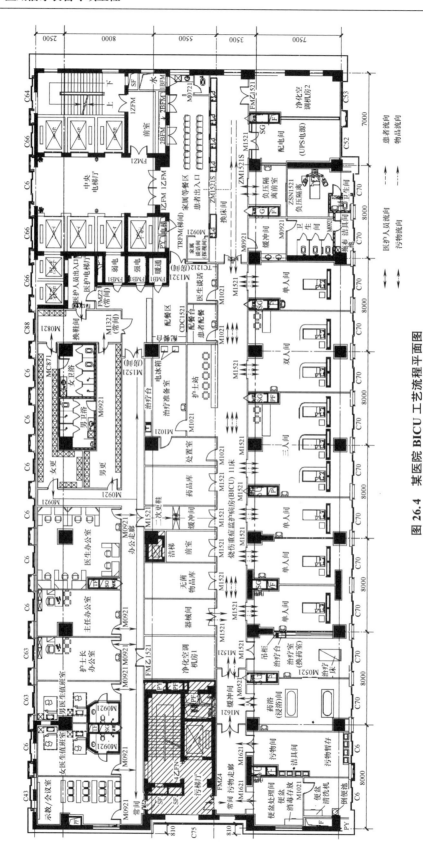

图 26.4　某医院 BICU 工艺流程平面图

分析［J］. 现代预防医学，2017，44（4）：755-759.

［9］Ramirez-Blanco C E, Ramirez-Rivero C E, Diaz Martinez L A, et al. Infection in burn patient sinar eferralcenter in colombia[J]. Burns, 2017, 43(3): 642-653.

［10］Donna A. Minimizing sources of airborne, aerosolized, and contact contaminants in the OR environment[J]. AORNJ, 2017, 106(6): 494-501.

［11］陈旭. 覃凤均. 孙永华. 加强重症烧伤的学科建设和规范化烧伤重症加强治疗病房设置的思考［J］. 中华损伤与修复杂志（电子版），2021，16（5）：369-373.

［12］谢江宏. 传染病房空调通风系统设计方案的优化［J］. 安装，2003，23（3）：24-25.

［13］李孝建. 烧伤专科重症监护病房建设和管理的实践与思考［J］. 中华烧伤，2018，34（3）：138.

［14］许钟麟. 白浩强. 医院洁净用房建设［M］// 黄锡璆. 中国医院建设指南. 北京：研究出版社，2012.

［15］李敏. 中国现代医院专科专属医治空间建筑设计［M］. 西安：陕西人民出版社，2016.

［16］黄建美，李根凤. 烧伤重症监护病房的布局［J］. 中华护理杂志，1987（8）：362.

［17］中华人民共和国住房和城乡建设部. 综合医院建筑设计规范：GB 51039—2014［S］. 北京：中国计划出版社，2015.

［18］中华人民共和国住房和城乡建设部. 医院洁净手术部建筑技术规范：GB 50333—2013［S］. 北京：中国建筑工业出版社，2014.

［19］许钟麟. 洁净室及其受控环境设计［M］. 北京：化学工业出版社，2008.

［20］许钟麟. 空气洁净技术原理：第 4 版［M］. 北京：科学出版社，2014.

第 27 章　洁净医学实验室

牛维乐：中国建筑科学研究院有限公司建科环能科技有限公司净化空调技术中心总工，教授级高工、注册公用设备工程师。长期从事各类洁净空间的咨询、设计、检测工作。
郑磊：南方医科大学南方医院检验科主任。
张小云：高级工程师，注册公用设备工程师，北京宋诚科技有限公司技术部副总经理。
邵帅：苏州格力美特实验室科技发展有限公司设计主管。
李振洪：注册公用设备工程师，机电及市政注册建造师，广州澳企实验室技术股份有限公司技术总监。

技术支持单位：

苏州格力美特实验室科技发展有限公司：成立于 2004 年，聚焦生物和医学领域，旨在为医院、科研机构提供实验室综合第三方服务，与苏州市 90% 的医院病理科建立了长期稳定的第三方服务合作。
广州澳企实验室技术股份有限公司：广东省实验室设计建造技术协会副会长单位，是一家集实验室装备、设备、仪器的研发、生产及实验室集成建设于一体的国家级高新技术企业。
中嘉宜德（北京）医疗科技有限公司：主营业务是一类、二类、三类医疗器械的经营和移动方舱医疗空间的生产和销售，移动医疗方舱空间采用预制集成机电模块和集装箱方舱的快速结合，实现移动手术室、方舱生物安全实验室、血液透析方舱、便携式气膜病房、方舱洁净车间等功能。

27.1　概　　述

27.1.1　医学实验室又称临床实验室，以提供人类疾病诊断、管理、预防和治疗或健康评估的相关信息为目的，对来自人体的材料进行生物学、微生物学、免疫学、化学、血液免疫学、血液学、生物物理学、细胞学、病理学、遗传学或其他检验的实验室。该类实验室也可提供各方面活动的咨询服务，包括结果解释和进一步适当检查的建议。医学实验室按照操作对象的性质不同可以分为理化实验室和生物实验室。

27.1.2　洁净医学实验室是对室内空气洁净度有一定要求的医学实验室，因为涉及室内空气的洁净度，因此洁净医学实验室对围护结构（墙面、地面、吊顶）、空调系统、给水排水系统、配电系统、弱电系统等有特殊的要求。随着医疗技术对实验环境要求的不断提升，洁净医学实验室的建设得到了快速的发展。洁净医学实验室是医学实验室的核心部分，承担各类医疗机构的样本检测、医疗科学和医疗技术研究、医疗人才培养等重要工作。

27.2 分　　类

洁净医学实验室主要分布在医技科室、生殖中心，有少量检验类的洁净医学实验室设置在门诊部，包括无菌实验室、PCR 实验室（基因扩增实验室）、生物安全实验室、生物治疗中心、PET 中心（正电子发射计算机断层显像中心）。

【技术要点】

1. 无菌实验室也称洁净实验室，是指空气悬浮粒子浓度受控的空间，室内其他有关参数如温度、湿度、压力等按要求进行控制。根据应用行业，可以分为电子工业洁净室、医药工业洁净室、生物洁净室等。本节所说的无菌实验室是生物洁净室，主要是指用于微生物学、生物医学、生物化学、动物实验、基因重组以及生物制品等研究使用的实验室，这类实验室通常为正压实验室。医院的无菌实验室包括体外受精实验室、细胞实验室、院感检测实验室、微生物实验室等。

2. PCR 实验室是指通过扩增检测特定的 DNA 或 RNA，进行疾病诊断、治疗监测和预后判定等的实验室，目前医院的 PCR 实验室通常会结合高通量测序技术，这类实验室通常为负压或者相对负压实验室。PCR 实验室包括感染分子诊断实验室、产前筛查与诊断实验室、遗传分子诊断实验室、肿瘤诊断实验室等。

3. 生物安全实验室是从事对实验人员和环境有一定危害的生物因子操作的实验室。生物安全实验室根据所从事的生物因子的危害性分为 4 个级别，这类实验室通常为负压实验室。目前医院的生物安全实验室包括 HIV 实验室（性病、艾滋病实验室），分子生物学实验室，细菌、病毒、霉菌及其他微生物培养分离鉴定实验室等。

4. 生物治疗中心是通过细胞疗法为病人提供具有特定功能的细胞并通过体外扩增、特殊培养等处理后，使这些细胞具有增强免疫、杀死病原体和肿瘤细胞的功能，从而达到治疗某种疾病目的的实验室。目前，主要的细胞治疗方式包括免疫细胞治疗和干细胞治疗（图 27.2-1），临床细胞治疗根据细胞来源分为自体细胞治疗和异体细胞治疗（图 27.2-2）。生物治疗中心主要为临床科室治疗肺癌、肝癌、胆囊癌、胰腺癌、胃癌、结直肠癌、乳腺癌、血液系统肿瘤、恶性黑色素瘤、肾癌、前列腺癌等提供过继免疫治疗的免疫活性细胞。细胞治疗可以联合化疗、放疗、介入等常规治疗，在肝细胞癌、胆管癌、肺癌、胃癌、肠癌、恶性黑色素瘤等患者中取得良好的疗效。生物治疗中心包含干细胞实验室、免疫细胞实验室、基因修饰实验室及个体化治疗分子诊断室，集细胞治疗临床应用、研发、细胞生产与存储为一体。不涉及感染类操作的细胞治疗实验室通常为正压实验室，涉及感染类样品操作的细胞治疗实验室通常为负压实验室。细胞治疗产品为非最终灭菌的人体注射剂。

5. PET 中心（正电子发射计算机断层显像中心）是集核物理、放射化学、分子生物学、医学影像学和计算机等高新技术之大成，从分子水平上反映人体的生理、病理变化和代谢改变的显像实验室。因涉及放射性药品的合成，因此 PET 中心的药品合成区通常为负压实验室。

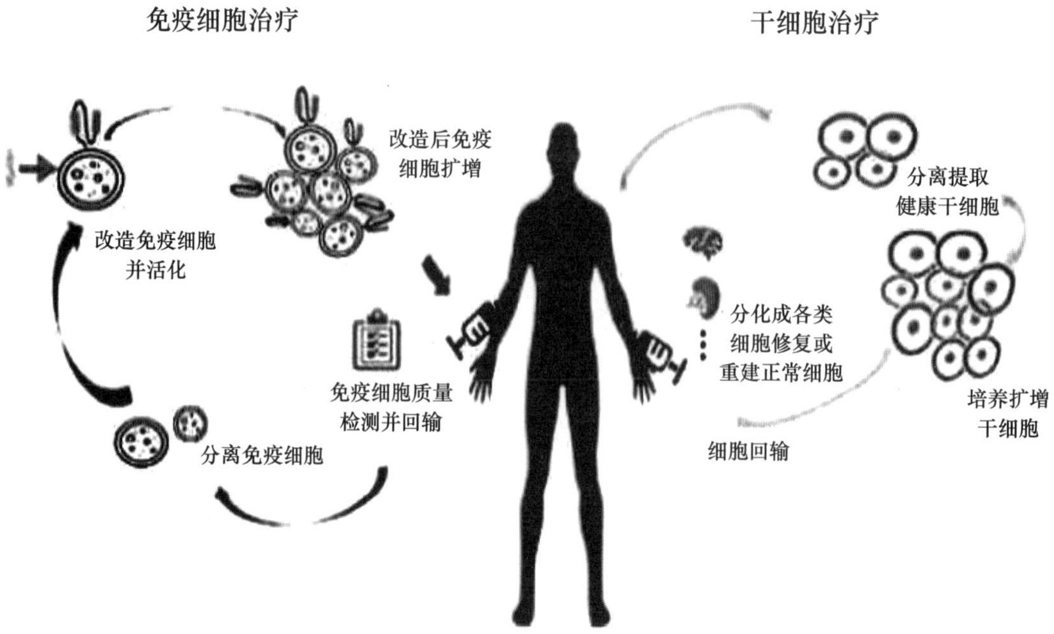

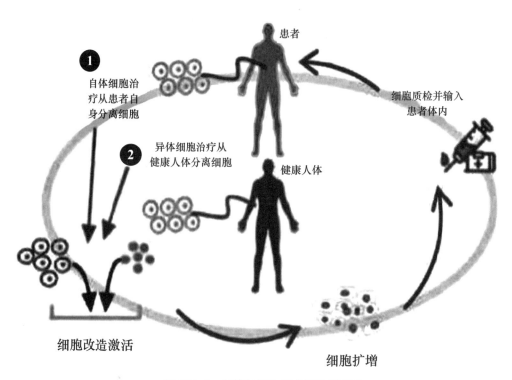

免疫细胞治疗

干细胞治疗

改造后免疫细胞扩增

改造免疫细胞并活化

免疫细胞质量检测并回输

分离免疫细胞

分离提取健康干细胞

分化成各类细胞修复或重建正常细胞

细胞回输

培养扩增干细胞

图 27.2-1　细胞治疗疗法示意图

患者

❶
自体细胞治疗从患者自身分离细胞

❷
异体细胞治疗从健康人体分离细胞

健康人体

细胞质检并输入患者体内

细胞改造激活

细胞扩增

图 27.2-2　自体与异体细胞疗法示意图

27.3 洁净医学实验室的建设依据和技术指标

27.3.1 洁净医学实验室涉及的实验领域比较宽泛,应该根据具体的实验工艺要求确定其建设依据。洁净医学实验室的建设目标是为医疗人员提供一个满足医疗实验、检测规程、相关规范和标准、洁净舒适的工作环境。

【技术要点】

1. 无菌实验室:主要参考标准有《综合医院建筑设计规范》GB 51039、《洁净厂房设计规范》GB 50073、《洁净室施工及验收规范》GB 50591、《医学实验室质量和能力认可准则》CNAS-CL02。

2. PCR 实验室:主要参考标准有《医疗机构临床基因扩增检验实验室管理暂行办法》中的"临床基因扩增检验实验室基本设置标准"、《疾病预防控制中心建设标准》、《检测和校准实验室能力认可准则在基因扩增检测领域的应用说明》CNAS-CL01-A024。

3. 生物安全实验室:主要参考标准有《实验室 生物安全通用要求》GB 19489、《生物安全实验室建筑技术规范》GB 50346、《病原微生物实验室生物安全通用准则》WS 233。

4. 生物治疗中心:主要参考标准有《药品生产质量管理规范(2010 年修订)》、《细胞治疗产品研究与评价技术指导原则(试行)》、《干细胞临床试验研究管理办法(试行)》、上海市《临床细胞治疗平台设置基本要求》DB31/T 687。

5. PET 中心:主要参考标准有《药品生产质量管理规范(2010 年修订)》、《操作非密封源的辐射防护规定》GB 11930、《开放型放射性物质实验室辐射防护设计规范》EJ 380。

27.3.2 洁净医学实验室涉及的实验领域比较宽泛,应该根据具体的实验工艺要求确定其各项技术指标。

【技术要点】

1. 无菌实验室的洁净等级通常为万级,核心操作间可以设计成百级、千级背景下的局部百级、万级背景下的局部百级。

2. PCR 实验室依据工艺要求确定是否需要洁净的室内环境,如工艺对实验室的洁净度有要求,洁净等级通常为十万级。

3. PET 中心的药品分装区、质检区的洁净等级通常为万级;回旋加速区、候诊区、注射区、注射后休息区均为普通环境,无洁净度要求。

4. 生物安全实验室的洁净等级为十万级或者万级,具体的洁净等级依据实验室的具体操作和工艺要求确定。

5. 没有局部排风的正压十万级实验室换气次数宜为 $10\sim15h^{-1}$;有局部排风的正压十万级实验室换气次数应考虑局部排风量的大小。

6. 没有局部排风的正压万级实验室换气次数宜为 $15\sim25h^{-1}$;有局部排风的正压万级实验室换气次数应考虑局部排风量的大小。

7. 局部百级实验室的截面风速宜为 $0.2\sim0.4m/s$。

8. 实验室的夏季室内温度宜为 24~28℃,冬季室内温度宜为 20~24℃。

9. 洁净医学实验室的夏季室内相对湿度宜为 50%~65%,冬季室内相对湿度宜为 30%~50%。

10. 洁净医学实验室主要操作间的平均照度宜大于或等于 300lx，辅助区的照度宜大于或等于 200lx。

11. 没有局部排风设备的洁净医学实验室的噪声宜小于或等于 60dB（A），有局部排风设备的洁净医学实验室噪声宜小于或等于 65dB（A）。

12. 正压洁净室对外的静压差值应大于或等于 10Pa，不同级别之间的相邻相通房间之间的静压差大于或等于 5Pa，有工艺要求维持相对负压的房间之间的静压差值大于或等于 5Pa。

13. 负压洁净室的压力梯度按照现行国家标准《实验室　生物安全通用要求》GB 19489 和《生物安全实验室建筑技术规范》GB 50346 确定。

14. 正压实验室的新风量要满足大于或等于 40m³/（人·h）的最低要求，同时兼顾局部排风和维持正压的要求。

15. PCR 实验室采用全新风直流式空调系统，全送全排。

16. 负压实验室和生物安全实验室根据实验室工艺要求以及现行国家标准《实验室　生物安全通用要求》GB 19489 和《生物安全实验室建筑技术规范》GB 50346 确定是否采用全新风空调系统。

27.3.3　洁净医学实验室按照国家规范标准建设完成后，依据建设方的要求可以申请通过中国合格评定国家认可委员会（CNAS）的鉴定认可。

【技术要点】

CNAS 对实验室和检验机构的管理能力、技术能力进行符合性评审，主要的质量和能力认可文件可参照 CNAS 最新发布的实验室认可指南、规则、准则和说明。

27.4　设　计　理　念

从建筑设计的角度看，现代实验建筑除了体现实验室类型所属的系列学科特征外，还应通过建筑逻辑关系、空间秩序、建筑形式来满足实验建筑的使用要求，为实验营造富有创造和激励的工作学习环境。洁净医学实验室是为临床诊断提供定量及定性分析依据的地方，实验结果要求严谨，保证实验数据的正确性和可靠性是对实验室最基本的要求。从实验室建设的角度出发，洁净医学实验室的建设目标是对"设施环境条件"进行规范化、标准化的设计，体现"以人为本、以规为准、安全可靠、先进前瞻、时尚美观、环保节能"的设计理念。

【技术要点】

1. 以人为本：以"人"为中心，遵循人性化、智慧化，结合人文化，体现医学"济世救人、精益求精"的宗旨。遵从"以人为本"的理念，把自然通风、采光等最好的方位留给人，设置人性化的交流区域，重视差异化的需求，有利于营造相对人性化的实验和工作环境。

2. 以规为准：以国家法律法规、标准规范、技术规程为建设依据，强调实验室建设的合规性。洁净医学实验室的建设需要抱着严谨的态度，以满足国家标准规范作为实验室建设的最低标准。

3. 安全可靠：从功能布局、气流控制、智能监控、应急消防、系统管理等多角度、全方位进行设计，确保实验人员、样品、仪器、系统和环境安全。

4. 先进前瞻：在参照相关国家标准规范的基础上，参考国外的先进实验室设计经验，与国际前沿技术接轨，进行充分的前瞻性设计，充分考虑检测项目、检测仪器和检测技术拓展和更新换代需求，实现实验室管理的人性化、智能化和集成化。

5. 时尚美观：洁净医学实验室的设计要充分体现实验室特色和专业特点，通过不同的空间设计、颜色搭配、空间的转换与链接，塑造时尚美观的实验环境，既要做到实验室的标准化设计，又要兼顾不同个体的差异化需求。

6. 环保节能：围绕实验室各个设计环节进行节能设计，优化实验室的废物、废气、废水的处理设施，满足国家对于节材、节水、节能、环保的低碳设计要求。让建设单位既要建得起，又能用得起。

27.5　设　计　要　求

27.5.1　洁净医学实验室的设计应该从工艺设计开始，充分了解各个实验环节、先后顺序、技术要求、废物排放，通过合理的工艺设计为洁净医学实验室的建设打下坚实的基础。

【技术要点】

1. 要详细了解洁净实验室操作对象的特性以及对实验人员和环境有无危害。

2. 要充分了解实验流程的各个环节及其对环境的要求。

3. 无菌实验室常用的实验仪器有：恒温培养箱、二氧化碳培养箱、普通冰箱（冰柜）、低温冰箱（冰柜）、超低温冰箱（冰柜）、摇床、离心机、超净工作台、层流罩等。

4. PCR 实验室常用的实验仪器有：普通冰箱（冰柜）、低温冰箱（冰柜）、超低温冰箱（冰柜）、离心机、电泳槽、PCR 仪、超净工作台、通风橱、生物安全柜等。

5. 生物安全实验室常用的实验仪器有：恒温培养箱、二氧化碳培养箱、普通冰箱（冰柜）、低温冰箱（冰柜）、超低温冰箱（−80℃）、摇床、离心机、洗板机、酶标仪、电泳槽、程序降温系统、超净工作台、生物安全柜、层流罩、可移动式消毒锅、单扉消毒锅、双扉消毒锅等。

6. 生物治疗中心常用的实验仪器有：冰箱、冰柜、试剂冰箱、超低温冰箱（−80℃）、二氧化碳培养箱、蜂巢培养箱、生物安全柜、隔离器、离心机、荧光显微镜、层析柜、程序降温仪、液氮罐等，有条件的实验室可以设置 2～8℃ 的冷库。

7. PET 中心（正电子发射计算机断层显像中心）常用的实验仪器有：热室分装箱。

8. 详细了解各实验单元之间的压力状况。

9. 详细了解实验仪器的配电要求、配气要求、排风要求、送风要求、给水排水要求。

10. 生物安全实验室设计要充分了解生物因子的危险等级，根据不同的危险等级选择不同的防护装备、设计相应的防护设施、选择适宜的建筑、结构、空调、给水排水、配电及自动控制设施。

11. 洁净医学实验室要设计好三类流线：人员流线、洁物流线、污物流线。尽可能做到人员流线和物品流线分开，尤其是洁物入口、污物出口和人员进出口需要分开设置。

12. 在建筑面积有限的场所，物流出入口可采用传递窗代替。

13. 生物安全三级和四级实验室的人员流线应符合空气洁净技术关于污染控制和物理隔离的原则。

14. 无菌实验室、PCR 实验室和 PET 中心可以设普通的传递窗，传递窗内设置紫外线灯。

15. 生物安全实验室所采用的传递窗需要根据不同的实验室等级和传递窗的安装部位确定。实验区对外的传递窗密封性要好，并且可以自带洁净、消毒功能；实验区内部的传递窗可以采用普通传递窗。

27.5.2　洁净医学实验室通常为整体建筑的一部分，通常布置在医疗机构各医疗科室的最内侧，这类实验室的围护结构通常采用轻质复合结构墙体，要求墙体整体性好、拼缝少、有利于建成后的卫生保持。采用整体性好的地面。由于是洁净区，通常不设计可开启的外窗，窗可以采用金属框架或者合金框架的双层固定窗。门通常采用金属壁板门。

【技术要点】

1. 无菌实验室通常包括换鞋、男女一次更衣室、男女二次更衣室、缓冲间、走廊、无菌实验室、洁物入口、污物出口。二次更衣室可以兼作缓冲间，换鞋可以与一次更衣室合并。在建筑面积有限的场所物流出入口可采用传递窗代替。

2. PCR 实验室主要由 4 个独立的功能单元构成：样品和试剂准备区、核酸提取室（标本制备区）、扩增区、产物分析区。每个区之间设置传递窗；每个区需要有各自的缓冲间，各缓冲间用于更换防护服兼作手消室。设计比较好的 PCR 实验室可以设计统一的人员出入口、洁物入口和污物出口。病毒检测用途时需要配置高压灭菌室和人员淋浴间。

3. 生物安全一级实验室可以是一间安装了生物安全柜的独立的房间，实验室的门应有可视窗锁闭，门锁及门的开启方向不应妨碍室内人员的逃生。详细要求可以参照现行国家标准《实验室　生物安全通用要求》GB 19489。

4. 生物安全二级实验室宜设置更衣室和主实验室，主实验室内设置生物安全柜，主实验室要求维持微负压。详细要求可以参照现行国家标准《实验室　生物安全通用要求》GB 19489。

5. 生物安全三级 a 类实验室防护区应包括主实验室、缓冲间等，缓冲间可兼作防护服更换间；辅助工作区应包括清洁衣物更换间、监控室、洗消间、淋浴间等；生物安全三级 b1 类实验室防护区应包括主实验室、缓冲间、防护服更换间等；辅助工作区应包括清洁衣物更换间、监控室、洗消间、淋浴间等。主实验室不宜直接与其他公共区域相邻。详细要求可以参照现行国家标准《生物安全实验室建筑技术规范》GB 50346。

6. 生物安全四级实验室防护区应包括主实验室、缓冲间、外防护服更换间等；辅助工作区应包括监控室、清洁衣物更换间。设有生命支持系统的生物安全四级实验室的防护区应包括主实验室、化学淋浴间、外防护服更换间等，化学淋浴间可兼作缓冲间。详细要求可以参照现行国家标准《生物安全实验室建筑技术规范》GB 50346。

7. 生物治疗中心包括更衣室、总种细胞间、细胞暂存间、细胞筛选间、细胞扩增间、细胞处理间等。

8. PET 中心包括一次更衣室、缓冲间、二次更衣室、气闸、物流入口、分装准备室、分装热室、热室后室。比较完善的 PET 中心还要设计配套的无菌检测室和阳性对照室。

9. 改造的洁净医学实验室的室内净高不宜低于 2.5m，新建的洁净医学实验室的室内净高不宜低于 2.6m。

10. 生物安全三级和四级实验室宜设置设备层，设备层净高不宜低于 2.6m。

11. 生物安全二级实验室应在实验室或者实验室所在建筑内配备高压灭菌器或者其他消毒灭菌设备。

12. 生物安全三级实验室应在防护区内设置生物安全型双扉高压灭菌器，灭菌器主体一侧应有维护空间。

13. 生物安全四级实验室主实验室应设置生物安全型双扉高压灭菌器，灭菌器主体所在的房间应为负压。

14. 洁净医学实验室墙面、顶棚的材料应易于清洁消毒、耐腐蚀、不起尘、不开裂、光滑防水、表面涂层具有抗静电性能。通常的材料有各类满足防滑要求的复合彩钢板、电解钢板、铝板或者不锈钢板。

15. 洁净医学实验室的地面应采用无缝防滑耐磨、耐腐蚀地面，踢脚与墙面齐平。地面与墙面的相交位置及围护结构的相交位置宜做半径不小于 30mm 的圆弧处理。常用的地面材料有：彩色自流平地面、PVC 卷材焊接地面、橡胶卷材地面等。

16. 洁净医学实验室的门应能自动关闭，设置观察窗，并设置门锁。实验室的门宜开向压力较高的区域。缓冲间的两个门之间能够互锁。需要打压测试的区域的门要采用密闭门，密闭门可以是机械压紧式或者充气式，当设置充气式密闭门时，要设置压缩空气系统。

17. 无菌实验室的设计应充分考虑超净工作台等大型设备的安装空间和运输通道。门套净宽不小于 1m，没有条件时设置可拆卸的设备门。

18. PCR 实验室的设计考虑超净工作台、通风橱、生物安全柜等大型设备的安装空间和运输通道。门套净宽不小于 1m，没有条件时设置可拆卸的设备门。

19. PET 中心的设计考虑热室分装机的安装空间和运输通道。

20. 生物安全实验室的设计考虑生物安全柜、双扉高压锅、污水处理设备等大型设备的安装空间和运输通道。

21. 洁净医学实验室的结构设计要充分考虑超净工作台、通风橱、生物安全柜、离心机、热室分装机、生物安全柜、双扉高压锅、污水处理设备的荷载情况。

22. 生物安全实验室的结构要求要满足现行国家标准《生物安全实验室建筑技术规范》GB 50346 的要求。

23. 实验建筑平面设计除了遵循一般建筑物平面设计原则外，还需遵循组合规划、建筑物底层规划、建筑物顶层规划及其他规划原则。

（1）组合规划：同类型实验室宜组合在一起；工程管网较多的实验室宜组合在一起；有隔振要求的实验室宜组合在一起，宜设于底层；有洁净要求的实验室宜组合在一起；有防辐射要求的实验室宜组合在一起；有毒性物质产生的实验室宜组合在一起；有相同层高要求的特殊设备宜组合在同一层。

（2）建筑物底层规划：大型或重型设备宜布置在建筑物的底层；较大振动的设备宜布置在建筑物的底层；噪声较大的设备宜布置在建筑物的底层；对振动很敏感的精密测量仪器宜布置在建筑物的底层；待测试件较重或较大，或重复性检测项目频繁的实验室宜布置在建筑物的底层；检测过程需大量酸碱液的实验室宜布置在建筑物的底层；需做设备基础或防振基础的实验室宜布置在建筑物的底层；需设置建筑防护设备的实验室宜布置在建筑物的底层。

（3）建筑物顶层规划：产生有害气体的实验室宜布置在建筑物的顶层，宜处于下风向位置；产生粉尘物质的实验室宜布置在建筑物的顶层，宜处于下风向位置；易燃或易爆物质的实验室宜布置在建筑物的顶层，宜处于下风向位置；排风装置较多的实验室宜布置在建筑物的顶层，宜处于下风向位置。

（4）其他规划：有温湿度要求的实验室宜布置在建筑物的背阴侧；需避免日光直射的实验室宜布置在建筑物的背阴侧；器皿药品储存间、空调机房、配电间、精密仪器存放间宜布置在建筑物的背阴侧。

27.5.3　空调、通风和净化。

【技术要点】

1. 洁净医学实验室的室内环境均为人工受控环境，通过为洁净医学实验室设置空调系统来维持室内环境，保持一定的空气温度和相对湿度、换气次数、压力、空气洁净度，为实验人员提供舒适的工作环境。

2. 洁净医学实验室空调系统的投资占实验设施建设投资的比重很大，其空调系统运行正常与否关系到洁净医学实验室能否正常运转。

3. 洁净医学实验室的空调系统基本上均为全空气空调系统，空调系统的能耗是整个设施能耗的重要组成部分。如何减少空调能耗是洁净医学实验室节能的关键环节。

4. 医学洁净实验室空调系统的划分应依据操作对象的危害程度、平面布置等情况经过经济技术比较后确定，并应采取有效措施避免污染和交叉污染。

5. 空调系统的划分应有利于实验室的消毒、灭菌、自动控制系统的设置和节能运行。

6. 医学洁净实验室的空调系统应能承担实验室内各类实验设备、实验人员的热湿负荷。

7. 医学洁净实验室的空调机房不应距离实验室过远，空调系统的风机应选用风压变化较大时风量变化较小的离心风机。

8. 洁净区内不应设置分体空调、风机盘管等分散的室内空调。

9. 无菌实验室可以采用全空气一次回风、二次回风空调系统，新风量大的可以采用全空气一次回风空调系统，新风量小的可以采用全空气二次回风空调系统，空调系统的运行模式可以采用湿度控制优先的策略。

10. 生物安全实验室、PCR 实验室和 PET 中心均要采用全新风直流式空调系统，全送全排。空调送风系统和排风系统之间可设置非接触式的热回收系统，如乙二醇热管热回收系统，乙二醇溶液的质量分数依据冬季的室外最低气温确定。

11. 洁净医学实验室空调系统应根据洁净医学实验室的使用功能、实验种类、设施的平面布局进行设计，对于有生物安全要求的洁净医学实验室，需符合现行国家标准《生物安全实验室建筑技术规范》GB 50346 的规定。空调系统的划分和空调方式的选择应经济合理，并有利于洁净医学实验室的消毒、自动控制、系统设置、节能运行，同时避免互相影响。

12. 洁净医学实验室空调系统的负荷计算应充分考虑建筑围护结构、人员、实验设备的冷、热、湿负荷。空调系统均要预留足够的夏季再热量，夏季再热优先采用热水、蒸汽，在夏季没有热水、蒸汽的场合可以采用电再热。

13. 洁净医学实验室实验人员日常呼吸所需要的氧气是由新风系统提供的；实验室的环境温湿度、洁净度由送风系统来保证。通常洁净医学实验室的空调系统为全空气空调系统，空调机组从设施之外抽取新鲜的空气，通过各级空气过滤器的过滤去除尘埃和微生物；通过表冷器、加热器、加湿器进行热湿处理；满足要求的空气由送风机通过送风管送入室内。根据排风量的要求，需要校核风量平衡的新风量。

14. 洁净医学实验室的送风系统应设置粗效、中效、高效三级过滤。为防止经过中效过滤器的送风再被污染，中效过滤器宜设在空调机组的正压段，对于全新风系统，可在表面冷却器前设置一道保护用中效过滤器。

15. 对于全新风系统，新风量比较大，新风应经过粗效、中效与亚高效过滤，防止造成表面冷却器的表面积尘、阻塞空气通道，影响换热效率。

16. 空调机组的安装位置应考虑日常检查、维修及空气过滤器更换等因素。对于寒冷地区和严寒地区，应考虑水冷式换热设备的冬季防冻问题，着重考虑新风的防冻问题，可以采用设新风电动阀并与新风机连锁、设防冻开关，同时设置辅助电加热器等方式。

17. 送风系统新风口的设置应符合下列要求：新风口应采取有效的防雨措施；新风口处应安装防鼠、防昆虫、阻挡绒毛等的保护网，且易于拆装；新风口应高于室外地面2.5m以上，同时应尽可能远离排风口和其他污染源。

18. 有正压要求的洁净医学实验室，排风系统的风机应与送风机连锁，送风机先于排风机开启，后于排风机关闭。

19. 有负压要求的洁净医学实验室的排风机应与送风机连锁，排风机先于送风机开启，后于送风机关闭。

20. 房间之间不应共用同一夹墙作为回（排）风道，使用同一夹墙作为回（排）风道容易造成交叉污染，同时压差也不易调节。

21. 洁净医学实验室的排风不应影响周围环境的空气质量，如不能满足要求时，排风系统应考虑采取消除污染的措施，并宜设在排风机的负压段。洁净医学实验室的排风如果含有氨、硫化氢等污染物，不能直接排入大气，需要经过活性炭吸附或者采用其他有效的污染物处理方式。

22. 洁净医学实验室的回（排）风口宜有过滤、调节风量的功能，以便调节各房间的压差。

23. 蒸汽高压灭菌器宜采用局部排风措施带走其所散发的热量。

24. 洁净医学实验室的气流组织宜采用上送下回（排）方式。采用上送下排的气流组织形式，对送风口和排风口的位置要精心布置，使室内气流合理，尽可能减少气流停滞区域，确保室内可能被污染的空气以最快的速度流向排风口。

25. 洁净医学实验室的回（排）风口下边离地面不宜低于0.1m，上边离地面不宜高于0.5m；回（排）风口风速不宜大于2m/s。室内排风口高度必须低于工作面。这是一般洁净室的通用要求，回（排）风口下边太低容易将地面的灰尘卷起。

26. 由于木制框架在高湿度的情况下容易滋生细菌，因此高效过滤器不得使用木制框架。

27. 为了方便测量系统的新风量、总风量、调节风量平衡、调整各房间之间的压力，在洁净医学实验室的风管适当位置上应设置风量测量孔。

28. 送、排风系统中的粗效、中效过滤器宜采用一次抛弃型。粗效、中效过滤器对送风起预过滤的作用，其过滤效果直接关系到高效过滤器的使用寿命，应避免频繁更换高效过滤器，因为高效过滤器的更换费用要比粗效、中效过滤器高得多。

29. 由于淋水式空气处理有繁殖微生物的条件，因此洁净医学实验室的空调净化设备不应采用淋水式空气处理机组，应尽可能采用表面冷却器进行降温除湿。采用表面冷却器时，通过盘管所在截面的气流速度不宜大于 2.0m/s。

30. 洁净医学实验室的各级空气过滤器前后应安装压差计，测量接管应通畅，安装严密。

31. 洁净医学实验室宜选用干蒸汽加湿器、电极式加湿器、电热式加湿器，加湿设备与其后的过滤段之间应有足够的距离。为防止空气过滤器受潮而有细菌繁殖，并保证加湿效果，加湿设备应和过滤段保持足够距离。

32. 洁净医学实验室的空调机组需要进行漏风量检测，空调机组箱体内保持 1000Pa 的静压值时，箱体漏风率应不大于 2%。

33. 洁净医学实验室送风系统的消声器或消声部件的材料应能不产尘、不易附着灰尘，其填充材料不应使用玻璃纤维及其制品。

34. 洁净医学实验室送、排风系统的设计应考虑所用实验设备、生物安全柜等的使用条件，产生污染气溶胶的设备不应向室内排风。

35. 洁净医学实验室的房间或区域需单独消毒时，其送、回（排）风支管应安装气密阀门，作用是防止在消毒时，由于该房间或区域与其他房间共用空调系统而污染其他房间。

36. 洁净医学实验室的空调系统中各级空气过滤器随着使用时间的增加，容尘量逐渐增加，系统阻力也逐渐增加，所需风机的风压也增大，因此尽可能选用风压变化较大时，风量变化较小的风机，从而使空调系统的风量变化较小，利于空调系统的风量稳定在一定范围内。

37. 已建洁净医学实验室工程中全空气空调系统居多，其能耗比普通空调系统高得多，运行费用相当可观，往往很多单位是建得起用不起。因此，在空调系统设计时，必须把"节能"作为一个重要条件来考虑，在满足使用功能的条件下，尽量降低运行费用。

27.5.4 由于大多数医学洁净实验室都是医疗大楼的一部分，因此医学洁净实验室的给水、排水和气体供应的来源均为所在大楼的给水、排水和气体供应系统。医学洁净实验室的给水、排水和气体供应应与大楼的给水、排水和气体供应系统可靠连接，并设置流量测装置，进出实验室的各类管道应该不渗漏、耐压、耐温、耐腐蚀。洁净实验室内应有足够的清洁、维修和维护明装管路的空间。洁净实验室所使用的高压气体或者可燃气体应有满足规范要求的安全设施。实验区内尽量减少与实验室给水、排水和气体供应无关的管道穿越。

【技术要点】

1. 洁净医学实验室的给水应符合现行国家标准《生活饮用水卫生标准》GB 5749 的要求。

2. 负压洁净医学实验室的给水管路上应设置倒流防止器或者其他防止回流污染的装置，这些防回流装置应安装在易于检修、更换的位置。

3. 负压洁净医学实验室的室内和紧急逃生出口处设置紧急淋浴装置。

4. 室内明装的给水管路宜采用不锈钢管、铜管、无毒塑料管,管道的连接方式应该可靠。

5. 吊顶内安装的给水管道和管件,应选用不生锈、耐腐蚀和连接方便可靠的管材和管件,以满足净化要求。管道外表面可能结露时,应采取有效的防结露措施,防止凝结水对装饰材料、电气设备等的破坏。

6. 洁净医学实验室的排水宜与其他生活排水分开设置,根据不同区域排水的特点分别进行处理。

7. 净化区内不宜穿越排水立管,如排水立管穿越洁净区,则其排水立管应暗装,并且洁净区所在的楼层不应设置检修口。

8. 排水管道应采用不易生锈、耐腐蚀的管材,可采用建筑排水塑料管、柔性接口机制排水铸铁管等。

9. 高压灭菌器排水管道最好单独排出室外,采用金属排水管、耐热塑料管等。

10. 洁净医学实验室的地漏应采用密闭型,以防止不符合洁净要求的地漏污染室内环境。

11. 活毒废水处理:

(1)洁净医学实验室的排水含有一定危险的活病毒时,需要对排水进行灭活处理,灭活处理的方式有加药灭活和高温灭活两种。加药灭活可以参照医院污水处理的方法(氯片消毒法),高温灭活适用于传染性强并且采用加药灭活杀不死的活毒废水消毒。高温灭活的温度根据病毒的种类确定,热源可以采用电或者蒸汽。高温灭活工艺流程图见图27.5.4-1。

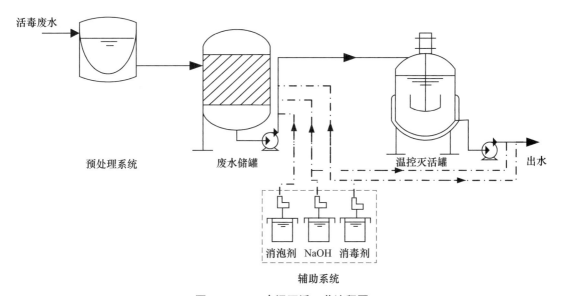

图 27.5.4-1 高温灭活工艺流程图

(2)洁净医学实验室废水经收集管网后进入预处理设施,除掉余留的部分悬浮物,经出水一级泵提升,进入储罐,储罐内的废水由泵定量输送至温控灭活罐。设置的电加热设施将废水加热至135℃,在一定温度、压力下,停留一定时间后,废水中的病毒等微生物被杀死，然后，向温控灭活罐的夹层内通入冷却水，被消毒处理后的废水被冷却至40℃后排入综合污水处理站。为保证处理系统正常运转，需安装化学加药设施，用于消泡、清洗以及配置杀菌消毒液，对系统进行消毒时使用。储罐总储存能力为1d产生的废水量的120%。

（3）该系统的工作方式为序批式，每套系统每天工作两个周期，每个周期的工作时间为2.5～3h，即：每天工作5～6h即可处理完全部废水。如果投入使用后，废水量超出所提供的设计水量，该系统还可调整至每天工作3～8个周期，以满足增加的处理水量要求。

12. 废水综合处理系统：

（1）洁净医学实验室的排水在进入市政排水管网之前需要达到一定的排放标准，出水水质达到《污水综合排放标准》GB 8978—1996的Ⅱ级标准（表27.5.4）。

洁净医学实验室的排水排放标准推荐值 表27.5.4

项目	CODcr	BOD$_5$	悬浮物	氨氮	pH
单位	mg/L	mg/L	mg/L	mg/L	—
排放值	≤150	≤30	≤150	≤25	6～9

（2）由于洁净医学实验室的排水一般都不能满足上述排放标准，因此需要建立废水综合处理系统。废水综合处理系统需要4个相对独立的处理阶段，分别为：预处理系统、生化处理系统、深度处理系统和辅助处理系统。

1）预处理系统：废水的预处理系统包括废水的接收与储存，也是废水进入后续系统前的准备阶段。此系统可保证后续处理阶段稳定运行，并起到均匀配水、恒定水量的作用，可以有效降低因废水排放不连续对系统造成的冲击。各建筑物排出的综合废水（含各实验室经消毒处理后的废水以及冲洗废水等）收集到格栅井，内设的机械细格栅可以截留大部分粒径大于或等于5mm的悬浮物。当格栅由最高位向下运行时，截留的悬浮物自动落入位于下方的储渣罐。废水经格栅后进入调节池，调节池容积为6h的废水排放量。调节池内设两台潜污泵，一备一用，通过设在池中的液位开关控制水泵启停。当由于某种原因，水泵不能工作时，废水可通过调节池内的溢流口溢流入事故池，事故池的容积可确保污水在事故情况下不外排。

2）生化处理系统：该系统是污水处理的核心，目的是进一步去除污水中的胶体物质和可溶性有机物，提高出水水质。生物接触氧化处理技术是一种介于活性污泥法与生物滤池之间的一种生物处理技术，广泛应用于处理生活污水、城市污水和食品加工等工业废水。生物接触氧化池内加装填料，可为微生物的生长繁殖提供栖息场所，并可增加反应池内的活性污泥，所形成的气、液、固三相共存体系，有利于氧的转移，溶解氧充沛，适于微生物存活增殖；填料表面布满生物膜，形成了生物膜的主体结构能够有效提高净化效果，抗冲击负荷能力显著增强。池底敷设微孔曝气系统，为微生物降解污水中的有机物创造适宜的生存环境。在曝气的作用下，生物膜表面不断接受曝气吹托，这样有利于生物膜的不断更新，使该工艺具有更强的抗冲击负荷能力，在提高处理效率的同时可减少构筑物的占地。生化处理系统的供气由两台罗茨鼓风机提供，其中一台为备用。风机的启停由

PLC控制，一台风机发生故障时，备用风机可自动切换运行，并同时声光报警。

3）深度处理系统：因排水中包括没有采取任何预处理措施的实验室排水，难免会有病原性微生物存在，尽管经过生化处理会去除一部分，但出于安全的考虑，在系统排水前需对气浮出水做消毒处理。消毒系统包括集水池、加药系统和消毒池。气浮出水首先在集水池集中，池内设潜水泵两台，一备一用，通过液位开关控制水泵的启停，通过PLC控制两水泵的运行切换，确保一台水泵能够运行，并能对事故情况做出报警。采用的消毒剂为二氧化氯（ClO_2），消毒能力与氯相当或更强。尤其是一种已被证实的有效的杀病毒剂，灭活病毒的有效性超过氯。这可确保系统出水不会对环境造成任何不良影响。

4）辅助处理系统（污泥处理系统）：生化过程即是微生物的新陈代谢过程，大量失去活性的微生物以剩余活性污泥的形式排出系统，因这部分物质含水率很高（95%～97%），所以需进行脱水处理。污泥脱水系统包括储泥池、污泥浓缩罐以及污泥脱水系统。其中污泥脱水系统又包括板框压滤机、加药设备以及污泥输送设备（气动隔膜泵）。由气浮池排入的泥首先在污泥池集中，为防止污泥黏附于池底，在污泥池底设气体搅拌装置。污泥通过污泥提升泵提升至污泥浓缩池罐，罐内设慢速机械搅拌装置，罐体上部设出水口，污泥浓缩后的上清液由污水提升泵提升至调节池。浓缩后的污泥通过气动隔膜泵进入板框压滤机脱水。脱水后的泥饼，由专人清运出厂区。

废水综合处理系统工艺流程图见图27.5.4-2。

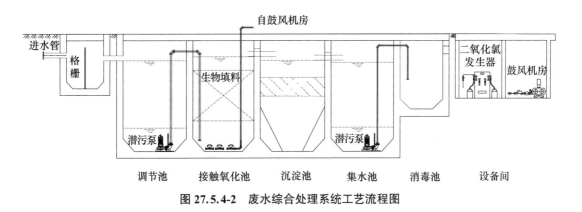

图27.5.4-2 废水综合处理系统工艺流程图

27.5.5 洁净医学实验室应保证可靠的用电供应，设置专用配电箱，配电箱设置在洁净区外。有关医学洁净实验室用电负荷的规定不是太严格，从我国现有的配电要求考虑，其用电负荷不宜低于2级，宜设置备用电源。管线密封措施应满足实验室的密封性要求。

【技术要点】

1. 对于洁净医学实验室（不包括生物安全实验室），可根据实际情况选择用电负荷的等级。当断电的后果比较严重、经济损失较大时，用电负荷不应低于2级。

2. 洁净医学实验室设置专用配电柜主要考虑方便检修与切换电源。配电柜宜设置在辅助区是为了方便操作与检修。洁净医学实验室内的配电设备应选择不易积尘的暗装设备，以室内的积尘点，保证洁净医学实验室的密闭性，有利于维持室内的洁净度与静压差。

3. 洁净医学实验室的电气管线应暗敷，室内电气管线的管口应采取可靠的密封措施。

4. 洁净医学实验室的配电管线宜采用金属管，穿过墙和楼板的电线管应加套管，套管内应采用不收缩、不燃烧的材料密封。配电管线穿过防火分区时的做法应满足防火要求。

5. 洁净医学实验室的照明灯具应采用密闭洁净灯；照明灯具宜吸顶安装；当嵌入暗装时，其安装缝隙应有可靠的密封措施。灯罩应采用不易破损、透光好的材料。用密闭洁净灯主要是为了减少洁净医学实验室内的积尘点和易于清洁；吸顶安装有利于保证施工质量；当选用嵌入暗装灯具时，施工过程中对建筑装修配合的要求较高，如密封不严，洁净医学实验室的压差、洁净度都不容易满足要求。

6. 洁净医学实验室宜设置工作照明总开关。

7. 洁净医学实验室的自控系统应遵循经济、安全、可靠、节能的原则，操作应简单明了。

8. 为了方便工作人员管理，防止外来人员误入，洁净医学实验室宜设门禁系统。

9. 为防止工作人员误操作，缓冲间的门是不能同时开启的，宜设置互锁装置，当出现紧急情况时，所有设置互锁功能的门都应处于可开启状态，以利于疏散与救助。

10. 洁净医学实验室应设送、排风机正常运转的指示，当风机发生故障时应能报警，相应的备用风机应能自动或手动投入运行。

11. 洁净医学实验室空调系统的配电应设置自动和手动控制，自动控制主要是指备用风机的切换、温湿度的控制等，手动控制是便于空调系统故障时的检修。

12. 空调系统的电加热器应与送风机连锁，并应设无风断电、超温断电保护及报警装置，以避免系统中电加热器因无风工作导致的火灾。为了进一步提高安全可靠性，还要求设无风断电、超温断电保护措施，例如，用监视风机运行的风压差开关信号及在电加热器后面设超温断电信号与风机启停连锁等方式，来保证电加热器的安全运行。

13. 电加热器的金属风管应接地。电加热器前后各800mm范围内的风管和穿过设有火源等容易起火部位的管道，均必须采用不燃保温材料。洁净医学实验室的压差超过设定范围时，宜有声光报警功能，对于负压环境，设置声光报警以防污染大气环境，对于正压环境设置声光报警是为了防止正压过低而影响室内的洁净度与压力梯度，但声光报警只需在典型房间设置，而不需每个房间都设。

14. 自控系统应满足控制区域的温度、湿度要求。洁净医学实验室内外应有可靠的通信方式。工作人员进出净化区需要更衣。

27.5.6 洁净医学实验室的消防要满足相关消防规范的规定。

【技术要点】

1. 洁净医学实验室的耐火等级不应低于二级，或设置在不低于二级耐火等级的建筑中。

2. 具有防火分隔作用且要求耐火极限值大于0.75h的隔墙，应砌至梁板底部，且不留缝隙。

3. 洁净医学实验室吊顶空间较大的区域，其顶棚装修材料应为不燃材料且吊顶的耐火极限不应低于0.50h。由于功能需要，有些局部区域具有较大的吊顶空间，为了保证该空间的防火安全性，要求吊顶的材料为不燃材料且具有较高的耐火极限值。在此前提下，可不要求在吊顶内设消防设施。

4. 洁净医学实验室应设置火灾事故照明，其疏散走道和疏散门，均应设置灯光疏散指示标志。火灾事故照明和疏散指示标志可采用蓄电池作备用电源，连续供电时间不应少于 20min。

5. 洁净医学实验室安全出口的数量不应少于 2 个，安全出口处应设置疏散指示标识和应急照明灯具。

6. 洁净医学实验室疏散通道门的开启方向，可根据区域功能特点确定。

7. 洁净医学实验室可设自动喷淋装置，前提是一旦出现误喷不会导致该洁净医学实验室出现严重的污染后果、设备损坏或者影响实验结果。

8. 洁净医学实验室应设消火栓、灭火器等灭火器材，室内应设置消火栓系统且应保证两个水枪的充实水柱同时到达任何部位。

9. 洁净医学实验室的消火栓尽量布置在非洁净区，如布置在洁净区内，消火栓应满足净化要求，并应作密封处理，防止与室外直接相通。

27.5.7 洁净医学实验室可能用到的气体种类包括二氧化碳、压缩空气、液氮。由于医学洁净实验室的规模一般较小，其气体供应尽量采取实验室所在的大楼集中供应。如果没有集中供应，需要设置局部气源，二氧化碳气体可以采用气瓶供应，压缩空气采用小型空压机就近解决，液氮采用液氮罐供应。

【技术要点】

1. 瓶装高纯二氧化碳经钢瓶减压阀组减压，再经二氧化碳钢瓶汇流排（配套电加热减压器）及过滤器通过室内管道输配到各用户。各用气点配套除菌过滤器。

2. 安装 E3000 型电子控制器的机器在卸载运行时可通过控制器的"智能"停机功能，根据实际用气量自动计算、自动控制，当达到机器设定的额定压力后，压缩机卸载运行。通过缩短卸载运行时间并停机节能。

3. 液氮由于温度低，医学实验室不提倡采用管道运输低温液氮，需要采用管道运输时，液氮管道需要解决保温、穿墙密封等问题。

4. 二氧化碳气体和压缩空气管道可采用脱脂紫铜管或者 316L 不锈钢管。管道与支架接触处应进行绝缘处理，以防静电。

5. 气体管道及附件安装前必须全部脱脂，并用无油压缩空气或氮气吹扫干净，封堵两端，不得放置在油污场所。无缝不锈钢管、管件和医用气体低压软管洁净度应达到内表面碳的残留量不超过 $20mg/m^2$ 的要求，并应无毒性残留。

6. 管道穿墙和楼板均设套管，氧气管道不宜穿过人员的生活、办公区，当必须穿越时，管道上不应有法兰或阀门。

7. 气体管道穿墙、楼板以及建筑物基础时，应设套管，穿楼板的套管应高出地面至少 50mm。且套管内气体管道不得有焊缝，套管与气体管道之间应采用不燃材料填实。

8. 气体管道及附件标识的方法应按现行国家标准《医用气体工程技术规范》GB 50751 执行，管道及附件标识为金属标记、模板印刷、盖印或黏着性标志。

27.6 施 工 要 求

洁净医学实验室施工过程中应对每道工序进行具体施工组织设计，施工组织设计是工程质量的重要保证。各道工序均应进行记录、检查，验收合格后方可进行下道工序施工，施工安装完成后，应进行单机试运转和系统的联合试运转及调试，做好调试记录，并编写调试报告。

【技术要点】

1. 洁净医学实验室的墙面、地面应易于清洁，为了保证施工质量达到设计要求，施工现场应做到清洁、有序。

2. 有压差要求房间的所有缝隙和孔洞都应填实，并在正压面采取可靠的密封措施。如果有压差要求的房间密封不严，房间所要求的压差难以满足，同时房间泄漏的风量大，造成所需的新风量加大，不利于空调系统的节能。

3. 有压差要求的房间宜在合适位置预留测压孔，测压孔未使用时应有密封措施。目前很多工程中并未设置测压孔，而是通过门下的缝隙进行压差的测量。如果门的缝隙较大，压差不容易满足；门的缝隙较小时（如负压屏障环境的密封门），容易将测压管压死，使测量不准确，所以建议预留测量孔。

4. 墙面、顶棚材料的安装接缝应协调、美观，并应采取密封措施。洁净医学实验室中的圆弧形阴阳角均应采取密封措施。

5. 洁净医学实验室空调机组的风压较大，基础高度应能保证冷凝水的顺利排出，空调机组的基础对本层地面的高度不宜低于200mm，表冷段的冷凝水水管上应设水封。

6. 空调机组安装前应先进行设备基础、空调设备等的现场检查，合格后方可安装。空调机组安装时设备底座应调平，并做减振处理。各检查门应平整，密封条应严密。粗效、中效过滤器的更换应方便。

7. 送风、排风、新风管道的材料应符合设计要求，加工前应进行清洁处理，去掉表面油污和灰尘。风管加工完毕后，应擦拭干净，并用塑料薄膜把两端封住，安装前不得去掉或损坏。所有管道穿过顶棚和隔墙时，贯穿部位必须可靠密封。送、排风管道宜暗装；明装时，应满足净化要求。送、排风管道的咬口缝均应可靠密封。各类调节装置应严密，调节灵活，操作方便。

8. 采用除味装置时，其室内应采取保护除味装置的过滤措施。排风除味装置应有方便的现场更换条件。

27.7 检测和验收

洁净医学实验室投入使用之前，必须经过竣工验收和综合性能评定。竣工验收必须有建设方、设计方、监理方、施工总承包、分包方参加；综合性能评定应由第三方完成，综合性能评定的执行单位最好由建设方委托。

【技术要点】

1. 工程检测应包括建筑相关部门的工程质量检测和环境指标检测。

2. 工程检测应由有资质的工程质量检测部门进行。

3. 工程检测的仪器应有计量单位的检定，并应在检定有效期内。

4. 工程环境指标检测应在工艺设备已安装就绪，空调系统已连续运行48h以上的静态下进行。

5. 环境指标检测项目、检测结果应符合项目环境评价建议书的要求。

6. 在工程验收后，项目投入使用前，应委托有资质的独立第三方进行环境指标的检测。

7. 工程验收的内容应包括建设与设计文件、施工文件、建筑相关部门的质检文件、环境指标检测文件等。

8. 工程验收应出具工程验收报告。验收结论分为合格、限期整改和不合格三类。对于符合规范要求的，判定为合格；对于存在问题，但经过整改后能符合规范要求的，判定为限期整改；对于不符合规范要求，又不具备整改条件的，判定为不合格。

27.8　运　行　管　理

27.8.1　洁净医学实验室的日常维护要求有两个：一是保证实验内要求的空气温度和相对湿度；二是保证要求的洁净度。要达到这两个要求，必须要做好各项措施。

【技术要点】

1. 保证人净的措施：

（1）洗手：进入洁净医学实验室的人员应保持身体洁净，头发应常梳洗，并禁止使用香水及化妆品。

（2）换穿无尘衣：踏上换鞋区入口之地板前，必须先将外鞋脱下，外鞋置于一般鞋的鞋柜之中。

（3）进入空气风淋室（万级）：人员不可倚靠在空气风淋室的门或墙上，须站立于空气风淋室中央踏脚板上。风嘴方向正常应是向下吹气，勿随意拨弄调整好的风嘴方向，以求达到最大的除尘效果。头发、口、鼻必须盖在头罩之内，头罩下摆必须完全扎入无尘衣的衣领内。

2. 保证物料净化的措施：进入洁净医学实验室内的物料应在室外拆箱且拭净，运入室内之前进行清洗和必要的净化处理，以减少物料在洁净医学实验室内的发尘量，实施洁污分离原则进入操作区，污物必须从污物通道运出。

3. 保证空气洁净的措施：空调系统在运行中，所使用的各级空气过滤器必须无破损或泄漏。为防止送风系统将尘粒带进室内，必须对系统中使用的粗效、中效及末端（高效）过滤器进行定期的泄漏检查和更换。

4. 保证空调系统的送风量：保证空调系统的送风量就是保证洁净医学实验室内的换气次数，以满足室内气流组织的需要。如果系统送风量过低，则会使室内送风口处的气流速度降低，从而破坏室内的气流组织形式，使室内受到污染的空气无法排出，达不到要求的空气洁净度等级。

5. 按要求保证洁净医学实验室内的正静压值：洁净医学实验室在运行中一般都要求与邻室、走廊（包括外走廊）之间保持一定的正静压差，即洁净医学实验室内的静压值高于邻室（不同洁净等级的房间）、走廊的静压，以避免邻室、走廊等含尘浓度较高的外部空气对其造成污染。

6. 尽量减少洁净医学实验室的产尘量：仅从空调系统的运行和管理方面来考虑，解决影响洁净医学实验室内洁净度的外部条件是不够的，还应解决影响洁净医学实验室内洁净度的内部问题。在洁净医学实验室内，产生尘埃的因素有两个：一是设备的运转，二是操作人员的活动。因此，应从上述两方面控制洁净医学实验室的产尘量，通常可以采取改善设备运转条件、优化实验室医疗工艺流程、规范操作人员的工作职责和行为范围等措施。

7. 保证对洁净医学实验室内的定期清扫：洁净医学实验室运行一段时间后，在一些死角、壁面、台面上会积存一些尘埃，如果不及时进行清扫，这些尘埃在较大气流的冲击或其他某种扰动下，会重新卷入室内空气中，从而增加了室内空气尘粒的浓度，使室内空气洁净度等级下降，无法保证工作的正常进行。因此，必须对洁净医学实验室进行定期的清扫和消毒。

27.8.2 为使空调系统能安全、高效、节能运行，日常管理过程中制定严格及有效的运行管理制度，并严格认真执行，是非常必要的。

【技术要点】

1. 具有下列情况者应不能进入洁净医学实验室：皮肤有晒焦、剥离、外伤和炎症、瘙痒症者；对化学纤维、化学溶剂有异常反应的人员；手汗严重者；感冒、咳嗽和打喷嚏、鼻子排出物过多者；过多掉头皮及头发者。

2. 日常应注意的事项：在洁净医学实验室内不要拖足行走，不做不必要的动作或走动，不得吸烟和饮食。

3. 对入室人员状况的登记：对上、下午进入洁净室的人数、时间要分别登记；对正式工作人员以外的人员进入洁净医学实验室的人数和时间进行登记。

4. 不准带入洁净医学实验室的物品：除按规定可带入的物品外，一切个人物品包括钥匙、手表、手帕、书包等都不准带入洁净医学实验室。

5. 严格执行卫生和安全制度：

（1）洁净医学实验室的清扫应在每天下班前无菌操作结束后进行；

（2）清扫要在洁净医学实验室空调系统运行时进行；

（3）清扫用拖布、抹布，不要用易掉纤维的织物材料，洁净区清扫工具不得和污物区及生活区工具混用；

（4）空调系统启动时，禁止先开回风机；

（5）空调系统关闭时，禁止先停送风机；

（6）空调系统未运行时，不应单独开启局部排风系统；

（7）进入洁净医学实验室应随手关门；

（8）安全门必须保证随时可以开启，安全通道上不准堆放杂物；

（9）应经常检查洁净区中的安全防火设施；

（10）洁净医学实验室发生火警时，应立即发出警报，关闭风机和洁净工作台等设备，切断电源及易燃气体的通路。

27.8.3 洁净医学实验室的维护和保养。

【技术要点】

1. 日常保养内容（由使用者执行）：

（1）洁净医学实验室内部（包括玻璃面、彩钢板面）清洁擦洗，地面清扫。

（2）室内设备和灯具表面的擦洗。

（3）风淋室的擦洗。

（4）洁净医学实验室外部（包括玻璃面、彩钢板面、地面）的清洗，灭菌柜、消毒洗手池的清洗。

（5）洁净医学实验室顶棚的清洁。

（6）回风夹道内的清洁。

2. 年度保养内容：

（1）净化空气处理机组每季度清洗、消毒和擦洗一次（根据使用环境和频率确定周期）。

（2）检查风机、风阀等传动、转动部位，以及轴承、轴承座润滑情况，定期加注油脂，确保传动、转动灵活。

（3）运行两年后，应使用化学方法清除热交换器铜管内的水垢，用压缩空气或水冲洗换热器表面的污物，直至干净为止。

（4）检查空调箱、水箱、风管等内部有无锈蚀脱漆现象，及时清除及补漆；检查各部位的调节阀门有无损坏，及时修复；检查各电控箱、配电盘、电器接线有无松脱发热现象，仪表动作是否正常等，并及时修复；定期检验、校正测量和控制仪表设备，保证其控制准确可靠。

（5）粗效、中效过滤器使用一段时间后，需更换或取出进行拍打和用压缩空气反吹；若用肥皂水清洗干净，应晒干后方能重新使用（重复使用次数最多为 3 次）。

（6）设备运转一段时间后，应停机，调整皮带的松紧。皮带受损时，应及时更换。

（7）常规情况下，高效过滤器一般使用 4000h 更换一次，粗效、中效过滤器使用 1000h 清洗、2000h 更换一次，空调机新风口过滤膜无纺布每个月清洗一次、半年更换一次。

（8）紫外线杀菌灯一般使用寿命为 3000h，但当其效率降至 70% 时需更换。

（9）检修与值班人员应对洁净医学实验室和有关设备、备件的运行、检查、检修、更换、维护、保养等情况作好登记记录，便于以后查阅与管理。

3. 洁净医学实验室的定期检查项目如表 27.8.3 所示。

洁净医学实验室的定期检查项目　　　　　　　　　　　　　　表 27.8.3

项目	检查方法
尘埃数	定期用尘埃粒子计数器测定 0.5μm 以上的尘埃数
菌数	定期测定落下菌数或浮游菌数等（用微生物测定仪）
风量	测量空调用的高效过滤器的压差，检查空气过滤器堵塞、安装部分的缝隙或空气过滤器损坏而引起的泄漏情况，每年 2 次用风速仪检查送风、回风、新风的风量

27.9　设　计　实　例

27.9.1　无菌实验室设计实例见图 27.9.1。

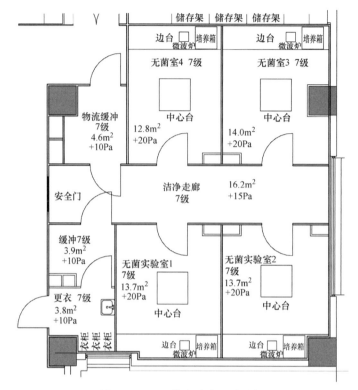

图 27.9.1　无菌实验室设计实例

27.9.2　PCR 实验室设计实例见图 27.9.2-1、图 27.9.2-2。

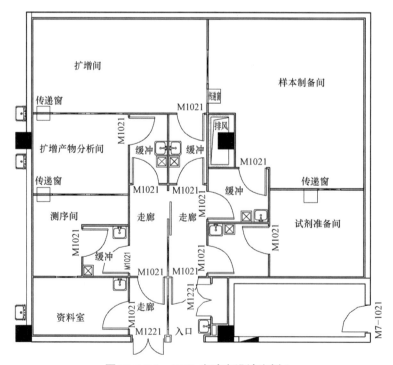

图 27.9.2-1　PCR 实验室设计实例 1

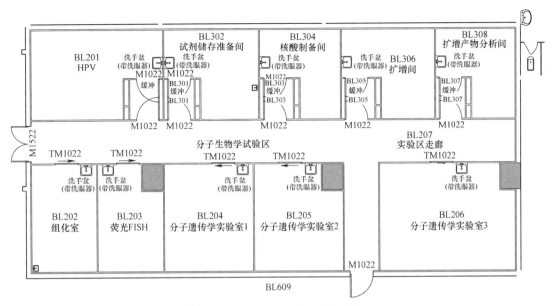

图 27.9.2-2　PCR 实验室设计实例 2

27.9.3　PET 中心设计实例见图 27.9.3。

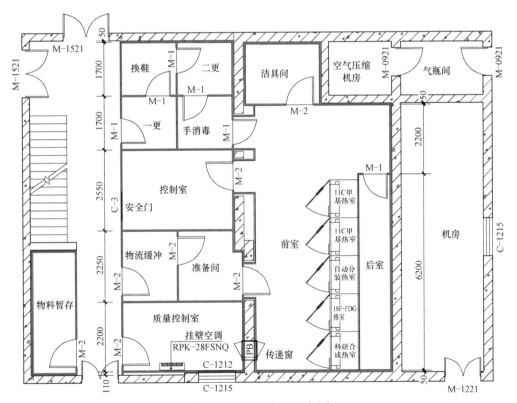

图 27.9.3　PET 中心设计实例

27.9.4　生物治疗中心设计实例见图 27.9.4。

27.9.5　生物安全三级、二级实验室设计实例见图 27.9.5。

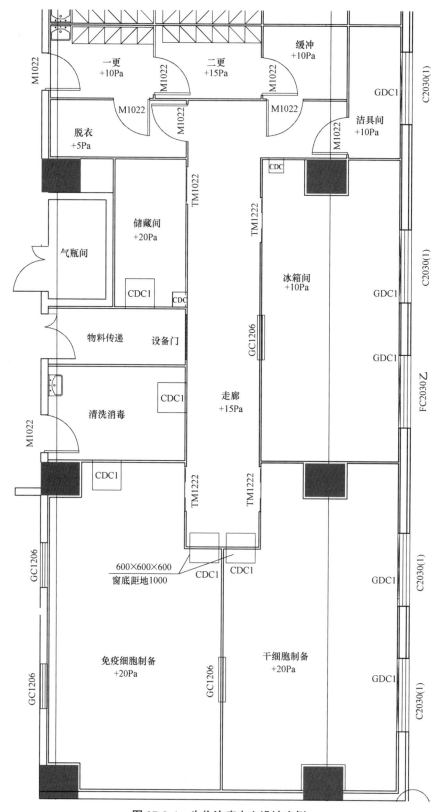

图 27.9.4 生物治疗中心设计实例

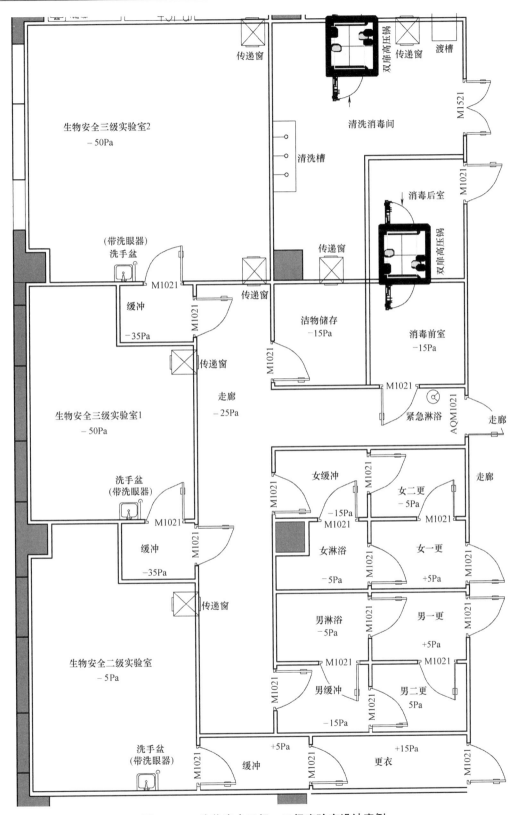

图 27.9.5　生物安全三级、二级实验室设计实例

本章参考文献

［1］中国医学装备协会. 医学实验室建筑技术规范：T/CAME 15—2020［S］. 北京：中国标准出版社，2020.

［2］国家市场监督管理总局，国家标准化管理委员会. 医学实验室　质量和能力的要求　第 1 部分：通用要求：GB/T 22576.1—2018［S］. 北京：中国标准出版社，2019.

［3］中华人民共和国住房和城乡建设部. 供暖通风与空气调节术语标准：GB/T 50155—2015［S］. 北京：中国建筑工业出版社，2015.

［4］中华人民共和国住房和城乡建设部. 疾病预防控制中心建设标准：建标 127—2009［S］. 北京：中国计划出版社，2010.

［5］中华人民共和国国家质量监督检验检疫总局，中国国家标准化管理委员会. 实验室 生物安全通用要求：GB 19489—2008［S］. 北京：中国标准出版社，2009.

［6］中华人民共和国住房和城乡建设部. 生物安全实验室建筑技术规范：GB 50346—2011［S］. 北京：中国建筑工业出版社，2012.

［7］中华人民共和国住房和城乡建设部. 综合医院建筑设计规范：GB 51039—2014［S］. 北京：中国计划出版社，2015.

［8］中华人民共和国住房和城乡建设部. 洁净厂房设计规范：GB 50073—2013［S］. 北京：中国计划出版社，2013.

［9］中华人民共和国住房和城乡建设部. 洁净室施工及验收规范：GB 50591—2010［S］. 北京：中国建筑工业出版社，2010.

［10］中国合格评定国家认可委员会. 医学实验室质量和能力认可准则：CNAS-CL02：2012［S］. 北京：中国合格评定国家认可委员会，2012.

［11］中国合格评定国家认可委员会. 检测和校准实验室能力认可准则在基因扩增检测领域的应用说明：CNAS-CL01-A024：2018［S］. 北京：中国合格评定国家认可委员会，2018.

［12］中华人民共和国国家卫生和计划生育委员会. 病原微生物实验室生物安全通用准则：WS 233—2017［S］. 北京：中国标准出版社，2017.

［13］上海市质量技术监督局. 临床细胞治疗技术平台设置基本要求：DB31/T 687—2013［S］. 上海：上海市质量技术监督局，2013.

［14］中华人民共和国国家质量监督检验检疫总局，中国国家标准化管理委员会. 操作非密封源的辐射防护规定：GB 11930—2010［S］. 北京：中国标准出版社，2011.

第28章 消毒供应中心

高玉华：解放军总医院第一医学中心护理部督导专家。

张山泉：山东新华医疗器械股份有限公司工程技术部部长，主要从事医院消毒供应中心方案设计、工程设计、工程造价编制、工程现场施工管理等工作。

吕晋栋：山西省人民医院信息管理处处长，教授级高工，中国医学装备协会医用洁净装备与工程分会常务委员。

陈严伟：解放军总医院第五医学中心消毒供应中心护士长。

技术支持单位：

山东新华医疗器械股份有限公司：成立于1943年，是集医疗器械，制药装备的科研、生产、销售，医疗服务，商贸物流等于一体的国内领先的健康产业集团。

北京容德信信息科技有限公司：专注于消毒供应中心信息化、智能化系统产品研发及服务的国家级高新技术企业，产品服务于医院消毒供应中心、医共体消毒供应中心、社会化第三方消毒供应中心等。

28.1 位置及面积的选择

28.1.1 医院消毒供应中心的新建、扩建和改建，应遵循医院感染预防与控制的原则，遵守国家法律法规对医院建筑和职业防护的相关要求，进行充分论证。

28.1.2 医院消毒供应中心宜接近手术室、产房和临床科室，或与手术室之间有物品直接传递专用通道。

28.1.3 医院消毒供应中心不宜建在地下室或半地下室。

【技术要点】

1. 对于区域化集中管理的消毒供应中心，应当选择交通便利、采光良好、自然通风好、区域相对独立的环境。

2. 应在计划阶段早期就确定建筑功能区域的朝向，以避免阳光过度照射，且具有良好的自然通风。降低因控制室内温度、湿度所消耗的能源。

28.1.4 消毒供应中心建筑面积应符合医院建设方面的有关规定，并与医院的规模、性质、任务相适应，兼顾未来发展的需要。消毒供应中心面积可按床位之比为（0.6～0.9）：1确定。比如，600张床位的医院消毒供应中心的占地面积应为：$600 \times (0.6\sim0.9 \mathrm{m^2/床}) = 360\sim540\mathrm{m^2}$。

【技术要点】

1. 消毒供应中心的各区域最小面积：消毒供应中心3个工作区域的基本设备与设施

占用的面积、运行车与工作操作台占用的面积、人员工作活动的面积和器械暂存等需要的面积；辅助区域如两个缓冲间、库房、办公区以及工作人员更衣室、卫生间等生活区需要的面积。上述需要的面积之和，为消毒供应中心最小面积。

2. 根据处理复用医疗器械的数量及种类进行面积调整：包括每天处理手术器械的总数量、外来器械及植入物数量、精密复杂器械的数量、硬式内镜及附件的种类及数量等，如处理软式内镜，应根据现行国家标准《软式内镜清洗消毒技术规范》WS 507 的要求进行规划和设计。因此，对所有复用医疗器械采取集中供应管理模式的需要在最小面积的基础上增加去污区的面积。

3. 机械清洗设备的类型和面积：长龙清洗消毒器可一次容纳较多的污染器械，工作面积和器械暂放区的面积相对占用较小，可根据这些因素调整面积。

4. 无菌物品库存及周转：根据医院消毒供应中心的无物品存放量、每天复用的器械的周转量等因素，进行无菌物品存放区的面积设计。另外，工作效率也是影响工作区域面积的一个因素，工作效率低、物品滞留时间长、器械处理时间过于集中等，都是设计面积需要考虑的因素。

5. 工作运行成本测算：如空调、照明、水及维护设施的成本，工作人员搬运距离等人力成本。

综合以上因素，选择最佳的消毒供应中心总面积设计方案。

6. 消毒供应中心分为工作区和辅助区，工作区分为去污区、检查包装及灭菌区、无菌物品存放区，其通常所占面积比例为：

（1）去污区：占消毒供应中心总面积的22%～30%；

（2）检查、包装及灭菌区：占消毒供应中心总面积的40%～50%；

（3）无菌物品存放区：占消毒供应中心总面积的8%～10%；

（4）辅助区（工作人员办公区及生活区），占消毒供应中心总面积的10%～15%。

28.2　平面布局

28.2.1　消毒供应中心的平面布局分工作区与辅助区。工作区包括去污、检查包装及灭菌区（含敷料间）、无菌物品存放区、各区域所需要的工具存放处置间。辅助区包括生活区与办公区，其中有更衣室、卫生间、值班房、会议（培训）室、办公室及库房。

28.2.2　工作区中各区域必须相对独立，有实际的屏障间隔。每个区域配有固定的设备配置和相对独立的工作范围及功能。去污区、检查包装及灭菌区、无菌物品存放区之间的人流、物流和空气流应单向流程设置，不能交叉和逆行。

【技术要点】

1. 去污区

（1）污染器械接收区：设大门间隔，下收车可出入。大门安装自动闭合器，保持自然关闭状态。将去污区和外部环境相隔，达到相对密闭的要求。

（2）人员出入缓冲间：是半污染区，在去污区缓冲间内划分为污染工作服暂放区和清洁服、口罩、帽子及工作鞋等防护用品暂存区，设洗手池。面积大于$5m^2$。

（3）物品传递窗：应有自动闭合功能，平时处于关闭状态。洁净消毒供应中心应设双门互锁窗，保持空气压差。

（4）物品放置架：放置消毒后的物品、清洁工具，用于防护工具暂放等。

（5）洗手设施：去污区内设冲眼器和洗手池，水龙头应为感应式或脚踏式，附设手清洁剂、干手设备。

2. 检查包装及灭菌区

（1）包装区域内通道及空间：工作区内的通道及空间宽度不应小于1.2m，以利于工作人员及工作车的运作以及工作时的物品搬运。在器械检查、保养、组配及包装的工作区域内工作人员人数最多，器械在此区域停留的时间最长，工作要求更加细致，所以应优先有自然采光、良好的气流质量及工作环境。

（2）清洁物品入口：通过清洗消毒器在清洁区的舱门、传递窗接收在去污区清洗消毒后的清洁器械。

（3）包装台：推荐包装台之间距离最小为1500mm，包装台高度为800mm。包装台宜靠近窗户一侧，以便光线充足。包装台的材质不宜使用不锈钢板等反光的材料，以避免对工作人员造成视觉刺激。

（4）敷料打包间：进行敷料的检查和包装。敷料打包间应封闭式设计，应有独立的排风系统，以减少棉絮及尘埃附着在环境物体表面。宜设计清洁通道，用于清洁被服的接收。

（5）灭菌区：根据待灭菌物品的种类和性质规划设计高温灭菌区及低温灭菌区（室）。

（6）生物监测区（室）：用于高温及低温灭菌生物监测。

（7）人员出入缓冲间：缓冲间是清洁区，内设非手触式洗手池，是人员进出清洁区的更衣、换鞋区。

3. 无菌物品存放区

（1）物品冷却区：高温灭菌物品从灭菌柜卸载后降温的区域，应紧邻灭菌器卸载出口，上方不得有空调出风口，可安装排风吸引装置加快热量散发。

（2）存放区：设置货架存放无菌物品，无菌物品与消毒物品分开放置，应有醒目标识。

（3）发放区：设置双门互锁传递窗，宜与手术室有物品传递专用通道。

（4）质量监测区：宜设专区进行灭菌效果监测。

（5）清洁运送工具清洗消毒存放间：在发放区外设置，房间面积应根据转运车的尺寸、数量和清洗方式规划，有排风和排水设施。

（6）可不单独设缓冲间，无菌物品存放区内不应设洁具间和洗手池。

28.2.3 辅助区分为生活用房和办公用房。

【技术要点】

1. 生活用房：包括员工休息室、男女更衣室、男女卫生间及值班室。

（1）员工休息室：工作人员在工作中需要休息的场所。应方便工作人员通往工作区域和更衣室。在休息室内要有洗手设施、饮水条件及舒适的座位。

（2）更衣室及卫生间：设男女更衣室，面积大小应根据员工人数设置。卫生间应设置个人淋浴设施。

（3）值班室：实行24h工作制的消毒供应中心可设男女值班室。

2. 办公用房：包括办公室、培训室、储物室及库房。与部门主要入口相近，方便人员及物品的进出。

（1）办公室：主要用于各类资料、文件存放，具有护理管理人员办公的功能，其面积能满足进行下列活动的需要：质量记录的控制与保存，操作系统、各类设备维护及使用状态的记录与说明书的存放，财务管理，物品进出仓库的管理资料的保存，工作质量流程文件与数据的保存，工作人员学习、培训、考核、工作业绩及基本情况的文件和数据资料的保存。

（2）培训室：可用作工作人员的学习讨论、培训及会议，应尽量避免与设备、空调机房或嘈杂区域相邻。应能容纳消毒供应中心所有部门的员工。

（3）储物室及库房：主要用于接收及存储消毒供应中心工作过程中所用的原材料及消耗品，如日耗品、包装材料、监测材料及各类清洗剂。

28.3　设备设施

28.3.1　应根据消毒供应中心的规模、任务和工作量，合理配置清洗、消毒及灭菌设备，设备设施应符合国家相关标准。

28.3.2　清洗消毒设备：包括手工清洗消毒设备和机械清洗消毒设备。

【技术要点】

1. 手工清洗消毒设备

（1）手工清洗工作站的清洗槽数量应满足工作需求，台面应耐腐蚀，表面光滑、无死角。

（2）设有冷水接口、热水接口、防溢口、容量标识等，排水口设有精细排水滤网，并配有压力水枪、压力气枪等用具。

（3）刷洗池宜配备喷溅防护罩。

2. 机械清洗消毒设备

相关技术要点参见第 14.2.10 条。

28.3.3　复用医疗器械、器具及物品经过清洗、消毒、干燥、检查保养和包装后，需要灭菌的物品根据物品所能耐受的温度及其他特性，选择高温或低温灭菌方式。灭菌的主要设备为压力蒸汽灭菌器、干热灭菌器、低温灭菌器等。

【技术要点】

1. 高温灭菌根据加热介质不同，可以分为干热灭菌设备和湿热灭菌设备。

（1）干热灭菌设备：利用高温杀灭微生物。通过设备的加热元件产生高温空气，采用强制机械对流方式等，使灭菌室内部干热空气的温度均匀地作用于待灭菌物品，达到灭菌目的。干热灭菌适用于耐热、不耐湿，蒸汽或气体不能穿透物品的灭菌。

（2）湿热灭菌设备：利用湿热杀死微生物，即用水或水蒸气加热物品，实现灭菌。灭菌前将灭菌室内的冷空气排出，以饱和的湿热蒸汽作为灭菌因子，在一定温度、压力和时间下，对可被蒸汽穿透的器械、物品进行加热。利用蒸汽冷凝释放大量潜热和湿度的物理特性，使被灭菌物品处于高温、高压状态下，从而杀死微生物，达到灭菌目的。湿热灭菌适用于耐热、耐湿的诊疗器械、器具和物品。湿热灭菌器分为大型蒸汽灭菌器（容积大于等于 60L）和小型蒸汽灭菌器（容积小于 60L）。

2. 低温灭菌设备：利用环氧乙烷、过氧化氢、甲醛气体等化学灭菌剂，灭菌舱内保持一定的作用温度、湿度、压力和化学灭菌剂的质量分数，从而杀灭微生物、达到灭菌目的。

28.3.4 辅助设备主要包括物品接收分类设施、清洗工具及设备、水处理系统、器械包装台和敷料打包台、医用热封机、器械包储存架等。

28.4 设计考虑因素

28.4.1 消毒供应中心在复用医疗器械规范化的再处理过程中需要水、电、气等介质的参与和保障，各类介质应满足相关设备设施的使用需求。

【技术要点】

1. 供水

（1）水压：消毒供应中心常水水压应为196～294kPa，水质应无颗粒状沉淀物，符合生活饮用水卫生标准，水温应在30℃以下。冷热水源总管进入消毒供应中心后应设置截止阀及压力表。

（2）热水：建立热水供应的管路系统，循环水温应在50℃以上，热水管路应作保温处理。

（3）软化水及纯化水：消毒供应中心的水处理设备应在独立的房间。供水管路材质应防腐、防锈，建议选用不锈钢材质。纯化水处理设备用于复用医疗器械的漂洗过程，纯化水电导率不大于15μS/cm（25℃）。

2. 供电

（1）消毒供应中心供电可参照现行国家标准《建筑照明设计标准》GB 50034，区域内电量、电压要满足使用设备的需要，配置220V、380V两路供电；工作区域照明符合现行行业标准《医院消毒供应中心 第1部分：管理规范》WS 310.1的要求。

（2）功率较大的设备如脉动真空灭菌器、全自动清洗消毒器等，应单独设立电源箱。

（3）电源箱和开关应入墙安装，减少积尘，所有电源均应设有接地系统。

（4）应根据消毒供应中心的发展规划预留一定的发展空间。

3. 照明

（1）照明灯具应为嵌入式或吸顶式。

（2）照明光源应充足，便于器械等检查。

（3）必要时可采用局部辅助光源，如带光源的打包台、放大镜等。

消毒供应中心照明要求见表16.3.5-2。

4. 蒸汽

（1）消毒供应中心可设置单独的蒸汽管路以确保蒸汽源压力。总气源蒸汽压力约为392kPa，蒸汽减压后进入设备前蒸汽源压力约为245kPa。为了保障蒸汽使用安全及质量要求，蒸汽管道进入消毒供应中心必须设置总截止阀，减压前气源压力表，减压后气源压力表、安全阀、汽水分离系统；每台灭菌器设置单独的蒸汽阀门，以防止单台设备出现故障维修时其他设备不能正常使用。

（2）蒸汽管路材质选择及安装要求：运送蒸汽的管道应选用抗压力、耐高温及防锈的管材，以保证蒸汽纯度，从而保证灭菌效果，建议选用不锈钢材质。蒸汽管道接触冷空气后，产生较多的冷凝水和向空气中散发热量造成局部环境高温的同时，还会造成灭菌物品湿包的现象及降低蒸汽效能。为了减少此类现象发生，可在蒸汽管道外用隔热棉进行密封保温。蒸汽管路要合理设置疏水阀，在蒸汽进入蒸汽灭菌器前管路最低处设置疏水阀，能确保蒸汽灭菌器停用状态时，冷凝水及时排出。管道安装后必须经过通水试验。

（3）蒸汽质量要求：蒸汽质量参数应根据蒸汽灭菌器相关标准及灭菌器生产厂家的要求设计（表28.4.1）。蒸汽质量应符合现行国家标准《医院消毒供应中心　第1部分：管理规范》WS 310.1 的要求。

蒸汽质量参数 表28.4.1

指标	数值
蒸发残留	≤ 10mg/L
氧化硅（SiO_2）	≤ 1mg/L
铁	≤ 0.2mg/L
镉	≤ 0.005mg/L
铅	≤ 0.05mg/L
除铁、镉、铅以外的其他重金属	≤ 0.1mg/L
氯离子（Cl^-）	≤ 2mg/L
磷酸盐（P_2O_5）	≤ 0.5mg/L
电导率（25℃时）	≤ 5μS/cm
pH	5.0 ～ 7.5
外观	无色、洁净、无沉淀
硬度（碱性金属离子的总量）	≤ 0.02mmol/L

5. 排水

（1）地漏：消毒供应中心地漏宜采用带过滤网的无水封直通型地漏加存水弯头，地漏的通水能力应满足地面排水的要求。去污区应设置单独的地漏，无菌物品存放区、检查包装及灭菌区的工作区域不设地漏，排水地漏可设置在缓冲间或洁具间内。

（2）用水设备均应设置相应的排水管。脉动真空灭菌器应设置单独的排水管，以防排水不畅造成湿包等现象。清洗消毒器应设独立排水管，管径不得小于 DN75，满足短时间大量排放水的要求。

（3）去污区内的主要设备如全自动清洗设备、超声波清洗设备及附属设施（如污物清洗浸泡槽）的排水应进入集中的污水处理系统。脉动真空灭菌器的排水、去离子水及蒸馏水制水设备的排水不用进入污水处理系统。

（4）脉动真空灭菌器及全自动清洗消毒器等排热水的设备管路，应选用耐高温材质，具体耐温程度根据设备自身要求确定。

（5）排水管路应定期疏通（如除垢等），防止排水不畅或堵塞造成的各种影响。

28.5 装饰、安装、空调净化方案要点

28.5.1 围护结构及相关设备设施：主要包括顶板、隔墙、洁净门、视窗、安全门、防火门、互锁门，以及压差计、传递窗、干手器、手消毒器、更衣镜、不锈钢防撞带等相关配套辅件的安装。

28.5.2 通风系统：主要包括送风、回风、排风、防烟排烟系统的风管及相应保温层、保护层的安装，以及相应风管系统阀部件的安装（如手动风阀、电动阀、定风量阀、变风量阀、防火阀、排烟阀、送风口、回风口、新风口、排风口、消声器等）。

【技术要点】

（1）应注意高效过滤器送风口的安装。

（2）应注意工艺设备排风系统的安装。

（3）应注意通风系统的检测与调试，如风管漏光测试、风管漏风量测试、风量平衡测试、压差调试等。

28.5.3 空调机组的配管：主要是从空调机房中各介质的主管道预留口至相应空调机组的管道。

【技术要点】

空调机组的配管主要为空调机房内空调系统相关的饮用水、冷水、蒸汽、纯蒸汽、蒸汽冷凝水、空调冷凝水等管道、阀部件及仪表的安装（含下水接入相应的排水／汽主管），以及上述范围内管道保温层和保护层的采购、制作与安装。

28.5.4 电气系统：主要包括动力管线及照明管线的安装；插座安装、灯具安装、设备通电及其调试；设备接地、防静电装置及相关管线安装及测试。

【技术要点】

1. 开关和插座的安装按插座平面布局图中的分布、数量和规格以及安装高度要求施工。

（1）电源插座采用嵌墙式防水安全型。

（2）开关和插座要求选择同一色系的面板。

（3）开关为翘板式大板开关，暗装式。

（4）插座原则上选用 2＋3 型220V暗装式。

（5）所有开关、插座供电电线均由隔墙板中预留或穿入，需配备电线保护管。

（6）接线盒分顶板上安装和壁板内安装（金属冲压件）。

2. 电线电缆：主要为交联聚乙烯电力电缆，应符合现行国家标准《额定电压 1kV（$U_m＝1.2kV$）到 35kV（$U_m＝40.5kV$）挤包绝缘电力电缆及附件》GB/T 12706 的规定。

28.5.5 给水排水系统：主要包括普通污废水管（不锈钢水池、地漏、硬管排放等），工业蒸汽进出设备不锈钢管，蒸汽冷凝水回收或排放管，饮用水管、纯化水管、软化水管及相关配件的安装。

【技术要点】

1. 施工范围包括上述管道及阀件的保温和保护层、管道支吊架的安装。

2. 消防系统不包含在本区域的施工范围内，但包含配合消防专业的彩板开孔、收边

及打胶。

3. 地漏采用防臭、防返溢式。

28.5.6 系统调试：主要包括空调系统联动调试、消防联动测试、互锁功能测试、传递窗功能测试、高效过滤器检测、温湿度测试、噪声测试、照度测试、关键房间自净时间测试、定温室热分布测试、洁净区洁净度测试、风管漏风量测试、风管漏光测试、压差调试、全系统综合调试等。

28.5.7 工艺设备及工艺管道：主要包括施工范围内所有工艺设备的安装以及工艺管道的安装（甲方特别指定由其他供应商安装的除外）。

28.5.8 洁净区相关指标要求：参照现行行业标准《医院消毒供应中心》WS 310。

【技术要点】

1. 洁净度等别：洁净区（检查包装及灭菌区和无菌物品存放区）8 级。

2. 换气次数：$10h^{-1}$。

3. 压差：去污区应保证相对负压；检查包装及灭菌区和无菌物品存放区应保证相对正压。

4. 温湿度：去污区温度为 18～20℃；检查包装及灭菌区、无菌物品存放区温度为 20～23℃。相对湿度原则上要求在 45%～65% 范围内，有特殊要求的除外。

第 29 章 负压隔离病房

牛维乐：中国建筑科学研究院有限公司建科环能科技有限公司净化空调技术中心总工，教授级高工、注册公用设备工程师。长期从事各类行业洁净空间的咨询、设计、检测工作。
郎红梅：北京久杰净化工程技术有限公司总经理，高级工程师。
高腾飞：中国电子系统工程第四建设有限公司生物制药建厂专家。
张毅：中国建筑工程（香港）有限公司助理总经理、董事，中建国际医疗产业发展有限公司总经理、董事。

技术支持单位：

北京久杰净化工程技术有限公司：专业从事洁净净化工程项目管理、施工、运行维护及配套材料、设备生产和销售的高新技术企业。公司目前拥有发明专利2项、实用新型专利14项。
中建国际医疗产业发展有限公司：中国建筑国际集团有限公司的全资子公司，依据自身国际化医疗建设及运营资源、体系、标准和经验，打造高质量、高标准EPCO医疗康养项目，为客户提供国际化医疗康养项目全生命周期一站式服务。

29.1 概　　述

在人类发展的历史长河中，大规模的疫情陆续发生，譬如历史上多次发生的鼠疫、18世纪的天花和1918年大流行的西班牙流感等，即使到了科技发达的现代，人类也无法有效避免传染病的大流行，如近代的埃博拉病毒、SARS、猪流感和新型冠状病毒等，这些疫情都大大地影响着人类的生存和生活、人们的身体健康、经济发展、国家安全和社会的稳定。因此，作为应对传染病控制关键环节之一的负压隔离病房的建设是刻不容缓的，应被有关部门提到更高的认识高度上来。

29.1.1 在负压隔离病房的建设过程中，由于缺乏实践经验的指导，许多人对负压隔离病房的规划和建造存在着一些疑问，即使目前有了相对严谨的规范，但是由于规范主要在大方向提出指导性建议，鲜有从设计、施工、测试等细节上作出的详细解释，因此会导致防疫效果事倍功半。本章希望通过结合理论及实践的介绍，能为读者对负压隔离病房建立相对客观而系统的认识。

29.1.2 《医院负压隔离病房环境控制要求》GB/T 35428—2017对负压隔离病房的定义为：负压隔离病房是指用于隔离通过和可能通过空气传播的传染病患者或疑似患者的病房，采用通风方式，使病房区域空气由清洁区向污染区定向流动，并使病房空气静压低于周边相邻相通区域空气静压，以防止病原微生物向外扩散。

【技术要点】

1. 医院通过建设负压隔离病房既可以救治传染病患者或疑似患者，也可以有效防止传染病通过医院的病房向外扩散传播。负压隔离病房既是救治传染性疾病的患者或者疑似传染病患者的场所，还应该是保护医护人员和室外环境的重要医疗建筑设施。

2. 负压隔离病房主要是控制可以通过气溶胶传播的传染性疾病，为了不使隔离病房内的空气扩散到室外环境或其他房间造成传染，维持病房负压是最为有效的手段之一。同时，通过隔离处置，将传染病患者和普通患者以及健康人员分开处置，极大地避免了交叉感染的可能，也便于对传染病患者的单独治疗和护理。同时，隔离处置也便于污染物的消毒，缩小污染范围，减少传染病传播的机会。

3. 负压隔离病房的主要原则是物理隔离，主要通过建筑物本身的隔离以及空调系统形成的负压隔离。一般情况下，负压隔离病房洁净装备工程应由病房、独立卫生间、缓冲间、走廊等组成。负压隔离病房最好单独设置，如不具备条件也应在建筑物一侧自成一区。同时，根据污染严重程度划分区域，一般可分为污染区、半污染区和清洁区，不同区域之间应设置缓冲间，以进一步减小污染扩散的可能。

4. 空气正负压是一个相对概念，气压值较低的区域即属负压区，气压值较高的区域即属正压区（图 29.1.2）。气流由正压区流向负压区，也因为这个特性，医院的洁污区的空调系统经常被用作控制空气流向，其中最为人熟知的便是负压隔离病房。由于气流是由正压区流向负压区，所以一般以空气为媒介的污染物便会随着空气的流向，由正压区流向负压区。这样负压区的空气和污染物便不容易流到正压区，从而有效控制污染物的扩散。

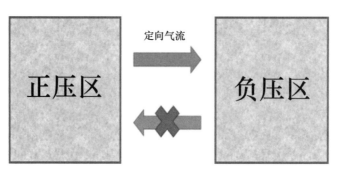

图 29.1.2　正负压与气体流向关系

要有效隔绝室内空气扩散至室外，可利用室内外的气压差异，借着空气由高压区流向低压区的特性，使室外空气流向室内负压区。所以建立室内负压可有效防止室内空气由房间的细微缝隙向外流出。

29.2　技术指标

29.2.1　2020 年以来，负压隔离病房的建设要求与日俱增，人们已经认识到负压隔离病房建设的重要性，逐步开展了不同程度的公共卫生体系的新（改／扩）建活动，包括传染病医院门诊楼、负压手术室、负压隔离病房的建设。为了更好地建设符合隔离要求的负压隔离病房，相关建设单位需要参考相关建设标准。

【技术要点】

1.《传染病医院建筑设计规范》GB 50849—2014 明确了传染病医院负压病房、负压隔离手术室的建设要求，非传染病医院的负压隔离病房建设也可以参照这个标准。

2.《医院负压隔离病房环境控制要求》GB/T 35428—2017 规定了医院用于隔离通过空气传播和可能通过空气传播的疑似或传染病患者的负压隔离病房环境控制的技术要求。

29.2.2 负压隔离病房的技术指标见表 29.2.2。

负压隔离病房的技术指标　　　　　　　　　　　　表 29.2.2

技术指标	温度（℃）	相对湿度（%）	换气次数（h^{-1}）				新风量［$m^3/(h·人)$］
			污染区	潜在污染区	清洁区	病房缓冲	
参考值	20～26	30～70	10～15	10～15	6～10	≥ 60	40

技术指标	相邻相通房间之间的压差（Pa）	噪声［dB（A）］	照度（lx）	物体表面微生物（CFU/cm^2）	空气细菌菌落数［$CFU/(5min·\phi 9cm \text{皿})$］
参考值	50	50	50	≤ 10	4

29.2.3 在负压隔离病房建设时，使用单位通常会采纳不同国家和国际组织的最新要求，例如英国的 BS 标准、健康技术备忘录，美国供暖、通风与空调工程师协会（ASHRAE）、美国疾病控制与预防中心（CDC）和世界卫生组织（WHO）等指引。

【技术要点】

在英国的健康技术备忘录中，不同的房间有不同的换气次数的要求，隔离病房的换气次数要求是不少于 $10h^{-1}$，即每小时须有房间体积 10 倍以上的空气流入和排出。而针对新型冠状病毒的负压隔离病房，WHO 的指引更是提高至 $12h^{-1}$。由于世界各地的标准有时会有差别，所以在采纳某一个要求时需要经过各主要参建单位的讨论和研究才会有最终的方案。

29.3 负压隔离病房的设计

29.3.1 负压隔离病房流程流线：通过物理隔离，将传染患者和普通患者以及医护人员分开，极大地避免了交叉感染的可能，也便于对传染患者的单独治疗和护理。同时，隔离也便于污染物的消毒，洁净物品的运送，减少传染病传播的机会。医护人员通过一系列的穿脱衣流程来完成护理治疗过程，洁净物品和污物通过物理隔离走不同的运输通道，减少传染的机会。

【技术要点】

1. 医护人员及患者流程

（1）医护人员由清洁区入口乘电梯进入工作走廊（清洁区），经一更、二更和缓冲间到治疗区护理走廊（半污染区），经缓冲间进入病房，医护人员每进入一级区域都要按要求更衣，如图 29.3.1-1 所示。

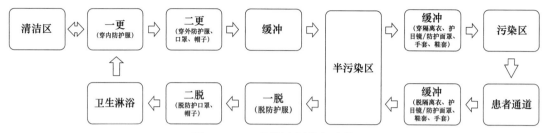

图 29.3.1-1 医护人员流程流线

（2）医护人员在负压隔离病房（污染区）完成诊疗活动后，经患者通道通过脱衣缓冲进入半污染区，由半污染区走廊经一脱、二脱，卫生淋浴后经一更进入清洁区。

（3）患者从污染区入口乘电梯到达病区患者入口，经患者通道进入负压隔离病房，如图 29.3.1-2 所示。

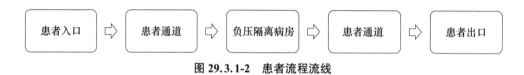

图 29.3.1-2 患者流程流线

（4）患者治愈后经患者通道到达出口，经另外电梯出楼栋。

2. 清洁物品（药品、食品）流程

（1）药物及食物传送通过内走廊与各病房之间设双门机械互锁密闭传递窗，用于为患者传递食物、药物等，且传递窗带有紫外线杀菌灯。清洁物品流程如图 29.3.1-3 所示。

图 29.3.1-3 清洁物品流程

（2）餐车不得进入病区，治疗区工作人员接收后在配餐间进行分餐，用治疗区内餐车分送，由传递窗送入，使用一次性餐具。

3. 生活垃圾及污染物处理

（1）患者使用后的物品，采用压力蒸汽灭菌、紫外线照射、消毒剂浸泡、擦拭、熏蒸等方法消毒。

（2）患者产生的生活垃圾及其他废弃物均属医疗废物，由各病房的污染通道收集，用双层医疗废物袋装或一次性医疗废物桶密封后，由专人接收、运送、焚烧。

（3）患者的排泄物和生活污水排入独立污水处理系统进行消毒后，排入医院污水系统，达到安全排放。

（4）医护人员产生的生活垃圾及医疗废物，在处置室打包，外表面消毒后，运至与污物走廊相通的缓冲间，由专人经污物通道收集进行统一处理。

生活垃圾及污物处理流程如图 29.3.1-4 所示。

图 29.3.1-4　生活垃圾及污物处理流程

4. 感控要求

根据所在区域不同，进行诊疗活动时，因接触污染物的危险程度不同，实行分级防护，即清洁区、潜在污染区、污染区分别实行不同的防护要求，标志清楚，通行流程不交叉。

29.3.2　建筑布局：负压隔离病房合理的建设位置可以避免污染源向外扩散；完善的功能分区可以有效控制内部感染；齐全的功能房间可以有助于诊疗工作的开展；合理的房间大小既可以满足人员的需求，又能满足功能需求，降低能耗。

【技术要点】

1. 新建负压隔离病房的整体规划和流程布局，宜符合下列要求：

（1）地质条件应良好、地势较高且不受水淹威胁的地段；

（2）环境应安静，相对独立；

（3）便于患者到达和物品运输；

（4）与其他建筑应设置大于或等于 20m 绿化；

（5）具有独立出入口，最少设置两个。

2. 既有普通病房或区域改造为负压隔离病房或区域时，应选择院区内相对独立的建筑或区域，并应符合下列要求：

（1）应具备改造医疗流程的条件，并满足结构安全要求；

（2）应能满足机电系统改造的要求；

（3）在楼内局部改造时，宜布置在建筑的尽端或选择独立的区域，并应设置独立的出入口及必要的垂直交通条件；

（4）负压隔离病房或负压隔离病房所在病区在所属医院内的位置应处于全年最多风向的下风方向。

3. 负压隔离病区按照功能分区和医疗流程，按"三区二通道"划分污染区、潜在污染区和清洁区，并明确医护通道和患者通道（表 29.3.2-1）。各区相对集中布置，不同区域之间应设缓冲间，缓冲间面积不小于 $3.0m^2$，并设置明显的警示标志。

负压隔离病区分区　　　　　　　　　　　　　表 29.3.2-1

清洁区	潜在污染区	污染区
医护会诊室、休息室、备餐间、医护开水间、值班室、一更、二更、淋浴间、医护卫生间等	护士站、治疗室、处置室、医生办公室、库房等、与负压病房相连的医护走廊、与二更毗邻的缓冲间、一脱、脱衣缓冲间	负压隔离病房、病房缓冲间、病房卫生间、患者走廊、污物暂存间等

4. 负压隔离病房宜设单人间，若设多人间不宜超过 3 人。单人间负压隔离病房使用面积不宜少于 15.0m²，房间开间尺寸 3.3m 以上。

5. 负压隔离病房净层高不宜小于 3.9m，室内吊顶高度不宜小于 2.6m，不宜高于 3.0m。

6. 负压隔离病房的卫生间应设大便器、淋浴器、脸盆等基本设施，大便器旁侧墙上空应设输液袋挂钩和无障碍扶手，应设报警按钮，配备淋浴器的宜设座凳。

7. 每间负压隔离病房宜采用独立的缓冲间，每间隔离病房的使用面积（不含卫生间）应符合表 29.3.2-2 的要求。

负压隔离病房使用面积 　　　　　　　　　　　　　　　　　　表 29.3.2-2

单人间			双（多）人（每床）		
标准值	最小值	床与任何固定障碍最小距离	标准值	最小值	最小床间距
11m²	9m²	0.9m	9m²	7.5m²	1.1m

8. 患者走廊应满足无障碍要求，走廊宽度和坡度应满足转运患者推床和有防护罩的推床的要求，治疗走廊和患者走廊净宽均不宜小于 2.4m，并采取防滑措施。

9. 负压隔离病房应在其相隔的走廊墙上设置防撞装置。

10. 英国负压隔离病房的建设要求：

（1）根据英国的健康建筑指引（Health Building Note，HBN）和健康技术备忘录（Health Technical Memorandum，HTM），负压隔离病房设有独立的卫浴间和前室，前室设有送风和排风，隔离病房内也设有送风和排风，卫浴设有排风。排风设有高效过滤器，对受污染的空气先进行过滤，再由独立的排风系统排到预先设计的地方。前室相对走廊的压差是 −5Pa，隔离病房相对前室压差也是 −5Pa。所以空气的流动方向是由前室流向隔离病房，再由隔离病房流向卫浴间，最后由排风系统排走。由于前室和走廊之间也有 −5Pa 的压差，当门打开时，空气也会从走廊流向前室，提供一个屏障，隔绝隔离病房的污气流到走廊。前室和走廊间的门与病房和前室的门均为气密门且形成互锁，每次只能打开一扇门，避免在失压的情况下隔离区的污染空气进入洁净区域（图 29.3.2-3）。

（2）除设计和建造的要求外，英国的 HBN 亦提出了比较严格的空调系统实际运行要求。HBN 要求隔离病房的新风能够有效地把房间内的污气换走，并且在排气系统发生故障时，送气系统能自动关闭，避免隔离病房出现正压。

（3）在设计负压隔离病房时有一点值得注意，两道门之间的压力差不宜太大，如果超过 40Pa，对于病房的日常运作会有影响：如果是拉门，要用比较大的力气才可把门打开；如果是推门，门便会不受控地迅速关上，对工作人员和患者造成潜在危险。而且当发生危急情况要撤离时，亦可能会对使用者产生危险。若确需较大压差时，可考虑多设计多一道门，多一个压力缓冲区。

（4）病毒的传播与病毒的浓度有着极大的关系。由于病毒会随空气流动，在隔离病房内有效控制空气流向对降低病毒浓度和防止病毒传播有着重要的影响。在负压隔离病房，气流基本可以有序控制，防止病毒外流。但由于感染源在隔离病房内，病房里的气流设计也要尽可能将患者呼出病毒排走，避免病毒在房间内积聚，以保护在病房内工作的医护人员。

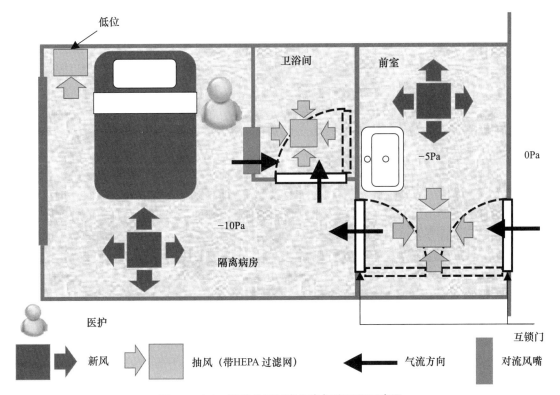

图 29.3.2-3　某类负压隔离病房气流组织示意图

（5）在负压隔离病房里，气流设计的大原则是由洁净区流向污染区，并尽量减小污染源与排气口的距离。其中比较有效的方法是将送风口设在床尾的位置，排风口设在靠近患者的头部附近位置。排风最好放到医护人员经常工作的另一侧，以保持医护人员在房内工作区域的相对洁净，也可将抽风放在床头底下位置，但会占用较多的病房空间。另外，气流要尽可能保持定向流动，保持稳定、平衡、低速，避免造成气流短路和空气滞留区而导致污染物的累积。以上是气流方向设计的大原则，现实中由于存在不同的局限性，布置上会有些差异，情况复杂时可借助计算机进行流体力学分析，辅助设计和判断。

29.3.3　负压隔离病房是一个相对复杂的系统，这里"隔离"是指物理隔离和空气隔离。物理隔离是通过围护结构进行隔离，围护结构的好坏直接决定了负压隔离病房的质量，所以对围护结构的严密性、平整度、耐擦洗、耐消毒性能提出了更高的要求。

【技术要点】

1. 负压隔离病室内地面、墙壁、吊顶等应平整、光滑、耐腐蚀，接缝处应密封，且便于清洁和消毒。

2. 墙面的踢脚不宜突出墙面，墙与地面交界处、墙的阳角宜做成 $R50$ 以上的圆角。

3. 机电管道穿越房间处应采取密封措施。

4. 不同区域宜设置不同颜色的地面或墙体颜色，以防误入。

563

5. 人流通道上不应设吹淋装置，病区门口不应设置空气幕。

6. 负压隔离病房和缓冲间之间可使用平开门或上悬吊式电动推拉门；缓冲间和走廊之间宜使用平开门，宽度应满足小推车或病床推入的要求，并宜设置闭门器；均不应为木质门。门均应设置观察窗，缓冲间的门应设置互锁功能，并有可紧急解锁功能，病房门均设置门禁装置，限制患者的活动。

7. 安全门和通向外界的门应向外开启，安全门应有明显标识，并备有应急开启装置，应有安全逃生标识；其余门均应向压力高的一侧开启。

8. 负压隔离病房宜设置不可开启的密闭窗并加装可遮挡装置，不应留窗台。

9. 负压隔离病房应在其相邻的走廊侧设置双门互锁传递窗，传递窗应采用密闭结构，设置紫外线消毒装置。

29.3.4　负压隔离病房的气流组织设计方案密切关系到医护人员的防护效果，合理设置房间送排（回）风口的位置才能实现优良的气流组织，进而保证合理的气流流向、有效缩短污染物的排出距离、提高房间换气效率，才能有效阻挡和稀释医护人员身边的气溶胶，从而降低医护人员被患者产生的气溶胶或飞沫等污染的风险。与此同时，合理的换气次数及送排（回）风口风速可以有效控制室内气溶胶的质量浓度和提高患者的舒适度。

【技术要点】

1. 病房不宜出现气流死区、气流停滞区、送排（回）风短路。

2. 病房的送风口与排（回）风口设置在病床的两侧，且送风口应设置在医护人员常规站位的顶棚处，排（回）风口应设置在送风口相对的床头下侧或对着房间门的那面墙下方（多人病房气流组织不应使某张病床处于另一张病床的下风向），形成上送、下侧排（回）的气流组织形式。

3. 病房的清洁送风应首先流过医护人员区域，再流向患者，最后在患者床头下侧进入排（回）风口，形成洁净送风→医护人员区域→患者脚部空间→患者头部空间→传染源高效排（回）风口的定向气流的组织形式。

4. 在进行气流组织设计时，应充分考虑送、排（回）风口的形式及安装位置（精准位置、医疗器具及家具对风口的遮挡），以及气流流形对医护人员及患者的综合影响。

5. 当病房的送风口不采用高效过滤器作为末端时，风口散流板不应采用孔板或固定百叶的形式，而应采用单层或双层可调百叶（宜为电动遥控可调），当患者感到有吹风感时，可适当调整百叶方向。当病房的送风口采用高效过滤器作为末端时，因为高效过滤器的阻力较大，出风风速较低，可采用孔板或固定百叶的形式。另外，当送风口为靠近人面部上方时（多人病房的主送风口），送风口颈部风速不宜大于 0.3m/s；当送风口不在人面部正上方时，送风口颈部风速不宜大于 0.5m/s。

6. 排（回）风口可采用孔板或固定百叶的形式，上边沿安装标高不应高于地面以上 0.6m，下边沿安装标高不应低于地面以上 0.1m，且排（回）风口吸风速度不应大于 1m/s（按百叶的有效面积考虑，有效系数一般可取 0.6～0.8）。

结合如上设计原则，在进行气流组织设计时，推荐采用图 29.3.4-1～图 29.3.4-6 所示的气流组织形式。

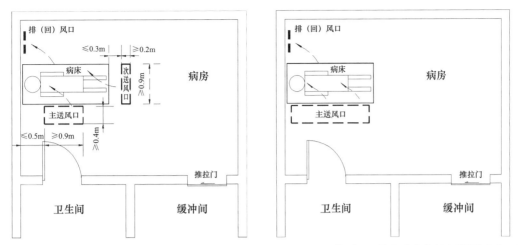

图 29.3.4-1 模型 1：单人病房气流组织形式（一） 图 29.3.4-2 模型 2：单人病房气流组织形式（二）

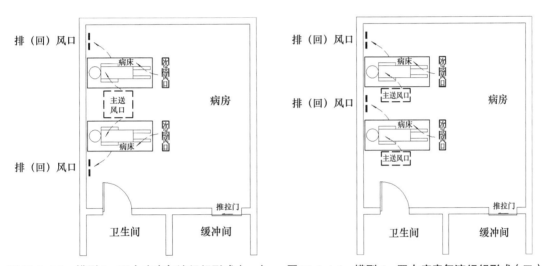

图 29.3.4-3 模型 3：双人病房气流组织形式（一） 图 29.3.4-4 模型 4：双人病房气流组织形式（二）

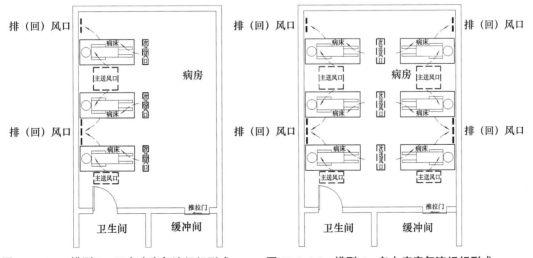

图 29.3.4-5 模型 5：三人病房气流组织形式 图 29.3.4-6 模型 6：多人病房气流组织形式

29.3.5　负压隔离病房的污染物控制设计密切关系到对其周围的清洁区及室外大气环境的影响程度，通过对房间进行合理的压差设计、空调系统的设计才能实现病房内污染物的有效控制。

【技术要点】

1. 房间的压差设计

（1）房间门、窗及前室的设计：负压隔离病房的门建议采用气密性自动门或气密性平开门；窗户采用气密封窗的同时应考虑紧急自然通风窗、走廊宽度等其他要求，有压差梯度要求的房间必须安装压差计。为了严格控制致病因子对其他区域的污染，负压隔离病房一般应设前室（缓冲室）。

（2）房间压差梯度的设计：隔离病区内应保持一定的压差梯度，走廊→前室→隔离病房的压力依次降低。压差梯度是指负压隔离病房的病房、卫生间、缓冲间具有有序的梯度压差，以确保气流从低污染区向高污染区定向流动。病房与缓冲间的压差梯度不应小于5Pa，缓冲间与卫生间的压差梯度不应小于10Pa，但具体负压值应根据病房、卫生间、缓冲间3个独立隔间之间的负压梯度值加以确定（图29.3.5-1）。

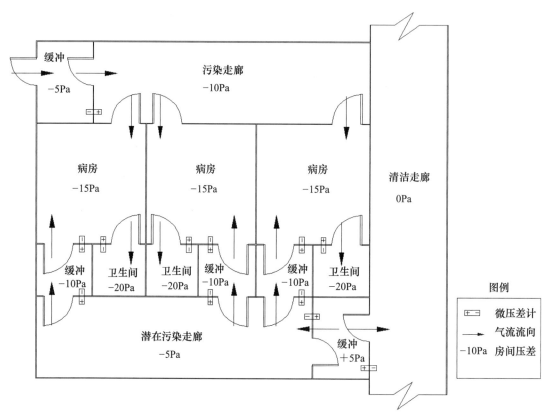

图 29.3.5-1　压差梯度平面设计模型

2. 空调系统的设计

空调系统的设计主要包括净化系统，送、排风机，风口及空气过滤器，风管及风阀附件等内容。

（1）净化系统要求

1）清洁区、潜在污染区、污染区应分别设置空调系统。

2）潜在污染区、污染区宜设置净化空调系统，即设置可以调节温湿度、送风设置高中效（或高效）过滤器、排（回）风设置高效过滤的净化空调系统。

3）负压隔离病房可采用室内自循环风的部分新风系统，其中宜有一间至数间病房的净化空调系统可切换为全新风。

4）负压隔离病房的换气次数宜取 $8\sim12h^{-1}$，且人均新风量不应低于 $40m^3/h$。其他辅助用房的换气次数宜取 $6\sim10h^{-1}$。

5）负压隔离病房送风口应使用低阻的高中效（含）以上级别的空气过滤设备；缓冲间送风口应安装高效过滤器，换气次数不小于 $60h^{-1}$。

6）净化空调系统应24h运行，宜设置夜间低档风量模式，送风口速度不应大于0.15m/s。

7）负压隔离病房内不应再设除净化空调系统外的房间净化装置。

（2）送、排风机

1）空调系统的送、排风机建议采用变频控制，送风机的频率建议通过监测送风口空气过滤器（高中效或高效过滤器）前后压差的方式变频控制，以满足房间换气次数的要求；排风机的频率建议通过在房间设置静压传感器及监测排（回）风高效过滤器前后压差的方式串级变频控制，以满足房间压差的要求。

2）空调系统开始运行时需先开启排风机，相应延迟后自动连锁开启送风机，在系统关闭运行时先关闭送风机，相应延迟后自动连锁关闭排风机。

3）空调系统送、排风机设计要注意风机风量和压头的匹配度，尤其是小风量、大压头的送、排风机可能无法正常匹配。一方面需要尽可能优化设计管道，进行管道不平衡率及阻力的控制；另一方面需结合厂家样本进行风机性能评估，确定是否选用串联风机来提供额外的压力进行接力运行。

4）送、排风管道建议设置静压传感器、风速传感器、温湿度传感器等自控点位，以满足空调系统自动控制和运行维护的要求。

（3）风口及空气过滤器

1）排风口处设不低于B类可安全拆卸的零泄漏高效过滤装置，应可以在原位对排风（回风）高效过滤器进行检漏和消毒灭菌，确保空气过滤器安装无泄漏；更换空气过滤器应先消毒，由专业人员操作，并有适当的保护措施。负压隔离病区辅助用房的回风口应设有初阻力不高于20Pa、微生物一次通过的净化效率不低于90%、颗粒物一次通过的计重效率不低于95%的空气过滤器。

2）排风口应高出半径15m范围内建筑物高度3m以上，同时需远离进风口和门窗20m以上（不足20m需设置围挡），并在其下风向。新风口应始终处于上风向，新风口与排风口垂直安装距离应大于等于6m（且新风口在低处安装），屋顶上的新风口应高出屋顶1m以上。

3）由于高效过滤器有极高的效率，为负压隔离病房中采用循环风的方式提供了较大的可能性，但是如果高效过滤器及其安装边框有泄漏，则高效过滤器将丧失其空气处理的优越性。所以，当负压隔离病房采用部分循环风回风的方式时，回风口必须采用充分保证空气过滤器不向外泄漏的技术措施，例如采用配有高效过滤器的"动态密封负压高效无泄漏排风装置"可以对循环空气进行有效过滤，保证负压隔离病房内人员呼吸的安全性，此装置采用一种异型高效过滤器，使其在排风装置外壳和高效过滤器外扫描检漏面壳之间形成充满正压气流的正压气密封腔，如有缝隙，正压气流只能从腔内压出，一边向室内，一边向排风管内，不可能使室内侧可能有菌的负压气流漏入腔内再流入排风管道又排至室外，具体形式见图29.3.5-2。

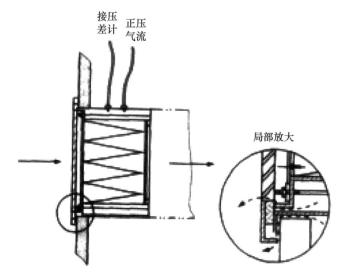

图 29.3.5-2　动态密封负压高效无泄漏排风装置

4）空调机组内的各级空气过滤器、送风口空气过滤器、排风口空气过滤器、回风口空气过滤器均需设置压差计，可以就地显示或者上传至上位机控制系统，动态监测空气过滤器前后的压差，当达到其终阻力（一般为初运行调试时阻力的2～3倍，低阻力或超低阻力空气过滤器采用大倍数）或设定阻力时报警，以提醒使用方进行合理的清洗或更换。

（4）风管及风阀附件

1）送、排（回）风系统中，每间房间的送、排（回）风支管上都应设置电动或气动密闭阀，并可单独关断，以满足消毒及防止交叉污染的要求。

2）排风机的设置位置应确保在建筑内的排风管道内保持负压，排风机吸入口应设置与风机联动的电动或气动密闭阀。

3）室外排风口应有防风、防雨、防鼠、防虫设计，使排出的空气能迅速被大气稀释，但不应影响气体向上排放。

4）排风管出口应直接通向室外，应有止回阀和防雨水措施。

29.3.6　负压隔离病房空调系统在国内普遍采用全新风的直流模式运行，在空调系统实际运行过程中存在一定的能源浪费情况，不符合"双碳"目标的要求。在设计阶段采取一系列新设计理念、新技术、新设备可以最大限度减少空调系统的能耗和碳排放。

【技术要点】

1. 风系统采用回风模式：当通过风险评估后，采用一定的技术措施保证回风高效过滤向外泄漏的风险极小的情况下，可以采用回风的模式来降低系统的新风比，新风比仅需要满足人员呼吸的要求即可（图29.3.6-1）。在此情况下，空调系统的预热、表冷、加热、加湿、再热等能耗将大大降低，具备较大的节能潜力。需要注意的是，当采用回风模式时，宜设置成可切换为全新风直流式空调运行的双工况空调系统。以北京为例，一间房间面积为 24m²、吊顶高度为 2.8m 的负压隔离病房，新风比为 100% 的工况和采用 3h⁻¹ 新风自循环的工况比较：夏季冷负荷将增加约 2.3 倍，冬季热负荷将增加约 2.5 倍，夏季加湿量将增加约 4.4 倍。

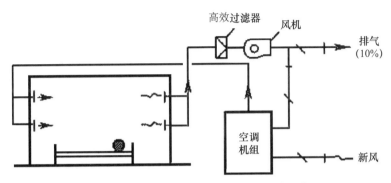

图 29.3.6-1　采用回风模式的空调系统示意图

另外，负压隔离病房的前室及缓冲间房间换气次数较大（60h⁻¹），非人员长期停留区域房间换气次数较小，可以采用小型循环风机循环运行，不进行热湿负荷处理，以减少系统冷、热负荷（图 29.3.6-2）。

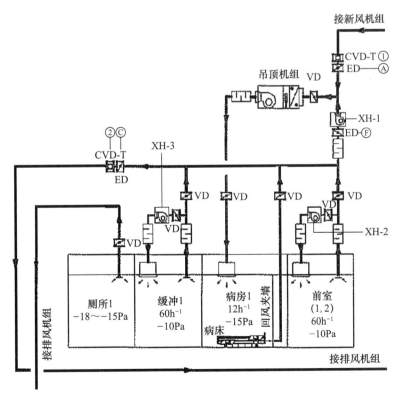

图 29.3.6-2　缓冲间设置自循环风机的空调系统示意图

2. 风系统采用变新风比及送风量的模式：采用智能空气品质监测系统动态监测房间的气溶胶或其他有害气体的质量浓度，反馈给空调系统进行新风量和送风量的动态调节，使其在规范规定的换气次数和新风量与设计值之间动态调节，可以实现空调系统的运行节能，但是由此带来的控制成本的提高需要综合考虑投入产出比后进行选择性应用。

3. 风系统采用变频设备：空调送风及排风系统采用变频设备的同时进行变频控制。一方面为维持房间的换气次数和设计压差提供了保障，另一方面也具备了动态调节系统运行风量的可能性，为系统的节能运行提供了前置条件。

4. 风系统采用节能设备：空调送风机及排风机优先选择节能型设备，建议按照《通风机能效限定值及能效等级》GB 19761—2020 的要求选用 1 级能效比的风机，最大限度提高风机的能效比，以达到风机设备节能运行的目的。

5. 风系统采用变工况运行：空调系统在通过风险评估的基础上可采用高低态双工况运行，在夜间人员活动量较少或房间人员负荷降低的情况下，风系统的换气次数可根据实际需求进行降低，按需满足房间人员的呼吸及污染源的控制要求。此工况下虽然理念较为节能，但是存在工况转换运行时房间压力梯度及绝对压力控制的技术难题，需结合自控程度和实际情况进行合理取舍。

6. 风系统采用热回收装置：当空调系统全新风运行时，可根据项目所在地的热工特性（比如严寒地区、夏热冬冷地区）与项目的实际投资情况选择热回收装置进行能量回收利用。但是需要注意的是，即使排风通过高效过滤器的处理依然具有被污染的风险，所以应选择间接显热回收的装置，以满足防止交叉污染的需求。具体来讲，在夏热冬暖地区，夏季新风和表冷后的温差较大，可采用新风侧热管热回收装置满足节能的需求；在严寒和寒冷地区，冬季新风和排风侧的温差较大，可采用排风侧和新风侧的乙二醇热回收或者热管热回收的方式来满足节能的需求。

7. 制冷（热）系统采用环保冷（热）媒：采用 GWP 和 ODP 较低的环保制冷剂作为直膨式空调机组、风冷热泵、风冷模块、冷水机组的冷（热）媒，可以最大限度降低对地球臭氧层的破坏和降低温室效应。

8. 制冷（热）系统采用节能设备：采用满足《冷水机组能效限定值及能效等级》GB 19577—2015、性能系数 COP 或部分负荷性能系数 IPLV 值较高的节能型设备，可以有效降低系统的能耗。

9. 制冷（热）系统采用智能控制系统：采用智能群控技术可以实现制冷（热）系统的高效能源管理（图 29.3.6-3），具体来讲是通过对多台冷水机组及其配套设备进行自动、安全、高效运行控制，在保障安全运行、满足冷热量需求的前提下，达到整体高效节能的运行状态，最大限度降低系统能耗成本和人力成本。

29.3.7 要验证室外新风是否能有效地将室内受污染的空气换走，可以用示踪气体法作全面测试。示踪气体法是一个有效和可靠的检测气体流向和流态的方法，但对一个大型医院作一个全面的示踪气体法测试是不容易的，需要专业团队配合，且示踪气体法是一种被动式方法，只能检查结果，并不能对气体的流向和流态作出修正。

除采用示踪气体法测试外，也可以借助 CFD 辅助分析空气流动情况，流向、洁污分区的有效性、换气效果、病毒气溶胶稀释速度、不同区域的气溶胶质量浓度变化等，都能获得更直观甚至量化的结果。

图 29.3.6-3　制冷（热）系统的智能群控示意图

【技术要点】

1. 排风口要高出建筑物屋顶一定的高度（图 29.3.7）。有的标准规定，排风口位置应高出上人屋面 3m 或以上，在排风口附近范围不得设置可开闭的门窗和入风气口，避免潜在污染气体再次进入建筑物。更为准确的做法是采用 CFD 辅助分析（尤其是在不确定性较大时）。

图 29.3.7　屋面排风口示例

2. CFD 的优势在于能对多种工况进行模拟，且结果可视，可供设计师做出更全面的分析，找出设计的不足之处，从而在设计的早期作出改善，还可为医院方的运营提供技术参考。

29.3.8　负压隔离病房作为医院控制病毒经空气传播的重要隔离设施，必须保证其供电电源的运行可靠性。

【**技术要点**】

1. 负压隔离病房应配置双电源，保证其用电在一路电源有问题的情况下有备用电源可以使用，满足一级负荷供电电源要求。

2. 负压隔离病房应配置在线式不间断电源装置（UPS）作为应急电源，确保一级负荷中特别重要负荷的供电安全。

3. 负压隔离病房的下列负荷应按一级负荷供电，其中（1）～（4）项为一级负荷中特别重要负荷：

（1）医疗设备带、照明灯具；

（2）传递窗、消毒设施；

（3）送风机、排风机、电动密闭阀、压差报警器；

（4）负压病区消防设备；

（5）插座、空调系统冷热源。

29.3.9　负压隔离病房配电系统应简单可靠，从配电系统的第一级（低压母线侧）引出电源，降低线路因多级配电而产生的故障点，同时让不同的负荷类别之间尽量避免干扰，减小配电系统故障影响范围。

【**技术要点**】

1. 通风系统应从变电所或配电室引出专用回路供电。

2. 电热水器、空调系统宜从变电所或配电室引出专用回路供电。

3. 清洁区与半污染区、污染区内的用电设备不宜由同一分支回路供电。

4. 负压隔离病房每个床位宜设单独的供电接口，并与辅助用房用电分开。生命支持设备应另配不间断电源，并与辅助用房用电分开。

5. 配电箱宜考虑20%以上的容量冗余，预留新设备容量需求。

6. 医疗IT系统应配置绝缘监视器，并应设置显示工作状态的信号灯和声光报警装置，声光报警装置应安装在有专职人员值班的场所。医用隔离变压器应设置过负荷和高温的监控。

29.3.10　由于负压隔离病房内医护人员佩戴防护面罩，对其操作造成视觉影响，为方便医护人员开展工作，对于负压隔离病房的照明设计应提出更高的要求，各电气设备应有设备标识。

【**技术要点**】

1. 负压隔离病房的照明设计应符合现行国家标准《建筑照明设计标准》GB 50034的有关规定，宜满足绿色照明的要求，其照度宜符合表29.3.10的要求。

<table>
<tr><td colspan="4">负压隔离病房照明标准值　　　　　　　　　　　　表29.3.10</td></tr>
<tr><td>房间名称</td><td>照度（lx）</td><td>统一眩光值</td><td>显色指数</td></tr>
<tr><td>负压隔离病房</td><td>300</td><td>17</td><td>80</td></tr>
<tr><td>负压隔离走廊</td><td>150</td><td>19</td><td>80</td></tr>
<tr><td>缓冲间</td><td>200</td><td>17</td><td>80</td></tr>
<tr><td>夜间守护照明</td><td>5</td><td>17</td><td>80</td></tr>
</table>

2. 负压隔离病房的一般照明应避免对患者产生眩光，宜采用带罩密闭型灯具，并宜吸顶安装，光源色温不宜大于 4000K，显色指数应大于 80。床头宜设置局部照明，每床一灯，可就地调节控制。

3. 照明灯具表面应光洁、易于消毒。灯具布置应便于输液和隔帘导轨的安装。病房地脚灯应设置在卧床患者的视线外，避免影响患者休息。

4. 应急照明系统配电应符合现行国家标准《建筑设计防火规范》GB 50016 的有关规定。

5. 独立的病房设备带上应设置不少于 6 个治疗设备用电插座，面板上应设置"治疗设备"或"非治疗设备"的明显标志。

6. 不间断电源插座应设置明显标志。

29.3.11　对于负压隔离病房内电气设备的选型、安装，在设计中应考虑减少物业维修人员进入污染区和半污染区工作的次数，从而降低维修人员受感染风险。负压隔离病房电气线路选型及敷设应充分考虑人员安全和围护结构气密性。

【技术要点】

1. 负压隔离病房配电箱不应设在患者活动区域。

2. 在污染和半污染走廊、污洗间、处置室、病房等需要灭菌消毒的地方，均需设置紫外线杀菌灯，对于无法安装固定式紫外线灯或固定式紫外线灯无法照射的区域则采用移动式紫外线灯。走廊等公共场所或平时有人滞留的场所的杀菌灯，宜采用间接式灯具或照射角度可调节的灯具。杀菌灯与其他照明灯具应用不同的开关控制，其开关应便于识别和操作。

3. 负压隔离病房的电动密闭阀控制开关宜设置在走廊高处，并应设置标识，以防止误操作。

4. 负压隔离病房宜采用双控开关，保证室内的患者与室外的医护人员都可以控制。

5. 电线电缆的选型宜采用低烟无卤型。消防配电线路或电缆的选型和敷设，还应符合现行国家标准《建筑设计防火规范》GB 50016 的有关规定。

6. 配线的保护管、母线槽或桥架穿越隔墙处应进行密封处理。

29.3.12　负压隔离病房电气装置的部件与患者有接触，触电危险大，应实行"辅助等电位联结"，使所有金属构件与 PE 线处于同一电位，以降低接触电压，提高安全用电水平。且应按现行国家标准《建筑物防雷设计规范》GB 50057 和《建筑物电子信息系统防雷技术规范》GB 50343 的有关规定做好防雷与接地措施。

【技术要点】

1. 负压隔离病房实行"辅助等电位联结"，即将该场所内所有的金属构件、管道进行等电位联结。

2. 负压隔离病房卫生间应设置等电位端子箱，并应将下列设备及导体进行等电位联结：

（1）设备带接地端子；

（2）外露可导电部分；

（3）除设备要求与地绝缘外，固定安装的、可导电的非电气装置的患者支撑物。

3. 每个床位设备带宜设置 2 个等电位接地端子，供新接设备接地保护使用。

29.3.13　我国香港负压隔离病房的配电要求：

1. 电力系统需与电力公司紧密配合，最佳的做法是由两路供电，当一路发生故障时，另一路可以保持供应，维持正常服务。

2. 除了两路供电，也须考虑为紧急系统配备备用发电机，当因故障未能供电时，可由备用发电机提供紧急电力，维持医院的紧急服务。发电机的储油量也是需要考虑的因素，一般准备备用发电机工作 $8\sim48h$ 的储油量，应结合当地供电的情况和燃油补给的情况作考虑。

3. 主要电路最好经由不同路径供电至所需的系统。如果其中一个路径遭到破坏，在不同路径的另一端仍然可以维持正常，提高系统的可靠性。

4. 对于负压隔离病房，空调系统必须配备后备系统，除了电力要由两路供电，配备备用发电机外，必须配备备用风机等运行配件，并要定期切入和交换运行，以提高系统的可靠性。

29.3.14　由于负压隔离病房对人员进出是有严格的管控要求的，所以对于智能化设备的选型、安装在设计中也应考虑减少人员进入污染区和半污染区的次数，从而降低人员受感染风险。

【技术要点】

1. 应根据医疗流程，对负压病区设置易操作、非接触式出入口控制系统，实现对清洁区、半污染区、污染区之间人流、物流的控制。医护人员进入负压隔离病房的缓冲间应使用双门互锁装置，防止负压区域因缓冲间双门同时打开而破坏压力梯度，造成气流交叉，引起交叉感染。当火灾报警时，应通过消防联动控制相应区域的出入门处于开启状态。

2. 负压病区的送、排风机启停，送风机及电预热装置启停应连锁控制；污染区和半污染区的压差应进行有效监控。如条件允许，宜采用建筑设备监控系统。

3. 应在护士站或指定区域设置负压病区污染区及半污染区的压差监视和声光报警装置，病房门口宜设灯光警示。

4. 负压隔离病房内应设置病人视频监视系统，每床宜设一台摄像机，实现语音或视频双向通信，便于护士站远程视频监控。通过视频监控防止交叉感染，并对出入的人员进行识别和记录，以便查询。设备安装应便于观察和操作，易于消毒。

5. 负压病区应按护理单元设置医护对讲系统。各护理单元主机应设在护士站，病房及床位设置呼叫分机，病房卫生间应设置紧急呼叫按钮（拉线报警器），实现语音的双向对讲功能。医护对讲设备应易于消毒。

6. 压力监测设计：在设计和建造负压隔离病房时，负压是严格跟从设计要求的，但是相对压力不容易观察，此时可借助轻烟雾判断气流的流向，从而确定相对负压的区域。但在医院日常运作中，应采用便于观察的电子压力计，当失去预设压力一段时间后，会发出报警通知有关医护人员（图 29.3.14-1、图 29.3.14-2）。在负压隔离病房和前室之间、前室和走廊间宜安装电子压力计。在正常运行的情况下，门也是需要正常开闭的，假如门一打开报警便马上响起，医护人员会产生厌烦情绪，久而久之，医护人员可能会倾向忽略报警信号。所以在设定报警系统时必须与医护人员沟通，提供一个合理的缓冲时间。另外，前室及隔离病房内也应定期进行烟雾测试，确保空气流向正确和压力计正常运作。

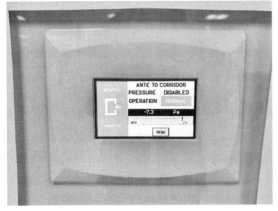
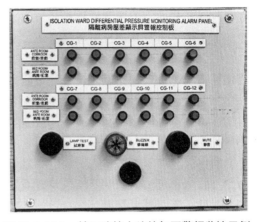

图 29.3.14-1　某医院负压隔离病房压力监测计示例　　图 29.3.14-2　某医院护士站的气压警报监控示例

29.3.15　对于身处负压隔离病房的病患，除了治疗，还应注重其心理健康。利用视频、音频等手段，可转移患者注意力和缓解患者焦躁情绪。另外，利用 5G 通信技术实现远程医疗会诊及家属探视等功能。

【技术要点】

1. 负压隔离病区应设置有线网络和无线网络，为减少线路穿越污染区，宜采用无线通信，设置无线 AP 点。医护区和病房应分别设置内网和外网信息插座，满足数据和语音的通信需求。

2. 负压隔离病房应设置有线电视插座。

3. 负压隔离病房应结合网络系统或有线电视系统设置健康宣教系统。

4. 宜充分利用 5G 网络技术，设置远程会诊系统和视频会议系统等信息化应用系统，满足多方会诊需求。

5. CCTV 与护士呼叫系统：

（1）现代的通信科技发达，医护和患者在多数情况下都可以通过对讲机或护士呼叫系统进行沟通，而病房里也可装设合适的 CCTV，让医护人员不需要进入病房也可以与患者进行沟通和医学观察。

（2）新型冠状病毒出现以后，许多负压隔离病房会设置一些患者自助服务，让患者自己定期使用一些设备进行基础检测，数据经网络传到医护处，让医护人员不须直接接触患者也可进行密切的医学监察，提高工作效率及降低感染风险。

6. 中央监控系统及其网络：

（1）中央监控系统是用于监控医院机电系统运行的系统，使各机电系统可更高效地控制和配合。

（2）中央监控系统要具有弹性，可接受不同的传输协议，并允许不同的系统结合（例如消防、医用气体、空调系统、供水和排污等），并做出有效的控制和监察。

（3）若可行，中央监控系统要由高级编程接口与其他机电系统连接，减少因不同传输协议而产生解读困难。这套系统要求可做远程的连接，远程计算机只要配有相关软件并联网，便可实时远程监控。

（4）中央监控系统应能够对以下机电系统进行监察和控制：空调系统、锅炉系统、电力系统、灯光开关、紧急发电机和有关燃料使用情况、供水系统和储水量、门禁系统、医疗气体系统、消防系统、实验室系统、隔离病房、重症监护室运行情况等。

（5）系统网络需要为最新的以太网，网络结构要简洁，采用环形设计并要敷设在不同的路径，避免由于意外而导致系统中断。

（6）系统要提供足够的直接数字控制（DDC），DDC在网络中断时可独立运行，避免因网络问题而停止运行。在大型和较复杂的系统中，由于连接的仪器比较多，要监测的事项同时也会增加。为避免出现信号滞留导致系统不能及时反应，DDC必须有足够的数量且速度要快。

29.3.16　负压隔离病房是潜在污染最严重的区域，病房内卫生设施如洗手盆、水龙头、卫生器具、给水排水管道，医疗设施如医用氧气供应系统、医疗压缩空气供应系统、医用真空系统，消防设施如消火栓系统等，应采取措施防止病房内部之间以及对病房外部的污染。根据现行国家标准《综合医院建筑设计规范》GB 51039、《传染病医院建筑设计规范》GB 50849、《传染病医院建筑施工及验收规范》GB 50686等，给出给水排水、医用气体、消防工程相关技术要求。

【技术要点】

1. 给水排水

（1）缓冲间内应设洗手盆。供水龙头采用非接触式感应冷热混合龙头。

（2）所有用水设备均使用非手动水龙头或冲洗阀。

（3）接入负压隔离病区的给水主管道上必须安装止回阀，防止有污染的水回流到医院大楼给水系统。

（4）给水的配水干管、支管应在清洁区内设置检修阀门。

（5）治疗室、医护办公室尽可能不设地漏，其他设施需要设计地漏时应采用高水封不锈钢密闭地漏，或者采用带过滤网的无水封直通型地漏加存水弯，水封高度不得小于50mm且不得大于100mm，水封应有补水措施。

（6）排水立管不应在负压隔离病房内设置检查口和清扫口。

（7）给水排水管道穿过墙壁和楼板处应设置套管，套管内的管段不应有接头，采用不收缩、不燃烧、不起尘的材料密封，套管两侧应设置扣板或封盖。

（8）负压隔离病房污染区的排水应集中收集，经消毒后再排入医院内污物处理池。

（9）负压隔离病房污染区的排水管道需要独立设置，不能和其他区域共用排水立管；负压隔离病房应单独设置通气管，出屋面的排水管道排气应设置高效隔离器（带高效过滤器，见图29.3.16），经高效过滤后才能排入大气中，通气管口高出屋面不小于2m，并应远离进风口和人员活动区域。

（10）我国香港负压隔离病房的给水排水设计措施：

1）负压隔离病房的排污系统采用双管式设计，双管系统是指把污水和废水立管分开的系统。污水是指便器产生的污水，而废水是指由便器以外的洁具产生的污水（如洗手盆、地漏等）。污水和废水接驳到不同的管道，直到检查井才混合在一起。

2）排污管道都需接驳到气喉（通气立管），避免因虹吸现象而导致水封干涸，使潜在污染空气进入室内。需要注意的是，负压隔离病房的气喉（通气立管）极大可能充满传染性的病毒，因此气喉（通气立管）出口的位置必须严格远离窗户和进气口，建议遵从负压隔离病房的排气要求。

3）地漏也采用 W 形水封，W 形水封同时接驳至地面排水和洗手盆排水，避免长期没有地面排水而导致水封干涸。

4）在我国香港的医院设计中，大部分排污系统都会直接接驳到市政系统，但个别项目也会先将负压隔离病房排出的污水作消毒处理再排到市政系统。当设计这些消毒系统时，应考虑采用什么样的消毒液、消毒时长等问题，特别是对于出现的新型病毒，由于对其认知有限，应参考研究人员最新发表的科研成果，再调校消毒液、相关质量分数和消毒时长。

5）在负压隔离病房，由于患者通常携带传染性较高的病毒，而负压隔离病房的目的就是阻止病毒传给他人，因此，在设计供水系统时，比较理想的做法是负压隔离病房设置一套独立的供水系统，如有实际困难，要提供隔离水缸，从而降低因冷水受污染而导致病毒传播。

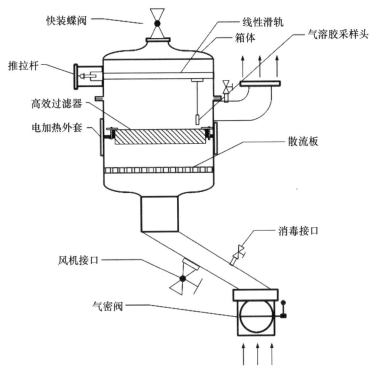

图 29.3.16　管道高效隔离器

2. 医用气体

（1）负压吸引管道可采用镀锌钢管或非金属管，其他气体可选用纯铜管或不锈钢管，管道、阀门和仪表安装前应进行脱脂处理。

（2）进入负压隔离病房的管道应设套管，套管内的管段不应有焊缝与接头，采用不收缩、不燃烧、不起尘的材料密封，套管两端应有封盖。

（3）医用气体的支管上应设置止回阀，并且靠近病房位置。

（4）负压隔离病区应独立设置医用真空设施，负压吸引泵不宜采用液环真空泵。

（5）负压吸引系统排气应经过高效过滤器过滤后排放。

（6）在进入负压隔离房的医用气体管道上应设区域阀箱，区域阀箱应设在清洁区有人值班的场所。

（7）其他规定参考重症监护病房医用气体工程设计要求。

3. 消防工程

（1）消防管道穿过墙壁和楼板处应设置套管，套管内的管段不应有接头，采用不收缩、不燃烧、不起尘的材料密封，套管两侧应设置扣板或封盖。

（2）负压隔离病房内不应安装各类灭火用喷头。

（3）其他规定参考重症监护病房消防工程设计要求。

（4）由于负压隔离房长期保持负压的状态，空气会不断由室外涌入，在火灾发生时，浓烟亦可能大量由室外涌入室内。所以常规消防设计都会在火灾发生时，把负压隔离病房的集中空调系统关掉，阻止大量浓烟进入病房。从消防安全的角度，这是正确的设计思路，但是从感染控制和负压隔离病房的管理角度，可能有其他考虑。在我国香港的医院病房中，因多数患者处于睡眠或休养状态，且多是短期入住，对环境并不熟悉。在这种环境下，病房必须装有烟雾感应器，烟雾感应器是一个非常敏感的装置，就算只是有人吸烟，或是打开微波炉门，里面的热气也足以刺激到烟雾感应器产生误鸣，如果在这种情况下将负压控制系统暂停，病房的负压便不能维持，气流的流向便可能改变，大大增加高传染性病毒流出的概率，易发生交叉感染。因此，处理这一问题没有固定答案，需要消防部门、设计师和医院管理人员的讨论，并结合医院的运行模式和接收患者的类别进行综合考虑。

29.4　负压隔离病房的施工要求

29.4.1　负压隔离病房对建筑围护结构的密闭性有较高的要求，在施工过程中要充分保证围护结构的密闭性，避免清洁区、半污染区、污染区的交叉污染。

【技术要点】

1. 一般要求

（1）围护结构板材宜采用工厂化加工、装配化施工，顶板材质宜采用可上人材料，隔断及吊顶板为 A 级防火材料。围护结构的防火性能应满足现行国家标准《建筑设计防火规范》GB 50016 和《建筑内部装修设计防火规范》GB 50222 的要求。

（2）负压隔离病房的内墙、吊顶板、地面及门窗等建筑装饰材料表面应光滑平整，内外角均圆弧过渡，易于清洗，地面应防滑、耐磨及耐消毒剂。围护墙板在施工过程中，保证所有板材连接缝隙处均采用密封胶进行密封填充，并且密封胶应选用不含刺激性挥发物、抗腐蚀、耐老化且抑菌的中性胶。

（3）负压隔离病房围护结构施工过程中要避免房间产生卫生"死角"，以免滋生细菌。因此，围护结构墙板间的阴角采用半径不小于 50mm 的圆弧过渡；地面一般采用 PVC 或橡胶地面，PVC 直接上墙 100mm，交角处内衬橡胶条，两者成型圆弧角半径不小于 30mm。踢脚要与墙面平齐或略缩进不大于 3mm，以便后期擦拭、消毒。

（4）设有排水地漏的房间（如卫生间），排水的坡度要满足设计要求，当设计无要求时，不应小于 0.5%，地面应进行防水处理，防水层要向墙面上返不小于 250mm；淋浴间的地面和墙面均应进行防水处理，墙面防水层高度不应低于 1.8m。

（5）负压隔离病房的门应采用钢制门并进行可靠密封，门上应有观察窗，门框至少三面具有密封胶条，门框底边与地面之间宜留有 10mm 的缝隙，并安装可调扫地门条，保证门在关闭时，密封条处于压缩状态。

（6）负压隔离病房的门要向压力高的方向开启，这样可以保证门关闭紧密，以防影响房间压力梯度，且门应安装闭门器，以实现自动关闭。

（7）负压隔离病房应设有密封窗，建议采用成品净化中空双层钢化密闭窗，且与围护结构平齐，连接处应用密封胶进行充分填充、密封。当密封窗围护结构无法平齐时，窗台部位应采用圆弧过渡，且接缝处应用密封胶进行充分填充、密封。

（8）要保证负压隔离病房的地面平整、减少积尘面（避免凹凸面），避免在室内气流下对房间产生的积尘形成二次飞扬，造成污染。

（9）改建负压隔离病房在隔墙拆移、打洞、管线穿墙和穿楼板等施工后，应修补牢固，表面进行相应装饰，防止积尘。

（10）在建筑装饰施工过程中，须随时清扫灰尘，对隐蔽空间（如吊顶板和夹墙内部等）还应做好清扫记录。

（11）注意保护已完成的装饰表面，避免撞击、敲打、踩踏、多水作业等造成板材凹陷、暗裂和表面装饰的污染。

（12）施工现场应保证良好的通风和照明。对改建负压隔离病房，应查明和切断原有电源及易燃、易爆和有毒气体管线后方可施工。

（13）建筑装饰工作完成后，应根据标准进行密封性试验，以保证密封要求。

2. 隔断及吊顶板

（1）对照施工图，现场测定轴线、标高尺寸，清理安装现场，准确放出大样。墙角应垂直交接，防止累积误差造成墙板倾斜扭曲。墙板的垂直度偏差不应大于 0.2%。圆弧角不应有扭曲，直线度误差小于 1mm。

（2）安装现场必须随时保持清洁，无积尘，并在施工过程中对零部件和场地随时清扫、擦净。

（3）施工安装时应首先进行吊件、铆固件等与主体结构和楼面、地面和连接件的固定。

（4）密封胶嵌固前，应将基槽内的杂质、油污剔除干净，并干燥。

（5）下马槽与地坪的连接必须牢固，不得松动，接缝处注胶密封。

（6）墙板与墙板连接必须平整无凹凸，缝隙均匀，注胶光整平滑。

（7）墙板与墙板、墙板与吊顶板相接形成的各个阴、阳均采用铝合金圆弧形连接件连接，墙板与地面相交的夹角处应用弹性材料加固。$\phi 80$ 以下工艺管穿金属墙板处采用金属密封套，工艺管由密封套中穿过，确保穿管牢固。

（8）墙（吊顶）板及铝配件结合处用密封胶密封，密封胶涂敷过程不应有断线、残滴、气孔等缺陷。

（9）吊顶板吊杆应安装牢固，使吊顶板在受荷载后的使用过程中保持平整。

（10）吊顶板安装时及在吊顶板上进行其他项目的安装时，应在室内用木柱作支撑，待吊顶板上安装项目完工、吊顶板进行加固后再撤除支撑用的木柱。

3. 门、窗

（1）负压隔离病房的门、窗应具备良好的密封性。

（2）门、窗的外观颜色采用暖色，表面平整，不易积尘，易于清洗。

（3）窗与内墙宜平整，不留窗台，如有窗台，凸出部分圆弧过渡。

（4）建筑装饰及门、窗的缝隙要求双面密封。

（5）固定密闭窗安装前须擦净玻璃，注胶密封粘接应平整牢固，双面玻璃应与墙板双面在同一平面。

（6）门安装时应对照图纸检查门框的规格、平面位置。

（7）负压环境，应注意门开启方向。

（8）门、窗拉手位于门、窗高度的中点，门拉手距地面1.05m，门锁距地面1.0m。

4. 地面

（1）要求基层地面平整、干燥（水泥地面表面应发白），无明显凹凸不平，不起尘，不脱壳，水泥基面平整度偏差严格控制在5mm内（用2m靠尺检验）。

（2）卷材地面层铺贴前应预先按规格大小、厚薄分类，板材或卷材与地面之间应满涂胶粘剂，表面赶平，不得漏涂或残存空气。

（3）踢脚线部分应与墙面平齐或略缩进2～3mm。当踢脚线与地面材料相同时可做成小圆角，其圆角半径应大于或等于50mm。

（4）当踢脚线与地面材料不同时，应用弹性材料嵌固。

（5）不同材料相接处采用弹性材料密封时，应预留适当宽度和深度的槽口或缝隙。

（6）地面水分质量分数在4.5%以下。

（7）环境温度为10～35℃，相对湿度不得大于80%，通风或空气流动条件好，并且室内其他各项负压隔离病房已基本完成，不得有上下交叉作业。

29.4.2　负压隔离病房对洁污分区、气流组织、压力梯度有严格的要求，为满足负压隔离病房的设计规范需求，需要安装传递窗、压力表等穿墙设备，在围护结构墙板、顶板部位进行开洞。因此，在施工过程中要保证所有开洞部位进行填实、密封，部分暂时未使用的孔洞需要采取可靠措施进行密封。

【技术要点】

1. 传递窗在安装过程中需要对围护结构开洞，开洞尺寸应严格满足传递窗的安装尺寸，穿墙缝隙应采用密封装置进行可靠固定、密封，并且与围护结构连接部位采用圆弧过渡，所有缝隙采用密封胶进行密封填充。传递窗要满足发烟法检测要求。

2. 负压隔离病房需要安装压力表的部位，应在合理的位置预留测压孔，要严格按照压力表的孔径预留测压孔，测压孔与围护结构连接处采取可靠的措施进行密封；当测压孔未使用时，应具有可靠的方式进行密封，防止空气通过测压孔泄漏，造成交叉污染。

3. 负压隔离病房安装插座、开关、医疗带时，对穿墙线管内进行有效密封，避免房间内与设备夹层空气交叉污染；面板与围护结构通过密封胶进行填充密封。

4. 负压隔离病房卫生间马桶旁侧墙上空应安装输液袋挂钩，输液袋挂钩通过丝杠穿过围护结构顶板与结构楼板进行固定连接，穿围护结构顶板孔洞处应进行可靠密封；负压隔离病房内病床中央的顶棚上应安装输液袋挂钩轨道，须注意避开灯和风口，输液袋挂钩轨道通过丝杠穿过围护结构顶板与结构楼板进行固定连接，穿围护结构顶板孔洞处应进行可靠密封。

29.4.3　负压隔离病房施工时在设备夹层需要安装较多控制阀部件及自控部件，以实现负压隔离病房的防护功能，因此需要维护人员定期对设备进行检修、更换。

【技术要点】

1. 为保证对通风管道及阀部件、自控系统的检修，建议设置设备夹层，以便后期运行维护；当条件不允许时，围护结构顶板宜采用可上人顶板，以方便维护人员定期维护。

2. 负压隔离病房内不应安装检修口，该区域的检修口应安装在清洁区，以方便维护人员通过设备夹层、上人吊顶对负压隔离病房的阀部件进行维修或更换。

29.4.4　负压隔离病房主要是通过保证房间定向气流，维持房间负压并与相邻区域保持一定的压差，来避免交叉感染，上述要求均是通过空调系统来实现的。空调系统的施工安装作为连接设计与验收的桥梁，既保证了设计工作的顺利落地，又为项目验收及正常投入使用奠定了基础。因此，空调系统的施工在负压隔离病房的建设中至关重要，对风管的施工、材质选择，以及空气处理机组和空气过滤器的安装均有相应的要求。

【技术要点】

1. 一般要求

（1）净化空调风管加工前应清除表面油污和灰尘，必须在干净的室内环境中加工，完成一段后应擦拭干净，并且用薄膜封闭风管两端，安装后整个风管两端需要用塑料薄膜封住，减少灰尘进入。为了防止密封胶吹落，送、排风管道咬口缝均需在正压面进行密封。

（2）为了便于检测和调试，风管上适当位置应设置风量测量孔来测量新风量、送风量、排风量等，测量孔的位置和数量根据检测和调试的需要设定。

（3）风管穿防火墙或楼板时应预埋钢板厚度不小于 1.6mm 的套管，风管与套管的缝隙采用对人无害的防火材料封堵，然后用密封胶封死，表面最后进行装饰处理。

（4）采用密封胶进行缝隙密封处理时，打胶应连续、均匀、密实，尤其是铆钉处应内外涂满，涂胶要不流、不滴，不得出现断裂、漏涂、虚粘等现象，严禁在密封胶固化过程中进行有尘作业。

（5）排风管道、与病房相通的送风管道、气密阀应采用耐腐蚀、耐老化、不吸水、易消毒的材料制作。

（6）净化空调机组冷凝水排出管上需设置阀门，避免过渡季或者冬季没有冷凝水排放时空气进入系统。同时，因净化空调机组的风机风压比舒适性空调机组的风压高，机组的基础也相对较高，一般不宜低于 200mm，以便满足水封的要求。当安装空间受限时，可采用设置快适阀的方式，缩小传统水封的安装高度。

（7）负压隔离病房通风工程主要施工流程如图 29.4.4-1 所示。

图 29.4.4-1　负压隔离病房通风工程施工流程

2. 空气过滤器

（1）为防止高效过滤器在运输途中被破坏或被污染，在现场安装才能打开包装。

（2）排风高效过滤器用来过滤病原微生物，现场应具备检漏的条件，若无现场检漏条件，应采用经预先检漏的专用排风高效过滤装置。为了防止风管污染，排风高效过滤器应就近安装在排风口处，并宜具有原位消毒的措施，原位消毒可以通过排风高效风口产品或者在房间送、排风管之间增加消毒设备来实现。排风高效过滤器需要定期更换，施工安装时需保证后期更换所需的操作空间。

（3）高效过滤器安装前应对净化空调系统进行全面清扫，连续试车时间不应小于12h。安装现场拆开高效过滤器包装进行外观检查并进行检漏测试，合格后方可进行施工安装。

3. 压差控制

负压隔离病房各室门外目测高度外应安装压差计，由于医护人员对压差不一定熟悉，所以压差计上应有压差降到标准值50%时的警示标识（如粘贴提示线等）。另外，建议设置集中控制室，各室压差应具有显示、报警功能。

4. 通风管道

（1）金属型钢应符合现行国家标准《热轧型钢》GB/T 706、《热轧钢棒尺寸、外形、重量及允许偏差》GB/T 702 的规定。

（2）风管与配件的咬口缝应紧密、宽度应一致；折角应平直，圆弧应均匀；两端面应平行。风管无明显扭曲与翘角；表面应平整，凹凸不大于10mm。

（3）空调系统风管法兰的铆钉间距应小于100mm，通风系统风管法兰的铆钉间距应小于65mm。

（4）风管连接螺栓、螺母、垫圈和铆钉应采用与管材性能相匹配、不会产生电化学腐蚀的材料，或采取镀锌或其他防腐措施，并不得使用抽芯铆钉。

（5）风管不得采用S形插条、C形直角插条及立联合角插条的连接方式。

（6）风管内不得设置加固框或加固筋。

（7）安装前熟悉现场，核对管道、配件、阀件安装位置，检查标高及预留孔洞、预埋件是否符合安装要求。

（8）支吊架安装须牢固，位置准确，强度符合要求，支吊架可安装在墙、柱、梁、楼板等比较坚固的建筑结构上。

5. 风管的漏风量测试

（1）风管的漏风量测试采用的计量器具必须经检定合格并在有效期内，同时采用符合现行国家标准《用安装在圆形截面管道中的差压装置测量满管流体流量》GB/T 2624 规定的计量元件搭设测量风管单位面积漏风量的试验装置。负压隔离病房的风管均为中、低压风管，风管单位面积允许漏风量见表29.4.4。

中、低压风管单位面积允许漏风量　　　　　　　　　　　　　表29.4.4

风管类型	风管压力（Pa）	允许漏风量［m³/（h·m²）］
低压系统	$P \leqslant 500$	$Q \leqslant 0.1056 P^{0.65}$
中压系统	$500 < P \leqslant 1500$	$Q \leqslant 0.0352 P^{0.65}$

注：1. P 指风管工作压力。

2. 按风管系统的类别和材质分别抽查，不得少于3件及15m²。

3. 低压、中压圆形金属风管、复合材料风管以及采用非法兰形式连接的非金属风管的允许漏风量，应为矩形风管规定值的50%。

（2）风管安装完毕以后，在保温前对安装完毕的风管进行漏风量的测试。中压风管的漏风量检测必须在漏光检测合格的基础上进行，检查数量按风管系统负压隔离病房的类别和材质分别抽查，不得少于 3 件及 $15m^2$。

（3）试验前的准备工作：将待测风管连接风口的支管取下，并将开口处用盲板密封。

（4）试验方法：利用试验风机向风管内鼓风，风管内静压上升到 700Pa 后停止送风，如发现压力下降，则利用风机继续向风管内鼓风并保持在 700Pa，此时风管内进风量即等于漏风量。该风量用在风机与风管之间设置的孔板与压差计来测量。

（5）试验步骤：

1）漏风声音试验：在漏风量测量之前进行。试验时先将支管取下，用盲板和胶带密封开口处，将试验装置的软管连接到被测风管上。关闭进风挡板，启动风机。逐步打开进风挡板直到风管内静压值上升并保持在试验压力。注意听风管所有接缝和孔洞处的漏风声音，对每个漏风点作出记号并进行修补。

2）漏风量测试：在有漏风声音点密封之后进行。测试时，首先启动风机，然后逐步打开进风挡板，直到风管内静压值上升并保持在试验压力，读取孔板两侧的压差，按规范要求计算被测风管的漏风量。

6. 风管部件安装

（1）风口安装

1）风口安装应注意美观、牢固、位置正确、转动灵活，在同一房间安装成排同类型风口时，必须拉线找直找平。送风口标高必须一致，横平竖直，表面平整，与墙面平齐，间距相等或均匀。

2）风口必须固定，连接严密、牢固、可靠。边框与装饰面贴实，外表面应平整不变形，调节应灵活。

3）风口水平安装，水平度的偏差不应大于 3/1000；风口垂直安装，垂直度偏差不应大于 2/1000。

（2）高效过滤送风单元及高效过滤装置安装

1）高效过滤器的安装

① 高效过滤器的安装时间必须严格控制，必须在负压隔离病房和净化空调系统施工完毕，进行全面清扫并运行 24h 后，方可安装。

② 高效过滤器在运输和存放期间，应根据出厂标识竖向搁置，应小心轻放，并防止剧烈振动和碰撞，以免损坏。

③ 高效过滤器在安装时方可从保护袋中取出，并应认真检查滤纸、密封胶和框架有无损坏。若有损坏，应予更换。在安装过程中，任何情况都不得用手和工具触摸滤纸。

④ 高效过滤器安装时应注意外框上的箭头与气流方向一致。当竖向安装时，其波纹板应垂直于地面，以免损坏滤纸。

⑤ 高效过滤器的安装框架应平直，接缝处应平整。

⑥ 高效过滤器安装就位后必须进行全数检漏。

2）排风高效过滤装置

① 结构组成：扫描风口由孔板、风口箱体、扫描驱动机构、生物型气密隔离阀组成。风口箱体内安装高效过滤器，高效过滤器下游设置线扫描机构。箱体设置扫描驱动机构及

接口箱，设置高效过滤器阻力监测仪表、阻力监测压力开关、电气接口、生物型气密隔离阀状态指示、消毒验证口、气体消毒口和扫描采样口。

② 扫描口安装：将扫描风口推入安装开孔就位；调整扫描风口四面与墙板的间隙量，使得周边缝隙均匀；对扫描风口与墙板进行密封处理，扫描风口箱体与墙板涂抹密封胶，保证无泄漏；待密封胶硬化后，采用焊接或柔性连接方式将扫描风口排风口与通风系统排风连接；拆除扫描风口孔板安装螺栓，取下孔板；对扫描风口箱体内腔进行擦拭清洁处理和吹扫，坚决避免金属屑残存于箱体内；安装高效过滤器和压板框，采用螺栓预紧压紧高效过滤器安装框，以保证高效过滤器的压紧程度和受力均匀性。

（3）高效过滤器的检漏

1）高效过滤器检漏采用 DOP 加计数扫描。

2）计数扫描采用的仪器是粒子计数器，测试值反映气流中计径粒子的计数浓度（粒/L）。

3）扫描检漏过程与效率测试中的 MPPS 法类似，因此可以允许通过扫描试验数据计算效率，使效率试验和扫描检漏工作合二为一。

（4）生物密闭阀安装

生物密闭阀由阀体、驱动装置和连接机构组成。阀体由连接法兰、阀筒、阀板、密封面、阀杆和阀座组成（图 29.4.4-2）。连接法兰采用连续焊接方式焊接在阀筒两侧，密封面采用连续焊接方式焊接在阀筒内部。阀板侧面安装硅橡胶密封圈，密封面为楔形结构，密封圈与楔形密封面挤压密封。阀杆与阀座内衬 O 形硅橡胶密封圈。

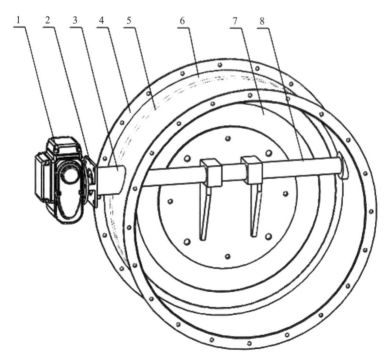

图 29.4.4-2　生物密闭阀阀体结构图
1—驱动装置；2—连接机构；3—阀座；4—连接法兰；5—阀筒；6—阀体；7—阀板；8—阀杆

7. 空调机组

（1）根据所选设备外形尺寸考虑吊装和运输通道。

（2）校对设备尺寸与现浇混凝土基础尺寸是否相符，基础找平。

（3）机组安装前开箱检查清点，核对产品说明书、操作手册等技术文件。

（4）吊运前核对空调机组与图纸上的设备编号。由于部分空调机组分段组装，对分段运输的空调机组应检查清楚所含组件。

（5）组对安装：安装前对各段体进行编号，按设计对段位进行排序，分清左式、右式（视线顺气流方向观察）。从设备安装的一端开始，逐一将段体抬上底座校正位置后，加上衬垫，将相邻的两个段体用螺栓连接牢固，每连接一个段体前，将其内部清除干净，安装完毕后拆除风机段底座减振装置的固定件。

（6）与系统管线接驳：空气处理器设橡胶弹簧减振器（支架）或横直纹橡胶减振垫，风管与机组连接设不燃材料制作的成品软接头。

29.4.5　给水排水施工主要控制要点包括空间管道施工、预留预埋施工和管道安装。

【技术要点】

1. 空间管道施工

（1）给水排水管道和蒸汽管道穿过负压隔离病房的墙壁和楼板应设套管，套管内的管段不得有接头，管子与套管之间必须用不燃和不产尘的密封材料封闭。

（2）负压隔离病房内的管道外表面的保温层，应采用不产尘的不燃或难燃的保温材料，保护层应采用金属保护壳。对于生物负压隔离病房，管道保护壳缝隙应作防水密封处理，保护壳材质应能抗消毒剂的浸蚀。

（3）给水排水管道和蒸汽管道的强度试验、气密性试验、真空度试验和泄漏量试验，当设计无要求时，应按有关规范执行。

（4）管道安装必须在环境清洁、室温在5℃以上、相对湿度在85%以下的条件下进行。

（5）管道的连接宜采用粘接、焊接、平焊法兰连接及活接头连接。

（6）管道或管件的承口不得歪斜和厚度不匀。管端不得有裂缝。管道的承插间隙不得超过 0.15～0.3mm。

（7）法兰面应平整光滑，密封面应与管道中心线垂直。

（8）活接头的接管与管道应采用粘接、焊接或螺纹连接。

（9）管道埋地敷设时，必须对垫层进行处理或设简易管沟；安装在地面上时，应设防护罩。

2. 预留预埋施工

（1）预留预埋主要为穿楼板的预留孔洞及套管的安装、穿隔墙吊顶板的套管预留预埋，在施工过程中应从表29.4.5所示的几个方面进行控制。

（2）在墙上预留孔、洞、槽和预埋件时，应有专人按设计图纸进行管道及设备的位置、标高尺寸的测定，标好孔洞的部位，将预制好的模盒内塞入纸团等物；在施工过程中应有专人配合校对，看管模盒、埋件，以免移位。

（3）在配合施工中，给水排水专业人员必须随负压隔离病房施工进度密切配合装饰专业做好预留洞工作。注意加强检查，绝不能有遗漏。

预留预埋工作要点　　　　　　　　　　　　　　　　　表 29.4.5

工作内容	要点
预留预埋准备	专业人员同深化设计人员认真熟悉施工图纸，找出所有预埋预留点并统一编号，测定管道及设备的位置、标高尺寸，标好孔洞的部位，在预留预埋图中标注清晰，便于各专业的预留预埋。同时与其他专业沟通，避免日后安装冲突
穿隔墙吊顶板无防水要求套管安装	配合装饰专业，按专业施工图的标高、几何尺寸将套管置于围护结构预留位置中固定牢靠，保护封闭好套管两端，然后交给装饰队伍继续施工

3. 管道安装

（1）负压隔离病房室内给水管道宜采用不锈钢管，压力小于等于 1.6MPa 时，采用 SUS304 薄壁不锈钢管，采用卡压或环压连接。不锈钢卡压式管件端口部分有环状 U 形槽，且内装有 O 形密封圈。

（2）负压隔离病房供水管道在清洁区设置倒流防止器，在污染区的给水管路的用水点设置止回阀。

（3）倒流防止器是一种严格控制管道中的水只能单向流动的新型水力装置。倒流防止器安装于供水管的主管处，防止负压隔离病房供水管道倒流而污染整个管网。倒流防止器产品由两个隔开的止回阀和一个液压传动的泄水阀组成。由于止回阀的局部水头损失，中间腔内的压力始终低于入水口的压力，这个压差驱使泄水阀处于关闭状态。在压力异常时（即出口端压力高于中间腔），即使两个止回阀都不能反向密封，安全泄水阀也能自动开启将倒流水泄空，并形成空气隔断，保证上游供水的卫生安全。

（4）专用存水弯：考虑负压隔离病房室内负压的运行特点，排水水封这样的节点也要考虑到安全处理余量，防护区内的洁具存水弯水封深度为 50～70mm（图 29.4.5）。另外，考虑今后的维修方便，存水弯应可拆卸。

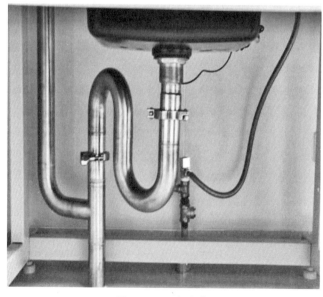

图 29.4.5　存水弯

29.4.6 负压隔离病房对建筑围护结构的密闭性有较高的要求，应充分保证电气管线的施工质量，降低设备检修概率和影响范围。

【技术要点】

1. 污染区和半污染区电气管线应暗敷，电气管线的管口应采取可靠的密封措施。

2. 病房、走廊、缓冲间等房间的出入控制显示盘及相关开启装置的设置位置应易于操作和清洁消毒。

3. 病房内控制显示盘、开关盒宜采用嵌入式安装，与墙体之间的缝隙应进行密封处理，并宜与建筑装饰协调一致。

4. 采用双路供电的线路应各自独立敷设，避免一路出现问题检修时影响另一路供电。

5. 医疗 IT 系统的接地系统中包括中性导体在内的任何带电部分严禁直接接地。医疗 IT 系统的电源对地应保持良好的绝缘状态。

6. 对于有抗静电要求的管道、金属壁板、防静电地板等设施应可靠接地，当存在腐蚀可能时应采取防腐蚀措施。

7. 暗装插座、暗装插座箱和开关的接线盒内必须清扫干净，紧贴墙面，安装端正。

8. 室内的配电设备应选择不易积尘的设备，并应暗装。电气管线应暗敷，由非洁净区进入洁净区的电气管线管口，应采取可靠的密封措施。

9. 灯具安装前必须擦拭干净。嵌入吊顶板内的暗装灯具，其灯罩的框架与吊顶板接缝必须进行密封处理。明装的吸顶荧光灯，其灯架应紧贴吊顶板。

10. 负压隔离病房内的接线盒内不得有灰尘，盒盖必须连接严密。

11. 电线管进入接线盒或配电盘、柜，穿线后必须密封严实。

12. 负压隔离病房内安装的火灾探测器，空调温湿度传感元件及其他电气装置，在净化空调系统试运转前，必须清扫至无灰尘。

13. 火灾探测器应安装在靠近排风口处，距墙壁或梁的距离应大于 0.5m，距送风口的距离应大于 1.5m，距全孔板送风口的距离应大于 0.5m。

29.5 工程检测与验收

负压隔离病房投入使用之前，必须经过竣工验收和综合性能评定，竣工验收必须有建设方、设计方、监理方、施工总承包、分包方参加。综合性能评定应由第三方完成，综合性能评定的执行单位最好由建设方委托。工程检测和验收的参考标准：《传染病医院建筑设计规范》GB 50849、《医院负压隔离病房环境控制要求》GB/T 35428。

【技术要点】

1. 工程检测应包括建筑相关部门的工程质量检测和环境指标检测。

2. 工程检测应由有资质的工程质量检测部门进行。

3. 工程检测的仪器应有计量单位的检定，并应在检定有效期内。

4. 工程环境指标检测应在工艺设备已安装就绪、净化空调系统已连续运行 48h 以上的静态下进行。

5. 环境指标检测项目、检测结果应符合项目环境评价建议书的要求。

6. 在工程验收后，项目投入使用前，应委托有资质的独立第三方进行环境指标检测。

7. 工程验收的内容应包括建设与设计文件、施工文件、建筑相关部门的质检文件、环境指标检测文件等。

8. 工程验收应出具工程验收报告。验收结论分为合格、限期整改和不合格三类。对于符合规范要求的，判定为合格；对于存在问题，但经过整改后能符合规范要求的，判定为限期整改；对于不符合规范要求，又不具备整改条件的，判定为不合格。

9. 在正式运行前，负压隔离病房须严格地开展运行测试。

（1）常规测试流程：首先将系统正常开启，再测量送风量、排风量、湿度和温度等，观察压力计是否正确显示预设压力。如果有项目不达标，须细心调节至达标。再更改设定，测试系统能否在可接受的时间内达到要求的数值。之后要把门打开，模拟不同失压的情况下，检查压力计的报警是否会打开。再把门关上，检查压力在短时间内能否回到正常状态。

（2）负压隔离病房的门和走廊门的互锁也要测试，确保正常运作。

（3）如果系统设有备用系统，需要确保系统的顺畅切入。

（4）还需测试个别部件在不能正常运作时，系统的压力是否有改变并导致气流流向的改变。

（5）在负压隔离病房，气流流向改变是一个非常严重的问题，这可能会导致洁区被污染。遇到这种情况必须小心处理，可考虑通过计算机默认指令将部分送风或排风关上，阻止气流方向的改变。

（6）气密性及气密性测试：负压隔离病房的主要作用是把病人与周边的环境和人隔开，避免直接接触或空气交换，防止交叉感染。负压隔离病房的建筑主体要尽量做到密封，设备经过房间必须小心处理并填补缝隙。虽然许多负压隔离病房都设有气密顶棚来保障气密性，在第一次安装顶棚时，由于是由专业人士安装，在安装后也进行过防漏测试，此时气密性是可以得到保障的。但是日后在顶棚上再进行保养维修是不可避免的，由于保养维修人员不一定是专业的安装人士，也不可能每次开启顶棚后再进行气密性测试。久而久之，气密性便会降低。所以可取的方法是把整个围护结构作为一个气密的空间，在门窗、穿墙的设备安装后，便进行气密性测试。在测试前，可通过烟雾帮助寻找细小的缝隙，及早修补。负压隔离房间的气密性是非常重要的，虽然房间里的气流整体是由外向隔离病房流入，但如果旁边也是负压病房，便会出现相对正压，从而增加交叉感染的机会。

气密性测试是一项非常专业的工作，必须由有相关经验的专业人士进行和撰写报告。在英、美等国家，对于气密性测试有严格的标准。在英国，主要采用 CIBSE Tm23 的测试方法，而美国则采用 ASTM E779-10 的测试方法（图 29.5）。两种测试方式都具体说明了整个测试如何进行，但是由于这些标准不是针对负压隔离病房，所以没有对于负压隔离病房的气密程度的要求。

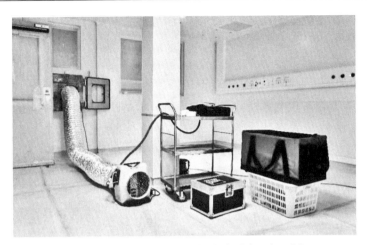

图 29.5　ASTM E779-10 气密性测试设备示例

29.6　保　养　维　修

负压隔离病房保养维修是维持医院正常运行的重要一环，在设计时，必须要考虑将来医院维修保养的需要。

【技术要点】

1. 保养维修人员在进入负压隔离病房或污染区时，必须要穿着保护衣物，为增加保养维修的工作效率和降低风险，设计师要尽量把机房置于污染区以外的地方，让保养维修人员容易进入。例如，紧急照明一般会采用自携式电池，而为保障电池能正常运作，维修人员须定期测试按钮，以确保其正常运作。但是隔离病房的紧急电池灯测试本身就是较为困难的工作，保养前需先与医院预约，再穿上整套保护装置，再按预定的程序进行测试，这不仅影响医院的正常运作、影响患者休息，更容易对保养维修人员造成心理压力和负担。因此，建议负压隔离病房的紧急电池灯采用中央电池系统，电池和有关控制面板可设在洁净区，保养维修人员在洁净区进行紧急照明的定期测试，既方便又安全。

2. 空调系统应避免采用风机盘管，这是由于风机盘管要定期更换过滤网，而且冷水进入负压隔离病房也会导致更多的保养维修工作，影响医院的日常运作。

3. 对于大型制冷系统，建议采用 $N+1$ 的配套设计，N 是系统在高峰时所需的制冷机组数量，多 1 部的目的是让制冷机组可定期休息和维修保养而不影响医院的运作。

4. 因负压隔离病房的风管极大概率会沾染病毒，故风管清洁是一个很重要的工作。在主风管的适当位置，要提供清洁消毒用的清洁入口；对于较细小的风管，风管清洁点宜设在容易进入的位置，供喷射式高压空气清洁消毒之用。

29.7　工程现状及常见问题

29.7.1　如前所述，目前国内缺乏针对性较强的专业设计规范，同时设计单位对负压隔离病房的认识也有待提高。负压隔离病房在平面布局、人流物流、通风空调系统、给水排水系统等方面都有其特点。但一些设计单位缺乏基本的隔离理论基础知识，存在布局上未考虑分区（清洁区、半污染区及污染区）、气流组织上未考虑单向流、压力梯度不明确等问题。

【技术要点】

负压隔离病房常见问题如下：

1. 通风和空调施工设计图内容表达不完整，缺少负压隔离病房和普通病房的室内参数要求，缺少必要的剖面图或说明，缺少对空调机组、高效过滤器等设备的必要的技术要求和说明。

2. 负压隔离病房回风口（段）未设计高效过滤器，系统排风机没有备用风机。

3. 图纸的设计与施工说明中关于排风控制的描述："排风机与净化空调机组联动，净化空调机组开启时，排风机随之开启，净化空调机组关闭时，排风机随之关闭"错误，如果按此设计方式运行，会导致开、关机过程中负压房间出现正压，致使污染物外泄。

4. 污染走廊未设通风空调设施，不利于形成有序的压力梯度。

5. 用于收治疑似患者的病房缓冲间未设任何通风措施，难以形成必要的压力梯度，会导致致病微生物在楼内传播。

6. 在某些设计中，有的新风口距相邻排风口不足3m，且位于排风口上方（图29.7.1-1），有的新风口设在排水立管通气口附近（图29.7.1-2）。排水透气口位于新风口上风侧或距离过近，通气口散发和排风口吹出的污气易被吸入到新风口。

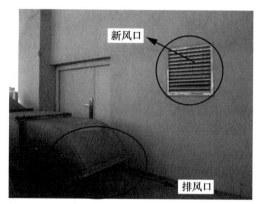 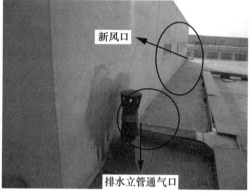

图29.7.1-1　新风口位于排风口附近　　　图29.7.1-2　新风口位于排水立管通气口附近

可见，由于缺乏针对性强的专业设计标准规范，关于负压隔离病房的诸多设计要点往往被忽略，甚至会出现一些设计错误。

29.7.2 负压隔离病房的施工过程，无论是空调系统，还是围护结构等，都可能存在诸多问题。

【技术要点】

1. 空调设备

负压隔离病房不应采用现场拼装的机组，应采购正规厂家制造的整机。现场自行拼装的机组受工艺影响，漏风率大，空气过滤器、风机和电机无法维护和更换，无法满足工艺性空调的各项要求。

图29.7.2-1～图29.7.2-4为某传染病医院负压隔离病房所采用的现场拼装组合空调机组。该空调机组采用直接膨胀制冷，表冷器安装在室内空调机组机箱内，压缩机和冷凝器

等置于室外机内，供热采用电加热器。所有空调机组壁板和框架均采用夹芯彩钢板和铝合金型材现场制作，工艺粗糙，机组在风机段和中效过滤段没有检修门，且机组直接利用机房地面作为机组底板。整体机组没有设备铭牌，未见整机合格证。无法更换空气过滤器，无法对设备进行保养和维修。机组的冷凝水排水管均未做 U 形反水弯。

图 29.7.2-1　空调机组构造

图 29.7.2-2　冷凝水排水管未做 U 形反水弯

图 29.7.2-3　风机铭牌

图 29.7.2-4　空调机组表冷器和电加热器

施工方单独采购风机、制冷设备、空气过滤器等部件，然后现场拼装，无整机合格证，不符合《医院洁净手术部建筑技术规范》GB 50333—2013 中相关的规定。此外，机组在风机段和中效过滤段没有检修门，难以进行正常维修和保养，且机组直接利用机房地面作机组底板，无法排除清洗废水，不符合《医院洁净手术部建筑技术规范》GB 50333—2013第 7.3.1 条的规定。

2. 排风设备

常见问题有：排风机组拼装，难以满足工艺要求；排风机未做备用，一旦出现故障，负压房间将失去保障；排风机出口未安装防护罩（网），会导致雨水、异物、昆虫和小动物进入设备，如图 29.7.2-5 所示。

图 29.7.2-5 某传染病负压隔离病房屋顶排风机

3. 风口及风管

风口常见问题：负压隔离病房内的排风高效过滤器安装位置与设计不符（图 29.7.2-6），部分高效过滤器难以更换，难以保证更换后不泄漏，不便于进行检漏，排风口位置偏高（图 29.7.2-7）。

图 29.7.2-6 高效过滤器安装位置不合理

图 29.7.2-7 排风口位置偏高

风管常见问题：对于洁净空调而言，风管漏风率的要求要高于普通空调，《洁净室施工及验收规范》GB 50591—2010 中明确指出，空调管道应进行漏风检查。

4. 围护结构

负压隔离病房对围护结构的密闭性要求较高，但一些负压隔离病房在建设时没有的足够的认识。如图 29.7.2-8 所示，某负压隔离病房首层顶板有多处密封不严，风道穿越壁板时出现缝隙，从吊顶内可见漏光。

密封不严会造成室内洁净度不达标或者致病微生物传播,《洁净厂房设计规范》GB 50073—2013 规定:洁净室门窗、墙壁、顶棚、地(楼)面的构造和施工缝隙均应采取可靠的密闭措施。

某些负压隔离病房的门或家具采用木质材料,如图 29.7.2-9 所示。窗为气密性较差的推拉窗。一方面木质材料不能满足洁净区内的无菌要求;另一方面,此类门窗会导致围护结构的气密性较差。

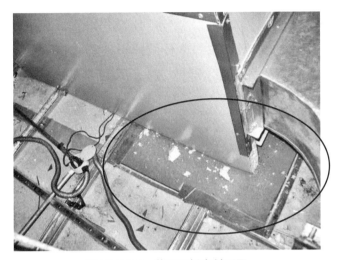

图 29.7.2-8 首层顶板密封不严

图 29.7.2-9 负压隔离病房木质门

围护结构不严密,还会导致压力梯度无法保证,不能形成有效的气流保护。

另外,在检查中还发现,一些地区在进行负压隔离病房建设时所采用的围护结构材料未达到消防要求。图 29.7.2-10 所示为某地区负压隔离病房洁净室顶棚和壁板采用 50mm 厚聚苯乙烯夹芯彩钢板。《洁净厂房设计规范》GB 50073—2013 规定:洁净室的顶棚和壁板(包括夹芯材料)应为不燃体,且不得采用有机复合材料。

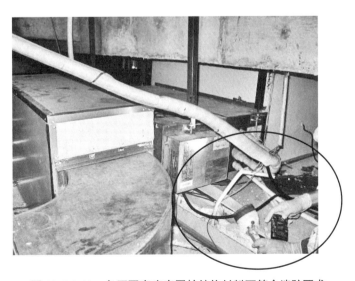

图 29.7.2-10 负压隔离病房围护结构材料不符合消防要求

本章参考文献

［1］中华人民共和国国家质量监督检验检疫总局，中国国家标准化管理委员会. 医院负压隔离病房环境控制要求：GB/T 35428—2017［S］. 北京：中国标准出版社，2017.

［2］中华人民共和国国家卫生健康委员会. 医院隔离技术规范：WS/T 311—2023［S］. 北京：中国标准出版社，2023.

［3］中华人民共和国住房和城乡建设部. 传染病医院建筑设计规范：GB 50849—2014［S］. 北京：中国计划出版社，2015.

［4］中华人民共和国住房和城乡建设部. 综合医院建筑设计规范：GB 51039—2014［S］. 北京：中国计划出版社，2015.

［5］中华人民共和国住房和城乡建设部. 传染病医院建筑施工及验收规范：GB 50686—2011［S］. 北京：中国计划出版社，2012.

［6］中华人民共和国住房和城乡建设部. 建筑设计防火规范（2018 年版）：GB 50016—2014［S］. 北京：中国计划出版社，2018.

［7］中华人民共和国住房和城乡建设部. 建筑内部装修设计防火规范：GB 50222—2017［S］. 北京：中国计划出版社，2017.

［8］中华人民共和国住房和城乡建设部. 医院洁净手术部建筑技术规范：GB 50333—2013［S］. 北京：中国建筑工业出版社，2014.

［9］中华人民共和国住房和城乡建设部. 洁净厂房设计规范：GB 50073—2013［S］. 北京：中国计划出版社，2013.

第30章　医疗机构实验动物屏障设施

傅江南：暨南大学实验动物管理中心原主任，现任广州实验室实验动物中心主任，副教授、洁净工程师、高级注册兽医师。长期从事实验动物环境工程与卫生学研究，参加了实验动物设施相关标准规范的编写。

许虎峰：首都医科大学附属北京友谊医院实验动物中心主任、中国合格评定国家认可中心（CNAS）评审员、中国实验灵长类养殖开发协会专家库主任。

郁亮：中电系统建设工程有限公司总经理。

迟海鹏：北京戴纳实验科技有限公司董事长、总经理，青岛大学兼职教授、博士后专业导师。

郎红梅：北京久杰净化工程技术有限公司总经理，高级工程师。

技术支持单位：

中电系统建设工程有限公司：承继中国系统高科技工程板块优势资源，紧跟现代数字城市建设步伐，在数据中心、智能化及系统集成、洁净工程等领域占据领先优势，提供工程咨询、工程设计、项目管理、设备采购、建造安装、设施运行维护等全方位专业承包和工程总承包服务。

北京戴纳实验科技有限公司：秉承"以创新服务科研"的理念，致力于推动实验室可持续、智能化、低碳化发展，为客户提供全面的实验场景的完整解决方案，包括装配式实验室、机器人实验室、智慧实验室、微重力实验室、光学快检实验室、元宇宙实验室等。

30.1　关于实验动物屏障设施的基本概念

30.1.1　实验动物环境是指直接或间接影响实验动物生存、健康和福利伦理的各种物理、化学、生物因素的总要素。在实验动物环境科学中，实验动物是主体，一切环境指标都应以满足实验动物舒适性（马斯洛需求理论）为核心。应该区分各种实验动物环境与经济动物环境概念的差异。

30.1.2　受控环境主要是指自然环境（或新风补给）、物品、维持实验动物生存所需使用的介质、屏障/隔离净化技术、人员活动、固废、气废、液废排放（对周边环境的影响）、生物安全型环境人员与实验动物健康监测与应急处理预案等；受控洁净环境除空气净化技术元素外，还融合了隔离、屏蔽技术，以及评估、评定、验证、确认等。

　　1. 大环境：也称相关受控环境，是指控制实验动物生存环境采取的特定措施，保证相应等级实验动物基本生存最适环境等，包括现行的普通环境、屏障环境。

　　2. 小环境：是指围绕着实验动物身体并影响其代谢稳定的物理、化学、生物等环境。一般特指盒/笼内环境。保持小环境内无菌状态或无外来污染物。空气、饲料、水、垫料

595

和设备运行应无菌。

大、小环境模式如图 30.1.2 所示。

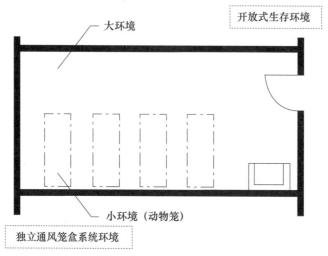

图 30.1.2 大、小环境模式图

【技术要点】

国家标准《实验动物 环境及设施》GB 14925—2010 中，部分参数引用美国、加拿大、日本 20 世纪 70 年代的指标，这类指标多半是按照人体舒适性指标确定的。与不同种（系）类实验动物的舒适性有较大差异。比如温湿指标，不同种类实验动物对温度舒适性差异较大，普通级环境提出 4℃/d 温差，但猴、犬、小型猪等普通级动物生产繁育的设施是很难实现的。又比如动物照度，小型啮齿类动物、犬类属于红绿色盲，≤ 10lx 红光状态下，小鼠可获得深度睡眠结果。还有噪声，不同种类实验动物对声音波长、强度的敏感性差异较大；尤为突出的是颗粒粒径：作为生物净化类的实验动物设施，更应该关注空气中沉降菌、浮游菌的状态。《实验动物 微生物、寄生虫学等级及监测》GB 14922—2022 中 74% 的细菌、病毒直径都小于 0.5μm，许多细菌具有浸润性的特点，尽管细菌附着在尘粒表面，但是高效过滤器迎风面的细菌在高湿度条件下存活、浸润通过或泄漏点通过是存在的事实。

实验动物屏障环境、隔离环境设施属于生物净化类洁净工程范畴。医疗机构的实验动物设施，应依照现行国家标准《实验动物设施建筑技术规范》GB 50447、《实验动物 环境及设施》GB 14925 以及《生物安全实验室建筑技术规范》GB 50346 进行设计、施工、验收、运行。实验动物环境分类见表 30.1.2-1。

实验动物环境分类 表 30.1.2-1

环境分类		使用功能	适用动物等级
1. 普通环境	—	实验动物生产，动物实验，检疫	基础动物
2. 屏障环境	正压	实验动物生产、动物实验，检疫	清洁动物、SPF 动物
	负压	动物实验、检疫	清洁动物、SPF 动物

续表

环境分类		使用功能	适用动物等级
3. 隔离环境	正压	实验动物生产、动物实验、检疫	无菌动物、SPF 动物、悉生动物
	负压	动物实验、检疫	无菌动物、SPF 动物、悉生动物

动物实验设施动物实验区的环境指标见表30.1.2-2。

动物实验设施动物实验区的环境指标　　　　　　　　表 30.1.2-2

项目		指标						
		小鼠、大鼠、豚鼠、地鼠			犬、猴、猫、兔、小型猪			鸡
		普通环境	屏障环境	隔离环境	普通环境	屏障环境	隔离环境	隔离环境
温度（℃）		19 ～ 26	20 ～ 26		16 ～ 26	20 ～ 26		16 ～ 26
最大日温差（℃）		4	4		4	4		3
相对湿度（%）		40 ～ 70						
最小换气次数（h^{-1}）		8[②]	15	—	8	15	—	—
动物笼具周边处气流速度（m/s）		≤ 0.2						
与相通房间的最小静压差（Pa）		—	10	50[③]	—	10	50	50
空气洁净度（级）		—	7	—[④]	—	7		
沉降菌最大平均浓度 [个 /（30min·ϕ90mm 皿）]		—	3	无检出	—	3	无检出	无检出
氨质量浓度（mg/m³）		≤ 14[①]						
噪声 [dB（A）]		≤ 60						
照度 (lx)	最低工作照度	150						
	动物照度	15 ～ 20			100 ～ 200			5 ～ 10
昼夜明暗交替时间（h）		12/12 或 10/14						

① 表中氨质量浓度为有实验动物时的指标。
② 普通环境的温度、湿度和换气次数指标为参考值，可以根据实际需要确定。
③ 隔离环境与所在房间的最小静压差应满足设备的要求。
④ 隔离环境的空气洁净度等级根据设备的要求确定。

30.2　临床医疗机构实验动物屏障设施特点

30.2.1 我国临床医疗机构实验动物屏障设施基本现状。
【技术要点】
1. 我国临床医疗机构的发展已逐步形成集中、统一、高效的综合发展模式，并能够充分整合现代医疗资源，进行最大限度的资源共享，提高医疗效率。同时，各个专业划分也越来越细化、专业化、高效实用，以顺应现代医疗需求。建设实验动物屏障设施是临床医学技术发展的需要，对于如何将实验动物屏障设施与现代医疗机构布局、空间、功能统一规划建设，确保动物实验活动有序而不影响正常医疗行为十分重要。我国医疗机构的实验动物屏障设施所占比例见图 30.2.1。

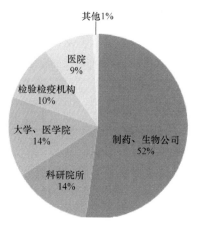

图 30.2.1　我国医疗机构实验动物屏障设施所占比例
来源：中国实验动物信息网。

2. 实验动物屏障设施建设是现代医疗机构进行医疗、教学、科研任务必不可少的重要组成部分，是医疗机构科研体系建设的基础性工作，是医疗机构提高治疗效果、提升教学质量、加强科学研究成果的重要保证，应把其建设与管理纳入重点平台建设，从制度、资金、场地等各方面予以全方位扶持和保障。

3. 我国现代医疗机构综合发展模式时间不长，实验动物屏障设施规划建设也不完善，医疗机构实验动物屏障设施存在一些问题：注重临床医疗资源，轻视辅助资源；规模与标准滞后于医疗机构发展水平；设计理念、施工水平、材料选用等都有诸多缺憾。另外，医疗机构决策者长期将实验动物屏障设施放在配角辅助地位，甚至一些没有实验动物屏障设施的医疗机构就使用患者使用的诊断、治疗、检验的仪器设备进行动物实验。

（1）医疗机构在整体布局过程中，应该充分考虑实验动物屏障设施选址的风险隐患。医疗机构是社会公共服务产品提供者，一些机构位于闹市区、居民区等人群集中区域，实验动物屏障设施产生的污染空气（如氨气、甲基硫醇和硫化氢气体）、动物尸体、实验废弃物等构成了影响要素，一旦构成威胁，会造成不良影响。

（2）实验动物／实验用动物自身潜在性感染因素：根据医疗机构实验动物屏障设施涉及的实验动物特点，除小型啮齿类实验动物有较好的病原微生物控制外，绝大多数普通级实验动物／实验用动物都携带有一些病原微生物，或经遗传修饰的生物体和危险的病原体等，可能对人类健康、生存环境等构成生物安全隐患。

（3）动物的毛、皮屑、饲料和垫料的碎屑往往可以被气流携带而在空气中形成悬浮颗粒物（气溶胶），可引起医疗机构人员过敏性疾病和变态反应疾病。

（4）一些没有实验动物屏障设施的医疗机构使用患者诊断、治疗、检验的仪器设备进行动物实验，容易导致感染性疾病传播，如流行性出血热、狂犬病、破伤风、布鲁氏杆菌病等。

（5）一些医疗机构还有实验外科教学工作，其教学场所不能满足教学动物相对应的等级环境要求，个别机构使用不合格动物，导致教学过程的生物安全风险。

4. 医疗机构应严格按照国家和地方主管部门相关要求执行。实验动物屏障设施建设执行的专业标准主要为：《实验动物设施建筑技术规范》GB 50447、《实验动物　环境及设施》GB 14925、《生物安全实验室建筑技术规范》GB 50346。

30.2.2　相对于基础医学而言，临床医疗机构实验动物屏障设施是以临床医学为主要目的，以实验动物／实验用动物为载体，供临床医疗机构从事临床疾病病因、病理实验研究的一类设施。

【技术要点】

1. 临床医疗机构开展的动物实验类型：手术方法研究及手术技能培训、动物形态学研究、动物影像学研究、动物疾病模型的建立、实验动物介入治疗、腔镜模拟操作、机器人手术动物保障、遗传修饰动物模型等。

30.2.3　临床医疗机构实验动物屏障设施分类见表30.2.3。

临床医疗机构实验动物屏障设施分类　　　　　　　　表 30.2.3

序号	要求	最大安全	高度安全	中度安全	最低安全
1	动物来源	无菌动物，生存于隔离器内，剖宫产或胚胎移植	无菌动物	普通级动物	实验用动物
2	动物进入	血胎屏障、无菌通道、无菌渡槽	密封无菌笼具外表面无菌化、无菌通道	密封无菌笼具外表面无菌化、无菌通道	—
3	饲育器材	无菌隔离器设备	DVC、IVC、EVC 设备、屏障设施	层流架设备、屏障设施	普通笼器具
4	人员进入	裸体淋浴、着隔离服，风淋、戴手套（不能直接接触动物）	裸体淋浴、着隔离服，风淋、戴手套（不能直接接触动物）	着工作服，风淋、戴手套	着工作服，戴手套
5	实验人员进入	禁止进入	着隔离服、风淋、戴手套（不能直接接触动物）	着工作服、风淋、戴手套	—
6	管理	严格的操作规程（SOP）：地面、顶棚、墙壁定期消毒除菌，笼架具、物体表面每日消毒除菌		—	防控人畜共患病
7	物品进入	121℃高温高压灭菌30min，每炉检测合格	—	82℃消毒	—
8	病原微生物检测	—	19病毒、14细菌、所有体内外寄生虫／季	—	检测人畜共患病病源
9	净化要求	ISO 5 级，HEPA（U18）	ISO 7 级，HEPA（U13）	ISO 9 级，中效过滤器	—
10	通风要求	全新风，换气次数约 60h⁻¹	全新风，换气次数 ≥ 15h⁻¹	—	—
11	实验动物等级	无菌级／悉生动物	无特定病原体（SPF级）	清洁级、普通级	实验用动物

30.2.4　临床医疗机构实验动物屏障设施基本要素：

1. 所需要动物种类：除小型啮齿类外，更多使用非人灵长类、实验犬、小型猪、实验兔、猫、羊、水生生物等。

2. 临床医疗机构实验动物屏障设施种类：临床医疗机构常用的实验动物屏障设施以使用设施为主。特殊情况下还有实验动物教学设施，是指以实验动物／实验用动物为载体，从事临床疾病病因、病机实验研究、教学的设施。现代医疗机构实验动物屏障设施的建设要求具有专业化、高质量的实验空间，以保证实验研究任务能够准确、有序、客观、真实地完成。

【技术要点】

1. 实验动物屏障设施属于生物实验室洁净工程技术范畴，控制对象应为室内空气生物污染物，主要包括细菌、真菌、霉菌、病毒、藻类、原虫、体内外寄生虫及其排泄物、动物和人的皮屑等，统称为气溶胶。其中有些是致病（敏）微生物，有些是非致病物，还有些是条件致病生物，能引起传染病或过敏，有些能产生毒素，引起急、慢性疾病，或导致实验动物应激状态。

2. 实验动物屏障设施污染物主要来源：

（1）进入屏障设施的空气：由于屏障设施高效过滤器本身或安装泄漏，$\geqslant 0.5\mu m$ 的颗粒物携带病原微生物进入；化学类污染空气少量进入。

（2）与实验动物接触的物品：饲料、垫料、饮用水、接触物品等。

（3）人或野生动物及虫媒：接触动物的人，携带呼吸道传播病原微生物的人或进入屏障设施的野生动物、昆虫等。

3. 动物屏障区空气中化学、病原生物类污染物以少进入原则。送风至少经过三级过滤（粗效、中效和高效），并且高效过滤器应设置在系统的末端。

4. 进入洁净区域的人流、物流、动物流、空气流、水流、污物流，应严格控制化学、病原生物类污染。

5. 化学、病原生物类污染物快排除原则：实验动物屏障设施洁净区域的污染物产生后尽快排除；密闭的洁净工程应有合理的气流组织，应有足够的送风量，以维持必要的压力梯度（正压梯度或负压梯度）。

6. 实验动物屏障设施的洁净工程要求全新风。

7. 实验动物屏障设施的工艺布局中，人流、物流、动物流、空气流、污物流应无交叉。

30.3　临床医疗机构实验动物屏障设施各专业的要点

30.3.1　工艺布局：

1. 临床医疗机构实验动物屏障设施的选址应避开各种污染源，远离病房大楼、人口稠密聚居区；总平面的出入口不宜少于两处，人员出入口与动物尸体、废弃物出口分开设置。应设置一个废弃物暂存处并置于隐蔽处；建筑物周围 3m 地面应硬化，周围不应种植滋生蚊蝇类的植物。

2. 实验动物屏障设施按功能可分为动物实验区、辅助实验区和辅助区。动物实验区、辅助实验区称为实验区。

3. 不同级别的实验动物应分开饲养；不同种类的实验动物宜分开饲养；发出较大噪声的动物和对噪声敏感的动物宜设置在不同的生产区（实验区）内。

4. 实验动物设施人员出入口、洁物入口、污物出口宜分开设置。净化区的人员入口应设置二更室，二更室有洁净度要求，可兼作缓冲间。动物进入实验区应设置检疫室或隔离观察室并有单独的通道，犬、猴、猪等实验动物入口宜设置洗浴间，或两者均设置。辅助区应设置用于储藏动物饲料、动物垫料等物品的用房。非人灵长类动物饲育区应设置青储饲料室。

【技术要点】

1. 工艺布局设计原理

实验动物屏障设施工艺布局是系统中饲育室或实验室单元的选择与排列组合。在完成工艺设备选择和楼板荷载后，要结合场地、空间结构特点及工艺约束对设备进行合理布局。要充分考虑设备之间在空间位置上的协调性，以确保人流、物流、动物流、污物流畅通及设备的充分使用。工艺设备的合理布局对运行系统各动线的合理性具有关键性作用。

2. 工艺布局基本原则

（1）工艺性原则：要求工艺流程全过程合理并连续，运行各环节能力相匹配。工艺合理不仅可以避免某些配置的不平衡，减少运行过程中的中断、等待，还可以简化加工过程，减少不必要的作业，消除动物实验能力的冗余，缩短实验周期，从而有效利用人员、设备、空间和能源。

（2）经济性原则：必须使系统的配置和布局确保运行综合成本的最低化和平台最终效益的最大化。运行系统的初始投资成本和使用成本将最终反映到运行成本上，要力求设备投资最低；设备的布置和使用高效、合理；物流经济、畅通。

（3）人流、物流、动物流、污物流不交叉原则：确定实验动物屏障设施整体的运行流程纲领；收集资料；根据动物实验种类、动物数量、动物实验类型、人员最大化通过能力、批量大小，对工艺的结构、工艺流程特征进行分析，从而确定平面布局的组织形式。确定人员、工艺设备、饲育设备、辅助设备、实验设备等数量。对物品运输量、人员通过量、能源消耗量和工艺投资进行计算。

30.3.2 工艺平面设计：

1. 实验动物屏障设施走廊形式：

（1）双走廊布局形式：指动物饲育室或实验室两侧分别设有洁净走廊和污物走廊，洁物通过灭菌后进入洁净走廊转运到饲育室或实验室，并从饲育室或实验室转运污物，通过污物走廊运出。该类布局压差设计应以洁净走廊高于饲育室或实验室高于污物走廊为原则。

（2）多走廊布局形式：多个双走廊形式的组合，例如将洁净走廊设于两排动物室外围，中间是污物走廊的三走廊方式。该类布局的压差设计与双走廊布局相似。

目前国内实验动物屏障设施以双走廊为主。此类设施设计要求突出节能和增加空间有效使用率；强调模块化设计、结合人体功效学特点以及实用性（避免浪费）。

工艺布局设计中的共识是在洁净区内设计人流、物流、动物流专门通道，不能出现交叉点。即：人员进出流线不交叉，洁物进出流线不交叉，动物进出流线不交叉；不同人员之间、不同动物之间也应避免互相交叉污染。

2. 双（多）走廊实验动物屏障设施工艺流线设计：

（1）人员流线：一更 → 二更 → 洁净走廊 → 动物生存区（饲育／操作）→ 污物走廊 → 二更 → 淋浴（必要时）→ 一更。

（2）动物流线：动物接收（接收／检疫隔离区）→ 传递窗（消毒通道、动物洗浴）→ 洁净走廊 → 动物生存区（饲育／操作）→ 污物走廊 → 安乐死工作站（解剖／采样）→（无害化消毒）→ 尸体低温暂存 → 有资质的处理部门。

（3）外来物品流线：物品接收 → 拆包装、表面消毒 → 高压灭菌器（传递窗、渡槽）→ 洁物储存间 → 洁净走廊 → 动物生存区（饲育／操作）→ 污物走廊 →（解剖室）→ 污物暂存。

（4）污物流线：动物生存区的饲育室、操作室、安乐死工作站解剖／采样室 → 污物走廊 → 污物暂存 → 有资质的处理部门。

动物实验区包括饲育室和操作室及前室（缓冲室）、后室、准备室（样品配制室）、手术室、解剖取材室，中动物还应设兽医室等。

辅助实验区包括更衣室、缓冲室、淋浴室（中动物选设）、集中去污室、洁物储存室、检疫隔离室、灭菌区、洁净走廊、污物走廊等。

辅助区包括门厅、办公、饲料库房、垫料库房、工具用具库房、动物饮用水制水区、机房、蒸汽发生器区、一般走廊、卫浴室、物流楼梯、人流电梯等。

在保证减少污染动物的前提下，尽量做到不交叉、少交叉，要求在工艺布局设计中采取相应的措施，避免人和物品、动物、外界环境、动物之间产生交叉污染。每一个操作单元的动物生存区至少开两个门；除了符合安全、防火、劳动保护、环境保护等有关规定和满足生产要求外，对外界的门开得越少越好。只要进入的物品不会互相污染，没有必要多设入口；相邻洁净区间，如果空调系统参数相同，可在隔墙上开门、传递窗，用来传送物品。尽量少用或者不用洁净通道。净化区的门窗应有良好的密闭性。密闭门应向空气压力较高的房间开启，能自动关闭。应有防止昆虫、野鼠等动物进入和实验动物外逃的措施。

3. 犬、猴、小型猪等实验动物入口宜设置洗浴间，动物生存区宜设置运动场所，单个动物面积应满足国家标准要求（特殊需求可满足欧美国家相关标准要求）。

4. 为便于污染控制，动物实验室应设置检疫隔离观察室，其面积应满足使用需求，一般不宜过小。在气流组织完善的状态下，犬、猴、小型猪等形体动物可以考虑原位隔离检疫设计。

5. 应设置物品通道的高压灭菌、清洗消毒机等灭菌消毒设备，工艺设计时，应考虑灭菌设备尺寸、荷载及沉板要求。高压灭菌器、清洗消毒机等设备应设计冷凝水、冷却水排放装置，并且采用耐137℃高温的金属管和保温材料。专用灭菌设备载荷、尺寸、能耗参数见表30.3.2-1、表30.3.2-2。

6. 净化区不应设置地漏；犬、猴、猪等动物实验室地漏应选用杜绝臭气倒灌装置。

7. 新建屏障环境设施的层高宜为5.2～5.6m，室内净高宜为2.4～2.8m，并应满足设备对净高的需求。洁净走廊、污物走廊净宽应大于等于1.5m，中动物走廊净宽宜大于等于2.0m，门洞宽度不宜小于1.0m，应考虑预留大型设备进出通道。

实验动物专用灭菌器载荷与尺寸　　　　　　　　　　　　　表 30.3.2-1

编号	设备内容积（m³）	设备总重（kg）	设备运行重量（kg）	设备内室尺寸（长×宽×高）(mm)	设备最大外形尺寸（长×宽×高）(mm)
1	0.36	1100	1400	980×600×600	1240×1215×1863
2	0.36D	1200	1500		1240×1215×1863
3	0.66	1500	2000	1100×780×780	1344×1568×2012
4	0.66D	1600	2100		1344×1568×2012
5	0.91	1900	2600	1500×780×780	1744×1568×2012
6	0.91D	2000	2700		1744×1568×2012
7	1.38	2500	3600	1550×760×1180	1812×1609×2005
8	1.38C	2500	3600		1812×1609×2065
9	1.67	2600	3900	1870×760×1180	2132×1609×2005
10	1.67C	2600	3900		2132×1609×2065
11	2.0	3000	4500	1700×1000×1200	2016×1874×2074
12	2.0C	3000	4500		2016×1874×2134
13	1.2	2200	3000	1500×680×1180	1923×1900×1946
14	1.2C	2200	3000		1923×1900×1946
15	1.5	2500	3500	1870×680×1180	2293×1900×1946
16	1.5C	2500	3500		2293×1900×1946
17	1.62	2700	3800	1620×760×1180	2140×2180×2031
18	1.62C	2700	3800		2140×2180×2031
19	2.0	3000	4500	2100×760×1180	2620×2180×2031
20	2.0C	3000	4500		2620×2180×2031

注：C 表示设备地坑安装；D 表示设备自带电热蒸发器，不需要外接蒸汽源。

实验动物专用灭菌器能耗　　　　　　　　　　　　　表 30.3.2-2

内容积（m³）	备注	耗蒸汽量（kg/次）	压缩气流量（L/min）	耗水量（kg/次）	电源 AC/50Hz			公共配套资源及工作参数范围	
					控制 220V 功率（kW）	动力 380V			
						真空泵功率（kW）	电热管功率（kW）		
0.35	非电热	15	30	300	0.5	1.45	—	蒸汽源压力（非电热）	0.3～0.5MPa（饱和蒸汽）
0.35D	电热	—	30	315	0.5	1.45	30		
0.66	非电热	25	40	500	0.5	2.35	—		

续表

内容积（m³）	备注	耗蒸汽量（kg/次）	压缩气流量（L/min）	耗水量（kg/次）	控制220V功率（kW）	真空泵功率（kW）	电热管功率（kW）	公共配套资源及工作参数范围	
0.66D	电热	—	40	525	0.5	2.35	40	水源压力	0.15～0.3MPa（软化水硬度≤0.03mmol/L）
0.91	非电热	35	40	700	0.5	2.35	—		
0.91D	电热	—	40	735	0.5	2.35	54		
1.38	非电热、地上安装	50	60	1100	0.5	2.35	—	压缩空气压力	0.5～0.7MPa（无水、无油）
1.38C	非电热、地坑安装	50	60	1100	0.5	2.35	—		
1.67	非电热、地上安装	60	60	1300	0.5	3.85	—		
1.67C	非电热、地坑安装	60	60	1300	0.5	3.85	—		
2.0	非电热、地上安装	70	100	1600	0.5	3.85	—	工作压力	0.25 MPa
2.0C	非电热、地坑安装	70	100	1600	0.5	3.85	—		
2.32	非电热、地上安装	80	100	1900	0.5	3.85	—		
2.32C	非电热、地坑安装	80	100	1900	0.5	3.85	—	最高工作温度	139℃
2.5	非电热、地上安装	90	100	2000	0.5	4.0	—		
2.5C	非电热、地坑安装	90	100	2000	0.5	4.0	—		
3.2	非电热、地上安装	110	100	2500	0.5	4.0	—	空气排出量（脉动三次）	＞99%
3.2C	非电热、地坑安装	110	100	2500	0.5	4.0	—		

注：C 表示设备地坑安装；D 表示设备自带电热蒸发器，不需要外接蒸汽源。

【技术要点】

实验动物设施不同于普通的民用建筑，也不同于工业洁净室，该类设施因用途差异而有较复杂的功能分区，工艺流程（包括人流、物流、动物流、空气流、污物流等）禁止交叉，动物饲养方式和设备选型多样，所以对工艺设计有着较高的要求。

实验动物设施主体建筑：主体建筑设计为方形不符合大动物设施尤其是动物生物安全设施工艺布局要求。实践中多采用"L"形、"T"形、"非"字形或长方形建筑。根据《实验动物　环境及设施》GB 14925、《实验室　生物安全通用要求》GB 19489 的要求，实验动物设施工艺布局都应设置人流（一更、二更）、物流（灭菌、去污）、动物流（接收、隔离检疫）、污物流（三废无害化），以及安乐死工作站、走廊、灭菌设备、集中去污区等。还应满足实验动物设施辅助功能区工艺设计。当设计为方形时，放置实验动物尤其是大动物饲育、操作空间的利用率小于30%。

中动物设施：中动物设施应优先考虑接入管道燃气、蒸汽锅炉和热水锅炉。否则，靠用电解决冷热源和蒸汽，清洗消毒、高温高压灭菌、废水灭活（连续式）、电蒸汽锅炉、冷热源等将导致运行费巨大。

中动物生物安全设施：应重点考虑大型工艺设备的具体运行重量，满足工艺设备承重要求，大型灭菌（4 个猴笼）设备 20t、下沉基坑 500mm；另外还有液危废灭活罐系统、固危废系统、PET-CT 设备、MRI 设备、冷源、热源等的荷载。

30.3.3　建筑和结构设计要点：

1. 动物实验操作室与动物饲育室应分开设置。清洗消毒室与洁物储存室之间应设置实验动物型双扉脉动真空高压灭菌器、清洗消毒机等消毒设备，保证进入屏障设施的物品为无菌状态。应满足空调机、通风机等设备的空间需求，并应对噪声和振动进行处理。2 层以上的实验动物屏障设施宜设置电梯，并且人流电梯与物流电梯分开设置，物流电梯应在顶层开口，便于重型设备、部件维修保养。

2. 围护结构应选用无毒、无放射性材料。墙面和顶棚的材料应易于清洗消毒、耐腐蚀、不起尘、不开裂、无反光、耐冲击、光滑防水。地面材料应防滑、耐磨、耐腐蚀、无渗漏，踢脚不应凸出墙面。净化区内的地面垫层宜配筋，潮湿地区、经常用水冲洗的地面应进行防水处理。

3. 净化区内的门窗、墙壁、顶棚、楼（地）面应表面光洁，其构造和施工缝隙应采取可靠的密闭措施，墙面与地面相交位置应做半径不小于 30mm 的圆弧处理。净化区的门窗应有良好的密闭性。密闭门宜朝空气压力较高的房间开启，并宜能自动关闭，各房间门上宜设单向可视观察窗，缓冲室的门宜设互锁装置。

4. 空调风管和其他管线暗敷时，宜设置技术夹层，当采用轻质构造顶棚做技术夹层时，夹层内宜设检修通道。

5. 净化区设置外窗时，应采用具有良好气密性的固定窗，不宜设窗台，宜与墙面齐平。小型啮齿类动物实验区内不宜设外窗。

6. 应有防止昆虫、野鼠等动物进入和实验动物外逃的措施。

7. 饲育室、操作室尺寸应根据工艺要求，满足 IVC、EVC、动物隔离器、生物安全柜、换笼台、超净工作台等设备的尺寸要求，应留有足够的搬运孔洞和搬运通道，应满足设置局部隔离、防震、排热、排湿设施的需要。

【技术要点】

1. 实验动物屏障设施一般采用 A～B1 级防火的建筑材料。围护结构需要消毒，所以必须选用具有耐药性和耐水性的材料和施工方法。

2. 实验动物屏障设施顶棚一般为彩钢板吊顶，为便于设备管线安装和维修保养，应设供人行走的行走带。小型啮齿类动物的饲育室地面不需冲洗，目前大多采用优质的 PVC 卷材。

3. 普通级动物的饲育室，不仅需擦拭，还要清洗；犬、猴、小型猪等中动物设施除用水清洗外，还需要备用热水或蒸汽清洗。目前地面材料多采用环氧树脂。中动物实验屏障设施应选用耐水性、耐药性、无毒性的吸声、隔声材料。

4. 实验动物屏障设施的门窗应有较好的密闭性，门上设观察窗。设施内相邻 2 个区域的门应开向压力大的一侧，并能自动关闭，缓冲室的门宜设互锁装置。净化区设置外窗时，应采用具有良好气密性的固定窗，啮齿类动物的实验区内不应设外窗、不设地漏（行为学实验室除外）。应有防止昆虫、野鼠等动物进入和实验动物外逃的措施。在建筑设计窗高时，应考虑装修材料不外露，避免影响外立面。

5. 承重问题：应考虑高压灭菌器、清洗消毒机、大型浸泡水槽、冷热源机组、水生生物养殖装置、大型影像学等设备的重量对楼板荷载的影响。

6. 为降低员工劳动强度，大型实验动物屏障设施一些新型灭菌设备，楼板需要下沉35～40cm，设备厂商可以提供技术参数。因此，除灭菌、消毒设备应放置在关键位置外，其他重型设备最好要放置在地下一层或一层。另外，灭菌设备冷却排水应采用耐137℃高温的金属管，应考虑更换灭菌设备时的进出通道。

7. 物流电梯应开口到楼顶，方便屋面大型设备维修保养。

30.3.4　实验动物屏障设施净化空调系统要点：

1. 实验动物屏障设施净化空调系统

（1）净化空调系统的设计应满足人员、动物、工艺设备等的污染负荷及热湿负荷的要求。送、排风系统的设计应满足所有工艺设备的使用条件。

（2）隔离器、动物解剖台、独立通风笼具等不应向室内排风。

（3）实验动物屏障设施的房间或区域需单独消毒时，其送、回（排）风支管应安装气密阀门。

2. 实验动物屏障设施通风系统

（1）使用开放式饲育方式时，动物生存区的送风系统采用全新风系统。采用回风系统时，对可能产生交叉污染的不同区域，回风经处理后可在本区域内自循环，但不应与其他实验动物区域的回风混合。

（2）使用独立通风笼具系统饲育方式时，大环境可以采用回风，其空调系统的新风量应补充室内排风与保持室内压力梯度。

（3）屏障设施大环境的送风系统应设置粗效、中效、高效三级过滤。中效过滤器宜设在空调机组的正压段。

（4）送风系统新风口的设置应采取有效的防雨措施并安装防鼠、防昆虫、阻挡绒毛等的保护网，且易于拆装和清洗。新风口应高于室外地面 2.5m 以上，并远离排风口和其他污染源。

【技术要点】

1. 净化空调系统

（1）实验动物屏障系统模式（大环境系统）：目前国内较多采用这种模式，其特点为：一次性投资较大，一线城市实验动物屏障设施造价在 1 万元 /m² 以上（含工艺设备，不含饲育设备），需要申请屏障设施生产或使用许可证。主要应用于小型啮齿类 SPF 动物，中型实验动物应用较少。

（2）独立通风笼盒系统模式（小环境系统）：指在密闭独立单元（笼盒或笼具）内，洁净气流高换气频率独立通气，污染臭气集中外排的 SPF 级实验动物饲育与动物实验设备。一段时间内，该设备配套无管道无臭换笼台或超净工作台使用，可以保持 SPF 动物不被污染。此类设备目前国内没有，相应的国家标准，一些地方仅使用 IVC 设备，不核发实验动物使用许可证。

大环境系统与小环境系统的比较见表 30.3.4。

大环境系统与小环境系统的比较　　　　　　　　表 30.3.4

类别	项目	小环境系统	大环境系统
建设	占地面积	小	大
	初始投入	低	高
	施工周期	短	长
	设备费用	高	低
	能源消耗	低	高
	备用电源要求	必须有	必须有
运行	日常维护费用	低	高
	适用性	以小型啮齿类为主	各种实验动物
	洁净度	满足动物要求	满足要求
	笼盒内换气次数	30 ~ 50h⁻¹（可调节）	≥15h⁻¹（可调节）
	笼盒内湿度	满足要求	满足要求
	笼盒内外氨质量浓度	低	高
	垫料更换频次	低	高
	对工作人员的保护	好	好
	规模生产度	低	高
	操作要求	复杂	简单
污染控制	多种动物实验于一室	可以	不可以
	动物逃逸概率	小	大
	动物传染病传播速度	缓慢	很快
	动物运输	方便	不方便

续表

类别	项目	小环境系统	大环境系统
研发	研发条件	容易满足	影响参数多,不容易满足
	产品开发	容易	难度大
	研发成本	低	高

(3)大环境系统＋小环境系统:近年来,国内一些实验动物屏障设施从节能角度出发,采用屏障环境正压系统配合使用 IVC、EVC、隔离器等设备模式,也称为双系统模式。这类工程目前刚刚在国内推广,许多技术尚待完善,但可以确信,将是未来实验动物屏障设施的发展方向。

(4)净化空调方式的选择。临床医疗机构实验动物屏障设施应由使用者根据现行国家标准《实验动物 环境及设施》GB 14925 及具体用途划分详细的功能区域;设计机构再根据空调系统节能方式确定系统划分和空调方式,最好分时段、分区域确定净化空调系统。

(5)净化空调系统的设计。临床医疗机构实验动物屏障设施净化空调系统的设计应充分考虑大环境系统,也必须考虑终端设备(隔离器、IVC、EVC)等小环境系统,同时兼顾换笼台、动物操作台、生物安全柜等通风和动物、人员、设备的污染负荷及冷、热、湿负荷。

2. 通风系统

(1)通风原则:为保证实验动物屏障设施洁净度、臭气污染控制等特殊要求,通风设计应该依照大环境与小环境分区设计的原则,把全面通风、局部通风、应急通风根据具体用途划分详细的功能区域后综合考虑。动物洁净区,送、排风机应采用互为备用方式设计,当风机故障时,应能保证压差参数要求。

(2)送风系统的设计原则:根据国家标准要求,使用开放式饲育方式的屏障设施,应采用全新风的顶送侧回送风方式。使用独立通风笼具的设施可以采用局部回风方式。其空调系统的新风量应满足补充室内排风与保持室内压力梯度所需风量之和。《实验动物设施建筑技术规范》GB 50447—2008 也明确规定采用上送下排的气流组织形式,并且要求对送风口和排风口的位置精心布置,尽可能杜绝截流、湍流、短路等影响洁净度的气流组织。确保屏障设施内被污染的空气以最快的速度流向排风口。

(3)排风系统:实验动物屏障设施的排风机应与送风机连锁,排风机先于送风机开启,后于送风机关闭。有洁净度要求的相邻实验动物房间不应使用同一夹墙作为回(排)风道;净化区的回(排)风口应有过滤且宜有调节风量的措施。清洗消毒间、淋浴室和卫生间的排风应单独设置。蒸汽高压灭菌器等局部产生污染源区域应采用局部排风措施。

(4)局部负压区设定:可能对实验动物构成污染的区域(如安乐死工作站、检疫隔离观察区等),或产生污染臭气的无洁净度要求的区域(如集中去污区、浸泡槽、垫料倾倒区、开放式饲育大动物生存区、与外界相通区的缓冲室、灭菌前区、电梯前厅等),宜设计单独负压区(−10Pa)。负压区要求排风与送风连锁,排风先于送风开启,后于送风关闭。

(5)正压区设定:按照国家标准,有洁净度要求的区域一般按照压力梯度设计为正压。排风宜与送风连锁,送风先于排风开启,后于排风关闭。

(6)排风设备管道:在洁净区内相对负压的管道系统,主要指与动物饲育设备密接的专门管道系统。如 IVC、EVC、隔离器、换笼台、生物安全柜、转运推车、洁净工作台等设备运行过程中,易产生污染空气,该类设备排风接入小环境总排风系统,不应向室内排风,也不应接入大环境排风支管。

大环境通风风管应采用耐酸(过氧乙酸)、碱(氨气)、强氧化剂(甲醛)等耐腐蚀性强的材料;表面应光滑,寿命不小于 15 年。小环境通风风管应采用圆形 304 不锈钢保温型材($\phi \leq 200mm$)的材料;泄漏率达到 D 级。

(7)局部排风计算:局部排风是局部换气,主要用在散发有害气体的点,比如生物安全柜、通风柜、IVC、隔离器、换笼台、动物转运车等。

局部排风的计算方法:如无法确定换气体积,则不应按照换气次数计算。应按操作面风速计算法,比如换笼台、生物安全柜等,按照通过操作界面的风速,一般取 0.5m/s。可计算换气体积的局部通风设备,如 IVC、EVC、隔离器等,可以根据小环境笼盒、隔离器等的内容积确定换气次数,隔离器宜为 $30 \sim 50h^{-1}$、IVC、EVC 可以为 $20 \sim 30h^{-1}$。

屋面排风口应远离新风取风口,且不应处于新风口常年风向的上方。排风应适当高排。若采用射流风机,风速不小于 15.3m/s。

(8)排风系统的设计原则:实验动物屏障设施根据各功能区域不同,应有多组局部排风系统组成的系统全面排风。各局部排风的划分原则是:向大气排放污染臭气时,其污染物排放应遵循综合治理、循环利用、达标排放和总量控制的原则。排出的污染臭气应首先进行无害化处理后才能排放,并应符合现行国家标准《大气污染物综合排放标准》GB 16297 的相关规定。

(9)压差设计原则:为了保证实验动物屏障设施达到国家标准的要求,维持某一个高于 / 低于邻室的空气压力,是实验动物屏障设施区别于普通空调房间和普通洁净室的重要特点,也是控制洁净度的重要组成部分。灭菌后区为最洁净区域,应该是压力最高点,实验动物屏障设施压差梯度设计为:灭菌后区→洁物储存区→洁净走廊→动物生存区→污物走廊→缓冲区,对外缓冲区应设计为负压区,避免污染空气外溢。

(10)气流组织设计原则:净化区的气流组织宜采用上送下回(排)方式;排(回)风口下边沿离地面不宜低于 0.1m;风速不宜大于 2m/s。

30.3.5　实验动物屏障设施给水排水设计要点:净化区和隔离环境的用水应达到运行状态的无菌要求,动物饮用水定额应满足需要。给水管道和管件应选用不生锈、耐腐蚀和连接方便可靠的管材和管件。动物饮用水水嘴应采用 U 形管连续供水,杜绝宿水,水龙头与地面夹角应小于等于 90°。无菌水管应采用食品级 / 制药级材料。

净化区用水(包括动物饮用水和洗刷用水),均应达到无菌要求,主要是保证生产的动物达到相应的动物级别的要求,保证动物实验结果的准确性。

实验动物屏障设施内用水种类包括动物饮用水、洁净区内用无菌水、实验室超纯水、工艺设备用白蒸汽用水、常规自来水等。

【技术要点】

动物饮用水主要参数:微生物指标要求:无菌;毒理指标要求:重金属符合要求;感官性状和一般化学指标要求:铝、铁、锰、铜、锌、钠、氯化物、硫酸盐、溶解性总固体、总硬度、挥发酚类、阴离子合成洗涤剂、氨氮、硫化物等符合要求；农药残留物要求：七氯、马拉硫磷、六六六、对硫磷、滴滴涕、敌敌畏、五氯酚、六氯苯、乐果、灭草松、百菌清、呋喃丹、林丹、草甘膦、莠去津、溴氰菊酯、2，4－滴、丙烯酰胺、苯等符合要求；消毒水消毒剂指标要求：臭氧等符合要求。

　　酸化水主要参数：小型啮齿类实验动物使用的强酸性离子水（pH＝2.5），目前被无菌水代替，因为当 pH 降至 2.0 时，会对实验动物免疫系统产生影响。

　　反渗透水：反渗透净化是目前实验动物屏障设施最常用的方法，它不仅可以除去盐类和离子状态的其他物质，还可以除去悬浮物和有机物质、胶体、细菌和病毒。反渗透净化除了可以从水中除去有毒有机和无机污染外，还能保证完全无菌，在投资和运行费用方面越来越可以与传统的方式竞争。

　　洁净区内用无菌水：用于洁净区内配制消毒液，主要是日常擦拭无菌区墙壁、顶棚、地面、笼架具、用具等，用水量不大。主要技术要求：无菌。另外，近年来由于动物行为学设备、水生生物设备等在洁净区使用，因此需要一定量无菌水。

　　超纯水：主要用于动物实验室、细胞室、化学分析实验室等。

　　实验动物设施排水：实验动物屏障设施内原则上不设排水系统。但有行为学要求的设施，应考虑送无菌水（水迷宫设备）和排水，并采用潜艇式排水装置。

　　中型实验动物屏障设施以湿养方式为主，其冲洗用水量和动物粪尿量较大，同时粪便中的病原微生物较多，单独设置化粪池有利于集中处理。同时，排水中有动物皮毛、粪便等杂物，为防止堵塞排水管道，排水管径比一般民用建筑的管径大，兔、羊等实验动物排水管径应不小于150mm，并且应根据不同区域排水的特点分别进行处理，同时应防止排水管道泄漏污染屏障环境。如排水立管穿越净化区，则应暗装，并且屏障设施所在的楼层不应设置检修口。防止不符合洁净要求的地漏污染室内环境。排水管道可采用建筑排水塑料管、柔性接口机制排水铸铁管等。

　　高压灭菌器冷凝水排水管道应采用金属排水管，为防止灭菌物品气味外溢，灭菌器冷凝水管口应与竖管接口密接。

　　实验动物屏障设施危废液应按照生物安全实验室相关要求灭活处理。

30.3.6　强弱电与自控系统要点：实验动物屏障设施的用电负荷不宜低于2级，应设置双电源供电。设置专用配电柜，配电柜宜设置在辅助区。配电管线宜采用金属管，穿过墙和楼板的电线管应加套管，套管内应采用不收缩、不燃烧的材料密封。

　　1. 供电

　　实验动物屏障设施供电出现故障时造成的损失较大，用电负荷一般不应低于2级。大、小环境系统模式的设计，至少应保证小环境温度、相对湿度、风速、洁净度要求，应保证突然停电时小环境系统送风系统可以瞬间供电，由于设施内有大量饲养设备（如IVC、隔离器、EVC、换笼台），以及大量实验设备，应设计足够的洁净室专用密封室插座和负载（220V、380V）；洁净区所安装的电源插座口、开关、定时器等线管必须密封，以防污染。应避免动物小环境污染和窒息死亡。布置于夹层的电线须有金属套管，防止被野鼠咬断。

　　2. 照明

　　实验动物屏障设施内应采用密闭性洁净灯具，安装缝隙应有可靠的密封措施。灯罩应采用不易破损、透光好的材料。禽类、小型啮齿类动物的环境照度应可以调节。

　　3. 自控系统

　　（1）实验动物屏障设施应设安全视频监控和进入实验动物屏障设施的身份识别系统。缓冲间的门采取互锁措施，并且在出现紧急情况时，所有设置互锁功能的门都应处于可开启状态。

　　（2）实验动物屏障设施的送、排风机应设正常运转的指示，风机发生故障时应能报警，相应的备用风机应能自动或手动投入运行。送风机和排风机必须可靠连锁。净化空调系统的配电应设置自动和手动控制。若采用电加热方式供热，应与送风机连锁，并应设无风断电、超温断电保护及报警装置。

　　（3）实验动物屏障设施的温度、湿度、压差应设计现场显示、数据传输、存储系统。当超过设定值范围时，应有声光报警和通知责任人的功能。实验动物屏障设施内外应有可靠的通信方式，内走廊、动物操作室、动物饲育室、灭菌后区等应设计摄像监控装置。

　　（4）实验动物屏障设施的工艺设备宜设计数据传输、存储系统。

【技术要点】

　　1. 供电与照明

　　（1）使用密闭洁净灯主要是为了减少净化区内的积尘点和易于清洁；吸顶安装有利于保证施工质量；当选用嵌入暗装灯具时，施工过程中对建筑装修配合的要求较高，如果密封不严，净化区的压差、洁净度都不易满足要求。洁净灯建议在顶棚上面更换。鸡、鼠等实验动物的动物照度很低，不调节则难以满足标准要求，可以使用红色光或照度可调节。为了满足 12h/12h（10h/14h）周期照明，应设置照明总开关。

　　（2）应设计两套照明系统（或可调光照度），即工作照明系统与动物照明系统。

　　（3）动物饲育室照度标准：各水平面照度 300～500lx（可调节）；明暗周期：12h/12h（可调节）；动物照度：红色光源照度：10～30lx。

　　（4）动物操作区光照度标准：300～600lx（可调节）。

　　实验动物设施不同功能区照明设计要求参考表 30.3.6。

实验动物设施不同功能区照明设计要求　　　　　　　　　　　表 30.3.6

序号	位置	光源／照度	作用及要求
1	技术受理区	无频闪的暖白色光源	保持必要的照度和良好的显色性，达到良好的效果，也利于动物放松
2	分子生物学实验室	LED 光源的吸顶式面板灯，照度在 300lx 左右	简洁大方，配光均匀，节能
		操作者局部正上方安装一盏 4000K 的暖白窄光束筒灯，照度控制在 300～500lx	配光改善观察，利于动物放松
3	应急处置室	一般宜采用 6000K 正白光，照度设计为 300～500lx	明亮环境，提高效率
4	检验检疫	常规检查、化验，照明的重点是作业以及观察，建议设计照度 300～500lx	要求环境明亮，没有眩光；还要考虑是否对仪器设备和器械有影响
		检疫隔离室临床检查。建议照度 250～300lx	除了观察之外，还需要创造没有压迫感的氛围

续表

序号	位置	光源 / 照度	作用及要求
5	行为学	明室的照度从 50lx 到 10000lx	明室和暗室，需要进行调光设计
		暗室的照度从 0lx 到 50lx 的范围内变化	
6	影像学实验室	不宜采用高照度的照明	需要调光
7	射线辐射室	判断某些实验室是否需要无线电辐射屏蔽	随着仪器技术进步，脑电波及心电图测量基本上不需要对照明器具进行屏蔽
			行为学肌电表等测量微小电压的仪器，为了避免静电诱导、电磁诱导的障碍，就需要进行屏蔽，照明器具的无线电辐射限度必须满足标准要求
8	灯具要求	要考虑设备特殊要求： 水雾环境——防水灯具； 腐蚀性气体——防腐灯具； 洁净要求——专业洁净灯具； 光敏感性材料——特殊光谱灯具	仪器设备有特殊要求
9	动物手术室	相关标准中要求照度在 750lx 以上，建议采用 1000lx	同时尽可能提高显色性，以提高操作者对界面组织、血液等色泽变化的辨识和判断能力； 必须配备应急照明电源
10	动物扩繁、实验操作室	采用混合式，操作室顶部设置无频闪的暖色温光源，提供 300~500lx 的可调空间照明	考虑到动物夜间活动较多，不宜采用表面亮度较高的直射光源，灯具最好采用散射光源
		动物夜间照明，应在顶棚、墙面腰线位置安装低照度暖色灯具，照度控制在 5~20lx	不影响实验动物夜间休息，方便值班员到操作室对实验动物进行观察
		最好在动物实验室操作台的顶部配备高显色性散射灯，保证局部照度在 300~500lx，为操作者提供必要的局部点光源照明	—
11	集中去污区	照度在 300lx 以上，工程实际中能达到 500lx 的照度水平效果更好	洗消人员时间紧、要求速度快，要控制差错率必须有非常良好的照明环境； 不仅有水平照度要求，更有垂直照度要求
12	机构服务大厅	要采用较高的照度，而且要尽量回避热光源的使用	大厅如果有中庭自然采光，应处理好自然光与人工照明的平稳转换，防止与周围回廊之间明暗差距太大而引起视觉的不适
13	公共通道	建筑光色美学	公共通道较多，人流较大，应保持明亮的环境

序号	位置	光源/照度	作用及要求
14	走廊与灭菌前后区	灭菌前后区应选用比较柔和的冷白光照明；推荐照度300~400lx； 走廊采用通用暖色光照明，在顶部安装线条形灯具，推荐照度300~400lx，参比实验室设计或低一个等级，避免出入实验对光线变化的不适感； 值班室一般位于各功能区的中心位置，灯光也是该区中最醒目的，保持全天候照明	行政管理和运行保障部门的用房可以按照通用办公进行照明设计
15	室外照明	入口处可以采用通用白光照明，推荐照度300~500lx； 内部道路可维持20~30lx的照度，建议采用中低杆路灯小间距配置，以提高照度均匀度； 地面庭院式路灯，或者太阳能电池供电的LED灯具； 地下吸顶安装的直管荧光灯或LED灯，并配有自动感应控制； 休闲花园采用暖色照明，照度不宜过高	既要满足车流与人流的交通要求，也要符合监控管理的规范
16	外景亮化	常见的设计方式是对大动物模型研究中心轮廓用灯条进行勾画，对标识进行泛光照明处理，根据需要加装LED显示屏幕	简洁大气，切忌绚烂夺目，照明设计还应充分考虑可靠性和可维护性

2. 自控系统

（1）实验动物屏障设施自控系统应包含但不限于三大功能模块和八大系统集成：

三大功能模块：安全功能模块（人+物品+动物进出）；设备运行功能模块（仪器+设备）；设施运行管理功能模块（动物实验室+流程+办公）。

八大系统集成：楼宇自动化系统；实验室压差气流与冷热源控制系统；能源管理系统；访客系统；样品管理系统；LIMS系统；办公系统；消防系统（给水排水）。

（2）基本要点：所有数据通过标准的通信协议上传至上位机，并在中央控制室内对所有系统进行远程监测与控制展示。同时，专门通过购买云空间，委托第三方进行大数据存储和处理，第三方定期提供有用数据及分析结果。

（3）实验动物屏障设施的门禁系统可以方便工作人员管理，防止外来人员误入而污染实验动物。缓冲间的门不应同时开启，为防止工作人员误操作，宜设置自动闭门器和互锁装置。在紧急情况（如火灾）下，缓冲室所有设置互锁功能的门都应处于开启状态，人员能方便地进出，以利于疏散与救助。电加热器与送风机应连锁，可避免系统中因电加热器无风工作导致的火灾。连接电加热器的金属风管接地，可避免造成触电类的事故。电加热器前后各800mm范围内的风管和穿过设有火源等容易起火部位的管道采用不燃材料是为了满足防火要求。温度、湿度、压差声光报警是为了提醒工作人员尽快处理故障，应根据投资能力设置。动物生存区应设置摄像监控装置，随时监控特定环境内的实验操作、动物的活动情况等。

30.3.7 实验动物屏障设施的消防要点：实验动物屏障设施的耐火等级不应低于二级，或设置在不低于二级耐火等级的建筑中。具有防火分隔作用且要求耐火极限值大于0.75h的隔墙，应砌至梁板底部，且不留缝隙。吊顶空间较大的区域，其顶棚装修材料应为不燃材料且吊顶的耐火极限值不应低于 0.50h。吊顶内可不设消防设施。应设置火灾事故照明。疏散走道和疏散门，应设置灯光疏散指示标志。当火灾事故照明和疏散指示标志采用蓄电池作备用电源时，蓄电池的连续供电时间不应少于 20min。面积大于 50m² 的区域，安全出口不应少于 2 个，其中 1 个安全出口可采用固定的钢化玻璃密闭。疏散通道门的开启方向，可根据区域功能特点确定。应设火灾自动报警装置。净化区内不应设置自动喷水灭火系统，应根据需要采取其他灭火措施。

【技术要点】

实验动物屏障设施消防特点：实验动物屏障设施建筑装修材料主要是无菌、抗菌表面材料，工艺流程中各类动线设备多为不锈钢类产品，但是电子类用电设备比较普遍，工艺实施中往往会使用少量易燃易爆的化学物品，存在潜在的火灾威胁。因此实验动物屏障设施的防火和人员疏散非常重要。

1. 人员消防疏散的原则：疏散路线要简洁明了，便于寻找和识别；疏散路线要做到步步安全（着火房间→房间门→疏散走道→楼梯间→室外）；扑救线路不要与疏散路线交叉；疏散通道要通畅，少曲线，少高低不平，少宽窄变化；疏散方向至少有 2 个可供人员疏散的门；疏散门的开启方向应有利于人员的疏散逃生。工艺布局与消防疏散产生矛盾时，应优先考虑工艺布局需求，消防疏散可以考虑玻璃门平时密封，紧急情况下用消防锤打碎玻璃门逃生。

2. 逃生门开启方向：净化区疏散通道门的开启方向，可根据区域功能特点确定。

3. 室内外消火栓系统：实验动物屏障设施内应设置消火栓系统，消火栓设置在污物走廊一侧，且应保证两个水枪的充实水柱同时到达任何部位。室内外消火栓供水系统的用水量应根据实验动物屏障设施火灾危险性类别、建筑物的耐火等级以及建筑物的体积等因素，根据现行国家标准《建筑设计防火规范》GB 50016 和《消防给水及消火栓系统技术规范》GB 50974 等确定。

4. 消防管道检修口设置：不应设置在洁净走廊、动物饲育室、操作室和灭菌后区。

5. 自动喷水灭火系统：根据目前实际情况，消防部门要求必须设置该系统，但可以不在洁净区留自动喷水灭火口，用水量应根据实验动物屏障设施的火灾危险性等级和现行国家标准《自动喷水灭火系统设计规范》GB 50084 确定。实验动物屏障设施自动喷水灭火系统宜采用预作用式。

6. 灭火器配置：各个场所必须配置灭火器，其设计应满足现行国家标准《建筑灭火器配置设计规范》GB 50140 的要求。除消防给水外，还应设置必要气体灭火系统等。

7. 防烟排烟：根据现行国家标准《建筑设计防火规范》GB 50016 和《洁净厂房设计规范》GB 50073 的要求，实验动物屏障设施的疏散走廊和面积大于 300m² 的实验动物屏障设施均应设置机械防烟排烟措施。疏散走廊应设置防烟排烟系统，但对于大面积的洁净区，当每 50m² 内不超过一个工作人员时可不设防烟排烟系统。

30.3.8　实验动物屏障设施环保专业控制要点：

1. 应有相对独立的污水初级处理设备或化粪池，来自于动物的粪尿、笼器具洗刷用水、废弃的消毒液、实验中废弃的试液等污水应经处理后排放。感染动物实验室所产生的废水，必须先彻底灭菌后方可排出。

2. 实验动物屏障设施废垫料应集中作无害化处理。一次性工作服、口罩、帽子、手套及实验废弃物等应按医院污物处理规定进行无害化处理。注射针头、玻璃片等锐利物品应收集到利器盒中统一处理。

感染动物实验所产生的废弃物须先行高压灭菌后再进行处理。

放射性动物实验所产生放射性沾染废弃物应按现行国家标准《电离辐射防护与辐射源安全基本标准》GB 18871 的要求处理。动物尸体及组织应装入专用尸体袋中存放于尸体冷藏柜（间）或冰柜内，集中作无害化处理。

3. 实验动物屏障设施废气应无害化处理，应符合现行国家标准《恶臭污染物排放标准》GB 14554 的要求。实验动物屏障设施的排风不应影响周围环境的空气质量，当不能满足要求时，排风系统应设置消除污染的装置。

4. 实验动物屏障设施内产生的噪声应进行相应的无害化处理，避免动物之间、动物对环境、对人产生噪声污染，影响实验动物健康和动物实验结果。

【技术要点】

1. 废液无害化

感染动物实验室所产生的废水经处理后排入污水处理系统，应满足现行国家标准《畜禽养殖业污染物排放标准》GB 18596 的要求。

2. 固体废物无害化

（1）非感染实验动物尸体及组织应冷冻存放，并按相关规定进行无害化处理。感染实验动物尸体及组织应先经灭菌，并按相关规定进行无害化处理。

（2）感染实验动物尸体及组织须经高压灭菌器灭菌后传出实验室再作相应处理。

3. 废气无害化

（1）气态污染物无害化处理要点：实验动物屏障设施内排出的废气需通过相应的无害化处理，并应达到现行国家标准《环境空气质量标准》GB 3095 的相关要求。实验动物屏障设施排放的废气应满足国家现行有关大气污染物排放标准的要求。废气应满足快排除原则。污染臭气应采用产生臭气的局部一级处理后再总排风管二级处理原则。

（2）集中总排风无害化处理装置设计要求：可有效去除实验动物屏障设施所产生的氨气、硫化氢、二氧化硫、粪臭素、VOCs、臭氧、灭菌蒸汽异味、过氧乙酸、甲醛等多种臭味、异味气体，具有杀菌功能，有效改善所排放气体对周围环境的污染；建议采用纳米半导体光催化技术和气液扰流技术相结合的综合处理工艺；功能段依次为进风段、纳米半导体光催化段、扰流段、喷淋段、除雾段、出风段等。设备运行要求：除消耗水、电之外，设备无其他耗材。处理后的外排气体质量浓度满足现行国家标准《恶臭污染物排放标准》GB 14554 的要求，其中含氮物（如 NH_3）质量浓度不大于 $0.1\mu g/m^3$、含硫物（如 H_2S）质量浓度不大于 $0.1\mu g/m^3$。

4. 噪声无害化

（1）通用动物操作实验室允许噪声不宜大于 55dB（A），动物饲育室允许噪声不应大于 50dB（A）；产生噪声的犬、猪等饲育室应做好隔声处理；辅助设施等区域不宜与动物实验操作室、饲育室等毗邻，否则应采取隔声及消声措施。

（2）产生振动的辅助设施等用房不宜与饲育室、操作室毗邻，且宜设在底层或地下室内，其设备基础等应采取隔振措施。

（3）机房、洗消区等产生噪声的区域必须加以隔声、消声处理；设在楼层或顶层的空调机房、排风机房等，其设备基础等应采取消声和减振措施。

30.4　实验动物屏障设施特殊关注要点

30.4.1　实验动物屏障设施节能原则：实验动物屏障设施净化空调系统运行成本非常大，为一般空调系统的 7 倍以上。一般情况下实验动物屏障设施净化空调系统用电量占总耗能的 50%～60%，在"双碳"目标下，如何实现能耗系统最佳设计与能源有效运用，达到低能耗运行目的，成为不得不做且相当重要的工作。据统计，建成的实验动物屏障设施每年的运行费用为 900～1200 元 /m²。很多实验动物屏障设施建成后，巨大的日常运行费用成为业主沉重的经济负担。

实验动物屏障设施能耗重点内容：净化空调系统：以全新风方式，全年 24h 运行，冷热源设备和容量需求巨大；工艺设备：物流通道需要的实验动物型灭菌器设备，每天运行 6～8h，蒸汽发生器耗电量较大；满足 24h 不间断工艺设备需要较大耗电量；局部与全面通风臭气无害化处理系统的能耗也非常大。

【技术要点】

1. 需求控制节能原则：确定合理的冷热源供给方式，详细划分功能区域，分时段、分系统设计全面、局部通风量，尽量降低换气次数，设备冷热量回收等是实验动物屏障设施节能的关键，也是设计机构技术水平的体现。

2. 设计与设备选型特点：实验动物屏障设施能耗巨大，从设备节能、需求控制节能、综合系统节能等多途径采用节能措施，可使大环境 SCOP 值达到 6.0 以上。

3. 大、小环境系统分开：采用大、小环境两套净化空调系统，根据需求控制节能要求，按照功能需求、时段、有无实验动物区域划分能耗控制系统。如非动物生存区（洁净走廊、污物走廊、灭菌后区、操作室等）无人状态下，在保证净化压差不波动的前提下，调节冷热源温度在露点温度以上，并且采用全热回收补风系统设计，可达到节电 50% 以上的目标。

4. 风速调节：动物生存区采用稳定舒适环境的小环境系统，全新风设计，小环境要求进入房间的风速控制在 0.18～0.21m/s。当前市场上的小鼠饲养设备存在以下两大问题：一是送入每个 IVC 笼盒的空气量不均衡；二是 IVC 笼盒内部的气流分布不均匀，并且气流组织不太合理，有的甚至气流组织混乱，难以确保良好的动物生存区风速控制需求。

从 IVC 笼盒小环境（离盒底 3cm 处）水平、垂直截面风速分布模拟结果可以看出，风速分布不均匀，存在较大的涡旋区；约 40% 的区域风速在 0.1m/s 以下，20% 的区域风速在 0.6m/s 以上，不满足国家标准要求（图 30.4.1-1、图 30.4.1-2）。

5. 采用变工况运行模式：根据室内外工况变化，动态调整新风量。例如，过渡季节当室外空气焓值低于室内时，按最大新风比运行；当室外空气焓值高于室内时，新风量根据室内污染物控制指标，调节风机转速，采取需求控制通风方式。同时，实验动物屏障设施各区域应按照运行状态、值班状态、非运行状态及各时段进行控制。几种运行工况设定：（1）运行状态：（每天 24h）大环境的全负荷运行（含服务区域）；（2）值班状态：早 7 点到晚 6 点，以满足大环境洁净度为前提，晚 6 点到次日早 7 点保持不结露状态；（3）非运行状态：大环境需满足洁净度的工况要求。

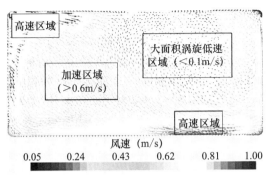

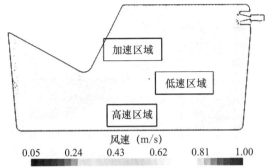

图 30.4.1-1　IVC 笼盒小环境水平截面风速分布　　图 30.4.1-2　IVC 笼盒小环境垂直截面风速分布

6. 选定合理的冷热源供给方式：为了维持实验动物小环境的适合温湿度，选定合理的冷热源极为重要。临床医疗机构一般供应室配备有数台灭菌设备，使用燃气锅炉为热源。因此，实验动物屏障设施以燃气锅炉作为供热源为首选。冷源可根据系统划分与设备节能特点选定。也可以采用地源、水源热泵机组，制冷制热工况稳定，能效比高，节能效果显著。

7. 详细划分功能区域，降低空调冷热负荷：应根据实验动物屏障设施使用特点详细划分各功能区域，净化空调系统新风的热湿和净化处理可集中也可分散设置。负压区划为可能对动物构成污染或产生污染臭气的无洁净度要求的区域（动物生物安全三级及以上实验室除外）。如：笼器具清洗消毒区、普通级大动物饲育区、对外缓冲区、灭菌前室、电梯前厅等，宜设计单独负压区（-10Pa）。正压区依据国家标准，按照压力梯度划分为动物生存区和辅助区、通道区等。小环境的设备通风：在洁净区内相对于洁净室设计负压的管道系统，主要指与动物饲养设备密接的专门负压系统。分时段设计：24h 运行和间断运行的区域要区分开来；根据动物生存区动物数量调整换气次数，宜采用变频方式。动物生存区内采用换气效率高的送风口及气流控制方式，以及部分排风再循环，减少新风使用量。

8. 采用先进技术充分回收能量：采用显热能量回收装置，在寒冷及严寒地区冬季大温差工况下，显热回收率为 50%～60%，节能效果显著。国外已有实验动物屏障设施采用分子筛式全热能量回收装置，全热回收效率在 70% 以上。总排风管经无害化处理后可以全部排风再循环，减少新风使用量。

9. 围护结构保温：强化外墙与屋面的隔热保温能力，根据实验目的、动物种类和房间功能的不同进行分区。

30.4.2　实验动物设施三废无害化技术：

依据我国实验动物许可证管理现状，新建或改建实验动物屏障设施的污染物无害化处置体系应实行属地归口管理。主管部门应配套政策体系，建立引导与约束相结合的源头控制、全程综合治理机制，为形成实验动物环境条件环环相扣的利益机制提供必要支持，保护环境，防治污染，促进实验动物屏障设施污染治理技术的进步，提高实验动物屏障设施使用效率，强化社会共治。实验动物屏障设施运行机构应严格遵循谁污染谁治理的减量、无害化原则；形成废弃物收集暂存、运输、无害化处理的全程分类和治理体系。

1. 实验动物屏障设施废气无害化是指在实验动物屏障设施内从事实验动物生产和使

用过程中所产生和排出的有毒有害的气体。在医疗机构实验动物屏障设施中，其特殊性在于排放的废气属于恶臭污染物，严重污染环境和影响人体健康。目前，实验动物屏障设施相关法规、标准、规范要求，在动物饲养及实验过程中产生的各种废弃物应无害化处理。实验动物屏障设施废气按所含排放污染物的物理形态可以分为：含颗粒物废气、含气态污染物废气等，后者还可分为有机废气和无机废气，也是国家重点防控的大气污染物排放的指标。

（1）含颗粒物废气：污染大气的颗粒物质又称气溶胶。环境科学中把气溶胶定义为悬浮在大气中的固体或液体物质，或称微粒物质或颗粒物。对于大气污染物而言，主要是在运行、维保过程中，垫料倾倒或排放过程产生的颗粒废气、更换空气过滤器时产生的颗粒废气等。

（2）含气态污染物废气：有机废气主要包括各种烃类、醇类、醛类、酸类、酮类和胺类等；无机废气主要包括硫氧化物、氮氧化物、碳氧化物、卤素及其化合物等。但是实验动物屏障设施以产生恶臭气体及异味为主。实验动物屏障设施气态污染物成分：以 SO_2 为主的含硫化合物：非人灵长类、犬类等肉食动物设施的废气污染物中主要含硫化合物包括硫化氢、甲硫醇、二硫化甲基或有机硫气溶胶等。以 NO 和 NO_2 为主的含氮化合物：大多数啮齿类动物屏障设施的废气污染物中对环境有影响的含氮化合物主要是 NO 和 NO_2、氨、三甲胺及铵盐。对于大气污染物而言，主要是在实验动物屏障设施运行、维保过程中，垫料倾倒或排放过程、室内有组织排放的排风系统所产生的气态污染物废气等。

（3）恶臭气体：指一切刺激嗅觉器官引起人们不愉快感觉及损害生活环境的异味气体。实验动物屏障设施主要污染废气是恶臭气体，主要成分是氨、硫化氢、甲硫醇、三甲胺、苯乙烯、乙醛、二硫化甲基、粪臭素、蛋白类臭味气体等。实验动物屏障设施臭气的质量浓度较高，如果未经过有效的处理直接排放，会对周边的环境造成很大程度的污染，尤其是社会影响极坏。对于大气污染物而言，主要是在运行、维保过程中，垫料倾倒或排放过程、动物饲育室内有组织排放的排风系统和与外界相邻空间泄漏所产生的恶臭气体等。

由于医疗机构实验动物屏障设施的用途各异，饲养的实验动物品种千差万别，不同用途实验动物屏障设施所排废气的质量浓度差异较大（图30.4.2-1）。实验结果表明：动物尸体腐败4~5天内为混合臭气，以氨、胺、硫化氢、甲硫醇为主，第6天开始以氨和胺为主。对于实验动物屏障设施而言，恶臭污染物中 NH_3 与 H_2S 是主要成分；实验猪屏障设施比小型啮齿类动物屏障设施臭气的质量浓度要高。实验动物屏障设施恶臭污染物的排放废气的质量浓度与实验动物种类、饲育方式、粪尿管理形式有极大的关系。环境温湿度对臭气的质量浓度的影响权重最显著。

（4）放射性污染废气：放射性尘埃引起的大气污染，主要是由于实验动物屏障设施用CT设备、MRI设备、直线加速器、放射性同位素等气溶胶形成的。放射性气体释放入环境后，在大气中的输送过程受气象条件、地形和本身性质等多种因素影响。放射性气体对人产生的伤害通常有三种方式：1）浸没照射：人体浸没在放射性污染的空气中，全身和皮肤会受到外照射；2）吸入照射：吸入放射性气体，使全身或甲状腺、肺等器官受到内照射；3）沉降照射：沉积在地面的放射性物质对人产生的照射，如产生 γ 外照射或通过食物链而转移到人体内产生内照射。沉降照射的剂量一般较浸没照射和吸入照射的剂量小，但有害作用持续时间长。动物实验过程中所产生放射性废气和粉尘，一般可通过改善操作条件和通风系统得到解决。通常是进行预过滤然后经过高效过滤后再排出。燃料后处理过程的废气大部分是放射性碘和一些惰性气体。

（5）实验动物屏障设施废气排放要求：室内有实验动物时的动态氨的质量浓度不大于 $14mg/m^3$；实验动物屏障设施有组织排放污染物的质量浓度不大于 $200μg/m^3$（污染物排放监控位置：周界）。

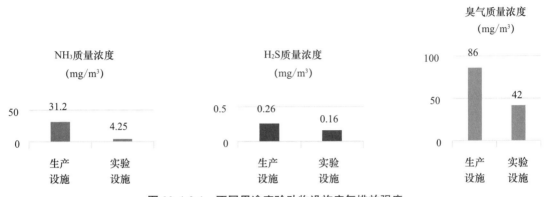

图 30.4.2-1　不同用途实验动物设施废气排放强度

2. 实验动物屏障设施固体废物指在有实验动物许可证的设施内从事动物实验以及其他相关活动中产生的丧失原有利用价值或者虽未丧失利用价值但被抛弃或者放弃的固态、半固态的物品、物质以及法律、行政法规规定纳入固体废物管理的物品、物质。如：无生物安全污染的废弃垫料、废弃笼器具等。

（1）相关法律法规和标准规范

我国在治理固体废弃物方面出台了一系列法律法规，与实验动物屏障设施相关的主要有：《中华人民共和国固体废物污染环境防治法》《中华人民共和国传染病防治法》《中华人民共和国动物防疫法》《畜禽规模养殖污染防治条例》《病原微生物实验室生物安全管理条例》等；相关行政法规有：《关于"十四五"大宗固体废弃物综合利用的指导意见》《医疗卫生机构固体危废管理办法》以及《病死及病害动物无害化处理技术规范》等；相关标准规范有：《危险废物鉴别技术规范》HJ 298、《危险废物鉴别标准　通则》GB 5085.7、《生物安全实验室建筑技术规范》GB 50346 等。

（2）实验动物设施固体废物分类

依据危害的对象分类：对人的健康产生危害，如感染性、损伤性、放射性、化学、生物学毒性产生危害的固体废物等。对周围环境产生危害，若不处置可造成对土壤、地表水、地下水的污染和二次污染；侵占大量土地；焚烧产生大量空气污染物如二噁英、臭气、异味等。对社会产生危害，废弃的实验用具、实验后活体动物、动物尸体未经过无害化处理，而被非法贩卖进入社会，会引起疾病的传播、公众健康潜在的威胁和公众产生不满、市场秩序混乱等多种危害。对实验对象产生危害，实验样品细胞（细菌、病毒、寄生虫等）、实验动物产生危害的固废等。

根据种类分类：传染性固体废物，是指动物实验产生的含有足够数量或浓度足以导致易感人群和动物疾病的病原体（细菌、病毒、寄生虫或真菌等）的固体废物，包括动物生物安全实验室的感染源、传染病患者或实验动物组织、体液及接触的材料或仪器、粪便垫料、处置感染部位的材料、被体液污染的织物样本容器、实验动物尸体、实验动物粪便垫料等。尖锐器物，是指动物实验中产生的足以刺穿或刺破皮肤的尖锐物品，主要包括刀、手术刀和其他刀片、输液器、针头、皮下注射针头、锯子、碎玻璃等，它们可将感染直接传播到血液中，尖锐器物无论是否受到污染均属于高危固体废物。病理废弃物，是指动物实验产生的包含死亡组织和 / 或可传染的潜在性传染性病原体材料，包括实验用血液、体液、组织、器官、胚胎、尸体组织等。动物尸体和组织块，包括实验室感染的动物尸体、器官，以及动物组织块、动物解剖取材剩余废物样本等。化学毒性废物，是指动物实验产生的具有化学毒性的固体废物，包括药物、试剂、麻醉剂、消毒剂、饲料添加物等。放射性废物，是指动物实验产生的具有放射性危害的固体废物，如放射性造影剂等。

3. 实验动物屏障设施污水指实验动物屏障设施产生的含有病原体、重金属、消毒剂、有机溶剂、酸、碱以及放射性等的污水。

实验动物屏障设施污泥指实验动物屏障设施污水处理过程中产生的污泥和化粪池污泥。

实验动物屏障设施污水废气指实验动物屏障设施污水处理过程中产生的废气。

实验动物屏障设施污水的来源及危害：实验动物屏障设施使用的功能、设施和人员组成情况不同，产生污水的区域有集中去污区、中动物饲育室冲洗、洗衣房、手术室、实验动物饮用水制水装置、工艺设备排水（如灭菌器冷凝水、清洗消毒机等排水）；还有淋浴室等人员排放的污水。实验动物屏障设施污水来源及成分复杂，含有病原性微生物、有毒、有害的物理化学污染物和放射性污染等，具有空间污染、人畜共患病感染风险，不经有效处理会成为一条疫病扩散的重要途径和严重污染环境。

实验动物屏障设施污水中含有酸、碱、消毒剂、有机溶剂、悬浮固体、BOD、COD等有毒、有害物质。

【技术要点】

1. 实验动物屏障设施废气无害化处理原则

（1）应对实验动物屏障设施运行过程中排出的严重污染环境、影响实验动物和人体健康的有害气体应实行无害化达标排放。

（2）产生大量废气的设施应具备两级无害化处理装置，对不同实验动物产生的废气进行单元式处理，再做总通风系统无害化处理。臭气排放应符合现行国家标准《恶臭污染物排放标准》GB 14554。

（3）除临时应急工况外，有毒、有害气体的实验动物屏障设施排风不宜采用活性炭进行单一无害化处理。

（4）满足快排除原则。实验动物屏障设施运行后，不断产生污染臭气，主要是氨气（小型啮齿类为主）和硫化氢气体（大动物为主）。因此，通风设计时，应满足快排除原则。《实验动物设施建筑技术规范》GB 50447—2008 明确规定了上送下排的气流组织形式，并且要求对送风口和排风口的位置精心布置，尽可能减少气流停滞区域，确保室内可能被污染的空气以最快的速度流向排风口。氨气在洁净区内蓄积，不断上升到房间高度处，硫化氢气体会下沉，因此对不同污染臭气采用不同高度的排风口。风口风速控制在 3m/s 左右，风管风速控制在 7m/s 以下。

（5）局部化学法无害化处理：目前主要有针对氨气、硫化氢气体的改性吸附剂；排风系统支管应设置消除污染的装置等，并应设置在风机的负压段。应根据污染臭气处理量预留设备空间，同时预留有关设备的阀门、风机、检测孔等处的操作空间。污染臭气处理系统的主体设备之间应留有足够的安装和检修空间。应急通道应满足规范的要求。

（6）吸收法污染臭气无害化处理：吸收工艺的选择应考虑的因素主要是污染臭气性质、流量、质量浓度、吸收剂性质、吸收装置特性以及经济性等。吸收装置有喷淋塔、板式塔、湍球塔等。活性炭吸附可以在应急情况下使用。

（7）光解法无害化处理：光解工艺的选择应考虑的因素有污染气体的流量、流速、压力、组分、性质、进口质量浓度、排放质量浓度等。宜按最大污染臭气排放量的 120% 进行设计，并控制气流速度。光解设备连续工作时间不应少于 12 个月。气体的接触时间应大于等于 1.0s。

（8）射流排气法稀释处理：也称排气射流筒法。排气筒的高度指从地面至排气口的垂直高度，应满足国家现行有关大气污染物排放标准的要求，最低高度不得低于 15m，排气筒出口风速宜大于等于 15.5m/s，对集中大型排气筒宜预留排风能力。排气筒应设置用于监测的采样孔和监测平台，以及必要的附属设施。排气射流筒顶端不应设置伞帽。

运营阶段实验动物屏障设施环境空气影响要素及影响因素识别见表 30.4.2-1、表 30.4.2-2。从表 30.4.2-2 可以发现，废臭气是长期负效应指标。

实验动物屏障设施环境空气影响要素　　　　表 30.4.2-1

阶段	种类		来源	主要成分
运营期间	废气		动物设施废气	氨、硫化氢、臭气
			生物安全柜废气	微生物气溶胶
			实验废气	挥发性有机气体、氯化氢
	废水		生活污水	BOD_5、COD_{cr}、SS、氨氮
		生产废水	动物笼清洗废水、动物房间冲洗废水	BOD_5、COD_{cr}、SS、氨氮
			实验仪器清洗废水	BOD_5、COD_{cr}、SS、氨氮
	固体废物		生活垃圾	生活、办公垃圾等一般固体废物
			一般固体废物	动物饲养废垫料
		危险废物	实验动物废物	动物尸体、组织为医疗废物
			实验废物	废有机试剂、废试剂瓶等危险废物
	噪声		动物叫声、操作物品撞击声	等效 A 声级

实验动物屏障设施环境影响因素识别　　　　表 30.4.2-2

阶段	工程作用因素	自然环境						社会环境
		环境空气	地表水	土壤	地下水	声环境	景观生态	
运营期间	废水	×	●	×	×	×	×	×
	废气	●	×	×	×	×	×	×

续表

阶段	工程作用因素	自然环境						社会环境
		环境空气	地表水	土壤	地下水	声环境	景观生态	
运营期间	设备噪声	×	×	×	×	●	×	×
	固体废物	×	×	●	●	×	×	×
	事故排放	★	★	★	★	★	★	×
	科研水平、经济发展	×	×	×	×	×	×	○

注：★表示短期负效应，●表示长期负效应，○长期正效应，×无影响。

2. 固体废物处理

（1）集中无害化处置基本依据和准则：应具有符合环境保护和使用要求的固体废物储存、处置设施和设备；应由经过培训的技术人员以及相应的技术工人专门管理；有负责固体废物无害化效果检测与评价机构和人员；具有保证固体废物无害化的规章制度。

（2）固体危废、废物无害化方法：

1）焚烧处理法：焚烧处理固体废物可以彻底灭活所有病原微生物，处理后残留体积小，降低了对二次固体废物的处理量，但焚烧过程产生的废气对环境空气造成污染，人口密集区不应采用此法。

2）高温高压灭菌处理法：① 低危固体废物 121℃、30min 高温高压灭菌处理；② 感染性动物尸体和组织、粪便、用具等 134～137℃、20min 灭菌；③ 动物生物安全实验室专用灭菌设备，137℃、20min 灭菌。电蒸汽发生器耗电量巨大，运行成本高，应注意节能和环保。

（3）流动式加热灭菌粉碎集成处理法：一种新型医疗机构实验动物屏障设施固体废物（包括动物尸体无害化）处理方法。采用一体式高温高压—粉碎集成设备，适用于各种级别的动物生物安全实验室，此方法完全符合我国、欧盟和 WHO 等废弃物的处置规范和建议。此方法既可以全过程一次性完成，污染风险极低，灭除彻底（不产生污染和交叉感染），又可以大规模降低生物医学固体废物体积和生物安全实验室固体废物无害化成本，使用蒸汽和电力可在现场处理各高危险固体废物、一般固体废物、尖锐器物、传染性废物等。废水被高温高压重新冷凝后排入市政排水管道，而且不会排放其他有害物质。这种新型无害化处理方法占地面积小、环保节能、无害化处理周期短、工作量小、低能耗，建议推广使用。

（4）实验动物尸体无害化处理要求：根据《国家危险废物名录（2021 年版）》及相关规定，实验动物尸体属于危险废物；按照《中华人民共和国动物防疫法》和现行国家标准《实验动物 环境及设施》GB 14925 的规定，实验动物尸体应"集中作无害化处理"（图 30.4.2-2）。

目前，我国绝大多数医疗机构实验动物的尸体无害化处理，均采用当地政府指定的卫生材料处理机构，实验动物尸体采用传统式焚烧法、实验动物设施固体废物采用掩埋等方法较为普遍，但社会处理能力的供给量无法满足日益增加的医疗机构固体废物和固体危废的产生需求量，供求矛盾突出，同时，也给医疗机构带来比较大的经济负担。

图 30.4.2-2　实验动物尸体无害化处理装置

（5）固体废物（实验动物粪便和铺垫物）的处理法：实验动物屏障设施内饲养各种实验动物，每日有大量粪便和铺垫物需要无害化处理，根据不同实验动物粪便质与量的不同，其无害化处理方法建议为：

1）小型啮齿类实验动物和豚鼠等动物粪便垫料无害化处理：应采用密封式笼盒集中收集，放置于暂存区，集中无害化处理或再利用；动物生物安全二级实验室粪便垫料应采用生物安全型灭菌器灭菌后再倾倒集中处理。

2）非人灵长类、小型猪、犬类实验动物软黏粪便无害化处理：应采用密闭式集中收集，放置于暂存区，集中无害化处理或再利用；动物生物安全二级实验室粪便垫料应先高压灭菌处理，再集中收集处理。

3）马、牛、驼等大型草食动物粪便垫料无害化处理：对无生物污染的草食动物粪便可集中收集无害化处理；有生物污染的草食动物粪便应高压灭菌后再集中处理。

3. 液态污染物无害化处理

（1）污水处理原则

1）全过程控制原则：对实验动物屏障设施污水产生、处理、排放的全过程进行控制。

2）减量化原则：对污水发生源进行严格控制，即源头控制、清污分流。

3）就地处理原则：为防止污水输送过程中的污染与危害，应就地处理。

4）达标与风险控制相结合原则：全面考虑污水达标排放的基本要求，同时加强风险控制意识，从工艺技术、工程建设和监督管理等方面提高应对突发性事件的能力。

5）生态安全原则：有效去除污水中有毒有害物质，减少处理过程中消毒副产物产生和控制出水中过高余氯，保护生态环境安全。

（2）液态污染物无害化设计

工艺流程：医疗机构实验动物屏障设施污水汇集进入化粪池，化粪池采用多级结构，最后一格作为调节池使用。通过泵将污水提升至混凝沉淀池，混凝沉淀池中加入PAC 及 PAM，PAC 及 PAM 同属水处理絮凝剂，其溶解后与水中杂质、悬浮物等形成胶体絮团。通过搅拌，形成大而密实的矾花，并絮凝沉淀。经沉淀后的污水进入消毒池中，加入消毒剂进行消毒，消毒后的污水达标排放。实验动物屏障设施污水处理流程见图 30.4.2-3。

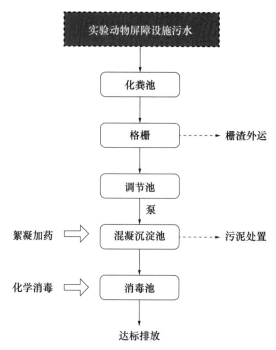

图 30.4.2-3　实验动物屏障设施污水处理流程

（3）污水的废气排放要求

医疗机构实验动物屏障设施污水处理工程周围存在敏感区域时，按项目环评要求进行臭气防护距离计算；废气排放系统有组织排放，排气筒高度最低为 15m；建议采用射流风机。排气筒高度大于等于 15m 的，应有组织排放和监测，且符合现行国家标准《恶臭污染物排放标准》GB 14554 的相关规定；排气筒高度低于 15m 的，应满足现行国家标准《医疗机构水污染物排放标准》GB 18466 的相关规定。

（4）污水的废气无害化处理设计要点

1）按局部通风设计原则，针对有害气体散发状况，优先考虑密闭罩。

2）对于格栅口和污泥的清除处，由于操作需要，可以采取敞口罩。

3）通风机选用离心式，排气高度 15m。

4）通风机流量和压头需要根据不同处理方法的要求选取，对于使用氧化型消毒剂的情况，通风机和管材应考虑防腐。

5）废气消毒宜采用紫外线催化氧化。

6）污水的废气应进行无害化处理后排放，不宜直接排放。

7）通风机宜选用离心式，排气高度应不小于 15m。

30.5　动物生物安全实验室（ABSL-N）

30.5.1　动物生物安全实验室基本概念：动物生物安全实验室是指以活体实验动物为对象和材料，在科学设计的条件下进行实验或者检测，观察、记录反应过程和结果活动的场所（包括：建筑物、装备等）。

【技术要点】

动物生物安全实验室应符合现行国家标准《实验室　生物安全通用要求》GB 19489、《生物安全实验室建筑技术规范》GB 50346、《实验动物　环境及设施》GB 14925、《实验动物设施建筑技术规范》GB 50447 的要求，实验室运行状态良好，实验用具配备到位。动物生物安全实验室分级参照现行国家标准《实验室　生物安全通用要求》GB 19489，且符合相关法规、标准等对实验室生物安全责任的要求。实验室的生物安全条件和状态保证实验室人员、来访人员、社区及环境不受到生物危害。总体设计建造过程中在符合现行国家标准《民用建筑设计统一标准》GB 50352 的基础上，结合现行国家标准《实验动物　环境及设施》GB 14925 的要求，严格遵循以动物生物安全防护水平为主线来设计建造。动物生物安全实验室主要是操作能够引起人类或者动物疾病的微生物，但这类微生物对人、动物或者环境构成不同程度的危害，传播不同程度的风险，被感染后引起不同程度的疾病，并且有不同程度的治疗和预防措施，但也存在人类病原微生物在动物体内放大毒力的风险。因此，此类实验室设计建造过程中应更加谨慎和注意风险防控，并必须获得实验动物生产和使用许可证后方可运行。

所有进行过高级别致病病原微生物操作的动物组织、尸体以及相关材料，严格进行灭菌后再由废物处理单位进行无害化处理。进行低级别致病病原微生物操作后的动物组织、尸体以及相关材料，需用医疗废物垃圾袋包装，暂存，送有资质的无害化处理单位进行处置。所有处置须符合环保要求。

应使用国际、国家规定的通用标识。实验室标识应明确、醒目和易区分。实验室主入口处应有标识，明确说明生物防护级别、操作的生物因子、实验室负责人姓名、紧急联络方式和国际通用的生物危险符号。

应得到管理部门的批准，允许开展动物实验活动。不应从事超许可范围的实验活动，应符合《人间传染的病原微生物目录》和《动物病原微生物分类目录》要求。

30.5.2　动物生物安全实验室存在的主要问题：不同于生物安全三级实验室，我国及国际上都没有针对负压生物安全二级实验室设计、建造、安全设备及个体防护的明确要求。这使得各单位在建造和使用负压生物安全二级实验室时存在很多疑惑，造成不同实验室从面积、压力到排风装置等都相差较大的状况。

【技术要点】

由于在活体动物体内从事病原微生物的操作实验，该病原微生物可能在动物体内产生毒力增加效应。

部分实验室选址距公共场所和居民区过近；建设经费、运行维护经费不足；政府投入不够、建设前调研不充分造成无法通过环境评价。还存在建设过程中经费不够或建成后运行维护经费无法到位的情况，均造成很大的资源浪费。

30.5.3　动物生物安全实验室的设计依据：《实验室　生物安全通用要求》GB 19489、《生物安全实验室建筑技术规范》GB 50346、《移动式实验室　生物安全要求》GB 27421、《病原微生物实验室生物安全通用准则》WS 233、《实验室设备生物安全性能评价技术规范》RB/T 199、《移动式生物安全实验室评价技术规范》RB/T 142、《实验动物设施建筑技术规范》GB 50447、《Ⅱ级生物安全柜》YY 0569、《排风高效过滤装置》JG/T 497、《兽用疫苗生产企业生物安全三级防护标准》、《兽医实验室生物安全管理规范》等。

30.5.4　ABSL-N 等级分类：

1. ABSL-1：适用于对人体、动植物或环境危害较低，不具有对健康成人、动植物致病的因子。

2. ABSL-2：适用于对人体、动植物或环境具有中等危害或具有潜在危险的致病因子，对健康成人、动物和环境不会造成严重危害，有有效的预防和治疗措施。

3. ABSL-3：防护实验室，适用于处理对人体、动植物或环境具有高度危害性，通过直接接触或气溶胶使人传染上严重甚至是致命的疾病，或对动植物和环境具有高度危害的致病因子，通常有预防和治疗措施。

4. ABSL-4：最高级别防护实验室，适用于对人体、动植物或环境具有高度危害性，通过气溶胶途径传播或传播途径不明，或未知的、高度危险的致病因子。没有预防和治疗措施。

【技术要点】

ABSL-N 根据危险度等级，包括传染病原的传染性和危害性，国际上将生物实验室按照生物安全水平分为：P1，P2，P3 和 P4 四个等级，见表 30.5.4。

ABSL-N 根据危险度等级分类 　　　　　　　表 30.5.4

国际分级	我国分类		个体感染危险性	个体病症	社会传播危险性	预防能力
	《实验室　生物安全通用要求》GB 19489—2008	《病原微生物实验室生物安全管理条例》				
P1	Ⅰ级	四类	无，很低	很轻	很低	——
P2	Ⅱ级	三类	中	中	低	有效
P3	Ⅲ级	二类	高	重	中	有效
P4	Ⅳ级	一类	很高	很重	高	无效

30.5.5　生物安全实验室和动物生物安全实验室的主要区别在于动物生物安全实验室多了一级针对动物特性的物理设施，即三级屏障。

【技术要点】

1. 生物安全实验室的特殊性：生物安全实验室对建筑的密闭性、结构稳定性的要求更高；空气和水的流向和处理要求更严格；供电和自动控制系统需要更高的可靠性和稳定性，负荷等级更高，控制精度高、控制项目多。并且，对所有机电系统的保障要求都大大提高。

2. 工程与卫生学基本原理：（1）样品隔离（一级屏障）：通过安全设备实现，将有害因子（包括实验动物）与操作者和环境隔离；（2）与外部环境的隔离（二级屏障）：通过围护结构和定向气流保证空气从低污染区向高污染区流动；（3）灭菌灭活：通过对废水、排风和固体废物（包括动物尸体）灭菌和拦截，对有害因子进行无害化处理。

3. 国际兽医组织将动物生物安全防护分为三种类型：初级防护：是病原体（含动物）与人体之间的第一道屏障，属于设备上的防护，通过个人用品、操作设备和操作规定达到防护目的，如：手套、口罩、面具、生物安全柜、正压服和良好的实验室操作技术等。二级防护：是病原体与环境之间的屏障，是通过设施设计实现的，包括房间密闭、空调和过滤、气锁、淋浴、洗衣、污水处理、废物处理、消毒、设备冗余，以及设备与材料的选择。三级防护：为附加元素屏障，通过墙壁、护栏、安保、检疫、动物隔离空间等物理操作实现。根据生物安全实验室的级别，生物因子的风险种类，设计时需要选择不同的设施和措施来完成对病原体的隔离和防范。生物安全三级实验室（BSL-3）工艺要求见表 30.5.5。

生物安全三级实验室（BSL-3）工艺要求　　　　　　　表 30.5.5

项目	BSL-3 中的 a 类	BSL-3 中的 b1 类	ABSL-3 中的 a 和 b1 类	ABSL-3 中的 b2 类
限制出入	√	√	√	√
授权进入	√	√	√	√
双人工作制	√	√	√	√
门上贴生物危害警告标志	√	√	√	√
带双面互锁缓冲间	√	√	√	√
气密性要求				√
采用生物安全型双扉高压灭菌器灭菌	√	√	√	√
更衣	√	√	√	√
淋浴		√	√	√
化学淋浴				√
实验区气流由外向内单向流动	√	√	√	√
送风经粗效、中效、高效过滤	√	√	√	√
排风经高效过滤并可以在原位对排风高效过滤器进行消毒灭菌和检漏	√	√	√	√
排风经双高效过滤				√
防护区内排水要经过专用灭菌系统处理	√	√	√	√
生命支持系统＋正压防护服（BSL-4 的要求）				√

4. 设置 ABSL-N 三废无害化设备：ABSL-N 中的大动物设施应设置固危废无害化装置，其流程为：动物尸体肢解→灭菌→固液分离→干燥→粉碎，灭菌温度达到 134～137℃。

本章参考文献

［1］国家质量监督管理总局，国家标准化管理委员会. 实验动物　环境及设施：GB 14925—2023［S］. 北京：中国标准出版社，2023.

［2］中华人民共和国住房和城乡建设部. 实验动物设施建筑技术规范：GB 50447—2008［S］. 北京：中国标准出版社，2008.

［3］吴晓松，刘广东，刘亮. 大型医院实验动物中心建设与发展策略探讨［J］. 解放军医学院学报，2012，33（5）：538-539.

［4］王漪，张道茹，戴玉英，等. 我国实验动物科学技术的基础与前沿——实验动物发展的战略思考——实验动物设施的设计特点和建议［J］. 中国比较医学杂志，2011，21（10，11）：61-65.

［5］刘静珊. 现代综合医院动物实验中心建筑设计研究［D］. 西安：西安建筑科技大学，2023.

［6］中国工程建设标准化协会. 医学生物安全二级实验室建筑技术标准：T/CECS 662—2020［S］. 北京：中国工程建设标准化协会，2020.

［7］World Health Organization. Laboratory biosafety manual[M]. Geneva: World Health Organization, 2004.

［8］刘毅，岳慧娟，刘佳，等. 一种实验动物设施废气处理装置的研制和初步应用［J］. 中国比较医学杂志，2018，28（8）：21-25.

［9］中国动物疾病预防控制中心. 国外兽医生物安全资料汇编［M］. 北京：中国农业出版社，2007.

［10］Fleming D O, Eds D L H, Balows A .Biological safety: principles and practice[J]. Diagnostic Microbiology and Infectious Disease, 2001, 39(3): 203-203.

［11］World Health Organization. Safe health-care waste management: policy paper[M]. Geneva: World Health Organization, 2004.

第4篇
医用洁净装备工程案例

本篇主编简介

严建敏,上海市卫生建筑设计研究院有限公司顾问副总工程师、咨询室主任,教授级高工,《医院洁净手术部建筑技术规范》主要编委、《疾病预防控制中心建筑技术规范》主审。长期从事医疗领域暖通设计工作,对医院通风、空调、洁净空调颇有研究,特别是在洁净手术室空调净化设计方面有独特的见解,在生物安全实验室、疾控中心、洁净室、动物房等领域也有许多成果。

第31章 手术室工程

31.1 单走廊型

31.1.1 工程简介

上海市静安区闸北中心医院（原上海市闸北区中心医院）于1960年4月10日建立，1989年成为闸北区红十字医院，占地面积42亩，业务用房建筑面积达到6.2万 m^2，是一所集医疗、急救、教学、科研、预防保健、康复等功能为一体的二级甲等综合医院。医院位于市区北部，承担区域内80多万常住居民的医疗、预防保健任务，自20世纪80年代起为"120急救网络"成员单位。

医院核定床位669张，实际开放床位721张，拥有职工1000余人，高级职称人员100多名，硕士、博士70多名，有24个临床科室和9个医技科室，有市级医学重点专科5个、区级示范学科4个、重点学科5个。石氏伤科被评为"上海市非物质文化遗产"；血液科是上海市癌痛规范化治疗示范病房。

医院拥有MRI、多排螺旋CT、ECT、DSA、多台数字化X射线等设备以及高清数字胃肠道电子内镜系统、3D腹腔镜系统、多台高端彩色超声诊断仪以及市中心为数不多的高压氧舱。

2018年3月21日，与两家二级医院、一家专业医疗站和六家社区卫生服务中心组成静安区中部医疗联合体，充分发挥二级公立医院优质资源集中的优势，建立区域诊疗中心：血液透析中心、高压氧治疗中心、放射影像中心、心电中心、临检中心、病理中心、超声诊疗中心、内镜中心和消毒供应中心。实现大型设备资源共享，检验检查结果互认，医疗技术优化整合。其中高压氧治疗中心、血液透析中心为上海市中心城区中规模最大的，病理中心为区内唯一病理诊断中心。

该医院连续十三次被上海市人民政府评为"上海市文明单位"，获"上海市五星诚信单位"荣誉称号，是首批"上海市全科医师规范化培训基地"中唯一一家二级综合医院，2013年新增上海市住院医师规范化培训妇产科基地和医学影像学基地，是国家药物临床试验机构、全国综合医院中医药工作示范单位。

31.1.2 项目概况

上海市静安区闸北中心医院洁净手术部位于门诊住院楼五层，洁净手术部建筑面积约3500 m^2，由12间手术室、洁净辅助用房、洁净走道、污物走道及清洁辅助用房组成。其中设4间Ⅰ级手术室［2间骨科手术室（铅防护）、1间外科手术室、1间眼科手术室］，4间Ⅱ级手术室（铅防护手术室2间，腔镜手术室2间），4间Ⅲ级手术室（腔镜手术室2间，铅防护手术室2间）。

洁净手术部通过2部专用手术医梯直接与上部病房连接，并且设专用货物医梯

2 部（洁梯 1 部、污梯 1 部）与一层中心供应室相连，另外在无菌器械和无菌库房设 2 部厢式物流电梯，供手术部无菌辅料和无菌器械专用。术后苏醒和术后监护设置在本层，输血科和病理科通过新增连廊与其建筑连接（图 31.1.2），手术部上方设置设备技术夹层，建筑层高 2.8m。

31.1.3 手术部平面布置

单走廊型平面布置是从"污物不扩散"观点出发，将手术使用后被污染的物品处理作为优先考虑的重点，而人员流程作为非重要原因。手术使用后辅料、器械、废弃物必须打包后运出，需要消毒处理的物品就地消毒后运出（图 31.1.3）。该形式人、物（清洁、污物）都有动线交错，为了防止感染，运送术后物品时必须密闭化方式运作。

31.1.4 医疗流程

1. 医护人员流程

进口：换鞋间→更衣室→洁净走廊→洗手间→手术室；出口：手术室→洁净走廊→更衣间→换鞋。

2. 患者流程

进口：换车间→洁净走廊→预麻室→手术室；出口：手术室→洁净走廊→苏醒室→换车间→病房（或 ICU）。

3. 无菌物品流程

消毒供应中心（一次性物品）→洁净电梯→洁净走廊→无菌物品室。

4. 术后污物流程

手术室→洁净走廊→污物电梯（污梯）→消毒供应中心。

31.1.5 手术室及辅助用房主要装饰材料及设备

洁净手术部的装饰材料必须满足使用功能要求及净化空调工艺要求。装饰必须牢固、易清洁消毒。在使用过程中不应因侵蚀（物理、化学因素）而降低表面光洁度、产生灰尘等。装饰材料的燃烧等级必须满足消防规范相关要求，首先推荐使用 A 级防火材料。

1. 墙面和顶面

（1）手术室：采用 1.2mm 喷涂电解钢板，要求表面涂层耐磨、不产尘、耐擦洗、抗划痕。其他辅助洁净用房墙面采用无机预涂装饰板饰面，顶面材料同墙面。

（2）地面：手术室地面材料采用 2.0mm 抗静电、耐酸碱、抗菌、耐磨、耐擦洗的橡胶地材，其他洁净区地面采用优质 PVC 卷材，同质透芯、耐磨、抗菌、耐擦洗。湿区地面采用 300mm×300mm 防滑地砖，墙面采用 300mm×600mm 墙面砖，地面基层做卷材防水处理。顶面采用 600mm×600mm/300mm×300mm 方形铝扣板。

2. 铅防护手术室

（1）墙面：铅板厚度 2mm，配套门窗同时考虑铅防护措施。

（2）地面：30mm 的 1∶4 硫酸钡水泥，达到 2 个铅当量要求。

3. 其他装备

自动门（带观察窗）：不锈钢；医疗柜：嵌入式安装，不锈钢；读片灯：LED 嵌入式，可调光；保温、保冷柜：嵌入式；组合式插座箱：不锈钢；控制屏：平面触摸式；气体面板：不锈钢嵌入式（6 气）。

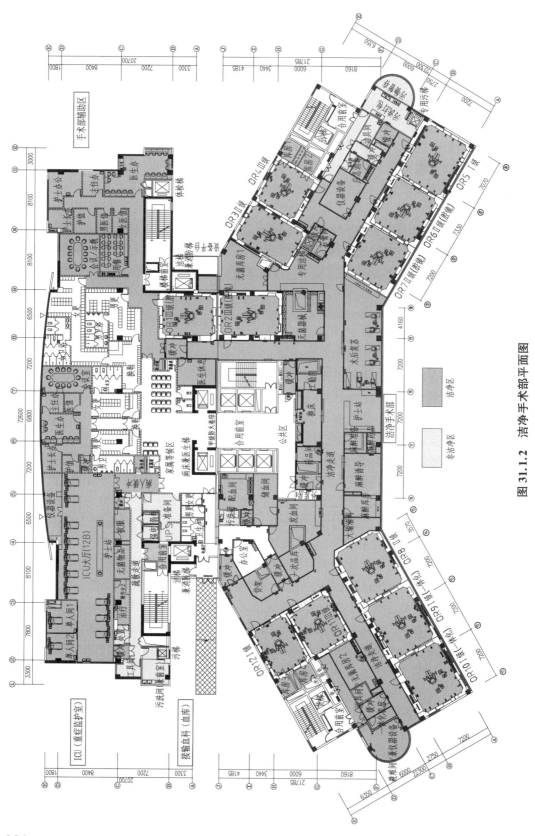

图 31.1.2 洁净手术部平面图

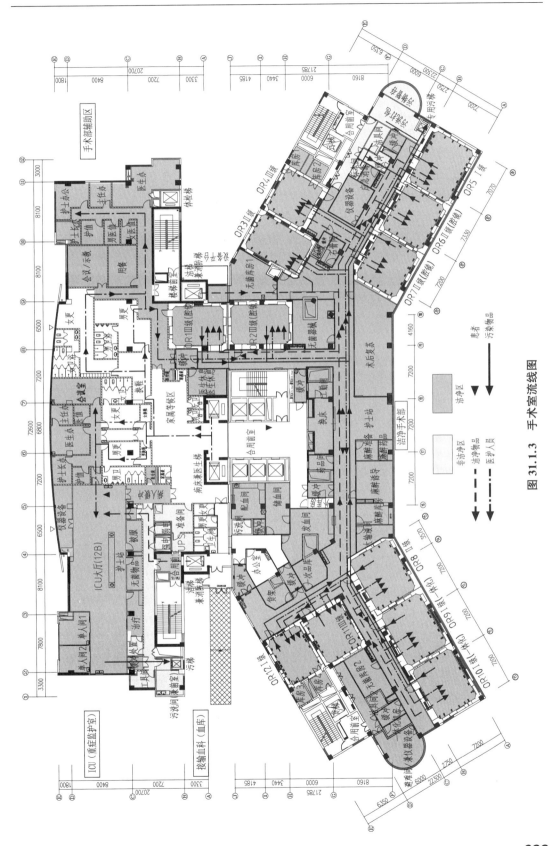

图 31.1.3 手术室流线图

4. 通风空调设备

四管制风冷热泵机组；洁净型空调箱（冷、热盘管分开）；新风空调箱配置直接蒸发段；低噪声排风过滤箱。

5. 医用气体

双医用气体塔；独立医用气体气源。

6. 电气及给水排水

触摸式控制面板；组合式电源插座箱（220V/380V）；LED可变灯光；防溅冷热水洗手池。

31.1.6　手术室建设特点

1. 建筑（医疗工艺）

对于单走廊型手术室布置来说，由于其无污物走道，可节省大量建筑面积用于增大手术室面积，规划的人流、物流路线最短，手术室使用效率高，节约建设初投资，是一种简单实用的手术室布置方案，特别适合于在受建筑空间限制，而手术室面积和数量不能减少的既有建筑内改、扩建手术室。在技术经济条件允许时，宜配置整套手术室污物密闭小车清洗及消毒设施（图31.1.6-1、图31.1.6-2），并对污物密闭小车运输、存放、消毒区域进行综合设计。

图31.1.6-1　污物密闭小车

图31.1.6-2　污物密闭小车消毒设置

2. 通风空调

（1）百级手术室采用二次回风（一部分回风直接通过净化循环机组循环进室内，无需冷热处理，另一部分回风通过冷热处理解决室内温度、湿度），节能降耗。

（2）采用新风机组配蒸发盘管辅助降温除湿，利于在室外温湿度波动较大时保持室内湿度的稳定。

（3）采用独立全年四管制冷热源系统，既满足全年任何时段的冷热需求，避免时冷时热的情况，又能利用冷凝废热满足夏季/过渡季控湿再热过程需要的再热量，无需电再热，节省能耗。

（4）空气处理机组采用无蜗壳风机技术，在获得更低噪声的同时避免了皮带轮风机带来的皮带断裂等隐患。

（5）非净化区风机盘管采用自带中效过滤器的形式，既满足《综合医院建筑设计规范》GB 51039 对回风过滤装置的要求，又能节省投资（相较于等离子、微静电、驻电极等装置）。

3. 给水排水

（1）手术室刷手池采用感应水嘴，同时增加了膝控功能，避免了刷手时感应不灵敏引起的水流断续情况。

（2）洗手盆采用感应龙头，避免医护人员净手后接触洁具表面细菌的情况。

（3）热水系统"零"冷水工艺，每个用到热水的洁具末端，均将末端热回水支管敷设到位，使得热水无死水，热水即开即用。

31.1.7　绿色、环保、节能措施

（1）百级手术室采用二次回风方式，有效节能降耗。

（2）空气处理机组采用无蜗壳风机代替传统皮带轮风机，等风量、等静压时，效率提高 10% 以上，能耗降低 15% 以上。

（3）设置手术室值班模式，在手术室暂时无手术时切换到值班模式，机组风量降低，在保障手术部各压力梯度的同时，机组电功率降低，冷热能耗降低。

（4）装饰材料采用隔热性能好的洁净医疗板，有效减少室内冷热能量散失，提高系统能效。

（5）手术室排水采用污废分流的方式，环保标准达标。

31.1.8　技术经济指标

该工程技术经济指标见表 31.1.8，实景照片见图 31.1.8。

上海市静安区闸北中心医院手术室技术经济表　　　　表 31.1.8

项目名称	上海市静安区闸北中心医院手术室装修工程		
设计单位	上海经纬建筑规划设计研究院股份有限公司		
施工公司	上海尧伟建设工程有限公司		
建设地点	上海市静安区中华新路 619 号		
竣工时间	2021 年 8 月	验收时间	2021 年 8 月
使用时间	2021 年 9 月		
手术部总建筑面积	约 2015m²	其中：辅助用房总面积	约 1512m²
手术室数量	12 间	其中：	Ⅰ 级　4 间
			Ⅱ 级　4 间
			Ⅲ 级　4 间
			Ⅳ 级　—
			负压　—
医用气体配置种类	氧气、负压吸引、压缩空气	其他：特殊气体	氮气、笑气、二氧化碳
手术室所在楼数	五层	—	

续表

手术室层高	4.2m	设备层层高	2.8m
负压手术室	独立	其中:	独立出入口
	转换		合用出入口
冷源方式	风冷螺杆热泵机组	热源方式	风冷螺杆热泵机组
空调水系统	四管制	其中: 手术室一年四季能随时供冷、供热	
	两管制		
空调风系统	独立	■	新风＋循环风系统组合
	合用		
	其他		
新风温湿度处理方式	一级冷冻除湿	■	
	其他	蒸发盘管辅助降温除湿	
能源再利用情况	夏季利用四管制热泵机组的冷凝热加热空调水对机组再热		
手术部空调总冷／热负荷	约 671kW/322kW	手术室空调冷／热指标	Ⅰ级	—
			Ⅱ级	—
			Ⅲ级	—
			Ⅳ级	—
手术部供电总负荷	约 467kW	手术室照度	Ⅰ级	—
			Ⅱ级	—
			Ⅲ级	—
			Ⅳ级	—
造价	1758 万元	其中:	Ⅰ级	约 120 万元／间
			Ⅱ级	约 100 万元／间
			Ⅲ级	约 90 万元／间
			Ⅳ级	—

手术室内景

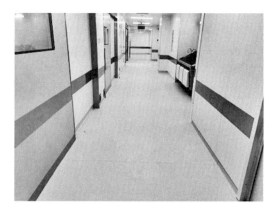

手术室走廊

图 31.1.8　上海市静安区闸北中心医院实景照片

31.2 双走廊型

31.2.1 工程概况

东营人民医院成立于 1985 年，经过多年的发展，已成为一所集医疗、教学、预防、保健为一体的三级综合医院。医院占地面积 66500m²，建筑面积 54000m²，设内、外、妇、儿、急诊、中医、检验、放射、特检、药剂等 27 个科室，开放床位 1260 张。近年来全院获省市科技进步二等奖 1 项，三等奖 7 项；多次承办了全区医学继续教育培训、乡村医生培训等工作。医院的重点科室是妇科、外科。

本工程为东营人民医院洁净手术部项目（新建），包括新建区域内装饰装修工程、强电工程、弱电工程、暖通空调工程、给水排水工程、气体工程。本项目规划在外科病房楼 1 号病房综合楼三层，总建筑面积为 3079.55m²，共包含 12 间手术室，并配置换车间、麻醉库房、预麻室、无菌库房、仪器室、一次性物品间等洁净区辅助用房以及男更衣室、男卫浴室、女更衣室、女卫浴室、医护休息室、备餐间、男值班室、女值班室等非洁净区辅助用房。

31.2.2 设计理念

秉承洁污分流、防止感染、科学环保、节能高效的理念，设计更科学、更洁净、更舒适、更美观的净化工程，严格控制医护、患者、洁物、污物四条流线并高效运转。

31.2.3 洁净手术部组成及手术量

洁净手术部由洁净手术室、洁净区辅助用房、非洁净区辅助用房组成。其中百级杂交手术室 1 间、百级防辐射手术室 2 间、普通百级手术室 1 间、负压手术室 1 间、普通万级手术室 7 间。实际手术量 2800 台／年。

31.2.4 手术部平面布置

采用双走廊型平面布置，这种形式已被大多数医护人员和工程技术人员接受。它从"防止交叉感染"着手，关注手术使用后的器材、物品处理，注重消毒。将手术使用后的器材、废弃物由外走廊送出，其他器材、医生、患者则全部由内走道出入（图 31.2.4）。这种类型手术部的特点是洁、污分隔，最大限度地保持手术室无菌环境，但没有最大限度地利用建筑面积，特别是大型洁净手术部外廊过长过大，建筑面积利用率更低。

31.2.5 医疗流程及流线图

1. 医护流程：入口→换鞋／更衣室→缓冲间→洁净走廊→刷手→预麻室→手术室→洁净走廊→缓冲→换鞋／更衣→出口。

2. 患者流程：进口→换车间→洁净走廊→预麻室→手术室→苏醒室→洁净走廊→换车间→出口。

3. 洁物流程：一次性物品：拆包间→传递窗→一次性物品间；无菌物品：专用梯→缓冲间→无菌物品间。

4. 污物流程：污物通道→污物处置间／污物暂存间→污物电梯。

洁污流线如图 31.2.5 所示。

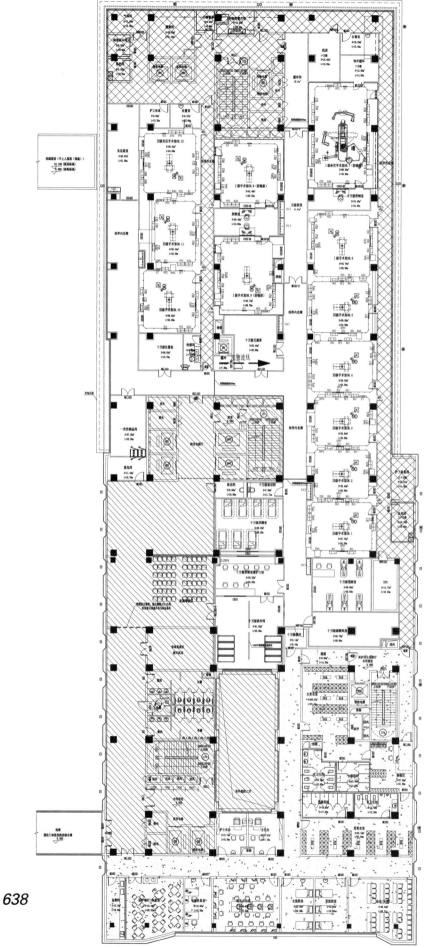

638

图 31.2.4 洁净手术部分区图

区域外　办公辅助用房　洁净区　污物辅助用房

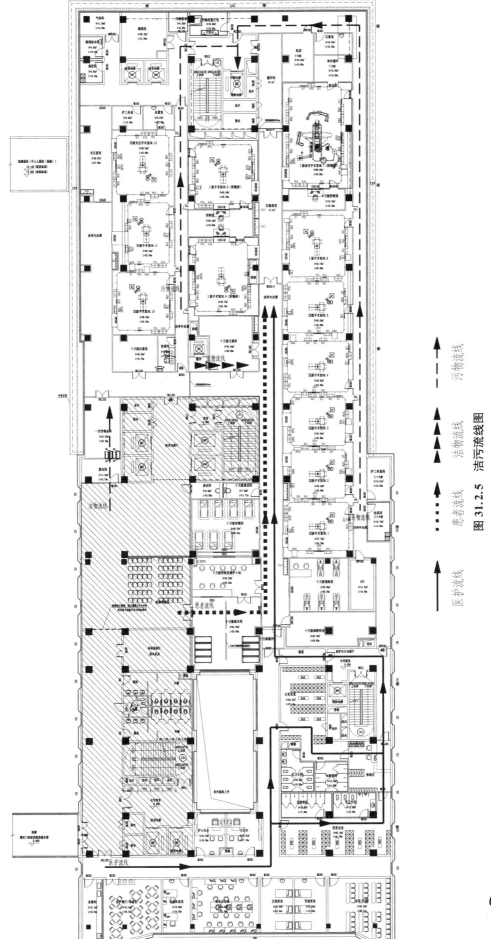

图 31.2.5 洁污流线图

污物流线
洁物流线
患者流线
医护流线

31.2.6　设计亮点

1. 百级手术室与万级手术室相对集中，便于管理。且百级手术室共用一个前室，能够大大提高空间利用率，并降低能源消耗。

2. 规划医护流线、患者流线、洁物流线、污物流线四条流线，并且分别设置独立出入口，使医护、患者、洁物、污物从根本上实现洁污分离，避免交叉感染的风险。

3. 洁净手术室围护结构为医疗洁净板、铝合金型材。室内所有阴角、阳角均采用铝合金 50° 内圆角，从而解决容易污染、积尘、不易清扫等问题，结构牢固，密封性好。

4. 中心护士站（监护区域）将换车间、谈话间、麻醉苏醒间（日常密切关联的房间）设计在一个区域，在日常工作中或遇到紧急情况，护士站的护士可以第一时间进入相关联房间进行抢救，最大限度减少安全隐患。

5. 中心护士站设置在整个洁净手术部的中心位置，极大地便利了护士的日常工作，同时也最大化增加了护士站的监护区域。该设计流线便捷、通透美观，为整个洁净手术部工程的点睛之笔。

31.2.7　新技术、新工艺、新材料、新产品

1. 新技术

（1）针对心外科手术室心脏手术的特殊要求，增设快速降温（配置直膨机组）模式，在有快速降温要求时，根据特殊要求自主编辑心外手术特定模式程序，通过手术室中央控制触摸屏，执行快速降温程序，启动执行器及直膨机组，实现快速降温，在 10min 内室温快速降温至 18℃左右。

（2）新风的过滤处理。新风的温湿度、洁净度与室内空气相差最大，因此对新风进行有效的处理是整个系统成功的关键。在新风入口处设置新风静压箱。前端设置多层尼龙纱网，主要作用是过滤大颗粒尘埃，后端设置过滤等级为 G4 的粗效过滤器。新风静压箱的截面积大于新风机组的截面积，进风有效风速小于 3m/s，较小的进风阻力降低了潜在的新风空调箱噪声。

（3）采用先进的自控技术。机组采用 DDC 控制，可实现多种工况运行模式，精确控制室内温湿度；机组配置 PTC 陶瓷加热器，其发热体具有热阻小、换热效率高的优点，是一种自动恒温、省电的电加热器，其突出特点在于安全，任何应用情况下均不会产生如电热管类加热器表面"发红"的现象，从而避免烫伤、火灾等安全隐患。

（4）表冷盘管位于正压段，确保冷凝管排水顺畅，不积水，不需要设水封，可防负压时冷凝水倒吸；中效过滤器设置在正压段，既能保护蒸发盘管不受尘埃污染，还可完全避免中效过滤器受潮；表冷盘管面风速小于等于 2.5m/s，并采用亲水膜平翅片制作，不易积尘滋菌，不会产生带水现象；所有空气过滤器的前后均没有压差报警装置，及时提醒用户更换空气过滤器。

（5）采用湿度优先控制方案，确保洁净手术室内湿度控制在 60% 以下，及在 Ⅰ、Ⅱ 级洁净室的高效过滤器前风管内相对湿度小于等于 75%，防止潮湿空气导致的二次污染；采用二次干燥干蒸汽加湿器或电极式加湿器，确保停机后加湿器内无积水，消除加湿器细菌滋生的可能性；机组停机时，新风阀同时关闭，风机延时停机，以确保盘管被吹干；机组配置手动强制开机功能，确保机组在控制系统故障时仍可启动；机组可配置变频调速器，控制风机的节能运行，满足空调系统的要求；混风机组可以分段组装，拼接容易，便

于运输及进入现场。

（6）手术室设置检修门，方便日常维护保养，当嵌入式设备需要拆卸、检修时无需在手术室内进行，可以通过检修门进入夹层拆卸、检修。

2. 新工艺

（1）根据所配置的设备仪器电源功率，同时考虑使用便捷，设计电源插座的位置，在考虑设备仪器使用方便的同时还为将来可能配置的仪器设备配备网络系统与大楼智能化系统对接，为未来设备的智能一体化、网络化打下坚实的基础。

（2）对于洁净手术部，选用卫生型组合式空调机组，它运用了铝合金框架、壁板结构，防结露性能、防变形能力强，箱板厚度为50mm。机组内选配进口无蜗壳电机，确保风机性能完全符合实际需要，具有良好的可靠性。风机和电机全部采用优质轴承，提高机组的可靠性及利用效率。

（3）空调机组的表冷器均采用优质铜管穿防腐亲水铝翅片，具有换热效率高的特点，有效保证了空调机组的制冷、制热能力。冷凝水盘管采用不锈钢材料制造，外部配以防倒吸水封装置，并配有紫外线杀菌灯。

3. 新材料

（1）无机预涂板（抗菌洁净板）性能特点：

无机预涂板又称洁净板、防火板、抗贝特板（图31.2.7-1），以100%无石棉的硅酸钙板为基材，涂特殊聚酯进行表面处理，使其具有有效的防火性、抗老化性、耐水性，保持亮丽的外观，给人以清洁感。

图31.2.7-1　无机预涂板

1）环保：采用独特的制造方法，基材中100%无石棉成分，不含放射性元素，无苯、甲醛等有害物质；

2）轻质：密度为$1.0\sim1.2g/cm^3$，产品轻，有利于减少建筑物基础的承重及抗震；

3）不燃性材料：选用不燃性材料A级硅酸钙板为基材，适合内装饰有防火要求的场所；

4）经济：成本远远低于同类型产品；

5）尺寸稳定：平整光滑，抗折、抗冲击，冷热膨胀收缩系数小，随温度的变化尺寸几乎无变化；

6）易施工：使用普通的加工工具就可以进行切割、锯刨，胶水、水泥树脂或专用双面胶带都可以使之粘贴牢固；

7）防水性良好：通过了耐水试验，适用于浴室、厨房、卫生间等潮湿场所；

8）耐药品性能优秀：耐候、耐酸碱、耐药品类侵蚀，耐污染性能优越；

9）不起尘、抗菌：表面特殊聚酯有硬度，耐磨性好，不会起尘，表面光洁，灰尘不易附着，细菌不易繁殖；表面涂抗菌涂料的产品，抗菌性能更加优异；

10）隔声隔热：由于基材碳酸钙板的导热系数小，具有良好的隔热性能。

（2）无机预涂板（抗菌洁净板）安装方式：

1）压条式：装配式安装，干作业，模数化，方便快捷，结构稳固，可拆卸、可维修；

2）背挂式：结构稳固安全，安装调节方便；

3）粘贴式：安装方便，经济，占用空间少；

4）可见钉式：安全可靠，安装方便快捷，经济性良好，装饰钉与板色相配彰显粗犷之美。

（3）新风机组以集中冷源为主冷源，自带冷源为辅助冷源（直膨段），当水温不保证时，辅助冷源（直膨段）自动投入工作，保证净化区的湿度要求。新风机组采用直膨式空调机组进行深度除湿，循环机组为干式处理过程，可有效节省循环机组除湿再热量。

4. 新产品

（1）采用新型环保产品和先进的施工技术，如：木质的防甲醛技术、地面天然石材的防辐射技术等，最大限度消除手术室内各种有毒、有害气体，并定期进行室内环境检测。

手术室内尽可能不用或少用含有甲醛的涂料、防水剂、化纤制品等。

（2）新型 UPS（图 31.2.7-2）。采用输出隔离变压器的高频双变换结构和先进的全数字控制技术，提供多种通信接口，支持输入错相与无 N 线整流，可设置电池数量（29～32 节可选），个别电池故障需要维护、更换时，可灵活调节电池节数。

（3）配置云动环 App。实现多用户同时监控，并且能同时设置短信、语音、邮件接收报警信息，随时掌控设备运行情况。可并机以随时扩容，同品牌免维护蓄电池，单节容量 12V、100Ah，数量不小于 32 节，保证足容量电池。

图 31.2.7-2　新型 UPS

（4）新型消声器。对于洁净手术部空调大风量可能带来的噪声超标问题，在风管设计上除采用低速风管系统（主风管风速 ≤ 6m/s，支管风速 ≤ 4m/s，室内回风口面风速 ≤ 1.6m/s，走廊回风口风速 ≤ 3m/s）外，根据机组风机的噪声参数配置送风管、回风管的新型消声器（XZP100），使经消声处理后的噪声值满足室内噪声指标的要求。

（5）聚焦感光式 LED 净化密闭灯。采用进口内置芯片，灯珠分布比普通的 LED 灯数量多 2 倍以上，灯珠间距小于 8mm，色泽更加柔和，光源更加均匀，终身免维护，故障率小于 1‰，最大限度减少患者和医护人员的视觉疲劳。内置进口自动感光探头，自适应系统可根据室内外亮度的不同，自动变更灯光亮度，使灯光亮度实时调整到最佳状态，环保节能、舒适。内置进口温湿度传感器，可根据温湿度调节灯光色彩，温湿度较高时色彩偏冷，温湿较低时色彩偏暖。

（6）新型自动化远程控制系统。手机 App 可以随时监控室内的温湿度、洁净度、压差等所有相关的数据（图 31.2.7-3），使日常使用人员和维护人员可以 24h 监控工作区的状态，减少安全隐患。

图 31.2.7-3　手机 App 界面

31.2.8　绿色、环保、节能措施

1. 手术部内将生活区设置在靠近外窗区域，使绝大部分时间可以实现生活区内自然采光，为医护人员提供舒适的工作环境，同时大大降低照明运行成本。

2. 嵌入式净化灯（图 31.2.8），节省空间，美观节能。

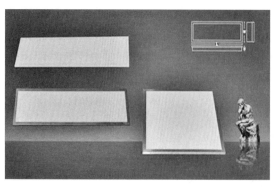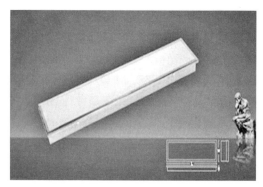

图 31.2.8　嵌入式净化灯

31.2.9　手术室主要设备及材料见表 31.2.9。

手术室主要设备及材料表

表 31.2.9

序号	设备材料名称	序号	设备材料名称
1	无机预涂板	21	水泵
2	净化门	22	水系统阀门
3	橡胶地面	23	离心式通风机
4	PVC 地面	24	碳钢阀门、风口
5	电解钢板	25	通风管道
6	电动门	26	层流送风顶棚
7	手术室柜体	27	气体箱
8	防护材料	28	气体终端
9	门禁	29	紫铜管
10	瓷砖	30	配电箱元器件
11	合成树脂乳液涂料	31	隔离变压器
12	铝扣板	32	净化面板灯
13	保温保冷柜	33	开关插座
14	液晶控制面板	34	电线电缆
15	HDPE 管	35	监控系统
16	刷手池	36	背景音乐系统
17	橡塑保温	37	呼叫系统
18	风机盘管、净化机组	38	洁具
19	镀锌钢管	39	吊塔
20	风冷热泵机组		

31.2.10　手术室基本装备见表 31.2.10。

手术室基本装备表　　　　　　　　　　　表 31.2.10

序号	装备名称	数量	配置
1	多功能控制面板	1 套 / 间	27 英寸液晶式，含北京时间、麻醉计时、手术计时、温湿度调节、空气过滤器报警、启停控制、照明系统控制、手术室内照明控制、背景音乐控制、免提对讲控制等功能
2	内嵌式器械柜	1 套 / 间	不锈钢材料，900mm×1700mm×300mm，分四门开启，上下两层，内置高强度玻璃托架
3	内嵌式麻醉柜	1 套 / 间	
4	内嵌式药品柜	1 套 / 间	不锈钢材料，900mm×1700mm×300mm，上中下三层，上层玻璃推拉门，中层带抽屉 2 个，下层平开门
5	观片灯	1 套 / 间	Ⅰ级手术室设置六联观片灯，Ⅲ级手术室设置四联观片灯
6	内嵌式书写台	1 套 / 间	不锈钢材料，700mm×400mm×300mm，带翻转式记录板与照明
7	输液导轨	1 套 / 间	每套两组轨道各含 2 个吊钩
8	组合电源插座箱	4 组 / 间	其中 3 组为 4 个 220V 插座，2 个接地端子；1 组为 1 个三相 380V、16A 插座，3 个 220V 插座，2 个接地端子
9	内嵌式配气箱	1 套 / 间	插头均为不可互换式，为快速插拔型，可单手操作
10	保温柜	1 套 / 间	50L
11	保冷柜	1 套 / 间	66L
12	微压计	1 台 / 间	最小分辨率达 1Pa，配合辅助安装
13	手术中指示灯	1 套 / 间	配合辅助安装
14	吊塔锚栓	1 套 / 间	配合辅助安装
15	无影灯锚栓	1 套 / 间	配合辅助安装

31.2.11　设计图纸

1. 空调冷热源系统原理见图 31.2.11-1。
2. 通风空调系统控制见图 31.2.11-2 和图 31.2.11-3。

645

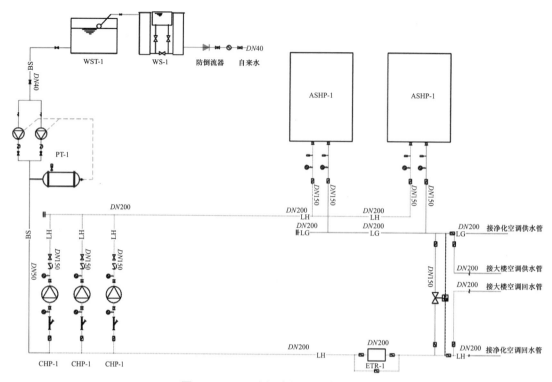

图 31.2.11-1 空调冷热源系统原理图

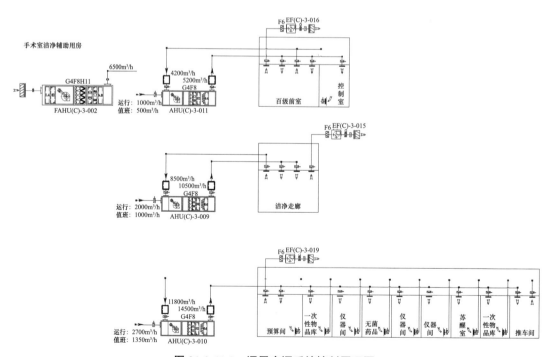

图 31.2.11-2 通风空调系统控制原理图

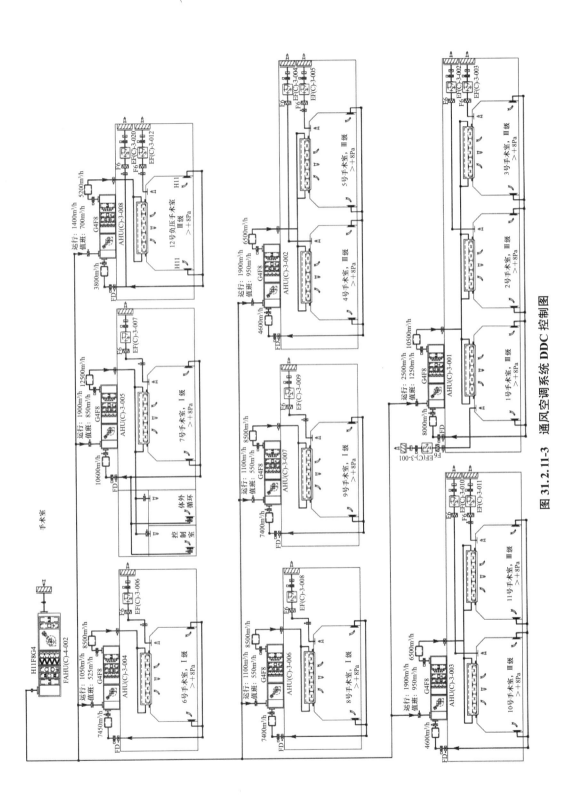

图 31.2.11-3　通风空调系统 DDC 控制图

31.2.12 该工程技术经济指标见表31.2.12。

东营人民医院洁净手术部技术经济表　　　　　表 31.2.12

项目名称		东营人民医院洁净手术部项目			
设计单位		辉瑞（山东）环境科技有限公司			
施工公司		辉瑞（山东）环境科技有限公司			
建设地点		东营人民医院内			
竣工时间	2021 年 6 月	验收时间		2021 年 7 月	
使用时间		2021 年 7 月			
手术部总建筑面积	约 2700m²	辅助用房总面积		约 900m²	
手术室数量	12 间	其中：	Ⅰ级	4 间	
			Ⅱ级	—	
			Ⅲ级	7 间	
			Ⅳ级	—	
			负压	1 间	
医用气体配置种类	氧气、负压吸引、压缩空气	其他：特殊气体		氮气、二氧化碳	
手术室所在楼层	三层	其中：上下交通		医用电梯	
手术室层高	4.5m	设备层层高		—	
负压手术室	独立■	其中：		独立出入口■	
	转换			合用出入口	
冷源方式	风冷螺杆机组	热源方式		风冷螺杆机组	
空调水系统	四管制	其中：手术室能随时供冷、供热			
	两管制				
空调风系统	独立	■		新风＋循环风系统组合	
	合用				
	其他				
新风温湿度处理方式	一级冷冻除湿	■			
	其他				
能源再利用情况					
空调总冷负荷	约 800kW	空调冷负荷指标		390W/m²	
空调总热负荷	约 320kW	空调热负荷指标		160W/m²	
手术部供电总负荷	约 1310kW	手术室照度	Ⅰ级	750lx	
			Ⅱ级	—	
			Ⅲ级	750lx	
			Ⅳ级	—	
造价	5500 元 /m²	其中：	Ⅰ级	120 万元 / 间	
			Ⅱ级	—	
			Ⅲ级	100 万元 / 间	
			Ⅳ级	—	

31.2.13　该工程实景照片见图 31.2.13-1～图 31.2.13-4。

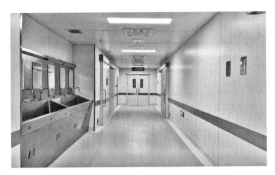

图 31.2.13-1　手术室洁净走廊

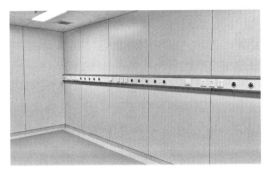

图 31.2.13-2　苏醒室医用气体

图 31.2.13-3　手术室外景图

图 31.2.13-4　手术室内景图

31.3　前　室　型

31.3.1　建设单位介绍

上海市第一人民医院（上海交通大学附属第一人民医院、上海市红十字医院）有两个院区，北部院区位于上海市虹口区武进路 85 号，南部院区位于松江区新松江路 650 号。医院始建于 1864 年 3 月 1 日，占地面积 29.5 万 m^2，是一所集医疗、康复、教学、科研于一体的三级甲等综合医院，是上海市医保定点医院。

医院设有临床科室 35 个，研究所（室）共 20 个。实际开放床位 1642 张。年门急诊量高时达 186 万人，日门急诊高峰时达 9000 余人次；年出院病人 3.5 万人次，年手术数达 1.9 万余例。近年来，医院取得器官移植、视觉复明、心脏病急救 3 个上海市临床医学中心重点建设项目；上海市麻醉质量控制中心、上海市肝移植质量控制中心、上海市眼底病重点实验室均设在上海市第一人民医院。器官移植临床医学中心成功实施了肾、肝、肝—肾、胰—肾、心脏、肺、人胎胰岛细胞、成人胰岛细胞、肾—成人胰岛细胞、角膜、手指、造血干细胞等十多种器官组织的移植。2001—2005 年，共完成移植肾 767 例、肝 456 例、骨髓、心脏、肺、肝—肾、胰—肾、角膜等总数为 1501 例，位列上海市之首。肾移植存活率接近国际先进水平，肾移植组织配型达到国际先进水平，并获得国家科技进步二等奖；目前肝移植手术总数已超过 600 例，荣获上海市科技进步奖一等奖，其质量居国内先进。2003 年 1 月，亚洲首例成人胰岛细胞移植成功。普外科、心外科、心内科、血液科、放射科、肾内科、耳鼻喉 - 头颈外科、妇产科、分子生物学科在国内也有很强的竞争力。

31.3.2　项目概况

上海市第一人民医院南部院区分两期建设：一期建设三级甲等综合医院中医科室和会议中心；二期建设教学、科研、院内生活等配套相关设施。总建筑面积约 13 万 m^2（一期10 万 m^2，二期 3 万 m^2），总床位 600 床。洁净手术部位于急诊楼，该楼共计 3 层（地上2 层、地下 1 层），地上二层为洁净手术部、病理科、术后监护等，地上一层为急诊急救和中心供应室，地下一层为日间病房。

洁净手术部由洁净手术室、洁净辅助区组成，手术室建筑面积 $4218m^2$，辅助用房建筑面积 $1428m^2$，层高 5.0m。洁净手术部上部（屋顶）作为设备用房。手术部共布置了 16间洁净手术室，其中Ⅰ级洁净手术室 6 间，Ⅲ级洁净手术室 10 间。6 间Ⅰ级手术室包含2 间复合 DSA 手术室，2 间骨科 X 射线防护手术室。设计年手术量 1 万台 / 年，实际手术量 1.2 万台 / 年。

二层洁净手术部通过连廊与十层病房楼连接，并且设专用医梯 2 部（洁梯 1 部、污梯1 部）与一层中心供应室相连，另外设 2 部洁净电梯与急诊部上下连接，手术部二层上部设置通风空调设备层（图 31.3.2-1、图 31.3.2-2）。急诊楼西侧设危急患者抢救绿色通道，并同其西侧的地面直升机停机坪相连，急救患者可以通过专用电梯直达手术室。

31.3.3　洁净手术部平面布置

前室型平面布置由单走廊型发展而来，医护及洁净物品、患者、污物分别设置独立前室和后室进出，患者前室可以进行麻醉准备及复苏，术后污物在后室内就地密闭消毒处理，医护人员经过刷手间洗手消毒后进入手术室，污物处置过程不影响手术换台时间，工作效率高。模块化布局，每个手术室形成一个独立单元，适合独立医疗手术团队使用。此类型的手术部运行、管理比较方便，但洁净走廊内人员活动多，产生的菌尘会对人员、器械产生污染，应引起足够的重视。

我国前室型洁净手术部应用案例不多，主要是随国外医院建筑方案引入而出现，在国外主要与知名度较高的外科医生多点执业有关联，这类洁净手术部布置的新理念、新思路值得我们借鉴和参考。

该案例引用德国的手术部设计理念，16 间手术室对称布置，每间手术室设一间前室（预麻醉室）和一间后室（处理室），组成一组完全独立的手术单元，而且医护人员办公、休息用房与手术室相对隔离，对称布置在手术室两侧，体现人物分明、污物不扩散、功能流程短捷的原则。使用时可以一组 8 间手术室手术，另一组 8 间手术室消毒，或两组 16间手术室全部使用，满足医院手术高峰和低谷阶段的科学使用要求。该类型手术室特点：前室为麻醉准备，后室为废弃物处理，当手术室使用时，前室开展下一台手术术前准备，手术完成后，手术废弃物立即在后室清洗消毒，手术室即开展净化自净工作，这样往复循环工作，手术室周转快、利用效率高。另外，由于手术室配套的风、水、电、医疗气体均能独立运行，可以作为医院外科手术平台或为外单位独立专家手术之用。

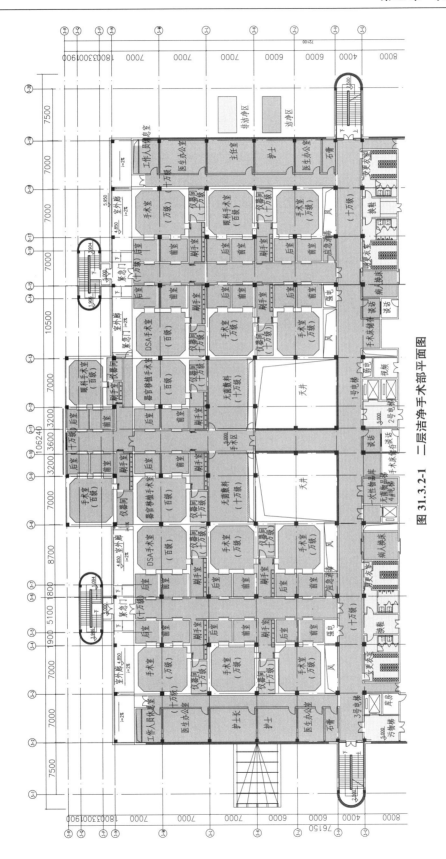

图 31.3.2-1　二层洁净手术部平面图

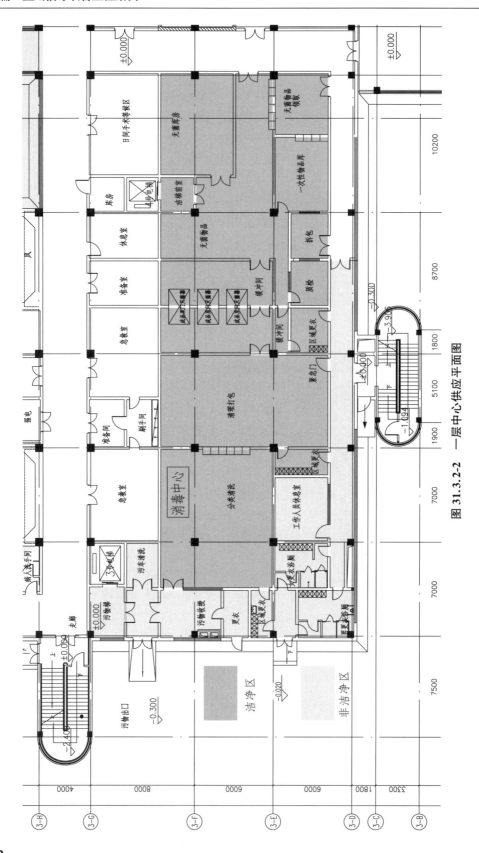

图 31.3.2-2　一层中心供应平面图

31.3.4　医疗流程

1. 医护人员流程

进口：换鞋间→更衣室→洁净走廊→洗手间→前室（麻醉）→手术室；

出口：手术室→前室（麻醉）→洁净走廊→更衣室→换鞋室。

2. 患者流程

进口：换车间→洁净走廊→前室（预麻室）→手术室；

出口：手术室→前室（预麻室）→洁净走廊→换车间→病房（或 ICU）。

3. 无菌物品流程

消毒供应中心（一次性物品）→洁净电梯→洁净走廊→无菌物品室。

4. 术后污物流程

手术室→后室（污物处理）→洁净走廊→污物电梯（污梯）→消毒供应中心。

前室型手术室流线见图 31.3.4。

31.3.5　手术室及辅助用房主要装饰材料及设备

1. 手术室房间内部主要装饰材料及设备选型

墙面：1.2mm 不锈钢板，工厂预制喷涂；顶面：1.0mm 不锈钢板，工厂预制喷涂；地面：2.0mm 厚抗静电橡胶地材；自动门：嵌入式安装；铅防护（若有）：墙、地3mm 铅板，顶面 30mm 1：4 硫酸钡水泥，达到 3 个铅当量要求；医疗柜：嵌入式，不锈钢；读片灯：LED 嵌入式，可调光；保温、保冷柜：嵌入式；组合式插座箱：不锈钢；控制屏：平面触摸式；气体面板：不锈钢嵌入式（6 气）。

2. 洁净走廊及洁净辅助用房主要装饰材料

地面：2.0mm 厚抗静电 PVC 地材；墙面：6.0mm 无机预涂板（A 级）；顶面：1.0mm 防锈铝板；洁净走廊墙面：配置 1.2mm 不锈钢防撞带；自动门：外挂式安装，无积尘；医用洗手池：壁挂式安装，无卫生死角。

3. 通风空调设备

四管制风冷热泵机组；四管制空调箱（Ⅰ级手术室）；超大型层流送风顶棚（3000mm×3000mm）（Ⅰ级手术室）；低噪声排风过滤箱。

4. 医用气体

双医用气体塔；独立医用气体气源。

5. 电气及给水排水

触摸式控制面板；组合式电源插座箱（220V/380V）；LED 可变灯光；防溅冷热水洗手池。

31.3.6　手术室建设特点

1. 建筑（含装饰）

（1）洁净手术室、前室（预麻室）、后室（污物处理室）、洗手间、设备室自成一个单元，由各外科手术团队独立运行、管理及考核，必要时在整个洁净手术部不工作时，一个单元的手术室可单独运行。

（2）洁净手术室和辅助房间均设置在洁净区内，优点是出入手术区与辅助区无需更换洁净衣，方便两者之间的联系，降低感染概率。缺点是辅助区设置为洁净区，建设、运行成本比非洁净区建设成本高。

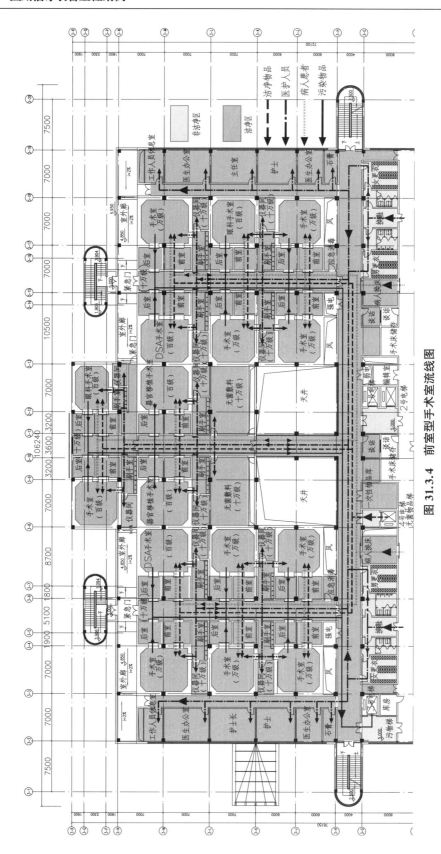

图 31.3.4　前室型手术室流线图

（3）单元式手术室，每单元手术室可独立运行，供水、供电、通风空调均可以独立计费，也可出租给合法、合格的自由医务工作者（国内外著名外科手术专家）进行手术。

2. 通风空调

（1）净化空调系统独立设置，并与主建筑的冷热源互为备用。夏、冬季节采用主建筑中央空调冷热源系统，过渡季节使用手术室热泵系统，解决手术室冷热源"备用"及"大马拉小车"问题，也可以一年四季采用热泵机组为洁净手术部提供冷热源。

（2）冷热源采用多功能热泵机组，当空气处理过程中需要再热时，取消电加热装置，利用热泵机组的废热作为送风再热源，节约能源。

（3）空调水系统采用四管制变流量系统，垂直管路系统采用异程式，水平管路系统采用同程式。水系统要求供回水压差不小于 0.2MPa。为使各区域环路的阻力平衡，环路水平回水管上安装压差控制阀，供水管上安装静态平衡阀，可根据温度变化自动调整进入空调设备的水量，达到节能的目的。

（4）根据手术室性质、洁净等级、使用时间，合理划分净化空调系统。净化空调箱采用变频控制，在部分负荷时低速运行或单台运行。排风机与手术室门连锁，减少不合理使用时间，节省能耗。

（5）新风空调箱采用电动两通调节阀，循环空调箱采用电动三通阀。

3. 电气

（1）手术室内采用智能照明控制，对空调、给水排水、热水等设备实施自动控制，达到节能效果。

（2）对手术部内的照明、动力、医疗设备的低压配电箱安装电流、电源、能耗检测计量电子式数字表。计量表精度等级在 1.0 级以上，均带通信接口。全部能耗检测、计量数据通过信号总线采集，可集中显示、储存于设在变电所的后台计算机上。

（3）每一单元手术室均配置隔离变压器。

4. 给水排水

（1）手术室洗手水嘴采用电磁感应水嘴，热水系统设置水泵进行机械循环，确保各用水点热水水温，减少用水浪费。

（2）热水管均作保温处理，以降低热损耗，减少长期运行和管理成本。

31.3.7　绿色、环保、节能措施

1. 手术室按人流、物流、洁污分流原则设计，体现绿色、环保、节能理念。实践证明，采用被动式绿色节能往往是最简单有效的方法，洁净手术部内设计 2 个内天井，使绝大部分时间可以实现手术室自然采光，为医护人员提供舒适的工作就医空间，同时大大降低了照明能耗。

2. 手术室围护结构采用非焊接、可拆卸的"龙骨＋钢板结构"，当将来手术室需要改扩建时，可拆卸围护结构可重复利用，避免造成浪费，节省大量建设材料。

3. 室外布置的防水、防晒型洁净空调设备体积小、重量轻，可露天安装，防雨水、抗寒流。

31.3.8　该工程技术经济指标见表 31.3.8。

上海市第一人民医院南部院区洁净手术部技术经济表　　表 31.3.8

项目名称	上海市第一人民医院南部院区			
设计单位	上海市卫生建筑设计研究院有限公司			
施工公司	上海北亚建设工程有限公司			
建设地点	上海市松江区新松江路 650 号			
竣工时间	2008 年 10 月	验收时间		2008 年 12 月
使用时间	2008 年 12 月			
手术部总建筑面积	约 4218m²	其中：辅助用房总面积		约 1428m²
手术室数量	16 间	其中：	Ⅰ级	6 间
			Ⅱ级	—
			Ⅲ级	10 间
			Ⅳ级	—
			负压	1 间
医用气体配置种类	氧气、吸引、压缩空气	其他：特殊气体		氮气、二氧化碳、一氧化碳
手术室所在楼层	一层	其中：与中心供应联系上下交通医用电梯		
手术室层高	5.0m	设备层层高		—
负压手术室	独立■	其中：		独立出入口■
	转换			合用出入口
冷源方式	风冷热泵机组	热源方式		风冷热泵机组
空调水系统	四管制	其中：手术室一年四季能随时供冷、供热		
	两管制			
空调风系统	独立	■		新风＋循环风系统组合
	合用			
	其他			
新风温湿度处理方式	一级冷冻除湿	■		
	其他			
能源再利用情况				
手术部空调总冷／热负荷	约 1100kW/715kW	手术室空调冷／热负荷指标	Ⅰ级	
			Ⅱ级	
			Ⅲ级	
			Ⅳ级	
手术部供电总负荷	约 330kW	手术室照度	Ⅰ级	
			Ⅱ级	
			Ⅲ级	
			Ⅳ级	
造价		其中：	Ⅰ级	160 万元／间（德国进口）
			Ⅱ级	
			Ⅲ级	60 万元／间
			Ⅳ级	

31. 3. 9　设计图纸

1. 手术室平面图（局部）见图 31.3.9-1。

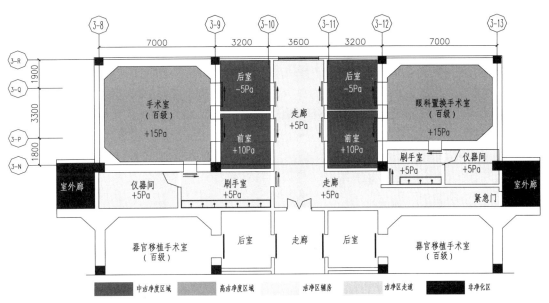

图 31.3.9-1　手术室平面图（局部）

2. 手术室流程图（局部）见图 31.3.9-2。

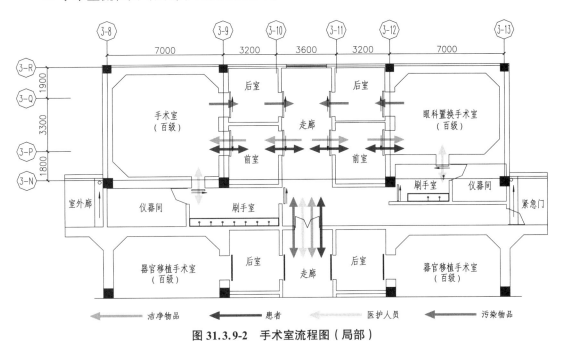

图 31.3.9-2　手术室流程图（局部）

3. 手术部冷热源系统图见图 31.3.9-3。

4. 手术部（局部）空调风系统图见图 31.3.9-4。

5. 空调系统控制原理图见图 31.3.9-5。

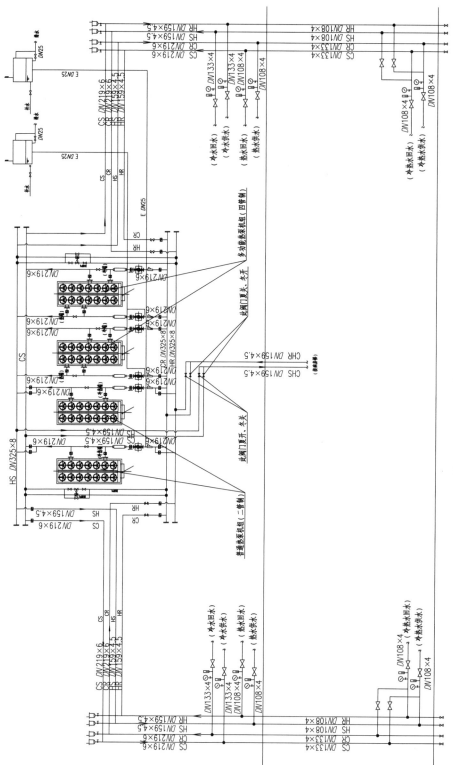

图 31.3.9-3　手术部冷热源系统图

注：1. 夏季开普通热泵机组（2 台）＋多功能热泵机组（2 台）。

2. 冬季开多功能热泵机组（2 台）。

3. 过渡季节：（1）制冷开普通热泵机组；

　　　　　　（2）去湿再加热开多功能热泵机组。

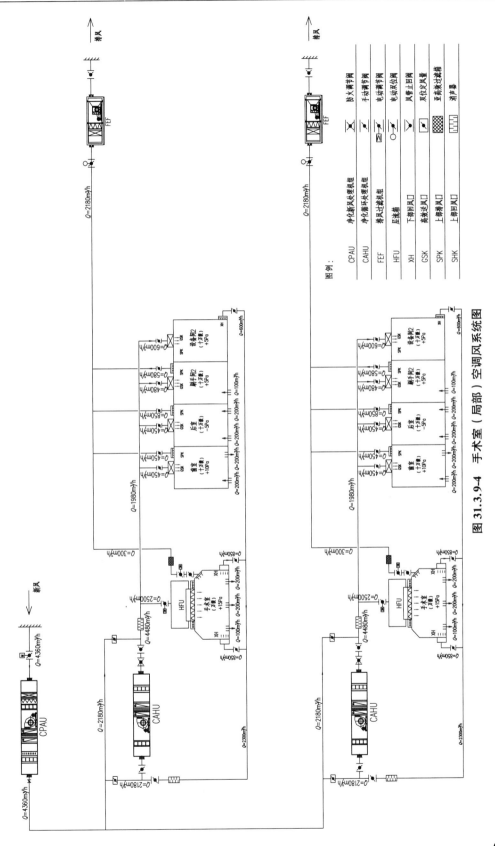

图 31.3.9-4 手术室（局部）空调风系统图

图例：

CPAU	净化新风处理机组	防火调节阀
CAHU	净化循环处理机组	手动调节阀
FEF	排风过滤机组	电动调节阀
HFU	层流箱	电动灭位阀
XH	下部回风口	风管止回阀
GSK	高效送风口	灭位定风量
SPK	上部排风口	亚高效过滤箱
SHK	上部回风口	消声器

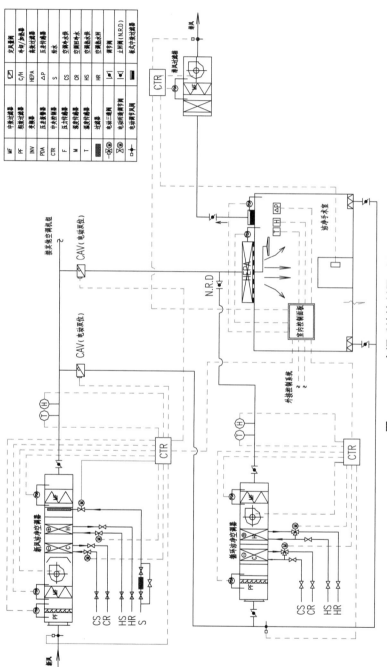

图 31.3.9-5 空调系统控制原理图

注: 1. 当空调箱启动时, 所有调节控制投入工作。停止时则相反。但新风空调箱继续工作, 以保持手术部正压。
　　2. 温湿度控制: 将回风温度和湿度与设定值比较, 并根据比较结果进行 PID 控制, 湿度优先控制, 调节冷水回水管上电动调节阀的开度和加湿器, 使送风温湿度趋于设定值。
　　3. 滤网积尘压差报警。
　　4. 排风机与手术室自动门连锁, 并根据手术室正压定值调节排风量。循环空调箱与排风器连锁, 排风过滤箱可根据排风量调节排风管压力调节排风量。
　　5. 在 AHU 附近的控制盘内可以操作和设定。
　　6. 手术室工作时, 新风机设定运行风量, 非工作时设定最小正压新风量。
　　7. 在 BA 中心可进行集中监测的控制。

MF	中效过滤器	〇/H	中效/粗效器
PF	粗效过滤器	C/H	高效过滤器
INV	夹棉	HEPA	压差传感器
PDA	压差传感器	△P	给水
CTR	中央控制器	S	空调冷水供
F	压力传感器	CS	空调回水
W	湿度传感器	CR	空调热水供
T	温度传感器	HS	空调热水回
	过滤器	HR	调节阀
	电动三通阀		止回阀 (N.R.D)
	电动调节阀门		多叶中效过滤器
	电动调节风阀		

6. 手术室基本装备材料见表 31.3.9。

手术室基本装备材料表

表 31.3.9

序号	名称	型号及规格	备注
1	手术室		
	1）围护结构材料	1.2mm 不锈钢板，工厂预制喷涂	100 级德国产，10000 级国产
	顶棚材料	1.0mm 不锈钢板，工厂预制喷涂	100 级德国产，10000 级国产
	地面材料	3mm 自流坪＋2.0mm 厚抗静电橡胶地材	德国诺拉
	自动门	嵌入式／外挂式安装	
	防辐射防护	墙：3mm 铅板（约 3 个铅当量要求）	
		顶：楼板＋2mm 铅板	
		地：楼板＋30mm 硫酸钡水泥	
	2）辅助房间		
	围护结构材料	6.0mm 无机预涂板（A 级防火材料）	
	顶棚材料	2.0mm 无机预涂板（A 级防火材料）	
	地面材料	3mm 自流坪＋2.0mm 厚同质透芯 PVC 地材	
	手动门	钢板喷塑门体＋铝合金门套	
	卫生通过（湿区）	600mm×600mm×0.8mm 铝扣板＋600mm×600mm×1.5mm 地砖	
2	医疗装备		
	手术床	全电动全体位调节	德国马奎（Maquet）
	吊塔	双臂式悬臂（＜365°）	德国 MGI
	无影灯	—	
	医用柜	嵌入式保温、保冷柜	日本三洋
	对讲电话	一套外线免提电话、一套内部免提对讲系统	
	麻醉装置	双臂电动麻醉塔	
	麻醉排放装置	射流式	德国韦氏
	无菌柜	嵌入式药品柜、器械柜、麻醉柜	不锈钢（SUS316）
3	空调		
	冷热源	风冷螺杆热泵机组（两管制／四管制）	
	新风空调机组	框架式　户外型	德国韦氏，中国天加
	循环空调机组	框架式　户外型	中国天加
	末端送风装置	超大型过滤装置（3000×3000）	德国韦氏
	排风装置	—	
4	电气		
	电子显示设备	温湿度调节显示、压差报警、照明控制等	含医用气体报警、对讲系统
	隔离变压器	—	德国本德尔
	动力照明装置	组合式 220V 及 380V 电源	

续表

序号	名称	型号及规格	备注
5	冷热水		
	洗手装置	洁净区／卫生间感应龙头，非洁净区手动龙头	
	热水设备	即热型电加热器	
	水过滤装置	—	
6	医用气体		
	气源装置	全自动型，根据气体类别合理设置加热型	
	汇流排	双路自动切换	
	气体管材	脱脂无缝铜管	国产
	气体输出口	—	德国／中国

注：1. 疏散走道隔墙耐火极限 3.0h，房间与房间之间耐火极限 1.0h。

　　2. 铅防护当量应根据预评估报告设计，施工前必须复核预评估报告要求。

31.3.10　该工程实景照片见图 31.3.10-1～图 31.3.10-6。

图 31.3.10-1　医院外景

图 31.3.10-2　手术部入口

图 31.3.10-3　手术室走廊

图 31.3.10-4　手术室前室

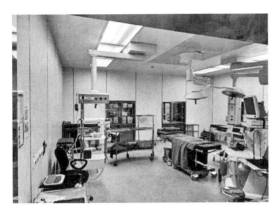

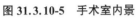

图 31.3.10-5　手术室内景

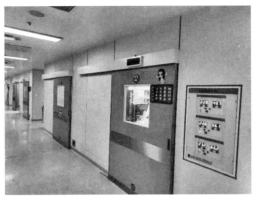

图 31.3.10-6　手术室外景

第32章 重症监护单元（ICU）

32.1 建设单位概况

上海市同济医院（同济大学附属同济医院）2010年划归上海市人民政府，隶属于上海申康医院发展中心，由同济大学与上海申康医院发展中心共同管理。上海市同济医院作为上海普陀区的一家三级甲等综合医院，核定床位1100张，开放床位1300余张，年门急诊量超过200万人次，出院病人7万余人次，手术4万余台次。血液内科建立的难治复发血液系统恶性肿瘤治疗体系入选国家临床重点学科建设项目。医院拥有高级卒中中心、胸痛中心及创伤救治中心三个国家级中心；拥有国家临床重点专科血液内科、上海市"重中之重"临床重点学科骨外科、精神神经学科，上海市重点学科心血管内科，上海市临床重点专科精神医学科、脊柱外科、消化内科，急诊与危重症学科、老年医学科、心身医学、药剂科入选上海市重要薄弱学科建设计划，检验医学科入选上海市公共卫生三年行动计划，临床药学入选上海市临床药学重点专科建设项目。院内形成以骨科、心血管内科、精神神经学科为"重中之重"重点学科，以消化内科、医学影像科、血液内科、内分泌代谢科、普通外科为重点学科，以妇产科、呼吸与危重症医学科、肾脏内科、泌尿外科、老年医学科、检验科、神经外科、皮肤与性病科、病理科、胸心外科为特色学科的整体学科建设框架。医院整合学科优势，基于多学科合作，成为沪西北地区的大型急诊危重症与疑难杂症综合诊治中心。在老年心血管病介入治疗、严重创伤与急危重症救治、干细胞再生修复脊髓损伤、运动障碍诊治与康复、肿瘤免疫细胞治疗、女性盆底功能障碍微创重建、严重神经精神疾病、消化道肿瘤综合微创诊疗等方面的临床和基础研究居于国际国内先进水平。

上海市同济医院秉持"强临床、升研究、重服务"的理念，依托同济大学深厚底蕴，建有国家级"国际科技合作基地——干细胞与再生医学国际联合研究中心""脊柱脊髓损伤再生修复教育部重点实验室"；拥有国家级"有突出贡献的中青年专家"、国家级"百千万人才工程"、国家高层次人才、国家自然科学基金杰出青年、国家自然科学基金优秀青年、国家自然科学基金优秀青年（海外）、上海市"领军人才"、上海市"优秀学术带头人"等为代表的高水平专家队伍。近年来承担"国家重点研发计划""科技重大专项""973计划""863计划""科技支撑计划"和"国际科技合作项目""自然科学基金重大、重点项目"等国家级重点项目30余项。荣获"国家自然科学二等奖""教育部自然科学一等奖""教育部科技进步奖一等奖"和"上海市科技进步奖一等奖"等高等级科研成果。

32.2　项 目 概 况

上海市同济医院外科楼建筑面积 29340m²，地上 16 层、地下 1 层，ICU 位于二层，建筑面积 1925m²，层高 4.5m，洁净手术部位于三层，设备层位于四层。ICU 通过 1 部专用手术电梯直接与三层手术部及上部病房连接，配有专用洁梯与污梯与一层中心供应相连。输血科在与本大楼连通的内科楼二层，ICU 东侧开门经过道即可到达。

32.3　ICU 平面布置

ICU 一般由洁净诊疗区、洁净走道、污物走道及辅助用房区组成，共 26 张床，其中 21 张为开放式重症监护病床，4 间独立监护病房，1 间隔离监护病房（图 32.3）。独立监护病房有利于隔离交叉感染，可做到完全独立空间，避免大空间空气传播病毒和细菌，但收费较高，不是所有患者都能够承担高昂的护理费用，医院仍需考虑一部分开放式监护区，因此形成了组合型 ICU 模式。

32.4　设 计 特 点

32.4.1　建筑

从防止交叉感染和院内感染管理要求界定，ICU 可划分为医疗区域、医疗辅助区域和污物处理区域。

1. 医疗区域（医护人员办公区）：包括更鞋发放室、男女更衣室（卫浴）、清洁走廊（缓冲）、医生办公室、护士办公室、主任办公室、护士值班室、医生值班室、餐厅、会议室、配餐室。

2. 医疗辅助区域：包括护士站、准备室、治疗室、处置室、器械室、快速检验室、高营养配制室、库房、家属接待室（谈话间）。

3. 污物处理区域：包括单人间监护室（1 床）、单元式监护室（4~6 床）、开放式监护室、便盆处理间、污物间、化验室。

4. 病床布置：每张病床均不应处于其他病床的下风侧。

32.4.2　通风空调

1. ICU 应当有良好的自然采光和通风条件；为保持室内空气环境，应独立控制各功能区域或每个单间病房的温度和湿度。

2. 可装配空气净化系统，根据需要设置空气净化系统，必要时能够保证自然通风。

3. 空调系统宜独立设置，温度在冬季不宜低于 24℃，夏季不宜高于 27℃。采用普通空调系统时，空调机组宜连续运行，相对湿度宜为 40%~65%，噪声不应大于 45dB（A）。

4. 空调送风气流不宜直接吹向头部，排风口或回风口应设在床头侧。以往设计的 ICU 大部分考虑净化空调，甚至和手术室洁净级别一致，经过近些年医护人员的使用反馈，密闭空间空气质量并没有得到完全改善，反而对空间的消杀清洗和净化空调箱的维护提出了更高的要求，若操作不到位反而成为病菌的源头。因此，感染专家建议 ICU 可不做净化，

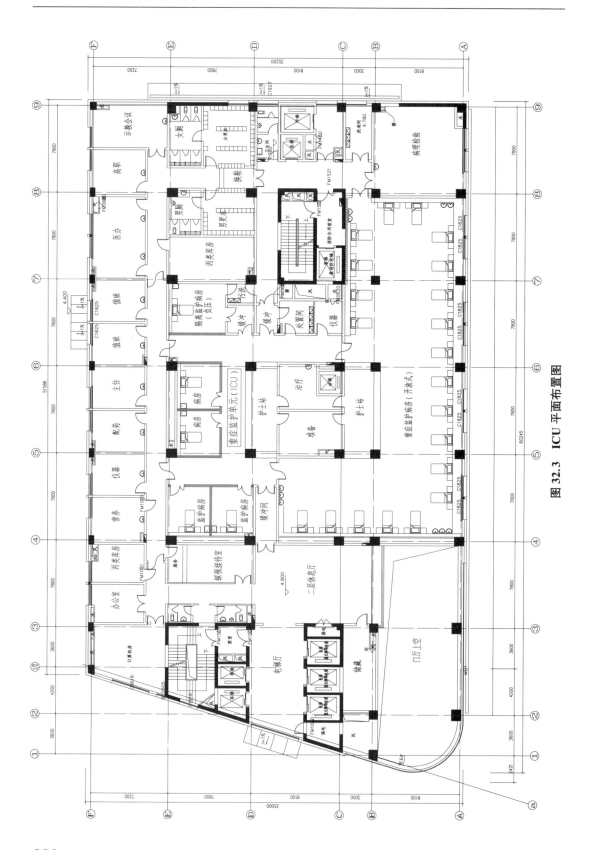

图 32.3　ICU 平面布置图

使用普通的多联机加新风模式即可，保持整个区域的清洁及良好的通风是关键。

32.4.3 电气

通风空调配置 UPS 装置，每张床独立设置供电回路和控制开关，医疗用电与生活照明用电线路严格分开。ICU 应采用高显色照明光源，病房照度应大于 3000lx，显色指数应大于 80，统一眩光值应小于 19，色温不超过 4000K。

32.4.4 医用气体

1. 医用气体应至少配置两个氧气终端、两个负压吸引终端、一个压缩空气终端，并在护士站设置医用气体压力监测报警系统。

2. ICU 须配置足够的非接触式洗手设施和手部消毒装置，单间病房每床 1 套，开放式病房至少每 2 床 1 套，其他功能区域根据需要配置。

32.5 实 景 图

该工程实景如图 32.5-1～图 32.5-4 所示。

图 32.5-1 开放式重症监护病房

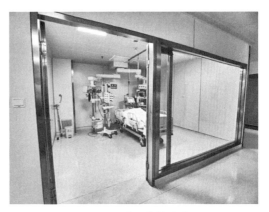

图 32.5-2 独立监护病房

图 32.5-3 ICU 入口

图 32.5-4 ICU 走廊

第33章 生殖中心

33.1 工程概况

重庆安琪儿妇产医院生殖中心分为洁净部及辅助用房。洁净部设临床手术用房、实验用房等相关设施，辅助用房包括档案室、备用间、患者休息室。生殖中心位于院内大楼三层，洁净部总建筑面积约 659m²，建筑层高 3.6m，设计年周期量 3000 例。

33.2 设计理念

生殖中心洁净部以胚胎培养室为核心区域，取卵室、移植室、手术取精室、精液处理室及冷冻室与胚胎培养室相辅相成（图33.2）。按功能分区管理，极大地提高了实验室使用效率，降低了造价，减少了建筑使用面积。

33.3 医疗流程

33.3.1 医护人员流程见图 33.3.1。

33.3.2 患者流程见图 33.3.2。

33.3.3 物品流程见图 33.3.3。

33.4 主要设计特点

33.4.1 建筑

生殖中心医生通道、女患者通道及男患者通道充分满足大楼消防要求，最大限度利用建筑面积，并按经济性、实用性、美观性原则，采用可拆卸围护结构，钢板结构无缝拼接，可重复使用，节地节材。生殖中心单元化、模块化、集成化设计，绿色环保。

33.4.2 空调

空调系统独立设置，根据实验室性质、使用时间、洁净等级，合理划分不同的净化空调系统。净化空调箱采用变频控制，在部分负荷时低速运行或单台运行。排风机与空调箱连锁，减少不合理使用时间，节省能耗。

33.4.3 电气

1. 实验室内采用智能照明控制，对空调、给水排水、热水等系统实施自动控制，达到节能效果。

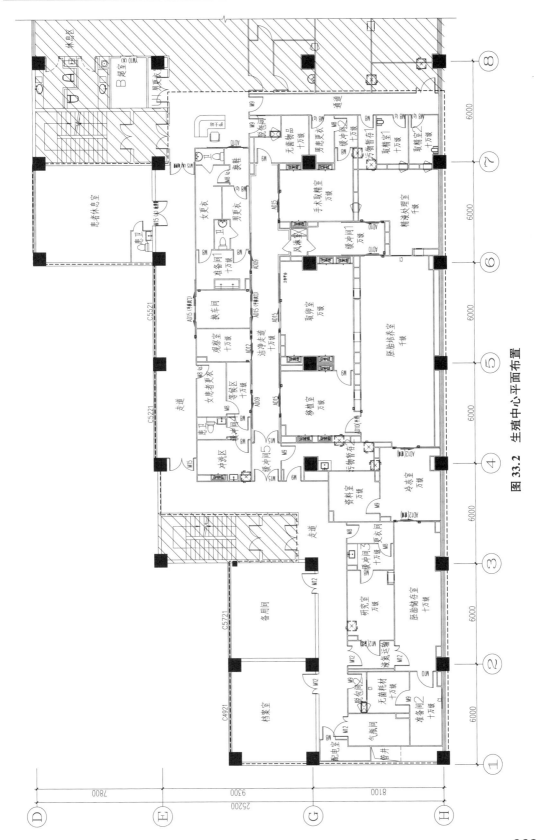

图 33.2 生殖中心平面布置

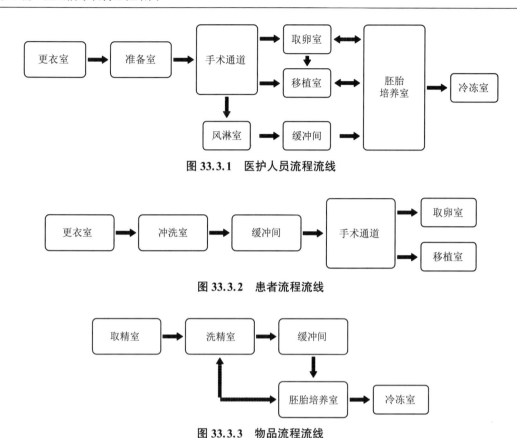

图 33.3.1　医护人员流程流线

图 33.3.2　患者流程流线

图 33.3.3　物品流程流线

2. 照明、动力、医疗设备的低压配电箱安装电流、电源、能耗检测计量电子式数字表。计量表精度等级在 1.0 级以上，均带通信接口。全部能耗检测、计量数据通过信号总线采集，可集中显示、储存于设在变电所的后台计算机上。

33.4.4　给水排水

1. 生殖中心准备间洗手水龙头采用电磁感应水龙头，设置热水回水系统，确保各用水点热水水温，减少用水浪费。

2. 热水管均作保温处理，以降低热损耗，减少长期运行和管理成本。

33.5　新技术、新工艺、新设备

1. 生殖中心可独立运行，供水、供电、通风空调单独计费。

2. 生殖中心围护结构为钢板结构，非焊接，可拆卸。当生殖中心设备更新、面积扩大时，可任意组装，围护结构可重复利用，节省大量材料。

3. 洁净空调设备体积小、重量轻，可露天安装，防雨水、抗寒流。

33.6　绿色、环保、节能措施

围护结构采用可拆卸"钢板结构"，可以将拆除的钢板重复利用，避免将来改扩建时造成浪费。

33.7 技术经济指标

该工程技术经济指标见表 33.7。

重庆安琪儿妇产医院生殖中心技术经济表　　　　表 33.7

项目名称	重庆安琪儿妇产医院生殖中心			
设计单位	苏州理想建设工程有限公司			
施工公司	苏州理想建设工程有限公司			
建设地点	重庆			
竣工时间	2022 年 7 月	验收时间		2022 年 7 月
使用时间	2022 年 8 月			
生殖中心建筑面积	m²	其中：胚胎培养室面积		50.26m²
实验室数量	23 间	其中：	千级	2 间
			万级	9 间
			十万级	12 间
辅助用房总建筑面积	197m²	其中：包含档案室、备用间、患者休息室、走道		
医用气体配置种类	氧气、吸引	其他：特殊气体		氮气、二氧化碳、混合气体
生殖中心所在楼层	三层	其中：		—
生殖中心层高	2.6m	建筑梁下高度		3.7m
冷热源方式	空调机组自带冷热源，全年提供			
空调洁净系统（方式）	风量处于合理范围内，采用一次回风方式			
新风组合方式	空调机组自取新风方式			
温湿度处理方式	电极式加湿器			
送风形式	送风顶棚	取卵室、移植室、手术取精室采用送风顶棚集中送风，其余实验室采用高效送风口送风；辅助用房采用舒适性送风		
	高效送风口			
	其他			
生殖中心空调总冷 / 热负荷	约 207kW/99kW			
生殖中心供电总负荷	约 210.54kW			
造价	视具体情况而定			

33.8 生殖中心基本设备配置

生殖中心基本设备配置见表 33.8。

生殖中心基本设备配置表 表 33.8

房间名称	设备
精液处理室	超净工作台、培养箱
取卵室	药品柜、麻醉柜、器械柜、医用气源（医用气体部分不在承揽范围内）、观片灯、信息面板（分别标有：手术时间和北京时间、对讲／呼叫／背景音乐、麻醉计时、空调系统、医疗气体报警／控制屏）、妇科手术床、插座等
胚胎移植室	同取卵室
IUI 实验室	超净工作台、培养箱、成品操作台
IUI 手术室	同取卵室
宫腔镜室	同取卵室
胚胎实验室	双人超净工作台、培养箱、若干成品操作台、若干其他设备
冷冻室	培养箱、液氮储存罐、百级工作站、成品操作台、水浴箱

33.9 实 景 照 片

该工程实景照片见图 33.9-1～图 33.9-4。

图 33.9-1 护士站

图 33.9-2 胚胎培养室

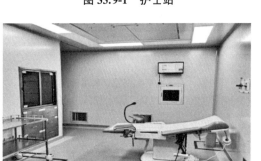

图 33.9-3 穿刺取精室

图 33.9-4 移植室

第 34 章　消毒供应中心

34.1　建设单位简介

江苏省中医院（南京中医药大学附属医院、江苏省红十字中医院）于 1954 年 10 月创建，历经几代人辛勤创业，规模不断扩大。先后被国家确定为国际针灸培训中心、世界卫生组织传统医学合作中心临床基地、全国中医临床进修基地和国家药品临床研究基地。1993 年被评定为三级甲等中医院；1994 年被评为全国省级示范中医院和全国卫生系统先进集体；1995 年被评为"省卫生行风先进集体"；1997 年获江苏省、南京市"十佳医院"、江苏省"文明单位"等荣誉称号；1999 年被评为全国"百佳医院"；2000 年蝉联第二届江苏省"十佳医院"；2003 年被评为江苏省、南京市"非典型肺炎防治工作先进集体"；2004 年再次被评为全国卫生系统先进集体；2005 年再获中共江苏省委、省政府联合颁发的"2003—2004 年度省级文明单位"称号。

江苏省中医院紫东分院位于仙林大学白象片区，北至仙林大道辅路，南至规划道路，西至守敬南路，东至清风南路医院，周边有地铁 2 号线、4 号线，与万达茂隔道相望。整个项目投资总额近 10 亿元，由栖霞区人民政府、仙林大学城管委会和江苏省中医院三方共同合作打造。一期工程占地面积 68.25 亩，建筑面积 14.8 万 m²，规划床位 800 张，按三级甲等综合医院标准设计，致力于打造一座仙林地区较大规模、现代化、智能化、功能完善的三级甲等综合医院。

紫东分院一期设有国家区域（中医）诊疗中心建设项目 5 个，国家重大疑难疾病中西医协作牵头试点项目 2 个，国家临床重点专科 6 个，国家中医药管理局重点专科 12 个，江苏省重点专科 20 个，江苏省示范专科 5 个。

作为南京中医药大学附属医院，江苏省中医院紫东分院将紧紧依托大学优质教育教学资源，继续践行"教书育人、百年树人"的历史使命，建立更加开放的高等医学人才培养基地，为打造未来名医奠定坚实的基础。

34.2　项　目　概　况

江苏省中医院紫东分院消毒供应中心位于门急诊医技病房综合楼三层，设置污物回收区、去污区、检查包装及灭菌区、无菌物品存放区、无菌物品发放区、低温灭菌区、腔镜清洗区等，并配置更衣换鞋、办公等辅助用房。

34.3　消毒供应中心平面模式

34.3.1　主要功能区划分

1. 污物回收区：对回收物品进行登记、暂存、分类。

2. 去污区：对回收的物品进行预处理和清洗消毒（包含腔镜清洗，干燥等）。

3. 检查包装及灭菌区：对清洗消毒干燥好的器具、器械和物品进行质量检查、保养、分类打包、装车灭菌，包括独立料的制作、包装及灭菌。

4. 无菌物品存放区：对灭菌后的物品进行存放和保管。

5. 无菌物品发放区：无菌物品的发放、下送以及下送车的清洗存放，可与一次性物品发放区有机整合，便于管理。

6. 配套用房：空调机房、办公休息用房、值班室、业务用房、卫生间、更衣室、库房等。

34.3.2　平面功能布局设计

1. 污染区

（1）污染清洗间的回收分类和清洗在同一室。按工作流程划分为回收分类区（病区、手术室分为两区）、传染物品处理区、手工清洗区、机械清洗区，各区之间有一定距离。

（2）操作区域的划分按"污—洁—净"的处理顺序。回收进入靠近分类区，污染物品靠近分类区或设在建筑相对独立一角或一室，清洗与分类要保持充分的距离。

（3）手工清洗消毒物品的传递窗与清洁区相连。

（4）污染回收通路采用通道或电梯，如果和手术室连接应再设专用入口。

2. 清洁区

（1）器械间和敷料间独立设计，有效避免环境和器械受到棉絮、微尘等污染。

（2）器械间和敷料间相邻设计，利于包装灭菌工作的开展。

（3）使用双门消毒灭菌器，其位置靠近器械包装区和无菌室。

（4）低温灭菌单独设置一间，靠近无菌室，便于物品的传递。

（5）手术室器械和病区器械分台、分区制作包装。

（6）敷料间设计充足的敷料储存架或柜。

（7）清洁区内设计监测室。

（8）清洁物品入口靠近敷料间的缓冲区域，方便进行清洁敷料等物品的初步分类和储存。

（9）清洁区缓冲间靠近器械包装区，便于工作人员洗手，进入时避免敷料间毛絮的污染。

3. 无菌区

（1）无菌区与其他房间和区域隔断，单设为一个区域。

（2）无菌区靠近压力蒸汽灭菌室和低温灭菌室，提高运输效率。

（3）无菌区靠近发放区，便于物品的发送供应。

（4）无菌区靠近一次性用品库房，便于装车发送。

4. 缓冲区

（1）无菌区缓冲间连接在无菌区和清洁区之间。

（2）清洁区缓冲间连接在清洁区和工作人员生活、办公区之间。

（3）污染区缓冲间连接在清洁区或工作人员生活、办公区与污染区之间。

34.3.3 医疗流程

污物回收→分类→清洗→消毒→干燥→检查保养→包装→

灭菌→储存→无菌物品（一次性物品）发放。

（敷料制作）（清洁包）（一次性物品脱包）

34.3.4 消毒供应中心及辅助用房主要装饰材料及设备

根据相关规范要求，消毒供应中心的顶棚、墙壁应保持平整光洁、无裂隙、不落尘、便于擦拭、清洗消毒，宜采用耐生锈、耐擦洗、防火、隔声保温和气密性好的材料；地面应防滑、坚固耐磨、防火、防静电、防侵蚀、耐腐蚀、易清洗；地面与墙面踢脚及所有阴、阳角均应为弧形设计。各区域有实际的屏障分隔，采用色彩进行明确划分，标识明显；门洞、走道的尺寸应充分考虑设备、推车转运等实际使用宽度和高度。

1. 装饰材料：消毒供应中心的核心区域墙面采用50双面玻镁彩钢板，湿区墙面采用墙砖铺设；核心区域顶面采用50双面玻镁彩钢板，湿区顶面采用铝扣板；核心区域地面采用2mm PVC卷材，湿区采用防滑地板砖。地面与墙面的踢脚线设计为弧形，所有阴角也设计为弧形。

2. 电气设备：电源插座、灯具采用防水、防潮材料。

3. 空调设备：无菌物品存放区有温湿度控制措施，温度为24℃，相对湿度为70%。

34.3.5 消毒供应中心设备选型对功能布局的影响

一般设备可根据业务需要选型，但主要设备的选型要有针对性，要综合考虑各方面的因素。这项工作开展得好坏，将对消毒供应中心的工作流程和功能布局产生极大影响。以下对消毒供应中心主要大型设备选型参考要素作简单阐述。

1. 全自动清洗消毒机：考虑其清洗消毒的方式、清洗效率、清洗效果、最大清洗容量、清洗成本节约量、是否具有同步显示技术、是否提供多种有线接口及无线技术、是否能实时提供各种在线帮助功能、人体工程学及人性化设计等。

2. 脉动真空灭菌器：考虑其制作工艺、操作系统、双门的"密封互锁"功能、灭菌容积及能耗等。

3. 水处理装备：考虑其每小时最大产量、产水水质脱盐率和电导率的达标性能、易安装性；是否具有自洁、自我保护等智能化功能。

4. 因不同厂家的设备型号不同，其产品工作模式、电源、功率、工作环境温湿度要求、外形尺寸、适用范围、净重负荷、最大蒸汽耗量、原水水质要求等性能特点和技术参数都不同，决定了消毒供应中心不同的运行模式、功能布局、空间布局、运输路径和有效使用建筑面积等。所以理想的做法是在消毒供应中心的规模、选址论证完成后，及时组织开展设备的选型及招标工作。由设备中标单位与建筑主体设计单位、使用方共同完成消毒供应中心的深化设计工作。

5. 配置环氧乙烷消毒设施，应综合考虑空间和机电设施要求，其中最主要的是需要注意高空排放管道井的设置。

6. 消毒设备有一定的使用寿命，在设计中应注意设备更新通道与更新方式，并注意垂直交通的可通过性。

34.4　消毒供应中心建设特点

34.4.1　建筑（含装饰）

1. 清洗间设置半透明玻璃，便于观察员工的操作。

2. 各电源插座、灯具采用防水、防潮材料。

3. 各区域有实际物理屏障和洁、污物品传递通道，并分别设有工作人员出入各自工作区域的缓冲间。

4. 大型清洗设备的质量和体积大，对于设备的运输，除了留有足够宽度和高度的大门外，还要考虑运输路径的转弯半径。

34.4.2　通风空调

1. 无菌区、检查包装及灭菌区采用一台组合式空调机组；高效送风口送风，上送下回。

2. 去污区采用风机盘管加新风，新风处理到室外露点温度。

3. 净化空调系统新风采用自吸式供给方式，非净化区域采用一台新风空调机组。

4. 必要位置设置排风，灭菌锅夹墙、蒸汽发生器房间设机械补风。

5. 各区域换气次数有要求，去污区机械通风不小于 $10h^{-1}$，检查包装及灭菌区机械通风不小于 $10h^{-1}$。无菌区洁净程度要求相对较高，保持为正压；辅助区保持标准压力，机械通风换气次数为 $18h^{-1}$。

6. 消毒供应中心保持有序压差梯度和定向气流，定向气流应经灭菌区流向去污区。无菌物品存放区对相邻并相通房间不低于 5Pa 的正压，去污区对相邻并相通房间和室外均维持不低于 5Pa 的负压。

34.4.3　电气设计

采用网络信息技术、智能手持终端和条码、RFID 等技术，对消毒供应中心主要工作流程的全过程进行跟踪记录和历史回顾，可有效预防和控制院内感染的发生，迅速查找事故发生的原因和责任，达到工作质量持续改进、医疗质量风险可控、作业程序可追溯、工作结果可预知的目标。消毒供应中心需要配置计算机网络系统、语音通信系统、背景音乐及公共广播系统、可视对讲门禁系统、环境监测与楼宇自动控制系统等，在各区域预留信息点位和布线，便于后期部署。

34.4.4　蒸汽、给水排水

1. 使用环氧乙烷灭菌的低温灭菌间，为防止环氧乙烷气体中毒、燃烧、爆炸等职业伤害和意外事故的发生，设置独立的排风系统，将易燃有毒气体排出，并要按环保要求无害化处理。

2. 消毒凝结水等单独收集，并设置降温池或降温井。

3. 为防止地漏返味，各区域内的设备排水地漏均装设存水弯。

4. 给水管道应设置倒流防止器或其他有效防止回流污染的装置；给水排水系统应不渗漏。

34.5　绿色、环保、节能措施

34.5.1　在土建设计前介入

在医院结构设计过程中，介入消毒供应中心流程设计。充分考虑二级流程及设备排布，孔洞及管道、电缆的预留预埋。不涉及破坏和拆除工程，避免了重复装修及返工。

34.5.2　空调选型

在科室深化设计前，对区域建筑能耗进行分区计算，去污区采用风机盘管加新风系统，检查包装及灭菌区采用组合式空调机组。做到分区域管控、适量分配，避免不必要的能耗。

34.6　技术经济指标

该工程技术经济指标见表 34.6。

江苏省中医院紫东分院消毒供应中心技术经济表　　　　　　表 34.6

项目名称	江苏省中医院紫东分院			
设计单位	同济大学建筑设计研究院			
施工公司	上海尚远建设工程有限公司			
建设地点	江苏省南京市栖霞区仙林大道 200 号			
竣工时间	2021 年 11 月	验收时间	2021 年 12 月	
使用时间	2021 年 12 月			
总建筑面积	900m²	其中：辅助用房总面积	150m²	
消毒供应中心分区	去污区 检查包装及灭菌区 无菌物品存放区	其中	Ⅰ级	
			Ⅱ级	
			Ⅲ级	
			Ⅳ级	去污区／检查包装及灭菌区
			负压	
医用气体配置种类	压缩空气	其他特殊气体	—	
消毒供应中心所在楼层	三层	与手术中心联系上下交通医用电梯		
消毒供应中心层高	4.5m	设备层层高		
冷源方式	风冷热泵机组	热源方式	风冷热泵机组	
空调水系统	四管制	●		
	两管制			

空调风系统	独立	●	新风＋循环风系统组合
	合用		
	其他		
新风温湿度处理方式	一级冷冻除湿	●	
	其他		
能源再利用情况			
空调总冷／热负荷	285kW/171kW	空调冷／热负荷指标	Ⅰ级	
			Ⅱ级	
			Ⅲ级	
			Ⅳ级	
供电总负荷	540kW	照度	Ⅰ级	
			Ⅱ级	
			Ⅲ级	
			Ⅳ级	
造价		其中	Ⅰ级	
			Ⅱ级	
			Ⅲ级	
			Ⅳ级	

34.7　设 计 图 纸

34.7.1　消毒供应中心平面图见图 34.7.1。

34.7.2　风管平面图见图 34.7.2。

34.7.3　水管平面图见图 34.7.3。

34.7.4　电气系统图见图 34.7.4。

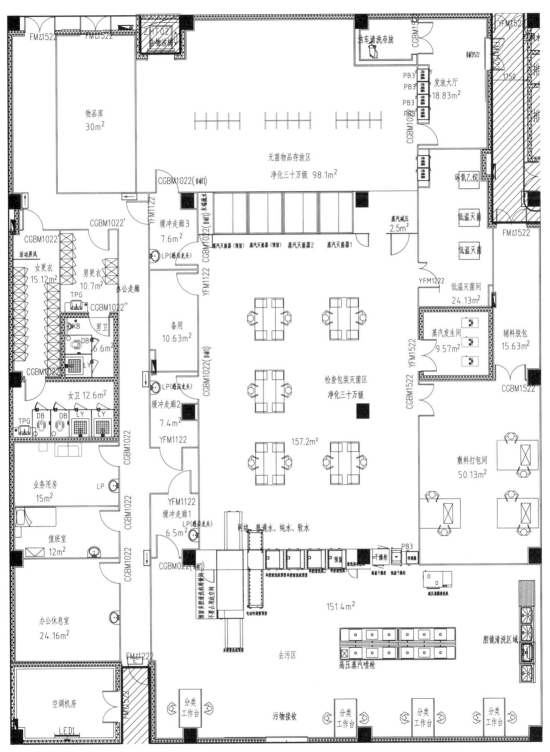

图 34.7.1 江苏省中医院消毒供应中心平面图

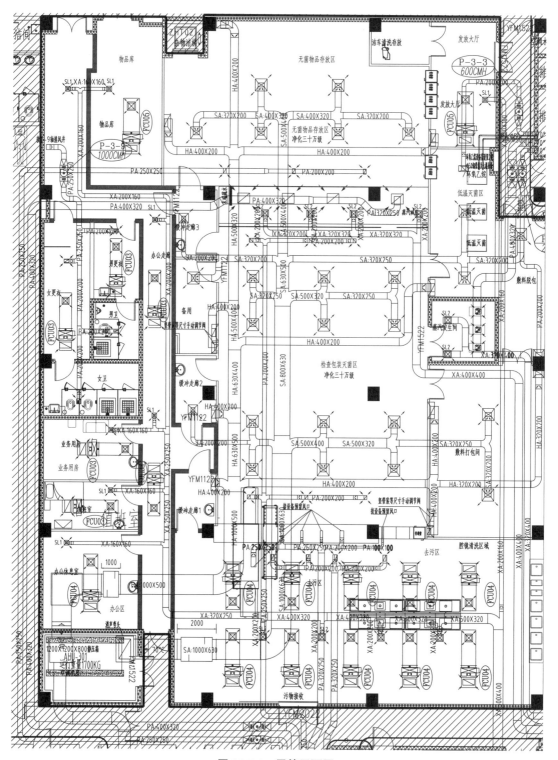

图 34.7.2　风管平面图

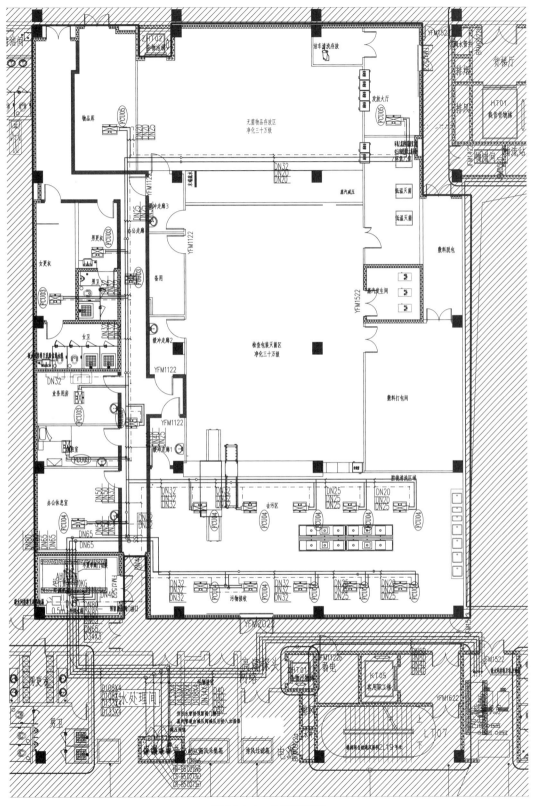

图 34.7.3 水管平面图

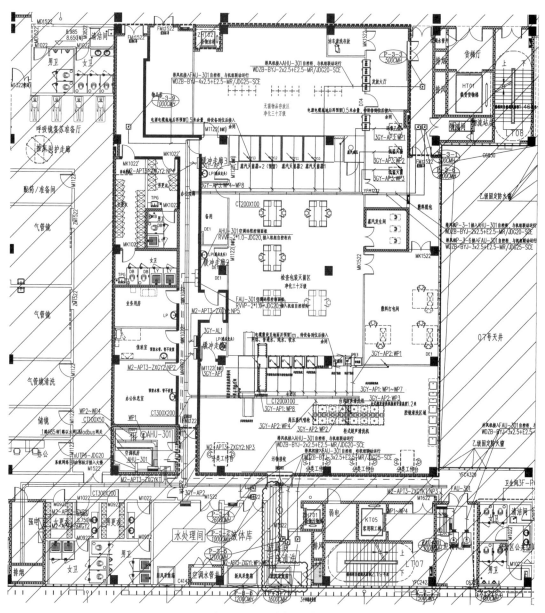

图 34.7.4　电气系统图

34.8 实 景 照 片

该工程实景照片见图 34.8-1～图 34.8-4。

图 34.8-1 清洁区走廊

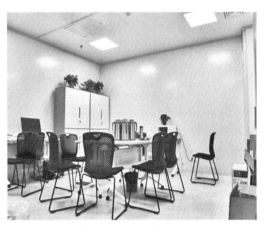

图 34.8-2 办公区

图 34.8-3 灭菌区外景图

图 34.8-4 压缩机房

第35章　易感染病房

35.1　建设单位简介

深圳市第二人民医院（深圳大学第一附属医院）是医疗、教学、科研、康复、预防保健和健康教育"六位一体"的现代化综合医院。医院始建于 1980 年，1996 年被评为三级甲等医院，是深圳市首批两家"三甲"医院之一；2008 年经教育部批准，成为"深圳大学第一附属医院"，同年被授予"全国卫生先进单位"称号；2012 年中华全国总工会授予医院"全国五一劳动奖状"；2012 年人力资源和社会保障部、国家体育总局授予医院"深圳世界大学生运动会先进集体"，深圳市委和市政府授予医院"2008—2011 年度文明示范窗口"；2013 年及 2014 年荣获全市 116 家医院医疗质量整体评估第一名；2016 年荣获市医管中心年度运行绩效考核第一名；2017 年 3 月顺利通过"三甲"复审，是深圳市第一家通过"三甲"复审的市属综合医院。

医院有员工 3344 人，其中医生 995 人，护士 1333 人，药师 127 人，技师 240 人，专职科研人员 205 人，高级职称专业技术人才 724 人，占比 21.65%，博士（含博士后）318 人，占比 9.51%，硕士 575 人，占比 17.2%，各类高层次人才 87 人，享受国务院政府特殊津贴专家 7 人，在站博士后 81 人。

医院占地面积 3.7 万 m^2，建筑面积 13.6 万 m^2，开放床位 1934 张。医院改扩建工程已纳入深圳市"十四五"规划，并争取到市政府约 4.8 万 m^2 新增建设用地的支持。2021 年，医院年门急诊量达到 259 万人次，出院病人达 8.41 万人次，住院手术达 7.16 万人次。

近年来医院承担了国家级重大课题 16 项；迄今为止，医院荣获多项科技奖励，包括国家级科技奖 12 项、省部级科技奖 14 项、市厅级科技奖 14 项；获批国家级、省级项目427 项，其中国家自然科学基金项目 158 项，其中 2021 年获批 33 项，连续 10 年位居深圳各大医院前列，获批科研经费累计超 6.5 亿元。

近 10 年来发表学术论文 5524 篇，其中 SCI 收录 1060 篇，出版专著 305 部，取得授权专利 945 项。在 2020 年度中国医院科技量值（STEM）排名中，共有 13 个学科进入全国前 100 名，其中 3 个学科进入全国前 30 名，9 个学科位居深圳市第一。连续六年（2016—2021 年）进入全国医疗机构自然科学指数百强行列，2021 年排名第 57 位。连续四年（2019—2022 年）进入 ESI 全球机构前 1%。

35.2　项 目 概 况

深圳市第二人民医院血液科无菌病房位于二十二层，层高 4.2m。其中 Ⅰ 级层流无菌病房 10 间，每间 Ⅰ 级层流无菌病房设前室，配套换鞋室、医护更衣室、值班室、患者更衣室、药浴间、洁净走廊、配餐间、仪器室、无菌库房、医生记录室、护士站、治疗室以及污物走廊、污物辅助用房。另外，办公区域包括医生办公室、值班室、主任办公室、二线室、电教室、专家办公室、会议室等。

35.3　无菌病房平面模式

无菌病房设计平面为污物回收型，作为独立的护理单元自成一区，其平面设计遵循了"入口分流""洁污分区"及"内外廊分流"的原则。病区内配备有无菌病房、洁净走廊、护士站、治疗室、无菌物品存放间、准备间、配餐间、缓冲间、药浴室和探视走廊等。其中洁净走廊是通向各病房和洁净辅助用房的内走廊，是洁净单元的主要通道。护士站设在洁净走廊中央，既便于医生、护士工作，又易于随时观察患者情况。在靠近病房区域外侧设置封闭式外廊作为探视走廊，兼作污物通道。这种布局可有效控制进入血液无菌病区的各种人、物的流线，使之各行其道，避免交叉感染。

35.3.1　无菌病房医护人员不进入式布置（病房带前室）

无菌病房净高 2.4m，面积约 7m^2。病房内空间相对宽敞，无压抑感，相对舒适。在病房与护士站、探视走廊之间设置了宽大的透明玻璃窗，其窗台设置较低，使患者躺在床上就能看到窗外的景色和病区内部医护人员的活动。病房的壁板采用进口树脂板，颜色为米黄色，暖色调，具有亲和力。该板材表面光滑、耐擦洗、耐腐蚀、不易滋生细菌。病房与洁净走廊之间的观察窗上开设输液孔，使护士不用进入病房就可对患者进行输液、换药等常规护理操作，减少了医护人员进出无菌病房的次数，有利于保持病房内空气的洁净度。

35.3.2　医疗流程

1. 医护人员流程

进口：换鞋室→更衣室→办公区域→二更→清洁走廊→无菌库房 / 护士站 / →洁净走廊→病房；

出口：病房→洁净走廊→无菌库房 / 护士站→清洁走廊→二更→办公区域→更衣室→换鞋室。

2. 患者流程

进口：药浴准备→洁净走廊→病房；

出口：病房→洁净走廊→缓冲。

3. 无菌物品流程

消毒供应中心（一次性物品）→洁净电梯→清洁走廊→无菌物品室。

4. 污物流程

病房→污物走廊→污物电梯（污梯）。

5. 家属流程

家属等候区→探视走廊。

35.4　无菌病房及辅助用房主要装饰材料及设备

无菌病房的装饰满足使用功能要求及净化空调工艺要求，装饰牢固、易清洁消毒。在使用过程中不应因侵蚀（物理、化学因素）而降低表面光洁度、产生灰尘等。装饰材料的燃烧等级必须满足消防规范相关要求，优先采用 A 级防火材料。

35.4.1　无菌病房内部主要装饰材料及设备选型

墙面：方管龙骨板挂 6mm 抗菌树脂板，接缝耐候密封胶处理；顶面：轻钢龙骨石膏板贴 8mm 抗菌树脂板；地面：铺贴 2.0mm 厚抗静电 PVC 卷材，所有接缝采用同质材料焊接；自动门：外挂式安装；组合式插座箱：不锈钢；控制屏：平面触摸式；气体面板：不锈钢嵌入式。

35.4.2　洁净走廊及洁净辅助用房主要装饰材料

地面：铺贴 2.0mm 厚抗静电 PVC 卷材；墙面：方管龙骨板挂 6mm 抗菌树脂板，接缝耐候密封胶处理，A 级；顶面：轻钢龙骨 0.8mm 铝扣板吊顶；洁净走廊墙面：配置 1.2mm 不锈钢防撞带；自动门：外挂式安装，无积尘；医用洗手池：壁挂式安装，无卫生死角。

35.4.3　通风空调设备

1. 每间 Ⅰ 级层流病房对应一台净化型循环空调机组，即一拖一的机组配置形式。

2. 洁净走道及洁净辅助用房采用一台净化型循环空调机组。层流病房和洁净辅助用房设置一台净化型新风空调机组（变频）。新风经三级过滤冷、热集中处理后送至各循环机组。

35.4.4　医用气体

独立医用气体气源，采用氧气、吸引、压缩空气"三气"配置。

35.4.5　电气及给水排水

触摸式控制面板；组合式电源插座箱（220V/380V）；LED 可变灯光；防溅冷热水洗手池。

35.5　无菌病房建设特点

35.5.1　建筑（含装饰）

层流病房设置在整个洁净单元的尽端，减少干扰，而且要靠近建筑外窗。在病房与前室、护士站、探视走廊之间设置宽大的透明玻璃窗，有助于增强患者安全感、缓解心理压力。进行色彩设计时，宜用彩色，不宜全白，彩度宜低不宜高，明度宜明不宜暗。

层流病房的净面积要满足治疗的要求，不能小于 6.5m²。面积越大，患者越不容易产生憋闷的感觉，但面积越大，送风量就越大，建造成本和运行成本就越高，最大一般不超过 10m²。但随着人们生活水平的提高，病房面积有增大的趋势。

35.5.2　通风空调

本工程净化区域全年冷热源由院方屋面风冷热泵机组提供，采用两管制。冷水进 / 出水温度 7℃/12℃；热水进 / 出水温度 45℃/40℃。加湿采用电极式加湿器，加湿水质须符合国家饮用水标准。机组配置新风机组，采用变频控制。夏季工况，新风机组对新风集中深度除湿处理，新风承担室内的湿负荷，循环净化机组只处理室内显热负荷，大量节省系统除湿及再热能耗；过渡季节及冬季工况，新风预处理机组对新风送风温度做精准控制，充分利用自然新风的冷量来抵消室内的散热量，降低系统能耗。

采用预处理新风的空气处理方式，消除冷热抵消的现象；循环机组采用变频控制，节省能耗；机组设置于病房正上方，尽量缩短管线路径，利于降低能源损耗，降低建设投资。

净化空气处理机组采用双风机，互为备用，可提高空调系统运行安全系数，风机根据最高效率标准进行选型，系统各级空气过滤器均取大容尘量的低阻力空气过滤器，降低风机吸收功率。在功能段设计上，将中效、亚高效过滤器设置在风机后的正压段，保障下游空气不被污染，表冷、加热盘管设置在中效、亚高效过滤器后，有效保障冷热水盘管的清洁，同时有利于冷凝水的顺利排走，避免表冷、加热盘管积尘，积水而产生细菌滋生情况。过滤段新风预处机组配置 G3 + F7 + H10 三级过滤，循环净化机组配置 G4 + F8 两级过滤。加湿段均采用蒸汽加湿。

35.5.3　电气设计

无菌病房强电系统设计采用 TN-S 三相五线制供电，采用系统共用接地方式，辅以等电位措施，以提高可靠性和安全性。

无菌病房灯具为嵌入式，接近气密封照明灯带组成，病房内灯具考虑风口布置。I 级层流病房使用层流顶棚后，由于病房面积较小，其灯具可在病房吊顶靠两侧布置。

35.5.4　气体设计

无菌病房医用气体涉及氧气及负压吸引，氧气根据重要程度设为二级供氧负荷，供氧管道从供氧气源中心站单独接管，采用纯铜管。管道、阀门和仪表安装前进行脱脂处理；负压吸引输送管采用非金属管道。

35.6　绿色、环保、节能措施

1. 无菌病房南北均靠窗，绝大部分时间可以实现自然采光，为医护人员及患者提供舒适的工作、就医环境，同时大大降低了照明运行成本。

2. 围护结构采用非焊接、可拆卸"龙骨＋板材结构"，当将来无菌病房改扩建时，可拆卸围护结构可重复利用，避免造成浪费，节省大量建设材料。

35.7　技术经济指标

该工程技术经济指标见表 35.7。

深圳市第二人民医院无菌病房技术经济表　　　　　　　　表 35.7

项目名称	深圳市第二人民医院		
设计单位	上海华尔派建筑装饰工程有限公司		
施工公司	上海尚远建设工程有限公司		
建设地点	深圳市福田区华富街道笋岗西路 3002 号		
竣工时间	2018 年 9 月	验收时间	2018 年 10 月
使用时间	2018 年 10 月		
总建筑面积	1000m^2	其中：辅助用房总面积	350m^2

续表

			Ⅰ级	10间
无菌病房数量	10间	其中	Ⅱ级	
			Ⅲ级	
			Ⅳ级	
			负压	
医用气体配置种类	氧气，负压吸引，压缩空气	其他：特殊气体		—
无菌病房所在楼层	22层			
建筑层高	4.2m	设备层层高		—
冷源方式	风冷热泵机组	热源方式		风冷热泵机组
空调水系统	四管制			
	两管制	无菌病房一年四季能随时供冷、供热		
空调风系统	独立	●		新风＋循环风系统组合
	合用			
	其他			
新风温湿度处理方式	一级冷冻除湿	●		
	其他			
能源再利用情况				
空调总冷／热负荷	514kW/146kW	空调冷／热负荷指标	Ⅰ级	
			Ⅱ级	
			Ⅲ级	
供电总负荷	350kW	其中：	Ⅰ级	
			Ⅱ级	
			Ⅲ级	
单位造价		其中：	Ⅰ级	60万／间
			Ⅱ级	
			Ⅲ级	

35.8　设　计　图　纸

35.8.1　无菌病房平面示意图见图 35.8.1。

35.8.2　医疗流程示意图见图 35.8.2。

35.8.3　空调风系统图见图 35.8.3。

35.8.4　空调水系统图见图 35.8.4。

35.8.5　空调控制原理图见图 35.8.5。

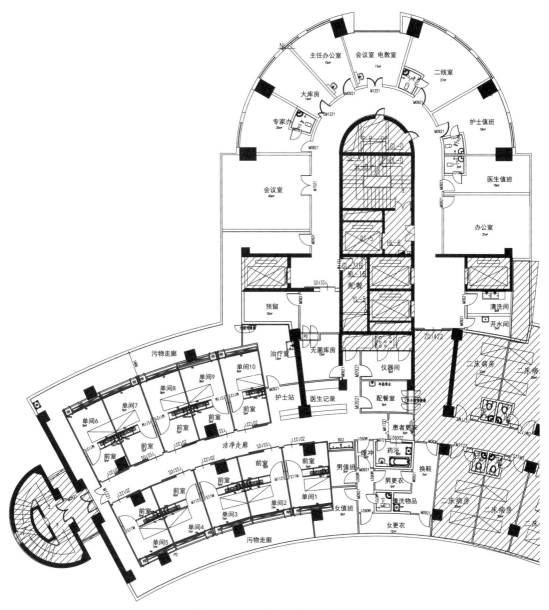

图 35.8.1　无菌病房平面示意图

注：

1. 图中非阴影部分的区域为施工范围，不含电梯、楼梯、外墙、外窗、防火门、防火卷帘、土建墙体、土建找平、防火墙、各种管井移动设备及范围分界线上的内墙外侧。

2. 外墙装饰、窗由甲方负责，靠清洁走廊外墙窗需气密。

3. 与消防专业相关的防火门由甲方提供并施工。

4. 墙、顶、地、门等安装或做法参见相关装饰节点图。

5. 玻璃窗落地 900mm，未标注门离墙垛 150mm 或居中。

6. 自动门与消防联动，发生火灾时自动打开，防火墙设置防火玻璃，耐火极限不小于 3.00h。

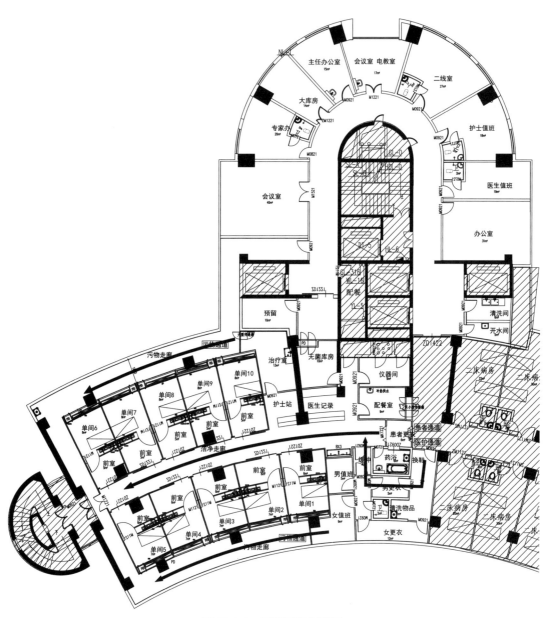

图 35.8.2　医疗流程示意图

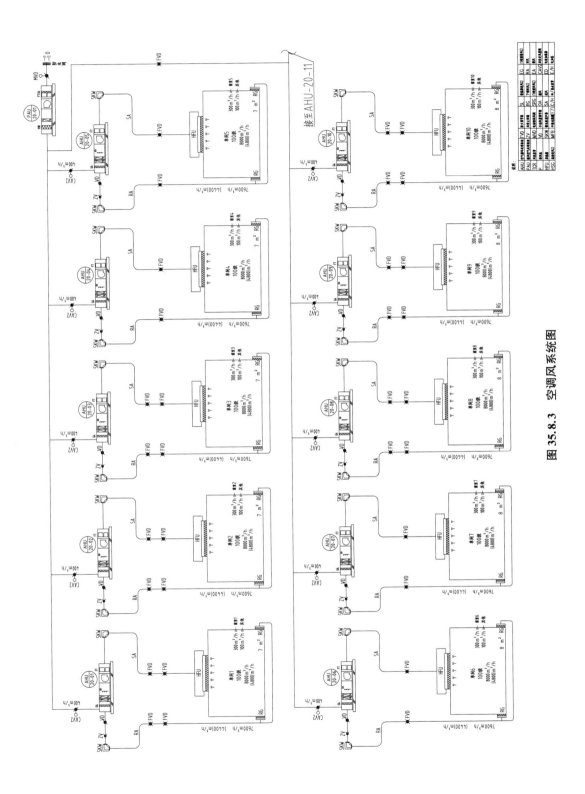

图 35.8.3　空调风系统图

691

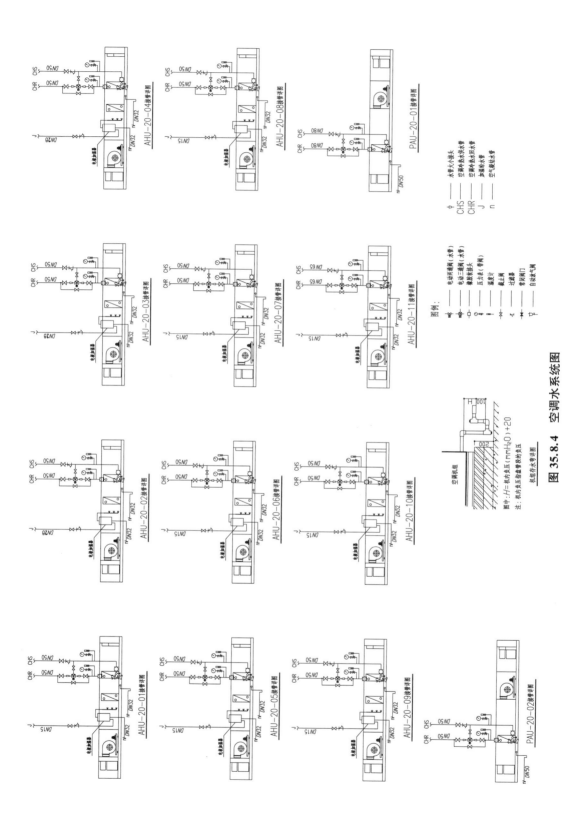

图 35.8.4 空调水系统图

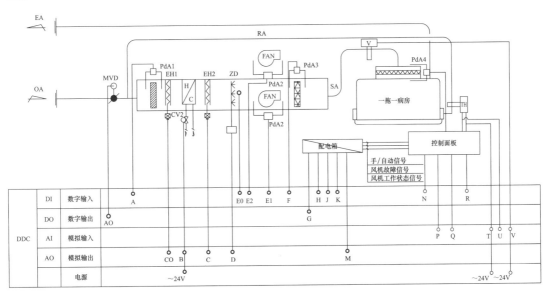

图 35.8.5　空调控制原理图

35.9　实 景 照 片

该工程实景照片见图 35.9-1～图 35.9-6。

图 35.9-1　医院外景图

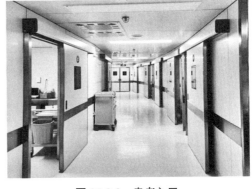

图 35.9-2　患者入口

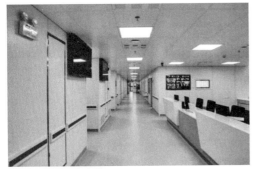

图 35.9-3　护士站

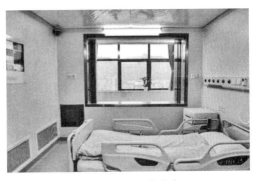

图 35.9-4　无菌病房

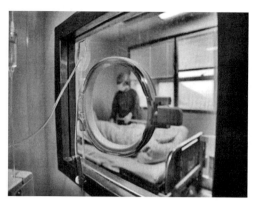

图 35.9-5 外廊输液

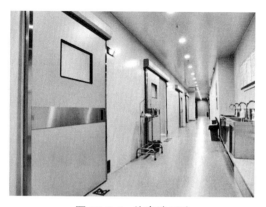

图 35.9-6 外廊洗手池

第 36 章　洁净医学实验室

36.1　概　　述

青岛市第三人民医院是青岛市卫生健康委员会直属的三级综合医院。医院地处李沧区，位于青岛市"拥湾发展、环湾保护"战略核心圈的中心地带，毗邻胶州湾跨海大桥。医院占地 88.78 亩，一期建筑面积 8.1 万 m^2，设有 30 余个临床医技科室，800 张床位。

该工程为青岛市第三人民医院 PCR 实验室，总面积为 1238m^2，总日检测量最低可达到 5 万管。PCR 实验室包含试剂准备区、标本制备区、扩增区、产物分析区、高温灭菌间等实验室用房，并配置缓冲间、男更衣室、女更衣室、办公室、资料室、休息室、男卫浴间、女卫浴间、UPS 间等生活区及辅助用房。

36.2　设 计 理 念

该工程秉承国际一流的设计、施工理念：洁污分流、防止感染、科学环保、节能高效，设计、建设更科学、更洁净、更舒适、更美观的净化工程，严格控制人员、标本、污物三条流线并高效运转。

36.3　建筑平面布置

PCR 实验室（四区）由办公区用房、卫生通过区、缓冲间、主实验室、实验室辅助用房组成，平面图见图 36.3。

36.4　工 艺 流 程

36.4.1　人员流程
入口→换鞋／更衣→缓冲→走廊→实验室缓冲→试剂准备／核酸提取／产物扩增／产物分析→实验室缓冲→走廊→缓冲→换鞋／更衣→出口。

36.4.2　标本流程
进口→标本通道→样品制备传递窗→样品制备→污物通道→高温灭菌→出口。

36.4.3　污物流程
废弃物→污物通道→高温灭菌→出口。

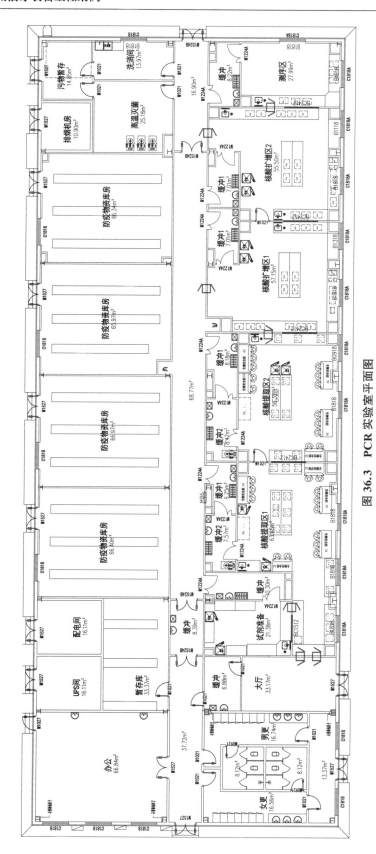

图 36.3　PCR 实验室平面图

36.5 PCR 实验室及辅助用房主要装饰材料

36.5.1 PCR 实验室墙体

均采用无机预涂板，靠近土建墙区域采用无机预涂板，无机预涂板厚度为 6mm。墙体与吊顶、墙体与墙体、墙体与地面，等所有连接均应为阴、阳圆弧角连接，缝隙处采用密封胶密封。

36.5.2 PCR 实验室地面

采用自流坪及界面处理剂处理后，铺贴不小于 2mm 厚的优质同质透心 PVC 卷材，防火等级要求达到 B1 级，地材上墙 100mm 处理，要求防滑、耐磨、易维护、抗菌、防霉、防褪色、耐磨性好。

1. 优质 PVC 卷材应具有良好的耐磨、耐化学药物、防水、防火性能。

2. 单层均质透芯，安全防滑。

3. 防火性能：符合现行国家标准《建筑材料及制品燃烧性能分级》GB 8624。

4. 耐磨等级：P 级以上。

5. 抗静电性：静电负荷小于 2kV。

6. 抗电阻性：109～1010Ω。

36.5.3 吊顶要求

PCR 实验室吊顶采用无机预涂板，钢板厚度为 6mm，防火等级为 A 级。吊顶及吊挂件必须采取牢固的固定措施。在适当位置设置检修口。

36.5.4 门窗材料要求

门体均为密平开门（成套门），门体为钢板喷塑，双面钢板（钢板厚度为不小于 1.0mm），颜色可选，采用成套铝合金型材包边，门套为配套铝合金型材，配名牌五金件。各区之间分别设置固定成品中空观察窗。各区之间分别设置一套 600mm×600mm×600mm 不锈钢双门电子互锁传递窗，内置紫外线杀菌灯，传递窗采用 1.0mm 厚 304 号不锈钢材质。

36.6 设 计 特 点

36.6.1 建筑（工艺）

1. 实验区域设置合理。PCR 实验室原则上分为 4 个单独的工作区域：试剂储存和准备区、标本制备区、扩增反应混合物配制和扩增区、扩增产物分析区。为避免交叉污染，进入各个工作区域必须严格遵循单一方向进行：试剂储存和准备区→标本制备区→扩增反应混合物配制和扩增区→扩增产物分析区。

2. 区域有明显的标记（如醒目的门牌或不同的地面颜色等），以避免不同实验区域的设备、物品、试剂等发生混淆。

3. 独立设置防疫物资库，医护人员拿取物资方便快捷，简洁高效，满足检测量要求的同时也可兼顾环保节能。

4. PCR 实验室规划为人员流线、污物流线、标本流线三条流线，并且分别设置独立出入口，使人员、污物、标本从根本上实现洁污分离，避免交叉感染的风险。

5. 每个独立实验区都设置有缓冲区，同时各区通过气压调节，使整个PCR实验过程中试剂和标本免受气溶胶的污染，并降低扩增产物对人员和环境的污染。

36.6.2　通风空调

1. 设计依据：《工业建筑供暖通风与空气调节设计规范》GB 50019、《通风管道技术规程》JGJ/T 141、《空调通风系统运行管理标准》GB 50365、《生物安全实验室建筑技术规范》GB 50346、《医学生物安全二级实验室建筑技术标准》T/CECS 662。

2. 空调室外计算参数：夏季：干球温度34.8℃，湿球温度27.8℃，大气压力99890Pa；冬季：干球温度-9℃，相对湿度67%，大气压力102060Pa。

3. 空调设计方案：

（1）为保证PCR实验室的压差要求，设计为机械通风；各区独立成系统，采用全送全排的气流组织形式，不允许回风，避免交叉污染，并严格控制送、排风比例，保证各实验区的压力要求；PCR实验室各区送、排风机连锁启停，先启动排风机后启动送风机，停机时先停送风机后停排风机。

（2）各实验区域之间具备单向气流组织，形成单向流程的保护屏障，实验室通风换气次数不少于$10h^{-1}$，采用一台组合式送风机全新风送风，一台高效排风机全排风；标本制备区生物安全柜和补风风机连锁控制，采用双补风系统，保证室内压差的恒定；每个区采用一台四面出风空调器（含电辅热）来提供冷热源，满足实验室内温度要求。

（3）PCR实验室走廊设置为正压，使室内空气不流向室外，室外空气不流向室内；试剂准备区保证相对+10Pa，标本制备区相对-25Pa，扩增区相对-15Pa，扩增分析区-10Pa，每个区设置两块压差表监控实验室压差情况。

（4）PCR实验室气流组织采用顶送底排的形式，中效送风口送风，底排风口（内置低阻尼中效过滤器F5）排风，经过高效排风机组过滤后，达标排放到大气中。

（5）各实验区与缓冲间、缓冲间与PCR实验室走廊分别安装一套±60Pa压差表。

4. 空调通风系统见图36.6.2。

36.6.3　给水排水

1. 供水由医院大楼引到PCR实验室管道井，预留总管接口及阀门。PCR实验室排水采用污废合流，排水接至医院大楼相应的排水系统。排水管采用与医院大楼同材质的专用排水管，排水立管伸顶通气，在屋顶做侧通气。

2. 洁净区域的排水设备在排水口的下部设置高水封装置，排水地漏采用快开式密闭地漏，地漏的水封深度不应小于50mm。

3. 为降低交叉感染，防止手碰水龙头而沾染细菌，洗手盆均采用感应水龙头，给水配件应采用节水型。

36.6.4　电气

1. 系统总体要求

（1）本工程配电为二级负荷，招标方负责把电源切换后的电缆线分别引至PCR实验室总配电箱。PCR实验室区域内的配电设备（包括各分配电箱、插座、灯具、开关等）的安装施工由投标方负责。

（2）电缆、电线全部采用阻燃型。

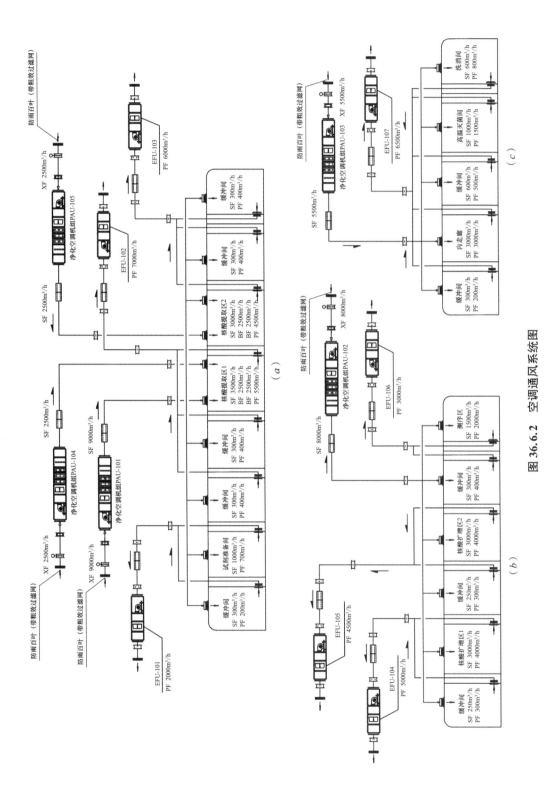

图 36.6.2　空调通风系统图

（*a*）PAU-101 净化空调系统示意图；（*b*）PAU-102 净化空调系统示意图；（*c*）PAU-103 净化空调系统示意图

（3）电缆、电线应采用金属管及金属桥架敷设。

（4）电缆、电线、桥架、套管等材料及敷设要符合设计和施工验收规范的要求。

2. 系统设计要求

（1）生物安全柜等设备线路需单独敷设。

（2）PCR实验室的各主实验室区照度应在300lx以上，缓冲间照度应在200lx以上（必须满足现行国家标准《建筑照明设计标准》GB 50034的有关要求），各房间内均设超薄LED灯具，配置高效电源。

（3）根据要求配备备用照明及紫外线杀菌灯和定时开关。

（4）各房间配置足够数量的插座。

36.7 新工艺、新设备、新材料

1. 配备中央控制系统，控制范围包括净化空调系统、冷热源系统、新风系统、医用气体系统、供配电系统、弱电系统等，可随时查询实验室各环境参数及异常报警等。并可配移动终端系统，可在移动终端上实现24h实验室运行监控、查询和设置等功能。

2. 装修选材符合结构合理、安全可靠、耐用、整体封闭、不产尘、不积尘、耐腐蚀、防潮、防霉、易清洁、符合防火要求等基本原则，室内色彩、声、光、温湿度、洁净度、压差、换气次数都符合有关要求。

3. PCR实验室及P2加强型实验室并没有严格的净化要求，但是为避免各个实验区域间交叉污染的可能性，宜采用全送全排的气流组织形式。同时，要严格控制送、排风的比例，以保证各实验区的压力要求，P2加强型实验室排风应经高效过滤器过滤后排出。

4. P2加强型实验室应根据所使用生物安全柜的类型以及实验操作风险，合理选择生物安全柜排风连接方式，当使用A2型生物安全柜时，宜通过排风罩连接至实验室排风系统，使用密闭排风管道时，安全柜排风管道应独立于建筑物其他公共通风系统的管道。

5. 应避免对生物安全柜等设备的窗口气流流向产生干扰，生物安全柜操作面或其他有气溶胶产生地点应远离门窗，实验室人员活动区域和其他可能干扰气流组织或实验活动位置附近不应设送风口。

6. 采用机械通风系统的实验室防护区内送风口和排风口的布置应符合定向气流的要求，减少房间内的涡流和气流死角。排风口应设在室内被污染风险最高的区域，其前方不应有障碍，采用上送下排方式时，排风口下边沿高出地面不宜低于0.1m。

36.8 智能控制系统

36.8.1 手机App管理界面见图36.8.1。

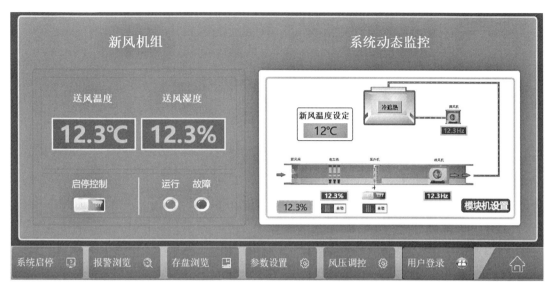

图 36.8.1　手机 App 管理界面

36. 8. 2　智能控制系统见图 36.8.2。

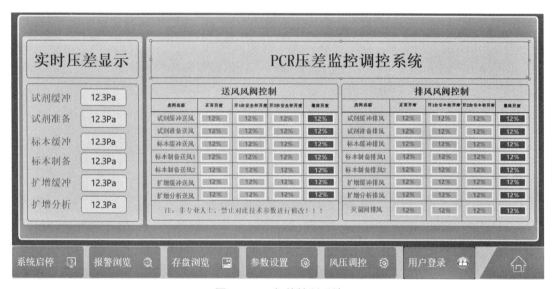

图 36.8.2　智能控制系统

36. 8. 3　智能通风系统可以对所有通风系统及设备进行监控及操作，可以在中控室启动或关闭排毒柜，升高或降低排毒柜的视窗门，播放音乐，设置排毒柜温度、风速、风量、工作时间等自动报警参数，还可预设排毒柜的自动启动或自动关闭时间，特别适用于需要长时间进行实验而不需要工作人员在场操作的情况。智能通风系统见图 36.8.3。

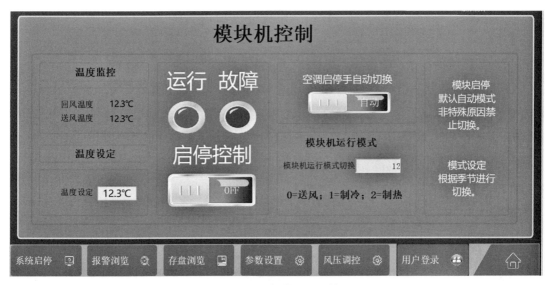

图 36.8.3　智能通风系统

36.9　绿色、环保、节能措施

1. 在建筑外围结构设置多个外窗，使绝大部分时间可以实现实验室自然采光，为医护人员提供舒适的工作环境，同时大大降低了照明能耗。

2. 围护结构采用可拆卸"龙骨＋无机预涂板结构"，避免将来实验室改建时造成浪费，并可以将拆除的钢板重复利用。

36.10　主要设备材料

PCR 实验室主要设备材料见表 36.10。

PCR 实验室主要设备材料表　　　　　　　　　　　　　　　　表 36.10

专业	名称	规格
结构	无机预涂板	6mm
	传递窗	内尺寸 600mm×600mm×600mm
	PVC 卷材	—
	钢门（带视窗）	1200mm×2100mm
	视窗	2000mm×1200mm×50mm
	墙角圆弧条（配底座）	喷白
	T 形铝吊梁	60mm×80mm
	微压差计（带不锈钢面板）	量程：0～60Pa
	铝合金马槽	喷白

专业	名称	规格
结构	大圆弧转角立柱	喷白
	闭门器	—
	挡鼠板	铝制
通风系统	管道式送风机	风量 9000m³/h，余压 200Pa
	排风柜	KF-72GW/（72356）Ba-3
	镀锌钢板	0.6mm
	定风量调节阀	风量：1000m³/h
	散流器送风口	带滤网和人字阀，400mm×400mm
	防雨防虫百叶	1250mm×650mm
	镀锌角码	1.2mm
	镀锌角钢	∟40×40
	定风量调节阀	风量：1500m³/h
	双层百叶回风口	350mm×350mm
	手动对开多叶调节阀	400mm×250mm
	系统环境调试	风量、压差等
电气工程	电线、电缆	ZR-BVV-0.45/0.75kV，1×4mm²
	镀锌线管	DN20
	配电箱	AC1
	洁净荧光灯	1×45W
	不锈钢紫外线灯	1×30
	洁净荧光应急灯	1×25W
给水	PVC 管道材料（给水管道）	DN20
	配件（三通、弯头、大小头）	—
	球阀	DN20
	角阀	DN20
	水表	DN40
制冷系统	铜管	含铜管保温
	分体式壁挂机	KF-45GW

36.11 基本装备

PCR 实验室基本装备见表 36.11。

PCR 实验室基本装备表 　　表 36.11

序号	名称	型号	备注
试剂准备室			
1	天平	FA2204B	万分位，精度：0.1mg
2	超净工作台	BBS-DDC	垂直流单人单面
3	移液器	20-200ul	单道移液器可调
4	纯水机	OSJ-Ⅱ-30L	超纯水，30L/h
5	低温冰箱	BDF-25V270	−25℃，立式，270L
6	混匀仪	BE-3100	二维混匀操控，适于多种混匀和漩涡振荡操作
7	药品冷藏箱	BYC-310	2～8℃，310L，单开门
8	紫外线消毒车	ZXC	双管碳钢
样品制备室			
1	生物安全柜	BSC-1100Ⅱ B2-X	单人，B2 型（高全外排型，标配风机＋管道）
2	恒温水浴锅	HH-S4	双列四孔
3	低温冰箱	BDF-25V270	−25℃，立式，270L
4	药品冷藏箱	BYC-310	2～8℃，310L，单开门
5	离心机	TG-16W	转速 16600r/min，容量 6×100mL
6	制冰机	IMS-20	产冰量 20kg，储冰量 10kg
7	紫外线消毒车	ZXC	双管碳钢
8	低温摇床	OLB-110×30	恒温摇床制冷
9	移液器	20-200ul	单道移液器
扩增室			
1	普通 PCR	A300	普通 PCR
2	荧光定量 PCR 仪	MA6000	荧光定量
3	核酸提取仪	BK-HS32	32 通道磁棒，磁性均匀
4	移液器	30-300ul	8 道移液器，半支消毒型
5	药品冷藏箱	BYC-310	2～8℃，310L，单开门
6	紫外线消毒车	ZXC	双管碳钢
7	超净工作台	BBS-DDC	垂直流单人单面
产物分析室			
1	电泳仪电源	DYY-6C	双稳，定时
2	琼脂糖水平电泳槽	DYCP-31DN	适用于鉴定、分离、制备 DNA，以及测定其分子量
3	凝胶电泳分析系统	WD-9413B	凝胶成像分析系统，130 万像素，信噪比不小于 62dB

序号	名称	型号	备注
4	电热板	DB-Ⅱ	不锈钢电热板，远红外碳化硅加热技术
5	超净工作台	BBS-DDC	垂直流，单人单面
6	紫外线消毒车	ZXC	双管碳钢
7	天平	MF1035C	万分位，精度 0.1mg
8	杂交仪	LF-Ⅲ	5～20r/min，振幅可调，数显连续可调

36.12　技术经济指标

该工程技术经济指标见表 36.12。

青岛市第三人民医院 PCR 实验室技术经济表　　　　　表 36.12

项目名称	青岛市第三人民医院 PCR 实验室		
设计单位	辉瑞（山东）环境科技有限公司		
施工公司	辉瑞（山东）环境科技有限公司		
建设地点	青岛市李沧区永平路 29 号		
竣工时间	2020 年 11 月	验收时间	2020 年 12 月
使用时间	2021 年 1 月		
PCR 实验室总建筑面积	约 1238m^2	辅助用房总面积	约 520m^2
PCR 实验室所在楼层	1 层	—	
PCR 实验室层高	3.5m	设备层层高	—
冷热源方式	风冷直膨		
空调氟系统	其中：实验室能随时供冷、供热		
空调风系统	独立	■	全新风＋全排风系统组合
	合用		
	其他		
新风温湿度处理方式	一级冷冻除湿	■	
	其他		
PCR 实验室空调总冷／热负荷	约 1100kW/715kW	手术室空调冷／热负荷指标	410W/m^2
PCR 实验室供电总负荷	约 380kW	实验室照度	300lx
造价	800 万元	其中：	

36.13　实　景　照　片

该工程实景照片见图 36.13-1～图 36.13-6。

图 36.13-1　钢结构＋彩钢板围护结构

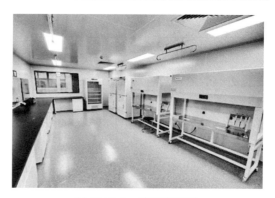

图 36.13-2　试剂准备室

图 36.13-3　样本制备室

图 36.13-4　产物扩增室

图 36.13-5　产物分析室

图 36.13-6　准备室

第 37 章　实验动物房

37.1　建设单位简介

首都医科大学附属北京安贞医院（简称北京安贞医院）成立于 1984 年 4 月，目前医院占地面积 7.65 万 m^2。现有职工 4200 余人，高级专业技术人员 700 余人，住院编制床位 1500 张。设有 13 个临床中心、30 个临床科室、11 个医技科室，拥有国家重点学科 1 个，国家临床重点专科 3 个，年门急诊量 272 万人次，年手术 40000 余例，心血管内、外科手术数量名列全国综合医院第一，在全国心血管领域处于领军地位。医院为首批国家心血管疾病临床医学研究中心，拥有符合国际标准（ISBER）的国家和北京市心血管疾病临床样本资源库，是首批获得器官移植诊疗科目资质的医疗机构之一。近年来，北京安贞医院坚持"强专科、大综合"的办院理念，专科特色突出，多学科综合实力强劲，在国内外享有盛誉。

37.2　项　目　概　况

北京安贞医院通州院区建设项目是北京市规模最大的在建综合医院。工程总体规模为 34 万 m^2，地下 2 层，地上 10 层，具备门诊、住院、科研、教学等多种功能，总床位数为 1500 张，日门诊量达 6500 人。项目建成后，临床科室包括急诊危重症中心、心脏内科中心、心脏外科中心、小儿心脏中心、综合内科中心、综合外科中心、健康管理中心等，在心肺血管救治特色的基础上凸显综合优势，为患者提供集预防、治疗、康复为一体的覆盖疾病全过程医疗服务。北京安贞医院通州院区未来还将利用有利条件，以建设研究型、创新型医院为目标，打造具有引领性的科研、教学平台，为高精尖医疗研究和高端医学人才培养提供条件，全面提升科研创新及成果转化能力，推动临床诊疗水平持续提高。

实验动物楼建筑面积 $4500m^2$，地上 3 层，地下 1 层，一～三层建筑层高 5m。实验动物楼地下一层与科研楼连接，并且设电梯 3 部（1 部客梯、1 部洁梯、1 部污梯）；二层为大动物实验室；三层为 SPF 大小鼠实验室。

37.3　动物房平面布局

37.3.1　工艺平面

1. 二层大动物实验室采用单走廊设计，分为动物饲养区及动物影像区，主要进行小型猪、羊、牛等清洁级大动物饲养与实验，共计 190 笼位（图 37.3.1-1）。

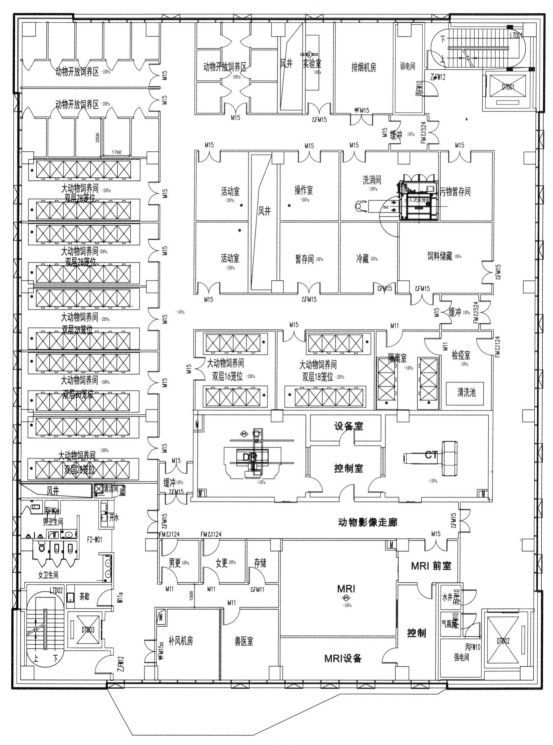

图 37.3.1-1 二层大动物实验室平面图

大动物实验室设置有 2 间开放饲养间，采用栏位饲养方式。7 间双层笼架饲养间，并设置有动物活动隔离室。影像区设置大动物 DR、CT、MRI 各一间。动物手术及解剖设置在一层，通过货梯进行转运。

2. 三层为 SPF 大小鼠实验室，建筑面积 1508m²，共 5688 笼位（图 37.3.1-2）。实验室采用 IVC 笼架，单走廊设计，人员、物品、动物、笼具共用一条走廊，布局简洁、大大减少了双通道所需面积，使得房间的可用面积变大，节约运行成本。由于单走廊动物房所有实验操作间的门均开向走廊，因此走廊上汇集了所有的人员、物品、动物、笼具的进出流线，导致清洗前后的笼具均由同一走廊传送，需要通过日常的严格监管来尽量避免交叉污染。以正压屏障环境下的单走廊模式为例，需要保证动物生产区、动物实验区压力最高，饲养间 / 实验间压力高于走廊，气流由房间流向走廊，保证房间不受影响。目前这种单走廊形式适用于动物饲养规模较小和以实验功能为主的动物实验室。

洗消前室与后室间设置 2 台 2500L 双菲脉动真空灭菌器和一台氙光 / 过氧化氢传递柜，用于洁净物品的灭菌传递。洗消间设置一台步入式洗笼机，用于笼盒、笼架的清洗。一台柜式清洗机，用于水瓶等物品的清洗。洁净后室设置饮水瓶灌装机。

37.4 实验室流线

动物楼分设 3 部电梯，人流、物流、污物流分离，最大限度减少交叉污染。人员由客梯旁的更衣室进出动物实验室，饲料、垫料、实验动物由货梯进入楼层后，通过外部走廊进入实验室。污物通过污梯运出实验楼。

37.5 主要装饰材料及设备

37.5.1 主要装饰材料及设备选型
墙面：50mm 夹芯玻镁彩钢板；顶面：50mm 夹芯玻镁彩钢板吊顶；地面：PVC/ 带防水层环氧刚玉地坪；成品钢制洁净门。

37.5.2 通风空调设备
全新风净化空调机组（风机一用一备）；箱式变频排风机（风机一用一备）；一体扰流喷淋除臭装置；乙二醇热回收装饰装置。

37.5.3 工艺气体
氧气、氮气、二氧化碳，气体汇流排管道供气；无油涡旋压缩空气系统。

37.5.4 电气
二级负荷；动物照明；房间照明。

37.5.5 给水排水
冷热水给水系统；动物房专业排水系统、高温排水；软水系统；纯水系统。

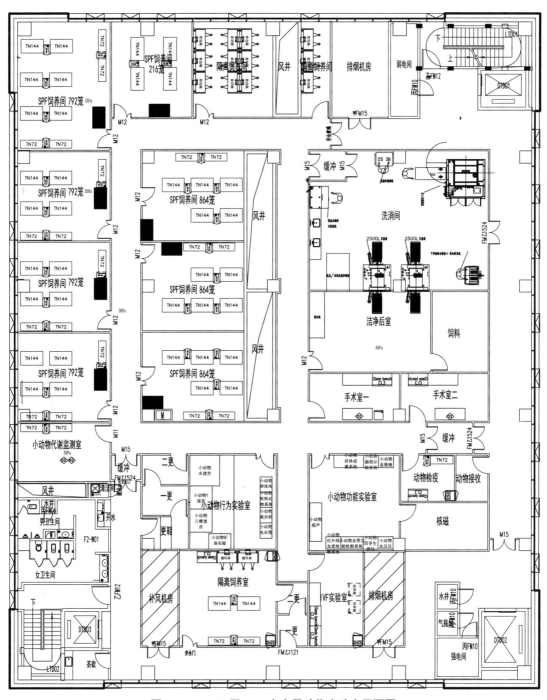

图 37.3.1-2　三层 SPF 大小鼠动物实验室平面图